Bildkommentar DIN 276 / DIN 277

Band 1

Bildkommentar DIN 276 / DIN 277

BKI Baukosteninformationszentrum Deutscher Architektenkammern GmbH (Hrsg.)
6. überarbeitete Auflage; ISBN: 978-3-948683-22-1
BKI: Stuttgart, 2022

Fachautor:
Hans-Ulrich Ruf

Mitarbeit:
Hannes Spielbauer (Geschäftsführer)
Brigitte Kleinmann (Prokuristin)
Christiane Keck
Sabine Egenberger
Heike Elsäßer
Jeannette Sturm
Sibylle Vogelmann
Yvonne Walz

Layout, Satz:
Hans-Peter Freund
Thomas Fütterer

Fachliche Begleitung:
Beirat Baukosteninformationszentrum
Stephan Weber (Vorsitzender)
Markus Lehrmann (stellv. Vorsitzender)
Prof. Dr. Bert Bielefeld
Markus Fehrs
Andrea Geister-Herbolzheimer
Oliver Heiss
Prof. Dr. Wolfdietrich Kalusche
Martin Müller
Markus Weise

Anschrift:
Seelbergstraße 4
70372 Stuttgart

Kundenbetreuung:	0711 954 854-0
Baukosten-Hotline:	0711 954 854-41
Telefax:	0711 954 854-54

info@bki.de
www.bki.de

Vorwort und Inhaltsverzeichnis

Vorwort

Mit der vorliegenden 6. Auflage des Bildkommentars DIN 276 / DIN 277 greift das BKI topaktuell die jüngste Entwicklung bei den Grundnormen für das wirtschaftliche Planen und Bauen auf. Im August 2021 ist die neue DIN 277 „Grundflächen und Rauminhalte im Hochbau" erschienen, so dass jetzt zusammen mit der DIN 276 „Kosten im Bauwesen" vom Dezember 2018 und der DIN 18960 „Nutzungskosten im Hochbau" vom November 2020 ein komplettes Regelwerk auf dem heutigen Stand der Technik vorliegt.

Die DIN 277 ist gründlich überarbeitet und ergänzt worden. Sie kehrt zu ihrer früheren Bezeichnung zurück und soll auch künftig ausschließlich für den Hochbau gelten. Die zwischenzeitlichen Überlegungen, analog zur DIN 276 über den Hochbau hinaus auch weitere Bereiche des Bauwesens abzudecken, werden nicht weiter verfolgt. Vor allem die Regeln zur Ermittlung der Grundflächen und Rauminhalte des Bauwerks wurden deutlich vereinfacht und präzisiert. Trotz dieser erfreulichen Reform werden bei der Anwendung zwangsläufig noch Probleme auftreten. Es kann bei der komplexen Materie nicht ausbleiben, dass sich im konkreten Einzelfall Fragen ergeben, wie die Normen richtig anzuwenden und auszulegen ist. Normen mit ihren generellen Regeln können schließlich keine Lehrbücher sein und nicht die Vielfalt der Planungs- und Baupraxis in Gänze erfassen. Hier soll der Bildkommentar mit seiner Kommentierung auf dem neuesten Stand und durch aktuelle Informationen konkret weiter helfen.

Der Bildkommentar DIN 276 / DIN 277 enthält die kompletten Originaltexte der beiden Normen verbunden mit einer ausführlichen Kommentierung jedes einzelnen Abschnitts. Dadurch werden einerseits sichere Kenntnisse über die geltenden technischen Regeln selbst vermittelt und andererseits deren normgerechte Anwendung bei der praktischen Arbeit unterstützt. Die Kommentierung wird in bewährter Weise durch zahlreiche Praxisbeispiele und Abbildungen sowie nützliche Hintergrundinformationen ergänzt. Bei dem gestiegenen Umfang des Gesamtwerks bietet es sich an, den Bildkommentar erstmals in zwei handlich getrennten, aber inhaltlich nach wie vor zusammengehörenden Bänden herauszugeben.

Band 1:

Teil A enthält den Originaltext und die Kommentierung der DIN 276 „Kosten im Bauwesen" vom Dezember 2018.

Teil B enthält den Originaltext und die Kommentierung der DIN 277 „Grundflächen und Rauminhalte im Hochbau" vom August 2021.

Band 2:

Teil C stellt mit der „Arbeitshilfe Kostengruppen" ein unverzichtbares Tabellen- und Nachschlagewerk für die praktische Arbeit dar. Die normgerechte Gliederung und Zuordnung der Kosten zu den Kostengruppen der DIN 276 wird hier genauso transparent vermittelt wie die normgerechte Ermittlung der Mengen und Bezugseinheiten. Beides sind unabdingbare Voraussetzungen dafür, dass Planungs- und Kostenkennwerte in der Kostenplanung zutreffend und allgemein vergleichbar angewendet werden können.

Die beiden Normen DIN 276 und DIN 277 stellen die wichtigsten technischen Regeln im Bereich der Planungs- und Bauökonomie dar. Sie sind über die gesamte Lebensdauer eines Bauwerks ein zentrales Arbeits- und Informationsinstrument für alle Beteiligten – von der Projektentwicklung und der Finanzierung, über die Planung und Ausführung, den Umbau, die Erweiterung und die Modernisierung bis zum Abbruch und der Beseitigung des Objekts. Deshalb sind weite Kreise der Fachöffentlichkeit und darüber hinaus mit diesen Normen befasst – private und öffentliche Bauherr- und Auftraggeberschaften, Planende in Architektur, Innenarchitektur, Landschaftsarchitektur und Ingenieurwesen der verschiedensten Fachrichtungen, Beauftragte für Projektentwicklung und Projektsteuerung, Sachverständige, ausführende Unternehmen, Kredit- und Baufinanzierungsinstitute, Immobilienfachleute, Prüfungs- und Genehmigungsbehörden, politische Gremien und nicht zuletzt auch die Organe der Rechtspflege. Insofern ist nicht nur für Angehörige der Architektur- und Ingenieurberufe als die unmittelbar für das wirtschaftliche Planen und Bauen Verantwortlichen ein fundiertes Wissen über die DIN 276 und die DIN 277 unverzichtbar. Auch alle anderen mit Bauprojekten befassten Personen und Institutionen können ohne Kenntnisse dieser Normen ihren Aufgaben bei Bauprojekten nicht gerecht werden. Insofern richten sich das BKI und der Verfasser mit dem Bildkommentar DIN 276 / DIN 277 an einen breiten Kreis von Interessierten. Wir sind deshalb sehr bemüht, die Informationen und Arbeitshilfen so aufzubereiten und zur Verfügung zu stellen, dass sie engagierten Fachleuten und aufgeschlossenen Laien gleichermaßen bei ihren jeweiligen Aufgaben weiter helfen können.

Die Bearbeitung eines solchen Werkes erfordert einschlägige Kenntnisse und praktische Erfahrungen. Insofern bin ich sehr froh, dass ich meine Erfahrungen aus der langjährigen Mitwirkung in der Normenarbeit für die DIN 276 und die DIN 277 mit den Erfahrungen des BKI aus seiner mehr als 25-jährigen praktischen Arbeit bei der normgerechten Dokumentation von Planungs- und Kostendaten verbinden kann. So gilt mein besonderer Dank an dieser Stelle allen Beteiligten, die zu der Konzeption, Bearbeitung, Gestaltung und Realisierung dieses Buchs mit wertvollen Anregungen, konkreten Ausarbeitungen und konstruktiver Kritik beigetragen haben.

Aachen, im März 2022

Hans-Ulrich Ruf

Inhalt Übersicht

Band 1

	Teil A DIN 276 Kosten im Bauwesen	Seite Text DIN 276	Seite Kommentierung
0	Allgemeines		14
	DIN 276 – Originaltext	23	
1	Anwendungsbereich	30	32
2	Normative Verweisungen	31	34
3	Begriffe	41	43
4	Grundsätze der Kostenplanung	54	62
5	Kostengliederung	113	115
6	Mengen und Bezugseinheiten	163	180
7	BKI-Ergänzung zur DIN 276	183	182

	Teil B DIN 277 Grundflächen und Rauminhalte im Hochbau	Text DIN 277	Kommentierung
0	Allgemeines		188
	DIN 277 – Originaltext		
1	Anwendungsbereich	201	203
2	Normative Verweisungen	201	207
3	Begriffe	208	210
4	Gliederung der Grundflächen des Bauwerks	219	223
5	Ermittlung von Grundflächen und Rauminhalten allgemein	235	237
6	Ermittlung von Grundflächen des Bauwerks	249	252
7	Ermittlung von Rauminhalten des Bauwerks	280	282
8	Ermittlung von Grundflächen des Grundstücks	296	297
	Anhang		306

Band 2

	Teil C Arbeitshilfe Kostengruppen	Seite Kommentierung
0	Vorbemerkungen	6
1	Kostengruppe 100 Grundstück	10
2	Kostengruppe 200 Vorbereitende Maßnahmen	27
3	Kostengruppe 300 Bauwerk-Baukonstruktionen	57
4	Kostengruppe 400 Bauwerk-Technische Anlagen	184
5	Kostengruppe 500 Außenanlagen und Freiflächen	314
6	Kostengruppe 600 Ausstattung und Kunstwerke	429
7	Kostengruppe 700 Baunebenkosten	441
8	Kostengruppe 800 Finanzierung	506
	Anhang	514

Inhalt Band 1

Teil A

Teil A DIN 276 – Kosten im Bauwesen		Seite Text DIN 276	Seite Kommen- tierung
0	**Allgemeines**		
0.1	Vorbemerkungen		14
0.2	Einführung		15
0.3	Entwicklung der DIN 276		17
0.4	Titel, Inhalt und Vorwort der DIN 276		27
	DIN 276 – Originaltext	23	
	Titelblatt	23	27
	Inhalt	24	27
	Vorwort	25	28
1	**Anwendungsbereich**	**30**	**32**
2	**Normative Verweisungen**	**31**	**34**
3	**Begriffe**	**41**	**43**
3.1	Kosten im Bauwesen	41	44
3.2	Kostenplanung	41	46
3.3	Kostenermittlung	41	46
3.3.1	Kostenrahmen	41	48
3.3.2	Kostenschätzung	41	48
3.3.3	Kostenberechnung	41	48
3.3.4.	Kostenvoranschlag	41	48
3.3.5.	Kostenanschlag	41	49
3.3.6	Kostenfeststellung	41	49
3.4	Kostenkontrolle	41	49
3.5	Kostensteuerung	42	49
3.6	Kostenvorgabe	42	50
3.7	Kostensicherheit	42	50
3.8	Kostentransparenz	42	50
3.9	Kostengliederung	42	50
3.10	Kostengruppe	42	50
3.11	Gesamtkosten	42	51
3.12	Bauwerkskosten	42	51
3.13	Kostenkennwert	42	51
3.14	Bezugseinheit	42	51
3.15	Kosteneinfluss	42	52
3.16	Kostenermittlungsverfahren	42	52

		Text DIN 276	Kommentierung
4	**Grundsätze der Kostenplanung**	**54**	**62**
4.1	Allgemeines	54	62
4.2	Kostenermittlung	54	64
4.2.1	Zweck	54	64
4.2.2	Darstellung und Gliederungstiefe	54	65
4.2.3	Vollständigkeit	54	66
4.2.4	Kostenstand	54	66
4.2.5	Grundlagen der Kostenermittlung	54	67
4.2.6	Erläuterungen zum Bauprojekt	55	67
4.2.7	Kostenermittlungsverfahren und Kostenkennwerte	55	67
4.2.8	Unterschiedliche Bauten oder Anlagen, mehrere Bauwerke oder Abschnitte	55	67
4.2.9	Bauprojekte im Bestand	55	68
4.2.10	Vorhandene Substanz	55	69
4.2.11	Eingebrachte Güter und Leistungen	55	69
4.2.12	Besondere Kosten	55	70
4.2.13	Prognostizierte Kosten	55	71
4.2.14	Risikobedingte Kosten	56	71
4.2.15	Umsatzsteuer	56	72
4.3	Stufen der Kostenermittlung	56	73
4.3.1	Allgemeines	56	74
4.3.2	Kostenrahmen	56	79
4.3.3	Kostenschätzung	57	82
4.3.4	Kostenberechnung	57	84
4.3.5	Kostenvoranschlag	58	84
4.3.6	Kostenanschlag	59	94
4.3.7	Kostenfeststellung	59	99
4.4	Kostenkontrolle	60	99
4.4.1	Zweck	60	100
4.4.2	Grundsatz	60	100
4.4.3	Dokumentation	60	102
4.5	Kostensteuerung	60	107
4.5.1	Zweck	60	107
4.5.2	Grundsatz	60	108
4.5.3	Dokumentation	60	108
4.6	Kostenvorgabe	60	109
4.6.1	Zweck	60	109
4.6.2	Festlegung der Kostenvorgabe	60	111

Teil A DIN 276 – Kosten im Bauwesen		Text DIN 276	Kommen-tierung
5	**Kostengliederung**	**113**	**115**
5.1	Aufbau der Kostengliederung	113	115
5.2	Anwendung der Kostengliederung	113	116
5.3	Ausführungsorientierte Gliederung der Kosten	114	120
5.4	Darstellung der Kostengliederung	114	122
	Tabelle 1 – Kostengliederung	123	
	Kostengruppe 100 – Grundstück	123	124
	Kostengruppe 200 – Vorbereitende Maßnahmen	125	127
	Kostengruppe 300 – Bauwerk – Baukonstruktionen	129	136
	Kostengruppe 400 – Bauwerk – Technische Anlagen	138	144
	Kostengruppe 500 – Außenanlagen und Freiflächen	146	152
	Kostengruppe 600 – Ausstattung und Kunstwerke	154	155
	Kostengruppe 700 – Baunebenkosten	157	160
	Kostengruppe 800 – Finanzierung	159	161
6	**Mengen und Bezugseinheiten**	**163**	**180**
6.1	Allgemeines	163	180
6.2	Mengen und Bezugseinheiten für Kostengruppen	163	181
	Tabelle 2 – Mengen und Bezugseinheiten der ersten Ebene der Kostengliederung	164	
6.3	Mengen und Bezugseinheiten für die Kostengruppe 300	163	181
	Tabelle 3 – Mengen und Bezugseinheiten für die Kostengruppe 300	165	
6.4	Mengen und Bezugseinheiten für die Kostengruppe 400	163	181
	Tabelle 4 – Mengen und Bezugseinheiten für die Kostengruppe 400	168	
	Literaturhinweise	179	181
7	**BKI-Ergänzung zur DIN 276**		**182**
7.1	Mengen und Bezugseinheiten für die Kostengruppe 500		182
	Tabelle 5 – Mengen und Bezugseinheiten für die Kostengruppe 500	183	

Teil B

	Teil B DIN 277 – Grundflächen und Rauminhalte im Hochbau	Seite Text DIN 277	Seite Kommen- tierung
0	**Allgemeines**		**188**
0.1	Vorbemerkungen		188
0.2	Einführung		189
0.3	Entwicklung der DIN 277		191
0.4	Titel, Inhalt und Vorwort der DIN 277		196
	DIN 277 – Originaltext	**197**	
	Titelblatt	197	
	Inhalt	198	
	Vorwort	199	
1	**Anwendungsbereich**	**201**	**203**
2	**Normative Verweisungen**	**201**	**207**
3	**Begriffe**	**208**	**210**
3.1	Geschoss	208	210
3.2	Brutto-Grundfläche BGF	208	210 / 212
3.3	Netto-Raumfläche NRF	208	213
3.4	Konstruktions-Grundfläche KGF	208	213
3.5	Nutzungsfläche NUF	208	214
3.6	Technikfläche TF	208	214
3.7	Verkehrsfläche VF	208	214
3.8	Brutto-Rauminhalt BRI	208	215
3.9	Netto-Rauminhalt NRI	208	215
3.10	Konstruktions-Rauminhalt KRI	209	216
3.11	Grundstücksfläche GF	209	216 / 217
3.12	Bebaute Fläche BF	209	217
3.13	Unbebaute Fläche UF	209	218
3.14	Außenanlagenfläche AF	209	218
4	**Gliederung der Grundflächen des Bauwerks**	**219**	**223**
4.1	Grundsatz und Gliederungstiefe	219	223
	Tabelle 1 – Gliederung der Grundflächen des Bauwerks	219	
4.2	Untergliederung der Nutzungsfläche (NUF)	220	223
	Tabelle 2 – Gliederung der Nutzungsfläche (NUF)	220	
4.3	Weitere Untergliederung der Grundflächen	221	224
4.4	Weitere Untergliederung der Nutzungsfläche 7 Sonstige Nutzungen	221	224
4.5	Weitere Untergliederung der Konstruktions-Grundfläche (KGF)	221	224
4.6	Weitere Teilflächen der Brutto-Grundfläche (BGF)	221	225
4.7	Zuordnung von Grundflächen des Bauwerks	221	227

Teil B DIN 277 – Grundflächen und Rauminhalte im Hochbau		Text DIN 277	Kommen- tierung
4.7.1	Generelle Zuordnung von Grundflächen	221	227
4.7.2	Wechselnde Nutzung von Grundflächen	222	227
4.7.3	Von der Raumnutzung abweichende Nutzung von Teilflächen	222	228
4.7.4	Bewegungsflächen innerhalb von Räumen	222	228
4.7.5	Verkehrsflächen in Garagen	222	232
4.7.6	Zum Betrieb technischer Anlagen erforderliche Ergänzungsflächen	222	232
4.7.7	Technische Anlagen zum Betrieb nutzungsspezifischer Einrichtungen	222	232
4.7.8	Technische Anlagen zur Versorgung oder Entsorgung anderer Bauwerke	222	232
5	**Ermittlung von Grundflächen und Rauminhalten allgemein**	**235**	**237**
5.1	Genauigkeit der Ermittlung	235	237
5.2	Ermittlung bei mehreren Bauwerken oder Bauabschnitten	235	237
5.3	Getrennte Ermittlung nach Geschossebenen und Geschosshöhen	235	238
5.4	Getrennte Ermittlung entsprechend dem Ausbaustand	235	240
5.5	Messverfahren	235	240
5.6	Messeinheiten	235	242
5.7	Getrennte Ermittlung entsprechend der Raumumschließung	235	242
5.7.1	Regelfall der Raumumschließung (R)	236	244
5.7.2	Sonderfall der Raumumschließung (S)	236	246
6	**Ermittlung von Grundflächen des Bauwerks**	**249**	**252**
6.1	Brutto-Grundfläche (BGF)	249	252
6.2	Netto-Raumfläche (NRF)	250	268
6.3	Konstruktions-Grundfläche (KGF)	251	276
7	**Ermittlung von Rauminhalten des Bauwerks**	**280**	**282**
7.1	Brutto-Rauminhalt (BRI)	280	282
7.2	Netto-Rauminhalt (NRI)	281	293
7.3	Konstruktions-Rauminhalt (KRI)	281	294
8	**Ermittlung von Grundflächen des Grundstücks**	**296**	**297**
8.1	Grundstücksfläche (GF)	296	297
8.2	Bebaute Fläche (BF)	296	298
8.3	Unbebaute Fläche (UF)	296	300
8.4	Außenanlagenfläche (AF)	296	302
	Anhang		
	Verzeichnis der Architektur- / Planungsbüros und Fotografen		306
	Literaturverzeichnis		310

DIN 276 Kosten im Bauwesen

mit Kommentierung

A

A
DIN 276
Kosten im Bauwesen

0 Allgemeines

0.1 Vorbemerkungen

Die Teile A, B und C des Bildkommentars DIN 276/277 sind als selbstständige und in sich abgeschlossene Abhandlungen konzipiert. Insofern werden einige Informationen, die für beide behandelten Normen von Interesse sind, bewusst wiederholt aufgeführt. Dadurch soll denjenigen Lesern, die sich nur mit einem bestimmten Teil des Bildkommentars befassen, der jeweilige Textzusammenhang verständlicher gemacht werden als durch ständige Verweise auf andere Teile des Buchs.

Mit **„DIN 276"** wird sowohl die Norm **„Kosten im Bauwesen"** im Allgemeinen bezeichnet als auch die gültige Ausgabe Dezember 2018 **(DIN 276:2018-12)** [101].

Die früheren Ausgaben der Norm DIN 276 werden mit ihrem jeweiligen Ausgabedatum angegeben.

Mit **„DIN 277"** wird sowohl die Norm **„Grundflächen und Rauminhalte im Hochbau"** allgemein als auch die gültige Ausgabe August 2021 **(DIN 277:2021-08)** [102] bezeichnet.

Die früheren Ausgaben der Norm DIN 277 werden mit ihrem jeweiligen Ausgabedatum angegeben.

Mit **„DIN 18960"** wird sowohl die Norm **„Nutzungskosten im Hochbau"** im Allgemeinen als auch die gültige Ausgabe November 2020 **(DIN 18960:2020-11)** [103] bezeichnet.

Die früheren Ausgaben der Norm DIN 18960 werden mit ihrem jeweiligen Ausgabedatum angegeben.

Die Gliederung des folgenden Textes entspricht mit der Nummerierung und den Überschriften der Gliederung der DIN 276. Der Original-Wortlaut der Norm wird abschnittsweise wiedergegeben und durch farbliche Hinterlegung besonders kenntlich gemacht. Danach folgen die Kommentierungen und Erläuterungen der jeweiligen Abschnitte des Norm-Textes.

0.2 Einführung

Die DIN 276 – Kosten im Bauwesen ist die wichtigste technische Regel für die Kostenplanung im Bauwesen. Sie ist für alle Beteiligten eines Bauprojekts ein unverzichtbares Arbeits- und Informationsinstrument über die gesamte Lebensdauer eines Bauwerks und seiner zugehörigen Anlagen – von der Projektentwicklung und der Finanzierung, über die Planung und Ausführung, den Umbau, die Erweiterung und die Modernisierung bis zum Abbruch und der Beseitigung des Objekts.

Die Norm legt mit Begriffen und Unterscheidungsmerkmalen von Kosten die wesentlichen Grundlagen für die Kostenplanung und insbesondere für Kostenermittlungen fest. Diese Grundlagen bestehen zum Einen in Anwendungsregeln für die einzelnen Teilbereiche der Kostenplanung und zum Anderen in einer normierten Kostengliederung. Mit dieser Kostengliederung können die Gesamtkosten eines Bauprojekts in einzelne Kostengruppen unterteilt werden und alle anfallenden Kosten den zutreffenden Kostengruppen zugeordnet werden. Damit schafft die DIN 276 die Voraussetzungen dafür, dass die Gesamtkosten transparent dargestellt und die Ergebnisse von Kostenermittlungen miteinander verglichen werden können – sowohl bei den verschiedenen Kostenermittlungen im Laufe eines Projekts als auch bei Kostenermittlungen anderer Bauten und Anlagen.

Mit der DIN 276 ist die DIN 277 als die zweite wichtige Grundlagennorm für die Kostenplanung im Bauwesen eng verbunden. Die DIN 277 legt Begriffe und Regeln für die Ermittlung von Grundflächen und Rauminhalten im Bauwesen fest. Normgerecht ermittelte Grundflächen und Rauminhalte sind erforderlich, um geeignete Kostenkennwerte für die Ermittlung von Kosten bilden zu können. Das gilt sowohl für die investiven Kosten nach DIN 276 als auch für die Nutzungskosten nach DIN 18960. Nur wenn die Grundflächen und Rauminhalte nach standardisierten Vorgaben ermittelt werden, können Bauwerke und Grundstücke unter ökonomischen Gesichtspunkten zutreffend verglichen werden.

Eine besondere Bedeutung bekam die DIN 276 im Jahr 1976, als die Honorarordnung für Architekten und Ingenieure (HOAI) [302] auf die damals gültige Ausgabe der Norm **(DIN 276:1971-09)** [115], [116], [117] Bezug nahm. Wie jede DIN-Norm und technische Regel steht auch die DIN 276 zunächst prinzipiell jedermann zur Anwendung frei und erlangt ihre Wirkung erst dadurch, dass sie allgemein angewendet und somit als „anerkannte Regel der Technik" betrachtet wird. Dadurch aber, dass die HOAI die DIN 276 über ihre eigentliche Zweckbestimmung für die Kostenplanung hinaus auch für die Honorarermittlung bestimmter Objekte heranzieht, wird die DIN 276 in diesem Bereich zu einer verbindlichen Rechtsvorschrift.

Auch mit dem Wohnungsbaurecht ist die DIN 276 über einen langen Zeitraum hinweg direkt verbunden. In der Verordnung über Wirtschaftlichkeits- und Wohnflächenberechnung (Berechnungsverordnung) von 1950 [305] und später auch in der Zweiten Berechnungsverordnung (II. BV) von 1965 [306] wurde für die Ermittlung der „Gesamtherstellungskosten" und bei der Berechnung des „umbauten Raums" auf die DIN 276 und die DIN 277 in den damaligen Fassungen Bezug genommen. Dadurch erlangten die beiden Normen für diesen größten Bereich des Bauwesens eine enorme Bedeutung. Allerdings wurde diese Verbindung im Laufe der Zeit immer widersprüchlicher, da die Verordnung für den Wohnungsbau die Weiterentwicklungen der DIN 276 nicht nachvollzog und die Verordnung nicht an neuere Normfassungen anpasste. So stellte sich die absurde Situation ein, dass im öffentlich geförderten und steuerbegünstigten Wohnungsbau die Gesamtkosten in einer Kostengliederung nachgewiesen werden mussten, die der Ausgabe 1954 der DIN 276 **(DIN 276:1954-03)** [114] entsprach. Der förmliche Bezug auf die DIN 276 wurde dann zwar bei der Neufassung der II. BV 2007 [307] aufgegeben, inhaltlich änderte sich aber bei den Bestimmungen für die Ermittlung der Gesamtkosten im Wohnungsbau nichts – trotz aller technischen Entwicklungen in über 50 Jahren. Damit bleibt die unselige Parallelität zweier sich widersprechender Vorschriften für Kostenermittlungen im Bauwesen leider nach wie vor bestehen. Es ist derzeit auch nicht davon auszugehen, dass der Verordnungsgeber in absehbarer Zeit bereit sein könnte, die Verordnung entsprechend dem Stand der Technik an geltende Normen anzupassen.

Im Übrigen bestehen ähnliche Widersprüche im Zusammenhang zwischen der II. BV und der DIN 277 bei der Berechnung des „umbauten Raumes" (§ 11a und Anlage 2 der II. BV) bzw. der Berechnung des „Brutto-Rauminhalts" nach DIN 277 sowie zwischen der II. BV und der DIN 18960, die unterschiedliche Gliederungen für die Nutzungskosten enthalten.

Die **Abbildung A 1** gibt eine Übersicht über die für das wirtschaftliche Planen und Bauen wesentlichen Normen DIN 276, DIN 277 und DIN 18960. Die Abbildung zeigt vor allem die Entwicklung des Normenwerks in den letzten Jahren auf. Im Bereich der investiven Kosten wurden mit der neuen DIN 276 die bisherigen Fassungen vom Dezember 2008 für den Hochbau **(DIN 276-1:2008-12)** [128] sowie vom August 2009 für den Ingenieurbau **(DIN 276-4:2009-04)**

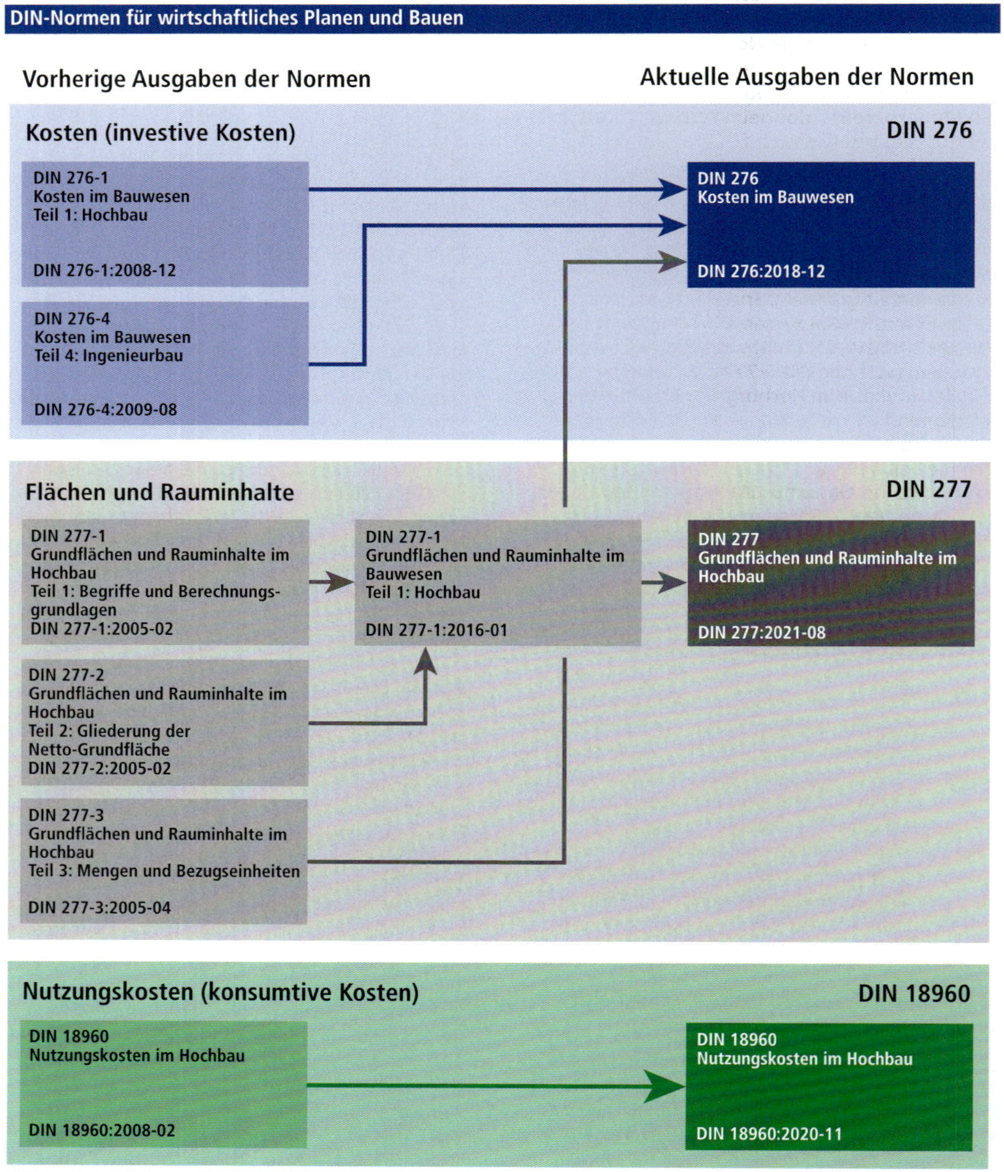

Abbildung A 1: DIN-Normen für wirtschaftliches Planen und Bauen

[129] zu einer einzigen Norm zusammengefasst. Zudem wurden die Inhalte des bisherigen dritten Teils der DIN 277 **(DIN 277-3:2005-04)** [142] mit den Regelungen für Mengen und Bezugseinheiten in die DIN 276 übernommen.

Die jetzige **DIN 276 – Kosten im Bauwesen** ist nach ihrer Neufassung im Dezember 2018 **(DIN 276:2018-12)** [101] eine Norm, die nicht in weitere Teile untergliedert wird. Diese Norm erstreckt sich nunmehr auf einen weiten Anwendungsbereich, der neben Hochbauten auch Ingenieurbauten, Infrastrukturanlagen und Freiflächen umfasst.

Im Bereich der Grundflächen und Rauminhalte war bereits 2016 die aus drei Normteilen bestehende DIN 277 aus dem Jahr 2005 zu einem Normteil DIN 277-1 zusammengefasst worden. Der seinerzeitige Titel „Grundflächen und Rauminhalte im Bauwesen – Teil 1: Hochbau" **(DIN 277-1:2016-01)** [143] wurde nun in der aktuellen Ausgabe DIN 277 in „Grundflächen und Rauminhalte im Hochbau" **(DIN 277:2021-08)** [102] geändert. Im Unterschied zur DIN 276, die für das Bauwesen insgesamt gilt, beschränkt sich die DIN 277 ausdrücklich auf den Bereich des Hochbaus. Das ursprüngliche Vorhaben, auch in der DIN 277 neben einem Teil 1 für den Hochbau noch weitere Normteile für andere Bereiche des Bauwesens zu erarbeiten, wurde damit aufgegeben. Insofern sind die unterschiedlichen Anwendungsbereiche der DIN 276 einerseits und der DIN 277 andererseits besonders zu beachten.

Das gilt im Übrigen auch im Bereich der konsumtiven Kosten für die DIN 18960 **(DIN 18960:2020-11)** [103], die in ihrer aktuellen Fassung wie bisher ausschließlich für die Nutzungskosten im Hochbau gilt.

Durch die Überarbeitung der DIN 276, DIN 277 und DIN 18960 in den letzten drei Jahren konnte das Normensystem mit seinen für die Planungs- und Bauökonomie wesentlichen Grundlagen erheblich vereinfacht, übersichtlicher gestaltet und im Umfang deutlich reduziert werden.

0.3 Entwicklung der DIN 276

Auf Grund wirtschaftlicher und technischer Veränderungen sowie infolge praktischer und wissenschaftlicher Erkenntnisse wurde die DIN 276 in unregelmäßigen Abständen immer wieder neu gefasst und dem jeweiligen Stand der Technik angepasst. Änderungen der DIN 276 ergaben sich aufgrund der engen Verflechtung beider Normen zwangsläufig auch aus den Änderungen der DIN 277, doch nicht immer voll-

Entwicklung der DIN 276 von 1934 bis heute

Jahr	DIN - Nr.	Datum	Titel
1934	DIN 276	1934-08	Kosten von Hochbauten und damit zusammenhängenden Leistungen
1943	DIN 276	1943-08	Kosten von Hochbauten
1954	DIN 276	1954-03	Kosten von Hochbauten
1971	DIN 276-1 DIN 276-2 DIN 276-3	1971-09 1971-09 1971-09	Kosten von Hochbauten – Begriffe Kosten von Hochbauten – Kostengliederung Kosten von Hochbauten – Kostenermittlungen
1981	DIN 276-1 DIN 276-2 DIN 276-3	1981-04 1981-04 1981-04	Kosten von Hochbauten – Begriffe Kosten von Hochbauten – Kostengliederung Kosten von Hochbauten – Kostenermittlungen
1993	DIN 276	1993-06	Kosten im Hochbau
2006	DIN 276-1	2006-11	Kosten im Bauwesen – Teil 1: Hochbau
2008	DIN 276-1	2008-12	Kosten im Bauwesen – Teil 1: Hochbau
2009	DIN 276-4	2009-08	Kosten im Bauwesen – Teil 4: Ingenieurbau
2018	DIN 276	2018-12	Kosten im Bauwesen

Abbildung A 2: Entwicklung der DIN 276

zogen sich diese Prozesse im Gleichschritt. Seit ihrem ersten Erscheinen im Jahr 1934 wurde die DIN 276 in den Jahren 1943, 1954, 1960, 1971, 1981, 1993, 2006, 2008, 2009 und zuletzt 2018 aktualisiert. Dabei änderte sich auch die Bezeichnung der Norm von zuerst „Kosten von Hochbauten und damit zusammenhängenden Leistungen" (1934) in „Kosten von Hochbauten" (1943 bis 1981) und dann in „Kosten im Hochbau" (1993) sowie schließlich in „Kosten im Bauwesen" (seit 2006).

Um den heutigen Entwicklungsstand der DIN 276 richtig einordnen zu können, soll die Entwicklung der Norm im Laufe der Zeit etwas näher betrachtet werden (siehe hierzu auch Fröhlich) [438]. Die Kenntnis früherer Normausgaben kann in der Praxis hilfreich sein, weil Bauprojekte mit langer Projektdauer durchaus im Gültigkeitszeitraum mehrerer Ausgaben der DIN 276 liegen können. Dies gilt umso mehr für Baumaßnahmen im Bestand, bei denen unter Umständen Dokumente aus einer weit zurückliegenden Planungs- und Bauzeit herangezogen werden müssen. Die Kenntnis früherer Normausgaben ist sogar unumgänglich, wenn Rechtsnormen (Gesetze, Verordnungen, Verwaltungsvorschriften) auf frühere Ausgaben der Norm Bezug nehmen. In **Abbildung A 2** ist die Entwicklung der **DIN 276** von 1934 bis heute tabellarisch dargestellt.

Ausgaben 1934 und 1943

1934 erschien die DIN 276 unter dem Titel „Kosten von Hochbauten und damit zusammenhängenden Leistungen" in ihrer ersten Fassung **(DIN 276:1934-08)** [111].

Gleichzeitig erschien auch die erste Fassung der DIN 277 „Umbauter Raum von Hochbauten" **(DIN 277:1934-08)** [131]. Dies zeigt, dass die beiden Normen von Beginn an in einem unmittelbaren Zusammenhang miteinander stehen. In einem gemeinsamen Beiblatt mit dem Titel „Kosten von Hochbauten Vergleichsübersicht" **(DIN 276 und DIN 277 Beiblatt: 1934-08)** [112] wurden Muster und Beispiele aufgezeigt, wie Objektdaten normgerecht dokumentiert werden sollen.

Die Norm war – verglichen mit heute – noch wenig differenziert. Es wurden lediglich zwei Arten von Kostenermittlungen vorgesehen: Der „Kostenvoranschlag" als „angenäherte Ermittlung der Kosten auf Grund eines Vorentwurfs" und der „Kostenanschlag" als „genaue Ermittlung der Kosten auf Grund eines Bauentwurfs". Zugleich wurde auch die jeweilige Ermittlungsmethode festgelegt. Während beim Kostenanschlag die Kosten nach den einzelnen Leistungen berechnet werden sollten, war für den Kostenvoranschlag vorgesehen, „die Kosten der Bauten zu berechnen durch Vervielfältigung ihres nach Normblatt DIN 277... ermittelten umbauten Raumes mit einem einer statistischen Zusammenstellung entnommenen oder ortsüblichen Preise für 1 m^3". Dies entsprach der im Bauwesen damals seit langem üblichen Arbeitsweise – nur sollten jetzt endlich einheitliche Grundlagen für die Kostenermittlung geschaffen werden. Um die Kosten von Hochbauten zutreffend ermitteln zu können und sie mit anderen Bauten vergleichbar zu machen, bedurfte es neben einer standardisierten Gliederung der Kosten auch einer vereinheitlichten Ermittlung der Bezugseinheit für die Kosten – in diesem Fall des „umbauten Raumes".

Die Kostengliederung der ersten Normausgabe sah acht Kostengruppen vor, die zwar im Einzelnen beschrieben, aber noch nicht weiter systematisch untergliedert wurden. Aus heutiger Sicht – wo in der neuen DIN 276 die Kostengruppe 800 Finanzierung aus der Kostengruppe 700 Baunebenkosten als eigenständige Hauptgruppe herausgetrennt wurde – ist sicher bemerkenswert, dass schon damals für diesen gesamten Kostenkomplex der „Nebenkosten" drei separate Kostengruppen vorgesehen waren: „F. Planung, Bauleitung und Bauausführung; G. Polizeiliche Prüfung und Genehmigung; H. Beschaffung und Verzinsung der Mittel zum Grunderwerb und zur Bauausführung".

1943 wurde die DIN 276 neben dem vereinfachten Titel („Kosten von Hochbauten") im Bereich der Kostengliederung geändert, indem – wenig nachvollziehbar – die bisher in drei separaten Kostengruppen ausgewiesenen „Nebenkosten" jetzt mit der Bezeichnung „B.III Baunebenkosten" als Untergruppe der Hauptgruppe „B. Kosten der Bauten" zugeordnet wurde **(DIN 276:1943-08)** [113].

Ausgaben 1954 und 1960

1954 erschien eine vereinfachte und an die Wohnungsbaugesetzgebung angepasste Neufassung der Norm. Als dritte Kostenermittlung wurde die „Schlussabrechnung" eingeführt. Um normgerechte Kostenermittlungen einfacher aufstellen zu können, wurden der Norm

Vordruckmuster als Anlage beigefügt **(DIN 276:1954-03)** [114]. Die Kostengliederung dieser Ausgabe der DIN 276 wurde 1957 in die für den öffentlich geförderten und steuerbegünstigten Wohnungsbau maßgebliche „Zweite Berechnungsverordnung – II. BV" übernommen. Bis heute wurde die II. BV in diesem Punkt nicht verändert, so dass für Kostenermittlungen im Wohnungsbau auch heute noch paradoxerweise die Kostengliederung von 1954 anzuwenden ist (siehe Kapitel 0.2). Im Oktober 1960 wurde dann die DIN 276 in unveränderter Form und lediglich um eine Vorbemerkung mit dem Hinweis auf die II. BV ergänzt herausgegeben **(DIN 276:1954x-03)** [114].

Ausgabe 1971

Im Bauboom der 50er- und 60er-Jahre stiegen die Anforderungen an die Kostenermittlung im Hochbau ständig an. Die zunehmend differenzierten Planungs- und Bauaufgaben, die immer komplexeren Zusammenhänge beim Planen und Bauen, die sich stark verändernden Strukturen der Bauwirtschaft und eine rasante Entwicklung der Baupreise waren die Ursachen. Dieser Entwicklung musste die DIN 276 Rechnung tragen: 1971 erschien eine grundlegende Neufassung **(DIN 276:1971-09)**, die nunmehr aus drei Teilen bzw. „Blättern" bestand. In **Blatt 1** [115] wurden einige wenige Begriffe definiert, die im Zusammenhang mit der Ermittlung von Kosten stehen. **Blatt 2** [116] sah eine völlig neue und im Vergleich zu den früheren Normfassungen stark differenzierte Kostengliederung vor. Die sieben Hauptkostengruppen wurden in bis zu drei weitere Gliederungsebenen unterteilt. In **Blatt 3** [117] wurde schließlich auch das System der Kostenermittlungsarten auf vier Kostenermittlungsarten mit den neuen Bezeichnungen „Kostenschätzung", „Kostenberechnung", „Kostenanschlag" und „Kostenfeststellung" ausgeweitet. Darüber hinaus wurden für diese Kostenermittlungsarten schließlich sogar Formblätter bzw. Muster für die Anwendung in die Norm aufgenommen. Eine besondere Bedeutung erlangte die Ausgabe 1971 der DIN 276 dadurch, dass sie 1976 in der Honorarordnung für Architekten und Ingenieure (HOAI) [302] für die Honorarermittlung verbindlich herangezogen wurde.

Ausgabe 1981

Die Regelungen blieben in der 1981 erschienenen Folgeausgabe **(DIN 276:1981-04)** [118], [119], [120] gegenüber 1971 nahezu unverändert bestehen. Die wesentliche Änderung betraf die Kostengliederung im Bereich der Baukonstruktionen, wo zumindest ansatzweise eine Gliederung in Bauelemente angelegt wurde. Damit sollte die Grundlage für eine Kostenermittlung geschaffen werden, die sich an den neueren Erkenntnissen und Erfahrungen insbesondere in Großbritannien orientiert. Die Ausgabe 1981 der DIN 276 wurde dann bei der 3. Änderungsverordnung der HOAI im Jahr 1988 [303] als Grundlage für die Honorarermittlung festgelegt. Dies sollte bis zur HOAI-Fassung 2009 so bestehen bleiben, obwohl 1993 und 2006 bereits weitere Folgeausgaben der DIN 276 herausgegeben wurden.

Ausgabe 1993

Die praktischen Erfahrungen und die technischen Entwicklungen in der Folgezeit machten es dann nach einem Jahrzehnt erforderlich, die DIN 276 erneut zu überarbeiten. Ziel dabei war es, Grundlagen für höhere Wirtschaftlichkeit und Kostensicherheit für den Hochbau zu schaffen. Im Juni 1993 erschien diese Folgeausgabe **(DIN 276:1993-06)** [123]. Der Text der Norm wurde deutlich gestrafft und systematischer gefasst. Nicht zuletzt durch den Verzicht auf die Formblätter („Muster") für Kostenermittlungen konnte der Text zu einer Norm (ohne einzelne Teile) zusammengefasst werden. Eine völlig neue Kostengliederung im Bereich des Bauwerks, insbesondere der Baukonstruktionen, orientierte sich nun konsequent an dem Elementverfahren. Die definierten Begriffe und Regelungen erstreckten sich erstmals über die Kostenermittlung hinaus auf die Kostenkontrolle und die Kostensteuerung – also die gesamte Kostenplanung. Das System der Kostenermittlung blieb aber – trotz intensiver Bemühungen und aufgrund des Widerstands bestimmter Kreise – mit weiterhin nur vier Stufen noch lückenhaft. So konnte eine weitere und allgemein übliche Kostenermittlungsstufe auf der Grundlage von Bedarfsangaben in der Norm noch nicht verankert werden. Es blieb lediglich die – geradezu zaghafte – „Lösung", im Anwendungsbereich der Norm darauf hinzuweisen, dass die Norm für diese Kostenermittlungsstufe, „die z.B. als Kostenrahmen bezeichnet wird", nicht gilt. Immerhin war damit der Begriff „Kostenrahmen" in der Welt.

Ausgabe 2006

In der Folgezeit bewährte sich die Ausgabe 1993 der DIN 276 nach dem Urteil der Praxis so gut, dass nach der planmäßigen Überprüfung der Norm im Jahr 2006 die wesentlichen Regelungen der Ausgabe 1993 grundsätzlich beibehalten werden konnten. Nur an wenigen Stellen sollte die Norm ergänzt werden.

Dies betraf nun endlich auch das System der Kostenermittlungen, in das der Kostenrahmen als neue fünfte Kostenermittlungsstufe aufgenommen werden sollte. Auch das ökonomische Grundprinzip der DIN 276 galt es der bauwirtschaftlichen Entwicklung anzupassen: Die Kostenplanung sollte nicht nur auf der Grundlage von Planungsvorgaben aufgebaut werden können, sondern alternativ auch auf der Grundlage von Kostenvorgaben. Die 2005 in einem richtungsweisenden Norm-Entwurf **(E DIN 276:2005-08)** [124] vorgeschlagene konsequente Systematik der Kostenplanung mit sechs Kostenermittlungsstufen, die den gesamten Projektablauf kontinuierlich begleiten, traf aber wiederum auf starken Widerstand und konnte noch nicht realisiert werden. 2006 erschien dann die Normausgabe **(DIN 276-1: 2006-11)** [125], die erstmals den Titel „Kosten im Bauwesen – Teil 1: Hochbau" trug. Da sich die DIN 276 bisher ausschließlich auf den Hochbau beschränkt hatte, sollte die Norm nun in ihrer weiteren Entwicklung auch für andere Bereiche des Bauwesens, z.B. den Tiefbau, die Ingenieurbauwerke oder die Verkehrsanlagen und entsprechende weitere Norm-Teile geöffnet werden.

Ausgaben 2008 und 2009

Im Dezember 2008 wurde der für den Hochbau geltende Teil 1 der DIN 276 mit einigen wenigen Änderungen neu herausgegeben **(DIN 276-1:2008-12)** [128]. Es wurden lediglich die zwischenzeitlichen Berichtigungs- und Änderungs-Normen aus 2007 [126] und 2008 [127] eingearbeitet.

Im August 2009 folgte der Norm-Teil 4 für den Ingenieurbau mit Regelungen für Ingenieurbauwerke und Verkehrsanlagen **(DIN 276-4:2009-08)** [129].

Dieser Teil der DIN 276 beschränkte sich auf die Festlegung einer für den Ingenieurbau spezifischen Kostengliederung der Kosten des Bauwerks (Baukonstruktionen und technische Anlagen). Im Übrigen wurde auf die allgemeinen Aussagen in Teil 1 sowie die dort geregelten Begriffe und Grundsätze der Kostenplanung verwiesen.

Ausgabe 2018

Gerade der Sachverhalt, dass für den Hochbau und den Ingenieurbau unterschiedliche Kostengliederungen der Bauwerkskosten bestanden, war der Anlass mehrerer Normungsanträge, die eine Vereinheitlichung der Kostengliederung forderten. Im Dezember 2018 ist die überarbeitete aktuelle Fassung der DIN 276 erschienen **(DIN 276:2018-12)** [101]. Dem zuständigen DIN-Arbeitsausschuss ist es dabei gelungen, die beiden Norm-Teile des Hochbaus und des Ingenieurbaus zu einer einzigen Norm zusammenzufassen und somit eine einheitliche Kostengliederung für das Bauwesen vorzulegen.

Praktische Erwägungen führten zu einer weiteren wesentliche Änderung. Die Inhalte der bisherigen DIN 277-3 **(DIN 277-3:2005-04)** [142] mit Regeln über Mengen und Bezugseinheiten der einzelnen Kostengruppen wurden in die DIN 276 übernommen. Durch die Zusammenfassung von DIN 276-1 und DIN 276-4 sowie den Verzicht auf die DIN 277-3 konnte das für das wirtschaftliche Planen und Bauen erforderliche Normensystem deutlich vereinfacht und übersichtlicher gestaltet werden.

Eine wesentliche Verbesserung wurde mit der neuen DIN 276 beim System der Kostenermittlungsstufen erreicht. Anstelle der bisherigen fünf Kostenermittlungsstufen unterscheidet die Norm jetzt sechs Stufen: „Kostenrahmen, Kostenschätzung, Kostenberechnung, Kostenvoranschlag, Kostenanschlag und Kostenfeststellung." Mit dem „Kostenvoranschlag", der die „Ermittlung der Kosten auf der Grundlage der Ausführungsplanung und der Vorbereitung der Vergabe" darstellt, wird zwar ein neuer Begriff eingeführt, die beschriebene Kostenermittlungsstufe entspricht aber voll und ganz dem bisherigen „Kostenanschlag". Der Begriff „Kostenanschlag" wird jetzt für die „Ermittlung der Kosten auf der Grundlage der Vergabe und Ausführung" verwendet – einen Teilbereich der Kostenermittlung, der in der bisherigen Norm fälschlich der Kostenkontrolle zugeordnet worden war. Auch bei der in der Praxis immer wieder aufkommenden Frage, ob es sich bei den einzelnen Kostenermittlungsstufen um einmalige oder um zu wiederholende Ermittlungen handelt, schafft die DIN 276 jetzt Klarheit.

Bei der Neuordnung der Kostenermittlung wurden schließlich die Anforderungen an den Detaillierungsgrad der Ermittlungen den heutigen Erwartungen an Wirtschaftlichkeit und Kostensicherheit realistisch angepasst.

Die früheren Ausgaben der DIN 276 von 1971 bis 1993 hatten nur vier Stufen der Kostenermittlung vorgesehen: Kostenschätzung, Kostenberechnung, Kostenanschlag und Kostenfeststellung. Schon 1993 bestand durchaus Konsens darüber, dass dieses System der Kostenermittlungen lückenhaft ist und dem Anspruch nach einer kontinuierlichen, alle Projektphasen begleitenden Kostenplanung nicht gerecht wird. Gegen häufig massive Widerstände und Einsprüche einflussreicher Institutionen gelang es bei den Überarbeitungen der DIN 276 in den Jahren 1993, 2006 und 2008 nur schrittweise – und bei manchen dieser Schritte auch nur in Ansätzen oder nur indirekt – Verbesserungen im Sinne größerer Wirtschaftlichkeit durchzusetzen. Hauptsächlich wurden immer wieder honorarrechtliche und vertragsrechtliche Gesichtspunkte gegen eine Veränderung der alten lückenhaften Kostenermittlungsstruktur vorgebracht. So war es fürwahr ein sehr langer und mühsamer Weg bis zu dem konsequenten System mit sechs Stufen der Kostenermittlung, das im Jahr 2018 mit der aktuellen DIN 276 endlich eingeführt worden ist.

Der Original-Wortlaut der aktuellen DIN 276 wird im **Teil A** dieses Kommentars wiedergegeben und kommentiert.

Weitere Entwicklung

Mit der im Dezember 2018 neu gefassten DIN 276 liegt eine Norm vor, die dem heutigen Stand der Theorie und Praxis des wirtschaftlichen Planens und Bauens entspricht. Es handelt sich dabei indessen nicht um eine völlig neue Norm, sondern um die aktuelle Fassung einer technischen Regel, die seit nunmehr 85 Jahren das Planungs- und Baugeschehen maßgeblich prägt. Insofern kann die DIN 276 zweifelsohne als eine anerkannte Regel der Technik gelten, die im rechtlichen Sinn praxiserprobte Prinzipien und Lösungen anbietet und die sich bei der Mehrheit der Praktiker durchgesetzt hat (siehe hierzu Leuschner) [429]. Einige der neuen Regelungen werden verständlicherweise noch Zeit benötigen, bis sie in die praktische Arbeit allgemein Eingang gefunden haben werden. Das gilt insbesondere für die Kostengliederung und ihre Anwendung bei Ingenieurbauten, Infrastrukturanlagen und Freiflächen.

Der Stand der Technik verändert sich und dem entsprechend wird auch die DIN 276 nicht still stehen. Änderungen bei der DIN 276 ergaben sich im Laufe der Zeit immer auch durch Entwicklungen bei den unmittelbar im Zusammenhang stehenden Normen DIN 277 und DIN 18960. Beide Normen wurden in der Zwischenzeit von den zuständigen DIN-Arbeitsausschüssen überarbeitet. Direkte Auswirkungen auf die DIN 276 dürften sich allerdings aus diesen Neufassungen der DIN 277 und der DIN 18960 wohl nicht ergeben, da bei ihrer Überarbeitung die Übereinstimmung mit der DIN 276 beachtet worden ist.

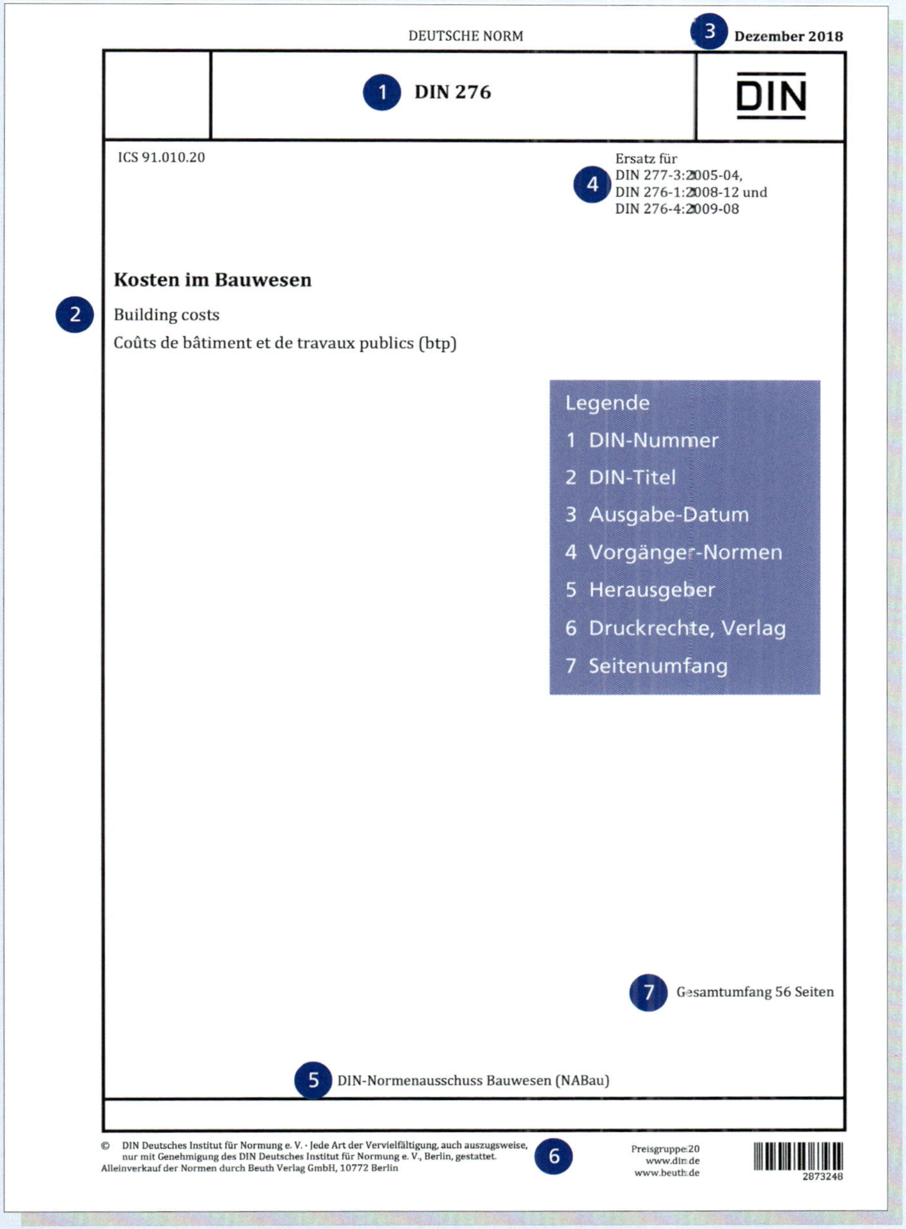

DEUTSCHE NORM

3 Dezember 2018

1 DIN 276

DIN

ICS 91.010.20

Ersatz für
4 DIN 277-3:2005-04,
DIN 276-1:2008-12 und
DIN 276-4:2009-08

Kosten im Bauwesen

2 Building costs

Coûts de bâtiment et de travaux publics (btp)

Legende
1 DIN-Nummer
2 DIN-Titel
3 Ausgabe-Datum
4 Vorgänger-Normen
5 Herausgeber
6 Druckrechte, Verlag
7 Seitenumfang

7 Gesamtumfang 56 Seiten

5 DIN-Normenausschuss Bauwesen (NABau)

© DIN Deutsches Institut für Normung e. V. · Jede Art der Vervielfältigung, auch auszugsweise, nur mit Genehmigung des DIN Deutsches Institut für Normung e. V., Berlin, gestattet.
Alleinverkauf der Normen durch Beuth Verlag GmbH, 10772 Berlin

6

Preisgruppe 20
www.din.de
www.beuth.de

2873248

Abbildung A 3: Titelblatt der DIN 276

Inhalt

Vorwort

1 Anwendungsbereich

2 Normative Verweisungen

3 Begriffe

4 Grundsätze der Kostenplanung
4.1 Allgemeines
4.2 Kostenermittlung
4.3 Stufen der Kostenermittlung
4.4 Kostenkontrolle
4.5 Kostensteuerung
4.6 Kostenvorgabe

5 Kostengliederung
5.1 Aufbau der Kostengliederung
5.2 Anwendung der Kostengliederung
5.3 Ausführungsorientierte Gliederung der Kosten
5.4 Darstellung der Kostengliederung

6 Mengen und Bezugseinheiten
6.1 Allgemeines
6.2 Mengen und Bezugseinheiten für Kostengruppen
6.3 Mengen und Bezugseinheiten für die Kostengruppe 300
6.4 Mengen und Bezugseinheiten für die Kostengruppe 400

Literaturhinweise

Vorwort

Diese Norm wurde vom Arbeitsausschuss NA 005-01-05 AA „Kosten im Bauwesen" im DIN-Normenausschuss NABau erarbeitet.

Es wird auf die Möglichkeit hingewiesen, dass einige Elemente dieses Dokuments Patentrechte berühren können. DIN ist nicht dafür verantwortlich, einige oder alle diesbezüglichen Patentrechte zu identifizieren.

Änderungen

Gegenüber DIN 276-1:2008-12, DIN 276-4:2009-08 und DIN 277-3:2005-04 wurden folgende Änderungen vorgenommen:

a) DIN 276-1 und DIN 276-4 wurden zu einer Norm zusammengefasst und dementsprechend wurde der Titel der Norm angepasst.

b) Die Regelungsinhalte der DIN 277-3:2005-04 wurden in DIN 276 übernommen.

c) Die Gliederung der Norm wurde überarbeitet.

d) Der Anwendungsbereich der Norm wurde entsprechend den geänderten Inhalten neu formuliert.

e) Die Abschnitte „2 Normative Verweisungen" und „Literaturhinweise" wurden neu aufgenommen.

f) Die Begriffe wurden überarbeitet und ergänzt.

g) Die Grundsätze der Kostenplanung wurden mit dem Ziel einer sicheren und einheitlichen Anwendung geändert und ergänzt.

h) Die Stufen der Kostenermittlung wurden im Hinblick auf eine kontinuierliche Kostenplanung erweitert und redaktionell überarbeitet; dabei wurden auch die Anforderungen an die Gliederungstiefe der Kostenermittlungen erhöht.

i) Die Beschreibung der Kostengliederung wurde geändert und ergänzt.

j) Die Kostengliederung wurde insgesamt überarbeitet; dabei wurden mit dem Ziel einer sicheren und einheitlichen Anwendung die Anmerkungen ergänzt und präzisiert.

k) Durch Übernahme der Regelungsinhalte aus DIN 277-3 wurden die Tabellen 2 bis 4 neu aufgenommen.

l) In der ersten Ebene wurde die Kostengliederung auf acht Kostengruppen erweitert.

m) Die Kostengruppen 300 und 400 wurden so überarbeitet, dass eine einheitliche Kostengliederung für Hochbauten, Ingenieurbauten und Infrastrukturanlagen vorliegt.

n) Die Kostengruppe 500 wurde neu gefasst, so dass sie sich nun auf Außenanlagen von Bauwerken sowie auf Freiflächen, die selbständig und unabhängig von Bauwerken sind, erstreckt.

Frühere Ausgaben

DIN 276: 1934-08, 1943-08, 1954x-03, 1993-06
DIN 276-1: 1971-09, 1981-04, 2006-11, 2008-12
DIN 276-1 Berichtigung 1:2007-02
DIN 276-2: 1971-09, 1981-04
DIN 276-3: 1971-09, 1981-04
DIN 276-3 Auswahl 1: 1981-04
DIN 277-3: 1998-07, 2005-02, 2005-04
DIN 276-4: 2009-08

0.4 Titel, Inhalt und Vorwort der DIN 276

► *Zum Titelblatt der DIN 276*

Die derzeit geltende Ausgabe der DIN 276 mit dem Ausgabe-Datum Dezember 2018 (DIN 276:2018-12) trägt entsprechend ihrem erweiterten Anwendungsbereich den umfassenden, aber zugleich erfreulich kurzen Titel „Kosten im Bauwesen". Unter dem Normtitel in deutscher Sprache ist mit „Building costs" die englische Übersetzung angegeben. Der englische Begriff „building" steht sowohl für das „Gebäude" als auch für das „Bauwesen". Insofern konnte die englische Fassung des Titels ebenfalls kurz gehalten werden. Anders die französische Fassung, die mit „Coûts de bâtiment et travaux publics (btp)" etwas sperrig erscheint, da es im Französischen kein direktes Pendant zu „Bauwesen" gibt. Deshalb muss der deutsche Begriff umschrieben werden. Der Begriff „bâtiment" steht einerseits für „Gebäude", „Bauwerk" und „Bau", andererseits auch für den Wirtschaftssektor „Baugewerbe". Er bedeutet in der DIN 276 hier eher den Begriff „Hochbauten", während mit „travaux publics" – im französischen Sprachgebrauch allgemein für den „Tiefbau" oder die „Arbeiten der öffentlichen Hand" verwendet – hier eher der Bereich der „Ingenieurbauten" und der „Infrastrukturanlagen" umschrieben wird. Im Beuth-Verlag wird im Übrigen derzeit eine englische Übersetzung der DIN 276 bearbeitet.

Das Titelblatt der DIN 276 ist in der **Abbildung A 3** wiedergegeben. Darin sind neben dem Titel und dem Ausgabedatum der Norm weitere formale Informationen für die Anwendung der Norm ersichtlich.

Die Vorgängernormen, die – wie unter 0.3 dargestellt – in der Neufassung aufgegangen sind (DIN 276-1, DIN 276-4 und DIN 277-3), werden im Kopf des Titelblatts aufgeführt. Diese Normen werden ausdrücklich durch die Neufassung der DIN 276 ersetzt und sollen somit nicht mehr angewendet werden.

Im unteren Teil des Titelblatts wird mit dem Beuth-Verlag in Berlin die alleinige Bezugsquelle der Norm angegeben und auf die Druck- und Vervielfältigungsrechte des Deutschen Instituts für Normung (DIN) hingewiesen. Die Wiedergabe der Norm in diesem Kommentar ist entsprechend dieser Regelung durch das DIN gestattet.

Als Herausgeber der Norm ist der DIN-Normenausschuss Bauwesen (NABau) genannt. Er ist satzungsmäßig ein Organ des DIN. Der NABau hat die Aufgabe, alle Normungsvorschläge für das Bauwesen zu prüfen und, sofern ein berechtigtes Interesse besteht und die Finanzierung der Arbeit sichergestellt ist, zu bearbeiten. Die Normenarbeit wird von den sogenannten „interessierten Kreisen" (Wirtschaft, öffentlich Verwaltung, Wissenschaft und Forschung, Verbraucherinstitutionen u.a.) getragen.

Beachtet werden sollte der angegebene Gesamtumfang der neuen DIN 276. Während bei den meisten Vorschriften der Umfang im Zuge ihrer Aktualisierung wächst, konnte durch die Neuordnung der DIN 276 mit der beschriebenen Zusammenfassung der Teile Hochbau und Ingenieurbau sowie der Mengen und Bezugseinheiten aus der DIN 277-3 der Gesamtumfang sogar etwas reduziert werden. Die Reduzierung von 60 Seiten auf jetzt 56 Seiten fällt zwar nominal nur geringfügig aus, aber für die praktische Arbeit dürfte die mit der Reduzierung verbundene inhaltliche Straffung der Norm dennoch hilfreich sein.

► *Zu Abschnitt „Inhalt"*

Das Inhaltsverzeichnis der neuen DIN 276 ist gegenüber der Vorgängernorm kürzer gefasst, da sich die Inhaltsangaben auf zwei Gliederungsstellen – bisher drei Stellen – beschränken. Die Gliederung wird dadurch wesentlich übersichtlicher. Schon hier zeigt sich das Bemühen, die Norm anwendungsfreundlicher als die Vorgängernorm zu gestalten. Die Inhalte der Norm sind erkennbar klarer geordnet, so dass die Anwendung bei der Suche nach bestimmten Regelungen der Zugriff auf die gesuchte Regelung leichter als bisher fallen dürfte. Die Bezeichnungen der Abschnitte entsprechen weitgehend der Vorgängernorm, auch wenn die teilweise geänderte Reihenfolge bereits hier eine unterschiedlich Schwerpunktsetzung signalisiert. Neu hinzugetreten ist in der Inhaltsübersicht der Abschnitt 6 Mengen und Bezugseinheiten, in den die Regelungen aus der bisherigen DIN 277-3 eingeflossen sind.

▶ Zu Abschnitt „Vorwort"

Das Vorwort der Norm enthält eingangs rein formale Hinweise: Zunächst den üblichen Hinweis auf den für die Bearbeitung der Norm zuständigen Arbeitsausschuss „Kosten im Bauwesen" und dann eine bei allen Dokumenten (Normen) vorgesehene rechtliche Absicherung des DIN hinsichtlich der Patentrechte, die möglicherweise durch die vorliegende Norm oder durch Teile dieses Dokuments berührt werden. Für die Anwendung der Norm dürfte das jedoch keine Bedeutung haben.

▶ Zu Abschnitt „Änderungen"

Die stattliche Liste von insgesamt 14 Änderungen belegt allein schon durch ihren Umfang, dass die Norm tiefgreifend überarbeitet wurde und eine grundlegende Neufassung darstellt. Die aufgeführten Änderungen werden im weiteren Verlauf der Kommentierung ausführlich und im Einzelnen behandelt. Auf einige Punkte soll aber schon an dieser Stelle eingegangen werden – auch um den Zusammenhang der einzelnen Änderungen verständlich zu machen.

Zu a): Die Zusammenfassung der bisherigen Teilnormen für den Hochbau und den Ingenieurbau zu einer einzigen Norm war der Anlass für die Überarbeitung. Es ging dabei nicht um eine rein formale Zusammenfassung, sondern um die fachlich inhaltliche Integration der beiden Bereiche. Das Ergebnis zeigt sich insbesondere in dem neu formulierten Anwendungsbereich (wie unter d) angesprochen) und in der überarbeiteten Kostengliederung (wie unter j) ausgeführt).

Zu b): Die Inhalte der bisherigen DIN 277-3 mit Regeln über Mengen und Bezugseinheiten der einzelnen Kostengruppen wurden aus praktischen Erwägungen in die DIN 276 übernommen, da diese Festlegungen unmittelbar mit der Kostengliederung verbunden sind. Hieraus folgte die unter k) angesprochene Aufnahme der Tabellen 2 bis 4. Bei der Neufassung der DIN 277-1 im Januar 2016 war schon beabsichtigt worden, die DIN 277-3 nur noch so lange aufrecht zu erhalten, bis die DIN 276 entsprechend überarbeitet ist. Diese vorgesehene Überleitung konnte nun mit dem neuen Abschnitt 6 der DIN 276 abgeschlossen werden.

Zu c): Die mit der geänderten Gliederung der Norm verfolgten Ziele wurden schon beim Abschnitt „Inhalt" aufgezeigt.

Zu e): Bei der Aufnahme der Abschnitte „2 Normative Verweisungen" und „Literaturhinweise" handelt es sich um eine Änderung formaler Natur.

Zu f): Die Begriffe und Definitionen wurden entsprechend den Entwicklungen in der Kostenplanung überarbeitet und ergänzt. Das steht in direktem Zusammenhang mit den unter h) angesprochenen Stufen der Kostenermittlung mit dem neuen Begriff „Kostenvoranschlag" und dem geänderten Begriffsinhalt des „Kostenanschlags". Zusammen mit den neu aufgenommenen Begriffen „Kostensicherheit", „Kostentransparenz" „Kosteneinfluss" und „Kostenermittlungsverfahren" soll ein möglichst vollständige Begriffsgerüst dargestellt werden, um einen einheitlichen Sprachgebrauch in der Kostenplanung zu fördern.

Zu g): Die Grundsätze der Kostenplanung stellen die grundlegenden Regeln und Anforderungen für Kostenermittlung, Kostenkontrolle und Kostensteuerung dar. Gegenüber der Vorgängernorm wurde dieser Katalog durch zahlreiche redaktionelle Änderungen und Ergänzungen eindeutiger und klarer gefasst, so dass Missverständnisse bei der Anwendung weitgehend ausgeschlossen werden und eine einheitliche Handhabung erleichtert wird.

Zu h): Die neu formulierten Stufen der Kostenermittlung stellen einen Schwerpunkt der neuen DIN 276 dar. Mit der Erweiterung auf sechs Stufen der Kostenermittlung und den zugehörigen Maßnahmen der Kostenkontrolle und der Kostensteuerung wird ein schlüssiges System der Kostenplanung aufgezeigt, mit dem ein Bauprojekt über die gesamte Projektdauer kontinuierlich begleitet und beeinflusst werden kann. Damit konnte jetzt die langjährige Entwicklung der erstmals in der Norm-Ausgabe 1993 angesprochenen Kostenplanung, nach der schrittweisen Ergänzung in den Norm-Ausgaben 2006 bzw. 2008, zu einem vollständigen System abgeschlossen werden. Angesichts der heutigen Erwartungen an Wirtschaftlichkeit und Kostensicherheit wurden auch die Anforderungen an den Detaillierungsgrad der Kostenermittlungen in den einzelnen Stufen erhöht. Die bisherigen Mindestanforderungen wurden durch eindeutige Anforderungen an die Gliederungstiefe ersetzt.

Zu i): Ein weiterer Schwerpunkt der neuen DIN 276 stellt die völlig überarbeitete Kostengliederung dar. Das betrifft zunächst die klarer formulierte Beschreibung, wie die Kostengliederung aufgebaut ist und angewendet werden soll, und dann die unter j) angesprochene Überarbeitung der Kostengliederung selbst. Die bisherige Kostengliederung, die alleine für Hochbauten und die damit zusammenhängenden projektbezogenen Kosten vorgesehen war, galt es so zu verändern, dass die bisher in der DIN 276-4 enthaltenen Ingenieurbauten und Infrastrukturanlagen (wie auch unter m) beschrieben) in eine einheitliche Gliederung integriert werden konnten.

Zu j): Die Anmerkungen zu den einzelnen Kostengruppen waren in der bisherigen DIN 276 sehr reduziert gehalten. Die praktischen Erfahrungen zeigten, dass doch häufig Unklarheiten auftraten, wie bestimmte Kostensachverhalte den Kostengruppen zugeordnet werden sollen. Um solche Missverständnisse zu vermeiden und eine einheitliche Anwendung der Kostengliederung zu verbessern, wurden die Anmerkungen vervollständigt, ausführlicher formuliert und wesentlich präziser gefasst.

Zu l): Die bisher in der ersten Ebene aus sieben Kostengruppen bestehende Kostengliederung wurde auf acht Kostengruppen erweitert, indem die Kosten der Finanzierung aus den Baunebenkosten herausgelöst und als eigenständige Kostengruppe 800 ausgewiesen wurde. Gründe für diese Maßnahme liegen sowohl in dem nicht unerheblichen Kostengewicht der Finanzierungskosten als auch in dem Bestreben, durch die Separierung die Vergleichbarkeit von Baunebenkosten zu verbessern.

Zu n): Das Bestreben, die Kostengliederung der DIN 276 für alle Bereiche des Bauwesens anwendbar zu machen, führte folgerichtig dazu, auch die Kostengruppe 500 zu erweitern. Die Kostengruppe erstreckte sich bisher nur für die im Zusammenhang mit Bauwerken des Hochbaus oder des Ingenieurbaus stehenden Außenanlagen. Sie wurde jetzt so überarbeitet, dass sie außer für Außenanlagen von Bauwerken auch für Freiflächen, die selbstständig und unabhängig von Bauwerken sind (z.B. Parkanlagen, Gartenschauen), angewendet werden kann.

► Zu Abschnitt „Frühere Ausgaben"

Die an dieser Stelle aufgeführten früheren Ausgaben der Norm werden im Abschnitt 0.3 dieses Kommentars, in dem die Entwicklung der DIN 276 von 1934 bis heute dargestellt ist, im Einzelnen behandelt und in ihren Grundzügen beschrieben.

1 Anwendungsbereich

Diese Norm gilt für die Kostenplanung im Bauwesen, insbesondere für die Ermittlung und die Gliederung von Kosten. Sie erstreckt sich auf die Kosten von Hochbauten, Ingenieurbauten, Infrastrukturanlagen und Freiflächen sowie die damit zusammenhängenden projektbezogenen Kosten.

Diese Norm betrifft die Kosten für den Neubau, den Umbau und die Modernisierung von Bauwerken und Anlagen. Für Nutzungskosten im Hochbau gilt DIN 18960.

Diese Norm legt Begriffe und Grundsätze der Kostenplanung im Bauwesen sowie Unterscheidungsmerkmale von Kosten und Bezugseinheiten für Kostengruppen fest. Damit schafft die Norm die Voraussetzungen für eine einheitliche Vorgehensweise in der Kostenplanung sowie für die Vergleichbarkeit der Ergebnisse von Kostenermittlungen.

Die nach dieser Norm ermittelten Kosten können bei Verwendung für andere Zwecke (z. B. Vergütung von Architekten- und Ingenieurleistungen, steuerliche Förderung, Finanzierung, Haushaltsveranschlagung, Vermarktung) den dabei erforderlichen Ermittlungen zugrunde gelegt werden. Eine Bewertung der Kosten im Sinne der entsprechenden Vorschriften nimmt die Norm jedoch nicht vor.

2 Normative Verweisungen

Die folgenden Dokumente werden im Text in solcher Weise in Bezug genommen, dass einige Teile davon oder ihr gesamter Inhalt Anforderungen des vorliegenden Dokuments darstellen. Bei datierten Verweisungen gilt nur die in Bezug genommene Ausgabe. Bei undatierten Verweisungen gilt die letzte Ausgabe des in Bezug genommenen Dokuments (einschließlich aller Änderungen).

DIN 277-1, *Grundflächen und Rauminhalte im Bauwesen – Teil 1: Hochbau*

DIN 18960, *Nutzungskosten im Hochbau*

► *Zu 1 Anwendungsbereich*

Zu Absatz 1: Mit der Formulierung, dass die DIN 276 im Rahmen der Kostenplanung insbesondere für die Ermittlung und die Gliederung von Kosten gilt, werden schon eingangs die beiden Schwerpunkte der Norm betont. Der erste Schwerpunkt besteht darin, die Kostenermittlung mit ihren einzelnen Stufen im Ablauf eines Bauprojekts zu definieren und dafür die organisatorischen und ökonomischen Anforderungen zu regeln. Dass hier die Kostenermittlung als Teil der Kostenplanung besonders herausgehoben wird, zeigt deren zentrale Bedeutung für die anderen Teile der Kostenplanung: Die Kostenkontrolle und die Kostensteuerung bauen auf der Kostenermittlung auf. Den zweiten Schwerpunkt bildet die normierte Kostengliederung, mit der die bei Bauprojekten anfallenden Kosten bestimmten Kostengruppen zugeordnet werden können. Damit liegt ein systematisches und konsequentes Regelwerk vor mit klaren Definitionen der verwendeten Begriffe, allgemein gültigen Regeln und Grundsätzen für die Kostenplanung sowie eindeutigen Unterscheidungsmerkmalen für die einzelnen Kostensachverhalte und ihre Abgrenzung untereinander.

Seit ihrem ersten Erscheinen im Jahr 1934 erstreckte sich die DIN 276 ausschließlich auf Hochbauten und die damit zusammenhängenden Leistungen (z. B. für das Grundstück, die Erschließung, die Außenanlagen, und die Baunebenkosten). Ingenieurbauten und Anlagen beispielsweise für Verkehr oder technische Infrastruktur wurden nur dann erfasst, wenn sie in direktem Zusammenhang mit Hochbauten, insbesondere in den Außenanlagen dieser Hochbauten, stehen. Mit der DIN 276-4 wurde 2009 dann der Geltungsbereich der DIN 276 erweitert, indem auch für selbstständige Ingenieurbauwerke und Verkehrsanlagen eine eigene Kostengliederung (Kostengruppen 300 Bauwerk-Baukonstruktionen und 400 Bauwerk-Technische Anlagen) angeboten wurde.

Die neue DIN 276, in der die beiden Teilnormen für den Hochbau und den Ingenieurbau zusammengefasst sind, kann nun für alle Bereiche des Bauwesens angewendet werden. Dazu gehören neben den Hochbauten, die Ingenieurbauten, die Infrastrukturanlagen und die Freiflächen sowie die damit zusammenhängenden projektbezogenen Kosten. Mit der für alle diese Bereiche gleichen Kostengliederung soll jetzt das gesamte Kostenspektrum im Bauwesen erfasst werden können.

Schon der Bereich der Hochbauten allein umfasst eine enorme Bandbreite unterschiedlicher Bauten, die hinsichtlich ihrer Nutzung, Größe, Gestalt, Konstruktion usw. völlig verschieden sind. **Abbildung A 4** zeigt einen kleinen Ausschnitt aus diesem Spektrum – vom Wohnhaus und dem Kindergarten über das Bürogebäude und die Schule bis zum Krankenhaus und der Kirche. Für alle diese Bauwerke ist die DIN 276 mit ihrer Kostengliederung anwendbar und hat sich in den vergangenen Jahrzehnten bewährt.

Mit der neuen DIN 276 wird nun der Versuch unternommen, darüber hinaus auch die Ingenieurbauten mit den gleichen Regeln und Kostenstrukturen zu erfassen. Doch die Variationsbreite der Objekte in diesen Bereichen ist noch erheblich größer wie die Objektbeispiele in **Abbildung A 5** zeigen. Wasserwerke, Kläranlagen, Brücken, Maste, Staumauern, Tunnel, Türme usw. Die Vielgestaltigkeit hinsichtlich Funktion, Form, Konstruktion und Technik ist nahezu unüberschaubar. Hier wird die Praxis der nächsten Jahre zeigen müssen, wie sich die Norm bei der Kostenplanung von Ingenieurbauten einsetzen lässt und ob sie sich bewähren kann.

Das gilt in gleicher Weise für den Bereich der Infrastrukturanlagen, dessen Spektrum die **Abbildung A 6** mit einigen Objektbeispielen beschreibt. Die Palette reicht hier von der Pipeline und der Fernwärmeleitung über die Autobahn und die Gleisanlage bis zur Flughafen-Startbahn und die Schleusenanlage.

Als vierter Bereich sind im Anwendungsbereich der Norm schließlich die Freiflächen aufgeführt, die aufgrund der Definition selbstständig und unabhängig von Bauwerken sind und sich durch diese Projekteigenschaft von den Außenanlagen abgrenzen. Auch zu den Freiflächen gehört, wie die **Abbildung A 7** vermittelt, eine reichhaltige Sammlung sehr unterschiedlicher Beispiele – von der Landschaftsgestaltung und der Gewässerrenaturierung bis zur Parkanlage und der Gartenschau.

Bei den Bezeichnungen „Hochbauten", „Ingenieurbauten", „Infrastrukturanlagen" und „Freiflächen" kommt man nicht umhin darauf hinzuweisen, dass die DIN 276 bewusst Bezeichnungen verwendet, die nicht mit Begriffen aus anderen Vorschriften kollidieren. Dort sind häufig Begriffe gebräuchlich, die dem Regelungszweck der jeweiligen Vorschrift folgend andere Begriffsinhalte beschreiben als die für die DIN 276 benötigten Begriffe und Bezeichnungen. Im Abschnitt 2 „Begriffe" wird diese Problematik ausführlicher behandelt.

Zu Absatz 2: Der weit gefasste Anwendungsbereich der DIN 276 schließt neben dem Neubau auch den Umbau und die Modernisierung von Bauwerken und Anlagen ein. Damit werden alle bei einem Bauprojekt möglichen investiven Kosten durch die DIN 276 erfasst.

Für die während der Nutzung eines Objekts entstehenden Kosten der Wartung, der Inspektion, der Instandsetzung und der Verbesserung gilt die DIN 276 dagegen ausdrücklich nicht. Solche Aufwendungen gehören zu den Nutzungskosten. Für diese den konsumtiven Ausgaben zuzuordnenden Kosten gibt es mit der DIN 18960 Nutzungskosten im Hochbau eine entsprechende Norm, die allerdings – wie es der Titel bereits ausdrückt – ausschließlich für Hochbauten gilt. Als gute Hilfe zur klaren Abgrenzung der verschiedenen investiven und konsumtiven Baumaßnahmen im Bestand sind die Ausführungen von Deutschmann, Herke und Kalusche [419], von Kalusche und Bartsch [423] sowie von Kalusche und Herke [424] zu empfehlen.

Zu Absatz 3: Hier wird das Instrumentarium der Norm beschrieben, mit dem die Schwerpunktaufgaben der Ermittlung und Gliederung von Kosten bewerkstelligt werden sollen: Die Norm legt Begriffe und Grundsätze der Kostenplanung im Bauwesen sowie Unterscheidungsmerkmale von Kosten und Bezugseinheiten für Kostengruppen fest. Eine erste Aufgabe besteht also darin, mit eindeutig definierten Begriffen einen einheitlichen und allgemein verständlichen Sprachgebrauch in der Kostenplanung sicherzustellen. So wird beispielsweise für den Vergleich einer aktuellen Kostenermittlung mit einer früheren Kostenermittlung der Begriff „Kostenkontrolle" festgelegt und damit der in der Praxis immer wieder auch gebräuchliche Begriff „Kostenverfolgung" ausgeschlossen.

Die weitere wesentliche Aufgabe der DIN 276 besteht darin, mit der Kostengliederung und der Definition von Kostengruppen eindeutige Unterscheidungsmerkmale von Kosten festzulegen. Damit schafft die Norm die Voraussetzungen für eine einheitliche Vorgehensweise in der Kostenplanung sowie für die Vergleichbarkeit der Ergebnisse von Kostenermittlungen. Erst mit dieser Ordnung der Begriffe und ihrer Zusammenhänge kann es gelingen, verschiedene Kostenangaben miteinander vergleichen zu können. Mit der Vergleichbarkeit der Ergebnisse von Kostenermittlungen sind sowohl die Kostenangaben im Laufe eines bestimmten Projekts gemeint (wenn z.B. die Ergebnisse der Kostenberechnung mit der Kostenschätzung verglichen werden) als auch die Kostenangaben verschiedener Projekte (wenn deren Kosten miteinander verglichen werden sollen).

Zu Absatz 4: Die nach DIN 276 ermittelten Kosten können über die Kostenplanung hinaus durchaus auch für andere Zwecke angewendet werden. Als Beispiele für solche anderen Zwecke nennt die Norm die Vergütung von Architekten- und Ingenieurleistungen und die steuerliche Förderung sowie die Finanzierung, die Haushaltsveranschlagung und die Vermarktung. Es wird ausdrücklich betont, dass in solchen Anwendungsfällen die Kosten nach DIN 276 zwar den dabei erforderlichen Ermittlungen zugrunde gelegt werden können, eine Bewertung der Kosten im Sinne der entsprechenden Vorschriften durch die DIN 276 aber nicht vorgenommen wird.

Mit der „Vergütung von Architekten- und Ingenieurleistungen" sind Honorarermittlungen nach der Honorarordnung für Architekten und Ingenieure (HOAI) [301] angesprochen. Für solche Honorarermittlungen gilt, dass mit den Kostenermittlungen nach DIN 276 zwar die Kostenbestandteile eines Bauprojekts ermittelt und voneinander abgegrenzt werden. Die Frage aber, welche dieser Kostenbestandteile für das Honorar anrechenbar sind, muss nach den Regeln der dafür zuständigen Vorschrift – der HOAI – geklärt werden.

Das gilt in gleicher Weise auch für die steuerliche Förderung von Bauprojekten, bei der die nach DIN 276 ermittelten Kosten selbstverständlich verwendet werden können. Die Frage der Bewertung aber, welche Kostenbestandteile fachlich und rechtlich förderfähig sind und welche nicht, ist nur nach den entsprechenden Steuervorschriften bzw. Förderrichtlinien selbst zu entscheiden.

Dementsprechend sind honorarrechtliche, steuerrechtliche und vertragsrechtliche Fragen nicht Gegenstand dieses Kommentars, der sich auf die baufachlichen und bauökonomischen Zusammenhänge beschränkt, die bei der Anwendung der Norm zu beachten sind.

► *Zu 2 Normative Verweisungen*

Zu Absatz 1: An dieser Stelle sind die „Dokumente“ (Normen) aufgeführt, die in der DIN 276 nicht nur einfach genannt werden, sondern im Text derart als Quelle herangezogen werden, dass sie in Teilen oder ganz als normative Anforderungen der DIN 276 gelten. Es handelt sich somit um Normen, die für die Anwendung der DIN 276 erforderlich sind. Dies trifft insbesondere für die DIN 277-1 und auch die DIN 18960 zu. Im Unterschied dazu, werden „Dokumente“ (Normen), die im Text der DIN 276 ohne verbindlichen Bezug lediglich genannt sind, im Literaturverzeichnis (am Ende der Norm) aufgeführt. Das ist beispielsweise bei der DIN 18205 Bedarfsplanung, die unter 4.3.2 als eine mögliche Grundlage für den Kostenrahmen erwähnt wird, der Fall.

Zu beachten ist hier die ausdrückliche Unterscheidung zwischen einer „datierten Verweisung“, bei der nur die bestimmte Ausgabe eines Dokuments gilt, und einer „undatierten Verweisung“, bei der generell die letzte, d.h. die aktuelle Ausgabe eines Dokuments gilt einschließlich der inzwischen vorgenommenen Änderungen.

Zu Absatz 2: Die genannte DIN 277-1 Grundflächen und Rauminhalte im Bauwesen – Teil 1: Hochbau steht – wie schon unter 0.1 bis 0.3 ausführlich erläutert – in direktem Zusammenhang mit der DIN 276. Das gilt insbesondere für den Abschnitt 4.3 Stufen der Kostenermittlung sowie den Abschnitt 6 Mengen und Bezugseinheiten. Die DIN 277-1 ist hier mit einer „undatierten Verweisung“ aufgeführt. Das bedeutet, dass der Verweis bereits auch für die im August 2021 erschienene aktuelle DIN 277 Grundflächen und Rauminhalte im Hochbau gilt, die mittlerweile an die Stelle der hier genannten DIN 277-1 vom Januar 2016 getreten ist.

Zu Absatz 3: Die DIN 18960 Nutzungskosten im Hochbau ist wie die DIN 277 in der Liste der zusammen mit der DIN 276 geltenden Normen aufgeführt, obwohl sie im Text der DIN 276 nur an einer Stelle – in Abschnitt 1 Anwendungsbereich – zitiert wird. Allerdings geht es dabei auch um die generelle Abgrenzung zwischen den investiven Kosten nach DIN 276 und den konsumtiven Kosten nach DIN 18960 – eine immer wieder auftretende Frage bei der Kostenermittlung vor allem bei Bauprojekten im Bestand. Die DIN 18960 ist ebenfalls mit einer „undatierten Verweisung“ aufgeführt. Das heißt, dass die mittlerweile neue Ausgabe der DIN 18960 vom November 2020 gilt, die somit die frühere Ausgabe vom Februar 2008 ersetzt.

Abbildung A 4: Objektbeispiele für Hochbauten

Wohnbauten

Garagen

Sportbauten

Schulen

Krankenhäuser

Kindergärten

Abbildung A 4: Objektbeispiele für Hochbauten (Fortsetzung)

Verbrauchermärkte

Bürobauten

Kirchen

Produktionsstätten/Lagerhallen

Forschungsgebäude

Veranstaltungsgebäude

Abbildung A 5: Objektbeispiele für Ingenieurbauten (Fortsetzung)

Kläranlage Hamburg Altona

Abwasseraufbereitungsanlage

Stauwehr Limmat

Scheiben-Gasbehälter Augsburg

Recyclinganlage

Müllverbrennungsanlage Oberhausen

Abbildung A 5: Objektbeispiele für Ingenieurbauten (Fortsetzung)

Brücke Bundesstraße Aichtal

Tunneleinfahrt

Sendemast

Offshore-Windrad Wattenmeer

Wassertürme Essen

Wasserwerk

Abbildung A 6: Objektbeispiele für Infrastrukturanlagen

Autobahn A40

Landstraße

Eingleisige Bahnstrecke

Gleisanlage Nahverkehr

Flughafen-Startbahn Frankfurt

Schleuse Nord-Ostseekanal

Abbildung A 7: Objektbeispiele für Freiflächen

Gartenschau

Renaturierung

Naturerlebnispark

Parkanlage

Außenanlage Einfamilienhaus

Außenanlage Kindertagesstätte

3 Begriffe

Für die Anwendung dieses Dokuments gelten die folgenden Begriffe.

DIN und DKE stellen terminologische Datenbanken für die Verwendung in der Normung unter den folgenden Adressen bereit:

- DIN-TERMinologieportal: unter https: //www.din.de/go/din-term
- DKE-IEV: unter http://www.dke.de/DKE-IEV

3.1 Kosten im Bauwesen

Aufwendungen, insbesondere für Güter, Leistungen, Steuern und Abgaben, die mit der Vorbereitung, Planung und Ausführung von Bauprojekten verbunden sind

Anmerkung 1 zum Begriff: Kosten im Bauwesen werden in diesem Dokument im Folgenden als Kosten bezeichnet.

3.2 Kostenplanung

Gesamtheit aller Maßnahmen der Kostenermittlung, der Kostenkontrolle und der Kostensteuerung

3.3 Kostenermittlung

Ermittlung der entstehenden oder der entstandenen Kosten

Entsprechend dem Planungsfortschritt werden die folgenden Stufen der Kostenermittlung unterschieden:

3.3.1 Kostenrahmen

Ermittlung der Kosten auf der Grundlage der Bedarfsplanung

3.3.2 Kostenschätzung

Ermittlung der Kosten auf der Grundlage der Vorplanung

3.3.3 Kostenberechnung

Ermittlung der Kosten auf der Grundlage der Entwurfsplanung

3.3.4 Kostenvoranschlag

Ermittlung der Kosten auf der Grundlage der Ausführungsplanung und der Vorbereitung der Vergabe

3.3.5 Kostenanschlag

Ermittlung der Kosten auf der Grundlage der Vergabe und Ausführung

3.3.6 Kostenfeststellung

Ermittlung der entstandenen Kosten

3.4 Kostenkontrolle

Vergleichen aktueller Kostenermittlungen mit früheren Kostenermittlungen und Kostenvorgaben

3.5 Kostensteuerung
Ergreifen von Maßnahmen zur Einhaltung von Kostenvorgaben

3.6 Kostenvorgabe
Festlegung von Kosten als Obergrenze oder als Zielgröße für das Bauprojekt

3.7 Kostensicherheit
Ziel und Aufgabe bei einem Bauprojekt, Kostenvorgaben durch geeignete Maßnahmen der Kostenplanung einzuhalten

3.8 Kostentransparenz
Ziel und Aufgabe bei einem Bauprojekt, die Kosten und deren Entwicklung durch eine geeignete Darstellung erkennbar und nachvollziehbar zu machen

3.9 Kostengliederung
Ordnungsstruktur, nach der die Gesamtkosten eines Bauprojekts in Kostengruppen unterteilt werden

3.10 Kostengruppe
Zusammenfassung einzelner, nach den Kriterien der Planung zusammengehörender Kosten

3.11 Gesamtkosten
Kosten, die sich als Summe der Kostengruppen 100 bis 800 ergeben

3.12 Bauwerkskosten
Kosten, die sich als Summe der Kostengruppen 300 und 400 ergeben

3.13 Kostenkennwert
Wert, der das Verhältnis von Kosten zu einer Bezugseinheit darstellt

3.14 Bezugseinheit
Einheit, auf die sich die Kosten in einem Kostenkennwert beziehen

3.15 Kosteneinfluss
Umstand, der sich auf die Höhe von Kosten auswirkt

3.16 Kostenermittlungsverfahren
Verfahrensweise zur Ermittlung von Kosten, die von der Art der Kostengliederung, der gewählten Gliederungstiefe und den angewendeten Kostenkennwerten bestimmt wird

► ***Zu 3 Begriffe***

Zu Absatz 1: Die Norm beschränkt sich darauf, diejenigen Begriffe festzulegen und zu definieren, die zum Verständnis und zur Anwendung der Norm erforderlich sind. Gegenüber der Vorgängerausgabe wurden die Begriffe und Definitionen entsprechend den Entwicklungen in der Kostenplanung überarbeitet und ergänzt. Als neue Begriffe sind in diesem Katalog die Begriffe „Kostenvoranschlag", „Kostensicherheit", „Kostentransparenz", „Bezugseinheit", „Kosteneinfluss" und „Kostenermittlungsverfahren" aufgeführt. Verzichtet wurde jedoch auf die bisher in der Norm enthaltenen Begriffe „Kostenprognose" und „Risikokosten". Die mit diesen Begriffen bisher beschriebenen Sachverhalte werden jetzt ohne eine feste Begriffsdefinition unter den Grundsätzen der Kostenplanung abgehandelt.

Im Abschnitt 1 „Anwendungsbereich" war zu den Bezeichnungen „Hochbauten", „Ingenieurbauten", „Infrastrukturanlagen" und „Freiflächen" schon darauf hingewiesen worden, dass die DIN 276 bewusst Begriffe und Bezeichnungen verwendet, die nicht mit Begriffen aus anderen Vorschriften kollidieren. In Gesetzen, Verordnungen und Richtlinien sind häufig Begriffe gebräuchlich, die dem Regelungszweck der jeweiligen Vorschrift folgend andere Begriffsinhalte beschreiben als die in der DIN 276 unter vorrangig bauökonomischen Aspekten festgelegten und benötigten Begriffe.

Dies gilt insbesondere für die HOAI und die dort geprägte Terminologie, die im Bauwesen selbst dann verbreitet ist, wenn es gar nicht um Fragen der Honorarermittlung geht. Darauf, dass die DIN 276 und die HOAI unterschiedliche Aufgaben und Regelungsziele verfolgen und dementsprechend auch eine unterschiedliche Terminologie benötigen, wird in der folgenden Kommentierung an mehreren Stellen angesprochen werden. Häufig passen Begriffe, die in der HOAI auf die Gesichtspunkte der Honorarermittlung eingegrenzt festgelegt wurden, nicht für die Begriffsinhalte, die in der DIN 276 für deren Regelungsziele der ökonomischen Planung benötigt werden.

Deshalb wurde bei der Überarbeitung der DIN 276 sehr darauf geachtet, die Terminologien beider Vorschriften möglichst nicht zu vermischen, um Fehler und Missverständnisse auszuschließen. Das beginnt bereits mit dem ersten Begriff, den die HOAI bei ihren Begriffsbestimmungen in § 2 definiert: Der Begriff „Objekt" wird mit einer Aufzählung weiterer Begriffe umrissen, für deren Planung die HOAI Honorarregeln festlegt („Gebäude", „Innenräume", „Freianlagen" usw.). Diese Begriffe können aber – zumal in ihrer honorarrechtlichen Einschränkung – keine oder nur bedingt geeignete Kriterien für die Bezeichnung von Kostensachverhalten in der DIN 276 sein. Bei der Norm geht es nicht um die Abgrenzung von Tätigkeitsbereichen der verschiedenen am Bauprojekt beteiligten Planenden, sondern um die Abgrenzung von materiellen Sachverhalten und der damit verbundenen Aufwendungen, die für das Bauprojekt insgesamt entstehen.

Ein weiteres Beispiel, das die unterschiedlichen Sichtweisen und die daraus notwendigerweise resultierenden Begriffsunterschiede verdeutlicht, ist der in der DIN 276, 4.2.10, verwendete Begriff „Vorhandene Substanz" im Unterschied zu dem in der HOAI, § 2 Absatz 7, festgelegten Begriff „Mitzuverarbeitende Bausubstanz". (siehe Erläuterungen zu 4.2.10).

Vor diesem Hintergrund werden viele der in der DIN 276 verwendeten Begriffe verständlich, die sich bewusst von den in der HOAI gebräuchlichen Begriffen unterscheiden, obwohl damit durchaus verwandte Sachverhalte angesprochen werden: Beispielsweise „Hochbauten" versus „Gebäude" oder „Ingenieurbauten" und „Infrastrukturanlagen" versus „Ingenieurbauwerke" und „Verkehrsanlagen" oder „Außenanlagen" und „Freiflächen" versus „Freianlagen". Insofern wurde auch der Begriff „Ingenieurbau" als Oberbegriff von „Ingenieurbauwerken" und „Verkehrsanlagen" nicht aus der DIN 276-4 übernommen. Dort, wo in der DIN 276 Begriffsinhalte beschrieben werden sollen, die mit den Begriffsinhalten der HOAI identisch sind, werden selbstverständlich die dort geprägten Begriffe übernommen (z.B. innerhalb der Baunebenkosten die Begriffe „Objektplanung" und „Fachplanung").

Im Übrigen wird in der DIN 276 auch der mit dem Begriff „Hochbau" umgangssprachlich unmittelbar korrespondierende Begriff „Tiefbau" vermieden. In der Bauwirtschaft wird zwar zwischen den Sparten des Hochbaus und des Tiefbaus unterschieden. Der Begriff „Tiefbau" würde aber beispielsweise nicht dem in der DIN 276 beabsichtigten Regelungsumfang für Infrastrukturanlagen entsprechen.

Zu Absatz 2: Die hier angegebenen terminologischen Datenbanken präsentieren den Gesamtnachweis der im Deutschen Normenwerk enthaltenen definierten Begriffe. Dieser terminologische Gesamtbestand von zurzeit mehr als 750.000 Begriffsfestlegungen ist in einer viersprachigen Datenbank (Deutsch, Englisch, Französisch, Polnisch) verfügbar. Die Informationsportale werden von den Betreibern zwar als „Service für Anwender" bezeichnet, tatsächlich handelt es sich aber um ein umfangreiches Informationsangebot, das in erster Linie den Experten, die in Normungsgremien tätig sind, bei der Normungsarbeit helfen soll. Insofern dürften diese Informationen für die Anwendung der DIN 276 – zumal wenn man die Praxis des Planens und Bauens vor Augen hat – wohl von geringem praktischem Nutzen sein. Bei der neben DIN aufgeführten „DKE" handelt es sich um die Deutsche Kommission Elektrotechnik, Elektronik, Informationstechnik im DIN und VDE.

► *Zu 3.1 Kosten im Bauwesen*

Die Norm definiert „Kosten im Bauwesen" – kurz gefasst: „Kosten" – als „Aufwendungen, insbesondere für Güter, Leistungen, Steuern und Abgaben, die mit der Vorbereitung, Planung und Ausführung von Bauprojekten verbunden sind".

Mit dieser Definition wird deutlich, dass die DIN 276 den Kostenbegriff aus der Sicht der Bauherrschaft festlegt und verwendet. Unter „Kosten" werden die gesamten Aufwendungen oder Investitionen verstanden, die der Auftraggeberschaft im Zusammenhang mit einem Bauprojekt entstehen. Dieses Kostenverständnis ist seit jeher im allgemeinen Sprachgebrauch des Bauwesens insbesondere bei der Bauherrschaft und den Planenden üblich.
Dabei muss beachtet werden, dass dieses Kostenverständnis nicht der betriebswirtschaftlichen Begriffsbestimmung für Kosten entspricht, wie sie im Bauwesen z.B. von den ausführenden Unternehmen gesehen wird. Die Unternehmen verstehen unter „Kosten" alle Aufwendungen für eine Leistung (Lohnkosten, Stoffkosten, Gemeinkosten usw.). Die Summe dieser Kosten stellt dann zusammen mit den Zuschlägen für Wagnis und Gewinn den „Preis" der angebotenen Leistung dar.
In der allgemeinen betriebswirtschaftlichen Definition sind Kosten der zweckbezogene, bewertete Einsatz von Produktionsfaktoren zur Erstellung einer Leistung. Preise sind die Tauschwerte von Objekten zum Zeitpunkt des Besitzwechsels. Würden diese betriebswirtschaftlichen Definitionen in den Anwendungsbereich der DIN 276 übertragen, müsste man eigentlich von „Preisen" sprechen, die zusammen mit den anfallenden Steuern, Gebühren und Abgaben die gesamten „Aufwendungen" oder „Investitionen" der Auftraggeberschaft ausmachen. Da bei der Bauherrschaft und den Planenden – wie oben erläutert – jedoch ein anderes Kostenverständnis herrscht, werden die gesamten Investitionen der Auftraggeberschaft als „Kosten" bezeichnet. Insofern ist bei der Verwendung des Begriffs „Kosten" bei Kostenermittlungen auf der Seite der Auftraggebenden der Unterschied zu Preisermittlungen auf der Seite der Auftragnehmenden stets zu beachten.

Mit „Gütern, Leistungen, Steuern und Abgaben" beschreibt die DIN 276 das gesamte Kostenspektrum, das in den einzelnen Kostengruppen der Kostengliederung seinen Niederschlag findet. Gemeint ist hier die Gesamtheit aller finanziellen und sachlichen Aufwendungen, die bei Projekten im Bauwesen anfallen.

Unter „Gütern" sind materielle Güter wie beispielsweise Grundstücke, Baumaterialien, Bauelemente, Maschinen, Fertigprodukte, Möbel, Geräte oder Kunstwerke zu verstehen.

Zu den „Leistungen" gehören alle Dienstleistungen und Werkleistungen, die beim Bauprojekt anfallen bzw. sich in den Bauten und Anlagen materialisieren: z.B. Leistungen der Bauverantwortlichen, Architekten- und Ingenieurleistungen, Gutachten und Untersuchungen, Ausführungsleistungen und künstlerische Leistungen.

Als „Steuern" fallen bei Bauprojekten hauptsächlich die Grunderwerbsteuer und die Umsatzsteuer an, die in der Regel in den Kosten für Güter und Leistungen enthalten ist.

Zu den „Abgaben" sind Gebühren (z.B. Notariatsgebühren, Gerichtsgebühren, Vermittlungsprovisionen, Genehmigungsgebühren), Abfindungen und Entschädigungen, Erschließungsbeiträge und Ausgleichsabgaben zu zählen.

Da die Aufzählung der Aufwendungen nicht vollständig sein kann, wurde in der aktuellen Normfassung richtigerweise das Adverb „insbesondere" hinzugefügt. So müssten beispielsweise die Ausgaben für Versicherungen und die Finanzierungskosten ergänzt werden, die mit „Gütern, Leistungen, Steuern und Abgaben" nicht direkt erfasst sind.

Trotz der eindeutigen und umfassenden Definition der Kosten in der DIN 276, zeigen zahlreiche Missverständnisse in der Praxis, dass der Kostenbegriff bei der Anwendung der Norm von vielen dennoch unterschiedlich verstanden und vor allem unterschiedlich gehandhabt wird. Je nach Berufszugehörigkeit, Arbeitsbereich, Erfahrungshintergrund oder Interessenlage wird der Begriff „Kosten" anders interpretiert. „Was sind dem Wesen nach Kosten gemäß DIN 276?" „ Was gehört zu den Kosten nach DIN 276 und was nicht?" „Wie sollen die Kosten nach DIN 276 normgerecht angegeben werden?" Es wundert allerdings nicht, dass diese Fragen immer wieder gestellt werden, wenn man bedenkt, wie breit und diversifiziert der Personenkreis ist, der sich mit der DIN 276 befasst – private, gewerbliche und öffentliche Bauherrschaften, Planende in Architektur, Innenarchitektur, Landschaftsarchitektur und Ingenieurwesen der verschiedensten Fachrichtungen, Beauftragte für Projektentwicklung und Projektsteuerung, Sachverständige, ausführende Unternehmen, Kreditinstitute, Immobilienfachleute, Prüfungs- und Genehmigungsbehörden, politische Gremien und nicht zuletzt auch Gerichte und Rechtsanwälte.

Die unterschiedlichen Blickwinkel werden schon bei der Anwendung der Kostengliederung mit den Gesamtkosten und den einzelnen Kostengruppen erkennbar: Die Einen interessieren sich bei den „Kosten" nur für „ihre Kostengruppe" und stellen deren Besonderheiten in den Vordergrund aller Überlegungen zur Kostenplanung. Den Anderen aber, die „Kosten" eines Bauprojekts aus der Sicht der Bauherrschaft betrachten, geht es um sämtliche Kosten des Projekts – d.h. um die Gesamtkosten mit allen acht Kostengruppen vom Grundstück bis zur Finanzierung.

Bei der Frage, was zu den „Kosten" gehört, sind für die Einen die „Kosten" des Bauprojekts ausschließlich die damit verbundenen Ausgaben – also die durch Geldzahlungen entstandenen und belegten Kosten. Für die Anderen aber gehören außer den Ausgaben auch die eingebrachten Werte zu den Kosten. Aus dieser Sicht bestehen „Kosten" – um es in der Sprache der Wirtschaftswissenschaften auszudrücken – im „Verzehr der in Geldeinheiten bewerteten Produktionsfaktoren", d.h. dem gesamten Verbrauch an Waren und Dienstleistungen für das betreffende Bauprojekt. Bei diesem Verständnis des Kostenbegriffs geht es also darum, in den Kostenermittlungen sowohl die „direkten" auszahlungsbezogenen Kostensachverhalte (die für Güter geleisteten Zahlungen) als auch die „indirekten" wertbezogenen Kostensachverhalte (die kalkulatorisch ermittelten Werte von unentgeltlich eingebrachten Gütern) zu berücksichtigen.

Unterschiedliche Auffassungen zeigen sich schließlich auch beim Umgang mit den Besonderheiten, die bei den „Kosten" eines Bauprojekts auftreten können: Die Einen wollen bei den „Kosten" auch alle besonderen Kostensachverhalte ausgewiesen und in die Gesamtkosten eingerechnet sehen, z.B. auch die Mehrkosten, die durch zeitliche Marktentwicklungen oder durch besondere Risiken des Projekts entstehen können. Die Anderen wollen dagegen solche besonderen Kostensachverhalte außerhalb der Kostenermittlungen als nicht zu den Gesamtkosten des Projekts gehörig betrachtet wissen.

Die Aufgabe der DIN 276 Kosten im Bauwesen besteht nun aber gerade darin, als Norm die erforderlichen Grundlagen für eine einheitliche Vorgehensweise in der Kostenplanung und für eine Vergleichbarkeit von Kostenergebnissen festzulegen. Deshalb muss mit der Norm ein systematisches und kohärentes Regelwerk mit klaren Definitionen der verwendeten Begriffe, allgemein gültigen Regeln und Grundsätzen für die Kostenplanung sowie eindeutigen Unterscheidungsmerkmalen für die einzelnen Kostensachverhalte und ihre Abgrenzung untereinander bereitgestellt werden. Bei einigen Themen ist jedoch eine einheitliche Regelung aufgrund der spezifischen Rahmenbedingungen der jeweiligen Bauprojekte oder der jeweiligen Trägerschaften nicht möglich. Um dennoch auch in solchen Fällen ihrem normierenden Anspruch gerecht werden zu können, legt die Norm zumindest Regeln für die Verfahrensweise und die Dokumentation fest, um die getroffenen Entscheidungen und die resultierenden Ergebnisse nachvollziehbar zu machen.

Damit wird sichergestellt, dass die DIN 276 trotz unterschiedlicher Bedingungen und Zwängen von breiten Kreisen im Bauwesen angewendet werden kann.

Die Charakteristik und das Regelungsverständnis der DIN 276 lässt sich am besten mit den Kriterien oder Prinzipien beschreiben, die für die Norm maßgeblich sind:

- **Gesamtkosten-Prinzip**: Die Kosten erstrecken sich auf alle technischen, rechtlichen, organisatorischen und ökonomischen Gegenstände und Angelegenheiten eines Bauprojekts;
- **Wirtschaftlichkeits-Prinzip:** Zu den Kosten gehören alle auszahlungsbezogenen und wertbezogenen Kostensachverhalte eines Bauprojekts;
- **Einheitlichkeits-Prinzip:** Die Angaben und die Darstellung von Kosten in Kostenermittlungen werden möglichst einheitlich und verbindlich geregelt;
- **Transparenz-Prinzip:** Wenn eine einheitliche Regelung nicht möglich ist, werden zumindest Regeln für die Verfahrensweise und die Dokumentation festgelegt.

► *Zu 3.2 Kostenplanung*

Unter dem Begriff „Kostenplanung" versteht die Norm die „Gesamtheit aller Maßnahmen der Kostenermittlung, der Kostenkontrolle und der Kostensteuerung".

Der Begriff „Kostenplanung" setzt sich aus den Teilbegriffen „Kosten" und „Planung" zusammen. Unter Planung wird allgemein ein Entwurf für zukünftiges Handeln verstanden, bei dem die angestrebten Ziele und die geeigneten Maßnahmen zur Zielerreichung systematisch festgelegt werden, um bei den künftigen Entwicklungen nicht von Zufällen überrascht zu werden oder auf glückliche Einfälle hoffen zu müssen. In diesem umfassenden Sinne eines methodisch durchgeführten Planungs- und Entscheidungsprozesses wird Kostenplanung als eine komplexe Aufgabe verstanden, zu der alle Maßnahmen gehören, die im Zusammenhang mit den Kosten und der Wirtschaftlichkeit eines Bauprojekts stehen.

Folgerichtig legt die DIN 276 den Begriff „Kostenplanung" als Oberbegriff fest, der die Kostenermittlung, die Kostenkontrolle und die Kostensteuerung umfasst. Die frühen Norm-Ausgaben von 1934 bis 1981 hatten sich ausschließlich auf Begriffe und Regeln der Kostenermittlung beschränkt. Der über die Kostenermittlung hinausgehende umfassende Begriff der Kostenplanung bildete sich in der Fachwelt erst in den 1970er und 1980er Jahren heraus. Die DIN 276 trug dieser Entwicklung mit der Normausgabe 1993 Rechnung und beschrieb die Kostenplanung als Gesamtheit aller Maßnahmen der Kostenermittlung, der Kostenkontrolle und der Kostensteuerung. Damit wurde erstmals in der DIN 276 der kostenplanerische Zusammenhang behandelt, in dem Kostenermittlungen stehen.

Die Kostenermittlung hat innerhalb der Kostenplanung eine zentrale Position, da die Kostenkontrolle und die Kostensteuerung auf der Kostenermittlung aufbauen bzw. auf sie zurückwirken. Die herausgehobene Position der Kostenermittlung im Gesamtzusammenhang wird alleine schon am Umfang der in der Norm darüber enthaltenen Ausführungen und Regeln deutlich.

Die **Abbildung A 8** zeigt mit der Phase der Entwurfsplanung einen Ausschnitt aus dem Ablauf eines Bauprojekts. In diesem Beispiel wird deutlich, wie die einzelnen Kostenplanungsschritte mit der Objektplanung verbunden sind und wie Kostenermittlung, Kostenkontrolle und Kostensteuerung zusammenwirken. Zu beachten ist – wenn man sich mit der Kostenplanung im Ablauf eines Bauprojekts und den ökonomischen Gegebenheiten befasst –, dass in die Entscheidungen über Steuerungsmaßnahmen nicht nur Kostengesichtspunkte einfließen, sondern selbstverständlich auch die anderen projektrelevanten Bewertungsaspekte, wie z.B. die Gestaltung, die Funktion und die Technik. Die für die Phase der Entwurfsplanung beispielhaft dargestellte Vorgehensweise wird phasenweise wiederholt, so dass über den gesamten Projektablauf hinweg ein kontinuierliches System der Kostenplanung entsteht, das alle Projektphasen begleitet.

► *Zu 3.3 Kostenermittlung*

Mit dem Begriff „Kostenermittlung" bezeichnet die Norm die „Ermittlung der entstehenden oder der entstandenen Kosten". Das bedeutet, dass unter der Kostenermittlung als zentralem Bestandteil der Kostenplanung einerseits eine Vorausberechnung der entstehenden Kosten verstanden wird und andererseits die Feststellung der tatsächlich entstandenen Kosten. Die Art und der Umfang der jeweiligen Kostenermittlung sind abhängig vom Stand der Planung und Ausführung und den jeweils verfügbaren Informationen über das Bauprojekt. Die Kosten können stufenweise mit zunehmendem Genauigkeitsgrad ermittelt werden. Alternativ kann die Planung mit Hilfe der Kostenermittlungen stufenweise an einer festgelegten Kostenvorgabe ausgerichtet werden.

Nach der Norm werden entsprechend dem Planungsfortschritt die folgenden sechs Stufen der Kostenermittlung unterschieden:
- Kostenrahmen
- Kostenschätzung
- Kostenberechnung
- Kostenvoranschlag
- Kostenanschlag
- Kostenfeststellung

Die Bezeichnungen der Kostenermittlungsstufen variieren: Sie sollen zum Ausdruck bringen, wie die Genauigkeit des Kostenergebnisses entsprechend dem Planungsfortschritt und dem Projektablauf wächst. In welchem Umfang die tatsächlichen Kosten von den Ergebnissen in den einzelnen Kostenermittlungsstufen abweichen können oder dürfen, ist in der DIN 276 nicht ausgesagt. Die Zulässigkeit von Kostenabweichungen stellt im Wesentlichen eine vertragsrechtliche Bewertung dar. Solche Bewertungsfragen werden jedoch in der DIN 276 prinzipiell nicht behandelt (siehe Abschnitt 1 Anwendungsbereich). In der folgenden Kom-

Kostenplanung im Projektablauf – Ausschnitt: Projektphase Entwurfsplanung

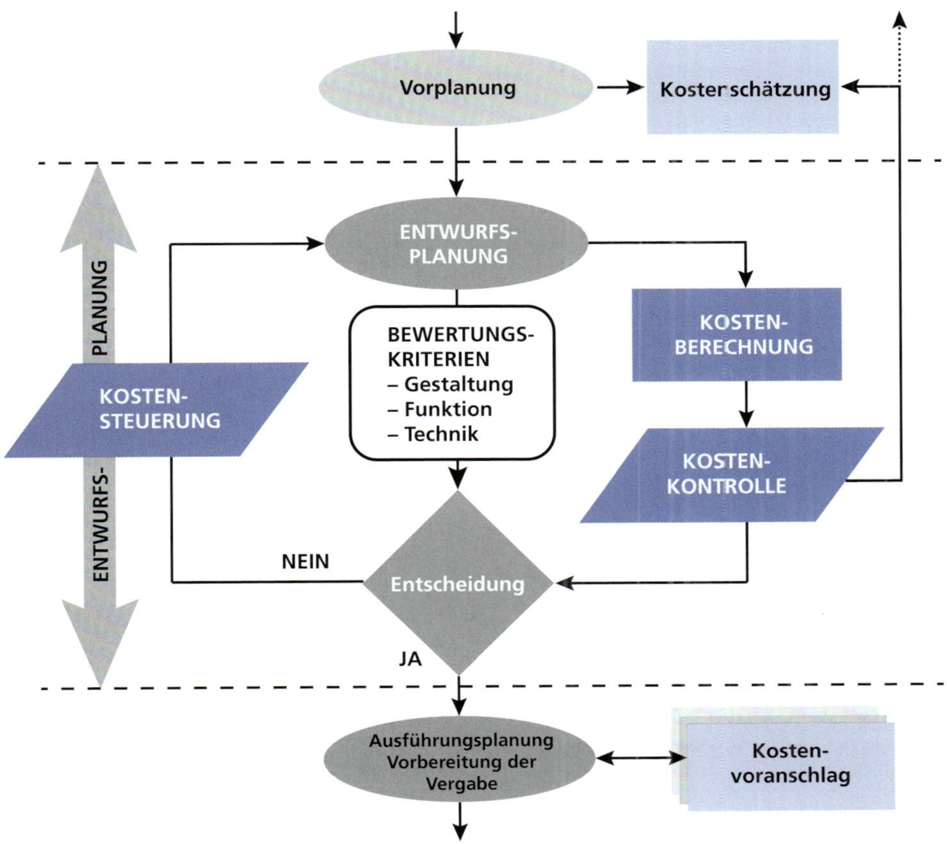

Abbildung A 8: Kostenplanung im Projektablauf (Ausschnitt)

mentierung wird jedoch versucht, aus fachlicher Sicht die bei den verschiedenen Kostenermittlungsstufen jeweils zu erwartenden Kostenabweichungen zu skizzieren bzw. allgemein zu umschreiben. Im konkreten Anwendungsfall müssen bei dieser Frage ohnehin die projektspezifischen Umstände und Besonderheiten eines Bauprojekts berücksichtigt werden. Deshalb können auch die damit verbundenen vertragsrechtlichen Fragen und Konsequenzen in dieser Kommentierung nicht behandelt werden. Das muss anderen Orts geschehen.

▶ *Zu 3.3.1 Kostenrahmen*

Der „Kostenrahmen" wird als die „Ermittlung der Kosten auf der Grundlage der Bedarfsplanung" definiert. Diese Definition stellt auf den Stand der Planung am Anfang eines Bauprojekts und die mit der Bedarfsplanung verfügbaren Projektinformationen ab. Bei der Bedarfsplanung, die z. B. entsprechend DIN 18205 Bedarfsplanung im Bauwesen [105] durchgeführt wird, werden insbesondere die quantitativen und qualitativen Bedarfsanforderungen des Bauprojekts festgelegt. Objektplanungsergebnisse liegen zu diesem Zeitpunkt noch nicht vor. Die Bezeichnung „Kostenrahmen" drückt bereits aus, dass diese frühe Kostenermittlungsstufe nur einen ersten „Rahmen" für die Kosten aufzeigen kann und dementsprechend die ermittelten Kosten im Vergleich zu den späteren tatsächlichen Kosten noch relativ starke Abweichungen aufweisen können.

▶ *Zu 3.3.2 Kostenschätzung*

Die „Kostenschätzung" wird als die „Ermittlung der Kosten auf der Grundlage der Vorplanung" definiert. Mit dem Begriff „Vorplanung" bezieht sich die DIN 276 auf die HOAI [301] (Leistungsphase 2 Vorplanung im Leistungsbild für Gebäude und Innenräume; HOAI § 34 (3) und Anlage 10.1). Die Bezeichnung „Kostenschätzung" soll zum Ausdruck bringen, dass die aufgrund des bis dahin erreichten Planungsstands noch wenig differenzierten Kosten lediglich geschätzt werden und deshalb noch deutlich von den tatsächlichen Kosten abweichen können.

▶ *Zu 3.3.3 Kostenberechnung*

Die „Kostenberechnung" wird als die „Ermittlung der Kosten auf der Grundlage der Entwurfsplanung" definiert. Auch hier bezieht sich die DIN 276 auf die HOAI [301] (Leistungsphase 3 Entwurfsplanung; HOAI § 34 (3) und Anlage 10.1). Die Bezeichnung „Kostenberechnung" verdeutlicht, dass zu diesem Zeitpunkt des Bauprojekts die ermittelten Kosten schon erheblich differenzierter gegliedert und berechnet werden können. Aufgrund der zu diesem Zeitpunkt des Projektablaufs verfügbaren Informationen aus der Planung muss davon auszugehen sein, dass die berechneten Kosten nicht mehr stark von den tatsächlichen Kosten abweichen.

▶ *Zu 3.3.4 Kostenvoranschlag*

Mit dem „Kostenvoranschlag" wird in der DIN 276 gegenüber der Vorgängernorm ein neuer Begriff eingeführt. Der „Kostenvoranschlag" wird als die „Ermittlung der Kosten auf der Grundlage der Ausführungsplanung und der Vorbereitung der Vergabe" definiert. Die Definition zeigt, dass die damit beschriebene Kostenermittlungsstufe voll und ganz dem bisherigen „Kostenanschlag" entspricht, wie er in den Vorgängernormen seit 1993 verstanden wurde. Demzufolge stellt der neue „Kostenvoranschlag" im Grunde keine neue Kostenermittlungsaufgabe dar, sondern nur eine Umbenennung. Die Änderung der Bezeichnung dieser Kostenermittlungsstufe ergab sich zwingend daraus, dass der Begriff „Kostenanschlag" nun konsequenterweise für die Kostenermittlung während der Vergabe und Ausführung festgelegt wurde. Für diese Inhalte und Aufgaben der Kostenermittlung war in der bisherigen Norm keine eigene Stufe der Kostenermittlung vorgesehen. Sie waren hingegen fälschlicherweise der Kostenkontrolle zugeordnet worden.

Auch mit den Begriffen „Ausführungsplanung" und „Vorbereitung der Vergabe" bezieht sich die DIN 276 auf die HOAI [301] (Leistungsphasen 5 Ausführungsplanung und 6 Vorbereitung der Vergabe im Leistungsbild für Gebäude und Innenräume; HOAI § 34 (3) und Anlage 10.1). In diesem Zeitraum des Bauprojekts sollen alle Ergebnisse der Ausführungsplanung (insbesondere Ausführungszeichnungen) sowie der Vorbereitung der Vergabe (insbesondere Leistungsbeschreibungen) vorliegen, so dass die

Kosten jetzt sehr ausführlich und differenziert ermittelt werden können. Der Kostenvoranschlag kann somit, wie es schon die Bezeichnung assoziiert, eine wesentlich genauere Kostenermittlung darstellen als die vorhergehenden, so dass die ermittelten Kosten nur noch geringfügig von den tatsächlichen Kosten abweichen dürften.

► *Zu 3.3.5 Kostenanschlag*

Der „Kostenanschlag" stellt nach der neuen DIN 276 jetzt die „Ermittlung der Kosten auf der Grundlage der Vergabe und Ausführung" dar. Für diesen Projektabschnitt war in den Vorgängernormen noch keine eigenständige Kostenermittlung festgelegt worden. Auf die neue Abgrenzung wurde schon beim Kostenvoranschlag hingewiesen.

Die bei der Definition des Kostenanschlags als Grundlagen aufgeführten Begriffe „Vergabe" und „Ausführung" entsprechen im strengen Wortlaut nicht den korrespondierenden Phasen der HOAI [301] (Leistungsphasen 7 Mitwirkung bei der Vergabe und 8 Objektüberwachung (Bauüberwachung) und Dokumentation); HOAI § 34 (3) und Anlage 10.1). Die Phasenbezeichnungen der HOAI sind vorrangig im Hinblick auf den Inhalt der Architekten- und Ingenieurleistungen formuliert, die DIN 276 verwendet dagegen die auf das Bauprojekt insgesamt bezogenen Begriffe „Vergabe" und „Ausführung", die auch die Zuständigkeiten der Bauherrschaft und der ausführenden Unternehmen einschließen.

Beim Kostenanschlag werden die Kosten aus Angeboten, Aufträgen und Abrechnungen schrittweise auf dem jeweils aktuellen Kostenstand zusammengestellt. Da es sich in diesem Projektzeitraum weitgehend nicht mehr um vorausberechnete Kosten handelt, sondern um vertragsrechtlich festgelegte und baulich realisierte Kosten, muss man damit rechnen können, dass die so ermittelten bzw. zusammengestellten Kosten kaum noch von den tatsächlichen Kosten abweichen.

► *Zu 3.3.6 Kostenfeststellung*

Die „Kostenfeststellung" wird als „Ermittlung der entstandenen Kosten" definiert. Infolgedessen stellt die Kostenfeststellung im Gegensatz zu den vorher genannten Stufen der Kostenermittlung nicht mehr eine Vorausberechnung der entstehenden bzw. der zu erwartenden Kosten dar. Vielmehr ist die Kostenfeststellung, wie es schon die Bezeichnung vermittelt, die abschließende Zusammenstellung und Dokumentation der entstandenen und endgültigen Kosten zum Ende des Bauprojekts.

► *Zu 3.4 Kostenkontrolle*

Mit dem Begriff „Kostenkontrolle" wird das „Vergleichen aktueller Kostenermittlungen mit früheren Kostenermittlungen und Kostenvorgaben" bezeichnet. Dies ist beispielsweise der Vergleich einer Kostenberechnung mit der zeitlich vor der Kostenberechnung liegenden Kostenschätzung und ggf. auch dem Kostenrahmen oder gar einer Kostenvorgabe, die zu einem früheren Zeitpunkt für das Bauprojekt festgelegt worden ist.

Bei der Kostenkontrolle werden die ggf. entstandenen Abweichungen zwischen den aktuell ermittelten Kosten und den Ergebnissen vorheriger Kostenermittlungen bzw. Kostenvorgaben festgestellt sowie die Ursachen dieser Abweichungen analysiert. Der Soll/Ist-Vergleich zwischen dem aktuellen und dem vorherigen Kostenstand schafft die Grundlage für die Kostensteuerung.

► *Zu 3.5 Kostensteuerung*

Unter dem Begriff „Kostensteuerung" versteht die DIN 276 das „Ergreifen von Maßnahmen zur Einhaltung von Kostenvorgaben". Bei der Kostensteuerung geht es demzufolge um die Frage, wie auf Abweichungen reagiert werden soll, die bei der Kostenkontrolle festgestellt worden sind. Als Ziel ist in der Begriffsbestimmung die „Einhaltung von Kostenvorgaben" angegeben. Diese Formulierung scheint allerdings etwas kurz gegriffen. Denn selbstverständlich sollen Maßnahmen der Kostensteuerung auch dann ergriffen werden, wenn – wie es der Regelfall ist – keine förmliche Kostenvorgabe für das Projekt besteht, sondern bei dem Vergleich von Kostenermittlungen Abweichungen festgestellt werden. Auch dann gilt es, die Kostenentwicklung des Projekts zielgerichtet zu beeinflussen (siehe Anmerkungen zu Abschnitt 4.5 Kostensteuerung).

► *Zu 3.6 Kostenvorgabe*

Die „Kostenvorgabe" wird als die „Festlegung von Kosten als Obergrenze oder als Zielgröße für das Bauprojekt" definiert. Mit dieser Definition wird deutlich gemacht, dass mit einer Kostenvorgabe zwar eine Direktive für die Kosten eines Projekts festgelegt wird, hinsichtlich der Wirkungsweise der Kostenvorgabe aber durchaus unterschiedliche Ziele gesetzt werden können. Die Kostenvorgabe soll entweder als verbindliche, nicht zu überschreitende Obergrenze gelten. Oder sie kann als ungefähre, anzustrebende Zielgröße für die Planung gelten, die durchaus Abweichungen in einem gewissen Spielraum nach oben oder unten zulässt.

► *Zu 3.7 Kostensicherheit*

Unter „Kostensicherheit" versteht die DIN 276 das „Ziel und die Aufgabe bei einem Bauprojekt, Kostenvorgaben durch geeignete Maßnahmen der Kostenplanung einzuhalten". Der Begriff der Kostensicherheit wurde in den Begriffskanon der Norm neu aufgenommen, um zu einem einheitlichen Sprachgebrauch in der Planungs- und Bauökonomie beizutragen. Die bei einem Bauprojekt gesetzten Kostenziele können sich auf sehr unterschiedliche Sachverhalte erstrecken. Deshalb ist es für eine bessere Verständigung im Bauwesen hilfreich, die Begriffe „Kostensicherheit" und „Kostentransparenz" zu definieren und gegenüber allgemein üblichen Begriffen wie z.B. „Wirtschaftlichkeit" oder „Sparsamkeit" abzugrenzen.

► *3.8 Kostentransparenz*

Die DIN 276 bezeichnet „Kostentransparenz" als „Ziel und Aufgabe bei einem Bauprojekt, die Kosten und deren Entwicklung durch eine geeignete Darstellung erkennbar und nachvollziehbar zu machen". Auch dieser Begriff taucht erstmals in der Norm auf. Die Gründe dafür sind die gleichen wie bei der Kostensicherheit (Ziffer 3.7). Es geht um eine bessere Verständigung im Bauwesen und einen möglichst einheitlichen Sprachgebrauch. In der Praxis ist immer wieder festzustellen, dass die Begriffe „Wirtschaftlichkeit", „Kostensicherheit" und „Kostentransparenz" trotz ihres unterschiedlichen Sinngehalts synonym verwendet werden und dadurch häufig unnötige Verwirrung entsteht.

► *Zu 3.9 Kostengliederung*

Den Begriff „Kostengliederung" definiert die Norm als die „Ordnungsstruktur, nach der die Gesamtkosten eines Bauprojekts in Kostengruppen unterteilt werden". Ob es streng genommen einer solchen Begriffsbestimmung bedarf, sei dahingestellt, den der Begriff „Kostengliederung" erklärt sich eigentlich von selbst. Da die Kostengliederung aber in der DIN 276 eine zentrale Bedeutung einnimmt und das wesentliche Instrument für die Kostenermittlung darstellt, ist es sicher gerechtfertigt, an dieser Stelle eine eindeutige Begriffsbestimmung festzulegen. Mit der Kostengliederung stellt die DIN 276 eine Ordnungsstruktur zur Verfügung, mit der die einzelnen Kosten eines Bauprojekts eindeutig unterschieden und klar definierten Kostengruppen zugeordnet werden können. Die allgemein gültige und verbindliche Kostengliederung schafft die Voraussetzung dafür, dass die Kosten eines Bauprojekts vergleichbar gemacht werden können – innerhalb des Projekts von Stufe zu Stufe sowie außerhalb im Vergleich des Projekts mit anderen Projekten.

► *Zu 3.10 Kostengruppe*

Auch der Begriff „Kostengruppe" erklärt sich im Grunde genommen aus sich selbst heraus. Da es sich aber auch hierbei um einen zentralen Arbeitsbegriff der DIN 276 handelt, ist eine verbindliche Begriffsbestimmung durchaus hilfreich. Eine „Kostengruppe" definiert die Norm als die „Zusammenfassung einzelner, nach den Kriterien der Planung zusammengehörender Kosten". Die normierte Abgrenzung von Kostengruppen ist eine wesentliche Voraussetzung für die Vergleichbarkeit von Kosten. Dadurch wird sichergestellt, dass unter einer bestimmten Kostengruppen-Bezeichnung allgemein die gleichen Kosteninhalte zugeordnet werden.

So gehören beispielsweise die Kosten für den Bodenabtrag, den Baugrubenaushub, das Lagern und das Verfüllen des Bodenaushubs sowie die Abfuhr und Anfuhr von Bodenmaterial nach „Kriterien der Planung" zusammen. Folgerichtig werden diese einzelnen Bauleistungen in einer Kostengruppe – hier in der Kostengruppe „311 Herstellung" (der Baugrube/des Erdbaus) – zusammengefasst. Die in der Begriffsbestimmung angeführten „Kriterien der Planung", die für die Zusammengehörigkeit bestimmter Kosten maßgeblich sein sollen, sind zweifelsohne weit gefasst zu verstehen: Damit ist nicht nur die eigentliche Objektplanung gemeint, sondern auch die Organisation des Projekts insgesamt.

► *Zu 3.11 Gesamtkosten*

Unter dem Begriff „Gesamtkosten" versteht die DIN 276 „Kosten, die sich als Summe der Kostengruppen 100 bis 800 ergeben". Auch wenn dieser Sachverhalt eigentlich selbstverständlich erscheint, ist die Festlegung des Begriffs „Gesamtkosten" äußerst wichtig. Nach dem „Gesamtkostenprinzip" (siehe Anmerkungen zum Begriff „Kosten" unter 3.1) stellt die Vollständigkeit der Gesamtkosten ein wesentliches Kriterium für normgerechte Kostenermittlungen dar: Kosten erstrecken sich in diesem Sinne auf alle technischen, rechtlichen, organisatorischen und ökonomischen Gegenstände und Angelegenheiten eines Bauprojekts.

Darüber hinaus ist eine verbindliche Definition des Begriffs „Gesamtkosten" für den Sprachgebrauch im Bauwesen notwendig, um für den beschriebenen Sachverhalt eine allgemein verwendete Bezeichnung zu etablieren und andere in der Praxis durchaus übliche, aber missverständliche Bezeichnungen (z.B. „Gesamtherstellungskosten" oder „Gesamtbaukosten") auszuschließen.

► *Zu 3.12 Bauwerkskosten*

„Bauwerkskosten" sind die „Kosten, die sich als Summe der Kostengruppen 300 und 400 ergeben". Die Kostengruppen 300 Bauwerk-Baukonstruktionen und 400 Bauwerk-Technische Anlagen waren in früheren Ausgaben der DIN 276 in einer Haupt-Kostengruppe „3 Bauwerk" zusammengefasst. Nachdem für die beiden Bestandteile in den neueren Ausgaben der Norm eigene Haupt-Kostengruppen vorgesehen wurden, war es sinnvoll, zusätzlich zu den in der Kostengliederung ausgewiesenen Kostengruppen den Begriff „Bauwerkskosten" festzulegen. Die „Bauwerkskosten" werden in der Kostenplanungspraxis häufig als Bezugseinheit bei Kostenkennwerten für andere Kostengruppen verwendet (z.B. Kostenkennwert für die KG 700 Baunebenkosten bezogen auf die KG 300+400 Bauwerkskosten = 22 %).

► *Zu 3.13 Kostenkennwert*

Als „Kostenkennwert" definiert die Norm einen „Wert, der das Verhältnis von Kosten zu einer Bezugseinheit darstellt". Bei einem Kostenkennwert werden bestimmte Kosten, die als Kostengruppe entsprechend der Kostengliederung gegenüber anderen Kostengruppen abgegrenzt sind, auf eine Bezugseinheit bezogen. Bezugseinheiten sind vorzugsweise Grundflächen und Rauminhalte nach DIN 277 sowie die in der DIN 276, Abschnitt 6 Mengen und Bezugseinheiten, festgelegten und empfohlenen Werte.

Für die Praxis der Kostenplanung ist es unverzichtbar, dass die Kosten verschiedener Objekte bzw. Projekte verglichen werden können. Ein Vergleich der absoluten Kosten der Objekte ist wenig aussagekräftig. Erst durch Kostenkennwerte, deren Inhalte und deren Bezugseinheiten durch die betreffenden Normen DIN 276 und DIN 277 eindeutig definiert sind, werden die Kosten verschiedener Objekte bzw. Projekte vergleichbar. Um eine optimale Vergleichbarkeit von Kostenkennwerten zu erreichen, muss allerdings für die jeweilige Kostengruppe auch eine geeignete Bezugseinheit gewählt werden, mit der sich die quantitativen Merkmale (z.B. Art, Menge, Größe des Gegenstands oder der Leistung) dieser Kostengruppe möglichst zutreffend beschreiben lassen. In **Abbildung A 9** wird im Beispiel gezeigt, dass der Vergleich mit Hilfe von Kostenkennwerten zu einer Vergleichbarkeit zweier Objekte führt, der Vergleich der absoluten Kostenwerte dagegen nicht.

► *Zu 3.14 Bezugseinheit*

Entsprechend den Ausführungen zu dem Begriff „Kostenkennwert" versteht die DIN 276 unter „Bezugseinheit" eine „Einheit, auf die sich die Kosten in einem Kostenkennwert beziehen". Für eine optimale Vergleichbarkeit von Kostenkennwerten muss sichergestellt werden, dass für die jeweilige Kostengruppe auch eine geeignete Bezugseinheit gewählt wird. Geeignet ist eine Bezugseinheit dann, wenn sich mit ihr die quantitativen Merkmale (z.B. Art, Menge, Größe des Gegenstands oder der Leistung) der Kostengruppe möglichst zutreffend beschreiben lassen.

► *Zu 3.15 Kosteneinfluss*

Als „Kosteneinfluss" bezeichnet die Norm einen „Umstand, der sich auf die Höhe von Kosten auswirkt". Dieser Definition liegt die Überlegung zugrunde, dass aus allen Rahmenbedingungen eines Bauprojekts und aus allen Planungs- und Ausführungsentscheidungen, die im Projektablauf getroffen werden, bestimmte Kosteneinflüsse wirksam werden. Solche Kosteneinflüsse sind beispielsweise die Nutzungsanforderungen, die Standortbedingungen, die geometrische Ausprägung eines Bauwerks, gestalterische und konstruktive Besonderheiten sowie die wirtschaftlichen Rahmenbedingungen des Marktes. Der Anspruch der Kostenplanung – und zugleich die Schwierigkeit, diesen Anspruch zu realisieren – besteht darin, solche Kostenermittlungsverfahren und entsprechende Kostenkennwerte zu wählen, die dazu geeignet sind, die jeweils wirksamen Kosteneinflüsse in den Kostenermittlungen zutreffend zu berücksichtigen (siehe Anmerkungen zu Abschnitt 4.3 Stufen der Kostenermittlung und **Abbildung A 14**).

► *Zu 3.16 Kostenermittlungsverfahren*

Der Begriff „Kostenermittlungsverfahren" wurde zur Klarstellung in den Begriffskanon der Norm neu aufgenommen, um den Unterschied zwischen den „Stufen der Kostenermittlung" (siehe Abschnitt 4.3) und den jeweils angewendeten „Kostenermittlungsverfahren" deutlich zu machen. Unter dem Begriff „Kostenermittlungsverfahren" versteht die DIN 276 die „Verfahrensweise zur Ermittlung von Kosten, die von der Art der Kostengliederung, der gewählten Gliederungstiefe und den angewendeten Kostenkennwerten bestimmt wird". Die begriffliche Unterscheidung von „Kostenermittlungsverfahren" und „Stufen der Kostenermittlung" soll dazu beitragen, die häufig festzustellenden Unsicherheiten zu vermieden und einen einheitlichen Sprachgebrauch in der Planungs- und Bauökonomie zu fördern (siehe Anmerkungen zu Abschnitt 4.3).

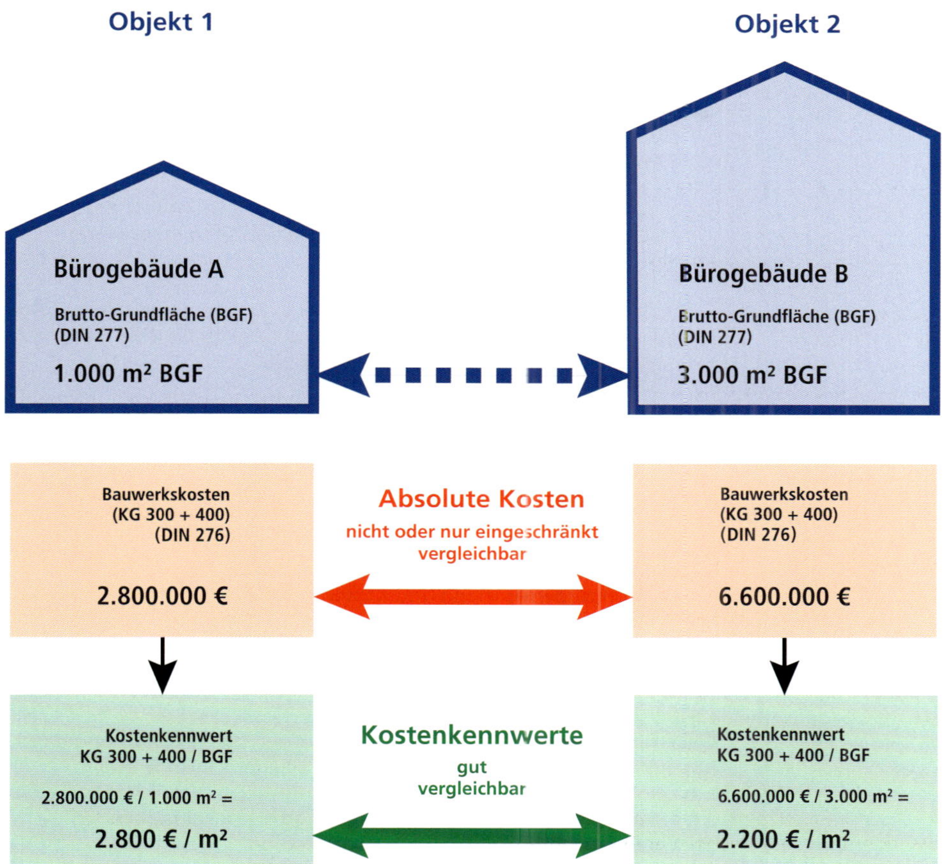

Abbildung A 9: Kostenkennwerte

Kostenstand 1. Quartal 2022; inkl. 19% MwSt.

4 Grundsätze der Kostenplanung

4.1 Allgemeines

Ziel und Aufgabe der Kostenplanung ist es, bei einem Bauprojekt Wirtschaftlichkeit, Kostensicherheit und Kostentransparenz herzustellen.

Die Kostenplanung ist entweder auf der Grundlage von Planungsvorgaben (Quantitäten und Qualitäten) oder auf der Grundlage von Kostenvorgaben kontinuierlich und systematisch über alle Phasen eines Bauprojekts durchzuführen.

In der Kostenplanung können entsprechend dem Grundsatz der Wirtschaftlichkeit alternativ die folgenden Ziele und Vorgehensweisen verfolgt werden:

- Durch Kostenvorgaben sollten festgelegte Kosten eingehalten werden. Dabei sollten möglichst hohe quantitative und qualitative Planungsinhalte erreicht werden („Maximalprinzip").
- Durch Planungsvorgaben sollten festgelegte Quantitäten und Qualitäten eingehalten werden. Dabei sollten möglichst geringe Kosten erreicht werden („Minimalprinzip").

4.2 Kostenermittlung

4.2.1 Zweck
Kostenermittlungen dienen als Grundlagen für Finanzierungsüberlegungen und Kostenvorgaben, für Maßnahmen der Kostenkontrolle und der Kostensteuerung, für Planungs-, Vergabe- und Ausführungsentscheidungen sowie zum Nachweis der entstandenen Kosten.

4.2.2 Darstellung und Gliederungstiefe
Kostenermittlungen sind in der Systematik der Kostengliederung nach Abschnitt 5 und Tabelle 1 zu ordnen. Die Gliederungstiefe einer Kostenermittlung richtet sich nach den Anforderungen in 4.3. Soweit es die Umstände eines Bauprojekts zulassen oder erfordern, kann in begründeten Fällen davon abgewichen werden.

4.2.3 Vollständigkeit
Die Gesamtkosten sind vollständig zu erfassen und zu dokumentieren. Können Teile der Gesamtkosten nicht erfasst oder dokumentiert werden, ist dies anzugeben und an der jeweiligen Stelle kenntlich zu machen.

4.2.4 Kostenstand
Bei Kostenermittlungen ist vom Kostenstand zum Zeitpunkt der Ermittlung auszugehen. Dieser Kostenstand ist durch die Angabe des Zeitpunkts zu dokumentieren.

4.2.5 Grundlagen der Kostenermittlung
Die der Kostenermittlung zugrunde liegenden Unterlagen und Informationen sind anzugeben.

4.2.6 Erläuterungen zum Bauprojekt
Erläuterungen zum Bauprojekt sind in der Systematik der Kostengliederung zu ordnen.

4.2.7 Kostenermittlungsverfahren und Kostenkennwerte
Die bei der Kostenermittlung angewendeten Kostenermittlungsverfahren sowie die Quellen der verwendeten Kostenkennwerte sind anzugeben.

4.2.8 Unterschiedliche Bauten oder Anlagen, mehrere Bauwerke oder Abschnitte
Besteht ein Bauprojekt aus unterschiedlichen Bauten oder Anlagen (z. B. Hochbauten, Ingenieurbauten, Infrastrukturanlagen, Freiflächen), sind dafür jeweils getrennte Kostenermittlungen aufzustellen. Das Gleiche gilt für Bauprojekte mit mehreren Bauwerken oder Abschnitten, die z. B. funktional, zeitlich, räumlich oder wirtschaftlich getrennt sind.

4.2.9 Bauprojekte im Bestand
Bei Kostenermittlungen für Bauprojekte im Bestand richten sich die Gliederungstiefe der Ermittlungen sowie die angewendeten Kostenermittlungsverfahren und Kostenkennwerte nach den besonderen Umständen von Bestandsmaßnahmen und den projektspezifischen Vorgaben.

4.2.10 Vorhandene Substanz
Wenn der Wert der vorhandenen Substanz (z. B. Grundstück, Baukonstruktionen, Technische Anlagen) für das Bauprojekt ermittelt werden sollte, ist dieser bei den betreffenden Kostengruppen gesondert auszuweisen. Die Art der Ermittlung und die Zuordnung des Wertes zu den Kostengruppen bzw. den Gesamtkosten richten sich nach den projektspezifischen Vorgaben.

4.2.11 Eingebrachte Güter und Leistungen
Die Werte von unentgeltlich eingebrachten Gütern und Leistungen (z. B. Materialien, Eigenleistungen) sind den betreffenden Kostengruppen zuzurechnen, aber gesondert auszuweisen. Dafür sind die aktuellen Marktwerte dieser Güter und Leistungen zu ermitteln und einzusetzen.

4.2.12 Besondere Kosten

Kosten, die durch außergewöhnliche Bedingungen des Standorts (z. B. Gelände, Baugrund, Umgebung), durch besondere Umstände des Bauprojekts oder durch Forderungen außerhalb der Zweckbestimmung des Bauwerks verursacht werden, sind bei den betreffenden Kostengruppen zuzurechnen, aber gesondert auszuweisen.

4.2.13 Prognostizierte Kosten
Kosten, die auf den Zeitpunkt der Kostenfeststellung prognostiziert werden, sind an den betreffenden Stellen der Kostengliederung gesondert auszuweisen. Dabei sind die der Prognose zugrunde liegenden Annahmen anzugeben. Die Art der Ermittlung und die Zuordnung der prognostizierten Kosten zu den Kostengruppen bzw. den Gesamtkosten richten sich nach den projektspezifischen Vorgaben.

4.2.14 Risikobedingte Kosten
Kosten, die durch Risiken aufgrund von Unsicherheiten und Unwägbarkeiten drohen, sind an den betreffenden Stellen der Kostengliederung gesondert auszuweisen. Die Art der Ermittlung und die Zuordnung der risikobedingten Kosten zu den Kostengruppen bzw. den Gesamtkosten richten sich nach den Vorgaben des projektbezogenen Risikomanagements.

4.2.15 Umsatzsteuer
Die Umsatzsteuer kann entsprechend den jeweiligen Erfordernissen wie folgt berücksichtigt werden:

- In den Kostenangaben ist die Umsatzsteuer enthalten („Brutto-Angabe").
- In den Kostenangaben ist die Umsatzsteuer nicht enthalten („Netto-Angabe").
- Nur bei einzelnen Kostenangaben (z. B. bei übergeordneten Kostengruppen) ist die Umsatzsteuer ausgewiesen.

In Kostenermittlungen und bei Kostenkennwerten ist immer anzugeben, in welcher Form die Umsatzsteuer berücksichtigt worden ist.

4.3 Stufen der Kostenermittlung

4.3.1 Allgemeines
In 4.3.2 bis 4.3.7 werden die Stufen der Kostenermittlung nach ihrem Zweck, den erforderlichen Grundlagen und dem Detaillierungsgrad festgelegt.

Bei den Kostenermittlungen in 4.3.2 bis 4.3.4 und 4.3.7 (Kostenrahmen, Kostenschätzung, Kostenberechnung und Kostenfeststellung) handelt es sich um Kostenermittlungen, die im Projektablauf bezogen auf den jeweiligen Planungsschritt einmalig und zu einem bestimmten Zeitpunkt durchgeführt werden.

Bei der Kostenermittlung in 4.3.5 (Kostenvoranschlag) handelt es sich um eine Kostenermittlung, die einmalig und zu einem bestimmten Zeitpunkt oder im Projektablauf wiederholt und in mehreren Schritten durchgeführt werden kann.

Bei der Kostenermittlung in 4.3.6 (Kostenanschlag) handelt es sich um eine Kostenermittlung, die im Projektablauf wiederholt und in mehreren Schritten durchgeführt wird.

4.3.2 Kostenrahmen
Der Kostenrahmen dient der Entscheidung über die Bedarfsplanung, grundsätzlichen Wirtschaftlichkeits- und Finanzierungsüberlegungen sowie der Festlegung einer Kostenvorgabe.

Bei dem Kostenrahmen werden insbesondere folgende Informationen zugrunde gelegt:

- gegebenenfalls Angaben zum Standort;
- quantitative und qualitative Bedarfsangaben (z. B. Raumprogramm mit Nutzeinheiten, Funktionselemente und deren Flächen, bautechnische Anforderungen, Funktionsanforderungen, Ausstattungsstandards), aufgrund der Bedarfsplanung, z. B. nach DIN 18205;
- gegebenenfalls auch Berechnung der Mengen von Bezugseinheiten der Kostengruppen nach dieser Norm und nach der Normenreihe DIN 277;
- erläuternde Angaben zur organisatorischen und terminlichen Abwicklung des Bauprojekts.

Im Kostenrahmen müssen die Gesamtkosten nach Kostengruppen in der ersten Ebene der Kostengliederung ermittelt werden.

4.3.3 Kostenschätzung
Die Kostenschätzung dient der Entscheidung über die Vorplanung.

In der Kostenschätzung werden insbesondere folgende Informationen zugrunde gelegt:

- Angaben zum Baugrundstück;
- Angaben zur Erschließung;
- Ergebnisse der Vorplanung, insbesondere Planungsunterlagen, zeichnerische Darstellungen;
- Berechnung der Mengen von Bezugseinheiten der Kostengruppen, nach dieser Norm und nach der Normenreihe DIN 277;
- erläuternde Angaben zu den planerischen Zusammenhängen, Vorgängen und Bedingungen sowie zur organisatorischen und terminlichen Abwicklung des Bauprojekts;
- Zusammenstellungen der zum Zeitpunkt der Kostenschätzung bereits entstandenen Kosten (z. B. für das Grundstück, Erschließung, Baunebenkosten usw.).

In der Kostenschätzung müssen die Gesamtkosten nach Kostengruppen in der zweiten Ebene der Kostengliederung ermittelt werden.

4.3.4 Kostenberechnung
Die Kostenberechnung dient der Entscheidung über die Entwurfsplanung.

In der Kostenberechnung werden insbesondere folgende Informationen zugrunde gelegt:

- Planungsunterlagen, z. B. durchgearbeitete Entwurfszeichnungen (Maßstab nach Art und Größe des Bauvorhabens), gegebenenfalls auch Detailpläne mehrfach wiederkehrender Raumgruppen;
- Berechnungen der Mengen von Bezugseinheiten der Kostengruppen, nach dieser Norm und nach der Normenreihe DIN 277;
- Erläuterungen, z. B. Beschreibung der Einzelheiten in der Systematik der Kostengliederung, die aus den Zeichnungen und den

Berechnungsunterlagen nicht zu ersehen, aber für die Berechnung und die Beurteilung der Kosten von Bedeutung sind;

- Erläuterungen zur organisatorischen und terminlichen Abwicklung des Bauprojekts;
- Zusammenstellungen der zum Zeitpunkt der Kostenberechnung bereits entstandenen Kosten (z. B. für das Grundstück, Erschließung, Baunebenkosten usw.).

In der Kostenberechnung müssen die Gesamtkosten nach Kostengruppen in der dritten Ebene der Kostengliederung ermittelt werden.

4.3.5 Kostenvoranschlag
Der Kostenvoranschlag dient den Entscheidungen über die Ausführungsplanung und die Vorbereitung der Vergabe.
Der Kostenvoranschlag kann entsprechend dem für das Bauprojekt gewählten Projektablauf einmalig oder in mehreren Schritten aufgestellt werden.

Im Kostenvoranschlag werden insbesondere folgende Informationen zugrunde gelegt:

- Planungsunterlagen, z. B. Ausführungs-, Detail- und Konstruktionszeichnungen;
- Leistungsbeschreibungen der Leistungsbereiche;
- Berechnungen, z. B. für Standsicherheit, Wärmeschutz, technische Anlagen;
- Berechnungen der Mengen von Bezugseinheiten der Kostengruppen nach dieser Norm und nach der Normenreihe DIN 277;
- Mengenermittlungen von Teilleistungen;
- Erläuterungen zur organisatorischen und terminlichen Abwicklung des Bauprojekts;
- Zusammenstellungen der Kosten von bereits vorliegenden Angeboten und Aufträgen sowie der bereits entstandenen Kosten.

Im Kostenvoranschlag müssen die Gesamtkosten nach Kostengruppen in der dritten Ebene der Kostengliederung ermittelt und darüber hinaus nach technischen Merkmalen oder herstellungsmäßigen Gesichtspunkten weiter untergliedert werden.

Unabhängig von der Art der Ermittlung bzw. dem jeweils gewählten Kostenermittlungsverfahren müssen die ermittelten Kosten auch nach den für das Bauprojekt vorgesehenen Vergabeeinheiten geordnet werden, damit die Angebote, Aufträge und Abrechnungen (einschließlich der Nachträge) aktuell zusammengestellt, kontrolliert und verglichen werden können.

4.3.6 Kostenanschlag

Der Kostenanschlag dient den Entscheidungen über die Vergaben und die Ausführung.

Der Kostenanschlag wird entsprechend dem für das Bauprojekt gewählten Projektablauf in mehreren Schritten aufgestellt, indem die Kosten auf dem jeweils aktuellen Kostenstand (Angebot, Auftrag oder Abrechnung) zusammengestellt werden.

Im Kostenanschlag werden insbesondere folgende Informationen zugrunde gelegt:

- Planungsunterlagen, z. B. Ausführungs- und Detailzeichnungen, Konstruktions- und Montagezeichnungen, Aufmaß- und Abrechnungszeichnungen;
- Angebote der ausführenden Unternehmen mit Leistungsbeschreibungen;
- Aufträge an ausführende Unternehmen einschließlich der Vertragsunterlagen;
- technische Berechnungen;
- Mengenermittlungen von Teilleistungen;
- Rechnungen der ausführenden Unternehmen und Ergebnisse der Rechnungsprüfung;
- Informationen über die Ausführung und zur organisatorischen und terminlichen Abwicklung des Bauprojekts;
- Zusammenstellungen der in Teilbereichen bereits entstandenen Kosten.

Im Kostenanschlag müssen die Kosten nach den für das Bauprojekt im Kostenvoranschlag festgelegten Vergabeeinheiten zusammengestellt und geordnet werden.

4.3.7 Kostenfeststellung

Die Kostenfeststellung dient dem Nachweis der entstandenen Kosten sowie gegebenenfalls Vergleichen und Dokumentationen.

In der Kostenfeststellung werden insbesondere folgende Informationen zugrunde gelegt:

- geprüfte Abrechnungsbelege, z. B. Schlussrechnungen;
- Nachweise der unentgeltlich eingebrachten Güter und Leistungen;
- Planungsunterlagen, z. B. Abrechnungszeichnungen;
- Erläuterungen.

In der Kostenfeststellung müssen die Gesamtkosten nach Kostengruppen bis zur dritten Ebene der Kostengliederung bzw. nach der für das Bauprojekt festgelegten Struktur des Kostenanschlags unterteilt werden.

4.4 Kostenkontrolle

4.4.1 Zweck
Die Kostenkontrolle dient der Überwachung der Kostenentwicklung und als Grundlage für die Kostensteuerung.

4.4.2 Grundsatz
Bei der Kostenkontrolle sind aktuelle Kostenermittlungen mit früheren Kostenermittlungen und Kostenvorgaben kontinuierlich zu vergleichen. Das gilt auch für Kostenentwicklungen zwischen den einzelnen Stufen der Kostenermittlungen.

Bei der Vergabe und der Ausführung sind die Angebote, Aufträge und Abrechnungen (einschließlich der Nachträge) auf dem jeweils aktuellen Stand des Kostenanschlags mit vorherigen Ergebnissen kontinuierlich zu vergleichen.

4.4.3 Dokumentation
Gegenüber Kostenermittlungen festgestellte Abweichungen bei den einzelnen Kostengruppen sind nach Art und Umfang darzustellen, zu erläutern und zu dokumentieren.

4.5 Kostensteuerung

4.5.1 Zweck
Die Kostensteuerung dient der zielgerichteten Beeinflussung der Kostenentwicklung und der Einhaltung von Kostenvorgaben.

4.5.2 Grundsatz
Bei der Kostensteuerung sind die bei der Kostenkontrolle festgestellten Abweichungen hinsichtlich ihrer Auswirkungen auf die Gesamtkosten und die Einhaltung von Kostenvorgaben sowie auf die Planungsinhalte zu bewerten.

Aufgrund dieser Bewertung ist zu entscheiden, ob die Planung oder die Ausführung unverändert fortgesetzt werden kann oder ob Vorschläge für geeignete Maßnahmen der Kostensteuerung zu entwickeln sind, um der aufgezeigten Kostenentwicklung entgegen zu wirken, z. B. durch Programm-, Planungs- oder Ausführungsänderungen.

4.5.3 Dokumentation
Die Bewertungen, die Entscheidungen sowie die vorgeschlagenen und durchzuführenden Maßnahmen der Kostensteuerung sind zu dokumentieren.

4.6 Kostenvorgabe

4.6.1 Zweck
Kostenvorgaben dienen dazu, Kosten zu begrenzen, die Kostensicherheit zu erhöhen, Investitionsrisiken zu vermindern und frühzeitige Alternativüberlegungen in der Planung zu fördern.

4.6.2 Festlegung der Kostenvorgabe
Eine Kostenvorgabe kann auf der Grundlage von Budgetfestlegungen oder Kostenermittlungen festgelegt werden.

Vor der Festlegung einer Kostenvorgabe ist ihre Realisierbarkeit im Hinblick auf die weiteren Planungsziele zu überprüfen.

Bei Festlegung einer Kostenvorgabe ist zu bestimmen, auf welche Kosten (Gesamtkosten bzw. eine oder mehrere Kostengruppen) sie sich bezieht und ob sie als Obergrenze oder als Zielgröße für die Planung gilt.

In Verbindung mit einer Obergrenze, kann ggf. auch eine Untergrenze festgelegt werden. In Verbindung mit einer Zielgröße, kann ggf. auch ein Bereich mit einer Begrenzung nach oben und unten festgelegt werden.

Diese Vorgehensweise ist auch dann anzuwenden, wenn die Kostenvorgabe, insbesondere aufgrund von Planungsänderungen, fortgeschrieben wird.

► *Zu 4 Grundsätze der Kostenplanung*

In diesem Abschnitt der Norm werden die Leitgedanken der Kostenplanung formuliert, die grundsätzlichen Bestimmungen für Kostenermittlungen vorgegeben sowie die Anwendungsregeln und Anforderungen für die einzelnen Stufen der Kostenermittlung festgelegt. Ferner werden die Grundsätze und Leitlinien für die Kostenkontrolle, die Kostensteuerung und die Kostenvorgabe definiert. Gegenüber der Vorgängernorm wurden die Grundsätze der Kostenplanung ergänzt und konkreter formuliert, so dass jetzt ein vollständiger und gut verständlicher Katalog mit Anwendungshilfen und Anwendungsregeln vorliegt.

► *Zu 4.1 Allgemeines*

Die grundsätzlichen Überlegungen über wirtschaftliches Handeln im Bauwesen wurden erstmals in der Ausgabe der DIN 276 vom November 2006 [125] niedergelegt. Bis dahin wurden alle früheren Norm-Ausgaben – ohne das explizit festzulegen – von dem Grundsatz geleitet, dass in der Planung primär über die Objektmerkmale entschieden wird und daraus die resultierenden Kosten zu ermitteln sind. In dieser Frage ging die Norm in den Ausgaben 2006 / 2008 auf die neueren Entwicklungen im Bauwesen ein und formulierte die Vorgehensweisen in der Kostenplanung offen für die verschiedenen Grundprinzipien ökonomischen Handelns. In der aktuellen Norm wurden diese Grundsätze redaktionell überarbeitet.

Zu Absatz 1: Die mit der Kostenplanung – definiert als die „Gesamtheit aller Maßnahmen der Kostenermittlung, Kostenkontrolle und Kostensteuerung" – verfolgten Ziele und Aufgaben werden prägnant formuliert: „Ziel und Aufgabe der Kostenplanung ist es, bei einem Bauprojekt Wirtschaftlichkeit, Kostensicherheit und Kostentransparenz herzustellen."

Damit wird augenfällig, dass die bei einem Bauprojekt gesetzten Kostenziele sich auf sehr unterschiedliche Sachverhalte erstrecken können. Dennoch werden die Begriffe der Wirtschaftlichkeit, der Kostensicherheit und der Kostentransparenz im Planungs- und Baugeschehen oft synonym verwendet. So ist es nicht verwunderlich, dass immer wieder Missverständnisse über die ökonomische Zielsetzung auftreten. Wirtschaftlichkeit, Kostensicherheit und Kostentransparenz – und ggf. auch „Sparsamkeit" – müssen jedoch hinsichtlich ihrer Bedeutung für die jeweils gebotene kostenplanerische Maßnahme und ihrer Wirkung auf die Entwicklung der Kosten des Projekts klar unterschieden werden. Deshalb ist es für eine bessere Verständigung im Bauwesen ausgesprochen hilfreich, dass die neue DIN 276 die Begriffe „Kostensicherheit" (unter 3.7) und „Kostentransparenz" (unter 3.8) definiert und gegenüber dem in den Wirtschaftswissenschaften allgemein üblichen Begriff „Wirtschaftlichkeit" abgrenzt.

Unter dem Ziel der „Kostensicherheit" ist das Bemühen primär darauf gerichtet, vorgegebene Kosten im Laufe des Bauprojekts einzuhalten. Das Ziel „Wirtschaftlichkeit" ist dem gegenüber weiter gefasst und auf ein optimales Verhältnis zwischen dem verfolgten Zweck bzw. dem erreichten Nutzen und den einzusetzenden Mitteln bzw. dem geleisteten Aufwand ausgerichtet. Die in diesem Zusammenhang als weiteres Ziel genannte „Kostentransparenz" ist sowohl für Kostensicherheit als auch für Wirtschaftlichkeit eine Voraussetzung: Nur wenn die Kosten über den gesamten Projektablauf hinweg transparent und in der Regel normgerecht dargestellt werden, liegen die notwendigen Grundlagen dafür vor, die angemessenen, auf Kostensicherheit und Wirtschaftlichkeit ausgerichteten Maßnahmen zu ergreifen.

In der **Abbildung A 10** wird klar ersichtlich, wie das System der Kostenplanung, das die DIN 276 mit knappen Worten beschreibt, im Projektablauf angelegt ist und konkret bei einem Bauprojekt umgesetzt werden kann. Die Kostenplanung erstreckt sich über den gesamten Projektablauf und sieht in allen Projektphasen Maßnahmen der Kostenermittlung, Kostenkontrolle und Kostensteuerung vor, die unmittelbar in die Objektplanung eingebunden sind. Bei dieser Darstellung ist zu beachten, dass die Projektphasen, denen die Kostenplanungsmaßnahmen zugeordnet sind, bewusst nicht identisch mit den Leistungsphasen der HOAI sind. Die Phasenbezeichnungen der HOAI sind vorrangig im Hinblick auf den Inhalt der Architekten- und Ingenieurleistungen formuliert. Die DIN 276, die insbesondere die Perspektive und die Zuständigkeiten der Bauherrschaft im Auge hat, verwendet dagegen die auf das Bauprojekt insgesamt bezogenen Bezeichnungen und geht über den engeren Projektzeitraum der HOAI-Leistungen hinaus (siehe Anmerkungen zu Abschnitt 3 Begriffe).

Zu Absatz 2: Die DIN 276 nennt zwei prinzipiell unterschiedlichen Ausgangssituationen für die Kostenplanung. Entweder ist die Kostenplanung „auf der Grundlage von Planungsvorgaben (Quantitäten und Qualitäten)" durchzuführen: Das bedeutet, dass für das Bauprojekt in der Bedarfsplanung (im Raum- und Bauprogramm) sowie in der Objektplanung quantitative und qualitative Merkmale als Maßgabe festgelegt sind. Oder – bei der zweiten prinzipiell möglichen Ausgangssituation – ist die Kostenplanung „auf der Grundlage von Kostenvorgaben" durchzuführen. Das besagt, dass die Kosten des Bauprojekts insgesamt oder bestimmter Teile als Maßgabe für die Planung vorgegeben sind.

Es wird erkennbar, dass sich Planungsvorgaben und Kostenvorgaben – gewissermaßen wie in kommunizierenden Röhren – gegenseitig bedingen. In beiden Fällen aber bedeutet das für die Kostenplanung, dass – unabhängig von der Art der festgelegten Zielgröße – die Zusammenhänge zwischen Objektplanung einerseits und Kosten andererseits durch geeignete Methoden transparent gemacht werden müssen, um das Projekt auf das gesetzte Ziel hin steuern zu können.

System der Kostenplanung nach DIN 276 im Projektablauf

Projektphase	**Kostenermittlung**	**Kostenkontrolle**	**Kostensteuerung**
	(ggf. Kostenvorgabe) (Budgetfestlegung)		
Bedarfsplanung	**Kostenrahmen (KR)** (ggf. Kostenvorgabe)	**ggf. Kostenkontrolle** (Vergleich: KR / Kostenvorgabe)	**ggf. Kostensteuerung** (z. B. Änderung der Bedarfsplanung)
Vorplanung	**Kostenschätzung (KS)** (ggf. Kostenvorgabe)	**Kostenkontrolle** (Vergleich: **KS/KR**)	**ggf. Kostensteuerung** (z. B. Änderung der Vorplanung)
Entwurfsplanung	**Kostenberechnung (KB)** (ggf. Kostenvorgabe)	**Kostenkontrolle** (Vergleich: **KB/KS**)	**ggf. Kostensteuerung** (z. B. Änderung der Entwurfsplanung)
Ausführungsplanung und Vorbereitung der Vergabe	**Kostenvoranschlag (KV)** ggf. KV 1, KV 2, … usw.	**Kostenkontrolle** (Vergleich: **KV/KB**)	**ggf. Kostensteuerung** (z. B. Änderung der Ausführungsplanung)
Vergabe und Ausführung	**Kostenanschlag (KA)** KA 1, KA 2, KA 3, … KA 4, KA 5, ….. usw.	**Kostenkontrolle** (kontinuierlicher Vergleich: **KA/KV**)	**ggf. Kostensteuerung** (z. B. Änderung der Ausführung)
Projektabschluss	**Kostenfeststellung (KF)**	**Kostenkontrolle** (abschl. Vergleich: **KF/KA, KF/KB**)	

Abbildung A 10: System der Kostenplanung

Als wesentliches Merkmal der Kostenplanung legt die Norm in diesem Absatz schließlich fest, dass die Kostenplanung „kontinuierlich und systematisch über alle Phasen eines Bauprojekts durchzuführen ist". Das bedeutet, dass man nur dann von einer normgerechten „Kostenplanung" sprechen kann, wenn alle Planungs- und Ausführungsschritte ökonomisch bewertet werden und die Kostenentwicklung kontinuierlich und systematisch überwacht wird. Daraus folgt, dass

1.) die Kosten in allen Projektphasen ermittelt werden,
2.) die Ursachen für die Entstehung und die Abweichung der Kosten systematisch analysiert werden und
3.) die Auswirkungen auf die Planung und Finanzierung aufgezeigt werden.

Erst auf diesen Grundlagen sind die Projektverantwortlichen in der Lage, alle Entscheidungen außer unter gestalterischen, funktionalen, technischen, sozialen und ökologischen Gesichtspunkten auch unter ökonomischen Aspekten zu treffen.

Zu Absatz 3: Zum besseren Verständnis dieser Zusammenhänge in der Kostenplanung greift die Norm auf den allgemein gebräuchlichen „Grundsatz der Wirtschaftlichkeit" zurück und unterscheidet alternativ die folgenden Ziele und Vorgehensweisen:

- Durch Kostenvorgaben sollen festgelegte Kosten eingehalten werden. Dabei sollen möglichst hohe quantitative und qualitative Planungsinhalte erreicht werden. (**„Maximalprinzip"**)
- Durch Planungsvorgaben sollen festgelegte Quantitäten und Qualitäten eingehalten werden. Dabei sollen möglichst geringe Kosten erreicht werden. (**„Minimalprinzip"**)

Das Maximalprinzip (oder auch „Wirksamkeitsprinzip" genannt) geht davon aus, dass mit einem bestimmten Einsatz von Mitteln ein bestmögliches Nutzen-Ergebnis erzielt wird. Auf das Bauen übertragen heißt das, dass innerhalb eines vorgegebenen Finanzierungsrahmens ein quantitativ und qualitativ möglichst gutes Gebäude realisiert wird.

Das Minimalprinzip (oder auch „Sparsamkeitsprinzip" genannt) geht davon aus, dass ein bestimmtes Nutzen-Ergebnis mit einem möglichst geringen Einsatz von Mitteln erzielt wird. Das heißt auf das Bauen bezogen, dass eine klar definierte Bauaufgabe mit möglichst geringen Kosten realisiert werden soll.

Die **Abbildung A 11** verdeutlicht die in Absatz 2 aufgezeigten prinzipiellen Ausgangssituationen für die Kostenplanung sowie die sich daraus ergebenden alternativen Vorgehensweisen, so wie sie in Absatz 3 anhand des allgemeinen Grundsatzes der Wirtschaftlichkeit erläutert werden.

► *Zu 4.2 Kostenermittlung*

Die Kostenermittlung nimmt innerhalb der Kostenplanung eine zentrale Position ein (siehe Anmerkungen zu Abschnitt 3.2 Kostenplanung). Die herausgehobene Position der Kostenermittlung ist auch in diesem Abschnitt der Norm allein schon durch die große Anzahl der einzelnen Anwendungsregeln ersichtlich, die allgemein bei der Kostenermittlung zu berücksichtigen sind. Die grundsätzlichen Anforderungen an die Kostenermittlung gelten im Wesentlichen seit der Norm-Ausgabe 1993. Sie wurden im Laufe der Zeit der Entwicklung angepasst und auch bei der jetzigen Neufassung wieder ergänzt und redaktionell überarbeitet. Sie wurden vor allem in vielen Teilen konkreter formuliert, um allen für die Anwendung der Norm klarere Leitlinien an die Hand zu geben.

► *Zu 4.2.1 Zweck*

Als Ziel und Aufgabe von Kostenermittlungen beschreibt es die DIN 276, dass „Kostenermittlungen als Grundlagen für Finanzierungsüberlegungen und Kostenvorgaben, für Maßnahmen der Kostenkontrolle und der Kostensteuerung, für Planungs-, Vergabe- und Ausführungsentscheidungen sowie zum Nachweis der entstandenen Kosten" dienen. Das besagt, dass Kostenermittlungen keinen Selbstzweck darstellen und auch nicht isoliert zu betrachten sind. Sie sind eingebunden in die Kostenplanung insgesamt und in den kontinuierlichen Planungs- und Entscheidungsprozess des Bauprojekts.

► *Zu 4.2.2 Darstellung und Gliederungstiefe*

Mit der eindeutigen Regelung, dass „Kostenermittlungen in der Systematik der Kostengliederung nach Abschnitt 5 und Tabelle 1 zu ordnen sind“, wird die in Abschnitt 5 und Tabelle 1 dargestellte Kostengliederung verbindlich eingeführt. Davon kann nur im Ausnahmefall einer ausführungsorientierten Gliederung der Kosten (entsprechend Abschnitt 5.3) abgewichen werden. Die konsequente Einhaltung der Kostengliederungs-Systematik mit den festgelegten Nummerierungen und Bezeichnungen der Kostengruppen ist die wesentliche Voraussetzung für möglichst fehlerfreie Ergebnisse in der Kostenplanung sowie eine transparente und über den Projektablauf nachvollziehbare Darstellung der Kosten.

Zur Gliederungstiefe einer Kostenermittlung wird auf die Anforderungen in Abschnitt 4.3 verwiesen. Dort wird für alle sechs Stufen der Kostenermittlung festgelegt, in welcher Ebene der Kostengliederung die Gesamtkosten ermittelt werden müssen. Für den Kostenvoranschlag und den Kostenanschlag werden dort über die drei Ebenen der Kostengliederung hinaus sogar weitere und spezifische Anforderungen an die Darstellung und die Gliederungstiefe der Gesamtkosten bestimmt.

Ökonomische Grundprinzipien: Grundsatz der Wirtschaftlichkeit

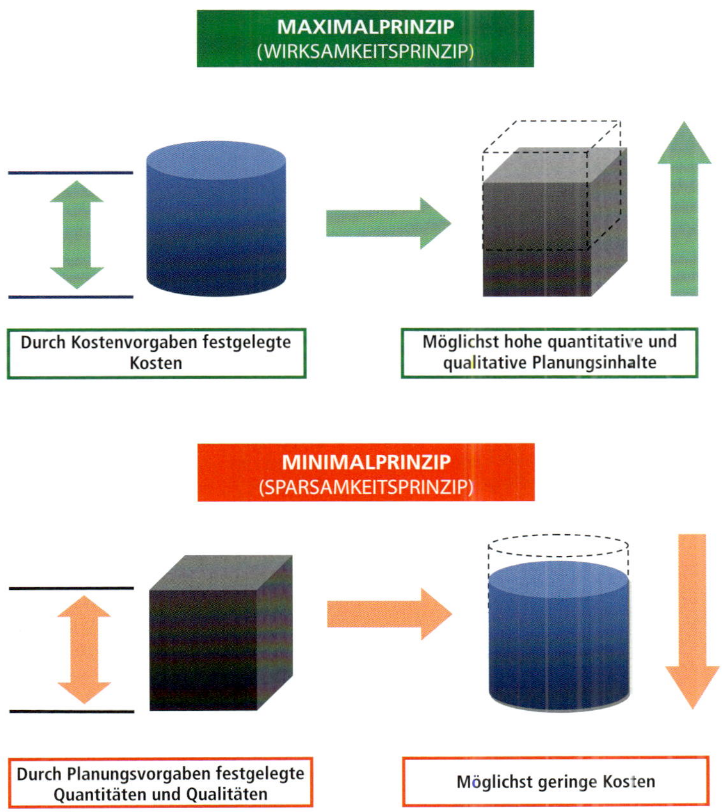

Abbildung A 11: Grundsatz der Wirtschaftlichkeit

Abweichend von diesen Festlegungen räumt die Norm allerdings ein, „in begründeten Fällen" von den generellen Anforderungen an die Darstellung und die Gliederungstiefe abzuweichen. Dazu wird geregelt, dass dies dann möglich ist, wenn „es die Umstände eines Bauprojekts zulassen oder erfordern". Die hier angesprochene Abweichung schließt sowohl geringere als auch höhere Anforderungen an die Gliederungstiefe einer Kostenermittlung ein. Damit wird beispielsweise bei einfacheren Bauaufgaben eine Kostenermittlung mit geringerer Gliederungstiefe als im Regelfall vorgeschrieben zugelassen. Für schwierigere Bauaufgaben – wie sie beispielsweise bei Bauprojekten im Bestand gegeben sind – wird die Möglichkeit aufgezeigt, bei den Kostenermittlungen auch eine differenziertere Kostengliederung anzuwenden, als sie für den Regelfall vorgeschrieben ist. Insofern könnte man für diesen Anwendungsfall sogar eine gewisse Empfehlung der Norm annehmen, die Darstellung und die Gliederungstiefe den schwierigeren Verhältnissen anzupassen und sich nicht starr an die Bestimmungen der Norm zu halten.

► *Zu 4.2.3 Vollständigkeit*

Die Norm schreibt vor, dass „die Gesamtkosten vollständig zu erfassen und zu dokumentieren sind". Das bedeutet, dass in einer Kostenermittlung alle Kostengruppen der Gesamtkosten – in der jeweils zutreffenden Gliederungstiefe – auszuweisen sind, um nicht irgendwelche Kostenbestandteile des Bauprojekts zu vergessen. In der Praxis führt gerade die unvollständige Erfassung der Kosten – insbesondere durch Vergessen oder Verschweigen von Kostenbestandteilen – zu schwerwiegenden Fehlern bei Kostenermittlungen.

Da die Vollständigkeit von Kostenermittlungen im Hinblick auf die Kostenziele eines Bauprojekts eine große Bedeutung hat, ist es sehr zu begrüßen, dass in der Neufassung der DIN 276 die bloße Anforderung nach Vollständigkeit von Kostenermittlungen mit dem Ziel besserer Kostentransparenz um eine konkrete Handlungsanweisung ergänzt worden ist: Für den Fall, dass „Teile der Gesamtkosten nicht erfasst oder dokumentiert werden können", fordert die Norm, „dies anzugeben und an der jeweiligen Stelle kenntlich zu machen". Das wird immer dann erforderlich, wenn bestimmte Kostengruppen wegen fehlender Informationen oder wegen fehlender Zuständigkeit für diesen Sachverhalt nicht angegeben werden können. Das ist beispielsweise häufig bei der Kostengruppe „100 Grundstück" der Fall, für die in der Regel die Bauherrschaft zuständig ist und den anderen Projektbeteiligten keine näheren Angaben über die Kosten bekannt - gegeben werden. Um eine vollständige Kostenermittlung im Sinne der Norm zu erreichen, wird es in der Regel notwendig sein, alle in der jeweiligen Zuständigkeit der Projektbeteiligten liegenden Kostenangaben zusammenzuführen (insbesondere der Bauherrschaft sowie der Planenden für Architekten- und Ingenieurleistungen).

Erst durch eine vollständige Dokumentation der Kosten, die über alle Stufen der Kostenermittlung hinweg konsequent der Systematik der Kostengliederung folgt, wird schließlich die Grundlage dafür gelegt, dass die gesamte Kostenentwicklung im Laufe eines Bauprojekts stets transparent ist und für alle Beteiligten nachvollziehbar wird.

► *Zu 4.2.4 Kostenstand*

Für den Kostenstand einer Kostenermittlung wird verbindlich festgelegt, dass „bei Kostenermittlungen vom Kostenstand zum Zeitpunkt der Ermittlung auszugehen ist". Die Kostenhöhe richtet sich somit nach den zu diesem Zeitpunkt erkennbaren technischen und marktbezogenen Faktoren. Die auf Grund der weiteren zeitlichen Entwicklung des Projekts zu erwartenden Kostenänderungen dürfen – im Regelfall – somit nicht in den Kosten enthalten sein. Sollte es unter Umständen doch gewünscht sein, die auf Grund der weiteren zeitlichen Entwicklung des Projekts zu erwartenden Kostenänderungen zu prognostizieren, gilt dafür die Regelung nach 4.2.13 über prognostizierte Kosten.

Die Bestimmungen zum Kostenstand bedeuten, dass eine Kostenermittlung – was die Kostenhöhe betrifft – als ein statisches Instrument zu verstehen ist. Die Ergebnisse einer Kostenermittlung stellen, so gesehen, im Hinblick auf den weiteren Projektablauf punktuelle Zwischenergebnisse auf dem Weg bis zum Projektabschluss und der abschließenden Kostenfeststellung dar.

Um das Ergebnis der Kostenermittlung zu einem späteren Zeitpunkt nachvollziehen zu können, wird im Sinn der Kostentransparenz festgelegt, dass in Kostenermittlungen der „Kostenstand durch die Angabe des Zeitpunkts der Ermittlung dokumentiert werden muss".

Damit wird zudem die Grundlage für – die zunächst ausgeschlossenen, aber unter Umständen doch gewünschten – spätere Berechnungen von Kostenänderungen und die Ermittlung prognostizierter Kosten nach 4.2.13 geschaffen. Die Angabe des Kostenstands gilt im Übrigen auch für die Dokumentation von Kostenkennwerten in Datensammlungen für die Kostenplanung, beispielsweise des BKI [u.a. 401].

▶ *Zu 4.2.5 Grundlagen der Kostenermittlung*

Die DIN 276 fordert, dass bei Kostenermittlungen „die der Kostenermittlung zugrunde liegenden Unterlagen und Informationen anzugeben sind". Mit dieser Forderung, die Grundlagen der Kostenermittlung anzugeben, wird auf den Zusammenhang zwischen den Ergebnissen der Planung und Ausführung einerseits und der in der jeweiligen Projektphase korrespondierenden Kostenermittlung andererseits Bezug genommen: Der Detaillierungsgrad und die Genauigkeit von Kostenermittlungen sind unmittelbar abhängig von den in der Planung und Ausführung verfügbaren Informationen in Form von Zeichnungen, Berechnungen und Beschreibungen. Das lässt sich im Abschnitt 4.3 gut nachvollziehen, in dem für jede Kostenermittlungsstufe angegeben ist, welche Informationen der jeweiligen Kostenermittlung zugrunde gelegt werden.

▶ *Zu 4.2.6 Erläuterungen zum Bauprojekt*

Mit der weiteren Forderung, „Erläuterungen zum Bauprojekt in der Systematik der Kostengliederung zu ordnen", sollen die Transparenz und die Genauigkeit von Kostenermittlungen verbessert werden. Erläuterungen und Beschreibungen sind neben Zeichnungen und Plänen sowie Berechnungen die wesentlichen Grundlagen für Kostenermittlungen. Kosten können nur dann zutreffend ermittelt werden, wenn die wirksamen Kosteneinflüsse erkannt werden. Durch eine gleichlautende Gliederung von Kostenermittlung und Erläuterung zum Bauprojekt wird der Zusammenhang zwischen den Kosteneinflüssen, die in der Planung festgelegt werden, und den daraus resultierenden Kosten nachvollziehbar und letztlich auch berechenbar.

▶ *Zu 4.2.7 Kostenermittlungsverfahren und Kostenkennwerte*

Die Begriffe „Kostenkennwert" und „Kostenermittlungsverfahren" wurden bereits unter 3.13 und 3.16 näher erläutert. Das Ergebnis einer Kostenermittlung hängt im Wesentlichen von der Eignung des jeweils eingesetzten Kostenermittlungsverfahren ab und dieses wiederum unmittelbar von der Qualität der dabei benutzten Kostenkennwerte. Insofern ist es folgerichtig und konsequent, dass die DIN 276 fordert, „die bei der Kostenermittlung angewendeten Kostenermittlungsverfahren sowie die Quellen der verwendeten Kostenkennwerte anzugeben". Es soll damit nachvollziehbar gemacht werden, wie die Kostenermittlung methodisch durchgeführt worden ist und welche Kostenkennwerte dabei zugrunde gelegt wurden. Diese Angaben sind besonders dann von Interesse, wenn neben den eigenen Erfahrungswerten auf externe Daten – beispielsweise auf das umfängliche Datenangebot des BKI – zurückgegriffen wird.

▶ *Zu 4.2.8 Unterschiedliche Bauten oder Anlagen, mehrere Bauwerke oder Abschnitte*

Bei einem Bauprojekt, das „aus unterschiedlichen Bauten oder Anlagen" oder „aus mehreren Bauwerken oder Abschnitten besteht", müssen für diese Teilbereiche des Bauprojekts „jeweils getrennte Kostenermittlungen aufgestellt werden".

Getrennte Kostenermittlungen sind bei einem solchen gegliederten Bauprojekt erforderlich, um die Kosten zutreffend ermitteln zu können, da die einzelnen Teilbereiche des Bauprojekts völlig unterschiedlichen Rahmenbedingungen unterliegen können. Nur wenn für die einzelnen Teilbereiche eigene getrennte Kostenermittlungen aufgestellt werden, wird es möglich, die jeweils wirksamen unterschiedlichen Kosteneinflüsse in den spezifischen Kostenermittlungen zutreffend zu berücksichtigen.

Die Norm unterscheidet bei dieser Regelung zwei Sachverhalte:

Ein Bauprojekt, das „aus unterschiedlichen Bauten oder Anlagen (z.B. Hochbauten, Ingenieurbauten, Infrastrukturanlagen, Freiflächen) besteht", liegt dann vor, wenn die Teilbereiche des Projekts nicht ausschließlich einem einzigen Bereich des Bauwesens zuzuordnen sind. Ein solches Projekt könnte beispielsweise mit einer Autobahnraststätte und Tankstellenanlage (Hochbauten) sowie einer Verkehrsanlage mit Abstellplätzen für PKW und LKW (Infrastrukturanlage) einschließlich einer Straßenbrücke und einer Fußgängerbrücke (Ingenieurbauten) gegeben sein.

Ein Bauprojekt, das „aus mehreren Bauwerken oder Abschnitten besteht", liegt dann vor, wenn das Projekt Teilbereiche enthält, die zwar einem einzigen Bereich des Bauwesens zugeordnet werden können, aber „z.B. funktional, zeitlich, räumlich oder wirtschaftlich getrennt sind". Ein solches Projekt könnte beispielsweise bei einem Bürogebäude gegeben sein, das in einem ersten Bauabschnitt sofort realisiert wird, während das zugehörige Werkstattgebäude in einem zweiten Bauabschnitt erst zwei Jahre später errichtet werden soll. Beide Teilbereiche dieses Bauprojekts sind zwar dem Bereich der Hochbauten zuzuordnen, aber wegen der Ausführung in zeitlich getrennten Bauabschnitten müssten dennoch getrennte Kostenermittlungen aufgestellt werden.

► *Zu 4.2.9 Bauprojekte im Bestand*

Die Norm formuliert als allgemeinen Grundsatz für „Kostenermittlungen für Bauprojekte im Bestand" keine spezifischen Anforderungen, sondern belässt es bei dem allgemeinen Hinweis, dass „sich die Gliederungstiefe der Ermittlungen sowie die angewendeten Kostenermittlungsverfahren und Kostenkennwerte nach den besonderen Umständen von Bestandsmaßnahmen und den projektspezifischen Vorgaben richten". Damit kommen zumindest die besonderen Bedingungen zum Ausdruck, die bei Bauprojekten im Bestand herrschen und durch die bei diesen Bauaufgaben die Kostenermittlungen gegenüber Neubaumaßnahmen bestimmt werden. Die Vielfalt und die Verschiedenheit von Bestandsprojekten in technischer und organisatorischer Hinsicht lassen es kaum zu, die Anforderungen an Kostenermittlungen zu generalisieren. Bei Bestandsprojekten ist es in der Regel erforderlich, für die Kostenermittlungen Festlegungen zu treffen, die auf den konkreten Einzelfall bezogen sind sowie den Vorgaben und Entscheidungen der jeweiligen Projektverantwortlichen unterliegen (Konkrete Hinweise und Beispiele für Verfahren der Kostenplanung im Altbaubereich siehe Herke, S. [418]).

Bei Bestandsprojekten ist insbesondere im Hinblick auf die Bauwerkskosten zwischen Erweiterungen (die im Wesentlichen einem Neubau entsprechen), Umbauten und Modernisierungen zu unterscheiden. Dafür sollten entsprechend den Regelungen nach 4.2.8 jeweils getrennte Kostenermittlungen aufgestellt werden.

In der Vorgängernorm war an dieser Stelle empfohlen worden, bei Bauprojekten im Bestand die Kosten nach Abbruch-, Instandsetzungs- und Neubaumaßnahmen zu unterscheiden. Dieser Gesichtspunkt einer differenzierteren Gliederung der Kosten ist in der aktuellen Normfassung nicht mehr als Grundsatz formuliert, sondern wird jetzt in Abschnitt 5.2 Anwendung der Kostengliederung lediglich als eine Möglichkeit aufgezeigt, wie bei Bauprojekten im Bestand die Kostengliederung sinnvoll erweitert werden kann. In jedem Fall erleichtert eine solche Differenzierung der Kosten bei Bestandsmaßnahmen die Kostenermittlung selbst und trägt zu einer größeren Transparenz der Kosten bei.

Dementsprechend sind auch die Kostendaten des BKI für den „Altbau" [404] und [405] so aufbereitet, dass nach den Maßnahmen für Abbruch, Instandsetzung (Wiederherstellen) und Neubau (Herstellen) unterschieden wird. Zu beachten ist, dass die Kostengliederung der DIN 276 die Differenzierung der Kosten im vorgenannten Sinne auf die einzelnen Kostengruppen bezieht. Das heißt, dass beispielsweise die Kosten der nichttragenden Innenwände in der Kostengruppe „342 Nichttragende Innenwände" nach Abbruch-, Instandsetzungs- und Neubaumaßnahmen differenziert ermittelt werden sollten. Die in der Kostengliederung als Kostengruppen 394, 494 und 594 sowie 395, 495 und 595 ausgewiesenen Kostengruppen für Abbruchmaßnahmen und Instandsetzungen betreffen dagegen nur solche Maßnahmen, die übergreifender Art sind und nicht einzelnen Kostengruppen zugewiesen werden können.

▶ Zu 4.2.10 Vorhandene Substanz

Auch bei der Frage, ob bei Bauprojekten im Bestand in den Kostenermittlungen die vorhandene Substanz berücksichtigt werden soll, beschränkt sich die DIN 276 auf eine verhältnismäßig offene Formulierung. Sie überlässt es den Verantwortlichen des jeweiligen Projekts, nach ihren Erfordernissen zu entscheiden und ihre eigenen Vorgaben für den Umgang mit der vorhandenen Substanz bei dem Projekt festzulegen.

Um in solchen Fällen dennoch ein möglichst hohes Maß an Kostentransparenz und eine Vergleichbarkeit der Kosten zu sichern, legt die Norm fest, dass „der Wert der vorhandenen Substanz (z.B. Grundstück, Baukonstruktionen, Technische Anlagen)" – wenn er denn für das Bauprojekt ermittelt werden soll – „bei den betreffenden Kostengruppen gesondert auszuweisen ist". Auch zu den näheren Einzelheiten, wie die Kosten der Substanz zu ermitteln und zu dokumentieren sind, sagt die Norm lediglich aus, dass „die Art der Ermittlung und die Zuordnung des Wertes zu den Kostengruppen bzw. den Gesamtkosten sich nach den projektspezifischen Vorgaben richten" sollen.

Die Definition des Begriffs „Kosten im Bauwesen" – kurz gefasst „Kosten" – unter 3.1 trägt beiden Sichtweisen Rechnung, wenn sie „Kosten" als „Aufwendungen, insbesondere für Güter, Leistungen, Steuern und Abgaben, die mit der Vorbereitung, Planung und Ausführung von Bauprojekten verbunden sind" bezeichnet.

Die Regelung der DIN 276 über die Ermittlung der Werte vorhandener Substanz darf nicht verwechselt oder gleichgesetzt werden mit den Regelungen der HOAI [301] über die „mitzuverarbeitende Bausubstanz". Die Zielrichtung und der Wirkungsumfang der HOAI-Regelungen über die „vorhandene Bausubstanz" (HOAI-Fassung 1996) bzw. die „mitzuverarbeitende Bausubstanz" (HOAI-Fassung 2013 und 2021) richten sich ausschließlich an den Erfordernissen einer angemessenen Honorarfindung aus. Die Regelungen der HOAI zielen darauf, den Substanzwert nur insoweit zu ermitteln, wie die Substanz entsprechend der jeweiligen „Mitverarbeitung" – also dem damit verbundenen Planungsaufwand der Objektplanung – für ein angemessenes Honorar relevant ist. Die Regelung hat also aus einer ausschließlich honorarrechtlichen Perspektive nur die Auswirkung der Bausubstanz auf den Umfang der Planungsleistung im Auge. Vor diesem Hintergrund ist es verständlich, dass in den betreffenden HOAI-Regelungen der gesamte wirtschaftliche Wert der Bausubstanz, die in das Bauprojekt eingebracht wird, nicht von Interesse ist. Schließlich ist eine solche umfassendere ökonomische Sichtweise für die HOAI-Thematik nicht erforderlich.

Demgegenüber muss aber die DIN 276 bei ihren Regelungen vorrangig eine ökonomische Zielrichtung verfolgen und eindeutige Regeln für zutreffende Kostenermittlungen bei Investitionsmaßnahmen setzen. Um den Unterschied zwischen den beiden Regelungsbereichen deutlich zu machen, spricht die DIN 276 bewusst von „vorhandener Substanz" und vermeidet die in der HOAI verwendeten Begriffe „vorhandene Bausubstanz" und „mitzuverarbeitende Bausubstanz". Auch in dieser Frage wird – wie auch bei vielen anderen Themen – deutlich, dass die HOAI mit den Honorarermittlungen einerseits und die DIN 276 mit den Kostenermittlungen andererseits zwangsläufig unterschiedliche Aufgaben und Regelungsziele verfolgen.

▶ Zu 4.2.11 Eingebrachte Güter und Leistungen

In diesen neuen Abschnitt über „eingebrachte Güter und Leistungen" sind die bisherigen Bestimmungen der Vorgängernorm über „wiederverwendete Teile" und „Eigenleistungen" eingeflossen. Die aktuellen Festlegungen sind allerdings neu und in umfassenderem Sinne formuliert worden. Entsprechend dem unter 4.2.10 dargelegten grundsätzlichen Verständnis der Norm, die Gesamtkosten im ökonomischen Sinn als „Gesamt-Investition" aufzufassen, ist auch die Regelung über eingebrachte Güter und Leistungen zu verstehen. Die Norm schreibt vor, „die Werte von unentgeltlich eingebrachten Gütern und Leistungen (z.B. Materialien, Eigenleistungen) den betreffenden Kostengruppen zuzurechnen, aber gesondert auszuweisen".

Bei der jetzigen Formulierung dieses Sachverhalts wird anstelle des früher üblichen Begriffs der „wiederverwendeten Teile" richtigerweise der weiter gefasste Begriff der „unentgeltlich eingebrachten Güter" gewählt. Die Regelung bezieht sich nicht nur auf die materiellen Teile, wie sie insbesondere beim Bauwerk (Kostengruppen 300 und 400) auftreten, sondern prinzipiell auf alle zu den Gesamtkosten der DIN 276 gehörenden Kostengruppen: Auch ein Grundstück, das unentgeltlich in das Bauprojekt eingebracht wird, stellt ein „Gut" dar, dessen Wert in der Kostengruppe „110 Grundstückswert" ausgewiesen werden muss.

Die Forderung der Norm, den Wert von unentgeltlich eingebrachten Gütern und Leistungen bei den betreffenden Kostengruppen nicht nur zuzurechnen, sondern gesondert auszuweisen, soll die Transparenz von Kostenermittlungen und ihre Vergleichbarkeit verbessern.

Schließlich sieht die Norm vor, dass für die eingebrachten Güter und Leistungen „die aktuellen Marktwerte dieser Güter und Leistungen zu ermitteln und einzusetzen sind". Unter den unentgeltlich eingebrachten Leistungen sind insbesondere die Eigenleistungen der Bauherrschaft zu verstehen. Als aktueller Marktwert dieser Eigenleistungen können die Personal- und Sachkosten gelten, die für entsprechende Unternehmerleistungen entstehen würden. Ein weiterer Aspekt verdient in diesem Zusammenhang Beachtung: Gerade im Hinblick auf die Finanzierungsbedingungen kann die richtige Einordnung von Eigenleistungen für die private Bauherrschaft äußerst wichtig sein. Eigenleistungen stellen nicht – wie häufig gehandhabt – etwa nur ersparte Ausgaben dar. Sie können vielmehr ein nicht zu unterschätzender Beitrag zum Eigenanteil bei der Finanzierung eines Bauprojekts sein.

► *Zu 4.2.12 Besondere Kosten*

Unter „besonderen Kosten" sind nach der DIN 276 diejenigen Kosten – oder treffender „Mehrkosten" – zu verstehen, die im Einzelfall bei einem Bauprojekt aufgrund besonderer projektspezifischer Bedingungen auftreten können, aber im Regelfall des Baugeschehens üblicherweise nicht vorkommen. Die Norm nennt als Ursachen für besondere Kosten „außergewöhnliche Bedingungen des Standorts (z.B. Gelände, Baugrund, Umgebung), besondere Umstände des Bauprojekts oder Forderungen außerhalb der Zweckbestimmung des Bauwerks".

Unter den „außergewöhnliche Bedingungen des Standorts (z.B. Gelände, Baugrund, Umgebung)" sind insbesondere schwierige Verhältnisse des Baugrunds oder der Topografie zu verstehen, die besondere Maßnahmen wie beispielsweise Felssprengungen, Baugrundverbesserungen, Unterfangungen und Abstützungen erforderlich machen.

„Besondere Umstände des Bauprojekts" können u.a. besonders schwierige organisatorische Bedingungen für die Baustelle (z.B. fehlende Lagerflächen oder stark beeinträchtigte Zufahrtsmöglichkeiten) oder besondere wirtschaftliche Rahmenbedingungen (z.B. extreme Baumarktverhältnisse, erhebliche Verzögerungen im Projektablauf durch Insolvenzverfahren) sein.

Als „Forderungen außerhalb der Zweckbestimmung des Bauwerks" können u.a. besondere Schallschutzmaßnahmen gelten, die bei einer „normalen Nutzung" (z.B. Büronutzung) alleine aufgrund von Lärmimmissionen von außen (z.B. Fluglärm in der Nähe eines Flughafens) erforderlich werden.

In den früheren Ausgaben der DIN 276 bis 1981 war für die besonderen Kosten in der Kostengliederung eine eigene Kostengruppe vorgesehen: Innerhalb der Kostengruppe „3 Bauwerk" die Kostengruppe „3.5 Besondere Bauausführungen". Dieser Separierung der besonderen Kosten lag die Absicht zu Grunde, für die dadurch bereinigten „normalen Kosten" besser vergleichbare und verlässlichere Kostenkennwerte bilden zu können. Dabei wurde aber außer Acht gelassen, dass der Sachbezug zwischen den „normalen" und den „besonderen" Kosten durch die Separierung in der Kostengliederung verloren geht. Demgegenüber sind nach der geltenden DIN 276 die bei einem Bauprojekt entstehenden „besonderen Kosten" sachbezogen den einzelnen Kostengruppen, bei denen sie neben den „normalen" Kosten anfallen, zuzuordnen. Die Bestimmung lautet, die „besonderen Kosten bei den betreffenden Kostengruppen zuzurechnen, aber gesondert auszuweisen". Damit wird sichergestellt, dass „besondere" Kosten jeder Art in den Kostenermittlungen immer im sachlichen Zusammenhang mit den entsprechenden „normalen" Kosten stehen und somit besser beurteilt werden können.

▶ Zu 4.2.13 Prognostizierte Kosten

Für den Kostenstand einer Kostenermittlung legt die DIN 276 fest, dass die Kosten auf dem Kostenstand zum Zeitpunkt der jeweiligen Ermittlung anzugeben sind (siehe 4.2.4). Die Kostenhöhe richtet sich somit nach den zu diesem Zeitpunkt erkennbaren technischen und marktbezogenen Faktoren.

In einigen Bereichen des Bauwesens – insbesondere bei privaten Bauprojekten und Investments – wird demgegenüber jedoch verlangt, dass die Kosten nicht nur auf dem jeweils aktuellen Kostenstand angegeben werden, sondern auch auf den Zeitpunkt der Fertigstellung des Bauprojekts prognostiziert werden. Im Hinblick auf eine hohe Finanzierungssicherheit will man möglichst frühzeitig Kenntnis über die endgültig zu erwartenden Kosten erlangen. Das bedeutet, dass neben den regulären Kostenermittlungen zusätzlich prognostische Kostenermittlungen durchgeführt werden müssen. Bei diesen Prognosen sollen die zeitlich bedingten und insbesondere durch Baupreissteigerungen hervorgerufenen Kostenentwicklungen eines Bauprojekts im Vorhinein berücksichtigt werden.

In anderen Bereichen des Bauwesens – insbesondere im öffentlichen Bereich – wird dieser Sachverhalt anders beurteilt und gehandhabt: Dort wird in der Regel durch haushaltsrechtliche Bestimmungen eine prognostische bzw. dynamische Kostenermittlung ausgeschlossen und stattdessen bei Kostensteigerungen aufgrund der Preisentwicklung die Finanzierung schrittweise durch Nachträge zum Haushalt angepasst.

Angesichts der unterschiedlichen Vorstellungen und Erfordernissen in der Praxis ist es konsequent, dass die DIN 276 auch in dieser Frage eine verhältnismäßig offene Formulierung wählt. Es wird lediglich festgelegt, dass „Kosten, die auf den Zeitpunkt der Kostenfeststellung prognostiziert werden, an den betreffenden Stellen der Kostengliederung gesondert auszuweisen sind". Die zu verschiedenen Zeitpunkten geltenden Kosten – einerseits zum jeweils aktuellen Kostenstand aufgrund der bisher bekannten Tatsachen und andererseits zum Zeitpunkt der Kostenfeststellung aufgrund der prognostizierten weiteren Entwicklungen – sollen in der Kostenermittlung „an den betreffenden Stellen der Kostengliederung gesondert" ausgewiesen werden. Für die Transparenz der Kosten, gerade im Hinblick auf ihre Bewertung und die zu treffenden Entscheidungen, ist eine solche getrennte Darstellung der Kostenbestandteile unverzichtbar. Um die prognostizierten Kosten nachvollziehbar zu machen, wird ferner gefordert, „die der Prognose zugrunde liegenden Annahmen anzugeben".

Wie die Ermittlung prognostizierter Kosten bei einem Bauprojekt im Einzelnen gehandhabt wird, überlässt die Norm den Projektverantwortlichen, indem sie aussagt: „Wie die prognostizierten Kosten ermittelt und den Kostengruppen bzw. den Gesamtkosten zugerechnet werden sollen, richtet sich nach den projektbezogenen Vorgaben." Danach können die Projektverantwortlichen nach ihren Erfordernissen entscheiden und für das jeweilige Projekt ihre eigenen Vorgaben für eine Prognostizierung der Kosten festlegen.

Schließlich ist noch anzumerken, dass in der jetzigen Fassung der Norm auf den in der Vorgängerversion noch als eigenständig eingeführten und definierten Begriff „Kostenprognose" verzichtet wird, da sich der zu regelnde Sachverhalt auch ohne eine besondere Begriffsbestimmung offensichtlich von selbst erklärt.

▶ Zu 4.2.14 Risikobedingte Kosten

In der Ausgabe 2008 war das Thema des Kostenrisikos erstmals in der DIN 276-1 aufgegriffen worden. Kostenrisiken bei Bauprojekten hatten in der Fachdiskussion größere Bedeutung erlangt, da im Fehlen eines frühzeitigen und kontinuierlichen Risikomanagements eine häufige Ursache für Kostensteigerungen und Terminüberschreitungen gesehen wurde [501]. In der Norm war der Begriff „Kostenrisiko" als „Unwägbarkeiten und Unsicherheiten bei Kostenermittlungen und Kostenprognosen" definiert worden. Dazu wurden Empfehlungen zum Umgang mit Kostenrisiken bei der Kostenermittlung gegeben (Angabe von Kostenrisiken nach ihrer Art sowie Einschätzung ihres Umfangs und ihrer Eintrittswahrscheinlichkeit; Angabe geeigneter Maßnahmen zur Reduzierung, Vermeidung, Überwälzung und Steuerung von Kostenrisiken). Mit diesen wenigen Gedanken war das komplexe Thema des Kostenrisiko-Managements im Bauwesen nur angerissen worden und es war zu vermuten, dass die DIN 276 bei ihrer nächsten Überarbeitung dem Thema des Kostenrisikos wohl einen breiteren Raum geben würde.

Entgegen dieser Vermutung wird aber in der aktuellen Ausgabe der DIN 276 das Thema des Kostenrisikos nicht detaillierter behandelt, sondern nur kurz gefasst und in die Zuständigkeit der Projektverantwortlichen und ihr Risikomanagement verwiesen. Das Thema wird als zu komplex sowie als zu sehr auf die einzelnen Bauverantwortlichen und das einzelne Projekt bezogen angesehen, als dass es im Rahmen der DIN 276 näher ausgeführt werden sollte.

Mit dem Ziel einer transparenten Kostendarstellung wird – wie schon bei den unter 4.2.10 bis 4.2.13 genannten Kostensachverhalten – lediglich festgelegt, dass „Kosten, die durch Risiken aufgrund von Unsicherheiten und Unwägbarkeiten drohen, an den betreffenden Stellen der Kostengliederung gesondert auszuweisen sind".

Auch die Frage, wie risikobedingte Kosten bei Kostenermittlungen behandelt werden sollen, überlässt die DIN 276 den Verantwortlichen des jeweiligen Projekts, indem sie nur ausführt, dass „die Art der Ermittlung und die Zuordnung der risikobedingten Kosten zu den Kostengruppen bzw. den Gesamtkosten sich nach den Vorgaben des projektbezogenen Risikomanagements richten".

Dies bedeutet aber nicht, dass die zunehmende Bedeutung des Risikomanagements im Bauwesen verkannt wird. Nur ist man in dem für die DIN 276 zuständigen Ausschuss der Auffassung, dass detaillierte Aussagen zum Risikomanagement und zu den Verfahren zur Risikobeurteilung an anderer Stelle geregelt und projektbezogen festgelegt werden sollten – u.a. in der einschlägigen Norm DIN EN 31010 Risikomanagement – Verfahren zur Risikobeurteilung [106]. Ferner sind die Ausführungen von Hoffmann „Zum Umgang mit Kostenrisiken" [422] zu empfehlen.

► *Zu 4.2.15 Umsatzsteuer*

Die Umsatzsteuer ist eine Steuer, mit der die Entgelte für Lieferungen und Leistungen von Unternehmen besteuert werden. Die Umsatzsteuer wird im System der Mehrwertbesteuerung mit Vorsteuerabzug erhoben. Daraus ergibt sich, dass die Umsatzsteuer betriebswirtschaftlich gesehen zunächst kostenneutral ist, da die innerhalb der Wertschöpfungskette jeweils vereinnahmte Umsatzsteuer mit der zuvor gezahlten Vorsteuer verrechnet werden kann. Insofern stellt die Umsatzsteuer bei Unternehmen, die zum Vorsteuerabzug berechtigt sind, lediglich einen sogenannten „durchlaufenden Posten" dar und keine tatsächlichen Kosten. Letztlich trägt erst der Endverbraucher wirtschaftlich die gesamte Steuerlast aus der Umsatzsteuer bzw. der Mehrwertsteuer, so dass diese Steuer auch erst beim Endverbraucher tatsächlich ein Bestandteil seiner Kosten an einer bezogenen Lieferung oder Leistung darstellt.

Bis 1993 hatte in der DIN 276 prinzipiell gegolten, dass die Kosten normgemäß die Umsatzsteuer enthalten. Diese aus der Sicht der privaten und der öffentlichen Bauherrschaft nachvollziehbare Regelung, wurde aber den Erfordernissen gewerblicher – und vorsteuerabzugsberechtigter – Unternehmen nicht gerecht. Insofern ist es nicht verwunderlich, dass diese einseitige Sichtweise zu ständigen Auseinandersetzungen führte. Deshalb wurde bei der Neufassung der Norm 1993 endlich die Vorstellung aufgegeben, man könne diese Frage einheitlich für alle Bereiche des Bauwesens regeln. Stattdessen wurde eine offene Lösung entsprechend den unterschiedlichen Erfordernissen der jeweiligen Projektverantwortlichen formuliert, die bis heute Bestand hat.

Zu Absatz 1: Die Frage, wie bei Kostenermittlungen die Umsatzsteuer berücksichtigt wird, regelt die Norm durch eine offene Formulierung, die drei alternative Lösungen ermöglicht:

„Die Umsatzsteuer kann entsprechend den jeweiligen Erfordernissen wie folgt berücksichtigt werden:

- In den Kostenangaben ist die Umsatzsteuer enthalten („Brutto Angabe");
- In den Kostenangaben ist die Umsatzsteuer nicht enthalten („Netto Angabe");
- Nur bei einzelnen Kostenangaben (z.B. bei übergeordneten Kostengruppen) ist die Umsatzsteuer ausgewiesen."

Erfahrungsgemäß dürfte die dritte der aufgezeigten Alternativen in der Praxis kaum eingesetzt werden.

Zu Absatz 2: Um alle Kostenangaben trotz der alternativen Möglichkeiten, die Umsatzsteuer auszuweisen, nachvollziehbar zu machen, regelt die Norm verbindlich, dass „in Kostenermittlungen und bei Kostenkennwerten immer anzugeben ist, in welcher Form die Umsatzsteuer berücksichtigt worden ist". Auch wenn diese Bestimmung auf den ersten Blick selbstverständlich und vielleicht auch als überflüssig erscheint, zeigt die Praxis doch erschreckend, dass die Frage, ob die bei einem Bauprojekt genannten Kosten die Mehrwertsteuer enthalten hat oder nicht, immer wieder zu unnötigen Streitigkeiten führt.

► *Zu 4.3 Stufen der Kostenermittlung*

In diesem Abschnitt der Norm werden für die bereits im Abschnitt 3.3 begrifflich eingeführten und definierten Stufen der Kostenermittlung Anforderungen und Anwendungsregeln festgelegt. Allgemein gilt für die jeweilige Kostenermittlungsstufe, dass ihre Art und ihr Umfang abhängig sind vom jeweils erreichten Stand der Planung und Ausführung und den daraus verfügbaren Informationen über das Bauprojekt. Insofern kann man davon ausgehen, dass die Kosten stufenweise mit zunehmendem Genauigkeitsgrad ermittelt werden können bzw. alternativ die Planung mit Hilfe der Kostenermittlungen stufenweise an einer festgelegten Kostenvorgabe ausgerichtet werden kann. Die DIN 276 unterscheidet entsprechend dem Planungsfortschritt die folgenden sechs Stufen der Kostenermittlung: Kostenrahmen, Kostenschätzung, Kostenberechnung, Kostenvoranschlag, Kostenanschlag und Kostenfeststellung.

Die **Abbildung A 12** zeigt, wie die Stufen der Kostenermittlung in die Phasen eines Bauprojekts eingebunden sind und mit der Kostenkontrolle und der Kostensteuerung korrespondieren. Die Abbildung kann selbstverständlich nur ein abstrahiertes Modell des Projektablaufs darstellen, bei dem die Leistungsphasen des besseren Verständnisses wegen konsekutiv aufeinander folgen. Tatsächlich ist aber im Baugeschehen eine synchrone Überlappung der Leistungsphasen gängige Praxis – spätestens ab der Ausführungsplanung und der Vorbereitung der Vergabe. In dieser Projektphase, werden bei der überwiegenden Anzahl der Bauprojekte die Planungsleistungen für die verschiedenen Leistungsbereiche bzw. Vergabeeinheiten der Bauleistungen schrittweise erstellt. Dieser Vorgehensweise schenkt die neue DIN 276 besondere Beachtung, indem die Auswirkungen, die sich durch eine synchrone Planung für die Kostenermittlungen ergeben, nun ausdrücklich benannt werden. Die Vorgängernormen hatten dieses Problem leider nicht weiter behandelt.

Deshalb war es bei der Anwendung der Norm in der Praxis immer wieder zu unterschiedlichen Auffassungen und Missverständnissen darüber gekommen, ob es sich bei den einzelnen Kostenermittlungen um einmalige oder zu wiederholende Ermittlungen handelt. Diese Frage wird jetzt bei den einzelnen Stufen der Kostenermittlung eindeutig beantwortet und wegen ihrer Bedeutung im folgenden einleitenden Abschnitt 4.3.1 noch einmal im Zusammenhang dargestellt.

Stufen der Kostenermittlung in den Projektphasen

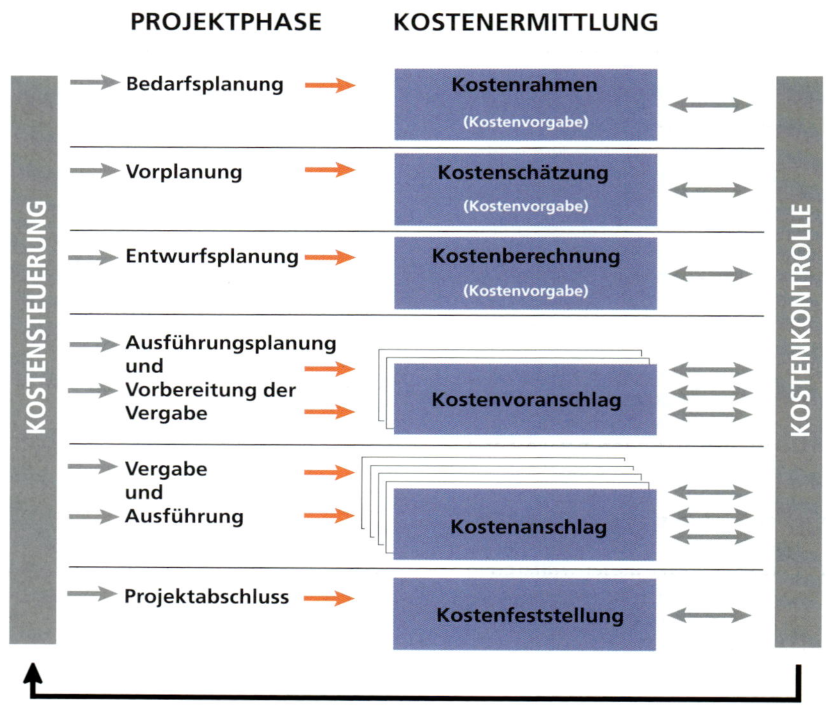

Abbildung A 12: Stufen der Kostenermittlung

► *Zu 4.3.1 Allgemeines*

Zu Absatz 1: Die Stufen der Kostenermittlung werden in der Norm durchgängig nach der gleichen Systematik beschrieben: „nach ihrem Zweck, den erforderlichen Grundlagen und dem Detaillierungsgrad". Der Zweck einer Kostenermittlungsstufe ist jeweils so formuliert, dass deutlich wird, wie die Kostenermittlung in den Entscheidungsprozess eines Bauprojekts eingebunden ist. Die für die Kostenermittlung erforderlichen Grundlagen werden derart umrissen, dass die in der jeweiligen Projektphase erarbeiteten und verfügbaren Informationen in Form von Zeichnungen, Berechnungen und Beschreibungen angegeben sind. Die Norm betont damit den direkten Zusammenhang zwischen dem jeweiligen Stand der Planung und Ausführung sowie der entsprechenden Kostenermittlungsstufe.

Die Anforderungen an den erforderlichen Detaillierungsgrad der Gesamtkosten wurden in den bisherigen Norm-Fassungen als Mindestanforderungen definiert. Zugleich wurde aus den Projektphasen, die der jeweiligen Kostenermittlungsstufe zugeordnet wurde, klar erkennbar, dass die verfügbaren Planungsunterlagen durchaus eine weitergehende Untergliederung der Kosten zulassen würden. In der Praxis hatte sich unterdessen herausgestellt, dass es angesichts der heutigen Erwartungen an Wirtschaftlichkeit und Kostensicherheit zumeist nicht mehr ausreicht, nur die Mindestanforderungen zu erfüllen. Folgerichtig wurden in der aktuellen DIN 276 die Anforderungen erhöht und differenziertere Untergliederungen der Kostenermittlungen festgelegt. Die sich daraus ergebenden Unterschiede zum Honorarrecht und den vertragsrechtlichen Konsequenzen sind selbstverständlich zu beachten, sie sind jedoch nicht Gegenstand dieser Kommentierung.

Die **Abbildung A 13** gibt einen Überblick über die in dem durchgängigen Beschreibungsraster festgelegten sechs Stufen der Kostenermittlung.

Zu Absatz 2: Die DIN 276 stellt nun eindeutig klar, dass es sich „bei den Kostenermittlungen in 4.3.2 bis 4.3.4 und 4.3.7 (Kostenrahmen, Kostenschätzung, Kostenberechnung und Kostenfeststellung) um Kostenermittlungen handelt, die im Projektablauf bezogen auf den jeweiligen Planungsschritt einmalig und zu einem bestimmten Zeitpunkt durchgeführt werden." Die Fixierung dieser Kostenermittlungsstufen auf einen einzigen bestimmten Zeitpunkt im Projektablauf ergibt sich schlüssig aus der im Vergleich zu den späteren Projektphasen verhältnismäßig kurzen Dauer dieser früheren Projektphasen und dem entsprechenden Entscheidungsprozess, in den diese Kostenermittlungsstufen eingebunden sind. In der Regel werden die Projektphasen Bedarfsplanung, Vorplanung und Entwurfsplanung zumeist auch konsekutiv durchgeführt – nur in wenigen Fällen synchron mit zeitlichen Überlappungen. So kann man davon auszugehen, dass die Kostenermittlung in der Regel dann, wenn das endgültige Planungsergebnis in dieser Projektphase vorliegt, ebenfalls in der abschließenden Fassung aufgestellt werden kann. Dies schließt selbstverständlich nicht aus, dass im Laufe einer Projektphase Zwischenschritte der Optimierung von Planung einerseits und Kostenermittlung andererseits stattfinden.

Zu Absatz 3: Zu dem in der Projektphase Ausführungsplanung und Vorbereitung der Vergabe vorgesehenen Kostenvoranschlag führt die DIN 276 jetzt unmissverständlich aus, dass es sich „bei der Kostenermittlung in 4.3.5 (Kostenvoranschlag) um eine Kostenermittlung handelt, die einmalig und zu einem bestimmten Zeitpunkt oder im Projektablauf wiederholt und in mehreren Schritten durchgeführt werden kann". Die alternative Handhabung, ob der Kostenvoranschlag einmalig oder wiederholt in mehreren Schritten durchgeführt wird, richtet sich allein danach, wie der Projektablauf für das jeweilige Bauprojekt festgelegt wird. Es hängt somit von der Entscheidung der Projektverantwortlichen ab, ob die Ausführungsplanung und die Vorbereitung der Vergabe komplett in einem „Paket" erbracht werden sollen oder zeitlich überlappend in „Teilpaketen". Das bedeutet, dass bei einer schrittweisen Planung zum Zeitpunkt der Vergabe der wesentlichen Bauleistungen die für die übrigen Bauleistungen notwendigen Ausführungsplanungen und die Leistungsbeschreibungen zwangsläufig noch nicht fertig gestellt sind.

Zu Absatz 4: Beim Kostenanschlag ist dann keine alternative Vorgehensweise mehr vorgesehen. Die Norm legt definitiv fest: „Bei der Kostenermittlung in 4.3.6 (Kostenanschlag) handelt es sich um eine Kostenermittlung, die im Projektablauf wiederholt und in mehreren Schritten durchgeführt wird." Das bedeutet, dass der Kostenanschlag, der auf der Grundlage der Vergabe und Ausführung basiert und in dem die jeweils aktuellen Kosten aus Angeboten, Aufträgen und Abrechnungen zusammengestellt werden, selbstverständlich in jedem Fall wiederholt und in mehreren Schritten – treffender wäre in „zahlreichen Schritten" – durchgeführt wird.

Kostenermittlungsverfahren

Die DIN 276 legt für die Kostenermittlungen die Strukturen und Anforderungen fest, nicht jedoch die Verfahren, mit denen Kostenermittlungen aufgestellt werden können. In der Norm ist nur der Begriff „Kostenermittlungsverfahren" definiert (siehe Anmerkungen zu 3.16), die Verfahrensweise selbst wird aber nicht geregelt. Es bleibt jedem überlassen, welche Methoden und welche Arbeitsinstrumente er verwendet. Um zu verstehen, wie sich die abstrakten Regeln der DIN 276 über die Stufen der Kostenermittlung und ihre jeweiligen Bedingungen und Anforderungen in der Praxis konkret umsetzen lassen, erscheint es aber doch sinnvoll zu sein, an dieser Stelle etwas näher auf Kostenermittlungsverfahren einzugehen – auch um die im Folgenden gezeigten Beispiele besser einordnen zu können (siehe hierzu auch Ruf, H.-U.: Verfahren der Kostenplanung [417]).

Stufen der Kostenermittlung – Beschreibungsraster

Bezeichnung	Zweck	Grundlagen	Gliederungstiefe
Kostenrahmen	– Entscheidung über die Bedarfsplanung – Wirtschaftlichkeits- und Finanzierungsüberlegungen – Festlegung einer Kostenvorgabe	**Bedarfsplanung** – quantitative Bedarfsangaben – qualitative Bedarfsangaben – ggf. Angaben zum Standort – Angaben zur organisatorischen und terminlichen Abwicklung	Gesamtkosten Kostengruppen in der 1. Ebene der Kostengliederung
Kostenschätzung	Entscheidung über die Vorplanung	**Vorplanung** – Angaben zum Baugrundstück – Planungsunterlagen – Mengen von Bezugseinheiten – Erläuterungen – bereits entstandene Kosten	Gesamtkosten Kostengruppen in der 2. Ebene der Kostengliederung
Kostenberechnung	Entscheidung über die Entwurfsplanung	**Entwurfsplanung** – Planungsunterlagen – Mengen von Bezugseinheiten – Erläuterungen, Beschreibungen – Erläuterungen zu Organisation und Terminen – bereits entstandene Kosten	Gesamtkosten Kostengruppen in der 3. Ebene der Kostengliederung
Kostenvoranschlag	Entscheidung über die Ausführungsplanung und die Vorbereitung der Vergabe	**Ausführungsplanung und Vorbereitung der Vergabe** – Planungsunterlagen – Leistungsbeschreibungen – Berechnungen – Mengen von Bezugseinheiten und Teilleistungen – Erläuterungen – Angebote, Aufträge (soweit bereits vorliegend) – bereits entstandene Kosten	Gesamtkosten Kostengruppen in der dritten Ebene der Kostengliederung und weitere Untergliederung Ordnung nach Vergabeeinheiten
Kostenanschlag	Entscheidung über die Vergabe und die Ausführung	**Vergabe und Ausführung** – Planungsunterlagen – Angebote und Aufträge – technische Berechnungen – Mengen von Teilleistungen – Rechnungen – Informationen über Ausführung, Organisation und Termine – bereits entstandene Kosten	Gesamtkosten Zusammenstellung der Kosten nach Vergabeeinheiten
Kostenfeststellung	Nachweis der entstandenen Kosten Vergleiche und Dokumentationen	– Abrechnungsbelege – Nachweise unentgeltlich eingebrachter Güter und Leistungen – Planungsunterlagen – Erläuterungen	Gesamtkosten Kostengruppen in der 3.Ebene der Kostengliederung bzw. in der Struktur des Kostenanschlags

Abbildung A 13: Beschreibungsraster der Kostenermittlungsstufen

Die Kostenermittlungsverfahren, die heute allgemein Anwendung finden, unterscheiden sich im Wesentlichen durch die zugrunde gelegte Kostengliederung, ihren Differenzierungsgrad (d.h. die Gliederungstiefe) und die verwendeten Kostenkennwerte. Bei allen heute üblichen Kostenermittlungsverfahren werden die Kosten im Prinzip als Produkt eines Mengenfaktors und eines Kostenfaktors ermittelt. Mit dem Mengenfaktor soll dabei die Größe bzw. der Umfang des Gegenstands erfasst werden, für den die Kosten zu ermitteln sind, mit dem Kostenfaktor die Art des betreffenden Gegenstands. Der Kostenfaktor ist der so genannte „Kostenkennwert", den die DIN 276 als einen Verhältniswert von Kosten zu einer Bezugseinheit definiert (siehe 3.13). Der Mengenfaktor im jeweiligen Kostenermittlungsverfahren ist die Menge der gewählten Bezugseinheit (siehe 3.14), auf die sich die Kosten im betreffenden Kostenkennwert beziehen. Die Mengen der Bezugseinheiten werden aus den jeweils zugrunde gelegten Unterlagen (Bedarfsplanung, Vorplanung, Entwurfsplanung, Ausführungsplanung) ermittelt. Wenn die Kosten einer bestimmten Kostengruppe (z.B. die Kosten des Bauwerks) in einem Rechengang mit lediglich einem einzigen Kostenkennwert ermittelt werden, wird das allgemein als „Einwertverfahren" bezeichnet. Werden diese Kosten jedoch in mehreren Schritten mit unterschiedlichen Kostenkennwerten für die einzelnen Bestandteile der Kostengruppe ermittelt, spricht man von einem „Mehrwertverfahren".

Abbildung A 14 zeigt die prinzipielle Verfahrensweise bei Kostenermittlungen. Sie ist – rein mathematisch gesehen – mit der Anwendung der Grundrechenarten prinzipiell äußerst einfach. Deshalb wird diese Verfahrensweise, die in der Abbildung in Beispielen aus dem Bauwesen gezeigt ist, in gleicher Weise auch bei anderen technischen Aufgaben und selbstverständlich auch im alltäglichen Leben angewendet, wenn Kosten ermittelt werden sollen. Schwieriger als die rein rechnerische Seite solcher Kostenermittlungsverfahren ist indessen die fachliche Seite. Hier wird dann tatsächlich technischer Sachverstand benötigt, um mit den im Rechengang verwendeten Faktoren die zum Ermittlungszeitpunkt wirksamen Kosteneinflüsse zutreffend zu erfassen. Der Mengenfaktor bildet dabei die quantitativen Kosteneinflüsse ab (z.B. die Größe von Grundflächen oder die Größe der geometrischen Bestandteile des Bauwerks). Der Kostenfaktor soll die qualitativen Kosteneinflüsse (z.B. die Art der Nutzung) erfassen.

Bei den einzelnen Stufen der Kostenermittlung (4.3.2 bis 4.3.6) wird in Beispielen gezeigt, wie die Kosten mit Hilfe der heute üblichen Kostenermittlungsverfahren ermittelt werden können. Dabei ist zu beachten, dass Kostenermittlungsverfahren nie in reiner Form für den gesamten Umfang der Gesamtkosten, d.h. für alle Kostengruppen einer Kostenermittlung angewendet werden, sondern immer in Mischformen. So werden die Kosten der Baukonstruktionen in der Regel mit Kennwerten für die Bauelemente ermittelt, die Kosten der technischen Anlagen über Teilleistungen bzw. Positionen, die Baunebenkosten durch Einzelberechnungen und die Gebühren durch die Einschätzung von Festbeträgen oder über prozentuale Zuschläge.

Kosteneinflüsse

Bei der Auswahl und dem Einsatz eines Kostenermittlungsverfahrens, das für die jeweilige Kostenermittlungsstufe geeignet sein soll, geht man von der Überlegung aus, dass aus allen Planungstätigkeiten, die im Projektablauf erbracht werden, bestimmte Kosteneinflüsse wirksam werden. Solche Kosteneinflüsse sind beispielsweise die Nutzungsanforderungen, die Standortbedingungen, die geometrische Ausprägung des Gebäudes, die gestalterischen und konstruktiven Besonderheiten sowie die wirtschaftlichen Rahmenbedingungen des Marktes. Die DIN 276 greift diese Gedanken auf und definiert erstmals den Begriff „Kosteneinfluss" (siehe Anmerkungen zu 3.15) als einen „Umstand, der sich auf die Höhe von Kosten auswirkt". Es gilt solche Kostenermittlungsverfahren und Kostenkennwerte anzuwenden, die dazu geeignet sind, die jeweils wirksamen Kosteneinflüsse vollständig und zutreffend zu berücksichtigen. Mit fortschreitender Planung nehmen auch die verwertbaren Informationen für die Kostenermittlungen zu, so dass folgerichtig auch der Differenzierungsgrad der Kostenermittlungsverfahren steigt. Je differenzierter die Struktur der Kostenermittlung angelegt wird, desto besser können Kosteneinflüsse berücksichtigt und die Genauigkeit der Ergebnisse gesteigert werden. Die genannten Kosteneinflüsse lassen sich bei fachlich richtiger Vorgehensweise durchaus in ihren Auswirkungen auf die Kosten zutreffend ermitteln (siehe hierzu auch Ruf, H.-U.: Verfahren der Kostenplanung [417]).

Grundprinzip der Kostenermittlungsverfahren

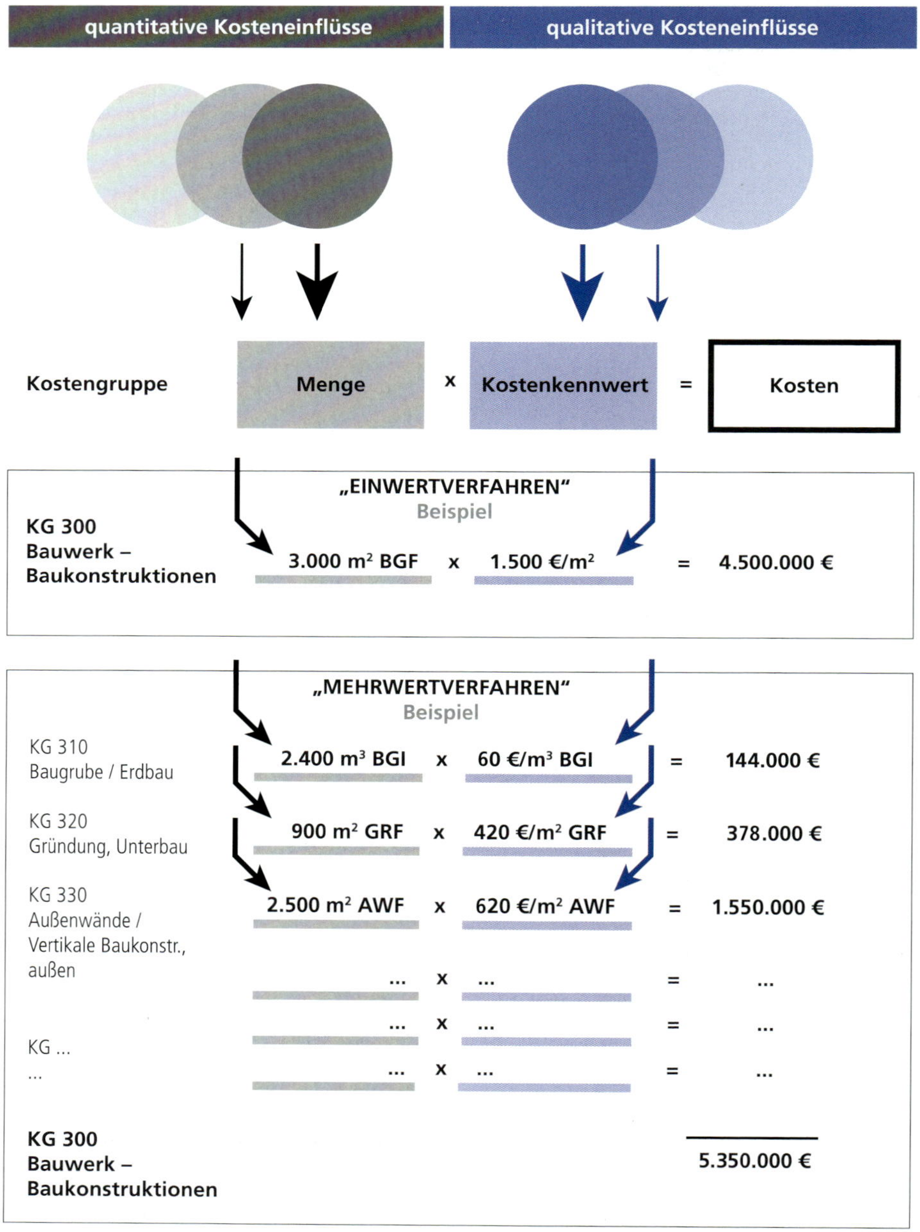

Abbildung A 14: Kostenermittlungsverfahren

Abbildung A 15 zeigt in einer Übersicht die Systematik der Kosteneinflüsse anhand von Beispielen (in Anlehnung an den damaligen Entwurf zur DIN 18961 Kostenrichtwerte im Hochbau aus dem Jahr 1975 [146], [147], [148], [149], [150]). Schwieriger ist es indessen, die vielfältigen und sich durchaus auch überlagernden Kosteneinflüsse des Marktes richtig zu erfassen. Einige Hilfsmittel dafür, bei Kostenermittlungen die Markteinflüsse abbilden zu können, liegen allerdings vor: Für die konjunkturellen Veränderungen die Baupreisindizes der Statistischen Ämter [502] und für die regional unterschiedlichen Baumarktbedingungen die Regionalfaktoren des BKI [425].

► *Zu 4.3.2 Kostenrahmen*

Zu Absatz 1: Der Kostenrahmen ist als „Ermittlung der Kosten auf der Grundlage der Bedarfsplanung" (Ziffer 3.3.1) definiert. Er dient als Erstes der „Entscheidung über die Bedarfsplanung". Die Bedarfsplanung kann z.B. nach DIN 18205 Bedarfsplanung im Bauwesen [105] aufgestellt werden. Die Bedarfsplanung ist im HOAI-Leistungsbild Gebäude und Innenräume (HOAI § 34 (3) und Anlage 10.1 [301]) in der Leistungsphase „1 Grundlagenermittlung" als Aufgabe des Auftraggebers bzw. als besondere Leistung aufgeführt. Der Kostenrahmen selbst wird in der HOAI jedoch nicht genannt – somit bleibt das Leistungsbild der HOAI an dieser Stelle im Sinne des Normgrundsatzes, dass die Kostenplanung alle Phasen des Projekts betrifft, lückenhaft.

Als weitere Zweckbestimmungen für den Kostenrahmen nennt die Norm „grundsätzliche Wirtschaftlichkeits- und Finanzierungsüberlegungen sowie die Festlegung einer Kostenvorgabe". Aus der Formulierung, dass der Kostenrahmen für „grundsätzliche Wirtschaftlichkeits- und Finanzierungsüberlegungen" herangezogen werden soll, ist ersichtlich, wie wichtig es für ein ökonomisches Handeln im Bauwesen war, dass der Kostenrahmen als erste Kostenermittlung im Projektablauf eingeführt worden ist. Zu diesem frühen Zeitpunkt können die Kosten eines Bauprojekts noch am stärksten beeinflusst werden. Deshalb wäre es blauäugig oder sogar fahrlässig, mit der Objektplanung zu beginnen, bevor nicht die Bedarfsfragen und die sich daraus ergebenden Kostenfolgen geklärt sind. Insofern ist es sicher auch vertretbar, wenn auf der Grundlage eines Kostenrahmens – so wie es die Norm als weiteren Zweck benennt – eine Kostenvorgabe (siehe 3.6 und 4.6) festgelegt wird.

Zu Absatz 2: Als dem Kostenrahmen zugrunde liegende Informationen werden insbesondere die „quantitativen und qualitativen Bedarfsangaben aufgrund der Bedarfsplanung (z.B. nach DIN 18205)" [105] aufgeführt. Die Bedarfsplanung stellt grundlegende Informationen u.a. über die beabsichtigte Nutzung, die Funktionszusammenhänge, die aus der Nutzung resultierenden bautechnischen Anforderungen und die gewünschten Ausstattungsstandards zur Verfügung.

Zu Absatz 3: Als Anforderung zum Detaillierungsgrad des Kostenrahmens schreibt die Norm vor, dass „die Gesamtkosten nach Kostengruppen in der ersten Ebene der Kostengliederung ermittelt werden". Bisher war an dieser Stelle lediglich gefordert worden, dass innerhalb der Gesamtkosten zumindest die Bauwerkskosten gesondert ausgewiesen werden. Es ist durchaus sachgerecht und auch methodisch möglich, dass zu diesem Zeitpunkt und auf diesen Grundlagen ein Kostenrahmen mit einem vollständigen Bild über die einzelnen Kostengruppen der Gesamtkosten ermittelt wird. Das Ergebnis kann natürlich vor allem bei den Aussagen über die Kosten des Grundstücks und auch der Außenanlagen genauer werden, wenn bereits Angaben zum Standort vorliegen.

Abbildung A 16 zeigt einen Kostenrahmen nach den Anforderungen der Norm. Zu diesem Zeitpunkt des Projekts, zu dem noch keine Mengen aus der Objektplanung des Bauwerks vorliegen (z.B. die Brutto-Grundfläche BGF oder der Brutto-Rauminhalt BRI gemäß DIN 277), bietet es sich an, die sogenannten „nutzungsbezogenen Kostenermittlungsverfahren" anzuwenden. Dabei werden den Ermittlungen die Informationen über den Baubedarf, d.h. Angaben zu Art und Umfang der vorgesehenen Nutzung zugrunde gelegt. Als Bezugseinheiten können so genannte „Nutzungseinheiten" oder – soweit schon vorhanden – die Nutzungsflächen nach DIN 277 verwendet werden. Unter Nutzungseinheiten werden direkte quantitative Bedarfsangaben wie beispielsweise Arbeitsplätze, Kfz-Stellplätze oder Krankenhausbetten verstanden.

Systematik der Kosteneinflüsse

Gruppe	Kosteneinfluss	Beispiele
1 Nutzung	11 Art der Nutzung	eine oder mehrere Nutzungsarten, Anzahl und Größe der Nutzeinheiten, Raumgrößen, Nutzungsqualität
	12 Funktion	Betriebsweise, Zuordnung von Funktionsbereichen, Veränderbarkeit
2 Standort	21 Funktionale Einflüsse	Situation der Ver- und Entsorgung, Umfeld
	22 Rechtliche Einflüsse	Bauleitplanung, örtliche Vorschriften, bestehende Rechte, Denkmalschutz
	23 Technische Einflüsse	Bodenbeschaffenheit, Topografie,
	24 Umweltbedingte Standorteinflüsse	Klima, Immissionen
	25 Grundstück	Größe, Zuschnitt, Erschließung
3 Geometrie	31 Größe des Bauwerks	Abmessungen, ein oder mehrere Baukörper, besondere modulare Bedingungen
	32 Geschosszahl	Geschosse über und unter Erdreich
	33 Planungsdaten	BRI-Aufwand, BGF-Aufwand, VF-Anteil
	34 Form des Bauwerks	Kompaktheit, Außenflächenanteil, Fensterflächenanteil, Dachflächenanteil
4 Qualität	41 Gestaltqualität	Gebäudegestaltung, Innenraumgestaltung, Detail-gestaltung
	42 Technische Qualität	Bauprinzip, Materialwahl
	43 Ökologische Qualität	Energieverbrauch, Emissionen, Begrünung, Energieerzeugung
	44 Funktionale Qualität	Anpassungsfähigkeit, Installationsführung, Variabilität, Flexibilität
5 Markt	51 Zeitliche Markteinflüsse	saisonale Einflüsse, konjunkturelle Einflüsse
	52 Regionale Markteinflüsse	örtlicher und regionaler Baumarkt
	53 Betriebliche Markteinflüsse	geschäftliche Situation, technologische Möglichkeiten
	54 Vergabebedingte Markteinflüsse	Ausschreibungsart, Vergabeart
6 Sonstiges	61 Terminliche Einflüsse	Terminänderungen, Störungen des Bauablaufs, Insolvenzverfahren
	62 Herstellungseinflüsse	Herstellungsverfahren, Baustellensituation, Transport- und Lagerbedingungen
	63 Finanzierungseinflüsse	Eigenkapitalanteil, Eigenleistungen, Kapitalmarkt, Fördergelder, Zuschüsse, Subventionen

Abbildung A 15: Kosteneinflüsse

Kostenrahmen

Bauwerksart	Bürogebäude, mittlerer Standard
Ermittlungsgegenstand	Gesamtkosten DIN 276 (KG 100 bis KG 800)
Grundlagen	Bedarfsplanung
Kostenstand, Mehrwertsteuer	1. Quartal 2022, einschließlich 19 % MwSt.
Kostenermittlungsverfahren	Nutzeinheiten / Untergliederung der Gesamtkosten
Kostenkennwerte	BKI, Baukosten 2021; eigene Daten

Kostengruppe	**Menge**	**Kostenkennwert**		**Kosten**	
300 + 400 Bauwerkskosten	**75 Arbeitsplätze (NE)**	**90.000 € / NE**	**100 %**	**6.750.000 €**	(60 %)
100 Grundstück	**2.500 m² GF**	**450 € / m²**	(17 %)	**1.125.000 €**	(10 %)
200 Vorbereitende Maßnahmen		6.750.000 €	**3 %**	**202.500 €**	(2 %)
300 Bauwerk – Baukonstruktionen		6.750.000 €	**76 %**	**5.130.000 €**	(46 %)
400 Bauwerk – Technische Anlagen		6.750.000 €	**24 %**	**1.620.000 €**	(14 %)
500 Außenanlagen und Freiflächen	**1.100 m² AF**	**420 € / m²**	**7 %**	**462.000 €**	(4 %)
600 Ausstattung und Kunstwerke		6.750.000 €	**5 %**	**337.500 €**	(3 %)
700 Baunebenkosten		6.750.000 €	**25 %**	**1.687.500 €**	(15 %)
800 Finanzierung		6.750.000 €	**10 %**	**675.000 €**	(6 %)
Gesamtkosten			**167 %**	**11.239.500 €**	(100 %)

Abbildung A 16: Kostenrahmen

Die verwendeten Kostenkennwerte erstrecken sich auf die Gesamtkosten bzw. die Bauwerkskosten. Die Kostengruppen 200, 300, 400, 600, 700 und 800 werden mit Hilfe von prozentualen Kennwerten aus den Bauwerkskosten abgeleitet. Die Kennwerte sind in Anlehnung an Kennwerte des BKI gewählt [401]. Die Kostengruppen „100 Grundstück" und „500 Außenanlagen und Freiflächen" werden über ihre tatsächliche Fläche und entsprechende Kostenkennwerte ermittelt. Eine pauschale Ermittlung der Baunebenkosten und der Finanzierungskosten muss allerdings kritisch gesehen werden, da prozentuale Kennwerte für diese Kostengruppen erfahrungsgemäß großen Schwankungen unterliegen. Hierzu werden die Ausführungen von Herke und Kalusche über die frühzeitige Ermittlung der Baunebenkosten und der Kosten der Finanzierung empfohlen [419].

► *Zu 4.3.3 Kostenschätzung*

Zu Absatz 1: Die Kostenschätzung wird unter 3.3.2 als „Ermittlung der Kosten auf der Grundlage der Vorplanung" definiert. Dementsprechend ist ihre wesentliche Zweckbestimmung die „Entscheidung über die Vorplanung". Darüber hinaus kann die Kostenschätzung auch als Grundlage einer Kostenvorgabe (siehe Anmerkungen zu 4.6.2) dienen, soweit diese noch nicht bereits früher festgelegt worden ist. Die Kostenschätzung nach DIN 276 ist im Leistungsbild für Gebäude und Innenräume der HOAI [301] (Leistungsphase 2 Vorplanung; HOAI § 34 (3) und Anlage 10.1) als Grundleistung aufgeführt.

Zu Absatz 2: In der Kostenschätzung sind als Informationen insbesondere die Planungsunterlagen und zeichnerischen Darstellungen der Vorplanung, die Mengenberechnungen für Bezugseinheiten und Kostengruppen, die Erläuterungen und die Angaben zum Baugrundstück und zur Erschließung den Ermittlungen zugrunde zu legen. Neu wurden in diese Liste der zu verarbeitenden Informationen die „Zusammenstellungen der zum Zeitpunkt der Kostenschätzung bereits entstandenen Kosten (z.B. für das Grundstück, Erschließung, Baunebenkosten usw.")" aufgenommen. Damit wird verdeutlicht, dass bei Kostenermittlungen der Focus nicht nur auf die erst mit baulichen Realisierung entstehenden Bauwerkskosten gerichtet sein darf, sondern auch auf die bei einem Bauprojekt zu einem frühen Zeitpunkt bereits entstandenen oder durch Aufträge festgelegten Teile der Gesamtkosten.

Zu Absatz 3: Zum Detaillierungsgrad der Kostenschätzung fordert die Norm, dass „die Gesamtkosten nach Kostengruppen in der zweiten Ebene der Kostengliederung ermittelt werden". Die in der Vorgängernorm gestellten Mindestanforderungen hatten für die Kostenschätzung lediglich eine Untergliederung der Gesamtkosten „mindestens bis zur ersten Ebene der Kostengliederung" vorgesehen. Wenn man bedenkt, dass in der Vorplanung die einzelnen Teile des Bauprojekts, insbesondere das Bauwerk, nach ihrer Art schon klar definiert sind und nach ihrer Größe auch schon messbar werden, erscheinen die erhöhten Anforderungen an den Detaillierungsgrad sachgerecht.

Abbildung A 17 zeigt das Beispiel einer Kostenschätzung. Das Beispiel ist auf den Ausschnitt der Kostengruppe „300 Bauwerk-Baukonstruktionen" beschränkt, da hier eine Kostenermittlung nach den Anforderungen der Norm in der zweiten Ebene der Kostengliederung am besten dargestellt werden kann. Aufgrund der zu diesem Projektstand der Vorplanung verfügbaren Informationen bietet es sich an, für die Ermittlung der Kosten die sogenannten „Bauelementverfahren" anzuwenden. Den Bauelementverfahren liegt der Gedanke zu Grunde, die quantitativen und qualitativen Kosteneinflüsse nicht nur durch zwei Faktoren (wie z.B. die Brutto-Grundfläche BGF oder den Brutto-Rauminhalt BRI nach DIN 277) zu erfassen, sondern die einzelnen Teile des Bauwerks zu betrachten. Diese Teile des Bauwerks werden nach ihren geometrischen und bautechnischen Besonderheiten so abgegrenzt, dass ihre jeweiligen Mengen ermittelt und spezifische Kostenkennwerte festgelegt werden können. In der zweiten Ebene der Kostengliederung wird diese Verfahrensart als „Grobelement-Verfahren" bezeichnet. „Grobelemente" sind solche Teile des Bauwerks, die vorrangig nach funktionalen und geometrischen Gesichtspunkten abgegrenzt sind. Es sind die den Raum umschließenden Elemente, die sowohl die konstruktiven (tragenden), Bestandteile als auch die ausbauenden (nichttragenden) Bestandteile in jeweils einem Element zusammenfassen. Die Kostengliederung der DIN 276 ist so aufgebaut, dass die Kostengruppe „300 Bauwerk – Baukonstruktionen" konsequent in solche Grobelemente untergliedert wird.

Kostenschätzung (Ausschnitt)

Bauwerksart	Bürogebäude, mittlerer Standard
Ermittlungsgegenstand	Gesamtkosten DIN 276; Ausschnitt: KG 300 Bauwerk-Baukonstruktionen
Grundlagen	Vorplanung
Kostenstand, Mehrwertsteuer	1. Quartal 2022, einschließlich 19 % MwSt.
Kostenermittlungsverfahren	Bauelementverfahren („Grobelemente")
Quellenangabe	BKI, Baukosten 2021; eigene Daten

Kostengruppe	Menge*)	Kostenkennwert		Kosten
Fortsetzung von KG 250				
310 Baugrube / Erdbau	**2.700 m³ BGI**	**65 € / m³ BGI**	(3%)	**175.500 €**
320 Gründung, Unterbau	**1.050 m² GRF**	**460 € / m² GRF**	(9%)	**483.500 €**
330 Außenwände / Vertikale Baukonstruktionen, außen	**2.710 m² AWF**	**690 € / m² AWF**	(31%)	**1.669.900 €**
340 Innenwände / Vertikale Baukonstruktionen, innen	**2.950 m² IWF**	**320 € / m² IWF**	(18%)	**944.000 €**
350 Decken / Horizontale Baukonstruktionen	**2.050 m² DEF**	**510 € / m² DEF**	(19%)	**1.045.500 €**
360 Dächer	**1.200 m² DAF**	**525 € / m² DAF**	(12%)	**630.000 €**
370 Infrastrukturanlagen	– entfällt –			**0 €**
380 Baukonstruktive Einbauten	**3.300 m² BGF**	**45 € / m² BGF**	(3%)	**148.500 €**
390 Sonstige Maßnahmen für Baukonstruktionen	**3.300 m² BGF**	**75 € / m² BGF**	(5%)	**247.500 €**
300 Bauwerk-Baukonstruktionen		(1.620 €/ m² BGF)	(100%)	**5.344.400 €**
Fortsetzung nach KG 410				

*) Mengen nach DIN 276, Tabelle 3

Abbildung A 17: Kostenschätzung (Ausschnitt)

► *Zu 4.3.4 Kostenberechnung*

Zu Absatz 1: Die Kostenberechnung ist unter Ziffer 3.3.3 als „Ermittlung der Kosten auf der Grundlage der Entwurfsplanung" definiert. Dementsprechend besteht ihre Zweckbestimmung auch darin, „der Entscheidung über die Entwurfsplanung" zu dienen. Auch die Kostenberechnung könnte durchaus noch als Grundlage einer Kostenvorgabe (siehe Anmerkungen zu 4.6.2) dienen, soweit diese noch nicht zu einem früheren Zeitpunkt (z.B. Budgetfestlegung, Kostenrahmen oder Kostenschätzung) festgelegt worden ist. Allerdings wäre dabei zu bedenken, dass mit der Entwurfsplanung die quantitativen und qualitativen Eigenschaften insbesondere des Bauwerks schon so weit bestimmt sind, dass die Möglichkeiten, die Gesamtkosten zu beeinflussen, deutlich geringer sind als in den davorliegenden Projektphasen. Insofern dürfte wohl die Kostenberechnung die letzte Kostenermittlungsstufe sein, auf deren Grundlage eine Kostenvorgabe für das Projekt insgesamt sinnvoll sein kann. (Für Teilbereiche der Kosten indessen kann dies auch zu einem späteren Zeitpunkt durchaus noch sinnvoll sein.)

Die Kostenberechnung nach DIN 276 ist im Leistungsbild der HOAI [301] (Leistungsphase 3 Entwurfsplanung; HOAI § 34 (3) und Anhang 10.1) als Grundleistung aufgeführt.

Zu Absatz 2: Die wesentlichen Grundlagen der Kostenberechnung bestehen in den Planungsunterlagen der Entwurfsplanung, den Mengenberechnungen von Bezugseinheiten der Kostengruppen, den diversen Erläuterungen zum Bauprojekt sowie den „Zusammenstellungen der zum Zeitpunkt der Kostenberechnung bereits entstandenen Kosten (z.B. für das Grundstück, Erschließung, Baunebenkosten usw.)". Wie schon bei der Kostenschätzung wurde auch bei der Kostenberechnung dieser Passus neu aufgenommen, um klarzustellen, dass bereits zu diesem Projektzeitpunkt nicht unerhebliche Kosten entstanden sind, die bei den Gesamtkosten in der Kostenermittlung ausgewiesen werden müssen.

Zu Absatz 3: Zur geforderten Gliederungstiefe der Kostenberechnung legt die Norm fest, dass „die Gesamtkosten nach Kostengruppen in der dritten Ebene der Kostengliederung ermittelt werden". Die bisherigen Mindestanforderungen, die seit 1993 in der DIN 276 gegolten hatten, sahen lediglich eine Untergliederung der Gesamtkosten" mindestens bis zur zweiten Ebene der Kostengliederung" vor. Auch in dieser Projektphase, in der die Ergebnisse der Entwurfsplanung bereits genaue Informationen über die kostenmäßig zu bestimmenden Gegenstände liefern, die Anpassung der Detaillierungs- und Genauigkeitsanforderungen realistisch.

Abbildung A 18 zeigt ausschnittsweise das Beispiel einer Kostenberechnung, bei der innerhalb der Kostengruppe „300 Bauwerk-Baukonstruktionen" das Kostenermittlungsverfahren mit Bauelementen normgemäß in der dritten Ebene der Kostengliederung angewendet wird. Das Beispiel ist der Übersichtlichkeit wegen auf den Ausschnitt der Kostengruppe „350 Decken/Horizontale Baukonstruktionen" beschränkt.

Wenn man die zu diesem Zeitpunkt des Projekts in Form von Zeichnungen, Beschreibungen und Berechnungen vorliegenden Informationen bewertet, kommt man in vielen Fällen sicher zu dem Urteil, dass die detaillierten Angaben auch schon jetzt – zumindest bei den Baukonstruktionen des Bauwerks – eine differenziertere Ermittlung zulassen würden (wie sie im folgenden Beispiel für den Kostenvoranschlag dargestellt wird). In der Praxis werden solche detaillierteren Berechnungen durchaus auch durchgeführt – jedenfalls bei den Elementen, die aufgrund ihres Kostengewichts und ihrer Ausprägung eine besondere Aufmerksamkeit verdienen. Insofern dürfte es wohl kaum bezweifelt werden, dass die neuen Anforderungen der Norm mit der dritten Gliederungsebene dem erreichten Projektstand angemessen sind.

► *Zu 4.3.5 Kostenvoranschlag*

Zu Absatz 1: Mit dem Begriff „Kostenvoranschlag" wird in der DIN 276 gegenüber der Vorgängernorm zwar ein neuer Begriff eingeführt. Die damit bezeichnete Kostenermittlungsstufe entspricht inhaltlich aber voll und ganz dem bisherigen „Kostenanschlag". Der „Kostenvoranschlag" ist als „Ermittlung der Kosten auf der Grundlage der Ausführungsplanung und der Vorbereitung der Vergabe" definiert (Ziffer 3.3.4). Zum Zweck des Kostenvoranschlags wird festgelegt: „Der Kostenvoranschlag dient den Entscheidungen über die Ausführungsplanung und die Vorbereitung der Vergabe.". Sowohl die Begriffsbestimmung unter 3.3.4 als auch die Zweckbestimmung unter 4.3.5 für den „Kostenvoranschlag" sind somit nahezu wortgleich den entsprechenden Aussagen zum früheren „Kostenanschlag" der Vorgängernorm.

Kostenberechnung (Ausschnitt)

Bauwerksart	Bürogebäude, mittlerer Standard
Ermittlungsgegenstand	Gesamtkosten DIN 276; Ausschnitt: KG 300 Bauwerk-Baukonstruktionen; KG 350 Decken/Horizontale Baukonstruktionen
Grundlagen	Entwurfsplanung
Kostenstand, Mehrwertsteuer	1. Quartal 2022, einschließlich 19 % MwSt.
Kostenermittlungsverfahren	Bauelementverfahren („Bauelemente")
Quellenangabe	BKI, Baukosten 2022; eigene Daten

Kostengruppe	Menge*)	Kostenkennwert		Kosten
Fortsetzung von KG 349				
351 Deckenkonstruktionen	**2.110 m²**	**245 € / m²**	(46 %)	**516.950 €**
352 Deckenöffnungen	**50 m²**	**1.060 € / m²**	(5 %)	**53.000 €**
353 Deckenbeläge	**1.720 m²**	**155 € / m²**	(24 %)	**266.600 €**
354 Deckenbekleidungen	**1.650 m²**	**85 € / m²**	(12 %)	**140.250 €**
355 Elementierte Deckenkonstruktionen	**25 m²**	**1.550 € / m²**	(4 %)	**38.750 €**
359 Sonstiges zur KG 350	**2.050 m² DEF**	**50 € / m² DEF**	(9 %)	**102.500 €**
350 Decken / Horizontale Baukonstruktionen		(545 € / m² DEF)	(100 %)	**1.118.050 €**
Fortsetzung nach KG 361				

*) Mengen nach DIN 276, Tabelle 3

Abbildung A 18: Kostenberechnung (Ausschnitt)

Mit den Begriffen „Ausführungsplanung" und „Vorbereitung der Vergabe" bezieht sich die DIN 276 auf das Leistungsbild der HOAI [301] (Leistungsphasen 5 Ausführungsplanung und 6 Vorbereitung der Vergabe; HOAI § 34 (3) und Anlage 10.1). Der Kostenvoranschlag ist dort aber nicht als Kostenermittlung genannt, auch nicht der Kostenanschlag in der Form, wie er in der bisherigen DIN 276 enthalten war. Stattdessen ist bei der Vorbereitung der Vergabe eine von der DIN 276 unabhängige Kostenermittlungsleistung vorgesehen: „Ermitteln der Kosten auf der Grundlage vom Planer bepreister Leistungsverzeichnisse". Aus kostenplanerischer Sicht ist diese Regelung nicht zu verstehen, da die HOAI damit die systematische Folge von Objektplanungsschritten und Kostenplanungsstufen, wie sie in der DIN 276 festgelegt sind, aufgibt. Die mit der Systematik der Kostengliederung in der DIN 276 angelegte durchgängige Transparenz der Kosten wird nachhaltig beeinträchtigt. Mit den sogenannten „bepreisten Leistungsverzeichnissen" wird ein bestimmtes Kostenermittlungsverfahren gefordert, das in die Struktur der Kostengliederung nur schwer überführt werden kann. Zudem können mit dem Verfahren der „bepreisten Leistungsverzeichnisse" auch nur Teile der Gesamtkosten (im Wesentlichen nur die Kostengruppen des Bauwerks und der Außenanlagen) erfasst werden. Für die Gesamtkosten, die erst eine vollständige Übersicht der Projektkosten darstellen, ist in der HOAI aber keine Kostenermittlung vorgesehen. Es liegt auf der Hand, dass mit der ausschließlichen Festlegung auf eine Kostenermittlung mit der Methode „bepreister Leistungsverzeichnisse" auch die Kostenkontrolle in dem gesamten Zeitraum von der Kostenberechnung bis zur Kostenfeststellung empfindlich gestört wird. Welche rechtlichen Fragen sich daraus ergeben können – ob etwa die Planenden dennoch einen Kostenvoranschlag nach DIN 276 schulden –, kann hier nicht weiter behandelt werden.

Zu Absatz 2: Nach den unter 4.3.1 schon zu allen Stufen der Kostenermittlung getroffenen allgemeinen Aussagen wird hier zum Kostenvoranschlag noch einmal ausgeführt, dass „der Kostenvoranschlag entsprechend dem für das Bauprojekt gewählten Projektablauf einmalig oder in mehreren Schritten aufgestellt werden kann". Damit trägt die Norm den unterschiedlichen Projektabläufen Rechnung: Sowohl der Idealfall einer streng konsekutiven Abfolge der Projektphasen ist dadurch angesprochen als auch der hierzulande übliche Regelfall eines Projektablaufs, bei dem sich die Projektphasen der Planung und Ausführung zeitlich mehr oder weniger überlappen. Ein solcher Projektablauf macht es erforderlich, den Kostenvoranschlag nicht als statische Ermittlung zu einem bestimmten Zeitpunkt aufzustellen, sondern als dynamische Ermittlung in mehreren Schritten (z. B. für die vier Teilbereiche Rohbau, Ausbau, Technik und Außenanlagen).

Zu Absatz 3: Als wesentliche Grundlagen des Kostenvoranschlags führt die Norm die Planungsunterlagen, die Leistungsbeschreibungen, die Mengenberechnungen von Bezugseinheiten der Kostengruppen, die Mengenermittlungen von Teilleistungen sowie die „Zusammenstellungen der Kosten von bereits vorliegenden Angeboten und Aufträgen sowie der bereits entstandenen Kosten" auf. Bei der zuletzt genannten Angabe könnte der Eindruck entstehen, als seien damit auch schon Leistungen aus der Projektphase „Vergabe und Ausführung" gemeint. Es ist aber offensichtlich, dass die Norm hier noch nicht die Angebote, Aufträge und Abrechnungen der eigentlichen Bauleistungen meint, sondern nur solche entstanden oder vertragsrechtlich festgelegten Kosten, die bei einem Bauprojekt üblicherweise bereits in den früheren Projektphasen insbesondere in den Kostengruppen „100 Grundstück", „200 Vorbereitende Maßnahmen", „700 Baunebenkosten" und „800 Finanzierung" entstehen. Insgesamt ist der Katalog der Informationen, die dem Kostenvoranschlag zugrunde gelegt werden, gegenüber dem Vorgängernorm (und dem damaligen „Kostenanschlag") ergänzt und deutlich präzisiert worden.

Zu Absatz 4: Zum Detaillierungsgrad des Kostenvoranschlags fordert die Norm, dass „die Gesamtkosten nach Kostengruppen in der dritten Ebene der Kostengliederung ermittelt und darüber hinaus nach technischen Merkmalen oder herstellungsmäßigen Gesichtspunkten weiter untergliedert werden". Die Vorgängernorm hatte sich beim damaligen „Kostenanschlag" noch auf die Mindestanforderung „mindestens bis zur dritten Ebene der Kostengliederung" beschränkt. Mit der Forderung, die Kosten über die dritte Ebene hinaus weiter zu untergliedern, setzt die Norm voraus, dass die Informationen, die im weiteren Planungsprozess aus den verfügbaren Planungsunterlagen gewonnen werden können, eine solche weitere Differenzierung auch zulassen. Allerdings bleibt die Ausgestaltung dieser Forderung jedem selbst überlassen. Die Kostengliederung der DIN 276 (in Abschnitt 5.4 und Tabelle 1) ist auf nur drei Gliederungsebenen begrenzt. Insoweit beschränkt die Norm die Vorgaben auf das sinnvolle Maß, das für eine allgemein geltende Norm im Bauwesen angemessen erscheint. Jedem soll nach seinen Vorstellungen und den Erfordernissen des jeweiligen Bauprojekts im eigenen Ermessen festzulegen, wie die Kosten über die Kostengliederung der DIN 276 hinaus untergliedert werden sollen.

Mit der Formulierung, dass die erweiterte Untergliederung der Kosten „nach technischen Merkmalen oder herstellungsmäßigen Gesichtspunkten" erfolgen soll, gibt die Norm entsprechende Hinweise für die Anwendung differenzierter Kostenermittlungsverfahren (siehe Anmerkungen zu Abschnitt 5.2 Anwendung der Kostengliederung).

Mit der ersten der hier genannten Möglichkeiten einer weiteren Untergliederung der Kosten „nach technischen Merkmalen" sind die „Ausführungsarten" gemeint, ohne dass die DIN 276 diesen Begriff regelrecht einführt oder verwendet. Die Ausführungsarten stellen für die Kostengruppe „300 Bauwerk-Baukonstruktionen" gewissermaßen eine optionale „vierte Ebene" der Kostengliederung dar, die jedoch nicht normativ festgelegt ist. Eine solche Gliederungsstruktur wendet beispielsweise das BKI mit seinem Katalog der „Ausführungsklassen und Ausführungsarten" in seiner Datenbank und den entsprechenden Datendokumentationen an [402].

Die Ausführungsart eines Bauelements ist als Gesamtpaket zu verstehen, das sich aus mehreren Teilleistungen eines oder mehrerer Leistungsbereiche zusammensetzen kann. Die Menge einer Ausführungsart ist ausreichend genau aus den Entwurfszeichnungen zu bestimmen und ihr Standard kann mit entsprechend differenzierten Kostenkennwerten bewertet werden. Da die Ausführungsarten bautechnisch definierte Größen sind, hat auf dieser Ebene der Kostenermittlung die Nutzung des Gebäudes insgesamt kaum noch Einfluss. Das Kostenermittlungsverfahren mit Ausführungsarten stellt durch die Differenzierung der Bauelemente in Ausführungsarten einen direkten Bezug zur projektspezifischen bautechnischen und geometrischen Ausprägung des geplanten Bauwerks dar. Darin offenbaren sich die enormen Vorzüge dieser Methode, dass sich die Kostenauswirkungen von Planungsentscheidungen gezielt erfassen und dementsprechend auch gezielt steuern lassen.

Mit der zweiten genannten Möglichkeit einer weiteren Untergliederung der Kosten „nach herstellungsmäßigen Gesichtspunkten" ist der Weg angesprochen, wie die Kostengruppen der regulären und weitgehend planungsorientierten Kostengliederung im Hinblick auf die Projektphase Vergabe und Ausführung in eine geeignete vergabe- und ausführungsorientierte Kostengliederung überführt werden kann. Ziel dieses Weges ist die Darstellung der Kosten nach den für das jeweilige Bauprojekt vorgesehenen Vergabeeinheiten (siehe Absatz 5).

Abbildung A 19 zeigt ausschnittsweise das Beispiel eines Kostenvoranschlags, bei dem innerhalb der Kostengruppe „300 Bauwerk-Baukonstruktionen" das Kostenermittlungsverfahren mit Ausführungsarten von Bauelementen angewendet wird. Das Beispiel ist der Übersichtlichkeit wegen auf den Ausschnitt der Kostengruppe „353 Deckenbeläge" beschränkt. Die für die Ausführungsarten verwendeten Ordnungsnummern sind dabei der Einfachheit und Verständlichkeit wegen frei gewählt.

Zu Absatz 5: Ergänzend zu der Festlegung in Absatz 4, dass „die Gesamtkosten nach Kostengruppen in der dritten Ebene der Kostengliederung ermittelt und darüber hinaus nach technischen Merkmalen oder herstellungsmäßigen Gesichtspunkten weiter untergliedert werden müssen", wird für den Kostenvoranschlag zusätzlich eine Ordnung der so ermittelten Kosten nach Vergabeeinheiten verbindlich vorgeschrieben. Diese Regelung, die in Grundzügen schon in der Vorgängernorm bestand, ist in der Neufassung der Norm eindeutiger als bisher formuliert und nachvollziehbar begründet. Sie gilt jetzt generell für alle Verfahrensweisen beim Kostenvoranschlag: „Unabhängig von der Art der Ermittlung bzw. dem jeweils gewählten Kostenermittlungsverfahren müssen die ermittelten Kosten auch nach den für das Bauprojekt vorgesehenen Vergabeeinheiten geordnet werden, damit die Angebote, Aufträge und Abrechnungen (einschließlich der Nachträge) aktuell zusammengestellt, kontrolliert und verglichen werden können."

Unter einer Vergabeeinheit ist die Zusammenstellung derjenigen Kostenbestandteile zu verstehen, die entsprechend der für das jeweilige Bauprojekt vorgesehenen Vergabe- und Ausführungsstruktur innerhalb eines Auftrags anfallen. Bei der Ordnung in Vergabeeinheiten handelt es sich um eine Gliederungsstruktur, die den jeweiligen organisatorischen Vorstellungen und Gegebenheiten folgend immer projektspezifisch festgelegt werden muss.

Es muss hier ausdrücklich betont werden, dass sowohl eine Gliederung der Kosten nach Leistungsbereichen als auch eine Ordnung der Kosten nach Vergabeeinheiten zwar auf die Erfordernisse der Ausführung ausgerichtet sind, aber keineswegs identische Strukturen darstellen. Im Einzelfall kann ein Leistungsbereich (z. B. LB 025 Estricharbeiten) zwar einmal identisch mit einer Vergabeeinheit bei diesem Bauprojekt sein.
Im Regelfall aber weicht die projektspezifische Struktur der Vergabeeinheiten doch erheblich von der allgemeingültigen Struktur der Leistungsbereiche ab. Das heißt, dass sich eine Vergabeeinheit aus einem Leistungsbereich oder mehreren Leistungsbereichen oder auch aus Teilbereichen eines Leistungsbereichs oder mehrerer Leistungsbereiche zusammensetzen kann. Der Vielfalt der Kombinationen sind jedenfalls, wie die Praxis zeigt, keine Grenzen gesetzt. Deshalb ist es auch ausgesprochen wichtig, dass die DIN 276 jetzt auch für ausführungsorientierte Kostenermittlungsverfahren eine anschließende Ordnung nach Vergabeeinheiten verbindlich festlegt.

Mit der Bestimmung, dass die Ordnung in Vergabeeinheiten „unabhängig von der Art der Ermittlung bzw. dem jeweils gewählten Kostenermittlungsverfahren" hergestellt werden muss, zielt die DIN 276 auf die alternativen Möglichkeiten, die prinzipiell bei der Kostenermittlung auf dem Weg zu einer vergabe- und ausführungsorientierten Kostenstruktur bestehen. Als Regelfall sind dabei die Kostenermittlungen mit einer konsequenten Anwendung der Kostengliederung zu sehen, bei der schließlich die im Kostenvoranschlag ermittelten Kosten (in der „vierten Gliederungsebene" untergliedert und wie in **Abbildung A 19** illustriert) in Vergabeeinheiten überführt werden.

Abbildung A 20 zeigt den ersten Schritt auf diesem Weg für das ausschnittsweise Beispiel der Kostengruppen „324 Gründungsbeläge" und „353 Deckenbeläge". Dabei werden die Ausführungsarten der Bauelemente den für die Ausführung vorgesehenen Vergabeeinheiten zugeordnet.

Abbildung A 21 zeigt dann den nächsten Schritt, bei dem die einzelnen Kostenanteile der Vergabeeinheiten an den Ausführungsarten zu den Kosten der Vergabeeinheiten zusammengefasst werden.

Die Alternative zu der beschriebenen Verfahrensweise sind Kostenermittlungen mit einer ausführungsorientierten Kostengliederung, wie sie in Abschnitt 5.3 als Ausnahmefall geregelt werden. Diese alternative Verfahrensweise setzt allerdings schon früher im Projektablauf an. Die DIN 276 räumt in 5.3 unter bestimmten Voraussetzungen („in geeigneten Fällen und bei den dafür geeigneten Kostengruppen") und unter bestimmten Bedingungen ein, die Kosten ausführungsorientiert zu gliedern, d.h. in der Form, in der die Kosten während der Ausführung des Bauprojekts als Kosten der Teilleistungen und der Leistungsbereiche anfallen. Um diese alternative Gliederung der Kosten in den Rahmen der Gesamtkosten einzubinden, ist festgelegt, dass die Kosten zunächst nach Kostengruppen in der ersten Ebene der regulären Kostengliederung angegeben werden müssen. Dadurch kann auch bei einer Anwendung der alternativen ausführungsorientierten Gliederung der Kosten ein eindeutiger Bezug zu den Stufen der Kostenermittlung und den jeweils geforderten Gliederungstiefen hergestellt werden.

Als nächste Gliederungsebene, die der zweiten Ebene der Kostengliederung vergleichbar sein soll, kann beispielsweise eine Untergliederung in Leistungsbereiche nach dem Standardleistungsbuch (STLB-Bau) [201] angesehen werden.

Theoretisch entspräche eine solche Kostendarstellung zwar der für die Kostenschätzung vorgesehenen zweiten Ebene der Kostengliederung. Praktisch bestehen aber bei dieser Verfahrensweise erhebliche fachliche Vorbehalte (siehe Anmerkungen zu 5.3).

Deshalb ist für die Anwendung eines ausführungsorientierten Kostenermittlungsverfahrens die verbindliche Regelung der DIN 276 unter 5,3, Absatz 2, von entscheidender Bedeutung, dass „im Falle einer solchen ausführungsorientierten Gliederung der Kosten eine weitere Unterteilung, z. B. in Teilbereiche oder in Teilleistungen, erforderlich ist, damit die Leistungen hinsichtlich Inhalt, Eigenschaften und Menge beschrieben und erfasst werden können. Diese Unterteilung entspricht der dritten Ebene der Kostengliederung".

Es liegt angesichts der dafür erforderlichen Planungstiefe und des entsprechenden Leistungsumfangs auf der Hand, dass eine Kostenermittlung mit den Teilleistungen der Leistungsbereiche erst bei der Kostenermittlungsstufe des

Kostenvoranschlags zu verantworten ist. Zu diesem Projektstand jedoch erfüllt eine Kosten-ermittlung mit den Teilleistungen der Leistungsbereiche die Anforderungen der Norm an die Gliederungstiefe der Kosten selbstverständlich voll und ganz. In gleicher Weise ist die Anforderung, das „die ermittelten Kosten auch nach den für das Bauprojekt vorgesehenen Vergabeeinheiten geordnet werden, damit die Angebote, Aufträge und Abrechnungen (einschließlich der Nachträge) aktuell zusammengestellt, kontrolliert und verglichen werden können", zweifelsohne auf dieser Grundlage gut zu erfüllen.

Abbildung A 22 zeigt in einer Beispielrechnung auszugsweise für den Leistungsbereich der Estricharbeiten einen Kostenvoranschlag mit Teilleistungen. Daraus ist ersichtlich, dass bei dieser Verfahrensweise zwar die objektspezifischen bautechnischen und geometrischen Besonderheiten vollständig und genau erfasst werden können. Zugleich wird aber auch offenkundig, dass die Ermittlungen mit einer Vielzahl einzelner Berechnungsansätze einen großen Aufwand hervorrufen. Zudem kann durch den Umfang der Ermittlungen im Hinblick auf die Kostenkontrolle und die Kostensteuerung leicht die Übersichtlichkeit verloren gehen.

Kostenvoranschlag (1) – Ausführungsarten (Ausschnitt)

Bauwerksart	Bürogebäude, mittlerer Standard
Ermittlungsgegenstand	Gesamtkosten DIN 276; Ausschnitt: KG 300 Bauwerk-Baukonstruktionen; KG 353 Deckenbeläge
Grundlagen	Ausführungsplanung, Vorbereitung der Vergabe
Kostenstand, Mehrwertsteuer	1. Quartal 2022, einschließlich 19 % MwSt.
Kostenermittlungsverfahren	Bauelementverfahren („Ausführungsarten“)
Quellenangabe	BKI, Baukosten 2021; eigene Daten

Kostengruppe	Menge*)	Kostenkennwert		Kosten
Fortsetzung von KG 352				
353.01 Nutzestrich (Verbundestrich, Anstrich)	**290 m²**	**85 € / m²**		**24.650 €**
353.02 Hartbelag (schw. Estrich, Linoleum	**800 m²**	**115 € / m²**		**92.000 €**
353.03 Textilbelag (schw. Estrich, Teppichboden)	**150 m²**	**150 € / m²**		**22.500 €**
353.04 Fliesenbelag (Zementestrich, Keramikfliesen)	**210 m²**	**170 € / m²**		**35.700 €**
353.05 Natursteinbelag (Zementestrich, Naturwerkstein)	**270 m²**	**320 € / m²**		**86.400 €**
353 Deckenbeläge	**1.720 m²**	(152 € / m²)		**261.250 €**
Fortsetzung nach KG 354				

*) Mengen nach DIN 276, Tabelle 3

Abbildung A 19: Kostenvoranschlag (1) – Ausführungsarten (Ausschnitt)

Kostenvoranschlag (2) – Anteile der Leistungsbereiche (Ausschnitt)

Bauwerksart	Bürogebäude, mittlerer Standard
Ermittlungsgegenstand	Gesamtkosten DIN 276; Ausschnitt: KG 300 Bauwerk-Baukonstruktionen; Ausschnitt: KG 324 Gründungsbeläge, KG 353 Deckenbeläge
Grundlagen	Ausführungsplanung, Vorbereitung der Vergabe, Kostenvoranschlag (1)
Kostenstand, Mehrwertsteuer	1. Quartal 2022, einschließlich 19 % MwSt.
Kostenermittlungsverfahren	Bauelementverfahren („Ausführungsarten"/„Anteile der Leistungsbereiche")
Quellenangabe	BKI, Baukosten 2021; eigene Daten

Kostengruppe / Ausführungsart / LB	Kosten Ausführungsart	Kostenkennwert	Kosten LB-Anteil	Vergabe-einheit
Fortsetzung von KG 323				
324 Gründungsbeläge				
324.01 Nutzestrich	**33.100 €**			
324.01.018 Abdichtungsarbeiten		15 %	4.965 €	VE 009
324.01.025 Estricharbeiten		65 %	21.515 €	VE 015
324.01.034 Maler- und Lackierarbeiten		20 %	6.620 €	VE 021
324.02 Fliesenbelag	**27.900 €**			
324.02.018 Abdichtungsarbeiten		10 %	2.790 €	VE 009
324.02.024 Fliesen- und Plattenarbeiten		70 %	19.530 €	VE 013
324.02.025 Estricharbeiten		20 %	5.530 €	VE 015
324 Gründungsbeläge	**61.000 €**		**61.000 €**	
Fortsetzung nach KG 325				weiter in Abb. A21
Fortsetzung von KG 352				
353 Deckenbeläge				
353.01 Nutzestrich	**24.650 €**			
353.01.025 Estricharbeiten		75 %	18.488 €	VE 015
353.01.034 Maler- und Lackierarbeiten		25 %	6.162 €	VE 021
353.02 Hartbelag	**92.000 €**			
353.02.025 Estricharbeiten		25 %	23.000 €	VE 015
353.02.036 Bodenbelagarbeiten		75 %	69.000 €	VE 015
353.03 Textilbelag	**22.500 €**			
353.03.025 Estricharbeiten		20 %	4.500 €	VE 015
353.03.036 Bodenbelagarbeiten		80 %	18.000 €	VE 015
353.04 Fliesenbelag	**35.700 €**			
353.04.024 Fliesen- und Plattenarbeiten		80 %	28.560 €	VE 013
353.04.025 Estricharbeiten		20 %	7.140 €	VE 015
353.05 Natursteinbelag	**86.400 €**			
353.05.018 Natur-, Betonwerksteinarbeiten		80 %	69.120 €	VE 011
353.05.018 Abdichtungsarbeiten		5 %	4.320 €	VE 009
353.05.025 Estricharbeiten		15 %	12.960 €	VE 015
353 Deckenbeläge	**261.250 €**		**261.250 €**	
Fortsetzung nach KG 354				weiter in Abb. A21

Abbildung A 20: Kostenvoranschlag (2) – Anteile der Leistungsbereiche (Ausschnitt)

Kostenvoranschlag (3) – Ordnung nach Vergabeeinheiten (Ausschnitt)

Bauwerksart	Bürogebäude, mittlerer Standard
Ermittlungsgegenstand	Gesamtkosten DIN 276; Ausschnitt: KG 300 Bauwerk-Baukonstruktionen; Vergabeeinheit VE 015 Estrich- und Bodenbelagarbeiten
Grundlagen	Ausführungsplanung, Vorbereitung der Vergabe, Kostenvoranschlag (2)
Kostenstand, Mehrwertsteuer	1. Quartal 2022, einschließlich 19 % MwSt.
Kostenermittlungsverfahren	Ordnung der Kosten nach Vergabeeinheiten
Quellenangabe	Eigene Daten

Kostengruppe / Ausführungsart / LB	Kosten Ausführungsart	Kostenkennwert	Kosten LB-Anteil	Vergabe-einheit
Fortsetzung von KG 323				
324 Gründungsbeläge				
324.01 Nutzestrich	33.100 €			
324.01.018 Abdichtungsarbeiten		15 %	4.965 €	VE 009
324.01.025 Estricharbeiten		65 %	21.515 €	VE 015
324.01.034 Maler- und Lackierarbeiten		20 %	6.620 €	VE 021
324.02 Fliesenbelag	27.900 €			
324.02.018 Abdichtungsarbeiten		10 %	2.790 €	VE 009
324.02.024 Fliesen- und Plattenarbeiten		70 %	19.530 €	VE 013
324.02.025 Estricharbeiten		20 %	5.580 €	VE 015
324 Gründungsbeläge	61.000 €		61.000 €	
Fortsetzung nach KG 325				weiter in Abb. A21
Fortsetzung von KG 352				
353 Deckenbeläge				
353.01 Nutzestrich	24.650 €			
353.01.025 Estricharbeiten		75 %	18.488 €	VE 015
353.01.034 Maler- und Lackierarbeiten		25 %	6.162 €	VE 021
353.02 Hartbelag	92.000 €			
353.02.025 Estricharbeiten		25 %	23.000 €	VE 015
353.02.036 Bodenbelagarbeiten		75 %	69.000 €	VE 015
353.03 Textilbelag	22.500 €			
353.03.025 Estricharbeiten		20 %	4.500 €	VE 015
353.03.036 Bodenbelagarbeiten		80 %	18.000 €	VE 015
353.04 Fliesenbelag	35.700 €			
353.04.024 Fliesen- und Plattenarbeiten		80 %	28.560 €	VE 013
353.04.025 Estricharbeiten		20 %	7.140 €	VE 015
353.05 Natursteinbelag	86.400 €			
353.05.018 Natur-, Betonwerksteinarbeiten		80 %	69.120 €	VE 011
353.05.018 Abdichtungsarbeiten		5 %	4.320 €	VE 009
353.05.025 Estricharbeiten		15 %	12.960 €	VE 015
353 Deckenbeläge	261.250 €		261.250 €	
Fortsetzung nach KG 354				weiter in Abb. A21

Anteile der Leistungsbereiche für VE 015 aus Tabelle Abbildung A 20

Kostengruppe / Ausführungsart Leistungsbereich / Vergabeeinheit	Kosten
LB 025 Estricharbeiten	
354.01.025 Estricharbeiten	**21.515 €**
354.02.025 Estricharbeiten	**5.580 €**
353.01.025 Estricharbeiten	**18.488 €**
353.02.025 Estricharbeiten	**23.000 €**
353.03.025 Estricharbeiten	**4.500 €**
353.04.025 Estricharbeiten	**7.140 €**
353.05.025 Estricharbeiten	**12.960 €**
LB 025 Estricharbeiten	**93.183 €**
LB 036 Bodenbelagarbeiten	
353.02.036 Bodenbelagarbeiten	**69.000 €**
353.03.036 Bodenbelagarbeiten	**18.000 €**
LB 036 Bodenbelagarbeiten	**87.000 €**
VE 015 Estrich- und Bodenbelagarbeiten	**180.183 €**

Abbildung A 21: Kostenvoranschlag (3) – Ordnung der Kosten nach Vergabeeinheiten (Ausschnitt)

Kostenvoranschlag (4) – Teilleistungen der Leistungsbereiche (Ausschnitt)

Bauwerksart	Bürogebäude, mittlerer Standard
Ermittlungsgegenstand	Teile der Gesamtkosten DIN 276; Ausschnitt: KG 300 Bauwerk-Baukonstruktionen; LB 025 Estricharbeiten
Grundlagen	Ausführungsplanung, Vorbereitung der Vergabe
Kostenstand, Mehrwertsteuer	1. Quartal 2022, einschließlich 19 % MwSt.
Kostenermittlungsverfahren	Teilleistungen der Leistungsbereiche (LB)
Quellenangabe	BKI, Baukosten 2021; BKI, Baupreise kompakt 2022, eigene Daten

Kostengruppe	Menge	Kostenkennwert	Kosten	
↓ Fortsetzung von LB 024				
LB 025 Estricharbeiten				
025.100.001 Untergrundreinigung Estricharbeiten	**420 m²**	**1,00 € / m²**	**420 €**	→ Vergabeeinheiten
025.100.002 Randschalung, Estrich abstellen, bis 70 mm	**106 m**	**9,00 € / m**	**954 €**	→
025.100.003 Voranstrich, Abdichtung Bitumen	**450 m²**	**1,70 € / m²**	**765 €**	→
025.100.004 Bodenabdichtung, Bodenfeuchte G 200 S 4 Al	**450 m²**	**13,50 € / m²**	**6 075 €**	→
025.100.005 Wärmedämmung, Estrich, 80 mm	**450 m²**	**9,60 € / m²**	**4.320 €**	→
025.100.006 Estrich, schwimmend, CT C25 F4 S 45	**140 m²**	**19,00 € / m²**	**2.660 €**	→
025.100.007 Estrich, schwimmend, CT C25 F4 S75	**890 m²**	**26,50 € / m²**	**23.585 €**	→
025.200.001 Untergrundreinigung Estricharbeiten	**1.310 m²**	**1,00 € / m²**	**1.310 €**	→
025.200.002 Betonoberfläche fräsen, Verbundestrich	**280 m²**	**11,10 € / m²**	**3.108 €**	→
usw.				
LB 025 Estricharbeiten			**91.677 €**	
↓ Fortsetzung von LB 026				

Abbildung A 22: Kostenvoranschlag (4) – Teilleistungen der Leistungsbereiche (Ausschnitt)

► *Zu 4.3.6 Kostenanschlag*

Die Änderungen bei den Begriffen „Kostenvoranschlag" und „Kostenanschlag" wurden schon unter 3.3.4 und 3.3.5 angesprochen. Der „Kostenvoranschlag" in der jetzigen Normfassung entspricht inhaltlich voll und ganz dem bisherigen „Kostenanschlag" aus den Vorgängernormen seit 1993. Es handelt sich somit nur um eine reine Umbenennung, die sich daraus ergibt, dass der Begriff „Kostenanschlag" nun für die Kostenermittlung während der Vergabe und Ausführung benutzt wird – eine neue Stufe der Kostenermittlung, deren Inhalte in der bisherigen Norm fälschlicherweise der Kostenkontrolle zugeordnet worden waren.

Die Überlegung, in dieser Projektphase die Systematik der DIN 276 für die Kostenplanung mit den zusammenhängenden Maßnahmen der Kostenermittlung, der Kostenkontrolle und der Kostensteuerung konsequent zu vervollständigen, war schon früher einmal im Laufe der Entwicklung der Norm angeklungen. In einem Norm-Entwurf, der der Ausgabe 2006 vorausgegangen war (E DIN 276-1:2005-08) [124], wurde für die Projektphase Vergabe und Ausführung eine weitere Stufe der Kostenermittlung vorgeschlagen worden. Diese Idee ließ sich damals leider noch nicht umsetzen – immerhin wurde dann 2018 endlich diese Systematik der Kostenplanungsabläufe auch für den Vergabe- und Ausführungszeitraum festgelegt.

Zu Absatz 1: Der „Kostenanschlag" wird unter 3.3.5 als „Ermittlung der Kosten auf der Grundlage der Vergabe und Ausführung" definiert. Dementsprechend ist die Zweckbestimmung des Kostenvoranschlags, „den Entscheidungen über die Vergaben und die Ausführung zu dienen". Mit den Vergabe- und Ausführungsentscheidungen wird ein Großteil der Gesamtkosten rechtsverbindlich festgelegt. Deshalb kommt einer exakten und zuverlässigen Ermittlung der Kosten in diesem Zeitraum eine besondere Bedeutung zu.

Zu Absatz 2: Nachdem schon unter 4.3.1 festgelegt wurde, welche Kostenermittlungsstufen einmalig durchgeführt werden und welche Stufen sich wiederholen, wird diese Aussage für den Kostenanschlag an dieser Stelle noch einmal erneuert. Während es beim Kostenvoranschlag noch alternativ möglich ist, die Kostenermittlung entsprechend dem für das Bauprojekt gewählten Projektablauf einmalig oder in mehreren Schritten aufzustellen, gibt es für den Kostenanschlag nur noch einen Weg. Es wird unmissverständlich festgestellt, dass „der Kostenanschlag entsprechend dem für das Bauprojekt gewählten Projektablauf in mehreren Schritten aufgestellt wird, indem die Kosten auf dem jeweils aktuellen Kostenstand (Angebot, Auftrag oder Abrechnung) zusammengestellt werden".

Abbildung A 23 soll in einer Systemskizze verdeutlichen, wie sich die Projektphasen der Ausführungsplanung und Vorbereitung der Vergabe sowie der Vergabe und Ausführung überlappen können und wie der Kostenvoranschlag und der Kostenanschlag in diesen Projektablauf eingebunden sind. Ob ein solcher Projektablauf mit teilsynchronen Abschnitten tatsächlich gewählt wird, muss selbstverständlich im konkreten Einzelfall entschieden werden. Dabei ist die Frage zu klären, ob bereits die Ausführungsplanung und die Vorbereitung der Vergabe in mehreren Schritten erbracht und mit der Vergabe und der Ausführung zeitlich überlagert werden soll oder ob alternativ auf der Grundlage komplett fertig gestellter Ausführungspläne und Leistungsbeschreibungen nur die Phasen der Vergabe und der Ausführung in mehreren Schritten abgewickelt wird. In welcher Weise der Projektablauf im Einzelnen organisiert wird, ist Sache der Projektverantwortlichen, die Norm selbst formuliert dazu nur in Grundzügen die möglichen Alternativen.

Im Sinne größerer Kostensicherheit und einer konsequenten Minimierung von Kostenrisiken, ist es in vielen Fällen ratsam, auf eine synchrone Überlappung von Planung und Ausführung zu verzichten. Stattdessen sollten erst auf der Grundlage einer ausgereiften und insgesamt abgeschlossenen Planung Ausführungsaufträge vergeben und mit der Ausführung begonnen werden. Dies entspricht auch der Empfehlung und der Expertise der Reformkommission Bau von Großprojekten: „Erst planen, dann bauen!" [501]. Für die Kostenplanung und die Systematik der DIN 276 würde das bedeuten, dass der Kostenvoranschlag als einmalige Kostenermittlung auf der Grundlage von Ausführungsplanung und Vorbereitung der Vergabe durchgeführt wird und für alle Leistungen die sichere Basis für die Vergabeentscheidungen darstellt.

Zu Absatz 3: Die Liste der Informationen, die dem Kostenanschlag zugrunde gelegt werden, ist erfreulich präzise und umfassend formuliert, so dass der Zusammenhang zwischen der

Objektplanung und der Kostenplanung gut nachvollzogen werden kann. Auch hier erweist es sich als positiv, dass der Kostenanschlag als gesonderte Stufe der Kostenermittlung ausgewiesen ist und nicht wie bei der Vorgängernorm mit der Kostenkontrolle vermischt wird. Das fördert das Verständnis und erleichtert die Anwendung. Die wesentlichen Grundlagen des Kostenanschlags bestehen in den Planungsunterlagen, den Angeboten und Leistungsbeschreibungen, den Auftrags- und Vertragsunterlagen, den Berechnungen und Mengenermittlungen, den Rechnungsunterlagen, den Zusammenstellungen der in Teilbereichen bereits entstandenen Kosten sowie weiteren Erläuterungen.

Zu Absatz 4: Zur Darstellung und Ordnung des Kostenanschlags sieht die Norm vor, dass „im Kostenanschlag die Kosten nach den Vergabeeinheiten zusammengestellt und geordnet werden müssen", wie sie „für das Bauprojekt im Kostenvoranschlag festgelegt" worden sind.

Der Kostenanschlag ist mit der Zusammenstellung und Ordnung der Kosten nach den Vergabeeinheiten die konsequente Fortsetzung des Kostenvoranschlags, bei dem – unabhängig von dem jeweils gewählten Kostenermittlungsverfahren – diese Gliederungsstruktur angelegt wird.

Hier besteht die Aufgabe darin, die sich aus den Angeboten, den Aufträgen und den Abrechnungen ergebenden Kosten kontinuierlich so zusammenzustellen, dass sie in der begleitenden Kostenkontrolle ständig mit den vorherigen Ergebnissen verglichen werden können, d.h. durch das Vergleichen von Angeboten mit dem Kostenvoranschlag, von Aufträgen mit den jeweiligen Angeboten und von Abrechnungen mit den zugehörigen Aufträgen. Damit wird eine komplexe Aufgabe beschrieben, die sich über den gesamten Zeitraum der Vergabe und Ausführung erstreckt und bei der die Aufgaben der Kostenermittlung und der Kostenkontrolle zusammenfließen.

Abbildung A 24 zeigt auszugsweise für eine einzelne Vergabeeinheit (die für das Beispielprojekt angenommene Vergabeeinheit „Estrich und Bodenbelagarbeiten"), wie in einem Kostenanschlag gemäß der geltenden DIN 276 die Zusammenstellung und Ordnung der Kosten gestaltet werden kann. Aus dem beispielhaften Arbeitsblatt ist klar erkennbar, wie der Kostenanschlag eingebunden ist in das durchgängige System von dem Kostenvoranschlag und der zum Kostenanschlag gehörenden Kostenkontrolle.

Abbildung A 25 stellt beispielhaft dar, wie die Informationen aus den einzelnen Vergabeeinheiten in einem Kosteninformationssystem für das gesamte Bauprojekt zusammengeführt werden können, so dass damit kontinuierlich der aktuelle Kostenstand des Projekts ersichtlich wird.

Kostenvoranschlag und Kostenanschlag im Projektablauf

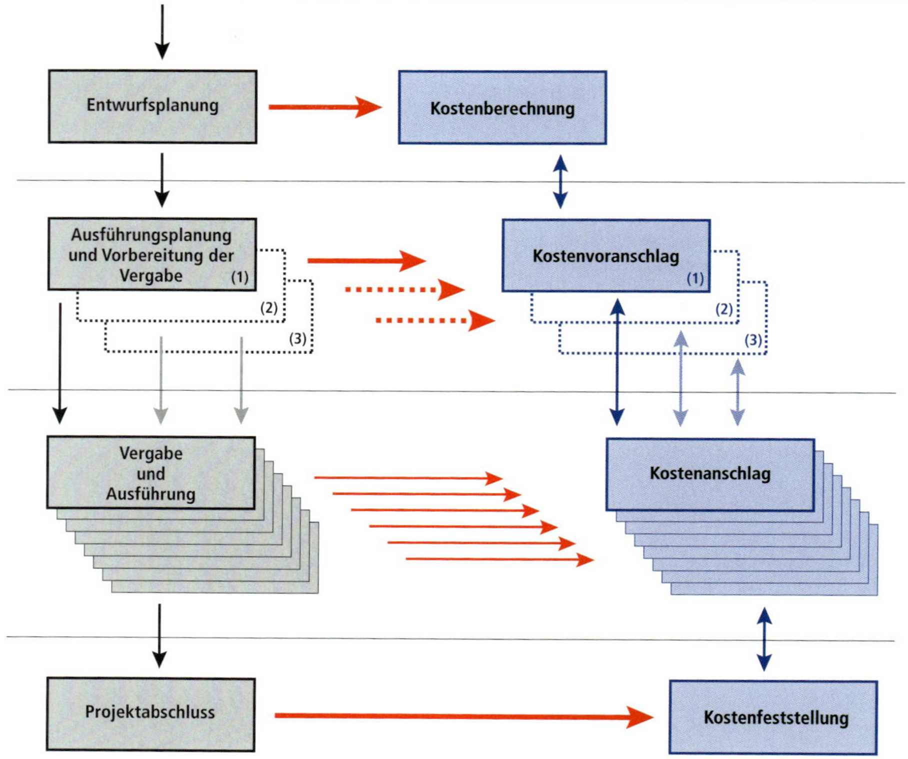

Abbildung A 23: Kostenvoranschlag und Kostenanschlag in mehreren Schritten

Kostenanschlag (1) – Vergabeeinheit

Bauwerksart	Bürogebäude, mittlerer Standard
Ermittlungsgegenstand	Gesamtkosten DIN 276; Ausschnitt: KG 300 Bauwerk-Baukonstruktionen; Vergabeeinheit VE 015 Estrich- und Bodenbelagarbeiten
Grundlagen	Vergabe und Ausführung
Kostenstand, Mehrwertsteuer	25.01.2022, einschließlich 19 % MwSt.
Kostenermittlungsverfahren	Zusammenstellung der aktuellen Projektdaten
Quellenangabe	Daten des Bauprojekts

VE 015	**Vergabeeinheit Estrich- und Bodenbelagarbeiten**

Kostenvoranschlag		**Kostenanschlag**					**Kostenkontrolle**	
Datum	**Kosten-voranschlag**	**Angebot**	**Auftrag**	**Abrechnung**			**Vorausschau**	**Differenz**
				Betrag	**Gesamt**	**Stand**		
29.03.2021	180.183 €							
28.05.2021		**168.364 €**						- 11.819 €
25.06.2021			**165.928 €**					- 14.255 €
29.07.2021				18.000 €	18.000 €	10,85 %		
17.09.2021				37.000 €	55.000 €	33,15 %		
22.11.2021		**+ 8.650 €** **180.014 €**						
03.12.2021			**+ 7.010 €** **172.938 €**					- 7.245 €
23.12.2021				40.000 €	95.000 €	54,93 %		
25.01.2022				28.000 €	123.000 €	71,12 %		
25.01.2022							169.000 €	- 11.183 €

Fortsetzung

Abbildung A 24: Kostenanschlag (1) – Vergabeeinheit

Kostenanschlag (2) – Bauprojekt

Bauwerksart	Bürogebäude, mittlerer Standard
Ermittlungsgegenstand	Gesamtkosten DIN 276; Ausschnitt: KG 300 Bauwerk-Baukonstruktionen; Vergabeeinheiten
Grundlagen	Vergabe und Ausführung
Kostenstand, Mehrwertsteuer	25.01.2022, einschließlich 19 % MwSt.
Kostenermittlungsverfahren	Zusammenstellung der aktuellen Projektdaten
Quellenangabe	Daten des Bauprojekts

Sachstand 25.01.2022	**Bürogebäude**

Kostenvoranschlag		**Kostenanschlag**				**Kostenkontrolle**	
Vergabeeinheit Nr. Bezeichnung	**Kosten-voranschlag**	**Angebot**	**Auftrag**	**Abrechnung Gesamt**	**Abrechnung Stand**	**Vorausschau**	**Differenz**
Fortsetzung von VE 007							
008 Metallbau, Holzbau	97.012 €	89.007 €	92.012 €	80.000 €	86,9 %	90.000 €	- 7.012 €
009 Dachabd., Klempner	163.234 €	175.009 €	168.650 €	126.000 €	74,7 %	156.300 €	- 6.934 €
010 Naturstein Fassade	98.512 €	76.224 €	82.346 €	44.600 €	54,2 %	78.000 €	- 20.512 €
011 Betonwerkstein	56.300 €	62.445 €	60.115 €	15.000 €	25,0 %	60.000 €	+ 3.700 €
012 Wärmedämmputz	104.689 €	115.556 €	112.435 €	88.000 €	78,3 %	114.000 €	+ 9.311 €
013 Putz, Stuck	98.067 €	87.224 €	88.344 €	44.200 €	50,0 %	85.000 €	- 13.067 €
014 Fliesen, Platten	66.433 €	73.476 €	70.018 €	40.100 €	57,3 %	71.000 €	+ 4.567 €
015 Estrich, Bodenbelag	**180.183 €**	**180.014 €**	**172.938 €**	**123.000 €**	**71,1 %**	**169.000 €**	**- 11.183 €**
016 Brandschutztüren	44.608 €	48.688 €	48.688 €	26.500 €	54,4 %	49.000 €	+ 4.392 €
017 Stahlfenster Keller	28.355 €	23.455 €	23.010 €	9.000 €	39,1 %	22.800 €	- 5.555 €
018 Metallbau	265.870 €	298.449 €	276.255 €	116.000 €	42,0 %	256.000 €	- 9.870 €
Fortsetzung nach VE 019							

Abbildung A 25: Kostenanschlag (2) – Bauprojekt

► *Zu 4.3.7 Kostenfeststellung*

Zu Absatz 1: Die Kostenfeststellung wird in Ziffer 3.3.6 als „Ermittlung der entstandenen Kosten" definiert. Bei der Zweckbestimmung der Kostenfeststellung unterscheidet die Norm jetzt zwei Fälle. Im Regelfall soll die Kostenfeststellung „dem Nachweis der entstandenen Kosten dienen". Im Ausnahmefall („gegebenenfalls") kann die Kostenfeststellung auch „Vergleichen und Dokumentationen dienen". Dies trifft dann zu, wenn die Daten eines Bauprojekts von übergeordneter Bedeutung und von allgemeinem Interesse sind, so dass sie in Datensammlungen bzw. Datenbanken dokumentiert werden sollen. Diese Doppelfunktion der Kostenfeststellung war auch schon in den früheren Normausgaben so oder ähnlich beschrieben worden.

Im Leistungsbild der HOAI [301] (Leistungsphase 8 Objektüberwachung und Dokumentation; HOAI § 34 (3) und Anlage 10.1) ist die Kostenfeststellung mit der Einschränkung „zum Beispiel nach DIN 276" als Grundleistung aufgeführt. Mit dem allgemeinen Bezug auf die DIN 276 ist – wohlgemerkt – entsprechend § 4 (1) HOAI die Fassung vom Dezember 2008 (DIN 276-1:2008-12) gemeint.

Zu Absatz 2: Die Kostenfeststellung wird auf der Grundlage von „geprüften Abrechnungsbelegen, z.B. Schlussrechnungen, Nachweisen der unentgeltlich eingebrachten Güter und Leistungen" (siehe Ziffer 4.2.11), „Planungsunterlagen, z.B. Abrechnungszeichnungen, und Erläuterungen" des abgerechneten Bauprojekts aufgestellt. Bei dieser Aufzählung der zugrunde gelegten Informationen hat sich gegenüber den Angaben in den Vorgängernormen nichts Wesentliches verändert.

Zu Absatz 3: Bei den Bestimmungen zum Detaillierungsgrad der Kostenfeststellung bleibt die Norm mehrdeutig. Während die Vorgängernorm generell eine Unterteilung der Gesamtkosten bis zur dritten Ebene der Kostengliederung forderte, zeigen die jetzigen Formulierungen alternative Lösungen („bzw.") auf. Der erste Teil des Satzes, dass „die Gesamtkosten nach Kostengruppen bis zur dritten Ebene der Kostengliederung unterteilt werden müssen", ist wortgleich mit der bisherigen Regelung. Der zweite Teil des Satzes aber, dass die Gesamtkosten auch „nach der für das Bauprojekt festgelegten Struktur des Kostenanschlags unterteilt werden" können, ist neu und eröffnet durchaus Interpretationsspielraum.

Mit dieser Festlegung soll offensichtlich der Aufwand für den Regelfall einer Kostenfeststellung begrenzt werden, indem sich der Nachweis der entstandenen Kosten auf die Kostenstruktur des Kostenanschlags bezieht. Die Kosten sind im Kostenanschlag generell nach den projektspezifischen Vergabeeinheiten geordnet (siehe Anmerkungen zu 4.3.6, Absatz 4). Das würde bedeuten, dass die abschließende Fassung des Kostenanschlags mit den letzten Abrechnungsangaben im Regelfall gewissermaßen die Kostenfeststellung bilden würde. Eine zusätzliche Ordnung der entstandenen Kosten entsprechend der Kostengliederung wäre dann nicht mehr erforderlich. Da sich jedoch die Aussagen zu der Ordnungsstruktur der Vergabeeinheiten im Wesentlichen nur auf diejenigen Kostengruppen beziehen, in denen sich die Leistungen und die Kosten in Form von Angeboten, Aufträgen und Abrechnungen manifestieren, dürfte für die übrigen Kostengruppen selbstverständlich die reguläre Kostengliederung bis zur dritten Ebene maßgeblich sein – auch wenn dies in der Norm nicht ausdrücklich so beschrieben wird.

Im Ausnahmefall, dass die Kostenfeststellung über den reinen Nachweis der entstandenen Kosten hinaus auch für Dokumentationen dienen soll, dürfte die Gliederungstiefe der dritten Ebene der Kostengliederung zumeist nicht ausreichen. In diesen Fällen würden die jeweils projektspezifisch festgelegten Gliederungsstrukturen angewendet werden. Bei den Bauwerkskosten (Kostengruppen 300 und 400) würde das beispielsweise auch die Ausführungsarten von Bauelementen (siehe Anmerkungen zu 4.3.5, Absatz 4), die Elemente der technischen Anlagen entsprechend 6.4 und Tabelle 4 der DIN 276 oder die Teilleistungen von Leistungsbereichen umfassen.

► *Zu 4.4 Kostenkontrolle*

Nach der Kostenermittlung stellt die Kostenkontrolle den zweiten Handlungsbereich der Kostenplanung dar. In Abschnitt 3.4 wird der Begriff „Kostenkontrolle" als das „Vergleichen aktueller Kostenermittlungen mit früheren Kostenermittlungen und Kostenvorgaben" definiert. Diese Begriffsbestimmung wird an dieser Stelle der Norm durch grundsätzliche Hinweise zur Aufgabe und zur Vorgehensweise bei der Kostenkontrolle ergänzt.

Die früheren Ausgaben der DIN 276 bis 1981 waren ausschließlich auf Begriffe und Regeln der Kostenermittlung beschränkt. Erstmals 1993 wurde in der DIN 276 der kostenplanerische Zusammenhang, in dem Kostenermittlungen stehen, angesprochen. Auch wenn dort noch weitergehende Hinweise und Regeln zur Vorgehensweise bei der Kostenplanung fehlten, wurden zumindest die Begriffe „Kostenplanung", „Kostenkontrolle" und „Kostensteuerung" definiert, um sie in den allgemeinen Sprachgebrauch einzuführen. Erfreulicherweise haben sich diese Begriffe und die damit vermittelten Zusammenhänge im Bauwesen durchgesetzt, so dass sie auch unverändert in der jetzigen DIN 276 aufgeführt sind. Folgerichtig enthält die geltende Norm-Fassung über die Aussagen zur Kostenplanung und die Kostenermittlung hinaus auch Aussagen über die Kostenkontrolle und die Kostensteuerung.

Während die Kostenermittlung in der DIN 276 sehr ausführlich und detailliert behandelt wird, beschränkt sich die Norm bei der Kostenkontrolle und der Kostensteuerung eher auf allgemein gehaltene Aussagen zur Aufgabenstellung und Vorgehensweise. Das erscheint durchaus sachgerecht, da in diesem Handlungsbereich der Kostenplanung die Vorgehensweise weniger standardisiert geregelt werden kann als bei der Kostenermittlung. Die Maßnahmen der Kostenkontrolle und Kostensteuerung sind in stärkerem Maße von den nur schwer vorhersehbaren Entwicklungen des Bauprojekts geprägt und müssen deshalb zwangsläufig spontaner, individueller und projektspezifischer ausfallen.

Zudem muss man Folgendes berücksichtigen: In der grundlegenden und theoretischen Darstellung werden die Handlungsfelder Kostenermittlung, Kostenkontrolle und Kostensteuerung zwar getrennt beschrieben, um ihre jeweiligen Funktionen und methodischen Vorgehensweisen im System der Kostenplanung verständlich zu machen. In der praktischen Anwendung aber fließen die drei Handlungsfelder zusammen und gehen ineinander über. Der Kostenermittlung kommt dabei zweifelsohne die zentrale Bedeutung zu.

▶ *Zu 4.4.1 Zweck*

Als Zweck der Kostenkontrolle benennt die Norm, dass sie „der Überwachung der Kostenentwicklung und als Grundlage für die Kostensteuerung dient". Damit kommt zum Ausdruck, dass die Kostenkontrolle und die Kostensteuerung ebenso wie die Kostenermittlung in den kontinuierlichen Planungs- und Entscheidungsprozess eines Bauprojekts eingebunden sind, um die sich in ständiger Entwicklung befindlichen Kosten überwachen und gegebenenfalls rechtzeitig steuernd verändern zu können.

▶ *Zu 4.4.2 Grundsatz*

Zu Absatz 1: Entsprechend der Begriffsdefinition beschreibt die Norm für die Kostenkontrolle folgende prinzipielle Vorgehensweise: „Bei der Kostenkontrolle sind aktuelle Kostenermittlungen mit früheren Kostenermittlungen und Kostenvorgaben kontinuierlich zu vergleichen." Der Soll/Ist-Vergleich zwischen dem aktuellen und dem vorgegebenen Kostenstand schafft die Grundlage für die Kostensteuerung. Hervorzuheben ist bei dieser Formulierung die Forderung, dass die Kostenkontrolle „kontinuierlich" durchzuführen ist. Das bedeutet, dass es sich bei der Kostenkontrolle nicht um einen einmaligen Vergleich einer aktuellen Kostenermittlung mit früheren Kostenermittlungen handelt, sondern um einen ständigen Vergleich, d.h. immer dann, wenn neue Erkenntnisse aus der Planung oder der Ausführung vorliegen.

Die Forderung nach einer kontinuierlichen Kontrolle wird durch die weitere Aussage verstärkt, dass sie „auch für Kostenentwicklungen zwischen den einzelnen Stufen der Kostenermittlungen gilt". Diese Forderung ist insbesondere bei den Kostenermittlungen zu beachten, die entsprechend 4.3.1 als Kostenermittlungen bezeichnet werden, die „im Projektablauf bezogen auf den jeweiligen Planungsschritt einmalig und zu einem bestimmten Zeitpunkt durchgeführt werden". Damit sind der Kostenrahmen, die Kostenschätzung, die Kostenberechnung und ggf. auch der Kostenvoranschlag gemeint. Zwischen diesen Kostenermittlungsstufen können durchaus längere Zeiträume liegen, in denen sich die Kosten weiter entwickeln. Ob aufgrund einer solchen Kostenentwicklung die aktuelle bzw. zuletzt aufgestellte Kostenermittlung, die ja im Regelfall als „einmalige und zu einem bestimmten Zeitpunkt durchgeführte Kostenermittlung" gilt, dennoch überarbeitet oder sogar neu aufgestellt werden soll, richtet sich nach den Umständen des Einzelfalls und liegt ganz im Ermessen der Projektverantwortlichen.

Abbildung A 26 soll in einem Beispiel erläutern, wie die Kostenkontrolle in Verbindung mit der Kostensteuerung (siehe Erläuterungen zu Abschnitt 4.5) während der Planung praktisch durchgeführt werden kann. Das Beispiel zeigt den Vergleich der auf der Vorplanung beruhenden Kostenschätzung mit dem Kostenrahmen, dem die Bedarfsplanung zugrunde liegt. Die Ursachen von Kostenabweichungen können in dieser Projektphase sehr unterschiedlicher Natur sein: Die Vorplanung kann beispielsweise hinsichtlich der Qualitäten (z.B. Raumkonditionen, technische Merkmale usw.) gegenüber den ursprünglichen Vorstellungen geändert sein oder der Vorentwurf entspricht hinsichtlich seiner quantitativen Merkmale (z.B. Grundflächen, Rauminhalte, Element- oder Leistungsmengen) nicht dem üblichen Standard, der beim Kostenrahmen vorausgesetzt worden war. In dem gezeigten Beispiel wird mit den geometriebedingten Besonderheiten des Vorentwurfs eine der vielen denkbaren Ursachen für Kostenabweichungen und die dabei möglichen Verfahrensweisen exemplarisch behandelt.

Abbildung A 27 zeigt in einem weiteren Beispiel, wie die Kostenkontrolle in Verbindung mit der Kostensteuerung (siehe Erläuterungen zu Abschnitt 4.5) während der Planungsphasen durchgeführt werden kann. Das Beispiel befasst sich mit dem Vergleich der Kostenberechnung, die auf der Grundlage der Entwurfsplanung aufgestellt wird, mit der auf der Vorplanung basierenden Kostenschätzung. Es wird dargestellt, wie höhere Standardfestlegungen in der Entwurfsplanung zu Kostenabweichungen gegenüber dem in der Vorplanung beschriebenen Standard führen können.

Zu Absatz 2: Für die Kostenkontrolle „bei der Vergabe und der Ausführung" wird zusätzlich festgelegt, dass „die Angebote, Aufträge und Abrechnungen des Kostenanschlags (einschließlich der Nachträge) auf dem jeweils aktuellen Stand mit vorherigen Ergebnissen kontinuierlich zu vergleichen sind". Die Kostenkontrolle baut somit unmittelbar auf den einzelnen Schritten des Kostenanschlags auf. Die hier genannten „vorherigen Ergebnisse" betreffen in erster Linie den vor dem Kostenanschlag liegenden Kostenvoranschlag, darüber hinaus aber auch die in früheren Projektphasen aufgestellten Kostenermittlungen und Kostenvorgaben.

Im Kostenanschlag werden die sich aus den Angeboten, den Aufträgen und den Abrechnungen ergebenden Kosten kontinuierlich zusammengestellt (siehe Anmerkungen zu 4.3.6, Absatz 4). Diese aktuellen Kosten werden in der begleitenden Kostenkontrolle ständig mit den vorherigen Ergebnissen verglichen. Das heißt, dass die Angebote der Unternehmen mit den im Kostenvoranschlag ermittelten Kosten dieser Vergabeeinheit verglichen werden. Nach der Vergabe und im Verlauf der Ausführung gilt es, die Aufträge mit den jeweiligen Angeboten zu vergleichen. Schließlich werden bei der Auftragsabwicklung die einzelnen Abrechnungen (Abschlagsrechnungen, Schlussrechnungen) mit den zugehörigen Aufträgen verglichen. Die Norm weist ausdrücklich darauf hin, dass diese Vergleiche auch die Nachträge (Nachtragsangebote, Nachaufträge, Nachtragsabrechnungen) einschließen.

Schon bei den Erläuterungen zum Kostenanschlag wurde dargestellt, dass es sich bei der Kostenplanung in der Projektphase der Vergabe und Ausführung um eine komplexe Aufgabe handelt, bei der die Kostenermittlung und die Kostenkontrolle unmittelbar zusammenwirken – nicht zuletzt weil sich die Tätigkeiten in zahlreichen Schritten über die gesamte Vergabe- und Ausführungszeit erstrecken und miteinander verflochten sind. Deshalb bietet es sich auch an, die Instrumente, mit denen der Kostenanschlag und die Kostenkontrolle schrittweise erarbeitet werden, in einem System zusammenzuführen, in dem die Kostenentwicklung vom Kostenvoranschlag über die einzelnen Schritte des Kostenanschlags bis zu den jeweiligen Ergebnissen der Kostenkontrolle nachvollzogen werden kann. Zur Illustration können die bereits beim Kostenanschlag gezeigten Beispiele zugrunde gelegt und darin die Ergebnisse der Kostenkontrolle ergänzt werden.

Abbildung A 28 zeigt im Grundprinzip ein Arbeitsinstrument, mit dem die Kostenkontrollaufgaben während der Ausführung systematisch durchgeführt werden können. In dem Beispiel wird anhand der Vergabeeinheit „Estrich und Bodenbelagarbeiten" dargestellt, wie die Kostenkontrolle während der Ausführung auf den einzelnen Schritten des Kostenanschlags aufbaut. Es bietet sich an, für jede Vergabeeinheit eine eigene derartige Übersicht zu führen, die über die gesamte Auftragsabwicklung hinweg eine ständig aktuelle Information über den Kostenstand zulässt. Diese Struktur wird dadurch ergänzt, dass neben den Angaben „Auftrag" und „Abrechnung" als weitere Information eine „Vorausschau" angegeben wird. Diese Information ermöglicht es, Veränderungen während der Ausführung (z.B. aufgrund von Mengenänderungen) bereits kostenmäßig zu erfassen, bevor offizielle Buchungen beim Kostenanschlag (wie Nachaufträge oder Schlussrechnungen) einen solchen Sachverhalt ausdrücken. Eine weitere Modifizierung der dargestellten Struktur bietet sich dadurch an, dass die Information unter „Abrechnung" in weitere Angaben zum „Teilbetrag" und zum „Gesamtbetrag" aufgeteilt wird. Damit lassen sich vor allem Abschlagszahlungen und ihre Abrechnung übersichtlich darstellen.

Abbildung A 29 stellt beispielhaft dar, wie die einzelnen Übersichten der Vergabeeinheiten in einem Kosteninformationssystem für das gesamte Bauprojekt zusammengeführt werden, das die gleiche Struktur aufweist und das kontinuierlich oder periodisch eine Übersicht über den aktuellen Kostenstand des Projekts gibt.

► *Zu 4.4.3 Dokumentation*

Als Grundlage für Entscheidungen, ggf. Maßnahmen der Kostensteuerung zu ergreifen, sollen die Ergebnisse der Kostenkontrolle erläutert und dokumentiert werden. Die Norm legt dazu fest, dass die „gegenüber Kostenermittlungen festgestellten Abweichungen bei den einzelnen Kostengruppen nach Art und Umfang darzustellen, zu erläutern und zu dokumentieren sind". Das bedeutet, dass festgestellte Kostenabweichungen nicht nur einfach hinsichtlich ihres Umfangs benannt werden, sondern auch die Ursachen für die Abweichung analysiert werden müssen.

Erst mit einer solchen qualifizierten Dokumentation wird die Voraussetzung dafür geschaffen, dass der beschriebene Kontroll- und Steuerungsprozess transparent gestaltet und die Entwicklung der Kosten im Planungs- und Bauablauf nachvollzogen werden können. Selbstverständlich gilt diese Regelung zur Dokumentation auch für andere Formen der Kostenangabe als „Kostengruppen" (z.B. Leistungsbereiche und Teilleistungen bei einer ausführungsorientierten Gliederung der Kosten nach 5.3 sowie die projektspezifischen Vergabeeinheiten).

Kostenkontrolle (Beispiel 1) – Kostenschätzung / Kostenrahmen

Bauwerksart	Bürogebäude, mittlerer Standard
Gegenstand - Kostenkontrolle	Gesamtkosten DIN 276; Ausschnitt: KG 300 Bauwerk-Baukonstruktionen
Grundlagen	Vorplanung; Kostenrahmen, Kostenschätzung
Kostenstand, Mehrwertsteuer	1. Quartal 2022, einschließlich 19 % MwSt.
Kostenkontrollverfahren	Vergleich der Kostenschätzung mit dem Kostenrahmen
Quellenangabe	BKI, Baukosten 2021; eigene Daten

Kostengruppe	Menge	Kostenkennwert		Kosten
Kostenrahmen	**(Kostenermittlung mit Nutzungsfläche (NUF) als Bezugseinheit)**			
300 + 400 Bauwerkskosten	**2.100 m² NUF**	**3.200 € / m² NUF**	100 %	6.720.000 €
300 Bauwerk – Baukonstruktionen			76 %	5.107.200 €
Kostenschätzung (1)	**1. Ermittlungsschritt mit BGF und BRI als Bezugseinheiten**			
300 Bauwerk – Baukonstruktionen	**3.650 m² BGF** **13.200 m³ BRI**	**1.550 € / m² BGF** **430 € / m³ BRI**		5.657.500 € 5.676.000 €
Kostenkontrolle (1)	**1. Kontrollschritt: BGF- und BRI-Werte der Vorplanung**			
Vergleich der Kostenermittlungen	**Kostenrahmen** – Ermittlung mit NUF 5.107.000 € = 100,0 % **Kostenschätzung** – Ermittlung mit BGF 5.657.500 € = 110,8 % – Ermittlung mit BRI 5.676.000 € = 111,1 %			
Ergebnis des Vergleichs	**Kosten der KG 300 liegen 10,8 % bzw. 11,1 % über Kostenrahmen!**			
Analyse der Abweichungen durch Vergleich der Gebäudegeometrie	**Planungskennwerte der Vorplanung** BGF = 3.650 m²; NUF = 2.100m² — BGF / NUF = 173,8 % **Planungskennwert von Vergleichsobjekten** — BGF / NUF = 154,7 % **Planungskennwert BGF/NUF wird um + 12,3 % überschritten!** BRI = 13.200 m³; NUF = 2.100 m² — BRI / NUF = 6,29 m³/m² **Planungskennwert von Vergleichsobjekten** — BRI / NUF = 5,72 m³/m² **Planungskennwert BRI/ NUF wird um + 10,0 % überschritten!**			
Kostensteuerung				
Entscheidung	**Die Vorplanung soll überprüft und die Kostenschätzung ggf. überarbeitet werden, um das Ergebnis des Kostenrahmens einzuhalten.**			
Durchgeführte Maßnahmen	Die Vorplanung wird überarbeitet, indem der Aufwand an BGF und BRI orientiert an den Planungskennwerten reduziert wird.			
Kostenschätzung (2)	**2. Ermittlungsschritt mit Bauelementverfahren („Grobelemente")**			
	Kosten der KG 300 werden mit „Grobelementen" ermittelt.			
Kostenkontrolle (2)	**(2. Kontrollschritt: Mengen der Grobelemente der Vorplanung)**			
	Die Verfahrensweise entspricht methodisch dem 1. Kontrollschritt durch Vergleich der Mengen der Grobelemente aus der Vorplanung mit den Planungskennwerten von Vergleichsobjekten			

Abbildung A 26: Kostenkontrolle (1) – Kostenschätzung / Kostenrahmen

Kostenkontrolle (Beispiel 2) – Kostenberechnung / Kostenschätzung

Bauwerksart	Bürogebäude, mittlerer Standard
Gegenstand - Kostenkontrolle	Gesamtkosten DIN 276; Ausschnitt: KG 300 Bauwerk-Baukonstruktionen
Grundlagen	Entwurfsplanung, Kostenschätzung, Kostenberechnung
Kostenstand, Mehrwertsteuer	1. Quartal 2022, einschließlich 19 % MwSt.
Kostenkontrollverfahren	Vergleich der Kostenberechnung mit der Kostenschätzung
Quellenangabe	BKI, Baukosten 2022; eigene Daten

Kostengruppe	Menge	Kostenkennwert		Kosten
Kostenschätzung	**Kostenermittlungsverfahren mit Grobelementen**			
350 Decken	2.050 m² DEF	510 € / m² DEF		1.045.500 €
Kostenberechnung (1)	**1. Ermittlungsschritt mit Bauelementen**			
351 Deckenkonstruktionen	2.110 m²	245 € / m²		516.950 €
352 Deckenöffnungen	50 m²	1.060 € / m²		52.000 €
353 Deckenbeläge	1.720 m²	180 € / m²		309.600 €
354 Deckenbekleidungen	1.650 m²	110 € / m²		181.500 €
355 Elementierte Deckenkon.	25 m²	1.550 € / m²		38.750 €
359 Sonstiges zur KG 350	2.050 m² DEF	50 € / m² DEF		102.500 €
350 Decken				1.201.300 €
Kostenkontrolle (1)	**1. Kontrollschritt: Mengen und Standards der Entwurfsplanung**			
Vergleich der Kostenermittlungen	**Kostenschätzung** – mit Grobelementen **Kostenberechnung** – mit Bauelementen (1. Schritt)			1.045.500 € = 100,0 % 1.201.300 € = 114,9 %
Ergebnis des Vergleichs	**Die Kosten der KG 350 liegen 14,9 % über der Kostenschätzung.**			
Analyse der Abweichungen durch Vergleich der Standards	**Kostenkennwerte der Kostenberechnung und Vergleichswerte** Der Kostenkennwert für die KG 353 Deckenbeläge in der Kostenberechnung beträgt Der Kostenkennwert für die KG 354 Deckenbekleidungen in der Kostenberechnung beträgt Vergleichswerte für die KG 353 Deckenbeläge: Vergleichswerte für die KG 354 Deckenbekleidungen: **Kostenkennwerte der KG 353 und der KG 354 liegen mit + 20,8 % bzw. + 30,8 % über den Vergleichswerten!**			180 € / m² 110 € / m² 155 € / m² 85 € / m²
Kostensteuerung				
Entscheidung	**Die Entwurfsplanung soll überprüft und die Kostenberechnung ggf. überarbeitet werden, um das Ergebnis der Kostenschätzung einzuhalten.**			
Durchgeführte Maßnahme	Die Entwurfsplanung wird überarbeitet, indem die Standards der KG 353 und der KG 354 orientiert an den Vergleichswerten reduziert werden.			
Kostenberechnung (2)	**2. Kostenermittlung mit „Ausführungsarten der Bauelemente"**			
	Kosten der KG 350 werden mit „Ausführungsarten" ermittelt.			
Kostenkontrolle (2)	**2. Kontrollschritt: Mengen und Standards der Entwurfsplanung**			
	Die Verfahrensweise entspricht methodisch dem 1. Kontrollschritt.			

Abbildung A 27: Kostenkontrolle (Beispiel 2) – Kostenberechnung / Kostenschätzung

Kostenkontrolle (Beispiel 3) – Vergabeeinheit

Bauwerksart	Bürogebäude, mittlerer Standard
Gegenstand - Kostenkontrolle	Gesamtkosten DIN 276; Ausschnitt: KG 300 Bauwerk-Baukonstruktionen; Vergabeeinheit VE 015 Estrich- und Bodenbelagarbeiten
Grundlagen	Vergabe und Ausführung, Kostenvoranschlag, Kostenanschlag
Kostenstand, Mehrwertsteuer	25.01.2022, einschließlich 19 % MwSt.
Kostenkontrollverfahren	Vergleich der aktuellen Projektdaten mit vorherigen Ergebnissen
Quellenangabe	Daten des Bauprojekts

VE 015	**Vergabeeinheit Estrich- und Bodenbelagarbeiten**

Kostenvoranschlag	**Kostenanschlag**

Kostenkontrolle

Datum	Kosten-voranschlag	Angebot	Auftrag	Abrechnung			Vorausschau	Differenz
				Betrag	Gesamt	Stand		
29.03.2021	**180.183 €**							
28.05.2021		**168.364 €**						**- 11.819 €**
25.06.2021			**165.928 €**					**- 14.255 €**
29.07.2021				18.000 €	18.000 €	10,85 %		
17.09.2021				37.000 €	55.000 €	38,15 %		
22.11.2021		*+ 8.650 €* **180.014 €**						
03.12.2021			*+ 7.010 €* **172.938 €**					**- 7.245 €**
23.12.2021				40.000 €	95.000 €	54,93 %		
25.01.2022				28.000 €	123.000 €	71,12 %		
25.01.2022							**169.000 €**	**- 11.183 €**
Fortsetzung								

Abbildung A 28: Kostenkontrolle (Beispiel 3) – Vergabeeinheit

Kostenkontrolle (Beispiel 4) – Bauprojekt

Bauwerksart	Bürogebäude, mittlerer Standard
Gegenstand der Kostenkontrolle	Gesamtkosten DIN 276; Ausschnitt: KG 300 Bauwerk-Baukonstruktionen; Vergabeeinheiten
Grundlagen	Vergabe und Ausführung, Kostenvoranschlag, Kostenanschlag
Kostenstand, Mehrwertsteuer	25.01.2022, einschließlich 19 % MwSt.
Kostenkontrollverfahren	Vergleich der aktuellen Projektdaten mit den vorherigen Ergebnissen
Quellenangabe	Daten des Bauprojekts

Sachstand 25.01.2022	**Bürogebäude**

Kostenvoranschlag	**Kostenanschlag**

Kostenkontrolle

Vergabeeinheit Nr. Bezeichnung	Kosten-voranschlag	Angebot	Auftrag	Abrechnung		Vorausschau	Differenz
				Gesamt	Stand		
Fortsetzung							
008 Metallbau, Holzbau	97.012 €	89.007 €	92.012 €	80.000 €	86,9 %	90.000 €	- 7.012 €
009 Dachabd., Klempner	163.234 €	175.009 €	168.650 €	126.000 €	74,7 %	156.300 €	- 6.934 €
010 Naturstein Fassade	98.512 €	76.224 €	82.346 €	44.600 €	54,2 %	78.000 €	- 20.512 €
011 Betonwerkstein	56.300 €	62.445 €	60.115 €	15.000 €	25,0 %	60.000 €	+ 3.700 €
012 Wärmedämmputz	104.689 €	115.556 €	112.435 €	88.000 €	78,3 %	114.000 €	+ 9.311 €
013 Putz, Stuck	98.067 €	87.224 €	88.344 €	44.200 €	50,0 %	85.000 €	- 13.067 €
014 Fliesen, Platten	66.433 €	73.476 €	70.018 €	40.100 €	57,3 %	71.000 €	+ 4.567 €
015 Estrich, Bodenbelag (aus Abbildung A24)	**180.183 €**	**180.014 €**	**172.938 €**	**123.000 €**	**71,1 %**	**169.000 €**	**- 11.183 €**
016 Brandschutztüren	44.608 €	48.688 €	48.688 €	26.500 €	54,4 %	49.000 €	+ 4.392 €
017 Stahlfenster Keller	28.355 €	23.455 €	23.010 €	9.000 €	39,1 %	22.800 €	- 5.555 €
018 Metallbau	265.870 €	298.449 €	276.255 €	116.000 €	42,0 %	256.000 €	- 9.870 €
Fortsetzung							

Abbildung A 29: Kostenkontrolle (Beispiel 4) – Bauprojekt

► Zu 4.5 Kostensteuerung

Die Kostensteuerung stellt schließlich den dritten Handlungsbereich der Kostenplanung dar. In der Vorgängernorm war die Kostensteuerung zusammen mit der Kostenkontrolle in einem einzigen Abschnitt behandelt worden. In der Neufassung ist die Kostensteuerung jetzt separat aufgeführt. Auf den ersten Blick mag das übertrieben erscheinen, da die Teilbereiche der Kostenplanung – wie schon verschiedentlich erläutert – eng miteinander verflochten sind. Eine separate Beschreibung und Darstellung von Kostenkontrolle und Kostensteuerung macht aber bei näherem Hinsehen doch Sinn, da es so möglich ist, die Inhalte der beiden Bereiche methodisch deutlicher zu unterscheiden und auch die Zuständigkeiten klarer abzugrenzen. Im Planungs- und Entscheidungsprozess eines Bauprojekts geht immer einerseits um die Vorbereitung von Entscheidungen und andererseits um die Entscheidung selbst. Die Kostenkontrolle stellt mit der Feststellung und Dokumentation von Kostenabweichungen, so gesehen, die Vorbereitung von Entscheidungen durch die Projektbeauftragten dar. Die Kostensteuerung dagegen umfasst im Wesentlichen die Entscheidungen der Projektverantwortlichen selbst.

Diese Abgrenzung in der Zuständigkeit und der Verantwortung für die Maßnahmen der Kostenkontrolle und der Kostensteuerung ist in den Beispielen der **Abbildungen A 26** und **A 27** gut nachzuvollziehen. Zugleich wird darin der unmittelbare methodische Zusammenhang zwischen Kostenermittlung, Kostenkontrolle und Kostensteuerung offenkundig – Kostenplanung in bester Ausprägung! In den weiteren, schon bei der Kostenkontrolle gezeigten **Abbildungen A 28** und **A 29** wird die ständige Durchdringung von Arbeitsschritten in der Kostenermittlung und der Kostenkontrolle deutlich, welche die Projektphasen der Ausführungsplanung und Vorbereitung der Vergabe sowie der Vergabe und Ausführung prägt. Hier wird gut erkennbar, wie die Systematik, in der die aktuellen Projektdaten der einzelnen Vergabeeinheiten und des Bauprojekts insgesamt aufbereitet sind, die geeignete Grundlage für eine kontinuierliche Kostenkontrolle und bei Bedarf auch für notwendige Maßnahmen der Kostensteuerung darstellt.

► Zu 4.5.1 Zweck

Der Begriffsbestimmung „Kostensteuerung als das Ergreifen von Maßnahmen zur Einhaltung von Kostenvorgaben" (siehe 3.5) folgend wird als Zweck der Kostensteuerung formuliert, dass „die Kostensteuerung der zielgerichteten Beeinflussung der Kostenentwicklung und der Einhaltung von Kostenvorgaben dient".

Für die Kostenkontrolle und die Kostensteuerung legt die DIN 276 eine klare grundsätzliche Vorgehensweise fest. Ausgangspunkt dafür sind die Überlegungen, wie Kostenermittlung, Kostenkontrolle und Kostensteuerung in Bezug auf die Planung (Objektplanung) positioniert sind. Danach stellen die Kosten im Planungsprozess immer „abgeleitete Größen" dar. Die „Ausgangsgrößen" für die Kosten bestehen in den quantitativen und qualitativen Merkmalen des jeweiligen Planungsgegenstands, der in der Objektplanung entwickelt wird. Die Kosten können zwar durch Maßnahmen der Kostensteuerung auf die Objektplanung zurückwirken. Aber dennoch werden auch in einem solchen iterativen Prozess der Kostensteuerung, bei dem die Planung angepasst wird, die Quantitäten und die Qualitäten des jeweils aktuellen Planungsstands immer der folgenden neuen Kostenermittlung zugrunde gelegt.

Arbeitsmethodisch oder systemisch betrachtet, gilt dieser Zusammenhang zwischen Objektplanung einerseits und Kostenplanung andererseits unabhängig davon, ob der Planung die Zielgröße „Kosten" oder die Zielgröße „Nutzen" vorgegeben wird (siehe Anmerkungen zu 4.1 und dem Grundsatz der Wirtschaftlichkeit).

Insofern greift die Formulierung der Norm, dass die Kostensteuerung die Kostenentwicklung „zielgerichtet" beeinflussen soll, diese Überlegungen auf: Entsprechend den in 4.1 formulierten Grundsätzen können entweder „Planungsvorgaben" oder „Kostenvorgaben" als Ziel für das Bauprojekt gesetzt werden. Die „Einhaltung von Kostenvorgaben" stellt selbstredend das Ziel der Kostensteuerung dar, wenn eine förmliche Kostenvorgabe für das Projekt entsprechend 4.6 festgelegt worden ist. Aber auch dann, wenn keine verbindliche Kostenvorgabe besteht, muss man bei einer verantwortungsbewussten Arbeitsweise sicher auch die Ergebnisse vorangegangener Kostenermittlungen als „Kostenvorgabe" in diesem Sinne auffassen und die folgende Planung daran ausrichten.

Auch bei diesem Weg ist die Kostenentwicklung zu kontrollieren und ggf. zu steuern, um die in der vorherigen Kostenermittlung ermittelten Kosten im Sinne einer „Kostenvorgabe" möglichst nicht zu überschreiten.

► *Zu 4.5.2 Grundsatz*

Zu Absatz 1: Die Norm beschreibt hier für die prinzipielle Vorgehensweise bei der Kostensteuerung den ersten Schritt damit, dass „die bei der Kostenkontrolle festgestellten Abweichungen hinsichtlich ihrer Auswirkungen auf die Gesamtkosten und die Einhaltung von Kostenvorgaben sowie auf die Planungsinhalte zu bewerten" sind. Mit dieser Bestimmung werden mehrere Gesichtspunkte angesprochen. Zunächst wird mit der Formulierung, dass bei festgestellten Abweichungen „die Auswirkungen auf die Gesamtkosten" zu bewerten sind, der Focus auf das Große und Ganze gerichtet. Es geht infolgedessen nicht darum, Abweichungen bei einzelnen Kostengruppen unbedingt durch Änderungen in diesem Detail herbeizuführen. Vielmehr müssen Abweichungen in einzelnen Kostengruppen im Gesamtzusammenhang gesehen und daraufhin überprüft werden, ob sie ggf. auch im Rahmen der Gesamtkosten an anderer Stelle ausgeglichen werden können.

Ferner werden durch die Formulierung, dass festgestellte Abweichungen „hinsichtlich ihrer Auswirkungen auf die Einhaltung von Kostenvorgaben sowie auf die Planungsinhalte" zu bewerten sind, an dieser Stelle noch einmal die beiden Möglichkeiten angesprochen, dass auch bei der Kostensteuerung im Rahmen des Wirtschaftlichkeitsprinzips entweder die gesetzten Kostenziele oder die gesetzten Planungsziele als vorrangige Zielgröße zu beachten sind.

Zu Absatz 2: Die Analyse und die Bewertung der Kostenabweichungen stellen die Grundlage für die Entscheidung dar, „ob die Planung oder die Ausführung unverändert fortgesetzt werden kann oder ob Vorschläge für geeignete Maßnahmen der Kostensteuerung zu entwickeln sind, um der aufgezeigten Kostenentwicklung entgegen zu wirken, z.B. durch Programm-, Planungs- oder Ausführungsänderungen."

Auf der Grundlage der in der Kostenkontrolle durchgeführten Analyse von Kostenabweichungen und ihren Ursachen sowie der Bewertung ihrer Auswirkungen ist dann im nächsten Schritt der Kostensteuerung zu entscheiden, welche Konsequenzen für das Bauprojekt gezogen werden sollen. Unter der Zielsetzung, vorgegebene Kosten einzuhalten, gehören dazu vor allem Maßnahmen, mit denen die Bedarfsplanung, die Bauplanung und die Bauausführung beeinflusst werden können.

Gegenstand dieser Anpassungs- und Steuerungsmaßnahmen sind insbesondere die qualitativen und quantitativen Merkmale der einzelnen Projektgegenstände. Wenn man sich allerdings von dem ausschließlichen Ziel löst, vorgegebene Kosten einzuhalten, können bei der Kostensteuerung natürlich auch andere Entscheidungen getroffen werden, als die Planung oder die Ausführung zu ändern. So kann beispielsweise auch eine Kostenvorgabe geändert und die Finanzierung entsprechend angepasst werden. Deshalb spricht die Norm auch ausdrücklich an, nicht nur die Auswirkungen auf die Kosten zu bewerten, sondern auch die Auswirkungen auf die Planungsinhalte.

► *Zu 4.5.3 Dokumentation*

Wie schon bei der Kostenkontrolle wird auch bei der Kostensteuerung eine nachvollziehbare Dokumentation gefordert: „Die Bewertungen, die Entscheidungen sowie die vorgeschlagenen und durchzuführenden Maßnahmen der Kostensteuerung sind zu dokumentieren." Damit soll der Entscheidungs- und Steuerungsprozess so transparent festgehalten werden, dass auch später noch nachvollzogen werden kann, wie eingetretene Kostenabweichungen bewertet wurden und welche Entscheidungen getroffen wurden.

Wenn bei einem Bauprojekt, die ursprünglichen Planungs- und Kostenziele nicht eingehalten worden sind, führt das häufig und verständlicherweise zu Auseinandersetzungen, bei denen immer wieder die bekannten „W-Fragen" (WER? WAS? WANN? WIE? WARUM?) gestellt werden – z.B.: Wer war für die Entscheidungen zuständig und wer hat sie letztlich gefällt? Was sollte getan bzw. veranlasst werden, um der Entwicklung entgegen zu steuern? Wann lagen die Erkenntnisse vor, die ein Eingreifen in die Entwicklung angezeigt erscheinen ließen? Wie sollte vorgegangen werden – zeitlich, organisatorisch? Warum wurden keine alternativen Lösungen untersucht und entschieden?

► *Zu 4.6 Kostenvorgabe*

Die früheren Ausgaben der DIN 276 aus den Jahren 1934 bis 1993 beschränkten sich planungsmethodisch auf die Kostenermittlungen – anfangs mit zwei und zuletzt mit vier Kostenermittlungsarten. Bei diesem System ging man davon aus, dass bei der ökonomischen Planung eines Bauprojekts prinzipiell der Bedarf bzw. das Objekt mit seinen quantitativen und qualitativen Merkmalen als fixe Zielgröße bestimmend ist. Die Kosten dagegen wurden lediglich als abhängige Größen angesehen, die zwangsläufig aus diesen Planungsvorgaben resultieren. Ab den 1990er Jahren wurden bei Bauprojekten und Investments zunehmend andere Anforderungen an die Planung gestellt. Die Kosten sollten möglichst früh als Zielgröße für das Bauprojekt festgelegt werden, an der sich dann die Objektplanung auszurichten hat. Dieser Entwicklung trug die DIN 276 mit der Ausgabe vom November 2006 [125] und der Ausgabe vom Dezember 2008 [128] Rechnung, indem die „Kostenvorgabe" als neuer Begriff eingeführt und dazu grundlegende Anwendungsregeln festgelegt wurden. Die Bedeutung der Kostenvorgabe als bauökonomische Alternative wurde allerdings – dem herrschenden Zeitgeist geschuldet – überbetont, was sich in der Norm in der prominenten Platzierung der Kostenvorgabe vor der Kostenermittlung niederschlug. Die jetzige Norm-Fassung rückt diesen Sachverhalt wieder angemessen zurecht und unterstreicht damit, dass die Kostenvorgabe im Baugeschehen durchaus nicht den Regelfall der ökonomischen Vorgehensweise darstellt.

► *Zu 4.6.1 Zweck*

Die Kostenvorgabe wird in Abschnitt 3.6 als die „Festlegung von Kosten als Obergrenze oder als Zielgröße für das Bauprojekt" definiert. Mit dieser Definition wird deutlich gemacht, dass mit einer Kostenvorgabe zwar eine Direktive für die Kosten eines Projekts festgelegt wird, hinsichtlich der Wirkungsweise der Kostenvorgabe durchaus unterschiedliche Ziele gesetzt werden können. Die Kostenvorgabe kann entweder als verbindliche Obergrenze gelten, die nicht überschritten werden darf. Ein Unterschreiten der festgelegten Kostenobergrenze ist jedoch möglich.

Oder die Kostenvorgabe kann als Zielgröße für die Planung gelten. Diese Form der Kostenvorgabe ist weniger stringent als die Kostenobergrenze. In diesem Fall stellt die Kostenvorgabe eine weniger verbindliche Kostengröße dar, die in der weiteren Planung angestrebt wird und an der sich die Planung orientieren soll. Eine Kostenvorgabe als Zielgröße bedeutet, dass durchaus Abweichungen in einem gewissen Spielraum nach oben oder unten zulässig sein sollen.

Abbildung A 30 stellt die Definitionen und Grundsätze der Kostenvorgabe in einer Schemazeichnung zusammengefasst dar.

Als Zweck einer Kostenvorgabe gibt die Norm Gesichtspunkte an: „Kostenvorgaben dienen dazu, Kosten zu begrenzen, die Kostensicherheit zu erhöhen, Investitionsrisiken zu vermindern und frühzeitige Alternativüberlegungen in der Planung zu fördern".

In beiden Fällen – als Obergrenze oder als Zielgröße – wird beabsichtigt, die „Kosten zu begrenzen" und die „Kostensicherheit zu erhöhen". Das heißt, dass gegenüber der Kostenvorgabe Kostenüberschreitungen vermieden oder zumindest möglichst gering gehalten werden sollen. Ein Überschreiten der Kosten hat in der Regel für den Auftraggeber schwerwiegende Folgen, da er die durch höhere Kosten entstandenen Lücken in der Finanzierung schließen muss.

So gesehen kann eine Kostenvorgabe, wie die DIN 276 formuliert, auch dazu beitragen, „Investitionsrisiken zu vermindern". Als Ziel der Kostenvorgabe wird es ferner bezeichnet, „frühzeitige Alternativüberlegungen in der Planung zu fördern". Es liegt auf der Hand, dass die Planenden – wenn die Kosten vorgegeben sind – eher Planungsalternativen mit ihren jeweiligen Kostenfolgen untersuchen müssen, als wenn die Kosten lediglich als Resultierende der vorliegenden Planung verstanden werden.

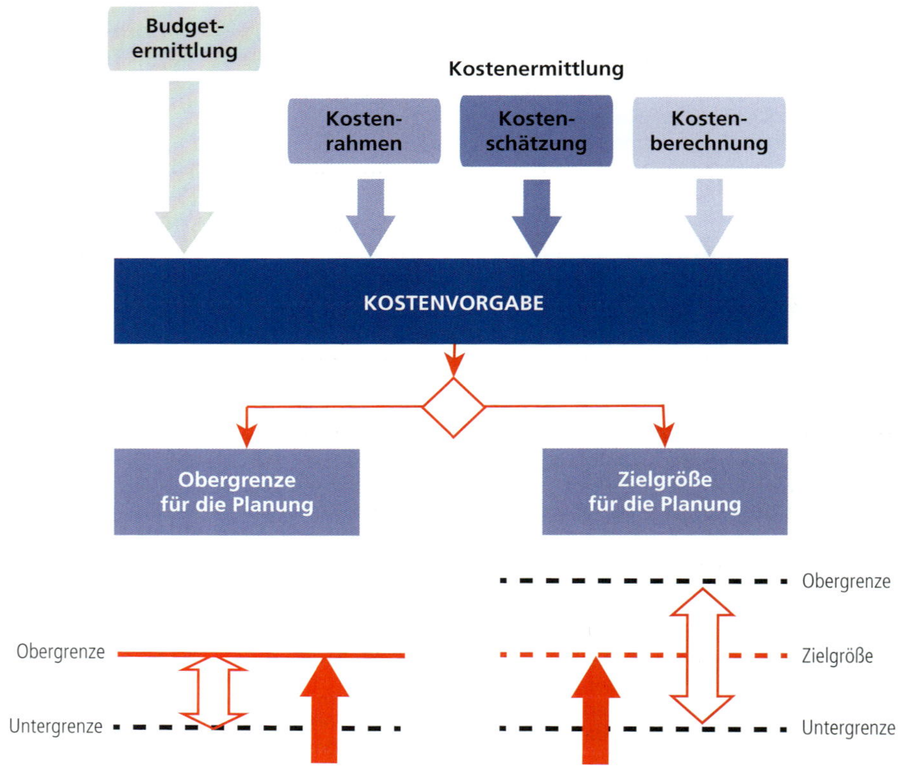

Abbildung A 30: Kostenvorgabe – Grundlagen, Art und Wirkungsweise

► *Zu 4.6.2 Festlegung der Kostenvorgabe*

Zu Absatz 1: Zu der Frage, welche Grundlage eine Kostenvorgabe für das Bauprojekt haben muss, sagt die DIN 276, dass „eine Kostenvorgabe auf der Grundlage von Budgetfestlegungen oder Kostenermittlungen festgelegt werden kann". Die Grundlage einer Kostenvorgabe soll nach den jeweiligen Vorstellungen der Projektverantwortlichen und nach den Umständen des Projekts entweder eine Budgetfestlegung oder eine Kostenermittlung sein können. Das bedeutet, dass bereits zu einem sehr frühen Zeitpunkt des Projekts, wenn zwar das Budget festgelegt ist, aber noch keine normgerechte Kostenermittlung vorliegt, bereits eine Kostenvorgabe möglich sein soll. Ob allerdings in diesem Fall die Forderung, eine Kostenvorgabe vor ihrer Festlegung auf die Realisierbarkeit zu überprüfen, überhaupt erfüllt werden kann, erscheint angesichts des zu diesem Zeitpunkt vorliegenden geringen Informationsstands über die Projektinhalte mehr als zweifelhaft.

Für Kostenermittlungen als Grundlage einer Kostenvorgabe für das Gesamtprojekt kommen in erster Linie wohl der Kostenrahmen (siehe 3.3.1 und 4.3.2) und ggf. die Kostenschätzung (siehe 3.3.2 und 4.3.3) in Frage. Bei dieser Frage muss man bedenken, dass nur in den frühen Planungsphasen die Objektplanung im Sinne eines bestimmten Kostenziels wirksam beeinflusst werden kann. Die DIN 276 geht offensichtlich davon aus, dass die beste Grundlage für eine Kostenvorgabe der Kostenrahmen ist. In 4.3.2 heißt es ausdrücklich, dass der Kostenrahmen u.a. zur Festlegung der Kostenvorgabe dient. Bei den anderen Kostenermittlungsstufen (Kostenschätzung und Kostenberechnung) ist diese Zweckbestimmung dagegen nicht genannt. Doch davon abgesehen erscheint die Kostenschätzung auf jeden Fall ebenfalls dafür geeignet zu sein, eine Kostenvorgabe für das Bauprojekt festzulegen. Unter Umständen kann es sogar noch sinnvoll sein, auf der Grundlage einer Kostenberechnung eine Kostenvorgabe festzulegen, um zumindest die folgenden Planungsschritte der Ausführungsplanung und der und der Vorbereitung der Vergabe entsprechend zu beeinflussen. Dagegen dürfte eine Kostenvorgabe zu einem noch späteren Zeitpunkt im Projektablauf – etwa auf der Grundlage eines Kostenvoranschlags höchstens noch für Teile des Projekts, aber kaum noch für das Gesamtprojekt sinnvoll sein.

Zu Absatz 2: Um Missverständnisse und spätere Auseinandersetzungen zwischen den Beteiligten auszuschließen, legt die Norm fest, dass „vor der Festlegung einer Kostenvorgabe ihre Realisierbarkeit im Hinblick auf die weiteren Planungsziele zu überprüfen ist". Das bedeutet, dass beispielsweise durch Vergleichsermittlungen nachgewiesen werden soll, ob unter Berücksichtigung aller Rahmenbedingungen die Kostenvorgabe realisierbar erscheint. Grundlagen für solche Vergleichsermittlungen können u.a. eindeutige Angaben zum Baubedarf, Baubeschreibungen mit klaren Qualitätsstandards und Festlegungen zu sonstigen Projektzielen (z.B. zur Gestaltung oder zur Bauzeit) sein.

Zu Absatz 3: Um spätere Missverständnisse zu vermeiden, muss ferner bei der Festlegung einer Kostenvorgabe zwischen den Beteiligten klar sein, worauf sich die Kostenvorgabe beziehen soll: Erstreckt sich die Kostenvorgabe auf die Gesamtkosten oder die Bauwerkskosten oder andere Kostenbestandteile des Bauprojekts? Hierzu fordert die Norm, dass „bei Festlegung einer Kostenvorgabe zu bestimmen ist, auf welche Kosten (Gesamtkosten bzw. eine oder mehrere Kostengruppen) sie sich bezieht und ob sie als Obergrenze oder als Zielgröße für die Planung gilt". Bei den grundsätzlich alternativen Möglichkeiten ist es wohl selbstverständlich, nicht nur einfach eine „Kostenvorgabe" zu benennen, ohne zugleich auch ihre Wirkungsweise als Obergrenze oder als Zielgröße zu bestimmen.

In diesem Zusammenhang müssen auch die vertragsrechtlichen und haftungsrechtlichen Fragen geklärt werden, wer für die Einhaltung der Kostenvorgabe verantwortlich ist und welche Folgen sich ergeben, wenn die Kostenvorgabe nicht eingehalten wird. Diese Fragen können allerdings in diesem Kommentar nicht behandelt werden. Sie müssen im konkreten Anwendungsfall bei der Festlegung einer Kostenvorgabe zwischen den Beteiligten geklärt und vereinbart werden.

Zu Absatz 4: Um trotz der angestrebten Kostenbegrenzung durch eine Kostenvorgabe als Obergrenze dennoch ein Mindestmaß der Bedarfs- und Planungsziele sichern zu können, weist die Norm ausdrücklich darauf hin, dass „in Verbindung mit einer Obergrenze, ggf. eine Untergrenze festgelegt werden kann".

Eine Kostenvorgabe als Zielgröße lässt sowohl ein Überschreiten als auch ein Unterschreiten der festgelegten Kostenvorgabe zu. Die Norm sagt dazu, dass nicht nur der Zielwert selbst, sondern auch „in Verbindung mit einer Zielgröße ggf. ein Bereich mit einer Begrenzung nach oben und unten festgelegt werden kann". In welchem Umfang die tatsächlichen Kosten von einer Kostenvorgabe als Zielgröße nach oben oder unten abweichen können oder dürfen, ist in der DIN 276 allerdings nicht ausgesagt, da die Norm sich darauf beschränkt, die baufachlichen Grundlagen für die Kostenplanung im Bauwesen festzulegen, nicht aber ökonomische oder rechtliche Bewertungen für die Anwendung vorzunehmen (siehe Abschnitt 1 Anwendungsbereich).

Zu Absatz 5: Da Bauprojekte erfahrungsgemäß angesichts ihrer Dauer und aufgrund vielfältiger Einflüsse zwangsläufig Änderungen unterworfen sind, regelt die Norm ausdrücklich, dass die Regeln für die Festlegung einer Kostenvorgabe auch dann gelten und „diese Vorgehensweise auch dann anzuwenden ist, wenn die Kostenvorgabe, insbesondere aufgrund von Planungsänderungen, fortgeschrieben wird".

5 Kostengliederung

5.1 Aufbau der Kostengliederung

Die Kostengliederung ist in Tabelle 1 dargestellt. Sie sieht drei Ebenen vor, die durch dreistellige Ordnungszahlen gekennzeichnet sind.
In der ersten Ebene der Kostengliederung werden die Gesamtkosten in folgende acht Kostengruppen gegliedert:

- 100 Grundstück;
- 200 Vorbereitende Maßnahmen;
- 300 Bauwerk – Baukonstruktionen;
- 400 Bauwerk – Technische Anlagen;
- 500 Außenanlagen und Freiflächen;
- 600 Ausstattung und Kunstwerke;
- 700 Baunebenkosten;
- 800 Finanzierung.

Diese Kostengruppen der ersten Ebene sind im Weiteren in die Kostengruppen der zweiten und dritten Ebene untergliedert.

5.2 Anwendung der Kostengliederung

Die Kostengruppen 300 und 400 können zu Bauwerkskosten (siehe 3.12) zusammengefasst werden.

Die bei Kostenermittlungen anzuwendende Gliederungstiefe bzw. die zu wählende Ebene der Kostengliederung richtet sich nach den für die jeweilige Stufe der Kostenermittlung festgelegten Anforderungen entsprechend 4.3 oder nach den projektspezifischen Umständen entsprechend 4.2.2.

Die Kosten sind möglichst getrennt und eindeutig den einzelnen Kostengruppen zuzuordnen. Bestehen mehrere Zuordnungsmöglichkeiten und ist eine Aufteilung nicht möglich, sind die Kosten entsprechend der überwiegenden Verursachung zuzuordnen (z. B. bei den Kostengruppen 390, 490, 590).

Über die Kostengliederung dieser Norm hinaus können die Kosten in weiteren Ebenen detaillierter untergliedert werden, u.a. entsprechend den technischen Merkmalen (z. B. für eine differenzierte Kostenplanung), nach herstellungsmäßigen Gesichtspunkten (z. B. im Hinblick auf Vergabe und Ausführung) oder nach Lage im Bauwerk bzw. auf dem Grundstück (z. B. für Zwecke der Termin- oder Finanzierungsplanung).

Bei Bauprojekten im Bestand können die Kosten nach projektspezifischen Anforderungen (z. B. nach Abbruch-, Entsorgungs-, Instandsetzungs- und Neubaumaßnahmen) unterschieden werden.

5.3 Ausführungsorientierte Gliederung der Kosten

In geeigneten Fällen und bei den dafür geeigneten Kostengruppen (z. B. KG 300 Bauwerk – Baukonstruktionen), können die Kosten vorrangig ausführungsorientiert gegliedert werden. Dabei können bereits die Kostengruppen der ersten Ebene der Kostengliederung nach ausführungs- oder gewerkeorientierten Strukturen unterteilt werden. Diese Unterteilung entspricht der zweiten Ebene der Kostengliederung. Hierfür können die Gliederungen z. B. in Leistungsbereiche entsprechend dem Standardleistungsbuch (STLB-Bau) oder in Gewerke (ATV) nach VOB Teil C verwendet werden.

Im Falle einer solchen ausführungsorientierten Gliederung der Kosten ist eine weitere Unterteilung, z. B. in Teilbereiche oder in Teilleistungen, erforderlich, damit die Leistungen hinsichtlich Inhalt, Eigenschaften und Menge beschrieben und erfasst werden können. Diese Unterteilung entspricht der dritten Ebene der Kostengliederung.

5.4 Darstellung der Kostengliederung

Die Kostengliederung ist in Tabelle 1 dargestellt. Die in der Spalte „Anmerkungen" dieser Tabelle aufgeführten Güter, Leistungen, Steuern und Abgaben sind Beispiele für die jeweilige Kostengruppe. Die Aufzählung ist nicht abschließend.

► *Zu 5 Kostengliederung*

Neben den Regeln zur Kostenplanung im Bauwesen mit Begriffsbestimmungen und Grundsätzen besteht die zweite wesentliche Aufgabe der DIN 276 darin, für die Ermittlung und die Gliederung von Kosten eindeutige Begriffe und die wesentlichen Unterscheidungsmerkmale der bei Bauprojekten allgemein vorkommenden Kostensachverhalte festzulegen. Die Kostengliederung schafft damit die Voraussetzung für vergleichbare Ergebnisse von Kostenermittlungen und eine durchgängige Transparenz der Kosten.

Die Norm unterscheidet prinzipiell zwei Formen der Kostengliederung: Den Regelfall einer eher planungsorientierten Gliederung der Kosten in Kostengruppen (Abschnitt 5.1 und Abschnitt 5.2) sowie den Ausnahmefall einer ausführungsorientierten Gliederung der Kosten in Leistungsbereiche bzw. Gewerke (Abschnitt 5.3). Während die reguläre Kostengliederung sich auf alle Kostengruppen der Gesamtkosten erstreckt, ist die alternative ausführungsorientierte Gliederung im wesentlichen auf die Kostengruppen des Bauwerks sowie der Außenanlagen und Freiflächen beschränkt, weil in der Regel nur dort Kosten für Ausführungsleistungen erfasst sind.

Mit dieser offenen Regelung trägt die Norm der Realität Rechnung, dass es aufgrund unterschiedlicher Rahmenbedingungen keine einheitliche Regelung für alle Anwendungsfälle geben kann. Die Norm ist damit auch offen für die individuellen Vorstellungen der verschiedenen Projektverantwortlichen, in ihrem Zuständigkeitsbereich entsprechend der Norm die gewünschte Art der Kostenermittlung festzulegen und die dafür einzusetzenden Kostenermittlungsverfahren auszuwählen. Allerdings formuliert die DIN 276 auch für die aufgezeigte Alternative einer ausführungsorientierten Gliederung der Kosten klare Anforderungen, unter welchen Voraussetzungen eine solche Verfahrensweise möglich ist und was dabei beachtet werden muss.

► *Zu 5.1 Aufbau der Kostengliederung*

Zu Absatz 1: Die in der **Tabelle 1** dargestellte Kostengliederung gliedert die Gesamtkosten in einer hierarchisch geordneten Struktur mit drei Ebenen, in denen die einzelnen Kostengruppen jeweils mit einer dreistelligen Ordnungszahl nummeriert werden (z.B. KG „300 Bauwerk-Baukonstruktionen" // KG „310 Baugrube/Erdbau" // KG „311 Herstellung"). Durch diese Form der Kostengliederung, die seit der Ausgabe 1993 so besteht, ergibt sich trotz der Vielzahl der einzelnen Kostengruppen eine einheitliche und übersichtliche Struktur. Dies war in den Kostengliederungen früherer Ausgaben der Norm aufgrund wechselnder Gliederungstiefen für verschiedene Kostenbereiche und wegen anderer Darstellungsformen nicht in gleicher Weise gegeben. Das der Kostengliederung zugrunde liegende Zahlensystem sieht vor, dass eine Kostengruppe in jeder Hierarchieebene in bis zu maximal neun Untergruppen unterteilt werden kann.

Die Kostengliederung benennt in den einzelnen Kostengruppen alle Kostensachverhalte, die im Allgemeinen bei Bauprojekten auftreten. Es liegt auf der Hand, dass im Einzelfall durchaus spezielle Aufwendungen vorkommen können, die in der Kostengliederung der Norm nicht ausdrücklich benannt sind. In solchen Fällen müssen diese Kosten sinngemäß und sachgerecht zugeordnet werden. Darüber hinaus ist in den meisten Kostengruppen der zweiten und der dritten Ebene jeweils die neunte Untergruppe als Sammelposition für die „sonstigen Kosten" dieses Bereichs ausgewiesen. Somit müsste es generell möglich sein, alle bei einem Bauprojekt auftretenden Kosten einordnen zu können.

Zu Absatz 2: Die Gesamtkosten werden in der ersten Ebene der Kostengliederung in acht Kostengruppen untergliedert, die vorwiegend nach geometrischen Gesichtspunkten voneinander abgrenzt sind.

Abbildung A 31 erläutert in einer Systemskizze das Grundprinzip der Kostengliederung in der ersten Gliederungsebene. Die Abbildung erstreckt sich exemplarisch auf Hochbauten, das Grundprinzip kann aber in gleicher Weise auf Ingenieurbauten oder Infrastrukturanlagen übertragen werden. Mit Ausnahme der Kostengruppen „700 Baunebenkosten" und „800 Finanzierung" sind alle anderen Hauptkostengruppen geometrisch lokalisiert: Die Kostengruppen „300 Bauwerk-Baukonstruktionen, „400 Bauwerk-Technische Anlagen" und 600 „Ausstattung" innerhalb des Bauwerks; Die Kostengruppen „100 Grundstück" und „500 Außenanlagen und Freiflächen" auf dem Grundstück; Die Kostengruppe „200 Vorbereitende Maßnahmen " sowohl auf dem Grundstück (Herrichten) als auch außerhalb des Grundstücks (Erschließen).

Zu Absatz 3: Die weitere Untergliederung der Kostengruppen der ersten Ebene in die Kostengruppen der zweiten und dritten Ebene der Kostengliederung nimmt Bezug auf die Stufen der Kostenermittlung (Abschnitt 4.3) und die dort für die jeweilige Kostenermittlungsstufe festgelegte Gliederungstiefe.

► *Zu 5.2 Anwendung der Kostengliederung*

Zu Absatz 1: In den früheren Ausgaben der DIN 276 vor 1993 waren die „Baukonstruktionen" und die „Technischen Anlagen" in der Kostengruppe „Bauwerk" zusammen gefasst. Allein schon wegen des Kostengewichts dieser Kostengruppe – das Bauwerk umfasst normalerweise schon 60 bis 80 % der Gesamtkosten –, aber auch wegen der stark zunehmenden Bedeutung der technischen Anlagen wird das „Bauwerk" seit 1993 schon in der ersten Ebene der Kostengliederung mit seinen Bestandteilen „Baukonstruktionen" und „Technische Anlagen" getrennt aufgeführt.

Die Kosten des Bauwerks insgesamt werden jedoch häufig für die anderen Kosten als Bezugsgröße herangezogen. Für die dazu benötigten Kostenkennwerte ist es von Belang, die separaten Kostengruppen „300 Bauwerk-Baukonstruktionen" und „400 Bauwerk-Technische Anlagen" unter dem Begriff „Bauwerkskosten" zusammenzufassen können. Deshalb sieht die Norm vor, dass „die Kostengruppen 300 und 400 zu Bauwerkskosten (siehe 3.12) zusammengefasst werden" können.

Zu Absatz 2: An dieser Stelle wird nochmals der Zusammenhang zwischen der Kostengliederung und den Stufen der Kostenermittlung hervorgehoben. Bei der Anwendung der Kostengliederung in einer Kostenermittlung ist die angemessene Gliederungsebene entsprechend dem in Abschnitt 4.3 jeweils geforderten Detaillierungsgrad zu wählen. Auf die Sonderregelung entsprechend 4.2.2 wird ausdrücklich verwiesen: Danach ist es möglich, in begründeten Fällen von den generellen Anforderungen an die Gliederungstiefe abzuweichen,

Grundprinzip der Kostengliederung (Systemskizze)

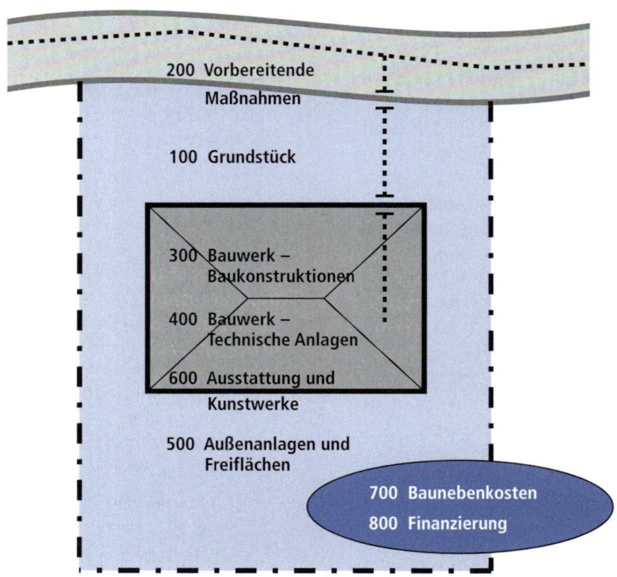

Abbildung A 31: Grundprinzip der Kostengliederung (Systemskizze)

„soweit es die Umstände eines Bauprojekts zulassen oder erfordern" (siehe Anmerkungen zu 4.2.2).

Zu Absatz 3: Zur fachgerechten Anwendung der Kostengliederung legt die Norm fest, dass „die Kosten möglichst getrennt und eindeutig den einzelnen Kostengruppen zuzuordnen sind". Das bedeutet beispielsweise, dass die bei dem Erwerb eines Grundstücks entstehenden Gebühren nicht an einer Stelle zusammen ausgewiesen werden sollen, sondern entsprechend den in der Kostengliederung vorgesehenen einzelnen Kostengruppen (KG „121 Vermessungsgebühren", KG „122 Gerichtsgebühren", KG „123 Notargebühren" usw.). Als Hilfe für eine normgerechte Anwendung der Kostengliederung und eine getrennte und eindeutige Zuordnung einzelner Kosten zu Kostengruppen dienen die Anmerkungen zu den Kostengruppen in der **Tabelle 1**.

Für den Fall, dass „mehrere Zuordnungsmöglichkeiten bestehen und eine Aufteilung von Kosten nicht möglich ist", wird festgelegt, dass „die Kosten entsprechend der überwiegenden Verursachung zuzuordnen sind". So können beispielsweise die Kosten für Beiputzarbeiten, die nach Stundenaufwand vergütet werden, häufig nicht eindeutig den betreffenden Kostengruppen (z.B. KG „341 Tragende Innenwände", KG „342 Nichttragende Innenwände", KG „354 Deckenbekleidungen" usw.) zugeordnet werden, da die einzelnen Zeitaufwände und auch die betreffenden Mengen nicht erfasst werden. In solchen Fällen können die Kosten entweder „entsprechend der überwiegenden Verursachung" z.B. der KG „342 Nichttragende Innenwände" oder nach einer überschlägigen Aufteilung auch getrennt den betreffenden Kostengruppen zugeordnet werden. Wenn auch das nicht möglich oder vertretbar sein sollte, besteht noch die Möglichkeit, die Kosten unter Umständen der KG „390 Sonstige Maßnahmen für Baukonstruktionen" zuzuordnen (siehe Anmerkungen zur KG 390 in Tabelle 1). Das dürfte insbesondere bei Bauprojekten im Bestand auftreten. Deshalb sind in der weiteren Untergliederung der KG 390 auch die entsprechenden Kostengruppen gesondert ausgewiesen (KG „394 Abbrucharbeiten", KG „395 Instandsetzungen" usw.).

Der im Text der Norm im Zusammenhang mit der „ überwiegenden Verursachung" angegebene Klammerzusatz „(z.B. bei den Kostengruppen 390, 490, 590)" ist insofern missverständlich. Um der Anforderung der Norm nach einer möglichst getrennten und eindeutigen Zuordnung der Kosten zu den einzelnen Kostengruppen gerecht zu werden, könnte für die möglichen Verfahrensweisen folgende Rangfolge gelten:

1.) Eindeutige Zuordnung der Kosten zu den betreffenden Kostengruppen;
2.) Annähernde Aufteilung der Kosten auf die betreffenden Kostengruppen;
3.) Zuordnung der Kosten zu einer Kostengruppe entsprechend der überwiegenden Verursachung;
4.) Zuordnung der Kosten zu „Sammelpositionen", z.B. in den Kostengruppen 390, 490, 590.

Zu Absatz 4: Die DIN 276 begrenzt die verbindliche Kostengliederung bewusst auf nur drei Gliederungsebenen. Sie beschränkt sich insoweit auf das sinnvolle Maß, das für eine allgemein geltende Norm im Bauwesen angemessen erscheint. Insofern stellt die Untergliederung der Gesamtkosten in drei Gliederungsebenen lediglich eine Mindestanforderung für die wirtschaftliche Planung von Bauprojekten dar. Die Norm überlässt es allerdings den Projektverantwortlichen, für ihr Bauprojekt oder ihren Zuständigkeitsbereich in eigenem Ermessen weitergehende Untergliederungen der Kosten festzulegen. Dabei geht die Norm davon aus, dass es bei fachgerechten Kostenermittlungen durchaus erforderlich sein kann, die Kosten über die in der Norm festgelegte Kostengliederung hinaus weiter zu untergliedern. Dies ist von den Erfordernissen des jeweiligen Bauprojekts abhängig und richtet sich nach den Vorstellungen der Projektverantwortlichen.

Die Informationen, die in den späteren Phasen des Planungsprozesses aus den vorliegenden Planungsunterlagen gewonnen werden können, lassen selbstverständlich differenziertere Untergliederungen der Kosten über die Kostengliederung der DIN 276 hinaus zu Die Norm führt zu solchen Erweiterungen der Kostengliederung aus, dass „über die Kostengliederung dieser Norm hinaus die Kosten in weiteren Ebenen detailierter untergliedert werden können, u.a. entsprechend

- den **technischen Merkmalen** (z.B. für eine differenzierte Kostenplanung),
- nach **herstellungsmäßigen Gesichtspunkten** (z.B. im Hinblick auf Vergabe und Ausführung) oder

– nach **Lage im Bauwerk bzw. auf dem Grundstück** (z. B. für Zwecke der Termin- oder Finanzierungsplanung)".

Ohne dies im Einzelnen regeln zu wollen, werden damit Hinweise für die Anwendung differenzierterer Kostenermittlungsverfahren gegeben. Für die praktische Anwendung zeigt die Norm in Stichworten Wege auf, nach welchen Gesichtspunkten die Kostengliederung ergänzt und die Kosten weiter untergliedert werden können.

Die Norm nennt als Kriterium einer solchen differenzierten Kostengliederung an erster Stelle die „technischen Merkmale". Damit sind beispielsweise die Ausführungsarten von Bauelementen für eine differenzierte Kostenplanung gemeint (siehe Anmerkungen zu 4.3.5 Kostenvoranschlag und **Abbildung A 19**). So bietet es sich beispielsweise an, im Bereich der Kostengruppe „300 Bauwerk – Baukonstruktionen" die Bauelemente in der dritten Kostengliederungsebene entsprechend ihren technischen Merkmalen in Ausführungsklassen bzw. Ausführungsarten zu unterteilen.

Als weiteres Kriterium werden die „herstellungsmäßigen Gesichtspunkte" genannt, die z. B. als Vergabeeinheiten im Hinblick auf Vergabe und Ausführung von Bedeutung sind. Über eine nach herstellungsmäßigen Gesichtspunkten vorgenommene weitere Unterteilung der Ausführungsarten in Leistungsbereiche kann z. B. die Brücke von der planungsorientierten Gliederung der Bauelemente zu der ausführungsorientierten Gliederung in Leistungsbereiche sowie den Vergabeeinheiten hergestellt werden (siehe Anmerkungen zu 4.3.5 Kostenvoranschlag und **Abbildungen A 20 bis A 22**). In der Vorgängernorm war es an dieser Stelle noch als Empfehlung formuliert worden, dass „die Kostengruppen ab dem Kostenanschlag entsprechend der projektspezifischen Vergabestruktur in Vergabeeinheiten geordnet werden sollten, damit die Angebote, Aufträge und Abrechnungen (einschließlich Nachträgen) aktuell zusammengestellt und kontrolliert werden können". Auf diese Empfehlung konnte jetzt verzichtet werden, da dieser Sachverhalt in der aktuellen Normfassung bereits ab dem Kostenvoranschlag als klare und unabdingbare Anforderung formuliert ist – „unabhängig von der Art der Ermittlung bzw. dem jeweils gewählten Kostenermittlungsverfahren" (siehe Anmerkungen zu 4.3.5 Kostenvoranschlag sowie 4.3.6 Kostenanschlag und 4.4 Kostenkontrolle).

Schließlich wird als drittes Kriterium für eine weitere Untergliederung der Kosten die „Lage im Bauwerk bzw. auf dem Grundstück" angesprochen, die z. B. für die Terminplanung oder die Finanzierungsplanung von Interesse sein kann. In diesen Planungsbereichen geht es nicht nur um die Kostenhöhe der einzelnen Kostengruppen an sich, sondern wegen der ablaufbezogenen Betrachtungsweise auch um die jeweiligen Orte und Zeitpunkte, an denen die Kosten bzw. die Teilkosten der einzelnen Kostengruppen bei der baulichen Realisierung entstehen oder, zu denen die zugehörigen Zahlungen zu leisten sind.

Abbildung A 32 zeigt anhand von Beispielen, wie die DIN 276 solche Erweiterungen der Kostengliederung nach den beschriebenen Kriterien versteht.

Zu Absatz 5: Schon bei den allgemeinen Grundsätzen zur Kostenermittlung wurde unter 4.2.9 darauf hingewiesen, dass es die Vielfalt und die Verschiedenheit von Bestandsprojekten in technischer und organisatorischer Hinsicht kaum zulassen, die Anforderungen an Kostenermittlungen zu generalisieren. Das gilt auch für die Anwendung der Kostengliederung. Die Besonderheiten von Bauprojekten im Bestand machen es zumeist unerlässlich, dass für das jeweilige Projekt und den jeweiligen Projektträger von den Verantwortlichen ganz auf den konkreten Einzelfall bezogene Vorgaben formuliert und festgelegt werden, wie die Kosten zu gliedern und darzustellen sind.

Verständlicherweise belässt es die DIN 276 deshalb bei dem generellen Hinweis, dass bei Bauprojekten im Bestand die Kosten nach projektspezifischen Anforderungen (z. B. nach Abbruch-, Entsorgungs-, Instandsetzungs- und Neubaumaßnahmen) unterschieden werden können. Eine solche Differenzierung der Kostenermittlungen bei Bestandsmaßnahmen erleichtert die Kostenermittlung selbst und trägt zu einer größeren Transparenz der Kosten bei.

Erweiterung der Kostengliederung

Weitere Untergliederung der Kosten – nach technischen Merkmalen (Ausführungsart)	
331	**Tragende Außenwände**
331 . 01	Außenwand, Mauerwerk LHlz, 36,5 cm; Betonstürze, Abdichtungen
331 . 02	Außenwand, Mauerwerk, KS L-R, 24 cm; Betonstürze, Abdichtungen
331 . 03	Außenwand, Stahlbeton, Ortbeton und Schalung, 25 cm; Abdichtungen
331 . 04	....

Weitere Untergliederung der Kosten – nach herstellungsmäßigen Gesichtspunkten (Herstellung)	
331	**Tragende Außenwände**
331 . 01	Mauerarbeiten
331 . 02	Betonarbeiten
331 . 03	Abdichtungsarbeiten
331 . 04	....

Weitere Untergliederung der Kosten – nach der Lage im Bauwerk (Ort der Herstellung)	
331	**Tragende Außenwände**
331 . 01	Kellergeschoss
331 . 02	Erdgeschoss
331 . 03	1. Obergeschoss
331 . 04	....

Weitere Untergliederung der Kosten – kombiniert nach technischen Merkmalen und nach der Herstellung	
331	**Tragende Außenwände**
331 . 01	Außenwand, Mauerwerk, LHlz, 36,5 cm
331 . 01 . 01	Außenwand, Mauerwerk, LHlz, 36,5 cm / Mauerarbeiten
331 . 01 . 02	Außenwand, Mauerwerk, LHlz, 36,5 cm / Betonarbeiten
331 . 01 . 03	Außenwand, Mauerwerk, LHlz, 36,5 cm / Abdichtungsarbeiten
331 . 01 . 04	....

Abbildung A 32: Erweiterung der Kostengliederung

► Zu 5.3 Ausführungsorientierte Gliederung der Kosten

Zu Absatz 1: Abweichend von der regulären Kostengliederung in Kostengruppen ermöglicht es die Norm, bei bestimmten Voraussetzungen und unter bestimmten Bedingungen die Kosten ausführungsorientiert zu gliedern. Die Norm sieht vor, dass „in geeigneten Fällen und bei den dafür geeigneten Kostengruppen (z.B. 300 Bauwerk – Baukonstruktionen) die Kosten vorrangig ausführungsorientiert gegliedert werden können". „Geeignete Fälle" für eine solche Verfahrensweise könnten beispielsweise einfachere Bauprojekte im Wohnungsbau sein, bei denen es die Umstände des Einzelfalls zulassen, bei bestimmten Kostengruppen von der strengen Anwendung der Kostengliederung abzuweichen – wenn z.B. bei wiederkehrenden Bauaufgaben gesicherte Erfahrungen über die spezifischen Planungs- und Baubedingungen vorliegen. „Geeignete Fälle" für eine solche Verfahrensweise könnten beispielsweise aber auch schwierigere Bauprojekte im Bestand sein (Modernisierungen und Instandsetzungen), bei denen aufgrund der dort herrschenden besonderen Bedingungen differenziertere Kostenermittlungen der Teilleistungen bzw. Positionen sogar erforderlich sein können.

Im Weiteren legt die Norm fest, dass „dabei bereits die Kostengruppen der ersten Ebene der Kostengliederung nach ausführungs- oder gewerkeorientierten Strukturen unterteilt werden können". Besonders beachtet werden muss hierbei die klare Einschränkung, dass eine ausführungsorientierte Gliederung der Kosten sich nur auf die zweite und dritte Ebene der Kostengliederung erstrecken kann. Das bedeutet zugleich, dass auch im Fall einer ausführungs- und gewerkeorientierten Untergliederung der Kosten zumindest die erste Ebene der regulären Kostengliederung in den Kostenermittlungen ausgewiesen werden muss. Um auch für die alternative Kostengliederung in solche Strukturen einen eindeutigen Bezug zu den Anforderungen an die verschiedenen Stufen der Kostenermittlung und ihre jeweiligen Anforderungen an die Gliederungstiefe (siehe Abschnitt 4.3) herzustellen, wird festgelegt, dass „diese Unterteilung der zweiten Ebene der Kostengliederung entspricht".

Abbildung A 33 zeigt am Beispiel der Kostengruppe „300 Bauwerk – Baukonstruktionen" den Zusammenhang zwischen der regulären Kostengliederung der DIN 276 und einer ausführungsorientierten Gliederung der Kosten.

Der erläuternde Hinweis, dass für eine ausführungsorientierte Untergliederung der Kosten „die Gliederungen z.B. in Leistungsbereiche entsprechend dem Standardleistungsbuch (STLB-Bau) oder in Gewerke (ATV) nach VOB Teil C verwendet werden können", legt angesichts der Inhalte dieser Vorschriften und Arbeitshilfen den eingegrenzten Umfang dieser alternativen Gliederung der Kosten offen: Die „ausführungsorientierte Gliederung der Kosten" kann sich zwangsläufig nicht auf die Gesamtkosten der DIN 276 erstrecken, sondern in der Regel nur auf die Bauwerkskosten (KG 300 und KG 400) sowie auf die Kosten der Außenanlagen und Freiflächen (KG 500).

Zu Absatz 2: Als verbindliche Anforderung für die Anwendung einer ausführungsorientierten Gliederung der Kosten wird schließlich festgelegt, dass „im Falle einer solchen ausführungsorientierten Gliederung der Kosten eine weitere Unterteilung, z.B. in Teilbereiche oder in Teilleistungen, erforderlich ist, damit die Leistungen hinsichtlich Inhalt, Eigenschaften und Menge beschrieben und erfasst werden können. Diese Unterteilung entspricht der dritten Ebene der Kostengliederung". Mit dieser Formulierung weist die Norm ausdrücklich auf die Risiken einer ausführungsorientierten Kostenermittlung hin, die erst dann quantitative und qualitative Kosteneinflüsse berücksichtigen kann, wenn die einzelne Leistung betrachtet wird. Die Kosten von Leistungsbereichen oder Gewerken können zwar ermittelt werden, indem die Kosten der Kostengruppen 300, 400 und 500 mit Hilfe von statistischen prozentualen Kennwerten auf die einzelnen Leistungsbereiche oder Gewerke aufgeteilt werden. Erfahrungsgemäß unterliegen diese Kostenkennwerte aber so großen Schwankungen, dass die Ergebnisse zwangsläufig sehr ungenau sind. Da auf der Ebene eines Leistungsbereichs oder eines Gewerks keine spezifischen Bezugsmengen festgelegt werden können, die den jeweiligen Leistungsumfang zutreffend bestimmen könnten, ist es auf dieser Ebene nicht möglich, sinnvolle mengenbezogene Kostenkennwerte zu bilden. Aus dieser Erkenntnis resultiert die Forderung der Norm nach einer weiteren Untergliederung in die einzelnen Teilleistungen, wenn eine ausführungsorientierte Gliederung der Kosten angewendet werden soll.

Kostengliederung und ausführungsorientierte Gliederung der Kosten

Stufen der Kostenermittlung (DIN 276; 4.3)		Kostengliederung (DIN 276; 5, Tabelle 1)	Ausführungsorientierte Kostengliederung (DIN 276; 5.3)
Kostenrahmen	(1. Ebene)	z.B. KG 300 Bauwerk – Baukonstruktionen	
Kostenschätzung	(2. Ebene)	z.B. KG 330 Außenwände	z.B. LB 013 Betonarbeiten
Kostenberechnung	(3. Ebene)	z.B. KG 333 Außenstützen	z.B. 013.50 Schalung, Stütze, rechteckig
Kostenvoranschlag	(3. Ebene)	z.B. KG 333 Außenstützen	z.B. 013.50 Schalung, Stütze, rechteckig
	(„4. Ebene")	z.B. KG 333.01 Betonstützen	
	Vergabeeinheiten	z.B. VE 129 Rohbauarbeiten	z.B. VE 129 Rohbauarbeiten
Kostenanschlag	Vergabeeinheiten	z.B. VE 129 Rohbauarbeiten	z.B. VE 129 Rohbauarbeiten
Kostenfeststellung	(3. Ebene)	z.B. KG 333 Außenstützen	

Abbildung A 33: Kostengliederung und ausführungsorientierte Gliederung der Kosten

Wichtig ist in diesem Zusammenhang noch der Hinweis auf die Regelung zum Kostenvoranschlag (siehe Anmerkungen zu 4.3.5). Dort heißt es, dass „unabhängig von der Art der Ermittlung bzw. dem jeweils gewählten Kostenermittlungsverfahren die ermittelten Kosten auch nach den für das Bauprojekt vorgesehenen Vergabeeinheiten geordnet werden müssen, damit die Angebote, Aufträge und Abrechnungen (einschließlich der Nachträge) aktuell zusammengestellt, kontrolliert und verglichen werden können". Damit wird klargestellt, dass Leistungsbereiche oder Gewerke keinesfalls identisch mit den projektspezifischen Vergabeeinheiten sind. Auch bei einer ausführungsorientierten Gliederung der Kosten müssen diese Kosten in Vergabeeinheiten geordnet werden.

► *Zu 5.4 Darstellung der Kostengliederung*

Die in der **Tabelle 1** dargestellte Kostengliederung wurde gegenüber der Vorgängernorm – abgesehen von zahlreichen redaktionellen Verbesserungen und Ergänzungen – hauptsächlich in folgenden Bereichen geändert:

- Die Kostengliederung wurde in der ersten Ebene auf acht Kostengruppen (abgekürzt: „KG") erweitert, da die Kosten der Finanzierung aus der KG „700 Baunebenkosten" ausgegliedert wurden und jetzt als eigenständige Hauptkostengruppe KG „800 Finanzierung" geführt werden.
- Die Kostengruppen KG „300 Bauwerk-Baukonstruktionen" und KG „400 Bauwerk-Technische Anlagen" wurden so überarbeitet, dass jetzt eine einheitliche Kostengliederung für Hochbauten, Ingenieurbauten und Infrastrukturanlagen vorliegt. Durch diese Überarbeitung ist es gelungen, die bisherigen Teile der DIN 276 – Teil1: Hochbau und Teil 4: Ingenieurbau – zusammenzufassen.
- Die bisherige KG „500 Außenanlagen" wurde neu gefasst, so dass sie sich jetzt nicht nur auf die Außenanlagen von Bauwerken erstreckt, sondern auch auf Freiflächen, die selbständig und unabhängig von Bauwerken sind. Dementsprechend wurde die Bezeichnung in KG „500 Außenanlagen und Freiflächen" geändert.

Die Änderungen der neuen DIN 276 von 2018 gegenüber der Vorgängernorm von 2008 werden in den **Abbildungen A 34** bis **A 40** in synoptischen Gegenüberstellungen der beiden Kostengliederungen (alt / neu) veranschaulicht. Aus Gründen der Übersichtlichkeit ist die Darstellung auf die erste und zweite Gliederungsebene der Kostengliederung beschränkt. Einige Änderungen in der dritten Gliederungsebene werden, soweit zum besseren Verständnis erforderlich, darüber hinaus kursorisch angesprochen. Eine synoptische Gegenüberstellung der Kostengruppen 300, 400 und 500, die auch alle Änderungen in der dritten Gliederungsebene veranschaulicht, ist beim BKI erhältlich [426].

Als Hilfe für eine normgerechte Zuordnung einzelner Kosten werden die Kostengruppen der Kostengliederung in der Spalte „Anmerkungen" näher erläutert. Nachdem diese Erläuterungen in den früheren Normausgaben äußerst kurz gefasst und auf ein absolutes Mindestmaß beschränkt waren, wurden sie in der aktuellen Ausgabe erfreulicherweise ausführlicher gefasst und klarer formuliert. Zahlreiche Anfragen hatten immer wieder gezeigt, dass bei der Anwendung der Norm doch häufig Fragen auftauchen, wie die Regelungen im Einzelnen auszulegen sind. Gerade bei der Einordnung von Kosten und der Abgrenzung von Kostengruppen untereinander treten in der Praxis immer wieder Unsicherheiten auf. Solche Probleme sollen nun durch die wesentlich genaueren Erläuterungen vermieden werden. Allerdings wurde bei der Überarbeitung aus gutem Grund darauf geachtet, dass die erweiterten Erläuterungen dem Wesen einer Norm entsprechend auf das notwendige Maß beschränkt bleiben und nicht den Charakter einer Kommentierung annehmen. Solche umfassenden Erläuterungen zu den einzelnen Kostengruppen enthalten die Arbeitshilfen in Teil C dieses Bildkommentars. Wichtig ist der Hinweis, dass „die in der Spalte „Anmerkungen" dieser Tabelle aufgeführten Güter, Leistungen, Steuern und Abgaben Beispiele für die jeweilige Kostengruppe sind" und dementsprechend „die Aufzählung nicht abschließend ist".
Es liegt auf der Hand, dass Vollständigkeit in dieser Sache angesichts des umfassenden Geltungsbereichs der DIN 276 und der Vielfalt der möglichen Kostensachverhalte im Bauwesen bei allem Bemühen nicht erreichbar sein kann.

Tabelle 1 – Kostengruppe 100 – Grundstück

Kostengruppen (KG)		Anmerkungen
100	**Grundstück**	Kosten der für das Bauprojekt vorgesehenen Fläche eines oder mehrerer im Grundbuch und im Liegenschaftskataster ausgewiesenen Grundstücke Dazu gehören die mit dem Erwerb und dem Eigentum des Grundstücks verbundenen Nebenkosten sowie die Kosten für das Aufheben von Rechten und Belastungen.
110	**Grundstückswert**	Als Kosten sind der Kaufpreis oder der Verkehrswert (Marktwert) des Grundstücks und ggf. auch grundstücksgleicher Rechte (z. B. bei Erbbaurecht) anzusetzen.
120	**Grundstücksnebenkosten**	Kosten, die im Zusammenhang mit dem Erwerb und dem Eigentum des Grundstücks entstehen
121	Vermessungsgebühren	Gebühren für die Grenzvermessung (z. B. Abmarkung, Grenzfeststellung, Teilungsvermessung) sowie für die Vermessung zur Übernahme in das Liegenschaftskataster einschließlich der Verwaltungsgebühren Die Kosten der Ingenieurvermessung (z. B. Lageplan, Bauvermessung) gehören zur KG 745.
122	Gerichtsgebühren	Gebühren für die mit dem Grundstückserwerb verbundenen Eintragungen und Löschungen im Grundbuch
123	Notargebühren	Gebühren für die Aufstellung sowie die Abwicklung und den Vollzug des notariellen Kaufvertrags
124	Grunderwerbsteuer	Steuer für den Erwerb von unbebauten und bebauten Grundstücken sowie grundstücksgleichen Rechten
125	Untersuchungen	Untersuchungen zu Altlasten und zu deren Beseitigung, Baugrunduntersuchungen und Untersuchungen über die Bebaubarkeit, soweit sie zur Beurteilung des Grundstückswerts dienen
126	Wertermittlungen	Wertermittlungen von unbebauten und bebauten Grundstücken sowie grundstücksgleichen Rechten
127	Genehmigungsgebühren	Gebühren für amtliche Genehmigungen (z. B. von Grundstücksteilungen und Eintragungen in das Baulastenverzeichnis)
128	Bodenordnung	Kosten im Zusammenhang mit der Neuordnung und Umlegung von Grundstücken und Flurstücken sowie der Grenzregulierung (z. B. Ausgleichsleistungen, Umlegungsbeiträge)
129	Sonstiges zur KG 120	Sonstige Grundstücksnebenkosten (z. B. Maklerprovisionen, Beschaffung von Karten und Plänen)
130	**Rechte Dritter**	Kosten für das Aufheben von Rechten Dritter, um möglichst frei über das Grundstück verfügen zu können
131	Abfindungen	Abfindungen und Entschädigungen für bestehende Nutzungsrechte (z. B. Miet- und Pachtverträge)
132	Ablösen dinglicher Rechte	Ablösen von Lasten und Beschränkungen (z. B. Wegerechte, Grundpfandrechte, Baulasten)
139	Sonstiges zur KG 130	Sonstige Kosten und Gebühren (z. B. für Räumungsklagen)

▶ *Zu Tabelle 1 – Kostengruppe 100 Grundstück*

Die KG „100 Grundstück" enthält neben dem Grundstückswert, der je nach der Situation des Bauprojekts in der Regel dem Kaufpreis oder dem Verkehrswert entspricht, die mit dem Erwerb und dem Eigentum eines Grundstücks verbundenen Grundstücksnebenkosten. Zu diesen gehören insbesondere die Gebühren für Vermessung, gerichtliche und notarielle Beurkundungen sowie Genehmigungen, die Honorare für Untersuchungen, Gutachten und Wertermittlungen, die Kosten für Maßnahmen der Bodenordnung sowie sonstige Grundstücksnebenkosten.

Ferner zählen zu den Grundstückskosten auch die Kosten für das Aufheben von Rechten Dritter, um frei über das Grundstück verfügen zu können. Diese Kosten umfassen beispielsweise Abfindungen, Entschädigungen und Aufwendungen für das Ablösen von rechtlichen Lasten und Beschränkungen. Die bisherige (als missverständlich angesehene) Bezeichnung der Kostengruppe KG „130 Freimachen" wurde in KG „130 Rechte Dritter" geändert.

Die Kosten der KG „100 Grundstück" sind insbesondere gegenüber den Kosten abzugrenzen, die für die Vorbereitung des Grundstücks zu dessen Bebauung entstehen. Diese Kosten werden der KG „210 Herrichten des Grundstücks" (in der KG „200 Vorbereitende Maßnahmen") zugeordnet, da sie aufgrund ihrer eher technischen Natur mehr im Zusammenhang mit den Erschließungsmaßnahmen als mit dem Erwerb des Grundstücks zu sehen sind. Die Abgrenzung der Kostengruppen 100 und 200 ist aus finanzierungstechnischen Gründen insbesondere im Hinblick auf öffentliche Haushalte in dieser Form festgelegt.

Abbildung A 34 zeigt in der synoptischen Gegenüberstellung der Kostengliederungen in alter und neuer Fassung, dass die Änderungen bei der KG „100 Grundstück" im Wesentlichen rein redaktioneller bzw. organisatorischer Natur sind. Das betrifft u.a. in der zweiten Ebene die geänderte Bezeichnung der KG 130 sowie in der dritten Ebene Aufteilungen und Verschiebungen von Kostengruppen. So wurden z.B. die Maklerprovisionen aus der bisherigen eigenen KG 124 in die sonstigen Grundstücksnebenkosten (KG 129) verschoben – aus welchen Gründen auch immer.

KG 100 Grundstück

DIN 276-1:2008-12	DIN 276:2018-12	Art der Änderung
100 Grundstück	**100 Grundstück**	
110 Grundstückswert	**110 Grundstückswert**	
120 Grundstücksnebenkosten	**120 Grundstücksnebenkosten**	
130 Freimachen	**130 Rechte Dritter**	U
N: Neue Kostengruppe U: Kostengruppe umbenannt (geänderte Bezeichnung)	Ä: Kostengruppe mit geändertem Inhalt V: Kostengruppe verschoben (geänderte Nummer)	

Abbildung A 34: Gegenüberstellung Kostengliederungen der KG 100

Kostengruppen (KG)		Anmerkungen
200	**Vorbereitende Maßnahmen**	Vorbereitende Maßnahmen, um die Baumaßnahme auf dem Grundstück durchführen zu können
210	**Herrichten**	Herrichten des Grundstücks
211	Sicherungsmaßnahmen	Schutz von vorhandenen Baukonstruktionen und technischen Anlagen sowie Sichern von Bewuchs und Vegetationsschichten
212	Abbruchmaßnahmen	Abbrechen, Beseitigen und Entsorgen von vorhandenen Baukonstruktionen, technischen Anlagen, Außenanlagen und Freiflächen zum Herrichten des Grundstücks
213	Altlastenbeseitigung	Beseitigen von gefährlichen Stoffen, Sanieren belasteter und kontaminierter Böden
214	Herrichten der Geländeoberfläche	Roden von Bewuchs, Planieren, Bodenbewegungen einschließlich Oberbodensicherung, soweit nicht in der KG 500 erfasst
215	Kampfmittelräumung	Maßnahmen zum Auffinden und zur Räumung von Kampfmitteln
216	Kulturhistorische Funde	Sicherung von kulturhistorischen Funden
219	Sonstiges zur KG 210	Evakuierungskosten im Zuge von Kampfmittelräumung
220	**Öffentliche Erschließung**	Anteilige Kosten aufgrund gesetzlicher Vorschriften (Erschließungsbeiträge/Anliegerbeiträge) und Kosten aufgrund öffentlich-rechtlicher Verträge für – die Beschaffung oder den Erwerb der Erschließungsflächen gegen Entgelt durch den Träger der öffentlichen Erschließung, – die Herstellung oder Änderung gemeinschaftlich genutzter technischer Anlagen (z. B. zur Ableitung von Abwasser sowie zur Versorgung mit Wasser, Wärme, Gas, Strom und Telekommunikation), – die erstmalige Herstellung oder den Ausbau der öffentlichen Verkehrsflächen, der Grünflächen und sonstiger Freiflächen für öffentliche Nutzung. Kostenzuschüsse und Anschlusskosten sollten getrennt ausgewiesen werden. Beim Erwerb eines bereits erschlossenen Grundstücks kann der Wert der vor dem Erwerb aufgewendeten Erschließungskosten in der KG 110 erfasst werden.
221	Abwasserentsorgung	Kostenzuschüsse, Anschlusskosten
222	Wasserversorgung	Kostenzuschüsse, Anschlusskosten
223	Gasversorgung	Kostenzuschüsse, Anschlusskosten
224	Fernwärmeversorgung	Kostenzuschüsse, Anschlusskosten
225	Stromversorgung	Kostenzuschüsse, Anschlusskosten
226	Telekommunikation	Einmalige Entgelte für die Bereitstellung und Änderung von Netzanschlüssen
227	Verkehrserschließung	Erschließungsbeiträge für die Verkehrs- und Freianlagen einschließlich deren Entwässerung und Beleuchtung
228	Abfallentsorgung	Kostenzuschüsse, Anschlusskosten (z. B. für eine leitungsgebundene Abfallentsorgung)
229	Sonstiges zur KG 220	

Kostengruppen (KG)		Anmerkungen
230	**Nichtöffentliche Erschließung**	Verkehrsflächen und technische Anlagen, die ohne öffentlich-rechtliche Verpflichtung oder Beauftragung mit dem Ziel der späteren Übertragung in den Gebrauch der Allgemeinheit hergestellt und ergänzt werden Kosten von Anlagen auf dem eigenen Grundstück gehören zur KG 500. Soweit erforderlich, kann die KG 230 entsprechend der KG 220 untergliedert werden.
240	Ausgleichsmaßnahmen und -abgaben	Maßnahmen und Abgaben, die aufgrund öffentlich-rechtlicher Bestimmungen aus Anlass des geplanten Bauvorhabens einmalig und zusätzlich zu den Erschließungsbeiträgen entstehen
241	Ausgleichsmaßnahmen	Umsetzen von Verpflichtungen (z. B. Artenschutz, Naturschutz, Stellplätze, Baumbestand); Ausgleichsmaßnahmen auf dem eigenen Grundstück sind bei den betreffenden Kostengruppen zu erfassen.
242	Ausgleichsabgaben	Ablösen von Verpflichtungen (z. B. Artenschutz, Naturschutz, Stellplätze, Baumbestand)
249	Sonstiges zur KG 240	
250	**Übergangsmaßnahmen**	Provisorische Maßnahmen baulicher und organisatorischer Art, insbesondere bei Bauprojekten im Bestand, mit denen während der Projektdauer die Nutzung und der Betrieb aufrecht erhalten werden können
251	Bauliche Maßnahmen	Erstellung, Anpassung oder Umlegung von Bauwerken, Außenanlagen und Freiflächen als provisorische Maßnahme der endgültigen Bauwerke, Außenanlagen und Freiflächen einschließlich des Wiederentfernens der Provisorien, soweit nicht in anderen Kostengruppen erfasst (z. B. Errichtung von Behelfsbauwerken)
252	Organisatorische Maßnahmen	Auslagerung von Nutzungen während der Bauzeit (z. B. Kosten für Umzug und Miete)
259	Sonstiges zur KG 250	Betriebskosten nach DIN 18960 von provisorischen Maßnahmen

▶ *Zu Tabelle 1 – Kostengruppe 200 Vorbereitende Maßnahmen*

Die Bezeichnung der Kostengruppe wurde gegenüber der früheren KG „200 Herrichten und Erschließen" in KG „200 Vorbereitende Maßnahmen" geändert. Die neue Bezeichnung trifft besser die umfassenden Kosten, die in dieser Kostengruppe versammelt sind und die über das Herrichten und Erschließen weit hinausgehen. Die Kostengruppe 200 umfasst die Kosten aller Vorkehrungen und Schritte, die vor dem Beginn der eigentlichen baulichen Maßnahmen eingeleitet und erledigt werden müssen, um das Bauprojekt auf dem Grundstück durchführen zu können. Zu den vorbereitenden Maßnahmen gehören die Kosten für das Herrichten des Grundstücks, die öffentliche Erschließung, die nichtöffentliche Erschließung, die Ausgleichsmaßnahmen und -abgaben sowie die Kosten für Übergangsmaßnahmen.

Besonders zu beachten ist die Unterscheidung zwischen der KG „220 Öffentliche Erschließung" und der KG „230 Nichtöffentliche Erschließung". Unter der „öffentlichen Erschließung" sind die anteiligen Kosten zu verstehen, die aufgrund gesetzlicher Vorschriften als Erschließungsbeiträge und Anliegerbeiträge erhoben werden, sowie die Kosten, die aufgrund öffentlich-rechtlicher Verträge für die Verkehrserschließung sowie die Versorgung und die Entsorgung des Grundstücks entstehen.

Die „nichtöffentliche Erschließung" erfasst dagegen die Kosten für Verkehrsflächen und technische Anlagen, die ohne öffentlich-rechtliche Verpflichtung oder Beauftragung mit dem Ziel der späteren Übertragung in den Gebrauch der Allgemeinheit hergestellt und ergänzt werden. Auch wenn die nichtöffentliche Erschließung einen selteneren Sonderfall darstellt, kann es doch im Einzelfall zweckmäßig sein, diese Kosten getrennt von der öffentlichen Erschließung auszuweisen. Dies kommt insbesondere bei größeren Liegenschaften, beispielsweise bei umfangreicheren Wohnungsbauprojekten, in Betracht.

Bei der KG 240 „Ausgleichsmaßnahmen und -abgaben" handelt es sich um Kosten, die aufgrund öffentlich-rechtlicher Bestimmungen einmalig und zusätzlich zu den Erschließungsbeiträgen für das Bauvorhaben entstehen. Verpflichtungen dieser Art können beispielsweise durch den Artenschutz, den Naturschutz, die Pflicht zur Bereitstellung von Stellplätzen oder den Schutz des Baumbestands entstehen. Bisher wurden alle diese Aufwendungen in einer Kostengruppe „Ausgleichsabgaben" erfasst. Die neue Norm weist entsprechend der unterschiedlichen Kostenart jetzt richtigerweise zwei getrennte Kostengruppen als KG „241 Ausgleichsmaßnahmen" und KG 242 „Ausgleichsabgaben" aus.

Abbildung A 35 macht mit der synoptischen Gegenüberstellung der Kostengliederungen in alter und neuer Fassung deutlich, dass sich auch bei der KG „200 Vorbereitende Maßnahmen" die Änderungen im Wesentlichen auf redaktionelle Eingriffe bzw. organisatorische Anpassungen beschränken. In der zweiten Gliederungsebene betrifft dies lediglich die geänderte Bezeichnung der KG 240. In der dritten Ebene ergeben sich Änderungen bei der KG 210, der schon erwähnten KG 240 und bei der KG 250.

KG 200 Vorbereitende Maßnahmen

DIN 276-1:2008-12		DIN 276:2018-12		Art der Änderung
200	Herrichten und Erschließen	**200**	**Vorbereitende Maßnahmen**	U
210	Herrichten	**210**	**Herrichten**	
220	Öffentliche Erschließung	**220**	**Öffentliche Erschließung**	
230	Nichtöffentliche Erschließung	**230**	**Nichtöffentliche Erschließung**	
240	Ausgleichsabgaben	**240**	**Ausgleichsmaßnahmen und -abgaben**	(U)
250	Übergangsmaßnahmen	**250**	**Übergangsmaßnahmen**	

N: Neue Kostengruppe
U: Kostengruppe umbenannt (geänderte Bezeichnung)
Ä: Kostengruppe mit geändertem Inhalt
V: Kostengruppe verschoben (geänderte Nummer)

Abbildung A 35: Gegenüberstellung Kostengliederungen der KG 200

So wurde bei der KG „210 Herrichten" das Spektrum der bisher aufgeführten Kosten für Sicherungs- und Abbruchmaßnahmen, Altlastenbeseitigung und Herrichten der Geländeoberfläche aufgrund der eingetretenen Entwicklungen erweitert. Entsprechend der zunehmenden Bedeutung wurde für die Kampfmittelräumung, die bisher in der KG „213 Altlastenbeseitigung" eingeordnet war, mit der neuen KG „215 Kampfmittelräumung" eine eigene Kostengruppe vorgesehen. Auch für die mit kultur-historischen Funden verbundenen Aufwendungen, die bisher in der Norm nicht erwähnt waren, wurde die neue KG „216 Kulturhistorische Funde" eingerichtet.

Die KG „250 Übergangsmaßnahmen" wurde neu gegliedert, indem die Kosten für provisorische Maßnahmen jetzt nach der Art der Maßnahme – baulich oder organisatorisch – unterschieden wird. Durch Übergangsmaßnahmen sollen während der Projektdauer die Nutzung und der Betrieb eines Gebäudes, Bauwerks oder Unternehmens aufrecht erhalten werden können. Übergangsmaßnahmen sind vor allem bei Bauprojekten im Bestand von Bedeutung. Als Beispiele hierfür können die Errichtung von Behelfsbauwerken oder die Auslagerung von Nutzungen während der Bauzeit gelten. Die Kosten für Übergangsmaßnahmen waren in früheren Norm-Ausgaben (vor 2006) an keiner Stelle der Kostengliederung aufgeführt, so dass eine eindeutige Zuordnung dieser Kosten nicht möglich war.

Kostengruppen (KG)		Anmerkungen
300	**Bauwerk – Baukonstruktionen**	Bauleistungen und Lieferungen zur Herstellung des Bauwerks von Hochbauten, Ingenieurbauten und Infrastrukturanlagen, jedoch ohne die technischen Anlagen (KG 400) Dazu gehören auch die mit dem Bauwerk fest verbundenen Einbauten, die der jeweiligen Zweckbestimmung dienen, sowie die mit den Baukonstruktionen in Zusammenhang stehenden übergreifenden Maßnahmen. Zu den Baukonstruktionen gehören auch die mit dem Bauwerk verbundenen Dach-, Fassaden- und Innenraumbegrünungen. Außenanlagen außerhalb des Bauwerks und gestaltete Freiflächen gehören zur KG 500. Bei Umbauten und Modernisierungen von Baukonstruktionen zählen hierzu auch die Kosten von Teilabbruch-, Instandsetzungs-, Sicherungs- und Demontagearbeiten. Die Kosten sind bei den betreffenden Kostengruppen auszuweisen.
310	**Baugrube/Erdbau**	Oberbodenarbeiten und Bodenarbeiten, Erdbaumaßnahmen, Baugruben, Dämme, Einschnitte, Wälle, Hangsicherungen
311	Herstellung	Bodenabtrag, Bodensicherung und Bodenauftrag; Aushub von Baugruben und Baugräben einschließlich der Arbeitsräume und Böschungen; Lagern, Bodenlieferung und Bodenabfuhr; Verfüllungen und Hinterfüllungen; Planum, Mulden, Bankette
312	Umschließung	Verbau und Sicherung von Baugruben Baugräben, Dämmen, Wällen und Einschnitten (z. B. Schlitz-, Pfahl-, Spund-, Trägerbohl-, Injektions- und Spritzbetonsicherung) einschließlich der Verankerungen, Absteifungen und Böschungen
313	Wasserhaltung	Beseitigung des Grund- und Schichtenwassers während der Bauzeit
314	Vortrieb	Erdausbruch unter Tage einschließlich Stützung und Sicherung
319	Sonstiges zur KG 310	
320	**Gründung, Unterbau**	Gründungs- und Unterbaumaßnahmen für das Bauwerk einschließlich der zugehörigen Erdarbeiten und Sauberkeitsschichten, soweit nicht in der KG 310 erfasst
321	Baugrundverbesserung	Bodenaustausch, Verdichtung, Einpressung, Ankerung, Stützmaßnahmen; Bodenlockerung und Verlegung von Geotextilien
322	Flachgründungen und Bodenplatten	Einzelfundamente, Streifenfundamente, Fundament-, Sohl- und Bodenplatten
323	Tiefgründungen	Pfahlgründung einschließlich der Roste; Brunnengründungen; Verankerungen
324	Gründungsbeläge	Beläge auf Sohl-, Boden- und Fundamentplatten (z. B. Estriche, Dichtungs-, Dämm-, Schutz- und Nutzschichten)
325	Abdichtungen und Bekleidungen	Konstruktionsschichten unterhalb der Sohl-, Boden- und Fundamentplatte, Abdichtungen und Bekleidungen der Gründung einschließlich Dämmungen sowie Filter-, Trenn-, Sauberkeits- und Schutzschichten
326	Dränagen	Leitungen, Schächte, Packungen, Pumpensümpfe, Tiefenentwässerung, Oberflächenentwässerung
329	Sonstiges zur KG 320	

Kostengruppen (KG)		Anmerkungen
330	**Außenwände/Vertikale Baukonstruktionen, außen**	Tragende und nichttragende vertikale Baukonstruktionen, die sich an den Außenseiten des Bauwerks befinden, d.h. insbesondere dem Außenklima ausgesetzt sind bzw. an das Erdreich oder an andere Bauwerke grenzen Die KG 331 und die KG 332 können ggf. als KG 331 zusammengefasst werden.
331	Tragende Außenwände	Außenwände und flächige Konstruktionen, die für die Standfestigkeit des Bauwerks erforderlich sind, einschließlich horizontaler Abdichtungen sowie Schlitzen und Durchführungen
332	Nichttragende Außenwände	Außenwände und flächige Konstruktionen, die für die Standfestigkeit des Bauwerks nicht erforderlich sind (z. B. Brüstungen, Attiken, Ausfachungen) einschließlich horizontaler Abdichtungen sowie Schlitzen, Durchführungen und füllender Teile (z. B. Dämmungen)
333	Außenstützen	Stützen, Säulen, Pylone und Pfeiler an den Außenseiten des Bauwerks mit einem Querschnittsverhältnis < 1 : 4
334	Außenwandöffnungen	Türen, Tore, Fenster, Schaufenster, Glasfassaden und sonstige Öffnungen einschließlich Fensterbänken, Umrahmungen, Beschlägen, Antrieben, Lüftungselementen und sonstiger Einbauteile
335	Außenwandbekleidungen, außen	Äußere Bekleidungen an Wänden und Stützen einschließlich Putz-, Dichtungs-, Dämm- und Schutzschichten Dazu gehören auch auf der Außenseite fest mit den Außenwänden verbundene Fassaden- und Wandbegrünungssysteme einschließlich aller Teile (z. B. Gefäße, Substrate, Pflanzen, Fertigstellungs- und Entwicklungspflege, Dünge- und Bewässerungsvorrichtungen).
336	Außenwandbekleidungen, innen	Innere Bekleidungen an Wänden und Stützen einschließlich Putz-, Dichtungs-, Dämm- und Schutzschichten Dazu gehören auch auf der Innenseite fest mit den Außenwänden verbundene Wandbegrünungssysteme einschließlich aller Teile.
337	Elementierte Außenwandkonstruktionen	Vorgefertigte Wände und vertikale Baukonstruktionen, die neben ihrer Kernkonstruktion auch Türen und Fenster oder äußere und innere Bekleidungen enthalten können
338	Lichtschutz zur KG 330	Konstruktionen für Sonnen-, Sicht- und Blendschutz, Verdunkelung (z. B. Rollläden, Markisen und Jalousien) einschließlich Antrieben wie Rohrmotoren oder Gurtwicklern
339	Sonstiges zur KG 330	Gitter, Stoßabweiser, Handläufe, Berührungsschutz

Kostengruppen (KG)		Anmerkungen
340	**Innenwände/Vertikale Baukonstruktionen, innen**	Tragende und nichttragende vertikale Baukonstruktionen, die sich innerhalb des Bauwerks befinden Die KG 341 und die KG 342 können ggf. als KG 341 zusammengefasst werden.
341	Tragende Innenwände	Tragende Innenwände und flächige Konstruktionen, die für die Standfestigkeit des Bauwerks erforderlich sind, einschließlich horizontaler Abdichtungen sowie Schlitzen und Durchführungen
342	Nichttragende Innenwände	Nichttragende Innenwände und flächige Konstruktionen, die für die Standfestigkeit des Bauwerks nicht erforderlich sind (z. B. Brüstungen, Ausfachungen) einschließlich horizontaler Abdichtungen sowie Schlitzen, Durchführungen und füllender Teile (z. B. Dämmungen)
343	Innenstützen	Stützen, Säulen, Pylone und Pfeiler innerhalb des Bauwerks mit einem Querschnittsverhältnis < 1 : 4
344	Innenwandöffnungen	Innenliegende Fenster, Schaufenster, Türen, Tore und sonstige Öffnungen einschließlich Fensterbänken, Umrahmungen, Beschlägen, Antrieben, Lüftungselementen und sonstiger Einbauteile
345	Innenwandbekleidungen	Bekleidungen an Wänden und Stützen einschließlich Putz-, Dichtungs-, Dämm- und Schutzschichten; dazu gehören auch fest mit den Innenwänden verbundene Begrünungssysteme einschließlich Fertigstellungs- und Entwicklungspflege
346	Elementierte Innenwandkonstruktionen	Vorgefertigte Wände und vertikale Baukonstruktionen, die neben ihrer Kernkonstruktion auch Türen und Fenster oder Innenwandbekleidungen enthalten können; Falt- und Schiebewände, Sanitärtrennwände, Verschläge
347	Lichtschutz zur KG 340	Konstruktionen für Sonnen-, Sicht- und Blendschutz, Verdunkelung (z. B. Rollläden, Markisen und Jalousien) einschließlich Antrieben wie Rohrmotoren oder Gurtwicklern
349	Sonstiges zur KG 340	Gitter, Stoßabweiser, Handläufe, Berührungsschutz
350	**Decken/Horizontale Baukonstruktionen**	Tragende und nichttragende Baukonstruktionen für Decken, Treppen, Rampen und andere horizontale Baukonstruktionen
351	Deckenkonstruktionen	Tragende Konstruktionen für Decken, Treppen, Rampen, Balkone und andere horizontale Baukonstruktionen einschließlich Über- und Unterzügen, Abstützungen und füllender Teile (z. B. Dämmungen, Hohlkörper, Blindböden, Schüttungen)
352	Deckenöffnungen	Horizontale Verglasungen, Luken, einschließlich Umrahmungen, Beschlägen und sonstiger Einbauteile
353	Deckenbeläge	Beläge auf Deckenkonstruktionen einschließlich Estrichen, Dichtungs-, Dämm-, Schutz- und Nutzschichten sowie Schwingböden und Installationsdoppelböden Dazu gehören auch fest mit den Decken verbundene Begrünungssysteme einschließlich Fertigstellungs- und Entwicklungspflege.
354	Deckenbekleidungen	Bekleidungen unter Deckenkonstruktionen einschließlich Putz-, Dichtungs-, Dämm- und Schutzschichten; Licht- und Kombinationsdecken
355	Elementierte Deckenkonstruktionen	Vorgefertigte Decken, Treppen, Rampen und andere horizontale Baukonstruktionen, die neben ihrer Kernkonstruktion auch Öffnungen, Beläge oder Bekleidungen enthalten können
359	Sonstiges zur KG 350	Gitter, Geländer, Stoßabweiser, Handläufe, Abdeckungen, Schachtdeckel, Roste, Leitern, Berührungsschutz

Kostengruppen (KG)		Anmerkungen
360	**Dächer**	Tragende und nichttragende Baukonstruktionen für flache und geneigte Dächer und andere horizontale Baukonstruktionen, die das Bauwerk nach oben abschließen
361	Dachkonstruktionen	Tragende Konstruktionen von Dächern, Vordächern, Dachstühlen, Raumtragwerken, Kuppeln und Gewölben einschließlich Über- und Unterzügen, Abstützungen und füllender Teile (z. B. Dämmungen, Hohlkörper, Blindböden, Schüttungen)
362	Dachöffnungen	Dachfenster, Ausstiege und andere Dachöffnungen einschließlich Umrahmungen, Beschlägen, Antrieben, Lüftungselementen und sonstiger Einbauteile; natürliche Rauch- und Wärmeabzugsanlagen
363	Dachbeläge	Beläge auf Dachkonstruktionen von ungenutzten und genutzten Dachflächen einschließlich Schalungen, Lattungen, Gefälle-, Dichtungs-, Dämm-, Drän-, Schutz- und Nutzschichten sowie die Entwässerung der Dachflächen bis zum Anschluss an die Abwasser- anlagen (einschließlich der in Klempnerarbeit hergestellten Rinnen und Fallrohre) Dazu gehören auch extensive und intensive Dachbegrünungen einschließlich aller Teile (z. B. Substrate, Pflanzen, Fertigstellungs- und Entwicklungspflege, Dünge- und Bewässerungsvorrichtungen).
364	Dachbekleidungen	Bekleidungen unter Dachkonstruktionen einschließlich Putz-, Dichtungs-, Dämm- und Schutzschichten; Licht- und Kombinationsdecken
365	Elementierte Dachkonstruktionen	Vorgefertigte Dächer, die neben ihrer Kernkonstruktion auch Öffnungen, Beläge oder Bekleidungen enthalten können
366	Lichtschutz zur KG 360	Konstruktionen für Sonnen-, Sicht-, und Blendschutz, Verdunkelung (z. B. Rollläden, Markisen und Jalousien) einschließlich Antrieben wie Rohrmotoren oder Gurtwicklern
369	Sonstiges zur KG 360	Gitter, Geländer, Handläufe, Laufbohlen, Schneefänge, Dachleitern

Kostengruppen (KG)		Anmerkungen
370	**Infrastrukturanlagen**	Eigenständige Bauwerke von Infrastrukturanlagen für Verkehr sowie Ver- und Entsorgung, soweit die Kosten nicht in den KG 330 bis 360 erfasst werden können Die Erdbaumaßnahmen für diese Anlagen gehören zur KG 310, die Gründungs- und Unterbaumaßnahmen zur KG 320. Die verfahrenstechnischen Anlagen gehören zu den KG 477 und 478.
371	Anlagen für den Straßenverkehr	Oberbau von Flächen für den Fuß- und Radverkehr, für den Leicht- und Schwerverkehr und für den ruhenden Verkehr (Wege, Straßen und Plätze)
372	Anlagen für den Schienenverkehr	Oberbau von Gleisanlagen (Gleise, Weichen und Gleisabschlüsse) sowie von Bahnsteiganlagen
373	Anlagen für den Flugverkehr	Oberbau- und Deckschichten von Flugverkehrsflächen
374	Anlagen des Wasserbaus	Baukonstruktionen von Anlagen des Verkehrswasserbaus (z. B. Kanäle, Schleusen, Hafen-, Dock- und Werftanlagen) sowie des Gewässerausbaus (z. B. Uferbefestigungen, Dämme, Deiche, Durchlässe, Wehre)
375	Anlagen der Abwasserentsorgung	Baukonstruktionen von Anlagen der Regenrückhaltung, der Abwasser- und Schlammbehandlung sowie von Abwasserleitungsnetzen
376	Anlagen der Wasserversorgung	Baukonstruktionen von Anlagen der Wassergewinnung, Wasserspeicherung, Wasseraufbereitung und Wasserverteilung
377	Anlagen der Energie- und Informationsversorgung	Baukonstruktionen von Versorgungsanlagen für elektrische Energieträger, thermische Energieträger (Wärme- und Kälteversorgung) sowie für Information (z. B. Erzeugungs- und Verteilungsanlagen, Rohrleitungs- und Kabelleitungsanlagen einschließlich Masten und Rohrbrücken)
378	Anlagen der Abfallentsorgung	Baukonstruktionen von Anlagen zur Sammlung, Lagerung, Deponierung, Aufbereitung von Abfällen und Wertstoffen
379	Sonstiges zur KG 370	Ver- und Entsorgungsanlagen für Gase, Flüssigkeiten und Feststoffe, Transportanlagen wie Förderbandanlagen

Kostengruppen (KG)		Anmerkungen
380	**Baukonstruktive Einbauten**	Mit dem Bauwerk fest verbundene Einbauten, jedoch ohne die nutzungsspezifischen Anlagen (siehe KG 470) Für die Abgrenzung gegenüber der KG 600 ist maßgebend, dass die Einbauten durch ihre Beschaffenheit und die Art ihres Einbaus technische und planerische Maßnahmen erforderlich machen (z. B. Anfertigen von Ausführungszeichnungen, statischen und anderen Berechnungen, Anschließen von Installationen).
381	Allgemeine Einbauten	Einbauten (insbesondere in Hochbauten), die einer allgemeinen Zweckbestimmung dienen (z. B. Einbaumöbel wie Sitz- und Liegemöbel, Gestühl, Podien, Tische, Theken, Schränke, Garderoben, Regale, Einbauküchen)
382	Besondere Einbauten	Einbauten (insbesondere in Hochbauten), die einer besonderen Zweckbestimmung des Bauwerks dienen (z. B. Werkbänke in Werkhallen, Altäre in Kirchen, Einbausportgeräte in Sporthallen, Gleisanlagen in Bahnhöfen)
383	Landschaftsgestalterische Einbauten	Einbauten beispielsweise in Biosphärenhallen, zoologischen Anlagen, Einkaufszentren, einschließlich Einfassungen, Aufkantungen, Substraten, Pflanzen, Fertigstellungs- und Entwicklungspflege, Vorrichtungen zum Düngen sowie zur Be- und Entwässerung (soweit nicht in anderen Kostengruppen erfasst)
384	Mechanische Einbauten	Mechanische Einbauten (insbesondere in Ingenieurbauten), die einer besonderen Zweckbestimmung des Bauwerks in der Wasserversorgung (z. B. Räumer für Absetzbecken), in der Abwasserentsorgung (z. B. Räumer für Absetzbecken, Kammerfilterpressen, Oberflächenbelüfter, Gasentschwefler, Gasspeicher), in der Abfallentsorgung (z. B. Schredder, Müllpressen) und im Wasserbau (z. B. Stahlbaukonstruktionen bei Schleusen und Wehren, Grob- und Feinrechen) dienen Zu den mechanischen Einbauten gehören die Antriebe der Einbauten, soweit nicht in der KG 466 erfasst. Die Anschlusstechnik und die Verfahrenstechnik sind in der KG 400 erfasst.
385	Einbauten in Konstruktionen des Ingenieurbaus	Abdichtungen und Dränagen in Stauanlagen, Dämmen und Deponien, soweit nicht in den KG 310 bis 360 erfasst
386	Orientierungs- und Informationssysteme	Einbausysteme, die der Orientierung und Information dienen (z. B. für Flucht, Rettung, Orientierung, Werbung)
387	Schutzeinbauten	Rauchschutzvorhänge
389	Sonstiges zur KG 380	Sanitärzellen (baukonstruktiver Anteil)

Kostengruppen (KG)		Anmerkungen
390	**Sonstige Maßnahmen für Baukonstruktionen**	Baukonstruktionen und übergreifende Maßnahmen im Zusammenhang mit den Baukonstruktionen, die nicht einzelnen Kostengruppen der KG 300 zugeordnet werden können oder die nicht in der KG 490 oder der KG 590 erfasst sind
391	Baustelleneinrichtung	Einrichten, Vorhalten, Betreiben und Räumen der übergeordneten Baustelleneinrichtung (z. B. Material- und Geräteschuppen, Lager-, Wasch-, Toiletten- und Aufenthaltsräume, Bauwagen, Misch- und Transportanlagen, Energie- und Bauwasseranschlüsse, Baustraßen, Lager- und Arbeitsplätze, Verkehrssicherungen, Abdeckungen, Bauschilder, Bau- und Schutzzäune, Baubeleuchtung, Baustrom, Bauwasser)
392	Gerüste	Auf-, Um-, und Abbauen sowie Vorhalten von Gerüsten
393	Sicherungsmaßnahmen	Sicherungsmaßnahmen an bestehenden Bauwerken (z. B. Unterfangungen, Abstützungen)
394	Abbruchmaßnahmen	Abbruch- und Demontagearbeiten einschließlich Zwischenlagern wiederverwendbarer Teile, Abfuhr des Abbruchmaterials, soweit nicht in anderen Kostengruppen erfasst
395	Instandsetzungen	Maßnahmen zur Wiederherstellung des zum bestimmungsgemäßen Gebrauch geeigneten Zustandes, soweit nicht in anderen Kostengruppen erfasst
396	Materialentsorgung	Entsorgung von Materialien und Stoffen, die bei dem Abbruch, bei der Demontage und bei dem Ausbau von Bauteilen oder bei der Erstellung einer Bauleistung anfallen zum Zweck des Recyclings oder der Deponierung
397	Zusätzliche Maßnahmen	Zusätzliche Maßnahmen bei der Erstellung von Baukonstruktionen (z. B. Schutz von Personen und Sachen sowie betriebliche Sicherungsmaßnahmen beim Bauen unter Betrieb); Reinigung vor Inbetriebnahme; Maßnahmen aufgrund von Forderungen des Wasser-, Landschafts-, Lärm- und Erschütterungsschutzes während der Bauzeit; Schlechtwetter und Winterbauschutz, Erwärmung des Bauwerks, Schneeräumung
398	Provisorische Baukonstruktionen	Erstellung, Betrieb und Beseitigung provisorischer Baukonstruktionen, Anpassung des Bauwerks bis zur Inbetriebnahme des endgültigen Bauwerks
399	Sonstiges zur KG 390	Baukonstruktionen und Maßnahmen, die mehrere Kostengruppen betreffen (z. B. Schließanlagen, Schächte, Schornsteine, soweit nicht in anderen Kostengruppen erfasst); Baustellengemeinkosten

► ***Zu Tabelle 1 – Kostengruppe 300 Bauwerk – Baukonstruktionen***

Die KG „300 Bauwerk-Baukonstruktionen" umfasst die Kosten von Bauleistungen und Lieferungen zur Herstellung der Baukonstruktionen des Bauwerks. Auf die Zusammenfassung der bisherigen Teile der Normenreihe DIN 276 für den Hochbau und den Ingenieurbau wurde eingangs schon hingewiesen (siehe Abschnitt 5.4). Infolgedessen sind mit dem „Bauwerk" nicht nur wie bisher die Bauwerke von Hochbauten angesprochen, sondern auch die Bauwerke von Ingenieurbauten und Infrastrukturanlagen. Diese Bereiche des Bauwesens konnten erfreulicherweise so in die bisher ausschließlich auf Hochbauten ausgerichtete Kostengliederung integriert werden, dass die Kostengruppen substanziell nur in geringem Umfang geändert und nur durch fachspezifische Ergänzungen angepasst werden mussten.

Bei der KG „300 Bauwerk – Baukonstruktionen" behält die Norm prinzipiell die seit 1993 geltende Gliederung bei, die in der zweiten Gliederungsebene eine unter geometrischen Gesichtspunkten geordnete Untergliederung der Kosten in die sogenannten „Grobelemente" vorsieht. Bei den Grobelementen Gründung, Außenwände, Innenwände, Decken und Dächer sind sowohl die tragenden als auch die nichttragenden Konstruktionen zusammengefasst. In der dritten Gliederungsebene werden diese Grobelemente in ihre einzelnen Teile – die sogenannten „Bauelemente" weiter untergliedert. Schon bei der Bearbeitung der Normausgabe 1993 waren in der Fachwelt lange Diskussionen darüber geführt worden, ob die Kosten planungsorientiert oder ausführungsorientiert gegliedert werden sollen. Dabei hatte sich gezeigt, dass es nicht gelingen kann, die Idealvorstellungen der nach geometrischen Sachverhalten abgegrenzten Grobelementgliederung und der nach bautechnischen Sachverhalten abgegrenzten Bauelementgliederung in vollem Umfang in Übereinstimmung zu bringen. Auch wenn es wegen der geometrischen Gliederungsgesichtspunkte als Konsequenz hingenommen werden muss, dass an einigen Stellen gleichartige Konstruktionen (z.B. KG „336 Außenwandbekleidungen innen" und KG „345 Innenwandbekleidungen") getrennt werden, überwiegen die kostenplanerischen Vorteile dieser Gliederungslösung.

Die planungsorientierte Gliederung in Grobelemente und Bauelemente wurde als Regel-Kostengliederung im Bereich der Baukonstruktionen festgelegt, weil ihre eindeutigen kostenplanerischen Vorteile offensichtlich sind. In dieser Struktur können für die einzelnen Elemente unmittelbar die Mengen ermittelt werden, die ihre Kosten quantitativ bestimmen (siehe Abschnitt 6.3 und **Tabelle 3**). Mit diesen Mengen und Bezugseinheiten entsteht ein Mengengerüst, aus dem mit den entsprechend qualifizierten Kostenkennwerten – und zugleich bei vergleichsweise geringerem Aufwand – die Kosten in der Regel zutreffender ermittelt werden können, als das mit anderen Ordnungsstrukturen (z.B. mit einer ausführungsorientierten Kostengliederung) möglich ist. Diese Alternative ist zwar auch normgerecht und zulässig (siehe Anmerkungen zu Abschnitt 5.3), benötigt aber durch die notwendige Untergliederung bis zur einzelnen Teilleistung eine wesentlich höhere Anzahl zu bearbeitender Ermittlungsschritte. Kurz gesagt bedeutet das für eine Kostenermittlung: Hinsichtlich der Genauigkeit werden mit der planungsorientierten Kostengliederung in der Regel bessere Ergebnisse erzielt und zugleich deutlich weniger Zeitaufwand hervorgerufen.

Die neue Norm sieht nun endlich auch eine eindeutige Kostenzuordnung von Begrünungen des Bauwerks vor. Dieser Sachverhalt war zwar bisher schon aufgrund der generellen geometrischen Abgrenzung zwischen dem Bauwerk und den Außenanlagen dem Bauwerk zugedacht, eine Regelung in der Norm gab es dazu aber nicht. Deshalb wurden in der Praxis die Begrünungen des Bauwerks – wohl der beruflichen Zuständigkeit folgend – regelmäßig und fälschlicherweise den Außenanlagen zugerechnet. Auf die honorarrechtlichen Konsequenzen, die sich aufgrund der abweichenden oder auch unklaren Regelungen in der HOAI in dieser Frage ergeben, kann hier nur aufmerksam gemacht werden. Eine Neufassung dieses Komplexes in der HOAI erscheint dringend notwendig zu sein – die entsprechenden Normgrundlagen stehen mit der neuen DIN 276 jedenfalls zur Verfügung.

Bei Umbauten und Modernisierungen zählen zu den Baukonstruktionen des Bauwerks auch die Kosten von Teilabbruch-, Instandsetzungs-, Sicherungs- und Demontagearbeiten. Diese Kosten sollen bei den betreffenden Kostengruppen möglichst getrennt ausgewiesen werden und nicht zusammengefasst bei einer einzigen Kostengruppe oder gar pauschal bei der KG „390 Sonstige Maßnahmen für Baukonstruktionen" (siehe Anmerkungen zu Abschnitt 5.2, Absatz 3).

Abbildung A 36 macht es in der synoptischen Gegenüberstellung der Kostengliederungen in alter und neuer Fassung gut nachvollziehbar, dass die Änderungen bei der KG „300 Bauwerk-Baukonstruktionen" trotz der Integration der Ingenieurbauten und Infrastrukturanlagen gering gehalten werden konnten. Im Wesentlichen konnte die für Hochbauten allgemein anerkannte Kostengliederung ohne größere und problematische Eingriffe bestehen bleiben, die sich im Großen und Ganzen auf redaktionelle und organisatorische Änderungen beschränken.

In der zweiten Gliederungsebene fallen insbesondere die geänderten Bezeichnungen der Kostengruppen 310 bis 350 ins Auge. Die dort vorgenommenen Ergänzungen waren erforderlich, um mit den Bezeichnungen auch die bei Ingenieurbauten und Infrastrukturanlagen gegebenen Sachverhalte erfassen zu können. Die Schreibweise dieser neuen Bezeichnungen mit Schrägstrich („/") legen es nahe, sich im konkreten Anwendungsfall aus praktischen Gründen auf die enthaltenen Teilbegriffe zu beschränken. Das würde beispielsweise für die Kostenermittlung eines Gebäudes im Hochbau bedeuten, dass bei der KG 330 anstelle der Langfassung „Außenwände / Vertikale Baukonstruktionen, außen" durchaus die im Hochbau übliche und prägnantere Kurzform „Außenwände" verwendet werden kann.

Zu den Baukonstruktionen werden auch die mit dem Bauwerk fest verbundenen Einbauten gerechnet, die der jeweiligen Zweckbestimmung des Bauwerks dienen, sowie die mit den Baukonstruktionen in Zusammenhang stehenden übergreifenden Maßnahmen. Die bisherige KG „370 Baukonstruktive Einbauten" musste verschoben werden und firmiert jetzt als KG „380 Baukonstruktive Einbauten". Diese geringfügige Änderung in der Reihenfolge der Kostengruppen wurde notwendig, da für die Bauwerke der Infrastrukturanlagen in der zweiten Gliederungsebene die neue KG „370 Infrastrukturanlagen" geschaffen wurde. In dieser KG werden die Kosten der Anlagen für Verkehr sowie der Ver- und Entsorgung eingeordnet, soweit sie nicht bereits in den KG 330 bis 360 erfasst werden können.

In der dritten Gliederungsebene der KG 300 ergeben sich eine ganze Reihe von Umbenennungen und Verschiebungen von Kostengruppen, die aus fachlichen und systematischen Gründen erforderlich waren.

KG 300 Bauwerk – Baukonstruktionen

DIN 276-1:2008-12		DIN 276:2018-12		Art der Änderung
300	Bauwerk-Baukonstruktionen	**300**	**Bauwerk-Baukonstruktionen**	
310	Baugrube	**310**	**Baugrube / Erdbau**	(U)
320	Gründung	**320**	**Gründung, Unterbau**	(U)
330	Außenwände	**330**	**Außenwände / Vertikale Baukonstruktionen, außen**	(U)
340	Innenwände	**340**	**Innenwände / Vertikale Baukonstruktionen, innen**	(U)
350	Decken	**350**	**Decken / Horizontale Baukonstruktionen**	(U)
360	Dächer	**360**	**Dächer**	
370	Baukonstruktive Einbauten → 380	**370**	**Infrastrukturanlagen**	N
		380	**Baukonstruktive Einbauten**	V
390	Sonstige Maßnahmen für Baukonstruktionen	**390**	**Sonstige Maßnahmen für Baukonstruktionen**	

N: Neue Kostengruppe
U: Kostengruppe umbenannt (geänderte Bezeichnung)
Ä: Kostengruppe mit geändertem Inhalt
V: Kostengruppe verschoben (geänderte Nummer)

Abbildung A 36: Gegenüberstellung Kostengliederungen der KG 300

Kostengruppe 400 Bauwerk – Technische Anlagen

Kostengruppen (KG)		Anmerkungen
400	**Bauwerk – Technische Anlagen**	Bauleistungen und Lieferungen zur Herstellung der technischen Anlagen des Bauwerks von Hochbauten, Ingenieurbauten und Infrastrukturanlagen Dazu gehören auch die übergreifenden Maßnahmen im Zusammenhang mit den technischen Anlagen. Die einzelnen technischen Anlagen enthalten die zugehörigen Gestelle, Befestigungen, Armaturen, Wärme- und Kältedämmung, Schall- und Brandschutzvorkehrungen, Abdeckungen, Verkleidungen, Anstriche, Kennzeichnungen sowie die werkseitig integrierten Mess-, Steuer- und Regelanlagen. Dazu gehören auch die Betriebskosten bis zur Abnahme. Die Kosten für das Erstellen und Schließen von Schlitzen und Durchführungen sowie von Rohr- und Kabelgräben werden in der Regel in der KG 300 erfasst. Zu den technischen Anlagen zählen bei Umbauten und Modernisierungen auch die Kosten von Teilabbruch-, Instandsetzungs-, Sicherungs- und Demontagearbeiten. Die Kosten sind bei den betreffenden Kostengruppen auszuweisen.
410	**Abwasser-, Wasser-, Gasanlagen**	Zu den Abwasser-, Wasser- und Gasanlagen gehören im Wesentlichen die sanitärtechnischen Anlagen
411	Abwasseranlagen	Abläufe, Abwasserleitungen, Abwassersammelanlagen, Abwasserbehandlungsanlagen, Hebeanlagen
412	Wasseranlagen	Wassergewinnungs-, Aufbereitungs- und Druckerhöhungsanlagen, Rohrleitungen, dezentrale Wassererwärmer, Sanitärobjekte
413	Gasanlagen	Gasanlagen für Wirtschaftswärme (Gaslagerungs- und -erzeugungsanlagen, Übergabestationen, Druckregelanlagen und Gasleitungen), soweit nicht in der KG 420 oder KG 470 erfasst
419	Sonstiges zur KG 410	Installationsblöcke, Sanitärzellen (technischer Anteil)
420	**Wärmeversorgungsanlagen**	
421	Wärmeerzeugungsanlagen	Brennstoffversorgung, Wärmeübergabestationen, Wärmeerzeugung auf der Grundlage von Brennstoffen oder unerschöpflichen Energiequellen einschließlich Schornsteinanschlüssen und zentraler Wassererwärmungsanlagen
422	Wärmeverteilnetze	Pumpen, Verteiler; Rohrleitungen für Raumheizflächen, raumlufttechnische Anlagen und sonstige Wärmeverbraucher
423	Raumheizflächen	Heizkörper, Flächenheizsysteme
424	Verkehrsheizflächen	Fahrbahnbeheizung, Weichenheizung, Flugfeldbeheizung
429	Sonstiges zur KG 420	Schornsteine, soweit nicht in anderen Kostengruppen erfasst

Kostengruppen (KG)		Anmerkungen
430	**Raumlufttechnische Anlagen**	Anlagen mit und ohne Lüftungsfunktion
431	Lüftungsanlagen	Abluftanlagen, Zuluftanlagen, Zu- und Abluftanlagen ohne oder mit einer thermodynamischen Luftbehandlungsfunktion, maschinelle Rauch- und Wärmeabzugsanlagen, Einzelraumlüfter, Einrohrlüfter
432	Teilklimaanlagen	Anlagen mit zwei oder drei thermodynamischen Luftbehandlungsfunktionen
433	Klimaanlagen	Anlagen mit vier thermodynamischen Luftbehandlungsfunktionen
434	Kälteanlagen	Kälteanlagen zur Raumkühlung und für lufttechnische Anlagen: Kälteerzeugungs- und Rückkühlanlagen einschließlich Pumpen, Verteilern und Rohrleitungen
439	Sonstiges zur KG 430	Lüftungsdecken, Kühldecken, Abluftfenster; Installationsdoppelböden, soweit nicht in anderen Kostengruppen erfasst
440	**Elektrische Anlagen**	Elektrische Anlagen für Starkstrom einschließlich der Brandschutzdurchführungen, soweit nicht in anderen Kostengruppen erfasst, jedoch ohne die Anlagen der KG 450
441	Hoch- und Mittelspannungsanlagen	Schaltanlagen, Transformatoren
442	Eigenstromversorgungsanlagen	Stromerzeugungsaggregate einschließlich Kühlung, Abgasanlagen, Brennstoffversorgung, zentraler Batterie- und unterbrechungsfreier Stromversorgungsanlagen sowie photovoltaischer Anlagen
443	Niederspannungsschaltanlagen	Niederspannungshauptverteiler, Blindstromkompensationsanlagen, Maximumüberwachungsanlagen, Oberschwingungsfilter
444	Niederspannungs- installationsanlagen	Kabel, Leitungen, Unterverteiler, Verlegesysteme, Installationsgeräte
445	Beleuchtungsanlagen	Ortsfeste Leuchten, Sicherheitsbeleuchtung und Beleuchtungsanlagen für Anlagen des Verkehrs sowie Flutlichtanlagen
446	Blitzschutz- und Erdungsanlagen	Auffangeinrichtungen, Ableitungen, Erdungen, Potentialausgleich
447	Fahrleitungssysteme	Stromführende Leitungen für den Schienen- und Straßenverkehr
449	Sonstiges zur KG 440	Frequenzumformer

DIN 276
Tabelle 1

Kostengruppen (KG)		Anmerkungen
450	**Kommunikations-, sicherheits- und informationstechnische Anlagen**	Die einzelnen Anlagen enthalten die zugehörigen Verteiler, Kabel, Leitungen sowie die Brandschutzdurchführungen.
451	Telekommunikationsanlagen	Einrichtungen zur Datenübertragung (Sprache, Text und Bild), soweit nicht in der KG 630 erfasst
452	Such- und Signalanlagen	Personenrufanlagen, Lichtruf- und Klingelanlagen, Türsprech- und Türöffneranlagen
453	Zeitdienstanlagen	Uhren- und Zeiterfassungsanlagen
454	Elektroakustische Anlagen	Beschallungsanlagen, Konferenz- und Dolmetscheranlagen, Gegen- und Wechselsprechanlagen
455	Audiovisuelle Medien- und Antennenanlagen	AV-Medienanlagen, soweit nicht in anderen Kostengruppen erfasst, einschließlich der Sende- und Empfangsantennenanlagen und der Umsetzer
456	Gefahrenmelde- und Alarmanlagen	Brand-, Überfall-, Einbruchmeldeanlagen, Wächterkontrollanlagen, Zugangskontrollanlagen, Überwachungsanlagen im privaten und öffentlichen Raum
457	Datenübertragungsnetze	Netze zur Datenübertragung (Sprache, Text und Bild), soweit nicht in anderen Kostengruppen erfasst, Verlegesysteme, soweit nicht in der KG 444 erfasst
458	Verkehrsbeeinflussungsanlagen	Verkehrssignalanlagen, elektronische Anzeigetafeln, Mautsysteme, Parkleitsysteme, Verkehrstelematik (Soweit erforderlich kann die Verkehrstelematik entsprechend der KG 480 weiter untergliedert werden.)
459	Sonstiges zur KG 450	Fernwirkanlagen
460	**Förderanlagen**	
461	Aufzugsanlagen	Personenaufzüge, Lastenaufzüge
462	Fahrtreppen, Fahrsteige	
463	Befahranlagen	Fassadenaufzüge und andere Befahranlagen
464	Transportanlagen	Automatische Warentransportanlagen, Aktentransportanlagen, Rohrpostanlagen
465	Krananlagen	Krananlagen einschließlich Hebezeugen
466	Hydraulikanlagen	Hydraulikanlagen einschließlich hydraulischer Antriebe für mechanische Baukonstruktionen (z. B. für Toranlagen, Brücken, Ausleger, Entnahmeanlagen an Talsperren) sowie im Stahlwasserbau (z. B. für Schleusentore, Docktore, Wehrverschlüsse), soweit nicht in den KG 461 bis 465 und 469 erfasst
469	Sonstiges zur KG 460	Hebebühnen, Parksysteme

Kostengruppen (KG)		Anmerkungen
470	**Nutzungsspezifische und verfahrenstechnische Anlagen**	Mit dem Bauwerk fest verbundene Anlagen, die der besonderen Zweckbestimmung dienen, jedoch ohne die baukonstruktiven Einbauten (KG 380) Für die Abgrenzung gegenüber der KG 600 ist maßgebend, dass die nutzungsspezifischen Anlagen durch ihre Beschaffenheit und die Art ihres Einbaus technische und planerische Maßnahmen erforderlich machen (z. B. Anfertigen von Ausführungszeichnungen, Berechnungen, Anschließen von anderen technischen Anlagen).
471	Küchentechnische Anlagen	Küchentechnische Anlagen zur Zubereitung, Ausgabe und Lagerung von Speisen und Getränken einschließlich zugehöriger Kälteanlagen
472	Wäscherei-, Reinigungs- und badetechnische Anlagen	Wäscherei- und Reinigungsanlagen einschließlich zugehöriger Wasseraufbereitung, Desinfektions- und Sterilisationseinrichtungen; Aufbereitungsanlagen für Schwimmbeckenwasser, soweit nicht in der KG 410 erfasst
473	Medienversorgungs- anlagen, Medizin- und labortechnische Anlagen	Zentralen für technische und medizinische Gase, Druckluftererzeugung, Vakuumerzeugung, Flüssigchemikalien, Lösungsmittel und vollentsalztes Wasser; Leitungen, Armaturen und Übergabestationen für technische und medizinische Gase, Druckluft, Vakuum, Flüssigchemikalien, Lösungsmittel und vollentsalztes Wasser; Diagnosegeräte, Behandlungsgeräte, OP-Einrichtungen und Hilfseinrichtungen für Menschen mit Behinderungen; Abzüge und Spülen; Wand- und Doppelarbeitstische; Medienzellen
474	Feuerlöschanlagen	Sprinkler- und Gaslöschanlagen, Löschwasserleitungen, Wandhydranten, Handfeuerlöscher
475	Prozesswärme-, kälte- und -luftanlagen	Wärme-, Kälte- und Kühlwasserversorgungsanlagen (z. B. für Produktion-, Forschung und Sportanlagen), soweit nicht in anderen Kostengruppen erfasst; Farbnebelabscheideanlagen, Prozessfortluftsysteme, Absauganlagen
476	Weitere nutzungsspezifische Anlagen	Abfall- und Medienentsorgungsanlagen, Staubsauganlagen, Bühnentechnische Anlagen, Tankstellen- und Waschanlagen, Taumittelsprüh- und Enteisungsanlagen
477	Verfahrenstechnische Anlagen, Wasser, Abwasser und Gase	Verfahrenstechnische Anlagen für Wassergewinnung, Abwasserbehandlung und -entsorgung (z. B. Anlagen der Wassergewinnung, Wasseraufbereitungsanlagen, Abwasserreinigungsanlagen, Schlammbehandlungsanlagen, Regenwasserbehandlungsanlagen, Grundwasserdekontaminierungsanlagen), Anlagen für die Ver- und Entsorgung mit Gasen (z. B. Odorieranlagen)
478	Verfahrenstechnische Anlagen, Feststoffe, Wertstoffe und Abfälle	Anlagen für die Ver- und Entsorgung mit Feststoffen; Anlagen der Abfallentsorgung (z. B. für Kompostwerke, Mülldeponien, Verbrennungsanlagen, Pyrolyseanlagen, mehrfunktionale Aufbereitungsanlagen für Wertstoffe)
479	Sonstiges zur KG 470	Entnahmeanlagen an Talsperren (hinsichtlich Wassermenge und Wassergüte) einschließlich der Entnahmeleitungen, der Antriebe und aller Anlagenteile (z. B. Armaturen, Formstücke, Pass- und Ausbaustücke, Sonderbauteile); Messtechnische Überwachungsanlagen an Stauanlagen (z. B. Pegel, geodätische Messpunkte, mobile Messgeräte, Lote, Thermometer, Sickerwasser-, Grundwasser- und Sohlwasserdruckmesseinrichtungen) einschließlich Übertragungssystemen

Kostengruppen (KG)		Anmerkungen
480	**Gebäude- und Anlagenautomation**	Überwachungs-, Steuer-, Regel- und Optimierungseinrichtungen zur automatischen Durchführung von technischen Funktionsabläufen
481	Automationseinrichtungen	Automationsstationen, Bedien-, Anzeige- und Ausgabeeinrichtungen, Hard- und Software, Lizenzen, Funktionen, Schnittstellen, Feldgeräte, Programmiereinrichtungen
482	Schaltschränke, Automationsschwerpunkte	Schaltschränke zur Aufnahme von Automationseinrichtungen, Leistungs-, Steuerungs- und Sicherungsbaugruppen
483	Automationsmanagement	Übergeordnete Einrichtungen für Automation und Management, Bedien-, Anzeige- und Ausgabeeinrichtungen, Hard- und Software, Lizenzen, Funktionen, Schnittstellen
484	Kabel, Leitungen und Verlegesysteme	Kabel, Leitungen und Verlegesysteme, soweit nicht in anderen Kostengruppen erfasst
485	Datenübertragungsnetze	Netze zur Datenübertragung, soweit nicht in anderen Kostengruppen erfasst
489	Sonstiges zur KG 480	

Kostengruppen (KG)		Anmerkungen
490	**Sonstige Maßnahmen für technische Anlagen**	Technische Anlagen und übergreifende Maßnahmen im Zusammenhang mit den technischen Anlagen, die nicht einzelnen Kostengruppen der KG 400 zugeordnet werden können oder die nicht in der KG 390 oder der KG 590 erfasst sind
491	Baustelleneinrichtung	Einrichten, Vorhalten, Betreiben und Räumen der übergeordneten Baustelleneinrichtung für technische Anlagen (z. B. Material- und Geräteschuppen, Lager-, Wasch-, Toiletten- und Aufenthaltsräume, Bauwagen, Misch- und Transportanlagen, Energie- und Bauwasseranschlüsse, Baustraßen, Lager- und Arbeitsplätze, Verkehrssicher- ungen, Abdeckungen, Bauschilder, Bau- und Schutzzäune, Baubeleuchtung, Baustrom, Bauwasser)
492	Gerüste	Auf-, Um-, und Abbauen sowie Vorhalten von Gerüsten
493	Sicherungsmaßnahmen	Sicherungsmaßnahmen an bestehenden Bauwerken (z. B. Unterfangungen, Abstützungen)
494	Abbruchmaßnahmen	Abbruch- und Demontagearbeiten einschließlich Zwischenlagern wieder verwendbarer Teile, Abfuhr des Abbruchmaterials, soweit nicht in anderen Kostengruppen erfasst
495	Instandsetzungen	Maßnahmen zur Wiederherstellung des zum bestimmungsgemäßen Gebrauch geeigneten Zustandes, soweit nicht in anderen Kostengruppen erfasst
496	Materialentsorgung	Entsorgung von Materialien und Stoffen, die bei dem Abbruch, bei der Demontage und bei dem Ausbau von Anlagenteilen oder bei der Erstellung einer Bauleistung anfallen zum Zweck des Recyclings oder der Deponierung
497	Zusätzliche Maßnahmen	Zusätzliche Maßnahmen bei der Erstellung von technischen Anlagen (z. B. Schutz von Personen und Sachen sowie betriebliche Sicherungsmaßnahmen beim Bauen unter Betrieb); Reinigung vor der Inbetriebnahme; Maßnahmen aufgrund von Forderungen des Wasser-, Landschafts-, Lärm- und Erschütterungsschutzes während der Bauzeit; Schlechtwetter und Winterbauschutz, Erwärmung der technischen Anlagen, Schneeräumung
498	Provisorische technische Anlagen	Erstellung, Betrieb und Beseitigung provisorischer technischer Anlagen, Anpassung der technischen Anlagen bis zur Inbetriebnahme der endgültigen technischen Anlagen
499	Sonstiges zur KG 490	Technische Anlagen und Maßnahmen, die mehrere Kostengruppen betreffen; Baustellengemeinkosten

► *Zu Tabelle 1 – Kostengruppe 400 Bauwerk – Technische Anlagen*

Die KG „400 Bauwerk-Technische Anlagen" umfasst die Bauleistungen und Lieferungen zur Herstellung der technischen Anlagen des Bauwerks. Dazu zählen alle im Bauwerk eingebauten, daran angeschlossenen oder damit fest verbundenen technischen Anlagen einschließlich aller Anlagenteile.

In der zweiten Gliederungsebene ist die KG 400 untergliedert in Abwasser-, Wasser-, Gasanlagen, Wärmeversorgungsanlagen, Raumlufttechnische Anlagen, elektrische Anlagen, Kommunikations-, sicherheits- und informationstechnische Anlagen, Förderanlagen, nutzungsspezifische und verfahrenstechnische Anlagen, Gebäude – und Anlagenautomation und sonstige Maßnahmen für technische Anlagen. Die Installationen und die zentralen betriebstechnischen Anlagen, die in früheren Norm-Ausgaben noch getrennt waren, werden in den jeweiligen Kostengruppen der zweiten Gliederungsebene zusammengefasst. In der dritten Kostengliederungsebene werden diese Anlagengruppen in Anlagenteile untergliedert.

Diese Anlagenteile sind jedoch nicht den geometrisch abgrenzbaren Bauelementen der KG „300 Bauwerk-Baukonstruktionen" vergleichbar. Erst auf einer weiteren – „vierten" – Gliederungsebene, die in der DIN 276 allerdings nicht verbindlich genormt ist, wären auch für den Bereich der technischen Anlagen die Grundlagen für eine elementbezogene Kostenermittlung gegeben. Hierzu wird auf Abschnitt 6.4 und die **Tabelle 4** verwiesen, in der eine solche „vierte Ebene" zusammen mit den Mengen und Bezugseinheiten als Empfehlung formuliert ist.

Zur Abgrenzung der KG 400 gegenüber der KG 300 wird in der Norm angemerkt, dass „die einzelnen technischen Anlagen die zugehörigen Gestelle, Befestigungen, Armaturen, Wärme- und Kältedämmungen, Schall- und Brandschutzvorkehrungen, Abdeckungen, Verkleidungen, Anstriche, Kennzeichnungen usw. enthalten". Nicht jedoch sind „die Kosten für das Erstellen und Schließen von Schlitzen und Durchführungen sowie von Rohr- und Kabelgräben" enthalten, da „diese Kosten in der Regel in der KG 300 erfasst werden".

Abbildung A 37 erlaubt es durch die synoptische Gegenüberstellung der Kostengliederungen in alter und neuer Fassung, die wenigen Änderungen bei der KG „400 Bauwerk-Technische Anlagen" nachzuvollziehen. Sie beschränken sich in der zweiten Gliederungsebene auf die Umbenennung einiger Bezeichnungen. Auch die Änderungen in der dritten Ebene sind eher nur redaktioneller Art.

Die technischen Entwicklungen im letzten Jahrzehnt führen in dieser Kostengruppe naturgemäß zu einigen Anpassungen und Ergänzun-

KG 400 Bauwerk – Technische Anlagen

DIN 276-1:2008-12		DIN 276:2018-12		Art der Änderung
400	Bauwerk-Technische Anlagen	**400**	**Bauwerk-Technische Anlagen**	
410	Abwasser-, Wasser-, Gasanlagen	**410**	**Abwasser-, Wasser-, Gasanlagen**	
420	Wärmeversorgungsanlagen	**420**	**Wärmeversorgungsanlagen**	
430	Lufttechnische Anlagen	**430**	**Raumlufttechnische Anlagen**	(U)
440	Starkstromanlagen	**440**	**Elektrische Anlagen**	U
450	Fernmelde- und Informationstechnische Anlagen	**450**	**Kommunikations-, sicherheits- und informationstechnische Anlagen**	(U)
460	Förderanlagen	**460**	**Förderanlagen**	
470	Nutzungsspezifische Anlagen	**470**	**Nutzungsspezifische und verfahrenstechnische Anlagen**	(U)
480	Gebäudeautomation	**480**	**Gebäude- und Anlagenautomation**	(U)
490	Sonstige Maßnahmen für Technische Anlagen	**490**	**Sonstige Maßnahmen für Technische Anlagen**	

N: Neue Kostengruppe
U: Kostengruppe umbenannt (geänderte Bezeichnung)
Ä: Kostengruppe mit geändertem Inhalt
V: Kostengruppe verschoben (geänderte Nummer)

Abbildung A 37: Gegenüberstellung Kostengliederungen der KG 400

gen, die in erster Linie die Bezeichnungen von Kostengruppen betreffen, aber nicht tiefer in die Systematik der Gliederung eingreifen. Das zeigt sich beispielsweise in der KG „440 Elektrische Anlagen", bei der die überholte frühere Bezeichnung „Starkstromanlagen" ausgetauscht wurde. Ein weiteres Beispiel ist bei der KG „450 Kommunikationssicherheits- und informationstechnische Anlagen" gegeben, bei der die mittlerweile technisch überholte Bezeichnung „Fernmeldeanlagen" ersetzt wurde.

Das Gleiche gilt für die Einbeziehung der Ingenieurbauten und Infrastrukturanlagen, die nur an wenigen Stellen begriffliche Anpassungen und Veränderungen erforderlich machte.
So mussten beispielsweise für Ingenieurbauten und Infrastrukturanlagen die verfahrenstechnischen Anlagen berücksichtigt werden, die jetzt in der neu formulierten KG „470 Nutzungsspezifische und verfahrenstechnische Anlagen" enthalten sind. Auch die erweiterte Bezeichnung der KG „480 Gebäude- und Anlagenautomation" ersetzt aus diesem Grund die bisherige und nur auf den Hochbau bezogene Bezeichnung „Gebäudeautomation".

Kostengruppe 500 – Außenanlagen und Freiflächen

Kostengruppen (KG)		Anmerkungen
500	**Außenanlagen und Freiflächen**	Bauleistungen und Lieferungen zur Herstellung von Außenanlagen der Bauwerke sowie von Freiflächen, die selbstständig und unabhängig der Bauwerke sind, mit den dazugehörigen baulichen Anlagen, Baukonstruktionen oder technischen Anlagen Dazu gehören auch die mit baulichen Anlagen fest verbundenen Einbauten, die der besonderen Zweckbestimmung dienen sowie übergreifende Maßnahmen. Die Kosten von Außenanlagen und Freiflächen, die unterbaut sind (z. B von Tiefgaragen, Untergeschossen, Tunneln), sind bei den betreffenden Kostengruppen auszuweisen. Bei Umbauten und Modernisierungen von Außenanlagen und Freiflächen zählen hierzu auch die Kosten von Teilabbruch-, Instandsetzungs-, Sicherungs- und Demontagearbeiten. Die Kosten sind bei den betreffenden Kostengruppen auszuweisen. Außerhalb des Grundstücks liegende Anlagen des Verkehrs und technische Anlagen zur Erschließung des Grundstücks gehören zur KG 200. Die mit dem Bauwerk verbundenen Fassaden-, Wand-, Dach- und Innenraumbegrünungen sowie landschaftsgestalterische Einbauten gehören zur KG 300. Eigenständige Bauwerke von Infrastrukturanlagen gehören zur KG 300 und KG 400.
510	**Erdbau**	Oberbodenarbeiten und Bodenarbeiten, Erdbaumaßnahmen, Baugruben, Dämme, Einschnitte, Wälle, Hangsicherungen
511	Herstellung	Bodenabtrag und Bodensicherung einschließlich Oberboden sowie Bodenauftrag; Aushub von Baugruben und Baugräben einschließlich der Arbeitsräume und Böschungen; Lagern, Bodenlieferung und Bodenabfuhr; Verfüllungen und Hinterfüllungen; Planum, Mulden, Bankette
512	Umschließung	Verbau und Sicherung von Baugruben, Baugräben, Dämmen, Wällen und Einschnitten (z. B. Schlitz-, Pfahl-, Spund-, Trägerbohl-, Injektions- und Spritzbetonsicherung) einschließlich der Verankerungen, Absteifungen und Böschungen
513	Wasserhaltung	Beseitigung des Grund- und Schichtenwassers während der Bauzeit
514	Vortrieb	Erdausbruch unter Tage einschließlich Stützung und Sicherung
519	Sonstiges zur KG 510	

Kostengruppen (KG)		Anmerkungen
520	**Gründung, Unterbau**	Gründungs- und Unterbaumaßnahmen von Außenanlagen und Freiflächen einschließlich der zugehörigen Erdarbeiten und Sauberkeitsschichten, soweit nicht in der KG 510 erfasst
521	Baugrundverbesserung	Bodenaustausch, Verdichtung, Einpressung, Ankerung, Stützmaßnahmen, Bodenlockerung, Verlegung von Geotextilien
522	Gründungen und Bodenplatten	Einzelfundamente, Streifenfundamente, Fundament-, Sohl- und Bodenplatten
523	Gründungsbeläge	Beläge auf Sohl-, Boden- und Fundamentplatten (z. B. Estriche, Dichtungs-, Dämm-, Schutz- und Nutzschichten)
524	Abdichtungen und Bekleidungen	Konstruktionsschichten unterhalb der Sohl-, Boden- und Fundamentplatte, Abdichtungen und Bekleidungen der Gründung einschließlich Dämmungen sowie Filter-, Trenn-, Sauberkeits- und Schutzschichten
525	Dränagen	Leitungen, Schächte, Packungen, Pumpensümpfe, Tiefenentwässerung, Oberflächenentwässerung
529	Sonstiges zur KG 520	
530	**Oberbau, Deckschichten**	Oberbau- und Deckschichten von Außenanlagen und Freiflächen; Oberbau und Deckschichten mit oder ohne Bindemittel von befestigten Flächen einschließlich Bettungsmaterialien, Fugenfüllungen, Markierungen und Einfassungen (z. B. Borde, Kantensteine)
531	Wege	Oberbau und Deckschichten von Flächen für den Fuß- und Radverkehr
532	Straßen	Oberbau- und Deckschichten von Flächen für den Leicht- und Schwerverkehr sowie für Fußgängerzonen mit Anlieferungsverkehr
533	Plätze, Höfe, Terrassen	Oberbau- und Deckschichten von Platzflächen, Innenhöfen, Terrassen und Sitzplätzen
534	Stellplätze	Oberbau- und Deckschichten von Flächen für den ruhenden Verkehr
535	Sportplatzflächen	Oberbau- und Deckschichten von Sportplatzflächen
536	Spielplatzflächen	Oberbau- und Deckschichten von Spielplatzflächen
537	Gleisanlagen	Gleise, Weichen und Gleisabschlüsse einschließlich Schwellen
538	Flugplatzflächen	Oberbau und Deckschichten beispielsweise von Hubschrauberlandeplätzen
539	Sonstiges zur KG 530	

Kostengruppen (KG)		Anmerkungen
540	**Baukonstruktionen**	Baukonstruktionen in Außenanlagen und Freiflächen, die eigenständig und unabhängig von Bauwerken sind Die Bodenarbeiten und Erdbaumaßnahmen gehören zur KG 510, die Gründungs- und Unterbaumaßnahmen zur KG 520. Baukonstruktionen, die eigenständige Bauwerke darstellen, werden in der KG 300 erfasst.
541	Einfriedungen	Zäune, Mauern, Türen, Tore, Schutzgitter, Schrankenanlagen
542	Schutzkonstruktionen	Lärmschutzwände, Sichtschutzwände, Schutzgitter; Konstruktionen für beispielsweise Sonnenschutz einschließlich Antrieben
543	Wandkonstruktionen	Stütz- und Schwergewichtsmauern, elementierte Konstruktionen einschließlich Bekleidungen, füllender Teile und Abdichtungen
544	Rampen, Treppen, Tribünen	Rampen, Treppen und Tribünen einschließlich Geländern, Handläufen und Absturzsicherungen
545	Überdachungen	Überdachungen, Unterstände, Wetterschutzkonstruktionen und Pergolen einschließlich deren Stützkonstruktionen
546	Stege	Stege und kleinere Brücken für den Fuß- und Radverkehr sowie Bootsstege einschließlich Rampen, Stufen, Treppen, Geländern, Handläufen, Absturzsicherungen und Wetterschutz
547	Kanal- und Schachtkonstruktionen	Rohrkanäle und -schächte, Leerrohre für technische Anlagen
548	Wasserbecken	Wasserbecken, Schwimmbecken, Schwimmteiche
549	Sonstiges zur KG 540	

Kostengruppen (KG)		Anmerkungen
550	**Technische Anlagen**	Technische Anlagen in Außenanlagen einschließlich der Ver- und Entsorgung des Bauwerks sowie in Freiflächen, die eigenständig und unabhängig von Bauwerken sind Die Bodenarbeiten und Erdbaumaßnahmen gehören zur KG 510, die Gründungs- und Unterbaumaßnahmen zur KG 520.
551	Abwasseranlagen	Abwasserleitungen, häusliche Kläranlagen, Oberflächen- und Bauwerksentwässerungsanlagen, Sammelgruben, Abscheider, Hebeanlagen
552	Wasseranlagen	Brunnenanlagen, Zisternen, Druckerhöhungsanlagen, Wasserversorgungsleitungen, Löschwasseranlagen, Beregnungsanlagen
553	Anlagen für Gase und Flüssigkeiten	Leitungen für Gase und wassergefährdende Flüssigkeiten, Flüssiggasanlagen
554	Wärmeversorgungsanlagen	Wärmeerzeugungsanlagen, Wärmeversorgungsleitungen, Freiflächen- und Rampenheizungen
555	Raumlufttechnische Anlagen	Anlagenteile der Raumlufttechnik (z. B. Außenluftansaugung, Fortluftausblas, Erdwärmetauscher, Kälteversorgung)
556	Elektrische Anlagen	Elektrische Anlagen für Starkstrom (z. B. für Stromversorgungsleitungen, Freilufttrafostationen, Eigenstromerzeugungsanlagen); Außenbeleuchtungsanlagen, Beleuchtungsanlagen für Wege, Straßen, Plätze und Flächen für den ruhenden Verkehr sowie Flutlichtanlagen und Fahrleitungsanlagen einschließlich der Maste und Befestigungen
557	Kommunikations-, sicherheits- und informationstechnische Anlagen, Automation	Leitungsnetze, Beschallungsanlagen, Zeitdienstanlagen und Verkehrssignalanlagen, elektronische Anzeigetafeln, Objektsicherungsanlagen, Parkleitsysteme
558	Nutzungsspezifische Anlagen	Medienversorgungsanlagen, Tankanlagen, badetechnische Anlagen
559	Sonstiges zur KG 550	
560	**Einbauten in Außenanlagen und Freiflächen**	Einbauten in Außenanlagen und Freiflächen, die eigenständig und unabhängig von Bauwerken sind Die Erdbaumaßnahmen gehören zur KG 510, die Gründungs- und Unterbaumaßnahmen zur KG 520.
561	Allgemeine Einbauten	Wirtschaftsgegenstände (z. B. Sitzmöbel, Fahrradständer, Pflanzbehälter, Abfallbehälter, Fahnenmaste, Absperrpoller, Stoßabweiser)
562	Besondere Einbauten	Einbauten in Spielplätzen (z. B. Spielgeräte und Klettereinrichtungen); Einbauten für Sportanlagen, Freizeitanlagen und Tiergehege
563	Orientierungs- und Informationssysteme	Einbauten, die der Orientierung und Information dienen (z. B. für Flucht, Rettung, Orientierung, Werbung)
569	Sonstiges zur KG 560	

Kostengruppen (KG)		Anmerkungen
570	**Vegetationsflächen**	Die Erdbaumaßnahmen gehören zur KG 510.
571	Vegetationstechnische Bodenbearbeitung	Vorbereitung von Pflanzflächen durch Oberbodenauftrag, Oberbodenlockerung, Fräsen, Planieren; Bodenverbesserung (z. B. Düngung, Bodenhilfsstoffe und Zwischenbegrünungen)
572	Sicherungsbauweisen	Vegetationsstücke, Geotextilien, Flechtwerk, Böschungssicherungen, Flächensicherungen
573	Pflanzflächen	Pflanzung von Gehölzen und Stauden einschließlich Feinplanum und Fertigstellungspflege
574	Rasen- und Saatflächen	Aussaat von Saatgut und Rasen sowie Verlegung von Fertigrasen einschließlich Feinplanum und Fertigstellungspflege
579	Sonstiges zur KG 570	Entwicklungspflege von Pflanz-, Rasen- und Saatflächen
580	**Wasserflächen**	Naturnahe Wasserflächen, Bäche, Teiche und Seen einschließlich Sohl- und Uferausbildung sowie Uferbefestigung Die Erdbaumaßnahmen gehören zur KG 510.
581	Befestigungen	Tragschichten einschließlich Bodensubstraten, Kies- und Schotterschichten sowie Wasserbausteinbettungsschichten, soweit nicht unter anderen Kostengruppen erfasst
582	Abdichtungen	Planum, Planumsschutzschichten, Frostschutzschichten, Bewehrungs-, Trenn-, Filter- und Dichtungsschichten; Schutzschichten
583	Bepflanzungen	Unterwasser- und Wasserpflanzen, Röhrichte, Bepflanzungen der Wasserwechselzonen
589	Sonstiges zur KG 580	Entwicklungspflege von Bepflanzungen

Kostengruppen (KG)		Anmerkungen
590	**Sonstige Maßnahmen für Außenanlagen und Freiflächen**	Anlagen und übergreifende Maßnahmen im Zusammenhang mit den Außenanlagen und Freiflächen, die nicht einzelnen Kostengruppen der KG 500 zugeordnet werden können oder die nicht in der KG 390 oder der KG 490 erfasst sind
591	Baustelleneinrichtung	Einrichten, Vorhalten, Betreiben und Räumen der übergeordneten Baustelleneinrichtung für Außenanlagen und Freiflächen (z. B. Material- und Geräteschuppen, Lager-, Wasch-, Toiletten- und Aufenthaltsräume, Bauwagen, Misch- und Transportanlagen, Energie- und Bauwasseranschlüsse, Baustraßen, Lager- und Arbeitsplätze, Verkehrssicherungen, Abdeckungen, Bauschilder, Bau- und Schutzzäune, Baubeleuchtung, Baustrom, Bauwasser)
592	Gerüste	Auf-, Um-, und Abbauen sowie Vorhalten von Gerüsten
593	Sicherungsmaßnahmen	Sicherungsmaßnahmen an bestehenden baulichen Anlagen (z. B. Unterfangungen, Abstützungen)
594	Abbruchmaßnahmen	Abbruch- und Demontagearbeiten einschließlich Zwischenlagern wiederverwendbarer Teile, Abfuhr des Abbruchmaterials, soweit nicht in anderen Kostengruppen erfasst
595	Instandsetzungen	Maßnahmen zur Wiederherstellung des zum bestimmungsgemäßen Gebrauch geeigneten Zustandes, soweit nicht in anderen Kostengruppen erfasst
596	Materialentsorgung	Entsorgung von Materialien und Stoffen, die bei dem Abbruch, bei der Demontage und bei dem Ausbau von Außenanlagen und Freiflächen oder bei der Erstellung einer Bauleistung anfallen zum Zweck des Recyclings oder der Deponierung
597	Zusätzliche Maßnahmen	Zusätzliche Maßnahmen bei der Erstellung von Außenanlagen und Freiflächen (z. B. Schutz von Personen und Sachen sowie betriebliche Sicherungsmaßnahmen beim Bauen unter Betrieb); Reinigung vor Inbetriebnahme; Maßnahmen aufgrund von Forderungen des Wasser-, Landschafts-, Lärm- und Erschütterungsschutzes während der Bauzeit; Schlechtwetter und Winterbauschutz, Erwärmung, Schneeräumung
598	Provisorische Außenanlagen und Freiflächen	Erstellung, Betrieb und Beseitigung provisorischer Außenanlagen und Freiflächen, Anpassung der Außenanlagen und Freiflächen bis zur Inbetriebnahme der endgültigen Außenanlagen und Freiflächen
599	Sonstiges zur KG 590	Anlagen und Maßnahmen, die mehrere Kostengruppen betreffen; Baustellengemeinkosten

► Zu Tabelle 1 – Kostengruppe 500 Außenanlagen und Freiflächen

Die KG „500 Außenanlagen und Freiflächen" umfasst die Bauleistungen und Lieferungen zur Herstellung von Außenanlagen der Bauwerke sowie von Freiflächen, die selbständig und unabhängig von Bauwerken sind. Mit dieser Formulierung wird klar, dass Infrastrukturanlagen, die unabhängig von anderen Bauwerken (z.B. Hochbauten oder Ingenieurbauten) sind und somit selbständige Bauwerke darstellen, nicht in der KG 500 zu erfassen sind, sondern in den Kostengruppen 300 und 400.

In den bisherigen Ausgaben der DIN 276 war die KG 500 immer auf die Außenanlagen ausgerichtet, die in Verbindung mit einem Bauwerk des Hochbaus oder des Ingenieurbaus stehen. Für die Kostenermittlung von selbständigen Freiflächen (z.B. Parkanlagen, Gartenschauen) waren aber keine Regelungen vorgesehen. Allerdings wurde in der Praxis zur Darstellung der Kosten solcher Freiflächen doch auf die Kostengliederung der Außenanlagen zurückgegriffen. In der neuen DIN 276 ist jetzt ausdrücklich vorgesehen, dass die Kostengliederung im Bereich der KG 500 nicht nur für Außenanlagen, sondern auch für selbständige Freiflächen gilt. Insofern wurden bei der Überarbeitung der Gliederung selbst und auch bei den Anmerkungen zu den einzelnen Kostengruppen die Formulierungen entsprechend angepasst.

Im Norm-Entwurf [130], der im Juli 2017 der jetzigen Norm vorausgegangen war, hatte man noch versucht, die angestrebte Zusammenlegung des Ingenieurbaus mit dem Hochbau dadurch zu lösen, dass nur die Bauwerke von Ingenieurbauten in die KG „300 Bauwerk-Baukonstruktionen" eingeordnet werden, die Bauwerke von Infrastrukturanlagen – denen auch die Verkehrsanlagen zuzurechnen sind -, aber in die damalige KG „500 Außenanlagen". Diese vermeintliche Lösung des Problems wurde dann aber glücklicherweise aufgegeben, da sie mit einem regelrechten „Systembruch" verbunden gewesen wäre. Ein Grundsatz der Norm lautet, dass bei einem Bauprojekt, das aus mehreren Bauwerken besteht, entsprechend Abschnitt 4.2.8 dafür jeweils getrennte Kostenermittlungen aufgestellt werden müssen. Demzufolge kann sich eine Kostenermittlung also nicht auf zwei oder mehrere Bauwerke erstrecken. Die grundsätzliche Struktur der DIN 276-Kostengliederung sieht nun vor, dass die Kosten des (einen) Bauwerks, für das die Kosten zu ermitteln sind, im Zentrum der Gliederung (KG 300 und KG 400) stehen. Alle anderen Bestandteile der Gesamtkosten, die mit diesem Bauwerk verbunden sind, werden in den übrigen Kostengruppen erfasst, die um das Bauwerk herum angeordnet sind (KG 100, KG 200 sowie KG 500, KG 600, KG 700 und KG 800). Sie stellen sozusagen die „Peripherie" für das Bauwerk dar.

Diesem Grundgedanken der Kostengliederung folgend stellen alle bautechnischen Konstruktionen, technischen Anlagen und infrastrukturellen Anlagen, die sich in den Außenanlagen befinden, keine eigenständigen und unabhängigen Bauwerke dar. Insofern werden diese Konstruktionen und Anlagen, selbst wenn sie technisch gesehen den in den Kostengruppen des Bauwerks (KG 300 und KG 400) aufgeführten Konstruktionen und Anlagen gleichen, in der KG „500 Außenanlagen und Freiflächen" erfasst. Ein Beispiel soll den Unterschied bei der Kostenzuordnung deutlich machen: Der Oberbau einer Straße, die im Bauprojekt als ein selbständiges Bauwerk gilt, wird kostenmäßig in der KG „371 Anlagen für den Straßenverkehr" erfasst. Die Kosten des Oberbaus einer Straße, die in den Außenanlagen eines Hochbauwerks liegt, gehören dagegen in die KG „532 Straßen".

Die Kosten des Bauwerks und die Kosten der Außenanlagen werden sowohl nach geometrischen als auch nach konstruktiven Gesichtspunkten voneinander abgegrenzt. Hierzu wird auf die Regelungen der DIN 277 in den Abschnitten 6.1 Brutto-Grundfläche (BGF) und 8.4 Außenanlagenfläche (AF) sowie die dazu in Teil B dieses Kommentars enthaltenen Ausführungen verwiesen.

Zur Abgrenzung der KG „500 Außenanlagen und Freiflächen" gegenüber der KG „300 Bauwerk-Baukonstruktionen" ist auch hier die klarstellende Anmerkung der Norm wichtig, dass „die mit dem Bauwerk verbundenen Fassaden-, Wand- Dach- und Innenraumbegrünungen sowie landschaftsgestalterische Einbauten zur KG 300 gehören".

Abbildung A 38 lässt in der synoptischen Gegenüberstellung der Kostengliederungen in alter und neuer Fassung klar erkennen, dass die Änderungen bei der KG „500 Außenanlagen und Freiflächen" aufgrund der oben dargelegten Gesichtspunkte sehr viel tiefgreifender sind als bei anderen Kostengruppen. Dies betrifft schon die zweite Gliederungsebene und demzufolge auch die gesamte dritte Gliederungsebene. Aus organisatorischen Gründen ergeben sich dort vor allem Verschiebungen von Kostengruppen.

Bei der Überarbeitung der Kostengliederung war es konsequent, auch bei der KG „500 Außenanlagen und Freiflächen" die gleiche Gliederungssystematik wie bei der KG „300 Bauwerk-Baukonstruktionen" anzuwenden und die Bodenarbeiten und Erdbaumaßnahmen sowie die Gründungs- und Unterbaumaßnahmen in separaten Kostengruppen (KG „510 Erdbau" und KG „520 Gründung und Unterbau") auszuweisen. Das hat natürlich einige Änderungen gegenüber der Vorgängernorm zur Folge, bei der die Kosten für Erdbau und Gründung bei den jeweiligen Konstruktionen und Anlagen enthalten waren. Für Datenbanken bedeutet es zwangsläufig einen nicht unerheblichen Aufwand, vorhandene Kostendaten entsprechend der neuen Kostengliederung anzupassen.

KG 500 Außenanlagen und Freiflächen

DIN 276-1:2008-12		DIN 276:2018-12		Art der Änderung
500	Außenanlagen	**500**	**Außenanlagen und Freiflächen**	(U)
510	Geländeflächen	**510**	**Erdbau**	N
520	Befestigte Flächen	**520**	**Gründung, Unterbau**	N
530	Baukonstruktionen in Außenanlagen → 540	**530**	**Oberbau, Deckschichten**	N
540	Technische Anlagen in Außenanlagen → 550	**540**	**Baukonstruktionen**	(U) / V
550	Einbauten in Außenanlagen → 560	**550**	**Technische Anlagen**	(U) / V
560	Wasserflächen → 580	**560**	**Einbauten in Außenanlagen und Freiflächen**	(U) / V
570	Pflanz- und Saatflächen	**570**	**Vegetationsflächen**	U
		580	**Wasserflächen**	V
590	Sonstige Außenanlagen	**590**	**Sonstige Maßnahmen für Außenanlagen und Freiflächen**	(U)

N: Neue Kostengruppe
U: Kostengruppe umbenannt (geänderte Bezeichnung)
Ä: Kostengruppe mit geändertem Inhalt
V: Kostengruppe verschoben (geänderte Nummer)

Abbildung A 38: Gegenüberstellung Kostengliederungen der KG 500

Kostengruppe 600 – Ausstattung und Kunstwerke

Kostengruppen (KG)		Anmerkungen
600	**Ausstattung und Kunstwerke**	Bewegliche oder ohne besondere Maßnahmen zu befestigende Sachen, die zur Ingebrauchnahme, zur allgemeinen Benutzung oder zur künstlerischen Gestaltung des Bauwerks sowie der Außenanlagen und Freiflächen dienen (siehe Anmerkungen zu den KG 380 und 470)
610	**Allgemeine Ausstattung**	Möbel und Geräte (z. B. Sitz- und Liegemöbel, Schränke, Regale, Tische); Textilien (z. B. Vorhänge, Wandbehänge, lose Teppiche, Wäsche); Hauswirtschafts-, Garten- und Reinigungsgeräte
620	**Besondere Ausstattung**	Ausstattungsgegenstände, die der besonderen Zweckbestimmung eines Objekts dienen (z. B. wissenschaftliche, medizinische, technische Geräte)
630	**Informationstechnische Ausstattung**	DV-Geräte (z. B. Server, PC sowie periphere Geräte und Zubehör)
640	**Künstlerische Ausstattung**	Künstlerische Ausstattung oder Gestaltung des Bauwerks sowie der Außenanlagen und Freiflächen
641	Kunstobjekte	Kunstwerke (z. B. Skulpturen, Objekte, Gemälde, Möbel, Antiquitäten, Altäre, Taufbecken)
642	Künstlerische Gestaltung des Bauwerks	Künstlerisch gestaltete Teile des Bauwerks (z. B. Malereien, Reliefs, Mosaiken, künstlerische Glas-, Schmiede-, Steinmetzarbeiten)
643	Künstlerische Gestaltung der Außenanlagen und Freiflächen	Künstlerisch gestaltete Teile der Außenanlagen und Freiflächen (z. B. Malereien, Reliefs, Mosaiken, künstlerische Glas-, Schmiede-, Steinmetzarbeiten)
649	Sonstiges zur KG 640	
690	**Sonstige Ausstattung**	Schilder, Wegweiser, Informations- und Werbetafeln

▶ *Zu Tabelle 1 – Kostengruppe 600 Ausstattung und Kunstwerke*

Die KG „600 Ausstattung und Kunstwerke" enthält die Kosten für alle „beweglichen oder ohne besondere Maßnahmen zu befestigenden Sachen, die zur Ingebrauchnahme, zur allgemeinen Benutzung oder zur künstlerischen Gestaltung des Bauwerks sowie der Außenanlagen und Freiflächen dienen".

Dazu gehören die „Allgemeine Ausstattung" (insbesondere Möbel, Geräte und Textilien) sowie die „Besondere Ausstattung" für Ausstattungsgegenstände, die der besonderen Zweckbestimmung des Bauwerks dienen. Ferner zählen zu den Ausstattungskosten die „Informationstechnische Ausstattung" (DV-Geräte wie Server, PC, periphere Geräte und Zubehör) sowie die „Künstlerische Ausstattung" (Kunstobjekte, die künstlerische Gestaltung des Bauwerks sowie die künstlerische Gestaltung der Außenanlagen und Freiflächen).

Durch die Kriterien „beweglich" und „ohne besondere Maßnahmen zu befestigen" wird die Ausstattung gegenüber der KG „380 Baukonstruktive Einbauten" sowie der KG „470 Nutzungsspezifische und verfahrenstechnische Anlagen" abgegrenzt. Diese Einbauten und Anlagen sind gerade dadurch gekennzeichnet, dass sie mit dem Bauwerk fest verbunden sind und dass sie durch ihre Beschaffenheit und die Art ihres Einbaus technische und planerische Maßnahmen erforderlich machen.

Abbildung A 39 macht in der synoptischen Gegenüberstellung der Kostengliederungen in alter und neuer Fassung deutlich, dass die Änderungen bei der KG „600 Ausstattung und Kunstwerke" die Anwendung der Kostengliederung und die individuellen Möglichkeiten, Kosten der Ausstattung über die vorgegebene Gliederung hinaus differenzierter unterteilen zu können, erheblich verbessern werden.

Die Kostengliederung, die bisher in der zweiten Gliederungsebene nur zwei Kostengruppen unterschieden hatte (KG „610 Ausstattung" und KG „620 Kunstwerke"), wurde bei der Neufassung stärker differenziert. Zum Einen soll die Kostenzuordnung insbesondere beim raumbildenden Ausbau erleichtert werden. Zum Anderen soll es mit der neuen Ordnung der Gliederungsebenen ermöglicht werden, die jetzt frei verfügbare dritte Gliederungsebene nach eigenen Vorstellungen zu nutzen und beispielsweise die KG „510 Allgemeine Ausstattung" oder die KG „620 Besondere Ausstattung" weiter zu untergliedern.

Mit der neuen KG „630 Informationstechnische Ausstattung" wird der informationstechnischen Entwicklung Rechnung getragen. Bisher hatte die Norm nicht geregelt, an welcher Stelle die Kosten für DV-Geräte eingeordnet werden sollen. Die Abgrenzung dieser Kostengruppe gegenüber der KG „451 Telekommunikationsanlagen", in der die Einrichtungen zur Datenübertragung eingeordnet sind, sowie

KG 600 Ausstattung und Kunstwerke

DIN 276-1:2008-12		DIN 276:2018-12		Art der Änderung
600	Ausstattung und Kunstwerke	**600**	**Ausstattung und Kunstwerke**	
610	Ausstattung	**610**	**Allgemeine Ausstattung**	N / V
620	Kunstwerke	**620**	**Besondere Ausstattung**	N / V
		630	**Informationstechnische Ausstattung**	N
		640	**Künstlerische Ausstattung**	U / V
		690	**Sonstige Ausstattung**	N

N: Neue Kostengruppe
U: Kostengruppe umbenannt (geänderte Bezeichnung)
Ä: Kostengruppe mit geändertem Inhalt
V: Kostengruppe verschoben (geänderte Nummer

Abbildung A 39: Gegenüberstellung Kostengliederungen der KG 600

zur KG „485 Datenübertragungsnetze“ für die Gebäude- und Anlagenautomation ist zu beachten. Sie dürfte im Einzelfall jedoch nicht immer leicht fallen, da aufgrund der technischen Entwicklung die Grenzen zwischen den zum Bauwerk gehörenden Anlagen und den zur Ausstattung gehörenden Geräten durchaus fließend sind.

Die KG „640 Künstlerische Ausstattung“ ist nach wie vor die einzige Kostengruppe, für die eine weitere Untergliederung in der dritten Ebene vorgesehen ist. Damit kommt sicher zum Ausdruck, welchen Stellenwert die Norm seit langem diesem Bereich einräumt. Das zeigt sich auch schon in der Bezeichnung der KG 600 selbst, in der die „Kunstwerke“ explizit genannt werden, obwohl sie lediglich eine Untergruppe der „Ausstattung“ darstellen. Hier hätte man sich die systematischere Lösung gewünscht, dass die klare und kurze Bezeichnung KG „600 Ausstattung“ eingeführt worden wäre.

Ein weiterer Punkt, der im Einzelfall zu beachten und zu entscheiden ist, dürfte die Abgrenzung zwischen der KG „690 Sonstige Ausstattung“ (Schilder, Wegweiser, Informations- und Werbetafeln) und der KG „ 386 Orientierungs- und Informationssysteme“ gegeben sein. Hierbei sollte man davon ausgehen, dass komplexere Einbausysteme zu den baukonstruktiven Einbauten (KG 480) zählen, einfachere Beschilderungen jedoch zur Ausstattung (KG 690).

Kostengruppe 700 – Baunebenkosten

Kostengruppen (KG)		Anmerkungen
700	**Baunebenkosten**	Leistungen, die neben den Bauleistungen und Lieferungen für das Bauprojekt erforderlich sind (z. B. Leistungen des Bauherren, Vorbereitung der Objektplanung, Leistungen der Objekt- und Fachplanung, künstlerische Leistungen und allgemeine Baunebenkosten)
710	**Bauherrenaufgaben**	Selbst wahrgenommene oder übertragene Aufgaben
711	Projektleitung	Zielvorgaben, Überwachung und Vertretung der Bauherreninteressen
712	Bedarfsplanung	Bedarfs-, Betriebs- und Organisationsplanung beispielsweise zur betrieblichen Organisation, zur Arbeitsplatzgestaltung, zur Erstellung von Raum- und Funktionsprogrammen, zur betrieblichen Ablaufplanung und zur Inbetriebnahme des Objekts
713	Projektsteuerung	Projektsteuerungsleistungen sowie andere Leistungen, die sich mit der übergeordneten Steuerung und Kontrolle von Projektorganisation, Terminen, Kosten, Qualitäten und Quantitäten befassen
714	Sicherheits- und Gesundheitsschutzkoordination	Planungs- und Koordinationsleistungen für die Arbeitssicherheit und den Gesundheitsschutz auf der Baustelle
715	Vergabeverfahren	Verhandlungsverfahren, wettbewerblicher Dialog
719	Sonstiges zur KG 710	Baubetreuung, Umweltbaubegleitung, Rechtsberatung, Steuerberatung, Streitbeilegung (außergerichtliche und gerichtliche), Nachhaltigkeitskoordinierung bzw. -auditierung, Management zur Inbetriebnahme des Objekts
720	**Vorbereitung der Objektplanung**	
721	Untersuchungen	Standortanalysen, Baugrundgutachten, Gutachten für die Verkehrsanbindung, Bestandsanalysen (z. B. Untersuchungen zum Gebäudebestand bei Umbau- und Modernisierungsmaßnahmen); Untersuchungen im Rahmen von artenschutzrechtlichen Prüfungen, floristische und faunistische Untersuchungen; Untersuchungen zu Altlasten, Kampfmitteln und kulturhistorischen Funden
722	Wertermittlungen	Gutachten zur Ermittlung von Gebäudewerten, soweit nicht in der KG 126 erfasst
723	Städtebauliche Leistungen	Bauleitplanung einschließlich Umweltbericht und städtebaulicher Entwurf, städtebauliche Rahmenpläne
724	Landschaftsplanerische Leistungen	Landschaftsplan, Grünordnungsplan, Biotopvernetzungsplanungen, Umweltprüfung, Umweltverträglichkeitsstudie, landschaftspflegerische Begleitplanung, Eingriffs- und Ausgleichsplanung
725	Wettbewerbe	Durchführung von Ideenwettbewerben und Realisierungswettbewerben
729	Sonstiges zur KG 720	
730	**Objektplanung**	Planung und Überwachung der Ausführung
731	Gebäude und Innenräume	
732	Freianlagen	
733	Ingenieurbauwerke	
734	Verkehrsanlagen	
739	Sonstiges zur KG 730	

Kostengruppen (KG)		Anmerkungen
740	**Fachplanung**	Planung und Überwachung der Ausführung
741	Tragwerksplanung	
742	Technische Ausrüstung	
743	Bauphysik	
744	Geotechnik	
745	Ingenieurvermessung	Planungs- und baubezogene vermessungstechnische Leistungen; die grundstücksbezogenen Leistungen für die Grenzvermessung sowie für die Übernahme in das Liegenschaftskataster gehören zur KG 121.
746	Lichttechnik, Tageslichttechnik	
747	Brandschutz	
748	Altlasten, Kampfmittel, kulturhistorische Funde	Planungen für Altlastenbeseitigung, Kampfmittelräumung und die Sicherung kulturhistorischer Funde
749	Sonstiges zur KG 740	Fassadenplanung, Geothermie
750	**Künstlerische Leistungen**	
751	Kunstwettbewerbe	Durchführung von Wettbewerben zur Erarbeitung eines Konzepts für Kunstwerke oder künstlerisch gestaltete Bauteile
752	Honorare	Geistig-schöpferische Leistungen für Kunstwerke oder künstlerisch gestaltete Bauteile, soweit nicht in der KG 640 erfasst
759	Sonstiges zur KG 750	
760	**Allgemeine Baunebenkosten**	
761	Gutachten und Beratung	
762	Prüfungen, Genehmigungen, Abnahmen	Prüfungen, Genehmigungen und Abnahmen (z. B. Prüfung der Tragwerksplanung, Konformitätsprüfungen von Nachhaltigkeitsauditierungen)
763	Bewirtschaftungskosten	Baustellenbewachung, Nutzungsentschädigungen während der Bauzeit; Gestellung des Baustellenbüros für Planer und Bauherrn sowie dessen Beheizung, Beleuchtung und Reinigung
764	Bemusterungskosten	Modellversuche, Musterstücke, Eignungsversuche, Eignungsmessungen
765	Betriebskosten nach der Abnahme	Kosten für den vorläufigen Betrieb insbesondere der technischen Anlagen nach der Abnahme bis zur Inbetriebnahme
766	Versicherungen	Bauherrenhaftpflichtversicherung, Bauwesenversicherung
769	Sonstiges zur KG 760	Vervielfältigung und Dokumentation, Versand- und Kommunikationskosten, Veranstaltungen (z. B. Grundsteinlegung, Richtfest)
790	**Sonstige Baunebenkosten**	
791	Bestandsdokumentation	Liegenschafts- und Gebäudebestandsdokumentation als Grundlage für die Nutzung (z. B. Vermessung, Fachdatenerhebung)
799	Sonstiges zur KG 790	

Kostengruppe 800 – Finanzierung

800	**Finanzierung**	Kosten, die im Zusammenhang mit der Finanzierung des Bauprojekts bis zum Beginn der Nutzung anfallen
810	**Finanzierungsnebenkosten**	Kosten für die Finanzierungsplanung und die Beschaffung von Finanzierungsmitteln, Gerichts- und Notargebühren für die mit der Finanzierung verbundenen Eintragungen und Löschungen im Grundbuch
820	**Fremdkapitalzinsen**	Zinsen für das zur Finanzierung beschaffte Fremdkapital bis zum Beginn der Nutzung
830	**Eigenkapitalzinsen**	Kalkulatorische Zinsen für das zur Finanzierung eingesetzte Eigenkapital bis zum Beginn der Nutzung
840	**Bürgschaften**	Gebühren für Zahlungsbürgschaften
890	**Sonstige Finanzierungskosten**	

► *Zu Tabelle 1 – Kostengruppe 700 Baunebenkosten*

In der KG „700 Baunebenkosten" sind die Kosten für Leistungen zusammengefasst, die neben den Bauleistungen und Lieferungen für das Bauprojekt erforderlich sind. Das sind insbesondere die Kosten, die bei der Planung und Ausführung auf der Grundlage von Honorarordnungen, Gebührenordnungen oder nach weiteren vertraglichen Vereinbarungen entstehen. Dazu gehören die „Bauherrenaufgaben" (insbesondere die Projektleitung, die Bedarfsplanung und die Projektsteuerung), die „Vorbereitung der Objektplanung" (u.a. Untersuchungen, Wertermittlungen, städtebauliche und landschaftsplanerische Leistungen und Wettbewerbe), die „Objektplanung", die „Fachplanung", die „Künstlerischen Leistungen" und die „Allgemeinen Baunebenkosten" (insbesondere Gutachten, Beratungen, Prüfungen, Genehmigungen, Abnahmen, Bewirtschaftungskosten, Bemusterungskosten, Versicherungen, Vervielfältigungen, Dokumentationen, Veranstaltungen).

Bei der Überarbeitung der DIN 276 wurde die seit jeher gebräuchliche Bezeichnung „Baunebenkosten" beibehalten, mit dem die neben den eigentlichen „Baukosten" insbesondere für die Planung anfallenden weiteren Kosten eines Bauprojekts beschrieben werden sollen. Die Qualifizierung dieser Aufwendungen als „Nebenkosten" wird sicher ihrer Bedeutung nicht wirklich gerecht, ihr Umfang hat in einem immer komplexeren Planungs- und Baugeschehen ständig zugenommen. Darüber hinaus muss man aus kostenplanerischer Sicht betonen, dass für die Wirtschaftlichkeit eines Bauprojekts in erster Linie die Planung maßgeblich ist. Gerade durch die Planung können die Kosten eines Bauprojekts am wirksamsten beeinflusst werden. Insofern würde man sich – auch für die Zukunft – für diese Kostengruppe eine angemessenere Bezeichnung wünschen.

Abbildung A 40 zeigt in der synoptischen Gegenüberstellung der Kostengliederungen in alter und neuer Fassung, dass die KG „700 Baunebenkosten" die einzige Hauptkostengruppe ist, in der sich die Überarbeitung der Kostengliederung bereits in der ersten Gliederungsebene auswirkt.

KG 700 Baunebenkosten / KG 800 Finanzierung

DIN 276-1:2008-12		DIN 276:2018-12		Art der Änderung
700	Baunebenkosten	**700**	**Baunebenkosten**	Ä
710	Bauherrenaufgaben	**710**	**Bauherrenaufgaben**	
720	Vorbereitung der Objektplanung	**720**	**Vorbereitung der Objektplanung**	
730	Architekten- und Ingenieurleistungen	**730**	**Objektplanung**	Ä / U
740	Gutachten und Beratung	**740**	**Fachplanung**	Ä / U
750	Künstlerische Leistungen	**750**	**Künstlerische Leistungen**	
760	Finanzierungskosten (→ 800)	**760**	**Allgemeine Baunebenkosten**	V
770	Allgemeine Baunebenkosten (→ 760)			
790	Sonstige Baunebenkosten	**790**	**Sonstige Baunebenkosten**	V
		800	**Finanzierung**	N
		810	**Finanzierungsnebenkosten**	U / V
		820	**Fremdkapitalzinsen**	V
		830	**Eigenkapitalzinsen**	V
		840	**Bürgschaften**	N
890	Sonstige Finanzierungskosten	**890**	**Sonstige Finanzierungskosten**	U

N: Neue Kostengruppe
U: Kostengruppe umbenannt (geänderte Bezeichnung)
Ä: Kostengruppe mit geändertem Inhalt
V: Kostengruppe verschoben (geänderte Nummer)

Abbildung A 40: Gegenüberstellung Kostengliederungen der KG 700 und KG 800

Diese wesentlichste Änderung ergibt sich daraus, dass die Finanzierungskosten, die bisher in der KG 760 aufgeführt waren, vollständig aus der KG 700 herausgenommen wurden. Für die Finanzierungskosten wurde jetzt eine eigene Hauptkostengruppe KG „800 Finanzierung" gebildet. Für diese Maßnahme sprechen zum Einen das nicht unerhebliche Kostengewicht der Finanzierung und zum Anderen die Absicht, die Vergleichbarkeit der Baunebenkosten zu verbessern. Die Zusammenfassung von Planungsleistungen und Finanzierungskosten schließt es – wie die Praxis insbesondere beim Aufbau von Datenbanken zeigt – in vielen Fällen aus, für die KG „700 Baunebenkosten" vergleichbare Kostenkennwerte zu bilden, da zu den Finanzierungskosten regelmäßig keine oder nur unvollständige Angaben gemacht werden. Die Folge ist, dass durch diese nicht unerheblichen Kostenbestandteile die Baunebenkosten verschiedener Projekte nur wenig vergleichbar sind und großen Schwankungen unterliegen. Deshalb ist die jetzige Änderung sehr zu begrüßen. Wegen des direkten Zusammenhangs ist in der **Abbildung A 40** auch bereits die neue KG „800 Finanzierung" dargestellt.

Die noch weiter gehende Überlegung, die Vergleichbarkeit der Kosten dadurch zu verbessern, dass darüber hinaus auch die allgemeinen Baunebenkosten aus der KG 700 herausgelöst werden und als eigene Hauptkostengruppe erscheinen (ggf. in einer neu zu bildenden KG 900), kam allerdings nicht zum Tragen. Eine solche Trennung hatte im Übrigen schon die erste Ausgabe der DIN 276 im Jahr 1934 [111] vorgesehen.

In der dritten Gliederungsebene ergeben sich gegenüber der Vorgängernorm außer einigen redaktionellen Korrekturen aufgrund aktueller Entwicklungen im Bauwesen bei den Kostengruppen 730 und 740 auch inhaltliche Änderungen. Die bisherigen Kostengruppen KG „730 Architekten- und Ingenieurleistungen" und KG „740 Gutachten und Beratung" wurden in KG „730 Objektplanung" und KG „740 Fachplanung" umbenannt. Dies sind allerdings nicht nur neue Bezeichnungen, sondern mit der Umbenennung sind auch inhaltliche Änderungen verbunden, die aufgrund der HOAI [301] erforderlich wurden. In der Neufassung der Verordnung im Jahr 2013 [304] waren die Architekten- und Ingenieurleistungen neu geordnet worden, bzw. zum Teil nicht mehr in der Verordnung enthalten.

▶ *Zu Tabelle 1 – Kostengruppe 800 Finanzierung*

Die KG „800 Finanzierung" umfasst alle Kosten, die im Zusammenhang mit der Finanzierung des Bauprojekts bis zum Beginn der Nutzung anfallen. Dazu gehören die Finanzierungsnebenkosten (insbesondere Finanzierungsplanung, Beschaffung von Finanzierungsmitteln, Gerichts- und Notargebühren im Zusammenhang mit der Finanzierung), die Fremdkapitalzinsen, die Eigenkapitalzinsen und Bürgschaften.

Diese Kostengruppe wurde als neue Hauptkostengruppe in der ersten Ebene der Kostengliederung gebildet, indem die gesamte bisherige KG „760 Finanzierungskosten" aus der KG „700 Baunebenkosten" herausgenommen wurde. Die Gründe für diese Maßnahme und die damit verfolgten Ziele wurden bereits bei den Anmerkungen zur KG 700 erläutert. Auch wenn für die Finanzierung eines Bauprojekts bis zum Nutzungsbeginn normalerweise nicht unerhebliche Kosten entstehen, genügt es, bei dieser Kostengruppe die Untergliederung auf die zweite Gliederungsebene zu beschränken.

Die Tatsache, dass in der KG 800 als Kapitalzinsen nicht nur die Fremdkapitalzinsen, sondern auch die Eigenkapitalzinsen aufgeführt werden, verdient eine besondere Erwähnung. Diese Aufteilung der Zinsen wurde schon in der Vorgängernorm vorgenommen, sie ist im Verständnis der DIN 276 und bei der Beantwortung der Frage, was dem Wesen nach Kosten nach DIN 276 sind, von nicht unerheblicher Bedeutung. Es wird hier deutlich, dass im Sinne einer gesamtwirtschaftlichen Betrachtung alle bei der Finanzierung des Projekts relevanten Zinsen berücksichtigt werden sollen. Nicht nur die tatsächlich anfallenden und gezahlten Fremdkapitalzinsen, sondern auch die fiktiven und kalkulatorisch ermittelten Zinsen für das eingesetzte Eigenkapital.

Schon bei den Erläuterungen zu dem Begriff „Kosten im Bauwesen" in Abschnitt 3.1 wurde dieses umfassende Kostenverständnis der DIN 276 beschrieben. Es geht dabei darum, in den Kostenermittlungen sowohl die „direkten" auszahlungsbezogenen Kostensachverhalte (die für Güter geleisteten Zahlungen) als auch die „indirekten" wertbezogenen Kostensachverhalte (die kalkulatorisch ermittelten Werte von unentgeltlich eingebrachten Gütern) zu berücksichtigen. Diese allgemeine Beschreibung trifft auch im Speziellen auf die Kostensachverhalte zu, welche die Finanzierungskosten ausmachen. Erst wenn in einer Kostenermittlung auch die Eigenkapitalzinsen ausgewiesen werden, sind die Investitionskosten vollständig erfasst. Und erst dann sind die Grundlagen für eine vollständige Wirtschaftlichkeitsbetrachtung des Bauprojekts gegeben.

Als neue Kostengruppe wurde bei der Finanzierung die KG „840 Bürgschaften" eingefügt, in der die Gebühren für Zahlungsbürgschaften erfasst werden sollen.

6 Mengen und Bezugseinheiten

6.1 Allgemeines

Die Vergleichbarkeit von Kostenkennwerten ist für die Praxis der Kostenplanung unverzichtbar. Voraussetzung dafür ist, außer einer eindeutigen Zuordnung der Kosten nach dieser Norm, auch eine einheitliche Verwendung von Mengen und Einheiten, auf die sich diese Kosten in Kostenkennwerten beziehen. Deshalb wird empfohlen, beim Aufstellen und Anwenden von Kostenkennwerten die folgenden Festlegungen zugrunde zu legen. Diese Festlegungen orientieren sich vorrangig an den normativen Grundlagen und Gegebenheiten von Hochbauten. Sie können aber sinngemäß auch auf Ingenieurbauten, Infrastrukturanlagen und Freiflächen übertragen werden.

6.2 Mengen und Bezugseinheiten für Kostengruppen

Für Kostenkennwerte der Kostengruppen der ersten Ebene der Kostengliederung nach Tabelle 1 wird empfohlen, die Mengen und Bezugseinheiten nach Tabelle 2 anzuwenden. Soweit nicht unter 6.3 und Tabelle 3 sowie unter 6.4 und Tabelle 4 weitere Festlegungen getroffen werden, gilt dies auch für die jeweiligen Kostengruppen der zweiten und der dritten Ebene der Kostengliederung.

6.3 Mengen und Bezugseinheiten für die Kostengruppe 300

Für Kostenkennwerte der Kostengruppe 300 Bauwerk-Baukonstruktionen wird empfohlen, die Mengen und Bezugseinheiten nach Tabelle 3 anzuwenden.

6.4 Mengen und Bezugseinheiten für die Kostengruppe 400

Für die Kostengruppe 400 Bauwerk - Technische Anlagen kann ergänzend zur Kostengliederung der Tabelle 1 die erweiterte Gliederung nach Tabelle 4 mit den Mengen und Bezugseinheiten angewendet werden.

Tabelle 2 – Mengen und Bezugseinheiten der ersten Ebene der Kostengliederung

Kostengruppen (KG)		Mengen und Bezugseinheiten		
		Einheit	Bezeichnung	Ermittlung
100	**Grundstück**	m^2	Grundstücksfläche (GF)	Gesamte Grundstücksfläche nach DIN 277-1
200	**Vorbereitende Maßnahmen**	m^2	Grundstücksfläche (GF)	Gesamte Grundstücksfläche nach DIN 277-1
300	**Bauwerk – Baukonstruktionen**	m^2	Brutto-Grundfläche (BGF)	Gesamte Brutto-Grundfläche nach DIN 277-1
400	**Bauwerk – Technische Anlagen**	m^2	Brutto-Grundfläche (BGF)	Gesamte Brutto-Grundfläche nach DIN 277-1
500	**Außenanlagen und Freiflächen**	m^2	Außenanlagenfläche (AF)	Gesamte Außenanlagenfläche nach DIN 277-1
600	**Ausstattung und Kunstwerke**	m^2	Brutto-Grundfläche (BGF)	Gesamte Brutto-Grundfläche nach DIN 277-1
700	**Baunebenkosten**	m^2	Brutto-Grundfläche (BGF)	Gesamte Brutto-Grundfläche nach DIN 277-1
800	**Finanzierung**	m^2	Brutto-Grundfläche (BGF)	Gesamte Brutto-Grundfläche nach DIN 277-1

Tabelle 3 – Mengen und Bezugseinheiten für die Kostengruppe 300

Kostengruppen (KG)		Mengen und Bezugseinheiten		
		Einheit	Bezeichnung	Ermittlung
300	**Bauwerk – Baukonstruktionen**	m^2	Brutto-Grundfläche (BGF)	Gesamte Brutto-Grundfläche nach DIN 277-1
310	**Baugrube/Erdbau**	m^3	Baugrubenrauminhalt/ Erdbaurauminhalt	Rauminhalt einschließlich der Arbeitsräume und Böschungen
311	Herstellung	m^3	Baugrubenrauminhalt/ Erdbaurauminhalt	Rauminhalt einschließlich der Arbeitsräume und Böschungen
312	Umschließung	m^2	Umschließungsfläche	Umschlossene Begrenzungsflächen der Baugrube
313	Wasserhaltung	m^3	Wasserhaltungsvolumen	Zu entwässernder Rauminhalt einschließlich der Arbeitsräume und Böschungen
314	Vortrieb	m^3	Vortriebsvolumen	Rauminhalt des Ausbruchs
319	Sonstiges zur KG 310	m^3	Baugrubenrauminhalt/ Erdbaurauminhalt	Rauminhalt einschließlich der Arbeitsräume und Böschungen
320	**Gründung, Unterbau**	m^2	Gründungsfläche/ Unterbaufläche	Grundfläche der Gründungsebene
321	Baugrundverbesserung	m^2	Baugrundverbesserungsfläche	Grundfläche der Baugrundverbesserung
322	Flachgründungen und Bodenplatten	m^2	Flachgründungsfläche	Grundfläche der Flachgründungen
323	Tiefgründungen	m^2	Tiefgründungsfläche	Grundfläche der Tiefgründungen
324	Gründungsbeläge	m^2	Gründungsbelagsfläche	Grundfläche der Gründungsbeläge
325	Abdichtungen und Bekleidungen	m^2	Abdichtungs- und Bekleidungsfläche	Abgedichtete und bekleidete Flächen
326	Dränagen	m^2	Gründungsfläche/ Unterbaufläche	Grundfläche der Gründungsebene
329	Sonstiges zur KG 320	m^2	Gründungsfläche/ Unterbaufläche	Grundfläche der Gründungsebene
330	**Außenwände/ Vertikale Baukonstruktionen, außen**	m^2	Außenwandfläche/ Fläche der vertikalen Baukonstruktionen, außen	Fläche der Außenwände/Fläche der vertikalen Baukonstruktionen, außen
331	Tragende Außenwände	m^2	Außenwandfläche, tragend	Fläche der tragenden Außenwände
332	Nichttragende Außenwände	m^2	Außenwandfläche, nichttragend	Fläche der nichttragenden Außenwände
333	Außenstützen	m	Außenstützenlänge	Länge der Außenstützen
334	Außenwandöffnungen	m^2	Außenwandöffnungsfläche	Fläche der Außenwandöffnungen
335	Außenwandbekleidungen, außen	m^2	Außenwandbekleidungsfläche, außen	Fläche der äußeren Außenwandbekleidungen
336	Außenwandbekleidungen, innen	m^2	Außenwandbekleidungsfläche, innen	Fläche der inneren Außenwandbekleidungen
337	Elementierte Außenwandkonstruktionen	m^2	Außenwandfläche, elementiert	Fläche der elementierten Außenwandkonstruktionen
338	Lichtschutz zur KG 330	m^2	Außenwand-Lichtschutzfläche	Fläche der Lichtschutzkonstruktionen an den Außenwänden/ vertikalen Baukonstruktionen
339	Sonstiges zur KG 330	m^2	Außenwandfläche/ Fläche der vertikalen Baukonstruktionen, außen	Fläche der Außenwände/Fläche der vertikalen Baukonstruktionen, außen

DIN 276
Tabelle 3

Kostengruppen (KG)		Mengen und Bezugseinheiten		
		Einheit	Bezeichnung	Ermittlung
340	**Innenwände/Vertikale Baukonstruktionen, innen**		Innenwandfläche/ Fläche der vertikalen Baukonstruktionen, innen	Fläche der Innenwände/Fläche der vertikalen Baukonstruktionen, innen
341	Tragende Innenwände	m^2	Innenwandfläche, tragend	Fläche der tragenden Innenwände
342	Nichttragende Innenwände	m^2	Innenwandfläche, nichttragend	Fläche der nichttragenden Innenwände
343	Innenstützen	m	Innenstützenlänge	Länge der Innenstützen
344	Innenwandöffnungen	m^2	Innenwandöffnungsfläche	Fläche der Innenwandöffnungen
345	Innenwandbekleidungen	m^2	Innenwandbekleidungsfläche	Fläche der Innenwandbekleidungen
346	Elementierte Innenwandkonstruktionen	m^2	Innenwandfläche, elementiert	Fläche der elementierten Innenwandkonstruktionen
347	Lichtschutz zur KG 340	m^2	Innenwand-Lichtschutzfläche	Fläche der Lichtschutzkonstruktionen an den Innenwänden/vertikalen Baukonstruktionen
349	Sonstiges zur KG 340	m^2	Innenwandfläche/ Fläche der vertikalen Baukonstruktionen, innen	Fläche der Innenwände/Fläche der vertikalen Baukonstruktionen, innen
350	**Decken/Horizontale Baukonstruktionen**	m^2	Deckenfläche/Fläche der horizontalen Baukonstruktionen	Flächen der Decken/Flächen der horizontalen Baukonstruktionen
351	Deckenkonstruktionen	m^2	Deckenkonstruktionsfläche	Fläche der Deckenkonstruktionen
352	Deckenöffnungen	m^2	Deckenöffnungsfläche	Fläche der Deckenöffnungen
353	Deckenbeläge	m^2	Deckenbelagsfläche	Fläche der Deckenbeläge
354	Deckenbekleidungen	m^2	Deckenbekleidungsfläche	Fläche der Deckenbekleidungen
355	Elementierte Deckenkonstruktionen	m^2	Deckenfläche, elementiert	Fläche der elementierten Deckenkonstruktionen
359	Sonstiges zur KG 350	m^2	Deckenfläche/Fläche der horizontalen Baukonstruktionen	Flächen der Decken/Flächen der horizontalen Baukonstruktionen
360	**Dächer**	m^2	Dachfläche	Fläche der Dächer einschließlich der Dachüberstände und Vordächer
361	Dachkonstruktionen	m^2	Dachkonstruktionsfläche	Fläche der Dachkonstruktionen einschließlich der Dachüberstände und Vordächer
362	Dachöffnungen	m^2	Dachöffnungsfläche	Fläche der Dachöffnungen
363	Dachbeläge	m^2	Dachbelagsfläche	Fläche der Dachbeläge
364	Dachbekleidungen	m^2	Dachbekleidungsfläche	Fläche der Dachbekleidungen
365	Elementierte Dachkonstruktionen	m^2	Dachfläche, elementiert	Fläche der elementierten Dachkonstruktion
366	Lichtschutz zur KG 360	m^2	Dach-Lichtschutzfläche	Fläche der Lichtschutzkonstruktionen an Dächern
369	Sonstiges zur KG 360	m^2	Dachfläche	Fläche der Dächer einschließlich der Dachüberstände und Vordächer

Kostengruppen (KG)		Mengen und Bezugseinheiten		
		Einheit	Bezeichnung	Ermittlung
370	**Infrastrukturanlagen**	Nach Anforderungen des Projekts		
371	Anlagen für den Straßenverkehr			
372	Anlagen für den Schienenverkehr			
373	Anlagen für den Flugverkehr			
374	Anlagen des Wasserbaus			
375	Anlagen der Abwasserentsorgung			
376	Anlagen der Wasserversorgung			
377	Anlagen der Energie- und Informationsversorgung			
378	Anlagen der Abfallentsorgung			
379	Sonstiges zur KG 370			
380	**Baukonstruktive Einbauten**	m^2	Brutto-Grundfläche (BGF)	Gesamte Brutto-Grundfläche nach DIN 277-1
381	Allgemeine Einbauten	Nach Anforderungen des Projekts		
382	Besondere Einbauten			
383	Landschafts- gestalterische Einbauten			
384	Mechanische Einbauten			
385	Einbauten in Konstruktionen des Ingenieurbaus			
386	Orientierungs- und Informationssysteme			
387	Schutzeinbauten			
389	Sonstiges zur KG 380			
390	**Sonstige Maßnahmen für Baukonstruktionen**	m^2	Brutto-Grundfläche (BGF)	Gesamte Brutto-Grundfläche nach DIN 277-1
391	Baustelleneinrichtung	Nach Anforderungen des Projekts		
392	Gerüste			
393	Sicherungsmaßnahmen			
394	Abbruchmaßnahmen			
395	Instandsetzungen			
396	Materialentsorgung			
397	Zusätzliche Maßnahmen			
398	Provisorische Baukonstruktionen			
399	Sonstiges zur KG 390			

Tabelle 4: Mengen und Bezugseinheiten für die Kostengruppe 400

Kostengruppen (KG)		Mengen und Bezugseinheiten		
		Einheit	Bezeichnung	Ermittlung
400	**Bauwerk – Technische Anlagen**			
410	**Abwasser-, Wasser-, Gasanlagen**			
411	Abwasseranlagen			
	1) Abwasserleitungen	m	Abwasserleitung	Länge der Abwasserleitungen
	2) Grundleitungen/ Abläufe	m	Grundleitung	Länge der Grundleitungen
	3) Sammel- und Behandlungsanlagen	St.	Sammel- und Behandlungsanlage	Anzahl der Sammel- und Behandlungsanlagen
	4) Abscheider	St.	Abscheider	Anzahl der Abscheider
	5) Hebeanlagen	St.	Hebeanlage	Anzahl der Hebeanlagen
412	Wasseranlagen			
	1) Gewinnungsanlagen	St.	Gewinnungsanlage	Anzahl der Gewinnungsanlagen
	2) Aufbereitungsanlagen	St.	Aufbereitungsanlage	Anzahl der Aufbereitungsanlagen
	3) Druckerhöhungsanlagen	St.	Druckerhöhungsanlage	Anzahl der Druckerhöhungsanlagen
	4) Wasserleitungen	m	Wasserleitung	Länge der Wasserleitungen
	5) Dezentrale Wassererwärmer	St.	Dezentrale Wassererwärmer	Anzahl der dezentralen Wassererwärmer
	6) Sanitärobjekte	St.	Sanitärobjekt	Anzahl der Sanitärobjekte
	7) Wasserspeicher	St.	Wasserspeicher	Anzahl der Wasserspeicher
413	Gasanlagen			
	1) Lagerungs- und Erzeugungsanlagen	St.	Lagerungs- und Erzeugungsanlage	Anzahl der Lagerungs- und Erzeugungsanlagen
	2) Übergabestationen	St.	Übergabestation	Anzahl der Übergabestationen
	3) Druckregelanlagen	St.	Druckregelanlage	Anzahl der Druckregelanlagen
	4) Gasleitungen	m	Gasleitung	Länge der Gasleitungen
419	Sonstiges zur KG 410			
	1) Installationsblock	St.	Installationsblock	Anzahl der Installationsblöcke
	2) Sanitärzellen	St.	Sanitärzelle	Anzahl der Sanitärzellen

Kostengruppen (KG)		**Mengen und Bezugseinheiten**		
		Einheit	**Bezeichnung**	**Ermittlung**
420	**Wärmeversorgungsanlagen**			
421	Wärmeerzeugungsanlagen			
	1) Brennstoffversorgungsanlagen	St.	Brennstoffversorgungsanlage	Anzahl der Brennstoffversorgungsanlagen
	2) Wärmeübergabestationen	kW	Heizleistung Wärmeübergabe	Heizleistung der Wärmeübergabestationen
	3) Heizkesselanlagen	kW	Kesselleistung	Kesselleistung der Heizkesselanlagen
	4) Wärmepumpenanlagen	kW	Heizleistung Wärmepumpe	Heizleistung der Wärmepumpenanlagen
	5) Thermosolaranlagen	kW	Heizleistung Thermosolar	Heizleistung der Thermosolaranlagen
	6) Wassererwärmungsanlagen	St.	Wassererwärmungsanlage	Anzahl der Wassererwärmungsanlagen
	7) Mess-, Steuer- und Regelanlagen	St.	Heizgruppe	Anzahl der Heizgruppen
422	Wärmeverteilnetze			
	1) Verteilungen	St.	Heizgruppe	Anzahl der Heizgruppen
	2) Rohrleitungen	m	Rohrleitung Wärmeverteilnetz	Länge der Rohrleitungen
423	Raumheizflächen			
	1) Heizkörper	St.	Heizkörper	Anzahl der Heizkörper
	2) Flächenheizsysteme	m^2	Heizsystemfläche	Anteilige Netto-Raumfläche nach DIN 277-1
424	Verkehrsheizflächen			
	1) Fahrbahn- und Flugfeldbeheizung	m^2	Heizsystemfläche	Anteilige Nettofläche
	2) Weichenheizung	St.	Weichenheizung	Anzahl der Weichen
429	Sonstiges zur KG 420			
	1) Schornsteinanlagen	St.	Schornsteinanlage	Anzahl der Schornsteinanlagen

Kostengruppen (KG)		Mengen und Bezugseinheiten		
		Einheit	Bezeichnung	Ermittlung
430	**Raumlufttechnische Anlagen**			
431	Lüftungsanlagen			
	1) Zuluftanlagen	m³/h	Zuluftvolumenstrom Lüftung	Volumenstrom der Ventilatoren
	2) Abluftanlagen	m³/h	Abluftvolumenstrom Lüftung	Volumenstrom der Ventilatoren
	3) Wärmerückgewinnungsanlagen	kW	Wärmerückgewinnung Lüftung	Leistung der Wärmerückgewinnungsanlagen
	4) Zuluftleitungen	m²	Zuluftleitungsfläche Lüftung	Abwicklungsfläche der Luftleitungen
	5) Abluftleitungen	m²	Abluftleitungsfläche Lüftung	Abwicklungsfläche der Luftleitungen
	6) Einzelraumlüfter	St.	Einzelraumlüfter	Anzahl der Einzelraumlüfter
	7) Einrohrlüfter	St.	Einrohrlüfter	Anzahl der Einrohrlüfter
	8) Mess-, Steuer-, Regelanlagen	St.	Regelkreis Lüftung	Anzahl der Regelkreise
432	Teilklimaanlagen			
	1) Zuluftanlagen	m³/h	Zuluftvolumenstrom Teilklima	Volumenstrom der Ventilatoren
	2) Abluftanlagen	m³/h	Abluftvolumenstrom Teilklima	Volumenstrom der Ventilatoren
	3) Wärmerückgewinnungsanlagen	kW	Wärmerückgewinnung Teilklima	Leistung der Wärmerückgewinnungsanlagen
	4) Zuluftleitungen	m²	Zuluftleitungsfläche Teilklima	Abwicklungsfläche der Luftleitungen
	5) Abluftleitungen	m²	Abluftleitungsfläche Teilklima	Abwicklungsfläche der Luftleitungen
	6) Mess-, Steuer-, Regelanlagen	St.	Regelkreis Teilklima	Anzahl der Regelkreise
433	Klimaanlagen			
	1) Zuluftanlagen	m³/h	Zuluftvolumenstrom Klima	Volumenstrom der Ventilatoren
	2) Abluftanlagen	m³/h	Abluftvolumenstrom Klima	Volumenstrom der Ventilatoren
	3) Wärmerückgewinnungsanlagen	kW	Wärmerückgewinnung Klima	Leistung der Wärmerückgewinnungsanlagen
	4) Zuluftleitungen	m²	Zuluftleitungsfläche Klima	Abwicklungsfläche der Luftleitungen
	5) Abluftleitungen	m²	Abluftleitungsfläche Klima	Abwicklungsfläche der Luftleitungen
	6) Mess-, Steuer-, Regelanlagen	St.	Regelkreis Klima	Anzahl der Regelkreise
434	Kälteanlagen			
	1) Kälteerzeugungsanlagen	kW	Kälteleistung	Kälteleistung der Kälteerzeugungsanlagen
	2) Rückkühlanlagen	kW	Kühlleistung	Kühlleistung der Rückkühlanlage
	3) Pumpen, Verteiler	St.	Kalt-/Kühlwasserpumpe	Anzahl der Pumpen
	4) Rohrleitungen	m	Rohrleitung Kälteanlage	Länge der Rohrleitungen
	5) Mess-, Steuer-, Regelanlagen	St.	Regelgruppe Kälteanlage	Anzahl der Regelgruppen

Kostengruppen (KG)		Mengen und Bezugseinheiten		
		Einheit	Bezeichnung	Ermittlung
439	Sonstiges zur KG 430			
	1) Lüftungsdecken	m²	Lüftungsdeckenfläche	Anteilige Netto-Raumfläche nach DIN 277-1
	2) Kühldecken	m²	Kühldeckenfläche	Anteilige Netto-Raumfläche nach DIN 277-1
	3) Raumgeräte	St.	Lüftungs-/Klima-Raumgerät	Anzahl der Lüftungs-/Klima-Raumgeräte
	4) Abluftfenster	St.	Abluftfenster	Anzahl der Abluftfenster
	5) Lüftungsdoppelböden	m²	Lüftungsdoppelbodenfläche	Anteilige Netto-Raumfläche nach DIN 277-1
440	**Elektrische Anlagen**		Elektrische Anlage für Starkstrom	
441	Hoch- und Mittelspannungsanlagen			
	1) Schaltanlagen	St.	Schaltanlagenfeld-Mittelspannung	Anzahl der Schaltanlagenfelder
	2) Transformatoren	St.	Transformator	Anzahl der Transformatoren
442	Eigenstromversorgungsanlagen			
	1) Rotierende Anlagen	kVA	Nennleistung rotierende Anlage	Nennleistung der rotierenden Anlagen
	2) Statische Anlagen mit Wechselrichter	kVA	Nennleistung statische Anlage	Nennleistung der statischen Anlagen mit Wechselrichter
	3) Zentrale Batterieanlagen	Ah	Speicherkapazität	Speicherkapazität der zentralen Batterieanlagen
	4) Photovoltaikanlagen	kWp	Nennleistung Photovoltaik	Nennleistung der Photovoltaikanlagen
443	Niederspannungsschaltanlagen			
	1) Niederspannungshauptverteiler	St.	Schaltanlagenfeld Niederspannungshauptverteiler	Anzahl der Schaltanlagenfelder
	2) Blindstromkompensationsanlagen	kvar	Blindstromkompensationsleistung	Leistung der Blindstromkompensationsanlagen
	3) Maximalüberwachungsanlagen	St.	Maximalüberwachungsanlage	Anzahl der Maximalüberwachungsanlagen
	4) Oberschwingungsfilter	St.	Oberschwingungsfilter	Anzahl der Oberschwingungsfilter
444	Niederspannungsinstallationsanlagen			
	1) Kabel und Leitungen	m²	Brutto-Grundfläche (BGF)	Gesamte Brutto-Grundfläche nach DIN 277-1
	2) Unterverteiler	m²	Brutto-Grundfläche (BGF)	Gesamte Brutto-Grundfläche nach DIN 277-1
	3) Verlegesysteme	m²	Brutto-Grundfläche (BGF)	Gesamte Brutto-Grundfläche nach DIN 277-1

Kostengruppen (KG)		Mengen und Bezugseinheiten		
		Einheit	**Bezeichnung**	**Ermittlung**
445	Beleuchtungsanlagen			
	1) Ortsfeste Leuchten für Allgemeinbeleuchtung	m^2	Brutto-Grundfläche (BGF)	Gesamte Brutto-Grundfläche nach DIN 277-1
	2) Ortsfeste Leuchten für Sicherheitsbeleuchtung	m^2	Brutto-Grundfläche (BGF)	Gesamte Brutto-Grundfläche nach DIN 277-1
	3) Leuchten für Verkehrsanlagen	St.	Leuchte für Verkehrsanlage	Anzahl der Leuchten für Verkehranlagen
446	Blitzschutz- und Erdungsanlagen			
	1) Auffangeinrichtungen, Ableitungen	m^2	Brutto-Grundfläche (BGF)	Gesamte Brutto-Grundfläche nach DIN 277-1
	2) Erdungen	m^2	Brutto-Grundfläche (BGF)	Gesamte Brutto-Grundfläche nach DIN 277-1
	3) Potentialausgleich	m^2	Brutto-Grundfläche (BGF)	Gesamte Brutto-Grundfläche nach DIN 277-1
447	Fahrleitungssysteme			
	1) Fahrleitungssysteme	m	Fahrleitung	Länge der Stromschienen und Ober-/Unterleitungen
449	Sonstiges zur KG 440			
	1) Frequenzumformer	St.	Frequenzumformer	Anzahl der Frequenzumformer
	2) Kleinspannungstransformatoren	St.	Kleinspannungstransformator	Anzahl der Kleinspannungstransformatoren
450	**Kommunikations-, sicherheits- und informationstechnische Anlagen**			
451	Telekommunikationsanlagen			
	1) Telekommunikationsanlagen	St.	Endgerät	Anzahl der Endgeräte für Telekommunikationsanlagen
452	Such- und Signalanlagen			
	1) Personenrufanlagen	St.	Empfänger	Anzahl der Empfänger für Personenrufanlagen
	2) Lichtruf- und Klingelanlagen	St.	Rufstelle	Anzahl der Rufstellen für Lichtruf- und Klingelanlagen
	3) Türsprech- und Türöffneranlagen	St.	Türsprechstelle	Anzahl der Sprechstellen für Türsprech- mit Türöffneranlagen
453	Zeitdienstanlagen			
	1) Uhrenanlagen	St.	Nebenuhr	Anzahl der Nebenuhren für Uhrenanlagen
	2) Zeiterfassungsanlagen	St.	Terminal	Anzahl der Terminals für Zeiterfassungsanlagen

Kostengruppen (KG)		Mengen und Bezugseinheiten		
		Einheit	Bezeichnung	Ermittlung
454	Elektroakustische Anlagen			
	1) Beschallungsanlagen	St.	Lautsprecher	Anzahl der Lautsprecher für Beschallungsanlagen
	2) Konferenz- und Dolmetscher-anlagen	St.	Teilnehmergerät	Anzahl der Teilnehmergeräte für Konferenz- und Dolmet-scheranlagen
	3) Gegen- und Wechselsprech-anlagen	St.	Sprechstelle	Anzahl der Sprechstellen
455	Audiovisuelle Medien- und Anten-nenanlagen			
	1) Fernseh- und Rundfunk-emp-fangsanlagen	St.	Anschluss Fernseh-, Rundfunkemp-fang	Anzahl der Anschlüsse
	2) Fernseh- und Rundfunkverteilan-lagen	St.	Anschluss Fernseh-, Rundfunkemp-fang	Anzahl der Anschlüsse
	3) Fernseh- und Rundfunkzentralen	St.	Anschluss Fernseh-, Rundfunkemp-fang	Anzahl der Anschlüsse
	4) Videoanlagen	St.	Anschluss Video	Anzahl der Anschlüsse für Videoanlagen
	5) Funk-, Sende- und Empfangs-anlagen	St.	Anschluss Funk, senden/empfangen	Anzahl der Anschlüsse
	6) Funkzentralen	St.	Anschluss Funkzentrale	Anzahl der Anschlüsse
456	Gefahrenmelde- und Alarmanlagen			
	1) Brandmeldeanlagen	St.	Brandmeldegruppe	Anzahl der Meldegruppen für Brandmeldeanlagen
	2) Überfall-, Einbruchmeldeanlagen	St.	Überfall-/Einbruchmeldegruppe	Anzahl der Meldegruppen für Überfall-, Einbruchmeldeanlagen
	3) Wächterkontrollanlagen	St.	Kontrollpunkt	Anzahl der Kontrollpunkte für Wächterkontrollanlagen
	4) Zugangskontrollanlagen	St.	Kartenlesegerät	Anzahl der Kartenlesegeräte für Zugangskontrollanlagen
	5) Raumbeobachtungsanlagen	St.	Monitor-/Kameraanschluss	Anzahl der Monitor-/Kamera-anschlüsse für Raumbeobach-tungsanlagen
	6) Videoüberwachungsanlagen	St.	Monitor-/Kameraanschluss	Anzahl der Monitor-/Kamera-anschlüsse für Videoüber-wachungsanlagen
457	Datenübertragungsnetze			
	1) Datenübertragungsnetze	St.	Endgeräteanschluss	Anzahl der Endgerätean-schlüsse für Datenübertra-gungsnetze

Kostengruppen (KG)		**Mengen und Bezugseinheiten**		
		Einheit	**Bezeichnung**	**Ermittlung**
458	Verkehrsbeeinflussungsanlagen			
	1) Verkehrssignalanlagen	St.	Verkehrssignalanlage	Anzahl der Signalanlagen
	2) elektronische Anzeigetafeln	St.	Anzeigetafel	Anzahl der Anzeigetafeln
	3) Mautsysteme, Mautzahlung	St.	Terminal	Anzahl der Terminals
	4) Mautsysteme, Mautüberwachung	St.	Mautkontrollstelle	Anzahl der Kontrollstellen
	5) Parkleitsysteme	St.	Anzeigetafel	Anzahl der Anzeigetafeln
	6) Verkehrstelematik		Funktion der Verkehrstelematik	Anzahl der Funktionen für Verkehrstelematik
459	Sonstiges zur KG 450			
	1) Verlegesysteme	m	Kabelkanal Verlegesysteme	Länge der Kabelkanäle
	2) Personenleitsysteme	m	Kabelkanal Personenleitsysteme	Länge der Kabelkanäle
	3) Parkhausleitsysteme	m	Kabelkanal Parkhausleitsysteme	Länge der Kabelkanäle
	4) Fernwirkanlagen	St.	Fernwirkanlage	Anzahl der Fernwirkanlagen
460	**Förderanlagen**			
461	Aufzugsanlagen			
	1) Personenaufzüge	St.	Haltestelle Personenaufzug	Anzahl der Haltestellen
	2) Lastenaufzüge	St.	Haltestelle Lastenaufzug	Anzahl der Haltestellen
	3) Kleingüteraufzüge	St.	Haltestelle Kleingüteraufzug	Anzahl der Haltestellen
462	Fahrtreppen, Fahrsteige			
	1) Fahrtreppen	St.	Fahrtreppenanlage	Anzahl der Fahrtreppenanlagen
	2)Fahrsteige	St.	Fahrsteiganlage	Anzahl der Fahrsteigeanlagen
463	Befahranlagen			
	1) Fassadenbefahranlagen	St.	Fassadenbefahranlage	Anzahl der Fassadenbefahranlagen
464	Transportanlagen			
	1) Automatische Warentransportanlagen	St.	Automatische Waren- transportanlage	Anzahl der automatischen Warentransportanlagen
	2) Kleingüterförderanlagen	St.	Kleingüterförderanlage	Anzahl der Kleingüterförderanlagen
	3) Rohrpostanlagen	St.	Rohrpostanlage	Anzahl der Rohrpostanlagen
465	Krananlagen			
	1) Krananlagen	St.	Krananlage	Anzahl der Krananlagen
466	Hydraulikanlagen			
	1) Hydraulikanlagen	St.	Hydraulikanlage	Anzahl der Hydraulikanlagen
469	Sonstiges zur KG 460			
	1) Hebebühnen	St.	Hebebühne	Anzahl der Hebebühnen
	2) Parksysteme	St.	Stellplatz	Anzahl der Stellplätze

Kostengruppen (KG)		Mengen und Bezugseinheiten		
		Einheit	Bezeichnung	Ermittlung
470	**Nutzungsspezifische und verfahrenstechnische Anlagen**			
471	Küchentechnische Anlagen			
	1) Großküchenanlagen	m²	Großküchenfläche	Anteilige Netto-Raumfläche nach DIN 277-1
	2) Haushalts-/ Stationsküchen	m²	Haushalts-/Stationsküchenfläche	Anteilige Netto-Raumfläche nach DIN 277-1
	3) Teeküchen	m²	Teeküchenfläche	Anteilige Netto-Raumfläche nach DIN 277-1
472	Wäscherei-, Reinigungs- und badetechnische Anlagen			
	1) Wäschereianlagen	m²	Wäschereianlagefläche	Anteilige Netto-Raumfläche nach DIN 277-1
	2) Anlagen der chemischen Reinigung	m²	Anlagefläche der chemischen Reinigung	Anteilige Netto-Raumfläche nach DIN 277-1
	3) Medizinische Gerätereinigungsanlagen	m²	Medizinische Gerätereinigungsanlagefläche	Anteilige Netto-Raumfläche nach DIN 277-1
	4) Bettenreinigungsanlagen	m²	Bettenreinigungsanlagefläche	Anteilige Netto-Raumfläche nach DIN 277-1
	5) Sterilisationanlagen	m²	Sterilisationsanlagefläche	Anteilige Netto-Raumfläche nach DIN 277-1
	6) Schwimmbeckenanlagen	St.	Schwimmbeckenanlage	Anzahl der Schwimmbeckenanlagen
	7) Saunaanlagen	St.	Saunaanlage	Anzahl der Saunaanlagen
	8) Medizinische Badeanlagen	St.	Medizinische Badeanlage	Anzahl der medizinischen Badeanlagen
	9) Whirlpools	St.	Whirlpool	Anzahl der Whirlpools

Kostengruppen (KG)		Mengen und Bezugseinheiten		
		Einheit	Bezeichnung	Ermittlung
473	Medienversorgungsanlagen, Medizin- und labortechnische Anlagen			
	1) Zentralen für technische und medizinische Gase, Drucklufterzeugung, Vakuumerzeugung, Flüssigchemikalien, Lösungsmittel und vollentsalztes Wasser	St.	Zentrale für technische und medizinische Gase, Drucklufterzeugung, Vakuumerzeugung, Flüssigchemikalie, Lösungsmittel und vollentsalztes Wasser	Anzahl der jeweiligen Zentralen
	2) Leitungen, Armaturen und Übergabestationen für technische und medizinische Gase, Druckluft, Vakuum, Flüssigchemikalien, Lösungsmittel und vollentsalztes Wasser	m	Leitung für Gas, Druckluft, Vakuum, Flüssigchemikalie, Lösungsmittel, vollentsalztes Wasser	Länge der jeweiligen Leitungen
	3) Diagnosegeräte, Behandlungsgeräte, OP-Einrichtungen und Hilfseinrichtungen für Menschen mit Behinderungen	St.	Diagnosegerät, Behandlungsgerät, OP- Einrichtung, Hilfseinrichtung für Menschen mit Behinderungen	Anzahl der jeweiligen Geräte, Einrichtungen und Hilfseinrichtungen
	4) Abzüge und Spülen	St.	Abzug, Spüle	Anzahl der Abzüge und Spülen
	5) Wand- und Doppelarbeitstische	St.	Wandarbeitstisch, Doppelarbeitstisch	Anzahl der Wand- und Doppelarbeitstische
	6) Medienzellen	St.	Medienzelle	Anzahl der Medienzellen
474	Feuerlöschanlagen			
	1) Sprinkleranlagen	St.	Sprinklerkopf	Anzahl der Sprinklerköpfe
	2) CO_2-Löschanlagen	St.	Löschdüse	Anzahl der Löschdüsen
	3) Löschwasserleitungen	m	Löschwasserleitung	Länge der Löschwasserleitungen
	4) Wandhydranten	St.	Wandhydrant	Anzahl der Wandhydranten
	5) Feuerlöschgeräte	St.	Feuerlöschgerät	Anzahl der Feuerlöschgeräte
475	Prozesswärme-, kälte- und -luftanlagen			
	1) Wärmeerzeugungsanlagen	St.	Wärmeerzeugungsanlage	Anzahl der Wärmeerzeugungsanlagen
	2) Wärmeverteilleitungen	m	Wärmeverteilleitung	Länge der Wärmeverteilleitungen
	3) Kälteerzeugungsanlagen	St.	Kälteerzeugungsanlage	Anzahl der Kälteerzeugungsanlagen
	4) Kälteverteilleitungen	m	Kälteverteilleitung	Länge der Kälteverteilleitungen
	5) Farbnebel-Abscheideanlagen	m^3/h	Farbnebel-Abscheidung	Volumenstrom der Ventilatoren
	6) Prozess-Fortluftanlagen	m^3/h	Prozessfortluft	Volumenstrom der Ventilatoren
	7) Absaugeanlagen	m^3/h	Absaugung	Volumenstrom der Ventilatoren

Kostengruppen (KG)		Mengen und Bezugseinheiten		
		Einheit	Bezeichnung	Ermittlung
476	Weitere nutzungsspezifische Anlagen			
	1) Abfallentsorgungsanlagen	St.	Abfallentsorgungsanlage	Anzahl der Abfallentsorgungsanlagen
	2) Sonderabfallentsorgungsanlagen	St.	Sonderabfallentsorgungsanlage	Anzahl der Sonderabfallentsorgungsanlagen
	3) Medienentsorgungsanlagen	St.	Medienentsorgungsanlage	Anzahl der Medienentsorgungsanlagen
	4) Staubsauganlagen	St.	Staubsauganlage	Anzahl der Saugstellen
	5) Bühnentechnische Anlagen, Obermaschinen	St.	Bühnentechnische Anlage, Obermaschine	Anzahl der bühnentechnischen Anlagen, Obermaschinen
	6) Bühnentechnische Anlagen, Untermaschinen	St.	Bühnentechnische Anlage, Untermaschine	Anzahl der bühnentechnischen Anlagen, Untermaschinen
	7) Fahrzeugwaschanlagen	St.	Fahrzeugwaschanlage	Anzahl der Fahrzeugwaschanlagen
	8) Betankungsanlagen	St.	Betankungsanlage	Anzahl der Betankungsanlagen
477	Verfahrenstechnische Anlagen, Wasser, Abwasser und Gas			
	1) Trinkwasseraufbereitungsanlagen	St.	Trinkwasseraufbereitungsanlage	Anzahl der Trinkwasseraufbereitungsanlagen
	2) Abwasseraufbereitungsanlagen	St.	Abwasseraufbereitungsanlage	Anzahl der Abwasseraufbereitungsanlagen
	3) Schlammbehandlungsanlagen	St.	Schlammbehandlungsanlage	Anzahl der Schlammbehandlungsanlagen
	4) Regenwasserbehandlungsanlagen	St.	Regenwasserbehandlungsanlage	Anzahl der Regenwasserbehandlungsanlagen
	5) Grundwasserdekontaminierungsanlagen	St.	Grundwasserdekontaminierungsanlage	Anzahl der Grundwasserdekontaminierungsanlagen
	6) Gasbehandlungsanlagen	St.	Gasbehandlungsanlage	Anzahl der Gasbehandlungsanlagen
478	Verfahrenstechnische Anlagen, Feststoffe, Wertstoffe und Abfälle			
	1) Feststoffbehandlungsanlagen	St.	Feststoffbehandlungsanlage	Anzahl der Feststoffbehandlungsanlagen
	2) Abfallbehandlungsanlagen	St.	Abfallbehandlungsanlage	Anzahl der Abfallbehandlungsanlagen
	3) Verbrennungsanlagen	St.	Verbrennungsanlage	Anzahl der Verbrennungsanlagen
	4) Pyrolyseanlagen	St.	Pyrolyseanlage	Anzahl der Pyrolyseanlagen
	5) Wertstoffaufbereitungsanlagen	St.	Wertstoffaufbereitungsanlage	Anzahl der Wertstoffaufbereitungsanlagen
479	Sonstiges zur KG 470			
	1) Entnahmeanlagen an Talsperren	St.	Anlagenteil der Entnahmeanlage	Anzahl der Anlagenteile
	2) Entnahmeleitungen an Talsperren	m	Entnahmeleitung	Länge der Entnahmeleitungen
	3) Überwachungsanlagen an Stauanlagen	St.	Überwachungskomponente	Anzahl der Überwachungskomponenten

Kostengruppen (KG)		Mengen und Bezugseinheiten		
		Einheit	**Bezeichnung**	**Ermittlung**
480	**Gebäude- und Anlagenautomation**			
481	Automationseinrichtungen			
	1) Automationseinrichtungen	St.	Datenpunkt der Gebäude- und Anlagenautomation	Anzahl der Datenpunke der Gebäude- und Anlagenautomation
482	Schaltschränke, Automationsschwerpunkte			
	1) Schaltschränke, Automationsschwerpunkte	St.	Datenpunkt der Gebäude- und Anlagenautomation	Anzahl der Datenpunkte der Gebäude- und Anlagenautomation
483	Automationsmanagement			
	1) Automationsmanagement	St.	Datenpunkt der Gebäude- und Anlagenautomation	Anzahl der Datenpunkte der Gebäude- und Anlagenautomation
484	Kabel, Leitungen, Verlegesysteme			
	1) Kabel, Leitungen, Verlegesysteme	St.	Datenpunkt der Gebäude- und Anlagenautomation	Anzahl der Datenpunkte der Gebäude- und Anlagenautomation
485	Datenübertragungsnetze			
	1) Datenübertragungsnetze	St.	Datenpunkt der Gebäude- und Anlagenautomation	Anzahl der Datenpunkte der Gebäude- und Anlagenautomation
489	Sonstiges zur KG 480			
	1) Gebäude- und Anlagenautomation sonstiges	St.	**Datenpunkt der Gebäude- und Anlagenautomation**	Anzahl der Datenpunkte der Gebäude- und Anlagenautomation
490	**Sonstige Maßnahmen für technische Anlagen**	m^2	Brutto-Grundfläche (BGF)	Gesamte Brutto-Grundfläche nach DIN 277-1
491	Baustelleneinrichtung	Wie KG 490		
492	Gerüste			
493	Sicherungsmaßnahmen			
494	Abbruchmaßnahmen			
495	Instandsetzungen			
496	Materialentsorgung			
497	Zusätzliche Maßnahmen			
498	Provisorische technische Anlagen			
499	Sonstiges zur KG 490			

Literaturhinweise

DIN 18205, *Bedarfsplanung im Bauwesen*

STLB-Bau, *Standardleistungsbuch für das Bauwesen*

VOB Teil C, *Allgemeine Technische Vertragsbedingungen für Bauleistungen (VOB/C)*

▶ Zu 6 Mengen und Bezugseinheiten

Mit den Regelungen zu Mengen und Bezugseinheiten wird in der Geschichte der DIN 276 ein völlig neues Kapitel aufgeschlagen. Seit dem ersten Erscheinen der beiden Normen DIN 276 und DIN 277 im Jahr 1934 waren die jeweiligen Aufgaben klar getrennt: Die DIN 276 gilt für die Ermittlung der „Kosten von Hochbauten" und die DIN 277 für die Ermittlung des „umbauten Raums", der seinerzeit als die einzige Bezugseinheit für die Kosten betrachtet wurde. Die DIN 277 wurde im Laufe ihrer weiteren Entwicklung immer mehr differenziert und erweitert, bis 2005 schließlich drei Normteile vorlagen. Bei der Überarbeitung der DIN 277 im Jahr 2016 erschien es dann allerdings zweckmäßig zu sein, die Norm auf die übergeordneten Bezugseinheiten (Grundflächen und Rauminhalte des Bauwerks sowie die Grundflächen des Grundstücks) zu beschränken. Die in DIN 277-3 geregelten differenzierten Bezugseinheiten sollten dann wegen des unmittelbaren Zusammenhangs mit der Kostengliederung der DIN 276 künftig direkt in der DIN 276 geregelt werden. Diese Überlegungen führten dazu, dass bei der aktuellen Überarbeitung der DIN 276 die gesamten Regelungsinhalte der DIN 277-3:2005-04 in die DIN 276 übernommen wurden.

▶ Zu 6.1 Allgemeines

Den Tabellen mit den Mengen und Bezugseinheiten sind allgemeine Anwendungshinweise vorangestellt. Hierbei wird betont, dass „die Vergleichbarkeit von Kostenkennwerten für die Praxis der Kostenplanung unverzichtbar ist". Zugleich wird unterstrichen, dass „außer einer eindeutigen Zuordnung der Kosten" nach der Kostengliederung der DIN 276 auch „eine einheitliche Verwendung von Mengen und Einheiten, auf die sich diese Kosten in Kostenkennwerten beziehen, die Voraussetzung für diese Vergleichbarkeit ist". Diese Zusammenhänge sind bereits in den Anmerkungen zu den Begriffen „Kostenkennwert" (siehe Abschnitt 3.13) und „Bezugseinheit" (siehe Abschnitt 3.14) sowie zu den „Grundsätzen der Kostenplanung" (siehe Abschnitt 4) ausführlich erläutert.

Die Festlegungen zu den Mengen und Bezugseinheiten werden in der Norm für das Aufstellen und Anwenden von Kostenkennwerten nicht verbindlich vorgegeben, sondern nur als Arbeitsgrundlage empfohlen. Einschränkend wird angemerkt, dass „diese Festlegungen sich vorrangig zwar an den normativen Grundlagen und Gegebenheiten von Hochbauten orientieren, aber sinngemäß auch auf Ingenieurbauten, Infrastrukturanlagen und Freiflächen übertragen werden können". Dieser Hinweis ergibt sich aus der Entstehungsgeschichte der Normen. Bei der Herausgabe der neuen DIN 276 lag in der DIN 277 keine dem erweiterten Anwendungsbereich der DIN 276 entsprechende Normgrundlage für Grundflächen und Rauminhalte vor. Sowohl die damalige DIN 277-1 als auch die aktuelle DIN 277 gelten ausdrücklich nur für den Hochbau. Bereits im Kapitel 0.2 Einführung war darauf hingewiesen worden, dass beim Normenausschuss Bauwesen im DIN das ursprüngliche Vorhaben, auch in der DIN 277 Regelungen über Grundflächen und Rauminhalte für Ingenieurbauten, Infrastrukturanlagen und Freiflächen zu erarbeiten, mittlerweile aufgegeben worden ist. Insofern sind die unterschiedlichen Anwendungs- und Regelungsbereiche der DIN 276 einerseits und der DIN 277 andererseits besonders zu beachten bzw. in den anderen Bereichen des Bauwesens sinngemäß anzuwenden.

Die aus der bisherigen DIN 277-3 übernommenen Regelungen für Mengen und Bezugseinheiten erstrecken sich aufgrund ihrer Entstehungsgeschichte auf Hochbauten für den es auch bereits zahlreiche Veröffentlichungen und vor allem auch einschlägige praktische Erfahrungen gibt. Diese zeigen und belegen, wie die Regelungen für Mengen und Bezugseinheiten bei der Dokumentation von Kostendaten und bei der Kostenermittlung bei Bauprojekten im Hochbau angewendet werden können. Für Ingenieurbauten und Infrastrukturanlagen liegen vergleichbare Veröffentlichungen und Erfahrungen bisher nicht vor. Insofern ist die aktuelle DIN 276, die sich auf das Bauwesen insgesamt erstreckt, als Angebot und als Anregung für die Praxis zu verstehen, die Erfolge und die positiven Erfahrungen aus dem Hochbau aufzugreifen und auch für die übrigen Bereiche des Bauwesens zu nutzen.

► Zu 6.2 Mengen und Bezugseinheiten für Kostengruppen

In der **Tabelle 2** werden für die acht Kostengruppen der ersten Ebene der Kostengliederung Mengen und Bezugseinheiten festgelegt bzw. empfohlen. Dabei werden aus der DIN 277 als Bezugseinheiten die Grundstücksfläche (GF) für die KG 100 und die KG 200, die Brutto-Grundfläche (BGF) für die KG 300, die KG 400, die KG 600, die KG 700 und die KG 800 sowie die Außenanlagenfläche (AF) für die KG 500 übernommen.

Diese Mengen und Bezugseinheiten sollen auch für die jeweiligen Kostengruppen der zweiten und der dritten Ebene der Kostengliederung angewendet werden, soweit nicht in den Tabellen 3 und 4 weitere spezielle Bezugseinheiten festgelegt sind.

► Zu 6.3 Mengen und Bezugseinheiten für die Kostengruppe 300

In der **Tabelle 3** werden für die Kostengruppen der zweiten und dritten Ebene der KG „300 Bauwerk – Baukonstruktionen" Mengen und Bezugseinheiten festgelegt. Auch hier wird ausdrücklich betont, dass es sich um eine Empfehlung handelt.

Mit dem vorliegenden Katalog steht ein Arbeitsmittel zur Verfügung, das sich in der Praxis seit Jahren beim Aufstellen und Anwenden von Kostenkennwerten nach der planungsorientierte Gliederung in Grobelemente und Bauelemente erfolgreich bewährt hat. Diese Aussage trifft für Hochbauten zu. Für Ingenieurbauten und Infrastrukturanlagen wurde bei der jetzigen Neufassung der Norm dieser Katalog wie schon die Kostengliederung selbst fachsprachlich dem neuen Bedarf angepasst. Inwieweit dieses Angebot in der Praxis für Ingenieurbauten und Infrastrukturanlagen angenommen werden wird, muss die nächste Zeit zeigen.

Die Festlegungen der Tabelle 3 wurden auf der Grundlage der früheren DIN 277-3 erarbeitet, indem zunächst die überarbeitete Kostengliederung aus der Tabelle 1 zugrunde gelegt wurde und die Bezeichnungen und Ermittlungsregeln im Einzelnen redaktionell, systematisch und einheitlich neu formuliert wurden.

Für die KG „370 Infrastrukturanlagen" enthält die Tabelle keine Angaben zu den Mengen und Bezugseinheiten. Für die KG „380 Baukonstruktive Einbauten" und die KG „390 Sonstige Maßnahmen für Baukonstruktionen" gilt in der zweiten Gliederungsebene die generelle Festlegung der Brutto-Grundfläche (BGF) als Menge und Bezugseinheit. Spezifische Regelungen für die dritte Gliederungsebene liegen nicht vor. Es wird darauf verwiesen, dass solche detaillierteren Festlegungen sich nach den Anforderungen des jeweiligen Projekts richten sollen – das heißt, dass die Projektverantwortlichen dies bei Bedarf nach ihren eigenen Vorstellungen regeln sollen.

► Zu 6.4 Mengen und Bezugseinheiten für die Kostengruppe 400

Die **Tabelle 4** enthält eine erweiterte Kostengliederung für die Kostengruppe 400 „Bauwerk - Technische Anlagen". In den Anmerkungen zur KG 400 war dargelegt worden, dass aufgrund der Gliederungssystematik erst auf einer „vierten" Gliederungsebene für den Bereich der technischen Anlagen die Grundlagen für eine elementbezogene Kostenermittlung gegeben wäre. Diese „vierte" Gliederungsebene ist in der Kostengliederung der Tabelle 1 allerdings nicht enthalten und somit auch nicht verbindlich genormt.

Die Tabelle 4 bietet nun eine solche „vierte Ebene" zusammen mit den zugehörigen Mengen und Bezugseinheiten als Empfehlung für das Aufstellen und Anwenden differenzierter Kostenkennwerte an. Auch hier muss die Entwicklung der nächsten Jahre zeigen, ob und wie dieses Arbeitsinstrument in der Berufspraxis Anwendung findet.

► Zu Abschnitt „Literaturhinweise"

Die Literaturhinweise beschränken sich auf die im Normtext zitierten Normen und Arbeitsmittel, die allerdings nicht wie die in Abschnitt „2 Normative Verweisungen" aufgeführten Normen DIN 277-1 (bzw. aktuell DIN 277) und DIN 18960 mit ihrem gesamten Inhalt oder mit Teilen davon als integrierter Bestandteil der DIN 276 anzusehen wären (siehe Anmerkungen zu Abschnitt 2).

7 BKI Ergänzung zur DIN 276

7.1 Mengen und Bezugseinheiten für die Kostengruppe 500

Überraschenderweise ist bei der Übernahme der Regelungen aus der DIN 277-3 in die DIN 276 offensichtlich vergessen worden, auch die für die KG „500 Außenanlagen und Freiflächen" vorliegenden Mengen und Bezugseinheiten zu übernehmen – aus welchen Gründen auch immer. Schon in den Vorgängerausgaben des BKI Bildkommentars DIN 276 / DIN 277 (4. Auflage [411] und 5. Auflage [412] waren diese Festlegungen enthalten.

Einheitliche Mengen und Bezugseinheiten für Außenanlagen und Freiflächen werden aber für differenzierte Dokumentationen und Kostenermittlungen dringend benötigt. Deshalb hat das BKI für seine Arbeit in eigener Zuständigkeit die Festlegungen der DIN 276 ergänzt und einen eigenen Katalog mit Mengen und Bezugseinheiten der KG „500 Außenanlagen und Freiflächen" aufgestellt.

Dieser Katalog wird als Fortsetzung der DIN 276-Systematik aufgefasst und hier als **„Tabelle 5"** wiedergegeben. Auch diese Festlegungen der Tabelle 5 wurden auf der Grundlage der früheren DIN 277-3 erarbeitet, indem zunächst die überarbeitete Kostengliederung aus der Tabelle 1 der DIN 276 zugrunde gelegt wurde und die Bezeichnungen und Ermittlungsregeln im Einzelnen redaktionell, systematisch und einheitlich neu formuliert wurden.

Es wäre wünschenswert, wenn der Normenausschuss Bauwesen im DIN diese Initiative des BKI zu gegebener Zeit aufgreifen und auf der Grundlage der BKI-Ausarbeitung die entstandene Lücke in der DIN 276 schließen würde.

Tabelle 5 - Mengen und Bezugseinheiten für die Kostengruppe 500

Kostengruppen (KG) neu		Einheit	Bezeichnung	Ermittlung
500	**Außenanlagen und Freiflächen**	m²	Außenanlagenfläche (AF)	gesamte Außenanlagenfläche nach DIN 277
510	**Erdbau**	m³	Erdbaurauminhalt	Rauminhalt einschließlich der Arbeitsräume und Böschungen
511	Herstellung	m³	Erdbaurauminhalt	Rauminhalt einschließlich der Arbeitsräume und Böschungen
512	Umschließung	m²	Umschließungsfläche	umschlossene Begrenzungsflächen der Baugrube
513	Wasserhaltung	m³	Wasserhaltungsvolumen	Zu entwässernder Rauminhalt einschließlich der Arbeitsräume und Böschungen
514	Vortrieb	m³	Vortriebsvolumen	Rauminhalt des Ausbruchs
519	Sonstiges zur KG 510	m³	Erdbaurauminhalt	Rauminhalt einschließlich der Arbeitsräume und Böschungen
520	**Gründung, Unterbau**	m²	Außenanlagenfläche (AF)	gesamte Außenanlagenfläche nach DIN 277
521	Baugrundverbesserung	m²	Baugrundverbesserungsfläche	Grundfläche der Baugrundverbesserung
522	Gründungen und Bodenplatten	m²	Gründungsfläche	Grundfläche der Gründungen
523	Gründungsbeläge	m²	Gründungsbelagsfläche	Grundfläche der Gründungsbeläge
524	Abdichtungen und Bekleidungen	m²	Abdichtungs- und Bekleidungsfläche	Abgedichtete und bekleidete Flächen
525	Dränagen	m²	Dränierte Fläche	Der mit Dränagen versehene Anteil der Außenanlagenfläche
529	Sonstiges zur KG 520	m²	Außenanlagenfläche (AF)	Gesamte Außenanlagenfläche nach DIN 277
530	**Oberbau, Deckschichten**	m²	Oberbaufläche/Fläche der Deckschichten	Fläche des Oberbaus/Fläche der Deckschichten
531	Wege	m²	Wegefläche	Der mit Wegen versehene Anteil von Oberbaufläche/Fläche der Deckschichten
532	Straßen	m²	Straßenfläche	Der mit Straßen versehene Anteil von Oberbaufläche/Fläche der Deckschichten
533	Plätze, Höfe, Terrassen	m²	Platz-, Hof-, Terrassenfläche	Der mit Plätzen, Höfen und Terrassen versehene Anteil von Oberbaufläche/Fläche der Deckschichten
534	Stellplätze	m²	Stellplatzfläche	Der mit Stellplätzen versehene Anteil von Oberbaufläche/Fläche der Deckschichten
535	Sportplatzflächen	m²	Sportplatzfläche	Der mit Sportplätzen versehene Anteil von Oberbaufläche/Fläche der Deckschichten
536	Spielplatzflächen	m²	Spielplatzfläche	Der mit Spielplätzen versehene Anteil von Oberbaufläche/Fläche der Deckschichten
537	Gleisanlagen	m²	Gleisanlagenfläche	Der mit Gleisanlagen versehene Anteil von Oberbaufläche/Fläche der Deckschichten
538	Flugplatzflächen	m²	Flugplatzfläche	Der mit Flugplatzflächen versehene Anteil von Oberbaufläche/Fläche der Deckschichten
539	Sonstiges zur KG 530	m²	Oberbaufläche/ Fläche der Deckschichten	Fläche des Oberbaus/Fläche der Deckschichten

Kostengruppen (KG) neu		Einheit	Bezeichnung	Ermittlung
540	**Baukonstruktionen**	m²	Außenanlagenfläche (AF)	gesamte Außenanlagenfläche nach DIN 277
541	Einfriedungen	m²	Einfriedungsfläche	Die Summe der wahren Fläche von Einfriedungen
542	Schutzkonstruktionen	m²	Schutzkonstruktionsfläche	Die Summe der wahren Fläche von Schutzkonstruktionen
543	Wandkonstruktionen	m²	Wandkonstruktionsfläche	Die Summe der wahren Fläche von Wandkonstruktionen
544	Rampen, Treppen, Tribünen	m²	Grundfläche Rampen, Treppen, Tribünen	Die Summe der Grundflächen von Rampen, Treppen und Tribünen
545	Überdachungen	m²	Grundfläche Überdachungen	Die Summe der Grundflächen von Überdachungen
546	Stege	m²	Grundfläche Stege	Die Grundflächen von Stegen
547	Kanal- und Schachtkonstruktionen	m	Kanal-, Schachtkonstruktionslänge	Die Summe der Längen von Kanal- und Schachtkonstruktionen
548	Wasserbecken	m²	Grundfläche Wasserbecken	Die Summe der Grundflächen von Wasserbecken
549	Sonstiges zur KG 540	m²	Außenanlagenfläche (AF)	gesamte Außenanlagenfläche nach DIN 277 (bzw. Grundfläche der Freiflächen)
550	**Technische Anlagen**	m²	Außenanlagenfläche (AF)	gesamte Außenanlagenfläche nach DIN 277 (bzw. Grundfläche der Freiflächen)
551	Abwasseranlagen	m²	Außenanlagenfläche (AF)	
552	Wasseranlagen	m²	Außenanlagenfläche (AF)	
553	Anlagen für Gase und Flüssigkeiten	m²	Außenanlagenfläche (AF)	
554	Wärmeversorgungsanlagen	m²	Außenanlagenfläche (AF)	
555	Raumlufttechnische Anlagen	m²	Außenanlagenfläche (AF)	
556	Elektrische Anlagen	m²	Außenanlagenfläche (AF)	
557	Kommunikations-, sicherheits- und informationstechnische Anlagen, Automation	m²	Außenanlagenfläche (AF)	
558	Nutzungsspezifische Anlagen	m²	Außenanlagenfläche (AF)	
559	Sonstiges zur KG 550	m²	Außenanlagenfläche (AF)	
560	**Einbauten in Außenanlagen und Freiflächen**	m²	Außenanlagenfläche (AF)	gesamte Außenanlagenfläche nach DIN 277 (bzw. Grundfläche der Freiflächen)
561	Allgemeine Einbauten	m²	Außenanlagenfläche (AF)	
562	Besondere Einbauten	m²	Außenanlagenfläche (AF)	
563	Orientierungs- und Informationssysteme	m²	Außenanlagenfläche (AF)	
569	Sonstiges zur KG 560	m²	Außenanlagenfläche (AF)	

Kostengruppen (KG) neu		Einheit	Bezeichnung	Ermittlung
570	**Vegetationsflächen**	m²	Vegetationsfläche	Der mit Vegetationsflächen versehene Teil der Außenanlagenfläche
571	Vegetationstechnische Bodenbearbeitung	m²	Vegetationstechnisch bearbeitete Fläche	Der vegetationstechnisch bearbeitete Anteil der Außenanlagenfläche
572	Sicherungsbauweisen	m²	Stabilisierende Fläche	Die Summe der wahren Fläche von Sicherungsbauweisen
573	Pflanzflächen	m²	Pflanzfläche	Der bepflanzte Anteil der Außenanlagenfläche
574	Rasen- und Saatflächen	m²	Rasen- und Saatfläche	Der mit Rasen und Saat versehene Anteil der Außenanlagenfläche
579	Sonstiges zur KG 570	m²	Vegetationsfläche	Der mit Vegetationsflächen versehene Teil der Außenanlagenfläche
580	**Wasserflächen**	m²	Wasserfläche	Der mit Wasserflächen versehene Teil der Außenanlagenfläche
581	Befestigungen	m²	Befestigungsfläche	Der mit Befestigungen versehene Teil der Außenanlagenfläche
582	Abdichtungen	m²	Abdichtungsfläche	Der mit Abdichtungen versehene Teil der Außenanlagenfläche
583	Bepflanzungen	m²	Bepflanzungsfläche	Der mit Bepflanzungen versehene Teil der Außenanlagenfläche
589	Sonstiges zur KG 580	m²	Wasserfläche	Der mit Wasserflächen versehene Teil der Außenanlagenfläche
590	**Sonstige Maßnahmen für Außenanlagen und Freiflächen**	m²	Außenanlagenfläche (AF)	gesamte Außenanlagenfläche nach DIN 277 (bzw. Grundfläche der Freiflächen)
591	Baustelleneinrichtung	m²	Außenanlagenfläche (AF)	
592	Gerüste	m²	Außenanlagenfläche (AF)	
593	Sicherungsmaßnahmen	m²	Außenanlagenfläche (AF)	
594	Abbruchmaßnahmen	m²	Außenanlagenfläche (AF)	
595	Instandsetzungen	m²	Außenanlagenfläche (AF)	
596	Materialentsorgung	m²	Außenanlagenfläche (AF)	
597	Zusätzliche Maßnahmen	m²	Außenanlagenfläche (AF)	
598	Provisorische Außenanlagen und Freiflächen	m²	Außenanlagenfläche (AF)	
599	Sonstiges zur KG 590	m²	Außenanlagenfläche (AF)	

DIN 277 Grundflächen und Rauminhalte im Hochbau

mit Kommentierung

B

B
DIN 277
Grundflächen und Rauminhalte im Hochbau

0 Allgemeines

0.1 Vorbemerkungen

Die Teile A, B und C des Bildkommentars DIN 276 / DIN 277 sind als selbstständige und in sich geschlossene Abhandlungen konzipiert. Insofern werden einige Informationen, die für beide behandelten Normen von Interesse sind, bewusst wiederholt aufgeführt. Dadurch soll denjenigen Lesern, die sich nur mit einem bestimmten Teil des Bildkommentars befassen, der jeweilige Textzusammenhang verständlicher gemacht werden als durch ständige Verweise auf andere Teile des Buchs.

Mit **„DIN 277"** wird sowohl die Norm **„Grundflächen und Rauminhalte im Hochbau"** allgemein bezeichnet als auch die gültige Ausgabe August 2021 **(DIN 277:2021-08)** [102].

Die früheren Ausgaben der Norm DIN 277 werden mit ihrem jeweiligen Ausgabedatum angegeben.

Mit **„DIN 276"** wird sowohl die Norm **„Kosten im Bauwesen"** allgemein bezeichnet als auch die gültige Ausgabe Dezember 2018 **(DIN 276:2018-12)** [101].

Die früheren Ausgaben der Norm DIN 276 werden mit ihrem jeweiligen Ausgabedatum angegeben.

Mit **„DIN 18960"** wird sowohl die Norm **„Nutzungskosten im Hochbau"** allgemein bezeichnet als auch die gültige Ausgabe November 2020 **(DIN 18960:2020-11)** [103].

Die früheren Ausgaben der Norm DIN 18960 werden mit ihrem jeweiligen Ausgabedatum angegeben.

Die Gliederung des folgenden Textes entspricht mit der Nummerierung und den Überschriften der Gliederung der DIN 277. Der Original-Wortlaut der Norm wird abschnittsweise wiedergegeben und durch farbliche Hinterlegung besonders kenntlich gemacht. Danach folgen die Kommentierungen und Erläuterungen der jeweiligen Abschnitte des Norm-Textes.

0.2 Einführung

Neben der DIN 276 ist die DIN 277 die zweite wichtige Grundlagennorm für die Kostenplanung im Bauwesen. Sie legt Begriffe und Regeln für die Ermittlung von Grundflächen und Rauminhalten fest. Normgerecht ermittelte Grundflächen und Rauminhalte sind erforderlich, um geeignete Kostenkennwerte für die Ermittlung von Kosten bilden zu können. Das gilt sowohl für die investiven Kosten nach DIN 276 als auch für die Nutzungskosten nach DIN 18960. Nur wenn die Grundflächen und Rauminhalte nach standardisierten Vorgaben ermittelt werden, können Bauwerke und Grundstücke unter ökonomischen Gesichtspunkten zutreffend verglichen werden.

Wie die DIN 276 stellt auch die DIN 277 von der Projektentwicklung und der Bedarfsplanung über die Objektplanung und die Ausführung bis zur gesamten Dauer der Nutzung eines Objekts ein wichtiges Arbeits- und Informationsinstrument für alle Beteiligten dar – für Projektverantwortliche der Bauherrschaft und des Investments, Planende für Architekten- und Ingenieurleistungen, Beauftragte für Projektentwicklung, Immobilienfachleute, und Nutzende, Politik und Verwaltung sowie viele andere gleichermaßen.

Über ihre Kernaufgabe hinaus, im Zusammenwirken mit der DIN 276 die erforderlichen Grundlagen für zutreffende Kostenermittlungen und vergleichbare Kostenergebnisse zu schaffen, hat die DIN 277 aber schon eine ganz eigenständige Stellung im Planungs- und Baugeschehen sowie in der Immobilienwirtschaft inne. Grundflächen und Rauminhalte, nach DIN 277 ermittelt, haben nicht nur eine Hilfsfunktion in der Kostenplanung bei der Bildung von Kostenkennwerten. Vielmehr sind Grundflächen und Rauminhalte schon selbst wichtige Größen für die wirtschaftliche Beurteilung von Bedarfsplänen, Machbarkeitsstudien, Raumprogrammen und Objektplanungen. Mit Planungskennwerten, bei denen verschiedene Planungswerte miteinander in Bezug gesetzt werden, können bereits Aussagen über die Wirtschaftlichkeit eines Vorhabens getroffen werden, bevor überhaupt erste Kosten ermittelt sind.

Eine besondere Bedeutung bekommt die DIN 277 dadurch, dass die nach ihren Regeln ermittelten Grundflächen und Rauminhalte auch für weitere Zwecke verwendet werden. Dies trifft beispielsweise für städtebauliche Aufgaben zu, wenn die zulässige Bebauung eines Grundstücks zu bestimmen ist. Oder es gilt für Aufgaben der Wohnungs- und der Immobilienwirtschaft, wenn für die Vermietung diejenigen Flächen eines Gebäudes festzulegen sind, die bei der Wohnfläche oder der Mietfläche angerechnet werden können. Auf diese Sachverhalte und die in diesem Zusammenhang relevanten Vorschriften wird später noch näher eingegangen.

Die **Abbildung B 1** gibt eine Übersicht über die für das wirtschaftliche Planen und Bauen wesentlichen Normen DIN 276, DIN 277und DIN 18960. Die Abbildung zeigt vor allem die Entwicklung des Normenwerks in den letzten Jahren auf.

Im Bereich der investiven Kosten wurden mit der neuen DIN 276 die bisherigen Fassungen vom Dezember 2008 für den Hochbau (DIN 276-1:2008-12) [128] sowie vom August 2009 für den Ingenieurbau (DIN 276-4:2009-04) [129] zu einer einzigen Norm zusammengefasst. Zudem wurden die Inhalte des bisherigen dritten Teils der DIN 277 (DIN 277-3:2005-04) [142] mit den Regelungen für Mengen und Bezugseinheiten in die DIN 276 übernommen. Die seit Dezember 2018 geltende aktuelle Ausgabe der **DIN 276 „Kosten im Bauwesen“ (DIN 276:2018-12)** [101] stellt damit für den Bereich der investiven Kosten eine umfassende Norm dar, die nicht in weitere Teile untergliedert wird. Die Norm erstreckt sich jetzt auf einen weiten Anwendungsbereich, der neben Hochbauten auch Ingenieurbauten, Infrastrukturanlagen und Freiflächen umfasst.

Im Bereich der Grundflächen und Rauminhalte war bereits 2016 die aus drei Normteilen bestehende DIN 277 aus dem Jahr 2005 zu einem Normenteil DIN 277-1 zusammengefasst worden. Der Titel dieser Normausgabe „Grundflächen und Rauminhalte im Bauwesen – Teil 1: Hochbau“ (DIN 277-1:2016-01) [143] wurde in der aktuellen Ausgabe vom August 2021 geändert, er lautet: **DIN 277 „Grundflächen und Rauminhalte im Hochbau“ (DIN 277:2021-08)** [102] geändert. Damit kehrt die DIN 277 zu der früheren, bis 2005 verwendeten, Bezeichnung zurück. Diese Bezeichnung zeigt, dass sich die DIN 277 im Unterschied zur DIN 276, die für das Bauwesen insgesamt gilt, ausschließlich auf den Hochbau erstreckt. Das ursprüngliche Vorhaben, auch in der DIN 277 neben einem Teil 1 für den Hochbau noch weitere Normteile für andere Bereiche des Bauwesens zu erarbeiten, ist aufgegeben worden.

Die sich daraus ergebenden unterschiedlichen Anwendungsbereiche der DIN 276 einerseits und der DIN 277 andererseits müssen besonders beachtet werden. Das gilt im Übrigen auch im Bereich der konsumtiven Kosten für die DIN 18960 **„Nutzungskosten im Hochbau" (DIN 18960:2020-11)** [103], die auch in ihrer aktuellen Fassung wie bisher ausschließlich für den

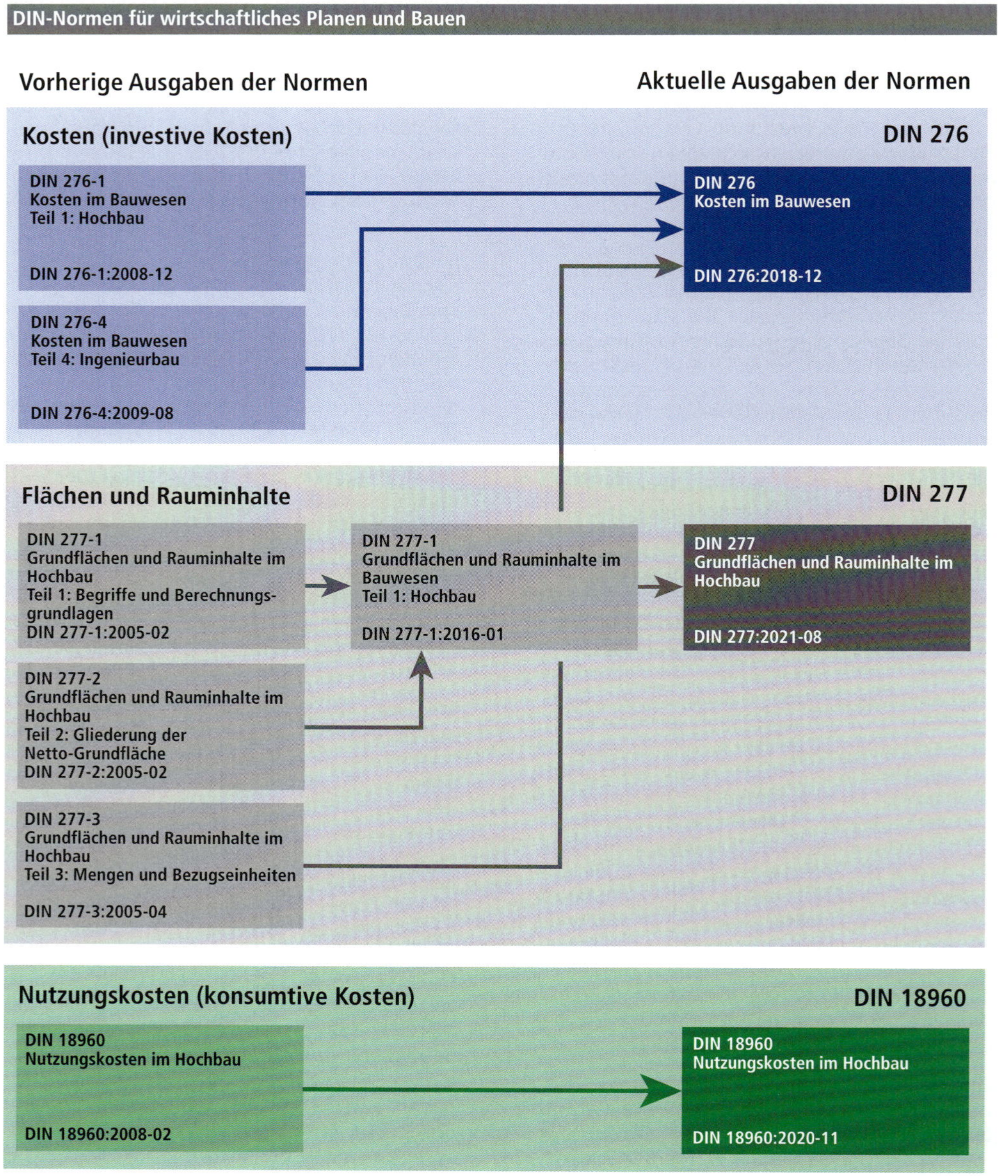

Abbildung B 1: DIN-Normen für wirtschaftliches Planen und Bauen

Hochbau gilt. Trotz dieser Unterschiede kann man heute feststellen, dass durch die Überarbeitung der DIN 276, DIN 277 und DIN 18960 in den letzten drei Jahren die für die Planungs- und Bauökonomie wesentlichen Grundlagennormen erheblich vereinfacht, übersichtlicher gestaltet und im Umfang deutlich reduziert werden konnten.

0.3 Entwicklung der DIN 277

Aufgrund wirtschaftlicher und technischer Veränderungen sowie infolge praktischer und wissenschaftlicher Erkenntnisse wurde die DIN 277 in unregelmäßigen Abständen immer wieder neu gefasst und dem jeweiligen Stand der Technik angepasst. Änderungen der DIN 277 ergaben sich aufgrund der engen Verflechtung mit der DIN 276 zwangsläufig auch aus deren Änderungen. Doch nicht immer vollzogen sich diese Prozesse im Gleichschritt.

Um den heutigen Entwicklungsstand der DIN 277 richtig einordnen zu können, soll die Entwicklung der Norm im Laufe der Zeit etwas näher betrachtet werden (siehe hierzu auch Fröhlich [438]. Die Kenntnis früherer Normausgaben kann in der Praxis hilfreich sein, weil Bauprojekte mit langer Projektdauer durchaus im Gültigkeitszeitraum mehrerer Ausgaben der DIN 277 liegen können. Dies gilt umso mehr für Baumaßnahmen im Bestand, bei denen unter Umständen Dokumente aus einer weit zurückliegenden Planungs- und Bauzeit herangezogen werden müssen. Die Kenntnis früherer Normausgaben ist sogar unumgänglich, wenn

Entwicklung der DIN 277 von 1934 bis heute

Jahr	DIN - Nr.	Datum	Titel
1934	DIN 277	1934-08	Umbauter Raum von Hochbauten
1936	DIN 277	1936-01	Umbauter Raum von Hochbauten
1940	DIN 277	1940x-10	Umbauter Raum von Hochbauten
1950	DIN 277	1950x-11	Umbauter Raum – Raummeterpreis
1973	DIN 277-1	1973-05	Grundflächen und Rauminhalte von Hochbauten – Teil 1: Begriffe und Berechnungsgrundlagen
1981	DIN 277-2	1981-03	Grundflächen und Rauminhalte von Hochbauten – Teil 2: Gliederung der Nutzflächen, Funktionsflächen und Verkehrsflächen (Netto-Grundfläche)
1987	DIN 277-1 DIN 277-2	1987-06 1987-06	Grundflächen und Rauminhalte im Hochbau – Teil 1: Begriffe und Berechnungsgrundlagen Grundflächen und Rauminhalte im Hochbau – Teil 2: Gliederung der Nutzflächen, Funktionsflächen und Verkehrsflächen (Netto-Grundfläche)
1998	DIN 277-3	1998-07	Grundflächen und Rauminhalte im Hochbau – Teil 3: Mengen und Bezugseinheiten
2005	DIN 277-1 DIN 277-2	2005-02 2005-02	Grundflächen und Rauminhalte im Hochbau – Teil 1: Begriffe und Berechnungsgrundlagen Grundflächen und Rauminhalte im Hochbau – Teil 2: Gliederung der Nutzflächen, Funktionsflächen und Verkehrsflächen (Netto-Grundfläche)
2005	DIN 277-3	2005-04	Grundflächen und Rauminhalte im Hochbau – Teil 3: Mengen und Bezugseinheiten
2016	DIN 277-1	2016-01	Grundflächen und Rauminhalte im Bauwesen – Teil 1: Hochbau
2021	**DIN 277**	**2021-08**	**Grundflächen und Rauminhalte im Hochbau**

Abbildung B 2: Entwicklung der DIN 277 von 1934 bis heute

Rechtsnormen (Gesetze, Verordnungen, Verwaltungsvorschriften) auf frühere Ausgaben der Norm Bezug nehmen. Die DIN 277 wurde im Laufe ihres Bestehens seit 1934 in den Jahren 1936, 1940, 1950, 1973, 1981, 1987, 2005, 2016 und zuletzt 2021 aktualisiert. In **Abbildung B 2** ist die Entwicklung der DIN 277 von 1934 bis heute tabellarisch dargestellt.

Ausgaben 1934 bis 1950

Die DIN 277 erschien im August 1934 in ihrer ersten Fassung unter dem Titel „Umbauter Raum von Hochbauten" **(DIN 277:1934-08)** [131]. Gleichzeitig erschien auch die erste Fassung der DIN 276 „Kosten von Hochbauten und damit zusammenhängenden Leistungen" **(DIN 276:1934-08)** [111]. Von Beginn an stehen die beiden Normen in einem unmittelbaren Zusammenhang miteinander. In einem gemeinsamen Beiblatt mit dem Titel „Kosten von Hochbauten Vergleichsübersicht" **(DIN 276 und DIN 277 Beiblatt:1934-08)** [112] wurden Muster und Beispiele aufgezeigt, wie Objektdaten normgerecht dokumentiert werden sollen.

Die Notwendigkeit, mit der DIN 277 eine Norm für die Rauminhaltsermittlung zu schaffen, ergab sich aus den Regelungen für die Kostenermittlung in der DIN 276. Dort waren zwei Arten der Kostenermittlung vorgesehen: Der „Kostenvoranschlag" als „angenäherte Ermittlung der Kosten auf Grund eines Vorentwurfs" und der „Kostenanschlag" als „genaue Ermittlung der Kosten auf Grund eines Bauentwurfs". Mit diesen beiden Stufen der Kostenermittlung wurde zugleich auch das jeweilige Kostenermittlungsverfahren festgelegt. Während beim Kostenanschlag die Kosten nach den einzelnen Leistungen berechnet werden sollten, war für den Kostenvoranschlag vorgesehen, „die Kosten der Bauten zu berechnen durch Vervielfältigung ihres nach Normblatt DIN 277… ermittelten umbauten Raumes mit einem einer statistischen Zusammenstellung entnommenen oder ortsüblichen Preise für 1 m^3".

Dies entsprach der im Bauwesen damals seit langem üblichen Arbeitsweise – nur sollten jetzt endlich einheitliche Grundlagen für die Kostenermittlung geschaffen werden. Um die Kosten von Hochbauten zutreffend ermitteln zu können und sie mit anderen Bauten vergleichbar zu machen, bedurfte es neben einer standardisierten Gliederung der Kosten auch einer vereinheitlichten Ermittlung der Bezugseinheit für die Kosten – in diesem Fall des „umbauten Raumes". In dem schon erwähnten gemeinsamen Beiblatt wurde anhand von Mustern für die Dokumentation von Kosten und Rauminhalten einzelner Objekte aufgezeigt, wie daraus der „Preis für 1 m^3 umbauten Raum" gebildet werden soll.

Entsprechend dem sehr eingeschränkten Regelungsumfang war die erste Norm-Ausgabe der DIN 277 – ebenso wie die DIN 276 – im Vergleich zu heute noch wenig differenziert. Die DIN 277 diente ausschließlich dem Zweck, die Ermittlung des umbauten Raums von Hochbauten so zu vereinheitlichen, dass für den Kostenvoranschlag nach DIN 276 vergleichbare und genauere Kostenkennwerte eingesetzt werden können. Der Titel der ersten Norm-Ausgabe der DIN 277 lautete – ihrem eingeschränkten Anwendungsbereich folgend – „Umbauter Raum von Hochbauten".

Die Folgeausgaben in den Jahren 1936 **(DIN 277:1936-01)** [132],1940 **(DIN 277:1940x-10)** [133] und 1950 **(DIN 277:1950x-11)** [134] änderten prinzipiell wenig. Sie beschränkten sich mehr oder weniger auf redaktionelle Änderungen und schrieben die Berechnungsgrundlagen fort. Ab 1950, als auch Regelungen für die mit dem umbauten Raum gebildeten Kostenkennwerte – den sogenannten „Raummeterpreisen" – getroffen wurden, hieß die Norm „Hochbauten; Umbauter Raum – Raummeterpreis".

Die Erkenntnis, dass der „Raummeterpreis" nur bedingt ein geeignetes Mittel für die Kostenermittlung darstellt, kam in der Ausgabe 1950 durch ergänzende und zugleich einschränkende Hinweise zum Ausdruck: „Raummeterpreise können nur dann verglichen werden, wenn es sich um Bauten mit gleichen Artmerkmalen handelt. … Daher sind die wesentlichen Artmerkmale stets zusammen mit den Raummeterpreisen zu nennen." Als solche „Artmerkmale", von denen der Raummeterpreis abhängig ist, wurden u.a. der Zweck des Baus, der jeweilige Preisstand, die Zahl und die Höhe der Geschosse, die Grundrissgestaltung und die Raumgrößen sowie die Wertigkeit der Ausstattung genannt.

Ferner wurde neben dem umbauten Raum auch erstmals der Flächenbezug von Kosten angesprochen: „Für die Beurteilung der Wirtschaftlichkeit ist auch die Angabe des Preises je m^2 Nutzfläche (Wohnfläche) erforderlich.".

Als eine Besonderheit – oder vielleicht eher als Kuriosum – ist an dieser Stelle noch zu erwähnen, dass die Ausgabe vom November 1950 der DIN 277 (72 Jahre nach ihrem Erscheinen!) immer noch in manchen amtlichen Vorschriften auftaucht. Bei der Erklärung zur Feststellung des Einheitswertes im Rahmen der Grundsteuerveranlagung verlangen manche Finanzämter, dass „der umbaute Raum nach DIN 277 (November 1950) zu berechnen" sei [504]. Zu der Frage, welche Unterschiede sich zwischen Rauminhalts-Ermittlungen mit heutiger und damaliger Normfassung ergeben und ob solche Abweichungen angesichts des groben Rasters der Einheitswertermittlung überhaupt relevant sind, liegen keine Erkenntnisse vor. Allerdings ist zu hoffen, dass sich diese Frage mit der beabsichtigten Grundsteuerreform dann künftig ohnehin nicht mehr stellen wird.

Ausgabe 1973

In der Ausgabe 1973 **(DIN 277-1:1973-05)** [135] wurde die Norm grundlegend geändert. Sie erhielt die neue Bezeichnung „DIN 277, Blatt 1, Grundflächen und Rauminhalte von Hochbauten – Begriffe, Berechnungsgrundlagen". Wie die schon zwei Jahre vorher erschienene Neufassung der DIN 276 musste nun auch die DIN 277 den in der Nachkriegszeit stark gestiegenen Anforderungen im Bauwesen sowie den erheblich veränderten Strukturen der Bauwirtschaft Rechnung tragen. Gegenstand der Norm waren jetzt „Grundflächen" und „Rauminhalte". Sie wurden als Maßstäbe für die Ermittlung und den Vergleich der Kosten von Hochbauten sowie für die Beurteilung ihrer Wirtschaftlichkeit bezeichnet. Die Norm legte verschiedene Arten von Grundflächen und einheitliche Grundlagen für deren Berechnung fest: Neben verschiedenen Grundflächen des Grundstücks („Fläche des Baugrundstücks", „Bebaute Fläche", „Unbebaute Fläche") wurde erstmals eine Flächengliederung für das Bauwerk vorgelegt: „Brutto-Grundrißfläche (BGF)", „Netto-Grundrißfläche (NGF)", „Konstruktionsfläche (KF)", „Nutzfläche (NF)", „Hauptnutzfläche (HNF)", „Nebennutzfläche (NNF)", „Funktionsfläche (FF)", „Verkehrsfläche (VF)" sind dem Wesen – nicht dem Wortlaut – nach Begriffe, die bis heute das Bild der DIN 277 bestimmen. Auch die Begriffe „Brutto-Rauminhalt (BRI)" und „Netto-Rauminhalt (NRI)" haben hier ihren Ausgangspunkt. Mit der Bezeichnung „DIN 277, Blatt 1" kam zum Ausdruck, dass weitere Normenteile folgen sollten. Es wurde angekündigt, dass „für Bewertungsvorschriften weitere Folgeblätter zu DIN 277 in Vorbereitung sind."

Ausgabe 1981

Die Ankündigung weiterer Normenteile wurde dann allerdings erst 1981 mit der Herausgabe eines Teils 2 der DIN 277 realisiert **(DIN 277-2:1981-03)** [136]. Unter dem sperrigen Titel „Grundflächen und Rauminhalte von Hochbauten – Gliederung der Nutzflächen, Funktionsflächen und Verkehrsflächen (Netto-Grundrißfläche) " wurde die Grundflächengliederung des Teils 1 der DIN 277 ergänzt.

Die Teilflächen der „Netto-Grundrißfläche" wurden in neun Nutzungsarten und dann – gewissermaßen in einer dritten Gliederungsebene – in einzelne Raumarten weiter untergliedert. Mit dieser stark differenzierten Flächengliederung sollten die Teilflächen der „Netto-Grundrißfläche" im Einzelnen festgelegt und durch Beispiele für die Zuordnung von Räumen und Flächen eindeutig definiert werden. Insbesondere öffentliche Verwaltungen hatten auf eine solche Erweiterung der DIN 277 gedrungen, um ihre Bedarfsplanungen auf einheitlichen Grundlagen aufbauen zu können und um die in ihrem Bereich üblichen Kostenermittlungsverfahren mit sogenannten „Kostenflächenarten" zu unterstützen.

Ausgabe 1987

Im Jahr 1987 wurden beide Normenteile geringfügig geändert. Teil 1 trug nun den Titel „Grundflächen und Rauminhalte von Bauwerken im Hochbau" **(DIN 277-1:1987-06)** [137].

Diesem geänderten Titel entsprechend wurden die erst 1973 aufgenommenen Angaben zur Ermittlung der Grundstücksflächen – aus welchen Gründen auch immer – wieder gestrichen. Ferner wurden die Begriffe der „Brutto-Grundrißfläche" und der „Netto-Grundrißfläche" in „Brutto-Grundfläche" und „Netto-Grundfläche" geändert. Die Abkürzungen dieser Grundflächen „BGF" und „NGF" wurden beibehalten. Die gleichen redaktionellen Änderungen wurden auch im Teil 2 der Norm **(DIN 277-2:1987-06)** [138] vorgenommen.

Ausgabe 1998

Aus der im Juni 1993 erschienenen Neufassung der DIN 276 [123] hatte sich die Notwendigkeit ergeben, für die Kostengruppen der DIN 276 in der zweiten und dritten Gliederungsebene Mengen und Bezugseinheiten festzulegen, um die Grundlagen für Kostenkennwerte zu vereinheitlichen. Diesem Ziel folgend erschien im Juli 1998 die DIN 277-3 Grundflächen und Rauminhalte von Bauwerken im Hochbau – Teil 3: Mengen und Bezugseinheiten **(DIN 277-3:1998-07)** [139]. Die Norm legt entsprechend der Kostengliederung der DIN 276 für die einzelnen Kostengruppen Mengeneinheiten, Mengen-Benennungen und Regeln für die Mengenermittlung fest. Für die Kostengruppe „400 Bauwerk-Technische Anlagen" wurde darüber hinaus eine erweiterte Kostengliederung (gewissermaßen eine „vierte" Ebene) mit Mengen und Bezugseinheiten angeboten.

Ausgabe 2005

Im Jahr 2005 wurden alle drei Teile der DIN 277 in neuer Fassung vorgelegt **(DIN 277-1:2005-02)** [140]; **(DIN 277-2:2005-02)** [141]; **(DIN 277-3:2005-04)** [142].

Die Überarbeitung aller drei Teile beschränkte sich im Wesentlichen auf redaktionelle Änderungen. Die jeweiligen Anwendungsbereiche und die substanziellen Regelungsinhalte sowie die Titel der Normen blieben unverändert.

Ausgabe 2016

Im Januar 2016 erschien die DIN 277 mit einer vollständig und grundlegend überarbeiteten Neufassung als DIN 277-1 mit dem Titel „ Grundflächen und Rauminhalte im Bauwesen – Teil 1: Hochbau" **(DIN277-1:2016-01)** [143].

Der Umfang der Norm wurde erheblich reduziert, insbesondere dadurch, dass die bisherigen Normenteile 1 und 2 stark gekürzt zu einem Teil zusammengefasst wurden. Ferner wurde auf die im bisherigen Teil 3 enthaltenen Regelungen von Mengen und Bezugseinheiten für Kostengruppen nach DIN 276 verzichtet. Diese Sachverhalte sollten in der DIN 276 selbst geregelt werden.Die DIN 277 musste aber vor allem deshalb überarbeitet werden, weil im Dezember 2011 die deutsche Version einer europäischen Norm mit Regelungen zu Grundflächen von Gebäuden im Bereich des Facility Managements herausgegeben worden war. Diese Norm ist Teil einer Normenreihe zu verschiedenen Themenbereichen des Facility Managements. Sie trägt den Titel „DIN EN 15221-6, Facility Management – Teil 6: Flächenbemessung im Facility Management **(DIN EN 15221-6:2011-12 (D))** [104].

Dadurch stimmten einige Regelungen der nationalen DIN 277 nicht mehr mit der vorrangigen europäischen Norm überein. Deshalb musste die DIN 277 der DIN EN 15221-6 angepasst werden. Andernfalls hätte die DIN 277 aus normungsrechtlichen Gründen zurückgezogen werden müssen. Durch die Harmonisierung beider Normen konnte die DIN 277 als eigenständige nationale Norm für das Bauwesen erhalten bleiben. Das war auch insofern wichtig, da die DIN 277 über den Regelungsumfang der DIN EN 15221-6 hinaus seit langem zahlreiche Regelungen für die Planung und Nutzung von Bauwerken im Hochbau enthält, auf die nicht verzichtet werden sollte (z.B. zu den Rauminhalten von Bauwerken).

Aufgrund der Erkenntnisse und Erfahrungen aus der mehr als zehnjährigen Anwendungspraxis wurde die Norm über die notwendige Anpassung an die DIN EN 15221-6 hinaus komplett überarbeitet. Der Titel der Norm war geändert worden, um zukünftig über den Geltungsbereich des Hochbaus hinaus weitere Normenteile für andere Bereiche des Bauwesens – beispielsweise für den Ingenieurbau – ergänzen zu können.

Ausgabe 2021

Bereits 2019 wurde die Überarbeitung der DIN 277 vom zuständigen Ausschuss wieder aufgenommen, nicht zuletzt wegen eines Normungsantrags, der dem Normenausschuss Bauwesen schon seit 2015 vorlag, aber in der Ausgabe 2016 noch nicht berücksichtigt werden konnte. In diesem Normungsantrag war vorgeschlagen worden, analog dem Zusammenwirken im Hochbau zwischen der damals noch geltenden DIN 276-1 und der DIN 277-1 auch für den Bereich des Ingenieurbaus zu der DIN 276-4 einen korrespondierenden Normenteil der DIN 277 zu erarbeiten. Damit sollten die für Ingenieurbauten spezifischen Grundflächen und Rauminhalte einheitlich ermittelt werden können. Diese Aufgabe war dann allerdings zurückgestellt worden, um zunächst die Überarbeitung der DIN 276 abzuwarten.

In der 2018 erschienenen DIN 276 **(DIN 276:2018-12)** [101] war es gelungen, die beiden Teile DIN 276-1 Hochbau und DIN 276-4 Ingenieurbau der Forderung von verschiedenen Fachkreisen folgend zu einer einzigen Norm zusammenzufassen. Der Geltungsbereich der aktuellen DIN 276 erstreckt sich auf das Bauwesen insgesamt und umfasst Hochbauten und Ingenieurbauten sowie Infrastrukturanlagen und Freiflächen. Darüber hinaus wurden aus praktischen Erwägungen sogar die Inhalte des bisherigen dritten Teils der DIN 277 **(DIN 277-3:2005-04)** [141] in die DIN 276 übernommen (siehe hierzu im Einzelnen Teil A des vorliegenden Kommentars).

Unabhängig von dieser Aufgabe hatte es sich schon nach erst dreijähriger Erfahrung und entsprechenden Anfragen aus der Praxis abgezeichnet, dass die DIN 277 überarbeitet werden sollte. Trotz starker Verbesserungen gegenüber der Vorgängernorm ließ die Ausgabe 2016 bei der Flächen- und Rauminhaltsermittlung doch einige Fragen offen, die bei der praktischen Anwendung zu Verunsicherungen geführt hatten. Deshalb sollte die Norm – auch unabhängig von der weitergehenden Frage eines breiteren Anwendungsbereichs – möglichst schnell überarbeitet werden.

Im August 2021 ist die aktuell gültige **DIN 277 „Grundflächen und Rauminhalte im Hochbau" (DIN 277:2021-08)** [102] erschienen. Die Norm wird nachfolgend im Wortlaut wiedergegeben und ist Gegenstand dieser Kommentierung.

Die DIN 277 trägt – wie schon frühere Ausgaben – wieder den auf den Geltungsbereich des Hochbaus beschränkten Titel. Die neue Norm ist im Wesentlichen redaktionell überarbeitet worden, um sie sicherer und einheitlicher anwenden zu können. Dazu wurden die Begriffe überarbeitet, die Aussagen für die Zuordnung von Grundflächen des Bauwerks präzisiert sowie die Regeln für die Ermittlung von Grundflächen und Rauminhalten vereinfacht und ergänzt.

Das ursprüngliche Vorhaben, in der DIN 277 analog zur DIN 276 über den Hochbau hinaus Regelungen für alle Bereiche des Bauwesens zu erarbeiten wurde aufgegeben. Die Diskussionen und Rückfragen in verschiedenen Fachkreisen hatten ergeben, dass ein breiterer Bedarf für solche Regelungen über Grundflächen, Rauminhalte und ggf. andere Größen bei Ingenieurbauten und Infrastrukturanlagen derzeit offensichtlich nicht gesehen wird. Zudem wurden erhebliche Zweifel darüber laut, auf welche technischen Grundlagen sich eine solche komplexe Normbearbeitung stützen sollte. Somit wird es in absehbarer Zeit leider keine Norm geben, die für die Ermittlung von Grundflächen und Rauminhalten im gesamten Spektrum des Bauwesens – also auch für Ingenieurbauten und Infrastrukturanlagen – spezifische Regeln und Arbeitshilfen bereitstellt.

Weitere Entwicklung

Mit der im August 2021 neu gefassten DIN 277 liegt eine Norm vor, die dem heutigen Stand der Theorie und Praxis des wirtschaftlichen Planens und Bauens entspricht. Es handelt sich dabei indessen nicht um eine völlig neue Norm, sondern um die aktuelle Fassung einer technischen Regel, die seit nunmehr über 80 Jahren im Planungs- und Baugeschehen eine maßgebliche Rolle spielt. Insofern kann die DIN 277 zweifelsohne als eine anerkannte Regel der Technik gelten, die sich in der Praxis durchgesetzt hat. Einige der neuen Regelungen der aktuellen DIN 277 werden sicherlich noch Zeit benötigen, bis sie in der praktischen Arbeit allgemein angewendet werden. Das gilt insbesondere für einige vereinfachten Regelungen bei der Ermittlung der Brutto-Grundfläche und des Brutto-Rauminhalts.

Der Stand der Technik verändert sich und dem entsprechend wird sich auch die DIN 277 im Laufe der Zeit wieder verändern müssen. Änderungen bei der DIN 277 ergaben sich immer auch durch Entwicklungen bei den unmittelbar im Zusammenhang stehenden Normen DIN 276 und DIN 18960. Nachdem in den letzten drei Jahren diese für die Planungs- und Bauökonomie wesentlichen Grundlagennormen umfassend überarbeitet worden sind (DIN 276: 2018, DIN 277: 2021 und DIN 18960: 2020), liegt ein aktuelles, dem Stand der Technik entsprechendes Normenwerk vor.

Für die praktische Anwendung im Bauwesen ist es vor allem von großem Nutzen, dass die aktuellen Normen gegenüber den Vorgängerausgaben erheblich vereinfacht, übersichtlicher gestaltet und im Umfang deutlich reduziert werden konnten. Dass die Anwendungsbereiche der drei Normen unterschiedlich weit gefasst sind, ist zwar besonders zu beachten, wird aber deren Praxistauglichkeit nicht einschränken.

Ob und wann sich aus den praktischen Erfahrungen mit der aktuellen DIN 277 und den generellen Entwicklungen im Bauwesen die Notwendigkeit ergibt, die Norm über die regelmäßige und routinemäßige Überprüfung hinaus erneut zu überarbeiten, st zum jetzigen Zeitpunkt nicht abzusehen.

0.4 Titel, Inhalt und Vorwort der DIN 277

► *Zum Titelblatt der DIN 277*

Die aktuell geltende Ausgabe der DIN 277 hat das Ausgabe-Datum August 2021 **(DIN 277:2021-08)**. Sie trägt den Titel **„Grundflächen und Rauminhalte im Hochbau"**. Das Titelblatt der DIN 277 ist in der **Abbildung B 3** wiedergegeben. Daraus sind neben dem Titel und dem Ausgabedatum der Norm u.a. auch die Bezugsquellen ersichtlich.

Gegenüber der vorherigen Ausgabe vom Januar 2016 wurden die DIN-Nummer und der DIN-Titel geändert (siehe Abschnitte 0.1, 0.2 und 0.3).

Auf dem Titelblatt wird darauf hingewiesen, dass die aktuelle Ausgabe der Norm die frühere Ausgabe DIN 277-1:2016-01 ersetzt.

► *Zu Abschnitt „Inhalt"*

Das Inhaltsverzeichnis ist gegenüber der Vorgängernorm im Wesentlichen nur formal geändert; Einige Kapitel sind in ihrer weiteren Untergliederung kürzer gefasst, andere dagegen ausführlicher. Eine inhaltliche Änderung wird lediglich in dem neuen Abschnitt „5.4 Getrennte Ermittlung entsprechend dem Ausbaustand" erkennbar. Bei den nachfolgenden Abschnitten sind dementsprechend die Ordnungszahlen angepasst. Darüber hinaus werden die in der Norm enthaltenen Tabellen aufgeführt.

► *Zu Abschnitt „Vorwort"*

Das Vorwort der Norm enthält eingangs rein formale Hinweise: Zunächst den üblichen Hinweis auf den für die Bearbeitung der Norm zuständigen Arbeitsausschuss und dann eine neuerdings bei allen Dokumenten (Normen) vorgesehene rechtliche Absicherung des DIN bzw. des DKE (Deutsche Kommission Elektrotechnik, Elektronik, Informationstechnik im DIN und VDE) hinsichtlich der Patentrechte, die möglicherweise durch die vorliegende Norm oder durch Teile dieses Dokuments berührt werden. Für die Anwendung der Norm dürfte das jedoch keine Bedeutung haben. Es folgt eine Übersicht der Änderungen gegenüber der Vorgängernorm DIN 277-1:2016-01 sowie eine Liste der früheren Ausgaben der DIN 277.

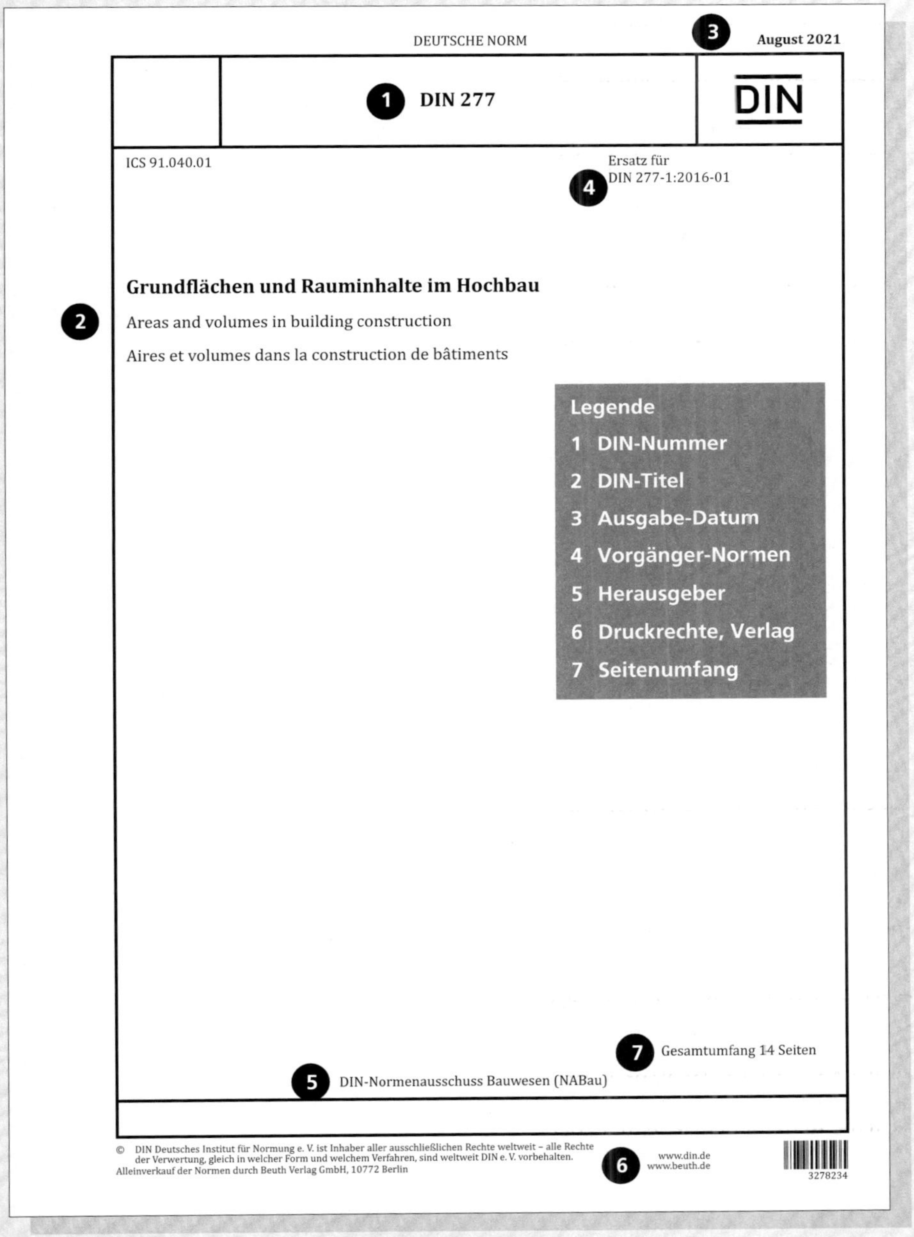

DEUTSCHE NORM

3 August 2021

1 DIN 277

DIN

ICS 91.040.01

Ersatz für
4 DIN 277-1:2016-01

Grundflächen und Rauminhalte im Hochbau

2 Areas and volumes in building construction

Aires et volumes dans la construction de bâtiments

Legende

1 DIN-Nummer
2 DIN-Titel
3 Ausgabe-Datum
4 Vorgänger-Normen
5 Herausgeber
6 Druckrechte, Verlag
7 Seitenumfang

7 Gesamtumfang 14 Seiten

5 DIN-Normenausschuss Bauwesen (NABau)

© DIN Deutsches Institut für Normung e. V. ist Inhaber aller ausschließlichen Rechte weltweit – alle Rechte der Verwertung, gleich in welcher Form und welchem Verfahren, sind weltweit DIN e. V. vorbehalten.
Alleinverkauf der Normen durch Beuth Verlag GmbH, 10772 Berlin

6 www.din.de
www.beuth.de

3278234

Abbildung B 3: Titelblatt der DIN 277

Inhalt

Vorwort

1 Anwendungsbereich

2 Normative Verweisungen

3 Begriffe

4 Gliederung der Grundflächen des Bauwerks
4.1 Grundsatz und Gliederungstiefe
4.2 Untergliederung der Nutzungsfläche (NUF)
4.3 Weitere Untergliederung der Grundflächen
4.4 Weitere Untergliederung der Nutzungsfläche 7 Sonstige Nutzungen (NUF 7)
4.5 Weitere Untergliederung der Konstruktions-Grundfläche (KGF)
4.6 Weitere Teilflächen der Brutto-Grundfläche (BGF)
4.7 Zuordnung von Grundflächen des Bauwerks
4.7.1 Generelle Zuordnung von Grundflächen
4.7.2 Wechselnde Nutzung von Grundflächen
4.7.3 Von der Raumnutzung abweichende Nutzung von Teilflächen
4.7.4 Bewegungsflächen innerhalb von Räumen
4.7.5 Verkehrsflächen in Garagen
4.7.6 Zum Betrieb technischer Anlagen erforderliche Ergänzungsflächen
4.7.7 Technische Anlagen zum Betrieb nutzungsspezifischer Einrichtungen
4.7.8 Technische Anlagen zur Versorgung oder Entsorgung anderer Bauwerke

5 Ermittlung von Grundflächen und Rauminhalten allgemein
5.1 Genauigkeit der Ermittlung
5.2 Ermittlung bei mehreren Bauwerken oder Bauabschnitten
5.3 Getrennte Ermittlung nach Geschossebenen und Geschosshöhen
5.4 Getrennte Ermittlung entsprechend dem Ausbaustand
5.5 Messverfahren
5.6 Messeinheiten
5.7 Getrennte Ermittlung entsprechend der Raumumschließung
5.7.1 Regelfall der Raumumschließung (R)
5.7.2 Sonderfall der Raumumschließung (S)

6 Ermittlung von Grundflächen des Bauwerks
6.1 Brutto-Grundfläche (BGF)
6.2 Netto-Raumfläche (NRF)
6.3 Konstruktions-Grundfläche (KGF)

7 Ermittlung von Rauminhalten des Bauwerks
7.1 Brutto-Rauminhalt (BRI
7.2 Netto-Rauminhalt (NRI)
7.3 Konstruktions-Rauminhalt (KRI)

8 Ermittlung von Grundflächen des Grundstücks
8.1 Grundstücksfläche (GF)
8.2 Bebaute Fläche (BF)
8.3 Unbebaute Fläche (UF)
8.4 Außenanlagenfläche (AF)

Tabellen

Tabelle 1 – Gliederung der Grundflächen des Bauwerks
Tabelle 2 – Gliederung der Nutzungsfläche (NUF)

Vorwort

Dieses Dokument wurde vom NA 005-01-04 AA „Flächen-und Raumberechnungen“ im DIN-Normenausschuss Bauwesen (NABau) erarbeitet.

Es wird auf die Möglichkeit hingewiesen, dass einige Elemente dieses Dokuments Patentrechte berühren können. DIN und DKE sind nicht dafür verantwortlich, einige oder alle diesbezüglichen Patentrechte zu identifizieren.

Aktuelle Informationen zu diesem Dokument können über die Internetseiten von DIN (www.din.de) durch eine Suche nach der Dokumentennummer aufgerufen werden.

Änderungen

Gegenüber DIN 277-1:2016-01 wurden folgende Änderungen vorgenommen:

a) der Titel der Norm geändert, da die Norm ausschließlich für den Hochbau gelten soll und weitere Normenteile für andere Bereiche des Bauwesens in DIN 277 nicht geregelt werden sollen;

b) die Begriffe überarbeitet und ergänzt;

c) die Zuordnung von Grundflächen des Bauwerks präzisiert;

d) die Zuordnung von Räumen, deren Zweckbestimmung noch nicht festgelegt ist, aufgenommen;

e) die Regelungen über die Ermittlung von Grundflächen und Rauminhalten des Bauwerks überarbeitet und mit dem Ziel einer sicheren und einheitlichen Anwendung ergänzt;

f) die Norm redaktionell überarbeitet

Frühere Ausgaben

DIN 277: 1934-08, 1936-01, 1940x-10, 1950x-11
DIN 277-1: 1973-05, 1987-06, 2005-02, 2016-01
DIN 277-2: 1981-03, 1987-06, 2005-02

1 Anwendungsbereich

Dieses Dokument gilt für die Ermittlung von Grundflächen und Rauminhalten im Hochbau während der Planung, der Bauausführung und der Nutzung von Bauwerken. Es erstreckt sich auf die Grundflächen und Rauminhalte von Bauwerken sowie auf die Grundflächen des Grundstücks.

Dieses Dokument legt Begriffe, Definitionen, Begriffsinhalte und Regeln für die Ermittlung von Grundflächen und Rauminhalten fest. Es schafft damit Grundlagen für einen Vergleich von Bauwerken und Grundstücken sowie für die Ermittlung der Kosten nach DIN 276 und der Nutzungskosten nach DIN 18960.

Die nach diesem Dokument ermittelten Flächen und Rauminhalte können auch für andere Zwecke (z. B. die Festlegung der Wohnfläche oder der Mietfläche) verwendet und den dafür erforderlichen Ermittlungen zugrunde gelegt werden. Eine Bewertung der Flächen und Rauminhalte im Sinne der entsprechenden Vorschriften nimmt die Norm jedoch nicht vor.

Für die Flächenbemessung im Facility Management gilt DIN EN 15221-6.

2 Normative Verweisungen

Die folgenden Dokumente werden im Text in solcher Weise in Bezug genommen, dass einige Teile davon oder ihr gesamter Inhalt Anforderungen des vorliegenden Dokuments darstellen. Bei datierten Verweisungen gilt nur die in Bezug genommene Ausgabe. Bei undatierten Verweisungen gilt die letzte Ausgabe des in Bezug genommenen Dokuments (einschließlich aller Änderungen).

DIN 276, *Kosten im Bauwesen*

DIN 18960, *Nutzungskosten im Hochbau*

DIN EN 15221-6:2011-12, *Facility Management - Teil 6: Flächenbemessung im Facility Management; Deutsche Fassung EN 15221-6:2011*

► *Zu Abschnitt „Änderungen"*

Nachdem die DIN 277 bereits 2016 grundlegend überarbeitet worden war, konnte man sich bei der jetzigen Neufassung der Norm auf geringfügigere Eingriffe eher formaler und redaktioneller Art beschränken. Dementsprechend ist die Liste der Änderungen mit sechs Positionen relativ kurz gefasst. Die aufgeführten Änderungen werden im weiteren Verlauf der Kommentierung ausführlich und im Einzelnen behandelt. Auf einige Punkte soll aber schon an dieser Stelle eingegangen werden – auch um den Zusammenhang der einzelnen Änderungen zu erläutern.

Zu a): Die Beschränkung des Geltungsbereichs der DIN 277 auf den Hochbau und die daraus resultierende Änderung des Normtitels stellt die zentrale Wende in der inhaltlichen und organisatorischen Weiterentwicklung der DIN 277 dar. Dass das ursprüngliche Vorhaben, analog zur DIN 276 auch in der DIN 277 über den Hochbau hinaus Regelungen für alle Bereiche des Bauwesens zu erarbeiten, aufgegeben wurde, ist schon in den Abschnitten 0.2 Einführung und 0.3 Entwicklung der DIN 277 ausführlich behandelt worden.

Zu b): Das wesentliche Ziel bei der Überarbeitung der DIN 277 war es, die Norm redaktionell klarer und eindeutiger zu fassen, um sie sicherer und einheitlicher anwenden zu können. Das gilt auch für die Modifikationen bei den genormten Begriffen. Als neuer und zentraler Begriff, der sich durch den gesamten Normentext zieht, wurde das „Geschoss" eingeführt. Über redaktionelle Korrekturen hinaus wurden bei den übergeordneten Begriffen „Brutto-Grundfläche (BGF)", „Netto-Raumfläche (NRF)" und „Brutto-Rauminhalt (BRI)" die Begriffsbestimmungen von einer inhaltlichen Definition auf eine formale Beschreibung ihrer weiteren Untergliederung in die anteiligen Grundflächen oder Rauminhalte umgestellt.

Zu c): Die Regeln, wie Grundflächen des Bauwerks den in der Norm festgelegten Grundflächen zugeordnet werden sollen, wurden präziser formuliert, um die in der Anwendungspraxis der letzten Jahre aufgetretenen Probleme auszuräumen.

Zu d): Die normgerechte Zuordnung von Räumen, deren Zweckbestimmung zum Zeitpunkt der Flächenermittlung noch nicht festgelegt ist, gehörte ebenfalls zu den offenen Fragen, die aus der Praxis an das DIN herangetragen worden waren.

Zu e): Die Regelungen zur Ermittlung von Grundflächen des Bauwerks, zur Ermittlung von Rauminhalten des Bauwerks sowie zur Ermittlung von Grundflächen des Grundstücks wurden in der neuen DIN 277 vollständig überarbeitet und ergänzt. Auch diese Veränderungen folgten dem übergeordneten Ziel, die Norm redaktionell klarer und eindeutiger zu fassen, um die Sicherheit und die Einheitlichkeit ihrer Anwendung zu verbessern. Dabei wurde die in der Vorgängerausgabe 2016 vorgesehene differenzierte Untergliederung in 1.) Inhalt und Abgrenzung sowie 2.) Ermittlungsregeln aufgegeben. Sie hatte sich letztlich nicht bewährt.

Zu f): Die redaktionelle Überarbeitung erstreckt sich auf den gesamten Text der Norm sowie der Tabellen.

► *Zu Abschnitt „Frühere Ausgaben":*

Die an dieser Stelle aufgeführten früheren Ausgaben der Norm werden im Abschnitt 0.3 dieses Kommentars, in dem die Entwicklung der DIN 277 von 1934 bis heute dargestellt ist, im Einzelnen beschrieben.

► *Zu 1 Anwendungsbereich*

Nachdem darauf verzichtet worden war, den Anwendungsbereich der DIN 277 analog zur DIN 276 über den Hochbau hinaus auf alle Bereiche des Bauwesens auszuweiten, konnte dieser Abschnitt nahezu unverändert bleiben.

Zu Absatz 1: Die Regelungen der DIN 277 zur Ermittlung von Grundflächen und Rauminhalten im Hochbau können über die gesamte Entstehungs- und Nutzungszeit eines Hochbauobjekts angewendet werden. Damit spannt sich der Bogen von der Bedarfsplanung über die Bauplanung, Bauausführung und Nutzung bis zur Beseitigung des Objekts. Die Regelungen betreffen sowohl die Bauwerke von Hochbauten als auch die Grundstücke, auf denen sich die Bauwerke und die dazu gehörenden Außenanlagen befinden.

Zu Absatz 2: Gegenstand der Norm ist es, eindeutige Begriffe und Definitionen von Grundflächen und Rauminhalten festzulegen, deren Inhalte untereinander klar abzugrenzen und eine einheitliche Verfahrensweise bei der Ermittlung von Grundflächen und Rauminhalten sicherzustellen. Nur auf solchen einheitlichen und allgemein gültigen Grundlagen lassen sich die Daten verschiedener Objekte miteinander vergleichen und Kostenkennwerte zutreffend bei der Kostenermittlung anwenden. Das gilt sowohl für eine Ermittlung der Kosten nach DIN 276 (investive Kosten) als auch für eine Ermittlung der Nutzungskosten nach DIN 18960 (konsumtive Kosten).

Bei der Anwendung der DIN 277 stand in den ersten Jahrzehnten ihres Bestehens die Aufgabe im Vordergrund, Grundlagen für die Kostenermittlung nach DIN 276 bereitzustellen – im Wesentlichen durch die Ermittlung des „Umbauten Raums" von Bauwerken (siehe Abschnitt 0.3 „Entwicklung der DIN 277"). Erst ab 1973, als sich die Norm nicht mehr nur auf den Rauminhalt, sondern auch auf die Grundflächen des Bauwerks erstreckte, bekam eine weitere Aufgabe der DIN 277 wesentlich größeres Gewicht: Die Aufgabe, Grundlagen für einen Vergleich von Bauwerken und ihre wirtschaftliche Beurteilung zu schaffen.

Nachdem die Norm eine einheitliche Ermittlung sowohl des Rauminhalts als auch der Grundflächen des Bauwerks regelte, wurde es möglich, bereits auf der Grundlage dieser Planungsdaten Wirtschaftlichkeitsvergleiche anzustellen. Mit Planungskennwerten, bei denen die Grundflächen und Rauminhalte miteinander in Bezug gesetzt werden – beispielsweise die Verkehrsfläche (VF) bezogen auf die Brutto-Grundfläche (BGF) oder der Brutto-Rauminhalt (BRI) bezogen auf die Nutzungsfläche (NUF) – können bereits wichtige Aussagen über die Wirtschaftlichkeit einer Planung gewonnen werden, bevor Kosten dezidiert beziffert werden müssen. Solche Planungskennwerte werden sowohl für einzelne Objekte als auch statistisch ausgewertet für ganze Objektserien dokumentiert [401], [404], [406], [407].

In **Abbildung B 4** sind Beispiele von Planungskennwerten eines Objekts dargestellt, die mit Grundflächen und Rauminhalten nach DIN 277 gebildet wurden. An diesen Beispielen wird leicht erkennbar, dass die Objektdaten in ihren absoluten Werten – abgesehen von der pauschalen Aussage: „kleiner / größer" – beim Vergleich mit einem anderen Objekt wenig aussagefähig sind. Erst durch den Bezug auf spezifische Daten wie z. B. die Nutzungsfläche (NUF) oder die Brutto-Grundfläche (BGF) werden die Grundflächen und Rauminhalte verschiedener Objekte miteinander vergleichbar und im Hinblick auf die Wirtschaftlichkeit der Objekte – hier charakterisiert durch den geometrischen Aufwand – bewertbar.

Zu Absatz 3: Angesichts der vorrangigen Aufgabenstellung, Grundlagen für einen Vergleich von Bauwerken und Grundstücken sowie für die Ermittlung der Kosten zu schaffen, ist die DIN 277 ganz darauf ausgerichtet, dass die Grundflächen und Rauminhalte eines Objekts eindeutig, neutral und nachvollziehbar ermittelt und dokumentiert werden. Über diese rein baufachlichen Gesichtspunkte hinaus können die nach DIN 277 ermittelten Grundflächen und Rauminhalte aber auch für andere Zwecke verwendet werden. Als Beispiele für solche anderen Zwecke nennt die Norm die Festlegung der Wohnfläche oder der Mietfläche. Es wird ausdrücklich betont, dass in solchen Anwendungsfällen die Flächen und Rauminhalte nach DIN 277 zwar den jeweils erforderlichen Ermittlungen zu Grunde gelegt werden können, aber nicht im Sinne der entsprechenden Vorschriften bewertet werden.

Zu den in der Norm nicht näher benannten Vorschriften gehört u.a. die Verordnung zur Berechnung der Wohnfläche (Wohnflächenverordnung – WoFlV) [308], nach der für den öffentlich geförderten Wohnungsbau die Wohnfläche zu berechnen ist, die aber darüber hinaus im Wohnungsbau allgemein angewendet wird. Grundflächen und Rauminhalte nach DIN 277 beschreiben aus baufachlicher Sicht objektiv die flächen- und volumenmäßigen Merkmale eines Bauwerks. Sie sind im Hinblick auf die ökonomische Verwertung einer Immobilie neutrale Größen. Demgegenüber stellt die Wohnfläche eine durchaus interessengeleitete Größe dar, bei der die Grundflächen im Hinblick auf die Nutzung und die Vermietung bewertet werden. Denn für die Miethöhe insgesamt ist nicht nur der Mietpreis je m² Wohnfläche relevant, sondern vor allem auch die Größe der Wohnfläche in m², die der Berechnung zugrunde gelegt wird. Dementsprechend legt die Wohnflächenverordnung fest, welche Grundflächen zur Wohnfläche gehören, wie die Grundflächen im Einzelnen zu

Objektvergleich mit Planungskennwerten

Objekt 1 – Bürogebäude A

NUF	Nutzungsfläche	2.500 m²
TF	Technikfläche	125 m²
VF	Verkehrsfläche	750 m²
NRF	Netto-Raumfläche	3.375 m²
KGF	Konstruktions-Grundfläche	600 m²
BGF	Brutto-Grundfläche	3.975 m²
BRI	Brutto-Rauminhalt	15.000 m³

Objekt 2 – Bürogebäude B

NUF	Nutzungsfläche	4.580 m²
TF	Technikfläche	365 m²
VF	Verkehrsfläche	1.150 m²
NRF	Netto-Raumfläche	6.095 m²
KGF	Konstruktions-Grundfläche	730 m²
BGF	Brutto-Grundfläche	6.825 m²
BRI	Brutto-Rauminhalt	24.500 m³

Absolute Werte nicht oder nur eingeschränkt vergleichbar

Objekt 1 – Bürogebäude A

NUF / NUF	100 %	NUF / BGF	63 %
TF / NUF	5 %	TF / BGF	3 %
VF / NUF	30 %	VF / BGF	19 %
NRF / NUF	135 %	NRF / BGF	85 %
KGF / NUF	24 %	KGF / BGF	15 %
BGF / NUF	159 %	BGF / BGF	100 %
BRI / NUF	6,00 m³/m²	BRI / BGF	3,77 m³/m²

Objekt 2 – Bürogebäude B

NUF / NUF	100 %	NUF / BGF	67 %
TF / NUF	8 %	TF / BGF	5 %
VF / NUF	25 %	VF / BGF	17 %
NRF / NUF	133 %	NRF / BGF	89 %
KGF / NUF	16 %	KGF / BGF	11 %
BGF /NUF	149 %	BGF / BGF	100 %
BRI / NUF	5,35 m³/m²	BRI / BGF	3,59 m³/m²

Planungskennwerte gut vergleichbar

Abbildung B 4: Objektvergleich mit Planungskennwerten

ermitteln sind und in welchem Umfang die ermittelten Grundflächen bei der Wohnfläche angerechnet werden können. Solche ökonomischen Bewertungen, die ja letztlich auch eine politische Bewertung darstellen, kann die Norm nicht leisten. Deshalb wird im Anwendungsbereich der Norm hierzu folgerichtig auf die „entsprechenden Vorschriften" verwiesen.

Die unterschiedliche Betrachtungsweise zwischen der DIN 277 einerseits und der Wohnflächenverordnung andererseits sowie die daraus jeweils resultierenden Ergebnisse vermittelt **Abbildung B 5** am Beispiel einer Berechnung für ein Dachgeschoss.

Bevor die Wohnflächenverordnung im Jahr 2004 in Kraft getreten ist, galt für die Ermittlung der Wohnfläche die Zweite Berechnungsverordnung (II. BV) [307]. Wenn die Wohnfläche bis zum 31.12.2003 nach der Zweiten Berechnungsverordnung ermittelt worden ist, bleibt es entsprechend der Überleitungsvorschrift in der Wohnflächenverordnung bei dieser Ermittlung.

Auf ein besonderes Phänomen im Zusammenhang mit der Wohnflächenermittlung muss an dieser Stelle hingewiesen werden: Das erstaunliche Beharrungsvermögen der DIN 283, deren Teil 1 Wohnungen – Begriffe [144] schon 1989 vom DIN zurückgezogen wurde. Der Teil 2 Wohnungen – Berechnung der Wohnflächen

Flächenberechnungen nach DIN 277 und Wohnflächenverordnung

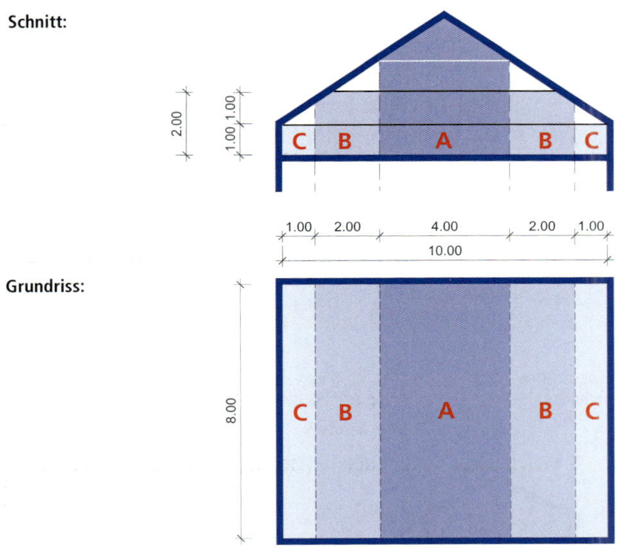

Grundflächen im Dachgeschoss mit...	DIN 277		Wohnflächenverordnung		
A lichter Raumhöhe > 2,0 m	4,00 m x 8,00 m	32,00 m²	→ 32,00 m²	x 1	32,00 m²
B lichter Raumhöhe > 1,0 m < 2,0 m	(2,00 m + 2,00 m) x 8,00 m	32,00 m²	→ 32,00 m²	x 1/2	16,00 m²
C lichter Raumhöhe < 1,0 m	(1,00 m + 1,00 m) x 8,00 m	16,00 m²	→ 16,00 m²	x 0	0,00 m²
	Netto-Raumfläche (NRF)	**80,00 m²**	**Wohnfläche (WF)**		**48,00 m²**

Abbildung B 5: Flächenberechnungen nach DIN 277 und Wohnflächenverordnung und Nutzflächen [145] war sogar bereits 1983 ersatzlos gestrichen worden. Trotzdem taucht im Zusammenhang mit der Wohnflächen-Thematik auch heute immer noch diese frühere und längst nicht mehr existente Norm auf.

Für den frei finanzierten Wohnungsbau muss individuell im Mietvertrag vereinbart werden, welche Wohnfläche dem Vertrag zugrunde liegt. Hier könnte außer der Wohnflächenverordnung auch die Richtlinie zur Berechnung der Mietfläche für Wohnraum MF/W 2012 [204] von Interesse sein, die ebenfalls regelt, welche Grundflächen in welchem Umfang als Wohnungs-Mietfläche anrechenbar sind. Im Zusammenhang mit dieser Richtlinie sind die weiteren Richtlinien der Gesellschaft für Immobilien-wirtschaftliche Forschung e.V. (gif) zu nennen, die sich für den Bereich gewerblicher Immobilien mit der Berechnung von Mietflächen befassen – als aktuellste die Richtlinie zur Berechnung der Mietflächen für gewerblichen Raum MFG 2017 [205]. Die gif-Richtlinien sind technische Regeln, die nicht mit der DIN 277 konkurrieren, sondern auf ihr aufbauen und die Norm zum Zweck der Mietflächenermittlung ergänzen. Nach diesem Grundverständnis wurde die MFG 2017 auch bereits an die DIN 277-1 vom Januar 2016 angepasst.

Einen „anderen Zweck" für die Verwendung von Grundflächen und Rauminhalten nach DIN 277, der im Abschnitt „1 Anwendungsbereich", Absatz 3, nicht direkt angesprochen wird, aber doch im Zusammenhang mit der Ermittlung der Grundflächen von großer Bedeutung ist, stellt die Ermittlung der städtebaulichen Kennziffern für das Maß der baulichen Nutzung von Grundstücken nach der Baunutzungsverordnung (BauNVO) [309] in Verbindung mit dem Bauordnungsrecht dar. Sowohl für die Ermittlung der Grundflächenzahl (GRZ), als auch der Geschossflächenzahl (GFZ) und der Baumassenzahl (BMZ) können Grundflächen und Rauminhalte nach DIN 277 zugrunde gelegt werden. Aber auch hier gilt, dass die nach baufachlich neutralen Gesichtspunkten ermittelten Werte der Norm nicht unmittelbar für die Berechnungen nach der Baunutzungsverordnung übernommen werden können. Die aus städtebaulicher Sicht erforderliche Bewertung, welche Flächen und Rauminhalte auf dem Grundstück zulässig sind, ist nicht in der DIN 277 geregelt, sondern selbstverständlich nur in der dafür zuständigen Rechtsvorschrift.

Wie wichtig es ist, bei diesen verschiedenen Ermittlungsregeln die jeweiligen Begriffe und Berechnungsregeln klar auseinander zu halten, soll **Abbildung B 6** verdeutlichen, in der die Ermittlung der Brutto-Grundfläche nach DIN 277 und die Ermittlung der Geschossfläche nach der Baunutzungsverordnung neben einander gestellt werden. Die enormen Unterschiede im Gesamtergebnis beider Berechnungen unterstreichen die fatale Situation, die eintritt, wenn die Begriffe und ihre unter-

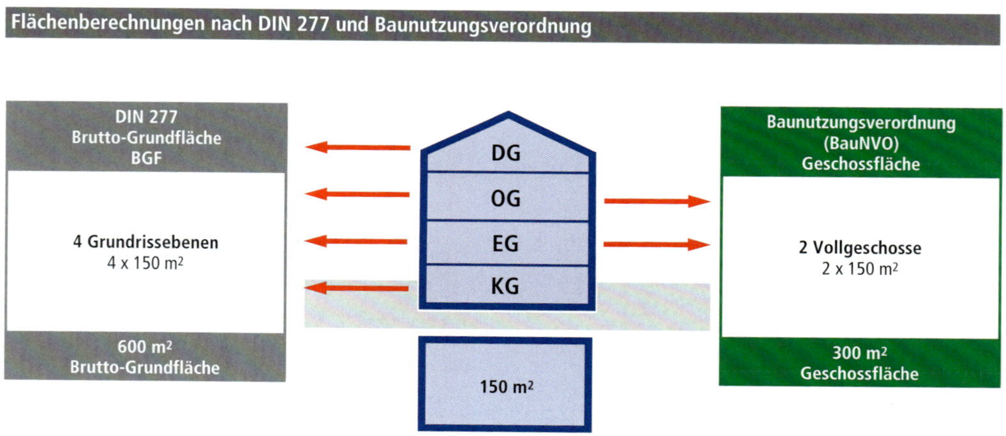

Abbildung B 6: Flächenberechnungen nach DIN 277 und Baunutzungsverordnung schiedlichen Regelungsinhalte nicht klar getrennt werden oder wenn gar mit nebulösen Begriffen wie beispielsweise der „Brutto-Geschossfläche" operiert wird. Dieser nirgendwo definierte und somit auch nicht existente Begriff taucht erstaunlicherweise in der Praxis immer wieder auf und stiftet leider nur allgemeine Verwirrung. Zur weiteren Vertiefung der Thematik, was bei der Ermittlung der Grundflächen und Rauminhalte in Verbindung mit ihrer Bewertung für andere Zwecke zu beachten ist, werden die Ausführungen von Kalusche [429] sowie von Kalusche und Herke [430] empfohlen.

Zu Absatz 4: Die konkurrierende Situation der DIN 277 mit der europäischen Norm DIN EN 15221-6 ist schon im Abschnitt 0.3 über die Entwicklung der DIN 277 angesprochen worden. Dieser Umstand hat schon die DIN 277-1 vom Januar 2016 stark beeinflusst. Die aus guten Gründen getroffene Entscheidung, trotz des Vorrangs europäischer Normen die nationale DIN 277 für die Ermittlung von Grundflächen und Rauminhalten im Bauwesen beizubehalten, wird mit dem letzten Satz des Abschnitts „1 Anwendungsbereich" ausdrücklich bestätigt. Zur eindeutigen Abgrenzung der beiden Normen wird hier hervorgehoben, dass die DIN EN 15221-6 für die Flächenbemessung im Facility Management gilt – nicht aber für den Anwendungsbereich der DIN 277, wie man die Aussage ergänzen könnte (siehe auch die folgenden Anmerkungen zu Abschnitt 2 „Normative Verweisungen").

► Zu 2 Normative Verweisungen

An dieser Stelle sind die „Dokumente" (Normen) aufgeführt, die in der DIN 277 zitiert werden und die für die Anwendung der Norm erforderlich sind bzw. teilweise oder mit ihrem gesamten Inhalt Anforderungen der DIN 277 darstellen. Alle hier genannten Normen sind mit ihrem jeweiligen Bezug zur DIN 277 bereits im Abschnitt „1 Anwendungsbereich" angesprochen: Die DIN 276 bei der Ermittlung der Kosten; Die DIN 18960 bei der Ermittlung der Nutzungskosten; Die DIN EN 15221-6 bei der Flächenbemessung im Facility Management.

Zu beachten ist hier die ausdrückliche Unterscheidung zwischen einer „datierten Verweisung", bei der nur die bestimmte Ausgabe eines Dokuments gilt, und einer „undatierten Verweisung", bei der generell die letzte, d.h. die aktuelle Ausgabe eines Dokuments gilt einschließlich der inzwischen vorgenommenen Änderungen. Das gilt für die mit einer „undatierten Verweisung" aufgeführte DIN 276 und die DIN 18960.

Anders verhält es sich bei der DIN EN 15221-6, bei der mit einer „datierten Verweisung" ausdrücklich auf die Ausgabe 2011-12 in der deutschen Fassung Bezug genommen wird. Dieser Bezug auf die bestimmte Ausgabe der Norm bedeutet, dass eine Folgeausgabe mit den darin enthaltenen Änderungen nicht automatisch an die Stelle der Ausgabe 2011 tritt.

3 Begriffe

Für die Anwendung dieses Dokuments gelten die folgenden Begriffe.

ISO und IEC stellen terminologische Datenbanken für die Verwendung in der Normung unter den folgenden Adressen bereit:
– ISO Online Browsing Platform: verfügbar unter https://www.iso.org/obp
– IEC Electropedia: http://www.electropedia.org/

3.1 Geschoss

Gesamtheit aller Grundflächen, die auf einer Zugangsebene liegen und horizontal verbunden sind und die aufgrund ihrer Beschaffenheit für die Nutzung eines Bauwerks geeignet sind

3.2 Brutto-Grundfläche BGF

Gesamtheit der Grundflächen aller Geschosse oder eines Teilbereichs des Bauwerks, die sich in Netto-Raumfläche (NRF) und Konstruktions-Grundfläche (KGF) gliedert

3.3 Netto-Raumfläche NRF

Anteil der Brutto-Grundfläche (BGF), der sich in Nutzungsfläche (NUF), Technikfläche (TF) und Verkehrsfläche (VF) gliedert

3.4 Konstruktions-Grundfläche KGF

Anteil der Brutto-Grundfläche (BGF), der die Grundflächen der aufgehenden Baukonstruktionen des Bauwerks umfasst

3.5 Nutzungsfläche NUF

Anteil der Netto-Raumfläche (NRF), der den Zweckbestimmungen des Bauwerks dient

3.6 Technikfläche TF

Anteil der Netto-Raumfläche (NRF) für die technischen Anlagen zur Versorgung und Entsorgung des Bauwerks

3.7 Verkehrsfläche VF

Anteil der Netto-Raumfläche (NRF) für die horizontale und vertikale Verkehrserschließung des Bauwerks

3.8 Brutto-Rauminhalt BRI

Gesamtheit der Rauminhalte eines Bauwerks oder eines Geschosses, das sich in Netto-Rauminhalt (NRI) und Konstruktions-Rauminhalt (KRI) gliedert

3.9 Netto-Rauminhalt NRI

Anteil des Brutto-Rauminhalts (BRI), der das Volumen über der Netto-Raumfläche (NRF) umfasst

3.10 Konstruktions-Rauminhalt KRI

Anteil des Brutto-Rauminhalts (BRI), der das Volumen der Baukonstruktionen des Bauwerks umfasst

3.11 Grundstücksfläche GF

Gesamtheit der Grundflächen eines Grundstücks, die sich in Bebaute Fläche (BF) und Unbebaute Fläche (UF) gliedert

3.12 Bebaute Fläche BF

Anteil der Grundstücksfläche (GF), der durch ein Bauwerk oberhalb der Geländeoberfläche überbaut oder überdeckt oder unterhalb der Geländeoberfläche unterbaut ist

3.13 Unbebaute Fläche UF

Anteil der Grundstücksfläche (GF), der nicht durch ein Bauwerk oberhalb der Geländeoberfläche überbaut oder überdeckt oder unterhalb der Geländeoberfläche unterbaut ist

3.14 Außenanlagenfläche AF

Anteil der Grundstücksfläche (GF), der sich außerhalb eines Bauwerks bzw. bei unterbauter Grundstücksfläche über einem Bauwerk befindet

► *Zu 3 Begriffe*

Die für die Anwendung der DIN 277 geltenden Begriffe sind gegenüber der DIN 277-1:2016 in ihren Bezeichnungen unverändert geblieben. Bei den Begriffsdefinitionen ergeben sich allerdings einige Änderungen. So wurden bei den übergeordneten Begriffen „Brutto-Grundfläche (BGF)", „Netto-Raumfläche (NRF)" und „Brutto-Rauminhalt (BRI)" die Begriffsbestimmungen von einer inhaltlichen Definition auf eine rein formale Beschreibung ihrer weiteren Untergliederung in die anteiligen Grundflächen oder Rauminhalte umgestellt. Als neuer Begriff wurde das „Geschoss" eingeführt.

Wegen der notwendigen Harmonisierung der DIN 277 mit der DIN EN 15221-6 mussten schon in der Vorgängernorm von 2016 einige Begriffe der Grundflächen des Bauwerks geändert werden, die in der Praxis seit langem als allgemein eingeführt und gebräuchlich galten. Diese Änderungen waren seinerzeit unvermeidbar (siehe hierzu Abschnitt 0.3). Negative Auswirkungen auf Datensammlungen und Datenbestände konnten aber weitgehend dadurch verhindert werden, dass zwar die Bezeichnungen einiger Begriffe verändert wurden, nicht aber deren Begriffsinhalte. Somit konnten in Datensammlungen die durch die Begriffsänderungen betroffenen Planungs- und Kostendaten in der Regel in ihrem Wert unverändert bleiben und mussten lediglich in ihren Bezeichnungen angepasst werden. Da dieser durchaus schwerwiegende Eingriff in das alteingeführte Begriffsvokabular noch immer zu Verständnisproblemen führen kann, ist es leider auch jetzt noch nicht zu vermeiden, in diesem Kommentar auf die Unterschiede und Abgrenzungen gegenüber der DIN EN 15221-6 einzugehen.

► *Zu 3.1 Geschoss*

In der neuen DIN 277 taucht in der Liste der für die Anwendung der Norm festgelegten Begriffe an prominenter Stelle erstmals der Begriff „Geschoss" auf. In den bisherigen Fassungen der DIN 277 wurde dieser Begriff zwar hin und wieder verwendet, aber nicht ausdrücklich definiert. Bei der jetzigen Überarbeitung der Norm erhielt das „Geschoss" sowohl für die anderen festgelegten Begriffe als auch bei den Regeln für die Ermittlung von Grundflächen und Rauminhalten eine grundlegende Bedeutung.

An zahlreichen Stellen der Norm wird nunmehr auf den Begriff „Geschoss" und die folgende Begriffsbestimmung Bezug genommen.

Das Geschoss wird als die „Gesamtheit aller Grundflächen" definiert, „die auf einer Zugangsebene liegen und horizontal verbunden" sind. Damit wird schon am Beginn der Norm klargestellt, dass mit den „Grundflächen" eines Bauwerks die geschossbezogenen Flächen im Bauwerk gemeint sind. Dabei können Teilflächen eines Geschosses durchaus verschiedene Höhenlagen aufweisen, wenn diese Teilflächen aufgrund ihrer Erschließung und der Zusammengehörigkeit der Räume als auf einer Zugangsebene liegend betrachtet werden können und somit kein eigenes Geschoss bilden.

Als weiteres Kriterium für die Wertung von Flächen eines Bauwerks als zu einem Geschoss gehörende „Grundflächen" wird festgelegt, dass es sich nur um solche Flächen handelt, „die aufgrund ihrer Beschaffenheit für die Nutzung eines Bauwerks geeignet sind". Wie das an dieser Stelle allgemein formulierte Kriterium bei der Ermittlung der Grundflächen konkret anzuwenden ist, wird in Abschnitt 6 im Einzelnen geregelt.

► *Zu 3.2 bis 3.7 (Grundflächen des Bauwerks)*

Bei den in den Abschnitten 3.2 bis 3.7 aufgeführten Begriffen handelt es sich um die Grundflächen des Bauwerks. Auf eine dementsprechende Zwischenüberschrift wurde in der neuen Fassung der Norm verzichtet, um die Ordnungszahlen der Gliederung nicht unnötig zu verlängern.

Die Grundflächen des Bauwerks sind wie schon in den früheren Ausgaben der Norm nach einem hierarchischen System untergliedert, wie es in **Abbildung B 7** dargestellt ist.

Diese Gliederungssystematik findet sich in den Begriffsbestimmungen für die übergeordneten Begriffe „Brutto-Grundfläche (BGF)" und „Netto-Raumfläche (NRF)" wieder, die – wie schon oben angesprochen – von einer eher inhaltlichen Definition auf eine rein formale Beschreibung ihrer weiteren Untergliederung umgestellt worden sind.

Die Änderungen bei den Grundflächen des Bauwerks, die sich 2016 aus der notwendigen Anpassung der DIN 277-1 an die DIN EN 15221-6 gegenüber der Norm-Ausgabe vom Februar 2005 ergeben hatten, sind in der **Abbildung B 8** dargestellt. Dort ist auch ersichtlich, dass diese Begriffe aus der DIN 277-1:2016 jetzt unverändert in die neue DIN 277:2021 übernommen worden sind.

Der Begriff „Bauwerk" ist in der DIN 277 selbst nicht definiert, auch wenn es sich dabei um eine schillernde Vokabel handelt, für die man sich durchaus eine Definition wünschen könnte. Denn der Begriff „Bauwerk" wird sowohl im allgemeinen Sprachgebrauch als auch in verschiedenen Rechtsbereichen entsprechend dem jeweiligen Regelungsziel völlig unterschiedlich verwendet: Im Bürgerlichen Gesetzbuch fürwerkvertragliche und haftungsrechtliche Regelungen; Im Bauordnungsrecht für die Regelungsziele öffentlicher Sicherheit und Gefahrenabwehr; In den Normen DIN 276 und DIN 277 für Aufgaben der Planungs- und Bauökonomie; Im Honorarrecht für Zwecke der Honorarermittlung. In allen diesen Bereichen werden für das Bauwerk auch andere oder ähnliche Bezeichnungen verwendet, die je nach dem als synonyme, untergeordnete oder übergeordnete Begriffe angesehen werden können (z.B. „Bauliche Anlage", „Gebäude", „Bau", „Hochbau", „Objekt", „Haus"). Insofern wird es kaum gelingen können, eine verbindliche Definition sowie eine einheitliche Kategorisierung oder Unterteilung des Begriffs „Bauwerk" festzulegen.

Deshalb wurde auch in der DIN 276 und der DIN 277 auf eine entsprechende Begriffsdefinition verzichtet, obwohl das Bauwerk in beiden Normen eine zentrale Rolle spielt.

In den frühen Ausgaben der DIN 276 ist eine Begriffsdefinition („Bauwerk ist der Baukörper, dessen Kosten zu ermitteln sind.") enthalten. Darauf wurde aber seit der Ausgabe 1993 verzichtet, da diese Begriffsbestimmung – zumal in einer Norm, die sich mit der Kostenermittlung befasst – doch zu selbstverständlich, trivial und nichtssagend zu sein schien. Für die DIN 276 und DIN 277 geht man seither davon aus, dass das Bauwerk für die Zwecke der Normen durch die in der Kostengliederung der DIN 276 aufgeführten Sachverhalte (Kostengruppen 300 und 400 mit den Kostengruppen der zweiten und dritten Gliederungsebene) konkret, umfassend und allgemein verständlich beschrieben wird – und somit auch als hinreichend definiert anzusehen ist, so dass es in den beiden Normen keiner allgemeinen Definition für den Begriff „Bauwerk" bedarf.

Wichtig ist in diesem Zusammenhang, dass der Begriff „Bauwerk" in den korrespondierenden Normen DIN 276 und DIN 277 insbesondere im Hinblick auf die klare technische und geometrische Abgrenzung zu den „Außenanlagen" übereinstimmend verwendet wird. Schon bei

Gliederung der Grundflächen des Bauwerks nach DIN 277

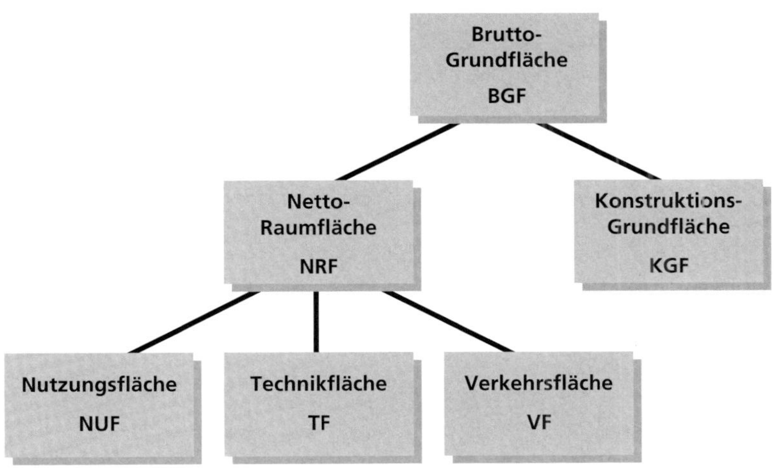

Abbildung B 7: Gliederung der Grundflächen des Bauwerks nach DIN 277

der Neufassung der DIN 277-1:2016 wurde ausdrücklich darauf geachtet, dass es zwischen DIN 276 und DIN 277 keine unterschiedlichen Regelungen und Lesarten gibt, was das „Bauwerk“ und die „Außenanlagen“ betrifft. Die Kosten des Bauwerks werden nach DIN 276 den Kostengruppen 300 und 400 zugeordnet und die Grundflächen des Bauwerks werden nach DIN 277, Tabelle 1, ermittelt. Die Kosten der Außenanlagen werden nach DIN 276 der Kostengruppe 500 zugeordnet und die Außenanlagenflächen (AF) werden nach Abschnitt 8 der DIN 277 ermittelt.

► *Zu 3.2 Brutto-Grundfläche (BGF)*

Der Begriff „Brutto-Grundfläche (BGF)“ steht an der Spitze des hierarchischen Aufbaus der Flächengliederung. Die BGF stellt die „Gesamtheit der Grundflächen aller Geschosse oder eines Teilbereichs des Bauwerks“ dar. Die BGF nach DIN 277 entspricht somit in vollem Umfang der BGF nach DIN EN 15221-6. Allerdings ist dort in einer gewissen theoretischen Sichtweise über der BGF noch die sogenannte „Ebenenfläche (EF)“ vorgesehen, die auch die real nicht existenten Flächen von Öffnungen, Hohlräumen und Atrien einschließt. Erst bei Abzug dieser sogenannten „Unverwendbaren Grundfläche (UGF)“ ergibt sich die Brutto-Grundfläche (BGF). Hier hat sich bei der Bearbeitung der DIN 277 erfreulicherweise die pragmatische Sichtweise durchgesetzt, die BGF als die „Gesamtheit der Grundflächen aller Geschosse …“ zu definieren und erst bei den Ermittlungsregeln für die BGF (siehe Abschnitt 6.1) festzulegen, wie die nicht vorhandenen Flächen zu behandeln sind.

Allerdings zeigt sich hier in Verbindung mit der Definition für das „Geschoss“ in Abschnitt 3.1 schon eine gewisse Einschränkung: Nach der Begriffsbestimmung gilt für die Zugehörigkeit von

Änderung von Begriffen für die Grundflächen des Bauwerks

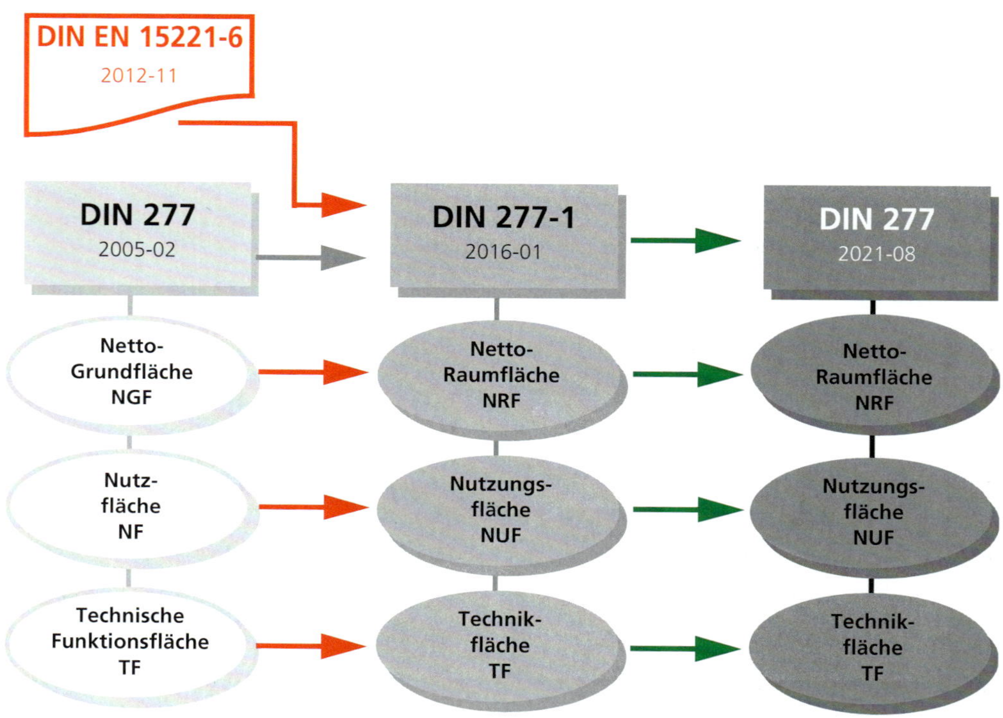

Abbildung B 8: Änderung von Begriffen für die Grundflächen des Bauwerks

Grundflächen zu einem Geschoss die Bedingung, dass die Grundflächen „aufgrund ihrer Beschaffenheit für die Nutzung eines Bauwerks geeignet sind". Das bedeutet, dass die Grundflächen, welche die Brutto-Grundfläche (BGF) bilden, für Nutzungen des Bauwerks tauglich sein müssen. Diese Nutzungen werden im zweiten Teil der Definition mit der „Netto-Raumfläche NRF" und der „Konstruktions-Grundfläche (KGF)" als die Bestandteile der BGF benannt, in die sie im Weiteren untergliedert wird. Damit ist schon in Grundzügen die Gliederungssystematik aufgezeigt, die im Abschnitt 4.1 und der zugehörigen Tabelle 1 festgelegt wird.

Zu beachten ist, dass die Brutto-Grundfläche (BGF) nach DIN 277 die Grundflächen aller Geschosse des Bauwerks umfasst – also auch derjenigen Geschosse, die nach dem Bauplanungsrecht und dem Bauordnungsrecht nicht als „Vollgeschosse" (z.B. Kellergeschosse, Dachgeschosse) angesehen werden (siehe hierzu Kommentierung zu Abschnitt 1 Anwendungsbereich, Absatz 3).

Einen Gesichtspunkt, den die DIN 277 bisher noch nicht geregelt hatte, greift die neue Formulierung auf, dass sich die Brutto-Grundfläche (BGF) auf die Grundflächen „eines Teilbereichs des Bauwerks" beziehen kann und nicht nur auf die „Gesamtheit der Grundflächen aller Geschosse des Bauwerks". Damit wird schon mit der Definition das Missverständnis ausgeräumt, dass sich eine BGF-Ermittlung immer auf das gesamte Bauwerk erstrecken müsse. Insbesondere bei der Anwendung der Norm in der Immobilienwirtschaft kommt es häufig vor, dass bei der Vermietung oder dem Verkauf von Teilbereichen des Bauwerks eine Ermittlung der BGF ausschließlich für den jeweiligen Teilbereich erforderlich wird. Hierzu war in der Praxis immer wieder die Frage aufgetreten, wie die BGF in solchen Fällen richtig zu ermitteln ist. Das ist jetzt mit dieser grundsätzlichen Klarstellung und den entsprechenden Ermittlungsregeln (Abschnitt 6.1, Absatz 5) festgelegt.

► *Zu 3.3 Netto-Raumfläche (NRF)*

In der DIN 277-1:2016 war die Netto-Raumfläche (NRF) als „Teilfläche der Brutto-Grundfläche (BGF)" definiert, „die sämtliche Grundflächen der nutzbaren Räume aller Grundrissebenen des Bauwerks umfasst". Die in dieser Formulierung enthaltenen Überschneidungen mit der Definition der BGF hatten bei der Anwendung der Norm offensichtlich zu Missverständnissen geführt. Deshalb wurde die Begriffsbestimmung der Netto-Raumfläche (NRF) von der eher inhaltlichen Definition („… nutzbaren Räume …") auf die einfachere formale Beschreibung ihrer weiteren Untergliederung in die „Nutzungsfläche(NUF), Technikfläche (TF) und Verkehrsfläche (VF)" umgestellt.

Der Begriff „Netto-Raumfläche (NRF)" war in der Vorgängernorm DIN 277-1:2016 neu eingeführt worden. Er stellte eines der Zugeständnisse dar, die gegenüber der DIN EN 15221-6 gemacht werden mussten. Leider konnte der bewährte frühere Begriff „Netto-Grundfläche (NGF)" in der Systematik der DIN 277 nicht beibehalten werden, da in der DIN EN 15221-6 unter dieser Bezeichnung nicht nur die Nutzungsfläche (NUF), Technikläche (TF) und Verkehrsfläche (VF) enthalten ist, sondern auch die sogenannte „Trennwand-Grundfläche (TGF)" als Grundfläche der nichttragenden leichten Trennwände. Diese Teilfläche der Konstruktions-Grundfläche (KGF) gehört nach dem Verständnis in anderen europäischen Ländern insbesondere im angelsächsischen Raum zu der Netto-Grundfläche (NGF) – nicht zuletzt unter dem immobilienwirtschaftlichen Aspekt der Vermietung. Es ist sehr zu begrüßen, dass man sich 2016 – um Datenbestände zu erhalten – dazu verständigt hat, den neuen Begriff „Netto-Raumfläche (NRF)" zu verwenden, die Begriffsinhalte aber unverändert zu lassen. Damit entspricht die heutige Netto-Raumfläche (NRF) in vollem Umfang der früheren Netto-Grundfläche (NGF) nach DIN 277-1:2005-02.

► *Zu 3.4 Konstruktions-Grundfläche (KGF)*

Die Begriffsbestimmung der „Konstruktions-Grundfläche (KGF)" bleibt abgesehen von der redaktionellen Änderung gegenüber der Vorgängernorm unverändert. Sie definiert die Konstruktions-Grundfläche (KGF) als „Anteil der Brutto-Grundfläche (BGF), der die Grundflächen der aufgehenden Baukonstruktionen des Bauwerks umfasst".

In der Flächensystematik der DIN EN 15221-6 ist der Begriff der Konstruktions-Grundfläche (KGF) allerdings nicht aufzufinden, da dort nur die einzelnen Teile der Konstruktions-Grundfläche definiert sind:

Die „Außenwand-Konstruktions-Grundfläche (AKG)", die Innenwand-Konstruktions-Grundfläche (IKG)" und die „Trennwand-Grundfläche (TGF)". Diesem übertriebenen Differenzierungsstreben ist man im DIN 277-Ausschuss zum Glück nicht gefolgt und hat stattdessen den im Bauwesen bewährten Gesamtbegriff der Konstruktions-Grundfläche (KGF) erhalten und deren Untergliederung in die Teilflächen nach DIN EN 15221-6 lediglich als optionale Ergänzung vorgesehen (siehe Abschnitt 4.5).

► *Zu 3.5 Nutzungsfläche (NUF)*

Die Begriffsbestimmung der „Nutzungsfläche (NUF)" bleibt im Wesentlichen ebenfalls unverändert. Sie wird als „Anteil der Netto-Raumfläche (NRF)" definiert, der „den Zweckbestimmungen des Bauwerks dient". Auch wenn hier die interpretierbare Formulierung („Zweckbestimmungen des Bauwerks" verwendet wird, erscheint die Definition dennoch geeignet zu sein. Man muss sie im Zusammenhang mit der im Abschnitt 4.2 wiedergegebenen Tabelle 2 sehen, die mit den einzelnen Arten von Nutzungsflächen und mit zahlreichen Beispielen unterlegt eindeutig beschreibt, was „die Zweckbestimmungen des Bauwerks" sein können.

Der Begriff „Nutzungsfläche (NUF)" war in der Vorgängernorm DIN 277-1:2016 neu eingeführt worden. Er stellte seinerzeit ein weiteres Zugeständnis an die DIN EN 15221-6 dar. Auch hier musste man der normungsrechtlichen Situation Rechnung tragen: Der frühere, in der DIN 277 im Jahr 1973 eingeführte Begriff „Nutzfläche (NF)" war in der europäischen FM-Norm leider anders belegt worden. Die Grundflächen für Sanitärräume und Umkleideräume werden dort separiert und als sogenannte „Sanitärfläche (SF)" als eigenständige Teilfläche der Netto-Raumfläche (NRF) ausgewiesen. Um die Datenbestände auch in diesem Punkt nicht verändern zu müssen, hatte man in der DIN 277-1:2016 den bisherigen Begriffsinhalt erhalten und lediglich mit der „Nutzungsfläche (NUF)" eine neue Bezeichnung festgelegt. Die heutige NUF entspricht in vollem Umfang der früheren Nutzfläche (NF) nach DIN 277-1: 2005. Eine Untergliederung der „Nutzungsfläche (NUF)" nach DIN 277 in die „Nutzfläche (NF)" und die „Sanitärfläche (SF)" nach DIN EN 15221-6 wird im Abschnitt 4.4 als mögliche Verfahrensweise angesprochen.

► *Zu 3.6 Technikfläche (TF)*

Die „Technikfläche (TF)" wird als „Anteil der Netto-Raumfläche (NRF) für die technischen Anlagen zur Versorgung und Entsorgung des Bauwerks" definiert. Abgesehen von der marginalen redaktionellen Änderung („Anteil" anstelle von „Teilfläche") bleibt die Begriffsbestimmung unverändert. Mit den „technischen Anlagen zur Versorgung und Entsorgung des Bauwerks" sind die technischen Anlagen umschrieben, die innerhalb der Kostengruppe 400 der DIN 276 im Einzelnen aufgeführt sind. Hierbei ist zu beachten, dass nur die Teile der technischen Anlagen zu der Technikfläche (TF) gehören, die aufgrund ihrer maßgeblichen Bedeutung für die jeweilige technische Anlage im Bauwerk zentral angeordnet sind und einen nicht unerheblichen Bedarf an Grundfläche aufweisen (z.B. Wärmeerzeugungsanlagen). Demgegenüber bleiben die Grundflächen für die Teile der technischen Anlagen, die nach allgemeinem Verständnis als „Installationen" bezeichnet werden (z.B. Raumheizflächen), sowie in der Regel auch die Grundflächen für die nutzungsspezifischen und verfahrenstechnischen Anlagen (Kostengruppe 470), bei der Technikfläche (TF) unberücksichtigt. Sie sind je nach Lage in der Nutzungsfläche (NUF) oder der Verkehrsfläche (VF) enthalten.

Der Begriff „Technikfläche (TF)" war in der DIN 277-1:2016 entsprechend der DIN EN 15221-6 umbenannt worden. Inhaltlich ergab sich hier gegenüber den in früheren Normausgaben verwendeten Begriffen „Technische Funktionsfläche (TF)" (2005) oder „Funktionsfläche (FF)" (1973) keine Änderung.

► *Zu 3.7 Verkehrsfläche (VF)*

Der Begriff „Verkehrsfläche (VF)" und seine Definition bleiben außer der minimalen Modifikation („Anteil" anstelle von „Teilfläche") unverändert. Die Verkehrsfläche (VF) wird als „Anteil der Netto-Raumfläche (NRF) für die horizontale und vertikale Verkehrserschließung des Bauwerks" definiert. Damit sind die Verkehrswege innerhalb des Bauwerks gemeint, die wie beispielsweise Flure, Treppen oder Aufzüge ausschließlich oder überwiegend der Verkehrserschließung dienen. Bewegungsflächen innerhalb der Nutzungsfläche (NUF) oder der Technikfläche (TF) gehören nicht zur Verkehrsfläche (VF), sondern zur jeweiligen Netto-Raumfläche (NRF), in der sie sich befinden (siehe auch Abschnitt 4.7.4).

► *Zu 3.8 bis 3.10 (Rauminhalte des Bauwerks)*

Bei den in den Abschnitten 3.8 bis 3.10 aufgeführten Begriffen handelt es sich um die Rauminhalte des Bauwerks. Auf eine dementsprechende Zwischenüberschrift wurde in der neuen Fassung der Norm verzichtet, um die Ordnungszahlen der Gliederung nicht unnötig zu verlängern.

Bei den Begriffen für die Rauminhalte des Bauwerks hatten sich aus der Anpassung an die DIN EN 15221-6 keine Konsequenzen ergeben, da sich diese Norm nicht mit den Rauminhalten des Bauwerks befasst. Für die aktuellen Begriffsdefinitionen der Rauminhalte gilt das Gleiche wie für die Grundflächen des Bauwerks: Die Formulierungen wurden lediglich redaktionell neu gefasst.

Wie die Grundflächen des Bauwerks sind auch die Rauminhalte des Bauwerks nach einem hierarchischen System untergliedert. Diese Gliederung ist in **Abbildung B 9** dargestellt.

► *Zu 3.8 Brutto-Rauminhalt (BRI)*

Der Begriff „Brutto-Rauminhalt (BRI)" wird in der neuen DIN 277 als das „Gesamtheit der Rauminhalte eines Bauwerks oder eines Geschosses, das sich in Netto-Rauminhalt(NRI) und Konstruktions-Rauminhalt (KRI) gliedert" definiert. Die Begriffsbestimmung stellt wie bei der Brutto-Grundfläche (BGF) auf die weitere Untergliederung des BRI ab. Es wird ferner klargestellt, dass sich auch eine BRI-Ermittlung wie eine BGF-Ermittlung nicht auf das gesamte Bauwerk erstrecken muss, sondern unter Umständen auch nur einen Teilbereich des Bauwerks umfassen kann – oder, wie es hier formuliert ist, „die „Gesamtheit der Rauminhalte eines Bauwerks oder eines Geschosses".

Der Brutto-Rauminhalt (BRI) stellt innerhalb der in der DIN 277 unterschiedenen drei Arten von Rauminhalten des Bauwerks (BRI, NRI, KRI) die Größe dar, die wirklich praktische Bedeutung hat. Sie wird beim Vergleich von Bauwerken, bei der wirtschaftlichen Beurteilung von Planungen, bei der städtebaulichen Planung, bei der Kostenermittlung, bei der Wertermittlung von Bauwerken und anderen Anwendungen benötigt. Sehr wünschenswert wäre es, wenn bei allen diesen Aufgabenbereichen ausschließlich der eindeutig definierte und einzig gültige Begriff „Brutto-Rauminhalt (BRI)" verwendet würde und der überholte, aber leider immer noch herumgeisternde Begriff „Umbauter Raum" endlich in der Versenkung verschwände.

► *Zu 3.9 Netto-Rauminhalt (NRI)*

In der DIN 277-1:2016 war der Netto-Rauminhalt (NRI) als „Teilvolumen des Brutto-Rauminhalts (BRI), das sämtliche nutzbaren Räume aller Grundrissebenen des Bauwerks umfasst" definiert worden. Diese mit dem unklaren Bezug auf die „nutzbaren Räume" missverständliche Definition wurde jetzt mit dem eindeutigen Bezug auf die Netto-Raumfläche (NRF) konkretisiert: „Anteil des Brutto-Rauminhalts (BRI), der das Volumen über der Netto-Raumfläche (NRF) umfasst".

Gliederung der Rauminhalte des Bauwerks nach DIN 277

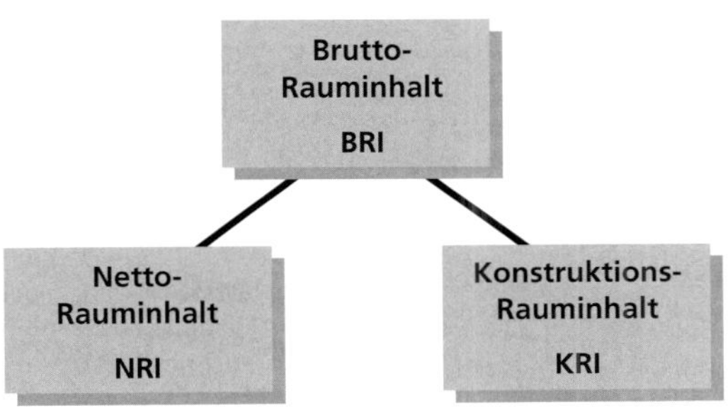

Abbildung B 9: Gliederung der Rauminhalte des Bauwerks nach DIN 277

Allerdings muss man realistischerweise feststellen, dass der Netto-Rauminhalt (NRI) im Vergleich mit dem Brutto-Rauminhalt für die Praxis keine oder allenfalls eine geringe Bedeutung hat. Nur bei einigen technischen Berechnungen z. B. für raumlufttechnische Anlagen wird gelegentlich auf den Netto-Rauminhalt (NRI) Bezug genommen.

► *Zu 3.10 Konstruktions-Rauminhalt (KRI)*

Auch der Begriff „Konstruktions-Rauminhalt (KRI)", mit dem der „Anteil des Brutto-Rauminhalts (BRI), der das Volumen der Baukonstruktionen des Bauwerks umfasst" beschrieben wird, ist eher nur als rechnerische Größe zu verstehen, da sich aus der Subtraktion von Brutto-Rauminhalt (BRI) und Netto-Rauminhalt (NRI) der Konstruktions-Rauminhalt (KRI) ergibt. So gesehen sprechen eigentlich nur formale Gründe dafür, den Konstruktions-Rauminhalt (KRI) in der Norm der Vollständigkeit halber zu benennen. Für die Praxis hat er aber wohl keine Bedeutung.

► *Zu 3.11 bis 3.14 (Grundflächen des Grundstücks)*

Die Abschnitte 3.11 bis 3.14 legen die Begriffe für die Grundflächen des Grundstücks fest. Auf eine dementsprechende Zwischenüberschrift wurde in der neuen Fassung der Norm verzichtet, um die Ordnungszahlen der Gliederung nicht unnötig zu verlängern.

Auch die Grundflächen des Grundstücks sind wie die Grundflächen und Rauminhalte des Bauwerks hierarchisch gegliedert (**Abbildung B 10**). Eine Ausnahme bildet in diesem System die Außenanlagenfläche (AF), die auf Grund ihrer Definition eine eigene Größe innerhalb der Grundstücksfläche darstellt und über die Unbebaute Fläche hinaus auch Teile der Bebauten Fläche enthalten kann. Die Begriffe der Grundflächen des Grundstücks sind gegenüber der DIN 277-1:2016 unverändert geblieben, die Begriffsbestimmungen wurden präziser gefasst.

Die Regelungen über die Grundflächen des Grundstücks waren, angeregt durch die DIN EN 15221-6, in die DIN 277-1:2016 neu aufgenommen worden , da die europäische Norm ebenfalls Festlegungen zu den Flächen außerhalb des Bauwerks vorsah. In der Geschichte der DIN

Gliederung der Grundflächen des Grundstücks nach DIN 277

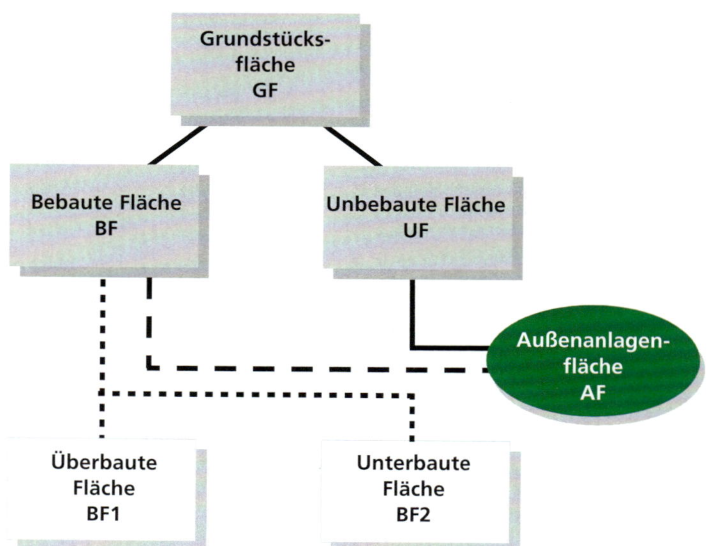

Abbildung B 10: Gliederung der Grundflächen des Grundstücks nach DIN 277

277 gab es zu diesem Thema ein ständiges Hin-und-Her : Die DIN 277 aus dem Jahr 1973 [135] enthielt hierzu Angaben und legte die Begriffe „Fläche des Baugrundstücks", „Bebaute Fläche" sowie „Unbebaute Fläche" fest. Diese Regelungen zur Ermittlung von Grundstücksflächen wurden dann in der Normausgabe 1987 [137] wieder gestrichen, da sie offensichtlich nicht mehr für erforderlich gehalten wurden oder da sie – wie es hieß – durch den neuen Titel „Grundflächen und Rauminhalte von Bauwerken im Hochbau" und den Anwendungsbereich der Norm nicht erfasst würden. 2016 folgte dann die besagte Kehrtwende – beruhigend, dass sich das in der neuen Ausgabe nicht schon wieder geändert hat.

Die in der DIN 277 festgelegten Begriffe für die Grundflächen des Grundstücks stimmen der Bezeichnung und dem Inhalt nach mit den entsprechenden Begriffen der DIN EN 15221-6 überein. Allerdings hat der DIN-Ausschuss richtigerweise nicht alle Begriffe übernommen, die in der europäischen Norm – einem offensichtlichen Perfektionierungsdrang folgend – enthalten sind. So wurde auf einige Begriffe wie „Durch das Gebäude beanspruchte Grundstücksfläche" oder „Bebauungsbezogene Fläche" verzichtet. Auch die Begriffsdefinitionen hat man wegen einiger Ungereimtheiten nicht aus der DIN EN 15221-6 übernommen, sondern versucht, eigene und leicht verständlichere Definitionen zu formulieren.

Grundflächen des Grundstücks werden auch in einigen anderen Vorschriften angesprochen. So legt beispielsweise die Baunutzungsverordnung (BauNVO) [309] für die Bestimmungen zum Maß der baulichen Nutzung von Grundstücken die Grundstücksfläche zugrunde, insbesondere bei den Regelungen zur „Grundflächenzahl" und zur „zulässigen Grundfläche" sowie zu den „überbaubaren Grundstücksflächen". Die Begriffe und Regelungen der Baunutzungsverordnung folgen ausschließlich planungsrechtlichen Gesichtspunkten und nehmen entsprechend öffentlich rechtliche – und gewissermaßen damit auch politische – Bewertungen vor. Demgegenüber ist die DIN 277 vorrangig auf eine baufachliche und ökonomische Sichtweise ausgerichtet. Dies bedeutet, dass in beiden Regelwerken zwangsläufig unterschiedliche Begriffe und Ermittlungsregeln erforderlich sind. Dies ist im einzelnen Anwendungsfall zu berücksichtigen (siehe auch Anmerkungen zu Abschnitt 1, 3. Absatz).

► *Zu 3.11 Grundstücksfläche (GF)*

In der Vorgängernorm war die Definition des Begriffs „Grundstücksfläche (GF)" inhaltlich bestimmt, sie lautete: „Fläche, die durch die Grundstücksgrenzen gebildet wird und die im Liegenschaftskataster sowie im Grundbuch ausgewiesen ist".

In der neuen DIN 277 wurde hingegen – wie schon bei den Begriffen für die Grundflächen und Rauminhalte des Bauwerks – auf eine rein formale Definition umgestellt, die lediglich die weitere Untergliederung der Grundstücksfläche aufzeigt: „Gesamtheit der Grundflächen eines Grundstücks, die sich in Bebaute Fläche (BF) und Unbebaute Fläche (UF) gliedert".

Gerade an dieser Stelle der neuen DIN 277 wird im Vergleich der beiden Formulierungen deutlich, dass die generelle Änderung der Definitionen bei den übergeordneten Begriffen der Grundflächen und Rauminhalte (BGF, NRF, BRI und GF) von einer inhaltlichen Formulierung auf eine rein formale Beschreibung der weiteren Untergliederung in die jeweiligen Bestandteile zwar konsequent und einheitlich durchgeführt worden ist, aber nicht wirklich überzeugen kann.

Insofern ist es sicher hilfreich, die Begriffsbestimmung der DIN 277 für die Grundstücksfläche auch in Verbindung mit den korrespondierenden Aussagen der DIN 276 sehen. Dort wird die Kostengruppe 100 Grundstück folgendermaßen definiert: „Kosten der für das Bauprojekt vorgesehenen Fläche eines oder mehrerer im Grundbuch und im Liegenschaftskataster ausgewiesenen Grundstücke". Dadurch wird klar, dass es bei der Grundstücksfläche um die gesamte Fläche geht, die für das Bauwerk und die Außenanlagen eines Bauprojekts vorgesehen ist – unabhängig davon, ob diese Fläche grundbuchrechtlich ein oder mehrere Grundstücke umfasst.

► *Zu 3.12 Bebaute Fläche (BF)*

Der Begriff „Bebaute Fläche (BF)" wird als „Anteil der Grundstücksfläche (GF), der durch ein Bauwerk oberhalb der Geländeoberfläche überbaut oder überdeckt oder unterhalb der Geländeoberfläche unterbaut ist" definiert. Maßgeblich sind die äußeren Abmessungen des Bauwerks einschließlich seiner überbauten oder überdeckten und unterbauten Teilflächen.

Im Abschnitt 8.2 wird die Möglichkeit aufgezeigt, die Bebaute Fläche (BF) bei Bedarf in die Teilfläche der überbauten bzw. überdeckten Grundstücksfläche (BF 1) sowie die Teilfläche der unterbauten Grundstücksfläche (BF 2) zu unterteilen. Gesonderte Bezeichnungen für diese Teilflächen sieht die DIN 277 im Gegensatz zu DIN EN 15221-6 nicht vor.

► *Zu 3.13 Unbebaute Fläche (UF)*

Die „Unbebaute Fläche (UF)" wird als „Anteil der Grundstücksfläche (GF), der nicht durch ein Bauwerk oberhalb der Geländeoberfläche überbaut oder überdeckt oder unterhalb der Geländeoberfläche unterbaut ist", bezeichnet. Aus der Definition ergibt sich, dass die Unbebaute Fläche (UF) und die Bebaute Fläche (BF) zusammen die gesamte Grundstücksfläche (GF) bilden.

► *Zu 3.14 Außenanlagenfläche (AF)*

Die „Außenanlagenfläche (AF)" wird als „Anteil der Grundstücksfläche (GF), der sich außerhalb eines Bauwerks bzw. bei unterbauter Grundstücksfläche über einem Bauwerk befindet" definiert. Aus dieser Formulierung wird deutlich, dass sich die Außenanlagenfläche (AF) aus der jeweiligen Situation und der Gliederung des Bauwerks und seiner Teile (Baukörper) ergibt. Insofern können sich die Außenanlagenfläche (AF) und die Bebaute Fläche (BF) durchaus in Teilen überlagern.

Die Einzelheiten der Abgrenzung und der Ermittlung der Außenanlagenfläche (AF) werden in Abschnitt 8.4 behandelt. Die Abgrenzung zwischen Bauwerk und Außenanlagen folgt in erster Linie geometrischen Gesichtspunkten. Entsprechend Abschnitt 6.1 können indessen auch konstruktive Kriterien ins Gewicht fallen (z.B. bei Terrassen, die konstruktiv fest mit dem Bauwerk verbunden sind). Bauplanungsrechtliche, ökologische, bodenschutzrechtliche Aspekte o.ä. spielen in dieser Frage hingegen keine Rolle.

4 Gliederung der Grundflächen des Bauwerks

4.1 Grundsatz und Gliederungstiefe

Die nach diesem Dokument ermittelten Grundflächen des Bauwerks sind entsprechend ihrer Art und Nutzung nach Tabelle 1 zu gliedern.

Tabelle 1 – Gliederung der Grundflächen des Bauwerks

<table>
<tr><td colspan="4">Brutto-Grundfläche (BGF)</td></tr>
<tr><td colspan="3">Netto-Raumfläche (NRF)</td><td rowspan="2">Konstruktions-Grundfläche (KGF)</td></tr>
<tr><td>Nutzungsfläche (NUF)</td><td>Technikfläche (TF)</td><td>Verkehrsfläche (VF)</td></tr>
</table>

4.2 Untergliederung der Nutzungsfläche (NUF)

Bei Bedarf kann die Nutzungsfläche (NUF) nach Tabelle 2 weiter untergliedert werden.

Tabelle 2 – Gliederung der Nutzungsfläche (NUF)

Nutzungsfläche (NUF)	Beispiele und Anmerkungen
1 **Wohnen und Aufenthalt** (NUF 1)	Wohnräume, Schlafräume, Beherbergungsräume, Küchen in Wohnungen, Gemeinschaftsräume, Aufenthaltsräume, Bereitschaftsräume, Pausenräume, Teeküchen, Ruheräume, Warteräume, Speiseräume, Hafträume
2 **Büroarbeit** (NUF 2)	Büroräume, Großraumbüros, Besprechungsräume, Konstruktionsräume, Zeichenräume, Schalterräume, Aufsichtsräume, Bürogeräteräume
3 **Produktion, Hand- und Maschinenarbeit, Forschung und Entwicklung** (NUF 3)	Werkhallen, Werkstätten, Labors (technologische, physikalische, elektrotechnische, chemische, biologische usw.), Räume für Tierhaltung, Räume für Pflanzenzucht, gewerbliche Küchen (einschließlich Aus-und Rückgaben), Sonderarbeitsräume (für Hauswirtschaft, Wäschepflege usw.)
4 **Lagern, Verteilen und Verkaufen** (NUF 4)	Lager-und Vorratsräume, Lagerhallen, Tresorräume, Siloräume, Archive, Sammlungsräume, Registraturen, Kühlräume, Annahme- und Ausgaberäume, Packräume, Versandräume, Verkaufsräume, Messeräume
5 **Bildung, Unterricht und Kultur** (NUF 5)	Unterrichts- und Übungsräume, Hörsäle, Seminarräume, Werkräume, Praktikumsräume, Bibliotheksräume, Leseräume, Sporträume, Gymnastikräume, Zuschauerräume (in Kinos, Theater, Sporthallen usw.), Bühnenräume, Studioräume, Proberäume, Ausstellungsräume (in Museen, Galerien usw.), Sakralräume
6 **Heilen und Pflegen** (NUF 6)	Räume für allgemeine Untersuchung und Behandlung (für medizinische Erstversorgung, Beratung usw.), Räume für spezielle Untersuchung und Behandlung (für Endoskopie, Physiologie, Zahnmedizin usw.), Operationsräume, Entbindungsräume, Räume für Strahlendiagnostik und Strahlentherapie, Räume für Physiotherapie und Rehabilitation, Bettenräume, Intensivpflegeräume
7 **Sonstige Nutzungen** (NUF 7)	Abstellräume, Fahrradräume, Müllsammelräume, Fahrzeugabstellflächen (Garagen, Hallen, Schutzdächer), Fahrgastaufenthaltsflächen (Bahn- und Flugsteige usw.)
	technische Anlagen zum Betrieb nutzungsspezifischer Einrichtungen (EDV-Serverraum, Kompressor-Raum für die Druckluftanlage einer Werkstatt, Schalträume für medizinische Einrichtungen, Schaltwarten, Leitstellen usw.), technische Anlagen zur Versorgung und Entsorgung anderer Bauwerke (Kraftwerke, Gaswerke, Trafostationen, Klärwerke usw.), Schutzräume
	Sanitärräume (Toiletten einschließlich Vorräume, Waschräume, Duschräume, Saunaräume, Putzräume usw.), Umkleideräume (Schrankräume, Künstlergarderoben usw.), Reinigungsschleusen
	Räume, deren Zweckbestimmung noch nicht festgelegt ist

4.3 Weitere Untergliederung der Grundflächen

Im Ermessen und nach den Erfordernissen des Anwenders dieser Norm kann die Nutzungsfläche (NUF) über die zweite Gliederungsebene hinaus (z. B. anhand der Beispiele und Anmerkungen in Tabelle 2) untergliedert werden. Sinngemäß gilt dies für die Technikfläche (TF) und die Verkehrsfläche (VF).

4.4 Weitere Untergliederung der Nutzungsfläche 7 Sonstige Nutzungen (NUF 7)

Bei Bedarf kann die Teilfläche der Nutzungsfläche für Sanitärräume und Umkleideräume [siehe Tabelle 2, Zeile 7, Sonstige Nutzungen (NUF 7)] gesondert ausgewiesen werden. Diese Teilfläche entspricht der Sanitärfläche (SF) nach DIN EN 15221-6:2011-12.

4.5 Weitere Untergliederung der Konstruktions-Grundfläche (KGF)

Bei Bedarf kann die Konstruktions-Grundfläche (KGF) in folgende Teilflächen nach DIN EN 15221-6:2011-12, Abschnitt 5 untergliedert werden:

- Außenwand-Konstruktions-Grundfläche (AKF);
- Innenwand-Konstruktions-Grundfläche (IKF);
- Trennwand-Grundfläche (TGF).

4.6 Weitere Teilflächen der Brutto-Grundfläche (BGF)

Bei Bedarf können mit Hilfe der in 4.5 aufgeführten Teilflächen der Konstruktions-Grundfläche (KGF) weitere Teilflächen der Brutto-Grundfläche (BGF) nach DIN EN 15221-6:2011-12, Abschnitt 5 gebildet werden:

- Innen-Grundfläche (IGF) aus der Differenz der Brutto-Grundfläche (BGF) und der Außenwand-Konstruktions-Grundfläche (AKF);
- Netto-Grundfläche (NGF) aus der Differenz der Innen-Grundfläche (IGF) und der Innenwand-Konstruktions-Grundfläche (IKF);
- Netto-Raumfläche (NRF) aus der Differenz der Netto-Grundfläche (NGF) und der Trennwand-Grundfläche (TGF).

4.7 Zuordnung von Grundflächen

4.7.1 Generelle Zuordnung von Grundflächen

Alle Grundflächen sind der Brutto-Grundfläche (BGF) zuzurechnen und einer Grundfläche nach Tabelle 1 zuzuordnen. Räume, deren Zweckbestimmung noch nicht festgelegt ist, sind der NUF 7 nach Tabelle 2 zuzuordnen.

4.7.2 Wechselnde Nutzung von Grundflächen

Grundflächen, die wechselnd genutzt werden, sind der überwiegenden Nutzung nach Tabelle 1 oder Tabelle 2 zuzuordnen (z.B. Eingangshallen zur Verkehrsfläche trotz gleichzeitiger Nutzung für Information, Pausenaufenthalt, Ausstellung usw.).

4.7.3 Von der Raumnutzung abweichende Nutzung von Teilflächen

Werden Teilflächen innerhalb eines Raumes ständig für eine andere Nutzung als die des Raumes selbst genutzt (z. B. Garderoben, Informationsschalter oder Wartebereiche in Eingangshallen), sind diese Teilflächen der entsprechenden Nutzung nach Tabelle 1 oder Tabelle 2 zuzuordnen. Art, Umfang und ggf. Kennzeichnung der abgegrenzten Teilflächen sind in der Grundflächenermittlung anzugeben bzw. zu erläutern.

4.7.4 Bewegungsflächen innerhalb von Räumen

Bewegungsflächen innerhalb von Räumen (z.B. zwischen den Einrichtungsgegenständen in Großraumbüros oder zwischen Maschinen in Werkhallen oder Besuchergänge in Ausstellungen) gehören nicht zur Verkehrsfläche (VF), sondern zur Nutzungsfläche (NUF).

4.7.5 Verkehrsflächen in Garagen

Rampen, Fahrbahnen und Rangierflächen zwischen den Stellplätzen in Garagen gehören nicht zur Nutzungsfläche (NUF), sondern zur Verkehrsfläche (VF).

4.7.6 Zum Betrieb technischer Anlagen erforderliche Ergänzungsflächen

Grundflächen, die als Ergänzungsflächen zum Betrieb technischer Anlagen zur Ver-und Entsorgung des Bauwerks unmittelbar erforderlich sind (z. B. Lagerflächen für Brennstoffe, Löschwasser), gehören nicht zur Nutzungsfläche (NUF), sondern zur Technikfläche (TF).

4.7.7 Technische Anlagen zum Betrieb nutzungsspezifischer Einrichtungen

Grundflächen für technische Anlagen oder Einbauten, die der Steuerung oder dem Betrieb besonderer nutzungsspezifischer Geräte oder Anlagen dienen (z. B. EDV-Serverraum, Kompressor-Raum für die Druckluftanlage einer Werkstatt oder Schalträume für medizinische Einrichtungen), sind nicht der Technikfläche (TF) zuzuordnen, sondern der Nutzungsfläche (NUF) nach Tabelle 1 bzw. Tabelle 2, Zeile 7, Sonstige Nutzungen (NUF 7). Dies gilt auch für Ergänzungsflächen, die für den Betrieb nutzungsspezifischer Einrichtungen erforderlich sind (z.B. Lüftungsanlagen für Serverraum, Absauganlage mit Spänelager für Holzwerkstatt).

4.7.8 Technische Anlagen zur Versorgung oder Entsorgung anderer Bauwerke

Ist die Zweckbestimmung eines Bauwerks die Unterbringung von technischen Anlagen für die Versorgung oder Entsorgung anderer Bauwerke (z. B. technische Anlagen für Abwasser, Wasser- und Gasanlagen, Wärmeversorgungsanlagen oder Starkstromanlagen), sind die dafür erforderlichen Grundflächen nicht der Technikfläche (TF) zuzuordnen, sondern der Nutzungsfläche (NUF) nach Tabelle 1 bzw. Tabelle 2, Zeile 7, Sonstige Nutzungen (NUF 7).

► *Zu 4 Gliederung der Grundflächen des Bauwerks*

IIn diesem Abschnitt der DIN 277 wurden schon in der Normausgabe vom Januar 2016 die Regelungen zusammengefasst, die in der Ausgabe vom Februar 2005 noch in zwei Normenteilen (Teil 1: Begriffe, Ermittlungsgrundlagen sowie Teil 2: Gliederung der Netto-Grundfläche) getrennt enthalten waren. Dadurch wurde es möglich, die Gliederung der Grundflächen des Bauwerks wesentlich straffer und übersichtlicher darzustellen. Ferner hat es sich als positiv erwiesen, dass bei diesem Revirement auch die Anforderungen an eine Untergliederung der Nutzungsfläche (NUF) erheblich reduziert wurden. Auf eine detaillierte Untergliederung, wie sie noch Gegenstand früherer Ausgaben der DIN 277 war, wurde verzichtet.

Besonders positiv wurde es in der Praxis aufgenommen, dass nicht nur die bloße Gliederung der Grundflächen dargestellt ist, sondern auch praktische Hinweise zu den Fragen gegeben wird, wie Grundflächen normgerecht den zugeordnet und abgegrenzt werden sollen. Von wenigen Korrekturen und Ergänzungen abgesehen ist dieser Abschnitt im Großen und Ganzen unverändert in die aktuelle Norm übernommen worden.

► *Zu 4.1 Grundsatz und Gliederungstiefe*

Die Gliederung der Grundflächen des Bauwerks stellt den wesentlichen Kern der DIN 277 dar, da diese Festlegungen in der Praxis zweifelsohne am weitesten verbreitet sind und damit auch die größte normative Wirkung erzielen.

Die Norm legt verbindlich fest, dass die Grundflächen des Bauwerks entsprechend der in Tabelle 1 vorgegebenen Gliederung zu untergliedern sind, wenn die Grundflächen nach DIN 277 ermittelt werden. Der sich schon bei den Begriffen und ihren Begriffsbestimmungen im Abschnitt 3 abzeichnende hierarchische Aufbau der Gliederung wird hier in der tabellarischen Form der Darstellung besonders deutlich erkennbar.

Mit dieser Regelung wird auch die Gliederungstiefe verbindlich festgelegt, in der Grundflächen von Bauwerken ermittelt werden müssen: Die Brutto-Grundfläche (BGF) wird in die Netto-Raumfläche (NRF) und die Konstruktions-Grundfläche (KGF) untergliedert, die Netto-Raumfläche (NRF) wiederum entsprechend der jeweiligen Nutzung in die Nutzungsfläche (NUF), die Technikfläche (TF) und die Verkehrsfläche (VF) – nicht mehr und nicht weniger.

Eine vergleichbare grundsätzliche Regelung über die Art der anzuwendenden Flächengliederung und den erforderlichen Ermittlungsumfang war in den Normausgaben vor 2016 so nicht enthalten. Insofern ist die jetzige eindeutige Formulierung sehr zu begrüßen, da die normativen Anforderungen dadurch klar benannt wurden und mit der aktuellen DIN 277 auch weiterhin gelten. Dadurch wird in der Frage des geforderten Ermittlungsumfangs Rechtssicherheit hergestellt. Das wird durch die klarstellende Aussage im Abschnitt 4.2, dass „die Nutzungsfläche (NUF)… bei Bedarf… nach Tabelle 2 weiter untergliedert werden kann“, noch verstärkt. Das heißt mit anderen Worten, dass eine weitere Untergliederung der Grundflächen über die Tabelle 1 hinaus nicht generell vorgesehen ist, sondern im Einzelfall angewendet werden kann, wenn das für notwendig erachtet wird.

Wenn man die Darstellung der Tabelle 1 für die hierarchische Gliederung der Grundflächen aufgreift, lassen sich die Unterschiede zwischen der DIN 277 und der DIN EN 15221-6, die schon an verschiedenen Stellen angesprochen wurden, übersichtlich veranschaulichen und auf einfache Weise erklären. (**Abbildung B 11**)

► *Zu 4.2 Untergliederung der Nutzungsfläche (NUF)*

In diesem Abschnitt wird die Tabelle 2 präsentiert, mit der die Nutzungsfläche (NUF) bei Bedarf weiter untergliedert werden kann. Es sind sieben Nutzungsgruppen (NUF 1 bis NUF 7) vorgesehen, die durch zahlreiche Beispiele und Anmerkungen ergänzt und erläutert werden, um die einzelnen Flächen und Räume bei der Grundflächenermittlung der jeweiligen NUF-Kategorie leichter zuordnen zu können.

Eine Untergliederung der Nutzungsfläche (NUF) – bzw. der damaligen „Nutzfläche (NF)“ – war in der DIN 277 schon seit der Ausgabe 1981(DIN 277-2:1981-03) [136] bereitgestellt worden. Die Tabellen sahen eine Untergliederung in drei Gliederungsebenen vor und erstreckten sich über die „Nutzfläche (NF)“ hinaus auch auf die Technikfläche (TF) (bzw. „Funktionsfläche (FF“), wie es damals hieß) sowie auf die Verkehrsfläche (VF). In der dritten

Ebene wurden die sieben Nutzungsgruppen der „Nutzfläche (NF)“ dann sogar in einzelne Grundflächen und Räume untergliedert.

Nachdem in den folgenden Ausgaben die Gliederung entsprechend der technischen Entwicklung immer wieder fortgeschrieben worden waren, folgte bei der grundlegenden Überarbeitung der Norm 2016 schließlich eine komplette Wende: Wie schon eingangs erwähnt, wurde auf eine detaillierte Untergliederung vollständig verzichtet. Stattdessen weist die Tabelle 2 jetzt lediglich eine Gliederungsebene auf und wird nur noch als Option angeboten. Im Gegensatz zur Tabelle 1, in der verbindlich festgelegt ist, wie die Grundflächen des Bauwerks zu gliedern sind, zeigt die Tabelle 2 allein die Möglichkeit auf, wie die Nutzungsfläche (NUF) untergliedert werden kann, wenn das im Einzelfall bei einer Flächenermittlung als erforderlich angesehen werden sollte. Eine generelle Untergliederung der Grundflächen über die Tabelle 1 hinaus ist mithin in der DIN 277 nicht vorgesehen.

Diese Reduzierung des Regelungsumfangs bei der Untergliederung der Nutzungsfläche (NUF) nach Tabelle 2 ist in Verbindung mit der folgenden Regelung im Abschnitt 4.3 zu sehen, nach der den Projektverantwortlichen individuelle Wege für eine eigene detaillierte Untergliederung aufgezeigt werden.

Angeregt durch Hinweise aus der Praxis wurde bei der aktuellen Neufassung der DIN 277 eine bis dahin offene Frage beantwortet: Räume, deren Zweckbestimmung noch nicht festgelegt ist, sollen der Nutzungsfläche 7 Sonstige Nutzungen (NUF 7) zugeordnet werden. Die Tabelle 2 wurde entsprechend ergänzt (Tabelle 2, Zeile 7 Sonstige Nutzungen(NUF 7), 5. Absatz). Unter 4.7.1 wird darüber hinaus noch einmal besonders auf diesen Sachverhalt hingewiesen.

► *Zu 4.3 Weitere Untergliederung der Grundflächen*

Der Verzicht auf eine detaillierte Untergliederung der Netto-Raumfläche (NRF) bei der Überarbeitung der DIN 277 im Jahr 2016 ist schon wiederholt angesprochen worden. Als Kompensation sozusagen ist damals die vorliegende Regelung aufgenommen worden. Sie geht auf die unterschiedlichen Bedürfnisse der Projektverantwortlichen ein. Eine detaillierte Untergliederung der Nutzungsfläche (NUF) ist bekanntermaßen nur bei den staatlichen Bauverwaltungen üblich. Im Bauwesen allgemein wird sie wohl kaum angewendet werden. Weil somit kein allgemeiner Bedarf in dieser Sache besteht, bleibt eine solche weitergehende Untergliederung der Grundflächen den Projektverantwortlichen überlassen. So können beispielsweise die staatlichen Bauverwaltungen nach eigenem Ermessen und nach ihren eigenen Erfordernissen – z.B. für Anwendungen in der Bedarfsplanung und der Kostenermittlung mit der sogenannten „Kostenflächenarten-Methode“ – detaillierte Gliederungsinstrumente erarbeiten und anwenden [503].

► *Zu 4.4 Weitere Untergliederung der Nutzungsfläche 7 Sonstige Nutzungen (NUF 7)*

Die Grundflächen für Sanitärräume und Umkleideräume bilden in der DIN EN 15221-6 als sogenannte „Sanitärfläche (SF)“ eine eigenständige Teilfläche der Netto-Raumfläche (NRF) neben der „Nutzfläche (NF)“. Die Konsequenzen, die sich daraus für die DIN 277ergaben, wurden schon in den Anmerkungen in Abschnitt 3.5 angesprochen. An dieser Stelle wird nun – gewissermaßen als Brücke zwischen den beiden Normen – die Möglichkeit aufgezeigt, wie die Nutzungsfläche (NUF) für Sanitärräume und Umkleideräume ermittelt und gesondert ausgewiesen werden kann, wenn dafür der Bedarf besteht. Um die Teilflächen, die zur Sanitärfläche (SF) nach DIN EN 15221-6 gehören, von den übrigen Grundflächen der Nutzungsfläche (NUF) leichter abgrenzen zu können, sind diese Teilflächen in der Tabelle 2 in einem getrennten Absatz ausgewiesen (Tabelle 2, Zeile 7, Sonstige Nutzungen (NUF 7), 4. Absatz).

► *Zu 4.5 Weitere Untergliederung der Konstruktions-Grundfläche (KGF)*

In Abschnitt 3.4 ist für die Grundflächen aller aufgehenden Baukonstruktionen des Bauwerks allein die Konstruktions-Grundfläche (KGF) als Teilfläche der Brutto-Grundfläche (BGF) festgelegt. Eine weitere Untergliederung der Konstruktions-Grundfläche (KGF) ist in der DIN 277 nicht vorgesehen. Diese Festlegung besteht in der DIN 277 seit 1973, als neben dem Rauminhalt erstmals Grundflächen geregelt wurden. Sie hat sich seither als einfache und praktikable Regelung bewährt.

Demgegenüber weist die DIN EN 15221-6 drei einzelne Teilflächen für die aufgehenden Baukonstruktionen aus (siehe **Abbildung B 11**). Die Summe dieser Teilflächen wird in der europäischen Norm aber nicht begrifflich festgelegt. Erfreulicherweise hat man es 2016 bei der Neufassung der DIN 277-1 dabei belassen, ausschließlich die Konstruktions-Grundfläche (KGF) festzulegen. Eine differenzierte Ermittlung entsprechend DIN EN 15221-6 wäre im Bauwesen unter Abwägung von Nutzen und Aufwand auch kaum zu vertreten. Allerdings zeigt die Norm an dieser Stelle die Möglichkeit auf, die Konstruktions-Grundfläche (KGF) in die drei Teilflächen nach DIN EN 15221-6 zu untergliedern, wenn die Projektverantwortlichen dies für erforderlich halten.

► *Zu 4.6 Weitere Teilflächen der Brutto-Grundfläche (BGF)*

Wie schon in den Abschnitten 4.4 und 4.5 wird auch durch die vorliegende Regelung eine entsprechende Untergliederung in die Teilflächen der DIN EN 15221-6 als Option formuliert, die im Ermessen der Projektverantwortlichen steht. Mit den drei Teilflächen, die in der DIN EN 15221-6 für die Grundfläche der aufgehenden Baukonstruktionen („AKG", „IKG" und „TGF") separat ausgewiesen werden, können in der Systematik dieser Norm weitere Teilflächen der Brutto-Grundfläche (BGF) gebildet werden: Die „Innen-Grundfläche (IGF)" und die „Netto-Grundfläche (NGF)". Beide Flächenarten haben für das Bauwesen keine Bedeutung, so dass sie richtigerweise nicht in die DIN 277 übernommen wurden.

Grundflächen des Bauwerks nach DIN 277 und DIN EN 15221-6

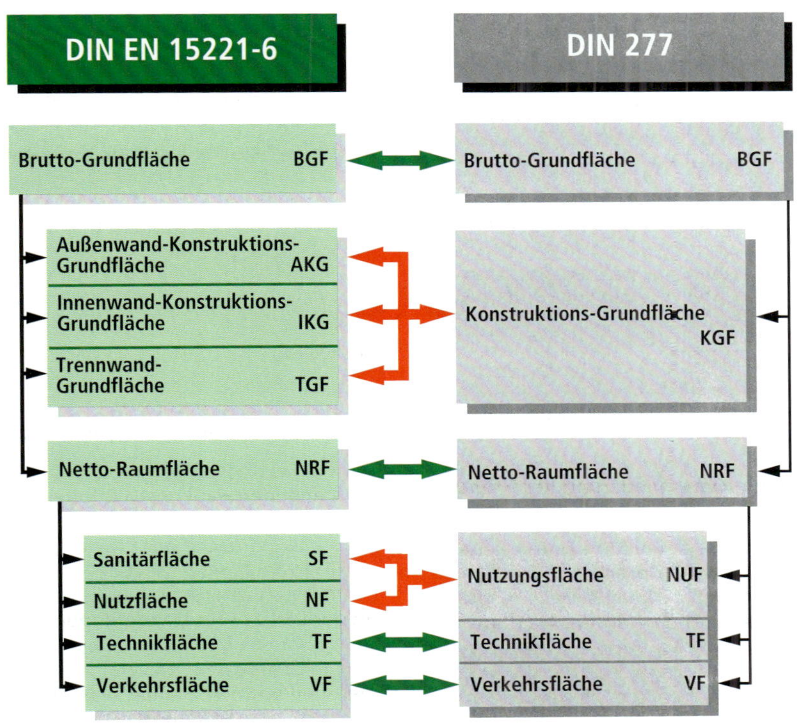

Abbildung B 11: Grundflächen des Bauwerks nach DIN 277 und DIN EN 15221-6

Es ist sehr zu bedauern – und darauf wurde schon verschiedentlich hingewiesen –, dass durch diese allzu akribische Systematik der europäischen Norm der Begriff „Netto-Grundfläche (NGF)“ abweichend von dem eigentlichen Begriffsinhalt belegt wurde, der durch die DIN 277 im Jahr 1973 eingeführt worden war und sich im hiesigen Bauwesen seither allgemein bewährt hatte.

Die schon an verschiedenen Stellen angesprochenen Abweichungen in der Gliederung der Grundflächen des Bauwerks nach DIN 277 von der Flächengliederung nach DIN EN 15221-6 sind in der **Abbildung B 12** übersichtlich dargestellt. Dadurch lassen sich die Unterschiede bzw. die Zusammenhänge auf einfache Weise erklären. Das gilt insbesondere für die in den vorherigen Abschnitten 4.4, 4.5 und 4.6 behandelten Sachverhalte. Hier lässt sich auch gut

Weitere Teilflächen der BGF nach DIN EN 15221-6

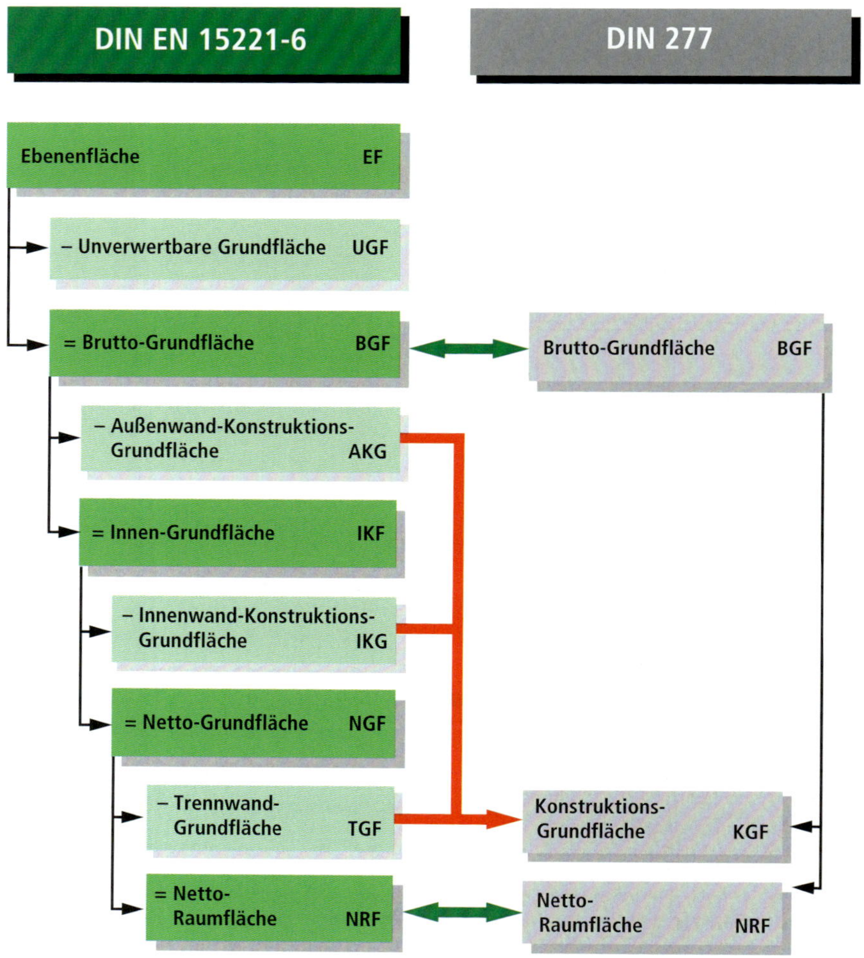

Abbildung B 12: Weitere Teilflächen der BGF nach DIN EN 15221-6

nachvollziehen, warum man gezwungen war, anstelle des Begriffs „Netto-Grundfläche (NGF)“, der terminologisch ideal zur „Brutto-Grundfläche (BGF)“ passt, neuerdings für die Gesamtheit der Nutzungsfläche (NUF), der Technikfläche (TF) und der Verkehrsfläche (VF) den neuen und durchaus fragwürdigen Begriff „Netto-Raumfläche (NRF)“ zu verwenden.

► *Zu 4.7 Zuordnung von Grundflächen des Bauwerks*

In diesem Abschnitt der Norm spiegeln sich die Probleme wider, die in der Anwendungspraxis der DIN 277 der letzten Jahre erfahrungsgemäß häufig aufgetreten sind und die an das DIN herangetragen wurden. Für die praktische Arbeit ist es deshalb sehr hilfreich, dass diese Fragen, wie Grundflächen des Bauwerks normgerecht zu den in der Tabelle 1 festgelegten Grundflächenarten zugeordnet werden sollen, hier ausführlich beantwortet werden.

► *Zu 4.7.1 Generelle Zuordnung von Grundflächen*

Die Bestimmung, dass „alle Grundflächen des Bauwerks der Brutto-Grundfläche (BGF) zuzurechnen und einer Grundfläche nach Tabelle 1 zuzuordnen sind“, unterstreicht die umfassende Definition der Brutto-Grundfläche (BGF) als die Gesamtheit der Grundflächen aller Geschosse oder eines Teilbereichs des Bauwerks (siehe 3.2). Zugleich wird damit nochmals die Verbindlichkeit der Flächengliederung nach Tabelle 1 (siehe Abschnitt 4.1) hervorgehoben. In **Abbildung B 13** ist am Praxisbeispiel eines Einfamilienhauses dargestellt, wie alle Grundflächen des Bauwerks der Brutto-Grundfläche (BGF) zugerechnet werden und den in der Tabelle 1 festgelegten Grundflächenarten zugeordnet sind. Der Luftraum über dem Atrium ist selbstverständlich bei der Grundfläche des Obergeschosses ausgespart (siehe Abschnitt 6.1 und folgende Ausführungen).

Allerdings muss man in diesem Zusammenhang beachten, dass die Begriffsbestimmung für die „Brutto-Grundfläche (BGF)“ (Abschnitt 3.2) auch immer in Verbindung mit der Begriffsbestimmung für das „Geschoss“ (Abschnitt 3.1) steht. In der Vorgängernorm war die Bestimmung über die Zuordnung von Grundflächen des Bauwerks insoweit einschränkend formuliert, dass sie ausdrücklich von den „nutzbaren Grundflächen“ sprach, die der Brutto-Grundfläche (BGF) zuzuordnen sind. Ferner wurde erläutert, dass dies auch für „nicht genutzte Grundflächen“, z.B. in nicht ausgebauten Dachräumen gelte. Auf diese Aussagen wurde in der aktuellen Normfassung an dieser Stelle verzichtet. Stattdessen werden diese Sachverhalte bereits in der übergeordneten Definition des Begriffs „Geschoss“ (Abschnitt 3.1) angesprochen. Dort wird als Kriterium für die einem Geschoss zuzurechnenden Grundflächen eines Bauwerks festgelegt, dass es sich dabei nur um solche Flächen handeln kann, „die aufgrund ihrer Beschaffenheit für die Nutzung eines Bauwerks geeignet sind“.

Wie sich die Formulierungen der übergeordneten Begriffsdefinitionen und der hier formulierten allgemeinen Grundsätzen und Kriterien bei der Ermittlung der Grundflächen konkret auswirken, wird in Abschnitt 6 der DIN 277 im Einzelnen geregelt. Im vorliegenden Bildkommentar werden diese Fragen dort ausführlich behandelt und durch zahlreiche Abbildungen und Praxisbeispiele erläutert.

Als neuer Detailaspekt wird in der aktuellen Fassung der DIN 277 die Zuordnung von Räumen, deren Zweckbestimmung noch nicht festgelegt ist, behandelt – ein Thema, das wohl insbesondere bei größeren Bauprojekten oder Liegenschaften vorkommt, bei denen Vorhalteflächen für die künftige Entwicklung erforderlich sind. Diese Frage ist auch schon unter 4.2 angesprochen worden. Die Regelung der Norm sieht vor, dass Räume, deren Zweckbestimmung noch nicht festgelegt ist, zu den „Sonstigen Nutzungen (NUF 7)“ (Tabelle 2, Zeile 7, 5. Absatz) und damit zur Nutzungsfläche (NUF) gehören.

► *Zu 4.7.2 Wechselnde Nutzung von Grundflächen*

Die Regelung zielt in erster Linie auf solche Grundflächen, die innerhalb eines Raums als Teilfläche wechselnd genutzt werden und bei denen die jeweilige Nutzung nicht baulich oder gestalterisch auf Dauer erkennbar ist. Außer einem Wechsel der Nutzung liegt häufig auch eine Mischung von verschiedenen Nutzungen vor. Das wird durch das genannte Beispiel von Teilflächen einer Eingangshalle deutlich, die außer ihrer eigentlichen Funktion der Verkehrserschließung des Bauwerks gleichzeitig für Information, Pausenaufenthalt, Ausstellung usw. genutzt werden können. Für die Zuordnung ist die überwiegende Nutzung maßgeblich – im Beispiel die überwiegende Verkehrsfunktion, die eine Zuordnung zur Verkehrsfläche (VF) bewirkt. Die Frage nach der richtigen Zuordnung solcher Flächen kann allgemein nicht eindeutig beantwortet werden, sie muss im Einzelfall entsprechend den vorliegenden Gegebenheiten beantwortet werden. Es kann in solchen Fällen ratsam sein, in der Grundflächenermittlung die gewählte Zuordnung und die betreffenden Umstände anzugeben und gegebenenfalls zu erläutern.

Der Sachverhalt wird in **Abbildung B 14** anhand des Praxisbeispiels der Eingangshalle einer Schwimmhalle erläutert. Bei Grundflächen in geschlossenen Räumen ist die Frage, welcher Art der Netto-Raumfläche (NRF) eine wechselnd genutzte Fläche zugeordnet werden soll, in der Regel weniger problematisch. Ein Funktionswechsel zwischen einer Nutzungsfläche (NUF) und einer Verkehrsfläche (VF) dürfte hier kaum relevant sein. Auch wenn man die weitere Untergliederung der Nutzungsfläche nach Tabelle 2 betrachtet, dürfte sich ein Funktionswechsel eher nur innerhalb der gleichen Nutzungsart ergeben: z.B. ändert eine wechselnde Nutzung als Büroraum und als Besprechungsraum nicht die Zuordnung der Grundfläche zu der Nutzungsfläche (NUF) bzw. NUF 2 Büroarbeit.

► *Zu 4.7.3 Von der Raumnutzung abweichende Nutzung von Teilflächen*

Wenn Teilflächen innerhalb eines Raums auf Dauer anders als der Raum selbst genutzt werden (z.B. Garderoben, Informationsschalter oder Wartebereiche in Eingangshallen), müssen diese Teilflächen der jeweiligen Grundfläche entsprechend den Tabellen 1 oder 2 zugeordnet werden.

Im Unterschied zu den unter 4.7.2 angesprochenen Grundflächen innerhalb eines Raumes geht es hier um die Teilflächen, bei denen die von der übrigen Raumnutzung abweichende Nutzung baulich oder gestalterisch eindeutig erkennbar wird und diese Situation z.B. durch Einbauten auf Dauer angelegt ist. **Abbildung B 14** zeigt im Praxisbeispiel der Eingangshalle einer Schwimmhalle die unterschiedliche Zuordnung von Teilflächen innerhalb eines Raums bei einerseits wechselnder Nutzung (nach Abschnitt 4.7.2) und andererseits bei dauerhaft abweichender Nutzung (nach Abschnitt 4.7.3).

In der aktuellen DIN 277 wurde die Regelung ergänzt, damit die betreffenden Teilflächen zweifelsfrei abgegrenzt und ihre Zuordnungen eindeutig nachvollzogen werden können. Es wird nun gefordert, „Art, Umfang und ggf. Kennzeichnung der abgegrenzten Teilflächen … in der Grundflächenermittlung anzugeben bzw. zu erläutern“. Die in der Kommentierung zu den Grundflächen mit wechselnder Nutzung (siehe Anmerkungen zu 4.7.2) empfohlene Verfahrensweise wird in der Norm richtigerweise verbindlich vorgeschrieben, wenn es sich um eine dauerhafte abweichende Nutzung einer Teilfläche handelt. Diese Regelung soll zu einer sichereren Ermittlung der Grundflächen beitragen und die Transparenz der Ergebnisse stärken.

► *Zu 4.7.4 Bewegungsflächen innerhalb von Räumen*

Bewegungsflächen innerhalb von Räumen sind der Nutzungsfläche (NUF) zuzuordnen und nicht der Verkehrsfläche (VF). Bei den als Beispiele genannten Großraumbüros und Werkhallen kann man davon ausgehen, dass die Flächenbelegung dieser Räume nicht auf Dauer unverändert bleibt, sondern in der Regel infolge organisatorischer Veränderungen einem häufigeren Wechsel unterworfen ist. Deshalb muss man damit rechnen, dass Flächen, die heute beispielsweise für Büroarbeitsplätze vorgesehen sind, nach einer Umorganisation Verkehrswege oder Besprechungszonen aufnehmen. Die Grenzen zwischen den einzelnen Nutzungen können in Räumen dieser Art oft nicht eindeutig festgelegt werden, so dass eine getrennte Zuordnung von Flächen schwierig wäre und unter Umständen – beispielsweise bei einer bestimmten Interessenlage – ohnehin nicht immer als objektiv anzusehen wäre.

Insofern soll die Regelung zum Einen den Aufwand bei der Ermittlung der Grundflächen begrenzen. Zum Anderen soll verhindert werden, dass angesichts der schnell wechselnden Raumbelegungen die ermittelten Grundflächen schon nach kurzer Zeit nicht mehr zutreffen und ständig angepasst werden müssten. Der Sachverhalt wird in **Abbildung B 15** am Praxisbeispiel eines Laborgebäudes erläutert.

DIN 277, 4.7.1 – Generelle Zuordnung von Grundflächen

- Alle Grundflächen der Brutto-Grundfläche (BGF) zurechnen
- Alle Grundflächen einer Grundfläche nach Tabelle 1 zuordnen
- Räume mit noch nicht festgelegter Zweckbestimmung der NUF 7 nach Tabelle 2 zuordnen
- Lufträume (z.B. von Atrien) gehören nicht zur BGF (siehe 6.1, Absatz 6, 2.Spiegelstrich)

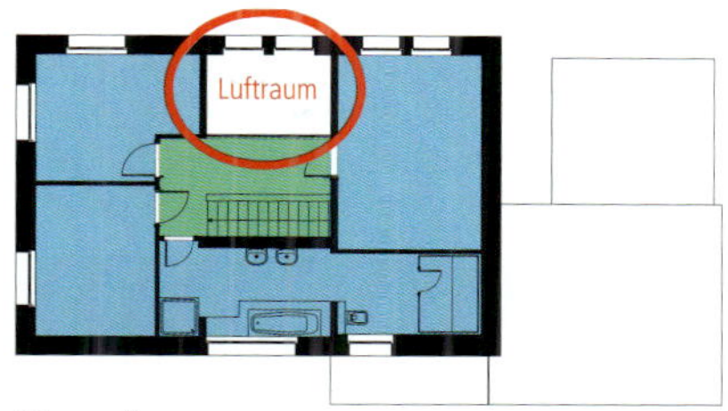

Obergeschoss

Erdgeschoss

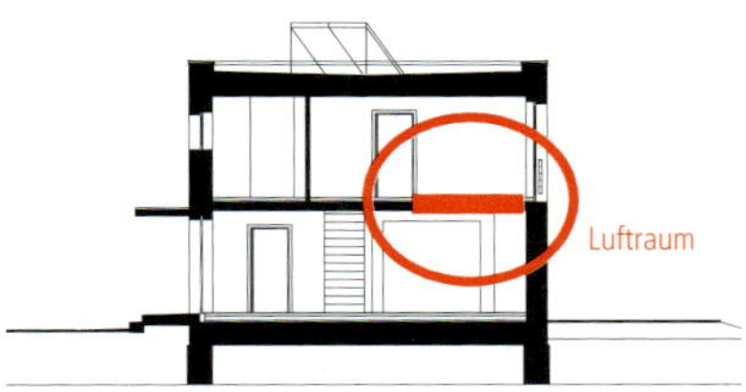

Schnitt quer

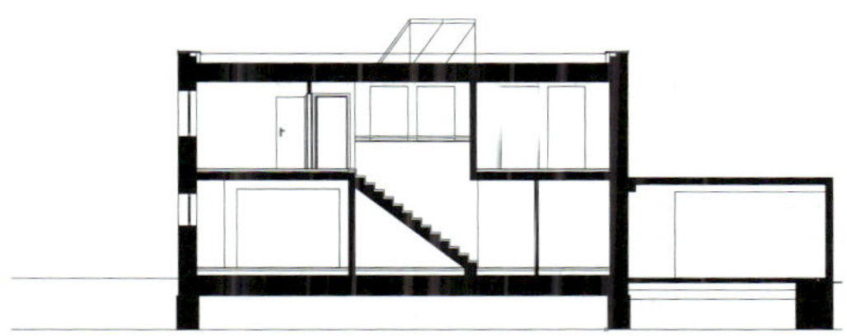

Schnitt längs

Grundflächen des Bauwerks				
	NUF	Nutzungsfläche	116,3 m²	100 %
	TF	Technikfläche	7,90 m²	6,79 %
	VF	Verkehrsfläche	19,90 m²	17,11 %
	NRF	Netto-Raumfläche	144,10 m²	123,90 %
	KGF	Konstruktions-Grundfläche	51,20 m²	44,02 %
	BGF	Brutto-Grundfläche	195,30 m²	167,93 %

Abbildung B 13: Generelle Zuordnung von Grundflächen

DIN 277, 4.7.2 – Wechselnde Nutzung von Grundflächen

- Grundflächen, die wechselnd genutzt werden, der überwiegenden Nutzung nach Tabelle 1 oder Tabelle 2 zuordnen
  Im Beispiel: Wartezone (Bereich mit beweglichen Sitzmöbeln) – Zuordnung zur Verkehrsfläche (VF)

DIN 277, 4.7.3 – Von der Raumnutzung abweichende Nutzung von Teilflächen

- Teilflächen, die ständig für eine andere Nutzung als die des Raumes selbst genutzt werden, der entsprechenden Nutzung nach Tabelle 1 oder Tabelle 2 zuordnen
  Im Beispiel: Fläche der Kasse und der Eingangskontrolle (Bereich mit festen Einbauten) – Zuordnung zur Nutzungsfläche (NUF)

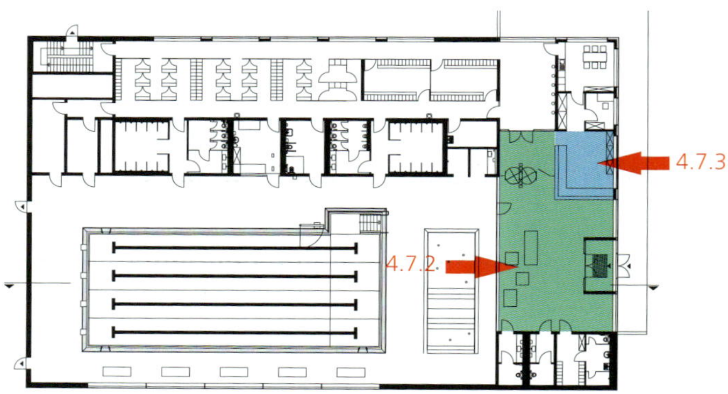

Erdgeschoss

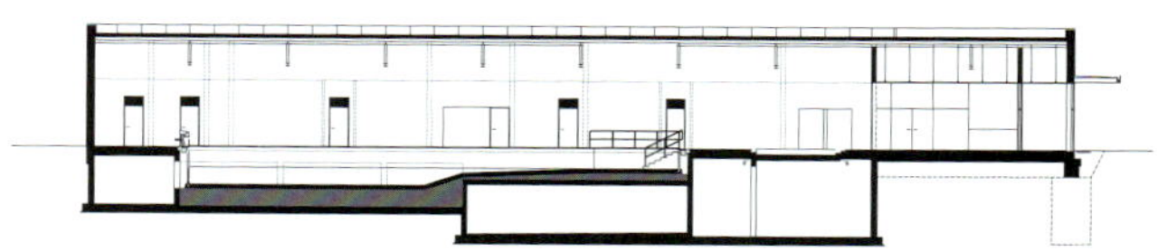

Schnitt längs

Abbildung B 14: Wechselnde Nutzung von Grundflächen; Abweichende Nutzung von Teilflächen

DIN 277, 4.7.4 – Bewegungsflächen innerhalb von Räumen

- Bewegungsflächen innerhalb von Räumen nicht der Verkehrsfläche (VF), sondern der Nutzungsfläche (NUF) zuordnen

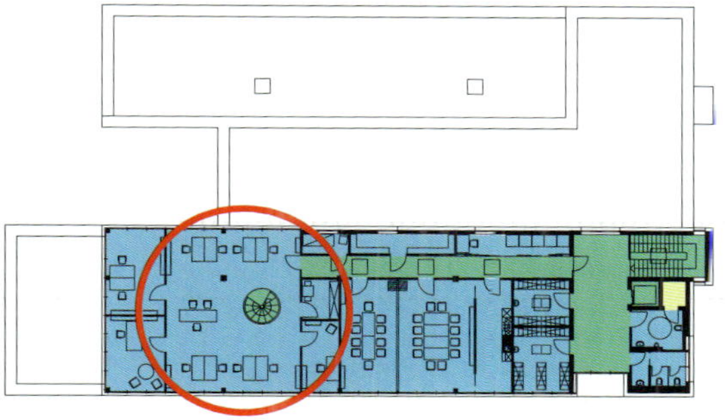

Obergeschoss

Erdgeschoss

Grundflächen des Bauwerks		
	NUF	Nutzungsfläche
	TF	Technikfläche
	VF	Verkehrsfläche

Abbildung B 15: Bewegungsflächen innerhalb von Räumen

► *Zu 4.7.5 Verkehrsflächen in Garagen*

Im Gegensatz zu den in Abschnitt 4.7.4 behandelten Bewegungsflächen innerhalb größerer Räume und Hallen lassen sich in Garagenbauwerken in der Regel die Grundflächen für die Verkehrserschließung durch Fahrzeuge (z.B. Rampen, Fahrbahnen, Rangierflächen) – allein schon durch ihre Markierung – eindeutig von den Fahrzeugabstellflächen abgrenzen, die zweifellos der Nutzungsfläche (NUF) zugehören. Zudem sind die Flächen für die Erschließung eines Garagenbauwerks aufgrund der besonderen Art ihrer Nutzung und ihrer baulichen Gestaltung auch auf Dauer dafür vorgesehen.

Deshalb ordnet die DIN 277 folgerichtig diese Grundflächen der Verkehrsfläche (VF) zu. Da auch in diesem Punkt in der Praxis häufig die Neigung oder die Versuchung besteht, aus bestimmten Interessen heraus durch eine andere Auslegung den Anteil der Verkehrsfläche (VF) zu reduzieren und gleichzeitig den Anteil der Nutzungsfläche (NUF) zu erhöhen, ist diese eindeutige Klarstellung zu begrüßen.

Abbildung B 16 verdeutlicht im Praxisbeispiel der Tiefgarage einer beruflichen Schule, wie die Grundflächen einer Garage normgerecht den verschiedenen Teilflächen der Netto-Raumfläche (NRF) zugeordnet werden.

► *Zu 4.7.6 Zum Betrieb technischer Anlagen erforderliche Ergänzungsflächen*

Auch in dieser Frage, die in der Praxis oft unterschiedlich gehandhabt wird, schafft die vorliegende Regelung Klarheit: Die zum Betrieb technischer Anlagen erforderlichen Ergänzungsflächen wie beispielsweise für die Brennstofflagerung bei Wärmeerzeugungsanlagen werden der Technikfläche (TF) zugeordnet und nicht der Nutzungsfläche (NUF). Bei den hier angesprochenen Grundflächen könnte man wegen ihrer Funktion als Lager- und Vorratsflächen den Schluss ziehen, diese Flächen gehörten entsprechend den Erläuterungen in Tabelle 2 zur NUF 4 Lagern, Verteilen und Verkaufen und müssten deshalb der Nutzungsfläche (NUF) zugeordnet werden. Die unmittelbare Verbindung zu den Grundflächen für die technischen Anlagen zur Versorgung und Entsorgung des Bauwerks sowie die Zweckbestimmung solcher Lagerflächen als Ergänzungsflächen zum Betrieb dieser technischen Anlagen legen es jedoch nahe, diese Flächen der Technikfläche (TF) zuzuweisen.

► *Zu 4.7.7 Technische Anlagen zum Betrieb nutzungsspezifischer Einrichtungen*

Obwohl es sich bei den Anlagen zum Betrieb nutzungsspezifischer Einrichtungen um technische Anlagen handelt, gibt in der Frage der Flächenzuordnung der betreffenden Grundflächen doch der direkte funktionale Zusammenhang mit den Geräten und Anlagen, für deren Steuerung sie vorgesehen sind, den Ausschlag für eine andere Bewertung. Die benötigten Grundflächen werden trotz ihrer technischen Ausstattung nicht der Technikfläche (TF) zugeordnet, sondern der Nutzungsfläche (NUF) bzw. bei einer detaillierten Untergliederung der NUF 7 Sonstige Nutzungen. Die in der Norm genannten Beispiele (EDV-Serverraum, Kompressor-Raum für die Druckluftanlage einer Werkstatt oder Schalträume für medizinische Einrichtungen), zeigen deutlich, dass hier Flächen mit solchen technischen Anlagen gemeint sind, die besonderen Nutzungen dienen und nicht der Versorgung und Entsorgung des Bauwerks schlechthin.

In der neuen DIN 277 wurde die bisherige Regel um den Zusatz ergänzt, dass „dies auch für Ergänzungsflächen, die für den Betrieb nutzungsspezifischer Einrichtungen erforderlich sind (z.B. Lüftungsanlagen für Serverraum, Absauganlage mit Spänelager für Holzwerkstatt gilt". Damit soll klar gestellt werden, dass nicht nur die Grundflächen von technischen Anlagen und Einbauten solcher nutzungsspezifischer Einrichtungen selbst als Nutzungsfläche (NUF) zu kategorisieren sind, sondern auch deren unmittelbar zugehörigen Ergänzungsflächen.

► *Zu 4.7.8 Technische Anlagen zur Versorgung oder Entsorgung anderer Bauwerke*

In diesem Abschnitt wird die Flächenzuordnung bei technischen Bauwerken behandelt, z.B. bei Kraftwerken, Heizzentralen, Transformatorenstatione, Klärwerken, Müllverbrennungsanlagen. Diese Bauwerke enthalten technische Anlagen, die andere Bauwerke mit Energie, Wärme, Wasser usw. versorgen oder entsorgen. Für diese Bauwerke legt die Norm fest, dass die Grundflächen für die technischen Anlagen nicht als Technikfläche (TF) auszuweisen sind, sondern als Nutzungsfläche (NUF) bzw. bei einer weiteren Untergliederung als NUF 7 Sonstige Nutzungen. Diese Regelung ist nachvollziehbar, wenn man sich die Definition der Technikfläche (TF) als „Anteil der Netto-Raumfläche (NRF) für die technischen Anlagen zur Versorgung und Entsorgung des Bauwerks" vor Augen führt. Bei der Technikfläche (TF) geht es um die Versorgung und Entsorgung des eigenen Bauwerks und nicht um die Versorgung und Entsorgung anderer Bauwerke wie im vorliegenden Fall.

Praxisbeispiel – BKI Objekt 6100-1248 Mehrfamilienhaus (23 WE), Tiefgarage (31 STP)

DIN 277, 4.7.5 – Verkehrsflächen in Garagen

- Rampen, Fahrbahnen und Rangierflächen zwischen den Stellplätzen in Garagen nicht der Nutzungsfläche (NUF), sondern der Verkehrsfläche (VF) zuordnen

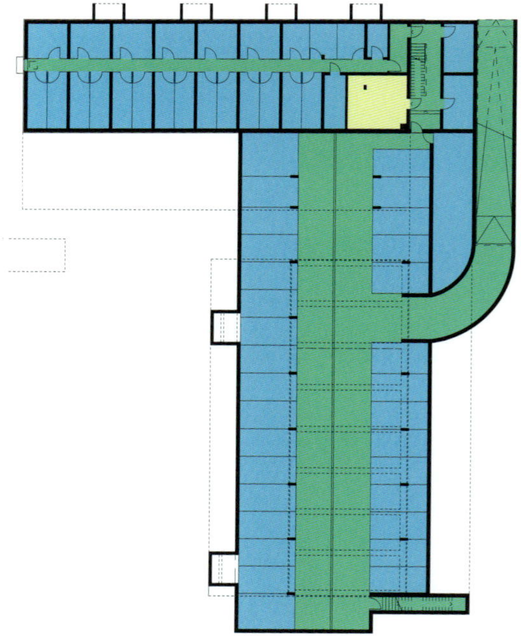

Untergeschoss (Tiefgarage)

Grundflächen des Bauwerks		
	NUF	Nutzungsfläche
	VF	Verkehrsfläche
	TF	Technikfläche

Abbildung B 16: Verkehrsflächen in Garagen

5 Ermittlung von Grundflächen und Rauminhalten allgemein

5.1 Genauigkeit der Ermittlung

Grundflächen und Rauminhalte werden nach den Planmaßen (Soll-Maße) oder nach den tatsächlichen Abmessungen (Ist-Maße) ermittelt. Die Genauigkeit der Ermittlung richtet sich nach den Anforderungen des Projekts sowie nach dem Stand der Planung und den jeweiligen Planungsunterlagen. Die bei der Ermittlung angewendeten Messverfahren und die zugrundeliegenden Planungsunterlagen sind anzugeben.

5.2 Ermittlung bei mehreren Bauwerken oder Bauabschnitten

Besteht ein Bauprojekt aus mehreren Bauwerken oder Bauabschnitten (funktional, räumlich, konstruktiv, zeitlich oder wirtschaftlich), sind die Grundflächen und Rauminhalte für jedes Bauwerk und jeden Bauabschnitt getrennt zu ermitteln.

5.3 Getrennte Ermittlung nach Geschossebenen und Geschosshöhen

Grundflächen und Rauminhalte sind getrennt nach den Geschossebenen des Bauwerks und getrennt nach unterschiedlichen Höhen der Geschosse zu ermitteln. Dies gilt auch für Grundflächen unter oder über schräg verlaufenden Flächen.

5.4 Getrennte Ermittlung entsprechend dem Ausbaustand

Grundflächen und Rauminhalte, die ausbaufähig, jedoch noch nicht ausgebaut sind, sind getrennt zu ermitteln.

5.5 Messverfahren

Die Grundflächen von Räumen mit waagerechten Bodenflächen sind aus ihren tatsächlichen Maßen zu ermitteln. Die Grundflächen von schräg verlaufenden Baukonstruktionen (z. B. Tribünen, Zuschauerräume, Treppen und Rampen) sind als Flächen ihrer vertikalen Projektion zu ermitteln.

5.6 Messeinheiten

Grundflächen sind in Quadratmeter (m^2), Rauminhalte in Kubikmeter (m^3) anzugeben.

5.7 Getrennte Ermittlung entsprechend der Raumumschließung

Grundflächen und Rauminhalte sind entsprechend ihrer unterschiedlichen Raumumschließung nach den folgenden Bereichen getrennt zu ermitteln:

5.7.1 Regelfall der Raumumschließung (R)

Den Regelfall der Raumumschließung (R) stellen Bereiche des Bauwerks dar, die Nutzungen der Netto-Raumfläche (NRF) nach Tabelle 1 aufweisen und die bei allen Begrenzungsflächen des Raums vollständig umschlossen sind. Dazu gehören nicht nur Innenräume, die von der Witterung geschützt sind, sondern auch solche allseitig umschlossenen Räume, die über Öffnungen mit dem Außenklima verbunden sind (z.B. über Rollgitter in Garagen).

5.7.2 Sonderfall der Raumumschließung (S)

Den Sonderfall der Raumumschließung (S) stellen Bereiche des Bauwerks dar, die Nutzungen der Netto-Raumfläche (NRF) nach Tabelle 1 aufweisen und mit dem Bauwerk konstruktiv fest verbunden sind, jedoch nicht bei allen Begrenzungsflächen des Raums vollständig umschlossen sind (z. B. Loggien, Balkone, Dachterrassen, unterbaute Eingangsbereiche und Höfe sowie Außentreppen).

► Zu 5 Ermittlung von Grundflächen und Rauminhalten allgemein

Um Wiederholungen in den Einzelabschnitten zu vermeiden, sind in diesem Abschnitt die für Ermittlungen relevanten Aussagen und Regelungen zusammengefasst, die allgemein für alle drei Bereiche der Ermittlung von Grundflächen und Rauminhalten gelten: Grundflächen des Bauwerks, Rauminhalte des Bauwerks und Grundflächen des Grundstücks.

Schon bei der Bearbeitung der Vorgängernorm DIN 277-1:2016 war großer Wert darauf gelegt worden, die Norm anwendungsfreundlicher als die früheren Normausgaben zu gestalten. Das Dokument wurde übersichtlicher gegliedert und die einzelnen Normaussagen innerhalb dieser neuen Gliederung systematisch geordnet. Wichtig war es dabei vor allem, die in früheren Normausgaben nicht klar geordneten Ermittlungsregeln für die Grundflächen des Bauwerks, die Rauminhalte des Bauwerks sowie die Grundflächen des Grundstücks in jeweils eigenen Abschnitten zusammengefasst (Abschnitte 6, 7 und 8) darzustellen. Diese Systematik hat sich bewährt und wurde in der aktuellen Ausgabe der DIN 277 so beibehalten. Dagegen wurde die Gliederung der Normtexte innerhalb dieser Abschnitte vereinfacht (siehe Anmerkungen zu Abschnitt 6).

► Zu 5.1 Genauigkeit der Ermittlung

In der aktuellen DIN 277 wurde der erste Satz, dass die „Grundflächen und Rauminhalte nach den Planmaßen (Soll-Maße) oder nach den tatsächlichen Abmessungen (Ist-Maße) ermittelt werden", neu eingefügt. Mit der Unterscheidung zwischen den geplanten und den tatsächlichen Abmessungen werden die wechselnden technischen Voraussetzungen und die verschiedenartigen Bedingungen angesprochen, die bei den Ermittlungen von Grundflächen und Rauminhalten im Laufe eines Projekts gelten und die es fachgerecht zu berücksichtigen gilt.

Weiter wird erläutert, dass sich die „Genauigkeit der Ermittlung nach den Anforderungen des Projekts sowie nach dem Stand der Planung und den jeweiligen Planungsunterlagen richtet". Der Bezug auf die Anforderungen des Projekts soll zeigen, dass die spezifischen Umstände des Projekts und die Erfordernisse der für das Projekt verantwortlichen Personen einen wesentlichen Einfluss auf die Genauigkeit der Ermittlungen ausüben.

Dass sich die Genauigkeit der Ermittlung von Grundflächen und Rauminhalten nach dem Stand der Planung und den jeweiligen Planungsunterlagen richtet, ist eigentlich eine selbstverständliche Feststellung, die eher den Charakter einer Erläuterung als den einer Direktive hat. Durch den Bezug auf den Stand der Planung wird jedoch erkennbar, dass Grundflächen und Rauminhalte nach dem Verständnis der DIN 277 nicht einmalig im Projektablauf ermittelt werden, sondern entsprechend dem Planungsstand aktualisiert werden sollen. Allerdings verzichtet die DIN 277 darauf, für diese Ermittlungen bestimmte Stufen festzulegen, wie es in der DIN 276 mit den Stufen der Kostenermittlung der Fall ist. Da der vorrangige Zweck der DIN 277 darin besteht, die für die Kostenermittlungen nach DIN 276 (und auch nach DIN 18960) benötigten Grundlagen zu schaffen, müssen zum Zeitpunkt einer Kostenermittlung auch die Grundflächen und Rauminhalte in der jeweils aktuellen Fassung ermittelt und dokumentiert werden.

Um diese Transparenz herzustellen, legt die Norm fest, dass „die bei der Ermittlung von Grundflächen und Rauminhalten angewendeten Messverfahren und die zugrunde liegenden Planungsunterlagen angegeben" werden müssen. Diese Angaben tragen dazu bei, dass die Ermittlungsergebnisse in die Gesamtheit der Informationen zum Bauprojekt richtig eingeordnet werden können.

Hinsichtlich der rechnerischen Genauigkeit bedeutet der Bezug auf den Stand der Planung und die jeweiligen Planungsunterlagen, dass die einer Ermittlung von Grundflächen und Rauminhalten zugrunde liegenden Planmaße (Soll-Maße) aus den Planungsunterlagen entnommen werden können. Wenn das Bauwerk fertiggestellt ist, werden die durch Aufmaß festgestellten tatsächlichen Maße (Ist-Maße) für die abschließende Ermittlung und Dokumentation der Grundflächen und Rauminhalte verwendet.

► Zu 5.2 Ermittlung bei mehreren Bauwerken oder Bauabschnitten

Die Bestimmung, dass die „Grundflächen und Rauminhalte bei mehreren Bauwerken oder Bauabschnitten getrennt ermittelt" werden müssen, wurde in der aktuellen DIN 277 ergänzt. Die unterschiedlichen Gesichtspunkte, die es notwendig machen können, ein Bauprojekt in dieser Hinsicht differenziert zu betrachten, werden nun wie folgt benannt: „funktional, räumlich, konstruktiv, zeitlich oder wirtschaftlich".

Die Regelung über die getrennten Ermittlungen bei mehreren Bauwerken oder Bauabschnitten enthält im Grunde genommen eine Selbstverständlichkeit. Doch leider wird dieser Grundsatz in der Praxis nicht immer beachtet und so gehandhabt. Häufig werden in solchen Fällen die Grundflächen und Rauminhalte von völlig unterschiedlichen Bauwerken zusammengefasst ermittelt – z. B. bei einem Wohngebäude mit Nebengebäuden (Stallungen, Garagen usw.) Das Ergebnis ist, dass die ermittelten Werte wegen der unterschiedlichen Bedingungen der Bauwerke (Bauart, Geschosshöhen, Ausbaustandard usw.) insbesondere im Hinblick auf die Kosten nur wenig aussagefähig sind. Das Gleiche gilt, wenn das Bauprojekt in mehreren Bauabschnitten realisiert wird. Unterschiedliche Anforderungen und Bedingungen der Bauabschnitte, wie z. B. Nutzungen, Standorte, Bauarten, Bauzeiten oder Finanzrahmen, können nur dann zutreffend beurteilt werden, wenn die zugrunde liegenden Informationen über Flächen, Rauminhalte und Kosten nach Bauwerken und Bauabschnitten getrennt vorliegen. Deshalb ist die klare Handlungsanweisung der Norm, die Grundflächen und Rauminhalte in diesen Fällen getrennt zu ermitteln, – auch wenn sie zunächst selbstverständlich klingt – eine wichtige Regelung im Hinblick auf bessere Ergebnisse.

Voraussetzung ist allerdings, dass die Bauwerke oder Bauabschnitte aufgrund ihrer Beschaffenheit (d. h. aufgrund der geometrischen Gegebenheiten, der konstruktiven Ausbildung oder anderer Umstände) tatsächlich in sinnvoller Weise getrennt behandelt werden können.

Abbildung B 17 zeigt im Praxisbeispiel eines Bauprojekts, das aus einem Bürogebäude und einer Lagerhalle besteht, wie die Regelung der getrennten Ermittlung der Grundflächen und Rauminhalte zu verstehen ist. Im Beispiel wird die Sinnfälligkeit getrennter Ermittlungen allein schon durch die Geometrie, insbesondere die unterschiedlichen Geschosshöhen, der beiden Teile des Bauwerks evident.

► *Zu 5.3 Getrennte Ermittlung nach Geschossebenen und Geschosshöhen*

Die Handlungsanweisung, „Grundflächen und Rauminhalte getrennt nach den Geschossebenen des Bauwerks, getrennt nach den unterschiedlichen Höhen der Geschosse sowie auch getrennt nach den Grundflächen unter oder über schräg verlaufenden Flächen zu ermitteln", ist vor allem im Hinblick auf die Kostenermittlung wichtig. Die ermittelten und dokumentierten Grundflächen müssen so differenziert und transparent angegeben werden, dass die Teilflächen hinsichtlich ihrer unterschiedlichen Kostenauswirkungen beurteilt werden können.

Die Regelung einer getrennten Ermittlung der Grundflächen in den genannten Fällen beschränkt sich richtigerweise auf die prinzipielle Forderung, ohne weitere Details festzulegen. Die unendliche Vielfalt von Gebäuden mit völlig unterschiedlicher Gebäudegeometrie ließe auch eine weitergehende bzw. detailliertere Regelung kaum zu. Deshalb müssen die Projektverantwortlichen selbst entscheiden, wie im jeweiligen Einzelfall – unter Beachtung der generellen Zielsetzung und der Vorgaben der Norm – die Ermittlung und die Dokumentation der Grundflächen und Rauminhalte strukturiert werden soll. In **Abbildung B 18** wird der Sachverhalt getrennter Ermittlungen anhand des Praxisbeispiels eines Wohnhauses mit Garage verdeutlicht.

Die getrennte Ermittlung von Grundflächen unter schräg verlaufenden Flächen ist auch im Hinblick auf die Wohnflächenproblematik relevant, wenn es um die wichtige Frage geht, in welchem Umfang die Flächen z. B. im ausgebauten Dachraum unter den Dachschrägen bei der Wohnfläche anzurechnen sind. In der Normausgabe 1987 hatte man noch versucht, mit der Angabe eines Maßes für die Raumhöhen (>1,5 m / <1,5 m) eine Unterteilung der Grundflächen im Dachgeschoss vorzugeben und damit für die Wohnflächenermittlung geeignete Flächenangaben zur Verfügung stellen zu können. Richtigerweise wurde dieser Weg später aufgegeben, da sich die Einsicht durchsetzte, dass sich die DIN 277 auf die neutrale Ermittlung der Grundflächen beschränken muss und die Bewertung hinsichtlich der Anrechenbarkeit bei der Wohnfläche tunlichst den entsprechenden Vorschriften überlassen sollte (siehe Anmerkungen zu Abschnitt 1, Absatz 3). Geblieben ist allein die Bestimmung in Satz 2, die Grundflächen unter oder über schräg verlaufenden Flächen getrennt zu ermitteln.

DIN 277, 5.2 – Ermittlung bei mehreren Bauwerken oder Bauabschnitten

- Bei einem Bauprojekt mit mehreren Bauwerken oder Bauabschnitten die Grundflächen und Rauminhalte für jedes Bauwerk und jeden Bauabschnitt getrennt ermitteln

1300-0213 Bürogebäude

7700-0073 Lagerhalle

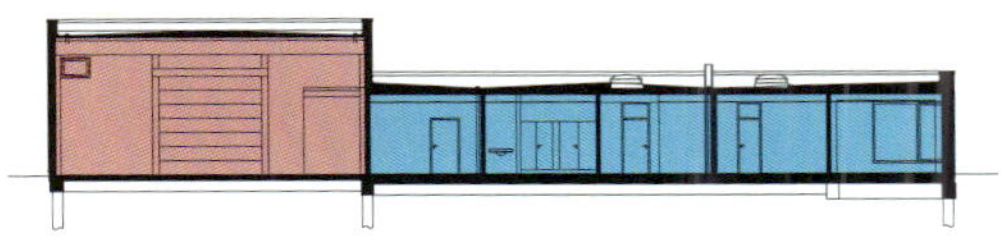

Schnitt

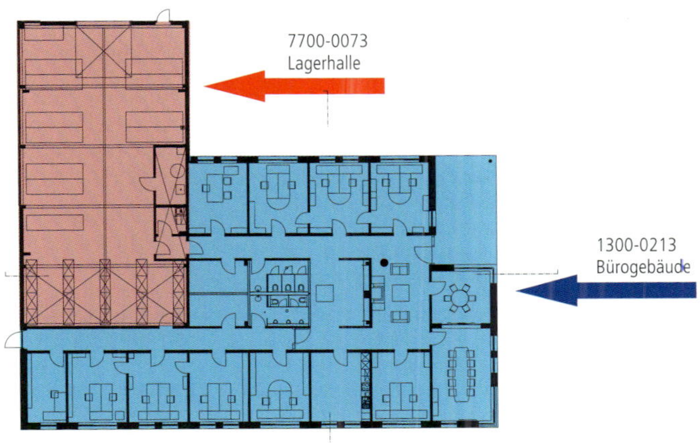

Erdgeschoss

Abbildung B 17: Ermittlung bei mehreren Bauwerken oder Bauabschnitten

Mehr kann die DIN 277 als technische Regel neben den betreffenden Rechtsverordnungen [308], [309] sinnvollerweise auch nicht leisten.

Im Zusammenhang mit der getrennten Ermittlung nach Geschossebenen und Geschosshöhen muss die besondere Situation von Flächen in Dachräumen beachtet werden, die nicht zur Brutto-Grundfläche (BGF) gehören, aber bei der Ermittlung des Brutto-Rauminhalts (BRI) berücksichtigt und getrennt ermittelt werden müssen (siehe Abschnitt 6.1, Absatz 6, 5. Spiegelstrich und Abschnitt 7.1, Absatz 9). Es geht dabei um „Flächen in Dachräumen, die keinen Zugang haben, nicht begehbar oder aus anderen Gründen nicht nutzbar sind". Im Praxisbeispiel der **Abbildung B 18** ist diese besondere Situation anhand der im Drempelbereich liegenden Flächen und Rauminhalte dargestellt.

► *Zu 5.4 Getrennte Ermittlung entsprechend dem Ausbaustand*

Dieser Abschnitt wurde in der aktuellen DIN 277 neu aufgenommen. Als allgemeine Regel für die Ermittlung von Grundflächen und Rauminhalten ist nunmehr festgelegt, dass „Grundflächen und Rauminhalte, die ausbaufähig, jedoch noch nicht ausgebaut sind, getrennt zu ermitteln sind". Damit wird ein Thema aufgegriffen, das in der Anwendungspraxis aufgrund der Formulierungen in der bisherigen Norm offensichtlich zu Abgrenzungsproblemen geführt hat. Es geht dabei um Grundflächen und Rauminhalte von Räumen, die ausbaufähig, jedoch noch nicht ausgebaut sind – ein Sachverhalt, der insbesondere bei Bauprojekten größerer Liegenschaften auftritt, in denen die künftige Entwicklung der Nutzungen noch nicht absehbar ist und dafür noch nicht ausgebaute Vorhalteflächen bereitgestellt werden sollen. Aber auch im Wohnungsbau käme beispielsweise bei einem Einfamilienhaus mit einem ausbaufähigen, aber noch nicht ausgebauten Dachraum durch die Verfahrensweise einer getrennten Ermittlung der Grundflächen und Rauminhalte zum Tragen.

Mit der Regelung über eine getrennte Ermittlung von Grundflächen und Rauminhalten entsprechend dem Ausbaustand wird sichergestellt, dass die Ermittlungsergebnisse transparent angegeben werden und es dadurch ermöglicht wird, im jeweiligen Einzelfall entsprechend den spezifischen Gegebenheiten des Projekts die Ermittlungsergebnisse zu bewerten. Insofern gilt auch hier, was schon zu Abschnitt 5.3 zur getrennten Ermittlung nach Geschossebenen und Geschosshöhen ausgeführt wurde.

Die Frage, wie ausbaufähige, jedoch noch nicht ausgebaute Grundflächen und Rauminhalte im Einzelnen konkret zu ermitteln sind, steht selbstverständlich im Zusammenhang mit den betreffenden Regeln der neuen DIN 277 an anderen Stellen. Als erstes mit der Begriffsbestimmung zum „Geschoss" als „Gesamtheit aller Grundflächen, die „aufgrund ihrer Beschaffenheit für die Nutzung eines Bauwerks geeignet sind" (siehe Abschnitt 3.1). Dann in Abschnitt 4.7.1 mit der Festlegung, dass „Räume, deren Zweckbestimmung noch nicht festgelegt ist, der NUF 7 nach Tabelle 2 zuzuordnen sind." Ferner sind hierbei auch die Ermittlungsregeln in Abschnitt 6.1 zur Brutto-Grundfläche (BGF) (insbesondere Absatz 6) sowie in Abschnitt 7.1 zum Brutto-Rauminhalt (BRI) (insbesondere Absatz 9) zu beachten, auf die noch später eingegangen wird.

► *Zu 5.5 Messverfahren*

Grundflächen und Rauminhalte von Bauwerken werden – solange das Bauwerk noch nicht fertiggestellt ist – anhand der Bauzeichnungen ermittelt. Dabei handelt es sich im Wesentlichen um Grundriss-, Schnitt-, Ansichts- und Detailzeichnungen. Die Bauwerksteile werden – nach der Methode der Dreitafelprojektion – bei einem Grundriss durch die vertikale Projektion auf eine horizontale Zeichnungsebene dargestellt, bei einem Schnitt durch die horizontale Projektion auf eine vertikale Zeichnungsebene. Das bedeutet, dass die Grundflächen eines Bauwerks mit waagrechten Bodenflächen in den Grundrissen mit ihren tatsächlichen Maßen abgebildet sind, so dass diese Maße bei der Ermittlung der Grundflächen direkt übernommen werden können.

Bei dem Begriff der „tatsächlichen Maße" muss man aber beachten, dass an dieser Stelle lediglich die Maße gemeint sind, die in den Bauzeichnungen – im jeweiligen Maßstab – in realer Größe dargestellt bzw. angegeben sind. Mit den „tatsächlichen Maßen" sind hier also nicht die „Fertigmaße" der Baukonstruktionen gemeint, die entsprechend Abschnitt 6.1 als „äußere Maße der Baukonstruktionen einschließlich der Bekleidung" bei der Ermittlung der Brutto-Grundfläche (BGF) anzusetzen sind.

DIN 277, 5.3 – Getrennte Ermittlung nach Geschossebenen und Geschosshöhen

- Grundflächen und Rauminhalte getrennt nach Geschossebenen des Bauwerks und getrennt nach unterschiedlichen Geschosshöhen ermitteln
- Besondere Flächen in Dachräumen: Keine BGF, aber BRI; BRI getrennt ermitteln (siehe DIN 277, 6.1, Abs. 6, und 7.1, Abs.9)

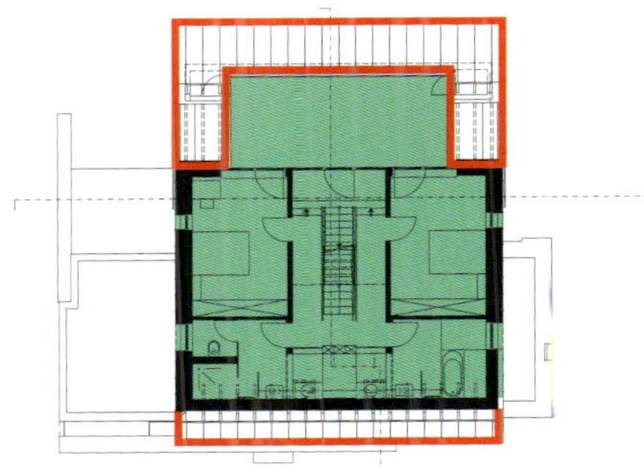

Obergeschoss

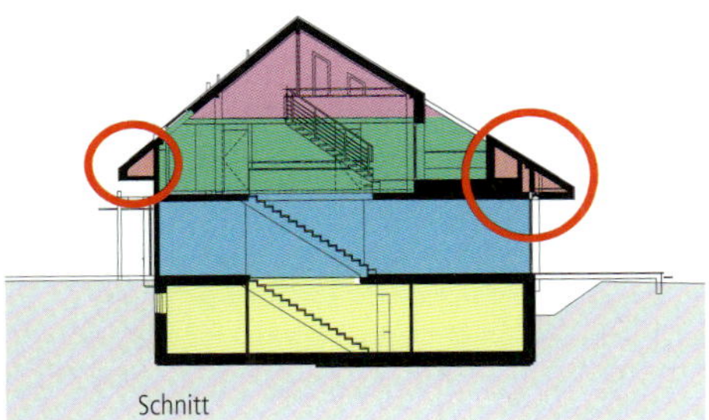

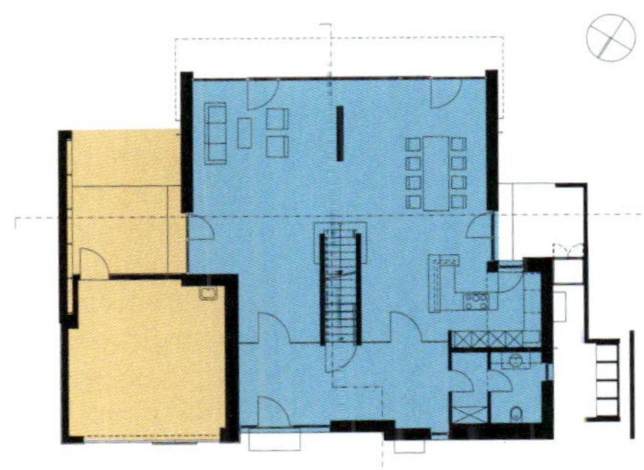

Erdgeschoss

Getrennte Ermittlung der Grundflächen und Rauminhalte	
	Dachgeschoss
	Obergeschoss
	Erdgeschoss
	Untergeschoss
	Garage und Vordach
	Besondere Flächen im Dachraum

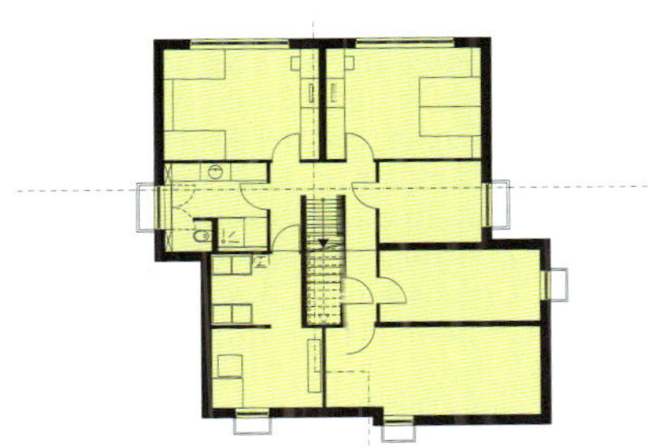

Untergeschoss

Abbildung B 18: Getrennte Ermittlung nach Grundrissebenen und Geschosshöhen

Schräg verlaufende Baukonstruktionen (z.B. Tribünen, Zuschauerräume, Treppen und Rampen) werden in Grundrissen ebenfalls in ihrer vertikalen Projektion dargestellt. Dementsprechend werden die Grundflächen von schräg verlaufenden Baukonstruktionen nicht mit ihren tatsächlichen Maßen ermittelt, sondern mit den im Grundriss enthaltenen projizierten Maßen. Die Besonderheiten solcher Grundflächen, z.B. hinsichtlich ihrer Kosten, können damit erfassbar gemacht werden, dass sie nach der Bestimmung in Abschnitt 5.3 getrennt ermittelt und dokumentiert werden.

Abbildung B 19 illustriert die Verfahrensweise, wie bei schräg verlaufenden Bodenflächen – im Praxisbeispiel einer Treppenanlage eines Verwaltungsgebäudes – durch die vertikale Projektion der Treppenläufe gemessen wird.

Der an dieser Stelle in der Vorgängernorm stehende zweite Absatz über das Messverfahren bei der Ermittlung von Grundflächen des Grundstücks ist in der aktuellen DIN 277 wegen des unmittelbaren Zusammenhangs mit den Begriffen und Messregeln der Grundstücksfläche (GF) in Abschnitt 8.1 verschoben worden.

Aus der im Bauwesen üblichen Darstellung der Bauzeichnungen nach der Methode der Dreitafelprojektion ist im Übrigen auch die in der neuen DIN 277 geänderte Terminologie zu verstehen, entgegen der früheren Wortwahl bei den Mess- und Ermittlungsregeln durchgängig den Begriff „Kante“ („Oberkante“, Innenkante“ usw.) für die jeweiligen Baukonstruktionen zu verwenden. Der Begriff „Kante“ ist zwar terminologisch für flächige Baukonstruktionen eines räumlichen Objekts nicht ganz korrekt, da eine Kante definitorisch die Schnittlinie zweier Ebenen darstellt, z.B. bei einem Gebäude die reale Schnittlinie zweier Außenwände an der „Kante“ eines Baukörpers („Gebäudeecke“). Für die Zwecke der DIN 277 trifft der Begriff „Kante“ aber insoweit zu, dass hier die Schnittlinie einer flächigen Baukonstruktion, z.B. der Deckenfläche, mit der Projektionsebene der Bauzeichnung, z.B. der Schnittzeichnung, gemeint ist. In dieser Schnittzeichnung erscheint die waagrechte Deckenfläche als geschnittene Linie wie eine „Kante“. Deshalb erscheint dieser beim Planen und Bauen allgemein übliche Begriff „Kante“ trotz der theoretisch begrifflichen Unschärfe im Hinblick auf die bessere Verständlichkeit bei der Normanwendung durchaus gerechtfertigt.

► *Zu 5.6 Messeinheiten*

Im Bauwesen ist es seit jeher üblich, als Messeinheiten für zweidimensionale Maße die Fläche in „Quadratmeter“ zu verwenden und für dreidimensionale Maße das Volumen in „Kubikmeter“. Diese Messeinheiten basieren auf der gesetzlich für eindimensionale Längenmaße festgelegten Messeinheit „Meter“ („m“) [310], [311]. Es ist zu beachten, dass dafür die Zeichen „m^2“ und „m^3“ verwendet werden und nicht, wie früher häufiger anzutreffen, „qm“ und „cbm“.

Wie genau die Werte für die ermittelten Grundflächen und Rauminhalte anzugeben sind – in ganzen Zahlen oder mit Komma- bzw. Dezimalstellen oder gerundet –, ist in der Norm nicht festgelegt. Da in Bauzeichnungen die Längenmaße in der Regel unter einem Meter in Zentimeter (cm) und über einem Meter in Meter (m) mit zwei Dezimalstellen angegeben werden, wäre es möglich, auch die Grundflächen und Rauminhalte mit zwei Dezimalstellen zu ermitteln und anzugeben. Dies kann aber nicht für alle Anwendungsfälle gelten.

Hier trifft die allgemeine Aussage in Abschnitt 5.1 zu, dass sich die Genauigkeit der Ermittlung nach dem Stand der Planung richtet. Insofern sollte die Genauigkeit der Wertangabe in einem sinnvollen Verhältnis zur Genauigkeit der jeweils verfügbaren Planungsunterlagen stehen.

Das BKI dokumentiert die Grundflächen und Rauminhalte abgerechneter Bauwerke mit zwei Dezimalstellen genau [406, 407]. Bei einer Ermittlung auf der Grundlage der Vorplanung wäre eine solche Genauigkeit allerdings wohl nicht sinnvoll.

► *Zu 5.7 Getrennte Ermittlung entsprechend der Raumumschließung*

Schon seit der Normausgabe 1973 bestimmt die DIN 277, dass die „Grundflächen und Rauminhalte entsprechend ihrer unterschiedlichen Raumumschließung getrennt ermittelt“ und angegeben werden müssen. Es wurden dafür früher drei Bereiche unterschiedlicher Art der Raumumschließung festgelegt:

- Bereich a: überdeckt und allseitig in voller Höhe umschlossen;
- Bereich b: überdeckt, jedoch nicht allseitig in voller Höhe umschlossen;
- Bereich c: nicht überdeckt.

DIN 277, 5.5 – Messverfahren

- Grundflächen von Räumen mit waagrechten Bodenflächen aus den tatsächlichen Maßen ermitteln
- Grundflächen von schräg verlaufenden Baukonstruktionen (z.B. Tribünen, Treppen und Rampen) als Flächen ihrer vertikalen Projektion ermitteln
  (zur Zuordnung der Grundflächen von Treppen zu Geschossebenen siehe Abschnitt 6.2, Absätze 4 und 5)

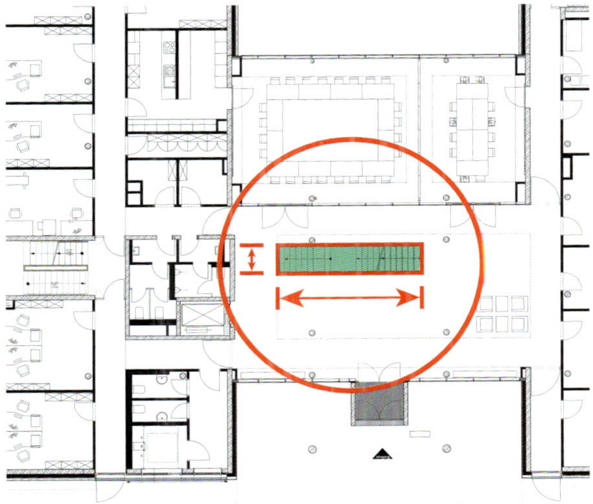

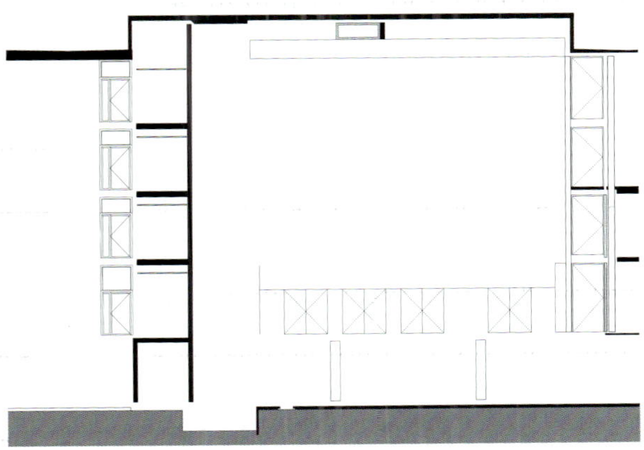

Diese Differenzierung ist darauf ausgerichtet, sowohl die unterschiedlichen Gebrauchswerte als auch die unterschiedlichen Kosten dieser Bereiche zutreffender beurteilen zu können.

In der Vorgängernorm DIN 277-1:2016 war die Regelung über eine getrennte Ermittlung von Grundflächen und Rauminhalten entsprechend der Raumumschließung zwar beibehalten, aber auch deutlich vereinfacht worden. Sie sieht nur noch zwei Bereiche unterschiedlicher Art der Raumumschließung vor. Die frühere Regelung hatte sich, wie die langjährigen Erfahrungen belegen, nicht bewährt. Sie wurde häufig gar nicht angewendet oder zumindest nicht immer richtig. Zudem verursachte die Trennung der Bereiche b und c im Hinblick auf den relativ geringen Informationsgewinn für Kostenermittlungen einen unangemessenen Aufwand. Ab 2016 werden abhängig von der Umschließung eines Raumes nur noch zwei Bereiche unterschieden:

- Regelfall der Raumumschließung (R) und
- Sonderfall der Raumumschließung (S).

Der Regelfall (R) entspricht dem bisherigen Bereich a, der Sonderfall (S) fasst die bisherigen Bereiche b und c zusammen.

In **Abbildung B 20** wird im Praxisbeispiel eines Einfamilienhauses dargestellt, wie die Grundflächen und Rauminhalte eines Bauwerks entsprechend der unterschiedlichen Raumumschließung zu trennen sind. Wie diese Regelung im Einzelnen gehandhabt wird lässt sich dann am besten in den zu den Abschnitten 6.1 und 7.1 gezeigten Praxisbeispielen der **Abbildungen B 22, B 38** und **B 39** verfolgen, in denen die Messregeln für die Ermittlung der Brutto-Grundfläche (BGF) und des Brutto-Rauminhalts (BRI) erläutert werden.

Die einfache und übersichtliche Regelung aus 2016 bleibt in der neuen DIN 277 abgesehen von einigen redaktionellen und klarstellenden Änderungen bestehen. Sie reicht für eine differenzierte Beurteilung der Grundflächen und Rauminhalte hinsichtlich ihres jeweiligen Gebrauchswerts und hinsichtlich der jeweils resultierenden Kosten völlig aus. Die Vielfalt der planerischen Möglichkeiten lässt es ohnehin nicht zu, alle denkbaren Fälle zu regeln. Die Fragen des Gebrauchswerts und der Kosten bestimmter Grundflächen und Rauminhalte können nur im Einzelfall unter Berücksichtigung aller Umstände zutreffend beurteilt werden.

Die bei der praktischen Anwendung der Norm noch hie und da aufgetretenen Abgrenzungsprobleme der Bereiche unterschiedlicher Raumumschließungen wurden jetzt in der aktuellen Normfassung in Abschnitt 6.1 zur Ermittlung der Brutto-Grundfläche (BGF) und in Abschnitt 7.1 zur Ermittlung des Brutto-Rauminhalts (BRI) durch neue klarere Formulierungen aufgegriffen – und hoffentlich beseitigt.

► *Zu 5.7.1 Regelfall der Raumumschließung (R)*

Für den Regelfall der Raumerschließung (R) von Grundflächen und Rauminhalten werden als Kriterien festgelegt:

1. Die Funktion – das besagt, dass die Bereiche des Bauwerks Nutzungen der Netto-Raumfläche (NRF) nach Tabelle 1, das sind im Einzelnen Nutzungsfläche (NUF), Technikfläche (TF) oder Verkehrsfläche (VF) aufweisen;
2. Die Geometrie – das besagt, dass die Bereiche des Bauwerks bei allen Begrenzungsflächen des Raums vollständig umschlossen sind, d.h. bei Boden, Decke und Wand.

Wichtig ist festzuhalten, dass die Regelung nicht auf die Bedingung abstellt, dass die dem Regelfall (R) zugeordneten Bereiche des Bauwerks beheizbar oder von der Witterung geschützt sein müssen, indem sie nur verschließbare Öffnungen aufweisen. Deshalb gehören selbstverständlich nicht beheizte Flure, Kellerräume oder Wintergärten zum Regelfall (R), wenn sie die anderen genannten Bedingungen erfüllen. Dass dazu auch Innenräume gehören, die über Öffnungen mit dem Außenklima verbunden sind – wie das z.B. bei Garagenbauten der Fall ist – wird ausdrücklich aufgeführt. Das hier genannte „Rollgitter in Garagen“ ist selbstverständlich nur ein Beispiel für den Verschluss einer Öffnung, die mit dem Außenklima verbunden ist. Welche Sachverhalte darüber hinaus unter diese Regelung fallen, muss im konkreten Anwendungsfall entsprechend den jeweiligen Gegebenheiten beurteilt werden.

Obgleich die Definition des Regelfalls (R) in der Norm auf das Vorhandensein von „Nutzungen der Netto-Raumfläche (NRF) nach Tabelle 1“ abstellt, ist bei den Flächen- und Rauminhaltermittlungen selbstverständlich auch die Konstruktions-Grundfläche (KGF) zu berücksichtigen, die ja ebenfalls nach dem Gesichtspunkt der Raumumschließung zugeordnet werden

DIN 277, 5.7 – Getrennte Ermittlung entsprechend der Raumumschließung

Grundflächen und Rauminhalte entsprechend ihrer unterschiedlichen Raumumschließung getrennt ermitteln – im Beispiel dargestellt für die Brutto-Grundfläche (BGF):

5.7.1 – Regelfall der Raumumschließung (R): Bereiche des Bauwerks mit
- Nutzungen der Netto-Raumfläche (NRF) nach Tabelle 1 und
- bei allen Begrenzungsflächen des Raums vollständig umschlossen

5.7.2 – Sonderfall der Raumumschließung (S): Bereiche des Bauwerks mit
- Nutzungen der Netto-Raumfläche (NRF) nach Tabelle 1 und
- mit dem Bauwerk konstruktiv fest verbunden und
- nicht bei allen Begrenzungsflächen des Raums vollständig umschlossen

(Abgrenzung der Brutto-Grundfläche (BGF) gegenüber der **Außenanlagenfläche (AF)** siehe Abschnitt 6.1, Absätze 6 und 7)

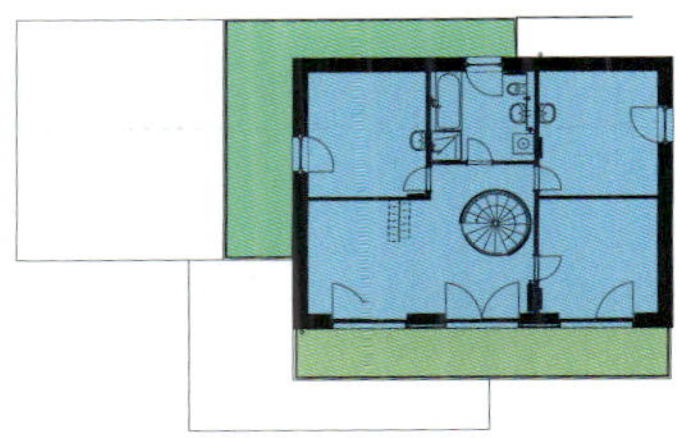

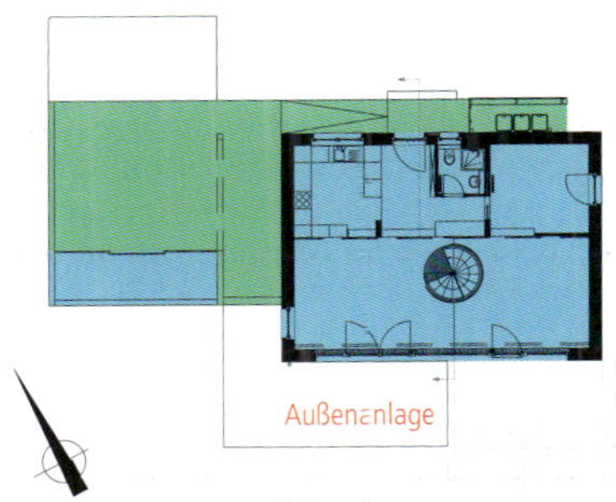

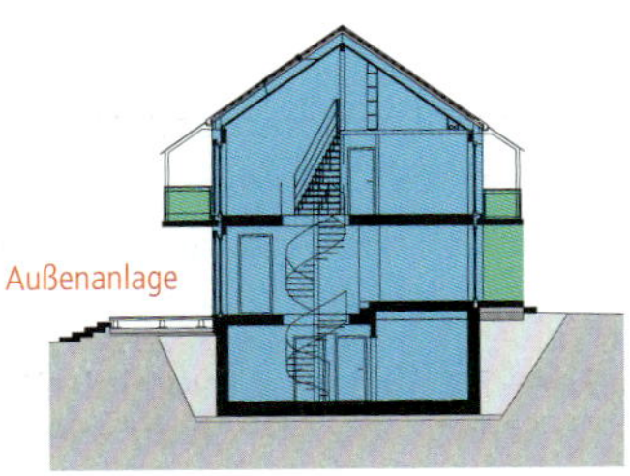

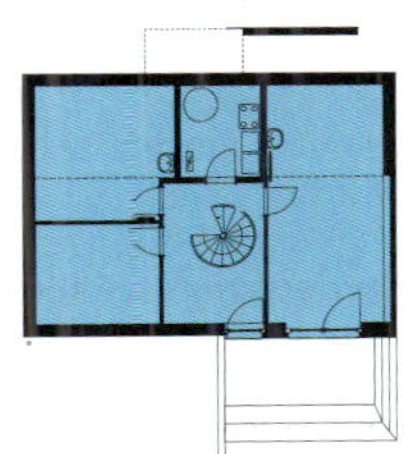

Abbildung B 20: Getrennte Ermittlung entsprechend der Raumumschließung muss, um die Brutto-Grundfläche (BGF) für den Regelfall (R) oder den Sonderfall (S) ermitteln zu können. Wie die zwischen den Bereichen (R) und (S) liegenden Konstruktions-Grundflächen (KGF) abgegrenzt bzw. zugeordnet werden, ist in Abschnitt 6.3, 4. Absatz, geregelt.

Das Gleiche gilt natürlich auch für die getrennte Ermittlung der Rauminhalte: Auch dabei müssen nicht nur der Netto-Rauminhalt (NRI), sondern auch der Konstruktions-Rauminhalt (KRI) sowie der Brutto-Rauminhalt (BRI) den Bereichen (R) oder (S) zugeordnet werden. Insofern kann hier nur der Hinweis gegeben werden, dass man bei der getrennten Ermittlung entsprechend der Raumumschließung nicht nach dem strengen Wortlaut der Norm, sondern nach dem Sinn der Bestimmungen verfahren sollte.

► *Zu 5.7.2 Sonderfall der Raumumschließung (S)*

Für den Sonderfall der Raumerschließung (S) von Grundflächen und Rauminhalten werden als Kriterien festgelegt:

1. Die Funktion – das besagt, dass die Bereiche des Bauwerks Nutzungen der Netto-Raumfläche (NRF) nach Tabelle 1, das sind im Einzelnen Nutzungsfläche (NUF), Technikfläche (TF) oder Verkehrsfläche (VF) aufweisen;
2. Die Konstruktion – das besagt, dass die Bereiche des Bauwerks mit dem Bauwerk konstruktiv fest verbunden sind;
3. Die Geometrie – das besagt, dass die Bereiche des Bauwerks nicht bei allen Begrenzungsflächen des Raums vollständig umschlossen sind, d.h. bei Boden, Decke und Wand.

Für das Kriterium der Konstruktion wird der Terminus „mit dem Bauwerk konstruktiv fest verbunden" gewählt. Diese Formulierung wird in der neuen DIN 277 konsequent auch an den anderen Stellen verwendet, wo die Zugehörigkeit der Flächen von Baukonstruktionen angesprochen ist, die sich an der Außenseite am Bauwerk oder außerhalb des Bauwerks befinden (siehe Abschnitt 6.1, Absätze 6 und 7). In der bisherigen Norm waren dafür wechselnde Formulierungen verwendet worden, was zwangsläufig zu Verständnisproblemen führte.

Wie die „konstruktiv feste Verbindung mit dem Bauwerk" technisch im Einzelnen aussehen soll, kann in der generellen Regelung einer Norm verständlicherweise nicht festgelegt werden. Insofern muss im konkreten Anwendungsfall entschieden werden, ob entsprechend den jeweiligen Konstruktionen des Bauwerks selbst und den an der Außenseite des Bauwerks befindlichen Baukonstruktionen (z.B. Terrassen, Treppen, Rampen, Höfe) eine „konstruktiv feste Verbindung" vorliegt oder nicht. In jedem Fall dürfte man von einer „konstruktiv festen Verbindung" im Sinne dieser Regelung ausgehen, wenn die betreffenden Flächen vom Bauwerk unterbaut sind oder mit Baukonstruktionen (z.B. mit durchlaufenden Bodenplatten, Deckenkonstruktionen, Dachkonstruktionen oder Wandkonstruktionen) mit dem Bauwerk fest verbunden sind. Eine feste Verbindung liegt in der Regel bei kraftschlüssigen oder stoffschlüssigen Verbindungen vor, die nicht beseitigt werden können, ohne die verbindenden Elemente und verbundenen Baukonstruktionen – zumindest teilweise – zu zerstören.

In der **Abbildung B 21** wird diese Thematik anhand des Beispiels eines Einfamilienhauses mit einem Carport erläutert. Zu den Kriterien für den Sonderfall (S): Der Carport weist seiner Bestimmung nach eine Nutzung der Netto-Raumfläche (NRF) nach Tabelle 1 auf und ist naturgemäß nicht bei allen Begrenzungsflächen des Raums umschlossen. Zugleich ist aber festzustellen, dass der Carport nicht unterbaut ist und die Stellplatzfläche als Tragschicht mit Pflasterbelag ausgeführt ist. Somit weist die Bodenfläche des Carports keine konstruktiv feste Verbindung mit dem Hauptbauwerk auf.

Dennoch sind in diesem Fall die Grundfläche und der Rauminhalt des Carports dem Bauwerk zuzuordnen und nicht den Außenanlagen, wie angesichts der für Außenanlagen typischen Ausführung als Pflasterbodenbelag vorschnell vermutet werden könnte. Denn mit den Wänden und dem Dach bestehen eindeutig und offensichtlich mehrere andere konstruktiv feste Verbindungen mit dem Bauwerk. Für die Bewertung als Bauwerksbereich (S) ist es prinzipiell unerheblich, bei welchen raumumschließenden Flächen diese Verbindungen bestehen. Konkret: Es muss nicht immer eine Verbindung des Bodens – im Sinne einer realen „Grundfläche" des jeweiligen Bauwerkbereichs – vorliegen, damit man diesen Teil des Bauwerks als zur Brutto-Grundfläche (BGF) und zum Brutto-Rauminhalt (BRI) gehörend bewerten kann. (siehe auch Kommentierung zu Abschnitt 6.1, Absatz 3).

DIN 277, 5.7.2 – Sonderfall der Raumumschließung (S)

Grundflächen und Rauminhalte entsprechend ihrer unterschiedlichen Raumumschließung getrennt ermitteln – im Beispiel dargestellt für die Brutto-Grundfläche (BGF):

Sonderfall der Raumumschließung (S): Bereiche des Bauwerks mit

- Nutzungen der Netto-Raumfläche (NRF) nach Tabelle 1: im Beispiel Nutzungsfläche (NUF) und Verkehrsfläche (VF) und
- mit dem Bauwerk konstruktiv fest verbunden (durch Boden, Dach, Wände) und
- nicht bei allen Begrenzungsflächen des Raums vollständig umschlossen

Regelfall der Raumumschließung (R): Bereiche des Bauwerks mit Nutzungen der Netto-Raumfläche (NRF), die bei allen Begrenzungsflächen des Raums vollständig umschlossen sind

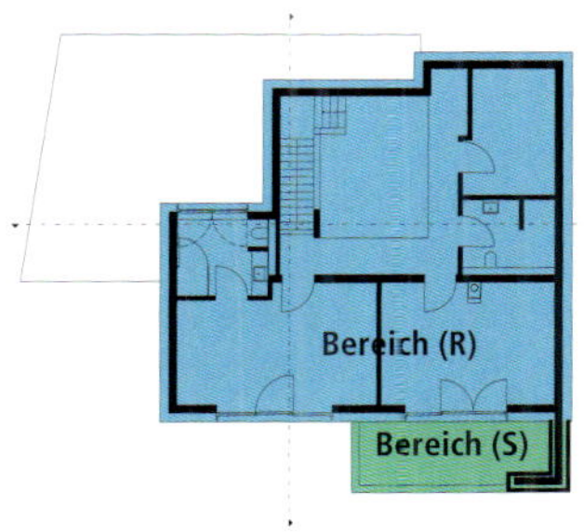

Obergeschoss

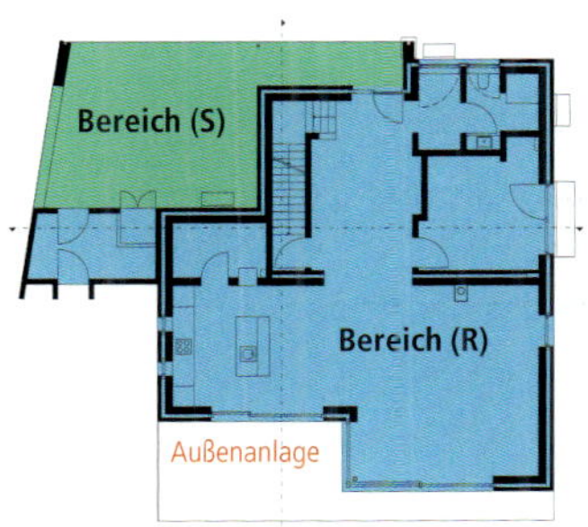

Erdgeschoss

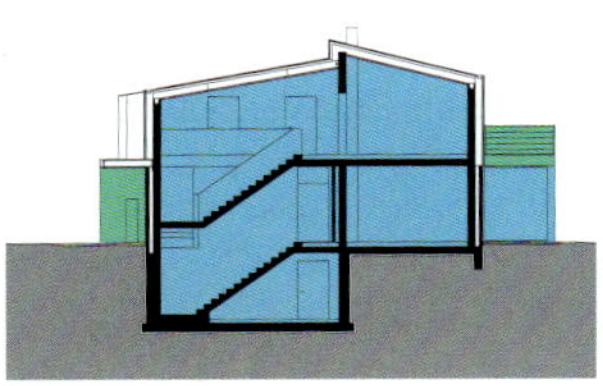

Schnitt

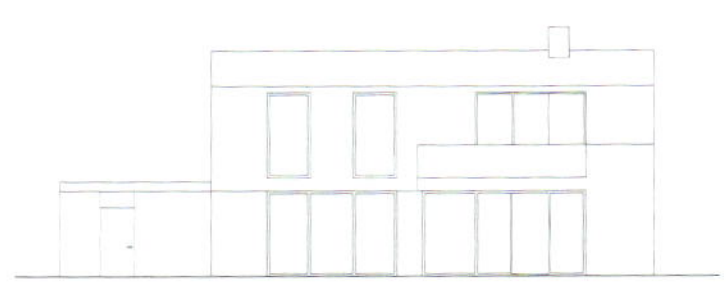

Ansicht Süd

Abbildung B 21: Sonderfall der Raumumschließung (S)

Hinsichtlich der Ermittlung der Brutto-Grundfläche (BGF) und der zugehörigen Konstruktions-Grundfläche (KGF) sowie des Brutto-Rauminhalts (BRI) und des zugehörigen Konstruktions-Rauminhalts (KRI) im Bereich des Sonderfalls (S) gilt das Gleiche, was schon zum Regelfall (R) ausgeführt worden ist. Im Übrigen sind die Fragen und Probleme, die bei der Ermittlung der Grundflächen und Rauminhalte des Sonderfalls (S) bei ungewöhnlichen geometrischen Formen der Baukörper und bei dem Ansatz der Höhen von Rauminhalten in der Praxis aufgetretenen sind, in der neuen DIN 277 aufgegriffen worden. Die entsprechenden Änderungen und Klarstellungen werden in den Abschnitten 6 und 7 behandelt.

6 Ermittlung von Grundflächen des Bauwerks

6.1 Brutto-Grundfläche (BGF)

Für die Ermittlung der Brutto-Grundfläche (BGF) sind die äußeren Maße der Baukonstruktionen einschließlich Bekleidung (z. B. Außenseiten von Putzschichten, mehrschaligen Wandkonstruktionen) in Höhe der Oberkanten der Boden- oder Deckenbeläge anzusetzen.

Grundflächen, die durch Brüstungen oder Geländer begrenzt werden (z. B. bei Balkonen und innenliegenden Lufträumen), sind bis zu den Außenkanten dieser Konstruktionen zu messen. Hier ist der am weitesten außen liegende Bestandteil der Brüstung oder des Geländers in Höhe der Oberkanten der Boden- bzw. Deckenbeläge maßgebend. Dies gilt auch für vorgesetzte Brüstungen oder Geländer.

Die Brutto-Grundfläche (BGF) schließt die Grundflächen von Installations- und Aufzugsschächten in jedem Geschoss ein, durch das sie führen.

Bei der Ermittlung der Brutto-Grundfläche (BGF) sind auch Grundflächen zu berücksichtigen, deren Zweckbestimmung noch nicht festgelegt ist.

Sofern die Brutto-Grundfläche (BGF) nur für einen Teilbereich des Bauwerks ermittelt wird, ist bei den Wänden zwischen den Teilbereichen als äußeres Maß die Mitte der gemeinsamen Wand anzusetzen.

Nicht zur Brutto-Grundfläche (BGF) gehören:

- Flächen von außerhalb des Bauwerks befindlichen Baukonstruktionen (z.B. Terrassen, Treppen, Rampen, Höfe), die an das Bauwerk anschließen, aber nicht mit ihm konstruktiv fest verbunden sind;
- Lufträume (z. B. von Atrien und in Galeriegeschossen, Deckenöffnungen, Treppenaugen), mit einem lichten Querschnitt von >1,0 m^2;
- Aufstellflächen und Zugangswege für technische Anlagen auf dem Bauwerk (z. B. Photovoltaikanlagen, Wärmetauscheraggregate, Lüftungsgeräte);
- Flächen, die ausschließlich der Wartung, Inspektion und Instandsetzung von Baukonstruktionen und technischen Anlagen dienen (z. B. fest installierte Dachleitern und Dachstege, Wartungsstege in Hohlräumen über abgehängten Decken, Flächen in Hohlräumen von Installationsdoppelböden, Kriechgänge)
- Flächen in Dachräumen, die keinen Zugang haben, nicht begehbar oder aus anderen Gründen nicht nutzbar sind;
- Flächen in Hohlräumen von Kaltdachkonstruktionen.
- Flächen in Lichtschächten, Luftschächten und Montageschächten, die außen am Bauwerk liegen

Bei der Ermittlung der Brutto-Grundfläche (BGF) sind auch die Baukonstruktionen am Bauwerk (z. B. Terrassen, Treppen, Rampen, Höfe) zu berücksichtigen, die Nutzungen der Netto-Raumfläche (NRF) nach Tabelle 1 aufweisen und die unterbaut oder mit dem Bauwerk konstruktiv fest verbunden sind. Diese Grundflächen gehören zum Sonderfall der Raumumschließung (S) nach 5.7.2.

6.2 Netto-Raumfläche (NRF)

Für die Ermittlung der Netto-Raumfläche (NRF) sind die lichten Maße zwischen den Baukonstruktionen in Höhe der Oberkanten der Boden- bzw. Deckenbeläge anzusetzen.

Konstruktive und gestalterische Vor- und Rücksprünge, Fuß- und Sockelleisten, Schrammborde und Unterschneidungen sowie vorstehende Teile von Fenster- und Türbekleidungen bleiben unberücksichtigt.

Grundflächen, die durch Brüstungen oder Geländer begrenzt werden, sind bis zu den Innenkanten dieser Konstruktionen zu messen. Hier ist der am weitesten innenliegende Bestandteil der Brüstung oder des Geländers in Höhe der Oberkanten der Boden- bzw. Deckenbeläge maßgebend. Dies gilt auch für vorgesetzte Brüstungen oder Geländer.

Grundflächen von schräg verlaufenden Baukonstruktionen (z. B. Treppen, Rampen oder Tribünen) sind, soweit sie kein eigenes Geschoss darstellen und sich dort nicht mit anderen Grundflächen überschneiden, dem darüber liegenden Geschoss zuzuordnen.

Grundflächen unter der jeweils untersten Treppe oder Rampe werden demjenigen Geschoss zugerechnet, auf dem die Treppe oder die Rampe beginnt. Sie werden ihrer Nutzung entsprechend als Nutzungsfläche (NUF), Technikfläche (TF) oder Verkehrsfläche (VF) ausgewiesen.

Die Netto-Raumfläche (NRF) schließt die Grundflächen von folgenden Elementen ein:

- Wandöffnungen und Wandnischen (z. B. Türen, Fenster, Durchgänge) mit einem lichten Querschnitt von $>1{,}0\ m^2$;
- freiliegende und fest eingebaute technische Anlagen (z. B. Leitungen, Heizungs- und Klimageräte, Sanitärobjekte);
- Vormauerungen, Vorwandinstallationen und Bekleidungen, die nicht raumhoch sind;
- Grundflächen von Installations- und Aufzugsschächten mit einem lichten Querschnitt von $>1{,}0\ m^2$ in jedem Geschoss, durch das sie führen;
- baukonstruktive Einbauten (z. B. Einbaumöbel wie Gestühle, Podien, Regale, Schränke, Einbauküchen);
- bewegliche Raumteiler (z. B. Vorhänge, Faltwände).

6.3 Konstruktions-Grundfläche (KGF)

Für die Ermittlung der Konstruktions-Grundfläche (KGF) sind die Fertigmaße der Baukonstruktionen einschließlich der Bekleidungen in Höhe der Oberkanten der Boden- bzw. Deckenbeläge anzusetzen. Konstruktive und gestalterische Vor- und Rücksprünge, Fuß- und Sockelleisten, Schrammborde und Unterschneidungen sowie vorstehende Teile von Fenster-und Türbekleidungen bleiben unberücksichtigt.

Anstelle einer Ermittlung anhand von einzelnen Maßen des Bauwerks kann die Konstruktions-Grundfläche (KGF) als Differenz aus der Brutto-Grundfläche (BGF) und der Netto-Raumfläche (NRF) ermittelt werden.

Die Konstruktions-Grundfläche (KGF) schließt die Grundflächen von folgenden Elementen ein:

- Vormauerungen, Vorwandinstallationen und Bekleidungen, die raumhoch sind;
- Installationshohlräume und Wandschlitze in den aufgehenden Baukonstruktionen;
- Wandöffnungen und Wandnischen (z. B. Türen, Fenster, Durchgänge) mit einem lichten Querschnitt von $\leq 1{,}0\ m^2$
- Grundflächen von Installations- und Aufzugsschächten mit einem lichten Querschnitt von $\leq 1{,}0\ m^2$ in jedem Geschoss, durch das sie führen.

Die Konstruktions-Grundflächen (KGF), die zwischen den nach 5.7 definierten Bereichen R und S liegen, sind dem Bereich R zuzuordnen.

► *Zu 6 Ermittlung von Grundflächen des Bauwerks*

Die Abschnitte 6 zur Ermittlung von Grundflächen des Bauwerks, 7 zur Ermittlung von Rauminhalten des Bauwerks sowie 8 zur Ermittlung von Grundflächen des Grundstücks wurden in der neuen DIN 277 vollständig überarbeitet. Die in der Vorgängerausgabe 2016 vorgesehene differenzierte Untergliederung in

1. Inhalt und Abgrenzung der Grundflächen oder der Rauminhalte („Was gehört dazu?" / „Was gehört nicht dazu?") sowie
2. Ermittlungsregeln für Grundflächen und Rauminhalte („Wie wird gemessen?" / „Wie werden bestimmte Elemente zugeordnet?" / „Was wird berücksichtigt und was nicht?")

wurde aufgegeben. Sie hatte sich letztlich nicht bewährt, da sich die Systematik nicht bei allen Normtexten konsequent und konsistent durchhalten ließ. Insofern konnte das mit dieser Untergliederung angestrebte Ziel, die komplexe Materie übersichtlicher und damit verständlicher zu vermitteln, letztlich nicht erreicht worden.

In der aktuellen Norm sind die Regeln für die Abgrenzung und die Ermittlung der Grundflächen und Rauminhalte in den einzelnen Abschnitten zusammengefasst und neu geordnet. Insgesamt sind die Regelungen redaktionell stark überarbeitet und konkretisiert worden. Für eine sichere und einheitliche Anwendung der Ermittlungsregeln werden sich die Textergänzungen als sehr positiv erweisen, mit denen die in den letzten Jahren an das DIN und den zuständigen Ausschuss herangetragenen Fragen aufgegriffen worden sind. Zusammenfassend zeigt sich, dass die jetzigen Änderungen eher formaler und redaktioneller Natur sind und nur wenige inhaltliche Detailpunkte korrigiert worden sind. Insofern lässt sich feststellen, dass sich die Veränderungen der aktuellen DIN 277 auf die Ermittlungsergebnisse – verglichen mit den früheren Ausgaben der Norm – nur unwesentlich auswirken dürften.

► *Zu 6.1 Brutto-Grundfläche (BGF)*

Zu Absatz 1: Dass bei der Ermittlung der Brutto-Grundfläche (BGF) entsprechend ihrer Definition als „Gesamtheit der Grundflächen" die äußeren Maße der Baukonstruktionen zugrunde zu legen sind, ist eigentlich selbstredend und ergibt sich schon aus der Begriffsbezeichnung selbst. Mit der weiteren Formulierung, dass „die äußeren Maße der Baukonstruktionen einschließlich Bekleidung … anzusetzen sind", wird indessen eindeutig festgelegt, wie die äußeren Maße zu messen sind. Damit wird zudem das durchgängige Prinzip der DIN 277 offenkundig, bei der Ermittlung von Grundflächen und Rauminhalten grundsätzlich die Abmessungen bzw. Maße der fertigen Baukonstruktionen zugrunde zu legen.

In **Abbildung B 22** werden diese grundlegenden Messregeln für die Ermittlung der Brutto-Grundfläche (BGF) am Praxisbeispiel eines Einfamilienhauses mit Garage erläutert. Dabei sind auch die Messregeln dargestellt, die für den Bauwerksbereich des Sonderfalls der Raumumschließung (S) nach Abschnitt 5.7.2 angewendet werden können (siehe Abschnitt 6.1, Absatz 7 und Abschnitt 6.3, Absatz 4).

Obgleich die Norm den Begriff „Fertigmaße" nicht ausdrücklich verwendet, wird durch die Formulierung „äußere Maße der Baukonstruktionen einschließlich Bekleidung" und die dazu angegebenen Beispiele „Außenseiten von Putzschichten und mehrschaligen Wandkonstruktionen" doch klar erkennbar, auf welche Messwerte sich die Ermittlungsergebnisse stützen. Das ergibt sich auch schon daraus, dass in Abschnitt 6.3 für die Ermittlung der Konstruktions-Grundfläche (KGF) ausdrücklich die „Fertigmaße der Baukonstruktionen" gefordert werden. In Bauzeichnungen werden jedoch – soweit es sich nicht um Fertigteile handelt – in der Regel die Rohbaumaße der Baukonstruktionen angegeben und nicht die Fertigmaße. Bei den meisten Ermittlungen während der Planung wäre es in Anbetracht der verfügbaren Unterlagen allerdings illusorisch, die Genauigkeit der endgültigen Fertigmaße – etwa durch vorgezogene Detailplanung oder durch Schätzung – erreichen zu wollen. Deshalb ist es im Sinne der grundsätzlichen Aussagen in Abschnitt 5.1 über die Genauigkeit von Ermittlungen durchaus normgerecht, wenn bei der Ermittlung der Grundflächen und Rauminhalte in den frühen Planungsphasen die in den Zeichnungen angegebenen Maße – in der Regel die Rohbaumaße der Baukonstruktionen – verwendet werden.

Die Ermittlungsregeln für die Brutto-Grundfläche (BGF) müssen im Hinblick auf einen sinnvollen Detaillierungsgrad der Flächenermittlung immer auch im Zusammenhang mit den

Praxisbeispiel – BKI Objekt 6100-0887 Einfamilienhaus mit Garage – Passivhaus

DIN 277, 6.1, Absätze 1 und 2 – Ermittlung der Brutto-Grundfläche (BGF); Äußere Maße der Baukonstruktionen

Brutto-Grundfläche (BGF), Bereich (R):
Brutto-Grundfläche (BGF), Bereich (S):

- Für die Ermittlung die äußeren Maße der Baukonstruktionen einschließlich Bekleidung in Höhe der Oberkanten der Boden- und Deckenbeläge ansetzen
- Durch Brüstungen und Geländer begrenzte Grundflächen (z.B. bei Balkonen und innenliegenden Lufträumen bis zu den Außenkanten dieser Konstruktionen messen
- Zwischen den Bereichen R und S liegende Konstruktions-Grundflächen (KGF) dem Bereich R zuordnen (siehe 6.3, Absatz 4)

Schnitt

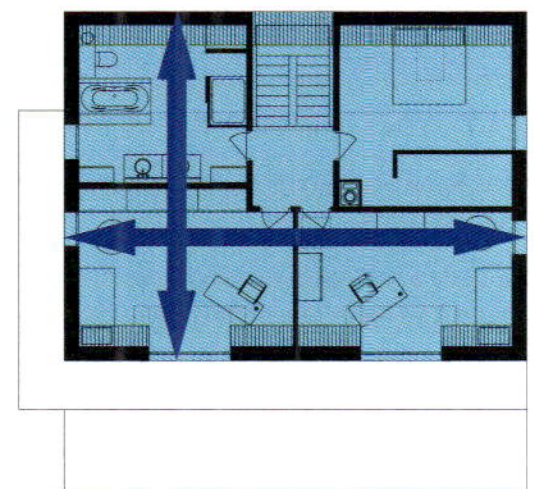

Dachgeschoss

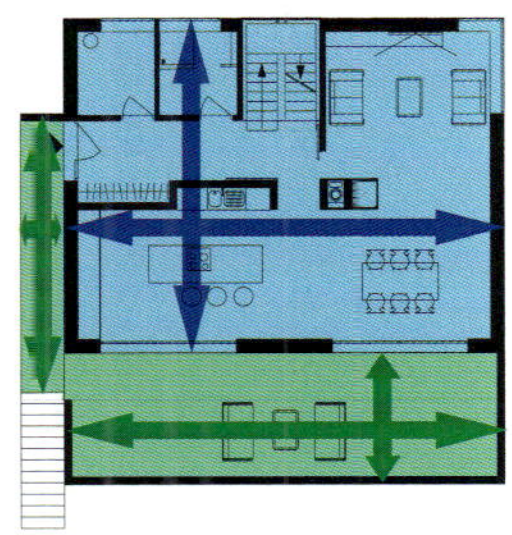

Erdgeschoss

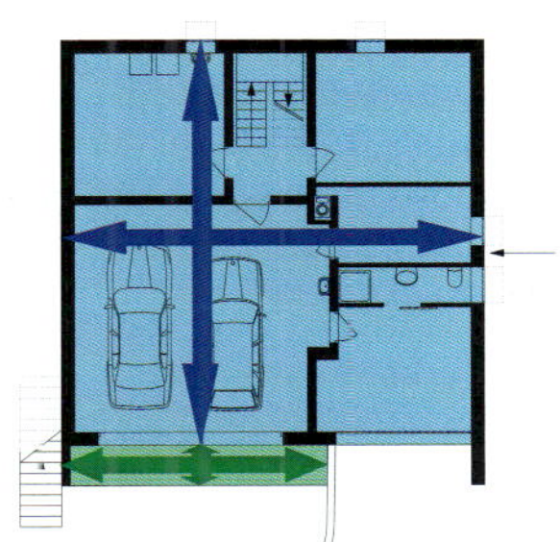

Untergeschoss

Abbildung B 22: Ermittlung der Brutto-Grundfläche (BGF) mit den äußeren Maßen der Baukonstruktionen

Ermittlungsregeln für die Netto-Raumfläche (NRF) in Abschnitt 6.2 und für die Konstruktions-Grundfläche (KGF) in Abschnitt 6.3 gesehen werden. Deshalb gelten die dort genannten „Großzügigkeiten", z.B. konstruktive und gestalterische Vor- und Rücksprünge unberücksichtigt zu lassen, selbstverständlich auch für die Brutto-Grundfläche(BGF), auch wenn dieser Sachverhalt hier nicht ausdrücklich genannt wird.

Zu dem entgegen der früheren Wortwahl in der neuen DIN 277 bei den Ermittlungsregeln durchgängig verwendeten Begriff „Kante" („Oberkante", Innenkante" usw.) für die jeweiligen Baukonstruktionen wird auf die Anmerkungen zu den Messverfahren in Abschnitt 5.5 verwiesen.

Ferner ist noch anzumerken, dass die Messregel, die äußeren Maße der Baukonstruktionen einschließlich Bekleidung anzusetzen, ebenfalls für die Brutto-Grundfläche (BGF) der außerhalb am Bauwerk befindlichen Baukonstruktionen gilt, auch wenn diese Flächen hier nicht ausdrücklich genannt werden. Für diese in Absatz 7 aufgeführten Bauwerksteile, die dem Bauwerksbereich des Sonderfalls der Raumumschließung (S) zugerechnet sind, werden die durch vertikale Baukonstruktionen (z.B. Geländer, Brüstungen, Mauern) begrenzten Grundflächen bis zur Außenseite der Begrenzung gemessen.

Zu Absatz 2: Nach den bisherigen Regeln war nicht eindeutig ersichtlich, wie bei Grundflächen zu messen ist, die durch Brüstungen oder Geländer begrenzt werden – sowohl außen bei Balkonen oder auch innen bei innenliegenden Lufträumen. Deshalb wurde die neue Formulierung aufgenommen, dass „Grundflächen, die durch Brüstungen oder Geländer begrenzt werden (z.B. bei Balkonen und innenliegenden Lufträumen),...bis zu den Außenkanten dieser Konstruktionen zu messen sind". Damit diese Messvorschrift einheitlich angewendet und vergleichbare Ergebnisse erreicht werden können, wird darüber hinaus im Detail festgelegt, dass dafür „der am weitesten außen liegende Bestandteil der Brüstung oder des Geländers in Höhe der Oberkanten der Boden- bzw. Deckenbeläge maßgebend" ist und „dies auch für vorgesetzte Brüstungen oder Geländer gilt".

Die Messregel besagt klar und eindeutig, dass sich der maßgebende Messpunkt nach der begrenzenden Baukonstruktion, d.h. der Brüstung oder dem Geländer, richtet und nicht etwa nach der Außenkante der Deckenkonstruktion, auf der sich die Brüstung oder das Geländer befindet. Auch hier gilt die prinzipielle Sichtweise, dass eine Deckenkonstruktion nicht generell der Grundfläche gleichgesetzt werden kann, nach der die Brutto-Grundfläche (BGF) zu ermitteln ist. In **Abbildung B 23** werden die bei Brüstungen und Geländern anzuwendenden Messregeln skizzenhaft erläutert.

Zu Absatz 3: In der bisherigen Normfassung war nur für die Netto-Raumfläche (NRF) und der Konstruktions-Grundfläche (KGF) geregelt worden, was bei den Grundflächen von Installations- und Aufzugsschächten zu beachten ist und nach welchen Kriterien sie den Grundflächen nach Tabelle 1 zuzuordnen sind. Die festgelegten Abgrenzungskriterien und die inkonsistenten Formulierungen lösten in der Anwendungspraxis leider zahlreiche Fragen aus. Es ist daher sehr zu begrüßen, dass die neue DIN 277 die bisherigen Widersprüche beseitigt, die vor allem dadurch entstanden waren, dass die Zuordnung zur NRF oder zur KGF auf das Kriterium der „Begehbarkeit" von Schächten im jeweiligen Geschoss abstellte.

Die jetzige Formulierung, „Die Brutto-Grundfläche (BGF) schließt die Grundflächen von Installations- und Aufzugsschächten in jedem Geschoss ein, durch das sie führen", stellt zunächst die Grundlage dar für die weiteren Regelungen zur Einordnung der Installations- und Aufzugsschächte in die Netto-Raumfläche (NRF). Positiv bei der jetzigen Regelung wirkt sich vor allem aus, dass die Schächte in allen Geschossen, durch die sie führen gleich behandelt werden sollen. Das setzt die Annahme voraus, dass nicht nur im untersten Geschoss mit der tatsächlich vorhandenen Bodenfläche eine „Grundfläche" besteht, sondern in allen Geschossen, durch die der Schacht führt. Durch diese Regel kann die Flächenermittlung wesentlich vereinfacht und der unübersichtliche „Flickenteppich" mit geschossweise unterschiedlichen Zuordnungen vermieden werden, wie er nach der bisherigen Fassung angelegt war.

Dazu sei an dieser Stelle ein kurzer theoretischer Exkurs darüber eingeschoben, was eine „Grundfläche" im Sinne der DIN 277 ausmacht. Man muss sich klar machen, dass die „Grundfläche" nicht mit einer realen Baukonstruktion gleichzusetzen ist, sondern eher eine abstrakte Größe darstellt, mit der die räumliche Nutzung eines Bauwerks nach einer bestimmten Systematik (Gliederung nach Tabelle 1 und Tabelle 2)

DIN 277, 6.1, Absatz 2 – Ermittlung der Brutto-Grundfläche (BGF); Brüstungen und Geländer

- Durch Brüstungen und Geländer begrenzte Grundflächen (z.B. bei Balkonen und innenliegenden Lufträumen bis zu den Außenkanten dieser Konstruktionen messen
- Der am weitesten außenliegende Bestandteil der Brüstung oder des Geländers in Höhe der Oberkanten der Boden- und Deckenbeläge ist maßgebend
- Gilt auch für vorgesetzte Brüstungen und Geländer

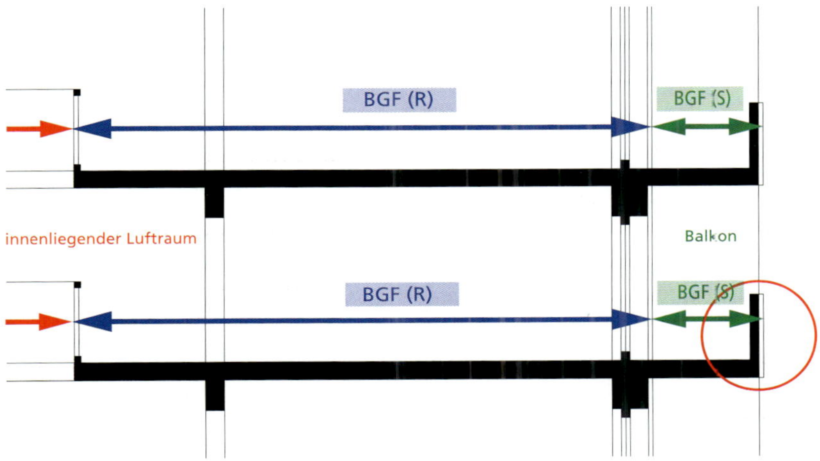

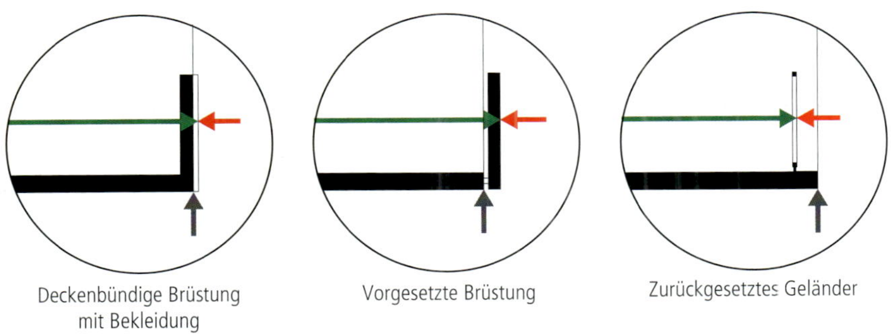

Abbildung B 23: Ermittlung der Brutto-Grundfläche (BGF) - Brüstungen und Geländer und festgelegten Kriterien kategorisiert werden kann. Man muss sich also von dem Gedanken frei machen, dass nur in dem Bereich, in dem eine reale Deckenkonstruktion oder konstruktive Bodenplatte existiere, auch eine „Grundfläche gemäß DIN 277" (BGF, NRF usw.) vorhanden sein kann. Umgekehrt bedeutet das natürlich auch, dass nicht in jedem Bereich, in dem eine reale Deckenkonstruktion existiert, auch zwangsläufig eine „Grundfläche nach DIN 277" vorhanden sein muss. Wenn man die einzelnen Regelungen der DIN 277 vergleicht, bei denen diese Überlegungen eine Rolle spielen, muss man allerdings feststellen, dass die Norm keine konsistente Umsetzung durchhält. Vielmehr werden nach eher pragmatischen Gesichtspunkten unterschiedliche Festlegungen getroffen (z.B. bei den „Lufträumen" in Abschnitt 6.1, Absatz 6, 2. Spiegelstrich).

Die Zuordnung der Grundflächen von Installations- und Aufzugsschächten wird in der neuen Fassung durchgängig und aufeinander abgestimmt bei allen Grundflächenarten (BGF, NRF und KGF) behandelt. Die Regelung für die Brutto-Grundfläche (BGF) stellt dabei die übergeordnete Regel dar, auf deren Grundlage dann in Abhängigkeit von der Größe bzw. dem Querschnitt der Schächte differenzierte Ermittlungsregeln für die Netto-Raumfläche (NRF) (Abschnitt 6.2, Absatz 6, 4. Spiegelstrich) sowie die Konstruktions-Grundfläche (KGF) (Abschnitt 6.3, Absatz 3, 4. Spiegelstrich) aufbauen.

Dass der Sachverhalt, wie die Grundflächen von Installations- und Aufzugsschächten normgerecht einzuordnen sind, an drei Stellen der Norm (BGF, NRF und KGF) behandelt wird, könnte man streng genommen als überflüssige Wiederholung ansehen. Gleichwohl sorgt diese bewusste Redundanz im Interesse aller für mehr Klarheit. Die neue DIN 277 weist solche Doppelinformationen ganz allgemein an mehreren Stellen auf, da Regelungen eines bestimmten Sachverhalts an der einen Stelle naturgemäß auch die korrespondierende Verfahrensweise an anderen Stellen betreffen. Dass in den bisherigen Normausgaben auf solche gegenseitigen Bezüge häufig verzichtet worden war und man zu eigenen Umkehrschlüssen gezwungen wurde, hatte erfahrungsgemäß nicht gerade zur Verständlichkeit der Regelungen beigetragen. Die neuen Ermittlungsregeln für Installations- und Aufzugsschächte sind in **Abbildung B 24** skizzenhaft dargestellt.

Zu Absatz 4: In den Erläuterungen zu Abschnitt 4.2 und Tabelle 2 sowie zu Abschnitt 4.7.1 ist schon angesprochen worden, dass die Neufassung der DIN 277 die bis dahin offene Frage beantwortet, wie Räume, deren Zweckbestimmung noch nicht festgelegt ist, bei der Flächenermittlung berücksichtigt werden sollen. In Abschnitt 4.7.1 ist festgelegt, dass solche Räume der Nutzungsfläche 7 Sonstige Nutzungen (NUF 7) nach Tabelle 2 zugeordnet werden müssen. Um in dieser Frage jede Unklarheiten auszuschließen, wird analog zu den vorherigen Textstellen hier wiederholt, dass „bei der Ermittlung der Brutto-Grundfläche (BGF) auch Grundflächen zu berücksichtigen sind, deren Zweckbestimmung noch nicht festgelegt ist".

Zu Absatz 5: Bei den Erläuterungen zum Begriff „Brutto-Grundfläche (BGF)" in Abschnitt 3.2 wurde darauf hingewiesen, dass Ermittlungen der Brutto-Grundfläche (BGF) nicht in jedem Fall die Grundflächen des gesamten Bauwerks umfassen müssen, sondern sich auch auf Grundflächen von Teilbereichen des Bauwerks (z.B. einzelne Geschosse oder auch Teile von Geschossen) erstrecken können. Für den Fall, dass die Brutto-Grundfläche (BGF) nur für einen Teilbereich des Bauwerks ermittelt wird, schafft die aktuelle DIN 277 in der Frage der Abgrenzung zwischen den Teilbereichen klare Verhältnisse: „Bei den Wänden zwischen den Teilbereichen ist als äußeres Maß die Mitte der gemeinsamen Wand anzusetzen". Insbesondere für die Immobilienwirtschaft ist es wichtig, für die Flächenermittlung bei der Vermietung oder dem Verkauf von Teilbereichen des Bauwerks Klarheit darüber zu haben, wie die BGF in solchen Fällen normgerecht ermittelt werden muss.

Zu Absatz 6: Der sechste Absatz enthält mit der Formulierung „Nicht zur Brutto-Grundfläche (BGF) gehören:" eine Negativ-Aufzählung der Flächen innerhalb und außerhalb des Bauwerks, die bei der Brutto-Grundfläche (BGF) nicht berücksichtigt werden. Gegenüber der Vorgängernorm sind die Aussagen stark ergänzt und konkretisiert worden. Ob die gewählte Reihenfolge der angesprochenen Sachverhalte indessen sachgerecht oder folgerichtig ist, sei dahingestellt.

1. Spiegelstrich: Mit der Formulierung „Flächen von außerhalb des Bauwerks befindlichen Baukonstruktionen (z.B. Terrassen, Treppen, Rampen, Höfe), die an das Bauwerk anschließen, aber nicht mit ihm konstruktiv fest verbunden sind", wird festgelegt, welche Bedingungen

Ermittlung der Grundflächen von Installations- und Aufzugsschächten

DIN 277, 6.1, Absatz 3 – Ermittlung der Brutto-Grundfläche (BGF); Installations- und Aufzugsschächte

- Grundflächen von Installations- und Aufzugsschächten in jedem Geschoss, durch das sie führen, als Brutto-Grundfläche (BGF) ermitteln

DIN 277, 6.2, Absatz 6, 4. Spiegelstrich – Ermittlung der Netto-Raumfläche (NRF

- Grundflächen von Installations- und Aufzugsschächten mit einem lichten Querschnitt von > 1,0 m² in jedem Geschoss, durch das sie führen, der Netto-Raumfläche (NRF) zuordnen

DIN 277, 6.3, Absatz 3, 7. Spiegelstrich - Ermittlung der Konstruktions-Grundfläche (KGF)

- Grundflächen von Installations- und Aufzugsschächten mit einem lichten Querschnitt von ≤ 1,0 m² in jedem Geschoss, durch das sie führen, der Konstruktions-Grundfläche (KGF) zuordnen

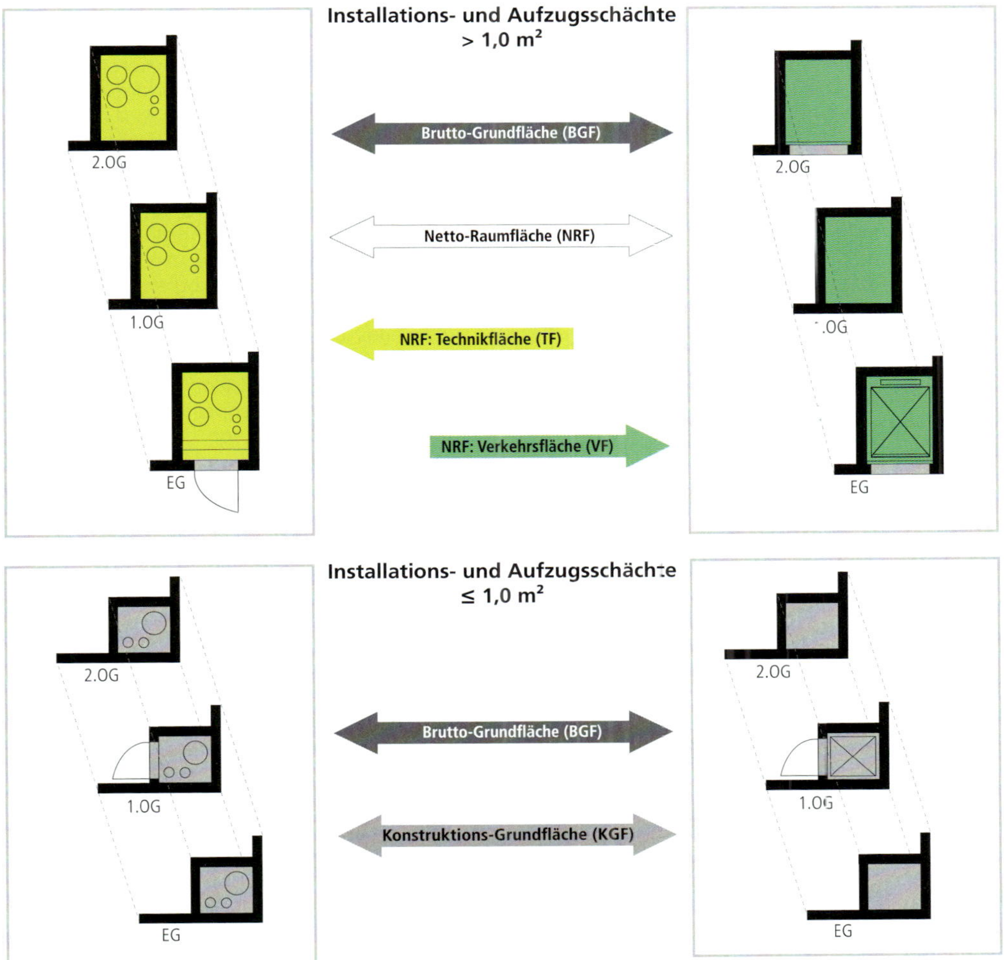

Abbildung B 24: Ermittlung der Grundflächen von Installations- und Aufzugsschächten maßgeblich sind, dass die Flächen dieser Baukonstrktionen nicht zur Brutto-Grundfläche (BGF) gehören. Der Terminus „konstruktiv fest verbunden", der in der neuen DIN 277 an mehreren Stellen verwendet wird, ist schon ausführlich behandelt worden (siehe Abschnitt 5.7.2).

Mit dem Kriterium der „konstruktiv festen Verbindung einer Baukonstruktion mit dem Bauwerk" soll eine Sache geklärt werden, die in der Praxis immer wieder die Frage aufwirft, ob Baukonstruktionen, die sich außerhalb der Außenwände am Bauwerk befinden (z.B. Außentreppen, Außenrampen, Terrassen, Freisitze, Pergolen, Carports), zum Bauwerk gehören und Grundflächen des Bauwerks darstellen. Dazu legt die Norm eindeutig fest, dass solche Elemente bzw. Baukonstruktionen nicht zur Brutto-Grundfläche (BGF) gehören, wenn sie nicht mit dem Bauwerk und dessen Baukonstruktionen konstruktiv fest verbunden sind. Das heißt im Umkehrschluss, dass z.B. eine auskragende Außentreppe oder eine Terrasse auf einer mit dem Bauwerk konstruktiv fest verbundenen Deckenplatte zum Bauwerk gerechnet wird und Brutto-Grundfläche (BGF) aufweist (siehe Abschnitt 6.1, Absatz 7).

Abbildung B 25 erläutert am Praxisbeispiel von zwei Einfamilienhäusern, wie diese Situation entsprechend der vorliegenden Textpassage zu beurteilen ist. Beim ersten Objekt ist der Verbindungsgang zwischen dem Einfamilienhaus und der Garage nicht mit dem Bauwerk konstruktiv fest verbunden und gehört somit nicht zur Brutto-Grundfläche (BGF) des Bauwerks, sondern zu den Außenanlagen. Das Gleiche gilt beim zweiten Objekt für die am Bauwerk liegende, aber nicht mit ihm konstruktiv fest verbundene Terrasse. Der gegenteilige Fall einer außen am Bauwerk befindlichen Baukonstruktion, die mit dem Bauwerk konstruktiv fest verbunden ist und demgemäß bei der Ermittlung der Brutto-Grundfläche (BGF) berücksichtigt werden muss, wird später in den Anmerkungen zu Absatz 7 und der zugehörigen **Abbildung B 30** mit dem Praxisbeispiel einer Außentreppe an einer Kindertagesstätte behandelt.

2. Spiegelstrich: Die Regelung, dass „Flächen von Lufträumen (z.B. von Atrien und in Galeriegeschossen, Deckenöffnungen, Treppenaugen) mit einem lichten Querschnitt von >1,0 m²" nicht zur Brutto-Grundfläche (BGF) gehören, ist gegenüber der Vorgängernorm ergänzt und präzisiert worden. Die Teilflächen einer Geschossebene – also horizontale Flächen, die nur als fiktive, aber nicht als real vorhandene Flächen anzusehen sind, sollen grundsätzlich nicht der Brutto-Grundfläche (BGF) zugerechnet werden. Von diesem Grundsatz weicht allerdings die Regel für die Installations- und Aufzugsschächte ab, die ja auch Flächen enthalten, die als fiktiv und real nicht existent anzusehen sind (siehe Anmerkungen zu Abschnitt 6.1, Absatz 3).

Bei diesem Thema der Flächen von Lufträumen wurde in der neuen Fassung der DIN 277 das Beispiel der Treppenaugen neu aufgenommen – ein Problempunkt, der bisher offen geblieben war und deshalb immer wieder Fragen aufgeworfen hatte. Hierzu bot es sich angesichts der oft geringfügigen Abmessungen bei Treppenaugen an, im Sinne einer einfacheren und einheitlichen Ermittlung eine „Geringfügigkeitsregelung" einzuführen. Damit wird nach dem Grundsatz der Verhältnismäßigkeit entschieden, welche Flächen als „nicht nur geringfügig" angesehen und daher bei der BGF-Ermittlung abgezogen werden müssen und welche Flächen im Umkehrschluss als „geringfügig" anzusehen sind und übermessen werden können. Das Maß von 1,0 m² wird dafür als Abgrenzungsmaß eingeführt. Für die hier genannten Lufträume bedeutet das, dass Lufträume mit einem lichten Querschnitt >1,0 m² nicht zur BGF gehören, während Lufträume ≤1,0 m² übermessen und damit der BGF zugerechnet werden. Selbstverständlich gilt das Maß von 1,0 m² getrennt für jedes einzelne Element und jedes einzelne Geschoss und nicht etwa für die gesamte Fläche der Treppenaugen einer Treppenanlage über alle Geschosse.

Eine solche „Geringfügigkeitsregelung", die zwischen „geringfügigen" und „nicht nur geringfügigen" Flächen und Rauminhalten unterscheidet, war in der Vorgängernorm nur bei Installations-und Aufzugsschächten vorgesehen. Sie wird in der neuen DIN 277 konsequenterweise an mehreren anderen Stellen bzw. bei anderen Sachverhalten angewendet.

Die Situation von real nicht vorhandenen Grundflächen innerhalb einer Geschossebene ist im Praxisbeispiel eines Lehr- und Lernzentrums in **Abbildung B 26** illustriert: Hier wird bei der Ermittlung der Brutto-Grundfläche (BGF) des Obergeschosses die durch den Luftraum des Atriums gebildete fiktive Grundfläche nicht berücksichtigt.

Praxisbeispiel – BKI Objekte 6100-1005 Einfamilienhaus und 6100-1097 Einfamilienhaus

DIN 277, 6.1, Absatz 6, 1. Spiegelstrich – Ermittlung der Brutto-Grundfläche (BGF); Flächen außerhalb des Bauwerks (z. B. Terrassen, Treppen), die nicht zur BGF gehören

- BGF des Bauwerks 1: Einfamilienhaus
- BGF des Bauwerks 2: Garage
- an das Bauwerk anschließende, aber nicht mit ihm konstruktiv fest verbundene Baukonstruktionen gehören nicht zur BGF

BKI-Objekt 6100-1005 Einfamilienhaus mit Garage

Verbindungsgang nicht mit dem Bauwerk konstruktiv fest verbunden

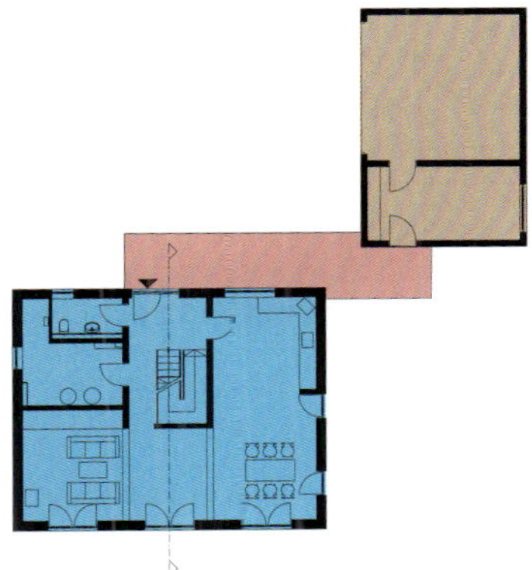

Erdgeschoss

BKI-Objekt 6100-1097 Einfamilienhaus: Terrasse nicht konstruktiv verbunden

Terrasse nicht mit dem Bauwerk konstruktiv fest verbunden

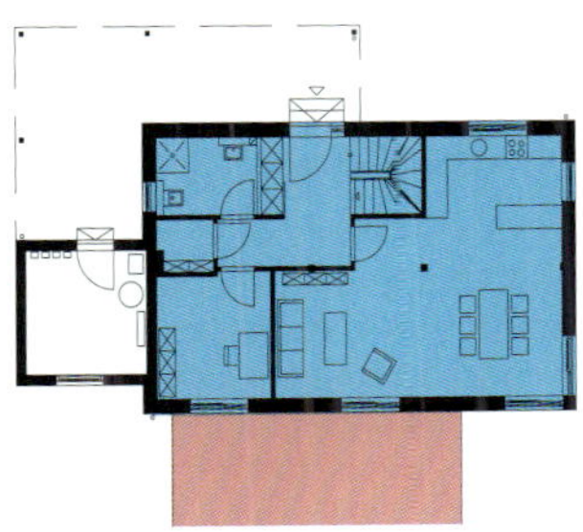

Erdgeschoss

Abbildung B 25: Flächen außerhalb des Bauwerks, die nicht zur BGF gehören

3. Spiegelstrich: Aufstellflächen und Zugangswege für technische Anlagen auf dem Bauwerk (z.B. Photovoltaikanlagen, Wärmetauscheraggregate, Lüftungsgeräte) gehören nicht zur Brutto-Grundfläche (BGF). Das bedeutet, dass die Aufstellflächen für technische Anlagen und die Zugangswege zu diesen Anlagen selbstverständlich auch keine Technikfläche (TF) oder Verkehrsfläche (VF) darstellen. Diese Regelung ist neu in die DIN 277 aufgenommen worden. Damit können die zu diesem Thema in der Praxis immer wieder auftretenden Unklarheiten beseitigt werden. Selbstverständlich stellt z.B. ein bis zur Dachfläche geführtes Treppenhaus mit Ausgang auf das Dach keinen „Zugangsweg" im Sinn der hier behandelten Regelung dar, sondern gehört als Verkehrsfläche (VF) zur Brutto-Grundfläche (BGF). Der Ausschluss von Aufstellflächen und Zugangswegen auf dem Bauwerk steht in direktem Zusammenhang mit der folgenden Regelung über Flächen, die der Wartung, Inspektion und Instandsetzung dienen.

4. Spiegelstrich: Als nächste Flächenkategorie, die bei der BGF-Ermittlung auszuschließen ist, werden die Flächen für Wartung, Inspektion und Instandsetzung aufgeführt. Diese Flächen gehören jedoch nur dann nicht zur Brutto-Grundfläche (BGF), wenn sie „ausschließlich der Wartung, Inspektion und Instandsetzung von Baukonstruktionen und technischen Anlagen dienen". Diese Regelung war schon in der bisherigen Norm enthalten, in der neuen DIN 277 sind lediglich die in Klammer gesetzten Beispiele überarbeitet worden. Mit den in der Beispielaufzählung genannten „fest installierten Dachleitern und Dachstegen, Wartungsstegen in Hohlräumen über abgehängten Decken, Flächen in Hohlräumen von Installationsdoppelböden, Kriechgängen" sind allerdings solche Teile des Bauwerks aufgeführt, die ohnehin keine eigene Geschossebene bilden und schon deshalb keine Grundflächen des Bauwerks im Sinn der Norm darstellen.

Bei den ebenfalls als Beispiel genannten Kriechgängen gab es in früheren Normausgaben andere und durchaus widersprüchliche Aussagen zur Anrechnung und zur Zuordnung solcher Elemente. Jetzt gilt eindeutig, dass die betreffenden Flächen unabhängig von ihrem Querschnitt oder ihren Abmessungen nicht zur Brutto-Grundfläche (BGF) gehören, wenn sie ausschließlich der Wartung, Inspektion und Instandsetzung von Baukonstruktionen und technischen Anlagen dienen. Das Gleiche gilt im Übrigen auch für die in der Norm nicht als Beispiel aufgeführten Kriechböden im Dachraum und Kriechkeller, die ausschließlich der Wartung, Inspektion und Instandsetzung von Baukonstruktionen und technischen Anlagen dienen.

Im Praxisbeispiel der **Abbildung B 27** wird für den Hörsaal eines Instituts- und Seminargebäudes gezeigt, wie die Regelung der Norm zu verstehen ist und wie sie praktisch angewendet werden kann. Doch auch hier gilt, dass Flächen dieser Art nicht grundsätzlich ausgeschlossen werden können. Im Einzelfall können solche Flächen durchaus auch bei der BGF-Ermittlung anrechenbar sein, wenn sie beispielsweise als Abstellfläche genutzt werden und nicht ausschließlich der Wartung, Inspektion und Instandsetzung von Baukonstruktionen und technischen Anlagen dienen.

5. Spiegelstrich: Flächen in Dachräumen, die keinen Zugang haben, nicht begehbar oder aus anderen Gründen nicht nutzbar sind, gehören nicht zur Brutto-Grundfläche (BGF). Als Kriterien für den Ausschluss dieser Flächen in Dachräumen werden die fehlende Zugänglichkeit und Begehbarkeit der Flächen genannt. Das wäre beispielsweise bei Flächen bzw. Rauminhalten im Dachraum der Fall, die im Bereich eines Drempels oder Kniestocks durch eine Wand vom genutzten Dachraum abgetrennt sind und allgemein als „Abseiten" bezeichnet werden. Ein weiterer möglicher Umstand dafür, Flächen in Dachräumen bei der Ermittlung der BGF nicht zu berücksichtigen, wird nur vage umschrieben: „Flächen, die aus anderen Gründen nicht nutzbar sind". Das könnte z.B. dann gegeben sein, wenn die Flächen aus baurechtlichen Gründen bei zu geringer Raumhöhe nicht nutzbar sind oder aufgrund ihrer räumlichen und technischen Beschaffenheit für einen verkehrsüblichen Gebrauch nicht geeignet sind. Zur Klarstellung: Das gilt nicht für die Flächenanteile eines nutzbaren Dachraums mit einer lichten Raumhöhe von $\leq 1{,}00$ m. Diese niedrigen Flächenanteile, die unmittelbar mit den Flächen des Raums verbunden sind, die eine lichte Raumhöhe von $> 1{,}00$ m aufweisen, gehören ebenfalls zur Brutto-Grundfläche (BGF). Hierbei ist die unterschiedliche Betrachtungsweise bei der Ermittlung der Brutto-Grundfläche (BGF) nach DIN 277 und der Ermittlung der Wohnfläche nach der Wohnflächenverordnung zu beachten (siehe Abschnitt 1, Absatz 3 und **Abbildung B 5**).

DIN 277, 6.1, Absatz 6, 2. Spiegelstrich – Ermittlung der Brutto-Grundfläche (BGF); Lufträume

Netto-Raumflächen (NRF) und Konstruktions-Grundflächen (KGF) gehören zur BGF
Flächen von Lufträumen (z. B. von Atrien und in Galeriegeschossen, Deckenöffnungen, Treppenaugen) mit einem lichten Querschnitt von >1,0 m² gehören nicht zur BGF

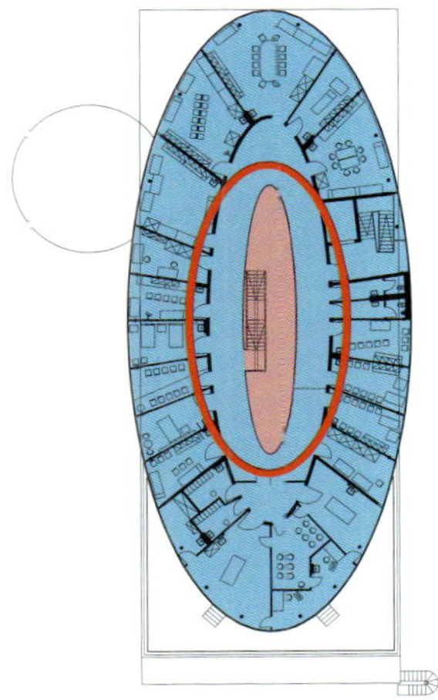

Obergeschoss

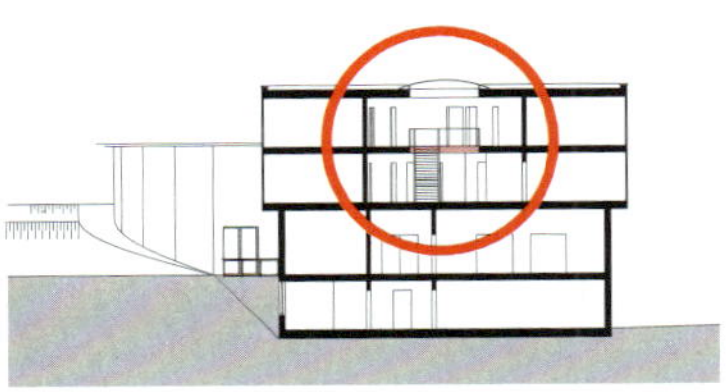

Schnitt

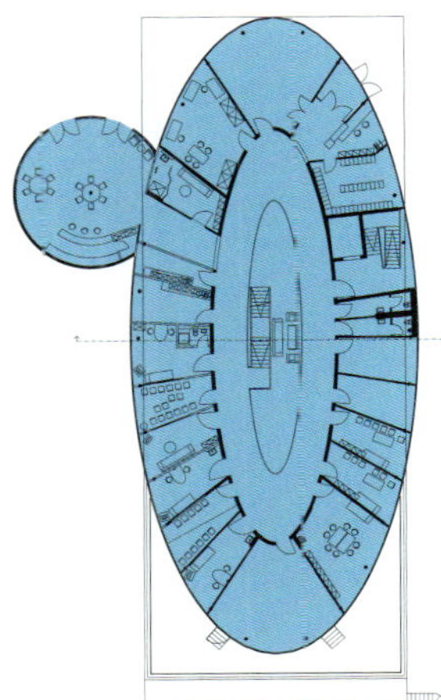

Erdgeschoss

Abbildung B 26: Ermittlung der Brutto- Grundfläche (BGF) - Lufträume

In jedem Fall handelt es sich bei den hier angesprochenen Flächen in Dachräumen um Bereiche, in denen zwar eine Deckenkonstruktion besteht, die aber dennoch aus den besagten Gründen keine Grundfläche nach DIN 277 darstellen. In diesem Zusammenhang wird auf die Ausführungen zum vorherigen Absatz 3 über die Grundflächen von Installations- und Aufzugsschächten verwiesen. Dort werden in einem kurzen Exkurs die prinzipiellen Überlegungen erläutert, wie eine „Grundfläche" im Sinne der DIN 277 zu verstehen ist und begründet, warum nicht in jedem Bereich, in dem zwar eine reale Deckenkonstruktion existiert, auch zwangsläufig eine „Grundfläche gemäß DIN 277" bestehen muss.

In **Abbildung B 28** wird am Praxisbeispiel eines Einfamilienhauses dargestellt, welche Flächenanteile im Dachraum entsprechend den einschlägigen Kriterien nicht zu der Brutto-Grundfläche (BGF) gehören. Hingegen gehören, wie das Beispiel ebenfalls zeigt, die zugänglichen, begehbaren und nutzbaren Flächenanteile im Dachraum zur Brutto-Grundfläche (BGF).

Die **Abbildung B 29** zeigt im Unterschied zu der vorherigen Situation, wie dagegen Flächen in Dachräumen zu beurteilen sind, die zwar ausbaufähig sind, aber noch nicht ausgebaut wurden. Die Frage, welchen technischen Zustand ein Dachraum aufweisen muss, um dieser Kategorie zu entsprechen, kann nur im Einzelfall anhand der jeweiligen Merkmale (z.B. Lage der Wärmedämmung, räumliche und baurechtliche Voraussetzungen u.ä.) beurteilt werden. Die Grundflächen dieser Dachräume werden der Brutto-Grundfläche (BGF) zugerechnet. Die Situation der ausbaufähigen, aber noch nicht ausgebauten Flächen in Dachräumen ist schon im Abschnitt 5.4 angesprochen worden. Dort ging es allerdings darum, dass solche Flächen und Rauminhalte entsprechend ihrem speziellen Ausbaustand getrennt ermittelt werden sollen, um die Ermittlungsergebnisse transparenter und nachvollziehbarer zu machen.

Was die Zuordnung der ausbaufähigen, aber noch nicht ausgebauten Flächen zu den Teilflächen der Brutto-Grundfläche (BGF) nach Tabelle 1 angeht, gehören diese Grundflächen gemäß Abschnitt 4.7.1 zu den „Räumen, deren Zweckbestimmung noch nicht festgelegt ist" und damit zur Nutzungsfläche (NUF) bzw. zur NUF 7 Sonstige Nutzungen nach Tabelle 2.

Im Kontext der unterschiedlichen Kategorisierung dieser Flächen in Dachräumen bei der Ermittlung der Brutto-Grundfläche (BGF) muss an dieser Stelle auch schon auf die unterschiedliche Bewertung dieser Bereiche bei der Ermittlung der Rauminhalte gemäß Abschnitt 7 hingewiesen werden: Die im Dachraum zur Brutto-Grundfläche (BGF) und zur Nutzungsfläche (NUF) gehörenden, nicht ausgebauten, aber ausbaufähigen Flächen bilden Netto-Rauminhalt (NRI). Dagegen werden die nicht zur Brutto-Grundfläche (BGF) gehörenden nicht nutzbaren Flächen in Dachräumen als Baukonstruktionen des Bauwerks gewertet, die dem Konstruktions-Rauminhalt (KRI) zugerechnet werden.

Die Regelung über die Flächen in Dachräumen ist nahezu unverändert in die neue DIN 277 übernommen worden, obwohl aus der Anwendungspraxis wiederholt Kritik an den unbestimmten Kriterien „nicht zugänglich", „nicht begehbar" und „aus anderen Gründen nicht nutzbar" geäußert wurden – wie auch an dem an anderer Stelle benutzten Kriterium „konstruktiv verbunden". Hierzu deshalb eine grundsätzliche Anmerkung: Es erscheint durchaus gerechtfertigt und sachgerecht, in einem allgemeinen technischen Regelwerk wie dieser Norm Gegenstände, Merkmale oder Eigenschaften mit unbestimmten Attributen oder Begriffen zu beschreiben, wenn eine konkrete Angabe der Einzelheiten nicht möglich oder auch nicht sinnvoll ist – eine Verfahrensweise, wie sie in Rechtsvorschriften generell mit dem Mittel der unbestimmten Rechtsbegriffe üblich ist. Da die Norm nicht alle im Einzelfall möglichen Ausprägungen und Umstände einer Gebäude- und Raumkonzeption erfassen kann, müssen gewisse Sachverhalte notwendigerweise allgemein umschrieben werden. Diese Aussagen gilt es dann im konkreten Anwendungsfall mit den jeweiligen spezifischen Gegebenheiten dem Sinn der Vorschrift gemäß auszulegen.

Generell lässt sich indes feststellen, dass sich mit den überarbeiteten und präzisierten Regelungen in der neuen DIN 277 , die auch schon ansatzweise in der Vorgängernorm bestanden, durchaus andere Interpretationen als in früheren Ausgaben der Norm ergeben können. Das hängt hauptsächlich damit zusammen, dass bei der Bestimmung der Brutto-Grundfläche (BGF) die Nutzbarkeit von Flächen ein wesentliches Kriterium für die Entscheidung darstellt, ob die Flächen zugerechnet werden oder nicht.

DIN 277, 6.1, Absatz 6, 4. Spiegelstrich – Ermittlung der Brutto-Grundfläche (BGF); Flächen für Wartung, Inspektion und Instandsetzung

Netto-Raumflächen (NRF) und Konstruktions-Grundflächen (KGF) gehören zur BGF
Flächen für Wartung, Inspektion und Instandsetzung gehören nicht zur BGF

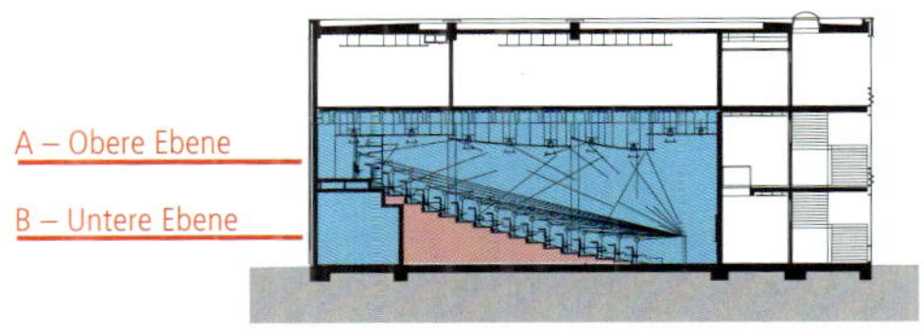

Schnitt Seminargebäude

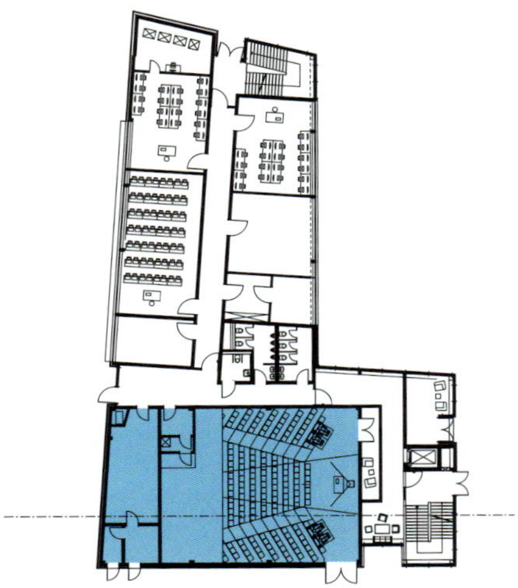

Erdgeschoss Seminargebäude
A – Obere Ebene

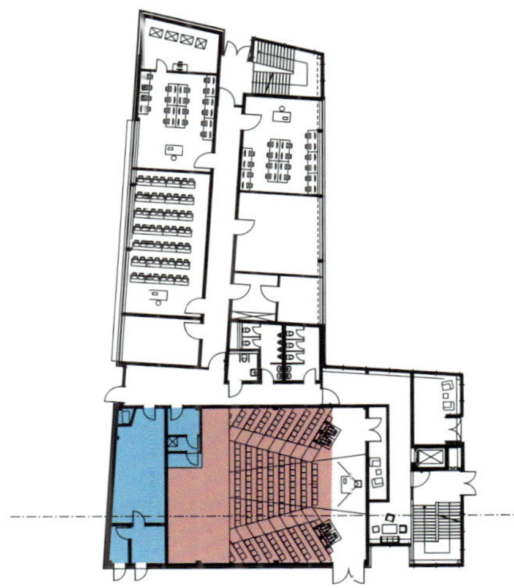

Erdgeschoss Seminargebäude
B – Untere Ebene

Abbildung B 27: Ermittlung der Brutto-Grundfläche (BGF) - Flächen für Wartung, Inspektion und Instandsetzung

Praxisbeispiel – BKI Objekt 6100-1020 Einfamilienhaus – KfW 40

DIN 277, 6.1, Absatz 6, 5. Spiegelstrich – Ermittlung der Brutto-Grundfläche (BGF); Nicht nutzbare Flächen in Dachräumen

Flächen, die <u>keinen Zugang</u> haben, <u>nicht begehbar</u> oder <u>aus anderen Gründen nicht nutzbar</u> sind, <u>gehören nicht zur BGF</u>.
Sie bilden keinen Netto-Rauminhalt (NRI) gemäß 7.2, sondern werden dem Konstruktions-Rauminhalt (KRI) gemäß 7.3 zugerechnet.
(siehe hierzu auch DIN 277, 7.1, Absatz 9: BRI von Bereichen des Bauwerks, die keine BGF aufweisen mit einem Volumen von > 1,0 m^3 getrennt ermitteln)

Nutzbare Flächen in Dachräumen gehören zur BGF. Sie stellen Netto-Raumflächen (NRF) dar und bilden Netto-Rauminhalt (NRI) gemäß 7.2.

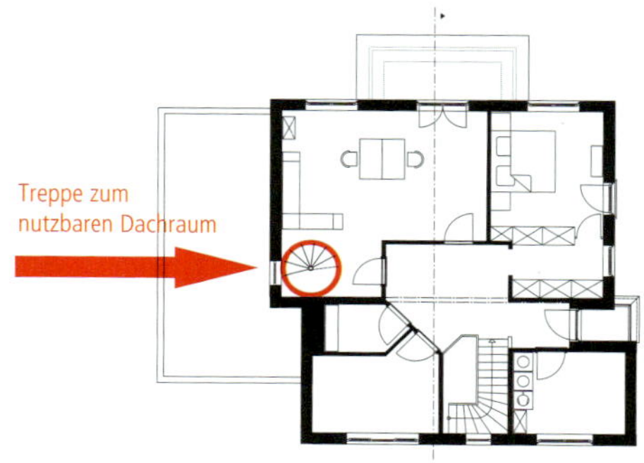

Obergeschoss

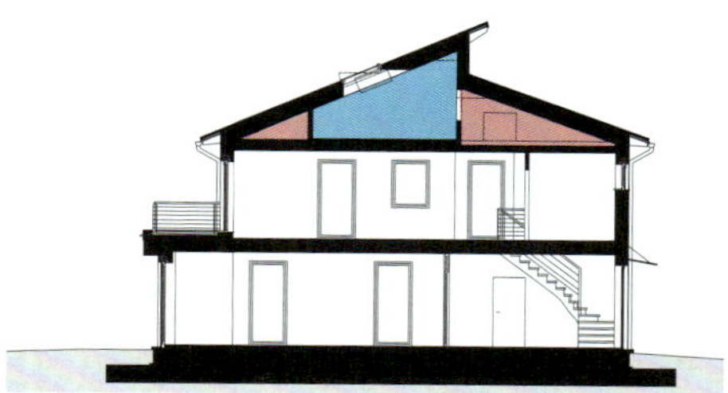

Schnitt

Erdgeschoss

Abbildung B 28: Ermittlung der Brutto-Grundfläche (BGF) – Nicht nutzbare Flächen in Dachräumen

DIN 277, 6.1, Absatz 6, 5. Spiegelstrich – Ermittlung der Brutto-Grundfläche (BGF); Nutzbare Flächen in Dachräumen

Netto-Raumflächen (NRF); Nutzbare Flächen in Dachräumen gehören zur BGF und bilden Netto-Rauminhalt (NRI) gemäß 7.2.
(siehe hierzu 4.7.1: Ausbaufähige, aber noch nicht ausgebaute Dachräume gehören zur Nutzungsfläche (NUF 7).

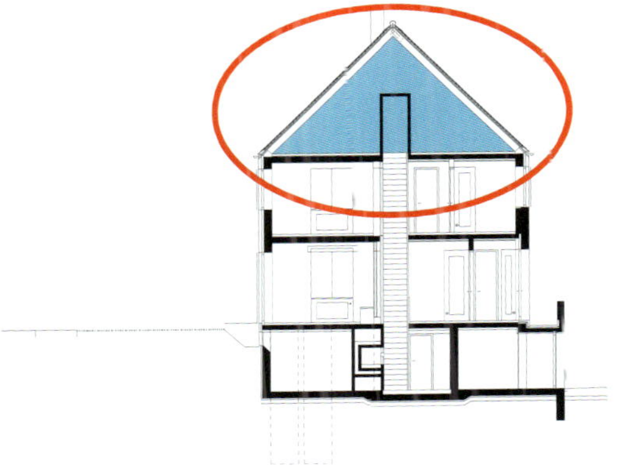

Schnitt

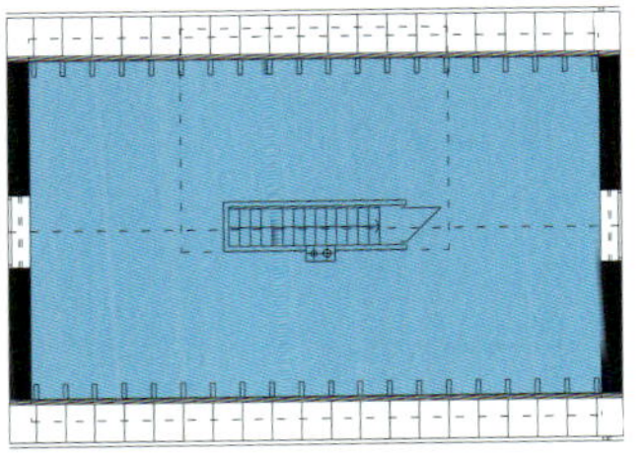

Obergeschoss

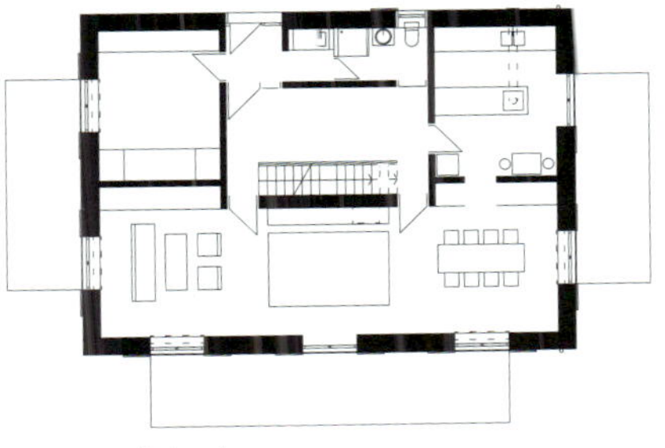

Erdgeschoss

Abbildung B 29: Ermittlung der Brutto-Grundfläche (BGF) – Nutzbare Flächen in Dachräumen

In den diversen Kommentierungen zu früheren Normausgaben wurde durchaus die Meinung vertreten, dass nicht zugängliche und nicht nutzbare Flächen (z.B. die Flächen von abgetrennten und nicht zugänglichen Abseiten im Dachraum) zur Brutto-Grundfläche (BGF) gehören und sogar der „Netto-Grundfläche" zuzurechnen seien. Diese Interpretation wurde damit begründet, dass der Dachraum, auch wenn er nicht nutzbar ist, sowohl dem Brutto-Rauminhalt (BRI) als auch dem Netto-Rauminhalt (NRI) zuzurechnen sei und somit zwangsläufig auch Brutto-Grundfläche (BGF) und „Netto-Grundfläche (NGF)" aufweisen müsse.

Eine solche rein schematische oder rein mathematisch-geometrische Betrachtungsweise der Beziehungen zwischen Grundflächen und Rauminhalten kann verständlicherweise nur bei relativ einfachen Baukörpern zutreffen. Vielmehr müssen neben den reinen gebäudegeometrischen Gegebenheiten auch andere Gesichtspunkte berücksichtigt werden – u.a. die Eignung der Grundflächen und Rauminhalte für die Nutzung eines Bauwerks, wie sie schon in der grundlegenden Definition des Leitbegriffs „Geschoss" vorausgesetzt wird. Im Übrigen wird es angesichts der vielfältigen und nach Bauformen und Gebäudegeometrie unterschiedlichsten Möglichkeiten im Einzelfall immer zu prüfen und zu entscheiden sein, wie die generellen Regeln der Norm sinngemäß ausgelegt werden müssen. Hierbei werden die gegenüber früher wesentlich vollständiger gefassten Regeln der aktuellen DIN 277 sehr nützlich sein.

6. Spiegelstrich: Flächen in Hohlräumen von Kaltdachkonstruktionen gehören nicht zur Brutto-Grundfläche (BGF). Dabei handelt es sich um Hohlräume, die zwischen der Deckenkonstruktion des obersten Geschosse und der Dachkonstruktion liegen und der Durchlüftung dienen. Wie schon bei den oben aufgeführten Hohlräumen über abgehängten Decken und in Installationsdoppelböden handelt es sich auch bei den Kaltdachkonstruktionen um solche Teile des Bauwerks, deren Flächen in den Hohlräumen selbstverständlich keine eigenen Geschossebenen und somit auch keine Grundflächen des Bauwerks im Sinne der Norm darstellen.

7. Spiegelstrich: Vollständig neu gefasst wurden in der aktuellen DIN 277 die Regelungen über Flächen in Lichtschächten, Luftschächten und Montageschächten. Lichtschächte waren in der bisherigen Normfassung lediglich im Zusammenhang mit der Ermittlung des Brutto-Rauminhalts (BRI) angesprochen worden und zwar mit der einfachen Aussage, dass „Lichtschächte nicht zum Brutto-Rauminhalt (BRI) gehören". Weitere Merkmale der Schächte (z.B. Größe, Lage oder Art der Schächte) wurden dazu allerdings nicht genannt. Aufgrund dieser unvollständigen Angaben blieben viele Fragen offen, u.a.: Was ist mit Luftschächten und Montageschächten? Gilt der Ausschluss beim BRI unabhängig von der Größe des Schachts? Muss ein größerer Lichtschacht wegen der Kostenrelevanz nicht doch beim BRI berücksichtigt werden? Und hat ein solcher größerer Lichtschacht dann nicht auch eine Grundfläche, die bei der Brutto-Grundfläche (BGF) zu berücksichtigen ist?

In der neuen DIN 277 werden diese Fragen nun eindeutig geklärt und sowohl bei der BGF-Ermittlung als auch bei der BRI-Ermittlung behandelt. Die neuen Regelungen gelten jetzt nicht nur für Lichtschächte, sondern auch für Luftschächte und Montageschächte. Damit keine Verwechslung mit Schächten innerhalb des Gebäudes auftritt, wird ausdrücklich ausgeführt, dass es hier um die Schächte geht, „die außen am Bauwerk liegen". Die Flächen dieser Schächte gehören generell nicht zur Brutto-Grundfläche (BGF), unabhängig von ihrer Größe. Die Ermittlung des Brutto-Rauminhalts (BRI) von Lichtschächten, Luftschächten und Montageschächten differenziert dagegen nach der Größe der Schächte und wird in Abschnitt 7.1, Absatz 7 und Absatz 9 geregelt.

Zu Absatz 7: Dieser Absatz greift die Frage der außerhalb des Bauwerks befindlichen Baukonstruktionen bzw. – wie es hier formuliert ist – der „Baukonstruktionen am Bauwerk" wieder auf. Als Beispiele für die betreffenden Baukonstruktionen werden „Terrassen, Treppen, Rampen, Höfe" aufgezählt. Für die praktische Arbeit wäre es durchaus hilfreich gewesen, in der neuen DIN 277 klarer zu formulieren, dass „bei der Ermittlung der BGF „auch die Baukonstruktionen am und auf dem Bauwerk" zu berücksichtigen sind", und die Beispielaufzählung um „Balkone, Dachterrassen, unterbaute Eingangsbereiche" zu vervollständigen.

Diese Textstelle korrespondiert unmittelbar mit dem Passus in Absatz 6, 1. Spiegelstrich. Die dort formulierte Eigenschaft, dass die Baukonstruktionen „nicht mit dem Bauwerk konstruktiv fest verbunden sind", hat zur Folge, die betreffenden Flächen nicht der Brutto-Grundfläche (BGF) zuzurechnen – die Flächen gehören danach zu den Außenanlagen und nicht zum Bauwerk. Demgegenüber sind hier die Baukonstruktionen am Bauwerk angesprochen, „die unterbaut oder mit dem Bauwerk konstruktiv fest verbunden sind." Diese Flächen sind bei der Ermittlung der Brutto-Grundfläche (BGF) zu berücksichtigen. Der Terminus „konstruktiv fest verbunden", der in der neuen DIN 277 an mehreren Stellen verwendet wird, ist schon ausführlich behandelt worden. Insofern kann hier auf die allgemeinen Erläuterungen zu Abschnitt 5.7.2 verwiesen werden.

Allerdings wird als weitere Bedingung hinzugefügt, dass die Flächen dieser Baukonstruktionen „Nutzungen der Netto-Raumfläche (NRF) nach Tabelle 1 aufweisen. Das bedeutet, dass sie beispielsweise als Terrassen oder Hoffläche dem Aufenthalt dienen und somit als Nutzungsfläche (NUF) gelten. Für den Fall, dass diese Baukonstruktionen am Bauwerk beispielsweise als Außentreppe oder Außenrampe der Verkehrserschließung dienen, gelten sie als Verkehrsfläche (VF), bei Flächen, die für technische Anlagen zur Versorgung und Entsorgung des Bauwerks genutzt werden, als Technikfläche (TF). Da es sich bei allen hier genannten Baukonstruktionen um Grundflächen des Bauwerks handelt, die nicht bei allen Begrenzungsflächen des Raums vollständig umschlossen sind, sind sie als Bereiche des Sonderfalls der Raumumschließung (S) aufzufassen und folglich getrennt von den regulären – d.h. den bei allen Begrenzungsflächen des Raums vollständig umschlossenen – Grundflächen der Bereiche (R) zu ermitteln.

Zu beachten ist an dieser Stelle eine Änderung gegenüber der Vorgängernorm aus 2016, nach der auch die Überdeckung der Baukonstruktion am Bauwerk Einfluss auf die Größe der anzurechnenden Grundfläche hatte. Danach galt im Fall einer überdeckten, aber nicht durch eine vertikale Baukonstruktion begrenzte Grundfläche folgende Einschränkung: Für die Flächenermittlung sollte als Begrenzungsmaß die vertikale Projektion der Baukonstruktion gelten, die die Fläche überdeckt. Somit wurde nur der überdeckte Flächenanteil berücksichtigt. Diese Regelung ist in der neuen DIN 277 entfallen, so dass jetzt bei den hier angesprochenen Baukonstruktionen am Bauwerk die gesamte Grundfläche der Brutto-Grundfläche (BGF) des Bereichs (S) zugerechnet wird – unabhängig davon, ob sie vollständig, teilweise oder gar nicht überdeckt ist. Wie sich diese unterschiedlichen Fälle allerdings bei der Ermittlung des Brutto-Rauminhalts (BRI) auswirken, wird in den Erläuterungen zu Abschnitt 7.1, Absatz 5 behandelt.

Abbildung B 30 erläutert am Praxisbeispiel einer Kindertagesstätte, dass die Grundfläche der Außentreppe, die mit dem Bauwerk konstruktiv fest verbunden ist, zur Brutto-Grundfläche (BGF) des Bauwerks gehört und als nicht überdeckte Fläche dem Bereich (S) zugerechnet wird.

▶ *Zu 6.2 Netto-Raumfläche (NRF)*

Der Wechsel der Begriffe von der früheren „Netto-Grundfläche (NGF)" zur jetzigen „Netto-Raumfläche (NRF)" infolge der DIN EN 15221-6 ist im Abschnitt 3.3 erklärt worden. Abgesehen von dieser eher formalen oder nominalen Änderung bleibt die Netto-Raumfläche (NRF) inhaltlich unverändert. Einige Regelungen für die Ermittlung der Netto-Raumfläche (NRF) wurden indessen gegenüber der Vorgängernorm in der neuen DIN 277 präzisiert und vervollständigt.

Zu Absatz 1: Bei der Ermittlung der Netto-Raumfläche (NRF) geht die Norm wie bei der Brutto-Grundfläche (BGF) von den endgültigen Maßen der fertigen Baukonstruktionen einschließlich der Bekleidungen (z.B. äußere Seite von Putzschichten oder mehrschaligen Wandkonstruktionen) aus. Es „sind die lichten Maße zwischen den Baukonstruktionen in Höhe der Oberkanten der Boden- bzw. Deckenbeläge anzusetzen", heißt es. Somit gilt auch hier das prinzipielle Schema der DIN 277, bei der Ermittlung von Grundflächen und Rauminhalten grundsätzlich die Abmessungen bzw. Maße der fertigen Baukonstruktionen zugrunde zu legen. Insoweit treffen hinsichtlich der Verfahrensweise und der in der jeweiligen Projektphase erreichbaren Genauigkeit der Maße für die Ermittlung der Netto-Raumfläche (NRF) die gleichen Aussagen zu, wie zur Ermittlung der Brutto-Grundfläche (BGF) in Abschnitt 6.1 ausführlich behandelt.

In **Abbildung B 31** werden die grundlegenden Messregeln für die Ermittlung der Netto-Raumfläche (NRF) in Grundriss- und Schnittzeichnungen skizzenhaft erläutert.

Zu Absatz 2: Beim Messen der lichten Maße zwischen den Baukonstruktionen bleiben „konstruktive und gestalterische Vor- und Rücksprünge, Fuß- und Sockelleisten, Schrammborde und Unterschneidungen sowie vorstehende Teile von Fenster- und Türbekleidungen unberücksichtigt". Im Hinblick auf einen sinnvollen Detaillierungsgrad der Flächenermittlung gilt hier nach wie vor eine gewisse und durchaus sinnvolle „Großzügigkeit". Wenn man die in der Regel kleinen und unbedeutenden Elemente berücksichtigen müsste, wäre der damit verbundene Aufwand beim Messen oder Schätzen nicht verhältnismäßig zur Dimension der gesamten Netto-Raumfläche (NRF) bzw. zur gewonnenen Genauigkeit. Beispiele für dieses „Übermessen" solcher Elemente, die für die Ermittlung der Netto-Raumfläche (NRF) unwesentlich sind, werden in **Abbildung 31** gezeigt.

Zu Absatz 3: Die in der aktuellen DIN 277 ergänzte Regelung, wie bei der Ermittlung der Netto-Grundfläche (NRF) Flächen gemessen werden, die durch Brüstungen oder Geländer begrenzt werden, korrespondiert mit der entsprechenden Regelung bei der Ermittlung der Brutto-Grundfläche (BGF) (siehe Abschnitt 6.1, 2. Absatz). Da, wo bei der BGF „der am weitesten außenliegende Bestandteil der Brüstung oder des Geländers" maßgebend ist, gilt bei der NRF „der am weitesten innenliegende Be-standteil der Brüstung oder des Geländers".

Zu Absatz 4: Die Regelung zur Ermittlung schräg verlaufender Baukonstruktionen bleibt in der aktuellen DIN 277, abgesehen von redaktionellen Anpassungen an neue Begriffe, unverändert. Die Grundflächen beispielsweise von Treppen, Rampen oder Tribünen sind grundsätzlich dem darüber liegenden Geschoss zuzuordnen. Das gilt allerdings nur insoweit, dass die Grundflächen dieser schräg verlaufenden Baukonstruktionen kein eigenes Geschoss darstellen und sich dort nicht mit anderen Grundflächen überschneiden – eine Situation, wie sie z.B. bei Tribünen in Sportstätten oder Versammlungsstätten häufig anzutreffen ist. Bei der „Überschneidung" von Grundflächen, sind beide Flächen getrennt zu ermitteln und dem darüber liegenden Geschoss zuzuordnen.

Die verschiedenen Aspekte, die bei der Flächenermittlung von schräg verlaufenden Baukonstruktionen (in diesem Fall bei einer Treppenanlage) zu beachten sind, werden im Praxisbeispiel eines Einfamilienhauses in **Abbildung B 32** dargestellt. Hierbei ist auch bereits die im folgenden Absatz vorgesehene Vorgehensweise bei der Grundfläche unter der jeweils untersten Treppe gezeigt.

Zu Absatz 5: Die Regelung, wie Grundflächen unter der jeweils untersten Treppe oder Rampe ermittelt bzw. zugeordnet werden, bleibt in der neuen DIN 277 unverändert. Diese Grundflächen sind demjenigen Geschoss zuzurechnen, auf dem die Treppe oder die Rampe beginnt. Entsprechend ihrer Nutzung werden diese Grundflächen gemäß Tabelle 1 als Nutzungsfläche (NUF), Technikfläche (TF) oder Verkehrsfläche (VF) ausgewiesen (siehe **Abbildung B 32**).

DIN 277, 6.1, Absatz 7 – Ermittlung der Brutto-Grundfläche (BGF); Flächen außerhalb des Bauwerks (z. B. Terrassen, Treppen), die zur BGF gehören

- Brutto-Grundfläche (BGF), Bereich R
- Baukonstruktionen am Bauwerk mit Nutzungen der NRF, die mit dem Bauwerk konstruktiv fest verbunden sind: Brutto-Grundfläche (BGF), Bereich S (Außentreppe im Praxisbeispiel: Verkehrsfläche (VF), Bereich S)

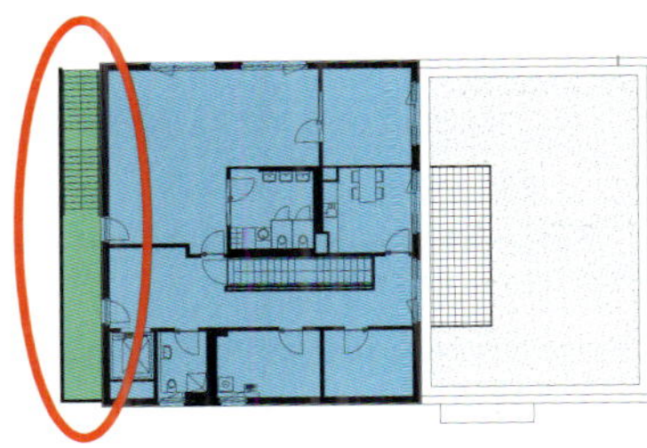

Obergeschoss

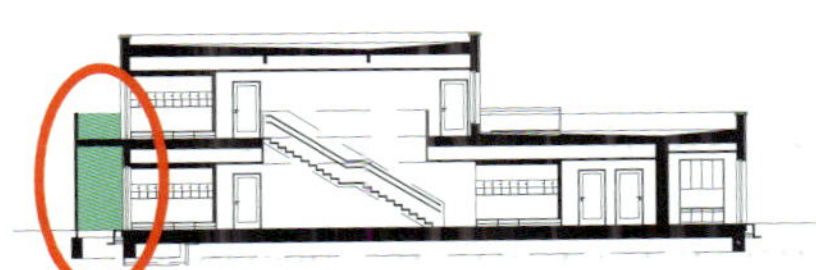

Längsschnitt

Abbildung B 30: Flächen außerhalb des Bauwerks, die zur BGF gehören

Ermittlung der Netto-Raumfläche (NRF)

DIN 277, 6.2, Abs. 1 und Abs. 2 – Ermittlung der Netto-Raumfläche (NRF); Messregeln

❶ Für die Ermittlung die lichten Maße zwischen den Baukonstruktionen in Höhe der Oberkanten der Boden- bzw. Deckenbeläge ansetzen

❷ Vor- und Rücksprünge, Fuß- und Sockelleisten, Schrammborde und Unterschneidungen sowie vorstehende Teile von Fenster- und Türbekleidungen unberücksichtigt lassen

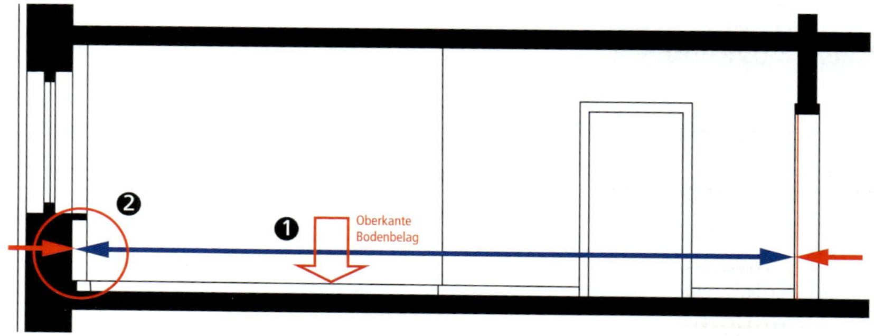

Schnitt

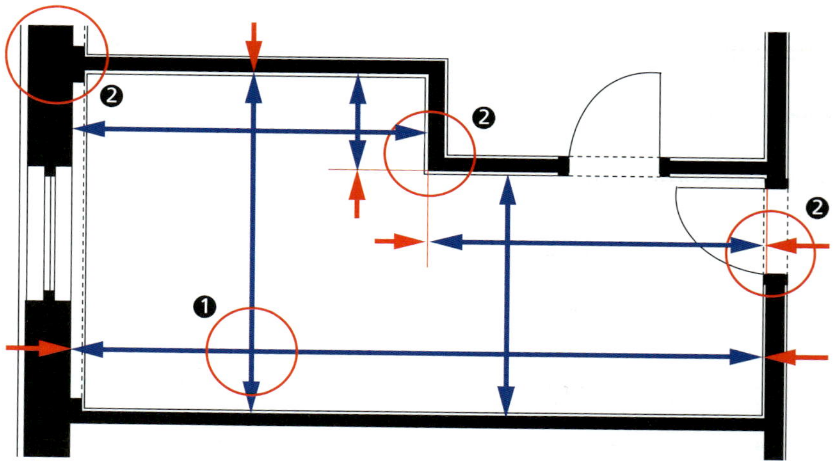

Grundriss

Abbildung B 31: Ermittlung der Netto-Raumfläche (NRF); Messregeln

DIN 277, 6.2, Absätze 4 und 5 – Ermittlung der Netto-Raumfläche (NRF);
Schräg verlaufende Baukonstruktionen (z. B. Treppen, Rampen oder Tribünen)

❶ Grundflächen von Treppen dem darüber liegenden Geschoss zuordnen
❷ Bei Überschneidungen überschnittene Grundflächen der Treppen separat ermitteln und ebenfalls dem darüber liegenden Geschoss zuordnen
❸ Grundflächen unter der untersten Treppe dem untersten Geschoss zuordnen und entsprechend der Nutzung (im Beispiel als Nutzungsfläche – NUF) ausweisen

Nutzungsfläche (NUF) Verkehrsfläche (VF)

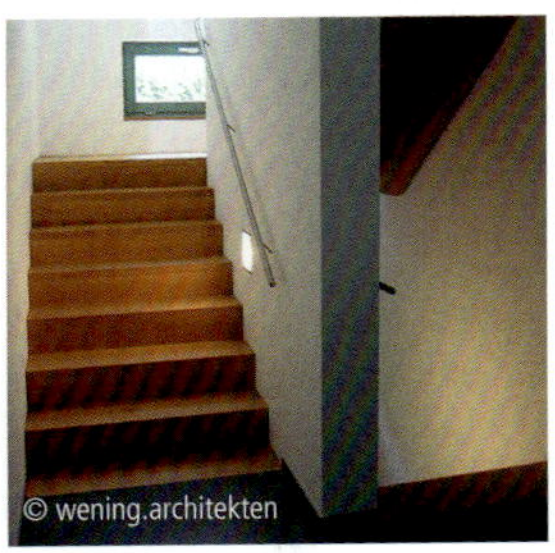

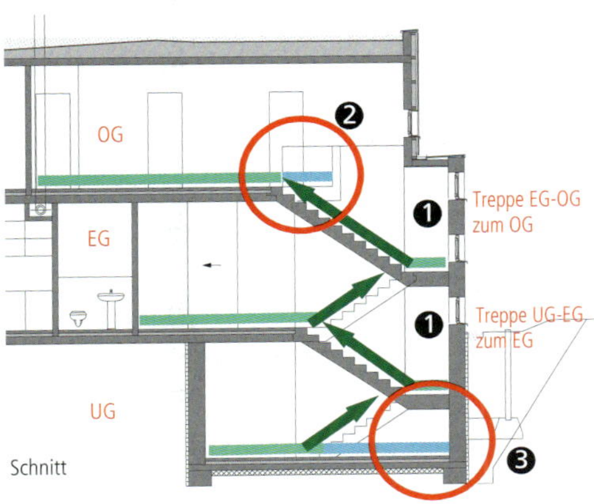

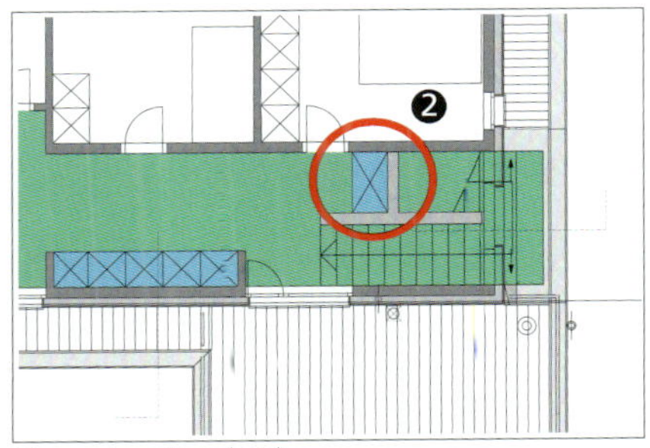

Obergeschoss (Ausschnitt)

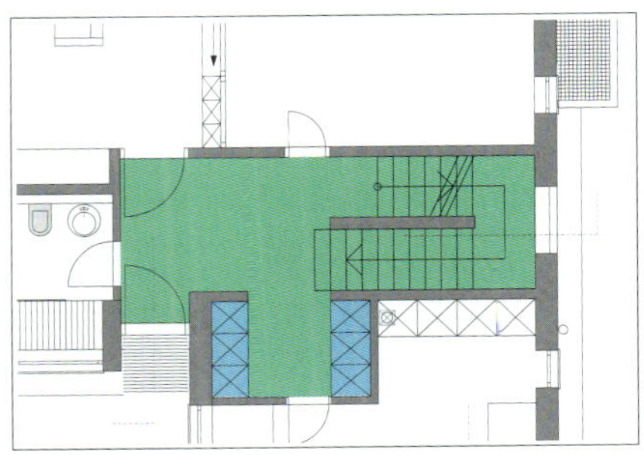

Erdgeschoss (Ausschnitt)

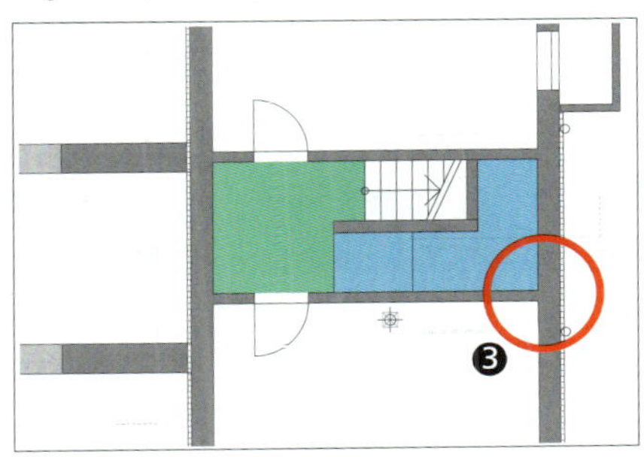

Untergeschoss (Ausschnitt)

Abbildung B 32: Netto-Raumfläche (NRF); Schräg verlaufende Baukonstruktionen

Zu Absatz 6: Der sechste Absatz befasst sich mit den Elementen, für die die Norm spezifische Regeln bei der Ermittlung der Netto-Raumfläche (NTRF) vorsieht. Unter der Formulierung „Die Netto-Raumfläche (NRF) schließt die Grundflächen von folgenden Elementen ein:" wird eine Positiv-Aufzählung der Elemente dargestellt, die zur Netto-Raumfläche (NRF) gehören und deren Grundflächen folglich bei der Ermittlung der NRF zuzurechnen sind. In dieser Liste ergeben sich in der neuen DIN 277 im Vergleich zur Vorgängernorm zwei wesentliche Änderungen: 1.) zur Bewertung der Wandöffnungen und Wandnischen sowie 2.) zur Bewertung der Installations- und Aufzugsschächte.

Die in diesem Absatz angesprochenen Elemente, die bei der Ermittlung der Netto-Raumfläche (NRF) zugerechnet werden, sind in der **Abbildung B 33** im Praxisbeispiel einer Grundschule aufgezeigt.

Die verschiedenen Fälle und die jeweils maßgeblichen Kriterien dafür, wie die Netto-Raumfläche (NRF) und die Konstruktions-Grundfläche (KGF) im Einzelnen voneinander abgegrenzt werden sollen, werden in Schemazeichnungen in den **Abbildungen B 34** und **B 35** erläutert.

1. Spiegelstrich: Bei Wandöffnungen und Wandnischen, die z.B. an Türen, Fenstern oder Durchgängen vorhanden sind, hatten alle Vorgängernormen die vereinfachende Regel vorgesehen, die Grundflächen dieser Elemente generell zu übermessen und der Konstruktions-Grundfläche (KGF) zuzurechnen. Bei Flächenermittlungen insbesondere bei älteren historischen Bauten mit häufig sehr dicken Wänden zeigt sich aber, dass dieses Prinzip nicht zu situationsgerechten und angemessenen Ergebnissen führt. Damit die Norm auch bei Gebäuden im Bestand konfliktfrei angewendet werden kann, sieht die neue DIN 277 eine differenzierte Bewertung der Wandöffnungen und Wandnischen vor. Entsprechend der schon unter 6.1 beschriebenen „Geringfügigkeitsregelung" werden solche Öffnungen und Nischen wie bisher nur dann der Konstruktions-Grundfläche (KGF) zugerechnet wenn ihre Grundflächen einen lichten Querschnitt von $\leq 1{,}0\ m^2$ aufweisen und insoweit als „geringfügig" betrachtet werden können. Wenn der lichte Querschnitt der Wandöffnungen und Wandnischen jedoch mehr als $1{,}0\ m^2$ beträgt und sie somit als „nicht nur geringfügig" angesehen werden muss, wird ihre Grundfläche der Netto-Raumfläche (NRF) zugerechnet.

2. Spiegelstrich: Die Grundflächen von „freiliegenden und fest eingebauten technische Anlagen (z.B. Leitungen, Heizungs- und Klimageräte, Sanitärobjekte)" schließt die Netto-Raumfläche (NRF) nach dieser Regelung ein. Dabei ist allerdings zu beachten, dass die Grundflächen von technischen Anlagen, die in der DIN 276 innerhalb der Kostengruppe 400 im Einzelnen aufgeführt sind, generell zur Netto-Raumfläche (NRF) gehören. Bei der Frage aber, wie diese Flächen dann den einzelnen Teilflächen der NRF nach Tabelle 1 zuzuordnen sind, muss man differenzieren: Die die in der Regel zentral angeordneten Teile der technischen Anlagen zur Versorgung und Entsorgung des Bauwerks, die zumeist eine größere Fläche beanspruchen, stellen nach der Begriffsdefinition in Abschnitt 3.6 Technikfläche (TF) dar.

In der vorliegenden Regelung geht es indessen um die Teile der technischen Anlagen, die nach allgemeinem Verständnis als „Installationen" bezeichnet werden und die dezentral im Bauwerk verteilt sind. Die Grundflächen dieser „freiliegenden und fest eingebauten technischen Anlagen" gehören wie gesagt ebenfalls zur NRF. Sie werden aber bei einer weiteren Untergliederung der Grundflächen nach Tabelle 1 nach dem jeweiligen Ort, an dem sie sich befinden, der Nutzungsfläche (NUF) oder der Verkehrsfläche (VF) zuzuordnen sein: So gehören beispielsweise die Grundflächen von Heizkörpern oder Einzelraumlüfter in Büroräumen zur Nutzungsfläche (NUF), aber zur Verkehrsfläche (VF), wenn sie sich in Fluren befinden. Dass in den Wänden befindliche Installationen, die also im Sinne der vorliegenden Regelung nicht „frei liegen", logischerweise von der Konstruktions-Grundfläche (KGF) eingeschlossen werden, versteht sich wohl von selbst, sei aber der Vollständigkeit halber doch noch erwähnt.

3. Spiegelstrich: Ein weiteres Element, das die Netto-Raumfläche (NRF) einschließt, sind „Vormauerungen, Vorwandinstallationen und Bekleidungen, die nicht raumhoch sind". Diese Passage ist ergänzt um die „Vorwandinstallationen" ansonsten unverändert in die neue DIN 277 übernommen worden. An sich spricht diese Fassung für sich, so dass sich eine weitere Erläuterung fast erübrigen würde. Wie Rückfragen aus der praktischen Anwendung der Norm indes zeigen, kann man die Formulierung im Detail dann doch offensichtlich anders interpretieren, als sie eigentlich gedacht ist – und zwar durch das zusätzliche Kriterium „die nicht

Praxisbeispiel – BKI Objekt 4100-0149 Grundschule (10 Klassen)

DIN 277, 6.2; Absatz 6 – Ermittlung der Netto-Raumfläche (NRF); Zugehörende Elemente

1. Wandöffnungen und Wandnischen mit einem lichten Querschnitt von > 1,0 m²
2. Freiliegende und fest eingebaute technische Anlagen
3. Vormauerungen, Vorwandinstallationen und Bekleidungen, die nicht raumhoch sind
4. Grundflächen von Installations- und Aufzugsschächten, lichter Querschnitt > 1,0 m²
5. Baukonstruktive Einbauten
6. Bewegliche Raumteiler

Nutzungsfläche (NUF) Technikfläche (TF) Verkehrsfläche (VF)
Konstruktions-Grundfläche (KGF) Luftraum des Atriums (nicht zur BGF gehörend)

© Jens Kirchner

© Jens Kirchner

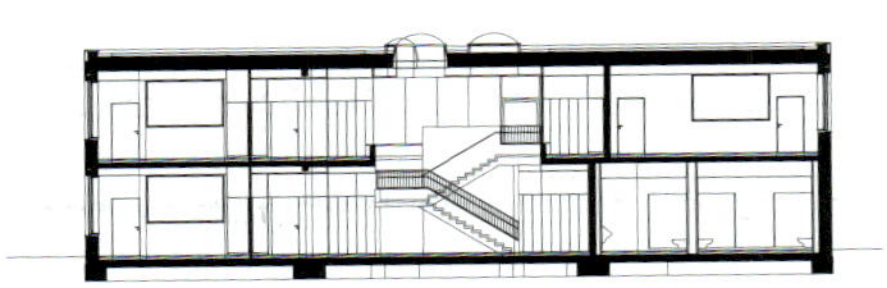
Schnitt

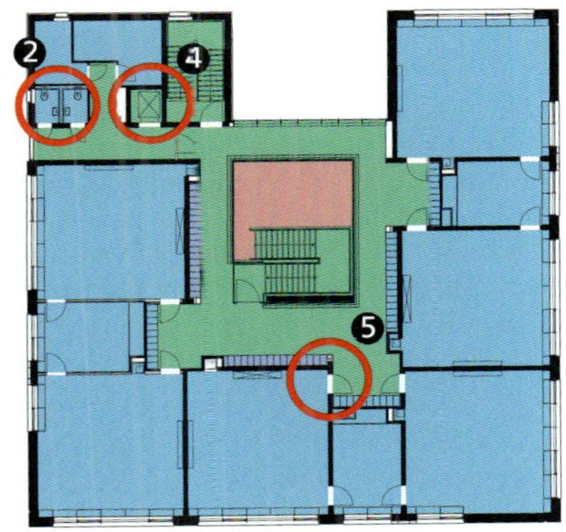

Obergeschoss

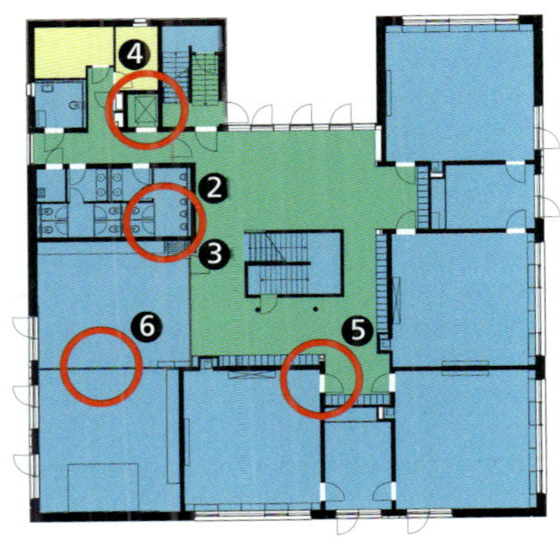

Erdgeschoss

Abbildung B 33: Ermittlung der Netto-Raumfläche (NRF); Zugehörende Elemente raumhoch sind". So kam unter anderem die Frage auf, ob Fliesenbekleidungen, die nicht raumhoch ausgeführt sind (z.B. ein 1,50 m hoher Fliesenspiegel), durch diese Regelung erfasst werden und der Grundflächenanteil somit Netto-Grundfläche (NRF) darstellt. Angesichts der nur wenige cm betragenden Dicke einer solchen Wandbekleidung und der geringfügigen Auswirkung auf die Grundflächenverhältnisse kann man diese Frage wohl berechtigterweise verneinen. Da die Grundflächen in Höhe der Oberkante der Boden- bzw. Deckenbeläge gemessen werden (siehe 6.2, Absatz 1), ist es unerheblich, ob Wandbekleidungen geringer Dicke raumhoch oder nicht raumhoch ausgeführt sind.

Als allgemeines Resümee dieser Fragestellung kann die Norm wohl folgendermaßen interpretiert werden: Mit der vorliegenden Regelung sollen nur die Fälle von nicht raumhohen Vormauerungen, Vorwandinstallationen und Bekleidungen erfasst werden, die aufgrund ihrer Abmessungen eine nicht mehr als geringfügig zu bezeichnende Grundfläche aufweisen und somit auch einen besonderen Aufwand bei der Grundflächenermittlung rechtfertigen. Beispiel für solche Elemente sind insbesondere Vormauerungen und Vorwandinstallationen in Sanitärräumen wie Montagegerüste für wandhängende WC-Becken und eingebaute Spülkästen, die hinsichtlich ihrer Art mit den zuvor genannten und ebenfalls zur Netto-Grundfläche (NRF) gehörenden fest eingebauten Gegenständen vergleichbar sind.

4. Spiegelstrich: Die zweite wesentliche Änderung im Katalog der Elemente, die von der Netto-Raumfläche (NRF) eingeschlossen werden, betrifft die Installations- und Aufzugsschächte. Diese Regelung korrespondiert unmittelbar mit der entsprechenden Textpassage im Abschnitt 6.1, Absatz 3, in dem die Ermittlung der Brutto-Grundfläche (BGF) für die Installations- und Aufzugsschächte behandelt wird. Dort werden auch die allgemeinen Gesichtspunkte, die zu der Neufassung dieser Thematik geführt haben, im Einzelnen besprochen.

Bei den Installations- und Aufzugsschächten wurde zwar schon in der Vorgängernorm zwischen den größeren Schächten, die einen lichten Querschnitt von mehr als 1,0 m² aufweisen und demzufolge der Netto-Raumfläche (NRF) zugerechnet werden sollen, und den kleineren zur Konstruktions-Grundfläche (KGF) gehörenden Schächten mit einer Fläche unter 1,0 m² unterschieden. Erfreulicherweise wird in der neuen DIN 277 aber auf die bisherige, wenig praktikable und eher verwirrende Einschränkung verzichtet, dass die Installations- und Aufzugsschächte „nur in den Grundrissebenen als Netto-Raumfläche (NRF) ermittelt werden, auf denen sie begehbar sind". Die jetzige Bestimmung ist dagegen einfach, klar und sachgerecht: Die Grundflächen von Installations- und Aufzugsschächten mit einem lichten Querschnitt von > 1,0 m² gehören in jedem Geschoss, durch das sie führen, zur Netto-Raumfläche (NRF). Folglich gehören, wie in Abschnitt 6.3, Absatz 3, 4. Spiegelstrich geregelt, die kleineren Schächte ≤ 1,0 m² zur Konstruktions-Grundfläche (KGF).

Die neuen Ermittlungsregeln für Installations- und Aufzugsschächte sind in **Abbildung B 24** skizzenhaft dargestellt. Daraus ist die konsistente Systematik für alle diese Elemente relevanten Grundflächenarten gut nachzuvollziehen.

5. Spiegelstrich: Dass die Einbaumöbel zu den Elementen gehören, deren Grundfläche die Netto-Raumfläche (NRF) einschließt, war auch bisher so geregelt. In der neuen DIN 277 wurde lediglich die Formulierung dem Wortlaut der DIN 276 für die Kostengruppe 380 Baukonstruktive Einbauten angepasst und die Beispielaufzählung ergänzt. Sie ist dennoch mit den genannten Beispielen „z.B. Einbaumöbel wie Gestühle, Podien, Regale, Schränke, Einbauküchen" ausschließlich auf die bei den meisten Bauprojekten anzutreffenden sogenannten „Allgemeinen Einbauten" der Kostengruppe 381 nach DIN 276 beschränkt. Selbstverständlich trifft die vorliegende Regelung der DIN 277 über die Zurechnung der Grundflächen auch auf die anderen Einbauten zu, die in der DIN 276 u.a. in der Kostengruppe 382 „Besondere Einbauten" (z.B. Werkbänke in Werkhallen, Altäre in Kirchen) oder in der Kostengruppe 383 „Landschaftsgestalterische Einbauten" (z.B. in Biosphärenhallen, zoologischen Anlagen, Einkaufszentren) angegeben werden.

6. Spiegelstrich: Die Zugehörigkeit von „beweglichen Raumteilern (z.B. Vorhänge, Faltwände)" zur Netto-Raumfläche (NRF) war schon in der Vorgängernorm wortgleich so formuliert worden. Auch diese Vorgehensweise ist im Hinblick auf eine einfache Flächenermittlung und eine sinnvolle Begrenzung des Aufwands sachgerecht.

Ermittlung der Netto-Raumfläche (NRF) und der Konstruktions-Grundfläche (KGF)

DIN 277, 6.2, Abs.6, 1. Spiegelstrich – Ermittlung der Netto-Raumfläche (NRF); Wandöffnungen und Wandnischen

- Wandöffnungen und Wandnischen (z. B. Türen, Fenster, Durchgänge) mit einem lichten Querschnitt von > 1,0 m^2 gehören zur Netto-Raumfläche (NRF).

DIN 277, 6.3, Abs.3, 6. Spiegelstrich – Ermittlung der Konstruktions-Grundfläche (KGF); Wandöffnungen und Wandnischen

- Wandöffnungen und Wandnischen (z. B. Türen, Fenster, Durchgänge) mit einem lichten Querschnitt von < 1,0 m^2 gehören zur Konstruktions-Grundfläche (KGF).

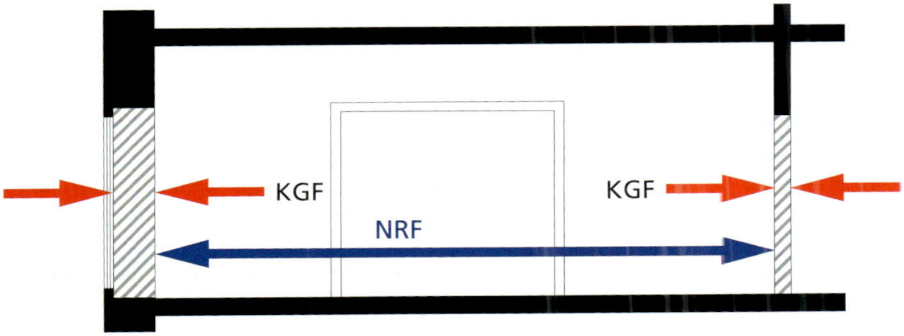

Schnitt

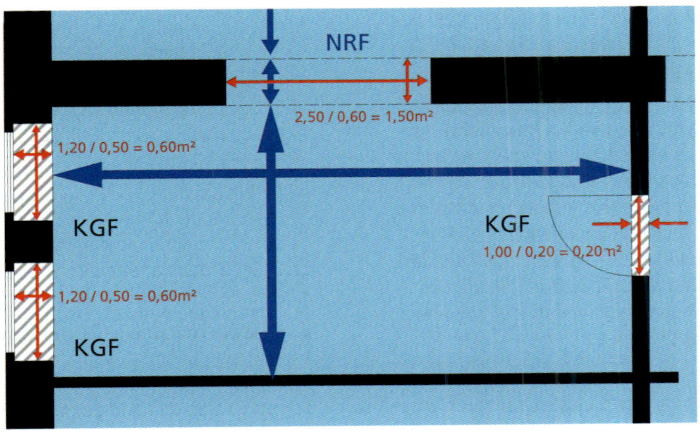

Grundriss

Abbildung B 34: Ermittlung der NRF und der KGF; Wandöffnungen und Wandnischen

► ***Zu 6.3 Konstruktions-Grundfläche (KGF)***

Beim Abschnitt 6.3 wurde in der neuen DIN 277 wie bei allen Abschnitten, die sich mit der Ermittlung von Grundflächen des Bauwerks befassen, auf die weitergehende Untergliederung (1 Inhalt und Abgrenzung; 2 Ermittlungsregeln) der Vorgängernorm verzichtet. Insofern wurden die Aussagen neu geordnet sowie formal und redaktionell den vorhergehenden Abschnitten angepasst. Abgesehen von der schon bei der Brutto-Grundfläche (BGF) und der Netto-Raumfläche (NRF) angesprochenen neuen Regelung für die Installations- und Aufzugsschächte, ändern sich die Ermittlungsregeln für die Konstruktions-Grundfläche (KGF) durch die Neufassung nicht.

Der Begriff „Konstruktions-Grundfläche (KGF)" ist in Abschnitt 3.4 definiert als „Anteil der Brutto-Grundfläche (BGF), der die Grundflächen der aufgehenden Baukonstruktionen des Bauwerks umfasst". Zu den „aufgehenden Baukonstruktionen" gehören selbstverständlich alle vertikalen tragenden und nichttragenden Baukonstruktionen wie z. B. Wände und Stützen, die nach DIN 276 kostenmäßig in den Kostengruppen KG 330 und KG 340 zu erfassen sind. Außer den streng vertikalen Konstruktionen gehören auch schräg nach oben verlaufende Konstruktionen wie z. B. geneigte Stützen, gewölbte oder gebogene Wände hierzu. Diese Baukonstruktionen dürfen natürlich nicht mit den „schräg verlaufenden Baukonstruktionen (z. B. Treppen, Rampen oder Tribünen)" verwechselt werden, wie sie in den Abschnitten 5.5 und unter 6.2 aufgeführt sind und deren Kosten nach DIN 276 der Kostengruppe KG 350 Decken/horizontale Baukonstruktionen zugeordnet werden.

Zu Absatz 1: Bei der Ermittlung der Konstruktions-Grundfläche (KGF) geht die Norm wie bei der Brutto-Grundfläche (BGF) und der Netto-Raumfläche (NRF) von den endgültigen Maßen der fertigen Baukonstruktionen aus. Es „sind die Fertigmaße der Baukonstruktionen einschließlich der Bekleidungen in Höhe der Oberkanten der Boden- bzw. Deckenbeläge anzusetzen" lautet die Formulierung. Erstmals taucht an dieser Stelle für die „endgültigen Maße" der Begriff „Fertigmaß" auf, der auch schon bei den Ermittlungsregeln zur BGF unter 6.1und zur NRF unter 6.2 für eindeutige Klarheit gesorgt hätte. Im Übrigen entspricht die Formulierung – abgesehen von der schon früher erläuterten redaktionellen Änderung von „Oberseite" in „Oberkante" – der Vorgängernorm.

Für das Messen der Fertigmaße gilt die gleiche „großzügige" Regel wie bei der Ermittlung der Netto-Raumfläche (NRF). „Konstruktive und gestalterische Vor- und Rücksprünge, Fuß- und Sockelleisten, Schrammborde und Unterschneidungen sowie vorstehende Teile von Fenster- und Türbekleidungen bleiben unberücksichtigt" oder anders ausgedrückt: Die Grundflächen dieser zu vernachlässigenden Elemente gehören nicht zur Konstruktions-Grundfläche (KGF), sondern – soweit sie innerhalb des Bauwerks liegen – zur Netto-Raumfläche (NRF). Beispiele für dieses „Übermessen" solcher Elemente, die für die Abgrenzung zwischen der Konstruktions-Grundfläche (KGF) und der Netto-Raumfläche (NRF) unwesentlich sind, sind in **Abbildung B 31** illustriert.

Zu Absatz 2: Unverändert ist in der neuen DIN 277 die Wahlmöglichkeit geblieben, die Konstruktions-Grundfläche (KGF) in vereinfachter Weise zu ermitteln, das heißt nicht „anhand von einzelnen Maßen des Bauwerks", sondern als „Differenz aus der Brutto-Grundfläche (BGF) und der Netto-Raumfläche (NRF)". Diese vereinfachte Ermittlung ist schon deshalb gerechtfertigt, weil die Größe der Konstruktions-Grundfläche (KGF) bei der primären Aufgabe der DIN 277, Grundlagen für einen Vergleich von Bauwerken und für die Ermittlung der Kosten zu schaffen (siehe Abschnitt 1 Anwendungsbereich), kaum eine Bedeutung hat.

Zu Absatz 3: Die Elemente, für die bei der Flächenermittlung der Konstruktions-Grundfläche (KGF) eine spezifische Regel zu beachten ist, sind in einer Positivliste unter der Überschrift „Die Konstruktions-Grundfläche (KGF) schließt die Grundflächen von folgenden Elementen ein:" zusammengefasst. Die Liste korrespondiert mit den Ermittlungsregeln der Netto-Raumfläche (NRF), so dass die beiden Grundflächenarten leicht voneinander abgegrenzt werden können. Außer der redaktionellen Überarbeitung ergeben sich in der neuen DIN 277 im Vergleich zur Vorgängernorm – wie schon in den Anmerkungen zu Abschnitt 6.2 erläutert – zwei wesentliche Änderungen: 1.) zur Bewertung der Wandöffnungen und Wandnischen sowie 2.) zur Bewertung der Installations- und Aufzugsschächte.

Die verschiedenen Fälle und die jeweils maßgeblichen Kriterien dafür, wie die Konstruktions-Grundfläche (KGF) und die Netto-Raumfläche

Ermittlung der Netto-Raumfläche (NRF) und der Konstruktions-Grundfläche (KGF)

DIN 277, 6.2, Abs. 6, 3. Spiegelstrich – Ermittlung der Netto-Raumfläche (NRF); Vormauerungen, Vorwandinstallationen

- Vormauerungen, Vorwandinstallationen und Bekleidungen, die nicht raumhoch sind, gehören zur Netto-Raumfläche (NRF).

DIN 277, 6.3, Abs. 3, 4. Spiegelstrich – Ermittlung der Konstruktions-Grundfläche (KGF); Vormauerungen, Vorwandinstallationen

- Vormauerungen, Vorwandinstallationen und Bekleidungen, die raumhoch sind, gehören zur Konstruktions-Grundfläche (KGF).

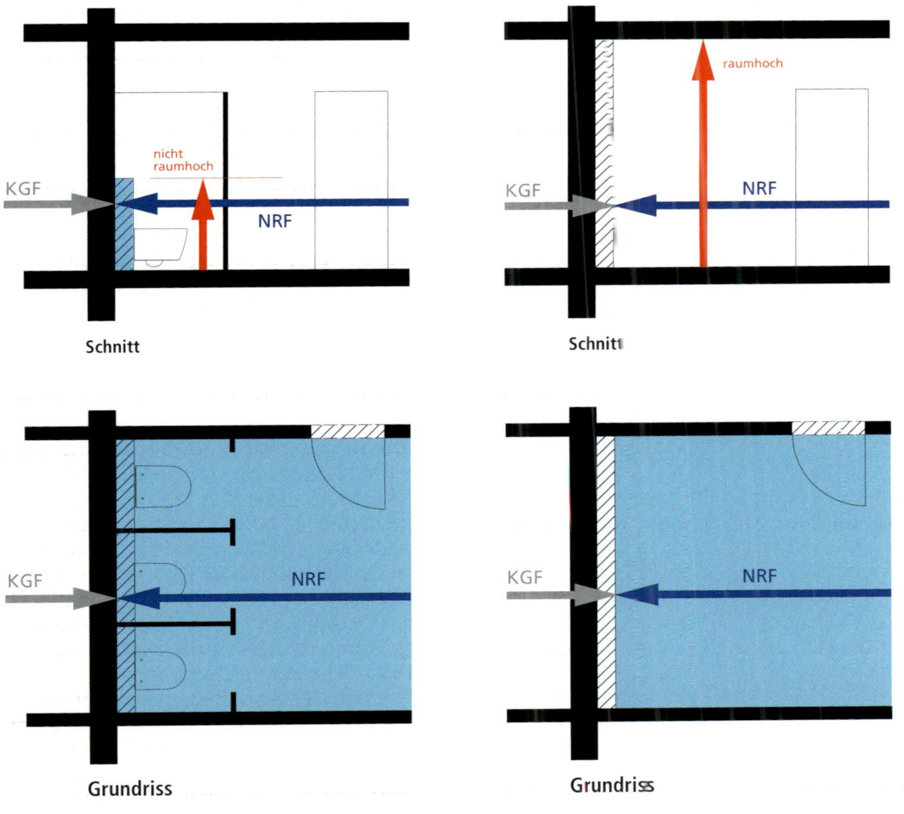

Abbildung B 35: Ermittlung der NRF und der KGF – Vormauerungen, Vorwandinstallationen

(NRF) im Einzelnen voneinander abgegrenzt werden sollen, sind in Schemazeichnungen in den **Abbildungen B 34** und **B 35** dargestellt.

1. Spiegelstrich: Die hier genannten Elemente „Vormauerungen, Vorwandinstallationen und Bekleidungen", sind schon im Abschnitt 6.2 bei den Ermittlungsregeln der Netto-Raumfläche (NRF) behandelt worden. Allerdings geht es dort um die „Vormauerungen, Vorwandinstallationen und Bekleidungen, die nicht raumhoch sind", während hier die „Vormauerungen, Vorwandinstallationen und Bekleidungen betrachtet werden, die raumhoch sind" und infolgedessen bei der Ermittlung der Konstruktions-Grundfläche (KGF) berücksichtigt werden müssen. Zum besseren Verständnis dieser Unterscheidung helfen die Anmerkungen zu Abschnitt 6.2, Absatz 6, 3. Spiegelstrich sowie die betreffende **Abbildung B 34**.

2. Spiegelstrich: Einer gesonderten Erwähnung der hier genannten Elemente „Installationshohlräume und Wandschlitze in den aufgehenden Baukonstruktionen" hätte es eigentlich nicht bedurft, da die Installationshohlräume und Wandschlitze dem Wesen nach nichts anderes darstellen als die im 4. Spiegelstrich aufgeführten Installationsschächte. Alle diese Elemente nehmen vertikale Installationen auf und sind raumseitig geschlossen. Als Installationshohlräume und Wandschlitze werden in der Regel ohnehin solche Elemente bezeichnet, die einen Querschnitt von weniger als 1,0 m² aufweisen, so dass sie wie kleinere Schächte (siehe 6.2, Absatz 6, 4. Spiegelstrich) selbstverständlich zur Konstruktions-Grundfläche (KGF) zählen.

3. Spiegelstrich: Alle Vorgängernormen der aktuellen DIN 277 hatten die vereinfachende Regel vorgesehen, die Grundflächen von Wandöffnungen und Wandnischen (z. B. Türen, Fenster, Durchgänge) generell zu übermessen und der Konstruktions-Grundfläche (KGF) zuzurechnen. Diese Regelung ist im Sinne einer möglichst einfachen und praktikablen Ermittlung der Grundflächen allgemein auch zutreffend und vertretbar. Im Abschnitt 6.2 ist indes bereits darauf hingewiesen worden, dass dieses Prinzip im Einzelfall durchaus zu nicht mehr situationsgerechten und angemessenen Ermittlungsergebnissen führen kann, z. B. wenn die Grundflächen bei Bauwerken mit großen Wandstärken zu ermitteln sind. Das zeigt sich insbesondere bei älteren historischen Bauten, die häufig sehr dicke Wände und dem entsprechend Wandöffnungen und Wandnischen mit nicht nur geringfügiger Grundflächengröße aufweisen.

Deshalb werden diese Wandöffnungen und Wandnischen in der neuen DIN 277 nur dann der Konstruktions-Grundfläche (KGF) zugerechnet, wenn ihr lichter Querschnitt $\leq 1,0$ m² ist und insoweit als „geringfügig" gelten kann. Wenn der lichte Querschnitt der Wandöffnungen und Wandnischen jedoch mehr als 1,0 m² beträgt und die jeweilige Größe somit als „nicht nur geringfügig" angesehen werden muss, wird die Grundfläche der Netto-Raumfläche (NRF) zugerechnet. Im konkreten Anwendungsfall könnte es unter Umständen sachgerecht sein, bei der Zuordnung der Grundflächen von der rein quantitativen Abgrenzung nach der Norm abzuweichen und ausnahmsweise. auch die spezifischen qualitativen Gegebenheiten zu berücksichtigen (z. B. die Nutzbarkeit und die Begehbarkeit der Grundflächen solcher Wandöffnungen und Wandnischen).

Die normgerechte Abgrenzung für Wandöffnungen und Wandnischen zwischen der Konstruktions-Grundfläche (KGF) einerseits und der Netto-Raumfläche (NRF) andererseits ist in **Abbildung B 34** illustriert.

4. Spiegelstrich: Die in der aktuellen DIN 277 vorgesehene Bestimmung, wie die Grundflächen von Installations- und Aufzugsschächten zu ermitteln sind, ist gegenüber der Vorgängernorm erfreulicherweise geändert worden. Dieser Sachverhalt ist schon in den Anmerkungen zu Abschnitt 6.1, Absatz 3, und zu Abschnitt 6.2, Absatz 6, 4. Spiegelstrich, ausführlich erläutert worden. Die neue Regelung ist jetzt einfach, klar und sachgerecht: Die Grundflächen von Installations- und Aufzugsschächten mit einem lichten Querschnitt $\leq 1,0$ m² gehören in jedem Geschoss, durch das sie führen, zur Konstruktions-Grundfläche (KGF). Folglich gehören die größeren Schächte mit einem lichten Querschnitt über 1,0 m² zur Netto-Raumfläche (NRF).

Die neuen Ermittlungsregeln für Installations- und Aufzugsschächte sind in **Abbildung B 24** skizzenhaft dargestellt. Daraus ist die konsistente Systematik gut nachzuvollziehen, wie die Grundflächen von Installations- und Aufzugsschächten zu ermitteln und der jeweils relevanten Grundflächenart zuzuordnen sind.

Zu Absatz 4: Die Abgrenzungsregel für die Konstruktions-Grundfläche (KGF), die zwischen den nach Abschnitt 5.7 definierten Bereichen unterschiedlicher Raumumschließung (Bereiche R und S) liegen, wurde richtigerweise von Abschnitt 6.1 nach Abschnitt 6.3 verschoben. Die Konstruktions-Grundflächen (KGF) sind dem Bereich (R) zuzuordnen. Die Regelung ist angemessen, da die hier infrage kommenden „aufgehenden Baukonstruktionen des Bauwerks" (Wände oder Stützen) in erster Linie im Zusammenhang mit den Bereichen des Bauwerks stehen, die gemäß Abschnitt 5.7.1 „bei allen Begrenzungsflächen des Raums vollständig umschlossen sind" und den Regelfall der Raumumschließung (R) darstellen.

7 Ermittlung von Rauminhalten des Bauwerks

7.1 Brutto-Rauminhalt (BRI)

Der Brutto-Rauminhalt (BRI) wird von den äußeren Begrenzungsflächen des Bauwerks umschlossen, die von den Gründungsflächen, den Außenwänden und den Dächern gebildet werden.

Der Brutto-Rauminhalt (BRI) ist aus den Brutto-Grundflächen (BGF) und den dazugehörigen Höhen zu ermitteln. Als Höhen gelten die vertikalen Abstände zwischen den Oberkanten der Boden- oder Deckenbeläge im jeweiligen Geschoss bzw. bei Dächern die Oberkanten der Dachbeläge.

Beim untersten Geschoss des Bauwerks gilt als Höhe der Abstand von den Unterkanten der Boden- bzw. Fundamentplatten einschließlich darunter liegender Dämmschichten bis zu den Oberkanten der Deckenbeläge der darüber liegenden Geschossebene.

Bei Bauwerken oder Bauwerksteilen, die von nicht senkrechten, nicht waagerechten oder gekrümmten Flächen begrenzt werden, ist der Rauminhalt entsprechend den tatsächlichen geometrischen Verhältnissen zu ermitteln.

Für die Höhen von Rauminhalten des Sonderfalls der Raumumschließung (S) nach 5.7.2 sind bei nicht überdeckten, jedoch umschlossenen Bereichen die Höhen von den Oberkanten der Boden- bzw. Deckenbeläge bis zu den Oberkanten der diesen Grundflächen zugeordneten und sie umschließenden Baukonstruktionen (z. B. Brüstungen, Attiken, Geländer) maßgebend.

Bei überdeckten, jedoch nicht allseitig umschlossenen Bereichen sind die Höhen von den Oberkanten der Boden- bzw. Deckenbeläge bis zu den Oberkanten der Überdeckungen (z. B. Decken, Dächer) maßgebend.

Nicht zum Brutto-Rauminhalt (BRI) gehören die Rauminhalte von folgenden Elementen:

- Einzel- und Streifenfundamente, Tiefgründungen;
- Lichtschächte, Luftschächte und Montageschächte, die außen am Bauwerk liegen, mit einem Volumen von $\leq 1{,}0\ m^3$;
- Eingangsüberdachungen;
- Dachüberstände, soweit sie nicht Überdeckungen für Rauminhalte des Bereichs (S) nach 5.7.2 darstellen;
- auskragende Sonnenschutzanlagen;
- Schornsteinköpfe, Lüftungsrohre oder Lüftungsschächte, die über den Dachbelag hinaus reichen;
- Dachaufbauten (z. B. Dachgauben, Dachoberlichter, Lichtkuppeln) mit einem Volumen von $\leq 1{,}0\ m^3$;
- untergeordnete Bauteile wie konstruktive und gestalterische Vorsprünge an Außenwänden (z. B. Lisenen, Pilaster, Gesimse).

Über Brutto-Grundflächen (BGF) von Terrassen, Treppen, Rampen und Höfen nach 6.1, Absatz 2 ergeben sich keine Rauminhalte, wenn sie nicht überdeckt sind und keine Baukonstruktionen aufweisen, die diesen Grundflächen zugeordnet sind und sie umschließen (z. B. Brüstungen, Geländer).

Brutto-Rauminhalte von Bereichen des Bauwerks des Bauwerks, die keine BGF aufweisen (z. B. Hohlräume in Kaltdachkonstruktionen, Kriechgänge sowie außen am Bauwerk liegende Lichtschächte, Luftschächte und Montageschächte mit einem Volumen von > 1,0 m³ sind getrennt zu ermitteln und den angrenzenden Geschossen zuzuordnen.

7.2 Netto-Rauminhalt (NRI)

Zum Netto-Rauminhalt (NRI) gehören die Rauminhalte aller Räume des Bauwerks, deren Grundflächen zur Netto-Raumfläche (NRF) gehören.

Nicht zum Netto-Rauminhalt (NRI) gehören die Rauminhalte, die zwischen Teilen der Baukonstruktionen eingeschlossen sind (z. B. die Rauminhalte über abgehängten Decken, innerhalb von Doppelböden und in mehrschaligen Fassaden) sowie die Rauminhalte von Installationskanälen und Installationsschächten mit einem lichten Querschnitt von ≤ 1,0 m².

Der Netto-Rauminhalt (NRI) ist aus den Netto-Raumflächen (NRF) und den lichten Raumhöhen sinngemäß nach 7.1 zu ermitteln.

Rauminhalte von Dachaufbauten (z. B. Dachgauben, Dachoberlichter, Lichtkuppeln) mit einem Volumen von > 1,0 m³ werden dem Netto-Rauminhalt (NRI) zugeordnet.

7.3 Konstruktions-Rauminhalt (KRI)

Zum Konstruktions-Rauminhalt (KRI) gehören die Rauminhalte aller Baukonstruktionen des Bauwerks.

Dazu gehören auch die Rauminhalte, die zwischen Teilen der Baukonstruktionen eingeschlossen sind (z. B. die Hohlräume über abgehängten Decken, innerhalb von Doppelböden und in mehrschaligen Fassaden) sowie die Rauminhalte von Installations- und Aufzugsschächten mit einem lichten Querschnitt von ≤ 1,0 m².

Der Konstruktions-Rauminhalt (KRI) ist aus den Abmessungen aller Baukonstruktionen, die den Netto-Rauminhalt (NRI) umschließen, zu ermitteln.

Anstelle einer Ermittlung anhand der einzelnen Abmessungen der Baukonstruktionen kann der Konstruktions-Rauminhalt (KRI) als Differenz aus dem Brutto-Rauminhalt (BRI) und dem Netto-Rauminhalt (NRI) ermittelt werden.

► *Zu 7 Ermittlung von Rauminhalten des Bauwerks*

Der Abschnitt 7 zur Ermittlung von Rauminhalten des Bauwerks wurde in der neuen DIN 277 ebenso wie die Abschnitte 6 und 8 vollständig überarbeitet. Dabei wurde insbesondere die in der Vorgängerausgabe 2016 vorgesehene differenzierte Untergliederung aufgegeben. Die Regeln für die Abgrenzung und die Ermittlung der Flächen und Rauminhalte wurden zusammengefasst und neu geordnet (siehe Anmerkungen zu Abschnitt 6).

Insgesamt wurden die Ausführungen mit dem Ziel einer sicheren und einheitlichen Anwendung redaktionell stark überarbeitet und konkretisiert. Im Vergleich mit den früheren Ausgaben der DIN 277 wirken sich diese formalen Änderungen, abgesehen von den wenigen inhaltlichen Eingriffen im Detail, auf die Ermittlungsergebnisse im Ganzen allerdings nicht oder nur unwesentlich aus.

► *Zu 7.1 Brutto-Rauminhalt (BRI)*

Die im Normtext aufgeführten und zum Brutto-Rauminhalt (BRI) gehörenden Bestandteile sowie die gemäß Absatz 7 nicht dazu gehörenden Elemente und die einzelnen Ermittlungsregeln werden im Praxisbeispiel in **Abbildung B 36** und in **Abbildung B 37** erläutert.

Zu Absatz 1: Dass bei der Ermittlung des Brutto-Rauminhalts (BRI) entsprechend der Begriffsbestimmung in Abschnitt 3.8 als „Gesamtheit der Rauminhalte eines Bauwerks oder eines Geschosses" die äußeren Begrenzungsflächen des Bauwerks zugrunde zu legen sind, ergibt sich eigentlich schon aus der Begriffsbezeichnung selbst. Insofern ist auch die weitere Aussage, dass diese Begrenzungsflächen von den Gründungsflächen, den Außenwänden und den Dächern gebildet werden, eine schon erwartungsgemäße Erklärung.

Gleichwohl wird mit dieser kurz gefassten – und vielleicht auch als relativ grob empfundenen – Beschreibung der Elemente, die mit ihren äußeren Begrenzungsflächen den Brutto-Rauminhalt (BRI) bilden, die grundsätzliche Tendenz der DIN 277 hinsichtlich Aufwand und Nutzen der jeweiligen Flächen- und Rauminhaltsermittlungen deutlich. Die einfache Formulierung, beim Brutto-Rauminhalt, die äußeren Begrenzungsflächen zugrunde zu legen, impliziert eine Verfahrensweise, bei der die Genauigkeit der Ermittlungsergebnisse angemessen dem angestrebten Ermittlungsziel ist.

Bei der Frage, wie genau die Ermittlung sein soll, ist die Verhältnismäßigkeit entscheidend. Man muss sich vor Augen führen, dass der Brutto-Rauminhalt (BRI) insgesamt eine doch recht pauschale Beurteilungsgröße darstellt, wenn bei einem Wirtschaftlichkeitsvergleich z. B. die geometrischen Spezifika von Bauwerken verglichen werden sollen. Das gilt im Übrigen auch für die Kostenermittlung mit Kostenkennwerten, die auf den Brutto-Rauminhalt (BRI) bezogen sind und die in früheren Jahrzehnten noch eine zentrale Rolle einnahmen (siehe 0.3 Entwicklung der DIN 277). Kostenermittlungsverfahren dieser Art sind aufgrund ihrer pauschalen Ermittlungsweise nicht gerade von großer Genauigkeit gekennzeichnet und haben deshalb heute – wo in der Praxis mittlerweile wesentlich genauere Alternativen möglich sind – auch nicht mehr die frühere Bedeutung.

Die Vielfalt der planerischen und konstruktiven Möglichkeiten, wie die Begrenzungsflächen eines Bauwerks ausgebildet sein können, legt es ohnehin nahe, nicht alles in der Norm selbst perfekt regeln zu wollen, sondern im konkreten Einzelfall sinngemäß der allgemeinen Normvorschrift zu entscheiden. Insofern helfen auch alle Versuche, konstruktive und geometrische Details unterschiedlicher Konstruktionen und ihre Relevanz hinsichtlich der Rauminhaltsermittlung im Vorhinein bestimmen zu wollen, nicht weiter. So sollte bei profilierten Begrenzungsflächen anstelle einer detailgenauen Ermittlung eine sinnvolle theoretische Ebene angenommen werden, die für den spezifischen Fall am ehesten dem Sinn der Normvorschrift entspricht.

Obgleich in diesem ersten Absatz die BRI-Definition im Wortlaut nicht vollständig aufgegriffen wird, gilt natürlich auch für die Ermittlungen des Brutto-Rauminhalts (BRI), dass sie sich nicht immer auf das gesamte Bauwerk erstrecken müssen, sondern unter Umständen auch nur auf einen Teilbereich des Bauwerks oder, wie es hier formuliert ist, auf die „Gesamtheit der Rauminhalte eines Bauwerks oder eines Geschosses" beziehen kann.

Zu Absatz 2: Dieser Absatz legt die generelle Messregel für die Ermittlung des Brutto-Rauminhalts (BRI) fest. Auch wenn sich der Wortlaut

Praxisbeispiel – BKI Objekt 1300-0196 Bürogebäude

DIN 277, 7.1, Abs. 1, 2, 3 – Ermittlung des Brutto-Rauminhalts (BRI); Messregeln

❶ Der BRI wird von den <u>äußeren Begrenzungsflächen des Bauwerks</u> umschlossen, die von den Gründungsflächen, den Außenwänden und den Dächern gebildet werden.

❷ Der BRI ist <u>aus den BGF und den dazugehörigen Höhen zu ermitteln</u>. Als Höhen gelten die vertikalen Abstände zwischen den Oberkanten der Deckenbeläge im jeweiligen Geschoss bzw. bei Dächern die Oberkanten der Dachbeläge.

❸ Beim untersten Geschoss des Bauwerks gilt als Höhe der Abstand von den Unterkanten von Boden- bzw. Fundamentplatten einschließlich darunter liegender Dämmschichten bis zu den Oberkanten der Deckenbeläge der darüber liegenden Geschossebene.

Brutto-Grundfläche (BGF) Brutto-Rauminhalt (BRI) Luftraum (keine BGF)

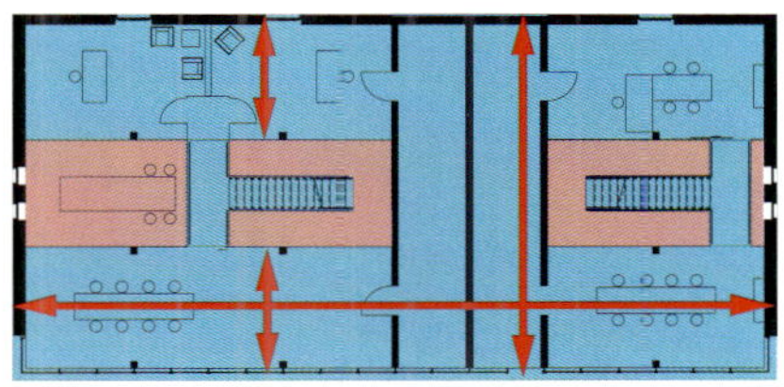

Obergeschoss

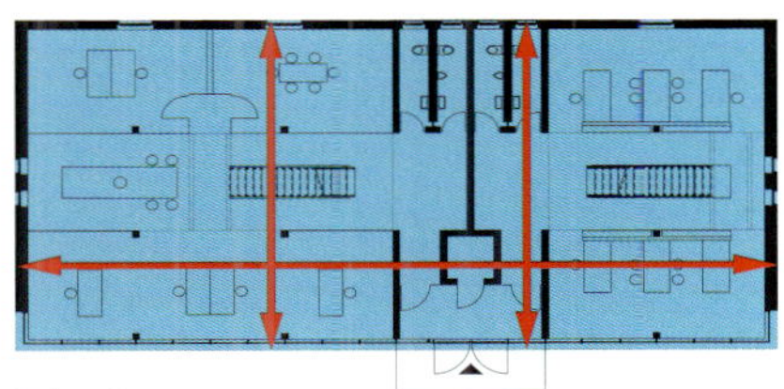

Erdgeschoss

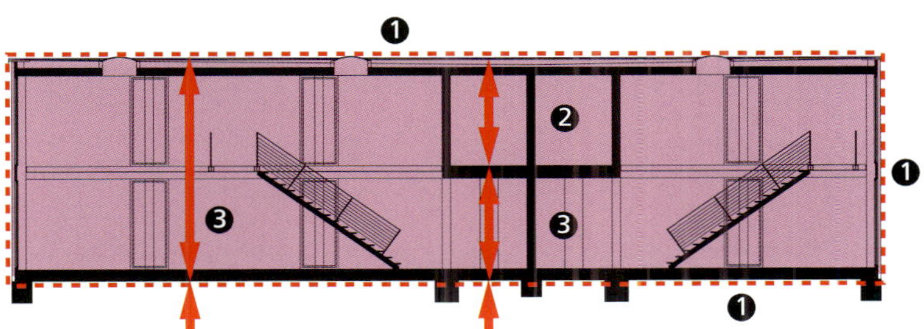

Schnitt

Abbildung B 36: Ermittlung des Brutto-Rauminhalts (BRI); Messregeln

DIN 277, 7.1, Abs. 7 – Ermittlung des Brutto-Rauminhalts (BRI);
Nicht zum BRI gehörende Elemente

1. Einzel- und Streifenfundamente, Tiefgründungen
2. Lichtschächte, Luftschächte, Montageschächte, ≤ 1,0 m³, außen am Bauwerk liegend
3. Eingangsüberdachungen
4. Dachüberstände, soweit nicht Überdeckungen für Rauminhalte des Bereichs (S)
5. auskragende Sonnenschutzanlagen
6. Schornsteinköpfe; Lüftungsrohre oder Lüftungsschächte, über dem Dachbelag
7. Dachaufbauten (z.B. Dachgauben, Dachoberlichter, Lichtkuppeln) ≤ 1,0 m³
8. untergeordnete Bauteile wie konstruktive und gestalterische Vorsprünge an Außenwänden

Brutto-Grundfläche (BGF) – Bereich (R) | Brutto-Grundfläche (BGF) – Bereich (S)
Brutto-Rauminhalt (BRI) – Bereich (R) | Brutto-Rauminhalt (BRI) – Bereich (S)

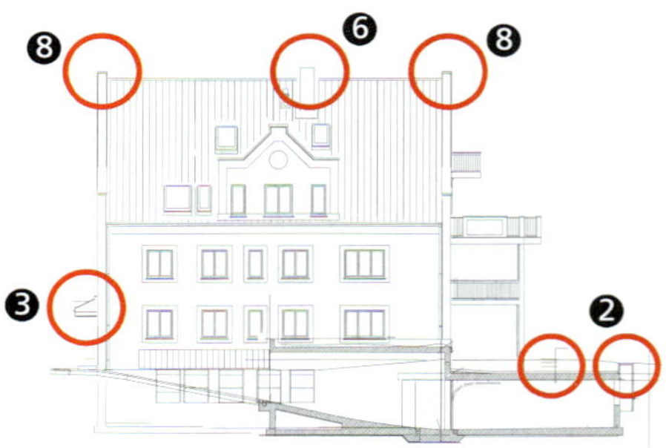

Ansicht Nord-West

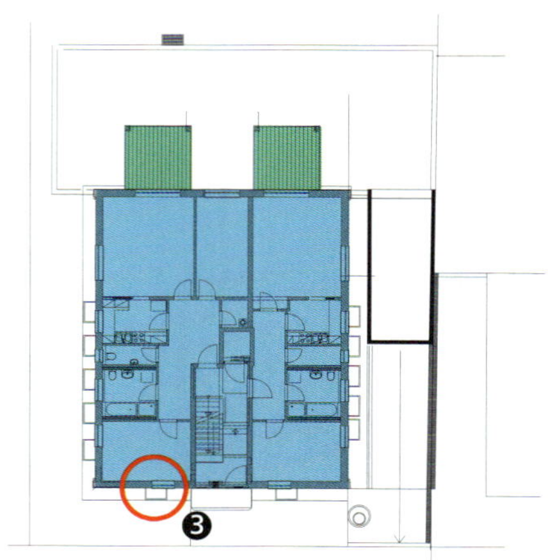

Erdgeschoss

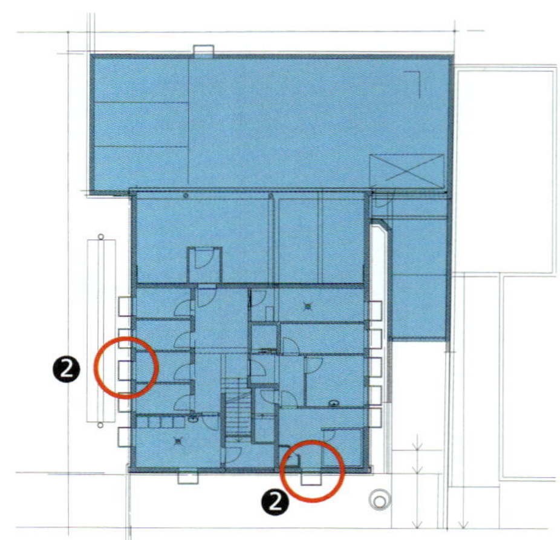

Untergeschoss

Abbildung B 37: Ermittlung des Brutto-Rauminhalts (BRI); Nicht zum BRI gehörende Elemente

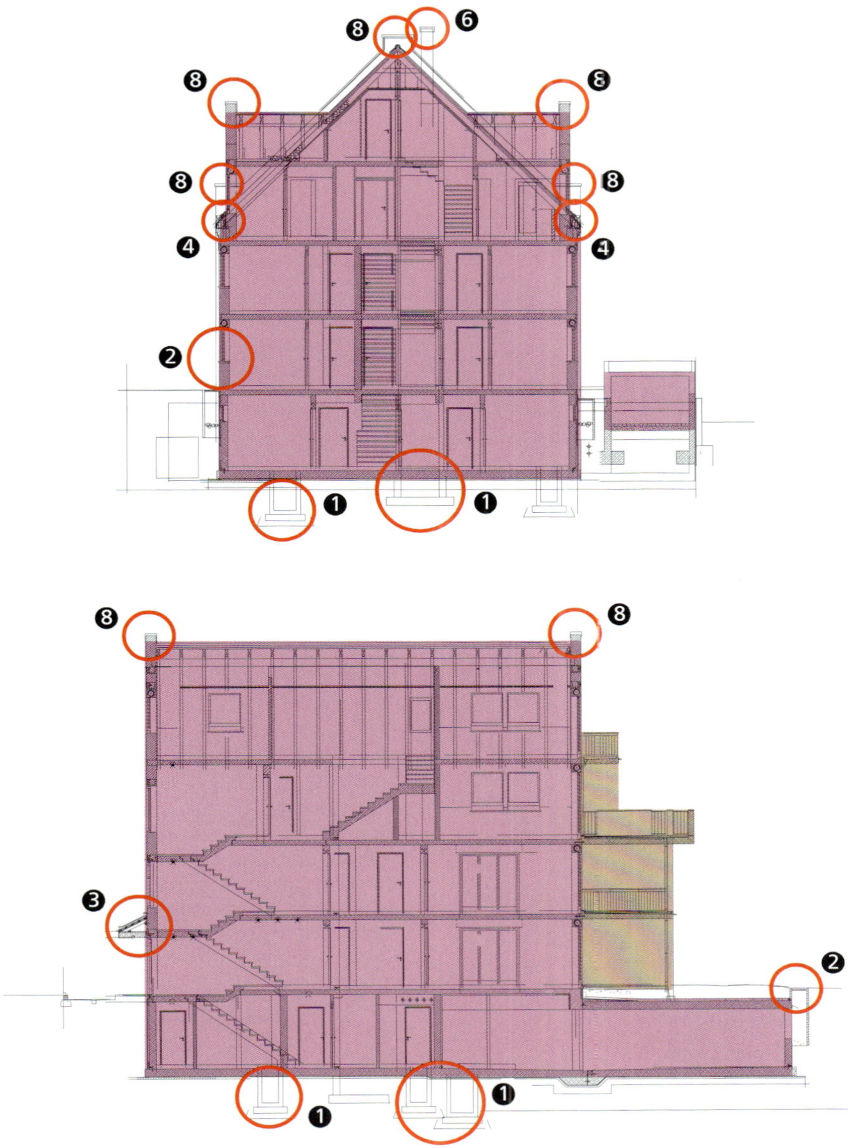

Abbildung B 37: Ermittlung des Brutto-Rauminhalts (BRI); Nicht zum BRI gehörende Elemente in der neuen DIN 277 leicht geändert hat, bleibt die Aussage im Wesentlichen erhalten, so dass die Ermittlung auch zu den gleichen Ergebnissen wie bisher führt. Die Formulierung, dass „der Brutto-Rauminhalt (BRI) aus den Brutto-Grundflächen (BGF) und den dazugehörigen Höhen zu ermitteln ist", kann in dieser einfachen Weise jedoch nur für den Normalfall der BRI-Ermittlung bei einfachen geometrischen Verhältnissen gelten. Diese pauschale Aussage relativiert sich allein schon durch die Regelungen in den Absätzen 8 und 9 dieses Abschnitts 7.1, in denen die besonderen Fälle von Brutto-Grundfläche (BGF) ohne zugehörenden Rauminhalt sowie Brutto-Rauminhalten (BRI) ohne zugehörender BGF behandelt werden.

In der Vorgängerausgabe 2016 war mit der Formulierung „Zum Brutto-Rauminhalt (BRI) gehören die Rauminhalte aller Räume und Baukonstruktionen, die sich über der Brutto-Grundfläche (BGF) des Bauwerks befinden" der unmittelbare Bezug des Brutto-Rauminhalts (BRI) zur Brutto-Grundfläche (BGF) betont worden. Richtigerweise wird in der neuen DIN 277 dieser generelle geometrische Zusammenhang zum Teil relativiert, aber leider nicht konsequent ausformuliert, wie sich in diesem Absatz zeigt. In der Kommentierung zur 5. Auflage des Bildkommentars war schon auf die Problematik hingewiesen worden, dass nicht unbedingt in allen Fällen ein eindeutiger mathematischer oder geometrischer Zusammenhang zwischen den Grundflächen und den Rauminhalten bestehen kann.

Eine rein schematische Betrachtungsweise der Beziehungen zwischen Grundflächen und Rauminhalten kann selbstverständlich nur bei relativ einfachen Baukörpern zutreffen. Bei vielen Bauprojekten wird es jedoch so sein, dass nicht jedes Teilvolumen des Brutto-Rauminhalts (BRI) auch eine entsprechende Brutto-Grundfläche (BGF) aufweist. Darauf wurde schon im Zusammenhang mit dem Ausschluss bestimmter Flächen im Dachraum bei der BGF-Ermittlung (siehe Anmerkungen zu Abschnitt 6.1 Absatz 6, 5. Spiegelstrich) ausdrücklich hingewiesen.

Dadurch, dass bei der Bestimmung der Brutto-Grundfläche (BGF) die Nutzbarkeit – bzw. auch die Zugänglichkeit und die Begehbarkeit – von Flächen wesentliche Kriterien darstellen, können durchaus Fälle auftreten, bei denen das Raumvolumen zwar dem Brutto-Rauminhalt (BRI) zuzurechnen ist, die Grundfläche dieses Volumens aber keine Brutto-Grundfläche (BGF) darstellt. Dieser Sachverhalt führt auch zu der noch später zu besprechenden neuen Regelung der aktuellen DIN 277 in Absatz 9 dieses Abschnitts über „Brutto-Rauminhalte von Bereichen des Bauwerks, die keine BGF aufweisen".

Die zweite Festlegung, dass „als Höhen die vertikalen Abstände zwischen den Oberkanten der Boden- oder Deckenbeläge im jeweiligen Geschoss bzw. bei Dächern die Oberkanten der Dachbeläge gelten", spricht für sich und braucht insofern keine weitere Erläuterung. Auf die in der neuen DIN 277 geänderte Terminologie, bei den Ermittlungsregeln durchgängig den Begriff „Kante" („Oberkante", Innenkante" usw.) für die jeweilige Baukonstruktionen zu verwenden, wurde schon näher eingegangen (siehe Anmerkungen zu Abschnitt 6.1).

Zu Absatz 3: Die Regelung, was als unterster Messpunkt für die Ermittlung des Brutto-Rauminhalts (BRI) des Bauwerks gilt, ist in der neuen DIN 277 mit der Aussage zu den „Fundamentplatten" sowie zu den „Dämmschichten" erfreulicherweise eindeutig geklärt worden. Beim untersten Geschoss des Bauwerks gelten als untere Messpunkte für die Ermittlung der Höhen die „Unterkanten von Boden- bzw. Fundamentplatten einschließlich darunter liegender Dämmschichten". Als obere Messpunkte für die Ermittlung der Höhen des untersten Geschosses gelten entsprechend der generellen Regelung in Absatz 2 die „Oberkanten der Deckenbeläge der darüber liegenden Geschossebene".

In der Vorgängerausgabe 2016 war als unterster Messpunkt einschränkend und missverständlich die „Unterseite der Unterböden und Bodenplatten, die nicht der Fundamentierung dienen" festgelegt worden. Es liegt auf der Hand, dass es nicht sachgerecht sein kann, Fundamentplatten – die im Einzelfall durchaus von erheblicher Dicke sein können – im Unterschied zu nichttragenden Bodenplatten bei der Ermittlung des Brutto-Rauminhalts (BRI) unberücksichtigt zu lassen, als ob sie mit den auszuschließenden Einzel- und Streifenfundamenten und Tiefgründungen (siehe Absatz 7, 1. Spiegelstrich) gleichzusetzen wären. Es ist sehr zu begrüßen, dass diese fehlerhafte Formulierung nicht aufrechterhalten worden ist und nun auch geklärt ist, dass unter den Boden- bzw. Fundamentplatten liegende Dämmschichten beim Brutto-Rauminhalt (BRI) berücksichtigt werden.

Zu Absatz 4: Die Aussage für den besonderen Fall, dass Bauwerke oder Bauwerksteile „von nicht senkrechten, nicht waagerechten oder gekrümmten Flächen begrenzt werden", ist in der neuen DIN 277 redaktionell überarbeitet und ergänzt worden. Die Regelung lautet nun, dass „der Rauminhalt entsprechend den tatsächlichen geometrischen Verhältnissen zu ermitteln ist". In der Vorgängernorm war noch vage auf „entsprechende geometrische Formeln" verwiesen worden – welche auch immer das sein sollten.

Zu Absatz 5: Es ist sehr zu begrüßen, dass in der neuen DIN 277 die Regelungen für die Ermittlung der Rauminhalte des Sonderfalls der Raumumschließung (S) völlig neu formuliert, präzisiert und ergänzt worden sind. Bei den bisherigen, nur lückenhaften Formulierungen in der Vorgängerausgabe 2016 waren leider doch sehr viele Fragen offen geblieben. So war es u.a. völlig unklar, ob ein Innenhof, der von mehrgeschossigen Baukörpern umschlossen ist, überhaupt Rauminhalt des Bereichs (S) darstellt und, wenn ja, welche Höhe bei der Ermittlung des Rauminhalts dann maßgebend sein soll.

Die Rauminhalte des Sonderfalls der Raumumschließung (S) werden in Absatz 5, in Absatz 6 und in Absatz 8 behandelt. Insofern ist kritisch anzumerken, dass es für das leichtere Verständnis dieser durchaus nicht einfachen Sachverhalte hilfreich gewesen wäre, diese Regelungen im Normtext zusammenhängend zu platzieren.

Die verschiedenen Anwendungsfälle der Regelungen für den Sonderfall der Raumumschließung (S) sind in den Schemazeichnungen der **Abbildung B 38** skizzenhaft erläutert. Die Regelungen, wie Grundflächen und Rauminhalte für den Bereich (S) normgerecht ermittelt werden sollen, befinden sich naturgemäß an mehreren Stellen der Norm: Bei den allgemeinen Ermittlungsregeln, bei den Regeln für die Brutto-Grundfläche (BGF), die Konstruktions-Grundfläche (KGF) und den Brutto-Rauminhalt (BRI). Um die durchaus nicht einfachen Bezüge der einzelnen Regeln sowie ihre gegenseitigen Abhängigkeiten und Wechselwirkungen besser nachvollziehen zu können, werden in dieser Abbildung alle betreffenden Regelungen aus den Abschnitten 5.7, 6.1, 6.3 und 7.1 im Zusammenhang wiedergegeben und illustriert.

In Absatz 5 geht es um diejenigen Bereiche des Bauwerks, die nicht überdeckt, jedoch umschlossen sind. Bei der Ermittlung der Rauminhalte dieser Sonderfall-Bereiche (S) sind „die Höhen von den Oberkanten der Boden- bzw. Deckenbeläge bis zu den Oberkanten der diesen Grundflächen zugeordneten und sie umschließenden Baukonstruktionen (z.B. Brüstungen, Attiken, Geländer) maßgebend". Wichtig ist bei dieser neuen und klarstellenden Formulierung, dass die umschließenden Baukonstruktionen den Grundflächen dieser Bereiche zugeordnet sein müssen. Das heißt, dass beispielsweise ein Balkon, dem eine Balkonbrüstung als umschließende Baukonstruktion zugeordnet werden kann, Rauminhalt des Bereichs (S) bildet.

Der umgekehrte Fall ist in Absatz 8 gegeben. Dort geht es dann um solche Baukonstruktionen am Bauwerk (z.B. Terrassen), deren Grundfläche nach Abschnitt 6.1, Absatz 7, zwar Brutto-Grundfläche (BGF) des Bereichs (S) darstellen, aber dennoch keinen Rauminhalt bilden, weil sie keine umschließenden Baukonstruktionen (z.B. Brüstungen oder Geländer) aufweisen, die ihnen zugeordnet sind. Das wäre beispielsweise bei einem Innenhof der Fall, der allseits von Baukörpern umschlossen ist, deren Außenwände selbstverständlich vorrangig dem Bauwerk des Bereichs (R) zugeordnet werden und nicht dem Innenhof. Weitere Erläuterungen zu diesen Fällen enthalten die Anmerkungen zu Absatz 8.

Maßgebend für die Höhe des Rauminhalts des Bereichs (S) ist die Höhe der umschließenden Baukonstruktionen. Im Beispiel eines Balkons wird also von der Oberkante des Bodenbelags bis zu der Oberkante der umschließenden Balkonbrüstung gemessen.

Zu Absatz 6: In Absatz 6 werden diejenigen Bereiche des Bauwerks behandelt, die überdeckt, jedoch nicht allseitig umschlossen sind. Bei der Ermittlung der Rauminhalte dieser Sonderfall-Bereiche (S) sind „die Höhen von den Oberkanten der Boden- bzw. Deckenbeläge bis zu den Oberkanten der Überdeckungen (z.B. Decken, Dächer) maßgebend. Im Beispiel eines Balkons, der von einem anderen Balkon in der darüber liegenden Geschossebene überdeckt ist, wird also von der Oberkante des Bodenbelags des Balkons bis zu der Oberkante des Bodenbelags des darüber liegenden Balkons gemessen. Für Balkone, die nicht überdeckt sind, gilt die vorherige Messregel in Absatz 5.

Brutto-Rauminhalt (BRI) für den Bereich (S)

DIN 277, 5.7 – Getrennte Ermittlung entsprechend der Raumumschließung

Grundflächen und Rauminhalte entsprechend unterschiedlicher Raumumschließung getrennt ermitteln

DIN 277, 5.7.1 – Regelfall der Raumumschließung (R)

Grundflächen und Rauminhalte, die

- Nutzungen der Netto-Raumfläche (NRF) nach Tabelle 1 aufweisen
- und bei allen Begrenzungsflächen des Raums vollständig umschlossen sind

DIN 277, 5.7.2 – Sonderfall der Raumumschließung (S)

Brutto-Grundfläche (BGF) – (S)

Brutto-Rauminhalt (BRI) – (S)

Grundflächen und Rauminhalte, die

- Nutzungen der Netto-Raumfläche (NRF) nach Tabelle 1 aufweisen
- und mit dem Bauwerk konstruktiv fest verbunden sind,
- aber nicht bei allen Begrenzungsflächen des Raums vollständig umschlossen sind

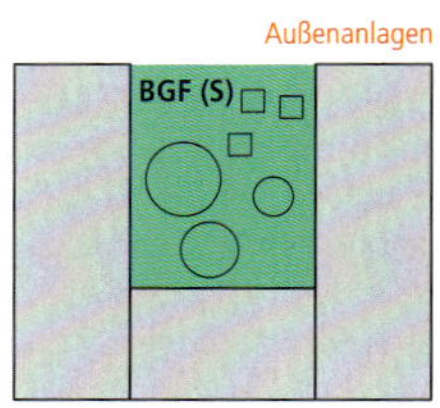

Grundriss

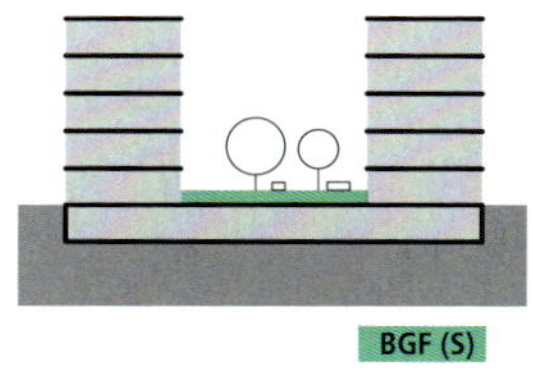

Schnitt

6.1, Abs. 7 – Ermittlung der Brutto-Grundfläche (BGF) – Bereich (S)

Bei der Ermittlung der BGF sind Baukonstruktionen am Bauwerk zu berücksichtigen, wenn sie

- Nutzungen der Netto-Raumfläche (NRF) nach Tabelle 1 aufweisen
- und unterbaut oder mit dem Bauwerk konstruktiv fest verbunden sind
- (gesamte Grundfläche ist BGF – unabhängig davon, ob sie ganz oder teilweise überdeckt ist)

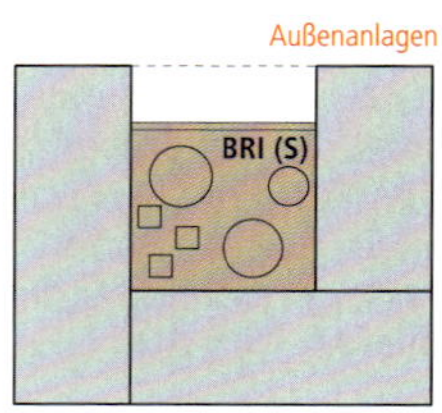

Grundriss

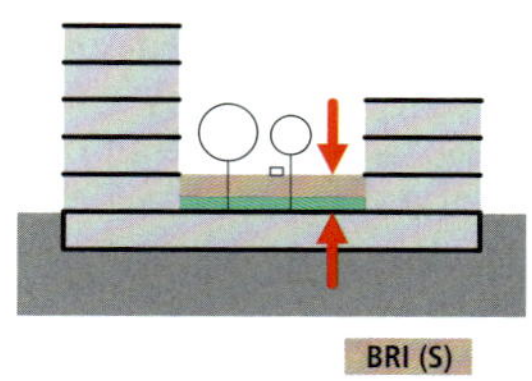

Schnitt

7.1, Abs. 5 – Ermittlung des Brutto-Rauminhalt (BRI) – Bereich (S)

Bei dem BRI von nicht überdeckten, jedoch umschlossenen Bereichen sind anzusetzen

- Höhen von den Oberkanten der Boden- bzw. Deckenbeläge bis zu den Oberkanten der diesen Grundflächen zugeordneten und sie umschließenden Baukonstruktionen

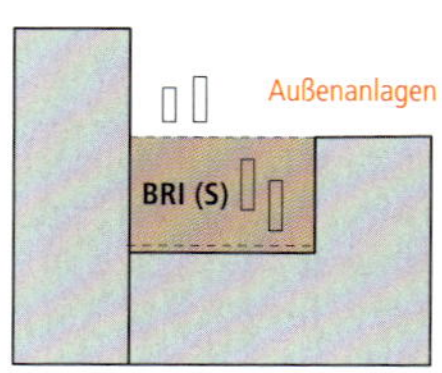

Grundriss

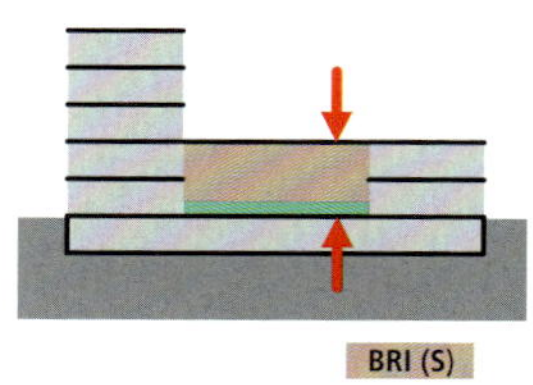

Schnitt

7.1, Abs. 6 – Ermittlung des Brutto-Rauminhalt (BRI) – Bereich (S)

Bei dem BRI von überdeckten, jedoch nicht allseitig umschlossenen Bereichen sind anzusetzen

- Höhen von den Oberkanten der Boden- bzw. Deckenbeläge bis zu den Oberkanten der Überdeckungen

Abbildung B 38: Ermittlung des Brutto-Rauminhalts (BRI) für den Bereich (S)

Brutto-Rauminhalt (BRI) für den Bereich (S)

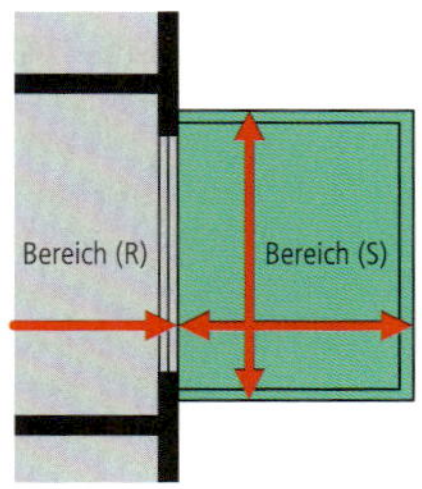

Grundriss Balkon

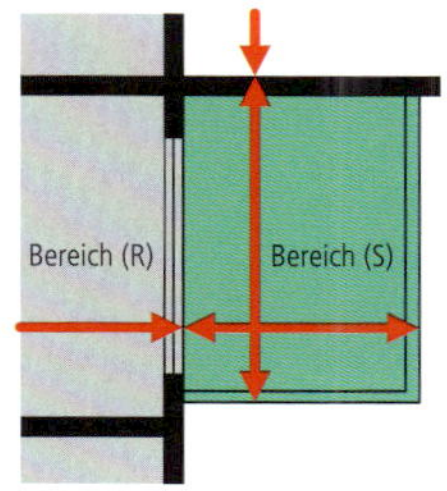

Grundriss Balkon

6.3, Abs. 4 – Ermittlung der Konstruktions-Grundfläche (KGF) – Bereich (S)
Bei der Ermittlung der KGF zuordnen

- zwischen den Bereichen R und S liegende KGF dem Bereich R
- (ausschließlich dem Bereich S zugeordnete KGF dem Bereich S)

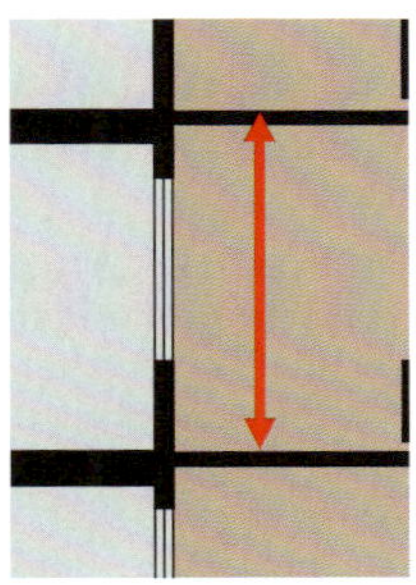

Schnitt Balkon

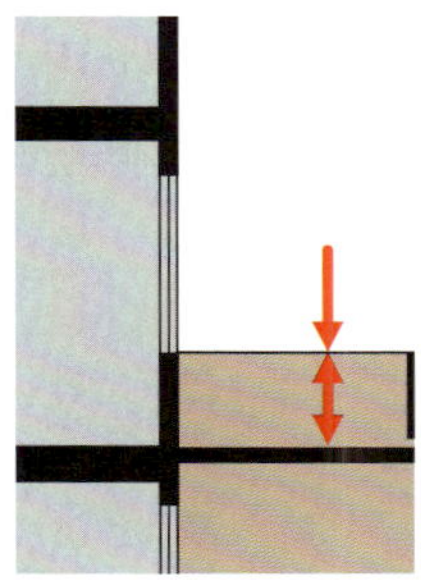

Schnitt Balkon

7.1, Abs. 5 – BRI – Bereich (S)
Bei dem BRI von nicht überdeckten, jedoch umschlossenen Bereichen ansetzen

- Höhen von den Oberkanten der Boden- bzw. Deckenbeläge bis zu den Oberkanten der diesen Grundflächen zugeordneten und sie umschließenden Baukonstruktionen

7.1, Abs. 6 – BRI – Bereich (S)
Bei dem BRI von überdeckten, jedoch nicht allseitig umschlossenen Bereichen ansetzen

- Höhen von den Oberkanten der Boden- bzw. Deckenbeläge bis zu den Oberkanten der Überdeckungen

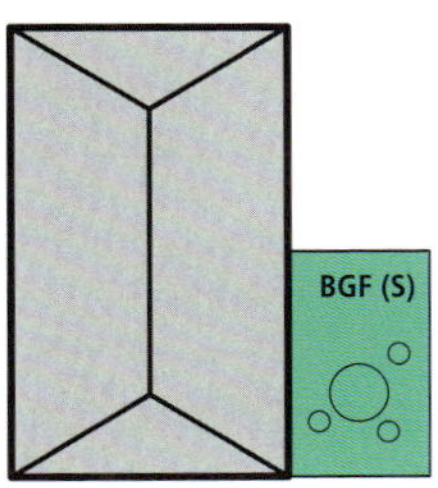

Grundriss

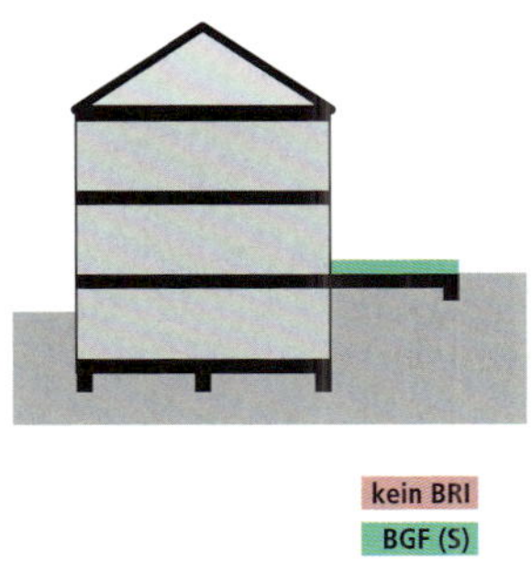

Schnitt

6.1, Abs. 7 – Ermittlung der Brutto-Grundfläche (BGF) – Bereich (S)
Bei der Ermittlung der BGF Baukonstruktionen am Bauwerk berücksichtigen, wenn sie

- Nutzungen der Netto-Raumfläche (NRF) nach Tabelle 1 aufweisen
- und unterbaut oder mit dem Bauwerk konstruktiv fest verbunden sind
- (gesamte Grundfläche unabhängig von einer Überdeckung)

7.1, Abs. 8 – Ermittlung des Brutto-Rauminhalt (BRI) – Bereich (S)
Beim BRI über Brutto-Grundflächen (BGF) von Terrassen, Treppen, Rampen und Höfen nach 6.1, Absatz 7, ergeben sich keine Rauminhalte, wenn

- die Grundflächen (BGF) nicht überdeckt sind
- und keine Baukonstruktionen aufweisen, die diesen Grundflächen (BGF) zugeordnet sind und sie umschließen

Abbildung B 38: Ermittlung des Brutto-Rauminhalts (BRI) für den Bereich (S)

Die besondere Situation, bei der eine Grundfläche eine zugeordnete umschließenden Baukonstruktion und zugleich eine nur teilweisen Überdeckung aufweist, wird in der Norm allerdings nicht angesprochen. Dieser Fall kann beispielsweise bei einem Balkon im obersten Geschoss des Bauwerks auftreten, der von einer Brüstung umschlossen ist, aber durch das auskragende Dach nur teilweise überdeckt wird. In einem solchen Fall muss man wohl die beiden Regelungen der Absätze 5 und 6 kombinieren und bei der BRI-Ermittlung nur im überdeckten Teilbereich die Geschosshöhe ansetzen. Im nicht überdeckten vorderen Bereich des Balkons ist dann ab der vertikalen Projektion der Überdeckung die Brüstungshöhe für die BRI-Ermittlung maßgeblich. Wie bei bei den vielen anderen denkbaren Sonderfällen (z.B. bei einem Balkon im 1. Obergeschoss und einem auskragenden Dach über dem 5. Obergeschoss) zu verfahren wäre, regelt die DIN 277 verständlicherweise nicht.

Hier muss im Einzelfall anhand der konkreten Umstände und Notwendigkeiten des Projekts entschieden werden, wie die generellen Regeln der Norm sinngemäß angewendet werden sollen, um zu sachgerechten und angemessenen Ergebnissen zu kommen (siehe auch Kommentierung zu 7.1, Absatz 7, 4. Spiegelstrich).

Zu Absatz 7: Mit der Formulierung „Nicht zum Brutto-Rauminhalt (BRI) gehören die Rauminhalte folgender Elemente“, wird die Negativliste mit den Elementen eingeleitet, die bei der Ermittlung des Brutto-Rauminhalts (BRI) nicht berücksichtigt werden sollen. Diese Liste ist abgesehen von einzelnen Ergänzungen und Präzisierungen im Wesentlichen gleich geblieben. Die Formulierungen wurden redaktionell an die vorherstehenden Regelungen zu den Grundflächen des Bauwerks angepasst, so dass ein durchgehend gleichartig formuliertes Regelwerk besteht.

Bei den Elementen, die bei der BRI-Ermittlung nicht berücksichtigt werden, handelt es sich um solche Teile des Bauwerks, die für die Gesamtheit der Rauminhalte von untergeordneter Bedeutung sind. Ihr Ausschluss soll vor allem dazu beitragen, die BRI-Ermittlung zu vereinfachen und einen unangemessenen Arbeitsaufwand zu verhindern. Auf die Frage der Verhältnismäßigkeit von Genauigkeit und Aufwand sowie die Rolle des Brutto-Rauminhalts (BRI) als Beurteilungsgröße bei Wirtschaftlichkeitsvergleichen und Kostenermittlungen wurde schon eingangs hingewiesen (siehe Anmerkungen zu Abschnitt 7.1, 1. Absatz).

1. Spiegelstrich: An erster Stelle der Aufzählung stehen in der neuen DIN 277 die „Einzel- und Streifenfundamente, Tiefgründungen“. Es war längst überfällig, den Fehler zu beseitigen, der schon seit der Normausgabe 2005 an dieser Stelle zu erheblichen Missverständnissen und fehlerhaften Ermittlungsergebnissen geführt haben dürfte. Bisher hatte die Formulierung gelautet, dass „Tief- und Flachgründungen“ nicht zum Brutto-Rauminhalt (BRI) gehören. Zusammen mit der unzutreffenden Messregel, die Höhe des Rauminhalts ab der „Unterseite der Unterböden und Bodenplatten, die nicht der Fundamentierung dienen“ zu messen, war die Regelung falsch und irreführend. Dass dieser Sachverhalt nun endlich richtig gestellt worden ist, wurde schon bei der Frage, was der unterste Messpunkt bei der BRI-Ermittlung ist, eingehend erklärt (siehe Anmerkungen zu Abschnitt 7.1, 3. Absatz).

Jetzt ist klar: Bodenplatten und Fundamentplatten (die ja auch „Flachgründungen“ darstellen) gehören einschließlich der darunter liegenden Dämmschichten zum Brutto-Rauminhalt (BRI). Einzelfundamente, Streifenfundamente und Tiefgründungen dagegen werden bei der BRI-Ermittlung nicht berücksichtigt.

2. Spiegelstrich: In allen früheren Normausgaben waren an dieser Stelle nur lapidar von „Lichtschächten“ die Rede, ohne weitere Angabe zur Art, Größe oder Lage dieser Schächte. Die neue DIN 277 sieht nun folgende ergänzte und mit dem allgemein eigeführten „Geringfügigkeitsmaß“ eindeutig präzisierte Regelung vor: „Lichtschächte, Luftschächte und Montageschächte, die außen am Bauwerk liegen, mit einem Volumen von $\leq 1{,}0\ m^3$“ gehören nicht zum Brutto-Rauminhalt (BRI). Diese Regelung muss im Zusammenhang mit allen anderen Regelungen der Norm gesehen werden, in denen Schächte in und am Bauwerk angesprochen werden.

Die innerhalb des Bauwerks liegenden Schächte werden im Abschnitt 6 bei den Grundflächen des Bauwerks behandelt (siehe Abschnitt 6.1, Absatz 3, zur BGF; Abschnitt 6.2, Absatz 6, 4. Spiegelstrich, zur NRF; Abschnitt 6.3, Absatz 3, 4. Spiegelstrich, zur KGF). Zur Klarstellung: Bei den an diesen Fundstellen besprochenen Schächten geht es um „Installations- und Aufzugsschächte", die in jedem Fall zur Brutto-Grundfläche (BGF) gehören und auch Brutto-Rauminhalt (BRI) bilden.

Im Unterschied dazu enthält Abschnitt 6.1, Absatz 6, 7. Spiegelstrich, jedoch eine Regelung für „Flächen in Lichtschächten, Luftschächten und Montageschächten, die außen am Bauwerk liegen". Und diese Schächte gehören – unabhängig von ihrer Größe – ausdrücklich nicht zur Brutto-Grundfläche (BGF).

In der Frage, ob und wann Lichtschächte, Luftschächte und Montageschächte bei der BRI-Ermittlung berücksichtigt werden müssen, ist die Regelung im später folgenden Absatz 9 dieses Abschnitts zu beachten. Im Gegensatz zu den am Bauwerk liegenden kleineren Schächten mit einem Volumen von $\leq 1{,}0\ m^3$ müssen größere Schächte mit einem Volumen $> 1{,}0\ m^3$ sehr wohl bei der Ermittlung des Brutto-Rauminhalts (BRI) berücksichtigt werden. Dies gilt, obwohl diese Schächte gemäß der generellen Regelung für „Lichtschächte, Luftschächte und Montageschächte, die außen am Bauwerk liegen", keine Brutto-Grundfläche (BGF) aufweisen. Auf die besondere Verfahrensweise, die bei der Ermittlung und Dokumentation der Rauminhalte dieser Elemente zu beachten ist, wird noch später eingegangen.

3. Spiegelstrich: „Eingangsüberdachungen" gehören wie bisher unverändert nicht zum Brutto-Rauminhalt (BRI). Auch wenn solche Überdachungen in der Regel mit dem Bauwerk konstruktiv fest verbunden sind, können sie im Hinblick auf eine einfache Ermittlung und einen verhältnismäßigen Aufwand außer Acht gelassen werden. Das gilt natürlich nur dann, wenn die Eingangsüberdachung tatsächlich nur von geringfügiger Bedeutung für die Gesamtheit des Brutto-Rauminhalts (BRI) ist. Im Einzelfall kann es indes durchaus sachgerecht sein, gewisse eingangsüberdeckende Baukonstruktionen bzw. Teile des Bauwerks wie Vorhallen oder Eingangshallen (z.B. Portikus, Söller, Altan) oder auch größere Vordächer anders zu beurteilen, wenn sie hinsichtlich ihres Volumens nicht mehr als nur geringfügig betrachtet werden können.

Wenn größere Vordächer gar Flächen überdecken, die Nutzungen der Netto-Raumfläche (NRF) nach Tabelle 1 aufweisen (z.B. Verkehrsfläche), gehört diese überdeckte Fläche entsprechend der Regelung in Abschnitt 6.1, Absatz 7, zur Brutto-Grundfläche (BGF) des Bereichs (S) und würde entsprechend der Regelung in Absatz 7.1, Absatz 5, auch Brutto-Rauminhalt (BRI) des Bereichs (S) erzeugen.

4. Spiegelstrich: Die Regelung für Dachüberstände ist ebenfalls unverändert geblieben. Die Rauminhalte unter „Dachüberständen, soweit sie nicht Überdeckungen für Rauminhalte des Bereichs (S) nach 5.7.2 darstellen", gehören nicht zum Brutto-Rauminhalt (BRI). Das bedeutet, dass Dachüberstände, unter denen sich keine Grundfläche des Bauwerks befindet, grundsätzlich keinen BRI bilden.

Hinsichtlich der Einschränkung für Rauminhalte des Bereichs (S) gilt es natürlich, die jeweiligen Gegebenheiten dem Sinn der Norm entsprechend zu beurteilen. Nicht jeder Dachüberstand über einer Grundfläche des Bauwerks (z.B. über einem Balkon oder einer Terrasse) erzeugt Rauminhalt, der bei der Ermittlung des Rauminhalts des Bereichs (S) zu berücksichtigen wäre. Auch hier muss danach unterschieden werden, ob der jeweilige Dachüberstand als geringfügig bzw. unbedeutend einzuordnen ist oder nicht. Die Größe und die damit zusammenhängende Wirkung eines Dachüberstands für die darunter liegende Grundfläche des Bauwerks (z.B. im Hinblick auf ihre Nutzung) können Kriterien für eine solche Beurteilung sein (siehe Kommentierung zu 7.1, Absatz 6).

5. Spiegelstrich: Ebenfalls nicht zum Brutto-Rauminhalt (BRI) gehören wie bisher „auskragende Sonnenschutzanlagen". Im Hinblick auf die Gesamtheit der Rauminhalte eines Bauwerks weisen die Konstruktionen solcher Anlagen in der Regel selbst einen geringen und zu vernachlässigenden Rauminhalt aus. Zudem können sie auch über Grundflächen des Bauwerks (z.B. über Balkonen) wohl keinen Rauminhalt bilden, der sinnvollerweise für den Bereich (S) gemäß der Regelung für Dachüberstände von Interesse sein könnte.

6. Spiegelstrich: Bei der Ermittlung des Brutto-Rauminhalts (BRI) werden „Schornsteinköpfe, Lüftungsrohre oder Lüftungsschächte, die über den Dachbelag hinaus reichen", wie nach den früheren Normausgaben üblich, nicht berücksichtigt. Auch wenn sie hier nicht ausdrücklich im Einzelnen aufgeführt sind, gilt dieser Ausschluss auch für andere als die genannten Elemente, insbesondere für Teile der technischen Anlagen, die über den Dachbelag hinaus reichen.

7. Spiegelstrich: Auch die Regelung für Dachaufbauten ist in der neuen DIN 277 ergänzt und neu formuliert worden. Wo bisher nur von „Lichtkuppeln < 1,0 m³" die Rede war, heißt es jetzt eindeutig und präzise, dass die Rauminhalte von „Dachaufbauten (z.B. Dachgauben, Dachoberlichter, Lichtkuppeln) mit einem Volumen von ≤ 1,0 m³" nicht zum Brutto-Rauminhalt (BRI) gehören. Im Umkehrschluss bedeutet diese Aussage, dass Dachaufbauten (z.B. Dachgauben, Dachoberlichter, Lichtkuppeln) mit einem Volumen über dem Geringfügigkeitsmaß von 1,0 m³ bei der Ermittlung des Brutto-Rauminhalts (BRI) berücksichtigt werden müssen.

8. Spiegelstrich: Richtigerweise wurde in der neuen DIN 277 auf eine Formulierung zurückgegriffen, die in früheren Normausgaben enthalten und nach 1987 (!) – aus welchen Gründen auch immer – verschwunden war. Die Aussage, dass „untergeordnete Bauteile wie konstruktive und gestalterische Vorsprünge an Außenwänden (z.B. Lisenen, Pilaster, Gesimse)" nicht zum Brutto-Rauminhalt (BRI) gehören, unterstreicht nochmals die generelle Tendenz der DIN 277, bei der Ermittlung der Rauminhalte die Verhältnismäßigkeit eines dem angestrebten Ermittlungsziel angemessenen Arbeitsaufwands zu wahren. Diese Überlegungen sind schon eingangs bei den Anmerkungen zu Absatz 1 über die Ermittlung von Rauminhalten des Bauwerks näher ausgeführt.

Dass die gewisse Großzügigkeit dieser Regelung – wenn man sie wörtlich nimmt – allerdings nur für die Außenwände gelten soll, ist nicht nachvollziehbar. Hier hätte man sich eine umfassendere Regelung gewünscht, die auch die anderen äußeren Begrenzungsflächen des Bauwerks einbezieht. Auch bei den Gründungsflächen und Dächern gibt es untergeordnete Teile der Baukonstruktionen mit Vor- und Rücksprüngen geringen Ausmaßes, die eine vereinfachte Messung und Ermittlung sinnvoll erscheinen lassen, indem man sich nicht nach dem tatsächlichen Verlauf der betreffenden Flächen richtet, sondern nach einer abstrakten bzw. angemessen definierten Ebene.

Zu Absatz 8: In diesem Absatz der neuen DIN 277 wird ein besonderer Sachverhalt angesprochen, dessen Regelung in der Vorgängerausgabe der Norm schlichtweg unterblieben war. Dadurch waren bei Flächen- und Rauminhaltermittlungen in der Praxis leider immer wieder Probleme und Fehler aufgetreten. Es geht hierbei um die besondere Situation, dass am Bauwerk liegende Baukonstruktionen (z.B. Terrassen, Treppen, Rampen oder Höfe) zwar Brutto-Grundfläche (BGF) aufweisen, über der sich aber kein Brutto-Rauminhalt (BRI) ergibt. Diese Regelung an dieser Stelle steht in direktem Zusammenhang mit der Regelung in Abschnitt 6.1, Absatz 7, über die BGF-Ermittlung dieser Baukonstruktionen am Bauwerk. Dort ist festgelegt, dass Baukonstruktionen am Bauwerk dann zur Brutto-Grundfläche BGF des Sonderfalls der Raumumschließung (S) gehören, wenn sie Nutzungen der Netto-Raumfläche (NRF) nach Tabelle 1 aufweisen und unterbaut oder mit dem Bauwerk konstruktiv fest verbunden sind.

Für diese Baukonstruktionen am Bauwerk wird nun im vorliegenden Absatz festgelegt, dass „über Brutto-Grundflächen (BGF) von Terrassen, Treppen, Rampen und Höfen nach 6.1, Absatz 2 sich keine Rauminhalte ergeben, wenn sie nicht überdeckt sind und keine Baukonstruktionen aufweisen, die diesen Grundflächen zugeordnet sind und sie umschließen (z.B. Brüstungen, Geländer)". (Anmerkung: Der in der Norm angegebene Bezug auf „6.1, Absatz 2", ist fehlerhaft, der richtige Bezug muss „6.1, Absatz 7" lauten.) Diese Regelung kommt beispielsweise bei einem nicht überdeckten Innenhof zum Tragen, der zwar allseits von Baukörpern umschlossen ist, aber keine anderen eigenen Baukonstruktionen (z.B. Brüstungen, Geländer) aufweist, die ihm zugeordnet werden können. Es liegt bei diesem Beispiel auf der Hand, dass die Außenwände der umschließenden Baukörper selbstverständlich vorrangig den Grundflächen und Rauminhalten des zu Bereich (R) gehörenden Bauwerks zugeordnet werden müssen und nicht dem Innenhof, dessen Grundfläche zum Bereich (S) zählt.

Bei einer anderen Fallgestaltung würde sich jedoch ein anderes Ergebnis einstellen: Zum Beispiel bei einem nicht überdeckten Vorhof, der als Eingangs- und Aufenthaltsfläche dient sowie vom Bauwerk unterbaut und zum Teil von diesem Bauwerk z.B. durch zwei Baukörper) umschlossen wird, und der an den nicht vom Bauwerk umschlossenen Seiten durch Brüstungen und Geländer begrenzt wird, ergibt sich doch Brutto-Rauminhalt (BRI) des Sonderfalls (S). Nach der Regelung in Abschnitt 6.1, Absatz 7 gehört die Grundfläche dieses Innenhofs zur Brutto-Grundfläche (BGF) des Bereichs (S) und bildet entsprechend der Regelung in Abschnitt 7.1, Absatz 5 Brutto-Rauminhalt (BRI) des Bereichs (S). Für die Höhe des Rauminhalts sind die diesem Innenhof zugeordneten und ihn umschließenden Brüstungen und Geländer entsprechend ihrer Höhe maßgebend.

Zu Absatz 9: Ein weiterer besonderer Sachverhalt, der nicht geregelt war, wird in diesem Absatz der neuen DIN 277 angesprochen. Es geht hierbei um die Bereiche des Bauwerks, die zwar Brutto-Rauminhalt (BRI) darstellen, aber keine Brutto-Grundfläche (BGF) aufweisen. In Abschnitt 6.1 ist im Einzelnen geregelt, wie die Brutto-Grundfläche (BGF) normgerecht ermittelt werden soll, welche Elemente dabei zu berücksichtigen sind und welche Flächen nicht zur BGF gehören. In der vorliegenden Regelung werden nun die Bereiche angesprochen, die nach Abschnitt 6.1 nicht zur Brutto-Grundfläche (BGF) gehören, aber bei der Ermittlung des Brutto-Rauminhalts (BRI) dennoch berücksichtigt werden sollen. Als Beispiele für solche besonderen Bereiche des Bauwerks werden „Hohlräume in Kaltdachkonstruktionen, Kriechgänge sowie außen am Bauwerk liegende Licht-, Luft- und Montageschächte mit einem Volumen von > 1,0 m³" genannt. Zweifellos können diese Bereiche bei vielen Objekten durchaus ein nicht unerhebliches Volumen ausmachen, so dass es geboten sein kann diese Rauminhalte im Hinblick auf Wirtschaftlichkeitsvergleiche und Kostenermittlungen nicht zu vernachlässigen.

Weil die Rauminhalte, die keine BGF aufweisen, unter Umständen anders beurteilt werden müssen als die „normalen" Rauminhalte des Bauwerks, sieht die DIN 277 vor, dass sie „getrennt zu ermitteln sind". Eine getrennte Ermittlung der betreffenden Werte soll dazu beitragen, die Dokumentation der Rauminhalte transparent und nachvollziehbar zu gestalten. Mit der weiteren Aussage, die Rauminhalte dieser Bereiche „den angrenzenden Geschossen zuzuordnen", ist offensichtlich gemeint, dass beispielsweise der Rauminhalt eines Kriechgangs dem darüber liegenden Kellergeschoss zugeordnet wird oder der Hohlraum innerhalb einer Kaltdachkonstruktion dem darunter liegenden Obergeschoss. Bei dieser Festlegung kann es sich freilich nur um eine Empfehlung handeln, da die Frage, wie eine Flächen- und Rauminhaltermittlung aufgebaut und gegliedert werden muss, nur im Einzelfall entsprechend den spezifischen Gegebenheiten oder Erfordernissen des jeweiligen Bauprojekts entschieden werden kann.

► *Zu 7.2 Netto-Rauminhalt (NRI)*

Die Regeln zur Abgrenzung und zur Ermittlung des Netto-Rauminhalts (NRI) sind bei der Neufassung der DIN 277 im Wesentlichen unverändert geblieben und wurden lediglich redaktionell überarbeitet. Der Abschnitt 7.2 ist in der Norm wie bisher ausgesprochen kurz gehalten, da es beim Netto-Rauminhalt (NRI) um einen Regelungsbereich geht, der als weniger wichtig anzusehen ist und eher der Systematik und der Vollständigkeit halber in der Norm behandelt wird.

Für die praktische Arbeit kommt dem Netto-Rauminhalt (NRI) im Vergleich zum Brutto-Rauminhalt (BRI) eine geringere Bedeutung zu. Nur bei einigen technischen Berechnungen z.B. für raumlufttechnische Anlagen wird für die speziellen Bereiche des Bauwerks auf den Netto-Rauminhalt (NRI) Bezug genommen. Auch bei einem Objektvergleich anhand der Planungsdaten und bei Kostenermittlungen spielt der Netto-Rauminhalt (NRI) kaum eine Rolle. Aus diesen Gründen kann dieser Bereich der DIN 277 auch in der vorliegenden Kommentierung vergleichsweise kursorisch behandelt werden. Die Regeln für den Netto-Rauminhalt (NRI) ergeben sich ohnehin folgerichtig aus den Regelungen für den Brutto-Rauminhalt (BRI) und die Grundflächen des Bauwerks, so dass sie auch ohne umfangreichere Erläuterungen des Normtextes nachvollziehbar sind.

Zu Absatz 1: Die Aussage, dass „zum Netto-Rauminhalt (NRI) die Rauminhalte aller Räume des Bauwerks gehören, deren Grundflächen zur Netto-Raumfläche (NRI) gehören" wiederholt im Prinzip die Begriffsbestimmung in Abschnitt 3.9. Dort wird der Netto-Rauminhalt (NRI) als der „Anteil des Brutto-Rauminhalts (BRI)" definiert, „der das Volumen über der Netto-Raumfläche (NRF) umfasst".

Zu Absatz 2: Als Volumina, die bei der Ermittlung des Netto-Rauminhalts (NRI) außer Betracht bleiben, sind die Rauminhalte zu zählen, „die zwischen Teilen der Baukonstruktionen eingeschlossen sind (z.B. die Rauminhalte über abgehängten Decken, innerhalb von Doppelböden und in mehrschaligen Fassaden) sowie die Rauminhalte von Installationskanälen und Installationsschächten mit einem lichten Querschnitt < 1,0 m²". Diese Formulierung nimmt Bezug auf die Regelungen über die nicht zur BGF gehörenden Flächen in Abschnitt 6.1,

Absatz 6 sowie über die Grundflächen von nicht zur NRF zählenden Installations- und Aufzugsschächten geringer Größe in Abschnitt 6.2, Absatz 6, sowie Abschnitt 6.3, Absatz 3. Bei dieser Negativ-Abgrenzung werden damit nur solche Rauminhalte genannt, bei denen der Ausschluss schon aufgrund ihrer in der Regel geringen Dimension evident ist.

Dagegen sind mit den aufgeführten Beispielen nicht die Rauminhalte über Flächen eines Bauwerks gemeint, die gemäß Abschnitt 6.1, Absatz 6, 5. Spiegelstrich, nicht zur Brutto-Grundfläche (BGF) gehören: „Flächen in Dachräumen, die keinen Zugang haben, nicht begehbar oder aus anderen Gründen nicht nutzbar sind". Auch wenn die Rauminhalte über solchen Flächen durchaus ein größeres Volumen einnehmen können (siehe Anmerkungen zu Abschnitt 4.7.1) werden diese Rauminhalte der nicht nutzbaren Dachräume genauso wie die zwischen Baukonstruktionen eingeschlossenen Rauminhalte dem Konstruktions-Rauminhalt (KRI) zugerechnet.

Zu Absatz 3: Der Netto-Rauminhalt (NRI) wird – wie es schon die Begriffsbestimmung ausdrückt – aus den Netto-Raumflächen (NRI) und den jeweiligen lichten Raumhöhen ermittelt. Insofern ist der Hinweis auf die Ermittlung des Brutto-Rauminhalts (BRI) – „sinngemäß nach 7.1" an dieser Stelle missverständlich, da der Brutto-Rauminhalt (BRI) mit den Geschosshöhen ermittelt wird.

Zu Absatz 4: Rauminhalte von Dachaufbauten mit einem Volumen von $\leq 1{,}0\ m^3$ bleiben entsprechend Abschnitt 7.1, Absatz 7, 7. Spiegelstrich bei der Ermittlung des Brutto-Rauminhalts (BRI) außer Betracht. Da dementsprechend Dachaufbauten mit einem Volumen von $> 1{,}0\ m^3$ zum Brutto-Rauminhalt (BRI) gehören, ist an dieser Stelle folgerichtig geregelt, dass diese Dachaufbauten (z.B. Dachgauben, Dachoberlichter, Lichtkuppeln) mit einem Volumen $> 1{,}0\ m^3$ auch bei der Ermittlung des Netto-Rauminhalts (NRI) zu berücksichtigen sind.

► *Zu 7.3 Konstruktions-Rauminhalt (KRI)*

Die Regelungen zur Ermittlung des Konstruktions-Rauminhalts (KRI) ergeben sich folgerichtig aus den Regelungen für den Brutto-Rauminhalt (BRI), für den Netto-Rauminhalt (NRI) und für die Grundflächen des Bauwerks und sind im Großen und Ganzen auch ohne umfangreichere Erläuterung des Normtextes nachvollziehbar, so dass sie auch in der vorliegenden Kommentierung kursorisch behandelt werden können.

Ohnehin ist der Konstruktions-Rauminhalt (KRI), mit dem das Volumen der Baukonstruktionen des Bauwerks beschrieben wird, eher nur als rechnerische Größe zu verstehen, die sich aus der Subtraktion von Brutto-Rauminhalt (BRI) und Netto-Rauminhalt (NRI) ergibt. So gesehen sprechen eigentlich nur formale Gründe dafür, in der Norm den Konstruktions-Rauminhalt (KRI) der Vollständigkeit halber zu benennen. Für die Praxis hat er aber sowohl bei Objektvergleichen anhand der Planungsdaten als auch bei Kostenermittlungen keine Bedeutung.

Zu Absatz 1: Die Feststellung, dass „zum Konstruktions-Rauminhalt (KRI) die Rauminhalte aller Baukonstruktionen des Bauwerks gehören" deckt sich mit der Begriffsbestimmung für den Konstruktions-Rauminhalt (KRI) in Abschnitt 3.10 als der „Anteil des Brutto-Rauminhalts (BRI), der das Volumen der Baukonstruktionen des Bauwerks umfasst". Diese Formulierungen klingen auf den ersten Blick klar und selbstverständlich. Gleichwohl darf man den Ausdruck „Rauminhalte aller Baukonstruktionen" nicht uneingeschränkt wörtlich nehmen. Zweifellos gehören die Baukonstruktionen von Elementen, die nach Abschnitt 7.1, Absatz 7 beim Brutto-Rauminhalt (BRI) ausgeschlossen werden (z.B. Einzel- und Streifenfundamente, Tiefgründungen, Lichtschächte, Eingangsüberdachungen, Dachüberstände), ebenfalls nicht zum Konstruktions-Rauminhalt (KRI).

Andererseits ist jedoch zu beachten, dass dem Konstruktions-Rauminhalt (KRI) im Einzelfall auch solche Volumina eines Bauwerks zuzurechnen sind, die keine Baukonstruktionen im eigentlichen Sinn darstellen, wie es im folgenden Absatz festgelegt ist.

Zu Absatz 2: Aus der Negativ-Aufzählung der nicht zum Netto-Rauminhalt (NRI) gehörenden Rauminhalte, die zwischen Teilen der Baukonstruktionen eingeschlossen sind, (Abschnitt 7.2, Absatz 2), wird hier in der direkten Umkehr die Positiv-Aufzählung der betreffenden Rauminhalte, die dem Konstruktions-Rauminhalt (KRI) angehören (z.B. Rauminhalte über abgehängten Decken innerhalb von Doppelböden und in mehrschaligen Fassaden). Auch die schon verschiedentlich angesprochenen besonderen

Rauminhalte, die sich über den gemäß Abschnitt 6.1, Absatz 6, 5. Spiegelstrich nicht zur Brutto-Grundfläche (BGF) gehörenden Flächen befinden, gilt es zu beachten: Rauminhalte über Flächen in Dachräumen, die keinen Zugang haben, nicht begehbar oder aus anderen Gründen nicht nutzbar sind, werden dem Konstruktions-Rauminhalt (KRI) zugerechnet. Es empfiehlt sich allerdings, diese speziellen Rauminhalte in der Gesamtzusammenstellung der Flächen und Rauminhalte ggf. getrennt auszuweisen, um die Ergebnisse der Ermittlung besser nachvollziehen zu können.

Zu Absatz 3: Die unverändert in die neue DIN 277 übernommene Formulierung, dass „der Konstruktions-Rauminhalt (KRI) aus den Abmessungen aller Baukonstruktionen, die den Netto-Rauminhalt (NRI) umschließen, zu ermitteln ist“, macht aus der Inhaltsbestimmung des 1. Absatzes lediglich eine Messregel. Ernsthaft betrachtet, wird diese Regel praktisch aber nicht zum Tragen kommen, da der Konstruktions-Rauminhalt (KRI) generell nach der vereinfachten Regel im folgenden Absatz ermittelt wird.

Zu Absatz 4: Ebenfalls unverändert wird weiterhin die alternative Verfahrensweise eingeräumt, den Konstruktions-Rauminhalt (KRI) in vereinfachter Weise zu ermitteln, das heißt nicht „aus den Abmessungen aller Baukonstruktionen“, sondern als „Differenz aus dem Brutto-Rauminhalt (BRI) und dem Netto-Rauminhalt (NRI)“. Diese vereinfachte Ermittlung ist absolut gerechtfertigt, weil die Größe des Konstruktions-Rauminhalt (KRI), genauso wie bei der Konstruktions-Grundfläche (KGF) in Abschnitt 6.3, Absatz 2, ausgeführt, bei der primären Aufgabe der DIN 277, Grundlagen für einen Vergleich von Bauwerken und für die Ermittlung der Kosten zu schaffen (siehe Abschnitt 1), kaum eine Bedeutung haben dürfte.

8 Ermittlung von Grundflächen des Grundstücks

8.1 Grundstücksfläche (GF)

Die Grundstücksfläche (GF) ist aus den Abmessungen innerhalb der Grundstücksgrenzen zu ermitteln oder entsprechend dem Liegenschaftskataster oder dem Grundbuch anzugeben.

Die Grundflächen des Grundstücks sind in einer horizontalen Ebene oder durch vertikale Projektion auf eine horizontale Ebene zu ermitteln.

8.2 Bebaute Fläche (BF)

Die Bebaute Fläche (BF) ist aus den Abmessungen der Teilflächen der Grundstücksfläche (GF) zu ermitteln, die durch Bauwerke oberhalb der Geländeoberfläche überbaut bzw. überdeckt oder durch Bauwerke unterhalb der Geländeoberfläche unterbaut sind.

Bei Bedarf können diese Teilflächen gesondert als BF 1 (überbaute Fläche) und BF 2 (unterbaute Fläche) ausgewiesen werden.

Bei der Ermittlung der Bebauten Fläche (BF) bleiben die in 6.1 aufgeführten und nicht zur Brutto-Grundfläche (BGF) gehörenden Elemente unberücksichtigt.

8.3 Unbebaute Fläche (UF)

Die Unbebaute Fläche (UF) ist aus den Abmessungen der Teilflächen der Grundstücksfläche (GF) zu ermitteln, die nicht durch Bauwerke überbaut bzw. überdeckt oder unterbaut sind.

Anstelle einer Ermittlung anhand der einzelnen Abmessungen der Fläche kann die Unbebaute Fläche (UF) als Differenz aus der Grundstücksfläche (GF) und der Bebauten Fläche (BF) ermittelt werden.

8.4 Außenanlagenfläche (AF)

Die Außenanlagenfläche (AF) ist aus den Abmessungen der Teilflächen der Grundstücksfläche (GF) zu ermitteln, die sich außerhalb des Bauwerks oder bei einer Unterbauung der Grundstücksfläche (GF) über dem Bauwerk befinden.

Dazu gehören auch solche Flächen des Grundstücks, die außerhalb des Bauwerks liegen und von Teilen des Bauwerks (z. B. Vordächer, auskragende Baukörper) überdeckt werden.

Bei Bedarf kann die Außenanlagenfläche (AF) in Teilflächen entsprechend der Kostengruppe 500 nach DIN 276 untergliedert werden.

Begrünte Dachflächen, die sich oberhalb der Oberfläche des Grundstücks befinden, gehören nicht zu der Außenanlagenfläche (AF), sondern zum Bauwerk. Das gilt sowohl für genutzte als auch für ungenutzte Dachflächen.

► *Zu 8 Ermittlung von Grundflächen des Grundstücks*

Die Regelungen über die Grundflächen des Grundstücks waren 2016 in die DIN 277-1 neu aufgenommen worden. Die Zusammenhänge mit der DIN EN 15221-6 [104] und der Ausgabe 1973 der DIN 277 [135] sind in den Anmerkungen zu den Abschnitten 3.11 bis 3.14 über die Begriffe und die Begriffsbestimmungen dieses Bereichs schon eingehend behandelt worden. In der neuen DIN 277 wurden die Regelungen über die Grundflächen des Grundstücks zwar redaktionell stark überarbeitet, um die Formulierungen dem Duktus der übrigen Norminhalte anzupassen. Auf die Ergebnisse der Flächenermittlungen hat dies aber keinen Einfluss.

Die Ermittlungsregeln sind im Vergleich zu den anderen Norminhalten verhältnismäßig kurz gefasst und wenig differenziert. Insofern kann der Eindruck entstehen, dass die Regelungen über die Grundflächen des Grundstücks auch weiterhin nur einen ersten Schritt in der Entwicklung des Themas „Grundstücksflächen" in der DIN 277 darstellen. Es bleibt abzuwarten, ob und wie diese Regelungen im Bauwesen aufgegriffen und angewendet werden. Dann könnte unter Umständen zu einem späteren Zeitpunkt in einem nächsten Schritt die Regelungen aufgrund der gewonnenen praktischen Erfahrungen weiter differenziert werden.

Vor diesem Hintergrund soll es in der vorliegenden Kommentierung genügen, die einzelnen Grundflächen und die zugehörigen Ermittlungsregeln kursorisch zu behandeln und nur auf die Punkte näher einzugehen, die über den weitgehend selbsterklärenden Normtext hinaus ggf. einer Erläuterung bedürfen. Die Abgrenzungen der Grundflächen des Grundstücks untereinander werden in der Schemazeichnung der **Abbildung B 39** sowie im Praxisbeispiel eines Büro- und Ausstellungsgebäudes in **Abbildung B 40** im Bild erläutert.

In den Anmerkungen zu den Abschnitten 3.11 bis 3.14 über die Begriffe und die Begriffsbestimmungen ist schon darauf hingewiesen worden, dass für Grundflächen des Grundstücks auch in anderen Vorschriften Regelungen bestehen, die durchaus mit den Regelungen der DIN 277 in gewisser Weise konkurrieren. Bei der Formulierung der DIN 277 ist jedoch – wie schon bei der DIN EN 15221-6 [104] – darauf geachtet worden, dass keine begrifflichen Überschneidungen entstehen.

Die Baunutzungsverordnung (BauNVO) [309] legt beispielsweise für die Bestimmungen zum Maß der baulichen Nutzung von Grundstücken die Grundstücksfläche zugrunde, insbesondere bei den Regelungen zur „Grundflächenzahl" und zur „zulässigen Grundfläche" sowie zu den „überbaubaren Grundstücksflächen". Auf die unterschiedlichen Anwendungsbereiche und Zielsetzungen der verschiedenen Vorschriften ist bereits in den Anmerkungen zu Abschnitt 1 hingewiesen worden. Die Begriffe und Regelungen der Baunutzungsverordnung folgen ausschließlich planungsrechtlichen Gesichtspunkten und dienen dementsprechend öffentlich – rechtlichen Bewertungen. Demgegenüber verfolgt die DIN 277 vorrangig baufachliche und ökonomische Ziele und legt deshalb in erster Linie technisch bestimmte Begriffe und Ermittlungsregeln vor. Bei der praktischen Anwendung der Vorschriften ist dies ausdrücklich zu berücksichtigen.

► *Zu 8.1 Grundstücksfläche (GF)*

Die Grundstücksfläche (GF) ist in Abschnitt 3.11 als „Gesamtheit der Grundflächen eines Grundstücks, die sich in Bebaute Fläche (BF) und Unbebaute Fläche (UF) gliedert", definiert. Da diese doch recht magere Aussage ausschließlich den Aspekt der Flächengliederung anspricht, ist es sicher hilfreich, diese Passage für die Grundstücksfläche auch in Verbindung mit den korrespondierenden Aussagen der DIN 276 sehen. Dort wird die Kostengruppe 100 Grundstück folgendermaßen definiert: „Kosten der für das Bauprojekt vorgesehenen Fläche eines oder mehrerer im Grundbuch und im Liegenschaftskataster ausgewiesenen Grundstücke". Dadurch wird schon mit der Definition der Bezug zu den rechtlichen Grundlagen hergestellt, die für das Grundstück maßgeblich sind. Ferner wird klar, dass es bei der Grundstücksfläche um die gesamte Fläche geht, die für das Bauwerk und die Außenanlagen eines Bauprojekts vorgesehen ist – unabhängig davon, ob diese Fläche grundbuchrechtlich ein oder mehrere Grundstücke umfasst.

Zu Absatz 1: Zur Ermittlung der Grundstücksfläche GF) legt die DIN 277 fest, dass sie wahlweise entweder „aus den Abmessungen innerhalb der Grundstücksgrenzen zu ermitteln ist oder entsprechend dem Liegenschaftskataster oder dem Grundbuch anzugeben ist".

Was die tatsächliche Größe der Grundstücksfläche (GF) angeht, ist zu beachten, dass die aus den Abmessungen innerhalb der Grundstücksgrenzen ermittelte Fläche durchaus von der im Grundbuch oder im Liegenschaftskataster angegebenen Flächengröße abweichen kann. Dies gilt insbesondere für ältere Angaben in den amtlichen Dokumenten, da die Flächengrößen mittlerweile durch genauere elektronische und satellitengestützte Messverfahren ermittelt werden. Die Abweichungen, die bei dieser Verfahrensweise gegenüber früheren Angaben entstehen, werden von den Katasterämtern ausgeglichen, so dass bei einer neuen oder aktualisierten Vermessung für die tatsächliche Größe letztendlich die vom Katasteramt in der Fortführungsmitteilung festgestellte Flächenangabe maßgeblich ist.

Zu Absatz 2: Bei der Neufassung der DIN 277 ist die Regelung über die Messverfahren bei den Grundflächen des Grundstücks mit dem gleichen Wortlaut aus dem Abschnitt 5.4 an diese Stelle verschoben worden: „Die Grundflächen des Grundstücks sind in einer horizontalen Ebene oder durch vertikale Projektion auf eine horizontale Ebene zu ermitteln."

Damit gilt auch bei der Ermittlung von Grundflächen des Grundstücks die gleiche Regelung für die zu verwendenden Maße wie bei den Grundflächen des Bauwerks: Soweit es sich um ein ebenes Grundstück mit waagrechter Oberfläche handelt, werden die tatsächlichen Maße verwendet, bei einer schräg verlaufenden Grundstücksoberfläche die Maße, die sich durch die vertikale Projektion auf eine horizontale Ebene ergeben.

► *Zu 8.2 Bebaute Fläche (BF)*

Der Begriff „Bebaute Fläche (BF)" wird in Abschnitt 3.12 als „Anteil der Grundstücksfläche (GF), der durch ein Bauwerk oberhalb der Geländeoberfläche überbaut oder überdeckt oder unterhalb der Geländeoberfläche unterbaut ist" definiert. Diese inhaltliche Abgrenzung in der DIN 277 entspricht weitgehend der Definition der „Grundfläche" nach der Baunutzungsverordnung (BauNVO) [309]. Zu beachten ist, dass bei Flächenermittlungen nach BauNVO außer den Bauwerken auch Stellplätze, Zufahrten und Nebenanlagen erfasst werden, die bei der Ermittlung nach DIN 277 außer Betracht bleiben können.

Zu Absatz 1: Die Definition findet sich nahezu wortgleich in der Messregel wieder, dass „die Bebaute Fläche (BF) aus den Abmessungen der Teilflächen der Grundstücksfläche (GF) zu ermitteln ist, die durch Bauwerke oberhalb der Geländeoberfläche überbaut bzw. überdeckt oder durch Bauwerke unterhalb der Geländeoberfläche unterbaut sind".

In dieser Messregel werden mit den Flächen oberhalb und unterhalb der Geländeoberfläche zwei Flächenkategorien unterschieden. Messtechnisch müssen genau genommen aber drei Kategorien unterschieden werden:

1. Beim Bauwerk, das die Geländeoberfläche überbaut, wird die Brutto-Grundfläche (BGF) des Bauwerks in der Ebene der Geländeoberfläche der Bebauten Fläche (BF) zugerechnet;
2. Bei den Bauwerksteilen, durch die die Grundstücksfläche (GF) überdeckt wird, werden die Flächen gemessen und zugerechnet, die durch Projektion ihrer Außenkanten von oben auf die Geländeoberfläche gebildet werden;
3. Bei den Bauwerksteilen, durch die die Grundstücksfläche (GF) unterbaut wird, werden die Flächen gemessen und zugerechnet, die durch Projektion ihrer Außenkanten von unten auf die Geländeoberfläche gebildet werden.

Bei einer solchen Untergliederung der Grundstücksfläche (GF), wäre im Übrigen auch die Ermittlung der Außenanlagenfläche (AF) rechnerisch einfacher und übersichtlicher durchzuführen.

Als „Überdeckung" im Sinne dieser Regelung sind Bauwerksteile wie beispielsweise überkragende Baukörper oder auskragende Vordächer zu verstehen. Die „Eingangsüberdachungen" (siehe Abschnitt 7.1, Absatz 7, 7. Spiegelstrich), die bei der Ermittlung des Brutto-Rauminhalts (BRI) nicht berücksichtigt werden, können auch hier außer Betracht bleiben, da sie von geringfügiger Bedeutung für die Gesamtheit des Brutto-Rauminhalts (BRI) und folglich auch für die Bebaute Fläche (BF) sind. Größere Eingangsüberdachungen, deren Volumen nicht mehr als nur geringfügig anzusehen ist (z. B. Vorhallen, Vordächer), müssen jedoch dem Brutto-Rauminhalt (BRI) zugerechnet werden. Sie gehören somit selbstverständlich zum Bauwerk und zur Bebauten Fläche (BF).

DIN 277, 8 – Ermittlung der Grundflächen des Grundstücks

- 8.1 Grundstücksfläche GF)
- 8.2 Bebaute Fläche (BF) — Überbaute Fläche (BF1) — Unterbaute Fläche (BF2)
- 8.3 Unbebaute Fläche (UF)
- 8.4 Außenanlagenfläche (AF)

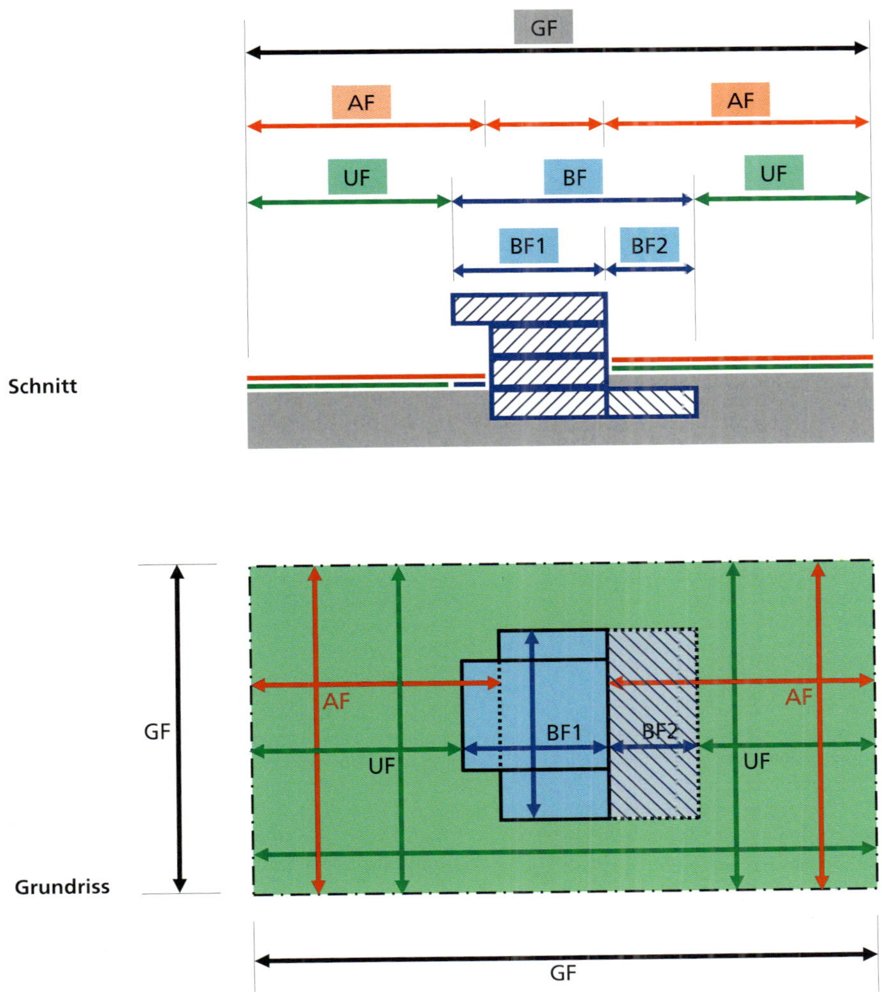

Abbildung B 39: Ermittlung der Grundflächen des Grundstücks

Maßgeblich für die Ermittlung der Bebauten Fläche (BF) sind die äußeren Abmessungen der Bauwerke bzw. der betreffenden Bauwerksteile, wie sie bei der Brutto-Grundfläche (BGF) entsprechend Abschnitt 6.1 ermittelt werden.

Zu Absatz 2: Bei der Bebauten Fläche (BF) wird die Möglichkeit einer weiteren Unterteilung aufgezeigt. Die Bebaute Fläche (BF) kann bei Bedarf in folgende Teilflächen unterteilt werden:

1. Bebaute Fläche 1 (BF 1)
   Anteil der Grundstücksfläche (GF), der durch Bauwerke oberhalb der Geländeoberfläche überbaut bzw. überdeckt ist;
2. Bebaute Fläche 2 (BF 2)
   Anteil der Grundstücksfläche (GF), der durch Bauwerke unterhalb der Geländeoberfläche unterbaut ist.

Diese Unterteilung in zwei Untergruppen der Bebauten Fläche (BF) entspricht der Definition. Die Anteile der Grundstücksfläche (GF), die oberhalb der Geländeoberfläche liegen durch Bauwerke überbaut und überdeckt sind, werden in einer Untergruppe zusammengefasst, obgleich eine Unterteilung in drei Gruppen, wie oben dargestellt, eine transparentere Untergliederung der Grundstücksfläche (GF) ermöglichen würde.

Ein Hinweis noch: Mit der Bebauten Fläche 2 (BF 2), bei der unter der Geländeoberfläche liegende Bauwerke oder Bauwerksteile zumeist durch begrünte Flächen bedeckt sind, dürfen begrünte Dachflächen, die sich oberhalb der Geländeoberfläche auf dem Bauwerk befinden, keinesfalls verwechselt werden. Diese Unterscheidung wird in Abschnitt 8.4, Absatz 4, nochmals gesondert angesprochen und dadurch ausdrücklich unterstrichen.

Zu Absatz 3: Bei der Ermittlung der Bebauten Fläche (BF) nimmt die DIN 277 Bezug auf die in Abschnitt 6.1 wiedergegebenen Ermittlungsregeln: Die dort aufgeführten und nicht zur Brutto-Grundfläche (BGF) gehörenden Elemente bleiben bei der Ermittlung der Bebauten Fläche (BF) unberücksichtigt. Selbstverständlich betrifft dies nur den Teil der dort genannten Flächen (z.B. Terrassen, Treppen, Rampen, Höfe), die an das Bauwerk anschließen, aber nicht mit ihm konstruktiv fest verbunden sind. Diese Baukonstruktionen bzw. Elemente sind für die Ermittlung der Bebauten Fläche (BF) nicht relevant.

Die Baukonstruktionen, die bei der Ermittlung der Bebauten Fläche (BF) unberücksichtigt bleiben können, entsprechen – außer den schon oben diskutierten Überdeckungen – im Großen und Ganzen den untergeordneten Flächen und Elementen, die nicht nur bei der Ermittlung der Brutto-Grundfläche (BGF) außer Betracht bleiben, sondern auch bei der Ermittlung des Brutto-Rauminhalts gemäß Abschnitt 7.1.

► *Zu 8.3 Unbebaute Fläche (UF)*

Die „Unbebaute Fläche (UF)“ wird in Abschnitt 3.13 als „Anteil der Grundstücksfläche (GF), der nicht durch ein Bauwerk oberhalb der Geländeoberfläche überbaut oder überdeckt oder unterhalb der Geländeoberfläche unterbaut ist“, definiert. Daraus ergibt sich, dass die Unbebaute Fläche (UF) und die Bebaute Fläche (BF) zusammen die gesamte Grundstücksfläche (GF) bilden.

Zu Absatz 1: Auch in diesem Absatz entspricht die Messregel – wenn auch etwas verkürzt formuliert – der Definition, wenn es heißt, dass „die Unbebaute Fläche (UF) aus den Abmessungen der Teilflächen der Grundstücksfläche (GF) zu ermitteln ist, die nicht durch Bauwerke überbaut bzw. überdeckt oder unterbaut sind“.

Maßgeblich für die Ermittlung sind wie schon bei der Bebauten Fläche (BF) die äußeren Abmessungen der Bauwerke bzw. der betreffenden Bauwerksteile. Die Unbebaute Fläche (UF) ist nicht mit der Außenanlagenfläche (AF) gleich zu setzen. Diese beiden Flächen können nur dann identisch sein, wenn das Bauwerk oberhalb der Geländeoberfläche keine überdeckenden Teile oder unterhalb der Geländeoberfläche keine unterbauenden Teile aufweist.

Zu Absatz 2: Unverändert wurde in die neue DIN 277 die alternative Verfahrensweise übernommen, dass „anstelle einer Ermittlung anhand der einzelnen Abmessungen der Fläche die Unbebaute Fläche (UF) als Differenz aus der Grundstücksfläche (GF) und der Bebauten Fläche (BF) ermittelt werden kann.“ Da die Messregeln für die Bebaute Fläche (BF) und die Unbebaute Fläche (UF) praktisch nur die Umkehr der jeweils anderen Bestimmung darstellen, ist es zu empfehlen, generell das vereinfachte Ermittlungsverfahren als Differenz der Grundstücksfläche (GF) und der Bebauten Fläche (BF) anzuwenden.

DIN 277, 8 – Ermittlung der Grundflächen des Grundstücks;
Unbebaute Fläche (UF) und Außenanlagenfläche (AF)

8.1 Grundstücksfläche GF)
8.2 Bebaute Fläche (BF) — Überbaute Fläche (BF1) — Unterbaute Fläche (BF2)
8.3 Unbebaute Fläche (UF)
8.4 Außenanlagenfläche (AF)

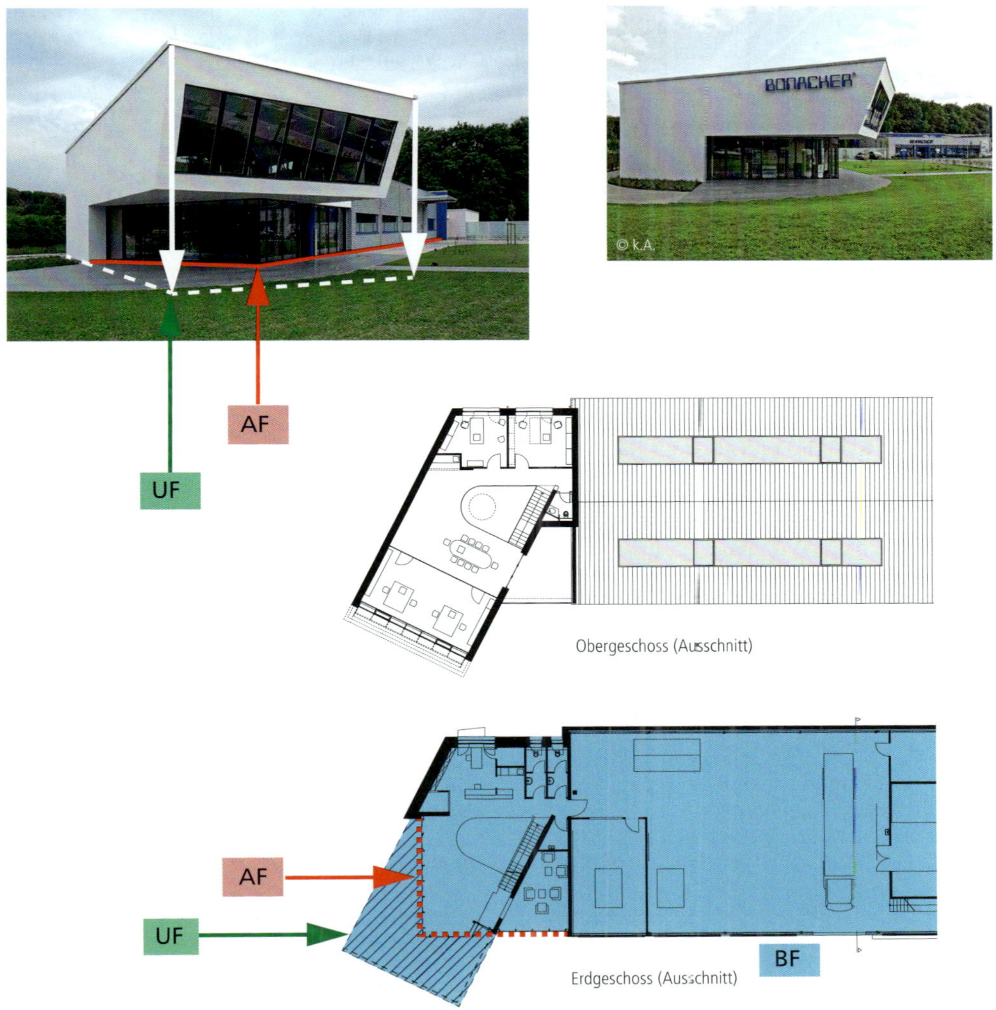

Abbildung B 40: Unbebaute Fläche (UF) und Außenanlagenfläche (AF)

► ***Zu 8.4 Außenanlagenfläche (AF)***

Angesichts der nicht deckungsgleichen Begriffe „Außenanlagen" in der DIN 277 und „Außenanlagen und Freiflächen" in der DIN 276 muss man hier einen Blick auf die unterschiedlichen Anwendungsbereiche der beiden Normen werfen. Während die DIN 277 ausschließlich für den Hochbau gilt, erstreckt sich die DIN 276 auf Hochbauten, Ingenieurbauten, Infrastrukturanlagen und Freiflächen und gilt somit für das Bauwesen insgesamt. (siehe Abschnitt 0.3 Entwicklung der DIN 277). Vor der Normausgabe 2018, als sich der Anwendungsbereich der DIN 276 allein auf den „Hochbau" und den „Ingenieurbau" erstreckt hatte, lautete die Bezeichnung der Kostengruppe 500 schlicht „Außenanlagen", da hier alle außerhalb des Bauwerks liegenden Elemente, die in direkter Verbindung zum Bauwerk als der Hauptsache eines Bauprojekts stehen, zusammengefasst wurden. Nach der substanziellen Erweiterung der aktuellen DIN 276 erstreckt sich die Kostengruppe 500 jetzt nicht nur auf die im direkten Zusammenhang mit einem Bauwerk stehenden „Außenanlagen", sondern darüber hinaus auch auf „Freiflächen", die als unabhängig von Bauwerken anzusehen sind (z.B. Parkanlagen und Gartenschauen). Deshalb trägt die Kostengruppe 500 der DIN 276 jetzt die Bezeichnung „Außenanlagen und Freiflächen".

Zu Absatz 1: Die Messregel, dass „die Außenanlagenfläche (AF) aus den Abmessungen der Teilflächen der Grundstücksfläche (GF) zu ermitteln ist, die sich außerhalb des Bauwerks oder bei einer Unterbauung der Grundstücksfläche (GF) über dem Bauwerk befinden", greift die Definition in Abschnitt 3.14 inhaltsgleich auf.

Da diese Regel wegen des nicht eindeutigen Ausdrucks „außerhalb des Bauwerks" leider nicht einfach zu verstehen ist, wird empfohlen, bei der Ermittlung der Außenanlagenfläche (AF) auf die Systematik der drei Flächenkategorien zurück zu greifen, die in Abschnitt 8.2 beschrieben worden sind. Das bedeutet, dass bei der Ermittlung der Außenanlagenfläche (AF) neben der gesamten Unbebauten Fläche (UF) auch die Flächen zugerechnet werden, die durch Teile des Bauwerks überdeckt werden und die bei einer Unterbauung der Grundstücksfläche über dem Bauwerk liegen.

Damit wird deutlich, dass sich die Außenanlagenfläche (AF) aus der jeweiligen Gliederung des Bauwerks und seiner Teile (Baukörper) ergibt. Insofern können sich die Außenanlagenfläche (AF) und die Bebaute Fläche (BF) durchaus in Teilen überlagern. Zugleich ist daraus ersichtlich, dass die Außenanlagenfläche (AF) nicht mit der Unbebauten Fläche (UF) gleich zu setzen ist. Die Außenanlagenfläche (AF) kann nur dann mit der Unbebauten Fläche (BF) identisch sein, wenn das Bauwerk oberhalb der Geländeoberfläche keine überdeckenden Teile (z.B. auskragende Baukörper oder Vordächer) aufweist und keine Bauwerksteile die Geländeoberfläche unterbauen.

Die Abgrenzung zwischen Bauwerk und Außenanlagen richtet sich in erster Linie nach geometrischen Gesichtspunkten. Entsprechend Abschnitt 6.1 können jedoch auch konstruktive Kriterien ins Gewicht fallen, z.B. bei Terrassen oder Außentreppen die konstruktiv fest mit dem Bauwerk verbunden sind und somit nicht zu den Außenanlagen zählen, sondern zum Bauwerk. Hingegen spielen bauplanungsrechtliche, ökologische, bodenschutzrechtliche Aspekte o.ä. in der Frage, wie Außenanlagen und Bauwerk abzugrenzen sind, keine Rolle.

Zu Absatz 2: Bei der Abgrenzung zwischen Bauwerk und Außenanlagen sind die „Überdeckungen" zu beachten, die schon bei der Ermittlung der Bebauten Fläche (BF) (siehe Abschnitt 8.2, Absatz 2) und den Anmerkungen zu Absatz 1 angesprochen worden sind. Die DIN 277 führt hier aus, dass zu der Außenanlagenfläche (AF) „auch solche Flächen des Grundstücks gehören, die außerhalb des Bauwerks liegen und von Teilen des Bauwerks überdeckt werden".

Zu Absatz 3: Die in diesem Absatz aufgezeigte Option, „die Außenanlagenfläche (AF) in Teilflächen entsprechend der Kostengruppe 500 nach DIN 276 untergliedern zu können", ist in die neue DIN 277 übernommen worden. Allerdings wird diese Verfahrensweise keine praktische Bedeutung erlangen, da die Systematik der Kostengliederung für die KG 500 Außenanlagen und Freiflächen vorrangig technischen Gesichtspunkten folgt und deshalb eine einfache Untergliederung der Außenanlagenfläche (AF) nach geometrischen Gesichtspunkten – wie sie nach DIN 277 sinnvoll wäre – nicht zulässt.

Zu Absatz 4: Auf die Tatsache, dass „begrünte Dachflächen, die sich oberhalb der Oberfläche des Grundstücks befinden, nicht zu der Außenanlagenfläche (AF) gehören, sondern zum Bauwerk", ist schon an anderen Stellen des Kommentars hingewiesen worden.

Da mit dem Begriff „Außenanlagen" vor allem landschaftsplanerische und landschaftsgärtnerische Leistungen assoziiert werden, muss man besonders darauf hinweisen, dass begrünte Dachflächen, die sich oberhalb der Grundstücksoberfläche und unmittelbar auf dem Bauwerk befinden, nicht zur Außenanlagenfläche (AF) gehören, auch wenn für deren Planung und Ausführung in der Regel die gleichen Fachleute zuständig sind. Begrünte Dachflächen gehören vielmehr zum Bauwerk selbst und fallen – was die Zuordnung zur Grundstücksfläche (GF) angeht damit unter die Bebaute Fläche (BF). Das entspricht auch der klaren Aussage der DIN 276 (siehe DIN 276; Tabelle 1, KG 300), dass die mit dem Bauwerk verbundenen Dach-, Fassaden- und Innenraumbegrünungen zu den Baukonstruktionen (KG 300) gehören und nicht zu den Außenanlagen und Freiflächen (KG 500).

Die Norm betont schließlich noch, dass „das sowohl für genutzte als auch für ungenutzte Dachflächen" gilt. Insofern ist es auch unerheblich, ob die Dachbegrünung als extensive oder als intensive Dachbegrünung ausgeführt ist.

Anhang

Verzeichnis der Architekturbüros, Planungsbüros und Fotografen

Verzeichnis der Architektur- / Planungsbüros

Abb.	Objekt-Nr.	Objektbezeichnung	Architektur- / Planungsbüro
A 4	6100-1237	Einfamilienhaus	brack architekten, Kempten
A 4	7800-0025	PKW-Garagen (6 STP)	bau ! grün energieeffiziente Gebäude, Mönchengladbach
A 4	5100-0087	Sporthalle (Zweifeldhalle) mit Dachspielfeld - Passivhaus	Baufrösche Architekten und Stadtplaner GmbH, Kassel
A 4	4100-0113	Ganztagsgrundschule, Kindertagesstätte	MHB Planungs- und Ingenieurgesellschaft mbH, Rostock
A 4	3200-0019	Krankenhaus (620 Betten)	AG: Hascher-Jehle Architektur und Monnerjan-Kast-Walter Architekten
A 4	4400-0259	Kindergrippe (4 Gruppen, 40 Kinder)	Architekturbüro Werner Grannemann, Bremerhaven
A 4	7200-0091	Verbrauchermarkt	nhp Neuwald Dulle Architekten - Ingenieure, Seevetal
A 4	1300-0200	Rathaus	Junghans+Formhals GmbH, Weiterstadt
A 4	9100-0039	Kirche	Habrik Architekten, Esslingen
A 4	7700-0071	Logistikhalle, Hochregallager	DHBT . Architekten GmbH, Kiel
A 4	2200-0057	Forschungsgebäude (80 AP) ~Effizienzhaus 75%	BHBVT Gesellschaft v. Architekten mbH, Berlin
A 4	9100-0180	Veranstaltungsgebäude (300 Sitzplätze)	Hepp + Zenner Ingenieurgesellschaft, Saarbrücken
A 7	8700-0047	Steganlage	PLANTRAUM Freiraumarchitekten, Halle (Saale)
A 7	9800-0008	Renaturierung	A. Kaths, J. v. Kortzfleisch, Landschaftsarchitekten, Wedemark
A 7	8700-0034	Naturerlebnispark	Frank Bolle Landschaftsarchitekt, Meine
A 7	9100-0152	Parkanlage	Thomas Henschel Landschaftsarchitekt, Rostock
A 7	6100-1544	Außenanlage Einfamilienhaus	YLA Ando Yoo Landschaftsarchitektur, Hamburg
A 7	4400-0335	Außenanlage Kindertagesstätte	EVERGRENN landschaftsarchitekten, Dresden
B 13	6100-1038	Einfamilienhaus - Passivhaus	Architektur- und Sachverständigenbüro Specht, Biederitz
B 14	5200-0011	Schwimmhalle	BAUCONZEPT PLANUNGSGESELLSCHAFT MBH, Lichtenstein
B 15	2200-0039	Laborgebäude	Architekten Brune+Brune, Göttingen
B 16	6100-1248	Mehrfamilienhaus (23 WE), TG (31 STP)	NEUMEISTER & PARINGER ARCHITEKTEN BDA, Landshut
B 17	1300-0213 7700-0073	Bürogebäude (18 AP) Lagerhalle	Püffel Architekten, Bremen
B 18	6100-0989	Einfamilienhaus mit Garage	Architekturbüro M. Lobe, Wiesbaden
B 19	1300-0206	Verwaltungsgebäude (63 AP)	ppp architekten gmbh, Lübeck
B 20	6100-1082	Einfamilienhaus - Effizienzhaus 55	Werkgruppe Freiburg Architekten, Freiburg
B 21	6100-1387	Einfamilienhaus	KISSERARCHITEKTUR, Isernhagen
B 22	6100-0887	Einfamilienhaus mit Garage - Passivhaus	BERTRAM KILTZ ARCHITEKT, Kirchheim-Teck
B 25	6100-1005	Einfamilienhaus mit Garage	büro für architektur und bautechnik, Hörselberg-Hainich
B 25	6100-1097	Einfamilienhaus, Carport	Planungsgruppe Barthelmey, Erfurt
B 26	2200-0031	Lehr- und Lernzentrum mit Kita (5 Gruppen) und Café	Artec Architekten, Marburg
B 27	2200-0038	Instituts- und Seminargebäude	Schnittger Architekten+Partner GmbH, Kiel
B 28	6100-1020	Einfamilienhaus - KfW40	BAUSTRUCTURA Hennig & Müller, Würselen
B 29	6100-0696	Einfamilienhaus	Franz-Georg Schröck Architekt, Kempten
B 30	4400-0247	Kindertagesstätte	Meyer Steffens Architekten und Stadtplaner BDA, Lübeck
B 32	6100-0869	Einfamilienhaus	wening.architekten, Potsdam
B 33	4100-0149	Grundschule (10 Klassen, 250 Schüler)	pagelhenn architektinnenarchitekt, Hilden
B 36	1300-0196	Bürogebäude (20 AP)	Philipp von der Linde Architekten BDA, Geldern
B 37	6100-0718	Mehrfamilienhaus (5 WE)	Architekt Michael Knecht, Augsburg
B 40	7300-0076	Büro- und Ausstellungsgebäude, Produktionshalle, Wohnung (1 WE)	k.A.

Abb.	Objekt-Nr.	Objektbezeichnung	Fotograf
A 4	2200-0057	Forschungsgebäude (80 AP)	Rainer Taepper
A 4	9100-0180	Veranstaltungsgebäude (300 Sitzplätze)	Marco Kany
A 7	6100-1544	Außenanlage Einfamilienhaus	Walter Gebhardt I Archite<t
B 14	5200-0011	Schwimmhalle	Steffen Spitzner
B 15	2200-0039	Laborgebäude (50 AP)	Stefan Kiefer
B 16	6100-1248	Mehrfamilienhaus (23 WE), Tiefgarage (31 STP)	Rolf Sturm
B 19	1300-0206	Verwaltungsgebäude	Stephan Baumann
B 21	6100-1387	Einfamilienhaus	Samuel Pietsch
B 26	2200-0031	Lehr- und Lernzentrum	Thomas Ott
B 27	2200-0038	Instituts- und Seminargebäude	Bernd Perlbach
B 33	4100-0149	Grundschule (10 Klassen)	Jens Kirchner

Anhang

Literaturverzeichnis

Literaturverzeichnis

1 Normen

Geltende Ausgaben

[101] DIN 276, Kosten im Bauwesen (DIN 276: 2018-12)

[102] DIN 277, Grundflächen und Rauminhalte im Hochbau (DIN 277:2021-08)

[103] DIN 18960, Nutzungskosten im Hochbau (DIN 18960:2020-11)

[104] DIN EN 15221-6, Facility Management – Teil 6: Flächenbemessung im Facility Management; Deutsche Fassung EN 15221-6: 2011 (DIN EN 15221-6:2011-12)

[105] DIN 18205, Bedarfsplanung im Bauwesen (DIN 18205:2016-11)

[106] DIN EN 31010, Risikomanagement – Verfahren zur Risikobeurteilung; Deutsche Fassung EN 31010:2010 (DIN EN 31010:2010-11; VDE 0050-1:2010-11)

Zu [101] und [102]
Wiedergegeben mit Erlaubnis von DIN Deutsches Institut für Normung e.V. Maßgebend für das Anwenden der DIN-Normen ist deren Fassung mit dem neuesten Ausgabedatum, die bei der Beuth Verlag GmbH, Am DIN Platz, Burggrafenstraße 6, 10787 Berlin, erhältlich ist.

Frühere Ausgaben

[111] DIN 276, Kosten von Hochbauten und damit zusammenhängende Leistungen (DIN 276:1934-08)

[112] DIN 276 und DIN 277 Beiblatt, Kosten von Hochbauten Vergleichsübersicht (DIN 276 und DIN 277 Beiblatt:1934-08)

[113] DIN 276, Kosten von Hochbauten (DIN 276:1943-08)

[114] DIN 276, Kosten von Hochbauten (DIN 276:1954x-03)

[115] DIN 276-1, Kosten von Hochbauten – Blatt 1: Begriffe (DIN 276-1:1971-09)

[116] DIN 276-2, Kosten von Hochbauten – Blatt 2: Kostengliederung (DIN 276-2:1971-09)

[117] DIN 276-3, Kosten von Hochbauten – Blatt 3: Kostenermittlungen (DIN 276-3:1971-09)

[118] DIN 276-1, Kosten von Hochbauten – Teil 1: Begriffe (DIN 276-1:1981-04)

[119] DIN 276-2, Kosten von Hochbauten – Teil 2: Kostengliederung (DIN 276-2:1981-04)

[120] DIN 276-3, Kosten von Hochbauten – Teil 3: Kostenermittlungen (DIN 276-3:1981-04)

[121] DIN 276-3, Auswahl 1, Kostenermittlungen; Auswahl für den Wohnungsbau (DIN 276-3 Auswahl 1:1981-04)

[122] DIN 276 Entwurf, Kosten im Hochbau (DIN 276 E:1990-12)

[123] DIN 276, Kosten im Hochbau (DIN 276:1993-06)

[124] DIN 276 Entwurf, Kosten im Bauwesen – Teil 1: Hochbau (DIN 276 E:2005-08)

[125] DIN 276-1, Kosten im Bauwesen – Teil 1: Hochbau (DIN 276-1:2006-11)

[126] DIN 276-1 Berichtigung 1, Kosten im Bauwesen – Teil 1: Hochbau, Berichtigungen zu DIN 276-1:2006-11 (DIN 276-1 Ber 1:2007-02)

[127] DIN 276-1 / A1 Entwurf, Kosten im Bauwesen – Teil 1: Hochbau (DIN 276-1/A1:2008-02)

[128] DIN 276-1, Kosten im Bauwesen – Teil 1: Hochbau (DIN 276-1:2008-12)

[129] DIN 276-4, Kosten im Bauwesen – Teil 4: Ingenieurbau (DIN 276-4:2009-08)

[130] DIN 276 Entwurf, Kosten im Bauwesen (E DIN 276:2017-07)

[131] DIN 277, Umbauter Raum von Hochbauten (DIN 277:1934-08)

[132] DIN 277, Umbauter Raum von Hochbauten (DIN 277:1936-01)

[133] DIN 277, Umbauter Raum von Hochbauten (DIN 277:1940x-10)

[134] DIN 277, Umbauter Raum – Raummeterpreis (DIN 277:1950x-11)

[135] DIN 277-1, Grundflächen und Rauminhalte von Hochbauten – Teil 1: Begriffe und Berechnungsgrundlagen (DIN 277-1: 1973-05)

[136] DIN 277-2, Grundflächen und Rauminhalte von Hochbauten – Teil 2: Gliederung der Nutzflächen, Funktionsflächen und Verkehrsflächen (Netto-Grundfläche) (DIN 277-2:1981-03)

[137] DIN 277-1, Grundflächen und Rauminhalte von Bauwerken im Hochbau – Teil 1: Begriffe und Berechnungsgrundlagen (DIN 277-1:1987-06)

[138] DIN 277-2, Grundflächen und Rauminhalte von Bauwerken im Hochbau – Teil 2: Gliederung der Nutzflächen, Funktionsflächen und Verkehrsflächen (Netto-Grundfläche) (DIN 277-2:1987-06)

[139] DIN 277-3, Grundflächen und Rauminhalte von Bauwerken im Hochbau – Teil 3: Mengen und Bezugseinheiten (DIN 277-3: 1998-07)

[140] DIN 277-1, Grundflächen und Rauminhalte von Bauwerken im Hochbau – Teil 1: Begriffe und Berechnungsgrundlagen (DIN 277-1:2005-02)

[141] DIN 277-2, Grundflächen und Rauminhalte von Bauwerken im Hochbau – Teil 2: Gliederung der Nutzflächen, Funktionsflächen und Verkehrsflächen (Netto-Grundfläche) (DIN 277-2:2005-02)

[142] DIN 277-3, Grundflächen und Rauminhalte von Bauwerken im Hochbau – Teil 3: Mengen und Bezugseinheiten (DIN 277-3: 2005-04)

[143] DIN 277-1, Grundflächen und Rauminhalte im Bauwesen – Teil 1: Hochbau (DIN 277-1:2016-01)

[144] DIN 283-1, Wohnungen – Blatt 1: Begriffe (DIN 283-1:1951-03); zurückgezogen am 07.06.1989

[145] DIN 283-2, Wohnungen – Blatt 2: Berechnung der Wohnflächen und Nutzflächen (DIN 283-2:1962-02); zurückgezogen am 10.08.1983

[146] DIN 18961-1 Entwurf, Kostenrichtwerte im Hochbau – Blatt 1 Begriffe (DIN 18961-1 E:1975-03)

[147] DIN 18961-2 Entwurf, Kostenrichtwerte im Hochbau – Blatt 2 Kosteneinflüsse, Kostenrichtwertbedingungen (DIN 18961-2 E:1975-03)

[148] DIN 18961-3 Entwurf, Kostenrichtwerte im Hochbau – Blatt 3 Anwendung (DIN 18961-3 E:1975-03)

[149] DIN 18961-4 Entwurf, Kostenrichtwerte im Hochbau – Blatt 4 Aufstellung (DIN 18961-4 E:1975-03)

[150] DIN 18961-4 Beiblatt Entwurf, Kostenrichtwerte im Hochbau – Blatt 4 Beiblatt Aufstellung, Erläuterung der Verfahren und Beispiele (DIN 18961-4 Beiblatt E:1975-03)

[151] DIN EN 15221-6 Entwurf, Flächenbemessung im Facility Management; Deutsche und Englische Fassung (prEN 15221-6: 2018-12)

2 Andere technische Regeln

[201] Standardleistungsbuch für das Bauwesen (StLB-Bau); Beuth Verlag; Berlin

[202] Standardleistungskatalog für den Straßen- und Brückenbau (STLK); FGSV Verlag; Köln

[203] VOB Vergabe- und Vertragsordnung für Bauleistungen, VOB Teil C, Allgemeine Technische Vertragsbedingungen für Bauleistungen; Beuth Verlag; Berlin

[204] Richtlinie zur Berechnung der Mietfläche für Wohnraum MF/W 2012; gif – Gesellschaft für Immobilienwirtschaftliche Forschung e.V.; Wiesbaden

[205] Richtlinie zur Berechnung der Mietfläche für gewerblichen Raum (MFG) 2017; gif – Gesellschaft für Immobilienwirtschaftliche Forschung e.V.; Wiesbaden

[206] Anweisung zur Kostenberechnung für Straßenbaumaßnahmen (AKS 1985); Bundesministerium für Digitales und Verkehr

[207] Anweisung zur Kostenermittlung und zur Veranschlagung von Straßenbaumaßnahmen, AKVS 2014, Ausgabe 11/2020 ; Bundesministerium für Digitales und Verkehr; FGSV Verlag, Köln

3 Rechtsvorschriften

[301] Verordnung über die Honorare für Architekten- und Ingenieurleistungen (Honorarordnung für Architekten und Ingenieure – HOAI) vom 12. November 2020

[302] Verordnung über die Honorare für Leistungen der Architekten und Ingenieure (Honorarordnung für Architekten und Ingenieure – HOAI) vom 17. September 1976

[303] Dritte Verordnung zur Änderung der Honorarordnung für Architekten und Ingenieure – HOAI vom 17. März 1988

[304] Verordnung über die Honorare für Architekten- und Ingenieurleistungen (Honorarordnung für Architekten und Ingenieure – HOAI) vom 10. Juli 2013

[305] Verordnung über Wirtschaftlichkeits- und Wohnflächenberechnung für neugeschaffenen Wohnraum (Berechnungsverordnung) vom 20. Nov. 1950

[306] Verordnung über wohnungswirtschaftliche Berechnungen nach dem Zweiten Wohnungsbaugesetz (Zweite Berechnungsverordnung – II. BV) vom 20. Dezember 1965

[307] Verordnung über wohnungswirtschaftliche Berechnungen nach dem Zweiten Wohnungsbaugesetz (Zweite Berechnungsverordnung – II. BV), Fassung der Bekanntmachung vom 12. Oktober 1990, zuletzt geändert 2007

[308] Verordnung zur Berechnung der Wohnfläche (Wohnflächenverordnung – WoFlV) vom 25. November 2003

[309] Verordnung über die bauliche Nutzung der Grundstücke (Baunutzungsverordnung – BauNVO) vom 26.Juni 1962; neugefasst durch Bekanntmachung vom 23. Januar 1990; zuletzt geändert am 11. Juni 2013

[310] Gesetz über die Einheiten im Messwesen und die Zeitbestimmung (Einheiten- und Zeitgesetz – EinhZeitG) vom 2. Juli 1969 in der Fassung der Bekanntmachung vom 22. Februar 1985

[311] Ausführungsverordnung zum Gesetz über die Einheiten im Messwesen (Einheitenverordnung – EinhV) vom 13. Dezember 1985 und zuletzt geändert durch die Verordnung vom 25. September 2009

4 Fachliteratur

[401] BKI Baukosteninformationszentrum (Hrsg.): BKI Baukosten 2021 – Neubau, Teil 1 – Statistische Kostenkennwerte für Gebäude; BKI; Stuttgart 2021

[402] BKI Baukosteninformationszentrum (Hrsg.): BKI Baukosten 2021 – Neubau, Teil 2 – Statistische Kostenkennwerte für Bauelemente; BKI; Stuttgart 2021

[403] BKI Baukosteninformationszentrum (Hrsg.): BKI Baukosten 2021 – Neubau, Teil 3 – Statistische Kostenkennwerte für Positionen; BKI; Stuttgart 2021

[404] BKI Baukosteninformationszentrum (Hrsg.): BKI Baukosten 2021 – Altbau – Statistische Kostenkennwerte für Gebäude; BKI; Stuttgart 2021

[405] BKI Baukosteninformationszentrum (Hrsg.): BKI Baukosten 2021 – Altbau – Statistische Kostenkennwerte für Positionen; BKI; Stuttgart 2021

[406] BKI Baukosteninformationszentrum (Hrsg.): BKI Objektdaten – Kosten abgerechneter Bauwerke – N17 Neubau; BKI; Stuttgart 2021

[407] BKI Baukosteninformationszentrum (Hrsg.): BKI Objektdaten – Kosten abgerechneter Bauwerke – A11 Altbau; BKI; Stuttgart 2021

[408] BKI Baukosteninformationszentrum (Hrsg.): BKI Baupreise kompakt 2022 – Neubau; BKI; Stuttgart 2021

[409] BKI Baukosteninformationszentrum (Hrsg.): BKI Baupreise kompakt 2022 – Altbau; BKI; Stuttgart 2021

[410] BKI Baukosteninformationszentrum (Hrsg.): BKI Bildkommentar DIN 276/277; 3. überarbeitete Auflage; BKI; Stuttgart 2007

[411] Ruf, Hans-Ulrich; BKI Baukosteninformationszentrum (Hrsg.): BKI Bildkommentar DIN 276 / DIN 277; 4. überarbeitete Auflage; BKI; Stuttgart 2016

[412] Ruf, Hans-Ulrich; BKI Baukosteninformationszentrum (Hrsg.): BKI Bildkommentar DIN 276 / DIN 277; 5. überarbeitete Auflage; BKI; Stuttgart 2019

[413] Kalusche, Wolfdietrich (Hrsg.); BKI Baukosteninformationszentrum: Handbuch Kostenplanung im Hochbau; 4. komplett überarbeitete Auflage; BKI; Stuttgart 2021

[414] Kalusche, Wolfdietrich: Grundlagen und Gegenstand der Kostenplanung; in: Kalusche, W. (Hrsg.); Handbuch Kostenplanung im Hochbau; Seiten 9 bis 46; BKI; Stuttgart 2021

[415] Ruf, Hans-Ulrich: Kurzkommentar zur DIN 276 Kosten im Bauwesen; in: Kalusche, W. (Hrsg.); Handbuch Kostenplanung im Hochbau; Seiten 47 bis 90; BKI; Stuttgart 2021

[416] Ruf, Hans-Ulrich: Kurzkommentar zur DIN 277 Grundflächen und Rauminhalte im Hochbau; in: Kalusche, W. (Hrsg.); Handbuch Kostenplanung im Hochbau; Seiten 91 bis 121; BKI; Stuttgart 2021

[417] Ruf, Hans-Ulrich: Verfahren der Kostenplanung; in: Kalusche, W. (Hrsg.); Handbuch Kostenplanung im Hochbau; Seiten 123 bis 162; BKI; Stuttgart 2021

[418] Herke, Sebastian: Verfahren der Kostenplanung – Altbau; in: Kalusche, W. (Hrsg.); Handbuch Kostenplanung im Hochbau; Seiten 163 bis 187; BKI; Stuttgart 2021

[419] Herke, Sebastian; Kalusche, Wolfdietrich: Orientierungswerte und frühzeitige Ermittlung der Baunebenkosten ausgewählter Gebäudearten; in: Kalusche, W. (Hrsg.); HandbuchKostenplanung im Hochbau; Seiten 189 bis 210; BKI; Stuttgart 2021

[420] Kleinmann, Brigitte: Anwendungsbeispiel zur Kostenermittlung, -kontrolle und -steuerung; in: Kalusche, W. (Hrsg.); Handbuch Kostenplanung im Hochbau; Seiten 211 bis 322; BKI; Stuttgart 2021

[421] Frenzel, Monika; Herke, Sebastian; Kalusche, Wolfdietrich: Nutzungskosten im Hochbau – Grundlagen und Anwendung; in: Kalusche, W. (Hrsg.); Handbuch Kostenplanung im Hochbau; Seiten 323 bis 347; BKI; Stuttgart 2021

[422] Hoffmann, Wilfried: Zum Umgang mit Kostenrisiken; in: Kalusche, W. (Hrsg.); Handbuch Kostenplanung im Hochbau; Seiten 349 bis 361; BKI; Stuttgart 2021

[423] Hoffmüller, Joachim; Prause, Markus: Rechtliche Aspekte der Kostenplanung; in: Kalusche, W. (Hrsg.); Handbuch Kostenplanung im Hochbau; Seiten 363 bis 387; BKI; Stuttgart 2021

[424] Stoy, Christian; Lasshof, Benjamin; Quante, Kathrin; BKI Baukosteninformationszentrum (Hrsg.): BKI Nutzungskosten Gebäude – Statistische Kostenkennwerte von Bestandsimmobilien 2020/2021; BKI; Stuttgart 2020

[425] Kalusche, Wolfdietrich; Bartsch, Franziska: Nutzungskostenermittlung am Beispiel eines Mehrfamilienhauses; in: Stoy, C.; Lasshof, B.; Quante, Kathrin: BKI Baukosteninformationszentrum (Hrsg.): BKI Nutzungskosten Gebäude – Statistische Kostenkennwerte von Bestandsimmobilien 2020/202; Seiten 6 bis 25; BKI; Stuttgart 2020

[426] Kalusche, Wolfdietrich; Herke, Sebastian: Bauen im Bestand – Regelwerke, Begriffe, Verfahren und Beispiele; in: BKI Baukosteninformationszentrum (Hrsg.): BKI – Baukosten 2015 Gebäude Altbau – Statistische Kostenkennwerte; Seiten 50 bis 66; Stuttgart 2015

[427] BKI Baukosteninformationszentrum (Hrsg.): BKI – Regionalfaktoren 2021 für Deutschland; BKI; Stuttgart 2021

[428] BKI Baukosteninformationszentrum (Hrsg.): BKI – Übersicht zur DIN 76; BKI; Stuttgart 2019

[429] Richter, Caspar; Liedtke, Stephan: BKI IFC Bildkommentar nach DIN 276; BKI; Stuttgart 2021

[430] Kalusche, Wolfdietrich; Herke, Sebastian: Ermittlung der Grundflächen von Gebäuden – ganz so einfach ist es nicht; in: Jehle, Peter (Hrsg.): Festschrift zum 60. Geburtstag von Univ.-Prof. Dr.-Ing. Rainer Schach; Seiten 239 bis 258; Dresden 2011

[431] Kalusche, Wolfdietrich (Hrsg.); BKI Baukosteninformationszentrum: Handbuch HOAI 2013; BKI; Stuttgart 2013

[432] BKI Baukosteninformationszentrum (Hrsg.): Synopse – Textliche Gegenüberstellung HOAI 2013 – HOAI 2021; BKI; Stuttgart 2020

[433] Ruf, Hans-Ulrich: Die neue DIN 276; in: DAB Deutsches Architektenblatt; Heft 02-2019; Seiten 40 bis 42; Verlag planet c; Düsseldorf 2019

[434] Leuschner, Martin: Allgemein anerkannt; in: DAB Deutsches Architektenblatt; Heft 02-2019; Seiten 43 bis 45; Verlag planet c; Düsseldorf 2019

[435] Seifert, Werner; Preussner, Matthias: Baukostenplanung – Kostenermittlung, Kostenkontrolle, Kostensteuerung, Haftung bei der Kostenplanung; 5. Auflage; Werner Verlag; Köln 2015

[436] Bielefeld, Bert; Fröhlich, Peter: Flächen – Rauminhalte, DIN 277 und alle relevanten Richtlinien – Kommentar, Erläuterungen, Bildbeispiele; 17. Auflage; Springer-Vieweg Verlag; Heidelberg 2018

[437] Fröhlich, Peter: Hochbaukosten nach DIN 276, DIN 18960 und weiteren Richtlinien; 17. Auflage; Springer-Vieweg Verlag; Heidelberg 2019

5 Sonstige Literatur

[501] Bundesministerium für Verkehr und digitale Infrastruktur (Hrsg.): Reformkommission Bau von Großprojekten – Endbericht; Berlin 2015

[502] Statistisches Bundesamt; Baupreisindizes – Neubau (konventionelle Bauart) von Wohn- und Nichtwohngebäuden einschließlich Umsatzsteuer

[503] Landesbetrieb Vermögen und Bau Baden-Württemberg – Betriebsleitung; Informationsstelle Wirtschaftliches Bauen (IWB): Nutzungskatalog; Freiburg 1998

[504] Bayerisches Landesamt für Steuern: Anleitung Sachwert für die Erklärung zur Feststellung des Einheitswerts; EW 30/03;München 2003

Bildkommentar DIN 276 / DIN 277

Band 2

Inhalt Band 2

Teil C

Seite

Teil C **Arbeitshilfe Kostengruppen**		Kommen- tierung
0	Vorbemerkungen	6
0.1	Zur Kostengliederung der DIN 276	6
0.2	Benutzerhinweise für die Arbeitshilfe Kostengruppen	7
0.3	BKI Online-Angebot Arbeitshilfe	7
1	Kostengruppe 100 Grundstück	10
2	Kostengruppe 200 Vorbereitende Maßnahmen	27
3	Kostengruppe 300 Bauwerk-Baukonstruktionen	57
4	Kostengruppe 400 Bauwerk-Technische Anlagen	184
5	Kostengruppe 500 Außenanlagen und Freiflächen	314
6	Kostengruppe 600 Ausstattung und Kunstwerke	429
7	Kostengruppe 700 Baunebenkosten	441
8	Kostengruppe 800 Finanzierung	506
	Anhang	
	Messregeln für Grobelemente	514
	Stichwortverzeichnis	528
	Abkürzungsverzeichnis	540

Arbeitshilfe Kostengruppen

C

C
Arbeitshilfe Kostengruppen

0 Vorbemerkungen

0.1 Zur Kostengliederung der DIN 276

Die DIN 276 legt eine Kostengliederung fest, in der die Gesamtkosten in drei Gliederungsebenen in Kostengruppen gegliedert werden. Die einzelnen Kostengruppen sind jeweils mit einer dreistelligen Ordnungszahl nach dem Dezimalsystem gekennzeichnet (siehe Teil A, zu DIN 276, Abschnitt 5.1). Die Kostengliederung (DIN 276, Tabelle 1) benennt in den einzelnen Kostengruppen alle Kostensachverhalte, die im Allgemeinen bei Bauprojekten auftreten. Im Einzelfall jedoch können durchaus spezielle Aufwendungen vorkommen, die in der Kostengliederung der Norm nicht ausdrücklich aufgeführt sind. In solchen Fällen müssen diese Kosten dem Sinn nach zugeordnet werden. Darüber hinaus ist in den meisten Kostengruppen der zweiten und der dritten Gliederungsebene jeweils die neunte Untergruppe als Sammelposition für die „sonstigen Kosten" dieses Bereichs ausgewiesen, um somit alle bei einem Bauprojekt auftretenden Kosten erfassen zu können.

Die DIN 276 begrenzt die verbindliche Kostengliederung bewusst auf nur drei Gliederungsebenen. Sie beschränkt sich insoweit auf das sinnvolle Maß, das für eine allgemein geltende Norm im Bauwesen angemessen erscheint. Es bleibt dem Normanwendenden überlassen, bei Bedarf in eigenem Ermessen weitergehende Untergliederungen der Kosten festzulegen (siehe Teil A, zu DIN 276, Abschnitt 5.2). Als Hilfe für eine normgerechte Zuordnung einzelner Kosten werden die Kostengruppen in der Spalte „Anmerkungen" der Tabelle 1 näher erläutert. Auch wenn diese Erläuterungen in der aktuellen Ausgabe der DIN 276 gegenüber früheren Ausgaben ausführlicher und klarer formuliert ist, muss sich die Norm auch bei den Erläuterungen zur Kostengliederung dem Wesen einer allgemeinen geltenden Norm entsprechend auf ein sinnvolles Maß beschränken. So kann es angesichts der Vielfalt der planerischen, technischen und organisatorischen Möglichkeiten nicht ausbleiben, dass bei Anwendung der Norm doch häufig Fragen aufkommen, wie die allgemeinen Regelungen der Norm im konkreten Einzelfall auszulegen sind. Da die DIN 276 selbst verständlicherweise nicht den Charakter eines Lehrbuchs annehmen oder die Aufgabe eines Kommentars erfüllen kann, soll die Arbeitshilfe Kostengruppen mit ergänzenden Erläuterungen, Beispielen und Hinweisen dabei helfen, die Kostengliederung normgerecht anzuwenden.

0.2 Benutzerhinweise für die Arbeitshilfe Kostengruppen

Die Arbeitshilfe Kostengruppen ist als Nachschlagewerk konzipiert. Sie führt sämtliche Kostengruppen aller drei Gliederungsebenen der DIN 276 auf. Für jede Kostengruppe ist eine eigene Seite vorgesehen, bei Bedarf können es auch mehrere Seiten je Kostengruppe sein. Die Arbeitshilfe Kostengruppen ist entsprechend der Kostengliederung der DIN 276 in die acht Hauptkostengruppen der ersten Gliederungsebene gegliedert:

- 100 Grundstück
- 200 Vorbereitende Maßnahmen
- 300 Bauwerk – Baukonstruktionen
- 400 Bauwerk – Technische Anlagen
- 500 Außenanlagen und Freiflächen
- 600 Ausstattung und Kunstwerke
- 700 Baunebenkosten
- 800 Finanzierung

Es folgen jeweils die Kostengruppen der zweiten und dritten Gliederungsebene. Das seitliche Register leistet gute Dienste beim Auffinden der Hauptkostengruppen und den zugehörigen Unterkostengruppen.

Die Arbeitshilfe Kostengruppen unterstützt den Anwendenden dabei, den Gegenstand einer Kostengruppe klarer zu bestimmen und gegenüber anderen Kostengruppen abzugrenzen. Um jedoch für eine Kostengruppe einen Kostenkennwert bilden zu können, bedarf es über die eindeutige Festlegung des Kostengegenstands hinaus auch einer eindeutig definierten Bezugseinheit für diese Kosten (siehe Teil A, zu DIN 276, Abschnitte 3.13, 3.14 und 6). Die bisherigen Regelungen der DIN 277-3:2005-04 über Mengen und Bezugseinheiten von Kostengruppen wurden in die DIN 276 übernommen. Dementsprechend sind sie – wie auch schon in den früheren Auflagen des Bildkommentars DIN 276 / DIN 277 – Gegenstand der Arbeitshilfe Kostengruppen.

Die Arbeitshilfe Kostengruppen baut auf den jahrelangen und fundierten Erfahrungen des BKI mit der Auswertung und Dokumentation von Kosten auf. Die hier zusammengestellten Erläuterungen, Beispiele und Schemaskizzen resultieren aus diesen Kenntnissen und Erfahrungen. Insofern werden sie bei der normgerechten Gliederung von Kosten und der zugehörigen Mengenermittlung konkret weiter helfen können.

0.3 BKI Online-Angebot Arbeitshilfe

Die Arbeitshilfen sind gegenüber der vorherigen Ausgabe deutlich umfangreicher geworden. Um diesem Zuwachs gerecht zu werden und um den Service von fortlaufend aktualisierten Zuordnungsbeispielen bieten zu können, haben wir auf unserer Homepage einen Bereich eingerichtet, in dem weitere nützliche Arbeitshilfen für die Kostengruppenzuordnung angeboten werden.

Servicebereich Arbeitshilfen:

www.bki.de/BK-Hilfe-Teil-C

Die **Abbildung C 1** zeigt eine Musterseite für den Aufbau der Arbeitshilfe Kostengruppen und die dort verfügbaren Informationen.

(1) Im seitlichen Suchregister sind die Kostengruppen-Nummern der 1. Gliederungsebene der DIN 276 aufgeführt.

(2) Zum leichteren Auffinden der gesuchten Kostengruppen werden am Seitenrand die Nummern und Bezeichnungen der Kostengruppen herausgestellt angegeben.

(3) In der Rubrik „DIN 276 Tabelle 1 – Kostengliederung" wird die Kostengruppe und die zugehörige Anmerkung im Wortlaut der DIN 276 wiedergegeben.

(4) In der Rubrik DIN 276 Tabelle 2 / 3 / 4 – Mengen und Bezugseinheiten wird die für die jeweilige Kostengruppe zutreffende Regelung der DIN 276, Abschnitt 6, zitiert.

Bei der Kostengruppe 500 Außenanlagen und Freiflächen werden an dieser Stelle die Mengen und Bezugseinheiten entsprechend der von BKI ergänzten Tabelle 5 aufgeführt.

(5) Je nach Erläuterungsbedarf werden Schemaskizzen gezeigt, die die Abgrenzung der betreffenden Kostengruppe von anderen Kostengruppen verdeutlicht.

(6) In der Rubrik „In dieser Kostengruppe enthalten" werden bei den Kostengruppen der ersten und der zweiten Gliederungsebene die jeweils enthaltenen nachgeordneten Kostengruppen der zweiten bzw. der dritten Gliederungsebene angegeben.

Bei den Kostengruppen der dritten Gliederungsebene werden ergänzende Hinweise und Beispiele zu den in der Kostengruppe im Einzelnen enthaltenen Kostensachverhalte aufgeführt.

(7) Die Rubrik „In anderen Kostengruppen enthalten" zeigt in ihrem ersten Teil die zu der jeweiligen Kostengruppe unmittelbar benachbarten Kostengruppen auf. Zur leichteren Orientierung innerhalb der Kostengliederung wird auch die auf dieser Seite behandelte Kostengruppe angegeben und durch *Kursivschrift* besonders kenntlich gemacht.

(8) Im zweiten Teil der Rubrik „In anderen Kostengruppen enthalten" werden zur leichteren Abgrenzung diejenigen Kostengruppen aufgeführt, die anderen Bereichen der Kostengliederung angehören, aber ähnliche Bezeichnungen oder ähnliche Inhalte aufweisen.

(9) Die Rubrik „Erläuterungen und Hinweise" bietet bei Bedarf weitere Informationen, Definitionen, Quellenangaben oder andere Hinweise zu der jeweiligen Kostengruppe an.

310
Baugrube/Erdbau

(2)

(3)

DIN 276 Tabelle 1 – Kostengliederung

310	**Baugrube/Erdbau**
	Oberbodenarbeiten und Bodenarbeiten, Erdbaumaßnahmen, Baugruben, Dämme, Einschnitte, Wälle, Hangsicherungen

(4)

DIN 276 Tabelle 3 – Mengen und Bezugseinheiten für die Kostengruppe 300

Einheit	m^3
Bezeichnung	Baugrubenrauminhalt/Erdbaurauminhalt
Ermittlung	Rauminhalt einschließlich der Arbeitsräume und Böschungen

(5)

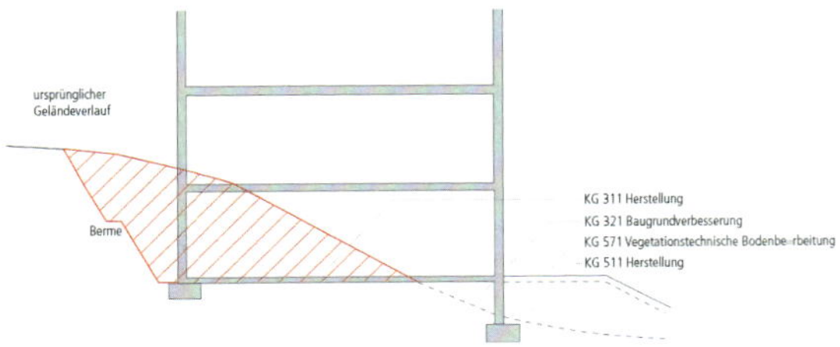

(6)

In dieser Kostengruppe enthalten

KG 311	Herstellung (z.B. Bodenabtrag, Bodensicherung, Bodenauftrag, Aushub von Baugruben)
KG 312	Umschließung (z.B. Verbau und Sicherung von Baugruben)
KG 313	Wasserhaltung (z.B. Beseitigung des Grund- und Schichtenwassers während der Bauzeit)
KG 314	Vortrieb (z.B. Erdausbruch unter Tage)
KG 319	Sonstiges zur KG 310

(7)

(8)

In anderen Kostengruppen enthalten

Baugrube/Erdbau	*KG 310*
• Gründung, Unterbau (z.B. Baugrundverbesserung, Aushub von Fundamenten, Dränagen)	KG 320
• Außenwände/Vertikale Baukonstruktionen, außen	KG 330
• Innenwände/Vertikale Baukonstruktionen, innen	KG 340
• Decken/Horizontale Baukonstruktionen	KG 350
• Dächer (z.B. flache und geneigte Dächer, Vordächer)	KG 360
• Baukonstruktionen von Infrastrukturanlagen, soweit sie nicht in den KG 330 bis 360 erfasst werden können	KG 370
• Baukonstruktive Einbauten	KG 380
• Sonstige Maßnahmen für Baukonstruktionen (z.B. Baustelleneinrichtung)	KG 390
• Herrichten des Grundstücks	KG 210
• Sicherungsmaßnahmen (z.B. Schutz von vorhandenen Baukonstruktionen)	KG 211
• Abbruchmaßnahmen (z.B. vollständiger Abbruch von Bauwerken und Bauwerksbereichen)	KG 212
• Herrichten der Geländeoberfläche (z.B. Planieren, Bodenbewegungen, Roden von Bewuchs, Oberbodensicherung)	KG 214
• Erdbau für Außenanlagen und Freiflächen (z.B. Oberbodenabtrag, Bodenarbeiten, Grabenaushub)	KG 510

(9)

Erläuterungen

- Die Kosten für das Erstellen und Schließen von Schlitzen und Durchführungen sowie von Rohr- und Kabelgräben werden in der Regel in der KG 300 erfasst (siehe DIN 276, Anmerkungen zu KG 400).
- Messregeln für die KG 310 Baugrube/Erdbau in Anhang Messregeln für Grobelemente.

© **BKI** Baukosteninformationszentrum

100
200
300
400
500
600
700
800

(1)

Abbildung C 1: Musterseite der Arbeitshilfe Kostengruppen

DIN 276 Tabelle 1 – Kostengliederung	
100	**Grundstück**
	Kosten der für das Bauprojekt vorgesehenen Fläche eines oder mehrerer im Grundbuch und im Liegenschafts-kataster ausgewiesenen Grundstücke
	Dazu gehören die mit dem Erwerb und dem Eigentum des Grundstücks verbundenen Nebenkosten sowie die Kosten für das Aufheben von Rechten und Belastungen.

DIN 276 Tabelle 2 – Mengen und Bezugseinheiten	
Einheit	m^2
Bezeichnung	Grundstücksfläche (GF)
Ermittlung	Gesamte Grundstücksfläche nach DIN 277

In dieser Kostengruppe enthalten	
KG 110	Grundstückswert (z.B. Kaufpreis oder Verkehrswert des Grundstücks oder grundstücksgleicher Rechte)
KG 120	Grundstücksnebenkosten (z.B. Vermessungsgebühren, Grunderwerbssteuer, Untersuchungen, Bodenordnung)
KG 130	Rechte Dritter (z.B. Abfindungen, Ablösen von Rechten)

In anderen Kostengruppen enthalten	
Grundstück	*KG 100*
• Vorbereitende Maßnahmen (z.B. Herrichten und Erschließen des Grundstücks)	KG 200
• Bauwerk – Baukonstruktionen	KG 300
• Bauwerk – Technische Anlagen	KG 400
• Außenanlagen und Freiflächen	KG 500
• Ausstattung und Kunstwerke	KG 600
• Baunebenkosten (z.B. Bauherrenaufgaben, Vorbereitung der Objektplanung, Objektplanung, Fachplanung, allgemeine Baunebenkosten)	KG 700
• Finanzierung (z.B. Finanzierungsnebenkosten, Fremd- und Eigenkapitalzinsen, Bürgschaften)	KG 800

Erläuterungen

- Als Kosten ist der Kaufpreis des Grundstücks anzusetzen, wenn das Grundstück in direktem Zusammenhang mit dem Bauprojekt erworben wird. Als Kosten ist der Verkehrswert des Grundstücks anzusetzen, wenn das Grundstück unentgeltlich in das Bauprojekt eingebracht wird.
- Der Verkehrswert (Marktwert) ist nach der Verordnung über die Grundsätze für die Ermittlung der Verkehrswerte von Grundstücken (Immobilienwertermittlungsverordnung - ImmoWertV) zu ermitteln. Für die Ermittlung des Verkehrswerts ist der Zeitpunkt der Kostenermittlung maßgeblich.

DIN 276 Tabelle 1 – Kostengliederung	
110	**Grundstückswert** Als Kosten sind der Kaufpreis oder der Verkehrswert (Marktwert) des Grundstücks und ggf. auch grundstücksgleicher Rechte (z. B. bei Erbbaurecht) anzusetzen.

DIN 276 Tabelle 2 – Mengen und Bezugseinheiten	
Einheit	m^2
Bezeichnung	Grundstücksfläche (GF)
Ermittlung	Gesamte Grundstücksfläche nach DIN 277

In dieser Kostengruppe enthalten

- Kaufpreis oder Verkehrswert (Marktwert) des Grundstücks
- Beim Erwerb eines bereits erschlossenen Grundstücks kann der Wert der vor dem Erwerb aufgewendeten Erschließungskosten in der KG 110 erfasst werden (siehe DIN 276, Tabelle 1, Anmerkungen zu KG 220).

In anderen Kostengruppen enthalten

Grundstückswert	*KG 110*
• Grundstücksnebenkosten (z.B. Vermessungsgebühren, Grunderwerbsteuer, Untersuchungen, Bodenordnung)	KG 120
• Aufheben von Rechten Dritter (z.B. Abfindungen, Ablösen dinglicher Rechte)	KG 130
• Wert der vorhandenen Substanz von Baukonstruktionen des Bauwerks beim Erwerb eines bebauten Grundstücks	KG 300
• Wert der vorhandenen Substanz von technischen Anlagen des Bauwerks beim Erwerb eines bebauten Grundstücks	KG 400
• Wert der vorhandenen Substanz von Außenanlagen und Freiflächen beim Erwerb eines bebauten Grundstücks	KG 500

Erläuterungen

- Als Kosten ist der Kaufpreis des Grundstücks anzusetzen, wenn das Grundstück in direktem Zusammenhang mit dem Bauprojekt erworben wird. Als Kosten ist der Verkehrswert des Grundstücks anzusetzen, wenn das Grundstück unentgeltlich in das Bauprojekt eingebracht wird.
- Der Verkehrswert (Marktwert) ist nach der Verordnung über die Grundsätze für die Ermittlung der Verkehrswerte von Grundstücken (Immobilienwertermittlungsverordnung – ImmoWertV) zu ermitteln. Für die Ermittlung des Verkehrswerts ist der Zeitpunkt der Kostenermittlung maßgeblich.

DIN 276 Tabelle 1 – Kostengliederung	
120	**Grundstücksnebenkosten** Kosten, die im Zusammenhang mit dem Erwerb und dem Eigentum des Grundstücks entstehen

DIN 276 Tabelle 2 – Mengen und Bezugseinheiten	
Einheit	m^2
Bezeichnung	Grundstücksfläche (GF)
Ermittlung	Gesamte Grundstücksfläche nach DIN 277

In dieser Kostengruppe enthalten	
KG 121	Vermessungsgebühren
KG 122	Gerichtsgebühren
KG 123	Notargebühren
KG 124	Grunderwerbsteuer
KG 125	Untersuchungen
KG 126	Wertermittlungen
KG 127	Genehmigungsgebühren
KG 128	Bodenordnung
KG 129	Sonstiges zur KG 120

In anderen Kostengruppen enthalten	
• Grundstückswert (z.B. Kaufpreis oder Verkehrswert des Grundstücks oder grundstücksgleicher Rechte)	KG 110
Grundstücksnebenkosten	*KG 120*
• Aufheben von Rechten Dritter (z.B. Abfindungen, Ablösen dinglicher Rechte)	KG 130
• Baunebenkosten (z.B. Bauherrenaufgaben, Vorbereitung der Objektplanung, Objektplanung, Fachplanung, allgemeine Baunebenkosten)	KG 700
• Finanzierung (z.B. Finanzierungsnebenkosten, Fremd- und Eigenkapitalzinsen, Bürgschaften)	KG 800

Erläuterungen

- Weitere Hinweise zur Abgrenzung der KG 120 insbesondere gegenüber der KG 700 und der KG 800 unter den Anmerkungen zu KG 121 bis 129.

DIN 276 Tabelle 1 – Kostengliederung	
121	**Vermessungsgebühren**
	Gebühren für die Grenzvermessung (z. B. Abmarkung, Grenzfeststellung, Teilungsvermessung) sowie für die Vermessung zur Übernahme in das Liegenschaftskataster einschließlich der Verwaltungsgebühren.
	Die Kosten der Ingenieurvermessung (z. B. Lageplan, Bauvermessung) gehören zur KG 745.

DIN 276 Tabelle 2 – Mengen und Bezugseinheiten	
Einheit	m^2
Bezeichnung	Grundstücksfläche (GF)
Ermittlung	Gesamte Grundstücksfläche nach DIN 277

In dieser Kostengruppe enthalten

- Gebühren für die Grundstücks- und Liegenschaftsvermessung (z.B. Grenzfeststellung, Grenzvermessung, Abmarkung der Grundstücksgrenzen, Vermessung zur Teilung eines Grundstücks, Anfertigung eines amtlichen Lageplans)
- Gebühren für die Vermessung zur Übernahme in das Liegenschaftskataster
- Gebühren des Kataster- und Vermessungsamtes für die Fortführung des Liegenschaftskatasters

In anderen Kostengruppen enthalten	
Vermessungsgebühren	*KG 121*
• Gerichtsgebühren	KG 122
• Notargebühren	KG 123
• Grunderwerbsteuer	KG 124
• Untersuchungen	KG 125
• Wertermittlungen	KG 126
• Genehmigungsgebühren	KG 127
• Bodenordnung	KG 128
• Sonstiges zur KG 120 (z.B. Maklerprovisionen, Beschaffung von Karten und Plänen)	KG 129
• Aufheben von Rechten Dritter (z.B. Abfindungen, Ablösen dinglicher Rechte)	KG 130
• Ingenieurvermessung; Planungs- und baubezogene vermessungstechnische Leistungen (z.B. Lageplan, Bauvermessung)	KG 745
• Allgemeine Baunebenkosten (z.B. Gutachten, Prüfungen, Genehmigungen, Bewirtschaftungs- und Bemusterungskosten, Versicherungen, Vervielfältigungs-, Dokumentations-, Versand-, Kommunikationskosten)	KG 760

DIN 276 Tabelle 1 – Kostengliederung	
122	**Gerichtsgebühren**
	Gebühren für die mit dem Grundstückserwerb verbundenen Eintragungen und Löschungen im Grundbuch

DIN 276 Tabelle 2 – Mengen und Bezugseinheiten	
Einheit	m^2
Bezeichnung	Grundstücksfläche (GF)
Ermittlung	Gesamte Grundstücksfläche nach DIN 277

In dieser Kostengruppe enthalten

- Gerichtsgebühren für die mit dem Erwerb und dem Eigentum verbundenen Eintragungen und Löschungen im Bestandsverzeichnis sowie den Abteilungen I und II des Grundbuchs (z.B. Eigentumseintragung, Eigentumsübertragungsvormerkung, Vorkaufsrecht, Nießbrauchrecht)

In anderen Kostengruppen enthalten

• Vermessungsgebühren	KG 121
Gerichtsgebühren	*KG 122*
• Notargebühren	KG 123
• Grunderwerbsteuer	KG 124
• Untersuchungen	KG 125
• Wertermittlungen	KG 126
• Genehmigungsgebühren	KG 127
• Bodenordnung	KG 128
• Sonstiges zur KG 120	KG 129
• Aufheben von Rechten Dritter (z.B. Abfindungen, Ablösen dinglicher Rechte)	KG 130
• Allgemeine Baunebenkosten (z.B. Gutachten, Prüfungen, Genehmigungen, Bewirtschaftungs- und Bemusterungskosten, Versicherungen, Vervielfältigungs-, Dokumentations-, Versand-, Kommunikationskosten)	KG 760
• Finanzierungsnebenkosten (z.B. Gerichts- und Notargebühren für die mit der Finanzierung verbundenen Eintragungen und Löschungen in der Abteilung III des Grundbuchs)	KG 810

Erläuterungen

- Ein Erbbaurecht wird nach dem Erbbaurechtsgesetz (ErbbauRG) im Grundbuch des belasteten Grundstücks (Grundstücksgrundbuch) als Belastung in Abteilung II sowie in dem für das Erbbaurecht als grundstücksgleichem Recht anzulegenden besonderen Erbbaugrundbuch eingetragen.

DIN 276 Tabelle 1 – Kostengliederung	
123	**Notargebühren** Gebühren für die Aufstellung sowie die Abwicklung und den Vollzug des notariellen Kaufvertrags

DIN 276 Tabelle 2 – Mengen und Bezugseinheiten	
Einheit	m^2
Bezeichnung	Grundstücksfläche (GF)
Ermittlung	Gesamte Grundstücksfläche nach DIN 277

In dieser Kostengruppe enthalten

- Notargebühren für die mit dem Erwerb und dem Eigentum verbundenen Vertragsangelegenheiten; Aufstellen des Kaufvertrags, Abwicklung und Vollzug des Kaufvertrags (z.B. Veranlassung der Eintragungen und Löschungen im Grundbuch wie Eigentumsübertragungsvormerkung, Vorkaufsrecht, Nießbrauchrecht)

In anderen Kostengruppen enthalten	
• Vermessungsgebühren	KG 121
• Gerichtsgebühren	KG 122
Notargebühren	*KG 123*
• Grunderwerbsteuer	KG 124
• Untersuchungen	KG 125
• Wertermittlungen	KG 126
• Genehmigungsgebühren	KG 127
• Bodenordnung	KG 128
• Sonstiges zur KG 120	KG 129
• Aufheben von Rechten Dritter (z.B. Abfindungen, Ablösen dinglicher Rechte)	KG 130
• Allgemeine Baunebenkosten (z.B. Gutachten, Prüfungen, Genehmigungen, Bewirtschaftungs- und Bemusterungskosten, Versicherungen, Vervielfältigungs-, Dokumentations-, Versand-, Kommunikationskosten)	KG 760
• Finanzierungsnebenkosten (z.B. Gerichts- und Notargebühren für die mit der Finanzierung verbundenen Eintragungen und Löschungen in der Abteilung III des Grundbuchs)	KG 810

DIN 276 Tabelle 1 – Kostengliederung	
124	**Grunderwerbsteuer** Steuer für den Erwerb von unbebauten und bebauten Grundstücken sowie grundstücksgleichen Rechten

DIN 276 Tabelle 2 – Mengen und Bezugseinheiten	
Einheit	m^2
Bezeichnung	Grundstücksfläche (GF)
Ermittlung	Gesamte Grundstücksfläche nach DIN 277

In dieser Kostengruppe enthalten

- Grunderwerbsteuer aufgrund des Grunderwerbsteuergesetzes (GrEStG) des Bundes und entsprechend landesrechtlicher Regelungen

In anderen Kostengruppen enthalten

• Vermessungsgebühren	KG 121
• Gerichtsgebühren	KG 122
• Notargebühren	KG 123
Grunderwerbsteuer	*KG 124*
• Untersuchungen	KG 125
• Wertermittlungen	KG 126
• Genehmigungsgebühren	KG 127
• Bodenordnung	KG 128
• Sonstiges zur KG 120 (z.B. Maklerprovisionen, Beschaffung von Karten und Plänen)	KG 129
• Aufheben von Rechten Dritter (z.B. Abfindungen, Ablösen dinglicher Rechte)	KG 130
• Öffentliche Erschließung (z.B. Erschließungsbeiträge, Anliegerbeiträge)	KG 220
• Ausgleichsmaßnahmen und -abgaben	KG 240
• Allgemeine Baunebenkosten (z.B. Gutachten, Prüfungen, Genehmigungen, Bewirtschaftungs- und Bemusterungskosten, Versicherungen, Vervielfältigungs-, Dokumentations-, Versand-, Kommunikationskosten)	KG 760
• Finanzierung (z.B. Finanzierungsnebenkosten, Fremd- und Eigenkapitalzinsen, Bürgschaften)	KG 800

Erläuterungen

- Grundstücksgleiche Rechte sind dingliche Rechte (z.B. Wohnungs- und Teileigentum, Erbbaurecht).
- Die Umsatzsteuer (Mehrwertsteuer) auf Lieferungen und Leistungen ist – soweit sie Kosten nach DIN 276 darstellt – in den jeweiligen Kostengruppen zu erfassen (siehe DIN 276, Abschnitt 4.2.15).

DIN 276 Tabelle 1 – Kostengliederung	
125	**Untersuchungen**
	Untersuchungen zu Altlasten und zu deren Beseitigung, Baugrunduntersuchungen und Untersuchungen über die Bebaubarkeit, soweit sie zur Beurteilung des Grundstückswerts dienen

DIN 276 Tabelle 2 – Mengen und Bezugseinheiten	
Einheit	m²
Bezeichnung	Grundstücksfläche (GF)
Ermittlung	Gesamte Grundstücksfläche nach DIN 277

In dieser Kostengruppe enthalten

- Kosten für Untersuchungen, soweit sie zur Beurteilung des Grundstückswerts dienen (z.B. Altlasten, Kampfmittel, kulturhistorische Funde, Baugrund, Immissionen)

In anderen Kostengruppen enthalten	
• Vermessungsgebühren	KG 121
• Gerichtsgebühren	KG 122
• Notargebühren	KG 123
• Grunderwerbsteuer	KG 124
Untersuchungen	*KG 125*
• Wertermittlungen	KG 126
• Genehmigungsgebühren	KG 127
• Bodenordnung	KG 128
• Sonstiges zur KG 120	KG 129
• Herrichten des Grundstücks (z.B. Altlastenbeseitigung, Kampfmittelräumung, kulturhistorische Funde)	KG 210
• Untersuchungen zur Vorbereitung der Objektplanung (z.B. Standortanalysen, Baugrundgutachten, Gutachten für die Verkehrsanbindung, Bestandsanalysen, Untersuchungen bei artenschutzrechtlichen Prüfungen, floristische und faunistische Untersuchungen, Untersuchungen zu Altlasten, Kampfmitteln und kulturhistorischen Funden)	KG 720
• Objektplanung	KG 730
• Fachplanung (z.B. Geotechnik, Ingenieurvermessung, Planungen für Altlastenbeseitigung, Kampfmittelräumung und für die Sicherung kulturhistorischer Funde)	KG 740
• Allgemeine Baunebenkosten (z.B. Gutachten, Prüfungen, Genehmigungen, Bewirtschaftungs- und Bemusterungskosten, Versicherungen, Vervielfältigungs-, Dokumentations-, Versand-, Kommunikationskosten)	KG 760
• Finanzierungsnebenkosten (z.B. Untersuchungen zur Finanzierung des Bauprojekts und zur Finanzierungsplanung)	KG 810

DIN 276 Tabelle 1 – Kostengliederung

126 **Wertermittlungen**
Wertermittlungen von unbebauten und bebauten Grundstücken sowie grundstücksgleichen Rechten

DIN 276 Tabelle 2 – Mengen und Bezugseinheiten

Einheit	m^2
Bezeichnung	Grundstücksfläche (GF)
Ermittlung	Gesamte Grundstücksfläche nach DIN 277

In dieser Kostengruppe enthalten

- Kosten für Wertermittlungen zur Beurteilung des Verkehrswerts (Marktwerts) bzw. der Angemessenheit des Kaufpreises von unbebauten und bebauten Grundstücken sowie grundstücksgleichen Rechten
- Gebühren für Auskünfte der Gutachterausschüsse über Bodenrichtwerte

In anderen Kostengruppen enthalten

• Vermessungsgebühren	KG 121
• Gerichtsgebühren	KG 122
• Notargebühren	KG 123
• Grunderwerbsteuer	KG 124
• Untersuchungen	KG 125
Wertermittlungen	*KG 126*
• Genehmigungsgebühren	KG 127
• Bodenordnung	KG 128
• Sonstiges zur KG 120	KG 129
• Grundstückswert	KG 110
• Aufheben von Rechten Dritter (z.B. Abfindungen, Ablösen dinglicher Rechte)	KG 130
• Untersuchungen zur Vorbereitung der Objektplanung (z.B. Standortanalysen, Baugrundgutachten, Gutachten für die Verkehrsanbindung, Bestandsanalysen, Untersuchungen zu Altlasten, Kampfmitteln und kulturhistorischen Funden)	KG 720
• Wertermittlungen und Gutachten zur Ermittlung von Gebäudewerten, soweit nicht in KG 126 erfasst	KG 722
• Objektplanung	KG 730
• Fachplanung (z.B. Geotechnik, Ingenieurvermessung, Planungen für Altlastenbeseitigung, Kampfmittelräumung und für die Sicherung kulturhistorischer Funde)	KG 740
• Allgemeine Baunebenkosten (z.B. Gutachten, Prüfungen, Genehmigungen, Bewirtschaftungs- und Bemusterungskosten, Versicherungen, Vervielfältigungs-, Dokumentations-, Versand-, Kommunikationskosten)	KG 760
• Finanzierungsnebenkosten (z.B. Untersuchungen zur Finanzierung des Bauprojekts und zur Finanzierungsplanung)	KG 810

Erläuterungen

- Grundstücksgleiche Rechte sind dingliche Rechte (z.B. Wohnungs- und Teileigentum, Erbbaurecht).
- Der Verkehrswert (Marktwert) ist nach der Verordnung über die Grundsätze für die Ermittlung der Verkehrswerte von Grundstücken (Immobilienwertermittlungsverordnung – ImmoWertV) zu ermitteln. Für die Ermittlung des Verkehrswerts ist der Zeitpunkt der Kostenermittlung maßgeblich.
- Zur Ermittlung des Sachwerts nach den §§ 21 bis 23 der Immobilienwertermittlungsverordnung – ImmoWertV gilt die Richtlinie zur Ermittlung des Sachwerts (Sachwertrichtlinie – SW-RL) des Bundes.

DIN 276 Tabelle 1 – Kostengliederung	
127	**Genehmigungsgebühren** Gebühren für amtliche Genehmigungen (z. B. von Grundstücksteilungen und Eintragungen in das Baulastenverzeichnis)

DIN 276 Tabelle 2 – Mengen und Bezugseinheiten	
Einheit	m^2
Bezeichnung	Grundstücksfläche (GF)
Ermittlung	Gesamte Grundstücksfläche nach DIN 277

In dieser Kostengruppe enthalten

- Gebühren für amtliche Genehmigungen in öffentlich-rechtlichen Verfahren, soweit sie im Zusammenhang mit der weiteren Nutzung des Grundstücks stehen

In anderen Kostengruppen enthalten	
• Vermessungsgebühren	KG 121
• Gerichtsgebühren	KG 122
• Notargebühren	KG 123
• Grunderwerbsteuer	KG 124
• Untersuchungen	KG 125
• Wertermittlungen	KG 126
Genehmigungsgebühren	*KG 127*
• Bodenordnung	KG 128
• Sonstiges zur KG 120	KG 129
• Aufheben von Rechten Dritter (z.B. Abfindungen, Ablösen dinglicher Rechte)	KG 130
• Gutachten und Beratung im Rahmen der allgemeinen Baunebenkosten	KG 761
• Prüfungen, Genehmigungen, Abnahmen im Rahmen der allgemeinen Baunebenkosten (z.B. Prüfung der Tragwerksplanung, Konformitätsprüfungen von Nachhaltigkeitsauditierungen)	KG 762
• Gebühren für Zahlungsbürgschaften	KG 840

DIN 276 Tabelle 1 – Kostengliederung

128	**Bodenordnung**
	Kosten im Zusammenhang mit der Neuordnung und Umlegung von Grundstücken und Flurstücken sowie der Grenzregulierung (z. B. Ausgleichsleistungen, Umlegungsbeiträge)

DIN 276 Tabelle 2 – Mengen und Bezugseinheiten

Einheit	m^2
Bezeichnung	Grundstücksfläche (GF)
Ermittlung	Gesamte Grundstücksfläche nach DIN 277

In dieser Kostengruppe enthalten

- Gebühren, Umlegungsbeiträge und Ausgleichsleistungen, die bei der Bodenordnung anfallen

In anderen Kostengruppen enthalten

• Vermessungsgebühren	KG 121
• Gerichtsgebühren	KG 122
• Notargebühren	KG 123
• Grunderwerbsteuer	KG 124
• Untersuchungen	KG 125
• Wertermittlungen	KG 126
• Genehmigungsgebühren	KG 127
Bodenordnung	*KG 128*
• Sonstiges zur KG 120 (z.B. Maklerprovisionen, Beschaffung von Karten und Plänen)	KG 129
• Grundstückswert	KG 110
• Aufheben von Rechten Dritter (z.B. Abfindungen, Ablösen dinglicher Rechte)	KG 130
• Vorbereitende Maßnahmen für das Bauprojekt (z.B. Herrichten des Grundstücks, Erschließung, Ausgleichsmaßnahmen und -abgaben, Übergangsmaßnahmen)	KG 200
• Baunebenkosten (z.B. Bauherrenaufgaben, Vorbereitung der Objektplanung, Objektplanung, Fachplanung, allgemeine Baunebenkosten)	KG 700
• Finanzierung (z.B. Finanzierungsnebenkosten, Fremd- und Eigenkapitalzinsen, Bürgschaften)	KG 800

Erläuterungen

- Die Umlegung von Grundstücken zur Neuordnung von Gebieten richtet sich nach den §§ 45 bis 79 des Baugesetzbuchs (BauGB).
- Die Grenzregulierung von Grundstücken und Flurstücken im Rahmen einer vereinfachten Umlegung richtet sich nach den §§ 80 bis 84 des Baugesetzbuchs (BauGB).

100
200
300
400
500
600
700
800

DIN 276 Tabelle 1 – Kostengliederung	
129	**Sonstiges zur KG 120**
	Sonstige Grundstücksnebenkosten (z. B. Maklerprovisionen, Beschaffung von Karten und Plänen)

DIN 276 Tabelle 2 – Mengen und Bezugseinheiten	
Einheit	m^2
Bezeichnung	Grundstücksfläche (GF)
Ermittlung	Gesamte Grundstücksfläche nach DIN 277

In dieser Kostengruppe enthalten

- Sonstige Grundstücksnebenkosten, die nicht den KG 121 bis 128 zuzuordnen sind
- Maklerprovisionen (z.B. Vermittlungsgebühren und Inserierungskosten im Zusammenhang mit dem Erwerb des Grundstücks)
- Beschaffung von Karten und Plänen (z.B. Karten, Stadtpläne, Leitungspläne, Flurkarten, Bauleitpläne, Katasterpläne)

In anderen Kostengruppen enthalten	
• Vermessungsgebühren	KG 121
• Gerichtsgebühren	KG 122
• Notargebühren	KG 123
• Grunderwerbsteuer	KG 124
• Untersuchungen	KG 125
• Wertermittlungen	KG 126
• Genehmigungsgebühren	KG 127
• Bodenordnung	KG 128
Sonstiges zur KG 120	*KG 129*
• Allgemeine Baunebenkosten (z.B. Gutachten, Prüfungen, Genehmigungen, Bewirtschaftungs- und Bemusterungskosten, Versicherungen, Vervielfältigungs-, Dokumentations-, Versand-, Kommunikationskosten)	KG 760
• Finanzierungsnebenkosten (z.B. Gerichts- und Notargebühren für die mit der Finanzierung verbundenen Eintragungen und Löschungen in der Abteilung III des Grundbuchs)	KG 810

DIN 276 Tabelle 1 – Kostengliederung	
130	**Rechte Dritter** Kosten für das Aufheben von Rechten Dritter, um möglichst frei über das Grundstück verfügen zu können

DIN 276 Tabelle 2 – Mengen und Bezugseinheiten	
Einheit	m^2
Bezeichnung	Grundstücksfläche (GF)
Ermittlung	Gesamte Grundstücksfläche nach DIN 277

In dieser Kostengruppe enthalten	
KG 131	Abfindungen (z.B. für das Aufheben bestehender Nutzungsrechte)
KG 132	Ablösen dinglicher Rechte (z.B. Ablösen von Lasten und Beschränkungen wie Wegerechte, Baulasten)
KG 139	Sonstiges zur KG 130

In anderen Kostengruppen enthalten	
• Grundstückswert (z.B. Kaufpreis oder Verkehrswert des Grundstücks oder grundstücksgleicher Rechte)	KG 110
• Grundstücksnebenkosten (z.B. Gerichtsgebühren, Notargebühren, Grunderwerbsteuer, Genehmigungsgebühren, Bodenordnung)	KG 120
Rechte Dritter	*KG 130*
• Herrichten des Grundstücks (z.B. Sicherungsmaßnahmen, Abbruchmaßnahmen, Altlastenbeseitigung, Herrichten der Geländeoberfläche)	KG 210
• Ausgleichsmaßnahmen und -abgaben (z.B. Ablösen von öffentlich-rechtlichen Verpflichtungen)	KG 240
• Baunebenkosten (z.B. Bauherrenaufgaben, Vorbereitung der Objektplanung, Objektplanung, Fachplanung, allgemeine Baunebenkosten)	KG 700
• Finanzierung (z.B. Finanzierungsnebenkosten, Fremd- und Eigenkapitalzinsen, Bürgschaften)	KG 800

DIN 276 Tabelle 1 – Kostengliederung	
131	**Abfindungen**
	Abfindungen und Entschädigungen für bestehende Nutzungsrechte (z. B. Miet- und Pachtverträge)

DIN 276 Tabelle 2 – Mengen und Bezugseinheiten	
Einheit	m^2
Bezeichnung	Grundstücksfläche (GF)
Ermittlung	Gesamte Grundstücksfläche nach DIN 277

In dieser Kostengruppe enthalten

- Abfindungen und Entschädigungen für die Auflösung von Miet- und Pachtverträgen vor Ablauf der vereinbarten Dauer oder der vereinbarten Kündigungsfristen
- Umzugskosten bzw. Beihilfezahlungen für Umzüge, Provisionen
- Überlassung anderer Grundstücke oder anderer baulicher Anlagen

In anderen Kostengruppen enthalten	
Abfindungen	*KG 131*
• Ablösen dinglicher Rechte (z.B. Ablösen von Wegerechten, Grundpfandrechten, Baulasten)	KG 132
• Sonstige Kosten zur KG 130 (z.B. Räumungsklagen)	KG 139
• Grundstücksnebenkosten (z.B. Gerichtsgebühren, Notargebühren, Grunderwerbsteuer, Genehmigungsgebühren, Bodenordnung)	KG 120
• Herrichten des Grundstücks (z.B. Sicherungsmaßnahmen, Abbruchmaßnahmen, Altlastenbeseitigung, Herrichten der Geländeoberfläche)	KG 210
• Ausgleichsmaßnahmen und -abgaben (z.B. Ablösen von öffentlich-rechtlichen Verpflichtungen)	KG 240
• Baunebenkosten (z.B. Bauherrenaufgaben, Vorbereitung der Objektplanung, Objektplanung, Fachplanung, allgemeine Baunebenkosten)	KG 700
• Finanzierung (z.B. Finanzierungsnebenkosten, Fremd- und Eigenkapitalzinsen, Bürgschaften)	KG 800

DIN 276 Tabelle 1 – Kostengliederung	
132	**Ablösen dinglicher Rechte**
	Ablösen von Lasten und Beschränkungen (z. B. Wegerechte, Grundpfandrechte, Baulasten)

DIN 276 Tabelle 2 – Mengen und Bezugseinheiten	
Einheit	m^2
Bezeichnung	Grundstücksfläche (GF)
Ermittlung	Gesamte Grundstücksfläche nach DIN 277

In dieser Kostengruppe enthalten

- Ablösen dinglicher Rechte (z.B. Wegerecht, Recht zur Überbauung von Grundstücksteilen)
- Löschung von Baulasten im Baulastenverzeichnis
- Ablösen von Nutzungsbeschränkungen

In anderen Kostengruppen enthalten

• Abfindungen und Entschädigungen für bestehende Nutzungsrechte	KG 131
Ablösen dinglicher Rechte	*KG 132*
• Sonstige Kosten für das Aufheben von Rechten Dritter (z.B. Räumungsklagen)	KG 139
• Grundstücksnebenkosten (z.B. Gerichtsgebühren, Notargebühren, Grunderwerbsteuer, Genehmigungsgebühren, Bodenordnung)	KG 120
• Herrichten des Grundstücks (z.B. Sicherungsmaßnahmen, Abbruchmaßnahmen, Altlastenbeseitigung, Herrichten der Geländeoberfläche)	KG 210
• Ausgleichsmaßnahmen und -abgaben (z.B. Ablösen von öffentlich-rechtlichen Verpflichtungen)	KG 240
• Baunebenkosten (z.B. Bauherrenaufgaben, Vorbereitung der Objektplanung, Objektplanung, Fachplanung, allgemeine Baunebenkosten)	KG 700
• Finanzierung (z.B. Finanzierungsnebenkosten, Fremd- und Eigenkapitalzinsen, Bürgschaften)	KG 800

DIN 276 Tabelle 1 – Kostengliederung	
139	**Sonstiges zur KG 130** Sonstige Kosten und Gebühren (z. B. für Räumungsklagen)

DIN 276 Tabelle 2 – Mengen und Bezugseinheiten	
Einheit	m^2
Bezeichnung	Grundstücksfläche (GF)
Ermittlung	Gesamte Grundstücksfläche nach DIN 277

In dieser Kostengruppe enthalten

- Sonstige Kosten für das Aufheben von Rechten Dritter, die nicht den KG 131 und 132 zuzuordnen sind
- Kosten für Räumungsklagen (z.B. Gerichtsgebühren, Anwaltshonorare)

In anderen Kostengruppen enthalten	
• Abfindungen und Entschädigungen für bestehende Nutzungsrechte	KG 131
• Ablösen dinglicher Rechte (z.B. Ablösen von Wegerechten, Grundpfandrechten, Baulasten)	KG 132
Sonstiges zur KG 130	*KG 139*
• Grundstücksnebenkosten (z.B. Gerichtsgebühren, Notargebühren, Grunderwerbsteuer, Genehmigungsgebühren, Bodenordnung)	KG 120
• Herrichten des Grundstücks (z.B. Sicherungsmaßnahmen, Abbruchmaßnahmen, Altlastenbeseitigung, Herrichten der Geländeoberfläche)	KG 210
• Ausgleichsmaßnahmen und -abgaben (z.B. Ablösen von öffentlich-rechtlichen Verpflichtungen)	KG 240
• Baunebenkosten (z.B. Bauherrenaufgaben, Vorbereitung der Objektplanung, Objektplanung, Fachplanung, allgemeine Baunebenkosten)	KG 700
• Finanzierung (z.B. Finanzierungsnebenkosten, Fremd- und Eigenkapitalzinsen, Bürgschaften)	KG 800

DIN 276 Tabelle 1 – Kostengliederung	
200	**Vorbereitende Maßnahmen** Vorbereitende Maßnahmen, um die Baumaßnahme auf dem Grundstück durchführen zu können

DIN 276 Tabelle 2 – Mengen und Bezugseinheiten	
Einheit	m^2
Bezeichnung	Grundstücksfläche (GF)
Ermittlung	Gesamte Grundstücksfläche nach DIN 277

In dieser Kostengruppe enthalten	
KG 210	Herrichten
KG 220	Öffentliche Erschließung
KG 230	Nichtöffentliche Erschließung
KG 240	Ausgleichsmaßnahmen und -abgaben
KG 250	Übergangsmaßnahmen

In anderen Kostengruppen enthalten	
• Grundstück (z. B. Grundstücksnebenkosten, Aufheben von Rechten Dritter)	KG 100
Vorbereitende Maßnahmen	*KG 200*
• Bauwerk – Baukonstruktionen (z. B. Baugrube/Erdbau, Gründung, Unterbau, Infrastrukturanlagen)	KG 300
• Bauwerk – Technische Anlagen (z. B. Abwasser-, Wasser-, Gasanlagen, Wärmeversorgungsanlagen, elektrische Anlagen, Kommunikations-, sicherheits- und informationstechnische Anlagen, nutzungsspezifische und verfahrenstechnische Anlagen)	KG 400
• Außenanlagen und Freiflächen (z. B. Erdbau, Gründung, Unterbau, Oberbau, Deckschichten, Baukonstruktionen, technische Anlagen und Einbauten in Außenanlagen und Freiflächen)	KG 500
• Ausstattung und Kunstwerke	KG 600
• Baunebenkosten (z. B. Bauherrenaufgaben, Vorbereitung der Objektplanung, Objektplanung, Fachplanung, allgemeine Baunebenkosten)	KG 700
• Finanzierung (z. B. Finanzierungsnebenkosten, Finanzierungsplanung, Beschaffung von Finanzierungsmitteln)	KG 800

DIN 276 Tabelle 1 – Kostengliederung

210	**Herrichten** Herrichten des Grundstücks

DIN 276 Tabelle 2 – Mengen und Bezugseinheiten

Einheit	m²
Bezeichnung	Grundstücksfläche (GF)
Ermittlung	Gesamte Grundstücksfläche nach DIN 277

In dieser Kostengruppe enthalten

KG 211	Sicherungsmaßnahmen
KG 212	Abbruchmaßnahmen (z.B. vollständiger Abbruch von vorhandenen Bauwerken und Bauwerksbereichen)
KG 213	Altlastenbeseitigung
KG 214	Herrichten der Geländeoberfläche
KG 215	Kampfmittelräumung
KG 216	Kulturhistorische Funde
KG 219	Sonstiges zur KG 210

In anderen Kostengruppen enthalten

Herrichten	*KG 210*
• Öffentliche Erschließung	KG 220
• Nichtöffentliche Erschließung	KG 230
• Ausgleichsmaßnahmen und -abgaben	KG 240
• Übergangsmaßnahmen	KG 250
• Grundstück (z.B. Grundstückswert, Grundstücksnebenkosten, Aufheben von Rechten Dritter)	KG 100
• Untersuchungen zu Altlasten und zu deren Beseitigung, soweit sie zur Beurteilung des Grundstückswerts dienen	KG 125
• Sicherungsmaßnahmen und Abbruchmaßnahmen an Teilen der Baukonstruktionen des Bauwerks	KG 300
• Sicherungsmaßnahmen und Abbruchmaßnahmen an Teilen der technischen Anlagen des Bauwerks	KG 400
• Außenanlagen und Freiflächen (z.B. Erdbau, Gründung, Unterbau, Oberbau, Deckschichten, Sicherungsmaßnahmen und Abbruchmaßnahmen an Teilen der Außenanlagen und Freiflächen)	KG 500
• Planungen für Altlastenbeseitigung, Kampfmittelräumung und die Sicherung kulturhistorischer Funde	KG 748

Erläuterungen

- Das Herrichten des Grundstücks oder einer Teilfläche auf dem Grundstück (Baufläche) umfasst die Maßnahmen, mit denen eine Bebaubarkeit für ein Bauwerk oder eine bauliche Anlage hergestellt wird. Dies gilt auch dann, wenn die Realisierung eines Bauwerks oder einer baulichen Anlage noch nicht unmittelbar bevorsteht oder noch nicht konkret geplant ist.

DIN 276 Tabelle 1 – Kostengliederung	
211	**Sicherungsmaßnahmen**
	Schutz von vorhandenen Baukonstruktionen und technischen Anlagen sowie Sichern von Bewuchs und Vegetationsschichten

DIN 276 Tabelle 2 – Mengen und Bezugseinheiten	
Einheit	m^2
Bezeichnung	Grundstücksfläche (GF)
Ermittlung	Gesamte Grundstücksfläche nach DIN 277

In dieser Kostengruppe enthalten

- Sichern von vorhandenen und zu erhaltenden Baukonstruktionen des Bauwerks und der Außenanlagen
- Sichern von vorhandenen und zu erhaltenden technischen Anlagen des Bauwerks und der Außenanlagen
- Sichern von Bewuchs (z.B. durch zeitweiliges Verpflanzen von Bäumen und Sträuchern, oberirdische Sicherung von Bäumen und Sträuchern durch Einzäunen und Abstützen)
- Sichern von Grünflächen durch Einfriedungen, Verbau zum Zwecke der Wurzelsicherung
- Unterhalt und Wiederbeseitigung der Sicherungsmaßnahmen
- Unterhaltspflege an Bäumen, Sträuchern und Grünflächen
- Suchschachtungen

In anderen Kostengruppen enthalten	
Sicherungsmaßnahmen	*KG 211*
• Abbruchmaßnahmen	KG 212
• Altlastenbeseitigung	KG 213
• Herrichten der Geländeoberfläche (z.B. Oberbodensicherung)	KG 214
• Kampfmittelräumung	KG 215
• Kulturhistorische Funde	KG 216
• Sonstiges zur KG 210	KG 219
• Umschließung bei Erdbaumaßnahmen für Bauwerke (z.B. Verbau und Sicherung von Baugruben, Baugräben, Dämmen, Wällen und Einschnitten)	KG 312
• Sicherungsmaßnahmen an bestehenden Bauwerken (z.B. Unterfangungen, Abstützungen)	KG 393
• Sicherungsmaßnahmen an technischen Anlagen bestehender Bauwerke	KG 493
• Umschließung bei Erdbaumaßnahmen für Außenanlagen und Freiflächen (z.B. Verbau und Sicherung von Baugruben, Dämmen, Einschnitten)	KG 512
• Sicherungsbauweisen bei Vegetationsflächen (z.B. Vegetationsstücke, Geotextilien, Flechtwerk, Böschungssicherungen)	KG 572
• Sicherungsmaßnahmen an bestehenden baulichen Anlagen in Außenanlagen und Freiflächen	KG 593
• Sicherheits- und Gesundheitsschutz-Koordination für die Arbeitssicherheit und den Gesundheitsschutz auf der Baustelle	KG 714

DIN 276 Tabelle 1 – Kostengliederung

212 **Abbruchmaßnahmen**

Abbrechen, Beseitigen und Entsorgen von vorhandenen Baukonstruktionen, technischen Anlagen, Außenanlagen und Freiflächen zum Herrichten des Grundstücks

DIN 276 Tabelle 2 – Mengen und Bezugseinheiten

Einheit	m^2
Bezeichnung	Grundstücksfläche (GF)
Ermittlung	Gesamte Grundstücksfläche nach DIN 277

In dieser Kostengruppe enthalten

- Vollständiges Abbrechen, Beseitigen und Entsorgen der Baukonstruktionen von vorhandenen Bauwerken und Bauwerksbereichen (z.B. vollständiger Abbruch von Gründung, Unterbau, Wänden/Vertikalen Baukonstruktionen, Decken/Horizontalen Baukonstruktionen, Dächern, Infrastrukturanlagen und Einbauten)
- Vollständiges Abbrechen, Beseitigen und Entsorgen der technischen Anlagen von vorhandenen Bauwerken und Bauwerksbereichen
- Vollständiges Abbrechen, Beseitigen und Entsorgen vorhandener Außenanlagen und Freiflächen (z.B. Gründung, Unterbau, Oberbau und Deckschichten von Wegen, Straßen, Stellplätzen, Gleisanlagen, Baukonstruktionen von Einfriedungen, Stützmauern, Rampen, Treppen, Überdachungen, Stegen, Wasserbecken, technische Anlagen, Einbauten wie Wirtschaftsgegenstände, Spielgeräte, Sportanlagen)
- Demontieren und Zwischenlagern von weiter zu verwendenden Teilen

In anderen Kostengruppen enthalten

• Sicherungsmaßnahmen	KG 211
Abbruchmaßnahmen	*KG 212*
• Altlastenbeseitigung	KG 213
• Herrichten der Geländeoberfläche	KG 214
• Kampfmittelräumung	KG 215
• Kulturhistorischen Funde	KG 216
• Sonstiges zur KG 210	KG 219
• Abbruch von Teilen vorhandener Baukonstruktionen des Bauwerks	KG 394
• Abbruch von Teilen vorhandener technischer Anlagen des Bauwerks	KG 494
• Abbruch von Teilen vorhandener Außenanlagen und Freiflächen	KG 594

DIN 276 Tabelle 1 – Kostengliederung	
213	**Altlastenbeseitigung**
	Beseitigen von gefährlichen Stoffen, Sanieren belasteter und kontaminierter Böden

DIN 276 Tabelle 2 – Mengen und Bezugseinheiten	
Einheit	m^2
Bezeichnung	Grundstücksfläche (GF)
Ermittlung	Gesamte Grundstücksfläche nach DIN 277

In dieser Kostengruppe enthalten

- Beseitigen von gefährlichen Stoffen (z.B. Abtransport und Entsorgungsgebühren)
- Beseitigen und Sanieren von belasteten und kontaminierten Böden (z.B. Bodenabtrag, Zwischenlagern von wieder zu verwendendem Boden, Abtransport und Entsorgungsgebühren, Bodenauftrag)
- Beseitigen von Deponien

In anderen Kostengruppen enthalten	
• Sicherungsmaßnahmen	KG 211
• Abbruchmaßnahmen	KG 212
Altlastenbeseitigung	*KG 213*
• Herrichten der Geländeoberfläche	KG 214
• Kampfmittelräumung	KG 215
• Kulturhistorischen Funde	KG 216
• Sonstiges zur KG 210	KG 219
• Untersuchungen zu Altlasten und deren Beseitigung, soweit sie zur Beurteilung des Grundstückswerts dienen	KG 125
• Baugrundverbesserung für Baukonstruktionen des Bauwerks (z.B. Bodenaustausch)	KG 321
• Baugrundverbesserung für Außenanlagen und Freiflächen (z.B. Bodenaustausch)	KG 521
• Planungen für Altlastenbeseitigung, Kampfmittelräumung und die Sicherung kulturhistorischer Funde	KG 748

DIN 276 Tabelle 1 – Kostengliederung

214	**Herrichten der Geländeoberfläche**
	Roden von Bewuchs, Planieren, Bodenbewegungen einschließlich Oberbodensicherung, soweit nicht in der KG 500 erfasst

DIN 276 Tabelle 2 – Mengen und Bezugseinheiten

Einheit	m^2
Bezeichnung	Grundstücksfläche (GF)
Ermittlung	Gesamte Grundstücksfläche nach DIN 277

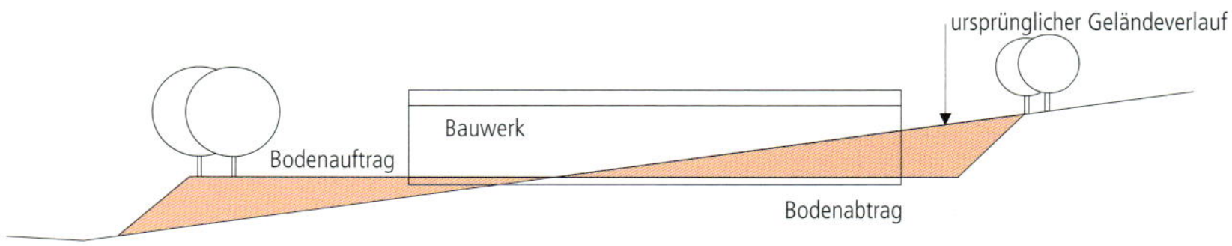

In dieser Kostengruppe enthalten

- Roden von Bewuchs (z.B. Fällen von Bäumen, Entfernen von Gehölzen, Sträuchern und Hecken, Entfernen von Wurzelstöcken)
- Planieren der Geländeoberfläche
- Bodenbewegungen (z.B. Bodenabtrag von Geländeüberhöhungen, Bodenauftrag in Geländeabsenkungen)
- Sichern des Oberbodens (z.B. Aushub und Abschieben des Oberbodens, Zwischenlagern in Mieten, Aufbereiten und Pflegen der Mieten)

In anderen Kostengruppen enthalten

• Sicherungsmaßnahmen (z.B. Sichern von Bewuchs und Vegetationsschichten)	KG 211
• Abbruchmaßnahmen	KG 212
• Altlastenbeseitigung	KG 213
Herrichten der Geländeoberfläche	*KG 214*
• Kampfmittelräumung	KG 215
• Kulturhistorische Funde	KG 216
• Sonstiges zur KG 210	KG 219
• Oberbodenarbeiten, Bodenarbeiten, Erdbaumaßnahmen für Baukonstruktionen des Bauwerks (z.B. Herstellung und Umschließung von Baugruben, Baugräben, Dämmen, Wällen und Einschnitten)	KG 310
• Gründung und Unterbau für Baukonstruktionen des Bauwerks (z.B. Baugrundverbesserung, Bodenaustausch, Verdichtung, Einpressung, Ankerung, Stützmaßnahmen, Bodenlockerung, Bodenaushub für Flachgründungen und Bodenplatten des Bauwerks)	KG 320
• Dachbeläge (z.B. Dachbegrünungen, Wiederverteilen von Boden zur Überdeckung von Dachflächen)	KG 363
• Oberbodenarbeiten, Bodenarbeiten, Erdbaumaßnahmen für Außenanlagen und Freiflächen (z.B. Herstellung und Umschließung von Baugruben, Baugräben, Dämmen, Wällen und Einschnitten)	KG 510
• Gründung und Unterbau in Außenanlagen und Freiflächen (z.B. Baugrundverbesserung, Bodenaustausch, Verdichtung, Bodenlockerung, Bodenaushub für Flachgründungen und Bodenplatten)	KG 520
• Vegetationstechnische Bodenbearbeitung zur Vorbereitung von Pflanzflächen	KG 571

Erläuterungen

- Nach § 202 Schutz des Mutterbodens des Baugesetzbuchs (BauGB) ist Mutterboden, der bei der Errichtung und Änderung baulicher Anlagen sowie bei wesentlichen anderen Veränderungen der Erdoberfläche ausgehoben wird, in nutzbarem Zustand zu erhalten und vor Vernichtung oder Vergeudung zu schützen.

DIN 276 Tabelle 1 – Kostengliederung	
215	**Kampfmittelräumung** Maßnahmen zum Auffinden und zur Räumung von Kampfmitteln

DIN 276 Tabelle 2 – Mengen und Bezugseinheiten	
Einheit	m²
Bezeichnung	Grundstücksfläche (GF)
Ermittlung	Gesamte Grundstücksfläche nach DIN 277

In dieser Kostengruppe enthalten

- Vom Grundstückseigentümer zu tragende Kosten für Maßnahmen der zivilen Kampfmittelbeseitigung (z.B. Auffinden von Kampfmitteln durch Sondieren der Grundstücksfläche)

In anderen Kostengruppen enthalten

• Sicherungsmaßnahmen	KG 211
• Abbruchmaßnahmen	KG 212
• Altlastenbeseitigung	KG 213
• Herrichten der Geländeoberfläche	KG 214
Kampfmittelräumung	*KG 215*
• Kulturhistorische Funde	KG 216
• Sonstiges zur KG 210 (z.B. Evakuierungskosten im Zuge von Kampfmittelräumung)	KG 219
• Untersuchungen zur Kampfmittelbelastung des Grundstücks und zur Kampfmittelräumung, soweit sie zur Beurteilung des Grundstückswerts dienen	KG 125
• Planungen für Altlastenbeseitigung, Kampfmittelräumung und die Sicherung kulturhistorischer Funde	KG 748

Erläuterungen

- Die Kosten der zivilen Kampfmittelbeseitigung werden vom Grundstückseigentümer, dem Bundesland und dem Bund getragen. Das vorsorgliche Absuchen eines Baugrundstücks ist in der Regel vom Grundstückseigentümer zu tragen. Das Bundesland übernimmt entsprechend den für das jeweilige Land geltenden Regeln üblicherweise die Maßnahmen der Gefahrenabwehr (Entschärfung, Abtransport und Vernichtung).
- Der Bund beteiligt sich in den Fällen an den Kosten, in denen die Gefahr von ehemals reichseigenen Kampfmitteln ausgeht.

DIN 276 Tabelle 1 – Kostengliederung	
216	**Kulturhistorische Funde** Sicherung von kulturhistorischen Funden

DIN 276 Tabelle 2 – Mengen und Bezugseinheiten	
Einheit	m^2
Bezeichnung	Grundstücksfläche (GF)
Ermittlung	Gesamte Grundstücksfläche nach DIN 277

In dieser Kostengruppe enthalten

- Vom Grundstückseigentümer zu tragende Kosten für Maßnahmen zur Sicherung kulturhistorischer Funde (z.B. Sondierungen, Grabungen, Bodenanalysen, Dokumentationen)

In anderen Kostengruppen enthalten	
• Sicherungsmaßnahmen	KG 211
• Abbruchmaßnahmen	KG 212
• Altlastenbeseitigung	KG 213
• Herrichten der Geländeoberfläche	KG 214
• Kampfmittelräumung	KG 215
Kulturhistorische Funde	*KG 216*
• Sonstiges zur KG 210	KG 219
• Untersuchungen zu kulturhistorischen Funden auf dem Grundstück, soweit sie zur Beurteilung des Grundstückswerts dienen	KG 125
• Planungen für Altlastenbeseitigung, Kampfmittelräumung und die Sicherung kulturhistorischer Funde	KG 748

DIN 276 Tabelle 1 – Kostengliederung	
219	**Sonstiges zur KG 210** Evakuierungskosten im Zuge von Kampfmittelräumung

DIN 276 Tabelle 2 – Mengen und Bezugseinheiten	
Einheit	m^2
Bezeichnung	Grundstücksfläche (GF)
Ermittlung	Gesamte Grundstücksfläche nach DIN 277

In dieser Kostengruppe enthalten

- Sonstige Kosten für das Herrichten des Grundstücks, die nicht den KG 211 bis 216 zuzuordnen sind (z.B. Evakuierungskosten im Zuge von Kampfmittelräumung, Müllbeseitigung, Entrümpelung)

In anderen Kostengruppen enthalten	
• Sicherungsmaßnahmen	KG 211
• Abbruchmaßnahmen	KG 212
• Altlastenbeseitigung	KG 213
• Herrichten der Geländeoberfläche	KG 214
• Kampfmittelräumung	KG 215
• Kulturhistorische Funde	KG 216
Sonstiges zur KG 210	*KG 219*
• Untersuchungen zu Altlasten und zu deren Beseitigung, soweit sie zur Beurteilung des Grundstückswerts dienen	KG 125
• Übergangsmaßnahmen (z.B. provisorische Maßnahmen baulicher und organisatorischer Art)	KG 250
• Planungen für Altlastenbeseitigung, Kampfmittelräumung und die Sicherung kulturhistorischer Funde	KG 748

DIN 276 Tabelle 1 – Kostengliederung	
220	**Öffentliche Erschließung**
	Anteilige Kosten aufgrund gesetzlicher Vorschriften (Erschließungsbeiträge/Anliegerbeiträge) und Kosten aufgrund öffentlich-rechtlicher Verträge für
	- die Beschaffung oder den Erwerb der Erschließungsflächen gegen Entgelt durch den Träger der öffentlichen Erschließung,
	- die Herstellung oder Änderung gemeinschaftlich genutzter technischer Anlagen (z. B. zur Ableitung von Abwasser sowie zur Versorgung mit Wasser, Wärme, Gas, Strom und Telekommunikation),
	- die erstmalige Herstellung oder den Ausbau der öffentlichen Verkehrsflächen, der Grünflächen und sonstiger Freiflächen für öffentliche Nutzung.
	Kostenzuschüsse und Anschlusskosten sollten getrennt ausgewiesen werden.
	Beim Erwerb eines bereits erschlossenen Grundstücks kann der Wert der vor dem Erwerb aufgewendeten Erschließungskosten in der KG 110 erfasst werden.

DIN 276 Tabelle 2 – Mengen und Bezugseinheiten	
Einheit	m^2
Bezeichnung	Grundstücksfläche (GF)
Ermittlung	Gesamte Grundstücksfläche nach DIN 277

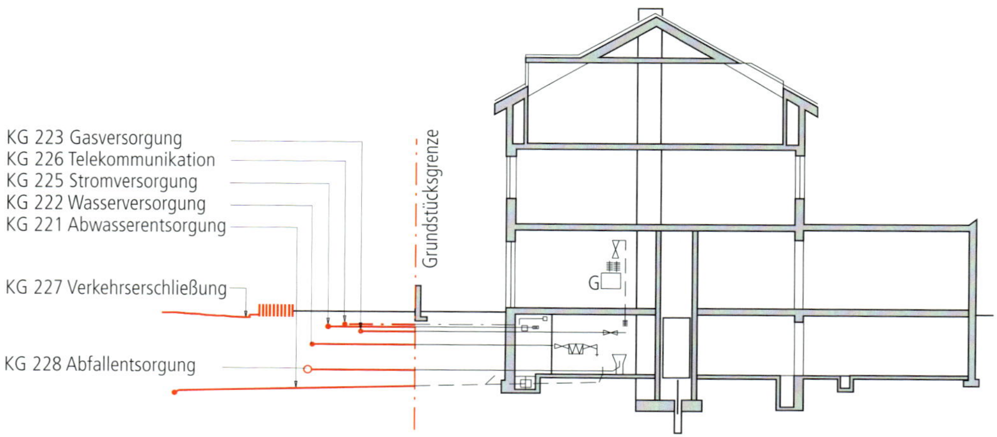

In dieser Kostengruppe enthalten	
KG 221	Abwasserentsorgung (z.B. Kostenzuschüsse, Anschlusskosten)
KG 222	Wasserversorgung (z.B. Kostenzuschüsse, Anschlusskosten)
KG 223	Gasversorgung (z.B. Kostenzuschüsse, Anschlusskosten)
KG 224	Fernwärmeversorgung (z.B. Kostenzuschüsse, Anschlusskosten)
KG 225	Stromversorgung (z.B. Kostenzuschüsse, Anschlusskosten)
KG 226	Telekommunikation (z.B. Einmalige Entgelte für die Bereitstellung von Netzanschlüssen)
KG 227	Verkehrserschließung (z.B. Erschließungsbeiträge für die Verkehrs- und Freianlagen)
KG 228	Abfallentsorgung (z.B. Kostenzuschüsse, Anschlusskosten für eine leitungsgebundene Abfallentsorgung)
KG 229	Sonstiges zur KG 220

In anderen Kostengruppen enthalten

• Herrichten des Grundstücks	KG 210
Öffentliche Erschließung	*KG 220*
• Nichtöffentliche Erschließung	KG 230
• Ausgleichsmaßnahmen und -abgaben	KG 240
• Übergangsmaßnahmen	KG 250
• Grundstück (z.B. Grundstückswert, Grundstücksnebenkosten, Aufheben von Rechten Dritter)	KG 100
• Baukonstruktionen des Bauwerks (z.B. Infrastrukturanlagen)	KG 300
• Technische Anlagen des Bauwerks (z.B. Abwasser-, Wasser-, Gasanlagen)	KG 400
• Außenanlagen und Freiflächen (z.B. Oberbau und Deckschichten von Wegen, Baukonstruktionen und technische Anlagen in Außenanlagen und Freiflächen)	KG 500

Erläuterungen

- Ein Baugrundstück wird in der Regel einmalig an die öffentliche Versorgung angeschlossen. Deshalb weist die DIN 276 darauf hin, dass beim Erwerb eines bereits erschlossenen Grundstücks der Wert der vor dem Erwerb aufgewendeten Erschließungskosten in der KG 110 erfasst werden kann.
- Die Erschließung ist als Aufgabe der Gemeinde im Baugesetzbuch (BauGB) in den §§ 123 bis 135 geregelt. Sie beschränkt sich im Wesentlichen auf die Erschließung durch Verkehrsanlagen. Die weiteren Erschließungsmaßnahmen der technischen Ver- und Entsorgung werden in der Regel durch einen Vertrag z.B. an ein Versorgungsunternehmen übertragen. An den Aufwendungen, die für die Erschließungsmaßnahmen entstehen und die von der Gemeinde nicht anderweitig gedeckt werden können, kann der Grundstückseigentümer nach den Bestimmungen des BauGB sowie nach den jeweiligen landesrechtlichen Regelungen und Gemeindesatzungen in Form von Anschlussgebühren und Anliegerbeiträgen beteiligt werden.

100
200
300
400
500
600
700
800

DIN 276 Tabelle 1 – Kostengliederung	
221	**Abwasserentsorgung** Kostenzuschüsse, Anschlusskosten

DIN 276 Tabelle 2 – Mengen und Bezugseinheiten	
Einheit	m²
Bezeichnung	Grundstücksfläche (GF)
Ermittlung	Gesamte Grundstücksfläche nach DIN 277

In dieser Kostengruppe enthalten

- Kostenzuschüsse und Anschlusskosten für den Anschluss der Abwasseranlagen des Bauwerks sowie der Außenanlagen und Freiflächen an das öffentliche Abwasserentsorgungsnetz

In anderen Kostengruppen enthalten

Abwasserentsorgung	*KG 221*
• Wasserversorgung	KG 222
• Gasversorgung	KG 223
• Fernwärmeversorgung	KG 224
• Stromversorgung	KG 225
• Telekommunikation	KG 226
• Verkehrserschließung	KG 227
• Abfallentsorgung	KG 228
• Sonstiges zur KG 220	KG 229
• Nichtöffentliche Erschließung	KG 230
• Anlagen der Abwasserentsorgung als Infrastrukturanlagen (z.B. Baukonstruktionen von Anlagen der Abwasser- und Schlammbehandlung und von Abwasserleitungsnetzen)	KG 375
• Abwasseranlagen des Bauwerks	KG 411
• Abwasseranlagen in Außenanlagen und Freiflächen	KG 551

DIN 276 Tabelle 1 – Kostengliederung	
222	**Wasserversorgung**
	Kostenzuschüsse, Anschlusskosten

DIN 276 Tabelle 2 – Mengen und Bezugseinheiten	
Einheit	m^2
Bezeichnung	Grundstücksfläche (GF)
Ermittlung	Gesamte Grundstücksfläche nach DIN 277

In dieser Kostengruppe enthalten

- Kostenzuschüsse und Anschlusskosten für den Anschluss der Wasseranlagen des Bauwerks sowie der Außenanlagen und Freiflächen an das öffentliche Wasserversorgungsnetz

In anderen Kostengruppen enthalten

• Abwasserentsorgung	KG 221
Wasserversorgung	*KG 222*
• Gasversorgung	KG 223
• Fernwärmeversorgung	KG 224
• Stromversorgung	KG 225
• Telekommunikation	KG 226
• Verkehrserschließung	KG 227
• Abfallentsorgung	KG 228
• Sonstiges zur KG 220	KG 229
• Nichtöffentliche Erschließung	KG 230
• Anlagen der Wasserversorgung als Infrastrukturanlagen (z. B. Baukonstruktionen von Anlagen der Wassergewinnung, Wasseraufbereitung und Wasserverteilung)	KG 376
• Wasseranlagen des Bauwerks	KG 412
• Wasseranlagen in Außenanlagen und Freiflächen	KG 552

Erläuterungen

- Die Anschlussleitung vom öffentlichen Netz in das Grundstück gehört bis in einen Übergabeschacht bzw. bis zu den Schutz-, Mess- und Absperrarmaturen zur öffentlichen Erschließung.
- Bei mehreren gebührenpflichtigen Abnehmern gehören die Messgeräte (Zähler) des Versorgungsunternehmens zur öffentlichen Erschließung. Messgeräte der Abnehmer gehören zu KG 412.

DIN 276 Tabelle 1 – Kostengliederung	
223	**Gasversorgung**
	Kostenzuschüsse, Anschlusskosten

DIN 276 Tabelle 2 – Mengen und Bezugseinheiten	
Einheit	m^2
Bezeichnung	Grundstücksfläche (GF)
Ermittlung	Gesamte Grundstücksfläche nach DIN 277

In dieser Kostengruppe enthalten

- Kostenzuschüsse und Anschlusskosten für den Anschluss der Gasanlagen des Bauwerks sowie der Außenanlagen und Freiflächen an das öffentliche Gasversorgungsnetz

In anderen Kostengruppen enthalten

• Abwasserentsorgung	KG 221
• Wasserversorgung	KG 222
Gasversorgung	*KG 223*
• Fernwärmeversorgung	KG 224
• Stromversorgung	KG 225
• Telekommunikation	KG 226
• Verkehrserschließung	KG 227
• Abfallentsorgung	KG 228
• Sonstiges zur KG 220	KG 229
• Nichtöffentliche Erschließung	KG 230
• Ver- und Entsorgungsanlagen für Gase, Flüssigkeiten und Feststoffe als Infrastrukturanlagen	KG 379
• Gasanlagen des Bauwerks	KG 413
• Anlagen für Gase und Flüssigkeiten in Außenanlagen und Freiflächen	KG 553

Erläuterungen

- Die Anschlussleitung vom öffentlichen Netz in das Grundstück gehört bis in einen Übergabeschacht bzw. bis zu den Schutz-, Mess- und Absperrarmaturen zur öffentlichen Erschließung.
- Bei mehreren gebührenpflichtigen Abnehmern gehören die Messgeräte (Zähler) des Versorgungsunternehmens zur öffentlichen Erschließung. Messgeräte der Abnehmer gehören zu KG 413 bzw. KG 421.

DIN 276 Tabelle 1 – Kostengliederung	
224	**Fernwärmeversorgung** Kostenzuschüsse, Anschlusskosten

DIN 276 Tabelle 2 – Mengen und Bezugseinheiten	
Einheit	m^2
Bezeichnung	Grundstücksfläche (GF)
Ermittlung	Gesamte Grundstücksfläche nach DIN 277

In dieser Kostengruppe enthalten

- Kostenzuschüsse und Anschlusskosten für den Anschluss der Wärmeübergabestationen des Bauwerks sowie der Außenanlagen und Freiflächen an das öffentliche Fernwärmeversorgungsnetz

In anderen Kostengruppen enthalten

• Abwasserentsorgung	KG 221
• Wasserversorgung	KG 222
• Gasversorgung	KG 223
Fernwärmeversorgung	*KG 224*
• Stromversorgung	KG 225
• Telekommunikation	KG 226
• Verkehrserschließung	KG 227
• Abfallentsorgung	KG 228
• Sonstiges zur KG 220	KG 229
• Nichtöffentliche Erschließung	KG 230
• Anlagen der Energie- und Informationsversorgung als Infrastrukturanlagen (z. B. Baukonstruktionen von Anlagen für thermische Energieträger)	KG 377
• Wärmeversorgungsanlagen des Bauwerks	KG 420
• Wärmeversorgungsanlagen in Außenanlagen und Freiflächen	KG 554

Erläuterungen

- Die Anschlussleitung vom Fernwärmeleitungsnetz in das Grundstück gehört bis in einen Übergabeschacht bzw. bis zu den Schutz-, Mess- und Absperrarmaturen zur öffentlichen Erschließung.
- Bei mehreren gebührenpflichtigen Abnehmern gehören die Messgeräte (Zähler) des Versorgungsunternehmens zur öffentlichen Erschließung. Messgeräte der Abnehmer gehören zu KG 421.

DIN 276 Tabelle 1 – Kostengliederung

225	**Stromversorgung**
	Kostenzuschüsse, Anschlusskosten

DIN 276 Tabelle 2 – Mengen und Bezugseinheiten

Einheit	m^2
Bezeichnung	Grundstücksfläche (GF)
Ermittlung	Gesamte Grundstücksfläche nach DIN 277

In dieser Kostengruppe enthalten

- Kostenzuschüsse und Anschlusskosten für den Anschluss der elektrischen Anlagen des Bauwerks sowie der Außenanlagen und Freiflächen an das öffentliche Stromversorgungsnetz

In anderen Kostengruppen enthalten

• Abwasserentsorgung	KG 221
• Wasserversorgung	KG 222
• Gasversorgung	KG 223
• Fernwärmeversorgung	KG 224
Stromversorgung	*KG 225*
• Telekommunikation	KG 226
• Verkehrserschließung	KG 227
• Abfallentsorgung	KG 228
• Sonstiges zur KG 220	KG 229
• Nichtöffentliche Erschließung	KG 230
• Anlagen der Energie- und Informationsversorgung als Infrastrukturanlagen (z.B. Baukonstruktionen von Anlagen für elektrische Energieträger)	KG 337
• Elektrische Anlagen des Bauwerks	KG 440
• Elektrische Anlagen in Außenanlagen und Freiflächen	KG 556

Erläuterungen

- Die Anschlussleitung vom öffentlichen Stromversorgungsnetz in das Grundstück gehört bis in einen Übergabeschacht bzw. bis zu den Schutz-, Mess- und Absperrarmaturen zur öffentlichen Erschließung.
- Bei mehreren gebührenpflichtigen Abnehmern gehören die Messgeräte (Zähler) des Energieversorgungsunternehmens zur öffentlichen Erschließung. Messgeräte der Abnehmer gehören zu KG 440.
- Ein Mittelspannungsanschluss erfolgt über eine Umspann- und Schaltstation des Energieversorgungsunternehmens oder des Abnehmers. Eine Station des Energieversorgungsunternehmens gehört – auch bei unentgeltlichem Raum- oder Flächenangebot des Abnehmers – zur öffentlichen Erschließung. Eine eigene Station des Abnehmers gehört zur KG 440.

DIN 276 Tabelle 1 – Kostengliederung

226	**Telekommunikation**
	Einmalige Entgelte für die Bereitstellung und Änderung von Netzanschlüssen

DIN 276 Tabelle 2 – Mengen und Bezugseinheiten

Einheit	m^2
Bezeichnung	Grundstücksfläche (GF)
Ermittlung	Gesamte Grundstücksfläche nach DIN 277

In dieser Kostengruppe enthalten

- Einmalige Entgelte für den Anschluss der Telekommunikationsanlagen des Bauwerks sowie der Außenanlagen und Freiflächen an das Telekommunikationsversorgungsnetz

In anderen Kostengruppen enthalten

• Abwasserentsorgung	KG 221
• Wasserversorgung	KG 222
• Gasversorgung	KG 223
• Fernwärmeversorgung	KG 224
• Stromversorgung	KG 225
Telekommunikation	*KG 226*
• Verkehrserschließung	KG 227
• Abfallentsorgung	KG 228
• Sonstiges zur KG 220	KG 229
• Nichtöffentliche Erschließung	KG 230
• Anlagen der Energie- und Informationsversorgung als Infrastrukturanlagen (z.B. Baukonstruktionen von Anlagen für Information)	KG 377
• Kommunikations-, sicherheits- und informationstechnische Anlagen des Bauwerks	KG 450
• Kommunikations-, sicherheits- und informationstechnische Anlagen in Außenanlagen und Freiflächen	KG 557

Erläuterungen

- Die Anschlussleitung vom Telekommunikationsversorgungsnetz in das Grundstück gehört bis zur Übergabestelle zur öffentlichen Erschließung.

DIN 276 Tabelle 1 – Kostengliederung	
227	**Verkehrserschließung**
	Erschließungsbeiträge für die Verkehrs- und Freianlagen einschließlich deren Entwässerung und Beleuchtung

DIN 276 Tabelle 2 – Mengen und Bezugseinheiten	
Einheit	m²
Bezeichnung	Grundstücksfläche (GF)
Ermittlung	Gesamte Grundstücksfläche nach DIN 277

In dieser Kostengruppe enthalten

- Erschließungsbeiträge für die Verkehrs- und Freianlagen, die von der Gemeinde nach den Bestimmungen des Baugesetzbuchs (BauGB) hergestellt werden
- Erschließungsanlagen im Sinne des BauGB sind die öffentlichen zum Anbau bestimmten Straßen, Wege und Plätze, die öffentlichen aus rechtlichen oder tatsächlichen Gründen mit Kraftfahrzeugen nicht befahrbaren Verkehrsanlagen innerhalb der Baugebiete (z.B. Fußwege, Wohnwege), die Sammelstraßen innerhalb der Baugebiete, die als öffentliche Straßen, Wege und Plätze selbst nicht zum Anbau bestimmt, aber zur Erschließung der Baugebiete notwendig sind.
- Zu den Erschließungsanlagen gehören auch Parkflächen und Grünanlagen mit Ausnahme von Kinderspielplätzen, soweit sie Bestandteil der genannten Verkehrsanlagen oder nach städtebaulichen Grundsätzen innerhalb der Baugebiete zu deren Erschließung notwendig sind.
- Die nach dem BauGB ebenfalls zu den Erschließungsanlagen gehörenden Anlagen zum Schutz von Baugebieten gegen schädliche Umwelteinwirkungen im Sinne des Bundes-Immissionsschutzgesetzes gehören nicht zur Verkehrserschließung.

In anderen Kostengruppen enthalten

• Abwasserentsorgung	KG 221
• Wasserversorgung	KG 222
• Gasversorgung	KG 223
• Fernwärmeversorgung	KG 224
• Stromversorgung	KG 225
• Telekommunikation	KG 226
Verkehrserschließung	*KG 227*
• Abfallentsorgung	KG 228
• Sonstiges zur KG 220	KG 229
• Nichtöffentliche Erschließung	KG 230
• Erdbaumaßnahmen für Anlagen des Straßenverkehrs als eigenständige Bauwerke und Infrastrukturanlagen	KG 310
• Gründungs- und Unterbaumaßnahmen für Anlagen des Straßenverkehrs als eigenständige Bauwerke und Infrastrukturanlagen	KG 320
• Anlagen des Straßenverkehrs als Infrastrukturanlagen (z.B. Oberbaumaßnahmen)	KG 371
• Außenanlagen und Freiflächen (z.B. Erdbaumaßnahmen, Gründungs- und Unterbaumaßnahmen sowie Oberbau- und Deckschichten für Wege, Straßen, Plätze, Höfe, Terrassen, Stellplätze)	KG 500

Erläuterungen

- Die Erschließung ist als Aufgabe der Gemeinde im Baugesetzbuch (BauGB) in den §§ 123 bis 135 geregelt. Sie beschränkt sich im Wesentlichen auf die Erschließung durch Verkehrsanlagen. Die weiteren Erschließungsmaßnahmen der technischen Ver- und Entsorgung werden in der Regel durch einen Vertrag z.B. an ein Versorgungsunternehmen übertragen. An den Aufwendungen, die für die Erschließungsmaßnahmen entstehen und die von der Gemeinde nicht anderweitig gedeckt werden können, kann der Grundstückseigentümer nach den Bestimmungen des BauGB sowie nach den jeweiligen landesrechtlichen Regelungen und Gemeindesatzungen in Form von Anschlussgebühren und Anliegerbeiträgen beteiligt werden.

DIN 276 Tabelle 1 – Kostengliederung	
228	**Abfallentsorgung**
	Kostenzuschüsse, Anschlusskosten (z. B. für eine leitungsgebundene Abfallentsorgung)

DIN 276 Tabelle 2 – Mengen und Bezugseinheiten	
Einheit	m^2
Bezeichnung	Grundstücksfläche (GF)
Ermittlung	Gesamte Grundstücksfläche nach DIN 277

In dieser Kostengruppe enthalten

- Kostenzuschüsse und Anschlusskosten für den Anschluss von Abfallentsorgungsanlagen des Bauwerks sowie der Außenanlagen und Freiflächen an eine öffentliche leitungsgebundene Abfallentsorgung

In anderen Kostengruppen enthalten

• Abwasserentsorgung	KG 221
• Wasserversorgung	KG 222
• Gasversorgung	KG 223
• Fernwärmeversorgung	KG 224
• Stromversorgung	KG 225
• Telekommunikation	KG 226
• Verkehrserschließung	KG 227
Abfallentsorgung	*KG 228*
• Sonstiges zur KG 220	KG 229
• Nichtöffentliche Erschließung	KG 230
• Anlagen der Abfallentsorgung als Infrastrukturanlagen (z.B. Baukonstruktionen von Anlagen zur Sammlung, Lagerung, Deponierung, Aufbereitung von Abfällen und Wertstoffen)	KG 378
• Abfall- und Medienentsorgungsanlagen des Bauwerks	KG 476
• Abfall- und Medienentsorgungsanlagen in Außenanlagen und Freiflächen	KG 558

Erläuterungen

- Die Anschlussleitung vom öffentlichen Abfallentsorgungsnetz in das Grundstück gehört bis zu einem Übergabeschacht zur öffentlichen Erschließung.

100 200 300 400 500 600 700 800

DIN 276 Tabelle 1 – Kostengliederung	
229	**Sonstiges zur KG 220**

DIN 276 Tabelle 2 – Mengen und Bezugseinheiten	
Einheit	m^2
Bezeichnung	Grundstücksfläche (GF)
Ermittlung	Gesamte Grundstücksfläche nach DIN 277

In dieser Kostengruppe enthalten

- Sonstige Kosten für die öffentliche Erschließung des Grundstücks, die nicht den KG 221 bis 228 zuzuordnen sind.

In anderen Kostengruppen enthalten	
• Abwasserentsorgung	KG 221
• Wasserversorgung	KG 222
• Gasversorgung	KG 223
• Fernwärmeversorgung	KG 224
• Stromversorgung	KG 225
• Telekommunikation	KG 226
• Verkehrserschließung	KG 227
• Abfallentsorgung	KG 228
Sonstiges zur KG 220	*KG 229*
• Nichtöffentliche Erschließung	KG 230

DIN 276 Tabelle 1 – Kostengliederung	
230	**Nichtöffentliche Erschließung**
	Verkehrsflächen und technische Anlagen, die ohne öffentlich-rechtliche Verpflichtung oder Beauftragung mit dem Ziel der späteren Übertragung in den Gebrauch der Allgemeinheit hergestellt und ergänzt werden
	Kosten von Anlagen auf dem eigenen Grundstück gehören zur KG 500.
	Soweit erforderlich, kann die KG 230 entsprechend der KG 220 untergliedert werden.

DIN 276 Tabelle 2 – Mengen und Bezugseinheiten	
Einheit	m^2
Bezeichnung	Grundstücksfläche (GF)
Ermittlung	Gesamte Grundstücksfläche nach DIN 277

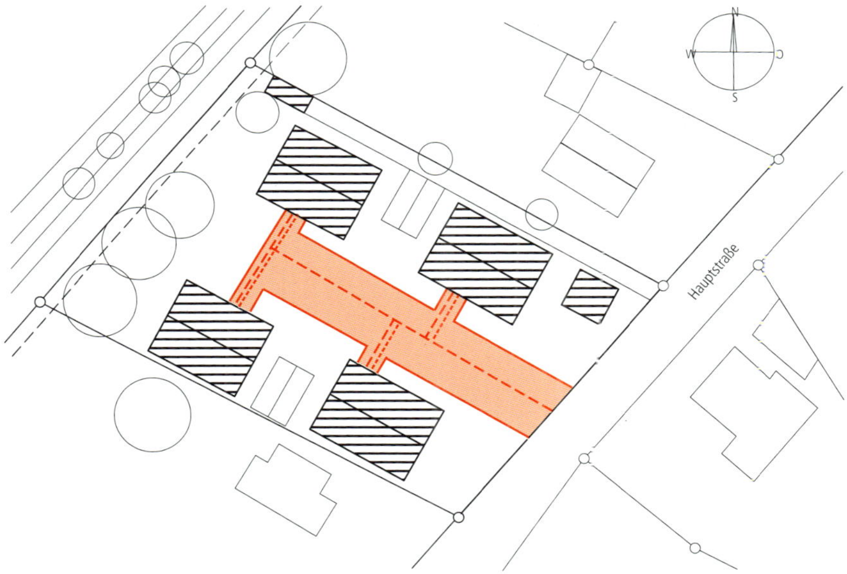

In dieser Kostengruppe enthalten

KG 231	Abwasserentsorgung
KG 232	Wasserversorgung
KG 233	Gasversorgung
KG 234	Fernwärmeversorgung
KG 235	Stromversorgung
KG 236	Telekommunikation
KG 237	Verkehrserschließung
KG 238	Abfallentsorgung
KG 239	Sonstiges zur KG 230

In anderen Kostengruppen enthalten

• Herrichten des Grundstücks	KG 210
• Öffentliche Erschließung	KG 220
Nichtöffentliche Erschließung	*KG 230*

In anderen Kostengruppen enthalten

• Ausgleichsmaßnahmen und -abgaben	KG 240
• Übergangsmaßnahmen	KG 250
• Grundstück (z.B. Grundstückswert, Grundstücksnebenkosten, Aufheben von Rechten Dritter)	KG 100
• Baukonstruktionen (z.B. Erdbaumaßnahmen, Gründungs- und Unterbaumaßnahmen, Infrastrukturanlagen für Verkehr) als eigenständige Bauwerke	KG 300
• Technische Anlagen des Bauwerks (z.B. Abwasser-, Wasser-, Gasanlagen)	KG 400
• Außenanlagen und Freiflächen (z.B. Erdbaumaßnahmen, Gründungs- und Unterbaumaßnahmen, Oberbau- und Deckschichten für Wege, Straßen, Plätze, Höfe, Stellplätze sowie Baukonstruktionen und technische Anlagen in Außenanlagen und Freiflächen)	KG 500

Erläuterungen

- Erschließungsmaßnahmen für Baugebiete, die ohne öffentlich-rechtliche Verpflichtung oder Beauftragung hergestellt oder ergänzt werden und die später in den Gebrauch der Allgemeinheit übertragen werden sollen, gehören zur sogenannten „Nichtöffentlichen Erschließung". Diese Form der Erschließung stellt einen selteneren Sonderfall dar, der bei der Bebauung größerer Liegenschaften (z.B. bei umfangreicheren Wohnungsbauprojekten, Industrieansiedlungen, Universitäten, militärischen Anlagen, Flughäfen oder Hafenanlagen) in Betracht kommen kann.
- Die Aufwendungen für die nichtöffentlichen Erschließungsmaßnahmen können wie bei der öffentlichen Erschließung als Erschließungsbeiträge bzw. Anliegerbeiträge anteilig auf die durch die Maßnahmen erschlossenen Grundstücke umgelegt werden.

DIN 276 Tabelle 1 – Kostengliederung	
240	**Ausgleichsmaßnahmen und -abgaben** Maßnahmen und Abgaben, die aufgrund öffentlich-rechtlicher Bestimmungen aus Anlass des geplanten Bauvorhabens einmalig und zusätzlich zu den Erschließungsbeiträgen entstehen

DIN 276 Tabelle 2 – Mengen und Bezugseinheiten	
Einheit	m^2
Bezeichnung	Grundstücksfläche (GF)
Ermittlung	Gesamte Grundstücksfläche nach DIN 277

In dieser Kostengruppe enthalten	
KG 241	Ausgleichsmaßnahmen
KG 242	Ausgleichsabgaben
KG 249	Sonstiges zur KG 240

In anderen Kostengruppen enthalten	
• Herrichten des Grundstücks	KG 210
• Öffentliche Erschließung	KG 220
• Nichtöffentliche Erschließung	KG 230
Ausgleichsmaßnahmen und -abgaben	*KG 240*
• Übergangsmaßnahmen	KG 250
• Grunderwerbsteuer	KG 124
• Abfindungen und Entschädigungen für bestehende Rechte (z.B. Miet- und Pachtverträge)	KG 131
• Ablösen dinglicher Rechte (z.B. Wegerechte, Baulasten)	KG 132
• Baunebenkosten (z.B. Prüfungen, Genehmigungen, Abnahmen)	KG 700
• Finanzierung (z.B. Finanzierungsnebenkosten, Bürgschaften)	KG 800

100
200
300
400
500
600
700
800

DIN 276 Tabelle 1 – Kostengliederung

241	**Ausgleichsmaßnahmen**
	Umsetzen von Verpflichtungen (z. B. Artenschutz, Naturschutz, Stellplätze, Baumbestand); Ausgleichsmaßnahmen auf dem eigenen Grundstück sind bei den betreffenden Kostengruppen zu erfassen.

DIN 276 Tabelle 2 – Mengen und Bezugseinheiten

Einheit	m^2
Bezeichnung	Grundstücksfläche (GF)
Ermittlung	Gesamte Grundstücksfläche nach DIN 277

In dieser Kostengruppe enthalten

- Ausgleichsmaßnahmen durch Umsetzen von Verpflichtungen des Artenschutzes (z.B. Biotopschutz nach dem Bundesnaturschutzgesetz)
- Ausgleichsmaßnahmen durch Umsetzen von Verpflichtungen des Naturschutzes (z.B. nach der Eingriffs-Ausgleichs-Regelung des Bundesnaturschutzgesetzes)
- Ausgleichsmaßnahmen durch Umsetzen von Verpflichtungen des Bauordnungsrechtes (z.B. Bau von Stellplätzen an anderer Stelle)
- Ausgleichsmaßnahmen durch Umsetzen von Verpflichtungen örtlicher Baumschutzsatzungen (z.B. durch Anpflanzungen an anderer Stelle)

In anderen Kostengruppen enthalten

Ausgleichsmaßnahmen	*KG 241*
• Ausgleichsabgaben (durch Ablösen von Verpflichtungen)	KG 242
• Sonstiges zur KG 240	KG 249
• Abfindungen und Entschädigungen für bestehende Rechte (z.B. Miet- und Pachtverträge)	KG 131
• Ablösen dinglicher Rechte (z.B. Wegerechte, Baulasten)	KG 132
• Ausgleichsmaßnahmen in den Außenanlagen und Freiflächen auf dem eigenen Grundstück (z.B. durch Anpflanzungen, Grundwasserschutzmaßnahmen, Biotopschutz)	KG 500
• Baunebenkosten (z.B. Prüfungen, Genehmigungen, Abnahmen)	KG 700
• Finanzierung (z.B. Finanzierungsnebenkosten, Bürgschaften)	KG 800

DIN 276 Tabelle 1 – Kostengliederung	
242	**Ausgleichsabgaben**
	Ablösen von Verpflichtungen (z. B. Artenschutz, Naturschutz, Stellplätze, Baumbestand)

DIN 276 Tabelle 2 – Mengen und Bezugseinheiten	
Einheit	m^2
Bezeichnung	Grundstücksfläche (GF)
Ermittlung	Gesamte Grundstücksfläche nach DIN 277

In dieser Kostengruppe enthalten

- Ausgleichsmaßnahmen durch Ablösen von Verpflichtungen des Artenschutzes (z.B. Biotopschutz nach dem Bundesnaturschutzgesetz)
- Ausgleichsmaßnahmen durch Ablösen von Verpflichtungen des Naturschutzes (z.B. nach der Eingriffs-Ausgleichs-Regelung des Bundesnaturschutzgesetzes)
- Ausgleichsmaßnahmen durch Ablösen von Verpflichtungen des Bauordnungsrechtes (z.B. durch Beiträge zum Bau von Stellplätzen)
- Ausgleichsmaßnahmen durch Ablösen von Verpflichtungen örtlicher Baumschutzsatzungen (z.B. durch Beiträge für Anpflanzungen)

In anderen Kostengruppen enthalten	
• Ausgleichsmaßnahmen (durch Umsetzen von Verpflichtungen)	KG 241
Ausgleichsabgaben	*KG 242*
• Sonstiges zur KG 240	KG 249
• Grunderwerbsteuer	KG 124
• Abfindungen und Entschädigungen für bestehende Rechte (z.B. Miet- und Pachtverträge)	KG 131
• Ablösen dinglicher Rechte (z.B. Wegerechte, Baulasten)	KG 132
• Ausgleichsmaßnahmen in den Außenanlagen und Freiflächen auf dem eigenen Grundstück (z.B. durch Anpflanzungen, Grundwasserschutzmaßnahmen, Biotopschutz)	KG 500
• Baunebenkosten (z.B. Prüfungen, Genehmigungen, Abnahmen)	KG 700
• Finanzierung (z.B. Finanzierungsnebenkosten, Bürgschaften)	KG 800

DIN 276 Tabelle 1 – Kostengliederung	
249	**Sonstiges zur KG 240**

DIN 276 Tabelle 2 – Mengen und Bezugseinheiten	
Einheit	m^2
Bezeichnung	Grundstücksfläche (GF)
Ermittlung	Gesamte Grundstücksfläche nach DIN 277

In dieser Kostengruppe enthalten

- Sonstige Kosten für Ausgleichsmaßnahmen und -abgaben, die nicht den KG 241 und 242 zuzuordnen sind.

In anderen Kostengruppen enthalten	
• Ausgleichsmaßnahmen (durch Umsetzen von Verpflichtungen)	KG 241
• Ausgleichsabgaben (durch Ablösen von Verpflichtungen)	KG 242
Sonstiges zur KG 240	*KG 249*
• Abfindungen und Entschädigungen für bestehende Rechte (z.B. Miet- und Pachtverträge)	KG 131
• Ablösen dinglicher Rechte (z.B. Wegerechte, Baulasten)	KG 132
• Ausgleichsmaßnahmen in den Außenanlagen und Freiflächen auf dem eigenen Grundstück (z.B. durch Anpflanzungen, Grundwasserschutzmaßnahmen, Biotopschutz)	KG 500
• Baunebenkosten (z.B. Prüfungen, Genehmigungen, Abnahmen)	KG 700
• Finanzierung (z.B. Finanzierungsnebenkosten, Bürgschaften)	KG 800

DIN 276 Tabelle 1 – Kostengliederung	
250	**Übergangsmaßnahmen** Provisorische Maßnahmen baulicher und organisatorischer Art, insbesondere bei Bauprojekten im Bestand, mit denen während der Projektdauer die Nutzung und der Betrieb aufrecht erhalten werden können

DIN 276 Tabelle 2 – Mengen und Bezugseinheiten	
Einheit	m^2
Bezeichnung	Grundstücksfläche (GF)
Ermittlung	Gesamte Grundstücksfläche nach DIN 277

In dieser Kostengruppe enthalten	
KG 251	Bauliche Maßnahmen (z. B. Erstellung von Bauwerken als provisorische Maßnahme während der Bauzeit, Errichtung von Behelfsbauten)
KG 252	Organisatorische Maßnahmen (z. B. Auslagerung von Nutzungen während der Bauzeit, Umzugs- und Mietkosten für die Übergangsmaßnahme)
KG 259	Sonstiges zur KG 250

In anderen Kostengruppen enthalten	
• Herrichten des Grundstücks	KG 210
• Öffentliche Erschließung	KG 220
• Nichtöffentliche Erschließung	KG 230
• Ausgleichsmaßnahmen und -abgaben	KG 240
Übergangsmaßnahmen	*KG 250*
• Provisorische Baukonstruktionen des Bauwerks bis zur Inbetriebnahme des endgültigen Bauwerks	KG 398
• Provisorische technische Anlagen des Bauwerks bis zur Inbetriebnahme der endgültigen technischen Anlagen	KG 498
• Provisorische Außenanlagen und Freiflächen bis zur Inbetriebnahme der endgültigen Außenanlagen und Freiflächen	KG 598
• Bewirtschaftungskosten (z. B. Nutzungsentschädigungen, Gestellung und Bewirtschaftung von Baustellenbüros)	KG 763

DIN 276 Tabelle 1 – Kostengliederung

251 **Bauliche Maßnahmen**

Erstellung, Anpassung oder Umlegung von Bauwerken, Außenanlagen und Freiflächen als provisorische Maßnahme der endgültigen Bauwerke, Außenanlagen und Freiflächen einschließlich des Wiederentfernens der Provisorien, soweit nicht in anderen Kostengruppen erfasst (z. B. Errichtung von Behelfsbauwerken)

DIN 276 Tabelle 2 – Mengen und Bezugseinheiten

Einheit	m^2
Bezeichnung	Grundstücksfläche (GF)
Ermittlung	Gesamte Grundstücksfläche nach DIN 277

In dieser Kostengruppe enthalten

- Erstellung baulicher Provisorien (z.B. Errichtung von Behelfsbauwerken)
- Unterhalten baulicher Provisorien (z.B. Nutzungsentgelte für provisorische Maßnahmen)
- Wiederentfernen baulicher Provisorien (z.B. Abbruch von Behelfsbauwerken)

In anderen Kostengruppen enthalten

Bauliche Maßnahmen	*KG 251*
• Organisatorische Maßnahmen (z.B. Umzugs- und Mietkosten für Auslagerungen)	KG 252
• Sonstiges zur KG 250	KG 259
• Provisorische Baukonstruktionen des Bauwerks bis zur Inbetriebnahme des endgültigen Bauwerks	KG 398
• Provisorische technische Anlagen des Bauwerks bis zur Inbetriebnahme der endgültigen technischen Anlagen	KG 498
• Provisorische Außenanlagen und Freiflächen bis zur Inbetriebnahme der endgültigen Außenanlagen und Freiflächen	KG 598
• Bewirtschaftungskosten (z.B. Nutzungsentschädigungen, Gestellung und Bewirtschaftung von Baustellenbüros)	KG 763

Erläuterungen

- Die baulichen Maßnahmen können sowohl auf dem für das Bauprojekt vorgesehenen Grundstück durchgeführt werden als auch an anderer Stelle.

DIN 276 Tabelle 1 – Kostengliederung	
252	**Organisatorische Maßnahmen**
	Auslagerung von Nutzungen während der Bauzeit (z. B. Kosten für Umzug und Miete)

DIN 276 Tabelle 2 – Mengen und Bezugseinheiten	
Einheit	m^2
Bezeichnung	Grundstücksfläche (GF)
Ermittlung	Gesamte Grundstücksfläche nach DIN 277

In dieser Kostengruppe enthalten

- Umzugskosten für die Auslagerung von Nutzungen während der Bauzeit
- Mietkosten für die vorübergehende, externe Unterbringung von Personen und Sachen während der Bauzeit

In anderen Kostengruppen enthalten	
• Bauliche provisorische Maßnahmen (z.B. Errichtung, Unterhaltung und Wiederentfernung von Behelfsbauwerken)	KG 251
Organisatorische Maßnahmen	*KG 252*
• Sonstiges zur KG 250	KG 259
• Abfindungen und Entschädigungen für bestehende Nutzungsrechte (z.B. Miet- und Pachtverträge)	KG 131
• Ausgleichsmaßnahmen und -abgaben	KG 240
• Provisorische Baukonstruktionen des Bauwerks bis zur Inbetriebnahme des endgültigen Bauwerks	KG 398
• Provisorische technische Anlagen des Bauwerks bis zur Inbetriebnahme der endgültigen technischen Anlagen	KG 498
• Provisorische Außenanlagen und Freiflächen bis zur Inbetriebnahme der endgültigen Außenanlagen und Freiflächen	KG 598
• Bewirtschaftungskosten (z.B. Nutzungsentschädigungen, Gestellung und Bewirtschaftung von Baustellenbüros)	KG 763

DIN 276 Tabelle 1 – Kostengliederung	
259	**Sonstiges zur KG 250**
	Betriebskosten nach DIN 18960 von provisorischen Maßnahmen

DIN 276 Tabelle 2 – Mengen und Bezugseinheiten	
Einheit	m^2
Bezeichnung	Grundstücksfläche (GF)
Ermittlung	Gesamte Grundstücksfläche nach DIN 277

In dieser Kostengruppe enthalten

- Sonstige Kosten für Übergangsmaßnahmen, die nicht den KG 251 und 252 zuzuordnen sind.
- Betriebskosten nach DIN 18960 (z.B. Versorgung, Entsorgung, Reinigung, Bedienung, Inspektion und Wartung, Sicherheits- und Überwachungsdienste, Abgaben und Beiträge) für die Übergangsmaßnahmen.

In anderen Kostengruppen enthalten	
• Bauliche provisorische Maßnahmen (z.B. Errichtung, Unterhaltung und Wiederentfernung von Behelfsbauwerken)	KG 251
• Organisatorische Maßnahmen (z.B. Umzugs- und Mietkosten für Auslagerungen)	KG 252
Sonstiges zur KG 250	*KG 259*
• Provisorische Baukonstruktionen des Bauwerks bis zur Inbetriebnahme des endgültigen Bauwerks	KG 398
• Provisorische technische Anlagen des Bauwerks bis zur Inbetriebnahme der endgültigen technischen Anlagen	KG 498
• Provisorische Außenanlagen und Freiflächen bis zur Inbetriebnahme der endgültigen Außenanlagen und Freiflächen	KG 598
• Bewirtschaftungskosten (z.B. Nutzungsentschädigungen, Gestellung und Bewirtschaftung von Baustellenbüros)	KG 763

DIN 276 Tabelle 1 – Kostengliederung

300 **Bauwerk – Baukonstruktionen**

Bauleistungen und Lieferungen zur Herstellung des Bauwerks von Hochbauten, Ingenieurbauten und Infrastrukturanlagen, jedoch ohne die technischen Anlagen (KG 400)

Dazu gehören auch die mit dem Bauwerk fest verbundenen Einbauten, die der jeweiligen Zweckbestimmung dienen, sowie die mit den Baukonstruktionen in Zusammenhang stehenden übergreifenden Maßnahmen.

Zu den Baukonstruktionen gehören auch die mit dem Bauwerk verbundenen Dach-, Fassaden- und Innenraumbegrünungen. Außenanlagen außerhalb des Bauwerks und gestaltete Freiflächen gehören zur KG 500.

Bei Umbauten und Modernisierungen von Baukonstruktionen zählen hierzu auch die Kosten von Teilabbruch-, Instandsetzungs-, Sicherungs- und Demontagearbeiten. Die Kosten sind bei den betreffenden Kostengruppen auszuweisen.

DIN 276 Tabelle 3 – Mengen und Bezugseinheiten für die Kostengruppe 300

Einheit	m^2
Bezeichnung	Brutto-Grundfläche (BGF)
Ermittlung	Gesamte Brutto-Grundfläche nach DIN 277

In dieser Kostengruppe enthalten

KG 310	Baugrube/Erdbau
KG 320	Gründung, Unterbau
KG 330	Außenwände/Vertikale Baukonstruktionen, außen
KG 340	Innenwände/Vertikale Baukonstruktionen, innen
KG 350	Decken/Horizontale Baukonstruktionen
KG 360	Dächer
KG 370	Infrastrukturanlagen
KG 380	Baukonstruktive Einbauten
KG 390	Sonstige Maßnahmen für Baukonstruktionen

In anderen Kostengruppen enthalten

• Grundstück (z.B. Grundstückswert, Grundstücksnebenkosten)	KG 100
• Vorbereitende Maßnahmen (z.B. Herrichten des Grundstücks, vollständiger Abbruch von vorhandenen Bauwerken und Bauwerksbereichen, öffentliche Erschließung)	KG 200
Bauwerk – Baukonstruktionen	*KG 300*
• Bauwerk – Technische Anlagen (z.B. Abwasser-, Wasser-, Gasanlagen)	KG 400
• Außenanlagen und Freiflächen (z.B. Erdbau, Gründung, Unterbau, Oberbau, Deckschichten, Baukonstruktionen, technische Anlagen und Einbauten in Außenanlagen und Freiflächen)	KG 500
• Ausstattung und Kunstwerke (z.B. allgemeine und besondere Ausstattung, informationstechnische Ausstattung, künstlerische Ausstattung)	KG 600
• Baunebenkosten (z.B. Bauherrenaufgaben, Vorbereitung der Objektplanung, Objektplanung, Fachplanung, allgemeine Baunebenkosten)	KG 700
• Finanzierung	KG 800

Erläuterungen

- Maßgebend für die Abgrenzung der KG 300 gegenüber der KG 500 ist u.a. die geometrische Abgrenzung von Bauwerk und Außenanlagen nach DIN 277: Die Abgrenzung ergibt sich durch die Ermittlung der Brutto-Grundfläche (BGF) und des Brutto-Rauminhalts (BRI) für das Bauwerk und die Ermittlung der Außenanlagenfläche (AF) des Grundstücks (abgesehen von geringfügigen, technisch bedingten Abweichungen).

Erläuterungen

- Bei Umbauten und Modernisierungen sollen die Kosten von Teilabbruch-, Instandsetzungs-, Sicherungs- und Demontagearbeiten an Baukonstruktionen des Bauwerks bei den betreffenden Kostengruppen (KG 310 bis KG 380) ausgewiesen werden. Soweit es nicht möglich ist, diese Kosten einzelnen Kostengruppen zuzuordnen, können sie in den Kostengruppen der KG 390 erfasst werden.
- Elektrische Komponenten werden ab Anschlusspunkt der elektrischen Versorgungsleitung einschließlich der elektrischen Verkabelung und der Anschlussarbeiten sowie der Inbetriebnahme in der Kostengruppe des zugehörigen Bauelements erfasst (z.B. Antriebe und Steuerungen).
- Werden Eigenleistungen erbracht, so sind dafür die Kosten einzusetzen, die für die entsprechenden Auftragnehmerleistungen entstehen würden.

DIN 276 Tabelle 1 – Kostengliederung

310 **Baugrube/Erdbau**

Oberbodenarbeiten und Bodenarbeiten, Erdbaumaßnahmen, Baugruben, Dämme, Einschnitte, Wälle, Hangsicherungen

DIN 276 Tabelle 3 – Mengen und Bezugseinheiten für die Kostengruppe 300

Einheit	m^3
Bezeichnung	Baugrubenrauminhalt/Erdbaurauminhalt
Ermittlung	Rauminhalt einschließlich der Arbeitsräume und Böschungen

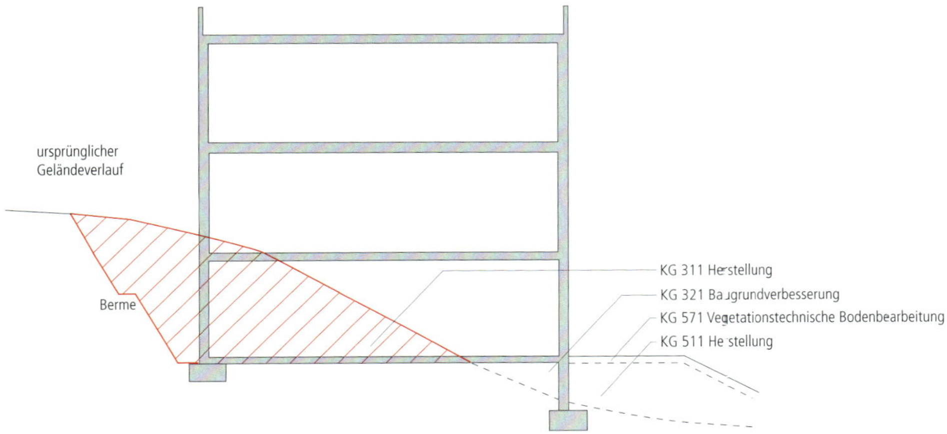

In dieser Kostengruppe enthalten

KG 311	Herstellung (z.B. Bodenabtrag, Bodensicherung, Bodenauftrag, Aushub von Baugruben)
KG 312	Umschließung (z.B. Verbau und Sicherung von Baugruben)
KG 313	Wasserhaltung (z.B. Beseitigung des Grund- und Schichtenwassers während der Bauzeit)
KG 314	Vortrieb (z.B. Erdausbruch unter Tage)
KG 319	Sonstiges zur KG 310

In anderen Kostengruppen enthalten

Baugrube/Erdbau	*KG 310*
• Gründung, Unterbau (z.B. Baugrundverbesserung, Aushub von Fundamenten, Dränagen)	KG 320
• Außenwände/Vertikale Baukonstruktionen, außen	KG 330
• Innenwände/Vertikale Baukonstruktionen, innen	KG 340
• Decken/Horizontale Baukonstruktionen	KG 350
• Dächer (z.B. flache und geneigte Dächer, Vordächer)	KG 360
• Baukonstruktionen von Infrastrukturanlagen, soweit sie nicht in den KG 330 bis 360 erfasst werden können	KG 370
• Baukonstruktive Einbauten	KG 380
• Sonstige Maßnahmen für Baukonstruktionen (z.B. Baustelleneinrichtung)	KG 390
• Herrichten des Grundstücks	KG 210
• Sicherungsmaßnahmen (z.B. Schutz von vorhandenen Baukonstruktionen)	KG 211
• Abbruchmaßnahmen (z.B. vollständiger Abbruch von Bauwerken und Bauwerksbereichen)	KG 212
• Herrichten der Geländeoberfläche (z.B. Planieren, Bodenbewegungen, Roden von Bewuchs, Oberbodensicherung)	KG 214
• Erdbau für Außenanlagen und Freiflächen (z.B. Oberbodenabtrag, Bodenarbeiten, Grabenaushub)	KG 510

Erläuterungen

- Die Kosten für das Erstellen und Schließen von Schlitzen und Durchführungen sowie von Rohr- und Kabelgräben werden in der Regel in der KG 300 erfasst (siehe DIN 276, Anmerkungen zu KG 400).
- Messregeln für die KG 310 Baugrube/Erdbau in Anhang Messregeln für Grobelemente.
- Der Baugrubeninhalt (BGI) wird nach der ungelockerten Aushubmenge ohne Hinterfüllung gemessen.

DIN 276 Tabelle 1 – Kostengliederung

311 **Herstellung**

Bodenabtrag, Bodensicherung und Bodenauftrag; Aushub von Baugruben und Baugräben einschließlich der Arbeitsräume und Böschungen; Lagern, Bodenlieferung und Bodenabfuhr; Verfüllungen und Hinterfüllungen; Planum, Mulden, Bankette

DIN 276 Tabelle 3 – Mengen und Bezugseinheiten für die Kostengruppe 300

Einheit	m^3
Bezeichnung	Baugrubenrauminhalt/Erdbaurauminhalt
Ermittlung	Rauminhalt einschließlich der Arbeitsräume und Böschungen

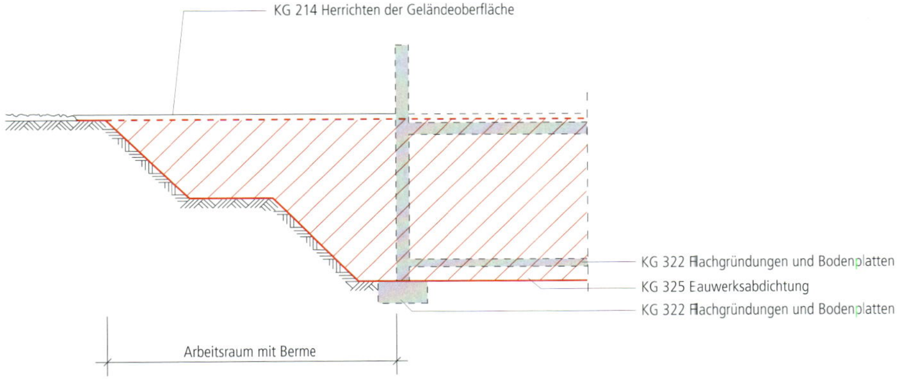

In dieser Kostengruppe enthalten

- Lösen und Laden von Aushubmaterial aller Bodenarten, ohne Oberboden
- Transport von Aushubmaterial innerhalb und außerhalb der Baustelle
- Mehraufwand für Aushubarbeiten in leichtem und schwererem Fels
- Lockerungssprengungen
- Bergmännische Sprengung von Kavernen im Fels
- Bohrungen für Sprengungen
- Aushub von Arbeitsräumen und Böschungen
- Herstellen des Planums
- Zwischenlagern, Umlagern und Wiederaufnehmen des Aushubmaterials
- Material abtransportieren, einschließlich der Deponiegebühren
- Anfuhr von Fremdmaterial (z.B. Boden, Kies)
- Verfüllen und Hinterfüllen von Arbeitsräumen und Böschungen
- Rohr- und Kabelgrabenaushub unterhalb der Gründungsfläche des Bauwerks

In anderen Kostengruppen enthalten

Herstellung	*KG 311*
• Umschließung (z.B. Verbau und Sicherung von Baugruben)	KG 312
• Wasserhaltung (z. B Beseitigung des Grund- und Schichtenwassers während der Bauzeit)	KG 313
• Vortrieb (z.B. Erdausbruch unter Tage)	KG 314
• Sonstiges zur KG 310	KG 319
• Sicherungsmaßnahmen beim Herrichten des Grundstücks (z.B. Schutz von vorhandenen Baukonstruktionen, Sichern von Bewuchs)	KG 211

In anderen Kostengruppen enthalten

- Abbruchmaßnahmen (z.B. vollständiger Abbruch von Bauwerken und Bauwerksbereichen) KG 212
- Altlastenbeseitigung (z.B. Beseitigen und Sanieren kontaminierter Böden) KG 213
- Herrichten der Geländeoberfläche (z.B. Planieren, Bodenbewegungen, Roden von Bewuchs, Oberbodensicherung) KG 214
- Kampfmittelbeseitigung (z.B. Auffinden von Kampfmitteln durch Sondieren der Grundstücksfläche) KG 215
- Gründung, Unterbau (z.B. Baugrundverbesserung, Aushub von Fundamenten) KG 320
- Baustelleneinrichtung für Baukonstruktionen des Bauwerks (z.B. Erdarbeiten für Baustraßen) KG 391
- Erdbau für Außenanlagen und Freiflächen (z.B. Oberbodenabtrag, Bodenarbeiten, Grabenaushub) KG 510
- Vegetationstechnische Bodenbearbeiten (z.B. Oberbodenauftrag) KG 571

Erläuterungen

- Die Kosten für das Erstellen und Schließen von Schlitzen und Durchführungen sowie von Rohr- und Kabelgräben werden in der Regel in der KG 300 erfasst (siehe DIN 276, Anmerkungen zu KG 400).
- Der Baugrubeninhalt (BGI) wird nach der ungelockerten Aushubmenge ohne Hinterfüllung gemessen.

DIN 276 Tabelle 1 – Kostengliederung

312 **Umschließung**

Verbau und Sicherung von Baugruben Baugräben, Dämmen, Wällen und Einschnitten (z. B. Schlitz-, Pfahl-, Spund-, Trägerbohl-, Injektions- und Spritzbetonsicherung) einschließlich der Verankerungen, Absteifungen und Böschungen

DIN 276 Tabelle 3 – Mengen und Bezugseinheiten für die Kostengruppe 300

Einheit	m^2
Bezeichnung	Umschließungsfläche
Ermittlung	Umschlossene Begrenzungsflächen der Baugrube

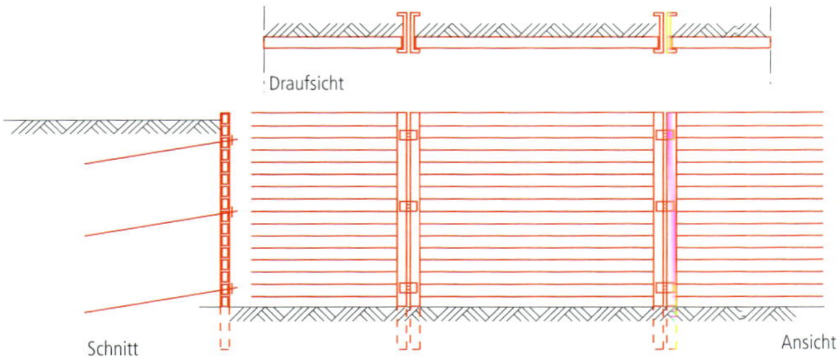

In dieser Kostengruppe enthalten

- Baugrubensicherung bei nicht standfähigem Boden, bei Grundwasser oder bei beengtem Bauraum (z.B. durch Trägerbohlwand, Spund- oder Schlitzwand, Bohrpfahlwand, Bohr- oder Rammpfählen)
- Für Umschließungen erforderliche Erd-, Bohr- und Rammarbeiten
- Für Unterfangungen notwendige Abbruch- und Gebäudesicherungsarbeiten
- Verankerungen, Absteifungen und Böschungen
- Injektions- und Spritzbetonsicherung
- Abdeckungen (z.B. mit Folien)
- Verbau von Rohrgräben unterhalb der Gründungsebene des Bauwerks
- Nachträgliches Verkürzen oder Entfernen von Baugrubensicherungen
- Setzungsmessungen

In anderen Kostengruppen enthalten

• Herstellung (z.B. Bodenabtrag, Bodensicherung, Bodenauftrag, Aushub von Baugruben)	KG 311
Umschließung	*KG 312*
• Wasserhaltung (z. B Beseitigung des Grund- und Schichtenwassers während der Bauzeit)	KG 313
• Vortrieb (z.B. Erdausbruch unter Tage)	KG 314
• Sonstiges zur KG 310	KG 319
• Sicherungsmaßnahmen beim Herrichten des Grundstücks (z.B. Schutz von vorhandenen Baukonstruktionen	KG 211
• Gründung, Unterbau (z.B. Baugrundverbesserung, Tiefgründungen, Brunnengründungen und Verankerungen)	KG 320
• Sicherungsmaßnahmen an bestehenden Bauwerken (z.B. Unterfangungen, Abstützungen)	KG 393
• Sicherungsmaßnahmen an technischen Anlagen bestehender Bauwerke (z.B. Unterfangungen, Abstützungen)	KG 493
• Umschließung bei Erdbaumaßnahmen für Außenanlagen und Freiflächen (z.B. Verbau und Sicherung von Baugruben, Gräben, Dämmen, Einschnitten)	KG 512
• Sicherungsmaßnahmen an bestehenden baulichen Anlagen in Außenanlagen und Freiflächen	KG 593

DIN 276 Tabelle 1 – Kostengliederung	
313	**Wasserhaltung** Beseitigung des Grund- und Schichtenwassers während der Bauzeit

DIN 276 Tabelle 3 – Mengen und Bezugseinheiten für die Kostengruppe 300	
Einheit	m^3
Bezeichnung	Wasserhaltungsvolumen
Ermittlung	Zu entwässernder Rauminhalt einschließlich der Arbeitsräume und Böschungen

In dieser Kostengruppe enthalten

- Wasserhaltung während der Bauzeit (z.B. durch Vereisung, offene Gerinne, Hebeschächte, Brunnen, Pumpen, Leitungen, Vorflutbecken)
- Einrichten, Vorhalten, Betreiben und Räumen der Wasserhaltung einschließlich aller damit zusammenhängenden Kosten (z.B. Starkstromversorgung, Energie- und Anschlusskosten, kontinuierliche Überwachung, Einleitungsgebühren)

In anderen Kostengruppen enthalten	
• Herstellung (z.B. Bodenabtrag, Bodensicherung, Bodenauftrag, Aushub von Baugruben)	KG 311
• Umschließung (z.B. Verbau und Sicherung von Baugruben)	KG 312
Wasserhaltung	*KG 313*
• Vortrieb (z.B. Erdausbruch unter Tage)	KG 314
• Sonstiges zur KG 310	KG 319
• Umleiten von Oberflächengewässern, Trockenlegung des Baugrundstücks beim Herrichten des Grundstücks	KG 214
• Abdichtungen gegen nichtdrückendes Wasser unter dem Bauwerk	KG 325
• Wasserdruckhaltende Abdichtungen gegenüber offenem, stehendem oder fließendem Wasser an Außenwänden	KG 335
• Anlagen des Wasserbaus (z.B. Kanäle, Schleusen, Hafen-, Dock- und Werftanlagen)	KG 374
• Baustelleneinrichtung für Baukonstruktionen des Bauwerks (z.B. Energie- und Bauwasseranschlüsse)	KG 391
• Baustelleneinrichtung für technische Anlagen des Bauwerks (z.B. Energie- und Bauwasseranschlüsse)	KG 491
• Wasserhaltung in Außenanlagen und Freiflächen	KG 513
• Wasserbecken, Schwimmbecken, Schwimmteiche	KG 548
• Wasseranlagen (z.B. Brunnenanlage zur Wassergewinnung)	KG 552
• Wasserflächen	KG 580
• Baustelleneinrichtung für Außenanlagen und Freiflächen (z.B. Energie- und Bauwasseranschlüsse)	KG 591

Erläuterungen

- Hierzu gehören die Kosten für zeitlich begrenzte Maßnahmen während der Bauzeit, die durch Schichten- und Grundwasser im Baugrund verursacht werden.

DIN 276 Tabelle 1 – Kostengliederung	
314	**Vortrieb**
	Erdausbruch unter Tage einschließlich Stützung und Sicherung

DIN 276 Tabelle 3 – Mengen und Bezugseinheiten für die Kostengruppe 300	
Einheit	m^3
Bezeichnung	Vortriebsvolumen
Ermittlung	Rauminhalt des Ausbruchs

In dieser Kostengruppe enthalten

- Ausbruch eines horizontalen oder geneigten Grubenbaus durch Sprengen oder durch bergmännischen Vortrieb mit Tunnelvortriebsmaschinen
- Stütz- und Sicherungsmaßnahmen

In anderen Kostengruppen enthalten	
• Herstellung (z.B. Bodenabtrag, Bodensicherung, Bodenauftrag, Aushub von Baugruben, bergmännische Sprengung von Kavernen im Fels, Bohrungen für Sprengungen, Lockerungssprengungen)	KG 311
• Umschließung (z.B. Verbau und Sicherung von Baugruben)	KG 312
• Wasserhaltung (z. B Beseitigung des Grund- und Schichtenwassers während der Bauzeit)	KG 313
Vortrieb	*KG 314*
• Sonstiges zur KG 310	KG 319
• Herstellung, Erdbaumaßnahmen für Außenanlagen und Freiflächen (z.B. Bodenabtrag, Bodensicherung, Bodenauftrag, Aushub von Baugruben)	KG 511
• Vortrieb in Außenanlagen und Freiflächen (z.B. Erdausbruch unter Tage)	KG 514

100 200 300 400 500 600 700 800

DIN 276 Tabelle 1 – Kostengliederung	
319	**Sonstiges zur KG 310**

DIN 276 Tabelle 3 – Mengen und Bezugseinheiten für die Kostengruppe 300	
Einheit	m^3
Bezeichnung	Baugrubenrauminhalt/Erdbaurauminhalt
Ermittlung	Rauminhalt einschließlich der Arbeitsräume und Böschungen

In dieser Kostengruppe enthalten

- Sonstige Kosten für Baugrube/Erdbau, die nicht den KG 311 bis 314 zuzuordnen sind

In anderen Kostengruppen enthalten	
• Herstellung (z.B. Bodenabtrag, Bodensicherung, Bodenauftrag, Aushub von Baugruben)	KG 311
• Umschließung (z.B. Verbau und Sicherung von Baugruben)	KG 312
• Wasserhaltung (z. B Beseitigung des Grund- und Schichtenwassers während der Bauzeit)	KG 313
• Vortrieb (z.B. Erdausbruch unter Tage)	KG 314
Sonstiges zur KG 310	*KG 319*
• Sicherungsmaßnahmen beim Herrichten des Grundstücks (z.B. Schutz von vorhandenen Baukonstruktionen)	KG 211
• Abbruchmaßnahmen (z.B. vollständiger Abbruch von Bauwerken und Bauwerksbereichen)	KG 212
• Herrichten der Geländeoberfläche (z.B. Planieren, Bodenbewegungen)	KG 214
• Gründung, Unterbau (z.B. Baugrundverbesserung, Aushub von Fundamenten)	KG 320
• Erdbau für Außenanlagen und Freiflächen (z.B. Oberbodenarbeiten, Bodenarbeiten, Erdbaumaßnahmen)	KG 510

DIN 276 Tabelle 1 – Kostengliederung	
320	**Gründung, Unterbau**
	Gründungs- und Unterbaumaßnahmen für das Bauwerk einschließlich der zugehörigen Erdarbeiten und Sauberkeitsschichten, soweit nicht in der KG 310 erfasst

DIN 276 Tabelle 3 – Mengen und Bezugseinheiten für die Kostengruppe 300	
Einheit	m^2
Bezeichnung	Gründungsfläche/Unterbaufläche
Ermittlung	Grundfläche der Gründungsebene

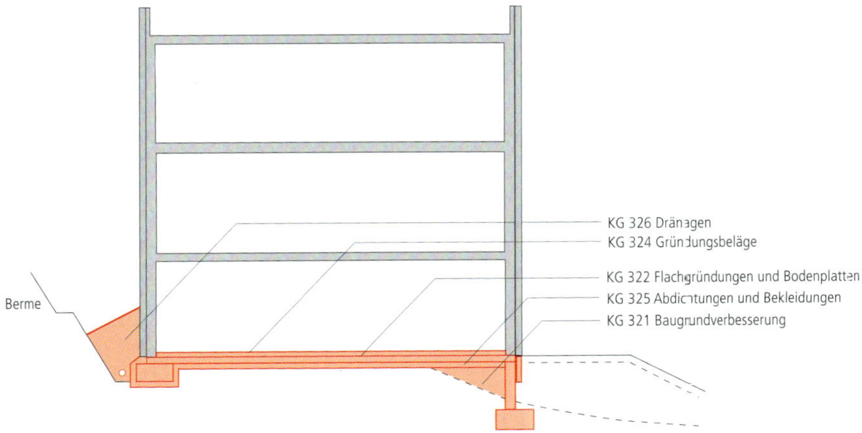

In dieser Kostengruppe enthalten	
KG 321	Baugrundverbesserung (z.B. Bodenaustausch, Verdichtung, Einpressung, Stützmaßnahmen)
KG 322	Flachgründungen und Bodenplatten (z.B. Einzel- und Streifenfundamente, Fundament- und Bodenplatten mit Schalung, Bewehrung und Aushub)
KG 323	Tiefgründungen (z.B. Pfahlgründung, Brunnengründungen, Verankerungen)
KG 324	Gründungsbeläge (z.B. Beläge auf Sohl-, Boden- und Fundamentplatten)
KG 325	Abdichtungen und Bekleidungen (z.B. Konstruktionsschichten unterhalb der Sohl-, Boden- und Fundamentplatten, vertikale Abdichtungen und Bekleidungen der Gründung)
KG 326	Dränagen (z.B. Leitungen, Schächte, Packungen, Pumpensümpfe, Tiefen- und Oberflächenentwässerung)
KG 329	Sonstiges zur KG 320

In anderen Kostengruppen enthalten	
• Baugrube/Erdbau (z.B. Oberbodenarbeiten, Bodenarbeiten, Erdbaumaßnahmen, Baugruben)	KG 310
Gründung, Unterbau	*KG 320*
• Außenwände/Vertikale Baukonstruktionen, außen	KG 330
• Innenwände/Vertikale Baukonstruktionen, innen	KG 340
• Decken/Horizontale Baukonstruktionen (z.B. tragende Konstruktionen für Decken, Treppen, Rampen)	KG 350
• Dächer (z.B. tragende Konstruktionen von flachen und geneigten Dächern)	KG 360
• Baukonstruktionen von Infrastrukturanlagen, soweit sie nicht in den KG 330 bis 360 erfasst werden können	KG 370
• Baukonstruktive Einbauten	KG 380
• Sonstige Maßnahmen für Baukonstruktionen	KG 390
• Bauwerk – Technische Anlagen (z.B. Maschinenfundamente)	KG 400

100
200
300
400
500
600
700
800

In anderen Kostengruppen enthalten

- Gründung, Unterbau für Außenanlagen und Freiflächen KG 520
- Kanal- und Schachtkonstruktionen in Außenanlagen KG 547

Erläuterungen

- Die Kosten für das Erstellen und Schließen von Schlitzen und Durchführungen sowie von Rohr- und Kabelgräben werden in der Regel in der KG 300 erfasst (siehe DIN 276, Anmerkungen zu KG 400).
- Messregeln für die KG 320 Gründung, Unterbau in Anhang Messregeln für Grobelemente.

DIN 276 Tabelle 1 – Kostengliederung

321	**Baugrundverbesserung**
	Bodenaustausch, Verdichtung, Einpressung, Ankerung, Stützmaßnahmen; Bodenlockerung und Verlegung von Geotextilien

DIN 276 Tabelle 3 – Mengen und Bezugseinheiten für die Kostengruppe 300

Einheit	m²
Bezeichnung	Baugrundverbesserungsfläche
Ermittlung	Grundfläche der Baugrundverbesserung

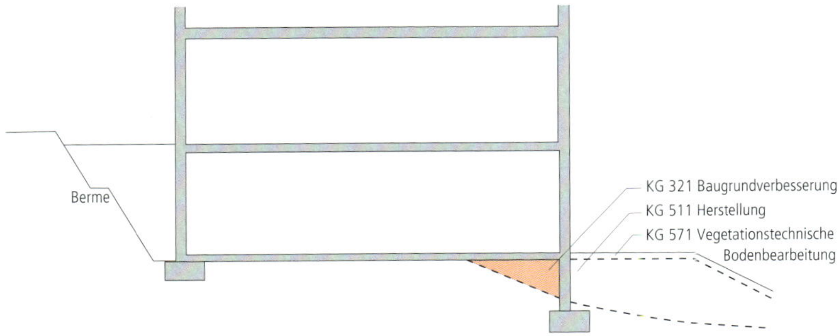

In dieser Kostengruppe enthalten

- Bodenaustausch unter dem Bauwerk
- Bodenverfestigung durch Vermischen mit bindigen Materialien
- Injektionen und Einpressungen mit verschiedenen Materialien
- Auffüllung von vorhandenen Kavernen
- Ankerungen und Stützmaßnahmen
- Bohrungen und Sicherungsmaßnahmen für Baugrundverbesserungen

In anderen Kostengruppen enthalten

Baugrundverbesserung	*KG 321*
• Flachgründungen und Bodenplatten (z.B. Einzel- und Streifenfundamente, Fundament- und Bodenplatten)	KG 322
• Tiefgründungen (z.B. Pfahlgründung, Brunnengründungen, Verankerungen)	KG 323
• Gründungsbeläge (z.B. Beläge auf Sohl-, Boden- und Fundamentplatten)	KG 324
• Abdichtungen und Bekleidungen (z.B. Konstruktionsschichten unterhalb der Sohl-, Boden- und Fundamentplatten, vertikale Abdichtungen und Bekleidungen der Gründung)	KG 325
• Dränagen (z.B. Leitungen, Schächte, Packungen, Pumpensümpfe, Tiefen- und Oberflächenentwässerung)	KG 326
• Sonstiges zur KG 320	KG 329
• Altlastenbeseitigung beim Herrichten des Grundstücks(z.B. Bodenaustausch bei der Beseitigung von Altlasten auf dem Grundstück)	KG 213
• Herrichten der Geländeoberfläche (z.B. Bodenauftrag, Verdichten des Bodens)	KG 214
• Bodenabtrag, Bodensicherung und Bodenauftrag; Aushub von Baugruben und Baugräben	KG 311
• Baugrundverbesserung in Außenanlagen und Freiflächen	KG 521
• Sicherungsbauweisen in Außenanlagen und Freiflächen (z.B. Geotextilien zur Erosionssicherung)	KG 572

Erläuterungen

- Hierzu gehören die Kosten für das Erstellen eines tragfähigen Bodens bzw. des Gründungshorizonts unter dem Bauwerk.

DIN 276 Tabelle 1 – Kostengliederung	
322	**Flachgründungen und Bodenplatten**
	Einzelfundamente, Streifenfundamente, Fundament-, Sohl- und Bodenplatten

DIN 276 Tabelle 3 – Mengen und Bezugseinheiten für die Kostengruppe 300	
Einheit	m^2
Bezeichnung	Flachgründungsfläche
Ermittlung	Grundfläche der Flachgründungen

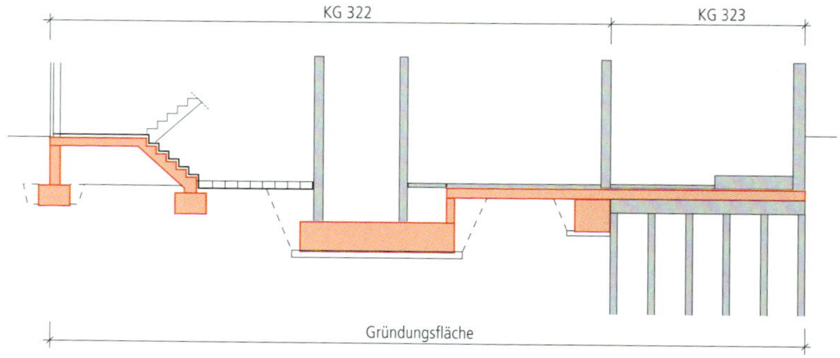

In dieser Kostengruppe enthalten

- Einzel- und Streifenfundamente
- Sonderfundamente wie Stiefel-, Köcher-, Zugfundamente
- Fundamentplatten und Bodenplatten die nicht der Fundamentierung dienen
- Fundamentplatten und Bodenplatten in wasserundurchlässiger Ausführung („weiße Wanne")
- Fundamentabtreppungen, -vergrößerungen
- Bodenplatten für Außentreppen, -rampen, -terrassen u. ä., soweit diese dem Bauwerk und nicht den Außenanlagen zuzurechnen sind
- Fundamenthälse, wandartige Fundamente (z. B. zur frostsicheren Gründung, Frostschürzen)
- Erdarbeiten für Fundamente (z. B. Aushub einschließlich der Arbeitsräume, Abtransport, Hinterfüllen)
- Horizontale Unterböden und Bodenplatten auf Beton- oder Bitumenbasis
- Wände und Bodenplatten von örtlich gefertigten Schächten in Verbindung mit anschließenden Fundament-, Sohl- und Bodenplatten
- Vergütung der Fundament-, Sohl- und Bodenplatten (z. B. nutzbare Oberfläche durch flügelglätten, Wasserdichtheit)
- Fugenbänder, Einbauteile
- Nicht aufnehmbare Abdeckungen und Decken über Kriechkellern, Schächten und Kanälen, die keinen Zugang haben, nicht begehbar, bzw. nicht nutzbar sind
- Gründung von Terrassen, die dem Bauwerk zuzurechnen sind

In anderen Kostengruppen enthalten

• Baugrundverbesserung (z. B. Bodenaustausch, Verdichtung, Einpressung, Stützmaßnahmen)	KG 321
Flachgründungen und Bodenplatten	*KG 322*
• Tiefgründungen (z. B. Pfahlgründung, Brunnengründungen, Fundamentroste, Verankerungen)	KG 323
• Gründungsbeläge (z. B. Beläge auf Sohl-, Boden- und Fundamentplatten)	KG 324
• Abdichtungen und Bekleidungen (z. B. Konstruktionsschichten unterhalb der Sohl-, Boden- und Fundamentplatten, vertikale Abdichtungen und Bekleidungen der Gründung)	KG 325
• Dränagen (z. B. Leitungen, Schächte, Packungen, Pumpensümpfe, Tiefen- und Oberflächenentwässerung)	KG 326

In anderen Kostengruppen enthalten

• Sonstiges zur KG 320 (z.B. aufnehmbare Abdeckungen für Schächte und Kanäle)	KG 329
• Bodenabtrag, Bodensicherung und Bodenauftrag; Aushub von Baugruben und Baugräben	KG 311
• Decken/Horizontale Baukonstruktionen (z.B. tragende Konstruktionen für Decken, Treppen, Rampen)	KG 350
• Dächer (z.B. tragende Konstruktionen von flachen und geneigten Dächern)	KG 360
• Sicherungsmaßnahmen an bestehenden Bauwerken (z.B. Unterfangungen, Abstützungen)	KG 393
• Bauwerk – Technische Anlagen (z.B. Maschinenfundamente)	KG 400
• Gründungen und Bodenplatten für Außenanlagen und Freiflächen	KG 522
• Kunstobjekte (z.B. Fundamente für Kunstobjekte)	KG 641

Erläuterungen

- Fundament-, Sohl- und Bodenplatten sind die auf dem Baugrund, auf Bauwerksabdichtungen oder auf Kanälen, Schächten, Hohlräumen liegenden Konstruktionen im untersten Geschoss, für die nach DIN 277 BGF anzusetzen ist.
- In dieser Kostengruppe wird nicht die Grundfläche der Streifen- und Einzelfundamente ermittelt, sondern die Grundfläche der horizontalen Flächen, welche durch diese gegründet werden (z.B. Terrassen, aufgeständerte Balkone).

DIN 276 Tabelle 1 – Kostengliederung

323	**Tiefgründungen**
	Pfahlgründung einschließlich der Roste; Brunnengründungen; Verankerungen

DIN 276 Tabelle 3 – Mengen und Bezugseinheiten für die Kostengruppe 300

Einheit	m^2
Bezeichnung	Tiefgründungsfläche
Ermittlung	Grundfläche der Tiefgründungen

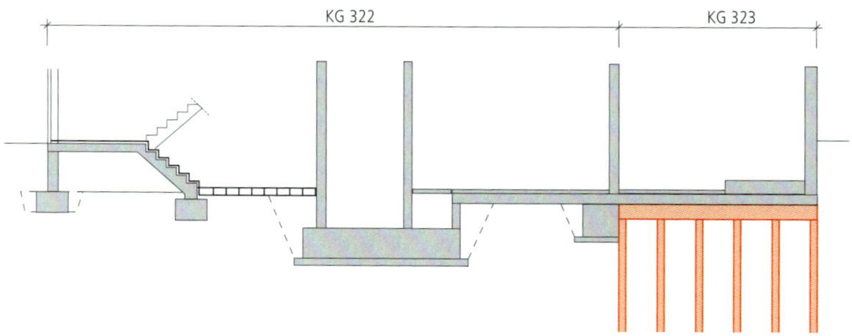

In dieser Kostengruppe enthalten

- Tiefgründungen (z.B. mit Bohrpfählen, Bohrpfahlwänden, Rammpfählen, Spundwänden, Schlitzwänden, Brunnengründungen)
- Fundamentroste auf Pfahlgründungen
- Erdarbeiten für Tiefgründungen (z.B. Aushub einschließlich der Arbeitsräume, Abtransport, Hinterfüllen)
- Freilegen der Pfahl- und Wandköpfe

In anderen Kostengruppen enthalten

• Baugrundverbesserung (z.B. Bodenaustausch, Verdichtung, Einpressung, Stützmaßnahmen)	KG 321
• Flachgründungen und Bodenplatten (z.B. Einzel- und Streifenfundamente, Fundament- und Bodenplatten)	KG 322
Tiefgründungen	*KG 323*
• Gründungsbeläge (z.B. Beläge auf Sohl-, Boden- und Fundamentplatten)	KG 324
• Abdichtungen und Bekleidungen (z.B. Konstruktionsschichten unterhalb der Sohl-, Boden- und Fundamentplatten, vertikale Abdichtungen und Bekleidungen der Gründung)	KG 325
• Dränagen (z.B. Leitungen, Schächte, Packungen, Pumpensümpfe, Tiefen- und Oberflächenentwässerung)	KG 326
• Sonstiges zur KG 320	KG 329
• Bodenabtrag, Bodensicherung und Bodenauftrag; Aushub von Baugruben und Baugräben	KG 311
• Sicherungsmaßnahmen an bestehenden Bauwerken (z.B. Unterfangungen, Abstützungen)	KG 393
• Gründung, Unterbau für Außenanlagen und Freiflächen	KG 520

DIN 276 Tabelle 1 – Kostengliederung	
324	**Gründungsbeläge**
	Beläge auf Sohl-, Boden- und Fundamentplatten (z. B. Estriche, Dichtungs-, Dämm-, Schutz- und Nutzschichten)

DIN 276 Tabelle 3 – Mengen und Bezugseinheiten für die Kostengruppe 300	
Einheit	m^2
Bezeichnung	Gründungsbelagsfläche
Ermittlung	Grundfläche der Gründungsbeläge

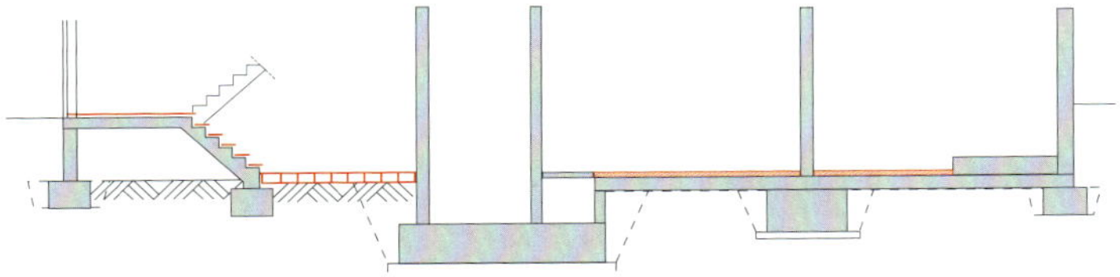

In dieser Kostengruppe enthalten

- Abdichtungen auf Sohl-, Boden- und Fundamentplatten (ggf. mit Trenn-, Dämm- und Schutzschichten)
- Ausgleichs- und Gefälleschichten, Schüttungen
- Estriche (z.B. schwimmende Estriche, Kontakt- und Verbundestriche)
- Bodenbeschichtungen, Fliesen- und Plattenbeläge, Naturwerkstein- und Betonwerksteinbeläge
- Holzböden als Blindböden, Schwingböden, Holzdielenboden, Parkettfußböden, Holzpflaster
- Bodenbeläge (z.B. aus Kunststoff, Linoleum, Textilien)
- Beläge oder Unterkonstruktionen in Trockenbaumaterialien (z.B. Holzwerkstoffe, Gipskarton, Faserzement, Metall)
- Installationsdoppelböden
- Straßenbeläge (z.B. aus Beton oder Asphalt)
- Pflasterbeläge (z.B. Natur- oder Betonsteine, Klinkern, Ziegelbeläge)
- Bodenauftrag auf Unterböden, Fundament und Bodenplatten für Bepflanzungen
- Oberflächennachbearbeitung (z.B. Schleifen, Versiegeln, Beschichten, Spachteln, Fugen verschweißen, Erstpflege)
- Besondere Ausführungen (z.B. Markierungen, Rinnen, Grate, Mulden, Gerätesockel, Kehlsockel, Fuß- und Putzleisten)
- Einbauteile in Bodenbelägen (z.B. Rahmen mit Rosten oder Matten, Stoßkanten, Abschluss- und Trennschienen, Schwellen)

In anderen Kostengruppen enthalten

• Baugrundverbesserung (z.B. Bodenaustausch, Verdichtung, Einpressung, Stützmaßnahmen)	KG 321
• Flachgründungen und Bodenplatten (z.B. Einzel- und Streifenfundamente, Fundament- und Bodenplatten)	KG 322
• Tiefgründungen (z.B. Pfahlgründung, Brunnengründungen, Verankerungen)	KG 323
Gründungsbeläge	*KG 324*
• Abdichtungen und Bekleidungen (z.B. Konstruktionsschichten unterhalb der Sohl-, Boden- und Fundamentplatten, Abdichtungen und Bekleidungen der Gründung)	KG 325
• Dränagen (z.B. Leitungen, Schächte, Packungen, Pumpensümpfe, Tiefen- und Oberflächenentwässerung)	KG 326
• Sonstiges zur KG 320	KG 329
• Beläge auf Decken und horizontalen Baukonstruktionen (ggf. mit Begrünungssystemen)	KG 353
• Beläge auf Dachkonstruktionen (ggf. mit Dachbegrünungen)	KG 363
• In Gründungsbelägen verlegte Installationen (z.B. Abläufe, Leitungen)	KG 400
• Durch Bauwerke unterbaute Flächen in Außenanlagen und Freiflächen, (siehe DIN 276, Tabelle 1, Anmerkungen zu KG 500)	KG 500
• Gründungsbeläge in Außenanlagen und Freiflächen	KG 523
• Oberbau, Deckschichten in Außenanlagen und Freiflächen (z.B. Wege, Terrassen)	KG 530

DIN 276 Tabelle 1 – Kostengliederung	
325	**Abdichtungen und Bekleidungen** Konstruktionsschichten unterhalb der Sohl-, Boden- und Fundamentplatte, Abdichtungen und Bekleidungen der Gründung einschließlich Dämmungen sowie Filter-, Trenn-, Sauberkeits- und Schutzschichten

DIN 276 Tabelle 3 – Mengen und Bezugseinheiten für die Kostengruppe 300	
Einheit	m²
Bezeichnung	Abdichtungs- und Bekleidungsfläche
Ermittlung	Abgedichtete und bekleidete Flächen

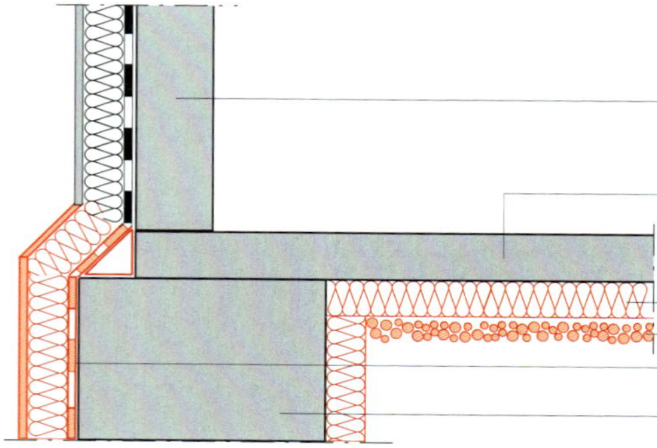

In dieser Kostengruppe enthalten

- Auffüllungen innerhalb des Bauwerks zwischen den Fundamenten
- Sauberkeits- und Filterschichten (z. B. aus Beton, Sand, Kies, Schotter, Schlacke)
- Trennschichten (z. B. aus Folien, Bitumenbahnen)
- Abdichtungen gegen nichtdrückendes Wasser unterhalb der Unterböden, Fundament- und Bodenplatten einschließlich der Dämm-, Trenn- und Schutzschichten
- Vertikale Abdichtungen und Bekleidungen der Gründung einschließlich Dämm-, Filter-, Trenn- und Schutzschichten
- Verdichten des anstehenden Bodens als nutzbarer Boden (z. B. Kriechkeller, Weinkeller, Scheunen, einfachen Bauten)

In anderen Kostengruppen enthalten

• Baugrundverbesserung (z. B. Bodenaustausch, Verdichtung, Einpressung, Stützmaßnahmen)	KG 321
• Flachgründungen und Bodenplatten (z. B. Einzel- und Streifenfundamente, Fundament- und Bodenplatten)	KG 322
• Tiefgründungen (z. B. Pfahlgründung, Brunnengründungen, Verankerungen)	KG 323
• Gründungsbeläge (z. B. Abdichtungen auf Sohl-, Boden- und Fundamentplatten)	KG 324
Abdichtungen und Bekleidungen	*KG 325*
• Dränagen (z. B. Leitungen, Schächte, Packungen, Pumpensümpfe, Tiefen- und Oberflächenentwässerung)	KG 326
• Sonstiges zur KG 320	KG 329
• Herrichten der Geländeoberfläche (z. B. Bodenbewegungen, Planieren, Verdichten des Bodens)	KG 214
• Herstellung (z. B. Verfüllungen bis Gründungshorizont)	KG 311
• Außenwandbekleidungen, außen (z. B. Dichtungsschichten) auf Außenwänden und vertikalen Baukonstruktionen, außen	KG 335
• Außenwandbekleidungen, innen (z. B. Dichtungsschichten) auf Außenwänden und vertikalen Baukonstruktionen, innen	KG 336
• Innenwandbekleidungen (z. B. Dichtungsschichten) auf Innenwänden und vertikalen Baukonstruktionen, innen	KG 345
• Deckenbeläge (z. B. Dichtungs-, Dämm- und Schutzschichten) auf Deckenkonstruktionen	KG 353

In anderen Kostengruppen enthalten

- Dachbeläge (z.B. Dichtungs-, Dämm- und Schutzschichten) auf Dachkonstruktionen — KG 363
- Abdichtungen und Bekleidungen der Gründung in Außenanlagen und Freiflächen — KG 524

Erläuterungen

- Die vertikalen Abdichtungen und Bekleidungen werden bis zur Oberkante der Gründung gemessen.

DIN 276 Tabelle 1 – Kostengliederung	
326	**Dränagen**
	Leitungen, Schächte, Packungen, Pumpensümpfe, Tiefenentwässerung, Oberflächenentwässerung

DIN 276 Tabelle 3 – Mengen und Bezugseinheiten für die Kostengruppe 300	
Einheit	m^2
Bezeichnung	Gründungsfläche/Unterbaufläche
Ermittlung	Grundfläche der Gründungsebene

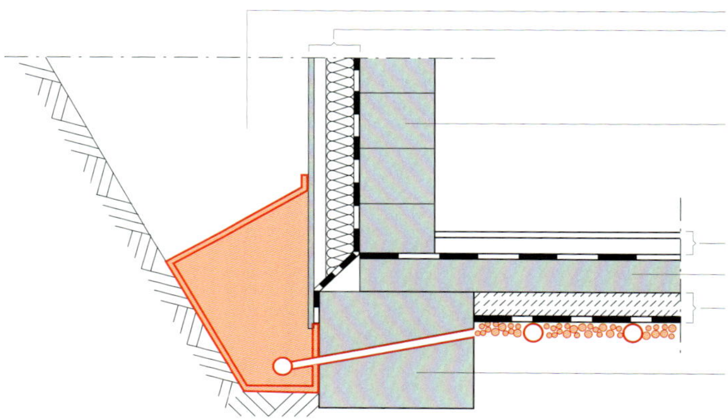

In dieser Kostengruppe enthalten

- Tiefenentwässerung und Oberflächenentwässerung
- Ständige Wasserhaltung (z.B. durch Ableitung über Pumpenanlagen mit Brunnen, Rohrleitungen und Stromversorgung)
- Ständige Wasserhaltung (z.B. durch Ring- oder Grunddränage, Unterdükerung mit Kontrollschächten, Leitungen, Kanäle)
- Erdarbeiten für Bauwerksdränagen und Abdichtungen
- Gasdränagen

In anderen Kostengruppen enthalten

• Baugrundverbesserung (z.B. Bodenaustausch, Verdichtung, Einpressung, Stützmaßnahmen)	KG 321
• Flachgründungen und Bodenplatten (z.B. Einzel- und Streifenfundamente, Fundament- und Bodenplatten)	KG 322
• Tiefgründungen (z.B. Pfahlgründung, Brunnengründungen, Verankerungen)	KG 323
• Gründungsbeläge (z.B. Beläge auf Sohl-, Boden- und Fundamentplatten)	KG 324
• Abdichtungen und Bekleidungen (z.B. Konstruktionsschichten unterhalb der Sohl-, Boden- und Fundamentplatten, vertikale Abdichtungen und Bekleidungen der Gründung)	KG 325
Dränagen	*KG 326*
• Sonstiges zur KG 320	KG 329
• Wasserhaltung, Beseitigung des Grund- und Schichtenwassers während der Bauzeit	KG 313
• Wasserdruckhaltende Abdichtungen gegenüber offenem, stehendem oder fließendem Wasser an Außenwänden	KG 335
• Anlagen des Wasserbaus als Infrastrukturanlagen	KG 374
• Baustelleneinrichtung für Baukonstruktionen des Bauwerks (z.B. Energie- und Bauwasseranschlüsse)	KG 391
• Baustelleneinrichtung für technische Anlagen des Bauwerks (z.B. Energie- und Bauwasseranschlüsse)	KG 491
• Dränagen in Außenanlagen und Freiflächen	KG 525
• Wasserbecken, Schwimmbecken, Schwimmteiche	KG 548

In anderen Kostengruppen enthalten

- Wasseranlagen (z.B. Brunnenanlage zur Wassergewinnung) KG 552
- Wasserflächen KG 580
- Baustelleneinrichtung für Außenanlagen und Freiflächen (z.B. Energie- und Bauwasseranschlüsse) KG 591

Erläuterungen

- Kosten für ständige Einrichtungen, die durch Schichten- und Grundwasser im Baugrund verursacht werden.

DIN 276 Tabelle 1 – Kostengliederung	
329	**Sonstiges zur KG 320**

DIN 276 Tabelle 3 – Mengen und Bezugseinheiten für die Kostengruppe 300	
Einheit	m^2
Bezeichnung	Gründungsfläche/Unterbaufläche
Ermittlung	Grundfläche der Gründungsebene

In dieser Kostengruppe enthalten

- Sonstige Kosten für Gründung und Unterbau, die nicht den KG 321 bis 326 zuzuordnen sind (z. B. Einbauteile, Klappen, Steigeisen)

In anderen Kostengruppen enthalten	
• Baugrundverbesserung (z. B. Bodenaustausch, Verdichtung, Einpressung, Stützmaßnahmen)	KG 321
• Flachgründungen und Bodenplatten (z. B. Einzel- und Streifenfundamente, Fundament- und Bodenplatten)	KG 322
• Tiefgründungen (z. B. Pfahlgründung, Brunnengründungen, Verankerungen)	KG 323
• Gründungsbeläge (z. B. Beläge auf Sohl-, Boden- und Fundamentplatten)	KG 324
• Abdichtungen und Bekleidungen (z. B. Konstruktionsschichten unterhalb der Sohl-, Boden- und Fundamentplatten, Abdichtungen und Bekleidungen der Gründung)	KG 325
• Dränagen (z. B. Leitungen, Schächte, Packungen, Pumpensümpfe, Tiefen- und Oberflächenentwässerung)	KG 326
Sonstiges zur KG 320	*KG 329*
• Gründung, Unterbau für Außenanlagen und Freiflächen	KG 520

DIN 276 Tabelle 1 – Kostengliederung

330 **Außenwände/Vertikale Baukonstruktionen, außen**

Tragende und nichttragende vertikale Baukonstruktionen, die sich an den Außenseiten des Bauwerks befinden, d. h. insbesondere dem Außenklima ausgesetzt sind bzw. an das Erdreich oder an andere Bauwerke grenzen

Die KG 331 und die KG 332 können ggf. als KG 331 zusammengefasst werden.

DIN 276 Tabelle 3 – Mengen und Bezugseinheiten für die Kostengruppe 300

Einheit	m^2
Bezeichnung	Außenwandfläche/Fläche der vertikalen Baukonstruktionen, außen
Ermittlung	Fläche der Außenwände/Fläche der vertikalen Baukonstruktionen, außen

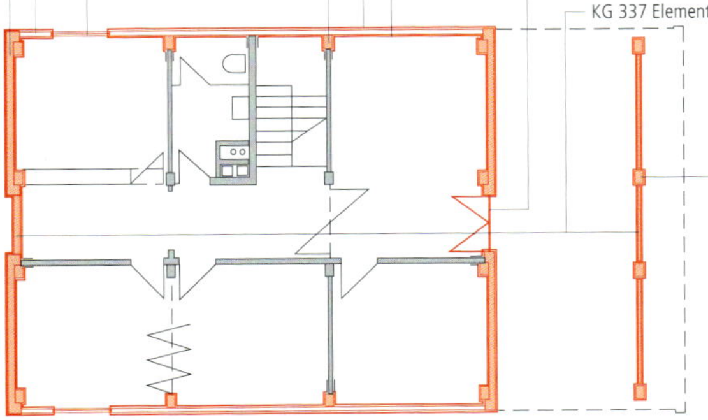

In dieser Kostengruppe enthalten

KG 331	Tragende Außenwände (z.B. Außenwände und flächige Konstruktionen, die für die Standfestigkeit des Bauwerks erforderlich sind)
KG 332	Nichttragende Außenwände (z.B. Außenwände und flächige Konstruktionen, die für die Standfestigkeit des Bauwerks nicht erforderlich sind)
KG 333	Außenstützen (z.B. Stützen, Säulen, Pylone und Pfeiler)
KG 334	Außenwandöffnungen (z.B. Türen, Tore, Fenster, Glasfassaden und sonstige Öffnungen)
KG 335	Außenwandbekleidungen, außen (z.B. Äußere Bekleidungen an Wänden und Stützen)
KG 336	Außenwandbekleidungen, innen (z.B. Innere Bekleidungen an Wänden und Stützen)
KG 337	Elementierte Außenwandkonstruktionen (z.B. Vorgefertigte Wände und vertikale Baukonstruktionen)
KG 338	Lichtschutz zur KG 330 (z.B. Konstruktionen für Sonnen, Sicht- und Blendschutz, Verdunkelung)
KG 339	Sonstiges zur KG 330 (z.B. Gitter, Stoßabweiser, Handläufe, Berührungsschutz)

In anderen Kostengruppen enthalten

• Baugrube/Erdbau	KG 310
• Gründung, Unterbau	KG 320
Außenwände/Vertikale Baukonstruktionen, außen	*KG 330*
• Innenwände/Vertikale Baukonstruktionen, innen	KG 340
• Decken/Horizontale Baukonstruktionen	KG 350
• Dächer	KG 360
• Infrastrukturanlagen	KG 370

In anderen Kostengruppen enthalten

• Baukonstruktive Einbauten	KG 380
• Sonstige Maßnahmen für Baukonstruktionen	KG 390
• Baukonstruktionen in Außenanlagen und Freiflächen (z. B. Einfriedungen, Schutzkonstruktionen, Wandkonstruktionen)	KG 540

Erläuterungen

- Außenwände sind dem Außenklima ausgesetzt oder gegenüber diesem durch Bekleidungen, vorgehängte Fassadenelemente, Erdreich u. ä. getrennt.
- Die Kosten für das Erstellen und Schließen von Schlitzen und Durchführungen sowie von Rohr- und Kabelgräben werden in der Regel in der KG 300 erfasst (siehe DIN 276, Anmerkungen zu KG 400).
- Messregel für das Grobelement KG 330 Außenwände/Vertikale Baukonstruktionen, außen in Anhang Messregeln für Grobelemente.
- Elektrische Komponenten werden ab Anschlusspunkt der elektrischen Versorgungsleitung einschließlich der elektrischen Verkabelung und der Anschlussarbeiten sowie der Inbetriebnahme in der Kostengruppe des zugehörigen Bauelements erfasst (z. B. Antriebe und Steuerungen).

DIN 276 Tabelle 1 – Kostengliederung

331 **Tragende Außenwände**

Außenwände und flächige Konstruktionen, die für die Standfestigkeit des Bauwerks erforderlich sind, einschließlich horizontaler Abdichtungen sowie Schlitzen und Durchführungen

DIN 276 Tabelle 3 – Mengen und Bezugseinheiten für die Kostengruppe 300

Einheit	m^2
Bezeichnung	Außenwandfläche, tragend
Ermittlung	Fläche der tragenden Außenwände

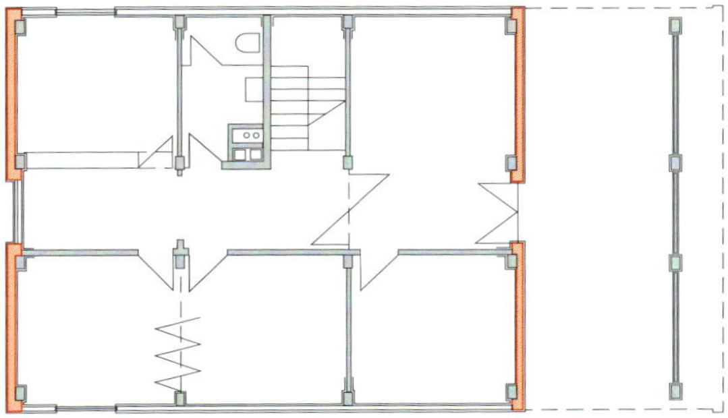

In dieser Kostengruppe enthalten

- Statisch beanspruchte Außenwände (z.B. aus Mauerwerk verschiedener Materialien, Ortbeton, ein- und mehrschichtigen Betonfertigteilwänden)
- Holzrahmenwände mit füllenden Teilen, z.B. Dämmung
- Tragende Fachwerkwände mit Ausfachungen
- Statisch beanspruchte Ortbetonwände d>12cm
- Statisch beanspruchte Betonfertigteilwände d>8cm
- Öffnungsüberdeckungen, Ringanker, aussteifende Stützen
- Konstruktive und gestalterische Vor- und Rücksprünge
- Horizontale Abdichtungen
- Schlitze und Durchführungen
- Einbau-Brandschutzschotts
- Fugen- und Gelenkausbildungen, Höherführung von Schornsteinen zu benachbarten Bauwerken
- Integrierte Oberflächenbehandlungen (z.B. Holzimprägnierung, Korrosionsschutz und Beschichtungen, Sichtmauerwerk, Sicht- und Waschbeton)
- Einbauteile (z.B. Anker, Dübel, Rollladenkästen, Fugeneinlagen, Abdichtungen)

In anderen Kostengruppen enthalten

Tragende Außenwände	*KG 331*
• Nichttragende Außenwände (z.B. Außenwände und flächige Konstruktionen, die für die Standfestigkeit des Bauwerks nicht erforderlich sind)	KG 332
• Außenstützen (z.B. Stützen, Säulen, Pylone und Pfeiler)	KG 333
• Außenwandöffnungen (z.B. Türen, Tore, Fenster, Glasfassaden und sonstige Öffnungen)	KG 334
• Außenwandbekleidungen, außen (z.B. Äußere Bekleidungen an Wänden und Stützen)	KG 335
• Außenwandbekleidungen, innen (z.B. Innere Bekleidungen an Wänden und Stützen)	KG 336
• Elementierte Außenwandkonstruktionen (z.B. Vorgefertigte Wände und vertikale Baukonstruktionen)	KG 337
• Lichtschutz zur KG 330 (z.B. Konstruktionen für Sonnen-, Sicht- und Blendschutz, Verdunkelung)	KG 338

In anderen Kostengruppen enthalten

• Sonstiges zur KG 330 (z.B. Gitter, Lichtschächte, Balkontrennwände, Sicht- und Windschutzblenden in Leichtbauweise)	KG 339
• Umschließung bei Erdbaumaßnahmen für Bauwerke (z.B. Spund- und Schlitzwände)	KG 312
• Flachgründungen (z.B. wandartige Fundamente)	KG 322
• Tragende Innenwände (z.B. Innenwände und flächige Konstruktionen, die für die Standfestigkeit des Bauwerks erforderlich sind)	KG 341
• Baukonstruktionen von Infrastrukturanlagen, soweit sie nicht in den KG 330 bis 360 erfasst werden können	KG 370
• Baukonstruktionen in Außenanlagen und Freiflächen (z.B. Einfriedungen, Schutzkonstruktionen, Wandkonstruktionen)	KG 540

Erläuterungen

- Vertikale Baukonstruktionen mit einem Querschnittsverhältnis > 1 : 4 gelten als Wände, bei einem Querschnittsverhältnis < 1 : 4 als Stützen.
- Die KG 331 und die KG 332 können ggf. als KG 331 zusammengefasst werden.
- Außenwände sind dem Außenklima ausgesetzt oder gegenüber diesem durch Bekleidungen, vorgehängte Fassadenelemente, Erdreich u. ä. getrennt.
- Bei wirtschaftlich und rechtlich getrennten Bauwerken mit getrennter Kostenermittlung gelten Haustrennwände als tragende Außenwände (z.B. einzelne Reihenhäuser, Doppelhaushälfte, Schließen einer Baulücke).

DIN 276 Tabelle 1 – Kostengliederung

332 **Nichttragende Außenwände**

Außenwände und flächige Konstruktionen, die für die Standfestigkeit des Bauwerks nicht erforderlich sind (z. B. Brüstungen, Attiken, Ausfachungen) einschließlich horizontaler Abdichtungen sowie Schlitzen, Durchführungen und füllender Teile (z. B. Dämmungen)

DIN 276 Tabelle 3 – Mengen und Bezugseinheiten für die Kostengruppe 300

Einheit	m^2
Bezeichnung	Außenwandfläche, nichttragend
Ermittlung	Fläche der nichttragenden Außenwände

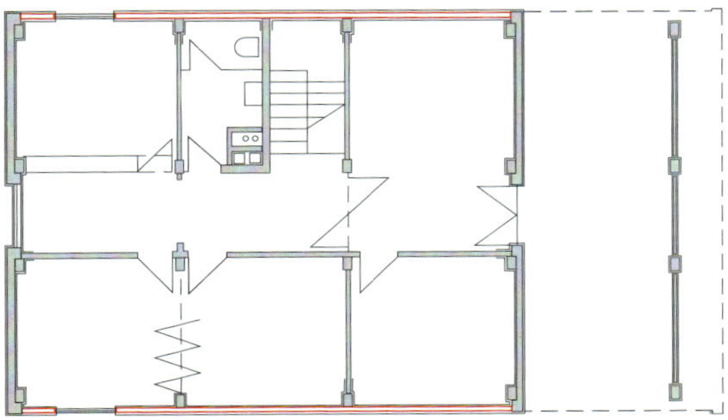

In dieser Kostengruppe enthalten

- Statisch nicht beanspruchte Außenwände aus Mauerwerk verschiedener Materialien, Ortbeton, ein- und mehrschichtige Betonfertigteilwände, Holzkonstruktionen
- Ortbetonwände d<12cm, oder statisch nicht beansprucht
- Betonfertigteilwände d<8cm, oder statisch nicht beansprucht
- Holzständerwände
- Brüstungen, Glasbausteinwände
- Ausfachungen von Holz-, Stahl- und Betonskelettkonstruktionen
- Öffnungsüberdeckungen, Ringanker, aussteifende Stützen, Attiken
- Konstruktive und gestalterische Vor- und Rücksprünge
- Horizontale Abdichtungen
- Schlitze und Durchführungen
- Einbau-Brandschutzschotts
- Integrierte Oberflächenbehandlungen (z.B. Holzimprägnierung, Korrosionsschutz und Beschichtungen, Sichtmauerwerk, Sicht- und Waschbeton)
- Einbauteile (z.B. Anker, Dübel, Rollladenkästen, Fugeneinlagen, Abdichtungen)

In anderen Kostengruppen enthalten

• Tragende Außenwände (z.B. Außenwände und flächige Konstruktionen, die für die Standfestigkeit des Bauwerks erforderlich sind)	KG 331
Nichttragende Außenwände	*KG 332*
• Außenstützen (z.B. Stützen, Säulen, Pylone und Pfeiler)	KG 333
• Außenwandöffnungen (z.B. Türen, Tore, Fenster, Glasfassaden und sonstige Öffnungen)	KG 334
• Außenwandbekleidungen, außen (z.B. Äußere Bekleidungen an Wänden und Stützen)	KG 335
• Außenwandbekleidungen, innen (z.B. Innere Bekleidungen an Wänden und Stützen)	KG 336
• Elementierte Außenwandkonstruktionen (z.B. Vorgefertigte Wände und vertikale Baukonstruktionen)	KG 337

In anderen Kostengruppen enthalten	
• Lichtschutz zur KG 330 (z.B. Konstruktionen für Sonnen-, Sicht- und Blendschutz, Verdunkelung)	KG 338
• Sonstiges zur KG 330 (z.B. Gitter, Lichtschächte, Balkontrennwände, Sicht- und Windschutzblenden in Leichtbauweise)	KG 339
• Nichttragende Innenwände (z.B. Innenwände und flächige Konstruktionen, die für die Standfestigkeit des Bauwerks nicht erforderlich sind)	KG 342
• Sonstiges zur KG 350 (z.B. Brüstungen in Leichtbauweise, Geländer, Ganzglaskonstruktion, Seilkonstruktion)	KG 359
• Baukonstruktionen von Infrastrukturanlagen, soweit sie nicht in den KG 330 bis 360 erfasst werden können	KG 370
• Baukonstruktionen in Außenanlagen und Freiflächen (z.B. Einfriedungen, Schutzkonstruktionen, Wandkonstruktionen)	KG 540

Erläuterungen

- Außenwände sind dem Außenklima ausgesetzt oder gegenüber diesem durch Bekleidungen, vorgehängte Fassadenelemente, Erdreich u. ä. getrennt.
- Die KG 331 und die KG 332 können ggf. als KG 331 zusammengefasst werden.

DIN 276 Tabelle 1 – Kostengliederung	
333	**Außenstützen**
	Stützen, Säulen, Pylone und Pfeiler an den Außenseiten des Bauwerks mit einem Querschnittsverhältnis < 1 : 4

DIN 276 Tabelle 3 – Mengen und Bezugseinheiten für die Kostengruppe 300	
Einheit	m
Bezeichnung	Außenstützenlänge
Ermittlung	Länge der Außenstützen

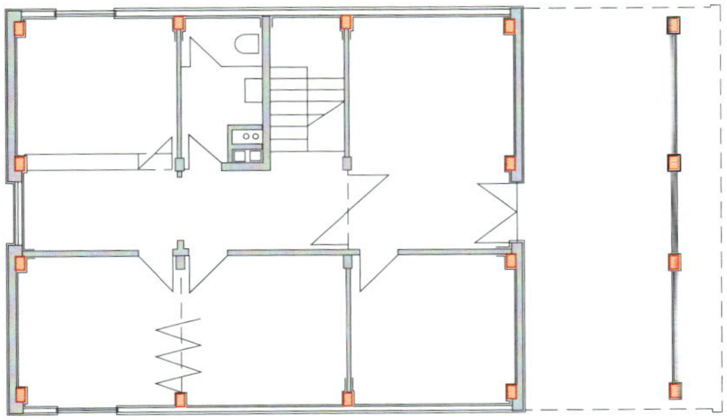

In dieser Kostengruppe enthalten

- Tragende und statisch beanspruchte Außenstützen aus Mauerwerk verschiedener Materialien, Natur- und Betonwerkstein
- Tragende und statisch beanspruchte Außenstützen aus Ortbeton, Betonfertigteilstützen
- Tragende und statisch beanspruchte Außenstützen in Stahlkonstruktionen, in Zimmer- und Holzkonstruktionen, in Fachwerkkonstruktionen
- Konstruktive und gestalterische Vor- und Rücksprünge
- Integrierte Oberflächenbehandlungen (z. B. Holzimprägnierung, Korrosionsschutz und Beschichtungen, Sichtmauerwerk, Sicht- und Waschbeton)
- Einbauteile (z. B. Anker, Dübel, Auflager, Fugeneinlagen, Abdichtungen)

In anderen Kostengruppen enthalten

• Tragende Außenwände (z. B. Außenwände und flächige Konstruktionen, die für die Standfestigkeit des Bauwerks erforderlich sind)	KG 331
• Nichttragende Außenwände (z. B. Außenwände und flächige Konstruktionen, die für die Standfestigkeit des Bauwerks nicht erforderlich sind)	KG 332
Außenstützen	*KG 333*
• Außenwandöffnungen (z. B. Türen, Tore, Fenster, Glasfassaden und sonstige Öffnungen)	KG 334
• Außenwandbekleidungen, außen (z. B. Äußere Bekleidungen an Wänden und Stützen)	KG 335
• Außenwandbekleidungen, innen (z. B. Innere Bekleidungen an Wänden und Stützen)	KG 336
• Elementierte Außenwandkonstruktionen (z. B. Vorgefertigte Wände und vertikale Baukonstruktionen)	KG 337
• Lichtschutz zur KG 330 (z. B. Konstruktionen für Sonnen-, Sicht- und Blendschutz, Verdunkelung)	KG 338
• Sonstiges zur KG 330 (z. B. Gitter, Lichtschächte, Balkontrennwände, Sicht- und Windschutzblenden in Leichtbauweise)	KG 339
• Innenstützen (z. B. Stützen, Säulen, Pylone und Pfeiler innerhalb des Bauwerks)	KG 343
• Baukonstruktionen von Infrastrukturanlagen (z. B. Stützen, Säulen, Pylone und Pfeiler)	KG 370
• Baukonstruktionen in Außenanlagen und Freiflächen (z. B. Stützen in Einfriedungen, Schutzkonstruktionen, Wandkonstruktionen, Tribünen, Überdachungen)	KG 540

100 200 300 400 500 600 700 800

Erläuterungen

- Außenstützen sind dem Außenklima ausgesetzt oder gegenüber diesem durch Bekleidungen, vorgehängte Fassadenelemente u. ä. getrennt. Außenstützen können auch in Außenwänden eingestellt sein oder unmittelbar hinter Außenwänden stehen.
- Vertikale Baukonstruktionen mit einem Querschnittsverhältnis $< 1 : 4$ gelten als Stützen, bei einem Querschnittsverhältnis $> 1 : 4$ als Wände.
- Es wird die lichte Länge der Außenstützen gemessen.

DIN 276 Tabelle 1 – Kostengliederung

334 **Außenwandöffnungen**

Türen, Tore, Fenster, Schaufenster, Glasfassaden und sonstige Öffnungen einschließlich Fensterbänken, Umrahmungen, Beschlägen, Antrieben, Lüftungselementen und sonstiger Einbauteile

DIN 276 Tabelle 3 – Mengen und Bezugseinheiten für die Kostengruppe 300

Einheit	m^2
Bezeichnung	Außenwandöffnungsfläche
Ermittlung	Fläche der Außenwandöffnungen

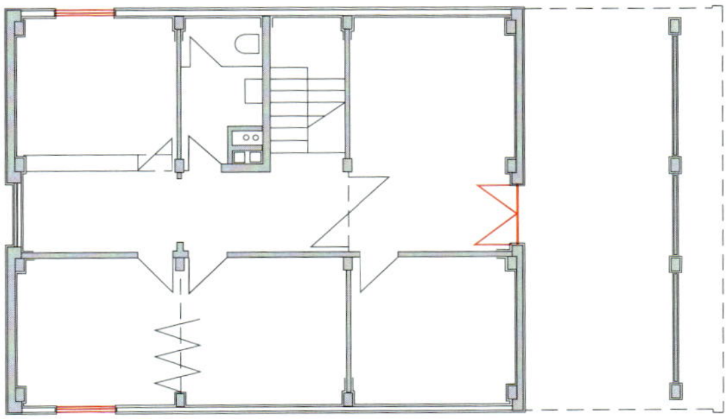

In dieser Kostengruppe enthalten

- Türen, Tore und Fenster in verschiedenen Materialien (z.B. Holz, Kunststoff, Stahl, Aluminium, Beton, Verbundkonstruktion) und in verschiedenen Öffnungsarten
- Sondertüren (z.B. Trommeldrehtüren, Automatiktüren)
- Großflächenverglasungen (z.B. Schaufenster, Glasfassaden in Außenwandöffnungen, Profilglasflächen)
- Verglaste Pfosten-Riegel-Konstruktionen (z.B. Stahl-, Alu-, Holz) in Außenwandöffnungen
- Industrieverglasungen in Außenwandöffnungen
- Fensterbänke, Tür- und Fensterumrahmungen, innen und außen
- Beschläge (z.B. Dreh-, Kipp-, Schiebe-, Rollbeschläge)
- Schließeinrichtungen, wenn sie eindeutig zugeordnet werden können
- Einbauteile (z.B. Verglasungen, integrierte Vitrinen, Zwangslüftungen, Briefkästen, Sprechanlagen, integrierte Schutzelemente)
- Elektrische Komponenten, ab Anschlusspunkt der elektrischen Versorgungsleitung einschließlich der elektrischen Verkabelung und der Anschlussarbeiten sowie der Inbetriebnahme (z.B. Sammelantriebe und Steuerung für Tor- und Türanlagen)
- Oberflächenbehandlungen von Türen und Fenstern (z.B. Fäulnis- und Korrosionsschutz, Imprägnierung, Verzinkung, Eloxierung, Rostschutzgrundierung, Lackierung, Beschichtung)
- Verfugungen, Abdichtungen
- Transport- und Oberflächenschutz bis zur Abnahme (z.B. mit Folien)
- Funktionsprüfung und Probebetrieb, ggf. Werkstatt- und Montagezeichnungen

In anderen Kostengruppen enthalten

• Tragende Außenwände (z.B. Außenwände und flächige Konstruktionen, die für die Standfestigkeit des Bauwerks erforderlich sind)	KG 331
• Nichttragende Außenwände (z.B. Außenwände und flächige Konstruktionen, die für die Standfestigkeit des Bauwerks nicht erforderlich sind, Glasbausteinwände)	KG 332
• Außenstützen (z.B. Stützen, Säulen, Pylone und Pfeiler)	KG 333
Außenwandöffnungen	*KG 334*

In anderen Kostengruppen enthalten	
• Außenwandbekleidungen, außen (z.B. äußere Bekleidungen an Wänden und Stützen)	KG 335
• Außenwandbekleidungen, innen (z.B. innere Bekleidungen an Wänden und Stützen)	KG 336
• Elementierte Außenwandkonstruktionen (z.B. vorgefertigte Wände und vertikale Baukonstruktionen, eingebaute Fenster und Türen, Pfosten-Riegel-Fassaden)	KG 337
• Lichtschutz zur KG 330 (z.B. Konstruktionen für Sonnen-, Sicht- und Blendschutz, Verdunkelung)	KG 338
• Sonstiges zur KG 330 (z.B. Gitter, Lichtschächte, Balkontrennwände, Sicht- und Windschutzblenden in Leichtbauweise)	KG 339
• Innenwandöffnungen (z.B. Fenster, Schaufenster, Türen, Tore in Innenwänden)	KG 344
• Deckenöffnungen (z.B. horizontale Verglasungen)	KG 352
• Dachöffnungen (z.B. Dachfenster)	KG 362
• Baukonstruktionen von Infrastrukturanlagen, soweit sie nicht in den KG 330 bis 360 erfasst werden können	KG 370
• Baustelleneinrichtung für Baukonstruktionen (z.B. Baustellentüren, Tore in Bauzäunen)	KG 391
• Sonstiges zur KG 390 (z.B. Schließanlagen)	KG 399
• Niederspannungsinstallationsanlagen (z.B. Kabel, Leitungen Unterverteiler, Verlegesysteme)	KG 444
• Gefahrenmelde- und Alarmanlagen (z.B. Zugangskontrollanlagen, Schließanlagen mit elektronischer Steuerung)	KG 456
• Baustelleneinrichtung für technische Anlagen (z.B. Baustellentüren, Tore in Bauzäunen)	KG 491
• Türen und Tore in Einfriedungen	KG 541
• Baustelleneinrichtung für Außenanlagen und Freiflächen (z.B. Baustellentüren, Tore in Bauzäunen)	KG 591

DIN 276 Tabelle 1 – Kostengliederung

335	**Außenwandbekleidungen, außen**
	Äußere Bekleidungen an Wänden und Stützen einschließlich Putz-, Dichtungs-, Dämm- und Schutzschichten
	Dazu gehören auch auf der Außenseite fest mit den Außenwänden verbundene Fassaden- und Wandbegrünungssysteme einschließlich aller Teile (z. B. Gefäße, Substrate, Pflanzen, Fertigstellungs- und Entwicklungspflege, Dünge- und Bewässerungsvorrichtungen).

DIN 276 Tabelle 3 – Mengen und Bezugseinheiten für die Kostengruppe 300

Einheit	m^2
Bezeichnung	Außenwandbekleidungsfläche, außen
Ermittlung	Fläche der äußeren Außenwandbekleidungen

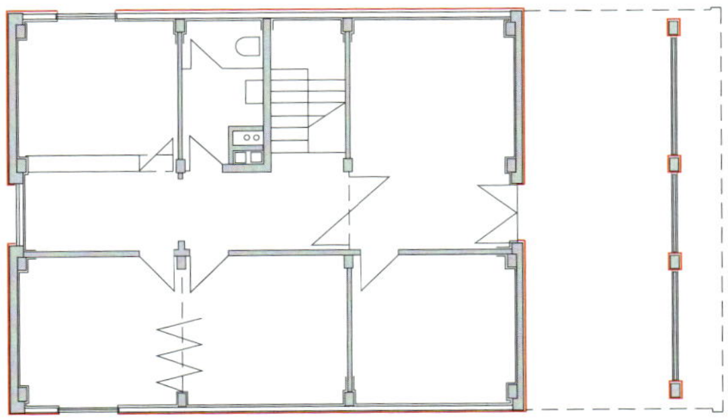

In dieser Kostengruppe enthalten

- Verblendschalenmauerwerk (z.B. mit Mauerziegeln, Kalksandsteinen, sonstigen Verblendsteinen)
- Bekleidungen als Vorsatzschalen (z.B. aus Natur- oder Betonwerkstein)
- Bekleidungen aus Holz, Holzwerkstoffen oder Kunststoffen
- Metallbekleidungen (z.B. aus Zinkblech, Stahl, Aluminium)
- Bekleidungen mit Dachdeckungs- und Dachabdichtungsmaterialien (z.B. Ziegeldeckung, Faserzementtafeln oder -platten, Schindeln)
- Putz, Wärmedämm- und Dichtungsputze
- Fliesen- und Plattenbekleidungen
- Bekleidungen aus Glasmaterialien
- Dämmung in Gebäudetrennfugen (bei Gebäudetrennwänden, die Außenwände sind, siehe KG 331)
- Separate Außenwandbekleidungen auf elementierten Außenwänden
- Abdichtungen gegen nichtdrückendes Wasser
- Beschichtungen, Oberflächenbehandlung, Verfugungen
- Abdichtungen, Dämmungen, Noppenbahn, ab Oberkante der Gründung
- Unterkonstruktionen und Befestigungen, Wärmedämmungen
- Einbauteile, Fugenausbildung und -abdichtung, Übergangskonstruktionen
- In die Fassade integrierte Briefkästen
- Fassaden- und Wandbegrünungssysteme auf der Außenseite von Außenwänden
- Malermäßig aufgebrachte Hausnummern und Beschriftungen

335
Außenwand-
bekleidungen,
außen

In anderen Kostengruppen enthalten	
• Tragende Außenwände (z.B. Außenwände und flächige Konstruktionen, die für die Standfestigkeit des Bauwerks erforderlich sind)	KG 331
• Nichttragende Außenwände (z.B. Außenwände und flächige Konstruktionen, die für die Standfestigkeit des Bauwerks nicht erforderlich sind)	KG 332
• Außenstützen (z.B. Stützen, Säulen, Pylone und Pfeiler)	KG 333
• Außenwandöffnungen (z.B. Türen, Tore, Fenster, Glasfassaden und sonstige Öffnungen)	KG 334
Außenwandbekleidungen, außen	*KG 335*
• Außenwandbekleidungen, innen (z.B. innere Bekleidungen an Wänden und Stützen, Wandbegrünungssysteme auf der Innenseite von Außenwänden)	KG 336
• Elementierte Außenwandkonstruktionen (z.B. vorgefertigte Wände und vertikale Baukonstruktionen)	KG 337
• Lichtschutz zur KG 330 (z.B. Konstruktionen für Sonnen-, Sicht- und Blendschutz, Verdunkelung)	KG 338
• Sonstiges zur KG 330 (z.B. Gitter, Lichtschächte, Balkontrennwände, Sicht- und Windschutzblenden in Leichtbauweise)	KG 339
• Abdichtungen und Bekleidungen (z.B. vertikale Abdichtungen und Bekleidungen bis Oberkante Gründung)	KG 325
• Begrünungssysteme auf Decken	KG 353
• Dachbegrünungen	KG 363
• Baukonstruktionen von Infrastrukturanlagen, soweit sie nicht in den KG 330 bis 360 erfasst werden können	KG 370
• Sonstiges zur KG 530 (z.B. Traufstreifen)	KG 539
• Bekleidungen auf Baukonstruktionen in Außenanlagen und Freiflächen	KG 540
• Künstlerisch gestaltete Teile des Bauwerks (z.B. Malereien, Reliefs, Mosaike auf Außenwandbekleidungen, außen)	KG 642
• Sonstige Ausstattung (z.B. Hausnummern, Werbeschilder)	KG 690

Erläuterungen

- Außenwandbekleidungen außen, werden ab Oberkante der Gründung gemessen.

DIN 276 Tabelle 1 – Kostengliederung

336	**Außenwandbekleidungen, innen**
	Innere Bekleidungen an Wänden und Stützen einschließlich Putz-, Dichtungs-, Dämm- und Schutzschichten
	Dazu gehören auch auf der Innenseite fest mit den Außenwänden verbundene Wandbegrünungssysteme einschließlich aller Teile.

DIN 276 Tabelle 3 – Mengen und Bezugseinheiten für die Kostengruppe 300

Einheit	m^2
Bezeichnung	Außenwandbekleidungsfläche, innen
Ermittlung	Fläche der inneren Außenwandbekleidungen

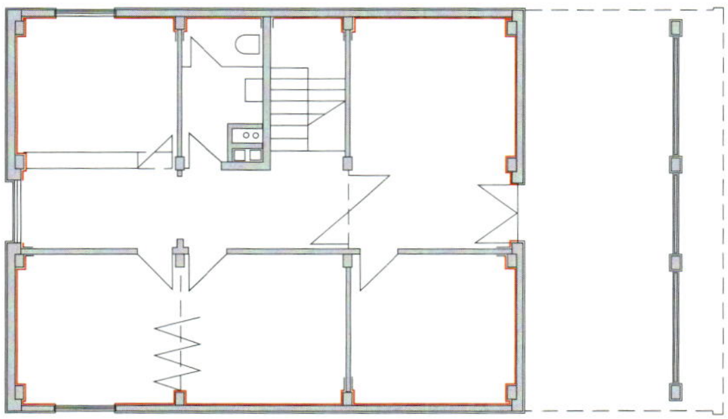

In dieser Kostengruppe enthalten

- Verblendschalenmauerwerk (z.B. mit Mauerziegeln, Kalksandsteinen, sonstigen Verblendsteinen)
- Bekleidungen als Vorsatzschalen (z.B. aus Natur- oder Betonwerkstein)
- Bekleidungen aus Holz, Holzwerkstoffen oder Kunststoffen
- Metallbekleidungen (z.B. aus Zinkblech, Stahl, Aluminium)
- Bekleidungen mit Bodenbelagsmaterialien (z.B. Textilbeläge, Kunststoffbeläge)
- Putz, Wärmedämm- und Dichtungsputze, Stuck
- Bekleidungen mit Trockenbaumaterialien (z.B. Gipskartonplatten, Faserzement)
- Fliesen- und Plattenbekleidungen, Bekleidungen aus Glasmaterialien
- Abdichtungen gegen nichtdrückendes Wasser
- Beschichtungen, Tapeten, Spannstoffe, Oberflächenbehandlungen
- Unterkonstruktionen und Befestigungen, Wärmedämmungen
- Fugenausbildungen und Abdichtungen
- Einbauteile (z.B. Übergangskonstruktionen, integrierte Leuchtenwannen und -abdeckungen)
- Wandbegrünungssysteme auf der Innenseite von Außenwänden

In anderen Kostengruppen enthalten

• Tragende Außenwände (z.B. Außenwände und flächige Konstruktionen, die für die Standfestigkeit des Bauwerks erforderlich sind)	KG 331
• Nichttragende Außenwände (z.B. Außenwände und flächige Konstruktionen, die für die Standfestigkeit des Bauwerks nicht erforderlich sind)	KG 332
• Außenstützen (z.B. Stützen, Säulen, Pylone und Pfeiler)	KG 333
• Außenwandöffnungen (z.B. Türen, Tore, Fenster, Glasfassaden und sonstige Öffnungen)	KG 334
• Außenwandbekleidungen, außen (z.B. äußere Bekleidungen an Wänden und Stützen, Fassaden- und Wandbegrünungssysteme auf der Außenseite von Außenwänden)	KG 335
Außenwandbekleidungen, innen	*KG 336*

100
200
300
400
500
600
700
800

In anderen Kostengruppen enthalten

• Elementierte Außenwandkonstruktionen (z.B. vorgefertigte Wände und vertikale Baukonstruktionen)	KG 337
• Lichtschutz zur KG 330 (z.B. Konstruktionen für Sonnen-, Sicht- und Blendschutz, Verdunkelung)	KG 338
• Sonstiges zur KG 330 (z.B. Gitter, Lichtschächte, Balkontrennwände, Sicht- und Windschutzblenden in Leichtbauweise)	KG 339
• Sockel- und Kehlausbildungen von Gründungsbelägen	KG 324
• Innenwandbekleidungen (z.B. Bekleidungen auf Innenwänden und Innenstützen, Wandbegrünungssysteme auf Innenwänden)	KG 345
• Sockel- und Kehlausbildungen von Deckenbelägen, Begrünungssysteme auf Decken	KG 353
• Dachbegrünungen	KG 363
• Baukonstruktionen von Infrastrukturanlagen, soweit sie nicht in den KG 330 bis 360 erfasst werden können	KG 370
• Künstlerisch gestaltete Teile des Bauwerks (z.B. Malereien, Reliefs, Mosaike auf Außenwandbekleidungen, innen)	KG 642

Erläuterungen

- Innere Bekleidungen an Außenwänden sind alle Bekleidungen, ein- oder mehrschichtig ohne statische Funktionen, an der dem Außenklima nicht ausgesetzten Seite von tragenden Außenwänden KG 331, nichttragenden Außenwänden KG 332 und Außenstützen KG 333

DIN 276 Tabelle 1 – Kostengliederung

337 **Elementierte Außenwandkonstruktionen**

Vorgefertigte Wände und vertikale Baukonstruktionen, die neben ihrer Kernkonstruktion auch Türen und Fenster oder äußere und innere Bekleidungen enthalten können

DIN 276 Tabelle 3 – Mengen und Bezugseinheiten für die Kostengruppe 300

Einheit	m^2
Bezeichnung	Außenwandfläche, elementiert
Ermittlung	Fläche der elementierten Außenwandkonstruktionen

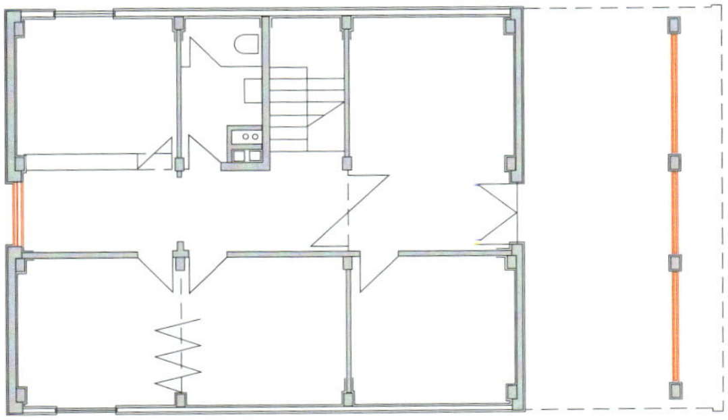

In dieser Kostengruppe enthalten

- Vorgefertigte Außenwände aus eingestellten oder vorgehängten Fertigelementen als geschlossene Fassade oder mit Außenwandöffnungen (z.B. Fenster und Türen) in verschiedenen Konstruktionen und Materialien (z.B. Betonkonstruktionen, Holz-, Kunststoff-, Metall-, Ganzglas- und Verbundkonstruktionen)
- Pfosten-Riegel-Fassaden
- Industrieverglasungen als Wandkonstruktionen
- Fensterbänke innen und außen, Tür- und Fensterumrahmungen, Verfugungen, Abdichtungen
- Beschläge, Schließeinrichtungen
- Einbauteile (z.B. Verglasungen, integrierte Vitrinen, Zwangslüftungen, Briefkästen, Sprechanlagen, integrierte Schutzelemente)
- Integrierte Rollläden, Rollgitter, Jalousien
- Schließeinrichtungen wenn sie eindeutig zugeordnet werden können
- Elektrische Komponenten, ab Anschlusspunkt der elektrischen Versorgungsleitung einschließlich der elektrischen Verkabelung und der Anschlussarbeiten sowie der Inbetriebnahme (z.B. Sammelantriebe und Steuerung für Tor- und Türanlagen)
- Integrierte Oberflächenbehandlungen von Fassadenelementen, Türen und Fenstern (z.B. Fäulnis- und Korrosionsschutz, Imprägnierung, Verzinkung, Eloxierung, Rostschutzgrundierung, Lackierung, Beschichtung)
- Transport- und Oberflächenschutz bis zur Abnahme (z.B. mit Folien)
- Funktionsprüfung und Probebetrieb, ggf. Werkstatt- und Montagezeichnungen

In anderen Kostengruppen enthalten

• Tragende Außenwände (z.B. Außenwände und flächige Konstruktionen, die für die Standfestigkeit des Bauwerks erforderlich sind)	KG 331
• Nichttragende Außenwände (z.B. Außenwände und flächige Konstruktionen, die für die Standfestigkeit des Bauwerks nicht erforderlich sind)	KG 332
• Außenstützen (z.B. Stützen, Säulen, Pylone und Pfeiler)	KG 333
• Außenwandöffnungen (z.B. Türen, Tore, Fenster, Glasfassaden und sonstige Öffnungen)	KG 334
• Außenwandbekleidungen, außen (z.B. äußere Bekleidungen an Wänden und Stützen)	KG 335

100 200 300 400 500 600 700 800

337
Elementierte
Außenwand-
konstruktionen

In anderen Kostengruppen enthalten	
• Außenwandbekleidungen, innen (z.B. innere Bekleidungen an Wänden und Stützen)	KG 336
Elementierte Außenwandkonstruktionen	*KG 337*
• Lichtschutz zur KG 330 (z.B. Konstruktionen für Sonnen-, Sicht- und Blendschutz, Verdunkelung)	KG 338
• Sonstiges zur KG 330 (z.B. Gitter, Lichtschächte, Balkontrennwände, Sicht- und Windschutzblenden in Leichtbauweise)	KG 339
• Elementierte Innenwandkonstruktionen	KG 346
• Elementierte Deckenkonstruktionen	KG 355
• Elementierte Dachkonstruktionen	KG 365
• Baukonstruktionen von Infrastrukturanlagen, soweit sie nicht in den KG 330 bis 360 erfasst werden können	KG 370
• Sonstiges zur KG 390 (z.B. Schließanlagen)	KG 399
• Niederspannungsinstallationsanlagen (z.B. Kabel, Leitungen Unterverteiler, Verlegesysteme)	KG 444
• Gefahrenmelde- und Alarmanlagen (z.B. Zugangskontrollanlagen, Schließanlagen mit elektronischer Steuerung)	KG 456

Erläuterungen

- Elementierte Außenwandkonstruktionen sind Konstruktionen, welche mindesten zwei Kostengruppen enthalten, die kostenmäßig nicht trennbar sind (z.B. Pfosten-Riegel-Fassaden mit integrierten Türen).

DIN 276 Tabelle 1 – Kostengliederung	
338	**Lichtschutz zur KG 330**
	Konstruktionen für Sonnen-, Sicht- und Blendschutz, Verdunkelung (z. B. Rollläden, Markisen und Jalousien) einschließlich Antrieben wie Rohrmotoren oder Gurtwicklern

DIN 276 Tabelle 3 – Mengen und Bezugseinheiten für die Kostengruppe 300	
Einheit	m2
Bezeichnung	Außenwand-Lichtschutzfläche
Ermittlung	Fläche der Lichtschutzkonstruktionen an den Außenwänden/vertikalen Baukonstruktionen

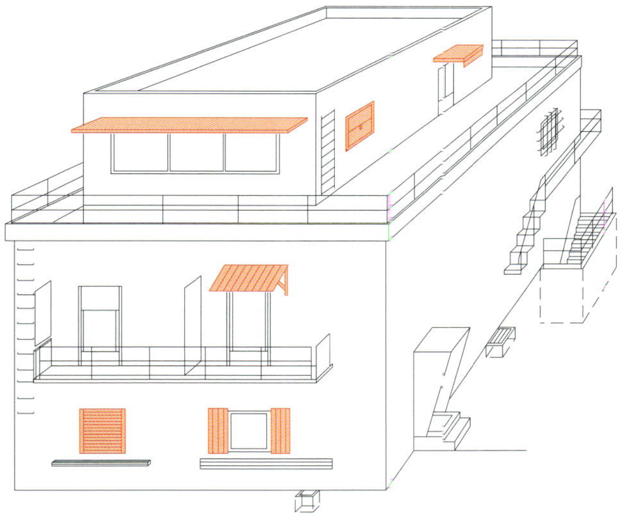

In dieser Kostengruppe enthalten

- Konstruktionen für Sonnen-, Sicht- und Blendschutz, Verdunkelung (z.B. Rollläden, Klapp- und Schiebeläden, Jalousien, Markisen an der Außenseite oder der Innenseite von Außenwänden oder vertikalen Baukonstruktionen, außen)
- Beschläge, Oberflächenbehandlung
- Elektrische Komponenten, ab Anschlusspunkt der elektrischen Versorgungsleitung einschließlich der elektrischen Verkabelung und der Anschlussarbeiten sowie der Inbetriebnahme (z.B. Rohrmotore, Gurtwickler)

In anderen Kostengruppen enthalten

• Tragende Außenwände (z.B. Außenwände und flächige Konstruktionen, die für die Standfestigkeit des Bauwerks erforderlich sind)	KG 331
• Nichttragende Außenwände (z.B. Außenwände und flächige Konstruktionen, die für die Standfestigkeit des Bauwerks nicht erforderlich sind)	KG 332
• Außenstützen (z.B. Stützen, Säulen, Pylone und Pfeiler)	KG 333
• Außenwandöffnungen (z.B. Türen, Tore, Fenster, Glasfassaden und sonstige Öffnungen)	KG 334
• Außenwandbekleidungen, außen (z.B. äußere Bekleidungen an Wänden und Stützen)	KG 335
• Außenwandbekleidungen, innen (z.B. innere Bekleidungen an Wänden und Stützen)	KG 336
• Elementierte Außenwandkonstruktionen (z.B. vorgefertigte Wände und vertikale Baukonstruktionen)	KG 337
Lichtschutz zur KG 330	*KG 338*
• Sonstiges zur KG 330 (z.B. Gitter, Lichtschächte, Balkontrennwände, Sicht- und Windschutzblenden in Leichtbauweise)	KG 339

In anderen Kostengruppen enthalten	
• Lichtschutz zur KG 340 Innenwände/Vertikale Baukonstruktionen, innen (z.B. Rollläden, Jalousien)	KG 347
• Lichtschutz zur KG 360 Dächer (z.B. Jalousien, Rollos)	KG 366
• Baukonstruktionen von Infrastrukturanlagen, soweit sie nicht in den KG 330 bis 360 erfasst werden können	KG 370
• Niederspannungsinstallationsanlagen (z.B. Kabel, Leitungen Unterverteiler, Verlegesysteme)	KG 444
• Schutzkonstruktionen in Außenanlagen und Freiflächen (z.B. Sichtschutzwände, Sonnenschutzkonstruktionen)	KG 542
• Allgemeine Ausstattung (z.B. Vorhänge als Blendschutz)	KG 610

DIN 276 Tabelle 1 – Kostengliederung

339	**Sonstiges zur KG 330**
	Gitter, Stoßabweiser, Handläufe, Berührungsschutz

DIN 276 Tabelle 3 – Mengen und Bezugseinheiten für die Kostengruppe 300

Einheit	m²
Bezeichnung	Außenwandfläche/Fläche der vertikalen Baukonstruktionen, außen
Ermittlung	Fläche der Außenwände/Fläche der vertikalen Baukonstruktionen, außen

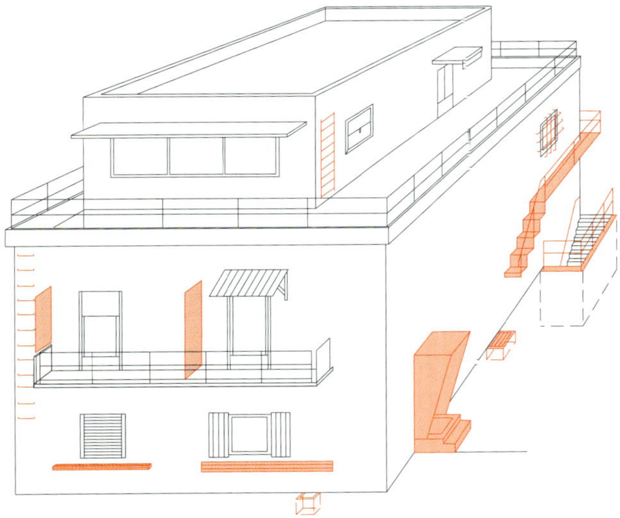

In dieser Kostengruppe enthalten

- Sonstige Kosten für Außenwände und vertikale Baukonstruktionen, außen, die nicht den KG 331 bis 338 zuzuordnen sind
- Untergeordnete, nicht zur BGF zählende Schächte (z.B. Lichtschächte), örtlich gefertigt oder als Fertigteil, einschließlich Boden und Abdeckung
- Gitter (z.B. feste und bewegliche Gitter, Fenstervergitterungen, Rollgitter)
- Leitplanken, Stoßabweiser
- Ortsfeste Leitern, Steigeisen
- Handläufe, Geländer, Brüstungen in Leichtbauweise
- Französischer Balkon
- Balkontrennwände, Sicht- und Windschutzblenden in Leichtbauweise
- Untergeordnete, nicht zur BGF zählende Wartungsbalkone mit Geländern, innen und außen an Außenwänden
- Untergeordnete Eingangsüberdachungen, kleinere Vordächer in Leichtbauweise
- Beschläge, Oberflächenbehandlung

In anderen Kostengruppen enthalten

• Tragende Außenwände (z.B. Außenwände und flächige Konstruktionen, die für die Standfestigkeit des Bauwerks erforderlich sind)	KG 331
• Nichttragende Außenwände (z.B. Außenwände und flächige Konstruktionen, die für die Standfestigkeit des Bauwerks nicht erforderlich sind)	KG 332
• Außenstützen (z.B. Stützen, Säulen, Pylone und Pfeiler)	KG 333

In anderen Kostengruppen enthalten	
• Außenwandöffnungen (z.B. Türen, Tore, Fenster, Glasfassaden und sonstige Öffnungen)	KG 334
• Außenwandbekleidungen, außen (z.B. äußere Bekleidungen an Wänden und Stützen)	KG 335
• Außenwandbekleidungen, innen (z.B. innere Bekleidungen an Wänden und Stützen)	KG 336
• Elementierte Außenwandkonstruktionen (z.B. vorgefertigte Wände und vertikale Baukonstruktionen)	KG 337
• Lichtschutz zur KG 330 (z.B. Konstruktionen für Sonnen, Sicht- und Blendschutz, Verdunkelung)	KG 338
Sonstiges zur KG 330	*KG 339*
• Sonstiges zur KG 340 Innenwände/Vertikale Baukonstruktionen, innen (z.B. Gitter, Stoßabweiser, Handläufe, Berührungsschutz)	KG 349
• Dachkonstruktionen (z.B. große Vordächer)	KG 361
• Dachbeläge (z.B. Dachrinnen, Regenfallrohre)	KG 363
• Sonstiges zur KG 360 Dächer (z.B. Gitter, Geländer, Handläufe, Laufbohlen, Schneefänge, Dachleitern)	KG 369
• Baukonstruktionen von Infrastrukturanlagen, soweit sie nicht in den KG 330 bis 360 erfasst werden können	KG 370
• Orientierungs- und Informationssysteme (z.B. Werbeanlagen an Außenwänden mit Unterkonstruktion, die Planungsleistungen erfordern)	KG 386
• Beleuchtungsanlagen (z.B. ortsfeste Leuchen an Außenwänden)	KG 445
• Blitzschutz- und Erdungsanlagen (z.B. Auffangeinrichtungen, Ableitungen)	KG 446
• Sonstige Ausstattung (z.B. Hausnummern, Werbeschilder)	KG 690

Erläuterungen

- In Sonstiges zur KG 330, sind die Kosten von untergeordneten Bauelementen, fest oder beweglich, die an Außenwänden angebracht sind bzw. auf Außenwänden stehen, zugeordnet

DIN 276 Tabelle 1 – Kostengliederung	
340	**Innenwände/Vertikale Baukonstruktionen, innen**
	Tragende und nichttragende vertikale Baukonstruktionen, die sich innerhalb des Bauwerks befinden.
	Die KG 341 und die KG 342 können ggf. als KG 341 zusammengefasst werden.

DIN 276 Tabelle 3 – Mengen und Bezugseinheiten für die Kostengruppe 300	
Einheit	m^2
Bezeichnung	Innenwandfläche/Fläche der vertikalen Baukonstruktionen, innen
Ermittlung	Fläche der Innenwände/Fläche der vertikalen Baukonstruktionen, innen

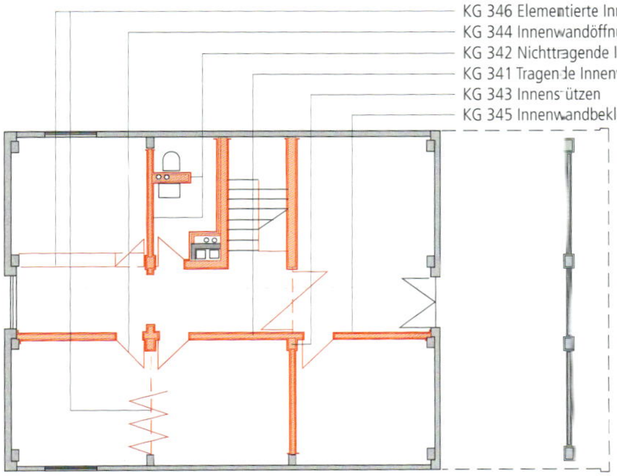

In dieser Kostengruppe enthalten	
KG 341	Tragende Innenwände (z.B. Innenwände und flächige Konstruktionen, die für die Standfestigkeit des Bauwerks erforderlich sind)
KG 342	Nichttragende Innenwände (z.B. Innenwände und flächige Konstruktionen, die für die Standfestigkeit des Bauwerks nicht erforderlich sind)
KG 343	Innenstützen (z.B. Stützen, Säulen, Pylone und Pfeiler)
KG 344	Innenwandöffnungen (z.B. innenliegende Türen, Tore, Fenster und sonstige Öffnungen)
KG 345	Innenwandbekleidungen (z.B. Bekleidungen an Wänden und Stützen)
KG 346	Elementierte Innenwandkonstruktionen (z.B. vorgefertigte Wände und Baukonstruktionen)
KG 347	Lichtschutz zur KG 340 (z.B. Konstruktionen für Sonnen, Sicht- und Blendschutz, Verdunkelung)
KG 349	Sonstiges zur KG 340 (z.B. Gitter, Stoßabweiser, Handläufe, Berührungsschutz)

In anderen Kostengruppen enthalten	
• Baugrube/Erdbau	KG 310
• Gründung, Unterbau	KG 320
• Außenwände/Vertikale Baukonstruktionen, außen	KG 330
Innenwände/Vertikale Baukonstruktionen, innen	*KG 340*
• Decken/Horizontale Baukonstruktionen	KG 350
• Dächer	KG 360
• Infrastrukturanlagen	KG 370
• Baukonstruktive Einbauten	KG 380
• Baukonstruktionen in Außenanlagen und Freiflächen (z.B. Einfriedungen, Schutzkonstruktionen, Wandkonstruktionen)	KG 540

Erläuterungen

- Innenwände sind dem Außenklima nicht oder weitgehend nicht ausgesetzt.
- Die Kosten für das Erstellen und Schließen von Schlitzen und Durchführungen sowie von Rohr- und Kabelgräben werden in der Regel in der KG 300 erfasst (siehe DIN 276, Anmerkungen zu KG 400).
- Messregel für die KG 340 Innenwände/Vertikale Baukonstruktionen, innen in Anhang Messregeln für Grobelemente
- Elektrische Komponenten werden ab Anschlusspunkt der elektrischen Versorgungsleitung einschließlich der elektrischen Verkabelung und der Anschlussarbeiten sowie der Inbetriebnahme in der Kostengruppe des zugehörigen Bauelements erfasst (z.B. Antriebe und Steuerungen).

DIN 276 Tabelle 1 – Kostengliederung

341	**Tragende Innenwände**
	Tragende Innenwände und flächige Konstruktionen, die für die Standfestigkeit des Bauwerks erforderlich sind, einschließlich horizontaler Abdichtungen sowie Schlitzen und Durchführungen

DIN 276 Tabelle 3 – Mengen und Bezugseinheiten für die Kostengruppe 300

Einheit	m^2
Bezeichnung	Innenwandfläche, tragend
Ermittlung	Fläche der tragenden Innenwände

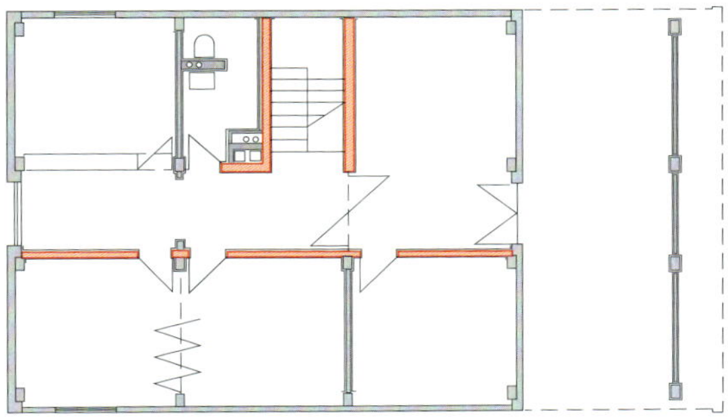

In dieser Kostengruppe enthalten

- Statisch beanspruchte Innenwände (z.B. aus Mauerwerk verschiedener Materialien, Ortbeton, ein- und mehrschichtige Betonfertigteilwände)
- Statisch beanspruchte Ortbetonwände d>12cm
- Statisch beanspruchte Betonfertigteilwände d>8cm
- Holzrahmenwände mit füllenden Teilen
- Tragende Fachwerkwände mit Ausfachungen
- Tragende Wände, die zwar mit dem Außenklima in Berührung kommen, jedoch gegenüber der Gebäudeaußenflucht wettergeschützt zurückgesetzt sind (z.B. Innenwände eines belüfteten Parkhauses)
- Öffnungsüberdeckungen, Ringanker, aussteifende Stützen
- Konstruktive und gestalterische Vor- und Rücksprünge
- Horizontale Abdichtungen
- Schlitze und Durchführungen
- Einbau-Brandschutzschotts
- Fugen- und Gelenkausbildungen
- Integrierte Oberflächenbehandlungen (z.B. Holzimprägnierung, Korrosionsschutz und Beschichtungen, Sichtmauerwerk, Sicht- und Waschbeton)
- Einbauteile (z.B. Anker, Dübel, Fugeneinlagen, Abdichtungen)

In anderen Kostengruppen enthalten

Tragende Innenwände	*KG 341*
• Nichttragende Innenwände (z.B. Innenwände und flächige Konstruktionen, die für die Standfestigkeit des Bauwerks nicht erforderlich sind)	KG 342
• Innenstützen (z.B. Stützen, Säulen, Pylone und Pfeiler)	KG 343
• Innenwandöffnungen (z.B. innenliegende Türen, Tore, Fenster und sonstige Öffnungen)	KG 344
• Innenwandbekleidungen (z.B. Bekleidungen an Wänden und Stützen, Vorsatzschalen)	KG 345

In anderen Kostengruppen enthalten	
• Elementierte Innenwandkonstruktionen (z.B. vorgefertigte Wände und Baukonstruktionen, mobile Trennwände, Sanitärtrennwände)	KG 346
• Lichtschutz zur KG 340 (z.B. Konstruktionen für Sonnen-, Sicht- und Blendschutz, Verdunkelung)	KG 347
• Sonstiges zur KG 340 (z.B. Gitter, Stoßabweiser, Handläufe, Berührungsschutz)	KG 349
• Tragende Außenwände (z.B. Außenwände und flächige Konstruktionen, die für die Standfestigkeit des Bauwerks erforderlich sind)	KG 331
• Baukonstruktionen von Infrastrukturanlagen, soweit sie nicht in den KG 330 bis 360 erfasst werden können	KG 370
• Baukonstruktionen in Außenanlagen und Freiflächen (z.B. Einfriedungen, Schutzkonstruktionen, Wandkonstruktionen)	KG 540

Erläuterungen

- Vertikale Baukonstruktionen mit einem Querschnittsverhältnis > 1 : 4 gelten als Wände, bei einem Querschnittsverhältnis < 1 : 4 als Stützen.
- Die KG 341 und die KG 342 können ggf. als KG 341 zusammengefasst werden.
- Bei wirtschaftlich und rechtlich nicht getrennten Bauwerken mit einheitlicher Kostenermittlung gelten Haustrennwände als tragende Innenwände (z.B. Reihenhausanlage, Doppelhaus).

DIN 276 Tabelle 1 – Kostengliederung	
342	**Nichttragende Innenwände** Nichttragende Innenwände und flächige Konstruktionen, die für die Standfestigkeit des Bauwerks nicht erforderlich sind (z. B. Brüstungen, Ausfachungen) einschließlich horizontaler Abdichtungen sowie Schlitzen, Durchführungen und füllender Teile (z. B. Dämmungen)

DIN 276 Tabelle 3 – Mengen und Bezugseinheiten für die Kostengruppe 300	
Einheit	m^2
Bezeichnung	Innenwandfläche, nichttragend
Ermittlung	Fläche der nichttragenden Innenwände

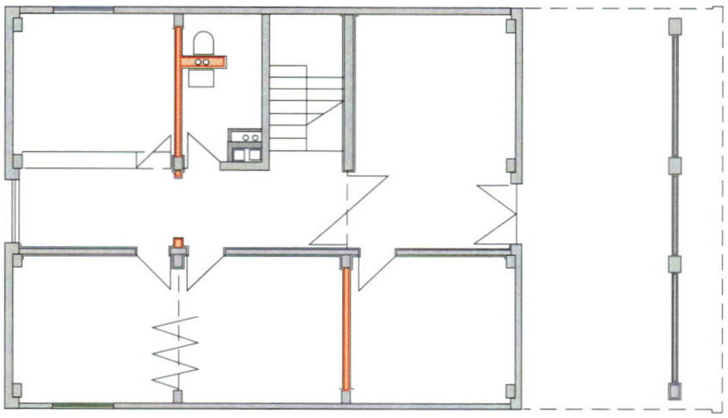

In dieser Kostengruppe enthalten

- Statisch nicht beanspruchte Innenwände (z.B. aus Mauerwerk verschiedener Materialien, Beton, Leichtbeton, Gipsdielen)
- Statisch nicht beanspruchte Ortbetonwände d<12cm
- Statisch nicht beanspruchte Betonfertigteilwände d<8cm
- Brüstungen, Treppenbrüstungen d<8cm
- Trockenbau-Leichtwände (z.B. aus Gipskarton, Holz und Holzwerkstoff, Faserzement, Mineralfaser).
- Freistehende Installationswände
- Brüstungen, Glasbausteinwände
- Ausfachungen von Holz-, Stahl- und Betonskelettkonstruktionen
- Öffnungsüberdeckungen, Ringanker, aussteifende Stützen
- Abmauerungen unter Badewannen
- Konstruktive und gestalterische Vor- und Rücksprünge
- Horizontale Abdichtungen
- Schlitze und Durchführungen
- Integrierte Oberflächenbehandlungen (z.B. Holzimprägnierung, Korrosionsschutz und Beschichtungen, Sichtmauerwerk, Sicht- und Waschbeton)
- Einbauteile (z.B. Anker, Dübel, Fugeneinlagen, Abdichtungen)

In anderen Kostengruppen enthalten

• Tragende Innenwände (z.B. Innenwände und flächige Konstruktionen, die für die Standfestigkeit des Bauwerks erforderlich sind)	KG 341
Nichttragende Innenwände	*KG 342*
• Innenstützen (z.B. Stützen, Säulen, Pylone und Pfeiler)	KG 343
• Innenwandöffnungen (z.B. innenliegende Türen, Tore, Fenster und sonstige Öffnungen)	KG 344
• Innenwandbekleidungen (z.B. Bekleidungen an Wänden und Stützen, Vorsatzschalen)	KG 345

In anderen Kostengruppen enthalten

• Elementierte Innenwandkonstruktionen (z.B. vorgefertigte Wände und Baukonstruktionen, mobile Trennwände, Sanitärtrennwände)	KG 346
• Lichtschutz zur KG 340 (z.B. Konstruktionen für Sonnen-, Sicht- und Blendschutz, Verdunkelung)	KG 347
• Sonstiges zur KG 340 (z.B. Gitter, Stoßabweiser, Handläufe, Berührungsschutz)	KG 349
• Nichttragende Außenwände (z.B. Außenwände und flächige Konstruktionen, die für die Standfestigkeit des Bauwerks nicht erforderlich sind)	KG 332
• Sonstiges zur KG 330 (z.B. Gitter, Balkontrennwände, Sicht- und Windschutzblenden in Leichtbauweise)	KG 339
• Sonstiges zur KG 330 (z.B. Brüstungen in Leichtbauweise, Geländer, Ganzglaskonstruktion, Seilkonstruktion)	KG 359
• Baukonstruktionen von Infrastrukturanlagen, soweit sie nicht in den KG 330 bis 360 erfasst werden können	KG 370
• Baukonstruktionen in Außenanlagen und Freiflächen (z.B. Einfriedungen, Schutzkonstruktionen, Wandkonstruktionen)	KG 540
• Allgemeine Ausstattung (z.B. mobile Stellwände, Akustiktrennwände, Sichtschutzwände)	KG 610

Erläuterungen

- Die KG 341 und die KG 342 können ggf. als KG 341 zusammengefasst werden.

DIN 276 Tabelle 1 – Kostengliederung

343	**Innenstützen**
	Stützen, Säulen, Pylone und Pfeiler innerhalb des Bauwerks mit einem Querschnittsverhältnis < 1 : 4

DIN 276 Tabelle 3 – Mengen und Bezugseinheiten für die Kostengruppe 300

Einheit	m
Bezeichnung	Innenstützenlänge
Ermittlung	Länge der Innenstützen

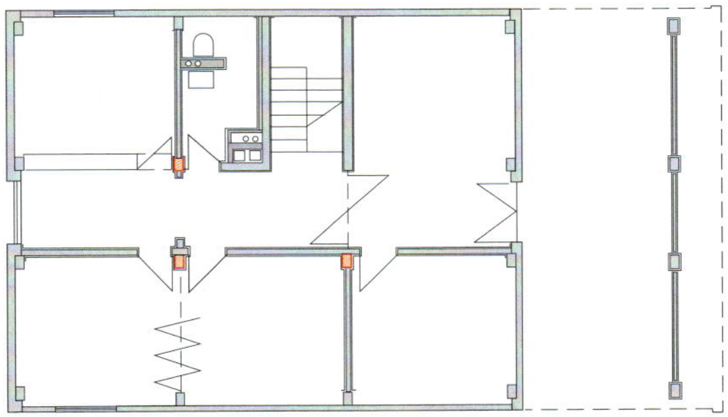

In dieser Kostengruppe enthalten

- Tragende und statisch beanspruchte Innenstützen aus Mauerwerk verschiedener Materialien, Natur- und Betonwerkstein
- Tragende und statisch beanspruchte Innenstützen aus Ortbeton, Betonfertigteilstützen
- Tragende und statisch beanspruchte Innenstützen in Stahlkonstruktionen, in Zimmer- und Holzkonstruktionen, Fachwerkkonstruktionen
- Konstruktive und gestalterische Vor- und Rücksprünge
- Integrierte Oberflächenbehandlungen (z.B. Holzimprägnierung, Korrosionsschutz und Beschichtungen, Sichtmauerwerk, Sicht- und Waschbeton)
- Einbauteile (z.B. Anker, Dübel, Auflager, Fugeneinlagen, Abdichtungen)

In anderen Kostengruppen enthalten

• Tragende Innenwände (z.B. Innenwände und flächige Konstruktionen, die für die Standfestigkeit des Bauwerks erforderlich sind)	KG 341
• Nichttragende Innenwände (z.B. Innenwände und flächige Konstruktionen, die für die Standfestigkeit des Bauwerks nicht erforderlich sind)	KG 342
Innenstützen	*KG 343*
• Innenwandöffnungen (z.B. innenliegende Türen, Tore, Fenster und sonstige Öffnungen)	KG 344
• Innenwandbekleidungen (z.B. Bekleidungen an Wänden und Stützen)	KG 345
• Elementierte Innenwandkonstruktionen (z.B. vorgefertigte Wände und Baukonstruktionen)	KG 346
• Lichtschutz zur KG 340 (z.B. Konstruktionen für Sonnen-, Sicht- und Blendschutz, Verdunkelung)	KG 347
• Sonstiges zur KG 340 (z.B. Gitter, Stoßabweiser, Handläufe, Berührungsschutz)	KG 349
• Außenstützen (z.B. Stützen, Säulen, Pylone und Pfeiler an den Außenseiten des Bauwerks)	KG 333
• Baukonstruktionen von Infrastrukturanlagen (z.B. Stützen, Säulen, Pylone und Pfeiler)	KG 370
• Baukonstruktionen in Außenanlagen und Freiflächen (z.B. Stützen in Einfriedungen, Schutzkonstruktionen, Wandkonstruktionen, Tribünen, Überdachungen)	KG 540

Erläuterungen

- Innenstützen sind dem Außenklima nicht oder weitgehend nicht ausgesetzt. und stehen mit den Außenwänden nicht in Berührung und auch nicht unmittelbar hinter ihnen.
- Vertikale Baukonstruktionen mit einem Querschnittsverhältnis < 1 : 4 gelten als Stützen, bei einem Querschnittsverhältnis > 1 : 4 als Wände.
- Es wird die lichte Länge der Innenstützen gemessen.

DIN 276 Tabelle 1 – Kostengliederung	
344	**Innenwandöffnungen**
	Innenliegende Fenster, Schaufenster, Türen, Tore und sonstige Öffnungen einschließlich Fensterbänken, Umrahmungen, Beschlägen, Antrieben, Lüftungselementen und sonstiger Einbauteile

DIN 276 Tabelle 3 – Mengen und Bezugseinheiten für die Kostengruppe 300	
Einheit	m^2
Bezeichnung	Innenwandöffnungsfläche
Ermittlung	Fläche der Innenwandöffnungen

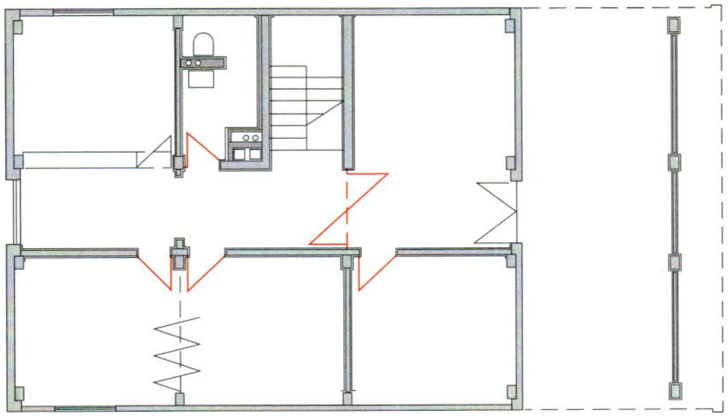

In dieser Kostengruppe enthalten

- Türen, Tore und Fenster in verschiedenen Materialien (z.B. Holz, Kunststoff, Stahl, Aluminium, Beton, Verbundkonstruktion) und in verschiedenen Öffnungsarten
- Sondertüren (z.B. Brandschutz-, Strahlenschutz-, Schallschutztüren, explosionsgeschützte und gasdichte Türen, Operationsraum-, Kühlraum- und Schutzraumtüren)
- Großflächenverglasungen (z.B. Schaufenster, Profilglasflächen)
- Fensterbänke, Tür- und Fensterumrahmungen
- Beschläge (z.B. Dreh-, Kipp-, Schiebe-, Rollbeschläge), Schließeinrichtungen
- Einbauteile (z.B. Verglasungen, integrierte Vitrinen, Zwangslüftungen, Briefkästen, Sprechanlagen, integrierte Schutzelemente)
- In Fenster und Türen integrierte Jalousien (z.B. im Scheibenzwischenraum)
- Schließeinrichtungen wenn sie eindeutig zugeordnet werden können
- Elektrische Komponenten, ab Anschlusspunkt der elektrischen Versorgungsleitung einschließlich der elektrischen Verkabelung und der Anschlussarbeiten sowie der Inbetriebnahme (z.B. Sammelantriebe und Steuerung für Tor- und Türanlagen)
- Oberflächenbehandlungen von Türen und Fenstern (z.B. Fäulnis- und Korrosionsschutz, Imprägnierung, Verzinkung, Eloxierung, Rostschutzgrundierung, Lackierung, Beschichtung)
- Verfugungen, Abdichtungen
- Transport- und Oberflächenschutz bis zur Abnahme (z.B. mit Folien)
- Funktionsprüfung und Probebetrieb, ggf. Werkstatt- und Montagezeichnungen

In anderen Kostengruppen enthalten

• Tragende Innenwände (z.B. Innenwände und flächige Konstruktionen, die für die Standfestigkeit des Bauwerks erforderlich sind)	KG 341
• Nichttragende Innenwände (z.B. Innenwände und flächige Konstruktionen, die für die Standfestigkeit des Bauwerks nicht erforderlich sind)	KG 342
• Innenstützen (z.B. Stützen, Säulen, Pylone und Pfeiler)	KG 343
Innenwandöffnungen	*KG 344*

In anderen Kostengruppen enthalten	
• Innenwandbekleidungen (z. B. Bekleidungen an Wänden und Stützen)	KG 345
• Elementierte Innenwandkonstruktionen (z. B. vorgefertigte Wände und Baukonstruktionen, mobile Trennwände, Sanitärtrennwände)	KG 346
• Lichtschutz zur KG 340 (z. B. Konstruktionen für Sonnen-, Sicht- und Blendschutz, Verdunkelung)	KG 347
• Sonstiges zur KG 340 (z. B. Gitter, Stoßabweiser, Handläufe, Berührungsschutz)	KG 349
• Außenwandöffnungen (z. B. Fenster, Schaufenster, Türen, Tore in Außenwänden)	KG 334
• Deckenöffnungen (z. B. horizontale Verglasungen)	KG 352
• Dachöffnungen (z. B. Dachfenster)	KG 362
• Baukonstruktionen von Infrastrukturanlagen, soweit sie nicht in den KG 330 bis 360 erfasst werden können	KG 370
• Baustelleneinrichtung für Baukonstruktionen (z. B. Baustellentüren, Tore in Bauzäunen)	KG 391
• Niederspannungsinstallationsanlagen (z. B. Kabel, Leitungen Unterverteiler, Verlegesysteme)	KG 444
• Baustelleneinrichtung für technische Anlagen (z. B. Baustellentüren, Tore in Bauzäunen)	KG 491
• Türen und Tore in Einfriedungen	KG 541
• Baustelleneinrichtung für Außenanlagen und Freiflächen (z. B. Baustellentüren, Tore in Bauzäunen)	KG 591

DIN 276 Tabelle 1 – Kostengliederung

345	**Innenwandbekleidungen**
	Bekleidungen an Wänden und Stützen einschließlich Putz-, Dichtungs-, Dämm- und Schutzschichten; dazu gehören auch fest mit den Innenwänden verbundene Begrünungssysteme einschließlich Fertigstellungs- und Entwicklungspflege

DIN 276 Tabelle 3 – Mengen und Bezugseinheiten für die Kostengruppe 300

Einheit	m^2
Bezeichnung	Innenwandbekleidungsfläche
Ermittlung	Fläche der Innenwandbekleidungen

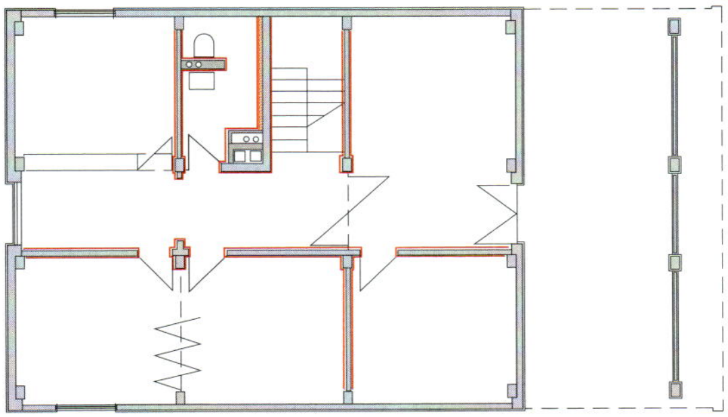

In dieser Kostengruppe enthalten

- Verblendschalenmauerwerk (z.B. mit Mauerziegeln, Kalksandsteinen, sonstigen Verb endsteinen)
- Bekleidungen als Vorsatzschalen (z.B. aus Natur- oder Betonwerkstein)
- Bekleidungen aus Holz, Holzwerkstoffen oder Kunststoffen
- Metallbekleidungen (z.B. aus Zinkblech, Stahl, Aluminium)
- Bekleidungen mit Bodenbelagsmaterialien (z.B. Textilbeläge, Kunststoffbeläge)
- Putz, Wärmedämm- und Dichtungsputze, Stuck
- Bekleidungen mit Trockenbaumaterialien (z.B. Gipskartonplatten, Faserzement)
- GK-Vorsatzschalen
- Dämmung in Gebäudetrennfugen (bei Gebäudetrennwänden, die Innenwände sind, siehe KG 341)
- Fliesen- und Plattenbekleidungen, Bekleidungen aus Glasmaterialien
- Abdichtungen gegen nichtdrückendes Wasser
- Beschichtungen, Tapeten, Spannstoffe, Oberflächenbehandlung
- Separate Innenwandbekleidungen auf elementierten Innenwänden
- Unterkonstruktionen und Befestigungen
- Fugenausbildungen, Fugenabdichtungen
- Einbauteile (z.B. Übergangskonstruktionen, integrierte Leuchtenwannen und -abdeckungen)
- Wandbegrünungssysteme auf Innenwänden einschließlich Fertigstellungs- und Entwicklungspflege

In anderen Kostengruppen enthalten

• Tragende Innenwände (z.B. Innenwände und flächige Konstruktionen, die für die Standfestigkeit des Bauwerks erforderlich sind)	KG 341
• Nichttragende Innenwände (z.B. Innenwände und flächige Konstruktionen, die für die Standfestigkeit des Bauwerks nicht erforderlich sind)	KG 342
• Innenstützen (z.B. Stützen, Säulen, Pylone und Pfeiler)	KG 343
• Innenwandöffnungen (z.B. Türen, Tore, Fenster und sonstige Öffnungen in Innenwänden)	KG 344

In anderen Kostengruppen enthalten	
Innenwandbekleidungen	*KG 345*
• Elementierte Innenwandkonstruktionen (z.B. vorgefertigte Wände und Baukonstruktionen)	KG 346
• Lichtschutz zur KG 340 (z.B. Konstruktionen für Sonnen-, Sicht- und Blendschutz, Verdunkelung)	KG 347
• Sonstiges zur KG 340 (z.B. Gitter, Stoßabweiser, Handläufe, Berührungsschutz)	KG 349
• Sockel- und Kehlausbildungen von Gründungsbelägen	KG 324
• Außenwandbekleidungen, innen (z.B. Bekleidungen auf der Innenseite von Außenwänden und Außenstützen)	KG 336
• Sockel- und Kehlausbildungen von Deckenbelägen, Begrünungssysteme auf Decken	KG 353
• Dachbegrünungen	KG 363
• Baukonstruktionen von Infrastrukturanlagen, soweit sie nicht in den KG 330 bis 360 erfasst werden können	KG 370
• Künstlerisch gestaltete Teile des Bauwerks (z.B. Malereien, Reliefs, Mosaike auf Innenwandbekleidungen)	KG 642

DIN 276 Tabelle 1 – Kostengliederung

346	**Elementierte Innenwandkonstruktionen**
	Vorgefertigte Wände und vertikale Baukonstruktionen, die neben ihrer Kernkonstruktion auch Türen und Fenster oder Innenwandbekleidungen enthalten können; Falt- und Schiebewände, Sanitärtrennwände, Verschläge

DIN 276 Tabelle 3 – Mengen und Bezugseinheiten für die Kostengruppe 300

Einheit	m^2
Bezeichnung	Innenwandfläche, elementiert
Ermittlung	Fläche der elementierten Innenwandkonstruktionen

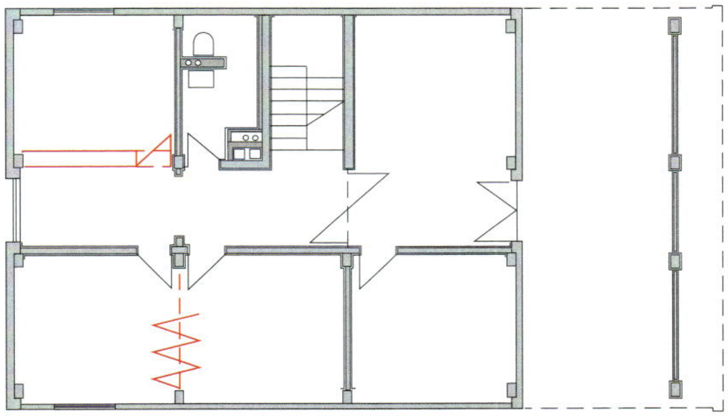

In dieser Kostengruppe enthalten

- Vorgefertigte Innenwände und vertikale Baukonstruktionen, innen, die neben ihrer Kernkonstruktion auch Innenwandöffnungen oder Innenwandbekleidungen enthalten
- Vorgefertigte und fertig behandelte Innenwände aus Fertigelementen (z.B. Beton oder Leichtbeton) mit Innenwandöffnungen (z.B. Türen und Fenster)
- Vorgefertigte und versetzbare Montagewände aus verschiedenen Materialien (z.B. Holzwerkstoffen, Kunststoff, Metall, Gipskarton, Faserzement)
- Vorgefertigte Glaswände, Verglasung von elementierten Innenwänden
- Raumteilende Schrankwände
- Bewegliche Raumtrennwände (z.B. Falt- und Schiebewände, Hub- oder Versenkwände)
- Sanitärtrennwände
- Vorgefertigte Verschläge und filigrane Leichtwände (z.B. Maschendrahtwände, Holzlattenverschläge einschließlich der Türen oder Fenster)
- Fensterbänke, Tür- und Fensterumrahmungen
- Verfugungen, Abdichtungen
- Beschläge, Schließeinrichtungen, wenn sie eindeutig zugeordnet werden können
- Einbauteile (z.B. Verglasungen, integrierte Vitrinen, Lüftungsgitter, integrierte Schutzelemente, Rollläden, Rollgitter, Jalousien)
- Elektrische Komponenten, ab Anschlusspunkt der elektrischen Versorgungsleitung einschließlich der elektrischen Verkabelung und der Anschlussarbeiten sowie der Inbetriebnahme (z.B. Antriebe und Steuerung von beweglichen Teilen)
- Integrierte Oberflächenbehandlungen der vorgefertigten Innenwände und Innenwandöffnungen (z.B. Fäulnis- und Korrosionsschutz, Imprägnierung, Verzinkung, Eloxierung, Rostschutzgrundierung, Lackierung, Beschichtung)
- Transport- und Oberflächenschutz bis zur Abnahme (z.B. mit Folien)
- Funktionsprüfung und Probebetrieb, ggf. Werkstatt- und Montagezeichnungen

In anderen Kostengruppen enthalten

• Tragende Innenwände (z.B. Innenwände und flächige Konstruktionen, die für die Standfestigkeit des Bauwerks erforderlich sind)	KG 341

100
200
300
400
500
600
700
800

In anderen Kostengruppen enthalten	
• Nichttragende Innenwände (z.B. Innenwände und flächige Konstruktionen, die für die Standfestigkeit des Bauwerks nicht erforderlich sind)	KG 342
• Innenstützen (z.B. Stützen, Säulen, Pylone und Pfeiler)	KG 343
• Innenwandöffnungen (z.B. Türen, Tore, Fenster und sonstige Öffnungen in Innenwänden)	KG 344
• Innenwandbekleidungen (z.B. Bekleidungen an Wänden und Stützen)	KG 345
Elementierte Innenwandkonstruktionen	*KG 346*
• Lichtschutz zur KG 340 (z.B. Konstruktionen für Sonnen-, Sicht- und Blendschutz, Verdunkelung)	KG 347
• Sonstiges zur KG 340 (z.B. Gitter, Stoßabweiser, Handläufe, Berührungsschutz)	KG 349
• Elementierte Außenwandkonstruktionen	KG 337
• Baukonstruktionen von Infrastrukturanlagen, soweit sie nicht in den KG 330 bis 360 erfasst werden können	KG 370
• Allgemeine Einbauten (z.B. Einbaumöbel, nicht raumteilende Schrankwände)	KG 381
• Besondere Einbauten (z.B. Sporthallentrennvorhang)	KG 382
• Sanitärzellen (baukonstruktiver Anteil)	KG 389
• Sonstiges zur KG 390 (z.B. Schließanlagen)	KG 399
• Sanitärzellen (technischer Anteil)	KG 419
• Niederspannungsinstallationsanlagen (z.B. Kabel, Leitungen Unterverteiler, Verlegesysteme)	KG 444
• Gefahrenmelde- und Alarmanlagen (z.B. Zugangskontrollanlagen, Schließanlagen mit elektronischer Steuerung)	KG 456

Erläuterungen

- Elementierte Innenwandkonstruktionen sind Konstruktionen, welche mindestens zwei Kostengruppen enthalten, die kostenmäßig nicht trennbar sind (z.B. Glaswände mit integrierten Türen).

DIN 276 Tabelle 1 – Kostengliederung

347 **Lichtschutz zur KG 340**

Konstruktionen für Sonnen-, Sicht- und Blendschutz, Verdunkelung (z. B. Rollläden, Markisen und Jalousien) einschließlich Antrieben wie Rohrmotoren oder Gurtwicklern

DIN 276 Tabelle 3 – Mengen und Bezugseinheiten für die Kostengruppe 300

Einheit	m²
Bezeichnung	Innenwand-Lichtschutzfläche
Ermittlung	Fläche der Lichtschutzkonstruktionen an den Innenwänden/vertikalen Baukonstruktionen

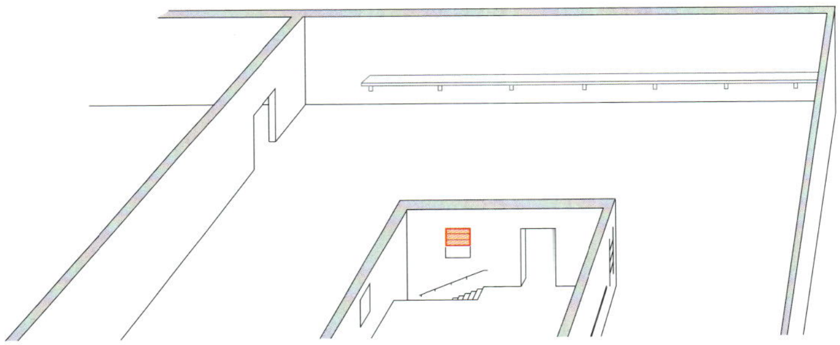

In dieser Kostengruppe enthalten

- Konstruktionen für Sonnen-, Sicht- und Blendschutz, Verdunkelung (z.B. Rollläden, Klapp- und Schiebeläden, Jalousien, Markisen an Innenwänden oder vertikalen Baukonstruktionen, innen
- Beschläge, Oberflächenbehandlung
- Elektrische Komponenten, ab Anschlusspunkt der elektrischen Versorgungsleitung einschließlich der elektrischen Verkabelung und der Anschlussarbeiten sowie der Inbetriebnahme (z.B. Antriebe und Steuerung von beweglichen Lichtschutzkonstruktionen, Rohrmotoren, Gurtwickler)

In anderen Kostengruppen enthalten

- Tragende Innenwände (z.B. Innenwände und flächige Konstruktionen, die für die Standfestigkeit des Bauwerks erforderlich sind) — KG 341
- Nichttragende Innenwände (z.B. Innenwände und flächige Konstruktionen, die für die Standfestigkeit des Bauwerks nicht erforderlich sind) — KG 342
- Innenstützen (z.B. Stützen, Säulen, Pylone und Pfeiler) — KG 343
- Innenwandöffnungen (z.B. innenliegende Türen, Tore, Fenster und sonstige Öffnungen) — KG 344
- Innenwandbekleidungen (z.B. Bekleidungen an Wänden und Stützen) — KG 345
- Elementierte Innenwandkonstruktionen (z.B. vorgefertigte Wände und Baukonstruktionen) — KG 346

Lichtschutz zur KG 340 — *KG 347*

- Sonstiges zur KG 340 (z.B. Gitter, Stoßabweiser, Handläufe, Berührungsschutz) — KG 349

- Lichtschutz zur KG 330 Außenwände/Vertikale Baukonstruktionen, außen — KG 338
- Lichtschutz zur KG 360 Dächer — KG 366
- Baukonstruktionen von Infrastrukturanlagen, soweit sie nicht in den KG 330 bis 360 erfasst werden können — KG 370
- Niederspannungsinstallationsanlagen (z.B. Kabel, Leitungen Unterverteiler, Verlegesysteme) — KG 444
- Schutzkonstruktionen in Außenanlagen und Freiflächen (z.B. Sichtschutzwände, Sonnenschutzkonstruktionen) — KG 542
- Allgemeine Ausstattung (z.B. Vorhänge als Blendschutz) — KG 610

100
200
300
400
500
600
700
800

DIN 276 Tabelle 1 – Kostengliederung	
349	**Sonstiges zur KG 340**
	Gitter, Stoßabweiser, Handläufe, Berührungsschutz

DIN 276 Tabelle 3 – Mengen und Bezugseinheiten für die Kostengruppe 300	
Einheit	m^2
Bezeichnung	Innenwandfläche/Fläche der vertikalen Baukonstruktionen, innen
Ermittlung	Fläche der Innenwände/Fläche der vertikalen Baukonstruktionen, innen

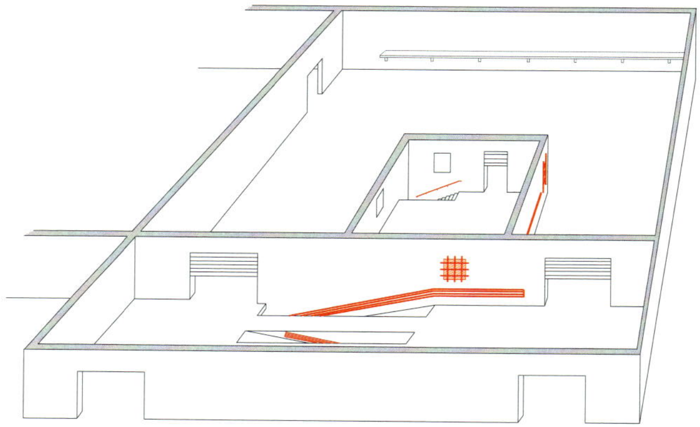

In dieser Kostengruppe enthalten

- Sonstige Kosten für Innenwände und vertikale Baukonstruktionen, innen, die nicht den KG 341 bis 347 zuzuordnen sind
- Gitter (z.B. feste und bewegliche Gitter, Fenstervergitterungen, Rollgitter)
- Leitplanken, Stoßabweiser
- Ortsfeste Leitern, Steigeisen
- Handläufe, Geländer
- Beschläge, Oberflächenbehandlung

In anderen Kostengruppen enthalten	
• Tragende Innenwände (z.B. Innenwände und flächige Konstruktionen, die für die Standfestigkeit des Bauwerks erforderlich sind)	KG 341
• Nichttragende Innenwände (z.B. Innenwände und flächige Konstruktionen, die für die Standfestigkeit des Bauwerks nicht erforderlich sind)	KG 342
• Innenstützen (z.B. Stützen, Säulen, Pylone und Pfeiler)	KG 343
• Innenwandöffnungen (z.B. innenliegende Türen, Tore, Fenster und sonstige Öffnungen)	KG 344
• Innenwandbekleidungen (z.B. Bekleidungen an Wänden und Stützen)	KG 345
• Elementierte Innenwandkonstruktionen (z.B. vorgefertigte Wände und Baukonstruktionen)	KG 346
• Lichtschutz zur KG 340 (z.B. Konstruktionen für Sonnen-, Sicht- und Blendschutz, Verdunkelung)	KG 347
Sonstiges zur KG 340	*KG 349*
• Sonstiges zur KG 330 Außenwände/Vertikale Baukonstruktionen, außen (z.B. Gitter, Stoßabweiser, Handläufe, Berührungsschutz)	KG 339
• Sonstiges zur KG 350 Decken/Horizontale Baukonstruktionen (z.B. Gitter, Geländer Stoßabweiser, Handläufe, Abdeckungen, Schachtdeckel, Roste, Leitern, Berührungsschutz)	KG 359
• Sonstiges zur KG 360 Dächer (z.B. Gitter, Geländer, Handläufe, Laufbohlen, Schneefänge, Dachleitern)	KG 369
• Baukonstruktionen von Infrastrukturanlagen, soweit sie nicht in den KG 330 bis 360 erfasst werden können	KG 370

DIN 276 Tabelle 1 – Kostengliederung

350	**Decken/Horizontale Baukonstruktionen**
	Tragende und nichttragende Baukonstruktionen für Decken, Treppen, Rampen und andere horizontale Baukonstruktionen

DIN 276 Tabelle 3 – Mengen und Bezugseinheiten für die Kostengruppe 300

Einheit	m^2
Bezeichnung	Deckenfläche/Fläche der horizontalen Baukonstruktionen
Ermittlung	Flächen der Decken/Flächen der horizontalen Baukonstruktionen

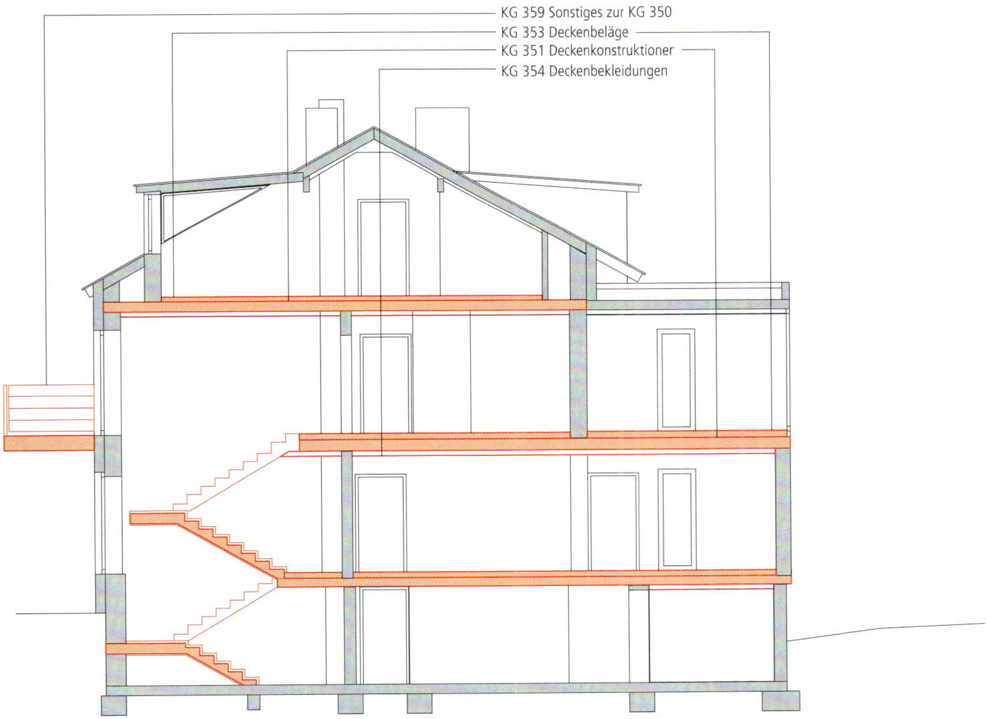

In dieser Kostengruppe enthalten

KG 351	Deckenkonstruktionen (z.B. tragende Konstruktionen für Decken, Treppen, Rampen, Balkone und andere horizontale Baukonstruktionen)
KG 352	Deckenöffnungen (z.B. horizontale Verglasungen, Luken)
KG 353	Deckenbeläge (z.B. Beläge auf Deckenkonstruktionen, Begrünungssysteme auf Decken)
KG 354	Deckenbekleidungen (z.B. Bekleidungen unter Deckenkonstruktionen)
KG 355	Elementierte Deckenkonstruktionen (z.B. Vorgefertigte Decken, Treppen, Rampen und andere horizontale Baukonstruktionen)
KG 359	Sonstiges zur KG 350 (z.B. Gitter, Geländer, Stoßabweiser, Handläufe, Abdeckungen, Schachtdeckel, Roste, Leitern, Berührungsschutz)

In anderen Kostengruppen enthalten

• Baugrube/Erdbau	KG 310
• Gründung, Unterbau (z.B. Fundament- und Bodenplatten, Gründungsbeläge)	KG 320
• Außenwände/Vertikale Baukonstruktionen, außen	KG 330
• Innenwände/Vertikale Baukonstruktionen, innen	KG 340
Decken/Horizontale Baukonstruktionen	*KG 350*
• Dächer (z.B. tragende und nichttragende Baukonstruktionen für flache und geneigte Dächer)	KG 360
• Baukonstruktionen von Infrastrukturanlagen, soweit sie nicht in den KG 330 bis 360 erfasst werden können	KG 370
• Baukonstruktive Einbauten	KG 380
• Sonstige Maßnahmen für Baukonstruktionen (z.B. Baukonstruktionen und übergreifende Maßnahmen, die nicht einzelnen Kostengruppen der KG 300 zugeordnet werden können)	KG 390
• Gründung, Unterbau für Außenanlagen und Freiflächen (z.B. Fundament- und Bodenplatten, Gründungsbeläge)	KG 520
• Oberbau, Deckschichten in Außenanlagen und Freiflächen (z.B. Wege, Straßen, Plätze)	KG 530
• Baukonstruktionen in Außenanlagen und Freiflächen (z.B. Rampen, Treppen, Tribünen)	KG 540

Erläuterungen

- Messregeln für die KG 350 Decken/Horizontale Baukonstruktionen, in Anhang Messregeln für Grobelemente.
- Elektrische Komponenten werden ab Anschlusspunkt der elektrischen Versorgungsleitung einschließlich der elektrischen Verkabelung und der Anschlussarbeiten sowie der Inbetriebnahme in der Kostengruppe des zugehörigen Bauelements erfasst (z.B. Antriebe und Steuerungen).

DIN 276 Tabelle 1 – Kostengliederung

351 **Deckenkonstruktionen**

Tragende Konstruktionen für Decken, Treppen, Rampen, Balkone und andere horizontale Baukonstruktionen einschließlich Über- und Unterzügen, Abstützungen und füllender Teile (z. B. Dämmungen, Hohlkörper, Blindböden, Schüttungen)

DIN 276 Tabelle 3 – Mengen und Bezugseinheiten für die Kostengruppe 300

Einheit	m^2
Bezeichnung	Deckenkonstruktionsfläche
Ermittlung	Fläche der Deckenkonstruktionen

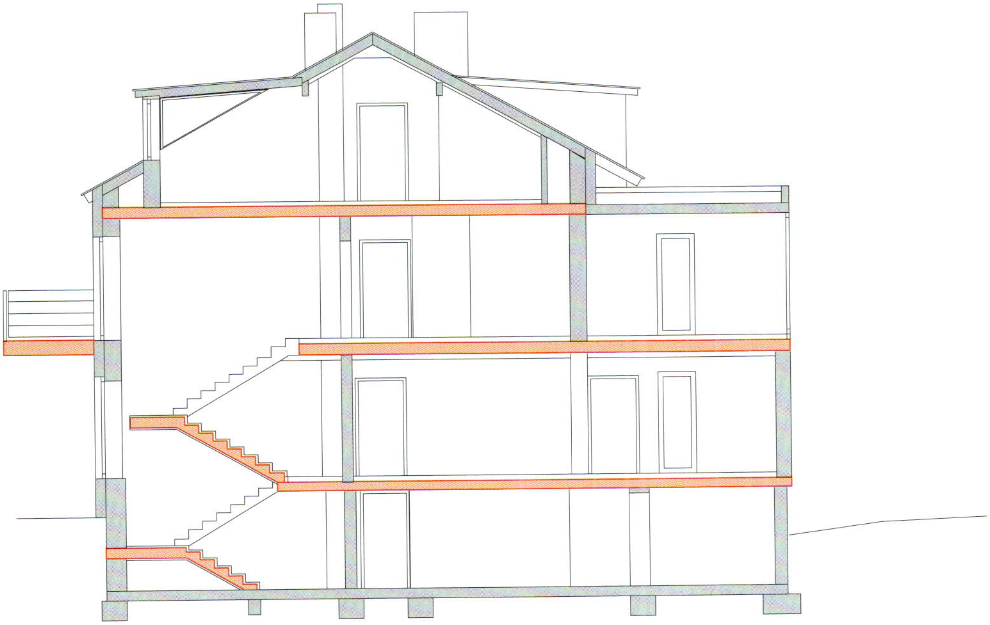

In dieser Kostengruppe enthalten

- Tragende Deckenkonstruktionen (z.B. Platten-, Plattenbalken-, Unterzugs-, Rippen-, Kassetten-, Pilzdecken)
- Tragende Deckenkonstruktionen in verschiedenen Materialien (z.B. Ortbeton, Betonfertigteilen, Holz, Stahl, Mischkonstruktionen)
- Treppen- und Rampenkonstruktionen und Zwischenpodeste in verschiedenen Formen (z.B. ein- oder mehrläufig, gerade, gewendelt) und Materialien (z.B. Beton, Werkstein, Holz, Stahl, Verbundkonstruktionen)
- Decken und horizontale Baukonstruktionen in besonderen Formen (z.B. Bögen, Gewölbe, Kappen, geneigte oder gekrümmte Decken)
- Balken, Unterzüge, Überzüge
- Auskragende Decken, Balken oder Träger (z.B. Balkone, Laderampen)
- Decken innerhalb der Dachkonstruktionen sofern für diese Flächen BGF anzusetzen ist (ausgebautes Dachgeschoss)
- Füllende Teile, (z.B. Schüttungen bei Bögen, Gewölben, Kappen, Einschübe bei Holzbalkendecken)
- Dämmung in der Konstruktionsebene von z.B. Holzbalkendecken
- Aussteifungen in der Deckenebene (z.B. Zug- und Druckstäbe), Deckenaufkantungen, Differenzstufen
- Deckenschalung auf Holzbalkendecken (aussteifend, statisch wirksam)

100 200 300 400 500 600 700 800

In dieser Kostengruppe enthalten
• Deckenauf- und Abkantungen sowie Differenzstufen
• Einbauteile (z.B. Anker, Dübel, Fugeneinlagen, Brandschutzschotts)
• Integrierte Oberflächenbehandlungen (z.B. Sichtbeton, gehobelte Holzbalken, Holzimprägnierung, Korrosionsschutz, Verfugung)

In anderen Kostengruppen enthalten	
Deckenkonstruktionen	*KG 351*
• Deckenöffnungen (z.B. horizontale Verglasungen, Luken)	KG 352
• Deckenbeläge (z.B. Beläge auf Deckenkonstruktionen, Begrünungssysteme auf Decken)	KG 353
• Deckenbekleidungen (z.B. Bekleidungen unter Deckenkonstruktionen)	KG 354
• Elementierte Deckenkonstruktionen (z.B. Vorgefertigte Decken, Treppen, Rampen und andere horizontale Baukonstruktionen)	KG 355
• Sonstiges zur KG 350 (z.B. Gitter, Geländer, Stoßabweiser, Handläufe, Abdeckungen, Schachtdeckel, Roste, Leitern, Berührungsschutz)	KG 359
• Gründung, Unterbau (z.B. Fundament- und Bodenplatten)	KG 320
• Außenwände/Vertikale Baukonstruktionen, außen (z.B. tragende Außenwände)	KG 331
• Innenwände/Vertikale Baukonstruktionen, innen (z.B. tragende Innenwände)	KG 341
• Elementierte Deckenkonstruktionen (z.B. Komplettbalkone als Stahlkonstruktion einschließlich Geländern und Stützen)	KG 355
• Dachkonstruktionen (z.B. tragende Baukonstruktionen für flache und geneigte Dächer)	KG 361
• Baukonstruktionen von Infrastrukturanlagen, soweit sie nicht in den KG 330 bis 360 erfasst werden können	KG 370
• Gründung, Unterbau für Außenanlagen und Freiflächen (z.B. Fundament- und Bodenplatten)	KG 520
• Oberbau, Deckschichten in Außenanlagen und Freiflächen (z.B. Wege, Straßen, Plätze)	KG 530
• Baukonstruktionen in Außenanlagen und Freiflächen (z.B. Rampen, Treppen, Tribünen)	KG 540

DIN 276 Tabelle 1 – Kostengliederung	
352	**Deckenöffnungen**
	Horizontale Verglasungen, Luken, einschließlich Umrahmungen, Beschlägen und sonstiger Einbauteile

DIN 276 Tabelle 3 – Mengen und Bezugseinheiten für die Kostengruppe 300	
Einheit	m^2
Bezeichnung	Deckenöffnungsfläche
Ermittlung	Fläche der Deckenöffnungen

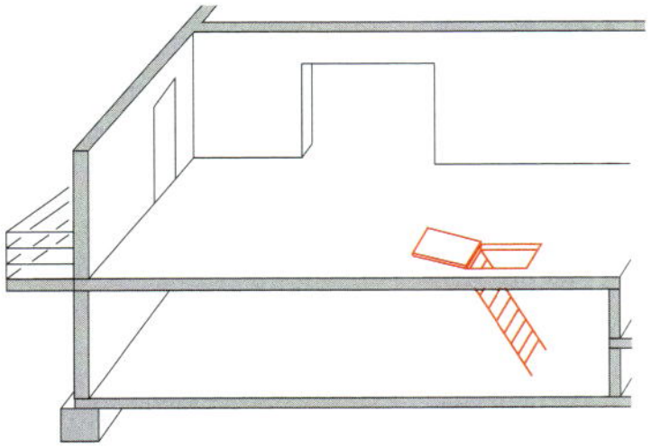

In dieser Kostengruppe enthalten

- Verglasungen in Decken (z.B. horizontale verglaste Deckenöffnungen, Großflächenverglasungen über Atrien)
- Luken in horizontalen Baukonstruktionen (z.B. Einstiegsluken)
- Einschubtreppen
- Umrahmungen, Unterkonstruktionen und Befestigungen
- Beschläge (z.B. Öffnungsbeschläge, Schließeinrichtungen)
- Einbauteile (z.B. integrierte Installationen, Lüftungsöffnungen, Leuchten, Schutzelemente)
- Elektrische Komponenten, ab Anschlusspunkt der elektrischen Versorgungsleitung einschließlich der elektrischen Verkabelung und der Anschlussarbeiten sowie der Inbetriebnahme (z.B. Antriebe und Steuerung von beweglichen Teilen)
- Oberflächenbehandlungen (z.B. Beschichtungen, Fäulnis- und Korrosionsschutz, Imprägnierung, Verzinkung, Eloxierung, Rostschutzgrundierung)
- Transport- und Oberflächenschutz bis zur Abnahme (z.B. mit Folien)
- Funktionsprüfung und Probebetrieb, ggf. Werkstatt- und Montagezeichnungen

In anderen Kostengruppen enthalten

• Deckenkonstruktionen (z.B. tragende Konstruktionen für Decken, Treppen, Rampen, Balkone und andere horizontale Baukonstruktionen)	KG 351
Deckenöffnungen	*KG 352*
• Deckenbeläge (z.B. Beläge auf Deckenkonstruktionen, Begrünungssysteme auf Decken)	KG 353
• Deckenbekleidungen (z.B. Bekleidungen unter Deckenkonstruktionen)	KG 354
• Elementierte Deckenkonstruktionen (z.B. Vorgefertigte Decken, Treppen, Rampen und andere horizontale Baukonstruktionen)	KG 355
• Sonstiges zur KG 350 (z.B. Gitter, Geländer, Stoßabweiser, Handläufe, Abdeckungen, Schachtdeckel, Roste, Leitern, Berührungsschutz)	KG 359
• Außenwandöffnungen (z.B. Türen, Tore, Fenster, Schaufenster, Glasfassaden in Wandöffnungen)	KG 334
• Innenwandöffnungen (z.B. Türen, Tore, Fenster, Schaufenster in Innenwänden)	KG 344
• Dachöffnungen (z.B. Dachfenster, Ausstiege)	KG 362
• Sonstiges zur KG 360 (z.B. Bodentreppen zu Wartungszwecken)	KG 369
• Baukonstruktionen von Infrastrukturanlagen, soweit sie nicht in den KG 330 bis 360 erfasst werden können	KG 370
• Niederspannungsinstallationsanlagen (z.B. Kabel, Leitungen Unterverteiler, Verlegesysteme)	KG 444

DIN 276 Tabelle 1 – Kostengliederung

353 **Deckenbeläge**

Beläge auf Deckenkonstruktionen einschließlich Estrichen, Dichtungs-, Dämm-, Schutz- und Nutzschichten sowie Schwingböden und Installationsdoppelböden

Dazu gehören auch fest mit den Decken verbundene Begrünungssysteme einschließlich Fertigstellungs- und Entwicklungspflege.

DIN 276 Tabelle 3 – Mengen und Bezugseinheiten für die Kostengruppe 300

Einheit	m^2
Bezeichnung	Deckenbelagsfläche
Ermittlung	Fläche der Deckenbeläge

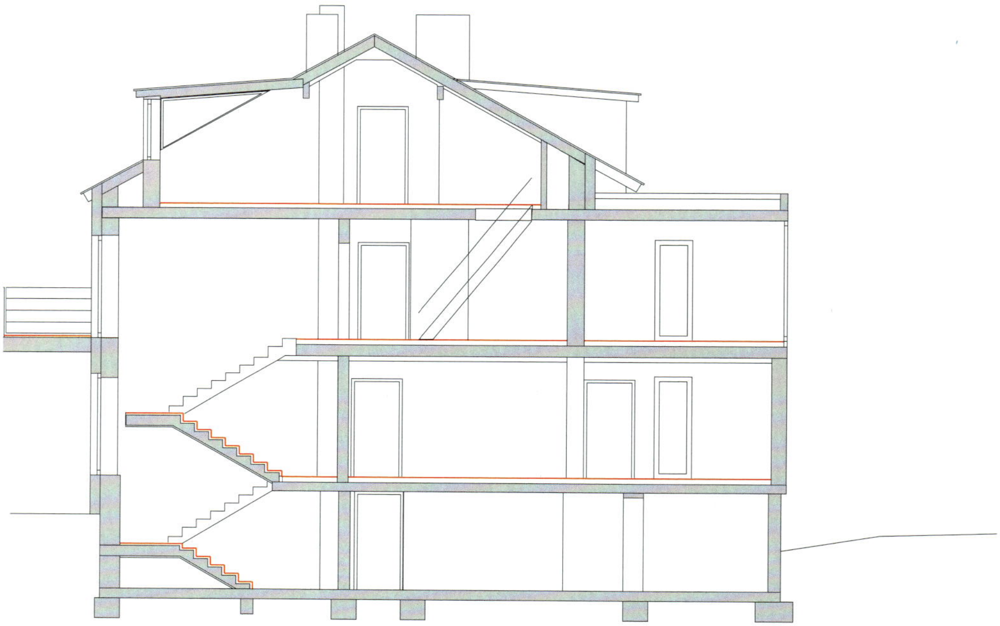

In dieser Kostengruppe enthalten

- Ausgleichs- und Gefälleschichten, Schüttungen
- Estriche (z. B. schwimmende Estriche, Kontakt- und Verbundestriche)
- Bodenbeschichtungen, Fliesen- und Plattenbeläge, Naturwerkstein- und Betonwerksteinbeläge
- Pflasterbeläge (z. B. Natur- oder Betonsteine, Klinker- und Ziegelbeläge)
- Holzböden als Blindböden, Schwingböden, Holzdielenböden, Parkettfußböden, Holzpflaster
- Bodenoberbeläge aus verschiedenen Materialien (z. B. Kunststoff, Linoleum, Textilien, Glas)
- Beläge oder Unterkonstruktionen in Trockenbaumaterialien (z. B. Holzwerkstoffe, Gipskarton, Faserzement, Metall, Kunststoff)
- Installationsdoppelböden
- Straßenbeläge (z. B. aus Beton oder aus Asphalt)
- Dichtungsschichten (z. B. Abdichtungen gegen nichtdrückendes Wasser, Schwimmbeckenabdichtung gegen von innen drückendes Wasser)
- Dämm- und Schutzschichten (z. B. Wärmedämmung, Schalldämmung, Trennschichten, Ausgleichsschichten, Gefälleschichten, Schüttungen, Haftbrücken)

In dieser Kostengruppe enthalten

- Oberflächennachbearbeitung (z.B. Schleifen, Versiegeln, Beschichten, Spachteln, Fugen verschweißen, Erstpflege der Bodenbeläge)
- Besondere Ausführungen (z.B. Markierungen, Rinnen, Grate, Mulden, Gerätesockel, Kehlsockel, Fuß- und Putzleisten, Borde)
- Einbauteile in Bodenbelägen (z.B. Rahmen mit Rosten oder Matten, Stoßkanten, Abschluss- und Trennschienen, Schwellen, Fugenausbildungen)
- Begrünungssysteme auf Decken und horizontalen Baukonstruktionen (z.B. Wannen, Bodenauftrag, Bepflanzung, Fertigstellungs- und Entwicklungspflege)

In anderen Kostengruppen enthalten

• Deckenkonstruktionen (z.B. tragende Konstruktionen für Decken, Treppen, Rampen, Balkone und andere horizontale Baukonstruktionen)	KG 351
• Deckenöffnungen (z.B. horizontale Verglasungen, Luken)	KG 352
Deckenbeläge	*KG 353*
• Deckenbekleidungen (z.B. Bekleidungen unter Deckenkonstruktionen)	KG 354
• Elementierte Deckenkonstruktionen (z.B. Vorgefertigte Decken, Treppen, Rampen und andere horizontale Baukonstruktionen)	KG 355
• Sonstiges zur KG 350 (z.B. Gitter, Geländer, Stoßabweiser, Handläufe, Abdeckungen, Schachtdeckel, Roste, Leitern, Berührungsschutz)	KG 359
• Gründungsbeläge (z.B. Beläge auf Sohl-, Boden- und Fundamentplatten)	KG 324
• Dachbeläge (z.B. für flache und geneigte Dächer, Vordächer, Dachstühle)	KG 363
• Baukonstruktionen von Infrastrukturanlagen, soweit sie nicht in den KG 330 bis 360 erfasst werden können	KG 370
• In Deckenbelägen verlegte Installationen (z.B. Abläufe, Wasserleitungen, Heizungsleitungen, Elektroinstallationen)	KG 400
• Gründungsbeläge auf Sohl-, Boden- und Fundamentplatten in Außenanlagen und Freiflächen	KG 523
• Oberbau, Deckschichten in Außenanlagen und Freiflächen (z.B. Wege, Straßen, Plätze)	KG 530
• Baukonstruktionen in Außenanlagen und Freiflächen (z.B. Rampen, Treppen, Tribünen)	KG 540

100
200
300
400
500
600
700
800

DIN 276 Tabelle 1 – Kostengliederung

354	**Deckenbekleidungen**
	Bekleidungen unter Deckenkonstruktionen einschließlich Putz-, Dichtungs-, Dämm- und Schutzschichten; Licht- und Kombinationsdecken

DIN 276 Tabelle 3 – Mengen und Bezugseinheiten für die Kostengruppe 300

Einheit	m^2
Bezeichnung	Deckenbekleidungsfläche
Ermittlung	Fläche der Deckenbekleidungen

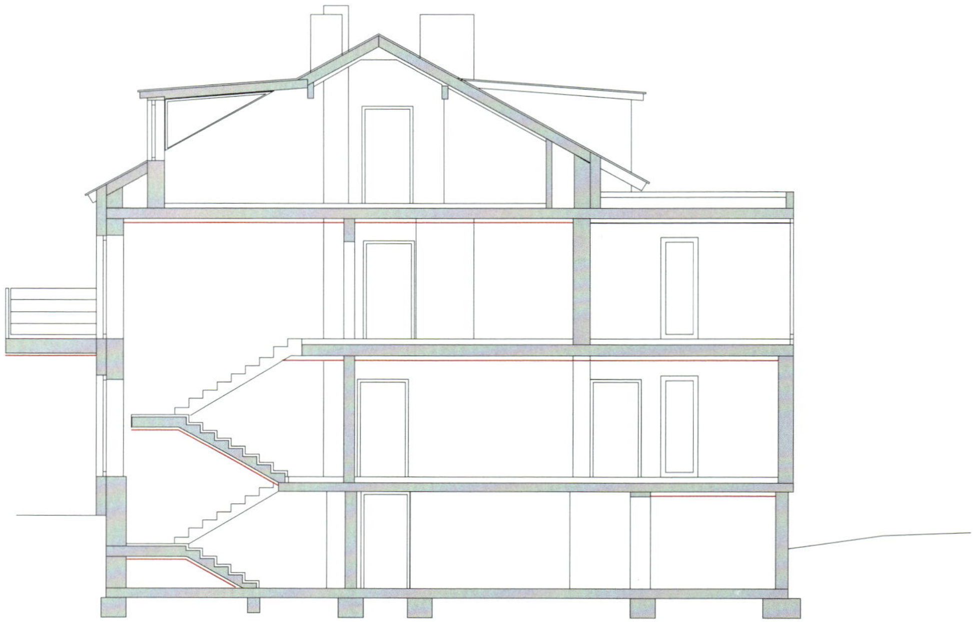

In dieser Kostengruppe enthalten

- Deckenbekleidungen in verschiedenen Materialien (z.B. Natur- oder Betonwerkstein, Fliesen, Platten, Holz, Holzwerkstoffe, Kunststoffe, Glas)
- Deckenbekleidungen aus Metall (z.B. Zinkblech, Stahl, Aluminium)
- Deckenbekleidungen mit Trockenbaumaterialien (z.B. Gipskartonplatten, Gips, Faserzement)
- Putz, Wärmedämm- und Dichtungsputze, Schallschluckputze, Stuck
- Unterkonstruktionen und Befestigungen (z.B. Mörtelbett, Gewebearmierung, Abhängungen, Schlitzbänder, Schnellabhänger, Gewindestäbe, Holzroste, Lattungen, Blindschalungen)
- Dichtungs-, Dämm- und Schutzschichten (Wärmedämmung, Schalldämmung, Rieselschutz)
- Oberflächenbehandlung (z.B. Beschichtungen, Spachtelung, Tapeten, Textilien, Spannstoffe, Imprägnierung, Korrosionsschutz)
- Separate Deckenbekleidungen an elementierten Deckenkonstruktionen
- Fugenausbildungen und Anschlüsse (z.B. Verfugungen, Hohlkehlen, Anschlusswinkel, Stuckaufsätze)
- Einbauteile (z.B. Übergangskonstruktionen, integrierte Installationen, Leuchten, Luftgitter, Montageöffnungen)
- Einbauteile im Deckenhohlraum (z.B. Schürzen, Abschottungen, Verstrebungen)

In anderen Kostengruppen enthalten	
• Deckenkonstruktionen (z.B. tragende Konstruktionen für Decken, Treppen, Rampen, Balkone und andere horizontale Baukonstruktionen)	KG 351
• Deckenöffnungen (z.B. horizontale Verglasungen, Luken)	KG 352
• Deckenbeläge (z.B. Beläge auf Deckenkonstruktionen, Begrünungssysteme auf Decken)	KG 353
Deckenbekleidungen	*KG 354*
• Elementierte Deckenkonstruktionen (z.B. Vorgefertigte Decken, Treppen, Rampen und andere horizontale Baukonstruktionen)	KG 355
• Sonstiges zur KG 350 (z.B. Gitter, Geländer, Stoßabweiser, Handläufe, Abdeckungen, Schachtdeckel, Roste, Leitern, Berührungsschutz)	KG 359
• Abdichtungen und Bekleidungen (z.B. Bekleidungen der Gründung)	KG 325
• Außenwandbekleidungen, außen (z.B. äußere Bekleidungen an Wänden und Stützen)	KG 335
• Außenwandbekleidungen, innen (z.B. innere Bekleidungen an Wänden und Stützen)	KG 336
• Innenwandbekleidungen (z.B. Bekleidungen an Wänden und Stützen)	KG 345
• Dachbekleidungen (z.B. Bekleidungen unter Dachkonstruktionen)	KG 364
• Baukonstruktionen von Infrastrukturanlagen, soweit sie nicht in den KG 330 bis 360 erfasst werden können	KG 370
• In Deckenbekleidungen verlegte Installationen (z.B. Leitungen für Heizungs- und Lüftungsdecken, Beleuchtungsanlagen)	KG 400
• Abdichtungen und Bekleidungen der Gründung in Außenanlagen und Freiflächen	KG 524
• Baukonstruktionen in Außenanlagen und Freiflächen (z.B. Deckenbekleidungen von Tribünen und Überdachungen)	KG 540

100 200 300 400 500 600 700 800

DIN 276 Tabelle 1 – Kostengliederung	
355	**Elementierte Deckenkonstruktionen** Vorgefertigte Decken, Treppen, Rampen und andere horizontale Baukonstruktionen, die neben ihrer Kernkonstruktion auch Öffnungen, Beläge oder Bekleidungen enthalten können

DIN 276 Tabelle 3 – Mengen und Bezugseinheiten für die Kostengruppe 300	
Einheit	m^2
Bezeichnung	Deckenfläche, elementiert
Ermittlung	Fläche der elementierten Deckenkonstruktionen

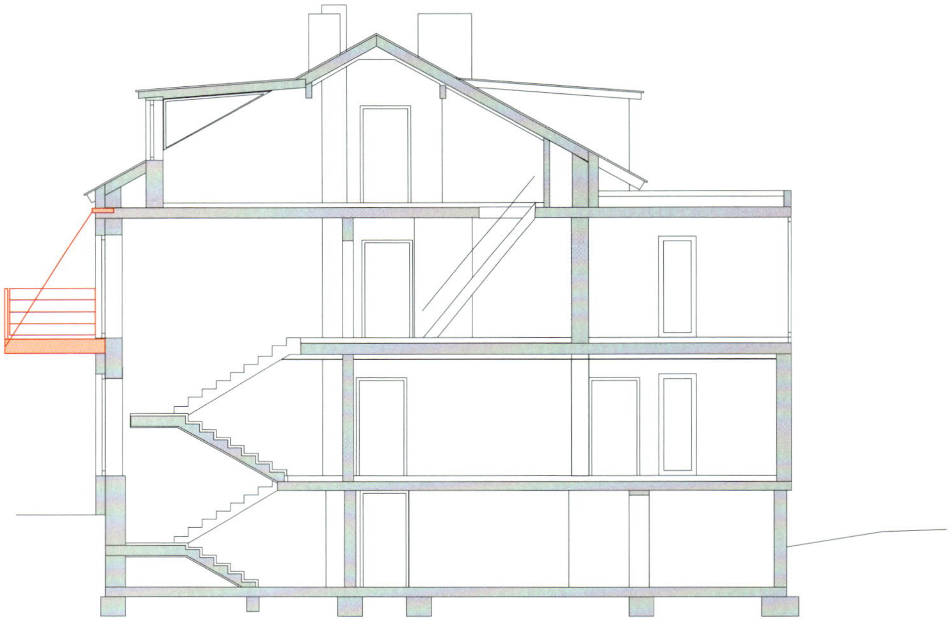

In dieser Kostengruppe enthalten

- Vorgefertigte Deckenkonstruktionen, die neben ihrer Kernkonstruktion auch Deckenöffnungen, Deckenbeläge und Deckenbekleidungen enthalten
- Vorgefertigte und fertig behandelte Deckenkonstruktionen aus Fertigelementen (z.B. Decken- und Treppenelemente aus Beton oder Leichtbeton, Metall- und Holzkonstruktionen, Glasdecken)
- Komplettbalkone (z.B. Stahlkonstruktionen einschließlich Geländern und Stützen)
- Vorgefertigte und fertig behandelte Treppen (z.B. Wendeltreppen)
- Beschläge, Schließeinrichtungen
- Elektrische Komponenten, ab Anschlusspunkt der elektrischen Versorgungsleitung einschließlich der elektrischen Verkabelung und der Anschlussarbeiten sowie der Inbetriebnahme (z.B. Antriebe und Steuerung von beweglichen Teilen)
- Einbauteile (z.B. Verglasungen, integrierte Teile technischer Anlagen, integrierte Schutzelemente)
- Oberflächenbehandlungen der vorgefertigten Deckenkonstruktionen (z.B. Fäulnis- und Korrosionsschutz, Imprägnierung, Verzinkung, Eloxierung, Rostschutzgrundierung, Beschichtung)
- Transport- und Oberflächenschutz bis zur Abnahme (z.B. mit Folien)
- Funktionsprüfung und Probebetrieb, ggf. Werkstatt- und Montagezeichnungen

In anderen Kostengruppen enthalten

• Deckenkonstruktionen (z.B. tragende Konstruktionen für Decken, Treppen, Rampen, Balkone und andere horizontale Baukonstruktionen)	KG 351
• Deckenöffnungen (z.B. horizontale Verglasungen, Luken, Einschubtreppen)	KG 352
• Deckenbeläge (z.B. Beläge auf Deckenkonstruktionen, Begrünungssysteme auf Decken)	KG 353
• Deckenbekleidungen (z.B. Bekleidungen unter Deckenkonstruktionen)	KG 354
Elementierte Deckenkonstruktionen	*KG 355*
• Sonstiges zur KG 350 (z.B. Gitter, Geländer, Stoßabweiser, Handläufe, Abdeckungen, Schachtdeckel, Roste, Leitern, Berührungsschutz)	KG 359
• Elementierte Außenwandkonstruktionen	KG 337
• Elementierte Innenwandkonstruktionen	KG 346
• Elementierte Dachkonstruktionen	KG 365
• Baukonstruktionen von Infrastrukturanlagen, soweit sie nicht in den KG 330 bis 360 erfasst werden können	KG 370
• Niederspannungsinstallationsanlagen (z.B. Kabel, Leitungen Unterverteiler, Verlegesysteme)	KG 444
• Baukonstruktionen in Außenanlagen und Freiflächen (z.B. Rampen, Treppen, Tribünen)	KG 540

Erläuterungen

- Elementierte Deckenkonstruktionen sind Konstruktionen, welche mindestens zwei Kostengruppen enthalten, die kostenmäßig nicht trennbar sind (z.B. Spindeltreppe mit Geländer).

DIN 276 Tabelle 1 – Kostengliederung	
359	**Sonstiges zur KG 350**
	Gitter, Geländer, Stoßabweiser, Handläufe, Abdeckungen, Schachtdeckel, Roste, Leitern, Berührungsschutz

DIN 276 Tabelle 3 – Mengen und Bezugseinheiten für die Kostengruppe 300	
Einheit	m^2
Bezeichnung	Deckenfläche/Fläche der horizontalen Baukonstruktionen
Ermittlung	Flächen der Decken/Flächen der horizontalen Baukonstruktionen

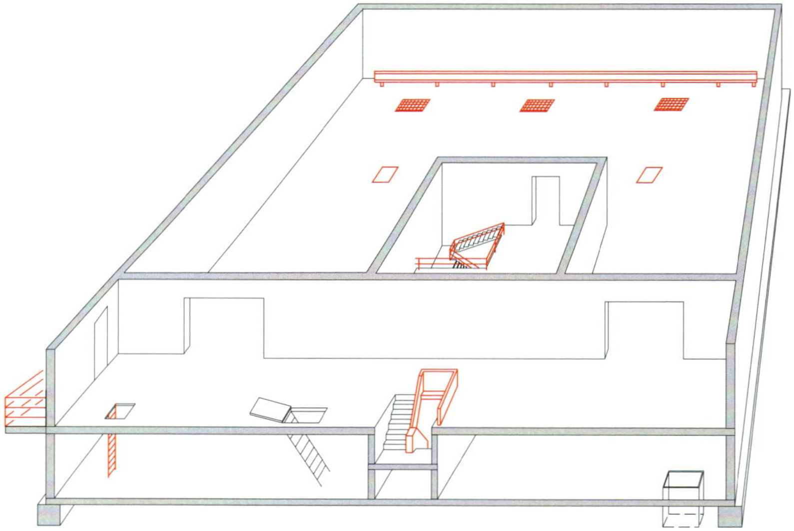

In dieser Kostengruppe enthalten

- Sonstige Kosten für Decken und horizontale Baukonstruktionen, die nicht den KG 351 bis 355 zuzuordnen sind
- Auf Decken und Treppen befestigte Leitplanken und Stoßabweiser
- Auf Decken und Treppen befestigte Geländer, Brüstungen und Handläufe
- Ortsfeste Leitern
- Horizontale Abdeckungen (z.B. Gitterroste, Schachtabdeckungen, Rinnenabdeckungen)
- Beschläge und Schließeinrichtungen
- Elektrische Komponenten, ab Anschlusspunkt der elektrischen Versorgungsleitung einschließlich der elektrischen Verkabelung und der Anschlussarbeiten sowie der Inbetriebnahme (z.B. Antriebe und Steuerung von beweglichen Teilen)
- Berührungsschutz (z.B. bei elektrischen Anlagen des Schienenverkehrs)
- Oberflächenbehandlungen

In anderen Kostengruppen enthalten

• Deckenkonstruktionen (z.B. tragende Konstruktionen für Decken, Treppen, Rampen, Balkone und andere horizontale Baukonstruktionen)	KG 351
• Deckenöffnungen (z.B. horizontale Verglasungen, Luken)	KG 352
• Deckenbeläge (z.B. Beläge auf Deckenkonstruktionen, Begrünungssysteme auf Decken)	KG 353
• Deckenbekleidungen (z.B. Bekleidungen unter Deckenkonstruktionen)	KG 354
• Elementierte Deckenkonstruktionen	KG 355

In anderen Kostengruppen enthalten	
Sonstiges zur KG 350 (z.B. Gitter, Geländer, Stoßabweiser, Handläufe, Abdeckungen, Schachtdeckel, Roste, Leitern, Berührungsschutz)	*KG 359*
• Elementierte Außenwandkonstruktionen	KG 337
• Sonstiges zur KG 330 Außenwände/Vertikale Baukonstruktionen, außen (z.B. an Außenwänden befestigte Stoßabweiser, Geländer, Brüstungen, Handläufe, Leitern, Wartungsbalkone)	KG 339
• Elementierte Innenwandkonstruktionen	KG 346
• Sonstiges zu KG 340 Innenwände/Vertikale Baukonstruktionen, außen (z.B. an Innenwänden befestigte Stoßabweiser, Geländer, Brüstungen, Handläufe)	KG 349
• Elementierte Dachkonstruktionen	KG 365
• Sonstiges zur KG 360 Dächer (z.B. auf Dächern befestigte Laufstege, Geländer, Brüstungen, Handläufe, Dachleitern)	KG 369
• Baukonstruktionen von Infrastrukturanlagen, soweit sie nicht in den KG 330 bis 360 erfasst werden können	KG 370
• Niederspannungsinstallationsanlagen (z.B. Kabel, Leitungen Unterverteiler, Verlegesysteme)	KG 444
• Baukonstruktionen in Außenanlagen und Freiflächen (z.B. Rampen, Treppen, Tribünen)	KG 540

DIN 276 Tabelle 1 – Kostengliederung	
360	**Dächer**
	Tragende und nichttragende Baukonstruktionen für flache und geneigte Dächer und andere horizontale Baukonstruktionen, die das Bauwerk nach oben abschließen

DIN 276 Tabelle 3 – Mengen und Bezugseinheiten für die Kostengruppe 300	
Einheit	m^2
Bezeichnung	Dachfläche
Ermittlung	Fläche der Dächer einschließlich der Dachüberstände und Vordächer

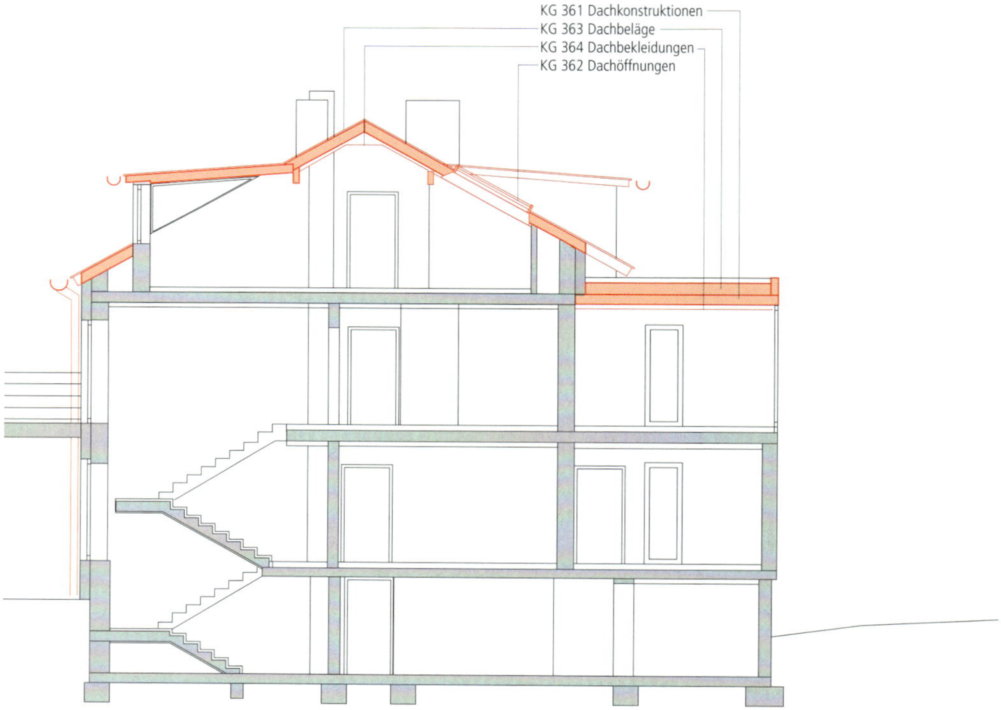

In dieser Kostengruppe enthalten	
KG 361	Dachkonstruktionen (z.B. tragende Konstruktionen von Dächern, Vordächern, Dachstühlen, Raumtragwerken, Kuppeln und Gewölben)
KG 362	Dachöffnungen (z.B. Dachfenster, Ausstiege, Lichtkuppeln)
KG 363	Dachbeläge (z.B. Beläge auf Dachkonstruktionen, Dachentwässerung, Dachbegrünungen)
KG 364	Dachbekleidungen (z.B. Bekleidungen unter Dachkonstruktionen)
KG 365	Elementierte Dachkonstruktionen (z.B. Vorgefertigte Dächer)
KG 366	Lichtschutz zur KG 360 (z.B. Konstruktionen für Sonnen-, Sicht- und Blendschutz, Verdunkelung)
KG 369	Sonstiges zur KG 350 (z.B. Gitter, Geländer, Handläufe, Laufbohlen, Schneefänge, Dachleitern)

In anderen Kostengruppen enthalten

• Baugrube/Erdbau	KG 310
• Gründung, Unterbau (z.B. Fundament- und Bodenplatten, Gründungsbeläge)	KG 320
• Außenwände/Vertikale Baukonstruktionen, außen	KG 330
• Innenwände/Vertikale Baukonstruktionen, innen	KG 340
• Decken/Horizontale Baukonstruktionen (z.B. Deckenkonstruktionen, Deckenbeläge)	KG 350
Dächer	*KG 360*
• Baukonstruktionen von Infrastrukturanlagen, soweit sie nicht in den KG 330 bis 360 erfasst werden können	KG 370
• Baukonstruktive Einbauten	KG 380
• Sonstige Maßnahmen für Baukonstruktionen (z.B. Baukonstruktionen und übergreifende Maßnahmen, die nicht einzelnen KG der KG 300 zugeordnet werden können)	KG 390
• Gründung, Unterbau für Außenanlagen und Freiflächen (z.B. Fundament- und Bodenplatten)	KG 520
• Oberbau, Deckschichten in Außenanlagen und Freiflächen (z.B. Wege, Straßen, Plätze)	KG 530
• Baukonstruktionen in Außenanlagen und Freiflächen (z.B. Tribünen und Überdachungen)	KG 540

Erläuterungen

- Messregeln für die KG 360 Dächer in Anhang Messregeln für Grobelemente
- Elektrische Komponenten werden ab Anschlusspunkt der elektrischen Versorgungsleitung einschließlich der elektrischen Verkabelung und der Anschlussarbeiten sowie der Inbetriebnahme in der Kostengruppe des zugehörigen Bauelements erfasst (z.B. Antriebe und Steuerungen).

DIN 276 Tabelle 1 – Kostengliederung	
361	**Dachkonstruktionen**
	Tragende Konstruktionen von Dächern, Vordächern, Dachstühlen, Raumtragwerken, Kuppeln und Gewölben einschließlich Über- und Unterzügen, Abstützungen und füllender Teile (z. B. Dämmungen, Hohlkörper, Blindböden, Schüttungen)

DIN 276 Tabelle 3 – Mengen und Bezugseinheiten für die Kostengruppe 300	
Einheit	m^2
Bezeichnung	Dachkonstruktionsfläche
Ermittlung	Fläche der Dachkonstruktionen einschließlich der Dachüberstände und Vordächer

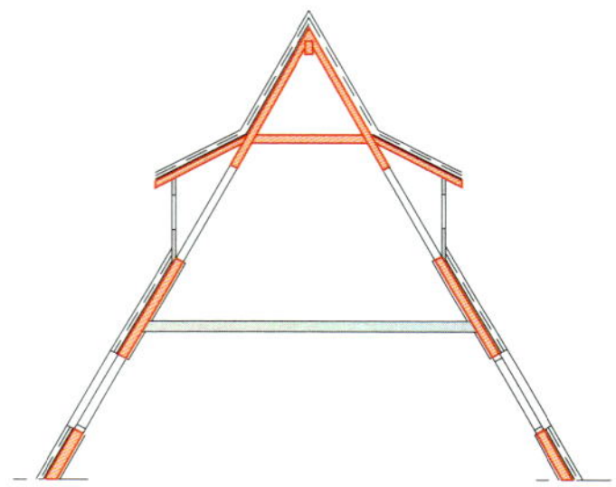

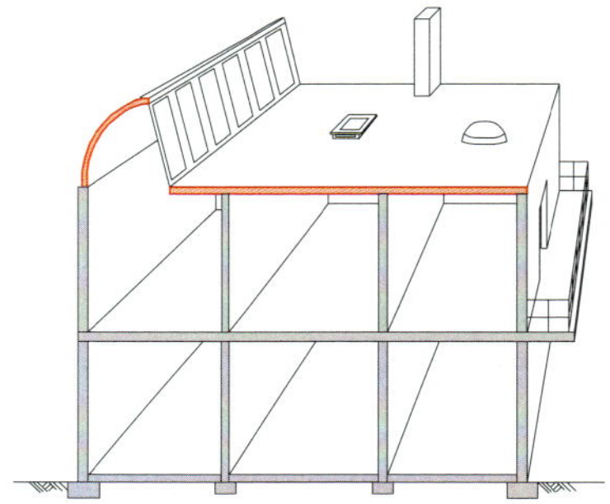

In dieser Kostengruppe enthalten

- Tragende Dachkonstruktionen für flache und geneigte Dächer, Vordächer, Dachstühle, Raumtragwerke sowie besondere Ausführungen (z.B. Kuppeln, Gewölbe, Paraboloide, Hyperboloide, Tonnen, Sheds, Netz- und Seilkonstruktionen)
- Tragende Dachkonstruktionen in verschiedenen Materialien (z.B. Betondächer mit Platten-, Plattenbalken-, Unterzugs-, Rippen-, Kassetten-, Pilzkonstruktionen, Holz-, Stahl- und Mischkonstruktionen)
- Konstruktionen für Dachstühle (z.B. Pfetten, Sparren, Stützen, Aussteifungen, Verbände, Fachwerk)
- Dachkonstruktionen für auskragende Dächer und Vordächer (z.B. Platten, Balken, Träger)
- Füllende Teile, (z.B. Schüttungen bei Bögen, Gewölben, Kappen, Einschübe, Zwischensparrendämmung)
- Aussteifungen in der Deckenebene (z.B. Zug- und Druckstäbe, Deckenaufkantungen)
- Dachschalung (aussteifend, statisch wirksam)
- Einbauteile (z.B. Anker, Dübel, Fugeneinlagen, Brandschutzschotts)
- Oberflächenbehandlungen (z.B. Sichtbeton, gehobelte Holzbalken, Holzimprägnierung, Korrosionsschutz, Verfugung)
- Dachaufkantungen, Dachabkantungen, Aussteifungen (z.B. Zug- und Druckstäbe, Fugenausbildungen)
- Einbauteile (z.B. Anker, Dübel, Fugeneinlagen).
- Oberflächenbehandlungen (z.B. Sichtbeton, gehobelte Holzbalken, Holzimprägnierung, Korrosionsschutz)

In anderen Kostengruppen enthalten	
Dachkonstruktionen	*KG 361*
• Dachöffnungen (z.B. Dachfenster, Ausstiege, Lichtkuppeln)	KG 362
• Dachbeläge (z.B. Beläge auf Dachkonstruktionen, Dachentwässerung, Dachbegrünungen)	KG 363
• Dachbekleidungen (z.B. Bekleidungen unter Dachkonstruktionen)	KG 364
• Elementierte Dachkonstruktionen (z.B. Vorgefertigte Dächer)	KG 365
• Lichtschutz zur KG 360 (z.B. Konstruktionen für Sonnen-, Sicht- und Blendschutz, Verdunkelung)	KG 366
• Sonstiges zur KG 350 (z.B. Gitter, Geländer, Handläufe, Laufbohlen, Schneefänge, Dachleitern)	KG 369
• Gründung, Unterbau (z.B. Fundament- und Bodenplatten)	KG 320
• Außenwände/Vertikale Baukonstruktionen, außen (z.B. tragende Außenwände)	KG 330

In anderen Kostengruppen enthalten	
• Sonstiges zur KG 330 Außenwände/Vertikale Baukonstruktionen, außen (z.B. untergeordnete Eingangsüberdachungen, kleinere Vordächer)	KG 339
• Innenwände/Vertikale Baukonstruktionen, innen (z.B. tragende Innenwände)	KG 340
• Decken/Horizontale Baukonstruktionen (z.B. Deckenkonstruktionen)	KG 350
• Baukonstruktionen von Infrastrukturanlagen, soweit sie nicht in den KG 330 bis 360 erfasst werden können	KG 370
• Zusätzliche Maßnahmen (z.B. Schutz von Personen und Sachen durch Überdachungen während der Bauzeit)	KG 397
• Gründung, Unterbau für Außenanlagen und Freiflächen (z.B. Fundament- und Bodenplatten)	KG 520
• Oberbau, Deckschichten in Außenanlagen und Freiflächen (z.B. Wege, Straßen, Plätze)	KG 530
• Baukonstruktionen in Außenanlagen und Freiflächen (z.B. Tribünen und Überdachungen)	KG 540
• Überdachungen in Außenanlagen und Freiflächen (z.B. Unterstände, Wetterschutzkonstruktionen und Pergolen)	KG 545

DIN 276 Tabelle 1 – Kostengliederung

362	**Dachöffnungen**
	Dachfenster, Ausstiege und andere Dachöffnungen einschließlich Umrahmungen, Beschlägen, Antrieben, Lüftungselementen und sonstiger Einbauteile; natürliche Rauch- und Wärmeabzugsanlagen

DIN 276 Tabelle 3 – Mengen und Bezugseinheiten für die Kostengruppe 300

Einheit	m^2
Bezeichnung	Dachöffnungsfläche
Ermittlung	Fläche der Dachöffnungen

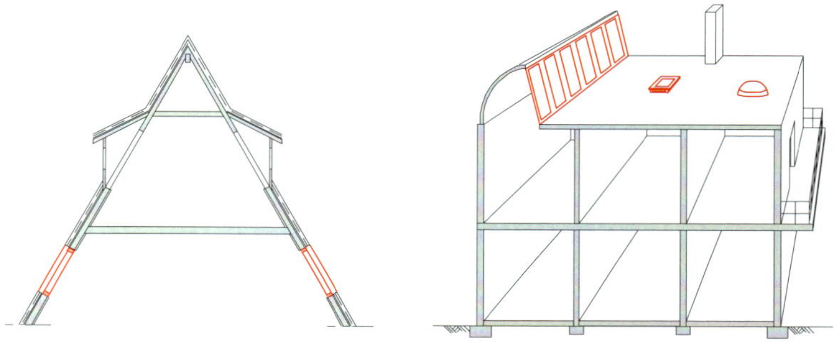

In dieser Kostengruppe enthalten

- Dachfenster (z.B. Dachlaternen, Sheddächern) in verschiedenen Materialien (z.B. Holz, Kunststoff, Stahl, Aluminium, Beton, Verbundkonstruktionen)
- Dachausstiege, Luken (z.B. Flachdachausstiege, Einschubtreppen)
- Lichtkuppeln (einschließlich der Aufsatzkränze)
- Verglasungen in Dächern (z.B. horizontale oder schräge Verglasungen, Shedöffnungen)
- Natürliche Rauch- und Wärmeabzugsanlagen ohne Ventilator, der die Thermik beeinflusst
- Umrahmungen, Unterkonstruktionen und Befestigungen, Fensterbänke
- Beschläge (z.B. Öffnungsbeschläge, Schließeinrichtungen)
- Einbauteile (z.B. integrierte Installationen, Leuchten, Lüftungsöffnungen, Schutzelemente)
- Elektrische Komponenten, ab Anschlusspunkt der elektrischen Versorgungsleitung einschließlich der elektrischen Verkabelung und der Anschlussarbeiten sowie der Inbetriebnahme (z.B. Antriebe und Steuerung von beweglichen Teilen)
- Oberflächenbehandlungen (z.B. Beschichtungen, Fäulnis- und Korrosionsschutz, Imprägnierung, Verzinkung, Eloxierung, Rostschutzgrundierung)
- Fugenausbildungen, Anschlusskonstruktionen, Abdichtungen
- Transport- und Oberflächenschutz bis zur Abnahme (z.B. mit Folien)
- Funktionsprüfung und Probebetrieb, ggf. Werkstatt- und Montagezeichnungen

In anderen Kostengruppen enthalten

• Dachkonstruktionen (z.B. tragende Konstruktionen von flachen und geneigten Dächern, Vordächern, Dachstühlen, Raumtragwerken, Kuppeln und Gewölben)	KG 361
Dachöffnungen	*KG 362*
• Dachbeläge (z.B. Beläge auf Dachkonstruktionen, Dachentwässerung, Dachbegrünungen)	KG 363
• Dachbekleidungen (z.B. Bekleidungen unter Dachkonstruktionen)	KG 364
• Elementierte Dachkonstruktionen (z.B. vorgefertigte Dächer)	KG 365
• Lichtschutz zur KG 360 (z.B. Konstruktionen für Sonnen-, Sicht- und Blendschutz, Verdunkelung)	KG 366
• Sonstiges zur KG 360 (z.B. Gitter, Geländer, Handläufe, Laufbohlen, Schneefänge, Dachleitern)	KG 369

In anderen Kostengruppen enthalten	
• Innenwandbekleidungen	KG 345
• Deckenbekleidungen	KG 354
• Baukonstruktionen von Infrastrukturanlagen, soweit sie nicht in den KG 330 bis 360 erfasst werden können	KG 370
• In Dachbekleidungen verlegte Installationen (z.B. Leitungen für Heizungs- und Lüftungsdecken, Beleuchtungsanlagen)	KG 400
• Baukonstruktionen in Außenanlagen und Freiflächen (z.B. Dachbekleidungen von Tribünen und Überdachungen)	KG 540

100
200
300
400
500
600
700
800

DIN 276 Tabelle 1 – Kostengliederung	
365	**Elementierte Dachkonstruktionen**
	Vorgefertigte Dächer, die neben ihrer Kernkonstruktion auch Öffnungen, Beläge oder Bekleidungen enthalten können

DIN 276 Tabelle 3 – Mengen und Bezugseinheiten für die Kostengruppe 300	
Einheit	m^2
Bezeichnung	Dachfläche, elementiert
Ermittlung	Fläche der elementierten Dachkonstruktion

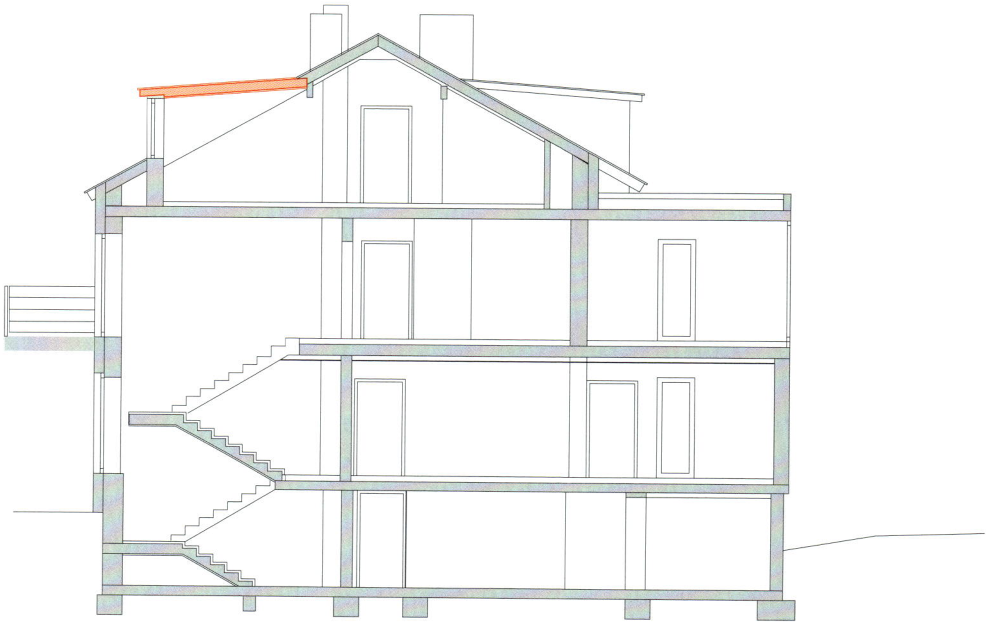

In dieser Kostengruppe enthalten

- Vorgefertigte Dachkonstruktionen, die neben ihrer Kernkonstruktion auch Dachöffnungen, Dachbeläge und Dachbekleidungen enthalten
- Vorgefertigte und fertig behandelte Dachkonstruktionen aus Fertigelementen (z.B. Dachelemente aus Beton oder Leichtbeton, Metall- und Holzkonstruktionen, Glasdächer)
- Beschläge, Schließeinrichtungen
- Elektrische Komponenten, ab Anschlusspunkt der elektrischen Versorgungsleitung einschließlich der elektrischen Verkabelung und der Anschlussarbeiten sowie der Inbetriebnahme (z.B. Antriebe und Steuerung von beweglichen Teilen)
- Einbauteile (z.B. Verglasungen, integrierte Teile technischer Anlagen, integrierte Schutzelemente, integrierte Rollgitter, Jalousien)
- Oberflächenbehandlungen der vorgefertigten Dachkonstruktionen (z.B. Fäulnis- und Korrosionsschutz, Imprägnierung, Verzinkung, Eloxierung, Rostschutzgrundierung, Beschichtung)
- Transport- und Oberflächenschutz bis zur Abnahme (z.B. mit Folien)
- Funktionsprüfung und Probebetrieb, ggf. Werkstatt- und Montagezeichnungen

In anderen Kostengruppen enthalten

• Dachkonstruktionen (z.B. tragende Konstruktionen von Dächern, Vordächern, Dachstühlen, Raumtragwerken, Kuppeln und Gewölben)	KG 361
• Dachöffnungen (z.B. Dachfenster, Ausstiege, Lichtkuppeln)	KG 362
• Dachbeläge (z.B. Beläge auf Dachkonstruktionen, Dachentwässerung, Dachbegrünungen)	KG 363
• Dachbekleidungen (z.B. Bekleidungen unter Dachkonstruktionen)	KG 364
Elementierte Dachkonstruktionen	*KG 365*
• Lichtschutz zur KG 360 (z.B. Konstruktionen für Sonnen-, Sicht- und Blendschutz, Verdunkelung)	KG 366
• Sonstiges zur KG 360 (z.B. Gitter, Geländer, Handläufe, Laufbohlen, Schneefänge, Dachleitern)	KG 369
• Elementierte Außenwandkonstruktionen	KG 337
• Elementierte Innenwandkonstruktionen	KG 346
• Elementierte Deckenkonstruktionen	KG 355
• Baukonstruktionen von Infrastrukturanlagen, soweit sie nicht in den KG 330 bis 360 erfasst werden können	KG 370
• Niederspannungsinstallationsanlagen (z.B. Kabel, Leitungen Unterverteiler, Verlegesysteme)	KG 444
• Baukonstruktionen in Außenanlagen und Freiflächen (z.B. Rampen, Treppen, Tribüner und Überdachungen)	KG 540

Erläuterungen

- Elementierte Dachkonstruktionen sind Konstruktionen, welche mindestens zwei Kostengruppen enthalten, die kostenmäßig nicht trennbar sind (Dachelement mit Dachflächenfenster).

DIN 276 Tabelle 1 – Kostengliederung	
366	**Lichtschutz zur KG 360**
	Konstruktionen für Sonnen-, Sicht-, und Blendschutz, Verdunkelung (z. B. Rollläden, Markisen und Jalousien) einschließlich Antrieben wie Rohrmotoren oder Gurtwicklern)

DIN 276 Tabelle 3 – Mengen und Bezugseinheiten für die Kostengruppe 300	
Einheit	m^2
Bezeichnung	Dachlichtschutzfläche
Ermittlung	Fläche der Lichtschutzkonstruktionen an Dächern

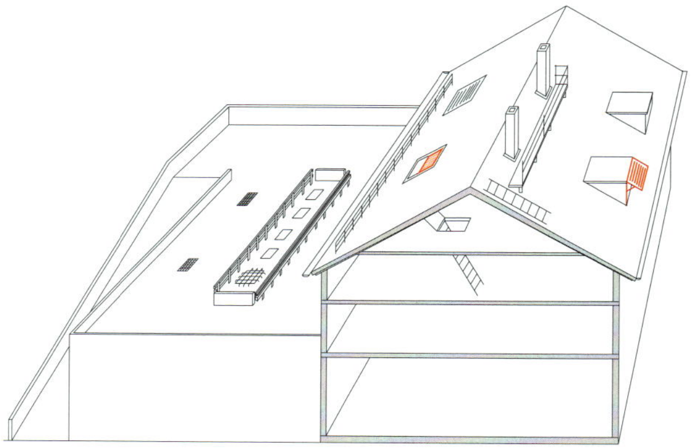

In dieser Kostengruppe enthalten

- Konstruktionen für Sonnen-, Sicht- und Blendschutz, Verdunkelung an Dächern (z.B. Rollläden, Klapp- und Schiebeläden, Jalousien, Markisen)
- Beschläge, Oberflächenbehandlung
- Elektrische Komponenten, ab Anschlusspunkt der elektrischen Versorgungsleitung einschließlich der elektrischen Verkabelung und der Anschlussarbeiten sowie der Inbetriebnahme (z.B. Antriebe und Steuerung von beweglichen Lichtschutzkonstruktionen, Rohrmotoren, Gurtwickler)

In anderen Kostengruppen enthalten	
• Dachkonstruktionen (z.B. tragende Konstruktionen von Dächern, Vordächern, Dachstühlen, Raumtragwerken, Kuppeln und Gewölben)	KG 361
• Dachöffnungen (z.B. Dachfenster, Ausstiege, Lichtkuppeln)	KG 362
• Dachbeläge (z.B. Beläge auf Dachkonstruktionen, Dachentwässerung, Dachbegrünungen)	KG 363
• Dachbekleidungen (z.B. Bekleidungen unter Dachkonstruktionen)	KG 364
• Elementierte Dachkonstruktionen (z.B. vorgefertigte Dächer)	KG 365
Lichtschutz zur KG 360	*KG 366*
• Sonstiges zur KG 360 (z.B. Gitter, Geländer, Handläufe, Laufbohlen, Schneefänge, Dachleitern)	KG 369
• Lichtschutz zur KG 330 Außenwände/Vertikale Baukonstruktionen, außen	KG 338
• Lichtschutz zur KG 340 Innenwände/Vertikale Baukonstruktionen, innen	KG 347
• Baukonstruktionen von Infrastrukturanlagen, soweit sie nicht in den KG 330 bis 360 erfasst werden können	KG 370
• Niederspannungsinstallationsanlagen (z.B. Kabel, Leitungen Unterverteiler, Verlegesysteme)	KG 444
• Schutzkonstruktionen in Außenanlagen und Freiflächen (z.B. Sichtschutzwände, Sonnenschutzkonstruktionen)	KG 542
• Allgemeine Ausstattung (z.B. Vorhänge als Blendschutz)	KG 610

DIN 276 Tabelle 1 – Kostengliederung

369 **Sonstiges zur KG 360**

Gitter, Geländer, Handläufe, Laufbohlen, Schneefänge, Dachleitern

DIN 276 Tabelle 3 – Mengen und Bezugseinheiten für die Kostengruppe 300

Einheit	m^2
Bezeichnung	Dachfläche
Ermittlung	Fläche der Dächer einschließlich der Dachüberstände und Vordächer

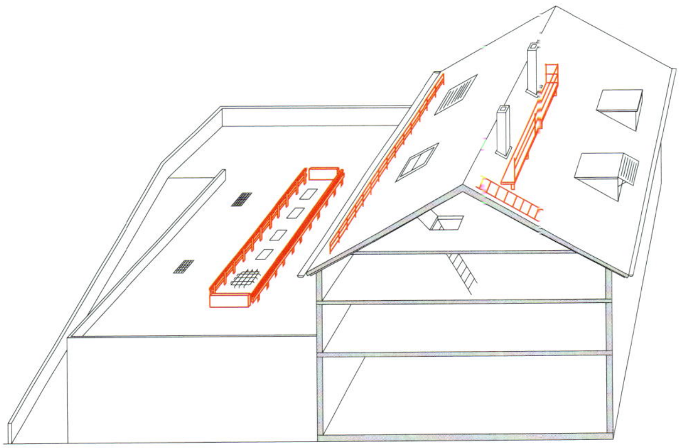

In dieser Kostengruppe enthalten

- Sonstige Kosten für Dächer, die nicht den KG 361 bis 366 zuzuordnen sind
- Auf Dächern befestigte Leitplanken und Stoßabweiser
- Auf Dächern befestigte Geländer, Brüstungen und Handläufe
- Dachhaken, Laufstege, Laufbohlen, Traufgitter, Schneefänge
- Bodentreppen zu nicht zur BGF gehörendem Dachraum (Wartungszwecke)
- Feste und bewegliche Gitter
- Ortsfeste Leitern, Steigeisen, Beschläge
- Elektrische Komponenten, ab Anschlusspunkt der elektrischen Versorgungsleitung einschließlich der elektrischen Verkabelung und der Anschlussarbeiten sowie der Inbetriebnahme (z.B. Antriebe und Steuerung von beweglichen Teilen)
- Oberflächenbehandlungen
- Funktionsprüfung und Probebetrieb, ggf. Werkstatt- und Montagezeichnungen

In anderen Kostengruppen enthalten

• Dachkonstruktionen (z.B. tragende Konstruktionen von Dächern, Vordächern, Dachstühlen, Raumtragwerken, Kuppeln und Gewölben)	KG 361
• Dachöffnungen (z.B. Dachfenster, Ausstiege, Lichtkuppeln)	KG 362
• Dachbeläge (z.B. Beläge auf Dachkonstruktionen, Dachentwässerung, Dachbegrünungen)	KG 363
• Dachbekleidungen (z.B. Bekleidungen unter Dachkonstruktionen)	KG 364
• Elementierte Dachkonstruktionen (z.B. vorgefertigte Dächer)	KG 365
• Lichtschutz zur KG 360 (z.B. Konstruktionen für Sonnen-, Sicht- und Blendschutz, Verdunkelung)	KG 366
Sonstiges zur KG 360	*KG 369*
• Sonstiges zur KG 330 Außenwände/Vertikale Baukonstruktionen, außen (z.B. Gitter, Stoßabweiser, Handläufe, Berührungsschutz)	KG 339

369
Sonstiges zur
KG 360

In anderen Kostengruppen enthalten	
• Sonstiges zur KG 340 Innenwände/Vertikale Baukonstruktionen, innen (z.B. Gitter, Stoßabweiser, Handläufe, Berührungsschutz)	KG 349
• Sonstiges zur KG 350 Decken/Horizontale Baukonstruktionen (z.B. Gitter, Geländer Stoßabweiser, Handläufe, Abdeckungen, Schachtdeckel, Roste, Leitern, Berührungsschutz)	KG 359
• Baukonstruktionen von Infrastrukturanlagen, soweit sie nicht in den KG 330 bis 360 erfasst werden können	KG 370
• Niederspannungsinstallationsanlagen (z.B. Kabel, Leitungen Unterverteiler, Verlegesysteme)	KG 444
• Blitzschutz und Erdungsanlagen	KG 446
• Baukonstruktionen in Außenanlagen und Freiflächen (z.B. Schutzkonstruktionen)	KG 540

DIN 276 Tabelle 1 – Kostengliederung

370 **Infrastrukturanlagen**

Eigenständige Bauwerke von Infrastrukturanlagen für Verkehr sowie Ver- und Entsorgung, soweit die Kosten nicht in den KG 330 bis 360 erfasst werden können

Die Erdbaumaßnahmen für diese Anlagen gehören zur KG 310, die Gründungs- und Unterbaumaßnahmen zur KG 320.

Die verfahrenstechnischen Anlagen gehören zu den KG 477 und 478.

DIN 276 Tabelle 3 – Mengen und Bezugseinheiten für die Kostengruppe 300

Einheit	
Bezeichnung	Nach Anforderung des Projekts
Ermittlung	

In dieser Kostengruppe enthalten

KG 371	Anlagen für den Straßenverkehr
KG 372	Anlagen für den Schienenverkehr
KG 373	Anlagen für den Flugverkehr
KG 374	Anlagen des Wasserbaus
KG 375	Anlagen der Abwasserentsorgung
KG 376	Anlagen der Wasserversorgung
KG 377	Anlagen der Energie- und Informationsversorgung
KG 378	Anlagen der Abfallentsorgung
KG 379	Sonstiges zur KG 370

In anderen Kostengruppen enthalten

• Baugrube/Erdbau (z.B. Bodenarbeiten, Erdbaumaßnahmen, Baugruben, Dämme)	KG 310
• Gründung, Unterbau (z.B. Baugrundverbesserung, Fundament- und Bodenplatten, Dränagen)	KG 320
• Außenwände/Vertikale Baukonstruktionen, außen (z.B. tragende und nichttragende Wände)	KG 330
• Innenwände/Vertikale Baukonstruktionen, innen (z.B. tragende und nichttragende Wände)	KG 340
• Decken/Horizontale Baukonstruktionen (z.B. tragende Decken, Treppen, Rampen)	KG 350
• Dächer (z.B. tragende und nichttragende Baukonstruktionen für flache und geneigte Dächer)	KG 360
Infrastrukturanlagen	*KG 370*
• Baukonstruktive Einbauten (z.B. allgemeine, besondere, landschaftsgestalterische und mechanische Einbauten)	KG 380
• Sonstige Maßnahmen für Baukonstruktionen (z.B. Baukonstruktionen und übergreifende Maßnahmen, die nicht einzelnen KG der KG 300 zugeordnet werden können)	KG 390
• Öffentliche Erschließung (z.B. Abwasserentsorgung, Wasserversorgung, Verkehrserschließung)	KG 220
• Nichtöffentliche Erschließung	KG 230
• Bauwerk – Technische Anlagen (z.B. Abwasser-, Wasser-, Gasanlagen, elektrische Anlagen)	KG 400
• Verfahrenstechnischen Anlagen, Wasser, Abwasser und Gase	KG 477
• Verfahrenstechnischen Anlagen, Feststoffe, Wertstoffe und Abfälle	KG 478
• Erdbau für Außenanlagen und Freiflächen (z.B. Erdbaumaßnahmen, Baugruben, Dämme)	KG 510
• Gründung, Unterbau für Außenanlagen und Freiflächen (z.B. Fundament- und Bodenplatten)	KG 520
• Oberbau, Deckschichten in Außenanlagen und Freiflächen (z.B. Wege, Straßen, Plätze)	KG 530
• Baukonstruktionen in Außenanlagen und Freiflächen (z.B. Rampen, Treppen, Stege, Kanäle)	KG 540
• Technische Anlagen in Außenanlagen und Freiflächen (z.B. Abwasser- und Wasseranlagen)	KG 550

Erläuterungen

- Infrastrukturanlagen für Verkehr sowie Ver- und Entsorgung stellen eigenständige Bauwerke dar, wenn sie nicht Teil eines Bauprojekts sind, bei dem das Bauwerk zu den Hochbauten oder den Ingenieurbauten zählt, und wenn demzufolge die Kosten dieser Infrastrukturanlagen in eigenen Kostenermittlungen ermittelt werden. Die Kosten der Baukonstruktionen dieser Bauwerke werden in der KG 370 erfasst, soweit sie nicht in den KG 330 bis 360 erfasst werden können.
- Das bedeutet, dass die Kosten von äußeren und inneren vertikalen Baukonstruktionen sowie die Kosten von horizontalen Baukonstruktionen und Dächern, soweit wie möglich, in der jeweiligen Kostengruppe (KG 330, KG 340, KG 350 und KG 360) erfasst werden sollen. Die Kosten der Erdbaumaßnahmen für Infrastrukturanlagen werden in der KG 310 erfasst, die Kosten der Gründungs- und Unterbaumaßnahmen in der KG 320.
- Elektrische Komponenten werden ab Anschlusspunkt der elektrischen Versorgungsleitung einschließlich der elektrischen Verkabelung und der Anschlussarbeiten sowie der Inbetriebnahme in der Kostengruppe des zugehörigen Bauelements erfasst (z.B. Antriebe und Steuerungen).

DIN 276 Tabelle 1 – Kostengliederung	
371	**Anlagen für den Straßenverkehr** Oberbau von Flächen für den Fuß- und Radverkehr, für den Leicht- und Schwerverkehr und für den ruhenden Verkehr (Wege, Straßen und Plätze)

DIN 276 Tabelle 3 – Mengen und Bezugseinheiten für die Kostengruppe 300	
Einheit	
Bezeichnung	Nach Anforderung des Projekts
Ermittlung	

In dieser Kostengruppe enthalten

- Oberbau- und Deckschichten von Flächen für den Fuß- und Radverkehr (z.B. Gehwege, Radwege)
- Oberbau- und Deckschichten von Flächen für den Leicht- und Schwerverkehr (z.B. Autobahnen, Fernstraßen, Ortsstraßen, Fußgängerzonen mit Anlieferungsverkehr, Plätze)
- Oberbau- und Deckschichten von Flächen für den ruhenden Verkehr (z.B. Parkplätze, Rastplätze)
- Oberbau- und Deckschichten mit oder ohne Bindemittel von befestigten Flächen
- Bettungsmaterialien, Fugenfüllungen, Markierungen und Einfassungen (z.B. Borde, Kantensteine)

In anderen Kostengruppen enthalten	
Anlagen für den Straßenverkehr	*KG 371*
• Anlagen für den Schienenverkehr	KG 372
• Anlagen für den Flugverkehr	KG 373
• Anlagen des Wasserbaus	KG 374
• Anlagen der Abwasserentsorgung	KG 375
• Anlagen der Wasserversorgung	KG 376
• Anlagen der Energie- und Informationsversorgung	KG 377
• Anlagen der Abfallentsorgung	KG 378
• Sonstiges zur KG 370	KG 379
• Verkehrserschließung (im Rahmen der öffentlichen Erschließung)	KG 227
• Verkehrserschließung (im Rahmen der nichtöffentlichen Erschließung)	KG 237
• Baugrube/Erdbau (z.B. Bodenarbeiten, Erdbaumaßnahmen, Baugruben, Dämme)	KG 310
• Gründung, Unterbau (z.B. Baugrundverbesserung, Fundament- und Bodenplatten, Dränagen)	KG 320
• Außenwände/Vertikale Baukonstruktionen, außen (z.B. tragende und nichttragende Wände)	KG 330
• Innenwände/Vertikale Baukonstruktionen, innen (z.B. tragende und nichttragende Wände)	KG 340
• Decken/Horizontale Baukonstruktionen (z.B. tragende Decken, Treppen, Rampen)	KG 350
• Dächer (z.B. tragende und nichttragende Baukonstruktionen für flache und geneigte Dächer)	KG 360
• Bauwerk – Technische Anlagen (z.B. Abwasser-, Wasser-, Gasanlagen, elektrische Anlagen)	KG 400
• Verfahrenstechnischen Anlagen, Wasser, Abwasser und Gase	KG 477
• Verfahrenstechnischen Anlagen, Feststoffe, Wertstoffe und Abfälle	KG 478
• Erdbau für Außenanlagen und Freiflächen (z.B. Erdbaumaßnahmen, Baugruben, Dämme)	KG 510
• Gründung, Unterbau für Außenanlagen und Freiflächen (z.B. Fundament- und Bodenplatten)	KG 520
• Oberbau, Deckschichten in Außenanlagen und Freiflächen	KG 530
• Wege (z.B. Flächen für Fuß- und Radverkehr)	KG 531
• Straßen (z.B. Flächen für Leicht- und Schwerverkehr, Fußgängerzonen mit Anlieferungsverkehr)	KG 532
• Plätze, Höfe, Terrassen (z.B. Platzflächen, Innenhöfe, Terrassen, Sitzplätze)	KG 533
• Stellplätze (z.B. Flächen für den ruhenden Verkehr)	KG 534
• Baukonstruktionen in Außenanlagen und Freiflächen (z.B. Rampen, Treppen, Stege, Kanäle)	KG 540
• Technische Anlagen in Außenanlagen und Freiflächen (z.B. Abwasser- und Wasseranlagen)	KG 550

DIN 276 Tabelle 1 – Kostengliederung	
372	**Anlagen für den Schienenverkehr**
	Oberbau von Gleisanlagen (Gleise, Weichen und Gleisabschlüsse) sowie von Bahnsteiganlagen

DIN 276 Tabelle 3 – Mengen und Bezugseinheiten für die Kostengruppe 300	
Einheit	
Bezeichnung	Nach Anforderung des Projekts
Ermittlung	

In dieser Kostengruppe enthalten

- Gleise (z.B. Vignolschienen, Rillenschienen)
- Weichen, Kreuzungen
- Gleisabschlüsse (z.B. Rammböcke, Gleisendschuhe, Stirn- oder Kopframpen)
- Schwellen (z.B. aus Holz, Stahl oder Beton), Kleineisen
- Bettung (z.B. Schotter)
- Feste Fahrbahnen mit Oberbauplatten aus Beton oder Asphalt
- Übergänge mit Oberflächenbefestigungen
- Oberflächenbehandlung (z.B. Beschichtung, Korrosionsschutz)
- Bahnsteiganlagen

In anderen Kostengruppen enthalten	
• Anlagen für den Straßenverkehr	KG 371
Anlagen für den Schienenverkehr	*KG 372*
• Anlagen für den Flugverkehr	KG 373
• Anlagen des Wasserbaus	KG 374
• Anlagen der Abwasserentsorgung	KG 375
• Anlagen der Wasserversorgung	KG 376
• Anlagen der Energie- und Informationsversorgung	KG 377
• Anlagen der Abfallentsorgung	KG 378
• Sonstiges zur KG 370	KG 379
• Verkehrserschließung (im Rahmen der öffentlichen Erschließung)	KG 227
• Verkehrserschließung (im Rahmen der nichtöffentlichen Erschließung)	KG 237
• Baugrube/Erdbau (z.B. Bodenarbeiten, Erdbaumaßnahmen, Baugruben, Dämme)	KG 310
• Gründung, Unterbau (z.B. Baugrundverbesserung, Fundament- und Bodenplatten, Dränagen)	KG 320
• Außenwände/Vertikale Baukonstruktionen, außen (z.B. tragende und nichttragende Wände)	KG 330
• Innenwände/Vertikale Baukonstruktionen, innen (z.B. tragende und nichttragende Wände)	KG 340
• Decken/Horizontale Baukonstruktionen (z.B. tragende Decken, Treppen, Rampen)	KG 350
• Dächer (z.B. tragende und nichttragende Baukonstruktionen für flache und geneigte Dächer)	KG 360
• Bauwerk – Technische Anlagen (z.B. Abwasser-, Wasser-, Gasanlagen, elektrische Anlagen)	KG 400
• Verfahrenstechnischen Anlagen, Wasser, Abwasser und Gase	KG 477
• Verfahrenstechnischen Anlagen, Feststoffe, Wertstoffe und Abfälle	KG 478
• Erdbau für Außenanlagen und Freiflächen (z.B. Erdbaumaßnahmen, Baugruben, Dämme)	KG 510
• Gründung, Unterbau für Außenanlagen und Freiflächen (z.B. Fundament- und Bodenplatten)	KG 520
• Oberbau, Deckschichten in Außenanlagen und Freiflächen	KG 530
• Gleisanlagen (z.B. Gleise, Weichen, Gleisabschlüsse)	KG 537
• Baukonstruktionen in Außenanlagen und Freiflächen (z.B. Rampen, Treppen, Stege, Kanäle)	KG 540
• Technische Anlagen in Außenanlagen und Freiflächen (z.B. Abwasser- und Wasseranlagen)	KG 550

DIN 276 Tabelle 1 – Kostengliederung

373 **Anlagen für den Flugverkehr**

Oberbau- und Deckschichten von Flugverkehrsflächen

DIN 276 Tabelle 3 – Mengen und Bezugseinheiten für die Kostengruppe 300

Einheit	
Bezeichnung	Nach Anforderung des Projekts
Ermittlung	

In dieser Kostengruppe enthalten

- Oberbau- und Deckschichten von Flugverkehrsflächen (z.B. Pisten, Rollwege, Vorfeld)
- Oberbau- und Deckschichten mit oder ohne Bindemittel von befestigten Flächen
- Bettungsmaterialien, Fugenfüllungen, Markierungen und Einfassungen

In anderen Kostengruppen enthalten

• Anlagen für den Straßenverkehr	KG 371
• Anlagen für den Schienenverkehr	KG 372
Anlagen für den Flugverkehr	*KG 373*
• Anlagen des Wasserbaus	KG 374
• Anlagen der Abwasserentsorgung	KG 375
• Anlagen der Wasserversorgung	KG 376
• Anlagen der Energie- und Informationsversorgung	KG 377
• Anlagen der Abfallentsorgung	KG 378
• Sonstiges zur KG 370	KG 379
• Verkehrserschließung (im Rahmen der öffentlichen Erschließung)	KG 227
• Verkehrserschließung (im Rahmen der nichtöffentlichen Erschließung)	KG 237
• Baugrube/Erdbau (z.B. Bodenarbeiten, Erdbaumaßnahmen, Baugruben, Dämme)	KG 310
• Gründung, Unterbau (z.B. Baugrundverbesserung, Fundament- und Bodenplatten, Dränagen)	KG 320
• Außenwände/Vertikale Baukonstruktionen, außen (z.B. tragende und nichttragende Wände)	KG 330
• Innenwände/Vertikale Baukonstruktionen, innen (z.B. tragende und nichttragende Wände)	KG 340
• Decken/Horizontale Baukonstruktionen (z.B. tragende Decken, Treppen, Rampen)	KG 350
• Dächer (z.B. tragende und nichttragende Baukonstruktionen für flache und geneigte Dächer)	KG 360
• Bauwerk – Technische Anlagen (z.B. Abwasser-, Wasser-, Gasanlagen, elektrische Anlagen)	KG 400
• Verfahrenstechnischen Anlagen, Wasser, Abwasser und Gase	KG 477
• Verfahrenstechnischen Anlagen, Feststoffe, Wertstoffe und Abfälle	KG 478
• Erdbau für Außenanlagen und Freiflächen (z.B. Erdbaumaßnahmen, Baugruben, Dämme)	KG 510
• Gründung, Unterbau für Außenanlagen und Freiflächen (z.B. Fundament- und Bodenplatten)	KG 520
• Oberbau, Deckschichten in Außenanlagen und Freiflächen	KG 530
• Flugplatzflächen (z.B. Oberbau, Deckschichten von Hubschrauberlandeplätzen)	KG 538
• Baukonstruktionen in Außenanlagen und Freiflächen (z.B. Rampen, Treppen, Stege, Kanäle)	KG 540
• Technische Anlagen in Außenanlagen und Freiflächen (z.B. Abwasser- und Wasseranlagen)	KG 550

DIN 276 Tabelle 1 – Kostengliederung

374	**Anlagen des Wasserbaus**
	Baukonstruktionen von Anlagen des Verkehrswasserbaus (z. B. Kanäle, Schleusen, Hafen-, Dock- und Werftanlagen) sowie des Gewässerausbaus (z. B. Uferbefestigungen, Dämme, Deiche, Durchlässe, Wehre)

DIN 276 Tabelle 3 – Mengen und Bezugseinheiten für die Kostengruppe 300

Einheit	
Bezeichnung	Nach Anforderung des Projekts
Ermittlung	

In dieser Kostengruppe enthalten

- Anlagen des Verkehrswasserbaus (z.B. Kanäle, Schleusen, Hafen-, Dock- und Werftanlagen, Schiffshebewerke, geneigte Ebenen)
- Anlagen des Gewässerausbaus (z.B. Uferbefestigungen, Dämme, Deiche, Durchlässe, Wehre,
- Längswerke, Querbauwerke, Buhnen, Wildbachverbauung)

In anderen Kostengruppen enthalten

• Anlagen für den Straßenverkehr	KG 371
• Anlagen für den Schienenverkehr	KG 372
• Anlagen für den Flugverkehr	KG 373
Anlagen des Wasserbaus	*KG 374*
• Anlagen der Abwasserentsorgung	KG 375
• Anlagen der Wasserversorgung	KG 376
• Anlagen der Energie- und Informationsversorgung	KG 377
• Anlagen der Abfallentsorgung	KG 378
• Sonstiges zur KG 370	KG 379
• Verkehrserschließung (im Rahmen der öffentlichen Erschließung)	KG 227
• Verkehrserschließung (im Rahmen der nichtöffentlichen Erschließung)	KG 237
• Baugrube/Erdbau (z.B. Bodenarbeiten, Erdbaumaßnahmen, Baugruben, Dämme)	KG 310
• Gründung, Unterbau (z.B. Baugrundverbesserung, Fundament- und Bodenplatten, Dränagen)	KG 320
• Außenwände/Vertikale Baukonstruktionen, außen (z.B. tragende und nichttragende Wände)	KG 330
• Innenwände/Vertikale Baukonstruktionen, innen (z.B. tragende und nichttragende Wände)	KG 340
• Decken/Horizontale Baukonstruktionen (z.B. tragende Decken, Treppen, Rampen)	KG 350
• Dächer (z.B. tragende und nichttragende Baukonstruktionen für flache und geneigte Dächer)	KG 360
• Bauwerk – Technische Anlagen (z.B. Abwasser-, Wasser-, Gasanlagen, elektrische Anlagen)	KG 400
• Hydraulikanlagen (z.B. für mechanische Baukonstruktionen im Stahlwasserbau)	KG 466
• Verfahrenstechnischen Anlagen, Wasser, Abwasser und Gase	KG 477
• Verfahrenstechnischen Anlagen, Feststoffe, Wertstoffe und Abfälle	KG 478
• Erdbau für Außenanlagen und Freiflächen (z.B. Erdbaumaßnahmen, Baugruben, Dämme)	KG 510
• Gründung, Unterbau für Außenanlagen und Freiflächen (z.B. Fundament- und Bodenplatten)	KG 520
• Oberbau, Deckschichten in Außenanlagen und Freiflächen (z.B. Wege, Straßen, Plätze)	KG 530
• Baukonstruktionen in Außenanlagen und Freiflächen (z.B. Rampen, Treppen, Stege, Kanäle)	KG 540
• Technische Anlagen in Außenanlagen und Freiflächen (z.B. Abwasser- und Wasseranlagen)	KG 550
• Wasserflächen (z.B. naturnahe Wasserflächen, Bäche, Teiche, Seen)	KG 580

DIN 276 Tabelle 1 – Kostengliederung

375 **Anlagen der Abwasserentsorgung**

Baukonstruktionen von Anlagen der Regenrückhaltung, der Abwasser- und Schlammbehandlung sowie von Abwasserleitungsnetzen

DIN 276 Tabelle 3 – Mengen und Bezugseinheiten für die Kostengruppe 300

Einheit	
Bezeichnung	Nach Anforderung des Projekts
Ermittlung	

In dieser Kostengruppe enthalten

- Anlagen der Regenrückhaltung (z.B. Zisternen, Rigolen, Regenrückhaltebecken, unterirdische Regenrückhaltungsanlagen, Regenrückhaltegräben, Regenstaukanäle)
- Anlagen der Abwasser- und Schlammbehandlung (z.B. Rechengebäude, Sandfänge, Vorklärbecken, biologische Belebungsbecken, Nachklärbecken, Regenwasserbecken, Schlammfaulbehälter, Schlammentwässerungsgebäude, Gasbehälter, Schlammeindicker, Phosphatfällung)
- Abwasserleitungsnetze (Zulauf- und Ablaufkanäle, Pumpwerke, Abwasserkanäle, Abwasserdruckrohrleitungen)
- Elektrische Komponenten, ab Anschlusspunkt der elektrischen Versorgungsleitung einschließlich der elektrischen Verkabelung und der Anschlussarbeiten sowie der Inbetriebnahme (z.B. Antriebe und Steuerung)

In anderen Kostengruppen enthalten

• Anlagen für den Straßenverkehr	KG 371
• Anlagen für den Schienenverkehr	KG 372
• Anlagen für den Flugverkehr	KG 373
• Anlagen des Wasserbaus	KG 374
Anlagen der Abwasserentsorgung	*KG 375*
• Anlagen der Wasserversorgung	KG 376
• Anlagen der Energie- und Informationsversorgung	KG 377
• Anlagen der Abfallentsorgung	KG 378
• Sonstiges zur KG 370	KG 379
• Abwasserentsorgung (im Rahmen der öffentlichen Erschließung)	KG 221
• Abwasserentsorgung (im Rahmen der nichtöffentlichen Erschließung)	KG 231
• Baugrube/Erdbau (z.B. Bodenarbeiten, Erdbaumaßnahmen, Baugruben, Dämme)	KG 310
• Gründung, Unterbau (z.B. Baugrundverbesserung, Fundament- und Bodenplatten, Dränagen)	KG 320
• Außenwände/Vertikale Baukonstruktionen, außen (z.B. tragende und nichttragende Wände)	KG 330
• Innenwände/Vertikale Baukonstruktionen, innen (z.B. tragende und nichttragende Wände)	KG 340
• Decken/Horizontale Baukonstruktionen (z.B. tragende Decken, Treppen, Rampen)	KG 350
• Dächer (z.B. tragende und nichttragende Baukonstruktionen für flache und geneigte Dächer)	KG 360
• Bauwerk – Technische Anlagen (z.B. Abwasser-, Wasser-, Gasanlagen, elektrische Anlagen)	KG 400
• Abwasseranlagen der technischen Anlagen des Bauwerks	KG 411
• Niederspannungsinstallationsanlagen (z.B. Kabel, Leitungen Unterverteiler, Verlegesysteme)	KG 444
• Verfahrenstechnischen Anlagen, Wasser, Abwasser und Gase	KG 477
• Verfahrenstechnischen Anlagen, Feststoffe, Wertstoffe und Abfälle	KG 478
• Erdbau für Außenanlagen und Freiflächen (z.B. Erdbaumaßnahmen, Baugruben, Dämme)	KG 510
• Gründung, Unterbau für Außenanlagen und Freiflächen (z.B. Fundament- und Bodenplatten)	KG 520
• Oberbau, Deckschichten in Außenanlagen und Freiflächen (z.B. Wege, Straßen, Plätze)	KG 530
• Baukonstruktionen in Außenanlagen und Freiflächen (z.B. Rampen, Treppen, Stege, Kanäle)	KG 540
• Technische Anlagen in Außenanlagen und Freiflächen (z.B. Abwasser- und Wasseranlagen)	KG 550

In anderen Kostengruppen enthalten	
• Abwasseranlagen der technischen Anlagen in Außenanlagen und Freiflächen	KG 551

DIN 276 Tabelle 1 – Kostengliederung	
376	**Anlagen der Wasserversorgung**
	Baukonstruktionen von Anlagen der Wassergewinnung, Wasserspeicherung, Wasseraufbereitung und Wasserverteilung

DIN 276 Tabelle 3 – Mengen und Bezugseinheiten für die Kostengruppe 300	
Einheit	
Bezeichnung	Nach Anforderung des Projekts
Ermittlung	

In dieser Kostengruppe enthalten

- Anlagen der Wassergewinnung (z.B. Quellfassungen, Brunnenanlagen, Zisternen, Talsperren)
- Anlagen der Wasserspeicherung (z.B. Reinwasserbehälter, Hochbehälter)
- Anlagen der Wasseraufbereitung (z.B. Filteranlagen, physikalische und chemische Wasseraufbereitungsanlagen)
- Anlagen der Wasserverteilung (z.B. Wasserleitungen, Pumpstationen, Druckerhöhungsanlagen)
- Elektrische Komponenten, ab Anschlusspunkt der elektrischen Versorgungsleitung einschließlich der elektrischen Verkabelung und der Anschlussarbeiten sowie der Inbetriebnahme (z.B. Antriebe und Steuerung)

In anderen Kostengruppen enthalten	
• Anlagen für den Straßenverkehr	KG 371
• Anlagen für den Schienenverkehr	KG 372
• Anlagen für den Flugverkehr	KG 373
• Anlagen des Wasserbaus	KG 374
• Anlagen der Abwasserentsorgung	KG 375
Anlagen der Wasserversorgung	*KG 376*
• Anlagen der Energie- und Informationsversorgung	KG 377
• Anlagen der Abfallentsorgung	KG 378
• Sonstiges zur KG 370	KG 379
• Wasserversorgung (im Rahmen der öffentlichen Erschließung)	KG 222
• Wasserversorgung (im Rahmen der nichtöffentlichen Erschließung)	KG 232
• Baugrube/Erdbau (z.B. Bodenarbeiten, Erdbaumaßnahmen, Baugruben, Dämme)	KG 310
• Gründung, Unterbau (z.B. Baugrundverbesserung, Fundament- und Bodenplatten, Dränagen)	KG 320
• Außenwände/Vertikale Baukonstruktionen, außen (z.B. tragende und nichttragende Wände)	KG 330
• Innenwände/Vertikale Baukonstruktionen, innen (z.B. tragende und nichttragende Wände)	KG 340
• Decken/Horizontale Baukonstruktionen (z.B. tragende Decken, Treppen, Rampen)	KG 350
• Dächer (z.B. tragende und nichttragende Baukonstruktionen für flache und geneigte Dächer)	KG 360
• Bauwerk – Technische Anlagen (z.B. Abwasser-, Wasser-, Gasanlagen, elektrische Anlagen)	KG 400
• Wasseranlagen der technischen Anlagen des Bauwerks	KG 412
• Niederspannungsinstallationsanlagen (z.B. Kabel, Leitungen Unterverteiler, Verlegesysteme)	KG 444
• Verfahrenstechnischen Anlagen, Wasser, Abwasser und Gase	KG 477
• Verfahrenstechnischen Anlagen, Feststoffe, Wertstoffe und Abfälle	KG 478
• Erdbau für Außenanlagen und Freiflächen (z.B. Erdbaumaßnahmen, Baugruben, Dämme)	KG 510
• Gründung, Unterbau für Außenanlagen und Freiflächen (z.B. Fundament- und Bodenplatten)	KG 520
• Oberbau, Deckschichten in Außenanlagen und Freiflächen (z.B. Wege, Straßen, Plätze)	KG 530
• Baukonstruktionen in Außenanlagen und Freiflächen (z.B. Rampen, Treppen, Stege, Kanäle)	KG 540
• Technische Anlagen in Außenanlagen und Freiflächen (z.B. Abwasser- und Wasseranlagen)	KG 550
• Wasseranlagen der technischen Anlagen in Außenanlagen und Freiflächen	KG 552

DIN 276 Tabelle 1 – Kostengliederung

377 **Anlagen der Energie- und Informationsversorgung**

Baukonstruktionen von Versorgungsanlagen für elektrische Energieträger, thermische Energieträger (Wärme- und Kälteversorgung) sowie für Information (z. B. Erzeugungs- und Verteilungsanlagen, Rohrleitungs- und Kabelleitungsanlagen einschließlich Masten und Rohrbrücken)

DIN 276 Tabelle 3 – Mengen und Bezugseinheiten für die Kostengruppe 300

Einheit	
Bezeichnung	Nach Anforderung des Projekts
Ermittlung	

In dieser Kostengruppe enthalten

- Versorgungsanlagen für elektrische Energieträger
- Versorgungsanlagen für thermische Energieträger (Wärme- und Kälteversorgung)
- Versorgungsanlagen für Information
- Erzeugungs- und Verteilungsanlagen
- Rohrleitungs- und Kabelleitungsanlagen (einschließlich Masten und Rohrbrücken)
- Elektrische Komponenten, ab Anschlusspunkt der elektrischen Versorgungsleitung einschließlich der elektrischen Verkabelung und der Anschlussarbeiten sowie der Inbetriebnahme (z.B. Antriebe und Steuerung)

In anderen Kostengruppen enthalten

• Anlagen für den Straßenverkehr	KG 371
• Anlagen für den Schienenverkehr	KG 372
• Anlagen für den Flugverkehr	KG 373
• Anlagen des Wasserbaus	KG 374
• Anlagen der Abwasserentsorgung	KG 375
• Anlagen der Wasserversorgung	KG 376
Anlagen der Energie- und Informationsversorgung	*KG 377*
• Anlagen der Abfallentsorgung	KG 378
• Sonstiges zur KG 370	KG 379
• Gasversorgung (im Rahmen der öffentlichen Erschließung)	KG 223
• Fernwärmeversorgung (im Rahmen der öffentlichen Erschließung)	KG 224
• Stromversorgung (im Rahmen der öffentlichen Erschließung)	KG 225
• Telekommunikation (im Rahmen der öffentlichen Erschließung)	KG 226
• Nichtöffentliche Erschließung	KG 230
• Baugrube/Erdbau (z.B. Bodenarbeiten, Erdbaumaßnahmen, Baugruben, Dämme)	KG 310
• Gründung, Unterbau (z.B. Baugrundverbesserung, Fundament- und Bodenplatten, Dränagen)	KG 320
• Außenwände/Vertikale Baukonstruktionen, außen (z.B. tragende und nichttragende Wände)	KG 330
• Innenwände/Vertikale Baukonstruktionen, innen (z.B. tragende und nichttragende Wände)	KG 340
• Decken/Horizontale Baukonstruktionen (z.B. tragende Decken, Treppen, Rampen)	KG 350
• Dächer (z.B. tragende und nichttragende Baukonstruktionen für flache und geneigte Dächer)	KG 360
• Bauwerk – Technische Anlage (z.B. Abwasser-, Wasser-, Gasanlagen)	KG 400
• Wärmeversorgungsanlagen der technischen Anlagen des Bauwerks	KG 420
• Elektrische Anlagen der technischen Anlagen des Bauwerks	KG 440
• Niederspannungsinstallationsanlagen (z.B. Kabel, Leitungen Unterverteiler, Verlegesysteme)	KG 444
• Kommunikations-, sicherheits- und informationstechnische Anlagen des Bauwerks	KG 450
• Verfahrenstechnischen Anlagen, Wasser, Abwasser und Gase	KG 477
• Verfahrenstechnischen Anlagen, Feststoffe, Wertstoffe und Abfälle	KG 478

In anderen Kostengruppen enthalten	
• Erdbau für Außenanlagen und Freiflächen (z.B. Erdbaumaßnahmen, Baugruben, Dämme)	KG 510
• Gründung, Unterbau für Außenanlagen und Freiflächen (z.B. Fundament- und Bodenplatten)	KG 520
• Oberbau, Deckschichten in Außenanlagen und Freiflächen (z.B. Wege, Straßen, Plätze)	KG 530
• Baukonstruktionen in Außenanlagen und Freiflächen (z.B. Rampen, Treppen, Stege, Kanäle)	KG 540
• Technische Anlagen in Außenanlagen und Freiflächen (z.B. kommunikations-, sicherheits- und informationstechnische Anlagen)	KG 550

DIN 276 Tabelle 1 – Kostengliederung	
378	**Anlagen der Abfallentsorgung**
	Baukonstruktionen von Anlagen zur Sammlung, Lagerung, Deponierung, Aufbereitung von Abfällen und Wertstoffen

DIN 276 Tabelle 3 – Mengen und Bezugseinheiten für die Kostengruppe 300	
Einheit	
Bezeichnung	Nach Anforderung des Projekts
Ermittlung	

In dieser Kostengruppe enthalten

- Anlagen zur Lagerung von Abfällen und Wertstoffen
- Anlagen zur Deponierung von Abfällen und Wertstoffen (z.B. Mülldeponien)
- Anlagen zur Aufbereitung von Abfällen und Wertstoffen (z.B. Kompostierungsanlagen)

In anderen Kostengruppen enthalten	
• Anlagen für den Straßenverkehr	KG 371
• Anlagen für den Schienenverkehr	KG 372
• Anlagen für den Flugverkehr	KG 373
• Anlagen des Wasserbaus	KG 374
• Anlagen der Abwasserentsorgung	KG 375
• Anlagen der Wasserversorgung	KG 376
• Anlagen der Energie- und Informationsversorgung	KG 377
Anlagen der Abfallentsorgung	*KG 378*
• Sonstiges zur KG 370	KG 379
• Abfallentsorgung (im Rahmen der öffentlichen Erschließung)	KG 228
• Abfallentsorgung (im Rahmen der nichtöffentlichen Erschließung)	KG 237
• Baugrube/Erdbau (z.B. Bodenarbeiten, Erdbaumaßnahmen, Baugruben, Dämme)	KG 310
• Gründung, Unterbau (z.B. Baugrundverbesserung, Fundament- und Bodenplatten, Dränagen)	KG 320
• Außenwände/Vertikale Baukonstruktionen, außen (z.B. tragende und nichttragende Wände)	KG 330
• Innenwände/Vertikale Baukonstruktionen, innen (z.B. tragende und nichttragende Wände)	KG 340
• Decken/Horizontale Baukonstruktionen (z.B. tragende Decken, Treppen, Rampen)	KG 350
• Dächer (z.B. tragende und nichttragende Baukonstruktionen für flache und geneigte Dächer)	KG 360
• Bauwerk – Technische Anlagen (z.B. Abwasser-, Wasser-, Gasanlagen, elektrische Anlagen)	KG 400
• Verfahrenstechnischen Anlagen, Wasser, Abwasser und Gase	KG 477
• Verfahrenstechnischen Anlagen, Feststoffe, Wertstoffe und Abfälle	KG 478
• Erdbau für Außenanlagen und Freiflächen (z.B. Erdbaumaßnahmen, Baugruben, Dämme)	KG 510
• Gründung, Unterbau für Außenanlagen und Freiflächen (z.B. Fundament- und Bodenplatten)	KG 520
• Oberbau, Deckschichten in Außenanlagen und Freiflächen (z.B. Wege, Straßen, Plätze)	KG 530
• Baukonstruktionen in Außenanlagen und Freiflächen (z.B. Rampen, Treppen, Stege, Kanäle)	KG 540
• Technische Anlagen in Außenanlagen und Freiflächen (z.B. Abwasser- und Wasseranlagen)	KG 550

DIN 276 Tabelle 1 – Kostengliederung

379	**Sonstiges zur KG 370**
	Ver- und Entsorgungsanlagen für Gase, Flüssigkeiten und Feststoffe, Transportanlagen wie Förderbandanlagen

DIN 276 Tabelle 3 – Mengen und Bezugseinheiten für die Kostengruppe 300

Einheit	
Bezeichnung	Nach Anforderung des Projekts
Ermittlung	

In dieser Kostengruppe enthalten

- Sonstige Kosten für Infrastrukturanlagen, die nicht den KG 371 bis 378 zuzuordnen sind
- Versorgungsanlagen für Gase
- Ver- und Entsorgungsanlagen für Flüssigkeiten und Feststoffe
- Transportanlagen (z.B. Förderbandanlagen)

In anderen Kostengruppen enthalten

• Anlagen für den Straßenverkehr	KG 371
• Anlagen für den Schienenverkehr	KG 372
• Anlagen für den Flugverkehr	KG 373
• Anlagen des Wasserbaus	KG 374
• Anlagen der Abwasserentsorgung	KG 375
• Anlagen der Wasserversorgung	KG 376
• Anlagen der Energie- und Informationsversorgung	KG 377
• Anlagen der Abfallentsorgung	KG 378
Sonstiges zur KG 370	*KG 379*
• Öffentliche Erschließung	KG 220
• Nichtöffentliche Erschließung	KG 230
• Baugrube/Erdbau (z.B. Bodenarbeiten, Erdbaumaßnahmen, Baugruben, Dämme)	KG 310
• Gründung, Unterbau (z.B. Baugrundverbesserung, Fundament- und Bodenplatten, Dränagen)	KG 320
• Außenwände/Vertikale Baukonstruktionen, außen (z.B. tragende und nichttragende Wände)	KG 330
• Innenwände/Vertikale Baukonstruktionen, innen (z.B. tragende und nichttragende Wände)	KG 340
• Decken/Horizontale Baukonstruktionen (z.B. tragende Decken, Treppen, Rampen)	KG 350
• Dächer (z.B. tragende und nichttragende Baukonstruktionen für flache und geneigte Dächer)	KG 360
• Bauwerk – Technische Anlagen (z.B. Abwasser-, Wasser-, Gasanlagen, elektrische Anlagen)	KG 400
• Förderanlagen (z.B. Transportanlagen)	KG 460
• Verfahrenstechnischen Anlagen, Wasser, Abwasser und Gase	KG 477
• Verfahrenstechnischen Anlagen, Feststoffe, Wertstoffe und Abfälle	KG 478
• Erdbau für Außenanlagen und Freiflächen (z.B. Erdbaumaßnahmen, Baugruben, Dämme)	KG 510
• Gründung, Unterbau für Außenanlagen und Freiflächen (z.B. Fundament- und Bodenplatten)	KG 520
• Oberbau, Deckschichten in Außenanlagen und Freiflächen (z.B. Wege, Straßen, Plätze)	KG 530
• Baukonstruktionen in Außenanlagen und Freiflächen (z.B. Rampen, Treppen, Stege, Kanäle)	KG 540
• Technische Anlagen in Außenanlagen und Freiflächen (z.B. Abwasser- und Wasseranlagen)	KG 550

DIN 276 Tabelle 1 – Kostengliederung	
380	**Baukonstruktive Einbauten**
	Mit dem Bauwerk fest verbundene Einbauten, jedoch ohne die nutzungsspezifischen Anlagen (siehe KG 470)
	Für die Abgrenzung gegenüber der KG 600 ist maßgebend, dass die Einbauten durch ihre Beschaffenheit und die Art ihres Einbaus technische und planerische Maßnahmen erforderlich machen (z. B. Anfertigen von Ausführungszeichnungen, statischen und anderen Berechnungen, Anschließen von Installationen).

DIN 276 Tabelle 3 – Mengen und Bezugseinheiten für die Kostengruppe 300	
Einheit	m^2
Bezeichnung	Brutto-Grundfläche (BGF)
Ermittlung	Gesamte Brutto-Grundfläche nach DIN 277

In dieser Kostengruppe enthalten	
KG 381	Allgemeine Einbauten
KG 382	Besondere Einbauten
KG 383	Landschaftsgestalterische Einbauten
KG 384	Mechanische Einbauten
KG 385	Einbauten in Konstruktionen des Ingenieurbaus
KG 386	Orientierungs- und Informationssysteme
KG 387	Schutzeinbauten
KG 389	Sonstiges zur KG 380

In anderen Kostengruppen enthalten	
• Baugrube/Erdbau (z.B. Bodenarbeiten, Baugruben, Dämme)	KG 310
• Gründung, Unterbau (z.B. Fundament- und Bodenplatten, Dränagen)	KG 320
• Außenwände/Vertikale Baukonstruktionen, außen (z.B. Außenwandöffnungen, Außenwandbekleidungen, elementierte Außenwandkonstruktionen)	KG 330
• Innenwände/Vertikale Baukonstruktionen, innen (z.B. Innenwandöffnungen, Innenwandbekleidungen, elementierte Innenwandkonstruktionen)	KG 340
• Decken/Horizontale Baukonstruktionen (z.B. Deckenöffnungen, Deckenbekleidungen, elementierte Deckenkonstruktionen)	KG 350
• Dächer (z.B. Dachöffnungen, Dachbekleidungen, elementierte Dachkonstruktionen)	KG 360
• Baukonstruktionen von Infrastrukturanlagen, soweit sie nicht in den KG 330 bis 360 erfasst werden können	KG 370
Baukonstruktive Einbauten	*KG 380*
• Sonstige Maßnahmen für Baukonstruktionen (z.B. Baukonstruktionen und übergreifende Maßnahmen, die nicht einzelnen KG der KG 300 zugeordnet werden können)	KG 390
• Nutzungsspezifische und verfahrenstechnische Anlagen	KG 470
• Einbauten in Außenanlagen und Freiflächen (z.B. allgemeine Einbauten, besondere Einbauten, Orientierungs- und Informationssysteme)	KG 560
• Ausstattung und Kunstwerke (z.B. allgemeine Ausstattung, besondere Ausstattung, informationstechnische Ausstattung, künstlerische Ausstattung)	KG 600

Erläuterungen

- Elektrische Komponenten werden ab Anschlusspunkt der elektrischen Versorgungsleitung einschließlich der elektrischen Verkabelung und der Anschlussarbeiten sowie der Inbetriebnahme in der Kostengruppe des zugehörigen Bauelements erfasst (z.B. Antriebe und Steuerungen).

DIN 276 Tabelle 1 – Kostengliederung

381 **Allgemeine Einbauten**

Einbauten (insbesondere in Hochbauten), die einer allgemeinen Zweckbestimmung dienen (z. B. Einbaumöbel wie Sitz- und Liegemöbel, Gestühl, Podien, Tische, Theken, Schränke, Garderoben, Regale, Einbauküchen)

DIN 276 Tabelle 3 – Mengen und Bezugseinheiten für die Kostengruppe 300

Einheit	
Bezeichnung	Nach Anforderung des Projekts *
Ermittlung	

* BKI verwendet die Brutto-Grundfläche (BGF)

In dieser Kostengruppe enthalten

- Eingebaute Sitz- und Liegemöbel (z.B. Sitzbänke, feste Bestuhlungen, Einbaubetten, Pritschen)
- Eingebaute Tische (z.B. Arbeitstische, Esstische)
- Eingebaute Schränke und Regale (z.B. Kleiderschränke, Bücherregale, Ablagen, Vorrats-, Material- und Geschirrschränke, Vitrinen, Schaukästen)
- Eingebaute Garderoben (z.B. Garderobenanlagen, Garderobenschränke, Umkleideschränke)
- Eingebaute Theken (z.B. Anmeldetheken, Verkaufstheken)
- Einbauküchen (z.B. Arbeitsflächen und Küchentische, Unterbauschränke, Hängeschränke, Spülen)
- Schrankküchen, Einbaugeräte (soweit nicht in KG 471erfasst)
- Podien (z.B. in Veranstaltungsräumen), ortsfeste Wandtafeln
- Einbauten für Gebäudeeingänge (z.B. Schrankenanlagen, Drehkreuze, Kassenhäuschen, Pförtnerlogen, Fahrradständer, Spannketten)
- Elektrische Komponenten, ab Anschlusspunkt der elektrischen Versorgungsleitung einschließlich der elektrischen Verkabelung und der Anschlussarbeiten sowie der Inbetriebnahme (z.B. Einbauherde)
- Unterkonstruktionen und Hilfskonstruktionen für allgemeine Einbauten
- Zur Bedienung, zum Betrieb oder zum Schutz der allgemeinen Einbauten gehörendes, erstmalig zu beschaffendes, nicht eingebautes oder nicht fest verbundenes Zubehör
- Funktionsprüfung und Probebetrieb, ggf. Werkstatt- und Montagezeichnungen

In anderen Kostengruppen enthalten

Allgemeine Einbauten	*KG 381*
• Besondere Einbauten	KG 382
• Landschaftsgestalterische Einbauten	KG 383
• Mechanische Einbauten	KG 384
• Einbauten in Konstruktionen des Ingenieurbaus	KG 385
• Orientierungs- und Informationssysteme	KG 386
• Schutzeinbauten	KG 387
• Sonstiges zur KG 380	KG 389
• Niederspannungsinstallationsanlagen (z.B. Kabel, Leitungen Unterverteiler, Verlegesysteme)	KG 444
• Nutzungsspezifische und verfahrenstechnische Anlagen	KG 470
• Küchentechnische Anlagen	KG 471
• Wäscherei-, Reinigung- und badtechnische Anlagen	KG 472
• Medienversorgungsanlagen, Medizin- und labortechnische Anlagen	KG 473
• Einbauten in Außenanlagen und Freiflächen	KG 560
• Allgemeine Einbauten in Außenanlagen und Freiflächen	KG 561
• Ausstattung und Kunstwerke	KG 600
• Allgemeine Ausstattung (z.B. Sitz- und Liegemöbel, Schränke, Regale, Stellwände)	KG 610

DIN 276 Tabelle 1 – Kostengliederung

382 **Besondere Einbauten**

Einbauten (insbesondere in Hochbauten), die einer besonderen Zweckbestimmung des Bauwerks dienen (z. B. Werkbänke in Werkhallen, Altäre in Kirchen, Einbausportgeräte in Sporthallen, Gleisanlagen in Bahnhöfen)

DIN 276 Tabelle 3 – Mengen und Bezugseinheiten für die Kostengruppe 300

Einheit	
Bezeichnung	Nach Anforderung des Projekts *
Ermittlung	

* BKI verwendet die Brutto-Grundfläche (BGF)

In dieser Kostengruppe enthalten

- Besondere Einbauten in Bauwerken mit Nutzungen entsprechend NUF 1 nach DIN 277 für Wohnen und Aufenthalt (z.B. Einbauten in Hafträumen)
- Besondere Einbauten in Bauwerken mit Nutzungen entsprechend NUF 2 nach DIN 277 für Büroarbeit (z.B. Schalter in Banken)
- Besondere Einbauten in Bauwerken mit Nutzungen entsprechend NUF 3 nach DIN 277 für Produktion, Hand- und Maschinenarbeit, Forschung und Lehre (z.B. Werkbänke in Werkhallen, Laboreinbauten in Forschungseinrichtungen)
- Besondere Einbauten in Bauwerken mit Nutzungen entsprechend NUF 4 nach DIN 277 für Lagern, Verteilen und Verkaufen (z.B. Spezialregale in Lager- und Vorratsräumen, Tresore in Banken, Kompaktregale in Archiven und Sammlungsräumen)
- Besondere Einbauten in Bauwerken mit Nutzungen entsprechend NUF 5 nach DIN 277 für Bildung, Unterricht und Kultur (z.B. Hörsaalgestühle, ortsfeste Projektionswände, Projektionsgeräte und Bild-/Ton-Vorführeinrichtungen, Vortragspulte, Hörsaaltische, Bibliothekseinbauten, eingebaute Sportgeräte und Tribünen in Sport- und Spielhallen, Bühnenpodeste und Bühnenvorhänge in Theater, Altäre, Kanzeln, Taufbecken und andere Einbauten in Kirchen und Sakralräumen)
- Besondere Einbauten in Bauwerken mit Nutzungen entsprechend NUF 6 nach DIN 277 für Heilen und Pflegen (z.B. Einbauten für Untersuchung und Behandlung)
- Besondere Einbauten in Bauwerken mit Nutzungen entsprechend NUF 7 nach DIN 277 für Sonstige Nutzungen (z.B. Gleisanlagen in Bahnhöfen, Einbauten auf Bahnsteigen und Flugsteigen)
- Sporthallentrennvorhang
- Ballfangnetze
- Pfeilschutznetze
- Elektrische Komponenten, ab Anschlusspunkt der elektrischen Versorgungsleitung einschließlich der elektrischen Verkabelung und der Anschlussarbeiten sowie der Inbetriebnahme (z.B. z. Antriebe und Steuerung von Sportgeräten)
- Unterkonstruktionen und Hilfskonstruktionen für besondere Einbauten
- Zur Bedienung, zum Betrieb oder zum Schutz der besonderen Einbauten gehörendes, erstmalig zu beschaffendes, nicht eingebautes oder nicht fest verbundenes Zubehör
- Funktionsprüfung und Probebetrieb, ggf. Werkstatt- und Montagezeichnungen

In anderen Kostengruppen enthalten

• Allgemeine Einbauten	KG 381
Besondere Einbauten	*KG 382*
• Landschaftsgestalterische Einbauten	KG 383
• Mechanische Einbauten	KG 384
• Einbauten in Konstruktionen des Ingenieurbaus	KG 385
• Orientierungs- und Informationssysteme	KG 386
• Schutzeinbauten	KG 387
• Sonstiges zur KG 380	KG 389
• Niederspannungsinstallationsanlagen (z.B. Kabel, Leitungen Unterverteiler, Verlegesysteme)	KG 444
• Nutzungsspezifische und verfahrenstechnische Anlagen	KG 470

In anderen Kostengruppen enthalten	
• Küchentechnische Anlagen	KG 471
• Wäscherei-, Reinigung- und badtechnische Anlagen	KG 472
• Medienversorgungsanlagen, Medizin- und labortechnische Anlagen	KG 473
• Einbauten in Außenanlagen und Freiflächen	KG 560
• Besondere Einbauten in Außenanlagen und Freiflächen	KG 562
• Ausstattung und Kunstwerke	KG 600
• Besondere Ausstattung (z.B. lose Sportgeräten, Spielsachen, wissenschaftliche und medizinische Geräte)	KG 620

DIN 276 Tabelle 1 – Kostengliederung	
383	**Landschaftsgestalterische Einbauten**
	Einbauten beispielsweise in Biosphärenhallen, zoologischen Anlagen, Einkaufszentren, einschließlich Einfassungen, Aufkantungen, Substraten, Pflanzen, Fertigstellungs- und Entwicklungspflege, Vorrichtungen zum Düngen sowie zur Be- und Entwässerung (soweit nicht in anderen Kostengruppen erfasst)

DIN 276 Tabelle 3 – Mengen und Bezugseinheiten für die Kostengruppe 300	
Einheit	
Bezeichnung	Nach Anforderung des Projekts *
Ermittlung	

* BKI verwendet die Brutto-Grundfläche (BGF)

In dieser Kostengruppe enthalten

- Landschaftsgestalterische Einbauten (z.B. Vegetationsanlagen und Wasserflächen in Biosphärenhallen)
- Landschaftsgestalterische Einbauten (z.B. Vegetationsanlagen und Wasserflächen in zoologischen Einrichtungen)
- Landschaftsgestalterische Einbauten (z.B. Vegetationsanlagen in Einkaufszentren)
- Einfassungen, Aufkantungen, Wannen, Befestigungen, Abdichtungen
- Bodenauftrag, Einbringen von Substraten, Bepflanzung
- Vorrichtungen zum Düngen, Bewässern und Entwässern der Vegetationsanlagen
- Fertigstellungs- und Entwicklungspflege der Vegetationsanlagen

In anderen Kostengruppen enthalten	
• Allgemeine Einbauten	KG 381
• Besondere Einbauten	KG 382
Landschaftsgestalterische Einbauten	*KG 383*
• Mechanische Einbauten	KG 384
• Einbauten in Konstruktionen des Ingenieurbaus	KG 385
• Orientierungs- und Informationssysteme	KG 386
• Schutzeinbauten	KG 387
• Sonstiges zur KG 380	KG 389
• Fassaden- und Wandbegrünungssysteme an Außenwänden, außen	KG 335
• Wandbegrünungssysteme an Außenwänden, innen	KG 336
• Wandbegrünungssysteme an Innenwänden	KG 345
• Begrünungssysteme auf Decken	KG 353
• Dachbegrünungen	KG 363
• Bauwerk – Technische Anlagen	KG 400
• Nutzungsspezifische und verfahrenstechnische Anlagen	KG 470
• Außenanlagen und Freiflächen	KG 500
• Einbauten in Außenanlagen und Freiflächen	KG 560
• Vegetationsflächen	KG 570
• Ausstattung und Kunstwerke	KG 600

DIN 276 Tabelle 1 – Kostengliederung

384 **Mechanische Einbauten**

Mechanische Einbauten (insbesondere in Ingenieurbauten), die einer besonderen Zweckbestimmung des Bauwerks in der Wasserversorgung (z. B. Räumer für Absetzbecken), in der Abwasserentsorgung (z. B. Räumer für Absetzbecken, Kammerfilterpressen, Oberflächenbelüfter, Gasentschwefler, Gasspeicher), in der Abfallentsorgung (z. B. Schredder, Müllpressen) und im Wasserbau (z. B. Stahlbaukonstruktionen bei Schleusen und Wehren, Grob- und Feinrechen) dienen

Zu den mechanischen Einbauten gehören die Antriebe der Einbauten, soweit nicht in der KG 466 erfasst.

Die Anschlusstechnik und die Verfahrenstechnik sind in der KG 400 erfasst.

DIN 276 Tabelle 3 – Mengen und Bezugseinheiten für die Kostengruppe 300

Einheit	
Bezeichnung	Nach Anforderung des Projekts *
Ermittlung	

* BKI verwendet die Brutto-Grundfläche (BGF)

In dieser Kostengruppe enthalten

- Mechanische Einbauten in Bauwerken der Wasserversorgung (z.B. Räumer für Absetzbecken, Grundablässe von Talsperren)
- Mechanische Einbauten in Bauwerken der Abwasserentsorgung (z.B. Räumer für Absetzbecken, Kammerfilterpressen, Oberflächenbelüfter, Gasentschwefler, Gasspeicher)
- Mechanische Einbauten in Bauwerken der Abfallentsorgung (z.B. Schredder-, Fräsanlagen, Müllpressen, Kompostumsetzer)
- Mechanische Einbauten in Bauwerken des Wasserbaus (z.B. Stahlbaukonstruktionen des Stahlwasserbaus, Schleusentore, Docktore, Wehrverschlüsse, Grob- und Feinrechen)
- Elektrische Komponenten, ab Anschlusspunkt der elektrischen Versorgungsleitung einschließlich der elektrischen Verkabelung und der Anschlussarbeiten sowie der Inbetriebnahme (z.B. Antriebe und Steuerung für mechanische Einbauten)

In anderen Kostengruppen enthalten

• Allgemeine Einbauten	KG 381
• Besondere Einbauten	KG 382
• Landschaftsgestalterische Einbauten	KG 383
Mechanische Einbauten	*KG 384*
• Einbauten in Konstruktionen des Ingenieurbaus	KG 385
• Orientierungs- und Informationssysteme	KG 386
• Schutzeinbauten	KG 387
• Sonstiges zur KG 380	KG 389
• Infrastrukturanlagen, soweit sie nicht in den KG 330 bis 360 erfasst werden können	KG 370
• Anlagen des Wasserbaus	KG 374
• Anlagen der Abwasserentsorgung	KG 375
• Anlagen der Wasserversorgung	KG 376
• Anlagen der Abfallentsorgung	KG 378
• Bauwerk – Technische Anlagen	KG 400
• Niederspannungsinstallationsanlagen (z.B. Kabel, Leitungen Unterverteiler, Verlegesysteme)	KG 444
• Hydraulikanlagen (z.B. für hydraulische Antriebe von mechanischen Baukonstruktionen)	KG 466
• Nutzungsspezifische und verfahrenstechnische Anlagen	KG 470
• Verfahrenstechnische Anlagen, Wasser, Abwasser und Gase	KG 477
• Verfahrenstechnische Anlagen, Feststoffe, Wertstoffe und Abfälle	KG 478
• Sonstiges zur KG 400 (z.B. Entnahmeanlagen an Talsperren, messtechnische Überwachungsanlagen an Stauanlagen)	KG 479

In anderen Kostengruppen enthalten

• Außenanlagen und Freiflächen	KG 500
• Technische Anlagen in Außenanlagen und Freiflächen (z.B. Abwasseranlagen, Wasseranlagen)	KG 550
• Einbauten in Außenanlagen und Freiflächen (z.B. allgemeine und besondere Einbauten)	KG 560

Erläuterungen

- Die Kosten für Antriebe und Steuerung der mechanischen Einbauten gehören in diese Kostengruppe (KG 384) bis zum Anschluss an die technische Versorgung. Die Anschlusstechnik und die Verfahrenstechnik gehören zu den technischen Anlagen des Bauwerks (KG 400).

DIN 276 Tabelle 1 – Kostengliederung

385 **Einbauten in Konstruktionen des Ingenieurbaus**
Abdichtungen und Dränagen in Stauanlagen, Dämmen und Deponien, soweit nicht in den KG 310 bis 360 erfasst

DIN 276 Tabelle 3 – Mengen und Bezugseinheiten für die Kostengruppe 300

Einheit	
Bezeichnung	Nach Anforderung des Projekts *
Ermittlung	

* BKI verwendet die Brutto-Grundfläche (BGF)

In dieser Kostengruppe enthalten

- Abdichtungen und Dränagen in Stauanlagen (z.B. Kerndichtungen bei Talsperren, Dichtungen und Dränagen bei Wasserrückhaltebecken)
- Abdichtungen und Dränagen in Dämmen (z.B. Innenmembrane, Innendichtungen)
- Abdichtungen und Dränagen in Deponien

In anderen Kostengruppen enthalten

• Allgemeine Einbauten	KG 381
• Besondere Einbauten	KG 382
• Landschaftsgestalterische Einbauten	KG 383
• Mechanische Einbauten	KG 384
Einbauten in Konstruktionen des Ingenieurbaus	*KG 385*
• Orientierungs- und Informationssysteme	KG 386
• Schutzeinbauten	KG 387
• Sonstiges zur KG 380	KG 389
• Abdichtungen und Bekleidungen der Gründung und des Unterbaus	KG 325
• Dränagen der Gründung und des Unterbaus	KG 326
• Infrastrukturanlagen, soweit die Kosten nicht in den KG 330 bis 360 erfasst werden können	KG 370
• Anlagen des Wasserbaus	KG 374
• Anlagen der Abwasserentsorgung	KG 375
• Anlagen der Wasserversorgung	KG 376
• Anlagen der Abfallentsorgung	KG 378
• Bauwerk – Technische Anlagen	KG 400
• Hydraulikanlagen (z.B. für hydraulische Antriebe von mechanischen Baukonstruktionen)	KG 466
• Nutzungsspezifische und verfahrenstechnische Anlagen	KG 470
• Verfahrenstechnische Anlagen, Wasser, Abwasser und Gase	KG 477
• Verfahrenstechnische Anlagen, Feststoffe, Wertstoffe und Abfälle	KG 478
• Sonstiges zur KG 400 (z.B. Entnahmeanlagen an Talsperren, messtechnische Überwachungsanlagen an Stauanlagen)	KG 479
• Außenanlagen und Freiflächen	KG 500
• Technische Anlagen in Außenanlagen und Freiflächen (z.B. Abwasseranlagen, Wasseranlagen)	KG 550
• Einbauten in Außenanlagen und Freiflächen (z.B. allgemeine und besondere Einbauten)	KG 560
• Wasserflächen in Außenanlagen und Freiflächen (z.B. Befestigungen, Abdichtungen)	KG 580

DIN 276 Tabelle 1 – Kostengliederung

386	**Orientierungs- und Informationssysteme**
	Einbausysteme, die der Orientierung und Information dienen (z. B. für Flucht, Rettung, Orientierung, Werbung)

DIN 276 Tabelle 3 – Mengen und Bezugseinheiten für die Kostengruppe 300

Einheit	
Bezeichnung	Nach Anforderung des Projekts *
Ermittlung	

* BKI verwendet die Brutto-Grundfläche (BGF)

In dieser Kostengruppe enthalten

- Eingebaute Orientierungs- und Informationssysteme für Flucht
- Eingebaute Orientierungs- und Informationssysteme für Rettung
- Fluchtwegpläne, Fluchtwegschilder
- Eingebaute Orientierungs- und Informationssysteme für Orientierung
- Eingebaute Orientierungs- und Informationssysteme für Werbung
- Litfaßsäulen in Bauwerken (z.B. in öffentlichen Gebäuden)
- Elektrische Komponenten, ab Anschlusspunkt der elektrischen Versorgungsleitung einschließlich der elektrischen Verkabelung und der Anschlussarbeiten sowie der Inbetriebnahme (z.B. elektrische Werbetafeln)

In anderen Kostengruppen enthalten

• Allgemeine Einbauten	KG 381
• Besondere Einbauten	KG 382
• Landschaftsgestalterische Einbauten	KG 383
• Mechanische Einbauten	KG 384
• Einbauten in Konstruktionen des Ingenieurbaus	KG 385
Orientierungs- und Informationssysteme	*KG 386*
• Schutzeinbauten	KG 387
• Sonstiges zur KG 380	KG 389
• Bauwerk – Technische Anlagen	KG 400
• Niederspannungsinstallationsanlagen (z.B. Kabel, Leitungen Unterverteiler, Verlegesysteme)	KG 444
• Beleuchtung (z.B. Rettungszeichenleuchten)	KG 445
• Kommunikations-, sicherheits- und informationstechnische Anlagen	KG 450
• Nutzungsspezifische und verfahrenstechnische Anlagen	KG 470
• Technische Anlagen in Außenanlagen und Freiflächen	KG 550
• Kommunikations-, sicherheits- und informationstechnische Anlagen, Automation in Außenanlagen und Freiflächen	KG 557
• Einbauten in Außenanlagen und Freiflächen	KG 560
• Orientierungs- und Informationssysteme in Außenanlagen und Freiflächen (z.B. Litfaßsäulen, Schaukästen)	KG 563
• Ausstattung und Kunstwerke	KG 600
• Informationstechnische Ausstattung (z.B. DV-Geräte)	KG 630
• Sonstige Ausstattung (z.B. Schilder, Wegweiser, Informations- und Werbetafeln)	KG 690

Erläuterungen

- Zur Abgrenzung der KG 386 gegenüber der KG 690 gelten die generellen Anmerkungen zur KG 380. Bei den Orientierungs- und Informationssystemen der KG 386 handelt es sich um eingebaute Systeme komplexerer Art, während die in der KG 690 aufgeführten Orientierungs- und Informationshilfen Einzelelemente technisch einfacherer Art darstellen.

DIN 276 Tabelle 1 – Kostengliederung	
387	**Schutzeinbauten**
	Rauchschutzvorhänge

DIN 276 Tabelle 3 – Mengen und Bezugseinheiten für die Kostengruppe 300	
Einheit	
Bezeichnung	Nach Anforderung des Projekts *
Ermittlung	

* BKI verwendet die Brutto-Grundfläche (BGF)

In dieser Kostengruppe enthalten

- Rauchschutzvorhänge (z.B. zur Sicherung von Fluchtwegen in Gebäuden)
- Brandschutzvorhänge (z.B. „eiserner Vorhang" in Theatern zur Trennung von Bühnen- und Zuschauerraum)

In anderen Kostengruppen enthalten	
• Allgemeine Einbauten	KG 381
• Besondere Einbauten	KG 382
• Landschaftsgestalterische Einbauten	KG 383
• Mechanische Einbauten	KG 384
• Einbauten in Konstruktionen des Ingenieurbaus	KG 385
• Orientierungs- und Informationssysteme	KG 386
Schutzeinbauten	*KG 387*
• Sonstiges zur KG 380	KG 389
• Lichtschutz zur KG 330 Außenwände/Vertikale Baukonstruktionen, außen (z.B. Sonnen-, Sicht- und Blendschutz, Verdunkelung)	KG 338
• Lichtschutz zur KG 340 Innenwände/Vertikale Baukonstruktionen, innen (z.B. Sonnen-, Sicht- und Blendschutz, Verdunkelung)	KG 347
• Lichtschutz zur KG 360 Dächer (z.B. Sonnen-, Sicht- und Blendschutz, Verdunkelung)	KG 366
• Gefahrenmelde- und Alarmanlagen	KG 456
• Nutzungsspezifische und verfahrenstechnische Anlagen	KG 470
• Feuerlöschanlagen	KG 474
• Kommunikations-, sicherheits- und informationstechnische Anlagen, Automation in Außenanlagen und Freiflächen	KG 557
• Einbauten in Außenanlagen und Freiflächen	KG 560

DIN 276 Tabelle 1 – Kostengliederung	
389	**Sonstiges zur KG 380**
	Sanitärzellen (baukonstruktiver Anteil)

DIN 276 Tabelle 3 – Mengen und Bezugseinheiten für die Kostengruppe 300	
Einheit	
Bezeichnung	Nach Anforderung des Projekts *
Ermittlung	

* BKI verwendet die Brutto-Grundfläche (BGF)

In dieser Kostengruppe enthalten

- Sonstige Kosten für baukonstruktive Einbauten, die nicht den KG 381 bis 387 zuzuordnen sind
- Kostenanteil für Baukonstruktionen von Sanitärzellen einschließlich der raumumschließenden Baukonstruktionen (z.B. Innenwände, Innenwandöffnungen, Innenwandbekleidungen, Deckenbeläge, Deckenbekleidungen), sofern diese nicht getrennt den Bauelementen der KG 300 zugeordnet werden können
- Stallboxen, -abteilungen, Tierkäfige für Groß-, Klein- und Federvieh
- Aquarien, Terrarien, Volieren
- Tränke- und Futtereinrichtungen
- Schlachteinrichtungen, Hängevorrichtungen
- Briefkästen für Wohnungen, Behörden oder Apotheken, soweit nicht in die Außenwandöffnung oder die elementierte Fassade integriert

In anderen Kostengruppen enthalten	
• Allgemeine Einbauten	KG 381
• Besondere Einbauten	KG 382
• Landschaftsgestalterische Einbauten	KG 383
• Mechanische Einbauten	KG 384
• Einbauten in Konstruktionen des Ingenieurbaus	KG 385
• Orientierungs- und Informationssysteme	KG 386
• Schutzeinbauten	KG 387
Sonstiges zur KG 380	*KG 389*
• Außenwandöffnungen (z.B. Briefkästen als Einbauten)	KG 334
• Elementierte Außenwandkonstruktionen (z.B. Briefkästen als Einbauten)	KG 337
• Kostenanteil für technische Anlagen von Sanitärzellen (z.B. Abwasseranlagen, Wasseranlagen, Raumheizflächen, Lüftungsanlagen, elektrische Anlagen, Beleuchtungsanlagen)	KG 419
• Nutzungsspezifische und verfahrenstechnische Anlagen	KG 470
• Einbauten in Außenanlagen und Freiflächen (z.B. Briefkästen)	KG 560

DIN 276 Tabelle 1 – Kostengliederung	
390	**Sonstige Maßnahmen für Baukonstruktionen** Baukonstruktionen und übergreifende Maßnahmen im Zusammenhang mit den Baukonstruktionen, die nicht einzelnen Kostengruppen der KG 300 zugeordnet werden können oder die nicht in der KG 490 oder der KG 590 erfasst sind

DIN 276 Tabelle 3 – Mengen und Bezugseinheiten für die Kostengruppe 300	
Einheit	m^2
Bezeichnung	Brutto-Grundfläche (BGF)
Ermittlung	Gesamte Brutto-Grundfläche nach DIN 277

In dieser Kostengruppe enthalten	
KG 391	Baustelleneinrichtung (z.B. Material- und Geräteschuppen, Sanitär- und Aufenthaltsräume, Misch- und Transportanlagen, Energie- und Bauwasseranschlüsse, Baustrom, Bauwasser)
KG 392	Gerüste (z.B. Innen- und Außengerüste)
KG 393	Sicherungsmaßnahmen (z.B. Unterfangungen, Abstützungen an bestehenden Bauwerken)
KG 394	Abbruchmaßnahmen (z.B. Abbruch- und Demontagearbeiten)
KG 395	Instandsetzungen (z.B. bei Umbauten oder Modernisierungen)
KG 396	Materialentsorgung (z.B. zum Recycling und zur Deponierung)
KG 397	Zusätzliche Maßnahmen (z.B. Schutz von Personen und Sachen, Reinigung vor Inbetriebnahme, Schlechtwetter und Winterbauschutz, Erwärmung der Baukonstruktionen)
KG 398	Provisorische Baukonstruktionen (z.B. Erstellung, Betrieb und Beseitigung provisorischer Baukonstruktionen)
KG 399	Sonstiges zur KG 390

In anderen Kostengruppen enthalten	
• Baugrube/Erdbau (z.B. Umschließung, Verbau und Sicherung von Baugruben, Wasserhaltung während der Bauzeit)	KG 310
• Gründung, Unterbau (z.B. Baugrundverbesserung, Fundament- und Bodenplatten, Dränagen)	KG 320
• Außenwände/Vertikale Baukonstruktionen, außen (z.B. tragende und nichttragende Wände)	KG 330
• Innenwände/Vertikale Baukonstruktionen, innen (z.B. tragende und nichttragende Wände)	KG 340
• Decken/Horizontale Baukonstruktionen (z.B. tragende Decken, Treppen, Rampen)	KG 350
• Dächer (z.B. tragende und nichttragende Baukonstruktionen für flache und geneigte Dächer)	KG 360
• Baukonstruktionen von Infrastrukturanlagen, soweit sie nicht in den KG 330 bis 360 erfasst werden können	KG 370
• Baukonstruktive Einbauten (z.B. allgemeine und besondere Einbauten)	KG 380
Sonstiges Maßnahmen für Baukonstruktionen	*KG 390*
• Sicherungsmaßnahmen beim Herrichten des Grundstücks (z.B. Schutz von vorhandenen Baukonstruktionen)	KG 211
• Abbruchmaßnahmen (z.B. vollständiges Abbrechen, Beseitigen und Entsorgen der Baukonstruktionen von vorhandenen Bauwerken und Bauwerksbereichen)	KG 212
• Altlastenbeseitigung (z.B. Beseitigen von gefährlichen Stoffen)	KG 213
• Herrichten der Geländeoberfläche (z.B. Roden von Bewuchs, Bodenbewegungen, Oberbodensicherung)	KG 214
• Öffentliche Erschließung (z.B. Verkehrserschließung, Ver- und Entsorgung)	KG 220
• Nichtöffentliche Erschließung (z.B. Verkehrserschließung, Ver- und Entsorgung)	KG 230
• Übergangsmaßnahmen (z.B. provisorische Maßnahmen baulicher und organisatorischer Art)	KG 250
• Sonstige Maßnahmen für technische Anlagen des Bauwerks	KG 490
• Sonstige Maßnahmen für Außenanlagen und Freiflächen	KG 590
• Sicherheits- und Gesundheitsschutz-Koordination für die Arbeitssicherheit und den Gesundheitsschutz auf der Baustelle	KG 714
• Bewirtschaftungskosten (z.B. Baustellenbewachung, Baustellenbüros für Planer und Bauherrn)	KG 763

In anderen Kostengruppen enthalten

- Betriebskosten nach der Abnahme (z.B. vorläufiger Betrieb insbesondere der technischen Anlagen nach der Abnahme bis zur Inbetriebnahme) KG 765

Erläuterungen

- Entsprechend Abschnitt 5.2, Absatz 3, der DIN 276 sollen die Kosten möglichst getrennt und eindeutig den einzelnen Kostengruppen zugeordnet werden. Erst wenn die Kosten auch nicht annähernd oder entsprechend der überwiegenden Verursachung einzelnen Kostengruppen zugeordnet werden können, ist eine Zuordnung solcher übergreifenden Kosten in die Kostengruppen der KG 390 vorgesehen.
- Elektrische Komponenten werden ab Anschlusspunkt der elektrischen Versorgungsleitung einschließlich der elektrischen Verkabelung und der Anschlussarbeiten sowie der Inbetriebnahme in der Kostengruppe des zugehörigen Bauelements erfasst (z.B. Antriebe und Steuerungen).

DIN 276 Tabelle 1 – Kostengliederung

391 **Baustelleneinrichtung**

Einrichten, Vorhalten, Betreiben und Räumen der übergeordneten Baustelleneinrichtung (z. B. Material- und Geräteschuppen, Lager-, Wasch-, Toiletten- und Aufenthaltsräume, Bauwagen, Misch- und Transportanlagen, Energie- und Bauwasseranschlüsse, Baustraßen, Lager- und Arbeitsplätze, Verkehrssicherungen, Abdeckungen, Bauschilder, Bau- und Schutzzäune, Baubeleuchtung, Baustrom, Bauwasser)

DIN 276 Tabelle 3 – Mengen und Bezugseinheiten für die Kostengruppe 300

Einheit	
Bezeichnung	Nach Anforderung des Projekts *
Ermittlung	

* BKI verwendet die Brutto-Grundfläche (BGF)

In dieser Kostengruppe enthalten

- Material- und Geräteschuppen, Werkstatt- und Lagerräume, Lager- und Arbeitsflächen
- Wasch-, Toiletten- und Aufenthaltsräume, Bauwagen, Büro-Container
- Misch- und Transportanlagen, Bauaufzüge, Baukräne, Pumpen, Bautreppen
- Energie- und Bauwasseranschlüsse
- Baustraßen, Verkehrssicherungen, Abdeckungen, Hilfsbrücken, Bauschilder, Bau- und Schutzzäune
- Baubeleuchtung, Baustrom mit Verteilung, Bauwasser, Bauabwasser
- Elektrische Komponenten werden ab Anschlusspunkt der elektrischen Versorgungsleitung einschließlich der elektrischen Verkabelung und der Anschlussarbeiten sowie der Inbetriebnahme in der Kostengruppe des zugehörigen Bauelements erfasst (z.B. Antriebe und Steuerungen).
- Anschlussgebühren und Verbrauchskosten, soweit gesondert zu vergüten
- Erdarbeiten für die Baustelleneinrichtung

In anderen Kostengruppen enthalten

Baustelleneinrichtung	*KG 391*
• Gerüste (z.B. Innen- und Außengerüste)	KG 392
• Sicherungsmaßnahmen (z.B. Unterfangungen, Abstützungen an bestehenden Bauwerken)	KG 393
• Abbruchmaßnahmen (z.B. Abbruch- und Demontagearbeiten)	KG 394
• Instandsetzungen (z.B. bei Umbauten oder Modernisierungen)	KG 395
• Materialentsorgung (z.B. zum Recycling und zur Deponierung)	KG 396
• Zusätzliche Maßnahmen (z.B. Schutz von Personen und Sachen, Reinigung vor Inbetriebnahme, Schlechtwetter und Winterbauschutz, Erwärmung der Baukonstruktionen)	KG 397
• Provisorische Baukonstruktionen (z.B. Erstellung, Betrieb und Beseitigung provisorischer Baukonstruktionen)	KG 398
• Sonstiges zur KG 390	KG 399
• Sicherungsmaßnahmen beim Herrichten des Grundstücks (z.B. Schutz von vorhandenen Baukonstruktionen)	KG 211
• Abbruchmaßnahmen (z.B. vollständiges Abbrechen, Beseitigen und Entsorgen der Baukonstruktionen von vorhandenen Bauwerken und Bauwerksbereichen)	KG 212
• Altlastenbeseitigung (z.B. Beseitigen von gefährlichen Stoffen)	KG 213
• Herrichten der Geländeoberfläche (z.B. Bodenbewegungen, Oberbodensicherung)	KG 214
• Öffentliche Erschließung (z.B. Verkehrserschließung, Ver- und Entsorgung)	KG 220
• Nichtöffentliche Erschließung (z.B. Verkehrserschließung, Ver- und Entsorgung)	KG 230
• Übergangsmaßnahmen (z.B. provisorische Maßnahmen baulicher und organisatorischer Art)	KG 250
• Wasserhaltung (z.B. Beseitigung des Grund- und Schichtenwassers während der Bauzeit)	KG 313
• Niederspannungsinstallationsanlagen (z.B. Kabel, Leitungen Unterverteiler, Verlegesysteme)	KG 444
• Sonstige Maßnahmen für technische Anlagen des Bauwerks	KG 490

In anderen Kostengruppen enthalten

• Baustelleneinrichtung für technische Anlagen des Bauwerks	KG 491
• Sonstige Maßnahmen für Außenanlagen und Freiflächen	KG 590
• Baustelleneinrichtung für Außenanlagen und Freiflächen	KG 591
• Sicherheits- und Gesundheitsschutz-Koordination für die Arbeitssicherheit und den Gesundheitsschutz auf der Baustelle	KG 714
• Bewirtschaftungskosten (z.B. Baustellenbewachung, Gestellung und Betrieb von Baustellenbüros für Planer und Bauherrn)	KG 763
• Betriebskosten nach der Abnahme (z.B. vorläufiger Betrieb insbesondere der technischen Anlagen nach der Abnahme bis zur Inbetriebnahme)	KG 765
• Sonstiges zur KG 760 Allgemeine Baunebenkosten (z.B. Grundsteinlegung, Richtfest)	KG 769

Erläuterungen

- Entsprechend Abschnitt 5.2, Absatz 3, der DIN 276 sollen die Kosten möglichst getrennt und eindeutig den einzelnen Kostengruppen zugeordnet werden. Erst wenn die Kosten auch nicht annähernd oder entsprechend der überwiegenden Verursachung einzelnen Kostengruppen zugeordnet werden können, ist eine Zuordnung solcher übergreifenden Kosten in die Kostengruppen der KG 390 vorgesehen.

DIN 276 Tabelle 1 – Kostengliederung	
392	**Gerüste**
	Auf-, Um- und Abbauen sowie Vorhalten von Gerüsten

DIN 276 Tabelle 3 – Mengen und Bezugseinheiten für die Kostengruppe 300	
Einheit	
Bezeichnung	Nach Anforderung des Projekts *
Ermittlung	

* BKI verwendet die Brutto-Grundfläche (BGF)

In dieser Kostengruppe enthalten

- Innengerüste
- Außengerüste
- Fahrgerüste
- Gerüstausleger
- Schutznetze oder Schutzfolien an Gerüsten

In anderen Kostengruppen enthalten

• Baustelleneinrichtung (z.B. Material- und Geräteschuppen, Sanitär- und Aufenthaltsräume, Misch- und Transportanlagen, Energie- und Bauwasseranschlüsse, Baustrom, Bauwasser)	KG 391
Gerüste	*KG 392*
• Sicherungsmaßnahmen (z.B. Unterfangungen, Abstützungen an bestehenden Bauwerken)	KG 393
• Abbruchmaßnahmen (z.B. Abbruch- und Demontagearbeiten)	KG 394
• Instandsetzungen (z.B. bei Umbauten oder Modernisierungen)	KG 395
• Materialentsorgung (z.B. zum Recycling und zur Deponierung)	KG 396
• Zusätzliche Maßnahmen (z.B. Schutz von Personen und Sachen, Reinigung vor Inbetriebnahme, Schlechtwetter und Winterbauschutz, Erwärmung der Baukonstruktionen)	KG 397
• Provisorische Baukonstruktionen (z.B. Erstellung, Betrieb und Beseitigung provisorischer Baukonstruktionen)	KG 398
• Sonstiges zur KG 390	KG 399
• Sicherungsmaßnahmen beim Herrichten des Grundstücks (z.B. Schutz von vorhandenen Baukonstruktionen)	KG 211
• Abbruchmaßnahmen (z.B. vollständiges Abbrechen, Beseitigen und Entsorgen der Baukonstruktionen von vorhandenen Bauwerken und Bauwerksbereichen)	KG 212
• Sonstige Maßnahmen für technische Anlagen	KG 490
• Gerüste für technische Anlagen	KG 492
• Sonstige Maßnahmen für Außenanlagen und Freiflächen	KG 590
• Gerüste für Außenanlagen und Freiflächen	KG 592
• Sicherheits- und Gesundheitsschutz-Koordination für die Arbeitssicherheit und den Gesundheitsschutz auf der Baustelle	KG 714

Erläuterungen

- Entsprechend Abschnitt 5.2, Absatz 3, der DIN 276 sollen die Kosten möglichst getrennt und eindeutig den einzelnen Kostengruppen zugeordnet werden. Erst wenn die Kosten auch nicht annähernd oder entsprechend der überwiegenden Verursachung einzelnen Kostengruppen zugeordnet werden können, ist eine Zuordnung solcher übergreifenden Kosten in die Kostengruppen der KG 390 vorgesehen.

DIN 276 Tabelle 1 – Kostengliederung	
393	**Sicherungsmaßnahmen**
	Sicherungsmaßnahmen an bestehenden Bauwerken (z. B. Unterfangungen, Abstützungen)

DIN 276 Tabelle 3 – Mengen und Bezugseinheiten für die Kostengruppe 300	
Einheit	
Bezeichnung	Nach Anforderung des Projekts *
Ermittlung	

* BKI verwendet die Brutto-Grundfläche (BGF)

In dieser Kostengruppe enthalten

- Sicherung bestehender Bauwerke und technischer Anlagen
- Unterfangungskonstruktionen
- Unterfangung durch Injektion
- Abstützungen von benachbarten Bauwerken (z.B. als Gerüst-, Zimmer- oder Stahlbausicherung)
- Für Unterfangung notwendige Abbruch- und Gebäudesicherungsarbeiten
- Notwendige Erd-, Bohr- und Rammarbeiten

In anderen Kostengruppen enthalten

• Baustelleneinrichtung (z.B. Material- und Geräteschuppen, Sanitär- und Aufenthaltsräume, Misch- und Transportanlagen, Energie- und Bauwasseranschlüsse, Baustrom, Bauwasser)	KG 391
• Gerüste (z.B. Innen- und Außengerüste)	KG 392
Sicherungsmaßnahmen (z.B. Unterfangungen, Abstützungen an bestehenden Bauwerken)	*KG 393*
• Abbruchmaßnahmen (z.B. Abbruch- und Demontagearbeiten)	KG 394
• Instandsetzungen (z.B. bei Umbauten oder Modernisierungen)	KG 395
• Materialentsorgung (z.B. zum Recycling und zur Deponierung)	KG 396
• Zusätzliche Maßnahmen (z.B. Schutz von Personen und Sachen, Reinigung vor Inbetriebnahme, Schlechtwetter und Winterbauschutz, Erwärmung der Baukonstruktionen)	KG 397
• Provisorische Baukonstruktionen (z.B. Erstellung, Betrieb und Beseitigung provisorischer Baukonstruktionen)	KG 398
• Sonstiges zur KG 390	KG 399
• Sicherungsmaßnahmen beim Herrichten des Grundstücks (z.B. Schutz von vorhandenen Baukonstruktionen)	KG 211
• Abbruchmaßnahmen (z.B. vollständiges Abbrechen, Beseitigen und Entsorgen der Baukonstruktionen von vorhandenen Bauwerken und Bauwerksbereichen)	KG 212
• Umschließung bei Erdbaumaßnahmen für Bauwerke (z.B. Verbau und Sicherung von Baugruben, Dämmen, Einschnitten)	KG 312
• Sonstige Maßnahmen für technische Anlagen	KG 490
• Sicherungsmaßnahmen für technische Anlagen	KG 493
• Umschließung bei Erdbaumaßnahmen für Außenanlagen und Freiflächen (z.B. Verbau und Sicherung von Baugruben, Dämmen, Einschnitten)	KG 512
• Sicherungsbauweisen bei Vegetationsflächen (z.B. Böschungs- und Flächensicherungen)	KG 572
• Sonstige Maßnahmen für Außenanlagen und Freiflächen	KG 590
• Sicherungsmaßnahmen für Außenanlagen und Freiflächen	KG 593
• Sicherheits- und Gesundheitsschutz-Koordination für die Arbeitssicherheit und den Gesundheitsschutz auf der Baustelle	KG 714

Erläuterungen

- Entsprechend Abschnitt 5.2, Absatz 3, der DIN 276 sollen die Kosten möglichst getrennt und eindeutig den einzelnen Kostengruppen zugeordnet werden. Erst wenn die Kosten auch nicht annähernd oder entsprechend der überwiegenden Verursachung einzelnen Kostengruppen zugeordnet werden können, ist eine Zuordnung solcher übergreifenden Kosten in die Kostengruppen der KG 390 vorgesehen.
- Hierzu gehören die Kosten für Unterfangungen und Abstützungen von bestehenden Bauwerken oder Abstützungen des Baugeländes für Arbeiten an Baukonstruktionen.

DIN 276 Tabelle 1 – Kostengliederung

394 **Abbruchmaßnahmen**

Abbruch- und Demontagearbeiten einschließlich Zwischenlagern wiederverwendbarer Teile, Abfuhr des Abbruchmaterials, soweit nicht in anderen Kostengruppen erfasst

DIN 276 Tabelle 3 – Mengen und Bezugseinheiten für die Kostengruppe 300

Einheit	
Bezeichnung	Nach Anforderung des Projekts *
Ermittlung	

* BKI verwendet die Brutto-Grundfläche (BGF)

In dieser Kostengruppe enthalten

- Teilweiser Abbruch bzw. Demontage von Baukonstruktionen des Bauwerks
- Abbrechen von Tragkonstruktionen, ganz oder teilweise (Wände, Stützen, Decken, Dächer)
- Abbrechen oder Ausbauen von nichttragenden Konstruktionen, ganz oder teilweise (Türen, Fenster, Wandbekleidungen, Fertigelemente, Schutzelemente, Trennwände, Bodenbeläge, Decken-, Dachkleidungen, Dachbeläge)
- Hilfs- und Schutzkonstruktionen für Abbrucharbeiten (z.B. Abstützungen, Abfangungen, Schutzwände, Arbeitsgerüste)
- Beseitigen und Entsorgen des Abbruchmaterials
- Gebühren für die Entsorgung
- Zwischenlagern wiederverwendbarer Teile

In anderen Kostengruppen enthalten

• Baustelleneinrichtung (z.B. Material- und Geräteschuppen, Sanitär- und Aufenthaltsräume, Misch- und Transportanlagen, Energie- und Bauwasseranschlüsse, Baustrom, Bauwasser)	KG 391
• Gerüste (z.B. Innen- und Außengerüste)	KG 392
• Sicherungsmaßnahmen (z.B. Unterfangungen, Abstützungen an bestehenden Bauwerken)	KG 393
Abbruchmaßnahmen (z.B. Abbruch- und Demontagearbeiten)	*KG 394*
• Instandsetzungen	KG 395
• Materialentsorgung (z.B. zum Recycling und zur Deponierung)	KG 396
• Zusätzliche Maßnahmen (z.B. Schutz von Personen und Sachen, Reinigung vor Inbetriebnahme, Schlechtwetter und Winterbauschutz, Erwärmung der Baukonstruktionen)	KG 397
• Provisorische Baukonstruktionen (z.B. Erstellung, Betrieb und Beseitigung provisorischer Baukonstruktionen)	KG 398
• Sonstiges zur KG 390	KG 399
• Sicherungsmaßnahmen beim Herrichten des Grundstücks (z.B. Schutz von vorhandenen Baukonstruktionen)	KG 211
• Abbruchmaßnahmen (z.B. vollständiges Abbrechen, Beseitigen und Entsorgen der Baukonstruktionen von vorhandenen Bauwerken und Bauwerksbereichen)	KG 212
• Altlastenbeseitigung (z.B. Beseitigen von gefährlichen Stoffen)	KG 213
• Sonstige Maßnahmen für technische Anlagen	KG 490
• Abbruchmaßnahmen für technische Anlagen	KG 494
• Sonstige Maßnahmen für Außenanlagen und Freiflächen	KG 590
• Abbruchmaßnahmen für Außenanlagen und Freiflächen	KG 594
• Sicherheits- und Gesundheitsschutz-Koordination für die Arbeitssicherheit und den Gesundheitsschutz auf der Baustelle	KG 714

Erläuterungen

- Entsprechend Abschnitt 5.2, Absatz 3, der DIN 276 sollen die Kosten möglichst getrennt und eindeutig den einzelnen Kostengruppen zugeordnet werden. Erst wenn die Kosten auch nicht annähernd oder entsprechend der überwiegenden Verursachung einzelnen Kostengruppen zugeordnet werden können, ist eine Zuordnung solcher übergreifenden Kosten in die Kostengruppen der KG 390 vorgesehen.
- Hierzu gehören die Kosten des Abbruchs von Baukonstruktionen bei Umbauten und Ausbauten, sofern sie nicht den einzelnen Kostengruppen 310 bis 380 zugeordnet werden können.

DIN 276 Tabelle 1 – Kostengliederung	
395	**Instandsetzungen** Maßnahmen zur Wiederherstellung des zum bestimmungsgemäßen Gebrauch geeigneten Zustandes, soweit nicht in anderen Kostengruppen erfasst

DIN 276 Tabelle 3 – Mengen und Bezugseinheiten für die Kostengruppe 300	
Einheit	
Bezeichnung	Nach Anforderung des Projekts *
Ermittlung	

* BKI verwendet die Brutto-Grundfläche (BGF)

In dieser Kostengruppe enthalten

- Instandsetzung von Baukonstruktionen des Bauwerks (bei Umbauten und Modernisierungen)
- Instandsetzung von Baukonstruktionen des Bauwerks, die während der Baumaßnahme beschädigt wurden

In anderen Kostengruppen enthalten

• Baustelleneinrichtung (z.B. Material- und Geräteschuppen, Sanitär- und Aufenthaltsräume, Misch- und Transportanlagen, Energie- und Bauwasseranschlüsse, Baustrom, Bauwasser)	KG 391
• Gerüste (z.B. Innen- und Außengerüste)	KG 392
• Sicherungsmaßnahmen (z.B. Unterfangungen, Abstützungen an bestehenden Bauwerken)	KG 393
• Abbruchmaßnahmen (z.B. Abbruch- und Demontagearbeiten)	KG 394
Instandsetzungen	*KG 395*
• Materialentsorgung (z.B. zum Recycling und zur Deponierung)	KG 396
• Zusätzliche Maßnahmen (z.B. Schutz von Personen und Sachen, Reinigung vor Inbetriebnahme, Schlechtwetter und Winterbauschutz, Erwärmung der Baukonstruktionen)	KG 397
• Provisorische Baukonstruktionen (z.B. Erstellung, Betrieb und Beseitigung provisorischer Baukonstruktionen)	KG 398
• Sonstiges zur KG 390	KG 399
• Sicherungsmaßnahmen beim Herrichten des Grundstücks (z.B. Schutz von vorhandenen Baukonstruktionen)	KG 211
• Abbruchmaßnahmen (z.B. vollständiges Abbrechen, Beseitigen und Entsorgen der Baukonstruktionen von vorhandenen Bauwerken und Bauwerksbereichen)	KG 212
• Altlastenbeseitigung (z.B. Beseitigen von gefährlichen Stoffen)	KG 213
• Übergangsmaßnahmen (z.B. provisorische Maßnahmen baulicher und organisatorischer Art)	KG 250
• Sonstige Maßnahmen für technische Anlagen	KG 490
• Instandsetzungen für technische Anlagen	KG 495
• Sonstige Maßnahmen für Außenanlagen und Freiflächen	KG 590
• Instandsetzungen für Außenanlagen und Freiflächen	KG 595
• Sicherheits- und Gesundheitsschutz-Koordination für die Arbeitssicherheit und den Gesundheitsschutz auf der Baustelle	KG 714

Erläuterungen

- Die Kosten von Instandsetzungen an Baukonstruktionen des Bauwerks können in der KG 395 erfasst werden, soweit sie nicht in anderen Kostengruppen erfasst sind.
- Entsprechend Abschnitt 5.2, Absatz 3, der DIN 276 sollen die Kosten möglichst getrennt und eindeutig den einzelnen Kostengruppen zugeordnet werden. Erst wenn die Kosten auch nicht annähernd oder entsprechend der überwiegenden Verursachung einzelnen Kostengruppen zugeordnet werden können, ist eine Zuordnung solcher übergreifenden Kosten in die Kostengruppen der KG 390 vorgesehen.
- Hierzu gehören die Kosten von Instandsetzungsmaßnahmen bei Umbauten und Ausbauten, sofern sie nicht den einzelnen Kostengruppen 310 bis 380 zugeordnet werden können.

DIN 276 Tabelle 1 – Kostengliederung

396	**Materialentsorgung**
	Entsorgung von Materialien und Stoffen, die bei dem Abbruch, bei der Demontage und bei dem Ausbau von Bauteilen oder bei der Erstellung einer Bauleistung anfallen zum Zweck des Recyclings oder der Deponierung

DIN 276 Tabelle 3 – Mengen und Bezugseinheiten für die Kostengruppe 300

Einheit	
Bezeichnung	Nach Anforderung des Projekts *
Ermittlung	

* BKI verwendet die Brutto-Grundfläche (BGF)

In dieser Kostengruppe enthalten

- Beseitigen und Entsorgen der beim Abbruch oder der Herstellung von Baukonstruktionen des Bauwerks anfallenden Materialien und Stoffen zum Recycling oder zur Deponierung
- Gebühren für die Entsorgung

In anderen Kostengruppen enthalten

• Baustelleneinrichtung (z. B. Material- und Geräteschuppen, Sanitär- und Aufenthaltsräume, Misch- und Transportanlagen, Energie- und Bauwasseranschlüsse, Baustrom, Bauwasser)	KG 391
• Gerüste (z. B. Innen- und Außengerüste)	KG 392
• Sicherungsmaßnahmen (z. B. Unterfangungen, Abstützungen an bestehenden Bauwerken)	KG 393
• Abbruchmaßnahmen (z. B. Abbruch- und Demontagearbeiten)	KG 394
• Instandsetzungen (z. B. bei Umbauten oder Modernisierungen)	KG 395
Materialentsorgung	*KG 396*
• Zusätzliche Maßnahmen (z. B. Schutz von Personen und Sachen, Reinigung vor Inbetriebnahme, Schlechtwetter und Winterbauschutz, Erwärmung der Baukonstruktionen)	KG 397
• Provisorische Baukonstruktionen (z. B. Erstellung, Betrieb und Beseitigung provisorischer Baukonstruktionen)	KG 398
• Sonstiges zur KG 390	KG 399
• Abbruchmaßnahmen beim Herrichten des Grundstücks (z. B. vollständiges Abbrechen, Beseitigen und Entsorgen der Baukonstruktionen von vorhandenen Bauwerken und Bauwerksbereichen)	KG 212
• Altlastenbeseitigung (z. B. Beseitigen von gefährlichen Stoffen)	KG 213
• Kampfmittelräumung (z. B. Maßnahmen zum Auffinden und Räumen von Kampfmitteln)	KG 215
• Sonstige Maßnahmen für technische Anlagen	KG 490
• Materialentsorgung für technische Anlagen	KG 496
• Sonstige Maßnahmen für Außenanlagen und Freiflächen	KG 590
• Materialentsorgung für Außenanlagen und Freiflächen	KG 596
• Sicherheits- und Gesundheitsschutz-Koordination für die Arbeitssicherheit und den Gesundheitsschutz auf der Baustelle	KG 714

Erläuterungen

- Entsprechend Abschnitt 5.2, Absatz 3, der DIN 276 sollen die Kosten möglichst getrennt und eindeutig den einzelnen Kostengruppen zugeordnet werden. Erst wenn die Kosten auch nicht annähernd oder entsprechend der überwiegenden Verursachung einzelnen Kostengruppen zugeordnet werden können, ist eine Zuordnung solcher übergreifenden Kosten in die Kostengruppen der KG 390 vorgesehen.

DIN 276 Tabelle 1 – Kostengliederung

397	**Zusätzliche Maßnahmen**
	Zusätzliche Maßnahmen bei der Erstellung von Baukonstruktionen (z. B. Schutz von Personen und Sachen sowie betriebliche Sicherungsmaßnahmen beim Bauen unter Betrieb); Reinigung vor Inbetriebnahme; Maßnahmen aufgrund von Forderungen des Wasser-, Landschafts-, Lärm- und Erschütterungsschutzes während der Bauzeit; Schlechtwetter und Winterbauschutz, Erwärmung des Bauwerks, Schneeräumung

DIN 276 Tabelle 3 – Mengen und Bezugseinheiten für die Kostengruppe 300

Einheit	
Bezeichnung	Nach Anforderung des Projekts *
Ermittlung	

* BKI verwendet die Brutto-Grundfläche (BGF)

In dieser Kostengruppe enthalten

- Schutz von Personen und Sachen (z.B. zusätzliche Arbeitskleidung, Überdachungen von Arbeits- und Lagerflächen, Schutzwände)
- Betriebliche Sicherungsmaßnahmen beim Bauen unter Betrieb bei Umbauten und Modernisierungen (z.B. zeitweise Unterbrechung des Betriebs, Schutzwände, Abdeckungen)
- Reinigung vor Inbetriebnahme (z.B. Grundreinigung zur Bauübergabe)
- Maßnahmen aufgrund von Forderungen des Wasser-, Landschafts-, Lärm- und Erschütterungsschutzes während der Bauzeit (z.B. zeitliche Beschränkung von Arbeiten, Abschirmmaßnahmen)
- Schutzmaßnahmen wegen beengtem Bauraum an benachbarten Bauwerken, Grundstücken, Verkehrsflächen
- Schlechtwetter und Winterbauschutz (z.B. provisorisches Schließen von Bauwerksöffnungen, Bauzelte, Notdächer, Notverglasungen)
- Kosten für Erstellen und Abbrechen von verworfenen Bauteilen während der Bauzeit
- Erwärmen von Materialien, Frostschutzmittel
- Erwärmung des Bauwerks, künstliche Bautrocknung
- Schneeräumung

In anderen Kostengruppen enthalten

• Baustelleneinrichtung (z.B. Material- und Geräteschuppen, Sanitär- und Aufenthaltsräume, Misch- und Transportanlagen, Energie- und Bauwasseranschlüsse, Baustrom, Bauwasser)	KG 391
• Gerüste (z.B. Innen- und Außengerüste)	KG 392
• Sicherungsmaßnahmen (z.B. Unterfangungen, Abstützungen an bestehenden Bauwerken)	KG 393
• Abbruchmaßnahmen (z.B. Abbruch- und Demontagearbeiten)	KG 394
• Instandsetzungen (z.B. bei Umbauten oder Modernisierungen)	KG 395
• Materialentsorgung (z.B. zum Recycling und zur Deponierung)	KG 396
Zusätzliche Maßnahmen	*KG 397*
• Provisorische Baukonstruktionen (z.B. Erstellung, Betrieb und Beseitigung provisorischer Baukonstruktionen)	KG 398
• Sonstiges zur KG 390	KG 399
• Sonstige Maßnahmen für technische Anlagen	KG 490
• Zusätzliche Maßnahmen für technische Anlagen	KG 497
• Sonstige Maßnahmen für Außenanlagen und Freiflächen	KG 590
• Zusätzliche Maßnahmen für Außenanlagen und Freiflächen	KG 597
• Sicherheits- und Gesundheitsschutz-Koordination für die Arbeitssicherheit und den Gesundheitsschutz auf der Baustelle	KG 714
• Bewirtschaftungskosten (z.B. Baustellenbewachung, Gestellung und Betrieb von Baustellenbüros für Planer und Bauherrn)	KG 763

In anderen Kostengruppen enthalten

- Betriebskosten nach der Abnahme (z.B. vorläufiger Betrieb insbesondere der technischen Anlagen nach der Abnahme bis zur Inbetriebnahme) KG 765

Erläuterungen

- Entsprechend Abschnitt 5.2, Absatz 3, der DIN 276 sollen die Kosten möglichst getrennt und eindeutig den einzelnen Kostengruppen zugeordnet werden. Erst wenn die Kosten auch nicht annähernd oder entsprechend der überwiegenden Verursachung einzelnen Kostengruppen zugeordnet werden können, ist eine Zuordnung solcher übergreifenden Kosten in die Kostengruppen der KG 390 vorgesehen.
- Hierzu gehören die Kosten, die durch besondere Maßnahmen bei der Herstellung der Baukonstruktionen verursacht werden, die deren Wert jedoch nicht erhöhen, z.B. Schutz vor Witterungseinflüssen.

DIN 276 Tabelle 1 – Kostengliederung	
398	**Provisorische Baukonstruktionen**
	Erstellung, Betrieb und Beseitigung provisorischer Baukonstruktionen, Anpassung des Bauwerks bis zur Inbetriebnahme des endgültigen Bauwerks

DIN 276 Tabelle 3 – Mengen und Bezugseinheiten für die Kostengruppe 300	
Einheit	
Bezeichnung	Nach Anforderung des Projekts *
Ermittlung	

* BKI verwendet die Brutto-Grundfläche (BGF)

In dieser Kostengruppe enthalten

- Erstellen provisorischer Baukonstruktionen des Bauwerks
- Betreiben und Unterhalten provisorischer Baukonstruktionen des Bauwerks
- Beseitigen provisorischer Baukonstruktionen des Bauwerks
- Hilfs- und Schutzkonstruktionen für provisorische Baukonstruktionen des Bauwerks
- Anpassen der endgültigen Baukonstruktionen des Bauwerks nach der Beseitigung der provisorischen Baukonstruktionen
- Elektrische Komponenten werden ab Anschlusspunkt der elektrischen Versorgungsleitung einschließlich der elektrischen Verkabelung und der Anschlussarbeiten sowie der Inbetriebnahme in der Kostengruppe des zugehörigen Bauelements erfasst (z.B. Antriebe und Steuerungen).

In anderen Kostengruppen enthalten	
• Baustelleneinrichtung (z.B. Material- und Geräteschuppen, Sanitär- und Aufenthaltsräume, Misch- und Transportanlagen, Energie- und Bauwasseranschlüsse, Baustrom, Bauwasser)	KG 391
• Gerüste (z.B. Innen- und Außengerüste)	KG 392
• Sicherungsmaßnahmen (z.B. Unterfangungen, Abstützungen an bestehenden Bauwerken)	KG 393
• Abbruchmaßnahmen (z.B. Abbruch- und Demontagearbeiten)	KG 394
• Instandsetzungen (z.B. bei Umbauten oder Modernisierungen)	KG 395
• Materialentsorgung (z.B. zum Recycling und zur Deponierung)	KG 396
• Zusätzliche Maßnahmen (z.B. Schutz von Personen und Sachen, Reinigung vor Inbetriebnahme, Schlechtwetter und Winterbauschutz, Erwärmung der Baukonstruktionen)	KG 397
Provisorische Baukonstruktionen	*KG 398*
• Sonstiges zur KG 390	KG 399
• Herrichten des Grundstücks	KG 210
• Übergangsmaßnahmen (z.B. provisorische Maßnahmen baulicher und organisatorischer Art)	KG 250
• Niederspannungsinstallationsanlagen (z.B. Kabel, Leitungen Unterverteiler, Verlegesysteme)	KG 444
• Sonstige Maßnahmen für technische Anlagen	KG 490
• Provisorische technische Anlagen	KG 498
• Sonstige Maßnahmen für Außenanlagen und Freiflächen	KG 590
• Provisorische Außenanlagen und Freiflächen	KG 598
• Bewirtschaftungskosten (z.B. Baustellenbewachung, Gestellung und Betrieb von Baustellenbüros für Planer und Bauherrn)	KG 763
• Betriebskosten nach der Abnahme (z.B. vorläufiger Betrieb insbesondere der technischen Anlagen nach der Abnahme bis zur Inbetriebnahme)	KG 765

Erläuterungen

- Entsprechend Abschnitt 5.2, Absatz 3, der DIN 276 sollen die Kosten möglichst getrennt und eindeutig den einzelnen Kostengruppen zugeordnet werden. Erst wenn die Kosten auch nicht annähernd oder entsprechend der überwiegenden Verursachung einzelnen Kostengruppen zugeordnet werden können, ist eine Zuordnung solcher übergreifenden Kosten in die Kostengruppen der KG 390 vorgesehen.
- Hierzu gehören alle anfallenden Kosten für provisorische Baukonstruktionen bis zur nbetriebnahme der endgültigen Baukonstruktionen, soweit sie für den Betrieb der baulichen Anlage erforderlich sind.

DIN 276 Tabelle 1 – Kostengliederung	
399	**Sonstiges zur KG 390** Baukonstruktionen und Maßnahmen, die mehrere Kostengruppen betreffen (z. B. Schließanlagen, Schächte, Schornsteine, soweit nicht in anderen Kostengruppen erfasst); Baustellengemeinkosten

DIN 276 Tabelle 3 – Mengen und Bezugseinheiten für die Kostengruppe 300	
Einheit	
Bezeichnung	Nach Anforderung des Projekts *
Ermittlung	

* BKI verwendet die Brutto-Grundfläche (BGF)

In dieser Kostengruppe enthalten

- Sonstige Kosten von sonstigen Maßnahmen für Baukonstruktionen des Bauwerks, die nicht den KG 391 bis 398 zuzuordnen sind
- Schornsteine und Schächte, die nicht eindeutig einer einzelnen Kostengruppe zugeordnet werden können sondern mehrere Kostengruppen betreffen
- Schließanlagen, die nicht eindeutig einer einzelnen Kostengruppe zugeordnet werden können sondern mehrere Kostengruppen betreffen (z.B. für Außentüren und Innentüren)
- Vorgefertigte Raumzellen einschließlich aller raumumschließenden Baukonstruktionen und vormontierter Installationen (z.B. Garagenboxen)
- Vorgefertigte räumliche Baukonstruktionen
- Baustellengemeinkosten (z.B. im Zusammenhang mit der Ausführung stehende indirekte Kosten der ausführenden Unternehmen, die nicht direkt den in den KG 310 bis 380 enthaltenen Teilleistungen zugewiesen worden sind oder die nicht den KG 391 bis 398 zugeordnet werden können

In anderen Kostengruppen enthalten	
• Baustelleneinrichtung (z.B. Material- und Geräteschuppen, Sanitär- und Aufenthaltsräume, Misch- und Transportanlagen, Energie- und Bauwasseranschlüsse, Baustrom, Bauwasser)	KG 391
• Gerüste (z.B. Innen- und Außengerüste)	KG 392
• Sicherungsmaßnahmen (z.B. Unterfangungen, Abstützungen an bestehenden Bauwerken)	KG 393
• Abbruchmaßnahmen (z.B. Abbruch- und Demontagearbeiten)	KG 394
• Instandsetzungen (z.B. bei Umbauten oder Modernisierungen)	KG 395
• Materialentsorgung (z.B. zum Recycling und zur Deponierung)	KG 396
• Zusätzliche Maßnahmen (z.B. Schutz von Personen und Sachen, Reinigung vor Inbetriebnahme, Schlechtwetter und Winterbauschutz, Erwärmung der Baukonstruktionen)	KG 397
• Provisorische Baukonstruktionen (z.B. Erstellung, Betrieb und Beseitigung provisorischer Baukonstruktionen)	KG 398
Sonstiges zur KG 390	*KG 399*
• Herstellen des Grundstücks	KG 210
• Sonstiges zur KG 380 (z.B. baukonstruktiver Anteil von vorgefertigte Sanitärzellen)	KG 389
• Sonstiges zur KG 410 (z.B. technischer Anteil von vorgefertigte Sanitärzellen)	KG 419
• Sonstiges zur KG 420 Wärmeversorgungsanlagen (z.B. Schornsteine)	KG 429
• Gefahrenmelde- und Alarmanlagen (z.B. Zugangskontrollanlagen, Schließanlagen mit elektronischer Steuerung)	KG 456
• Sonstige Maßnahmen für technische Anlagen	KG 490
• Sonstiges zur KG 490	KG 499
• Sonstige Maßnahmen für Außenanlagen und Freiflächen	KG 590
• Sonstiges zur KG 590	KG 599
• Bewirtschaftungskosten (z.B. Baustellenbewachung, Gestellung und Betrieb von Baustellenbüros für Planer und Bauherrn)	KG 763

In anderen Kostengruppen enthalten

- Betriebskosten nach der Abnahme (z.B. vorläufiger Betrieb insbesondere der technischen Anlagen nach der Abnahme bis zur Inbetriebnahme) KG 765

Erläuterungen

- Entsprechend Abschnitt 5.2, Absatz 3, der DIN 276 sollen die Kosten möglichst getrennt und eindeutig den einzelnen Kostengruppen zugeordnet werden. Erst wenn die Kosten auch nicht annähernd oder entsprechend der überwiegenden Verursachung einzelnen Kostengruppen zugeordnet werden können, ist eine Zuordnung solcher übergreifenden Kosten in die Kostengruppen der KG 390 vorgesehen.

DIN 276 Tabelle 1 – Kostengliederung

400	**Bauwerk – Technische Anlagen**
	Bauleistungen und Lieferungen zur Herstellung der technischen Anlagen des Bauwerks von Hochbauten, Ingenieurbauten und Infrastrukturanlagen
	Dazu gehören auch die übergreifenden Maßnahmen im Zusammenhang mit den technischen Anlagen.
	Die einzelnen technischen Anlagen enthalten die zugehörigen Gestelle, Befestigungen, Armaturen, Wärme- und Kältedämmung, Schall- und Brandschutzvorkehrungen, Abdeckungen, Verkleidungen, Anstriche, Kennzeichnungen sowie die werkseitig integrierten Mess-, Steuer- und Regelanlagen. Dazu gehören auch die Betriebskosten bis zur Abnahme.
	Die Kosten für das Erstellen und Schließen von Schlitzen und Durchführungen sowie von Rohr- und Kabelgräben werden in der Regel in der KG 300 erfasst.
	Zu den technischen Anlagen zählen bei Umbauten und Modernisierungen auch die Kosten von Teilabbruch-, Instandsetzungs-, Sicherungs- und Demontagearbeiten. Die Kosten sind bei den betreffenden Kostengruppen auszuweisen.

DIN 276 Tabelle 2 – Mengen und Bezugseinheiten

Einheit	m^2
Bezeichnung	Brutto-Grundfläche (BGF)
Ermittlung	Gesamte Brutto-Grundfläche nach DIN 277

In dieser Kostengruppe enthalten

KG 410	Abwasser-, Wasser-, Gasanlagen
KG 420	Wärmeversorgungsanlagen (z.B. Wärmeerzeugungsanlagen, Wärmeverteilnetze, Raumheizflächen)
KG 430	Raumlufttechnische Anlagen (z.B. Lüftungsanlagen, Teilklimaanlagen, Klimaanlagen, Kälteanlagen)
KG 440	Elektrische Anlagen (z.B. Hoch-, Mittel- und Niederspannungsanlagen, Beleuchtungsanlagen)
KG 450	Kommunikations-, sicherheits- und informationstechnische Anlagen
KG 460	Förderanlagen (z.B. Aufzugsanlagen, Fahrtreppen, Transportanlagen, Hydraulikanlagen)
KG 470	Nutzungsspezifische und verfahrenstechnische Anlagen (z.B. küchentechnische Anlagen, Feuerlöschanlagen, verfahrenstechnische Anlagen Wasser, Abwasser und Gase)
KG 480	Gebäude- und Anlagenautomation (z.B. Automationseinrichtungen, Datenübertragungsnetze)
KG 490	Sonstige Maßnahmen für technische Anlagen (z.B. Baustelleneinrichtung)

In anderen Kostengruppen enthalten

• Grundstück (z.B. Grundstückswert, Grundstücksnebenkosten)	KG 100
• Vorbereitende Maßnahmen (z.B. Herrichten des Grundstücks, vollständiges Abbrechen von vorhandenen technischen Anlagen, öffentliche und nichtöffentliche Erschließung)	KG 200
• Bauwerk – Baukonstruktionen (z.B. Baugrube/Erdbau, Gründung, Unterbau, Außenwände/Vertikale Baukonstruktionen, Infrastrukturanlagen, Baukonstruktive Einbauten)	KG 300
Bauwerk – Technische Anlagen	*KG 400*
• Außenanlagen und Freiflächen (z.B. Erdbau, Gründung, Unterbau, Oberbau, Deckschichten, Baukonstruktionen, technische Anlagen und Einbauten in Außenanlagen und Freiflächen)	KG 500
• Ausstattung und Kunstwerke (z.B. allgemeine und besondere Ausstattung, informationstechnische Ausstattung, künstlerische Ausstattung)	KG 600
• Baunebenkosten (z.B. Bauherrenaufgaben, Vorbereitung der Objektplanung, Objektplanung, Fachplanung, allgemeine Baunebenkosten)	KG 700
• Finanzierung	KG 800

Erläuterungen

- Maßgebend für die Abgrenzung der KG 400 gegenüber der KG 500 ist u.a. die geometrische Abgrenzung von Bauwerk und Außenanlagen nach DIN 277: Die Abgrenzung ergibt sich durch die Ermittlung der Brutto-Grundfläche (BGF) und des Brutto-Rauminhalts (BRI) für das Bauwerk und die Ermittlung der Außenanlagenfläche (AF) des Grundstücks (abgesehen von geringfügigen, technisch bedingten Abweichungen).
- Bei Umbauten und Modernisierungen sollen die Kosten von Teilabbruch-, Instandsetzungs-, Sicherungs- und Demontagearbeiten an Baukonstruktionen des Bauwerks bei den betreffenden Kostengruppen (KG 410 bis KG 480) ausgewiesen werden. Soweit es nicht möglich ist, diese Kosten einzelnen Kostengruppen zuzuordnen, können sie in den Kostengruppen der KG 490 erfasst werden.
- Elektrische Komponenten werden ab Anschlusspunkt der elektrischen Versorgungsleitung einschließlich der elektrischen Verkabelung und der Anschlussarbeiten sowie der Inbetriebnahme in der Kostengruppe des zugehörigen Bauelements erfasst (z.B. Antriebe und Steuerungen).
- Bei den Kostengruppen der KG 400 werden in dieser Arbeitshilfe aus Platzgründen lediglich die Mengen und Bezugseinheiten entsprechend Abschnitt 6.2 und Tabelle 2 der DIN 276 angegeben. Ergänzende Arbeitshilfen zur weiteren Untergliederung und den spezifischen Mengen und Bezugseinheiten der Kostengruppen entsprechend Abschnitt 6.4 und Tabelle 4 der DIN 276 werden in den BKI-Online-Informationen zur Verfügung gestellt.
- Werden Eigenleistungen erbracht, so sind dafür die Kosten einzusetzen, die für die entsprechenden Auftragnehmerleistungen entstehen würden.

DIN 276 Tabelle 1 – Kostengliederung

410	**Abwasser-, Wasser-, Gasanlagen**
	Zu den Abwasser-, Wasser- und Gasanlagen gehören im Wesentlichen die sanitärtechnischen Anlagen

DIN 276 Tabelle 2 – Mengen und Bezugseinheiten

Einheit	m²
Bezeichnung	Brutto-Grundfläche (BGF)
Ermittlung	Gesamte Brutto-Grundfläche nach DIN 277

In dieser Kostengruppe enthalten

KG 411	Abwasseranlagen (z.B. Abwasserleitungen, Grundleitungen/Abläufe, Sammel- und Behandlungsanlagen, Abscheider, Hebeanlagen)
KG 412	Wasseranlagen (z.B. Gewinnungsanlagen, Aufbereitungsanlagen, Druckerhöhungsanlagen, Wasserleitungen, dezentrale Wassererwärmer, Sanitärobjekte, Wasserspeicher)
KG 413	Gasanlagen (z.B. Lagerungs- und Erzeugungsanlagen, Übergabestationen, Druckregelanlagen, Gasleitungen)
KG 419	Sonstiges zur KG 410 (z.B. Installationsblöcke, technischer Anteil von Sanitärzellen)

In anderen Kostengruppen enthalten

Abwasser-, Wasser-, Gasanlagen	*KG 410*
• Wärmeversorgungsanlagen (z.B. Wärmeerzeugungsanlagen, Wärmeverteilnetze, Raumheizflächen; Verkehrsheizflächen)	KG 420
• Raumlufttechnische Anlagen (z.B. Lüftungsanlagen, Teilklimaanlagen, Klimaanlagen, Kälteanlagen)	KG 430
• Elektrische Anlagen (z.B. Hoch- und Mittelspannungsanlagen, Niederspannungsschalt- und -installationsanlagen, Beleuchtungsanlagen, Blitzschutz und Erdungsanlagen)	KG 440
• Kommunikations-, sicherheits- und informationstechnische Anlagen	KG 450
• Förderanlagen (z.B. Aufzugsanlagen, Fahrtreppen, Transportanlagen, Hydraulikanlagen)	KG 460
• Nutzungsspezifische und verfahrenstechnische Anlagen (z.B. küchentechnische Anlagen, verfahrenstechnische Anlagen Wasser, Abwasser und Gase)	KG 470
• Gebäude- und Anlagenautomation (z.B. Automationseinrichtungen, Datenübertragungsnetze)	KG 480
• Sonstige Maßnahmen für technische Anlagen (z.B. Baustelleneinrichtung, Baubeleuchtung, Bauwasser)	KG 490
• Abbruchmaßnahmen beim Herrichten des Grundstücks (z.B. vollständiges Abbrechen von vorhandenen technischen Anlagen oder Anlagenbereichen)	KG 212
• Abwasserentsorgung bei der öffentlichen Erschließung	KG 221
• Wasserversorgung bei der öffentlichen Erschließung	KG 222
• Gasversorgung bei der öffentlichen Erschließung	KG 223
• Nichtöffentliche Erschließung (ggf. untergliedert entsprechend der KG 220)	KG 230
• Wasserhaltung (z.B. Beseitigung des Grund- und Schichtenwassers während der Bauzeit)	KG 313
• Dränagen (z.B. Leitungen, Pumpensümpfe, Tiefen- und Oberflächenentwässerung)	KG 326
• Dachbeläge (z.B. Dachentwässerung bis zum Anschluss an die Abwasseranlagen)	KG 363
• Anlagen der Abwasserentsorgung als Infrastrukturanlagen	KG 375
• Anlagen der Wasserversorgung als Infrastrukturanlagen	KG 376
• Mechanische Einbauten in Ingenieurbauten (z.B. für die Wasserversorgung)	KG 384
• Baustelleneinrichtung für Baukonstruktionen des Bauwerks (z.B. Abwasserbeseitigung)	KG 391
• Wasserhaltung beim Erdbau in Außenanlagen und Freiflächen während der Bauzeit	KG 513
• Dränagen bei Gründung und Unterbau in Außenanlagen und Freiflächen	KG 525
• Abwasseranlagen bei technischen Anlagen in Außenanlagen und Freiflächen	KG 551
• Wasseranlagen bei technischen Anlagen in Außenanlagen und Freiflächen	KG 552
• Anlagen für Gase und Flüssigkeiten bei technischen Anlagen in Außenanlagen und Freiflächen	KG 553

In anderen Kostengruppen enthalten

• Wasserflächen (z.B. naturnahe Wasserflächen, Bäche, Teiche, Seen)	KG 580
• Baustelleneinrichtung für Außenanlagen und Freiflächen (z.B. Abwasserbeseitigung)	KG 591
• Betriebskosten nach der Abnahme (z.B. vorläufiger Betrieb insbesondere der technischen Anlagen nach der Abnahme bis zur Inbetriebnahme)	KG 765

Erläuterungen

- Die einzelnen Abwasser-, Wasser- und Gasanlagen enthalten die zugehörigen Gestelle, Befestigungen, Armaturen, Wärme- und Kältedämmung, Schall- und Brandschutzvorkehrungen, Abdeckungen, Bekleidungen, Beschichtungen, Kennzeichnungen sowie die werkseitig integrierten Mess-, Steuer- und Regelanlagen. Dazu gehören auch die Betriebskosten bis zur Abnahme, alle zugehörigen Leistungen nach VOB, Teil C, DIN 18381, insbesondere Abnahmeunterlagen, Revisionsunterlagen, Messprotokolle, Funktionsprüfung, Probebetrieb, Werkstatt- und Montagezeichnungen, sowie alle zugehörigen Nebenleistungen und besonderen Leistungen.
- Zur Bedienung, zum Betrieb oder zum Schutz der Abwasser-, Wasser- und Gasanlagen gehörendes, erstmalig zu beschaffendes, nicht eingebautes oder nicht befestigtes Zubehör wird in der zugehörigen Kostengruppe der Abwasser-, Wasser- und Gasanlagen erfasst.
- Das nachträgliche Herstellen von Schlitzen und Durchbrüchen wird in der zugehörigen Kostengruppe der Abwasser-, Wasser- und Gasanlagen erfasst. Die Kosten für das Schließen von Schlitzen und Durchführungen sowie für Rohr- und Kabelgräben werden in der Regel in der KG 300 erfasst.
- Elektrische Komponenten werden ab Anschlusspunkt der elektrischen Versorgungsleitung einschließlich der elektrischen Verkabelung und der Anschlussarbeiten sowie der Inbetriebnahme in der Kostengruppe des zugehörigen Bauelements erfasst (z.B. Antriebe und Steuerungen).
- Bei den Kostengruppen der KG 400 werden in dieser Arbeitshilfe aus Platzgründen lediglich die Mengen und Bezugseinheiten entsprechend Abschnitt 6.2 und Tabelle 2 der DIN 276 angegeben. Ergänzende Arbeitshilfen zur weiteren Untergliederung und den spezifischen Mengen und Bezugseinheiten der Kostengruppen entsprechend Abschnitt 6.4 und Tabelle 4 der DIN 276 werden in den BKI-Online-Informationen zur Verfügung gestellt.

DIN 276 Tabelle 1 – Kostengliederung	
411	**Abwasseranlagen**
	Abläufe, Abwasserleitungen, Abwassersammelanlagen, Abwasserbehandlungsanlagen, Hebeanlagen

DIN 276 Tabelle 2 – Mengen und Bezugseinheiten	
Einheit	m^2
Bezeichnung	Brutto-Grundfläche (BGF)
Ermittlung	Gesamte Brutto-Grundfläche nach DIN 277

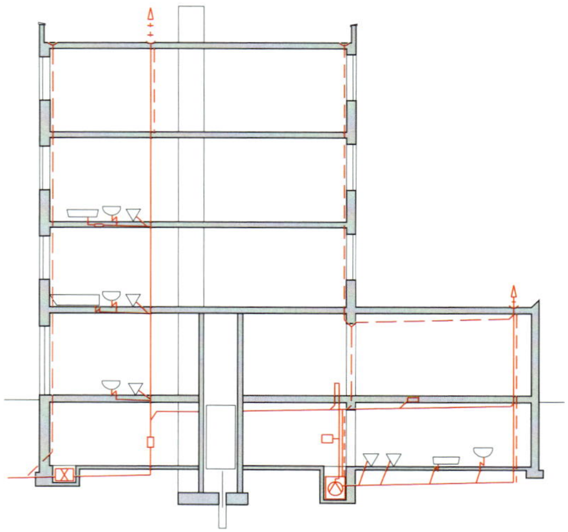

In dieser Kostengruppe enthalten

- Abwasserleitungen (z.B. Sammel-, Fall-, Entlüftungsleitungen, Anschlussleitungen)
- Anschlussleitungen (z.B. für Sanitärobjekte, technische Anlagen, baukonstruktive Einbauten, nutzungsspezifische und verfahrenstechnische Anlagen)
- Grundleitungen
- Revisions- und Sicherheitseinrichtungen, Absperrschieber, Rückstauverschlüsse
- Abläufe (z.B. Dachabläufe, Bodenabläufe, Sandfänge, Sifons)
- Sammel- und Behandlungsanlagen (z.B. Kleinkläranlagen, Dekontaminationsanlagen, Entgiftungsanlagen, Desinfektionsanlagen)
- Abscheider (z.B. Heizölsperren, Abscheideranlagen, Verbindungsleitungen zu nutzungsspezifischen Anlagen)
- Abwasserhebeanlage
- Wärmedämmung der Abwasserleitungen
- Sandbett für die Rohrverlegung
- Elektrische Komponenten, ab Anschlusspunkt der elektrischen Versorgungsleitung einschließlich der elektrischen Verkabelung und der Anschlussarbeiten sowie der Inbetriebnahme (z.B. Antriebe und Steuerungen)
- Maschinenfundamente, die den Abwasseranlagen dienen

In anderen Kostengruppen enthalten

Abwasseranlagen	*KG 411*
• Wasseranlagen (z.B. Gewinnungsanlagen, Aufbereitungsanlagen, Druckerhöhungsanlagen, Wasserleitungen, dezentrale Wassererwärmer, Sanitärobjekte, Wasserspeicher)	KG 412
• Gasanlagen (z.B. Lagerungs- und Erzeugungsanlagen, Übergabestationen, Druckregelanlagen, Gasleitungen)	KG 413

In anderen Kostengruppen enthalten	
• Sonstiges zur KG 410 (z.B. Installationsblöcke, technischer Anteil von Sanitärzellen)	KG 419
• Abbruchmaßnahmen beim Herrichten des Grundstücks (z.B. vollständiges Abbrechen von vorhandenen technischen Anlagen oder Anlagenbereichen)	KG 212
• Abwasserentsorgung bei der öffentlichen Erschließung	KG 221
• Abwasserentsorgung bei der nichtöffentlichen Erschließung	KG 230
• Herstellung (z.B. Aushub und Verfüllung von Rohrgräben unterhalb der Gründungsebene des Bauwerks)	KG 311
• Wasserhaltung (z.B. Beseitigung des Grund- und Schichtenwassers während der Bauzeit)	KG 313
• Dränagen (z.B. Leitungen, Pumpensümpfe, Tiefen- und Oberflächenentwässerung)	KG 326
• Dachbeläge (z.B. Dachentwässerung bis zum Anschluss an die Abwasseranlagen)	KG 363
• Anlagen der Abwasserentsorgung als Infrastrukturanlagen	KG 375
• Mechanische Einbauten in Ingenieurbauten (z.B. für die Abwasserentsorgung)	KG 384
• Baustelleneinrichtung für Baukonstruktionen des Bauwerks (z.B. Abwasserbeseitigung)	KG 391
• Niederspannungsinstallationsanlagen (z.B. Kabel, Leitungen Unterverteiler, Verlegesysteme)	KG 444
• Wasserhaltung beim Erdbau in Außenanlagen und Freiflächen während der Bauzeit	KG 513
• Dränagen bei Gründung und Unterbau in Außenanlagen und Freiflächen	KG 525
• Abwasseranlagen in Außenanlagen und Freiflächen	KG 551
• Wasserflächen (z.B. naturnahe Wasserflächen, Bäche, Teiche, Seen)	KG 580
• Baustelleneinrichtung für Außenanlagen und Freiflächen (z.B. Abwasserbeseitigung)	KG 591
• Betriebskosten nach der Abnahme (z.B. vorläufiger Betrieb insbesondere der technischen Anlagen nach der Abnahme bis zur Inbetriebnahme)	KG 765

Erläuterungen

- Die Dachentwässerung gehört bis zum Anschluss an die Abwasseranlagen einschließlich der in Klempnerarbeit hergestellten Rinnen und Fallrohre zur KG 363.
- Bei den Kostengruppen der KG 400 werden in dieser Arbeitshilfe aus Platzgründen lediglich die Mengen und Bezugseinheiten entsprechend Abschnitt 6.2 und Tabelle 2 der DIN 276 angegeben. Ergänzende Arbeitshilfen zur weiteren Untergliederung und den spezifischen Mengen und Bezugseinheiten der Kostengruppen entsprechend Abschnitt 6.4 und Tabelle 4 der DIN 276 werden in den BKI-Online-Informationen zur Verfügung gestellt.

DIN 276 Tabelle 1 – Kostengliederung

412	**Wasseranlagen**
	Wassergewinnungs-, Aufbereitungs- und Druckerhöhungsanlagen, Rohrleitungen, dezentrale Wassererwärmer, Sanitärobjekte

DIN 276 Tabelle 2 – Mengen und Bezugseinheiten

Einheit	m^2
Bezeichnung	Brutto-Grundfläche (BGF)
Ermittlung	Gesamte Brutto-Grundfläche nach DIN 277

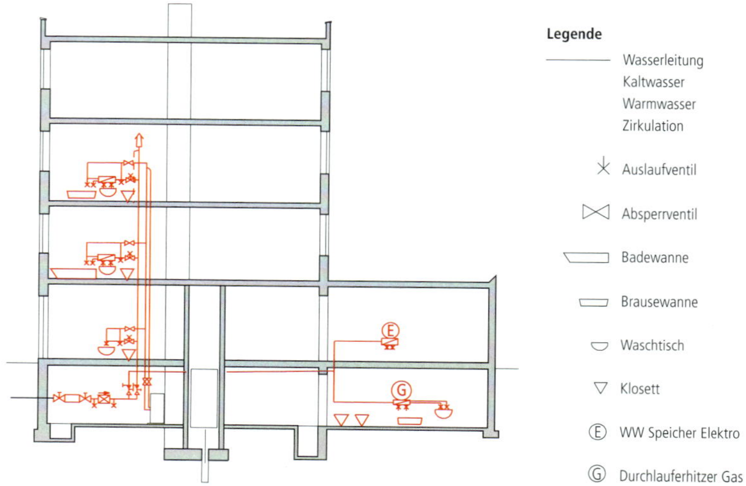

In dieser Kostengruppe enthalten

- Gewinnungsanlagen (z.B. Brunnenanlagen mit Pumpen, Behältern, Verteilern)
- Aufbereitungsanlagen (z.B. Wasserreinigungsanlagen für Brauchwasser)
- Druckerhöhungsanlagen und Hauswasserversorgungsanlagen mit Pumpen, Behältern
- Kalt- und Warmwasserleitungen (z.B. Rohre, Form- und Verbindungsstücke, Zirkulationspumpen)
- Anschlussleitungen (z.B. für Sanitärobjekte, technische Anlagen, baukonstruktive Einbauten, nutzungsspezifische und verfahrenstechnische Anlagen)
- Dezentrale Wassererwärmer (z.B. Durchlauferhitzer, Warmwasserspeicher)
- Sanitärobjekte (z.B. WCs, Waschtische, Badewannen)
- Wasserspeicher (z.B. Zisternen, Wasservorratsbehälter) unterhalb der Gründungsfläche des Bauwerks
- Armaturen
- Wärmedämmung der Wasserleitungen
- Sandbett für die Rohrverlegung
- Elektrische Komponenten, ab Anschlusspunkt der elektrischen Versorgungsleitung einschließlich der elektrischen Verkabelung und der Anschlussarbeiten sowie der Inbetriebnahme (z.B. Antriebe und Steuerungen)
- Maschinenfundamente, die den Wasseranlagen dienen

In anderen Kostengruppen enthalten

• Abwasseranlagen (z.B. Abwasserleitungen, Grundleitungen/Abläufe, Sammel- und Behandlungsanlagen, Abscheider, Hebeanlagen)	KG 411
Wasseranlagen	*KG 412*

In anderen Kostengruppen enthalten	
• Gasanlagen (z.B. Lagerungs- und Erzeugungsanlagen, Übergabestationen, Druckregelanlagen, Gasleitungen)	KG 413
• Sonstiges zur KG 410 (z.B. Installationsblöcke, technischer Anteil von Sanitärzellen)	KG 419
• Abbruchmaßnahmen beim Herrichten des Grundstücks (z.B. vollständiges Abbrechen von vorhandenen technischen Anlagen oder Anlagenbereichen)	KG 212
• Wasserversorgung bei der öffentlichen Erschließung	KG 222
• Wasserversorgung bei der nichtöffentlichen Erschließung	KG 232
• Herstellung (z.B. Aushub und Verfüllung von Rohrgräben unterhalb der Gründungsebene des Bauwerks)	KG 311
• Wasserhaltung (z.B. Beseitigung des Grund- und Schichtenwassers während der Bauzeit)	KG 313
• Anlagen der Wasserversorgung als Infrastrukturanlagen	KG 375
• Mechanische Einbauten in Ingenieurbauten (z.B. für die Wasserversorgung)	KG 384
• Sanitärzellen (baukonstruktiver Anteil)	KG 389
• Baustelleneinrichtung für Baukonstruktionen des Bauwerks (z.B. Bauwasseranschlüsse, Bauwasser)	KG 391
• Niederspannungsinstallationsanlagen (z.B. Kabel, Leitungen Unterverteiler, Verlegesysteme)	KG 444
• Wasserhaltung beim Erdbau in Außenanlagen und Freiflächen während der Bauzeit	KG 513
• Wasseranlagen in Außenanlagen und Freiflächen	KG 552
• Wasserflächen (z.B. naturnahe Wasserflächen, Bäche, Teiche, Seen)	KG 580
• Baustelleneinrichtung für Außenanlagen und Freiflächen (z.B. Bauwasseranschlüsse, Bauwasser)	KG 591
• Betriebskosten nach der Abnahme (z.B. vorläufiger Betrieb insbesondere der technischen Anlagen nach der Abnahme bis zur Inbetriebnahme)	KG 765

Erläuterungen

- Bei den Kostengruppen der KG 400 werden in dieser Arbeitshilfe aus Platzgründen lediglich die Mengen und Bezugseinheiten entsprechend Abschnitt 6.2 und Tabelle 2 der DIN 276 angegeben. Ergänzende Arbeitshilfen zur weiteren Untergliederung und den spezifischen Mengen und Bezugseinheiten der Kostengruppen entsprechend Abschnitt 6.4 und Tabelle 4 der DIN 276 werden in den BKI-Online-Informationen zur Verfügung gestellt.

DIN 276 Tabelle 1 – Kostengliederung

413	**Gasanlagen**	
	Gasanlagen für Wirtschaftswärme (Gaslagerungs- und -erzeugungsanlagen, Übergabestationen, Druckregelanlagen und Gasleitungen), soweit nicht in der KG 420 oder KG 470 erfasst	

DIN 276 Tabelle 2 – Mengen und Bezugseinheiten

Einheit	m^2
Bezeichnung	Brutto-Grundfläche (BGF)
Ermittlung	Gesamte Brutto-Grundfläche nach DIN 277

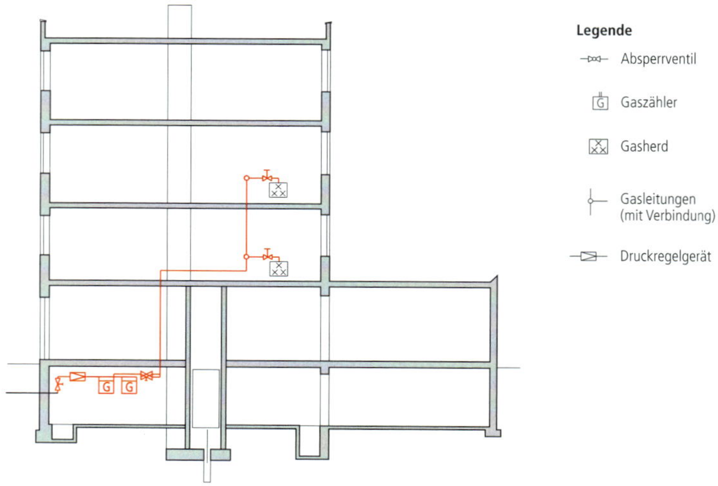

In dieser Kostengruppe enthalten

- Gaslagerungs- und Erzeugungsanlagen (z. B. Flüssiggastanks)
- Übergabestationen (z. B. Druckreduzierstationen)
- Druckregelanlagen (z. B. Hausdruckregelgerät, Gasdruckwächter)
- Gasleitungen, ab Übergabepunkt oder Vorratsbehälter bis zur Abnahmestelle (z. B. Rohre, Form- und Verbindungsstücke)
- Wärmedämmung der Gasleitungen
- Sandbett für die Rohrverlegung
- Elektrische Komponenten, ab Anschlusspunkt der elektrischen Versorgungsleitung einschließlich der elektrischen Verkabelung und der Anschlussarbeiten sowie der Inbetriebnahme (z. B. Antriebe und Steuerungen)
- Maschinenfundamente, die den Gasanlagen dienen

In anderen Kostengruppen enthalten

• Abwasseranlagen (z. B. Abwasserleitungen, Grundleitungen/Abläufe, Sammel- und Behandlungsanlagen, Abscheider, Hebeanlagen)	KG 411
• Wasseranlagen (z. B. Gewinnungsanlagen, Aufbereitungsanlagen, Druckerhöhungsanlagen, Wasserleitungen, dezentrale Wassererwärmer, Sanitärobjekte, Wasserspeicher)	KG 412
Gasanlagen	*KG 413*
• Sonstiges zur KG 410 (z. B. Installationsblöcke, technischer Anteil von Sanitärzellen)	KG 419
• Abbruchmaßnahmen beim Herrichten des Grundstücks (z. B. vollständiges Abbrechen von vorhandenen technischen Anlagen oder Anlagenbereichen)	KG 212
• Gasversorgung bei der öffentlichen Erschließung	KG 223

In anderen Kostengruppen enthalten

• Gasversorgung bei der nichtöffentlichen Erschließung	KG 233
• Herstellung (z.B. Aushub und Verfüllung von Rohrgräben unterhalb der Gründungsebene des Bauwerks)	KG 311
• Gasdränagen bei Gründung und Unterbau bei Baukonstruktionen des Bauwerks	KG 326
• Dachöffnungen (z.B. natürliche Rauch- und Wärmeabzugsanlagen)	KG 362
• Infrastrukturanlagen (z.B. Baukonstruktionen von Anlagen für Ver- und Entsorgungsanlagen für Gase, Flüssigkeiten und Feststoffe)	KG 379
• Mechanische Einbauten in Ingenieurbauten für die Abwasserentsorgung (z.B. Gasentschwefler, Gasspeicher)	KG 384
• Gas-, Flüssiggas-, Dampf- und Brennstoffleitungen für Heizzwecke	KG 421
• Niederspannungsinstallationsanlagen (z.B. Kabel, Leitungen Unterverteiler, Verlegesysteme)	KG 444
• Medienversorgungsanlagen, Medizin- und labortechnische Anlagen (z.B. für technische und medizinische Gase)	KG 473
• Feuerlöschanlagen (z.B. Gaslöschanlagen, Handfeuerlöscher)	KG 474
• Verfahrenstechnische Anlagen, Wasser, Abwasser und Gase	KG 477
• Gasdränagen bei Gründung und Unterbau in Außenanlagen und Freiflächen	KG 525
• Anlagen für Gase und Flüssigkeiten in Außenanlagen und Freiflächen	KG 553
• Betriebskosten nach der Abnahme (z.B. vorläufiger Betrieb insbesondere der technischen Anlagen nach der Abnahme bis zur Inbetriebnahme)	KG 765

Erläuterungen

- Bei den Kostengruppen der KG 400 werden in dieser Arbeitshilfe aus Platzgründen lediglich die Mengen und Bezugseinheiten entsprechend Abschnitt 6.2 und Tabelle 2 der DIN 276 angegeben. Ergänzende Arbeitshilfen zur weiteren Untergliederung und den spezifischen Mengen und Bezugseinheiten der Kostengruppen entsprechend Abschnitt 6.4 und Tabelle 4 der DIN 276 werden in den BKI-Online-Informationen zur Verfügung gestellt.

DIN 276 Tabelle 1 – Kostengliederung

419	**Sonstiges zur KG 410**
	Installationsblöcke, Sanitärzellen (technischer Anteil)

DIN 276 Tabelle 2 – Mengen und Bezugseinheiten

Einheit	m^2
Bezeichnung	Brutto-Grundfläche (BGF)
Ermittlung	Gesamte Brutto-Grundfläche nach DIN 277

In dieser Kostengruppe enthalten

- Sonstige Kosten für Abwasser-, Wasser- und Gasanlagen, die nicht den KG 411 bis 413 zuzuordnen sind
- Vorgefertigte Sanitärzellen einschließlich aller vormontierter Installationen und der raumumschließenden Baukonstruktionen, sofern diese nicht getrennt den Bauelementen der KG 300 zugeordnet werden können.
- Montageelemente für Vorwandinstallationen, bei denen sich die einzelnen Kostengruppen der technischen Anlagen (Abwasser, Wasser, Gas) nicht abgrenzen lassen
- Elektrische Komponenten, ab Anschlusspunkt der elektrischen Versorgungsleitung einschließlich der elektrischen Verkabelung und der Anschlussarbeiten sowie der Inbetriebnahme (z.B. Antriebe und Steuerungen)

In anderen Kostengruppen enthalten

• Abwasseranlagen (z.B. Abwasserleitungen, Grundleitungen/Abläufe, Sammel- und Behandlungsanlagen, Abscheider, Hebeanlagen)	KG 411
• Wasseranlagen (z.B. Gewinnungsanlagen, Aufbereitungsanlagen, Druckerhöhungsanlagen, Wasserleitungen, dezentrale Wassererwärmer, Sanitärobjekte, Wasserspeicher)	KG 412
• Gasanlagen (z.B. Lagerungs- und Erzeugungsanlagen, Übergabestationen, Druckregelanlagen, Gasleitungen)	KG 413
Sonstiges zur KG 410	*KG 419*
• Abbruchmaßnahmen beim Herrichten des Grundstücks (z.B. vollständiges Abbrechen von vorhandenen technischen Anlagen oder Anlagenbereichen)	KG 212
• Öffentliche Erschließung	KG 220
• Nichtöffentliche Erschließung	KG 230
• Infrastrukturanlagen (z.B. für Ver- und Entsorgung)	KG 370
• Sanitärzellen (baukonstruktiver Anteil)	KG 389
• Sonstige Maßnahmen für Baukonstruktionen (z.B. Baustelleneinrichtung)	KG 390
• Sonstiges zur KG 420 (z.B. Schornsteinanlagen)	KG 429
• Sonstiges zur KG 430 (z.B. Abluftfenster, Installationsdoppelböden)	KG 439
• Niederspannungsinstallationsanlagen (z.B. Kabel, Leitungen Unterverteiler, Verlegesysteme)	KG 444
• Nutzungsspezifische und verfahrenstechnische Anlagen	KG 470
• Sonstige Maßnahmen für technische Anlagen (z.B. Baustelleneinrichtung)	KG 490
• Technische Anlagen in Außenanlagen und Freiflächen	KG 550
• Sonstige Maßnahmen für Außenanlagen und Freiflächen (z.B. Baustelleneinrichtung)	KG 590
• Betriebskosten nach der Abnahme (z.B. vorläufiger Betrieb insbesondere der technischen Anlagen nach der Abnahme bis zur Inbetriebnahme)	KG 765

Erläuterungen

- Bei den Kostengruppen der KG 400 werden in dieser Arbeitshilfe aus Platzgründen lediglich die Mengen und Bezugseinheiten entsprechend Abschnitt 6.2 und Tabelle 2 der DIN 276 angegeben. Ergänzende Arbeitshilfen zur weiteren Untergliederung und den spezifischen Mengen und Bezugseinheiten der Kostengruppen entsprechend Abschnitt 6.4 und Tabelle 4 der DIN 276 werden in den BKI-Online-Informationen zur Verfügung gestellt.

DIN 276 Tabelle 1 – Kostengliederung	
420	**Wärmeversorgungsanlagen**

DIN 276 Tabelle 2 – Mengen und Bezugseinheiten	
Einheit	m²
Bezeichnung	Brutto-Grundfläche (BGF)
Ermittlung	Gesamte Brutto-Grundfläche nach DIN 277

In dieser Kostengruppe enthalten	
KG 421	Wärmeerzeugungsanlagen (z.B. Brennstoffversorgung, Wärmeübergabestationen, Wärmeerzeugung, zentrale Wassererwärmungsanlagen)
KG 422	Wärmeverteilnetze (z.B. Pumpen, Verteiler; Rohrleitungen für Raumheizflächen und, raumlufttechnische Anlagen und sonstige Wärmeverbraucher)
KG 423	Raumheizflächen (z.B. Heizkörper, Flächenheizsysteme)
KG 424	Verkehrsheizflächen (z.B. Fahrbahnbeheizung, Weichenheizung, Flugfeldbeheizung)
KG 429	Sonstiges zur KG 420 (z.B. Schornsteinanlagen)

In anderen Kostengruppen enthalten	
• Abwasser-, Wasser-, Gasanlagen (z.B. dezentrale Wassererwärmer)	KG 410
Wärmeversorgungsanlagen	*KG 420*
• Raumlufttechnische Anlagen (z.B. Lüftungsanlagen, Teilklimaanlagen, Klimaanlagen, Kälteanlagen, Luftwärmer)	KG 430
• Elektrische Anlagen (z.B. Hoch- und Mittelspannungsanlagen, Niederspannungsschalt- und -installationsanlagen, Beleuchtungsanlagen, Blitzschutz und Erdungsanlagen)	KG 440
• Kommunikations-, sicherheits- und informationstechnische Anlagen	KG 450
• Förderanlagen (z.B. Aufzugsanlagen, Fahrtreppen, Transportanlagen, Hydraulikanlagen)	KG 460
• Nutzungsspezifische und verfahrenstechnische Anlagen (z.B. küchentechnische Anlagen, Prozesswärme-, kälte- und -luftanlagen)	KG 470
• Gebäude- und Anlagenautomation (z.B. Automationseinrichtungen, Datenübertragungsnetze)	KG 480
• Sonstige Maßnahmen für technische Anlagen (z.B. Baustelleneinrichtung, Baubeleuchtung, Baustrom, Bauwasser)	KG 490
• Abbruchmaßnahmen beim Herrichten des Grundstücks (z.B. vollständiges Abbrechen von vorhandenen technischen Anlagen oder Anlagenbereichen)	KG 212
• Fernwärmeversorgung bei der öffentlichen Erschließung	KG 224
• Fernwärmeversorgung bei der nichtöffentlichen Erschließung	KG 234
• Anlagen für Energie- und Informationsversorgung als Infrastrukturanlagen (z.B. Baukonstruktionen von Wärmeversorgungsanlagen)	KG 377
• Baustelleneinrichtung für Baukonstruktionen des Bauwerks (z.B. Energie- und Bauwasseranschlüsse, Baubeleuchtung)	KG 391
• Wärmeversorgungsanlagen bei technischen Anlagen in Außenanlagen und Freiflächen	KG 554
• Baustelleneinrichtung für Außenanlagen und Freiflächen (z.B. Energie- und Bauwasseranschlüsse, Baubeleuchtung)	KG 591
• Betriebskosten nach der Abnahme (z.B. vorläufiger Betrieb insbesondere der technischen Anlagen nach der Abnahme bis zur Inbetriebnahme)	KG 765

Erläuterungen

- Die einzelnen Wärmeversorgungsanlagen enthalten die zugehörigen Gestelle, Befestigungen, Armaturen, Wärme- und Kältedämmung, Schall- und Brandschutzvorkehrungen, Abdeckungen, Bekleidungen, Beschichtungen, Kennzeichnungen sowie die werkseitig integrierten Mess-, Steuer- und Regelanlagen. Dazu gehören auch die Betriebskosten bis zur Abnahme, alle zugehörigen Leistungen nach VOB, Teil C, DIN 18380, insbesondere Abnahmeunterlagen, Revisionsunterlagen, Messprotokolle, Funktionsprüfung, Probebetrieb, Werkstatt- und Montagezeichnungen, sowie alle zugehörigen Nebenleistungen und besonderen Leistungen.
- Zur Bedienung, zum Betrieb oder zum Schutz der Wärmeversorgungsanlagen gehörendes, erstmalig zu beschaffendes, nicht eingebautes oder nicht befestigtes Zubehör wird in der zugehörigen Kostengruppe der Wärmeversorgungsanlagen erfasst.
- Das nachträgliche Herstellen von Schlitzen und Durchbrüchen wird in der zugehörigen Kostengruppe der Wärmeversorgungsanlagen erfasst. Die Kosten für das Schließen von Schlitzen und Durchführungen sowie für Rohr- und Kabelgräben werden in der Regel in der KG 300 erfasst.
- Elektrische Komponenten werden ab Anschlusspunkt der elektrischen Versorgungsleitung einschließlich der elektrischen Verkabelung und der Anschlussarbeiten sowie der Inbetriebnahme in der Kostengruppe des zugehörigen Bauelements erfasst (z.B. Antriebe und Steuerungen).
- Bei den Kostengruppen der KG 400 werden in dieser Arbeitshilfe aus Platzgründen lediglich die Mengen und Bezugseinheiten entsprechend Abschnitt 6.2 und Tabelle 2 der DIN 276 angegeben. Ergänzende Arbeitshilfen zur weiteren Untergliederung und den spezifischen Mengen und Bezugseinheiten der Kostengruppen entsprechend Abschnitt 6.4 und Tabelle 4 der DIN 276 werden in den BKI-Online-Informationen zur Verfügung gestellt.

DIN 276 Tabelle 1 – Kostengliederung

421 **Wärmeerzeugungsanlagen**

Brennstoffversorgung, Wärmeübergabestationen, Wärmeerzeugung auf der Grundlage von Brennstoffen oder unerschöpflichen Energiequellen einschließlich Schornsteinanschlüsse und zentraler Wassererwärmungsanlagen

DIN 276 Tabelle 2 – Mengen und Bezugseinheiten

Einheit	m^2
Bezeichnung	Brutto-Grundfläche (BGF)
Ermittlung	Gesamte Brutto-Grundfläche nach DIN 277

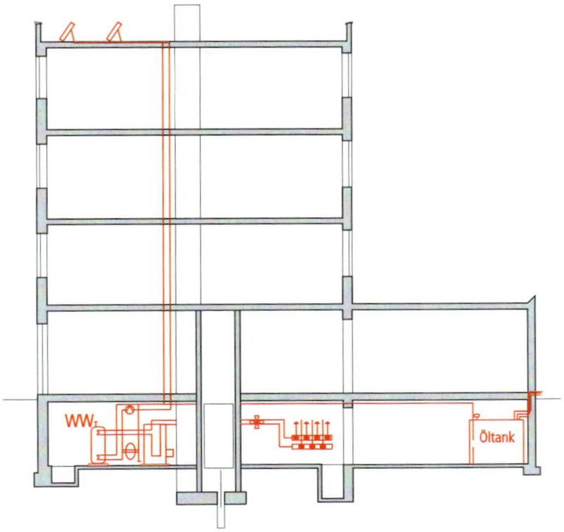

Legende

- Heizkessel mit Brenner
- Pumpe
- Solaranlage
- Ausdehnungsgefäß
- (4 Wege-) Ventil
- Warmwasserspeicher (bivalent)
- Heizungsverteiler

In dieser Kostengruppe enthalten

- Brennstofflagerbehälter für flüssige und gasförmige Brennstoffe (z.B. Öltanks, Flüssiggastank)
- Brennstofflagerbehälter für feste Brennstoffe, sofern nicht unter KG 300 einzuordnen (z.B. Pelletsilos)
- Förderanlagen, die ausschließlich der Brennstoffbeschickung oder dem Schlackenabtransport dienen (z.B. Ölpumpen, Pelletförderschnecken, Ascheaustragsysteme)
- Gas- und Ölleitungen, sofern sie überwiegend Wärmeversorgungsanlagen versorgen
- Wärmeübergabestationen (z.B. Gegenstromapparate, Dampfumformer)
- Heizkesselanlagen für flüssige, gasförmige und feste Brennstoffe zur Versorgung mit Heizenergie oder mit Warmwasser
- Zentrale Elektroheizkessel mit zugehörigen Schalteinrichtungen
- Wärmepumpenanlagen (z.B. Sole/Wasser-Wärmepumpen, Luft/Wasser-Wärmepumpen)
- Thermosolaranlagen (z.B. Flach- oder Vakuumröhrenkollektoranlagen, mit Solarspeicher, Solarkreislauf)
- Wassererwärmungsanlagen, Warmwasserspeicher
- Rauchgas-, Entstaubungs- und Filteranlagen (z.B. Staub-, Elektrofilter)
- Heizungsverteiler und -sammler mit Pumpen, Ventilen, Ausdehnungsgefäß
- Elektrische Komponenten, ab Anschlusspunkt der elektrischen Versorgungsleitung einschließlich der elektrischen Verkabelung und der Anschlussarbeiten sowie der Inbetriebnahme (z.B. Antriebe und Steuerungen)
- Maschinenfundamente, die den Wärmeerzeugungsanlagen dienen

In anderen Kostengruppen enthalten

Wärmeerzeugungsanlagen	*KG 421*
• Wärmeverteilnetze (z.B. Pumpen, Verteiler; Rohrleitungen für Raumheizflächen, raumlufttechnische Anlagen und sonstige Wärmeverbraucher)	KG 422
• Raumheizflächen (z.B. Heizkörper, Flächenheizsysteme)	KG 423
• Verkehrsheizflächen (z.B. Fahrbahnbeheizung, Weichenheizung, Flugfeldbeheizung)	KG 424
• Sonstiges zur KG 420 (z.B. Schornsteinanlagen)	KG 429
• Abbruchmaßnahmen beim Herrichten des Grundstücks (z.B. vollständiges Abbrechen von vorhandenen technischen Anlagen oder Anlagenbereichen)	KG 212
• Fernwärmeversorgung bei der öffentlichen Erschließung	KG 224
• Stromversorgung bei der öffentlichen Erschließung	KG 225
• Fernwärmeversorgung bei der nichtöffentlichen Erschließung	KG 234
• Stromversorgung bei der nichtöffentlichen Erschließung	KG 235
• Dachöffnungen (z.B. natürliche Rauch- und Wärmeabzugsanlagen)	KG 362
• Anlagen für Energie- und Informationsversorgung als Infrastrukturanlagen (z.B. Baukonstruktionen von Wärmeversorgungsanlagen)	KG 377
• Infrastrukturanlagen (z.B. Baukonstruktionen von Anlagen für Ver- und Entsorgungsanlagen für Gase, Flüssigkeiten und Feststoffe)	KG 379
• Baustelleneinrichtung für Baukonstruktionen des Bauwerks (z.B. Energie- und Bauwasseranschlüsse, Baubeleuchtung)	KG 391
• Zusätzliche Maßnahmen (z.B. Erwärmung des Bauwerks, künstliche Bautrocknung)	KG 397
• Niederspannungsinstallationsanlagen (z.B. Kabel, Leitungen Unterverteiler, Verlegesysteme)	KG 444
• Prozesswärme-, kälte- und -luftanlagen (z.B. für Produktion, Forschung und Sportanlagen)	KG 475
• Verfahrenstechnische Anlagen, Wasser, Abwasser und Gase (z.B. Verbrennungsanlagen)	KG 478
• Baustelleneinrichtung für technische Anlagen des Bauwerks (z.B. Energie- und Bauwasseranschlüsse, Baubeleuchtung)	KG 491
• Zusätzliche Maßnahmen (z.B. Erwärmung des Bauwerks, künstliche Bautrocknung)	KG 497
• Wärmeversorgungsanlagen in Außenanlagen und Freiflächen	KG 554
• Baustelleneinrichtung für Außenanlagen und Freiflächen (z.B. Energie- und Bauwasseranschlüsse, Baubeleuchtung)	KG 591
• Zusätzliche Maßnahmen (z.B. Erwärmung des Bauwerks, künstliche Bautrocknung)	KG 597
• Betriebskosten nach der Abnahme (z.B. vorläufiger Betrieb insbesondere der technischen Anlagen nach der Abnahme bis zur Inbetriebnahme)	KG 765

Erläuterungen

- Bei den Kostengruppen der KG 400 werden in dieser Arbeitshilfe aus Platzgründen lediglich die Mengen und Bezugseinheiten entsprechend Abschnitt 6.2 und Tabelle 2 der DIN 276 angegeben. Ergänzende Arbeitshilfen zur weiteren Untergliederung und den spezifischen Mengen und Bezugseinheiten der Kostengruppen entsprechend Abschnitt 6.4 und Tabelle 4 der DIN 276 werden in den BKI-Online-Informationen zur Verfügung gestellt.

DIN 276 Tabelle 1 – Kostengliederung	
422	**Wärmeverteilnetze**
	Pumpen, Verteiler; Rohrleitungen für Raumheizflächen, raumluft-techn sche Anlagen und sonstige Wärmeverbraucher

DIN 276 Tabelle 2 – Mengen und Bezugseinheiten	
Einheit	m²
Bezeichnung	Brutto-Grundfläche (BGF)
Ermittlung	Gesamte Brutto-Grundfläche nach DIN 277

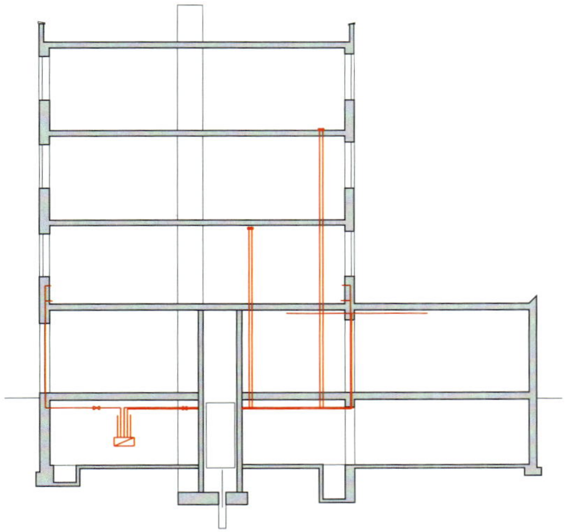

In dieser Kostengruppe enthalten

- Heizkreisverteiler, Zirkulationspumpen
- Heizungsvor- und -rücklaufleitungen (z.B. Verteil-, Steig- und Anschlussleitung zwischen Abgabe- und Verbrauchsstelle)
- Anschlüsse an Nutzungsspezifische Anlagen (z.B. Dampf- und Kondensatleitungen für dampfbeheizte Großküchengeräte)
- Gas- und Ölleitungen, sofern sie überwiegend Raumheizflächen versorgen
- Mess-, Absperr-, Sicherheitsarmaturen in den Leitungen
- Wärmedämmung der Rohrleitungen
- Beschichtungen von Heizungsrohren
- Elektrische Komponenten, ab Anschlusspunkt der elektrischen Versorgungsleitung einschließlich der elektrischen Verkabelung und der Anschlussarbeiten sowie der Inbetriebnahme (z.B. Antriebe und Steuerungen)

In anderen Kostengruppen enthalten

• Wärmeerzeugungsanlagen (z.B. Brennstoffversorgung, Wärmeübergabestationen, Wärmeerzeugung, zentrale Wassererwärmungsanlagen)	KG 421
Wärmeverteilnetze	*KG 422*
• Raumheizflächen (z.B. Heizkörper, Flächenheizsysteme)	KG 423
• Verkehrsheizflächen (z.B. Fahrbahnbeheizung, Weichenheizung, Flugfeldbeheizung)	KG 424
• Sonstiges zur KG 420 (z.B. Schornsteinanlagen)	KG 429
• Abbruchmaßnahmen beim Herrichten des Grundstücks (z.B. vollständiges Abbrechen von vorhandenen technischen Anlagen oder Anlagenbereichen)	KG 212
• Fernwärmeversorgung bei der öffentlichen Erschließung	KG 224

100 200 300 400 500 600 700 800

In anderen Kostengruppen enthalten

• Stromversorgung bei der öffentlichen Erschließung	KG 225
• Fernwärmeversorgung bei der nichtöffentlichen Erschließung	KG 234
• Stromversorgung bei der nichtöffentlichen Erschließung	KG 235
• Gründungsbeläge bei Baukonstruktionen des Bauwerks (z.B. Füllestrich bei Fußbodenheizung)	KG 324
• Deckenbeläge bei Baukonstruktionen des Bauwerks (z.B. Füllestrich bei Fußbodenheizung)	KG 353
• Anlagen für Energie- und Informationsversorgung als Infrastrukturanlagen (z.B. Baukonstruktionen von Wärmeversorgungsanlagen)	KG 377
• Baustelleneinrichtung für Baukonstruktionen des Bauwerks (z.B. Energie- und Bauwasseranschlüsse, Baubeleuchtung)	KG 391
• Zusätzliche Maßnahmen (z.B. Erwärmung des Bauwerks, künstliche Bautrocknung)	KG 397
• Niederspannungsinstallationsanlagen (z.B. Kabel, Leitungen Unterverteiler, Verlegesysteme)	KG 444
• Prozesswärme-, kälte- und -luftanlagen (z.B. für Produktion, Forschung und Sportanlagen)	KG 475
• Baustelleneinrichtung für technische Anlagen des Bauwerks (z.B. Energie- und Bauwasseranschlüsse, Baubeleuchtung)	KG 491
• Zusätzliche Maßnahmen (z.B. Erwärmung des Bauwerks, künstliche Bautrocknung)	KG 497
• Wärmeversorgungsanlagen in Außenanlagen und Freiflächen	KG 554
• Baustelleneinrichtung für Außenanlagen und Freiflächen (z.B. Energie- und Bauwasseranschlüsse, Baubeleuchtung)	KG 591
• Zusätzliche Maßnahmen (z.B. Erwärmung des Bauwerks, künstliche Bautrocknung)	KG 597
• Betriebskosten nach der Abnahme (z.B. vorläufiger Betrieb insbesondere der technischen Anlagen nach der Abnahme bis zur Inbetriebnahme)	KG 765

Erläuterungen

- Bei den Kostengruppen der KG 400 werden in dieser Arbeitshilfe aus Platzgründen lediglich die Mengen und Bezugseinheiten entsprechend Abschnitt 6.2 und Tabelle 2 der DIN 276 angegeben. Ergänzende Arbeitshilfen zur weiteren Untergliederung und den spezifischen Mengen und Bezugseinheiten der Kostengruppen entsprechend Abschnitt 6.4 und Tabelle 4 der DIN 276 werden in den BKI-Online-Informationen zur Verfügung gestellt.

DIN 276 Tabelle 1 – Kostengliederung	
423	**Raumheizflächen** Heizkörper, Flächenheizsysteme

DIN 276 Tabelle 2 – Mengen und Bezugseinheiten	
Einheit	m²
Bezeichnung	Brutto-Grundfläche (BGF)
Ermittlung	Gesamte Brutto-Grundfläche nach DIN 277

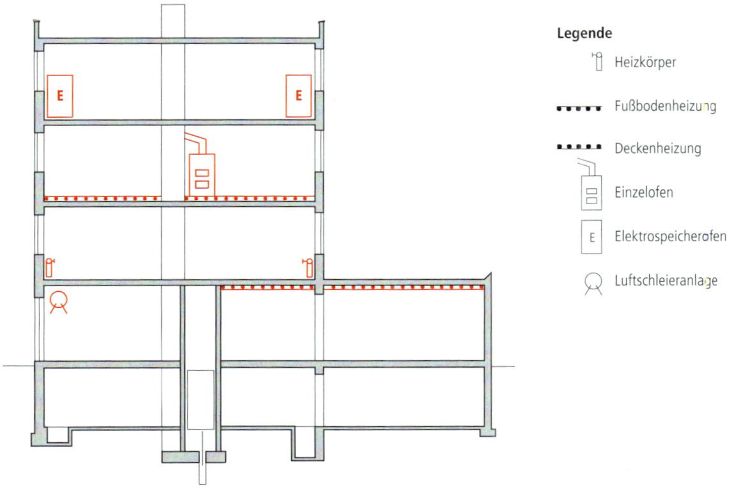

In dieser Kostengruppe enthalten

- Heizkörper und Zubehör (Glieder-, Platten-, Rohr-, Strahlungsheizkörper, Konvektoren mit Verkleidung, Heizkörperventile)
- Elektrospeicheröfen
- Flächenheizungen, durch elektrischen Strom oder die Heizungsanlage versorgt (z.B. Fußboden-, Wand-, Deckenheizungen)
- Ortsfeste Elektro-Heizgeräte (z.B. Strahler, Elektro-Radiatoren)
- Einzelöfen mit festen, flüssigen oder gasförmigen Brennstoffen betrieben
- Luftschleieranlagen
- Heizkostenverteiler
- Hydraulischer Abgleich
- Beschichtungen von Heizkörpern
- Elektrische Komponenten, ab Anschlusspunkt der elektrischen Versorgungsleitung einschließlich der elektrischen Verkabelung und der Anschlussarbeiten sowie der Inbetriebnahme (z.B. Antriebe und Steuerungen)

In anderen Kostengruppen enthalten

• Wärmeerzeugungsanlagen (z.B. Brennstoffversorgung, Wärmeübergabestationen, Wärmeerzeugung, zentrale Wassererwärmungsanlagen)	KG 421
• Wärmeverteilnetze (z.B. Pumpen, Verteiler; Rohrleitungen für Raumheizflächen und, raumlufttechnische Anlagen und sonstige Wärmeverbraucher)	KG 422
Raumheizflächen	*KG 423*
• Verkehrsheizflächen (z.B. Fahrbahnbeheizung, Weichenheizung, Flugfeldbeheizung)	KG 424
• Sonstiges zur KG 420 (z.B. Schornsteinanlagen)	KG 429

In anderen Kostengruppen enthalten

• Abbruchmaßnahmen beim Herrichten des Grundstücks (z.B. vollständiges Abbrechen von vorhandenen technischen Anlagen oder Anlagenbereichen)	KG 212
• Fernwärmeversorgung bei der öffentlichen Erschließung	KG 224
• Stromversorgung bei der öffentlichen Erschließung	KG 225
• Fernwärmeversorgung bei der nichtöffentlichen Erschließung	KG 234
• Stromversorgung bei der nichtöffentlichen Erschließung	KG 235
• Gründungsbeläge bei Baukonstruktionen des Bauwerks (z.B. Füllestrich bei Fußbodenheizung)	KG 324
• Deckenbeläge bei Baukonstruktionen des Bauwerks (z.B. Füllestrich bei Fußbodenheizung)	KG 353
• Anlagen für Energie- und Informationsversorgung als Infrastrukturanlagen (z.B. Baukonstruktionen von Wärmeversorgungsanlagen)	KG 377
• Baustelleneinrichtung für Baukonstruktionen des Bauwerks (z.B. Energie- und Bauwasseranschlüsse, Baubeleuchtung)	KG 391
• Zusätzliche Maßnahmen (z.B. Erwärmung des Bauwerks, künstliche Bautrocknung)	KG 397
• Niederspannungsinstallationsanlagen (z.B. Kabel, Leitungen Unterverteiler, Verlegesysteme)	KG 444
• Prozesswärme-, kälte- und -luftanlagen (z.B. für Produktion, Forschung und Sportanlagen)	KG 475
• Baustelleneinrichtung für technische Anlagen des Bauwerks (z.B. Energie- und Bauwasseranschlüsse, Baubeleuchtung)	KG 491
• Zusätzliche Maßnahmen (z.B. Erwärmung des Bauwerks, künstliche Bautrocknung)	KG 497
• Wärmeversorgungsanlagen in Außenanlagen und Freiflächen	KG 554
• Energie- und Bauwasseranschlüsse, Baubeleuchtung, Baustrom, Bauwasser, Beheizung bei der Baustelleneinrichtung für Außenanlagen und Freiflächen	KG 591
• Zusätzliche Maßnahmen (z.B. Erwärmung des Bauwerks, künstliche Bautrocknung)	KG 597
• Betriebskosten nach der Abnahme (z.B. vorläufiger Betrieb insbesondere der technischen Anlagen nach der Abnahme bis zur Inbetriebnahme)	KG 765

Erläuterungen

- Bei den Kostengruppen der KG 400 werden in dieser Arbeitshilfe aus Platzgründen lediglich die Mengen und Bezugseinheiten entsprechend Abschnitt 6.2 und Tabelle 2 der DIN 276 angegeben. Ergänzende Arbeitshilfen zur weiteren Untergliederung und den spezifischen Mengen und Bezugseinheiten der Kostengruppen entsprechend Abschnitt 6.4 und Tabelle 4 der DIN 276 werden in den BKI-Online-Informationen zur Verfügung gestellt.

DIN 276 Tabelle 1 – Kostengliederung	
424	**Verkehrsheizflächen**
	Fahrbahnbeheizung, Weichenheizung, Flugfeldbeheizung

DIN 276 Tabelle 2 – Mengen und Bezugseinheiten	
Einheit	m^2
Bezeichnung	Brutto-Grundfläche (BGF)
Ermittlung	Gesamte Brutto-Grundfläche nach DIN 277

In dieser Kostengruppe enthalten

- Fahrbahnbeheizung für Infrastrukturanlagen des Straßenverkehrs
- Weichenheizungen für Infrastrukturanlagen des Schienenverkehrs
- Flugfeldbeheizungen für Infrastrukturanlagen des Flugverkehrs
- Elektrische Komponenten, ab Anschlusspunkt der elektrischen Versorgungsleitung einschließlich der elektrischen Verkabelung und der Anschlussarbeiten sowie der Inbetriebnahme (z.B. Antriebe und Steuerungen)

In anderen Kostengruppen enthalten	
• Wärmeerzeugungsanlagen (z.B. Brennstoffversorgung, Wärmeübergabestationen, Wärmeerzeugung, zentrale Wassererwärmungsanlagen)	KG 421
• Wärmeverteilnetze (z.B. Pumpen, Verteiler; Rohrleitungen für Raumheizflächen und, raumlufttechnische Anlagen und sonstige Wärmeverbraucher)	KG 422
• Raumheizflächen	KG 423
Verkehrsheizflächen (z.B. Fahrbahnbeheizung, Weichenheizung, Flugfeldbeheizung)	*KG 424*
• Sonstiges zur KG 420 (z.B. Schornsteinanlagen)	KG 429
• Abbruchmaßnahmen beim Herrichten des Grundstücks (z.B. vollständiges Abbrechen von vorhandenen technischen Anlagen oder Anlagenbereichen)	KG 212
• Fernwärmeversorgung bei der öffentlichen Erschließung	KG 224
• Stromversorgung bei der öffentlichen Erschließung	KG 225
• Fernwärmeversorgung bei der nichtöffentlichen Erschließung	KG 234
• Stromversorgung bei der nichtöffentlichen Erschließung	KG 235
• Gründungsbeläge bei Baukonstruktionen des Bauwerks (z.B. Füllestrich bei Fußbodenheizung)	KG 324
• Deckenbeläge bei Baukonstruktionen des Bauwerks (z.B. Füllestrich bei Fußbodenheizung)	KG 353
• Oberbau von Anlagen für den Straßenverkehr	KG 371
• Oberbau von Gleisanlagen für den Schienenverkehr	KG 372
• Oberbau- und Deckschichten von Anlagen für den Flugverkehr	KG 373
• Anlagen für Energie- und Informationsversorgung als Infrastrukturanlagen (z.B. Baukonstruktionen von Wärmeversorgungsanlagen)	KG 377
• Baustelleneinrichtung für Baukonstruktionen des Bauwerks (z.B. Energie- und Bauwasseranschlüsse, Baubeleuchtung)	KG 391
• Zusätzliche Maßnahmen (z.B. Erwärmung des Bauwerks, künstliche Bautrocknung)	KG 397
• Niederspannungsinstallationsanlagen (z.B. Kabel, Leitungen Unterverteiler, Verlegesysteme)	KG 444
• Prozesswärme-, kälte- und -luftanlagen (z.B. für Produktion, Forschung und Sportanlagen)	KG 475
• Baustelleneinrichtung für technische Anlagen des Bauwerks (z.B. Energie- und Bauwasseranschlüsse, Baubeleuchtung)	KG 491
• Zusätzliche Maßnahmen (z.B. Erwärmung des Bauwerks, künstliche Bautrocknung)	KG 497
• Wärmeversorgungsanlagen in Außenanlagen und Freiflächen	KG 554
• Baustelleneinrichtung für Außenanlagen und Freiflächen (z.B. Energie- und Bauwasseranschlüsse, Baubeleuchtung)	KG 591
• Zusätzliche Maßnahmen (z.B. Erwärmung des Bauwerks, künstliche Bautrocknung)	KG 597

In anderen Kostengruppen enthalten

- Betriebskosten nach der Abnahme (z.B. vorläufiger Betrieb insbesondere der technischen Anlagen nach der Abnahme bis zur Inbetriebnahme) KG 765

Erläuterungen

- Bei den Kostengruppen der KG 400 werden in dieser Arbeitshilfe aus Platzgründen lediglich die Mengen und Bezugseinheiten entsprechend Abschnitt 6.2 und Tabelle 2 der DIN 276 angegeben. Ergänzende Arbeitshilfen zur weiteren Untergliederung und den spezifischen Mengen und Bezugseinheiten der Kostengruppen entsprechend Abschnitt 6.4 und Tabelle 4 der DIN 276 werden in den BKI-Online-Informationen zur Verfügung gestellt.

DIN 276 Tabelle 1 – Kostengliederung

429	**Sonstiges zur KG 420**
	Schornsteine, soweit nicht in anderen Kostengruppen erfasst

DIN 276 Tabelle 2 – Mengen und Bezugseinheiten

Einheit	m^2
Bezeichnung	Brutto-Grundfläche (BGF)
Ermittlung	Gesamte Brutto-Grundfläche nach DIN 277

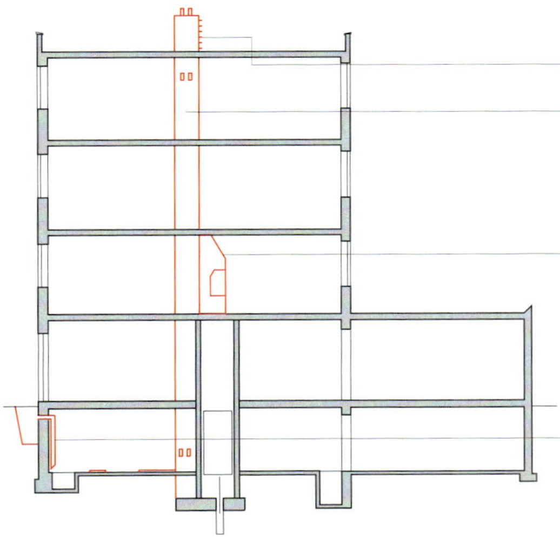

In dieser Kostengruppe enthalten

- Sonstige Kosten für Wärmeversorgungsanlagen, die nicht den KG 421 bis 424 zuzuordnen sind
- Schornsteine mit zugehörigen Füchsen (z. B. aus Mauerwerk, Schamott, Betonfertigteilen, Stahl)
- Bekleidungen an Schornsteinköpfen
- Zuluftkanäle für Heiz- oder Öltankraum (z. B. aus Faserzement, Kunststoff)
- Kachelöfen, Mehrraumheizungen
- Offene Kamine
- Einbauteile und Zubehör (z. B. Klappen, Steigeisen, bei Einzelöfen Rauchrohranschlüsse an Fassade, Kamin oder Abgaszug)
- Elektrische Komponenten, ab Anschlusspunkt der elektrischen Versorgungsleitung einschließlich der elektrischen Verkabelung und der Anschlussarbeiten sowie der Inbetriebnahme (z. B. Antriebe und Steuerungen)

In anderen Kostengruppen enthalten

• Wärmeerzeugungsanlagen (z. B. Brennstoffversorgung, Wärmeübergabestationen, Wärmeerzeugung, zentrale Wassererwärmungsanlagen)	KG 421
• Wärmeverteilnetze (z. B. Pumpen, Verteiler; Rohrleitungen für Raumheizflächen und, raumlufttechnische Anlagen und sonstige Wärmeverbraucher)	KG 422
• Raumheizflächen (z. B. Heizkörper, Flächenheizsysteme)	KG 423
• Verkehrsheizflächen (z. B. Fahrbahnbeheizung, Weichenheizung, Flugfeldbeheizung)	KG 424
Sonstiges zur KG 420	*KG 429*
• Abbruchmaßnahmen beim Herrichten des Grundstücks (z. B. vollständiges Abbrechen von vorhandenen technischen Anlagen oder Anlagenbereichen)	KG 212

429
Sonstiges zur
KG 420

In anderen Kostengruppen enthalten

• Fernwärmeversorgung bei der öffentlichen Erschließung	KG 224
• Fernwärmeversorgung bei der nichtöffentlichen Erschließung	KG 234
• Dachöffnungen (z.B. natürliche Rauch- und Wärmeabzugsanlagen)	KG 362
• Sonstige Maßnahmen für Baukonstruktionen (z.B. Baustelleneinrichtung, zusätzliche Maßnahmen)	KG 390
• Schächte, Schornsteine, soweit nicht in anderen Kostengruppen erfasst	KG 399
• Sonstiges zur KG 430 (z.B. Abluftfenster)	KG 439
• Niederspannungsinstallationsanlagen (z.B. Kabel, Leitungen Unterverteiler, Verlegesysteme)	KG 444
• Nutzungsspezifische und verfahrenstechnische Anlagen	KG 470
• Sonstige Maßnahmen für technische Anlagen (z.B. Baustelleneinrichtung, zusätzliche Maßnahmen)	KG 490
• Technische Anlagen in Außenanlagen und Freiflächen	KG 540
• Sonstige Maßnahmen für Außenanlagen und Freiflächen (z.B. Baustelleneinrichtung, zusätzliche Maßnahmen)	KG 553
• Betriebskosten nach der Abnahme (z.B. vorläufiger Betrieb insbesondere der technischen Anlagen nach der Abnahme bis zur Inbetriebnahme)	KG 765

Erläuterungen

- Bei den Kostengruppen der KG 400 werden in dieser Arbeitshilfe aus Platzgründen lediglich die Mengen und Bezugseinheiten entsprechend Abschnitt 6.2 und Tabelle 2 der DIN 276 angegeben. Ergänzende Arbeitshilfen zur weiteren Untergliederung und den spezifischen Mengen und Bezugseinheiten der Kostengruppen entsprechend Abschnitt 6.4 und Tabelle 4 der DIN 276 werden in den BKI-Online-Informationen zur Verfügung gestellt.

DIN 276 Tabelle 1 – Kostengliederung

430 **Raumlufttechnische Anlagen**
Anlagen mit und ohne Lüftungsfunktion

DIN 276 Tabelle 2 – Mengen und Bezugseinheiten

Einheit	m^2
Bezeichnung	Brutto-Grundfläche (BGF)
Ermittlung	Gesamte Brutto-Grundfläche nach DIN 277

In dieser Kostengruppe enthalten

KG 431	Lüftungsanlagenanlagen (z.B. Abluftanlagen und Zuluftanlagen ohne oder mit einer thermodynamischen Luftbehandlungsfunktion, maschinelle Rauch- und Wärmeabzugsanlagen)
KG 432	Teilklimaanlagen (z.B. Anlagen mit zwei oder drei thermodynamischen Luftbehandlungsfunktionen)
KG 433	Klimaanlagen (z.B. Anlagen mit vier thermodynamischen Luftbehandlungsfunktionen)
KG 434	Kälteanlagen (z.B. zur Raumkühlung und für lufttechnische Anlagen, Kälteerzeugungs- und Rückkühlanlagen)
KG 439	Sonstiges zur KG 430 (z.B. Lüftungsdecken, Kühldecken, Abluftfenster, Lüftungsdoppelböden)

In anderen Kostengruppen enthalten

• Abwasser-, Wasser-, Gasanlagen	KG 410
• Wärmeversorgungsanlagen (z.B. Wärmeerzeugungsanlagen, Wärmeverteilnetze, Raumheizflächen; Verkehrsheizflächen, Schornsteinanlagen)	KG 420
Raumlufttechnische Anlagen	*KG 430*
• Elektrische Anlagen (z.B. Hoch- und Mittelspannungsanlagen, Niederspannungsschalt- und -installationsanlagen, Beleuchtungsanlagen, Blitzschutz und Erdungsanlagen)	KG 440
• Kommunikations-, sicherheits- und informationstechnische Anlagen	KG 450
• Förderanlagen (z.B. Aufzugsanlagen, Fahrtreppen, Transportanlagen, Hydraulikanlagen)	KG 460
• Nutzungsspezifische und verfahrenstechnische Anlagen (z.B. küchentechnische Anlagen, Prozesswärme-, kälte- und -luftanlagen)	KG 470
• Gebäude- und Anlagenautomation (z.B. Automationseinrichtungen, Datenübertragungsnetze)	KG 480
• Sonstige Maßnahmen für technische Anlagen (z.B. Baustelleneinrichtung, Baubeleuchtung, Baustrom)	KG 490
• Abbruchmaßnahmen beim Herrichten des Grundstücks (z.B. vollständiges Abbrechen von vorhandenen technischen Anlagen oder Anlagenbereichen)	KG 212
• Außenwandöffnungen (z.B. natürliche Rauch- und Wärmeabzugsanlagen, integrierte Fensterlüfter)	KG 334
• Dachöffnungen (z.B. natürliche Rauch- und Wärmeabzugsanlagen, integrierte Fensterlüfter)	KG 362
• Sonstiges zur KG 390 (z.B. Schächte, Schornsteine, soweit nicht in anderen Kostengruppen erfasst)	KG 399
• Sonstiges zur KG 420 Wärmeversorgungsanlagen (z.B. Zu- und Abluftschacht für natürliche Belüftung des Heizraumes)	KG 429
• Prozesswärme-, kälte- und -luftanlagen (z.B. für Produktion, Forschung und Sportanlagen)	KG 475
• Raumlufttechnische Anlagen in Außenanlagen und Freiflächen	KG 555
• Betriebskosten nach der Abnahme (z.B. vorläufiger Betrieb insbesondere der technischen Anlagen nach der Abnahme bis zur Inbetriebnahme)	KG 765

Erläuterungen

- Die einzelnen raumlufttechnischen Anlagen enthalten die zugehörigen Gestelle, Befestigungen, Armaturen, Wärme- und Kältedämmung, Schall- und Brandschutzvorkehrungen, Abdeckungen, Bekleidungen, Beschichtungen, Kennzeichnungen sowie die werkseitig integrierten Mess-, Steuer- und Regelanlagen. Dazu gehören auch die Betriebskosten bis zur Abnahme, alle zugehörigen Leistungen nach VOB, Teil C, DIN 18379, insbesondere Abnahmeunterlagen, Revisionsunterlagen, Messprotokolle, Funktionsprüfung, Probebetrieb, Werkstatt- und Montagezeichnungen, sowie alle zugehörigen Nebenleistungen und besonderen Leistungen.
- Zur Bedienung, zum Betrieb oder zum Schutz der raumlufttechnischen Anlagen gehörendes, erstmalig zu beschaffendes, nicht eingebautes oder nicht befestigtes Zubehör wird in der zugehörigen Kostengruppe der raumlufttechnischen Anlagen erfasst.
- Das nachträgliche Herstellen von Schlitzen und Durchbrüchen wird in der zugehörigen Kostengruppe der raumlufttechnischen Anlagen erfasst. Die Kosten für das Schließen von Schlitzen und Durchführungen sowie für Rohr- und Kabelgräben werden in der Regel in der KG 300 erfasst.
- Elektrische Komponenten werden ab Anschlusspunkt der elektrischen Versorgungsleitung einschließlich der elektrischen Verkabelung und der Anschlussarbeiten sowie der Inbetriebnahme in der Kostengruppe des zugehörigen Bauelements erfasst (z.B. Antriebe und Steuerungen).
- Bei den Kostengruppen der KG 400 werden in dieser Arbeitshilfe aus Platzgründen lediglich die Mengen und Bezugseinheiten entsprechend Abschnitt 6.2 und Tabelle 2 der DIN 276 angegeben. Ergänzende Arbeitshilfen zur weiteren Untergliederung und den spezifischen Mengen und Bezugseinheiten der Kostengruppen entsprechend Abschnitt 6.4 und Tabelle 4 der DIN 276 werden in den BKI-Online-Informationen zur Verfügung gestellt.

DIN 276 Tabelle 1 – Kostengliederung

431 **Lüftungsanlagen**

Abluftanlagen, Zuluftanlagen, Zu- und Abluftanlagen ohne oder mit einer thermodynamischen Luftbehandlungsfunktion, maschinelle Rauch- und Wärmeabzugsanlagen, Einzelraumlüfter, Einrohrlüfter

DIN 276 Tabelle 2 – Mengen und Bezugseinheiten

Einheit	m²
Bezeichnung	Brutto-Grundfläche (BGF)
Ermittlung	Gesamte Brutto-Grundfläche nach DIN 277

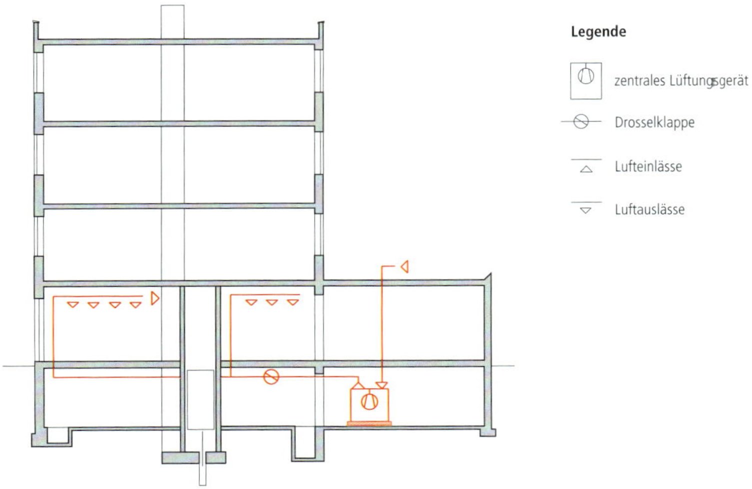

In dieser Kostengruppe enthalten

- Abluft-, Zuluft- sowie Zu- und Abluftanlagen ohne oder mit einer thermodynamischen Luftbehandlungsfunktion (z.B. Lufterhitzer, Luftkühler, Luftbefeuchter oder Luftentfeuchter)
- Truhen- und Schrankgeräte als Einraum-Versorgungseinheit
- Großventilatoren für Zu- oder Abluft über 100m³/h mit oder ohne Kanalnetzanschluss (z.B. Dachabluftventilatoren für Produktionshallen, Abluftventilatoren für Tiefgaragen)
- Lüftungskanäle und Lüftungsrohre mit Formstücken (z.B. aus Stahl-, Alublech, Kunststoff, flexible Lüftungsrohre)
- Wasser- und kühlmittelführende Leitungsnetze für Lüftungsanlagen
- Einbaugeräte in Lüftungsanlagen (z.B. Luftfilter, Ventilatoren, schwingungsdämpfende Bauelemente, Wärmetauscher, Ventilatoren, Wetterschutzgitter, Deflektorhauben)
- Einbauteile in Kanal- und Rohrleitungsnetzen (z.B. Mess-, Absperr-, Sicherheitsarmaturen, Luftleitbleche, Revisionsdeckel, Wanddurchführungen, Feuerschutz-, Drosselklappen, Jalousieklappen, Schalldämpfer)
- Luftdurchlässe (z.B. Lüftungsgitter, Deckendiffusor, Zu-/Abluftventile, Schlitzauslässe, Drallauslässe, Fettfangfilter)
- Rauch- und Wärmeabzugsanlagen mit motorischem Antrieb (z.B. mit Dach-, Wand-, Axial- und Radialventilatoren, mit oder ohne Entrauchungsleitungen)
- Wärmerückgewinnungseinrichtungen (z.B. Rekuperatoren, Kreuzstrom-, Gegenstrom- Rotationswärmetauscher)
- Rückkühlwerke
- Schluck- und Saugbrunnen, die ausschließlich den Lüftungsanlagen dienen
- Wasseraufbereitungsanlagen, die ausschließlich den Lüftungsanlagen (Rückkühlung) dienen
- Elektrische Komponenten, ab Anschlusspunkt der elektrischen Versorgungsleitung einschließlich der elektrischen Verkabelung und der Anschlussarbeiten sowie der Inbetriebnahme (z.B. Antriebe und Steuerungen)

In dieser Kostengruppe enthalten

- Maschinenfundamente, die den Lüftungsanlagen dienen

In anderen Kostengruppen enthalten

Lüftungsanlagenanlagen	*KG 431*
• Teilklimaanlagen (z.B. Anlagen mit zwei oder drei thermodynamischen Luftbehandlungsfunktionen)	KG 432
• Klimaanlagen (z.B. Anlagen mit vier thermodynamischen Luftbehandlungsfunktionen)	KG 433
• Kälteanlagen (z.B. zur Raumkühlung und für lufttechnische Anlagen, Kälteerzeugungs- und Rückkühlanlagen)	KG 434
• Sonstiges zur KG 430 (z.B. Lüftungsdecken, Kühldecken, Abluftfenster, Lüftungsdoppelböden)	KG 439
• Abbruchmaßnahmen beim Herrichten des Grundstücks (z.B. vollständiges Abbrechen von vorhandenen technischen Anlagen oder Anlagenbereichen)	KG 212
• Gründungsbeläge (z.B. Doppelboden als Druckboden)	KG 324
• Außenwandöffnungen (z.B. natürliche Rauch- und Wärmeabzugsanlagen, integrierte Fensterlüfter)	KG 334
• Deckenbeläge (z.B. Doppelboden als Druckboden)	KG 353
• Deckenbekleidungen (z.B. Lüftungsdecken mit integrierten Lüftungselementen)	KG 354
• Dachöffnungen (z.B. natürliche Rauch- und Wärmeabzugsanlagen, integrierte Fensterlüfter)	KG 362
• Dachbekleidungen (z.B. Lüftungsdecken mit integrierten Lüftungselementen)	KG 364
• Sonstiges zur KG 390 (z.B. Schächte, soweit nicht in anderen Kostengruppen erfasst)	KG 399
• Raumheizflächen (z.B. Luftschleieranlagen)	KG 423
• Niederspannungsinstallationsanlagen (z.B. Kabel, Leitungen Unterverteiler, Verlegesysteme)	KG 444
• Prozesswärme-, kälte- und -luftanlagen (z.B. für Produktion, Forschung und Sportanlagen)	KG 475
• Raumlufttechnische Anlagen in Außenanlagen und Freiflächen	KG 555
• Allgemeine Ausstattung (z.B. transportable Ventilatoren zur Raumluftverwirbelung)	KG 610
• Betriebskosten nach der Abnahme (z.B. vorläufiger Betrieb insbesondere der technischen Anlagen nach der Abnahme bis zur Inbetriebnahme)	KG 765

Erläuterungen

- Bei den Kostengruppen der KG 400 werden in dieser Arbeitshilfe aus Platzgründen lediglich die Mengen und Bezugseinheiten entsprechend Abschnitt 6.2 und Tabelle 2 der DIN 276 angegeben. Ergänzende Arbeitshilfen zur weiteren Untergliederung und den spezifischen Mengen und Bezugseinheiten der Kostengruppen entsprechend Abschnitt 6.4 und Tabelle 4 der DIN 276 werden in den BKI-Online-Informationen zur Verfügung gestellt.

DIN 276 Tabelle 1 – Kostengliederung	
432	**Teilklimaanlagen**
	Anlagen mit zwei oder drei thermodynamischen Luftbehandlungsfunktionen

DIN 276 Tabelle 2 – Mengen und Bezugseinheiten	
Einheit	m^2
Bezeichnung	Brutto-Grundfläche (BGF)
Ermittlung	Gesamte Brutto-Grundfläche nach DIN 277

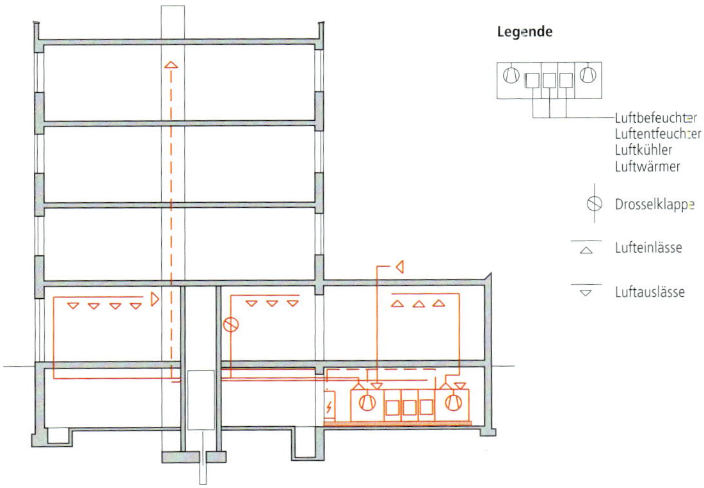

In dieser Kostengruppe enthalten

- Teilklimaanlagen mit zwei oder drei thermodynamischen Luftbehandlungsfunktion (z.B. Lufterhitzer, Luftkühler, Luftbefeuchter oder Luftentfeuchter)
- Truhen- und Schrankgeräte als Einraum-Versorgungseinheit
- Örtliche Teilklimageräte (z.B. Kühlaggregat für Wand-, Fenstereinbau)
- Lüftungskanäle und Lüftungsrohre mit Formstücken (z.B. aus Stahl-, Alublech, Kunststoff, flexible Lüftungsrohre)
- Wasser- und kühlmittelführende Leitungsnetze für Teilklimaanlagen
- Einbaugeräte in Teilklimaanlagen (z.B. Luftfilter, Ventilatoren, schwingungsdämpfende Bauelemente, Wärmetauscher, Ventilatoren, Wetterschutzgitter, Deflektorhauben)
- Einbauteile in Kanal- und Rohrleitungsnetzen (z.B. Mess-, Absperr-, Sicherheitsarmaturen, Luftleitbleche, Revisionsdeckel, Wanddurchführungen, Feuerschutz-, Drosselklappen, Jalousieklappen, Schalldämpfer)
- Luftdurchlässe (z.B. Lüftungsgitter, Deckendiffusor, Zu-/Abluftventile, Schlitzauslässe, Drallauslässe, Fettfangfilter)
- Wärmerückgewinnungseinrichtungen (z.B. Rekuperatoren, Kreuzstrom-, Gegenstrom-, Rotationswärmetauscher)
- Rückkühlwerke
- Schluck- und Saugbrunnen, die ausschließlich den Teilklimaanlagen dienen
- Wasseraufbereitungsanlagen, die ausschließlich den Teilklimaanlagen (Rückkühlung) dienen
- Elektrische Komponenten, ab Anschlusspunkt der elektrischen Versorgungsleitung einschließlich der elektrischen Verkabelung und der Anschlussarbeiten sowie der Inbetriebnahme (z.B. Antriebe und Steuerungen)
- Maschinenfundamente, die den Teilklimaanlagen dienen

In anderen Kostengruppen enthalten

• Lüftungsanlagenanlagen (z. B. Abluftanlagen und Zuluftanlagen ohne oder mit einer thermodynamischen Luftbehandlungsfunktion, maschinelle Rauch- und Wärmeabzugsanlagen)	KG 431
Teilklimaanlagen	*KG 432*
• Klimaanlagen (z. B. Anlagen mit vier thermodynamischen Luftbehandlungsfunktionen)	KG 433
• Kälteanlagen (z. B. zur Raumkühlung und für lufttechnische Anlagen, Kälteerzeugungs- und Rückkühlanlagen)	KG 434
• Sonstiges zur KG 430 (z. B. Lüftungsdecken, Kühldecken, Abluftfenster, Lüftungsdoppelböden)	KG 439
• Abbruchmaßnahmen beim Herrichten des Grundstücks (z. B. vollständiges Abbrechen von vorhandenen technischen Anlagen oder Anlagenbereichen)	KG 212
• Gründungsbeläge (z. B. Doppelboden als Druckboden)	KG 324
• Außenwandöffnungen (z. B. natürliche Rauch- und Wärmeabzugsanlagen, integrierte Fensterlüfter)	KG 334
• Deckenbeläge (z. B. Doppelboden als Druckboden)	KG 353
• Deckenbekleidungen (z. B. Lüftungsdecken mit integrierten Lüftungselementen)	KG 354
• Dachöffnungen (z. B. natürliche Rauch- und Wärmeabzugsanlagen, integrierte Fensterlüfter)	KG 362
• Dachbekleidungen (z. B. Lüftungsdecken mit integrierten Lüftungselementen)	KG 364
• Sonstiges zur KG 390 (z. B. Schächte, soweit nicht in anderen Kostengruppen erfasst)	KG 399
• Luftschleieranlagen	KG 423
• Niederspannungsinstallationsanlagen (z. B. Kabel, Leitungen Unterverteiler, Verlegesysteme)	KG 444
• Prozesswärme-, kälte- und -luftanlagen (z. B. für Produktion, Forschung und Sportanlagen)	KG 475
• Raumlufttechnische Anlagen in Außenanlagen und Freiflächen	KG 555
• Betriebskosten nach der Abnahme (z. B. vorläufiger Betrieb insbesondere der technischen Anlagen nach der Abnahme bis zur Inbetriebnahme)	KG 765

Erläuterungen

- Bei den Kostengruppen der KG 400 werden in dieser Arbeitshilfe aus Platzgründen lediglich die Mengen und Bezugseinheiten entsprechend Abschnitt 6.2 und Tabelle 2 der DIN 276 angegeben. Ergänzende Arbeitshilfen zur weiteren Untergliederung und den spezifischen Mengen und Bezugseinheiten der Kostengruppen entsprechend Abschnitt 6.4 und Tabelle 4 der DIN 276 werden in den BKI-Online-Informationen zur Verfügung gestellt.

DIN 276 Tabelle 1 – Kostengliederung	
433	**Klimaanlagen**
	Anlagen mit vier thermodynamischen Luftbehandlungsfunktionen

DIN 276 Tabelle 2 – Mengen und Bezugseinheiten	
Einheit	m²
Bezeichnung	Brutto-Grundfläche (BGF)
Ermittlung	Gesamte Brutto-Grundfläche nach DIN 277

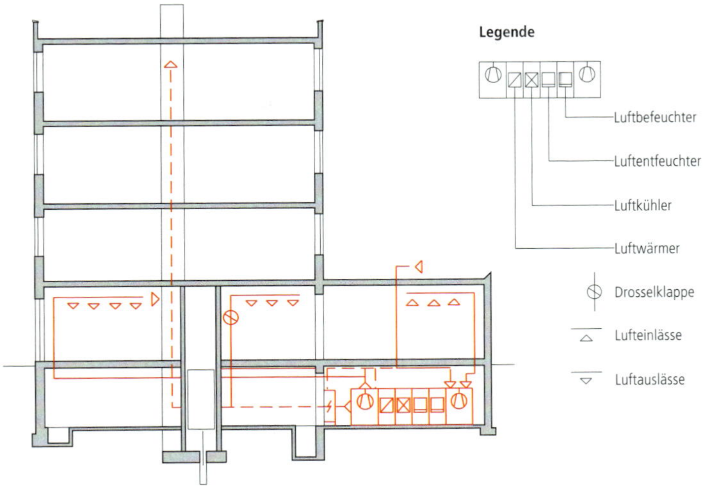

In dieser Kostengruppe enthalten

- Klimaanlagen mit vier thermodynamischen Luftbehandlungsfunktionen (z.B. Lufterhitzer, Luftkühler, Luftbefeuchter und Luftentfeuchter)
- Truhen- und Schrankgeräte als Einraum-Versorgungseinheit
- Örtliche Klimageräte (z.B. Kühlaggregat für Wand-, Fenstereinbau)
- Lüftungskanäle und Lüftungsrohre mit Formstücken (z.B. aus Stahl-, Alublech, Kunststoff, flexible Lüftungsrohre)
- Wasser- und kühlmittelführende Leitungsnetze für Klimaanlagen
- Einbaugeräte in Klimaanlagen (z.B. Luftfilter, Ventilatoren, schwingungsdämpfende Bauelemente, Wärmetauscher, Ventilatoren, Wetterschutzgitter, Deflektorhauben)
- Einbauteile in Kanal- und Rohrleitungsnetzen (z.B. Mess-, Absperr-, Sicherheitsarmaturen, Luftleitbleche, Revisionsdeckel, Wanddurchführungen, Feuerschutz-, Drosselklappen, Jalousieklappen, Schalldämpfer)
- Luftdurchlässe (z.B. Lüftungsgitter, Deckendiffusor, Zu-/Abluftventile, Schlitzauslässe, Drallauslässe, Fettfangfilter)
- Wärmerückgewinnungseinrichtungen (z.B. Rekuperatoren, Kreuzstrom-, Gegenstrom-, Rotationswärmetauscher)
- Rückkühlwerke
- Schluck- und Saugbrunnen, die ausschließlich den Klimaanlagen dienen
- Wasseraufbereitungsanlagen, die ausschließlich den Klimaanlagen (Rückkühlung) dienen
- Elektrische Komponenten, ab Anschlusspunkt der elektrischen Versorgungsleitung einschließlich der elektrischen Verkabelung und der Anschlussarbeiten sowie der Inbetriebnahme (z.B. Antriebe und Steuerungen)
- Maschinenfundamente, die den Klimaanlagen dienen

In anderen Kostengruppen enthalten

• Lüftungsanlagenanlagen (z.B. Abluftanlagen und Zuluftanlagen ohne oder mit einer thermodynamischen Luftbehandlungsfunktion, maschinelle Rauch- und Wärmeabzugsanlagen)	KG 431
• Teilklimaanlagen (z.B. Anlagen mit zwei oder drei thermodynamischen Luftbehandlungsfunktionen)	KG 432
Klimaanlagen	*KG 433*
• Kälteanlagen (z.B. zur Raumkühlung und für lufttechnische Anlagen, Kälteerzeugungs- und Rückkühlanlagen)	KG 434
• Sonstiges zur KG 430 (z.B. Lüftungsdecken, Kühldecken, Abluftfenster, Lüftungsdoppelböden)	KG 439
• Abbruchmaßnahmen beim Herrichten des Grundstücks (z.B. vollständiges Abbrechen von vorhandenen technischen Anlagen oder Anlagenbereichen)	KG 212
• Gründungsbeläge (z.B. Doppelboden als Druckboden)	KG 324
• Außenwandöffnungen (z.B. natürliche Rauch- und Wärmeabzugsanlagen, integrierte Fensterlüfter)	KG 334
• Deckenbeläge (z.B. Doppelboden als Druckboden)	KG 353
• Deckenbekleidungen (z.B. Lüftungsdecken mit integrierten Lüftungselementen)	KG 354
• Dachöffnungen (z.B. natürliche Rauch- und Wärmeabzugsanlagen, integrierte Fensterlüfter)	KG 362
• Dachbekleidungen (z.B. Lüftungsdecken mit integrierten Lüftungselementen)	KG 364
• Sonstiges zur KG 390 (z.B. Schächte, soweit nicht in anderen Kostengruppen erfasst)	KG 399
• Luftschleieranlagen	KG 423
• Niederspannungsinstallationsanlagen (z.B. Kabel, Leitungen Unterverteiler, Verlegesysteme)	KG 444
• Prozesswärme-, kälte- und -luftanlagen (z.B. für Produktion, Forschung und Sportanlagen)	KG 475
• Raumlufttechnische Anlagen in Außenanlagen und Freiflächen	KG 555
• Betriebskosten nach der Abnahme (z.B. vorläufiger Betrieb insbesondere der technischen Anlagen nach der Abnahme bis zur Inbetriebnahme)	KG 765

Erläuterungen

- Bei den Kostengruppen der KG 400 werden in dieser Arbeitshilfe aus Platzgründen lediglich die Mengen und Bezugseinheiten entsprechend Abschnitt 6.2 und Tabelle 2 der DIN 276 angegeben. Ergänzende Arbeitshilfen zur weiteren Untergliederung und den spezifischen Mengen und Bezugseinheiten der Kostengruppen entsprechend Abschnitt 6.4 und Tabelle 4 der DIN 276 werden in den BKI-Online-Informationen zur Verfügung gestellt.

DIN 276 Tabelle 1 – Kostengliederung

434 **Kälteanlagen**

Kälteanlagen zur Raumkühlung und für lufttechnische Anlagen: Kälteerzeugungs- und Rückkühlanlagen einschließlich Pumpen, Verteilern und Rohrleitungen

DIN 276 Tabelle 2 – Mengen und Bezugseinheiten

Einheit	m^2
Bezeichnung	Brutto-Grundfläche (BGF)
Ermittlung	Gesamte Brutto-Grundfläche nach DIN 277

In dieser Kostengruppe enthalten

- Kälteanlagen (z.B. Kältemaschinen, Kondensatoren)
- Truhen- und Schrankgeräte als Einraum-Versorgungseinheit
- Lüftungskanäle und Lüftungsrohre mit Formstücken (z.B. aus Stahl-, Alublech, Kunststoff, flexible Lüftungsrohre)
- Wasser- und kühlmittelführende Leitungsnetze für Kälteanlagen
- Einbaugeräte in Kälteanlagen (z.B. Luftfilter, Ventilatoren, schwingungsdämpfende Bauelemente, Wärmetauscher, Ventilatoren, Wetterschutzgitter, Deflektorhauben)
- Einbauteile in Kanal- und Rohrleitungsnetzen (z.B. Mess-, Absperr-, Sicherheitsarmaturen, Luftleitbleche, Revisionsdeckel, Wanddurchführungen, Feuerschutz-, Drosselklappen, Jalousieklappen, Schalldämpfer)
- Luftdurchlässe (z.B. Lüftungsgitter, Deckendiffusor, Zu-/Abluftventile, Schlitzauslässe, Drallauslässe, Fettfangfilter)
- Wärmerückgewinnungseinrichtungen (z.B. Rekuperatoren, Kreuzstrom-, Gegenstrom-, Rotationswärmetauscher)
- Rückkühlwerke
- Schluck- und Saugbrunnen, die ausschließlich den Kälteanlagen dienen
- Wasseraufbereitungsanlagen, die ausschließlich den Kälteanlagen (Rückkühlung) dienen
- Elektrische Komponenten, ab Anschlusspunkt der elektrischen Versorgungsleitung einschließlich der elektrischen Verkabelung und der Anschlussarbeiten sowie der Inbetriebnahme (z.B. Antriebe und Steuerungen)
- Maschinenfundamente, die den Kältenlagen dienen

In anderen Kostengruppen enthalten

• Lüftungsanlagenanlagen (z.B. Abluftanlagen und Zuluftanlagen ohne oder mit einer thermodynamischen Luftbehandlungsfunktion, maschinelle Rauch- und Wärmeabzugsanlagen)	KG 431
• Teilklimaanlagen (z.B. Anlagen mit zwei oder drei thermodynamischen Luftbehandlungsfunktionen)	KG 432
• Klimaanlagen (z.B. Anlagen mit vier thermodynamischen Luftbehandlungsfunktionen)	KG 433
Kälteanlagen	*KG 434*
• Sonstiges zur KG 430 (z.B. Lüftungsdecken, Kühldecken, Abluftfenster, Lüftungsdoppelböden)	KG 439
• Abbruchmaßnahmen beim Herrichten des Grundstücks (z.B. vollständiges Abbrechen von vorhandenen technischen Anlagen oder Anlagenbereichen)	KG 212
• Außenwandöffnungen (z.B. natürliche Rauch- und Wärmeabzugsanlagen, integrierte Fensterlüfter)	KG 334
• Dachöffnungen (z.B. natürliche Rauch- und Wärmeabzugsanlagen, integrierte Fensterlüfter)	KG 362
• Sonstiges zur KG 390 (z.B. Schächte, soweit nicht in anderen Kostengruppen erfasst)	KG 399
• Niederspannungsinstallationsanlagen (z.B. Kabel, Leitungen Unterverteiler, Verlegesysteme)	KG 444
• Prozesswärme-, kälte- und -luftanlagen (z.B. für Produktion, Forschung und Sportanlagen)	KG 475
• Raumlufttechnische Anlagen in Außenanlagen und Freiflächen	KG 555
• Betriebskosten nach der Abnahme (z.B. vorläufiger Betrieb insbesondere der technischen Anlagen nach der Abnahme bis zur Inbetriebnahme)	KG 765

Erläuterungen

- Bei den Kostengruppen der KG 400 werden in dieser Arbeitshilfe aus Platzgründen lediglich die Mengen und Bezugseinheiten entsprechend Abschnitt 6.2 und Tabelle 2 der DIN 276 angegeben. Ergänzende Arbeitshilfen zur weiteren Untergliederung und den spezifischen Mengen und Bezugseinheiten der Kostengruppen entsprechend Abschnitt 6.4 und Tabelle 4 der DIN 276 werden in den BKI-Online-Informationen zur Verfügung gestellt.

DIN 276 Tabelle 1 – Kostengliederung

439 **Sonstiges zur KG 430**

Lüftungsdecken, Kühldecken, Abluftfenster; Installationsdoppelböden, soweit nicht in anderen Kostengruppen erfasst

DIN 276 Tabelle 2 – Mengen und Bezugseinheiten

Einheit	m²
Bezeichnung	Brutto-Grundfläche (BGF)
Ermittlung	Gesamte Brutto-Grundfläche nach DIN 277

In dieser Kostengruppe enthalten

- Sonstige Kosten für raumlufttechnische Anlagen, die nicht den KG 431 bis 434 zuzuordnen sind
- Lüftungs- und Kühlgeräte für Lüftungsdecken, Kühldecken, Abluftfenster und Installationsdoppelböden, soweit nicht in anderen Kostengruppen erfasst
- Lüftungskanäle und Lüftungsrohre mit Formstücken (z.B. aus Stahl-, Alublech, Kunststoff, flexible Lüftungsrohre)
- Wasser- und kühlmittelführende Leitungsnetze für Lüftungsdecken, Kühldecken, Abluftfenster, Installationsdoppelböden
- Einbaugeräte in Lüftungsdecken, Kühldecken, Abluftfenster und Installationsdoppelböden (z.B. Luftfilter, Ventilatoren, schwingungsdämpfende Bauelemente, Wärmetauscher, Ventilatoren, Wetterschutzgitter, Deflektorhauben)
- Einbauteile in Kanal- und Rohrleitungsnetzen (z.B. Mess-, Absperr-, Sicherheitsarmaturen, Luftleitbleche, Revisionsdeckel, Wanddurchführungen, Feuerschutz-, Drosselklappen, Jalousieklappen, Schalldämpfer)
- Luftdurchlässe (z.B. Lüftungsgitter, Deckendiffusor, Zu-/Abluftventile, Schlitzauslässe, Drallauslässe, Fettfangfilter)
- Wärmerückgewinnungseinrichtungen (z.B. Rekuperatoren, Kreuzstrom-, Gegenstrom-, Rotationswärmetauscher)
- Rückkühlwerke
- Schluck- und Saugbrunnen, die ausschließlich den Lüftungsdecken, Kühldecken, Abluftfenstern und Installationsdoppelböden dienen
- Wasseraufbereitungsanlagen, die ausschließlich den Lüftungsdecken, Kühldecken, Abluftfenstern und Installationsdoppelböden (Rückkühlung) dienen
- Elektrische Komponenten, ab Anschlusspunkt der elektrischen Versorgungsleitung einschließlich der elektrischen Verkabelung und der Anschlussarbeiten sowie der Inbetriebnahme (z.B. Antriebe und Steuerungen)

In anderen Kostengruppen enthalten

• Lüftungsanlagenanlagen (z.B. Abluftanlagen und Zuluftanlagen ohne oder mit einer thermodynamischen Luftbehandlungsfunktion, maschinelle Rauch- und Wärmeabzugsanlagen)	KG 431
• Teilklimaanlagen (z.B. Anlagen mit zwei oder drei thermodynamischen Luftbehandlungsfunktionen)	KG 432
• Klimaanlagen (z.B. Anlagen mit vier thermodynamischen Luftbehandlungsfunktionen)	KG 433
• Kälteanlagen (z.B. zur Raumkühlung und für lufttechnische Anlagen, Kälteerzeugungs- und Rückkühlanlagen)	KG 434
Sonstiges zur KG 430	*KG 439*
• Abbruchmaßnahmen beim Herrichten des Grundstücks (z.B. vollständiges Abbrechen von vorhandenen technischen Anlagen oder Anlagenbereichen)	KG 212
• Gründungsbeläge (z.B. Doppelboden als Druckboden)	KG 324
• Außenwandöffnungen (z.B. natürliche Rauch- und Wärmeabzugsanlagen, integrierte Fensterlüfter)	KG 334
• Deckenbeläge (z.B. Doppelboden als Druckboden)	KG 353
• Deckenbekleidungen (z.B. Lüftungsdecken mit integrierten Lüftungselementen)	KG 354
• Dachöffnungen (z.B. natürliche Rauch- und Wärmeabzugsanlagen, integrierte Fensterlüfter)	KG 362
• Dachbekleidungen (z.B. Lüftungsdecken mit integrierten Lüftungselementen)	KG 364
• Sonstiges zur KG 390 (z.B. Schächte, soweit nicht in anderen Kostengruppen erfasst)	KG 399
• Niederspannungsinstallationsanlagen (z.B. Kabel, Leitungen Unterverteiler, Verlegesysteme)	KG 444
• Prozesswärme-, kälte- und -luftanlagen (z.B. für Produktion, Forschung und Sportanlagen)	KG 475

In anderen Kostengruppen enthalten

• Raumlufttechnische Anlagen in Außenanlagen und Freiflächen	KG 555
• Betriebskosten nach der Abnahme (z.B. vorläufiger Betrieb insbesondere der technischen Anlagen nach der Abnahme bis zur Inbetriebnahme)	KG 765

Erläuterungen

- Bei den Kostengruppen der KG 400 werden in dieser Arbeitshilfe aus Platzgründen lediglich die Mengen und Bezugseinheiten entsprechend Abschnitt 6.2 und Tabelle 2 der DIN 276 angegeben. Ergänzende Arbeitshilfen zur weiteren Untergliederung und den spezifischen Mengen und Bezugseinheiten der Kostengruppen entsprechend Abschnitt 6.4 und Tabelle 4 der DIN 276 werden in den BKI-Online-Informationen zur Verfügung gestellt.

DIN 276 Tabelle 1 – Kostengliederung

440 **Elektrische Anlagen**

Elektrische Anlagen für Starkstrom einschließlich der Brandschutzdurchführungen, soweit nicht in anderen Kostengruppen erfasst, jedoch ohne die Anlagen der KG 450

DIN 276 Tabelle 2 – Mengen und Bezugseinheiten

Einheit	m²
Bezeichnung	Brutto-Grundfläche (BGF)
Ermittlung	Gesamte Brutto-Grundfläche nach DIN 277

In dieser Kostengruppe enthalten

KG 441	Hoch- und Mittelspannungsanlagen (z.B. Schaltanlagen, Transformatoren)
KG 442	Eigenstromversorgungsanlagen (z.B. Stromerzeugungsaggregate, unterbrechungsfreie Stromversorgungsanlagen, photovoltaische Anlagen)
KG 443	Niederspannungsschaltanlagen (z.B. Niederspannungshauptverteiler, Blindstromkompensationsanlagen, Maximumüberwachungsanlagen)
KG 444	Niederspannungsinstallationsanlagen (z.B. Kabel, Leitungen Unterverteiler, Verlegesysteme)
KG 445	Beleuchtungsanlagen (z.B. ortsfeste Leuchten, Sicherheitsbeleuchtung, Flutlichtanlagen)
KG 446	Blitzschutz- und Erdungsanlagen (z.B. Auffangeinrichtungen, Ableitungen, Erdungen, Potenzialausgleich)
KG 447	Fahrleitungssysteme (z.B. stromführende Leitungen für den Schienen- und Straßenverkehr)
KG 449	Sonstiges zur KG 440 (z.B. Frequenzumformer)

In anderen Kostengruppen enthalten

• Abwasser-, Wasser-, Gasanlagen	KG 410
• Wärmeversorgungsanlagen (z.B. Wärmeerzeugungsanlagen, Wärmeverteilnetze, Raumheizflächen; Verkehrsheizflächen)	KG 420
• Raumlufttechnische Anlagen (z.B. Lüftungsanlagen, Teilklimaanlagen, Klimaanlagen, Kälteanlagen)	KG 430
Elektrische Anlagen	*KG 440*
• Kommunikations-, sicherheits- und informationstechnische Anlagen	KG 450
• Förderanlagen (z.B. Aufzugsanlagen, Fahrtreppen, Transportanlagen, Hydraulikanlagen)	KG 460
• Nutzungsspezifische und verfahrenstechnische Anlagen (z.B. küchentechnische Anlagen verfahrenstechnische Anlagen Wasser, Abwasser und Gase)	KG 470
• Gebäude- und Anlagenautomation (z.B. Automationseinrichtungen, Datenübertragungsnetze)	KG 480
• Sonstige Maßnahmen für technische Anlagen (z.B. Baustelleneinrichtung, Baubeleuchtung, Baustrom)	KG 490
• Abbruchmaßnahmen beim Herrichten des Grundstücks (z.B. vollständiges Abbrechen von vorhandenen technischen Anlagen oder Anlagenbereichen)	KG 212
• Stromversorgung bei der öffentlichen Erschließung	KG 225
• Netzanschlüsse für Telekommunikation bei der öffentlichen Erschließung	KG 226
• Stromversorgung bei der nichtöffentlichen Erschließung	KG 235
• Netzanschlüsse für Telekommunikation bei der nichtöffentliche Erschließung	KG 236
• Bauwerk – Baukonstruktionen (z.B. Einbau-Brandschutzschotts in Baukonstruktionen in Wänden und Decken)	KG 300
• Anlagen der Energie- und Informationsversorgung als Infrastrukturanlagen (z.B. Baukonstruktionen von Versorgungsanlagen für elektrische Energieträger)	KG 377
• Baustelleneinrichtung für Baukonstruktionen des Bauwerks (z.B. Energie- und Bauwasseranschlüsse, Baubeleuchtung, Baustrom)	KG 391
• Elektrische Anlagen in Außenanlagen und Freiflächen	KG 556
• Kommunikations-, sicherheits- und informationstechnische Anlagen, Automation in Außenanlagen und Freiflächen	KG 557

In anderen Kostengruppen enthalten

• Baustelleneinrichtung für Außenanlagen und Freiflächen (z.B. Energie- und Bauwasseranschlüsse, Baubeleuchtung, Baustrom)	KG 591
• Betriebskosten nach der Abnahme (z.B. vorläufiger Betrieb insbesondere der technischen Anlagen nach der Abnahme bis zur Inbetriebnahme)	KG 765

Erläuterungen

- Die einzelnen elektrischen Anlagen enthalten die zugehörigen Gestelle, Befestigungen, Schall- und Brandschutzvorkehrungen, Abdeckungen, Bekleidungen, Beschichtungen, Kennzeichnungen sowie die werkseitig integrierten Mess-, Steuer- und Regelanlagen. Dazu gehören auch die Betriebskosten bis zur Abnahme, alle zugehörigen Leistungen nach VOB, Teil C, DIN 18382, insbesondere Abnahmeunterlagen, Revisionsunterlagen, Brandschutznachweis, Messprotokolle, Schnittstellen, Funktionsprüfung, Probebetrieb, Übersichtsschaltpläne, Werkstatt- und Montagezeichnungen, sowie alle zugehörigen Nebenleistungen und besonderen Leistungen.
- Zur Bedienung, zum Betrieb oder zum Schutz der elektrischen Anlagen gehörendes, erstmalig zu beschaffendes, nicht eingebautes oder nicht befestigtes Zubehör wird in der zugehörigen Kostengruppe der elektrischen Anlagen erfasst.
- Das nachträgliche Herstellen von Schlitzen und Durchbrüchen wird in der zugehörigen Kostengruppe der elektrischen Anlagen erfasst. Die Kosten für das Schließen von Schlitzen und Durchführungen sowie für Rohr- und Kabelgräben werden in der Regel in der KG 300 erfasst.
- Bei den Kostengruppen der KG 400 werden in dieser Arbeitshilfe aus Platzgründen lediglich die Mengen und Bezugseinheiten entsprechend Abschnitt 6.2 und Tabelle 2 der DIN 276 angegeben. Ergänzende Arbeitshilfen zur weiteren Untergliederung und den spezifischen Mengen und Bezugseinheiten der Kostengruppen entsprechend Abschnitt 6.4 und Tabelle 4 der DIN 276 werden in den BKI-Online-Informationen zur Verfügung gestellt.

DIN 276 Tabelle 1 – Kostengliederung

441	**Hoch- und Mittelspannungsanlagen**
	Schaltanlagen, Transformatoren

DIN 276 Tabelle 2 – Mengen und Bezugseinheiten

Einheit	m^2
Bezeichnung	Brutto-Grundfläche (BGF)
Ermittlung	Gesamte Brutto-Grundfläche nach DIN 277

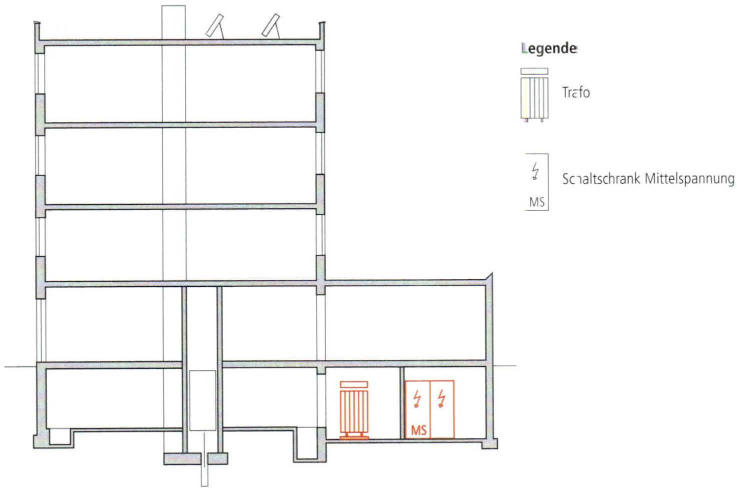

In dieser Kostengruppe enthalten

- Mittelspannungsschaltanlagen mit Einspeisungs-, Kabelabgangs-, Kupplungs- und/oder Eigenbedarfs-Schaltfeldern sowie Betriebsmitteln (z.B. Isolatoren, Durchführungen, Schaltgeräte, Strom- und Spannungswandler)
- Schaltzellen mit Einfach- und Doppelsammelschienenanlagen in Festeinbau-, Einschub- und Fahrwagentechnik (z.B. Netz- und Verteilstationen)
- Schwerpunktstationen (z.B. mit Mittelspannungsschaltanlagen, Transformatorgehäuse, Niederspannungsverteilung, Trafoüberwachung, Blindleistungskompensation)
- Kompensationsanlagen für Mittelspannung
- Generatorschaltanlagen für Kraftwerke und Industrie
- Bahnstromschaltanlagen
- Einbaugeräte (z.B. Messgeräte, Zähler, Wandler, Relais, Überwachung, Steuerung)
- Transformatoren (z.B. Drehstromtransformatoren mit Ausrüstung)
- Maschinenfundamente, die der Hoch- und Mittelspannungsanlagen dienen

In anderen Kostengruppen enthalten

Hoch- und Mittelspannungsanlagen	*KG 441*
• Eigenstromversorgungsanlagen (z.B. Stromerzeugungsaggregate, unterbrechungsfreie Stromversorgungsanlagen, photovoltaische Anlagen)	KG 442
• Niederspannungsschaltanlagen (z.B. Niederspannungshauptverteiler, Blindstromkompensationsanlagen, Maximumüberwachungsanlagen)	KG 443
• Niederspannungsinstallationsanlagen (z.B. Kabel, Leitungen Unterverteiler, Verlegesysteme)	KG 444
• Beleuchtungsanlagen (z.B. ortsfeste Leuchten, Sicherheitsbeleuchtung, Flutlichtanlagen)	KG 445

In anderen Kostengruppen enthalten	
• Blitzschutz- und Erdungsanlagen (z. B. Auffangeinrichtungen, Ableitungen, Erdungen, Potenzialausgleich)	KG 446
• Fahrleitungssysteme (z. B. stromführende Leitungen für den Schienen- und Straßenverkehr)	KG 447
• Sonstiges zur KG 440 (z. B. Frequenzumformer)	KG 449
• Abbruchmaßnahmen beim Herrichten des Grundstücks (z. B. vollständiges Abbrechen von vorhandenen technischen Anlagen oder Anlagenbereichen)	KG 212
• Stromversorgung bei der öffentlichen Erschließung	KG 225
• Stromversorgung bei der nichtöffentlichen Erschließung	KG 235
• Anlagen der Energie- und Informationsversorgung als Infrastrukturanlagen (z. B. Baukonstruktionen von Versorgungsanlagen für elektrische Energieträger)	KG 377
• Baustelleneinrichtung für Baukonstruktionen des Bauwerks (z. B. Energie- und Bauwasseranschlüsse, Baubeleuchtung, Baustrom)	KG 391
• Kommunikations-, sicherheits- und informationstechnische Anlagen	KG 450
• Nutzungsspezifische und verfahrenstechnische Anlagen	KG 470
• Gebäude- und Anlagenautomation (z. B. Automationseinrichtungen, Schaltschränke)	KG 480
• Sonstige Maßnahmen für technische Anlagen (z. B. Baustelleneinrichtung, Baubeleuchtung, Baustrom)	KG 490
• Elektrische Anlagen in Außenanlagen und Freiflächen (z. B. Freilufttrafostationen)	KG 556
• Baustelleneinrichtung für Außenanlagen und Freiflächen (z. B. Energie- und Bauwasseranschlüsse, Baubeleuchtung, Baustrom)	KG 591
• Prüfungen, Genehmigungen, Abnahmen im Rahmen der allgemeinen Baunebenkosten (z. B. Abnahmen durch Aufsichtsbehörden, TÜV)	KG 762
• Betriebskosten nach der Abnahme (z. B. vorläufiger Betrieb insbesondere der technischen Anlagen nach der Abnahme bis zur Inbetriebnahme)	KG 765

Erläuterungen

- Bei den Kostengruppen der KG 400 werden in dieser Arbeitshilfe aus Platzgründen lediglich die Mengen und Bezugseinheiten entsprechend Abschnitt 6.2 und Tabelle 2 der DIN 276 angegeben. Ergänzende Arbeitshilfen zur weiteren Untergliederung und den spezifischen Mengen und Bezugseinheiten der Kostengruppen entsprechend Abschnitt 6.4 und Tabelle 4 der DIN 276 werden in den BKI-Online-Informationen zur Verfügung gestellt.

DIN 276 Tabelle 1 – Kostengliederung	
442	**Eigenstromversorgungsanlagen**
	Stromerzeugungsaggregate einschließlich Kühlung, Abgasanlagen, Brennstoffversorgung, zentraler Batterie- und unterbrechungsfreier Stromversorgungsanlagen sowie photovoltaische Anlagen

DIN 276 Tabelle 2 – Mengen und Bezugseinheiten	
Einheit	m²
Bezeichnung	Brutto-Grundfläche (BGF)
Ermittlung	Gesamte Brutto-Grundfläche nach DIN 277

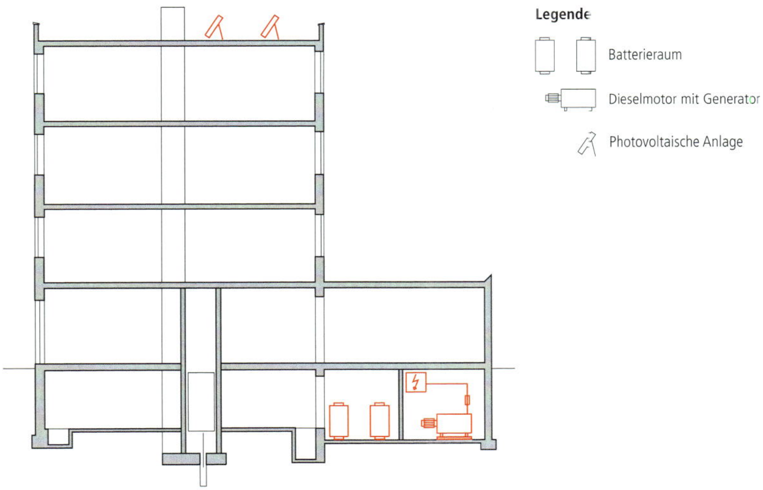

In dieser Kostengruppe enthalten

- Notstrom-, Sicherheitsstrom-, und Ersatzstromversorgungsanlage (z.B. Akkumulatorenbatterien, von der allgemeinen Stromversorgung unabhängige Generatoren als Notstromaggregate)
- Zentralbatteriesysteme für Not- und Sicherheitsbeleuchtung
- Anlagen zur Erzeugung von elektrischem Strom für den Eigenbedarf (z.B. Wind-, Wasserkraft-, Photovoltaikanlagen)
- Maschinenfundamente, die der Hoch- und Eigenstromversorgungsanlagen dienen

In anderen Kostengruppen enthalten

• Hoch- und Mittelspannungsanlagen (z.B. Schaltanlagen, Transformatoren)	KG 441
Eigenstromversorgungsanlagen	*KG 442*
• Niederspannungsschaltanlagen (z.B. Niederspannungshauptverteiler, Blindstromkompensationsanlagen, Maximumüberwachungsanlagen)	KG 443
• Niederspannungsinstallationsanlagen (z.B. Kabel, Leitungen Unterverteiler, Verlegesysteme)	KG 444
• Beleuchtungsanlagen (z.B. ortsfeste Leuchten, Sicherheitsbeleuchtung, Flutlichtanlagen)	KG 445
• Blitzschutz- und Erdungsanlagen (z.B. Auffangeinrichtungen, Ableitungen, Erdungen, Potenzialausgleich)	KG 446
• Fahrleitungssysteme (z.B. stromführende Leitungen für den Schienen- und Straßenverkehr)	KG 447
• Sonstiges zur KG 440 (z.B. Frequenzumformer)	KG 449
• Abbruchmaßnahmen beim Herrichten des Grundstücks (z.B. vollständiges Abbrechen von vorhandenen technischen Anlagen oder Anlagenbereichen)	KG 212
• Stromversorgung bei der öffentlichen Erschließung	KG 225
• Stromversorgung bei der nichtöffentlichen Erschließung	KG 235

In anderen Kostengruppen enthalten

• Anlagen der Energie- und Informationsversorgung als Infrastrukturanlagen (z.B. Baukonstruktionen von Versorgungsanlagen für elektrische Energieträger)	KG 377
• Baustelleneinrichtung für Baukonstruktionen des Bauwerks (z.B. Energie- und Bauwasseranschlüsse, Baubeleuchtung, Baustrom)	KG 391
• Kommunikations-, sicherheits- und informationstechnische Anlagen	KG 450
• Nutzungsspezifische und verfahrenstechnische Anlagen	KG 470
• Gebäude- und Anlagenautomation (z.B. Automationseinrichtungen, Schaltschränke)	KG 480
• Sonstige Maßnahmen für technische Anlagen (z.B. Baustelleneinrichtung, Baubeleuchtung, Baustrom)	KG 490
• Elektrische Anlagen in Außenanlagen und Freiflächen (z.B. für Eigenstromerzeugung)	KG 556
• Baustelleneinrichtung für Außenanlagen und Freiflächen (z.B. Energie- und Bauwasseranschlüsse, Baubeleuchtung, Baustrom)	KG 591
• Prüfungen, Genehmigungen, Abnahmen im Rahmen der allgemeinen Baunebenkosten (z.B. Abnahmen durch Aufsichtsbehörden, TÜV)	KG 762
• Betriebskosten nach der Abnahme (z.B. vorläufiger Betrieb insbesondere der technischen Anlagen nach der Abnahme bis zur Inbetriebnahme)	KG 765

Erläuterungen

- Bei den Kostengruppen der KG 400 werden in dieser Arbeitshilfe aus Platzgründen lediglich die Mengen und Bezugseinheiten entsprechend Abschnitt 6.2 und Tabelle 2 der DIN 276 angegeben. Ergänzende Arbeitshilfen zur weiteren Untergliederung und den spezifischen Mengen und Bezugseinheiten der Kostengruppen entsprechend Abschnitt 6.4 und Tabelle 4 der DIN 276 werden in den BKI-Online-Informationen zur Verfügung gestellt.

DIN 276 Tabelle 1 – Kostengliederung

443 **Niederspannungsschaltanlagen**

Niederspannungshauptverteiler, Blindstromkompensationsanlagen, Maximumüberwachungsanlagen, Oberschwingungsfilter

DIN 276 Tabelle 2 – Mengen und Bezugseinheiten

Einheit	m²
Bezeichnung	Brutto-Grundfläche (BGF)
Ermittlung	Gesamte Brutto-Grundfläche nach DIN 277

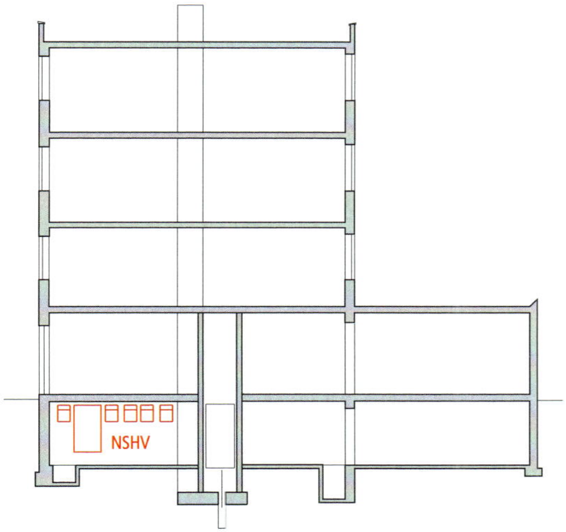

Legende

NSHV Niederspannungs-Hauptverteiler

In dieser Kostengruppe enthalten

- Niederspannungsschaltanlagen in Festeinbau-, Einschub-, Stecktechnik, Schnappbefestigung auf Hutschiene (z.B. Hauptschaltanlage oder Hauptverteiler, Unter-, Linienverteiler, Motor- und Installations- Industrieverteiler, Licht- oder Kraftverteiler, Blindleistungskompensationsanlagen, Steuerung)
- Niederspannungsschutz- und -schaltgeräte (z.B. dreipolige Leistungsschalter, Leitungsschutzschalter, Schütze, Überspannungsableiter, Fehlstrom- und Brandschutzeinrichtungen, Lasttrennschalter, Motorschutzschalter, Sicherungssysteme)
- Schaltgerätekombination als Niederspannungsverteilung oder Unterverteilung mit Einbauten (z.B. Messgeräte, Zähler, Wandler, Relais, Sammel- und Verbindungsschienen; Installations-Kleinverteiler, Installationsverteiler, Rangierverteiler einschl. FM-Technik, Hauptleitungsabzweigkasten als Hausanschluss, Zählerplatz)
- Anschlussleitungen an- und Verbindungsleitungen zwischen technischen Anlagen (z.B. zwischen Transformator und Schaltzellen)

In anderen Kostengruppen enthalten

• Hoch- und Mittelspannungsanlagen (z.B. Schaltanlagen, Transformatoren)	KG 441
• Eigenstromversorgungsanlagen (z.B. Stromerzeugungsaggregate, unterbrechungsfreie Stromversorgungsanlagen, photovoltaische Anlagen)	KG 442
Niederspannungsschaltanlagen	*KG 443*
• Niederspannungsinstallationsanlagen (z.B. Kabel, Leitungen Unterverteiler, Verlegesysteme)	KG 444
• Beleuchtungsanlagen (z.B. ortsfeste Leuchten, Sicherheitsbeleuchtung, Flutlichtanlagen)	KG 445
• Blitzschutz- und Erdungsanlagen (z.B. Auffangeinrichtungen, Ableitungen, Erdungen, Potenzialausgleich)	KG 446
• Fahrleitungssysteme (z.B. stromführende Leitungen für den Schienen- und Straßenverkehr)	KG 447

100 200 300 400 500 600 700 800

In anderen Kostengruppen enthalten	
• Sonstiges zur KG 440 (z.B. Frequenzumformer)	KG 449
• Abbruchmaßnahmen beim Herrichten des Grundstücks (z.B. vollständiges Abbrechen von vorhandenen technischen Anlagen oder Anlagenbereichen)	KG 212
• Stromversorgung bei der öffentlichen Erschließung	KG 225
• Stromversorgung bei der nichtöffentlichen Erschließung	KG 235
• Anlagen der Energie- und Informationsversorgung als Infrastrukturanlagen (z.B. Baukonstruktionen von Versorgungsanlagen für elektrische Energieträger)	KG 377
• Baustelleneinrichtung für Baukonstruktionen des Bauwerks (z.B. Energie- und Bauwasseranschlüsse, Baubeleuchtung, Baustrom)	KG 391
• Kommunikations-, sicherheits- und informationstechnische Anlagen	KG 450
• Nutzungsspezifische und verfahrenstechnische Anlagen	KG 470
• Gebäude- und Anlagenautomation (z.B. Automationseinrichtungen, Schaltschränke)	KG 480
• Sonstige Maßnahmen für technische Anlagen (z.B. Baustelleneinrichtung, Baubeleuchtung, Baustrom)	KG 490
• Elektrische Anlagen in Außenanlagen und Freiflächen	KG 556
• Baustelleneinrichtung für Außenanlagen und Freiflächen (z.B. Energie- und Bauwasseranschlüsse, Baubeleuchtung, Baustrom)	KG 591
• Prüfungen, Genehmigungen, Abnahmen im Rahmen der allgemeinen Baunebenkosten (z.B. Abnahmen durch Aufsichtsbehörden, TÜV)	KG 762
• Betriebskosten nach der Abnahme (z.B. vorläufiger Betrieb insbesondere der technischen Anlagen nach der Abnahme bis zur Inbetriebnahme)	KG 765

Erläuterungen

- Bei den Kostengruppen der KG 400 werden in dieser Arbeitshilfe aus Platzgründen lediglich die Mengen und Bezugseinheiten entsprechend Abschnitt 6.2 und Tabelle 2 der DIN 276 angegeben. Ergänzende Arbeitshilfen zur weiteren Untergliederung und den spezifischen Mengen und Bezugseinheiten der Kostengruppen entsprechend Abschnitt 6.4 und Tabelle 4 der DIN 276 werden in den BKI-Online-Informationen zur Verfügung gestellt.

DIN 276 Tabelle 1 – Kostengliederung

444	**Niederspannungsinstallationsanlagen**
	Kabel, Leitungen, Unterverteiler, Verlegesysteme, Installationsgeräte

DIN 276 Tabelle 2 – Mengen und Bezugseinheiten

Einheit	m^2
Bezeichnung	Brutto-Grundfläche (BGF)
Ermittlung	Gesamte Brutto-Grundfläche nach DIN 277

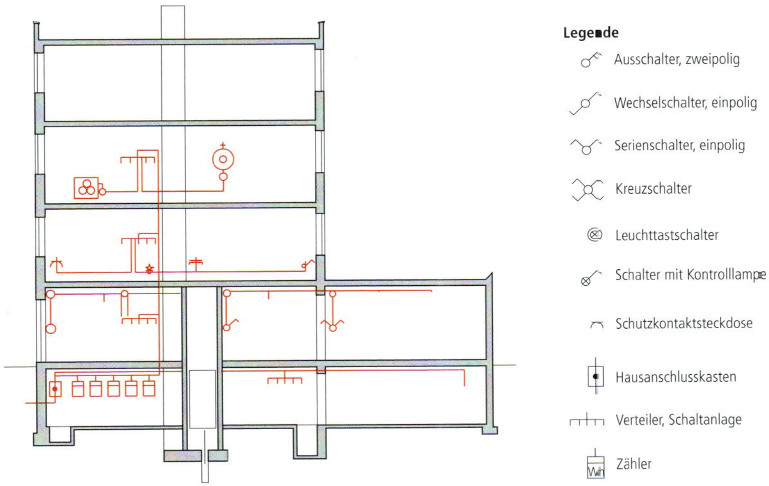

In dieser Kostengruppe enthalten

- Verlegesysteme (z.B. Kabelpritschen, Kabelrinnen, Elektroinstallationsrohre, Installations-, Unterflur- und Brüstungskanäle, auch bei Mitbenutzung durch Kommunikationstechnik)
- Kabel und Leitungen (z.B. ein- und mehradrige Mantel-, Steg- und Gummischlauchleitungen, Steuer-, Installations- und Erdkabel, Ader-, Verdrahtungsleitungen)
- Installationsgeräte (z.B. Schalter, Taster, Steckdosen, Dimmer, Lichtsignale, Rasiersteckdosen, Geräte-, Leuchtenanschluss-dosen, Verbindungsdose, Dämmerungsschalter)
- Wallbox
- Unterverteiler (z.B. Verteilerschränke, Schienenverteiler, Feldverteiler, Abgangs-Abzweigkästen)
- Verteilereinbauten (z.B. Reihenklemmen, Leitungsschutzschalter, FI-Schutzschalter, Hauptschalter, Schmelzsicherungen, Schütze, Stromstoßschalter, Relais, Überspannungsschutz, Klingeltrafos, Messgeräte, Zähler, Wandler, Signalleuchten)
- Steuer-, Befehls-, Meldegeräte (z.B. Steuerschalter, Schalterstellungsanzeiger, optische und akustische Meldeeinrichtungen, Zeitschaltuhren, Treppenlichtautomat)

In anderen Kostengruppen enthalten

• Hoch- und Mittelspannungsanlagen (z.B. Schaltanlagen, Transformatoren)	KG 441
• Eigenstromversorgungsanlagen (z.B. Stromerzeugungsaggregate, unterbrechungsfreie Stromversorgungsanlagen, photovoltaische Anlagen)	KG 442
• Niederspannungsschaltanlagen (z.B. Niederspannungshauptverteiler, Blindstromkompensationsanlagen, Maximumüberwachungsanlagen)	KG 443
Niederspannungsinstallationsanlagen	*KG 444*
• Beleuchtungsanlagen (z.B. ortsfeste Leuchten, Sicherheitsbeleuchtung, Flutlichtanlagen)	KG 445

In anderen Kostengruppen enthalten

• Blitzschutz- und Erdungsanlagen (z.B. Auffangeinrichtungen, Ableitungen, Erdungen, Potenzialausgleich)	KG 446
• Fahrleitungssysteme (z.B. stromführende Leitungen für den Schienen- und Straßenverkehr)	KG 447
• Sonstiges zur KG 440 (z.B. Frequenzumformer)	KG 449
• Abbruchmaßnahmen beim Herrichten des Grundstücks (z.B. vollständiges Abbrechen von vorhandenen technischen Anlagen oder Anlagenbereichen)	KG 212
• Stromversorgung bei der öffentlichen Erschließung	KG 225
• Stromversorgung bei der nichtöffentlichen Erschließung	KG 235
• Anlagen der Energie- und Informationsversorgung als Infrastrukturanlagen (z.B. Baukonstruktionen von Versorgungsanlagen für elektrische Energieträger)	KG 377
• Baustelleneinrichtung für Baukonstruktionen des Bauwerks (z.B. Energie- und Bauwasseranschlüsse, Baubeleuchtung, Baustrom)	KG 391
• Kommunikations-, sicherheits- und informationstechnische Anlagen	KG 450
• Nutzungsspezifische und verfahrenstechnische Anlagen	KG 470
• Gebäude- und Anlagenautomation (z.B. Automationseinrichtungen, Kabel, Leitungen)	KG 480
• Sonstige Maßnahmen für technische Anlagen (z.B. Baustelleneinrichtung, Baubeleuchtung, Baustrom)	KG 490
• Elektrische Anlagen in Außenanlagen und Freiflächen (z.B. Stromversorgungsleitungen, Ladestationen)	KG 556
• Baustelleneinrichtung für Außenanlagen und Freiflächen (z.B. Energie- und Bauwasseranschlüsse, Baubeleuchtung, Baustrom)	KG 591
• Prüfungen, Genehmigungen, Abnahmen im Rahmen der allgemeinen Baunebenkosten (z.B. Abnahmen durch Aufsichtsbehörden, TÜV)	KG 762
• Betriebskosten nach der Abnahme (z.B. vorläufiger Betrieb insbesondere der technischen Anlagen nach der Abnahme bis zur Inbetriebnahme)	KG 765

Erläuterungen

- Bei den Kostengruppen der KG 400 werden in dieser Arbeitshilfe aus Platzgründen lediglich die Mengen und Bezugseinheiten entsprechend Abschnitt 6.2 und Tabelle 2 der DIN 276 angegeben. Ergänzende Arbeitshilfen zur weiteren Untergliederung und den spezifischen Mengen und Bezugseinheiten der Kostengruppen entsprechend Abschnitt 6.4 und Tabelle 4 der DIN 276 werden in den BKI-Online-Informationen zur Verfügung gestellt.

DIN 276 Tabelle 1 – Kostengliederung	
445	**Beleuchtungsanlagen** Ortsfeste Leuchten, Sicherheitsbeleuchtung und Beleuchtungsanlagen für Anlagen des Verkehrs sowie Flutlichtanlagen

DIN 276 Tabelle 2 – Mengen und Bezugseinheiten	
Einheit	m²
Bezeichnung	Brutto-Grundfläche (BGF)
Ermittlung	Gesamte Brutto-Grundfläche nach DIN 277

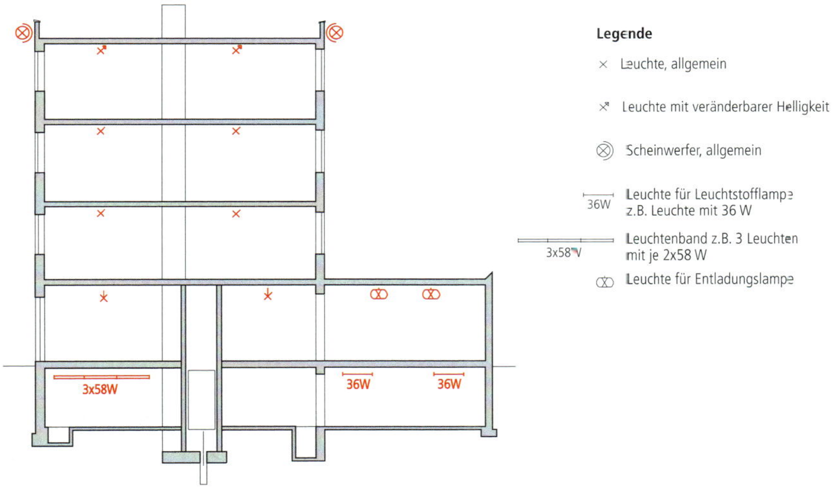

In dieser Kostengruppe enthalten

- Allgemeine Beleuchtung einschließlich Leuchtmittel (z.B. Anbau-, Aufbau-, Hängeleuchten, Strahler)
- Besondere Beleuchtung (z.B. Arbeitsplatz-, Bühnenbeleuchtung)
- Außenbeleuchtung, sofern am Bauwerk befestigt (z.B. Kellertreppen-, Fassadenbeleuchtung)
- Not- und Sicherheitsbeleuchtung (z.B. Fluchtwegleuchten)
- Stromschienen und Zubehör
- Beleuchtung für Infrastrukturanlagen (z.B. Straßenlaternen, Flutlichtanlagen)
- Erstausstattung an Leuchtmitteln (z.B. Leuchtstoff-, Glühlampen, Leuchtdioden)

In anderen Kostengruppen enthalten

• Hoch- und Mittelspannungsanlagen (z.B. Schaltanlagen, Transformatoren)	KG 441
• Eigenstromversorgungsanlagen (z.B. Stromerzeugungsaggregate, unterbrechungsfreie Stromversorgungsanlagen, photovoltaische Anlagen)	KG 442
• Niederspannungsschaltanlagen (z.B. Niederspannungshauptverteiler, Blindstromkompensationsanlagen, Maximumüberwachungsanlagen)	KG 443
• Niederspannungsinstallationsanlagen (z.B. Kabel, Leitungen Unterverteiler, Verlegesysteme)	KG 444
Beleuchtungsanlagen	*KG 445*
• Blitzschutz- und Erdungsanlagen (z.B. Auffangeinrichtungen, Ableitungen, Erdungen, Potenzialausgleich)	KG 446
• Fahrleitungssysteme (z.B. stromführende Leitungen für den Schienen- und Straßenverkehr)	KG 447
• Sonstiges zur KG 440 (z.B. Frequenzumformer)	KG 449

In anderen Kostengruppen enthalten

• Abbruchmaßnahmen beim Herrichten des Grundstücks (z.B. vollständiges Abbrechen von vorhandenen technischen Anlagen oder Anlagenbereichen)	KG 212
• Stromversorgung bei der öffentlichen Erschließung	KG 225
• Stromversorgung bei der nichtöffentlichen Erschließung	KG 235
• Deckenbekleidungen (z.B. integrierte Installationen, Leuchten)	KG 354
• Dachbekleidungen (z.B. integrierte Installationen, Leuchten)	KG 364
• Anlagen der Energie- und Informationsversorgung als Infrastrukturanlagen (z.B. Baukonstruktionen von Versorgungsanlagen für elektrische Energieträger)	KG 377
• Baustelleneinrichtung für Baukonstruktionen des Bauwerks (z.B. Energie- und Bauwasseranschlüsse, Baubeleuchtung, Baustrom)	KG 391
• Kommunikations-, sicherheits- und informationstechnische Anlagen (z.B. integrierte Beleuchtung)	KG 450
• Förderanlagen (z.B. Beleuchtung von Aufzugskabinen)	KG 460
• Nutzungsspezifische und verfahrenstechnische Anlagen (z.B. integrierte Beleuchtung)	KG 470
• Gebäude- und Anlagenautomation (z.B. Automationseinrichtungen, Schaltschränke)	KG 480
• Sonstige Maßnahmen für technische Anlagen (z.B. Baustelleneinrichtung, Baubeleuchtung, Baustrom)	KG 490
• Elektrische Anlagen in Außenanlagen und Freiflächen (z.B. Flutlicht für Sportanlagen, Anstrahlbeleuchtung, Außenbeleuchtung bei Verkehrsanlagen)	KG 556
• Baustelleneinrichtung für Außenanlagen und Freiflächen (z.B. Energie- und Bauwasseranschlüsse, Baubeleuchtung, Baustrom)	KG 591
• Betriebskosten nach der Abnahme (z.B. vorläufiger Betrieb insbesondere der technischen Anlagen nach der Abnahme bis zur Inbetriebnahme)	KG 765

Erläuterungen

- Bei den Kostengruppen der KG 400 werden in dieser Arbeitshilfe aus Platzgründen lediglich die Mengen und Bezugseinheiten entsprechend Abschnitt 6.2 und Tabelle 2 der DIN 276 angegeben. Ergänzende Arbeitshilfen zur weiteren Untergliederung und den spezifischen Mengen und Bezugseinheiten der Kostengruppen entsprechend Abschnitt 6.4 und Tabelle 4 der DIN 276 werden in den BKI-Online-Informationen zur Verfügung gestellt.
- Hierzu gehören die Kosten für die Beleuchtung, die nicht in Systeme der nichttragenden Konstruktion oder der technischen Anlagen integriert ist.

DIN 276 Tabelle 1 – Kostengliederung

446	**Blitzschutz- und Erdungsanlagen**
	Auffangeinrichtungen, Ableitungen, Erdungen, Potenzialausgleich

DIN 276 Tabelle 2 – Mengen und Bezugseinheiten

Einheit	m²
Bezeichnung	Brutto-Grundfläche (BGF)
Ermittlung	Gesamte Brutto-Grundfläche nach DIN 277

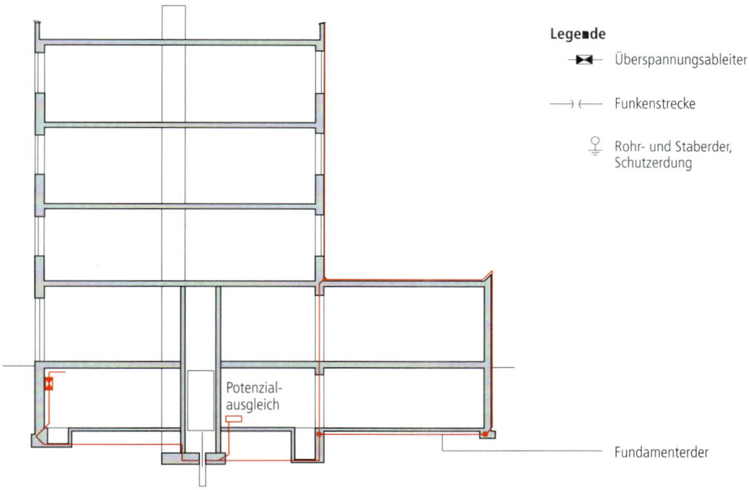

In dieser Kostengruppe enthalten

- Ableitungen (z.B. Anschluss-, Verbindungsleitungen, Überbrückungen)
- Erdungseinrichtungen (z.B. Oberflächenerder als Ring- und Fundament-, Tiefen-, Staberder, Erdeinführungsstangen)
- Innerer Blitzschutz (Potenzialausgleichsschienen, Überspannungsschutzgeräte, Ventilableiter, Trennfunkenstrecken)
- Zur Bedienung, zum Betrieb oder zum Schutz der Blitzschutz- und Erdungsanlagen gehörendes, erstmalig zu beschaffendes, nicht eingebautes oder nicht befestigtes Zubehör
- Blitzschutzfangeinrichtungen (Fangleitung, Fangstange, -masten, -spitze, Schornsteinrahmen, Kaminspannring)
- Funktionsprüfung und Probebetrieb, ggf. Werkstatt- und Montagezeichnungen

In anderen Kostengruppen enthalten

• Hoch- und Mittelspannungsanlagen (z.B. Schaltanlagen, Transformatoren)	KG 441
• Eigenstromversorgungsanlagen (z.B. Stromerzeugungsaggregate, unterbrechungsfreie Stromversorgungsanlagen, photovoltaische Anlagen)	KG 442
• Niederspannungsschaltanlagen (z.B. Niederspannungshauptverteiler, Blindstromkompensationsanlagen, Maximumüberwachungsanlagen)	KG 443
• Niederspannungsinstallationsanlagen (z.B. Kabel, Leitungen Unterverteiler, Verlegesysteme)	KG 444
• Beleuchtungsanlagen (z.B. ortsfeste Leuchten, Sicherheitsbeleuchtung, Flutlichtanlagen)	KG 445
Blitzschutz- und Erdungsanlagen	*KG 446*
• Fahrleitungssysteme (z.B. stromführende Leitungen für den Schienen- und Straßenverkehr)	KG 447
• Sonstiges zur KG 440 (z.B. Frequenzumformer)	KG 449
• Abbruchmaßnahmen beim Herrichten des Grundstücks (z.B. vollständiges Abbrechen von vorhandenen technischen Anlagen oder Anlagenbereichen)	KG 212

In anderen Kostengruppen enthalten

• Stromversorgung bei der öffentlichen Erschließung	KG 225
• Stromversorgung bei der nichtöffentlichen Erschließung	KG 235
• Anlagen der Energie- und Informationsversorgung als Infrastrukturanlagen (z.B. Baukonstruktionen von Versorgungsanlagen für elektrische Energieträger)	KG 377
• Baustelleneinrichtung für Baukonstruktionen des Bauwerks (z.B. Energie- und Bauwasseranschlüsse, Baubeleuchtung, Baustrom)	KG 391
• Kommunikations-, sicherheits- und informationstechnische Anlagen	KG 450
• Nutzungsspezifische und verfahrenstechnische Anlagen	KG 470
• Gebäude- und Anlagenautomation (z.B. Automationseinrichtungen, Schaltschränke)	KG 480
• Sonstige Maßnahmen für technische Anlagen (z.B. Baustelleneinrichtung, Baubeleuchtung, Baustrom)	KG 490
• Elektrische Anlagen in Außenanlagen und Freiflächen (z.B. für Blitzschutz- und Erdung)	KG 556
• Kommunikations-, sicherheits- und informationstechnische Anlagen, Automation in Außenanlagen und Freiflächen	KG 557
• Baustelleneinrichtung für Außenanlagen und Freiflächen (z.B. Energie- und Bauwasseranschlüsse, Baubeleuchtung, Baustrom)	KG 591
• Prüfungen, Genehmigungen, Abnahmen im Rahmen der allgemeinen Baunebenkosten (z.B. Abnahmen durch Aufsichtsbehörden, TÜV)	KG 762
• Betriebskosten nach der Abnahme (z.B. vorläufiger Betrieb insbesondere der technischen Anlagen nach der Abnahme bis zur Inbetriebnahme)	KG 765

Erläuterungen

- Die Kosten für alle zugehörigen Leistungen für Blitzschutz- und Erdungsanlagen nach VOB, Teil C, DIN 18384, insbesondere Abnahmeunterlagen, Revisionsunterlagen, Brandschutznachweis, Ergebnisse des Risiko-Managements, Messprotokolle, Schnittstellenlisten, Funktionsprüfung, Übersichtsschaltpläne, Werkstatt- und Montagezeichnungen, sowie alle zugehörigen Nebenleistungen und besonderen Leistungen.
- Bei den Kostengruppen der KG 400 werden in dieser Arbeitshilfe aus Platzgründen lediglich die Mengen und Bezugseinheiten entsprechend Abschnitt 6.2 und Tabelle 2 der DIN 276 angegeben. Ergänzende Arbeitshilfen zur weiteren Untergliederung und den spezifischen Mengen und Bezugseinheiten der Kostengruppen entsprechend Abschnitt 6.4 und Tabelle 4 der DIN 276 werden in den BKI-Online-Informationen zur Verfügung gestellt.

DIN 276 Tabelle 1 – Kostengliederung	
447	**Fahrleitungssysteme**
	Stromführende Leitungen für den Schienen- und Straßenverkehr

DIN 276 Tabelle 2 – Mengen und Bezugseinheiten	
Einheit	m^2
Bezeichnung	Brutto-Grundfläche (BGF)
Ermittlung	Gesamte Brutto-Grundfläche nach DIN 277

In dieser Kostengruppe enthalten

- Systeme zur Elektrifizierung von Schienen- und Straßenverkehr (z.B. Oberleitungen, seitliche oder versenkte Stromschienen, Deckenstromschienen)

In anderen Kostengruppen enthalten

• Hoch- und Mittelspannungsanlagen (z.B. Schaltanlagen, Transformatoren)	KG 441
• Eigenstromversorgungsanlagen (z.B. Stromerzeugungsaggregate, unterbrechungsfreie Stromversorgungsanlagen, photovoltaische Anlagen)	KG 442
• Niederspannungsschaltanlagen (z.B. Niederspannungshauptverteiler, Blindstromkompensationsanlagen, Maximumüberwachungsanlagen)	KG 443
• Niederspannungsinstallationsanlagen (z.B. Kabel, Leitungen Unterverteiler, Verlegesysteme)	KG 444
• Beleuchtungsanlagen (z.B. ortsfeste Leuchten, Sicherheitsbeleuchtung, Flutlichtanlagen)	KG 445
• Blitzschutz- und Erdungsanlagen (z.B. Auffangeinrichtungen, Ableitungen, Erdungen, Potenzialausgleich)	KG 446
Fahrleitungssysteme	*KG 447*
• Sonstiges zur KG 440 (z.B. Frequenzumformer)	KG 449
• Abbruchmaßnahmen beim Herrichten des Grundstücks (z.B. vollständiges Abbrechen von vorhandenen technischen Anlagen oder Anlagenbereichen)	KG 212
• Stromversorgung bei der öffentlichen Erschließung	KG 225
• Stromversorgung bei der nichtöffentlichen Erschließung	KG 235
• Infrastrukturanlagen (z.B. Oberbau und Deckschichten von Anlagen für den Straßenverkehr, Schienenverkehr und Flugverkehr)	KG 370
• Anlagen der Energie- und Informationsversorgung als Infrastrukturanlagen (z.B. Baukonstruktionen von Versorgungsanlagen für elektrische Energieträger)	KG 377
• Baustelleneinrichtung für Baukonstruktionen des Bauwerks (z.B. Energie- und Bauwasseranschlüsse)	KG 391
• Kommunikations-, sicherheits- und informationstechnische Anlagen	KG 450
• Nutzungsspezifische und verfahrenstechnische Anlagen	KG 470
• Gebäude- und Anlagenautomation (z.B. Automationseinrichtungen, Schaltschränke)	KG 480
• Sonstige Maßnahmen für technische Anlagen (z.B. Baustelleneinrichtung, Baubeleuchtung, Baustrom)	KG 490
• Elektrische Anlagen in Außenanlagen und Freiflächen (z.B. Fahrleitungsanlagen)	KG 556
• Kommunikations-, sicherheits- und informationstechnische Anlagen, Automation in Außenanlagen und Freiflächen	KG 557
• Baustelleneinrichtung für Außenanlagen und Freiflächen (z.B. Energie- und Bauwasseranschlüsse)	KG 591
• Betriebskosten nach der Abnahme (z.B. vorläufiger Betrieb insbesondere der technischen Anlagen nach der Abnahme bis zur Inbetriebnahme)	KG 765

Erläuterungen

- Bei den Kostengruppen der KG 400 werden in dieser Arbeitshilfe aus Platzgründen lediglich die Mengen und Bezugseinheiten entsprechend Abschnitt 6.2 und Tabelle 2 der DIN 276 angegeben. Ergänzende Arbeitshilfen zur weiteren Untergliederung und den spezifischen Mengen und Bezugseinheiten der Kostengruppen entsprechend Abschnitt 6.4 und Tabelle 4 der DIN 276 werden in den BKI-Online-Informationen zur Verfügung gestellt.

DIN 276 Tabelle 1 – Kostengliederung	
449	**Sonstiges zur KG 440** Frequenzumformer

DIN 276 Tabelle 2 – Mengen und Bezugseinheiten	
Einheit	m^2
Bezeichnung	Brutto-Grundfläche (BGF)
Ermittlung	Gesamte Brutto-Grundfläche nach DIN 277

In dieser Kostengruppe enthalten

- Sonstige Kosten für elektrische Anlagen, die nicht den KG 441 bis 448 zuzuordnen sind
- Frequenzumformer, -umrichter, Kleinspannungstransformatoren

In anderen Kostengruppen enthalten

• Hoch- und Mittelspannungsanlagen (z.B. Schaltanlagen, Transformatoren)	KG 441
• Eigenstromversorgungsanlagen (z.B. Stromerzeugungsaggregate, unterbrechungsfreie Stromversorgungsanlagen, photovoltaische Anlagen)	KG 442
• Niederspannungsschaltanlagen (z.B. Niederspannungshauptverteiler, Blindstromkompensationsanlagen, Maximumüberwachungsanlagen)	KG 443
• Niederspannungsinstallationsanlagen (z.B. Kabel, Leitungen Unterverteiler, Verlegesysteme)	KG 444
• Beleuchtungsanlagen (z.B. ortsfeste Leuchten, Sicherheitsbeleuchtung, Flutlichtanlagen)	KG 445
• Blitzschutz- und Erdungsanlagen (z.B. Auffangeinrichtungen, Ableitungen, Erdungen, Potenzialausgleich)	KG 446
• Fahrleitungssysteme (z.B. stromführende Leitungen für den Schienen- und Straßenverkehr)	KG 447
Sonstiges zur KG 440	*KG 449*
• Abbruchmaßnahmen beim Herrichten des Grundstücks (z.B. vollständiges Abbrechen von vorhandenen technischen Anlagen oder Anlagenbereichen)	KG 212
• Stromversorgung bei der öffentlichen Erschließung	KG 225
• Stromversorgung bei der nichtöffentlichen Erschließung	KG 235
• Anlagen der Energie- und Informationsversorgung als Infrastrukturanlagen (z.B. Baukonstruktionen von Versorgungsanlagen für elektrische Energieträger)	KG 377
• Baustelleneinrichtung für Baukonstruktionen des Bauwerks (z.B. Energie- und Bauwasseranschlüsse)	KG 391
• Kommunikations-, sicherheits- und informationstechnische Anlagen	KG 450
• Nutzungsspezifische und verfahrenstechnische Anlagen (z.B. küchentechnische Anlagen)	KG 470
• Gebäude- und Anlagenautomation (z.B. Automationseinrichtungen, Schaltschränke)	KG 480
• Sonstige Maßnahmen für technische Anlagen (z.B. Baustelleneinrichtung, Baubeleuchtung, Baustrom)	KG 490
• Elektrische Anlagen in Außenanlagen und Freiflächen	KG 556
• Kommunikations-, sicherheits- und informationstechnische Anlagen, Automation in Außenanlagen und Freiflächen	KG 557
• Baustelleneinrichtung für Außenanlagen und Freiflächen (z.B. Energie- und Bauwasseranschlüsse)	KG 591
• Betriebskosten nach der Abnahme (z.B. vorläufiger Betrieb insbesondere der technischen Anlagen nach der Abnahme bis zur Inbetriebnahme)	KG 765

Erläuterungen

- Bei den Kostengruppen der KG 400 werden in dieser Arbeitshilfe aus Platzgründen lediglich die Mengen und Bezugseinheiten entsprechend Abschnitt 6.2 und Tabelle 2 der DIN 276 angegeben. Ergänzende Arbeitshilfen zur weiteren Untergliederung und den spezifischen Mengen und Bezugseinheiten der Kostengruppen entsprechend Abschnitt 6.4 und Tabelle 4 der DIN 276 werden in den BKI-Online-Informationen zur Verfügung gestellt.

DIN 276 Tabelle 1 – Kostengliederung	
450	**Kommunikations-, sicherheits- und informationstechnische Anlagen**
	Die einzelnen Anlagen enthalten die zugehörigen Verteiler, Kabel, Leitungen sowie die Brandschutzdurchführungen

DIN 276 Tabelle 2 – Mengen und Bezugseinheiten	
Einheit	m^2
Bezeichnung	Brutto-Grundfläche (BGF)
Ermittlung	Gesamte Brutto-Grundfläche nach DIN 277

In dieser Kostengruppe enthalten	
KG 451	Telekommunikationsanlagen (z.B. Einrichtungen zur Datenübertragung für Sprache, Text und Bild)
KG 452	Such- und Signalanlagen (z.B. Personenrufanlagen, Lichtruf- und Klingelanlagen, Türsprech- und Türöffneranlagen)
KG 453	Zeitdienstanlagen (z.B. Uhren- und Zeiterfassungsanlagen)
KG 454	Elektroakustische Anlagen (z.B. Beschallungsanlagen, Konferenz- und Dolmetscheranlagen, Gegen- und Wechselsprechanlagen)
KG 455	Audiovisuelle Medien- und Antennenanlagen (z.B. AV-Medienanlagen, Sende- und Empfangsantennenanlagen, Umsetzer)
KG 456	Gefahrenmelde- und Alarmanlagen (z.B. Brand-, Überfall-, Einbruchmeldeanlagen, Wächterkontrollanlagen, Zugangskontrollanlagen, Überwachungsanlagen)
KG 457	Datenübertragungsnetze (z.B. für Sprache, Text und Bild, soweit nicht in anderen Kostengruppen)
KG 458	Verkehrsbeeinflussungsanlagen (z.B. Verkehrssignalanlagen, elektronische Anzeigetafeln, Mautsysteme, Parkleitsysteme, Verkehrstelematik)
KG 459	Sonstiges zur KG 450 (z.B. Fernwirkanlagen)

In anderen Kostengruppen enthalten	
• Abwasser-, Wasser-, Gasanlagen	KG 410
• Wärmeversorgungsanlagen (z.B. Wärmeerzeugungsanlagen, Wärmeverteilnetze, Raumheizflächen; Verkehrsheizflächen)	KG 420
• Raumlufttechnische Anlagen (z.B. Lüftungsanlagen, Teilklimaanlagen, Klimaanlagen, Kälteanlagen)	KG 430
• Elektrische Anlagen (z.B. Hoch- und Mittelspannungsanlagen, Niederspannungsschalt- und -installationsanlagen, Beleuchtungsanlagen, Blitzschutz und Erdungsanlagen)	KG 440
Kommunikations-, sicherheits- und informationstechnische Anlagen	*KG 450*
• Förderanlagen (z.B. Aufzugsanlagen, Fahrtreppen, Transportanlagen, Hydraulikanlagen)	KG 460
• Nutzungsspezifische und verfahrenstechnische Anlagen (z.B. küchentechnische Anlagen, verfahrenstechnische Anlagen Wasser, Abwasser und Gase)	KG 470
• Gebäude- und Anlagenautomation (z.B. Automationseinrichtungen, Schaltschränke, Datenübertragungsnetze)	KG 480
• Sonstige Maßnahmen für technische Anlagen (z.B. Baustelleneinrichtung, Baubeleuchtung, Baustrom)	KG 490
• Abbruchmaßnahmen beim Herrichten des Grundstücks (z.B. vollständiges Abbrechen von vorhandenen technischen Anlagen oder Anlagenbereichen)	KG 212
• Netzanschlüsse für Telekommunikation bei der öffentlichen Erschließung	KG 226
• Netzanschlüsse für Telekommunikation bei der nichtöffentlichen Erschließung	KG 236
• Bauwerk – Baukonstruktionen (z.B. Einbau-Brandschutzschotts in Baukonstruktionen in Wänden und Decken)	KG 300
• Anlagen der Energie- und Informationsversorgung als Infrastrukturanlagen (z.B. Baukonstruktionen von Versorgungsanlagen für Information)	KG 377
• Baustelleneinrichtung für Baukonstruktionen des Bauwerks (z.B. Energie- und Bauwasseranschlüsse, Baubeleuchtung, Baustrom, Telekommunikation)	KG 391
• Kommunikations-, sicherheits- und informationstechnische Anlagen, Automation in Außenanlagen und Freiflächen	KG 557

In anderen Kostengruppen enthalten

- Baustelleneinrichtung für Außenanlagen und Freiflächen (z.B. Energie- und Bauwasseranschlüsse, Baubeleuchtung, Baustrom, Telekommunikation) — KG 591
- Informationstechnische Ausstattung (z.B. DV-Geräte) — KG 630
- Betriebskosten nach der Abnahme (z.B. vorläufiger Betrieb insbesondere der technischen Anlagen nach der Abnahme bis zur Inbetriebnahme) — KG 765

Erläuterungen

- Die einzelnen kommunikations-, sicherheits- und informationstechnischen Anlagen enthalten die zugehörigen Gestelle, Befestigungen, Schall- und Brandschutzvorkehrungen, Abdeckungen, Bekleidungen, Beschichtungen, Kennzeichnungen sowie die werkseitig integrierten Mess-, Steuer- und Regelanlagen. Dazu gehören auch die Betriebskosten bis zur Abnahme, alle zugehörigen Leistungen nach VOB, Teil C, DIN 18382, insbesondere Abnahmeunterlagen, Revisionsunterlagen, Brandschutznachweis, Messprotokolle, Schnittstellen, Funktionsprüfung, Probebetrieb, Übersichtsschaltpläne, Werkstatt- und Montagezeichnungen, sowie alle zugehörigen Nebenleistungen und besonderen Leistungen.
- Zur Bedienung, zum Betrieb oder zum Schutz der kommunikations-, sicherheits- und informationstechnischen Anlagen gehörendes, erstmalig zu beschaffendes, nicht eingebautes oder nicht befestigtes Zubehör wird in der zugehörigen Kostengruppe erfasst.
- Das nachträgliche Herstellen von Schlitzen und Durchbrüchen wird in der zugehörigen Kostengruppe der elektrischen Anlagen erfasst. Die Kosten für das Schließen von Schlitzen und Durchführungen sowie für Rohr- und Kabelgräben werden in der Regel in der KG 300 erfasst.
- Elektrische Komponenten werden ab Anschlusspunkt der elektrischen Versorgungsleitung einschließlich der elektrischen Verkabelung und der Anschlussarbeiten sowie der Inbetriebnahme in der Kostengruppe des zugehörigen Bauelements erfasst (z.B. Antriebe und Steuerungen).
- Bei den Kostengruppen der KG 400 werden in dieser Arbeitshilfe aus Platzgründen lediglich die Mengen und Bezugseinheiten entsprechend Abschnitt 6.2 und Tabelle 2 der DIN 276 angegeben. Ergänzende Arbeitshilfen zur weiteren Untergliederung und den spezifischen Mengen und Bezugseinheiten der Kostengruppen entsprechend Abschnitt 6.4 und Tabelle 4 der DIN 276 werden in den BKI-Online-Informationen zur Verfügung gestellt.

DIN 276 Tabelle 1 – Kostengliederung	
451	**Telekommunikationsanlagen**
	Einrichtungen zur Datenübertragung (Sprache, Text und Bild), soweit nicht in der KG 630 erfasst

DIN 276 Tabelle 2 – Mengen und Bezugseinheiten	
Einheit	m²
Bezeichnung	Brutto-Grundfläche (BGF)
Ermittlung	Gesamte Brutto-Grundfläche nach DIN 277

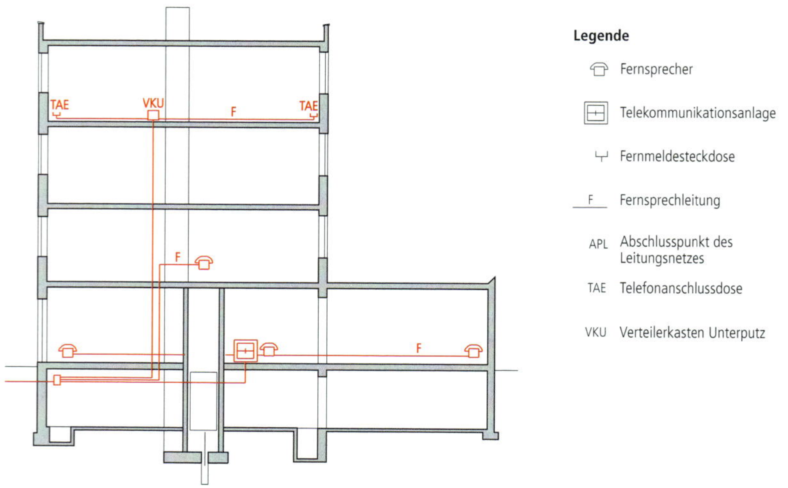

In dieser Kostengruppe enthalten

- Verlegesysteme (z.B. Kabelpritschen, Kabelrinnen, Elektroinstallationsrohre, Installations-, Unterflur- und Brüstungskanäle)
- Kabel und Leitungen (z.B. Fernmeldeleitungen)
- Komponenten, Installationsgeräte (z.B. TAE-Dosen, RJ45-Anschlussdosen, Verbindungsdosen, Wechselschalter, zweiter Hörer, Sprechzeug, zweiter Wecker)
- Fernsprechapparate, sofern benutzereigen (z.B. Einzelapparate, Fernsprech-Vorzimmeranlagen, Fernsprech-Nebenstellenanlagen mit Reihenapparaten)
- Analoge und digitale Telefonanlagen
- Telekommunikationsverteiler (z.B. Verteilerkästen, LSA-Wandverteiler, -Verbindungsleisten, Schraubleisten, Rangierfelder)
- Elektrische Komponenten, ab Anschlusspunkt der elektrischen Versorgungsleitung einschließlich der elektrischen Verkabelung und der Anschlussarbeiten sowie der Inbetriebnahme (z.B. Antriebe und Steuerungen)

In anderen Kostengruppen enthalten

Telekommunikationsanlagen	*KG 451*
• Such- und Signalanlagen (z.B. Personenrufanlagen, Lichtruf- und Klingelanlagen)	KG 452
• Zeitdienstanlagen (z.B. Uhren- und Zeiterfassungsanlagen)	KG 453
• Elektroakustische Anlagen (z.B. Beschallungsanlagen, Konferenz- und Dolmetscheranlagen)	KG 454
• Audiovisuelle Medien- und Antennenanlagen (z.B. AV-Medienanlagen, Sende- und Empfangsantennenanlagen, Umsetzer)	KG 455
• Gefahrenmelde- und Alarmanlagen (z.B. Brand-, Überfall-, Einbruchmeldeanlagen, Wächterkontrollanlagen, Zugangskontrollanlagen, Überwachungsanlagen)	KG 456
• Datenübertragungsnetze (z.B. für Sprache, Text und Bild, soweit nicht in anderen Kostengruppen)	KG 457

In anderen Kostengruppen enthalten

• Verkehrsbeeinflussungsanlagen (z.B. Verkehrssignalanlagen, elektronische Anzeigetafeln, Mautsysteme, Parkleitsysteme, Verkehrstelematik)	KG 458
• Sonstiges zur KG 450 (z.B. Fernwirkanlagen)	KG 459
• Netzanschlüsse für Telekommunikation bei der öffentlichen Erschließung	KG 226
• Netzanschlüsse für Telekommunikation bei der nichtöffentlichen Erschließung	KG 236
• Anlagen der Energie- und Informationsversorgung als Infrastrukturanlagen (z.B. Baukonstruktionen von Versorgungsanlagen für Information)	KG 377
• Baustelleneinrichtung für Baukonstruktionen des Bauwerks (z.B. Energie- und Bauwasseranschlüsse, Baubeleuchtung, Baustrom, Telekommunikation)	KG 391
• Elektrische Anlagen (z.B. Hoch- und Mittelspannungsanlagen, Niederspannungsschalt- und -installationsanlagen, Beleuchtungsanlagen, Blitzschutz und Erdungsanlagen)	KG 440
• Nutzungsspezifische und verfahrenstechnische Anlagen	KG 470
• Gebäude- und Anlagenautomation (z.B. Automationseinrichtungen, Schaltschränke, Datenübertragungsnetze)	KG 480
• Sonstige Maßnahmen für technische Anlagen (z.B. Baustelleneinrichtung, Baubeleuchtung, Baustrom, Telekommunikation)	KG 490
• Kommunikations-, sicherheits- und informationstechnische Anlagen, Automation in Außenanlagen und Freiflächen	KG 557
• Baustelleneinrichtung für Außenanlagen und Freiflächen (z.B. Energie- und Bauwasseranschlüsse, Baubeleuchtung, Baustrom, Telekommunikation)	KG 591
• Informationstechnische Ausstattung (z.B. DV-Geräte)	KG 630
• Betriebskosten nach der Abnahme (z.B. vorläufiger Betrieb insbesondere der technischen Anlagen nach der Abnahme bis zur Inbetriebnahme)	KG 765

Erläuterungen

- Die Kosten für Internetnutzung über eine Telekommunikationsanlage (z.B. im Wohnungsbau) werden in der KG 451 erfasst, die Kosten für Fernsprechanlagen, die Teil eines Datenübertragungsnetzes werden in der KG 457 erfasst (z.B. Datennetze mit Servern).
- Bei den Kostengruppen der KG 400 werden in dieser Arbeitshilfe aus Platzgründen lediglich die Mengen und Bezugseinheiten entsprechend Abschnitt 6.2 und Tabelle 2 der DIN 276 angegeben. Ergänzende Arbeitshilfen zur weiteren Untergliederung und den spezifischen Mengen und Bezugseinheiten der Kostengruppen entsprechend Abschnitt 6.4 und Tabelle 4 der DIN 276 werden in den BKI-Online-Informationen zur Verfügung gestellt.

DIN 276 Tabelle 1 – Kostengliederung	
452	**Such- und Signalanlagen**
	Personenrufanlagen, Lichtruf- und Klingelanlagen, Türsprech- und Türöffneranlagen

DIN 276 Tabelle 2 – Mengen und Bezugseinheiten	
Einheit	m^2
Bezeichnung	Brutto-Grundfläche (BGF)
Ermittlung	Gesamte Brutto-Grundfläche nach DIN 277

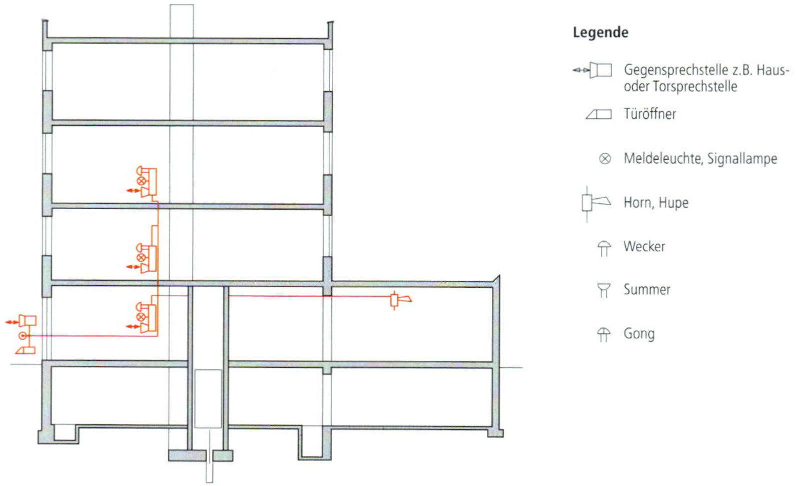

In dieser Kostengruppe enthalten

- Verlegesysteme (z.B. Kabelpritschen, Kabelrinnen, Elektroinstallationsrohre, Installations-, Unterflur- und Brüstungskanäle)
- Kabel und Leitungen (z.B. Installationskabel)
- Drahtlose Personenrufanlagen als freistrahlende Ruf- oder Rücksprechanlagen mit Zentrale, Rufempfänger und Ladeeinrichtung
- Lichtrufanlagen (z.B. Kranken-Lichtrufanlagen als Gegen-/Wechselsprechanlagen in Krankenhäusern)
- Zahlenaufrufanlagen (z.B. in Wartezimmern)
- Türsprech- und Türöffneranlagen
- Zentraleinheiten
- Elektrische Komponenten, ab Anschlusspunkt der elektrischen Versorgungsleitung einschließlich der elektrischen Verkabelung und der Anschlussarbeiten sowie der Inbetriebnahme (z.B. Antriebe und Steuerungen)

In anderen Kostengruppen enthalten

• Telekommunikationsanlagen (z.B. zur Datenübertragung für Sprache, Text und Bild)	KG 451
Such- und Signalanlagen	*KG 452*
• Zeitdienstanlagen (z.B. Uhren- und Zeiterfassungsanlagen)	KG 453
• Elektroakustische Anlagen (z.B. Beschallungsanlagen, Konferenz- und Dolmetscheranlagen)	KG 454
• Audiovisuelle Medien- und Antennenanlagen (z.B. AV-Medienanlagen, Sende- und Empfangsantennenanlagen, Umsetzer)	KG 455
• Gefahrenmelde- und Alarmanlagen (z.B. Brand-, Überfall-, Einbruchmeldeanlagen, Wächterkontrollanlagen, Zugangskontrollanlagen, Überwachungsanlagen)	KG 456
• Datenübertragungsnetze (z.B. für Sprache, Text und Bild, soweit nicht in anderen Kostengruppen)	KG 457

In anderen Kostengruppen enthalten

• Verkehrsbeeinflussungsanlagen (z.B. Verkehrssignalanlagen, elektronische Anzeigetafeln, Mautsysteme, Parkleitsysteme, Verkehrstelematik)	KG 458
• Sonstiges zur KG 450 (z.B. Fernwirkanlagen)	KG 459
• Netzanschlüsse für Telekommunikation bei der öffentlichen Erschließung	KG 226
• Netzanschlüsse für Telekommunikation bei der nichtöffentlichen Erschließung	KG 236
• Anlagen der Energie- und Informationsversorgung als Infrastrukturanlagen (z.B. Baukonstruktionen von Versorgungsanlagen für Information)	KG 377
• Baustelleneinrichtung für Baukonstruktionen des Bauwerks (z.B. Energie- und Bauwasseranschlüsse, Baubeleuchtung, Baustrom, Telekommunikation)	KG 391
• Elektrische Anlagen (z.B. Hoch- und Mittelspannungsanlagen, Niederspannungsschalt- und -installationsanlagen, Beleuchtungsanlagen, Blitzschutz und Erdungsanlagen)	KG 440
• Nutzungsspezifische und verfahrenstechnische Anlagen	KG 470
• Gebäude- und Anlagenautomation (z.B. Automationseinrichtungen, Schaltschränke, Datenübertragungsnetze)	KG 480
• Sonstige Maßnahmen für technische Anlagen (z.B. Baustelleneinrichtung, Baubeleuchtung, Baustrom, Telekommunikation)	KG 490
• Kommunikations-, sicherheits- und informationstechnische Anlagen, Automation in Außenanlagen und Freiflächen	KG 557
• Baustelleneinrichtung für Außenanlagen und Freiflächen (z.B. Energie- und Bauwasseranschlüsse, Baubeleuchtung, Baustrom, Telekommunikation)	KG 591
• Informationstechnische Ausstattung (z.B. DV-Geräte)	KG 630
• Betriebskosten nach der Abnahme (z.B. vorläufiger Betrieb insbesondere der technischen Anlagen nach der Abnahme bis zur Inbetriebnahme)	KG 765

Erläuterungen

- Bei den Kostengruppen der KG 400 werden in dieser Arbeitshilfe aus Platzgründen lediglich die Mengen und Bezugseinheiten entsprechend Abschnitt 6.2 und Tabelle 2 der DIN 276 angegeben. Ergänzende Arbeitshilfen zur weiteren Untergliederung und den spezifischen Mengen und Bezugseinheiten der Kostengruppen entsprechend Abschnitt 6.4 und Tabelle 4 der DIN 276 werden in den BKI-Online-Informationen zur Verfügung gestellt.

DIN 276 Tabelle 1 – Kostengliederung

453	**Zeitdienstanlagen**
	Uhren- und Zeiterfassungsanlagen

DIN 276 Tabelle 2 – Mengen und Bezugseinheiten

Einheit	m²
Bezeichnung	Brutto-Grundfläche (BGF)
Ermittlung	Gesamte Brutto-Grundfläche nach DIN 277

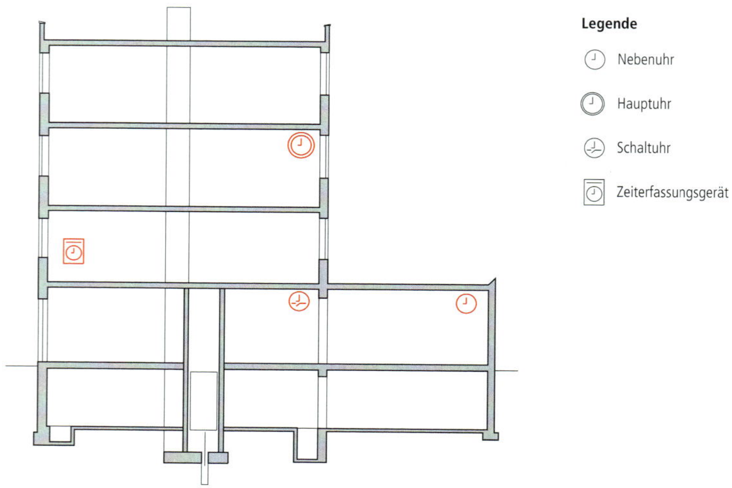

In dieser Kostengruppe enthalten

- Verlegesysteme (z.B. Kabelpritschen, Kabelrinnen, Elektroinstallationsrohre, Installations-, Unterflur- und Brüstungskanäle)
- Kabel und Leitungen (z.B. Installationskabel)
- Uhrenanlagen (z.B. Hauptuhren mit Zubehör, Uhrenzentralen mit Zubehör, Nebenuhren, Zahlenbilduhren, Springzifferuhren, Großuhren, Signaluhren)
- Zeiterfassungsterminals mit berührungslos lesbaren Ausweismedien (z.B. mit PIN-Eingabe, RFID-Chips, Iris-Scan, Gesichtserkennung, Fingerprint)
- Mobile Zeiterfassungssysteme und -speicher (z.B. mit persönlichen Datensendern oder Lesestiften, mobilen Datensendern/-empfängern mit kombinierter GPS-Standortermittlung, direkter Buchung im Internet)
- Elektrische Komponenten, ab Anschlusspunkt der elektrischen Versorgungsleitung einschließlich der elektrischen Verkabelung und der Anschlussarbeiten sowie der Inbetriebnahme (z.B. Antriebe und Steuerungen)

In anderen Kostengruppen enthalten

• Telekommunikationsanlagen (z. B zur Datenübertragung für Sprache, Text und Bild)	KG 451
• Such- und Signalanlagen (z.B. Personenrufanlagen, Lichtruf- und Klingelanlagen)	KG 452
Zeitdienstanlagen	*KG 453*
• Elektroakustische Anlagen (z.B. Beschallungsanlagen, Konferenz- und Dolmetscheranlagen)	KG 454
• Audiovisuelle Medien- und Antennenanlagen (z.B. AV-Medienanlagen, Sende- und Empfangsantennenanlagen, Umsetzer)	KG 455
• Gefahrenmelde- und Alarmanlagen (z.B. Brand-, Überfall-, Einbruchmeldeanlagen, Wächterkontrollanlagen, Zugangskontrollanlagen, Überwachungsanlagen)	KG 456
• Datenübertragungsnetze (z.B. für Sprache, Text und Bild, soweit nicht in anderen Kostengruppen)	KG 457

In anderen Kostengruppen enthalten

• Verkehrsbeeinflussungsanlagen (z.B. Verkehrssignalanlagen, elektronische Anzeigetafeln Mautsysteme, Parkleitsysteme, Verkehrstelematik)	KG 458
• Sonstiges zur KG 450 (z.B. Fernwirkanlagen)	KG 459
• Netzanschlüsse für Telekommunikation bei der öffentlichen Erschließung	KG 226
• Netzanschlüsse für Telekommunikation bei der nichtöffentlichen Erschließung	KG 236
• Anlagen der Energie- und Informationsversorgung als Infrastrukturanlagen (z.B. Baukonstruktionen von Versorgungsanlagen für Information)	KG 377
• Baustelleneinrichtung für Baukonstruktionen des Bauwerks (z.B. Energie- und Bauwasseranschlüsse, Baubeleuchtung, Baustrom, Telekommunikation)	KG 391
• Elektrische Anlagen (z.B. Hoch- und Mittelspannungsanlagen, Niederspannungsschalt- und -installationsanlagen, Beleuchtungsanlagen, Blitzschutz und Erdungsanlagen)	KG 440
• Nutzungsspezifische und verfahrenstechnische Anlagen	KG 470
• Gebäude- und Anlagenautomation (z.B. Automationseinrichtungen, Schaltschränke, Datenübertragungsnetze)	KG 480
• Sonstige Maßnahmen für technische Anlagen (z.B. Baustelleneinrichtung, Baubeleuchtung, Baustrom, Telekommunikation)	KG 490
• Kommunikations-, sicherheits- und informationstechnische Anlagen, Automation in Außenanlagen und Freiflächen	KG 557
• Baustelleneinrichtung für Außenanlagen und Freiflächen (z.B. Energie- und Bauwasseranschlüsse, Baubeleuchtung, Baustrom, Telekommunikation)	KG 591
• Informationstechnische Ausstattung (z.B. DV-Geräte)	KG 630
• Betriebskosten nach der Abnahme (z.B. vorläufiger Betrieb insbesondere der technischen Anlagen nach der Abnahme bis zur Inbetriebnahme)	KG 765

Erläuterungen

- Bei den Kostengruppen der KG 400 werden in dieser Arbeitshilfe aus Platzgründen lediglich die Mengen und Bezugseinheiten entsprechend Abschnitt 6.2 und Tabelle 2 der DIN 276 angegeben. Ergänzende Arbeitshilfen zur weiteren Untergliederung und den spezifischen Mengen und Bezugseinheiten der Kostengruppen entsprechend Abschnitt 6.4 und Tabelle 4 der DIN 276 werden in den BKI-Online-Informationen zur Verfügung gestellt.

DIN 276 Tabelle 1 – Kostengliederung	
454	**Elektroakustische Anlagen** Beschallungsanlagen, Konferenz- und Dolmetscheranlagen, Gegen- und Wechselsprechanlagen

DIN 276 Tabelle 2 – Mengen und Bezugseinheiten	
Einheit	m^2
Bezeichnung	Brutto-Grundfläche (BGF)
Ermittlung	Gesamte Brutto-Grundfläche nach DIN 277

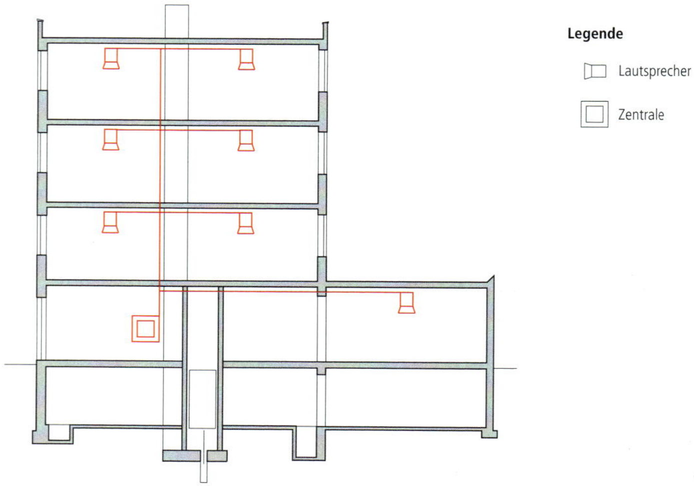

In dieser Kostengruppe enthalten

- Verlegesysteme (z.B. Kabelpritschen, Kabelrinnen, Elektroinstallationsrohre, Installations-, Unterflur- und Brüstungskanäle)
- Kabel und Leitungen (z.B. Lautsprecher-, DVI-, HDMI-Kabel)
- Lautsprecher, Mikrofone, Kopfhörer und Zubehör
- Komponenten, Installationsgeräte (z.B. Lautsprecher-, Mikrofonanschlussdosen)
- Elektroakustische Anlagen (z.B. Zentralgehäuse, -gestelle, Verstärker, Rundfunkempfänger, Tonfrequenz-Generatoren und Verzögerungsgeräte, Schaltfelder, Gongs und Zubehör, Netzgeräte)
- Drahtlose Mikrofonanlagen mit Sender und Empfänger
- Personenführungsanlagen (z.B. für Museums-, Werksführungen)
- Dolmetscher-, Diskussionsanlagen (z.B. Dolmetscherpulte, Kopfhöreranschlussgeräte, Konferenzempfänger, Verbindungskabel, Ladegeräte)
- Sprachlehranlagen (z.B. Lehrer- und Schülertische mit Kassetten- oder Tonbandgeräten)
- Zentral und dezentral gesteuerte Gegen- und Wechselsprechanlagen mit zentraler Bedieneinheit, Sprechstellen, Hörsprechgarnituren und Lautsprechern
- Elektrische Komponenten, ab Anschlusspunkt der elektrischen Versorgungsleitung einschließlich der elektrischen Verkabelung und der Anschlussarbeiten sowie der Inbetriebnahme (z.B. Antriebe und Steuerungen)

In anderen Kostengruppen enthalten

• Telekommunikationsanlagen (z.B. zur Datenübertragung für Sprache, Text und Bild)	KG 451
• Such- und Signalanlagen (z.B. Personenrufanlagen, Lichtruf- und Klingelanlagen)	KG 452
• Zeitdienstanlagen (z.B. Uhren- und Zeiterfassungsanlagen)	KG 453
Elektroakustische Anlagen	*KG 454*

In anderen Kostengruppen enthalten	
• Audiovisuelle Medien- und Antennenanlagen (z.B. AV-Medienanlagen, Sende- und Empfangsantennenanlagen, Umsetzer)	KG 455
• Gefahrenmelde- und Alarmanlagen (z.B. Brand-, Überfall-, Einbruchmeldeanlagen, Wächterkontrollanlagen, Zugangskontrollanlagen, Überwachungsanlagen)	KG 456
• Datenübertragungsnetze (z.B. für Sprache, Text und Bild, soweit nicht in anderen Kostengruppen)	KG 457
• Verkehrsbeeinflussungsanlagen (z.B. Verkehrssignalanlagen, elektronische Anzeigetafeln Mautsysteme, Parkleitsysteme, Verkehrstelematik)	KG 458
• Sonstiges zur KG 450 (z.B. Fernwirkanlagen)	KG 459
• Netzanschlüsse für Telekommunikation bei der öffentlichen Erschließung	KG 226
• Netzanschlüsse für Telekommunikation bei der nichtöffentlichen Erschließung	KG 236
• Anlagen der Energie- und Informationsversorgung als Infrastrukturanlagen (z.B. Baukonstruktionen von Versorgungsanlagen für Information)	KG 377
• Baustelleneinrichtung für Baukonstruktionen des Bauwerks (z.B. Energie- und Bauwasseranschlüsse, Baubeleuchtung, Baustrom, Telekommunikation)	KG 391
• Elektrische Anlagen (z.B. Hoch- und Mittelspannungsanlagen, Niederspannungsschalt- und -installationsanlagen, Beleuchtungsanlagen, Blitzschutz und Erdungsanlagen)	KG 440
• Nutzungsspezifische und verfahrenstechnische Anlagen	KG 470
• Gebäude- und Anlagenautomation (z.B. Automationseinrichtungen, Schaltschränke, Datenübertragungsnetze)	KG 480
• Sonstige Maßnahmen für technische Anlagen (z.B. Baustelleneinrichtung, Baubeleuchtung, Baustrom, Telekommunikation)	KG 490
• Kommunikations-, sicherheits- und informationstechnische Anlagen, Automation in Außenanlagen und Freiflächen	KG 557
• Baustelleneinrichtung für Außenanlagen und Freiflächen (z.B. Energie- und Bauwasseranschlüsse, Baubeleuchtung, Baustrom, Telekommunikation)	KG 591
• Informationstechnische Ausstattung (z.B. DV-Geräte)	KG 630
• Betriebskosten nach der Abnahme (z.B. vorläufiger Betrieb insbesondere der technischen Anlagen nach der Abnahme bis zur Inbetriebnahme)	KG 765

Erläuterungen

- Bei den Kostengruppen der KG 400 werden in dieser Arbeitshilfe aus Platzgründen lediglich die Mengen und Bezugseinheiten entsprechend Abschnitt 6.2 und Tabelle 2 der DIN 276 angegeben. Ergänzende Arbeitshilfen zur weiteren Untergliederung und den spezifischen Mengen und Bezugseinheiten der Kostengruppen entsprechend Abschnitt 6.4 und Tabelle 4 der DIN 276 werden in den BKI-Online-Informationen zur Verfügung gestellt.

DIN 276 Tabelle 1 – Kostengliederung	
455	**Audiovisuelle Medien- und Antennenanlagen** AV-Medienanlagen, soweit nicht in anderen Kostengruppen erfasst, einschließlich der Sende- und Empfangsantennenanlagen und der Umsetzer

DIN 276 Tabelle 2 – Mengen und Bezugseinheiten	
Einheit	m^2
Bezeichnung	Brutto-Grundfläche (BGF)
Ermittlung	Gesamte Brutto-Grundfläche nach DIN 277

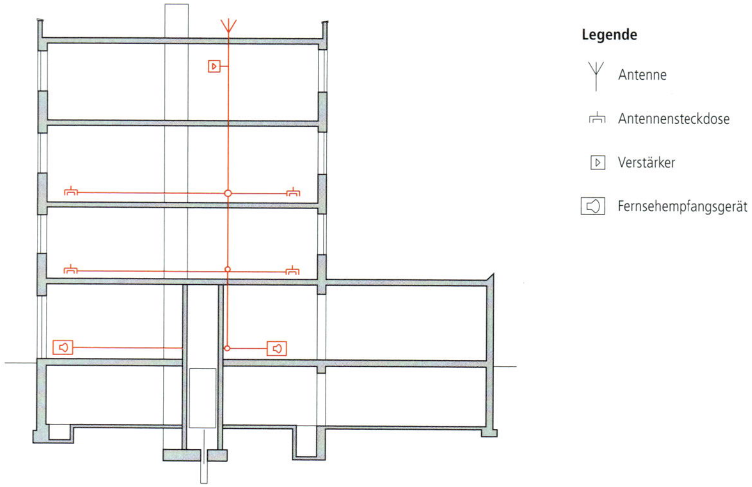

In dieser Kostengruppe enthalten

- Verlegesysteme (z.B. Kabelpritschen, Kabelrinnen, Elektroinstallationsrohre, Installations-, Unterflur- und Brüstungskanäle)
- Kabel und Leitungen (z.B. Antennenkabel)
- Installationsgeräte (z.B. Antennenanschlussdosen)
- Empfangsantennen (z.B. Parabolantennen, Dachantennen, Antennenverstärker)
- Fernseh- und Rundfunkverteilanlagen (z.B. terrestrische Sender, Kabel)
- Fernseh- und Rundfunkzentralen
- Funk-, Sende- und Empfangsanlagen
- Audiovisuelle Anlagen (z.B. Projektoren und Leinwände, Einbaulautsprecher, Bildspeicher, Bildregiegeräte und -verteiler, Bildübertragungseinrichtungen, Monitore, Anschlusskombinationen)
- Sport-Anzeigetafel, Spielstandsanzeige, digital
- Beamer mit Deckenlift, angeschlossen, fest eingebaut
- Funkanlagen (z.B. Zentralgeräte, Gebäudefunkanlagen, Richtfunkanlagen)
- Elektrische Komponenten, ab Anschlusspunkt der elektrischen Versorgungsleitung einschließlich der elektrischen Verkabelung und der Anschlussarbeiten sowie der Inbetriebnahme (z.B. Antriebe und Steuerungen)

In anderen Kostengruppen enthalten

• Telekommunikationsanlagen (z.B. zur Datenübertragung für Sprache, Text und Bild)	KG 451
• Such- und Signalanlagen (z.B. Personenrufanlagen, Lichtruf- und Klingelanlagen)	KG 452
• Zeitdienstanlagen (z.B. Uhren- und Zeiterfassungsanlagen)	KG 453

In anderen Kostengruppen enthalten

• Elektroakustische Anlagen (z. B. Beschallungsanlagen, Konferenz- und Dolmetscheranlagen)	KG 454
Audiovisuelle Medien- und Antennenanlagen	*KG 455*
• Gefahrenmelde- und Alarmanlagen (z. B. Brand-, Überfall-, Einbruchmeldeanlagen, Wächterkontrollanlagen, Zugangskontrollanlagen, Überwachungsanlagen)	KG 456
• Datenübertragungsnetze (z. B. für Sprache, Text und Bild, soweit nicht in anderen Kostengruppen)	KG 457
• Verkehrsbeeinflussungsanlagen (z. B. Verkehrssignalanlagen, elektronische Anzeigetafeln, Mautsysteme, Parkleitsysteme, Verkehrstelematik)	KG 458
• Sonstiges zur KG 450 (z. B. Fernwirkanlagen)	KG 459
• Netzanschlüsse für Telekommunikation bei der öffentlichen Erschließung	KG 226
• Netzanschlüsse für Telekommunikation bei der nichtöffentlichen Erschließung	KG 236
• Anlagen der Energie- und Informationsversorgung als Infrastrukturanlagen (z. B. Baukonstruktionen von Versorgungsanlagen für Information)	KG 377
• Baustelleneinrichtung für Baukonstruktionen des Bauwerks (z. B. Energie- und Bauwasseranschlüsse, Baubeleuchtung, Baustrom, Telekommunikation)	KG 391
• Elektrische Anlagen (z. B. Hoch- und Mittelspannungsanlagen, Niederspannungsschalt- und -installationsanlagen, Beleuchtungsanlagen, Blitzschutz und Erdungsanlagen)	KG 440
• Nutzungsspezifische und verfahrenstechnische Anlagen	KG 470
• Gebäude- und Anlagenautomation (z. B. Automationseinrichtungen, Schaltschränke, Datenübertragungsnetze)	KG 480
• Sonstige Maßnahmen für technische Anlagen (z. B. Baustelleneinrichtung, Baubeleuchtung, Baustrom, Telekommunikation)	KG 490
• Kommunikations-, sicherheits- und informationstechnische Anlagen, Automation in Außenanlagen und Freiflächen	KG 557
• Baustelleneinrichtung für Außenanlagen und Freiflächen (z. B. Energie- und Bauwasseranschlüsse, Baubeleuchtung, Baustrom, Telekommunikation)	KG 591
• Informationstechnische Ausstattung (z. B. DV-Server, Peripherie-Geräte)	KG 630
• Betriebskosten nach der Abnahme (z. B. vorläufiger Betrieb insbesondere der technischen Anlagen nach der Abnahme bis zur Inbetriebnahme)	KG 765

Erläuterungen

- Bei den Kostengruppen der KG 400 werden in dieser Arbeitshilfe aus Platzgründen lediglich die Mengen und Bezugseinheiten entsprechend Abschnitt 6.2 und Tabelle 2 der DIN 276 angegeben. Ergänzende Arbeitshilfen zur weiteren Untergliederung und den spezifischen Mengen und Bezugseinheiten der Kostengruppen entsprechend Abschnitt 6.4 und Tabelle 4 der DIN 276 werden in den BKI-Online-Informationen zur Verfügung gestellt.

DIN 276 Tabelle 1 – Kostengliederung

456	**Gefahrenmelde- und Alarmanlagen**
	Brand-, Überfall-, Einbruchmeldeanlagen, Wächterkontrollanlagen, Zugangskontrollanlagen, Überwachungsanlagen im privaten und öffentlichen Raum

DIN 276 Tabelle 2 – Mengen und Bezugseinheiten

Einheit	m^2
Bezeichnung	Brutto-Grundfläche (BGF)
Ermittlung	Gesamte Brutto-Grundfläche nach DIN 277

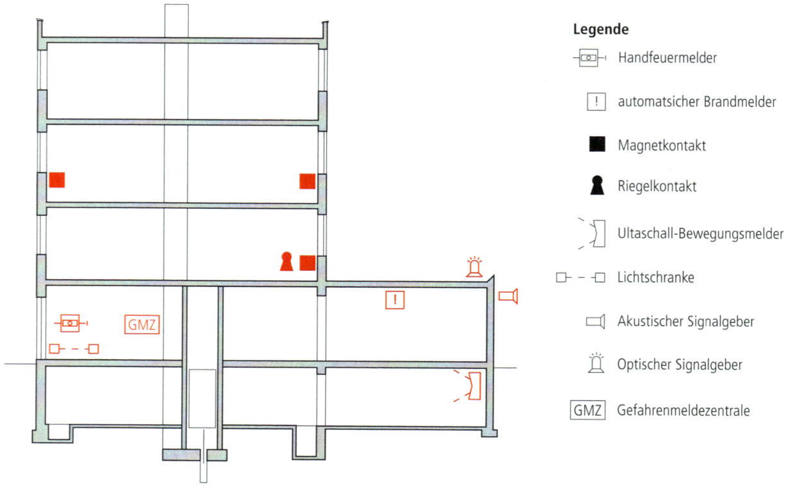

In dieser Kostengruppe enthalten

- Verlegesysteme (z.B. Kabelpritschen, Kabelrinnen, Elektroinstallationsrohre, Installations-, Unterflur- und Brüstungskanäle)
- Kabel und Leitungen (z.B. Brandmelde-, Steuer-, Installationskabel)
- Brandmeldeanlagen mit Zubehör (z.B. Druckknopf-Brandmelder, optische Rauchmelder, Wärmerauch-, Flammenmelder)
- Sprachalarmanlage, Amokmeldeanlagen
- Wächterkontrollanlagen (z.B. Zentralen für Schleifen und Liniensysteme, Kontrollmelder, Zubehör)
- Störmeldeanlagen, Zentrale Leittechnik (Anlage in drei Automationsstufen, Leitzentrale und dezentrale Informationsschwerpunkte, Verbindungsleitungen, Messwertgeber und -umformer)
- Einbruchmelde-, Raumsicherungsanlagen
- Notrufanlagen, -säulen, Überfallmeldeanlagen
- Elektrische Komponenten, ab Anschlusspunkt der elektrischen Versorgungsleitung einschließlich der elektrischen Verkabelung und der Anschlussarbeiten sowie der Inbetriebnahme (z.B. Antriebe und Steuerungen)

In anderen Kostengruppen enthalten

• Telekommunikationsanlagen (z.B. zur Datenübertragung für Sprache, Text und Bild)	KG 451
• Such- und Signalanlagen (z.B. Personenrufanlagen, Lichtruf- und Klingelanlagen)	KG 452
• Zeitdienstanlagen (z.B. Uhren- und Zeiterfassungsanlagen)	KG 453
• Elektroakustische Anlagen (z.B. Beschallungsanlagen, Konferenz- und Dolmetscheranlagen)	KG 454
• Audiovisuelle Medien- und Antennenanlagen (z.B. AV-Medienanlagen, Sende- und Empfangsantennenanlagen, Umsetzer)	KG 455
Gefahrenmelde- und Alarmanlagen	*KG 456*

In anderen Kostengruppen enthalten

• Datenübertragungsnetze (z.B. für Sprache, Text und Bild, soweit nicht in anderen Kostengruppen)	KG 457
• Verkehrsbeeinflussungsanlagen (z.B. Verkehrssignalanlagen, elektronische Anzeigetafeln, Mautsysteme, Parkleitsysteme, Verkehrstelematik)	KG 458
• Sonstiges zur KG 450 (z.B. Fernwirkanlagen)	KG 459
• Netzanschlüsse für Telekommunikation bei der öffentlichen Erschließung	KG 226
• Netzanschlüsse für Telekommunikation bei der nichtöffentlichen Erschließung	KG 236
• Anlagen der Energie- und Informationsversorgung als Infrastrukturanlagen (z.B. Baukonstruktionen von Versorgungsanlagen für Information)	KG 377
• Baustelleneinrichtung für Baukonstruktionen des Bauwerks (z.B. Energie- und Bauwasseranschlüsse, Baubeleuchtung, Baustrom, Telekommunikation)	KG 391
• Elektrische Anlagen (z.B. Hoch- und Mittelspannungsanlagen, Niederspannungsschalt- und -installationsanlagen, Beleuchtungsanlagen, Blitzschutz und Erdungsanlagen)	KG 440
• Nutzungsspezifische und verfahrenstechnische Anlagen	KG 470
• Gebäude- und Anlagenautomation (z.B. Automationseinrichtungen, Schaltschränke, Datenübertragungsnetze)	KG 480
• Sonstige Maßnahmen für technische Anlagen (z.B. Baustelleneinrichtung, Baubeleuchtung, Baustrom, Telekommunikation)	KG 490
• Kommunikations-, sicherheits- und informationstechnische Anlagen, Automation in Außenanlagen und Freiflächen	KG 557
• Baustelleneinrichtung für Außenanlagen und Freiflächen (z.B. Energie- und Bauwasseranschlüsse, Baubeleuchtung, Baustrom, Telekommunikation)	KG 591
• Informationstechnische Ausstattung (z.B. DV-Geräte)	KG 630
• Betriebskosten nach der Abnahme (z.B. vorläufiger Betrieb insbesondere der technischen Anlagen nach der Abnahme bis zur Inbetriebnahme)	KG 765

Erläuterungen

- Bei den Kostengruppen der KG 400 werden in dieser Arbeitshilfe aus Platzgründen lediglich die Mengen und Bezugseinheiten entsprechend Abschnitt 6.2 und Tabelle 2 der DIN 276 angegeben. Ergänzende Arbeitshilfen zur weiteren Untergliederung und den spezifischen Mengen und Bezugseinheiten der Kostengruppen entsprechend Abschnitt 6.4 und Tabelle 4 der DIN 276 werden in den BKI-Online-Informationen zur Verfügung gestellt.

DIN 276 Tabelle 1 – Kostengliederung	
457	**Datenübertragungsnetze** Netze zur Datenübertragung (Sprache, Text und Bild), soweit nicht in anderen Kostengruppen erfasst, Verlegesysteme, soweit nicht in der KG 444 erfasst

DIN 276 Tabelle 2 – Mengen und Bezugseinheiten	
Einheit	m^2
Bezeichnung	Brutto-Grundfläche (BGF)
Ermittlung	Gesamte Brutto-Grundfläche nach DIN 277

In dieser Kostengruppe enthalten

- Verlegesysteme (z.B. Kabelpritschen, Kabelrinnen, Elektroinstallationsrohre, Installations-, Unterflur- und Brüstungskanäle)
- Kabel und Leitungen (z.B. Datenkabel, LWL-, HDMI- USB-Kabel)
- Komponenten, Installationsgeräte (z.B. RJ45-, LWL-Datenanschlussdosen, HDMI-, USB-Buchsen)
- Datenverteiler (z.B. Netzwerkschränke, Switches, LWL-Spleißboxen, Patchpanels, Rangierfelder, WLAN-, DSL, Hardware-Router)

In anderen Kostengruppen enthalten	
• Telekommunikationsanlagen (z.B. zur Datenübertragung für Sprache, Text und Bild)	KG 451
• Such- und Signalanlagen (z.B. Personenrufanlagen, Lichtruf- und Klingelanlagen)	KG 452
• Zeitdienstanlagen (z.B. Uhren- und Zeiterfassungsanlagen)	KG 453
• Elektroakustische Anlagen (z.B. Beschallungsanlagen, Konferenz- und Dolmetscheranlagen)	KG 454
• Audiovisuelle Medien- und Antennenanlagen (z.B. AV-Medienanlagen, Sende- und Empfangsantennenanlagen, Umsetzer)	KG 455
• Gefahrenmelde- und Alarmanlagen (z.B. Brand-, Überfall-, Einbruchmeldeanlagen, Wächterkontrollanlagen, Zugangskontrollanlagen, Überwachungsanlagen)	KG 456
Datenübertragungsnetze	*KG 457*
• Verkehrsbeeinflussungsanlagen (z.B. Verkehrssignalanlagen, elektronische Anzeigetafeln, Mautsysteme, Parkleitsysteme, Verkehrstelematik)	KG 458
• Sonstiges zur KG 450 (z.B. Fernwirkanlagen)	KG 459
• Netzanschlüsse für Telekommunikation bei der öffentlichen Erschließung	KG 226
• Netzanschlüsse für Telekommunikation bei der nichtöffentlichen Erschließung	KG 236
• Anlagen der Energie- und Informationsversorgung als Infrastrukturanlagen (z.B. Baukonstruktionen von Versorgungsanlagen für Information)	KG 377
• Baustelleneinrichtung für Baukonstruktionen des Bauwerks (z.B. Energie- und Bauwasseranschlüsse, Baubeleuchtung, Baustrom, Telekommunikation)	KG 391
• Elektrische Anlagen (z.B. Hoch- und Mittelspannungsanlagen, Niederspannungsschalt- und -installationsanlagen, Beleuchtungsanlagen, Blitzschutz und Erdungsanlagen)	KG 440
• Nutzungsspezifische und verfahrenstechnische Anlagen	KG 470
• Gebäude- und Anlagenautomation (z.B. Automationseinrichtungen, Schaltschränke, Kabel, Leitungen, Verlegesysteme, Datenübertragungsnetze)	KG 480
• Sonstige Maßnahmen für technische Anlagen (z.B. Baustelleneinrichtung, Baubeleuchtung, Baustrom, Telekommunikation)	KG 490
• Kommunikations-, sicherheits- und informationstechnische Anlagen, Automation in Außenanlagen und Freiflächen	KG 557
• Baustelleneinrichtung für Außenanlagen und Freiflächen (z.B. Energie- und Bauwasseranschlüsse, Baubeleuchtung, Baustrom, Telekommunikation)	KG 591
• Informationstechnische Ausstattung (z.B. DV-Geräte)	KG 630

In anderen Kostengruppen enthalten

- Betriebskosten nach der Abnahme (z.B. vorläufiger Betrieb insbesondere der technischen Anlagen nach der Abnahme bis zur Inbetriebnahme) KG 765

Erläuterungen

- Die Kosten für Internetnutzung über eine Telekommunikationsanlage (z.B. im Wohnungsbau) werden in der KG 451 erfasst, die Kosten für Fernsprechanlagen, die Teil eines Datenübertragungsnetzes werden in der KG 457 erfasst (z.B. Datennetze mit Servern).
- Bei den Kostengruppen der KG 400 werden in dieser Arbeitshilfe aus Platzgründen lediglich die Mengen und Bezugseinheiten entsprechend Abschnitt 6.2 und Tabelle 2 der DIN 276 angegeben. Ergänzende Arbeitshilfen zur weiteren Untergliederung und den spezifischen Mengen und Bezugseinheiten der Kostengruppen entsprechend Abschnitt 6.4 und Tabelle 4 der DIN 276 werden in den BKI-Online-Informationen zur Verfügung gestellt.

DIN 276 Tabelle 1 – Kostengliederung

458 **Verkehrsbeeinflussungsanlagen**

Verkehrssignalanlagen, elektronische Anzeigetafeln, Mautsysteme, Parkleitsysteme, Verkehrstelematik (Soweit erforderlich kann die Verkehrstelematik entsprechend der KG 480 weiter untergliedert werden.)

DIN 276 Tabelle 2 – Mengen und Bezugseinheiten

Einheit	m^2
Bezeichnung	Brutto-Grundfläche (BGF)
Ermittlung	Gesamte Brutto-Grundfläche nach DIN 277

In dieser Kostengruppe enthalten

- Verlegesysteme (z.B. Kabelpritschen, Kabelrinnen, Elektroinstallationsrohre, Installations-, Unterflur- und Brüstungskanäle)
- Kabel und Leitungen (z.B. Installationskabel)
- Verkehrssignalanlagen (z.B. Ampelanlagen, Signalanlagen für Bahnen und Busse, Warnblinkanlagen, innenbeleuchtete Verkehrs- und Hinweisschilder)
- Elektronische Anzeigetafeln (z.B. Fahrplantafeln für Bahnen, Busse, Flughäfen und Schifffahrt)
- Mautsysteme (z.B. Mautstellen, Terminals, Kennzeichen-, Transpondererfassung)
- Parkleitsysteme (z.B. Anzeigetafeln für freie Parkplätze)
- Verkehrstelematik (z.B. Wechselverkehrszeichen, verkehrsabhängig geschaltete Ampelanlagen)
- Elektrische Komponenten, ab Anschlusspunkt der elektrischen Versorgungsleitung einschließlich der elektrischen Verkabelung und der Anschlussarbeiten sowie der Inbetriebnahme (z.B. Antriebe und Steuerungen)

In anderen Kostengruppen enthalten

• Telekommunikationsanlagen (z.B. zur Datenübertragung für Sprache, Text und Bild)	KG 451
• Such- und Signalanlagen (z.B. Personenrufanlagen, Lichtruf- und Klingelanlagen)	KG 452
• Zeitdienstanlagen (z.B. Uhren- und Zeiterfassungsanlagen)	KG 453
• Elektroakustische Anlagen (z.B. Beschallungsanlagen, Konferenz- und Dolmetscheranlagen)	KG 454
• Audiovisuelle Medien- und Antennenanlagen (z.B. AV-Medienanlagen, Sende- und Empfangsantennenanlagen, Umsetzer)	KG 455
• Gefahrenmelde- und Alarmanlagen (z.B. Brand-, Überfall-, Einbruchmeldeanlagen, Wächterkontrollanlagen, Zugangskontrollanlagen, Überwachungsanlagen)	KG 456
• Datenübertragungsnetze (z.B. für Sprache, Text und Bild, soweit nicht in anderen Kostengruppen)	KG 457
Verkehrsbeeinflussungsanlagen	*KG 458*
• Sonstiges zur KG 450 (z.B. Fernwirkanlagen)	KG 459
• Netzanschlüsse für Telekommunikation bei der öffentlichen Erschließung	KG 226
• Netzanschlüsse für Telekommunikation bei der nichtöffentlichen Erschließung	KG 236
• Infrastrukturanlagen (z.B. Oberbau und Deckschichten von Anlagen für den Straßenverkehr, Schienenverkehr und Flugverkehr)	KG 370
• Anlagen der Energie- und Informationsversorgung als Infrastrukturanlagen (z.B. Baukonstruktionen von Versorgungsanlagen für Information)	KG 377
• Baustelleneinrichtung für Baukonstruktionen des Bauwerks (z.B. Energie- und Bauwasseranschlüsse, Baubeleuchtung, Baustrom, Telekommunikation)	KG 391
• Elektrische Anlagen (z.B. Hoch- und Mittelspannungsanlagen, Niederspannungsschalt- und -installationsanlagen, Beleuchtungsanlagen, Blitzschutz und Erdungsanlagen)	KG 440
• Nutzungsspezifische und verfahrenstechnische Anlagen	KG 470
• Gebäude- und Anlagenautomation (z.B. Automationseinrichtungen, Schaltschränke, Datenübertragungsnetze)	KG 480
• Sonstige Maßnahmen für technische Anlagen (z.B. Baustelleneinrichtung, Baubeleuchtung, Baustrom, Telekommunikation)	KG 490

In anderen Kostengruppen enthalten

• Elektrische Anlagen in Außenanlagen und Freiflächen (z.B. Fahrleitungsanlagen)	KG 556
• Kommunikations-, sicherheits- und informationstechnische Anlagen, Automation in Außenanlagen und Freiflächen	KG 557
• Baustelleneinrichtung für Außenanlagen und Freiflächen (z.B. Energie- und Bauwasseranschlüsse, Baubeleuchtung, Baustrom, Telekommunikation)	KG 591
• Informationstechnische Ausstattung (z.B. DV-Geräte)	KG 630
• Betriebskosten nach der Abnahme (z.B. vorläufiger Betrieb insbesondere der technischen Anlagen nach der Abnahme bis zur Inbetriebnahme)	KG 765

Erläuterungen

- Bei den Kostengruppen der KG 400 werden in dieser Arbeitshilfe aus Platzgründen lediglich die Mengen und Bezugseinheiten entsprechend Abschnitt 6.2 und Tabelle 2 der DIN 276 angegeben. Ergänzende Arbeitshilfen zur weiteren Untergliederung und den spezifischen Mengen und Bezugseinheiten der Kostengruppen entsprechend Abschnitt 6.4 und Tabelle 4 der DIN 276 werden in den BKI-Online-Informationen zur Verfügung gestellt.

DIN 276 Tabelle 1 – Kostengliederung	
459	**Sonstiges zur KG 450** Fernwirkanlagen

DIN 276 Tabelle 2 – Mengen und Bezugseinheiten	
Einheit	m^2
Bezeichnung	Brutto-Grundfläche (BGF)
Ermittlung	Gesamte Brutto-Grundfläche nach DIN 277

In dieser Kostengruppe enthalten

- Sonstige Kosten für Kommunikations-, sicherheits- und informationstechnische Anlagen, die nicht den KG 451 bis 458 zuzuordnen sind
- Fernwirkanlagen zur Steuerung von technischen Anlagen (z.B. Heizungs-, Lüftungsanlagen)
- Fernwirkanlagen zur Steuerung und Kontrolle des Energieverbrauchs (z.B. Gas-, Stromzähler)
- Fernwirkanlagen zur Steuerung von Straßenverkehrsanlagen (z.B. Straßenbeleuchtung, Ampeln)
- Fernwirkanlagen zur Steuerung von Versorgungsnetzen (z.B. Strom, Gas, Wasser, Fernwärme)
- Fernwirkanlagen für Gefahrenmelde- und Alarmanlagen
- Elektrische Komponenten werden ab Anschlusspunkt der elektrischen Versorgungsleitung einschließlich der elektrischen Verkabelung und der Anschlussarbeiten sowie der Inbetriebnahme in der Kostengruppe des zugehörigen Bauelements erfasst (z.B. Antriebe und Steuerungen).

In anderen Kostengruppen enthalten

• Telekommunikationsanlagen (z.B. zur Datenübertragung für Sprache, Text und Bild)	KG 451
• Such- und Signalanlagen (z.B. Personenrufanlagen, Lichtruf- und Klingelanlagen)	KG 452
• Zeitdienstanlagen (z.B. Uhren- und Zeiterfassungsanlagen)	KG 453
• Elektroakustische Anlagen (z.B. Beschallungsanlagen, Konferenz- und Dolmetscheranlagen)	KG 454
• Audiovisuelle Medien- und Antennenanlagen (z.B. AV-Medienanlagen, Sende- und Empfangsantennenanlagen, Umsetzer)	KG 455
• Gefahrenmelde- und Alarmanlagen (z.B. Brand-, Überfall-, Einbruchmeldeanlagen, Wächterkontrollanlagen, Zugangskontrollanlagen, Überwachungsanlagen)	KG 456
• Datenübertragungsnetze (z.B. für Sprache, Text und Bild, soweit nicht in anderen Kostengruppen)	KG 457
• Verkehrsbeeinflussungsanlagen (z.B. Verkehrssignalanlagen, elektronische Anzeigetafeln, Mautsysteme, Parkleitsysteme, Verkehrstelematik)	KG 458
Sonstiges zur KG 450	*KG 459*
• Netzanschlüsse für Telekommunikation bei der öffentlichen Erschließung	KG 226
• Netzanschlüsse für Telekommunikation bei der nichtöffentlichen Erschließung	KG 236
• Anlagen der Energie- und Informationsversorgung als Infrastrukturanlagen (z.B. Baukonstruktionen von Versorgungsanlagen für Information)	KG 377
• Baustelleneinrichtung für Baukonstruktionen des Bauwerks (z.B. Energie- und Bauwasseranschlüsse, Baubeleuchtung, Baustrom, Telekommunikation)	KG 391
• Elektrische Anlagen (z.B. Hoch- und Mittelspannungsanlagen, Niederspannungsschalt- und -installationsanlagen, Beleuchtungsanlagen, Blitzschutz und Erdungsanlagen)	KG 440
• Nutzungsspezifische und verfahrenstechnische Anlagen	KG 470
• Gebäude- und Anlagenautomation (z.B. Automationseinrichtungen, Schaltschränke, Datenübertragungsnetze)	KG 480
• Sonstige Maßnahmen für technische Anlagen (z.B. Baustelleneinrichtung, Baubeleuchtung, Baustrom, Telekommunikation)	KG 490
• Kommunikations-, sicherheits- und informationstechnische Anlagen, Automation in Außenanlagen und Freiflächen	KG 557

In anderen Kostengruppen enthalten

- Baustelleneinrichtung für Außenanlagen und Freiflächen (z.B. Energie- und Bauwasseranschlüsse, Baubeleuchtung, Baustrom, Telekommunikation) KG 591
- Informationstechnische Ausstattung (z.B. DV-Geräte) KG 630
- Betriebskosten nach der Abnahme (z.B. vorläufiger Betrieb insbesondere der technischen Anlagen nach der Abnahme bis zur Inbetriebnahme) KG 765

Erläuterungen

- Bei den Kostengruppen der KG 400 werden in dieser Arbeitshilfe aus Platzgründen lediglich die Mengen und Bezugseinheiten entsprechend Abschnitt 6.2 und Tabelle 2 der DIN 276 angegeben. Ergänzende Arbeitshilfen zur weiteren Untergliederung und den spezifischen Mengen und Bezugseinheiten der Kostengruppen entsprechend Abschnitt 6.4 und Tabelle 4 der DIN 276 werden in den BKI-Online-Informationen zur Verfügung gestellt.

DIN 276 Tabelle 1 – Kostengliederung	
460	**Förderanlagen**

DIN 276 Tabelle 2 – Mengen und Bezugseinheiten	
Einheit	m^2
Bezeichnung	Brutto-Grundfläche (BGF)
Ermittlung	Gesamte Brutto-Grundfläche nach DIN 277

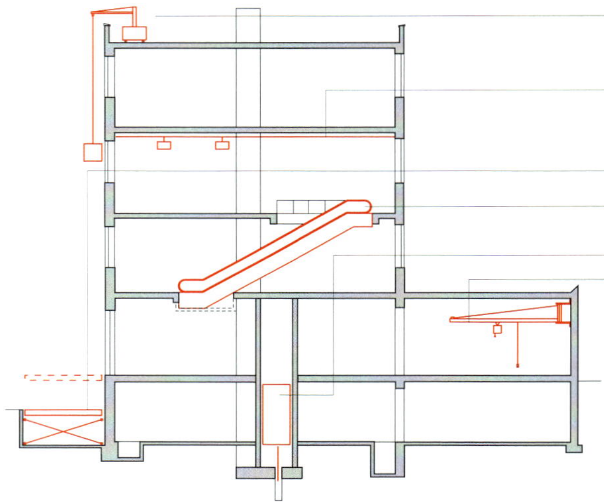

In dieser Kostengruppe enthalten	
KG 461	Aufzugsanlagen (z.B. Personenaufzüge, Lastenaufzüge)
KG 462	Fahrtreppen, Fahrsteige
KG 463	Befahranlagen (z.B. Fassadenaufzüge)
KG 464	Transportanlagen (z.B. automatische Warentransportanlagen, Aktentransportanlagen, Rohrpostanlagen)
KG 465	Krananlagen (z.B. Werkstattkräne, Containerkräne, Hebezeuge)
KG 466	Hydraulikanlagen (z.B. Hydraulikanlagen und hydraulische Antriebe für mechanische Baukonstruktionen, Toranlagen, Brücken, Ausleger)
KG 469	Sonstiges zur KG 460 (z.B. Hebebühnen, Parksysteme)

In anderen Kostengruppen enthalten	
• Abwasser-, Wasser-, Gasanlagen	KG 410
• Wärmeversorgungsanlagen (z.B. Wärmeerzeugungsanlagen, Wärmeverteilnetze, Raumheizflächen; Verkehrsheizflächen)	KG 420
• Raumlufttechnische Anlagen (z.B. Lüftungsanlagen, Teilklimaanlagen, Klimaanlagen, Kälteanlagen)	KG 430
• Elektrische Anlagen (z.B. Hoch- und Mittelspannungsanlagen, Niederspannungsschalt- und -installationsanlagen, Beleuchtungsanlagen, Blitzschutz und Erdungsanlagen)	KG 440
• Kommunikations-, sicherheits- und informationstechnische Anlagen	KG 450
Förderanlagen	*KG 460*
• Nutzungsspezifische und verfahrenstechnische Anlagen (z.B. küchentechnische Anlagen, verfahrenstechnische Anlagen Feststoffe, Wertstoffe und Abfälle, Entnahmeanlagen an Talsperren)	KG 470
• Gebäude- und Anlagenautomation (z.B. Automationseinrichtungen, Schaltschränke, Datenübertragungsnetze)	KG 480

In anderen Kostengruppen enthalten

• Sonstige Maßnahmen für technische Anlagen (z.B. Baustelleneinrichtung, Bauaufzüge, Baukräne, Bautransportanlagen)	KG 490
• Abbruchmaßnahmen beim Herrichten des Grundstücks (z.B. vollständiges Abbrechen von vorhandenen technischen Anlagen oder Anlagenbereichen)	KG 212
• Leitungsgebundene Abfallentsorgung bei der öffentlichen Erschließung	KG 228
• Leitungsgebundene Abfallentsorgung bei der nichtöffentlichen Erschließung	KG 238
• Anlagen der Abfallentsorgung als Infrastrukturanlagen (z.B. Baukonstruktionen für Anlagen zur Sammlung, Aufbereitung von Abfällen und Wertstoffen)	KG 378
• Mechanische Einbauten insbesondere in Ingenieurbauten (z.B. Stahlbaukonstruktionen bei Schleusen und Wehren)	KG 384
• Baustelleneinrichtung für Baukonstruktionen des Bauwerks (z.B. Bauaufzüge, Baukräne, Bautransportanlagen)	KG 391
• Baustelleneinrichtung für Außenanlagen und Freiflächen (z.B. Bauaufzüge, Baukräne, Bautransportanlagen)	KG 591
• Prüfungen, Genehmigungen, Abnahmen im Rahmen der allgemeinen Baunebenkosten (z.B. Abnahmen durch Aufsichtsbehörden, TÜV)	KG 762
• Betriebskosten nach der Abnahme (z.B. vorläufiger Betrieb insbesondere der technischen Anlagen nach der Abnahme bis zur Inbetriebnahme)	KG 765

Erläuterungen

- Die einzelnen Förderanlagen enthalten die zugehörigen Gestelle, Befestigungen, Armaturen, Wärme- und Kältedämmung, Schall- und Brandschutzvorkehrungen, Abdeckungen, Bekleidungen, Beschichtungen, Kennzeichnungen sowie die werkseitig integrierten Mess-, Steuer- und Regelanlagen. Dazu gehören auch die Betriebskosten bis zur Abnahme, alle zugehörigen Leistungen nach VOB, Teil C, DIN 18385, insbesondere Abnahmeunterlagen, Revisionsunterlagen, Messprotokolle, Funktionsprüfung, Probebetrieb, Werkstatt- und Montagezeichnungen, sowie alle zugehörigen Nebenleistungen und besonderen Leistungen.
- Zur Bedienung, zum Betrieb oder zum Schutz der Förderanlagen gehörendes, erstmalig zu beschaffendes, nicht eingebautes oder nicht befestigtes Zubehör wird in der zugehörigen Kostengruppe der Förderanlagen erfasst.
- Das nachträgliche Herstellen von Schlitzen und Durchbrüchen wird in der zugehörigen Kostengruppe Förderanlagen erfasst. Die Kosten für das Schließen von Schlitzen und Durchführungen sowie für Rohr- und Kabelgräben werden in der Regel in der KG 300 erfasst.
- Elektrische Komponenten werden ab Anschlusspunkt der elektrischen Versorgungsleitung einschließlich der elektrischen Verkabelung und der Anschlussarbeiten sowie der Inbetriebnahme in der Kostengruppe des zugehörigen Bauelements erfasst (z.B. Antriebe und Steuerungen).
- Bei den Kostengruppen der KG 400 werden in dieser Arbeitshilfe aus Platzgründen lediglich die Mengen und Bezugseinheiten entsprechend Abschnitt 6.2 und Tabelle 2 der DIN 276 angegeben. Ergänzende Arbeitshilfen zur weiteren Untergliederung und den spezifischen Mengen und Bezugseinheiten der Kostengruppen entsprechend Abschnitt 6.4 und Tabelle 4 der DIN 276 werden in den BKI-Online-Informationen zur Verfügung gestellt.

DIN 276 Tabelle 1 – Kostengliederung

461	**Aufzugsanlagen**
	Personenaufzüge, Lastenaufzüge

DIN 276 Tabelle 2 – Mengen und Bezugseinheiten

Einheit	m^2
Bezeichnung	Brutto-Grundfläche (BGF)
Ermittlung	Gesamte Brutto-Grundfläche nach DIN 277

In dieser Kostengruppe enthalten

- Personenaufzüge (z. B. Seil-, Seilhydraulik- oder Hydraulikaufzüge)
- Lastenaufzüge ohne Personenbeförderungsberechtigung (z. B. Behälter-, Güter-, Kleingüter-, Kleider-, Lagerhaus-, Müllcontainer-, Mülltonnen-, Palettenaufzüge)
- Autoaufzüge
- Speisen- und Wäscheaufzüge oder -förderanlagen, sofern sie nicht in Großküchen- und Wäschereianlagen voll integriert sind
- Antriebsanlagen für Aufzüge
- Steuerung und Regelung für Aufzüge
- Brunnenbohrung und Mantelrohr für Hydraulikaufzüge
- Schacht- und Kabinenbeleuchtung und -belüftung
- Elektrische Komponenten werden ab Anschlusspunkt der elektrischen Versorgungsleitung einschließlich der elektrischen Verkabelung und der Anschlussarbeiten sowie der Inbetriebnahme in der Kostengruppe des zugehörigen Bauelements erfasst (z. B. Antriebe und Steuerungen).

In anderen Kostengruppen enthalten

Aufzugsanlagen	*KG 461*
• Fahrtreppen, Fahrsteige	KG 462
• Befahranlagen (z. B. Fassadenaufzüge)	KG 463
• Transportanlagen (z. B. automatische Warentransportanlagen, Aktentransportanlagen, Rohrpostanlagen)	KG 464
• Krananlagen (z. B. Werkstattkräne, Containerkräne, Hebezeuge)	KG 465
• Hydraulikanlagen (z. B. Hydraulikanlagen und hydraulische Antriebe für mechanische Baukonstruktionen, Toranlagen, Brücken, Ausleger)	KG 466
• Sonstiges zur KG 460 (z. B. Hebebühnen, Parksysteme)	KG 469
• Abbruchmaßnahmen beim Herrichten des Grundstücks (z. B. vollständiges Abbrechen von vorhandenen technischen Anlagen oder Anlagenbereichen)	KG 212
• Anlagen der Abfallentsorgung als Infrastrukturanlagen (z. B. Baukonstruktionen für Anlagen zur Sammlung, Aufbereitung von Abfällen und Wertstoffen)	KG 378
• Mechanische Einbauten insbesondere in Ingenieurbauten (z. B. Stahlbaukonstruktionen bei Schleusen und Wehren)	KG 384
• Baustelleneinrichtung für Baukonstruktionen des Bauwerks (z. B. Bauaufzüge, Baukräne, Bautransportanlagen)	KG 391
• Elektrische Anlagen (z. B. Hoch- und Mittelspannungsanlagen, Niederspannungsschalt- und -installationsanlagen, Beleuchtungsanlagen, Blitzschutz und Erdungsanlagen)	KG 440
• Nutzungsspezifische und verfahrenstechnische Anlagen (z. B. küchentechnische Anlagen, verfahrenstechnische Anlagen Feststoffe, Wertstoffe und Abfälle, Entnahmeanlagen an Talsperren)	KG 470
• Sonstige Maßnahmen für technische Anlagen (z. B. Baustelleneinrichtung, Bauaufzüge, Baukräne, Bautransportanlagen)	KG 490
• Baustelleneinrichtung für Außenanlagen und Freiflächen (z. B. Bauaufzüge, Baukräne, Bautransportanlagen)	KG 591
• Betriebskosten nach der Abnahme (z. B. vorläufiger Betrieb insbesondere der technischen Anlagen nach der Abnahme bis zur Inbetriebnahme)	KG 765

Erläuterungen

- Bei den Kostengruppen der KG 400 werden in dieser Arbeitshilfe aus Platzgründen lediglich die Mengen und Bezugseinheiten entsprechend Abschnitt 6.2 und Tabelle 2 der DIN 276 angegeben. Ergänzende Arbeitshilfen zur weiteren Untergliederung und den spezifischen Mengen und Bezugseinheiten der Kostengruppen entsprechend Abschnitt 6.4 und Tabelle 4 der DIN 276 werden in den BKI-Online-Informationen zur Verfügung gestellt.

DIN 276 Tabelle 1 – Kostengliederung

462	**Fahrtreppen, Fahrsteige**

DIN 276 Tabelle 2 – Mengen und Bezugseinheiten

Einheit	m^2
Bezeichnung	Brutto-Grundfläche (BGF)
Ermittlung	Gesamte Brutto-Grundfläche nach DIN 277

In dieser Kostengruppe enthalten

- Antriebsanlagen für Fahrtreppen und Fahrsteige
- Steuerung und Regelung für Fahrtreppen und Fahrsteige
- Elektrische Komponenten werden ab Anschlusspunkt der elektrischen Versorgungsleitung einschließlich der elektrischen Verkabelung und der Anschlussarbeiten sowie der Inbetriebnahme in der Kostengruppe des zugehörigen Bauelements erfasst (z.B. Antriebe und Steuerungen).

In anderen Kostengruppen enthalten

• Aufzugsanlagen (z.B. Personenaufzüge, Lastenaufzüge)	KG 461
Fahrtreppen, Fahrsteige	*KG 462*
• Befahranlagen (z.B. Fassadenaufzüge)	KG 463
• Transportanlagen (z.B. automatische Warentransportanlagen, Aktentransportanlagen, Rohrpostanlagen)	KG 464
• Krananlagen (z.B. Werkstattkräne, Containerkräne, Hebezeuge)	KG 465
• Hydraulikanlagen (z.B. Hydraulikanlagen und hydraulische Antriebe für mechanische Baukonstruktionen, Toranlagen, Brücken, Ausleger)	KG 466
• Sonstiges zur KG 460 (z.B. Hebebühnen, Parksysteme)	KG 469
• Abbruchmaßnahmen beim Herrichten des Grundstücks (z.B. vollständiges Abbrechen von vorhandenen technischen Anlagen oder Anlagenbereichen)	KG 212
• Anlagen der Abfallentsorgung als Infrastrukturanlagen (z.B. Baukonstruktionen für Anlagen zur Sammlung, Aufbereitung von Abfällen und Wertstoffen)	KG 378
• Mechanische Einbauten insbesondere in Ingenieurbauten (z.B. Stahlbaukonstruktionen bei Schleusen und Wehren)	KG 384
• Baustelleneinrichtung für Baukonstruktionen des Bauwerks (z.B. Bauaufzüge, Baukräne, Bautransportanlagen)	KG 391
• Elektrische Anlagen (z.B. Hoch- und Mittelspannungsanlagen, Niederspannungsschalt- und -installationsanlagen, Beleuchtungsanlagen, Blitzschutz und Erdungsanlagen)	KG 440
• Nutzungsspezifische und verfahrenstechnische Anlagen (z.B. küchentechnische Anlagen, verfahrenstechnische Anlagen Feststoffe, Wertstoffe und Abfälle, Entnahmeanlagen an Talsperren)	KG 470
• Sonstige Maßnahmen für technische Anlagen (z.B. Baustelleneinrichtung, Bauaufzüge, Baukräne, Bautransportanlagen)	KG 490
• Baustelleneinrichtung für Außenanlagen und Freiflächen (z.B. Bauaufzüge, Baukräne, Bautransportanlagen)	KG 591
• Betriebskosten nach der Abnahme (z.B. vorläufiger Betrieb insbesondere der technischen Anlagen nach der Abnahme bis zur Inbetriebnahme)	KG 765

Erläuterungen

- Bei den Kostengruppen der KG 400 werden in dieser Arbeitshilfe aus Platzgründen lediglich die Mengen und Bezugseinheiten entsprechend Abschnitt 6.2 und Tabelle 2 der DIN 276 angegeben. Ergänzende Arbeitshilfen zur weiteren Untergliederung und den spezifischen Mengen und Bezugseinheiten der Kostengruppen entsprechend Abschnitt 6.4 und Tabelle 4 der DIN 276 werden in den BKI-Online-Informationen zur Verfügung gestellt.

DIN 276 Tabelle 1 – Kostengliederung

463 **Befahranlagen**
Fassadenaufzüge und andere Befahranlagen

DIN 276 Tabelle 2 – Mengen und Bezugseinheiten

Einheit	m^2
Bezeichnung	Brutto-Grundfläche (BGF)
Ermittlung	Gesamte Brutto-Grundfläche nach DIN 277

In dieser Kostengruppe enthalten

- Fassaden- und Dachbefahranlagen zur Reinigung und Instandhaltung
- Elektrische Komponenten werden ab Anschlusspunkt der elektrischen Versorgungsleitung einschließlich der elektrischen Verkabelung und der Anschlussarbeiten sowie der Inbetriebnahme in der Kostengruppe des zugehörigen Bauelements erfasst (z.B. Antriebe und Steuerungen).

In anderen Kostengruppen enthalten

• Aufzugsanlagen (z.B. Personenaufzüge, Lastenaufzüge)	KG 461
• Fahrtreppen, Fahrsteige	KG 462
Befahranlagen	*KG 463*
• Transportanlagen (z.B. automatische Warentransportanlagen, Aktentransportanlagen, Rohrpostanlagen)	KG 464
• Krananlagen (z.B. Werkstattkräne, Containerkräne, Hebezeuge)	KG 465
• Hydraulikanlagen (z.B. Hydraulikanlagen und hydraulische Antriebe für mechanische Baukonstruktionen, Toranlagen, Brücken, Ausleger)	KG 466
• Sonstiges zur KG 460 (z.B. Hebebühnen, Parksysteme)	KG 469
• Abbruchmaßnahmen beim Herrichten des Grundstücks (z.B. vollständiges Abbrechen von vorhandenen technischen Anlagen oder Anlagenbereichen)	KG 212
• Anlagen der Abfallentsorgung als Infrastrukturanlagen (z.B. Baukonstruktionen für Anlagen zur Sammlung, Aufbereitung von Abfällen und Wertstoffen)	KG 378
• Mechanische Einbauten insbesondere in Ingenieurbauten (z.B. Stahlbaukonstruktionen bei Schleusen und Wehren)	KG 384
• Baustelleneinrichtung für Baukonstruktionen des Bauwerks (z.B. Bauaufzüge, Baukräne, Bautransportanlagen)	KG 391
• Elektrische Anlagen (z.B. Hoch- und Mittelspannungsanlagen, Niederspannungsschalt- und -installationsanlagen, Beleuchtungsanlagen, Blitzschutz und Erdungsanlagen)	KG 440
• Nutzungsspezifische und verfahrenstechnische Anlagen (z.B. küchentechnische Anlagen, verfahrenstechnische Anlagen Feststoffe, Wertstoffe und Abfälle, Entnahmeanlagen an Talsperren)	KG 470
• Sonstige Maßnahmen für technische Anlagen (z.B. Baustelleneinrichtung, Bauaufzüge, Baukräne, Bautransportanlagen)	KG 490
• Baustelleneinrichtung für Außenanlagen und Freiflächen (z.B. Bauaufzüge, Baukräne, Bautransportanlagen)	KG 591
• Betriebskosten nach der Abnahme (z.B. vorläufiger Betrieb insbesondere der technischen Anlagen nach der Abnahme bis zur Inbetriebnahme)	KG 765

Erläuterungen

- Bei den Kostengruppen der KG 400 werden in dieser Arbeitshilfe aus Platzgründen lediglich die Mengen und Bezugseinheiten entsprechend Abschnitt 6.2 und Tabelle 2 der DIN 276 angegeben. Ergänzende Arbeitshilfen zur weiteren Untergliederung und den spezifischen Mengen und Bezugseinheiten der Kostengruppen entsprechend Abschnitt 6.4 und Tabelle 4 der DIN 276 werden in den BKI-Online-Informationen zur Verfügung gestellt.

100
200
300
400
500
600
700
800

DIN 276 Tabelle 1 – Kostengliederung	
464	**Transportanlagen** Automatische Warentransportanlagen, Aktentransportanlagen, Rohrpostanlagen

DIN 276 Tabelle 2 – Mengen und Bezugseinheiten	
Einheit	m^2
Bezeichnung	Brutto-Grundfläche (BGF)
Ermittlung	Gesamte Brutto-Grundfläche nach DIN 277

In dieser Kostengruppe enthalten

- Förderanlagen (z.B. Band-, Gut-, Klein-, Luftkissen-, Pneumatik-, Saug-, Stufen- oder Vibrationsförderer für Akten, Belege, Einheitsbehälter, Fleischwaren, Fluggepäck, Kleincontainer, Lebensmittel, Müll/Abfall, Post, Schüttgut, Stückgut, Versand- und Lagergut)
- Rohrpostanlagen
- Elektrische Komponenten werden ab Anschlusspunkt der elektrischen Versorgungsleitung einschließlich der elektrischen Verkabelung und der Anschlussarbeiten sowie der Inbetriebnahme in der Kostengruppe des zugehörigen Bauelements erfasst (z.B. Antriebe und Steuerungen).

In anderen Kostengruppen enthalten	
• Aufzugsanlagen (z.B. Personenaufzüge, Lastenaufzüge)	KG 461
• Fahrtreppen, Fahrsteige	KG 462
• Befahranlagen (z.B. Fassadenaufzüge)	KG 463
Transportanlagen	*KG 464*
• Krananlagen (z.B. Werkstattkräne, Containerkräne, Hebezeuge)	KG 465
• Hydraulikanlagen (z.B. Hydraulikanlagen und hydraulische Antriebe für mechanische Baukonstruktionen, Toranlagen, Brücken, Ausleger)	KG 466
• Sonstiges zur KG 460 (z.B. Hebebühnen, Parksysteme)	KG 469
• Abbruchmaßnahmen beim Herrichten des Grundstücks (z.B. vollständiges Abbrechen von vorhandenen technischen Anlagen oder Anlagenbereichen)	KG 212
• Leitungsgebundene Abfallentsorgung bei der öffentlichen Erschließung	KG 228
• Leitungsgebundene Abfallentsorgung bei der nichtöffentlichen Erschließung	KG 238
• Anlagen der Abfallentsorgung als Infrastrukturanlagen (z.B. Baukonstruktionen für Anlagen zur Sammlung, Aufbereitung von Abfällen und Wertstoffen)	KG 378
• Mechanische Einbauten insbesondere in Ingenieurbauten (z.B. Stahlbaukonstruktionen bei Schleusen und Wehren)	KG 384
• Baustelleneinrichtung für Baukonstruktionen des Bauwerks (z.B. Bauaufzüge, Baukräne, Bautransportanlagen)	KG 391
• Elektrische Anlagen (z.B. Hoch- und Mittelspannungsanlagen, Niederspannungsschalt- und -installationsanlagen, Beleuchtungsanlagen, Blitzschutz und Erdungsanlagen)	KG 440
• Nutzungsspezifische und verfahrenstechnische Anlagen (z.B. küchentechnische Anlagen, verfahrenstechnische Anlagen Feststoffe, Wertstoffe und Abfälle, Entnahmeanlagen an Talsperren)	KG 470
• Sonstige Maßnahmen für technische Anlagen (z.B. Baustelleneinrichtung, Bauaufzüge, Baukräne, Bautransport-anlagen)	KG 490
• Baustelleneinrichtung für Außenanlagen und Freiflächen (z.B. Bauaufzüge, Baukräne, Bautransportanlagen)	KG 591
• Betriebskosten nach der Abnahme (z.B. vorläufiger Betrieb insbesondere der technischen Anlagen nach der Abnahme bis zur Inbetriebnahme)	KG 765

Erläuterungen

- Bei den Kostengruppen der KG 400 werden in dieser Arbeitshilfe aus Platzgründen lediglich die Mengen und Bezugseinheiten entsprechend Abschnitt 6.2 und Tabelle 2 der DIN 276 angegeben. Ergänzende Arbeitshilfen zur weiteren Untergliederung und den spezifischen Mengen und Bezugseinheiten der Kostengruppen entsprechend Abschnitt 6.4 und Tabelle 4 der DIN 276 werden in den BKI-Online-Informationen zur Verfügung gestellt.

DIN 276 Tabelle 1 – Kostengliederung	
465	**Krananlagen** Krananlagen einschließlich Hebezeugen

DIN 276 Tabelle 2 – Mengen und Bezugseinheiten	
Einheit	m^2
Bezeichnung	Brutto-Grundfläche (BGF)
Ermittlung	Gesamte Brutto-Grundfläche nach DIN 277

In dieser Kostengruppe enthalten

- Krananlagen (z. B. Hänge-, Lauf-, Portal-, Säulendreh-, Wanddreh-, Werkstatt- und Containerkräne)
- Elektrische Komponenten werden ab Anschlusspunkt der elektrischen Versorgungsleitung einschließlich der elektrischen Verkabelung und der Anschlussarbeiten sowie der Inbetriebnahme in der Kostengruppe des zugehörigen Bauelements erfasst (z. B. Antriebe und Steuerungen).

In anderen Kostengruppen enthalten	
• Aufzugsanlagen (z. B. Personenaufzüge, Lastenaufzüge)	KG 461
• Fahrtreppen, Fahrsteige	KG 462
• Befahranlagen (z. B. Fassadenaufzüge)	KG 463
• Transportanlagen (z. B. automatische Warentransportanlagen, Aktentransportanlagen, Rohrpostanlagen)	KG 464
Krananlagen	*KG 465*
• Hydraulikanlagen (z. B. Hydraulikanlagen und hydraulische Antriebe für mechanische Baukonstruktionen)	KG 466
• Sonstiges zur KG 460 (z. B. Hebebühnen, Parksysteme)	KG 469
• Abbruchmaßnahmen beim Herrichten des Grundstücks (z. B. vollständiges Abbrechen von vorhandenen technischen Anlagen oder Anlagenbereichen)	KG 212
• Leitungsgebundene Abfallentsorgung bei der öffentlichen Erschließung	KG 228
• Leitungsgebundene Abfallentsorgung bei der nichtöffentlichen Erschließung	KG 238
• Anlagen der Abfallentsorgung als Infrastrukturanlagen (z. B. Baukonstruktionen für Anlagen zur Sammlung, Aufbereitung von Abfällen und Wertstoffen)	KG 378
• Mechanische Einbauten insbesondere in Ingenieurbauten (z. B. Stahlbaukonstruktionen bei Schleusen und Wehren)	KG 384
• Baustelleneinrichtung für Baukonstruktionen des Bauwerks (z. B. Bauaufzüge, Baukräne, Bautransportanlagen)	KG 391
• Elektrische Anlagen (z. B. Hoch- und Mittelspannungsanlagen, Niederspannungsschalt- und -installationsanlagen, Beleuchtungsanlagen, Blitzschutz und Erdungsanlagen)	KG 440
• Nutzungsspezifische und verfahrenstechnische Anlagen (z. B. küchentechnische Anlagen, verfahrenstechnische Anlagen Feststoffe, Wertstoffe und Abfälle, Entnahmeanlagen an Talsperren)	KG 470
• Sonstige Maßnahmen für technische Anlagen (z. B. Baustelleneinrichtung, Bauaufzüge, Baukräne, Bautransportanlagen)	KG 490
• Baustelleneinrichtung für Außenanlagen und Freiflächen (z. B. Bauaufzüge, Baukräne, Bautransportanlagen)	KG 591
• Betriebskosten nach der Abnahme (z. B. vorläufiger Betrieb insbesondere der technischen Anlagen nach der Abnahme bis zur Inbetriebnahme)	KG 765

Erläuterungen

- Bei den Kostengruppen der KG 400 werden in dieser Arbeitshilfe aus Platzgründen lediglich die Mengen und Bezugseinheiten entsprechend Abschnitt 6.2 und Tabelle 2 der DIN 276 angegeben. Ergänzende Arbeitshilfen zur weiteren Untergliederung und den spezifischen Mengen und Bezugseinheiten der Kostengruppen entsprechend Abschnitt 6.4 und Tabelle 4 der DIN 276 werden in den BKI-Online-Informationen zur Verfügung gestellt.

DIN 276 Tabelle 1 – Kostengliederung

466 **Hydraulikanlagen**

Hydraulikanlagen einschließlich hydraulischer Antriebe für mechanische Baukonstruktionen (z. B. für Toranlagen, Brücken, Ausleger, Entnahmeanlagen an Talsperren) sowie im Stahlwasserbau (z. B. für Schleusentore, Docktore, Wehrverschlüsse), soweit nicht in den KG 461 bis 465 und 469 erfasst

DIN 276 Tabelle 2 – Mengen und Bezugseinheiten

Einheit	m^2
Bezeichnung	Brutto-Grundfläche (BGF)
Ermittlung	Gesamte Brutto-Grundfläche nach DIN 277

In dieser Kostengruppe enthalten

- Elektrische Komponenten werden ab Anschlusspunkt der elektrischen Versorgungsleitung einschließlich der elektrischen Verkabelung und der Anschlussarbeiten sowie der Inbetriebnahme in der Kostengruppe des zugehörigen Bauelements erfasst (z.B. Antriebe und Steuerungen).
- Antriebs- und Steuerungstechnik der Hydraulikanlagen

In anderen Kostengruppen enthalten

• Aufzugsanlagen (z.B. Personenaufzüge, Lastenaufzüge)	KG 461
• Fahrtreppen, Fahrsteige	KG 462
• Befahranlagen (z.B. Fassadenaufzüge)	KG 463
• Transportanlagen (z.B. automatische Warentransportanlagen, Aktentransportanlagen, Rohrpostanlagen)	KG 464
• Krananlagen (z.B. Werkstattkräne, Containerkräne, Hebezeuge)	KG 465
Hydraulikanlagen	*KG 466*
• Sonstiges zur KG 460 (z.B. Hebebühnen, Parksysteme)	KG 469
• Abbruchmaßnahmen beim Herrichten des Grundstücks (z.B. vollständiges Abbrechen von vorhandenen technischen Anlagen oder Anlagenbereichen)	KG 212
• Leitungsgebundene Abfallentsorgung bei der öffentlichen Erschließung	KG 228
• Leitungsgebundene Abfallentsorgung bei der nichtöffentlichen Erschließung	KG 238
• Anlagen der Abfallentsorgung als Infrastrukturanlagen (z.B. Baukonstruktionen für Anlagen zur Sammlung, Aufbereitung von Abfällen und Wertstoffen)	KG 378
• Mechanische Einbauten insbesondere in Ingenieurbauten (z.B. Stahlbaukonstruktionen bei Schleusen und Wehren)	KG 384
• Baustelleneinrichtung für Baukonstruktionen des Bauwerks (z.B. Bauaufzüge, Baukräne, Bautransportanlagen)	KG 391
• Elektrische Anlagen (z.B. Hoch- und Mittelspannungsanlagen, Niederspannungsschalt- und -installationsanlagen, Beleuchtungsanlagen, Blitzschutz und Erdungsanlagen)	KG 440
• Nutzungsspezifische und verfahrenstechnische Anlagen (z.B. küchentechnische Anlagen, verfahrenstechnische Anlagen Feststoffe, Wertstoffe und Abfälle, Entnahmeanlagen an Talsperren)	KG 470
• Sonstige Maßnahmen für technische Anlagen (z.B. Baustelleneinrichtung, Bauaufzüge, Baukräne, Bautransportanlagen)	KG 490
• Baustelleneinrichtung für Außenanlagen und Freiflächen (z.B. Bauaufzüge, Baukräne, Bautransportanlagen)	KG 591
• Betriebskosten nach der Abnahme (z.B. vorläufiger Betrieb insbesondere der technischen Anlagen nach der Abnahme bis zur Inbetriebnahme)	KG 765

Erläuterungen

- Bei den Kostengruppen der KG 400 werden in dieser Arbeitshilfe aus Platzgründen lediglich die Mengen und Bezugseinheiten entsprechend Abschnitt 6.2 und Tabelle 2 der DIN 276 angegeben. Ergänzende Arbeitshilfen zur weiteren Untergliederung und den spezifischen Mengen und Bezugseinheiten der Kostengruppen entsprechend Abschnitt 6.4 und Tabelle 4 der DIN 276 werden in den BKI-Online-Informationen zur Verfügung gestellt.

DIN 276 Tabelle 1 – Kostengliederung	
469	**Sonstiges zur KG 460** Hebebühnen, Parksysteme

DIN 276 Tabelle 2 – Mengen und Bezugseinheiten	
Einheit	m²
Bezeichnung	Brutto-Grundfläche (BGF)
Ermittlung	Gesamte Brutto-Grundfläche nach DIN 277

In dieser Kostengruppe enthalten

- Sonstige Kosten für Förderanlagen, die nicht den KG 461 bis 466 zuzuordnen sind
- Ladebrücken und -bühnen
- Autoparksysteme (z.B. Doppelstockgaragen, Hebebühnen für Garagen)
- Hebebühnen (z.B. für Stückgut-, Palettenlager)
- Elektrische Komponenten werden ab Anschlusspunkt der elektrischen Versorgungsleitung einschließlich der elektrischen Verkabelung und der Anschlussarbeiten sowie der Inbetriebnahme in der Kostengruppe des zugehörigen Bauelements erfasst (z.B. Antriebe und Steuerungen).

In anderen Kostengruppen enthalten	
• Aufzugsanlagen (z.B. Personenaufzüge, Lastenaufzüge)	KG 461
• Fahrtreppen, Fahrsteige	KG 462
• Befahranlagen (z.B. Fassadenaufzüge)	KG 463
• Transportanlagen (z.B. automatische Warentransportanlagen, Aktentransportanlagen, Rohrpostanlagen)	KG 464
• Krananlagen (z.B. Werkstattkräne, Containerkräne, Hebezeuge)	KG 465
• Hydraulikanlagen (z.B. Hydraulikanlagen und hydraulische Antriebe für mechanische Baukonstruktionen)	KG 466
Sonstiges zur KG 460	*KG 469*
• Abbruchmaßnahmen beim Herrichten des Grundstücks (z.B. vollständiges Abbrechen von vorhandenen technischen Anlagen oder Anlagenbereichen)	KG 212
• Leitungsgebundene Abfallentsorgung bei der öffentlichen Erschließung	KG 228
• Leitungsgebundene Abfallentsorgung bei der nichtöffentlichen Erschließung	KG 238
• Anlagen der Abfallentsorgung als Infrastrukturanlagen (z.B. Baukonstruktionen für Anlagen zur Sammlung, Aufbereitung von Abfällen und Wertstoffen)	KG 378
• Mechanische Einbauten insbesondere in Ingenieurbauten (z.B. Stahlbaukonstruktionen bei Schleusen und Wehren)	KG 384
• Baustelleneinrichtung für Baukonstruktionen des Bauwerks (z.B. Bauaufzüge, Baukräne, Bautransportanlagen)	KG 391
• Elektrische Anlagen (z.B. Hoch- und Mittelspannungsanlagen, Niederspannungsschalt- und -installationsanlagen, Beleuchtungsanlagen, Blitzschutz und Erdungsanlagen)	KG 440
• Nutzungsspezifische und verfahrenstechnische Anlagen (z.B. küchentechnische Anlagen, verfahrenstechnische Anlagen Feststoffe, Wertstoffe und Abfälle, Entnahmeanlagen an Talsperren)	KG 470
• Sonstige Maßnahmen für technische Anlagen (z.B. Baustelleneinrichtung, Bauaufzüge, Baukräne, Bautransportanlagen)	KG 490
• Baustelleneinrichtung für Außenanlagen und Freiflächen (z.B. Bauaufzüge, Baukräne, Bautransportanlagen)	KG 591
• Betriebskosten nach der Abnahme (z.B. vorläufiger Betrieb insbesondere der technischen Anlagen nach der Abnahme bis zur Inbetriebnahme)	KG 765

Erläuterungen

- Bei den Kostengruppen der KG 400 werden in dieser Arbeitshilfe aus Platzgründen lediglich die Mengen und Bezugseinheiten entsprechend Abschnitt 6.2 und Tabelle 2 der DIN 276 angegeben. Ergänzende Arbeitshilfen zur weiteren Untergliederung und den spezifischen Mengen und Bezugseinheiten der Kostengruppen entsprechend Abschnitt 6.4 und Tabelle 4 der DIN 276 werden in den BKI-Online-Informationen zur Verfügung gestellt.

DIN 276 Tabelle 1 – Kostengliederung	
470	**Nutzungsspezifische und verfahrenstechnische Anlagen** Mit dem Bauwerk fest verbundene Anlagen, die der besonderen Zweckbestimmung dienen, jedoch ohne die baukonstruktiven Einbauten (KG 380) Für die Abgrenzung gegenüber der KG 600 ist maßgebend, dass die nutzungsspezifischen Anlagen durch ihre Beschaffenheit und die Art ihres Einbaus technische und planerische Maßnahmen erforderlich machen (z. B. Anfertigen von Ausführungszeichnungen, Berechnungen, Anschließen von anderen technischen Anlagen).

DIN 276 Tabelle 2 – Mengen und Bezugseinheiten	
Einheit	m^2
Bezeichnung	Brutto-Grundfläche (BGF)
Ermittlung	Gesamte Brutto-Grundfläche nach DIN 277

In dieser Kostengruppe enthalten	
KG 471	Küchentechnische Anlagen (z.B. zur Zubereitung, Ausgabe und Lagerung von Speisen)
KG 472	Wäscherei-, Reinigungs- und badetechnische Anlagen
KG 473	Medienversorgungsanlagen, Medizin- und labortechnische Anlagen
KG 474	Feuerlöschanlagen (z.B. Sprinkler- und Gaslöschanlagen, Wandhydranten, Handfeuerlöscher)
KG 475	Prozesswärme-, kälte- und -luftanlagen
KG 476	Weitere nutzungsspezifische Anlagen (z.B. Abfallentsorgungsanlagen, Staubsauganlagen, bühnentechnische Anlagen, Tankstellen- und Waschanlagen)
KG 477	Verfahrenstechnische Anlagen, Wasser, Abwasser und Gase (z.B. für Wassergewinnung, Abwasserbehandlung und -entsorgung)
KG 478	Verfahrenstechnische Anlagen, Feststoffe, Wertstoffe und Abfälle (z.B. für Kompostwerke, Mülldeponien, Verbrennungsanlagen; Pyrolyseanlagen)
KG 479	Sonstiges zur KG 470 (z.B. Entnahme- und Überwachungsanlagen an Talsperren)

In anderen Kostengruppen enthalten	
• Abwasser-, Wasser-, Gasanlagen	KG 410
• Wärmeversorgungsanlagen (z.B. Wärmeerzeugungsanlagen, Wärmeverteilnetze, Raumheizflächen; Verkehrsheizflächen)	KG 420
• Raumlufttechnische Anlagen (z.B. Lüftungsanlagen, Teilklimaanlagen, Klimaanlagen, Kälteanlagen)	KG 430
• Elektrische Anlagen (z.B. Hoch- und Mittelspannungsanlagen, Niederspannungsschalt- und -installationsanlagen, Beleuchtungsanlagen, Blitzschutz und Erdungsanlagen)	KG 440
• Kommunikations-, sicherheits- und informationstechnische Anlagen	KG 450
• Förderanlagen (z.B. Aufzugsanlagen, Fahrtreppen, Transportanlagen, Hydraulikanlagen)	KG 460
Nutzungsspezifische und verfahrenstechnische Anlagen	*KG 470*
• Gebäude- und Anlagenautomation (z.B. Automationseinrichtungen, Schaltschränke, Datenübertragungsnetze)	KG 480
• Sonstige Maßnahmen für technische Anlagen (z.B. Baustelleneinrichtung, Baubeleuchtung, Baustrom, Bauwasser)	KG 490
• Abbruchmaßnahmen beim Herrichten des Grundstücks (z.B. vollständiges Abbrechen von vorhandenen technischen Anlagen oder Anlagenbereichen)	KG 212
• Öffentliche Erschließung	KG 220
• Nichtöffentliche Erschließung	KG 230
• Infrastrukturanlagen (z.B. Baukonstruktionen von Infrastrukturanlagen für Ver- und Entsorgung)	KG 370
• Baukonstruktive Einbauten (z.B. allgemeine und besondere Einbauten, mechanische Einbauten insbesondere in Ingenieurbauten)	KG 380
• Abwasseranlagen in Außenanlagen und Freiflächen (z.B. Abwasserleitungen, häusliche Kläranlagen)	KG 551
• Wasseranlagen in Außenanlagen und Freiflächen (z.B. Brunnenanlagen, Zisternen, Druckerhöhungsanlagen, Wasserversorgungsleitungen)	KG 552

In anderen Kostengruppen enthalten

• Anlagen für Gase und Flüssigkeiten in Außenanlagen und Freiflächen (z.B. Leitungen für Gase, Flüssiggasanlagen)	KG 553
• Nutzungsspezifische Anlagen in Außenanlagen und Freiflächen (z.B. Medienversorgungsanlagen, Tankanlagen, badetechnische Anlagen)	KG 558
• Einbauten in Außenanlagen und Freiflächen	KG 560
• Allgemeine Ausstattung (z.B. Möbel und Geräte)	KG 610
• Besondere Ausstattung (z.B. Ausstattung für die besondere Zweckbestimmung des Objekts)	KG 620
• Informationstechnische Ausstattung (z.B. DV-Geräte)	KG 630
• Betriebskosten nach der Abnahme (z.B. vorläufiger Betrieb insbesondere der technischen Anlagen nach der Abnahme bis zur Inbetriebnahme)	KG 765

Erläuterungen

- Die einzelnen nutzungsspezifischen und verfahrenstechnischen Anlagen enthalten die zugehörigen Gestelle, Befestigungen, Armaturen, Wärme- und Kältedämmung, Schall- und Brandschutzvorkehrungen, Abdeckungen, Bekleidungen, Beschichtungen, Kennzeichnungen sowie die werkseitig integrierten Mess-, Steuer- und Regelanlagen. Dazu gehören auch die Betriebskosten bis zur Abnahme, alle zugehörigen Leistungen nach VOB, insbesondere Abnahmeunterlagen, Revisionsunterlagen, Messprotokolle, Funktionsprüfung, Probebetrieb, Werkstatt- und Montagezeichnungen, sowie alle zugehörigen Nebenleistungen und besonderen Leistungen.
- Zur Bedienung, zum Betrieb oder zum Schutz der nutzungsspezifischen und verfahrenstechnischen Anlagen gehörendes, erstmalig zu beschaffendes, nicht eingebautes oder nicht befestigtes Zubehör wird in der zugehörigen Kostengruppe der nutzungsspezifischen und verfahrenstechnischen Anlagen erfasst.
- Das nachträgliche Herstellen von Schlitzen und Durchbrüchen wird in der zugehörigen Kostengruppe der nutzungsspezifischen und verfahrenstechnischen Anlagen erfasst. Die Kosten für das Schließen von Schlitzen und Durchführungen sowie für Rohr- und Kabelgräben werden in der Regel in der KG 300 erfasst.
- Elektrische Komponenten werden ab Anschlusspunkt der elektrischen Versorgungsleitung einschließlich der elektrischen Verkabelung und der Anschlussarbeiten sowie der Inbetriebnahme in der Kostengruppe des zugehörigen Bauelements erfasst (z.B. Antriebe und Steuerungen).
- Bei den Kostengruppen der KG 400 werden in dieser Arbeitshilfe aus Platzgründen lediglich die Mengen und Bezugseinheiten entsprechend Abschnitt 6.2 und Tabelle 2 der DIN 276 angegeben. Ergänzende Arbeitshilfen zur weiteren Untergliederung und den spezifischen Mengen und Bezugseinheiten der Kostengruppen entsprechend Abschnitt 6.4 und Tabelle 4 der DIN 276 werden in den BKI-Online-Informationen zur Verfügung gestellt.

DIN 276 Tabelle 1 – Kostengliederung

471 **Küchentechnische Anlagen**

Küchentechnische Anlagen zur Zubereitung, Ausgabe und Lagerung von Speisen und Getränken einschließlich zugehöriger Kälteanlagen

DIN 276 Tabelle 2 – Mengen und Bezugseinheiten

Einheit	m^2
Bezeichnung	Brutto-Grundfläche (BGF)
Ermittlung	Gesamte Brutto-Grundfläche nach DIN 277

In dieser Kostengruppe enthalten

- Großküchenanlagen (z.B. für Schul- und Krankenhausverpflegung, Restaurants)
- Küchengroßgeräte (z.B. Herde, Grillöfen, Backöfen, Fritteusen, Kippbratpfannen, Kochgruppen, Kochkessel, Garautomaten, Spülen, Geschirrspülmaschinen, Dunstabzugshauben)
- Küchentheken, Warm- und Kühlhalteeinrichtungen (z.B. Kühl-, Wärme-, Gefrierschränke, Heißtheken, Kaltbuffets, Kühlvitrinen)
- Küchenkleingeräte, die im Funktionsablauf der Küche fest eingebaut sind (z.B. Brot-, Aufschnitt-, Butterteil-, Kaffeemaschinen, Schank- und Zapfanlagen, Waagen)
- Kühl-/Gefrierräume mit Türen als Fertigelemente, mit Ausstattung, Unterfrierschutz, Türheizung
- Kleinkälteanlagen für Kühlräume (Kompressor, Verdampfer, Verbindungsleitungen)
- Förderanlagen, die integrierter Bestandteil einer Großküchenanlage sind (z.B. Geschirr-Transportbänder, Speisenverteilsysteme)
- Küchenservier- und Transportgeräte, für die aufgrund ihrer Beschaffenheit bauplanerische Maßnahmen erforderlich sind (z.B. Regalwagen, Gemüsetransportwagen)
- Küchentische und -schränke, für die aufgrund ihrer Beschaffenheit bauplanerische Maßnahmen erforderlich sind, wie (z.B. Arbeitstische, Wandborde)
- Einrichtungen für Gaststätten, Kantinen, Cafeterias, Schnellimbisse, Snackbars, für die aufgrund ihrer Beschaffenheit bauplanerische Maßnahmen erforderlich sind
- Einbauküchen, Teeküchen, Schrankküchen mit Einbaugeräten (soweit nicht in KG 381 erfasst)
- Elektrische Komponenten werden ab Anschlusspunkt der elektrischen Versorgungsleitung einschließlich der elektrischen Verkabelung und der Anschlussarbeiten sowie der Inbetriebnahme in der Kostengruppe des zugehörigen Bauelements erfasst (z.B. Antriebe und Steuerungen).

In anderen Kostengruppen enthalten

Küchentechnische Anlagen	*KG 471*
• Wäscherei-, Reinigungs- und badetechnische Anlagen	KG 472
• Medienversorgungsanlagen, Medizin- und labortechnische Anlagen	KG 473
• Feuerlöschanlagen (z.B. Sprinkler- und Gaslöschanlagen, Wandhydranten, Handfeuerlöscher)	KG 474
• Prozesswärme-, kälte- und -luftanlagen	KG 475
• Weitere nutzungsspezifische Anlagen (z.B. Abfallentsorgungsanlagen, Staubsauganlagen, bühnentechnische Anlagen, Tankstellen- und Waschanlagen)	KG 476
• Verfahrenstechnische Anlagen, Wasser, Abwasser und Gase (z.B. für Wassergewinnung, Abwasserbehandlung und -entsorgung)	KG 477
• Verfahrenstechnische Anlagen, Feststoffe, Wertstoffe und Abfälle (z.B. Kompostwerke, Mülldeponien, Verbrennungsanlagen; Pyrolyseanlagen)	KG 478
• Sonstiges zur KG 470 (z.B. Entnahme- und Überwachungsanlagen an Talsperren)	KG 479
• Abwasserentsorgung bei der öffentlichen Erschließung	KG 221
• Wasserversorgung bei der öffentlichen Erschließung	KG 222
• Gasversorgung bei der öffentlichen Erschließung	KG 223
• Fernwärmeversorgung bei der öffentlichen Erschließung	KG 224
• Stromversorgung bei der öffentlichen Erschließung	KG 225

In anderen Kostengruppen enthalten

• Abfallentsorgung bei der öffentlichen Erschließung	KG 228
• Nichtöffentliche Erschließung (ggf. untergliedert entsprechend der KG 220)	KG 230
• Baukonstruktive Einbauten (z.B. allgemeine und besondere Einbauten, mechanische Einbauten insbesondere in Ingenieurbauten)	KG 380
• Abwasseranlagen (z.B. Abläufe, Abwasserleitungen, Abwasserbehandlungsanlagen, Hebeanlagen)	KG 411
• Wasseranlagen (z.B. Wassergewinnungs-, Aufbereitungs- und Druckerhöhungsanlagen, Rohrleitungen, dezentrale Wassererwärmer, Sanitärobjekte, Hygienegerät)	KG 412
• Gasanlagen (z.B. für Wirtschaftswärme, Übergabestationen, Druckregelanlagen, Gasleitungen)	KG 413
• Wärmeversorgungsanlagen (z.B. Wärmeerzeugung, Dampferzeugung, Wärmeverteilnetze, Raumheizflächen, zentrale Wassererwärmungsanlagen)	KG 420
• Raumlufttechnische Anlagen (z.B. Lüftungsanlagen, Klimaanlagen, Kälteanlagen zur Raumkühlung und für lufttechnische Anlagen)	KG 430
• Elektrische Anlagen (z.B. Hoch-, Mittel- und Niederspannungsanlagen, Beleuchtungsanlagen)	KG 440
• Kommunikations-, sicherheits- und informationstechnische Anlagen	KG 450
• Förderanlagen (z.B. Lastenaufzüge, Hebezeuge, Warentransportanlagen)	KG 460
• Abwasseranlagen in Außenanlagen und Freiflächen (z.B. Abwasserleitungen, häusliche Kläranlagen, Oberflächen- und Bauwerksentwässerungsanlagen, Abscheider)	KG 551
• Wasseranlagen in Außenanlagen und Freiflächen (z.B. Wasserversorgungsleitungen)	KG 552
• Anlagen für Gase und Flüssigkeiten in Außenanlagen und Freiflächen	KG 553
• Nutzungsspezifische Anlagen in Außenanlagen und Freiflächen	KG 558
• Einbauten in Außenanlagen und Freiflächen (z.B. allgemeine und besondere Einbauten, Orientierungs- und Informationssysteme)	KG 560
• Allgemeine Ausstattung (z.B. Möbel und Geräte, Hauswirtschafts-, Garten- und Reinigungsgeräte)	KG 610
• Besondere Ausstattung (z.B. Ausstattung für die besondere Zweckbestimmung des Objekts, Küchenausstattung)	KG 620
• Betriebskosten nach der Abnahme (z.B. vorläufiger Betrieb insbesondere der technischen Anlagen nach der Abnahme bis zur Inbetriebnahme)	KG 765

Erläuterungen

- Bei den Kostengruppen der KG 400 werden in dieser Arbeitshilfe aus Platzgründen lediglich die Mengen und Bezugseinheiten entsprechend Abschnitt 6.2 und Tabelle 2 der DIN 276 angegeben. Ergänzende Arbeitshilfen zur weiteren Untergliederung und den spezifischen Mengen und Bezugseinheiten der Kostengruppen entsprechend Abschnitt 6.4 und Tabelle 4 der DIN 276 werden in den BKI-Online-Informationen zur Verfügung gestellt.

DIN 276 Tabelle 1 – Kostengliederung	
472	**Wäscherei-, Reinigungs- und badetechnische Anlagen** Wäscherei- und Reinigungsanlagen einschließlich zugehöriger Wasseraufbereitung, Desinfektions- und Sterilisationseinrichtungen; Aufbereitungsanlagen für Schwimmbeckenwasser, soweit nicht in der KG 410 erfasst

DIN 276 Tabelle 2 – Mengen und Bezugseinheiten	
Einheit	m^2
Bezeichnung	Brutto-Grundfläche (BGF)
Ermittlung	Gesamte Brutto-Grundfläche nach DIN 277

In dieser Kostengruppe enthalten

- Wäschereien, Chemische Reinigungsanlagen
- Waschsysteme (z.B. Waschmaschinen, Waschschleudermaschinen, Durchlade-Waschmaschinen)
- Ortsfeste Bügelmaschinen, Dämpfautomaten und Mangeln (z.B. Pressen, Bügeltische, -puppen, - kabinen)
- Ortsfeste Wäscheschleudern, -trockengeräte
- Reinigungsanlagen (z.B. für Betten, medizinische Geräte)
- Einbauten in Schwimmbeckenanlagen (z.B. Fertig-Schwimmbecken, Wellenanlagen, Gegenstromanlagen, bewegliche Beckenabdeckungen, Sprungbretter, Wasserrutschen, Startblöcke, Hubböden, Wasserfilteranlagen)
- Medizinische Badeanlagen (z.B. Thermalbäder, Unterwassermassage-Einrichtungen, Starksolebadeanlagen, Patientenlifter, Pflegewannen, Kneippanlagen, Massageduschen, Fußsprüh- und Waschanlagen)
- Wellnessanlagen (z.B. Saunaanlagen, Dampfbäder, Whirlpools, Solarien)
- Förderanlagen, die integrierter Bestandteil einer Wäscherei-, Reinigungs- und badetechnischen Anlagen sind Zubehör, für das aufgrund seiner Beschaffenheit bauplanerische Maßnahmen erforderlich ist (z.B. Wäscheregale, -schränke)
- Elektrische Komponenten werden ab Anschlusspunkt der elektrischen Versorgungsleitung einschließlich der elektrischen Verkabelung und der Anschlussarbeiten sowie der Inbetriebnahme in der Kostengruppe des zugehörigen Bauelements erfasst (z.B. Antriebe und Steuerungen).

In anderen Kostengruppen enthalten

• Küchentechnische Anlagen (z.B. zur Zubereitung, Ausgabe und Lagerung von Speisen)	KG 471
Wäscherei-, Reinigungs- und badetechnische Anlagen	*KG 472*
• Medienversorgungsanlagen, Medizin- und labortechnische Anlagen	KG 473
• Feuerlöschanlagen (z.B. Sprinkler- und Gaslöschanlagen, Wandhydranten, Handfeuerlöscher)	KG 474
• Prozesswärme-, kälte- und -luftanlagen	KG 475
• Weitere nutzungsspezifische Anlagen (z.B. Abfallentsorgungsanlagen, Staubsauganlagen, bühnentechnische Anlagen, Tankstellen- und Waschanlagen)	KG 476
• Verfahrenstechnische Anlagen, Wasser, Abwasser und Gase (z.B. für Wassergewinnung, Abwasserbehandlung und -entsorgung)	KG 477
• Verfahrenstechnische Anlagen, Feststoffe, Wertstoffe und Abfälle (z.B. Kompostwerke, Mülldeponien, Verbrennungsanlagen; Pyrolyseanlagen)	KG 478
• Sonstiges zur KG 470 (z.B. Entnahme- und Überwachungsanlagen an Talsperren)	KG 479
• Abwasserentsorgung bei der öffentlichen Erschließung	KG 221
• Wasserversorgung bei der öffentlichen Erschließung	KG 222
• Gasversorgung bei der öffentlichen Erschließung	KG 223
• Fernwärmeversorgung bei der öffentlichen Erschließung	KG 224
• Stromversorgung bei der öffentlichen Erschließung	KG 225
• Abfallentsorgung bei der öffentlichen Erschließung	KG 228
• Nichtöffentliche Erschließung (ggf. untergliedert entsprechend der KG 220)	KG 230
• Baukonstruktive Einbauten (z.B. allgemeine Einbauten, Einbaumöbel, besondere Einbauten für Wäscherei-, Reinigungs- und Bädereinrichtungen)	KG 380

In anderen Kostengruppen enthalten

• Abwasseranlagen (z. B. Abläufe, Abwasserleitungen, Abwasserbehandlungsanlagen, -hebeanlagen)	KG 411
• Wasseranlagen (z. B. Wassergewinnungs-, Aufbereitungs- und Druckerhöhungsanlagen, Rohrleitungen, dezentrale Wassererwärmer, Sanitärobjekte, Hygienegerät)	KG 412
• Gasanlagen (z. B. für Wirtschaftswärme)	KG 413
• Wärmeversorgungsanlagen (z. B. Wärmeerzeugung, Dampferzeugung, Wärmeverteilnetze, Raumheizflächen, zentrale Wassererwärmungsanlagen)	KG 420
• Raumlufttechnische Anlagen (z. B. Lüftungsanlagen, Klimaanlagen, Kälteanlagen zur Raumkühlung und für lufttechnische Anlagen)	KG 430
• Elektrische Anlagen (z. B. Hoch-, Mittel- und Niederspannungsanlagen, Beleuchtungsanlagen)	KG 440
• Kommunikations-, sicherheits- und informationstechnische Anlagen	KG 450
• Förderanlagen (z. B. Lastenaufzüge, Hebezeuge, Warentransportanlagen, Hydraulikanlagen für Förderanlagen und mechanische Baukonstruktionen)	KG 460
• Wasserbecken (z. B. Schwimmbecken, Schwimmteiche)	KG 548
• Abwasseranlagen in Außenanlagen und Freiflächen (z. B. Abwasserleitungen, häusliche Kläranlagen, Oberflächen- und Bauwerksentwässerungsanlagen, Abscheider)	KG 551
• Wasseranlagen in Außenanlagen und Freiflächen (z. B. Brunnenanlagen, Druckerhöhungsanlagen, Wasserversorgungsleitungen)	KG 552
• Anlagen für Gase und Flüssigkeiten in Außenanlagen und Freiflächen	KG 553
• Nutzungsspezifische Anlagen in Außenanlagen und Freiflächen (z. B. badetechnische Anlagen)	KG 558
• Einbauten in Außenanlagen und Freiflächen (z. B. allgemeine und besondere Einbauten, Orientierungs- und Informationssysteme)	KG 560
• Allgemeine Ausstattung (z. B. Möbel und Geräte, Hauswirtschafts-, Garten- und Reinigungsgeräte)	KG 610
• Besondere Ausstattung (z. B. Ausstattung für die besondere Zweckbestimmung des Objekts, Wäscherei-, Reinigungs- und Bäderausstattungen)	KG 620
• Betriebskosten nach der Abnahme (z. B. vorläufiger Betrieb insbesondere der technischen Anlagen nach der Abnahme bis zur Inbetriebnahme)	KG 765

Erläuterungen

- Bei den Kostengruppen der KG 400 werden in dieser Arbeitshilfe aus Platzgründen lediglich die Mengen und Bezugseinheiten entsprechend Abschnitt 6.2 und Tabelle 2 der DIN 276 angegeben. Ergänzende Arbeitshilfen zur weiteren Untergliederung und den spezifischen Mengen und Bezugseinheiten der Kostengruppen entsprechend Abschnitt 6.4 und Tabelle 4 der DIN 276 werden in den BKI-Online-Informationen zur Verfügung gestellt.

DIN 276 Tabelle 1 – Kostengliederung

473 **Medienversorgungsanlagen, Medizin- und labortechnische Anlagen**

Zentralen für technische und medizinische Gase, Drucklufterzeugung, Vakuumerzeugung, Flüssigchemikalien, Lösungsmittel und vollentsalztes Wasser;

Leitungen, Armaturen und Übergabestationen für technische und medizinische Gase, Druckluft, Vakuum, Flüssigchemikalien, Lösungsmittel und vollentsalztes Wasser;

Diagnosegeräte, Behandlungsgeräte, OP-Einrichtungen und Hilfseinrichtungen für Menschen mit Behinderungen;

Abzüge und Spülen;

Wand- und Doppelarbeitstische;

Medienzellen

DIN 276 Tabelle 2 – Mengen und Bezugseinheiten

Einheit	m^2
Bezeichnung	Brutto-Grundfläche (BGF)
Ermittlung	Gesamte Brutto-Grundfläche nach DIN 277

In dieser Kostengruppe enthalten

- Gastanks (z.B. für Methanol, Propan, Ammoniak, Sauerstoff, Stickstoff, Argon, Wasserstoff, Erdgas)
- Übergabestationen, Mess-, Steuer- und Regelanlagen, Schutzgasanlagen (z.B. Gasdruckregelanlagen, Dosierstrecken für Verbrauchsmengen, Gasmischanlagen, Gasvorwärmung, Analysentechnik)
- Gas- und Medienleitungen (z.B. Rohre, Form-, Verbindungsstücke, eingebaute Mess-, Absperr-, Sicherheitsarmaturen, Anschluss- und Entnahmeventile)
- Medizintechnische Anlagen, Einbauten sowie Geräte, für die aufgrund ihrer Beschaffenheit bauplanerische Maßnahmen erforderlich sind (z.B. Säuglingspflege-, Anatomieraum-, Pathologie-, Röntgen-, Leichenhalleneinrichtungen, Behindertenhilfen, Desinfektionstechnik, Elektro- und nuklearmedizinische Geräte, Narkose-, Absaug-, Inhalations-, Ultraschall-, Sauerstoff-, Massage-, EEG-, EKG-Geräte, Funktionsdiagnostik, Inkubatoren, Kathetisierungsmessplätze, Labortechnik, Reizstrom-Therapie, Stationsmobiliar)
- Arztpraxis-, Krankenzimmer-, Sanatoriumseinrichtungen, für die aufgrund ihrer Beschaffenheit bauplanerische Maßnahmen erforderlich sind
- Laboreinrichtungen für physikalische, chemische, pharmazeutische, optische, elektrische und nukleare Labors in Schulen, Hochschulen und in der Industrie (z.B. Labortische, Wägetische, Digestorien)
- Elektrische Komponenten werden ab Anschlusspunkt der elektrischen Versorgungsleitung einschließlich der elektrischen Verkabelung und der Anschlussarbeiten sowie der Inbetriebnahme in der Kostengruppe des zugehörigen Bauelements erfasst (z.B. Antriebe und Steuerungen).

In anderen Kostengruppen enthalten

• Küchentechnische Anlagen (z.B. zur Zubereitung, Ausgabe und Lagerung von Speisen)	KG 471
• Wäscherei-, Reinigungs- und badetechnische Anlagen	KG 472
Medienversorgungsanlagen, Medizin- und labortechnische Anlagen	*KG 473*
• Feuerlöschanlagen (z.B. Sprinkler- und Gaslöschanlagen, Wandhydranten, Handfeuerlöscher)	KG 474
• Prozesswärme-, kälte- und -luftanlagen	KG 475
• Weitere nutzungsspezifische Anlagen (z.B. Abfallentsorgungsanlagen, Staubsauganlagen, bühnentechnische Anlagen, Tankstellen- und Waschanlagen)	KG 476
• Verfahrenstechnische Anlagen, Wasser, Abwasser und Gase (z.B. für Wassergewinnung, Abwasserbehandlung und -entsorgung)	KG 477
• Verfahrenstechnische Anlagen, Feststoffe, Wertstoffe und Abfälle (z.B. Kompostwerke, Mülldeponien, Verbrennungsanlagen)	KG 478
• Sonstiges zur KG 470 (z.B. Entnahme- und Überwachungsanlagen an Talsperren)	KG 479
• Abwasserentsorgung bei der öffentlichen Erschließung	KG 221

100 200 300 400 500 600 700 800

In anderen Kostengruppen enthalten

• Wasserversorgung bei der öffentlichen Erschließung	KG 222
• Gasversorgung bei der öffentlichen Erschließung	KG 223
• Fernwärmeversorgung bei der öffentlichen Erschließung	KG 224
• Stromversorgung bei der öffentlichen Erschließung	KG 225
• Abfallentsorgung bei der öffentlichen Erschließung	KG 228
• Nichtöffentliche Erschließung (ggf. untergliedert entsprechend der KG 220)	KG 230
• Baukonstruktive Einbauten (z.B. allgemeine Einbauten, besondere Einbauten in Einrichtungen der Medienversorgung sowie Medizin- und labortechnischen Einrichtungen)	KG 380
• Abwasseranlagen (z.B. Abläufe, Abwasserleitungen, Abwasserbehandlungsanlagen, Hebeanlagen)	KG 411
• Wasseranlagen (z.B. Wassergewinnungs-, Aufbereitungs- und Druckerhöhungsanlagen, Rohrleitungen, dezentrale Wassererwärmer, Sanitärobjekte, Hygienegerät)	KG 412
• Gasanlagen (z.B. Gasanlagen für Wirtschaftswärme, Gaslagerungs- und -erzeugungsanlagen, Übergabestationen, Druckregelanlagen, Gasleitungen)	KG 413
• Wärmeversorgungsanlagen (z.B. Wärmeerzeugung, Dampferzeugung, Wärmeverteilnetze, Raumheizflächen, zentrale Wassererwärmungsanlagen)	KG 420
• Raumlufttechnische Anlagen (z.B. Lüftungsanlagen, Klimaanlagen, Kälteanlagen zur Raumkühlung und für lufttechnische Anlagen)	KG 430
• Elektrische Anlagen (z.B. Hoch-, Mittel- und Niederspannungsanlagen, Beleuchtungsanlagen)	KG 440
• Kommunikations-, sicherheits- und informationstechnische Anlagen	KG 450
• Förderanlagen (z.B. Aufzugs- und Transportanlagen, Hebezeuge, Hydraulikanlagen für Förderanlagen und mechanische Baukonstruktionen)	KG 460
• Abwasseranlagen in Außenanlagen und Freiflächen (z.B. Abwasserleitungen, häusliche Kläranlagen, Oberflächen- und Bauwerksentwässerungsanlagen, Abscheider)	KG 551
• Wasseranlagen in Außenanlagen und Freiflächen (z.B. Brunnenanlagen, Druckerhöhungsanlagen, Wasserversorgungsleitungen)	KG 552
• Anlagen für Gase und Flüssigkeiten in Außenanlagen und Freiflächen	KG 553
• Nutzungsspezifische Anlagen in Außenanlagen und Freiflächen (z.B. Medienversorgungsanlagen, badetechnische Anlagen)	KG 558
• Einbauten in Außenanlagen und Freiflächen (z.B. allgemeine und besondere Einbauten, Orientierungs- und Informationssysteme)	KG 560
• Allgemeine Ausstattung (z.B. Möbel und Geräte, Hauswirtschafts-, Garten- und Reinigungsgeräte)	KG 610
• Besondere Ausstattung (z.B. Ausstattung für die besondere Zweckbestimmung des Objekts, Ausstattungen für Einrichtungen der Medienversorgung sowie für Medizin- und labortechnische Einrichtungen)	KG 620
• Betriebskosten nach der Abnahme (z.B. vorläufiger Betrieb insbesondere der technischen Anlagen nach der Abnahme bis zur Inbetriebnahme)	KG 765

Erläuterungen

- Bei den Kostengruppen der KG 400 werden in dieser Arbeitshilfe aus Platzgründen lediglich die Mengen und Bezugseinheiten entsprechend Abschnitt 6.2 und Tabelle 2 der DIN 276 angegeben. Ergänzende Arbeitshilfen zur weiteren Untergliederung und den spezifischen Mengen und Bezugseinheiten der Kostengruppen entsprechend Abschnitt 6.4 und Tabelle 4 der DIN 276 werden in den BKI-Online-Informationen zur Verfügung gestellt.

DIN 276 Tabelle 1 – Kostengliederung	
474	**Feuerlöschanlagen**
	Sprinkler- und Gaslöschanlagen, Löschwasserleitungen, Wandhydranten, Handfeuerlöscher

DIN 276 Tabelle 2 – Mengen und Bezugseinheiten	
Einheit	m^2
Bezeichnung	Brutto-Grundfläche (BGF)
Ermittlung	Gesamte Brutto-Grundfläche nach DIN 277

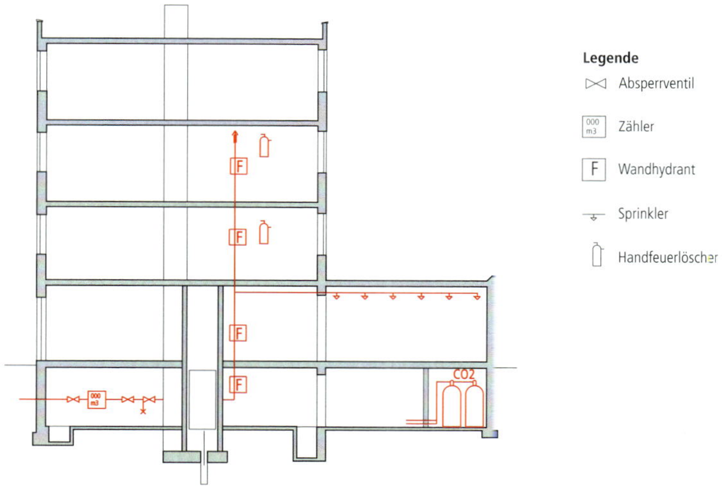

In dieser Kostengruppe enthalten

- Wasserlöschanlagen (z.B. Sprinkler-Nass- oder Trockenanlagen, Sprühwasser-, Wassernebel-, Schaumlöschanlagen)
- Gaslöschanlagen (z.B. CO_2-, Inertgas- und chemische Löschanlagen)
- Pulverlöschanlagen
- Versorgungsleitungen
- Feuerlöschleitungssysteme für Wasser, CO_2, Halon, Argon, Schaum, Stickstoff, Inertgas, Löschpulver (z.B. Rohre, Form- und Verbindungsstücke, Mess,- Absperr-, Sicherheitsarmaturen, Pumpen, Verteiler, Druckerhöhungsanlagen, Auslösesysteme, Anschluss - und Entnahmeventile, Löschdüsen)
- Wandhydranten mit Anschluss, Ventil und Schlauch
- Vorratsbehälter mit Füll- und Entnahmearmaturen (z.B. Tanks, Stahlflaschen, Kessel)
- Handfeuerlöscher (z.B. Sprühschaum-, Pulver-, CO_2-Feuerlöscher)
- Elektrische Komponenten werden ab Anschlusspunkt der elektrischen Versorgungsleitung einschließlich der elektrischen Verkabelung und der Anschlussarbeiten sowie der Inbetriebnahme in der Kostengruppe des zugehörigen Bauelements erfasst (z.B. Antriebe und Steuerungen).

In anderen Kostengruppen enthalten

• Küchentechnische Anlagen (z.B. zur Zubereitung, Ausgabe und Lagerung von Speisen)	KG 471
• Wäscherei-, Reinigungs- und badetechnische Anlagen	KG 472
• Medienversorgungsanlagen, Medizin- und labortechnische Anlagen	KG 473
Feuerlöschanlagen	*KG 474*
• Prozesswärme-, kälte- und -luftanlagen	KG 475

In anderen Kostengruppen enthalten

• Weitere nutzungsspezifische Anlagen (z.B. Abfallentsorgungsanlagen, Staubsauganlagen, bühnentechnische Anlagen, Tankstellen- und Waschanlagen)	KG 476
• Verfahrenstechnische Anlagen, Wasser, Abwasser und Gase (z.B. für Wassergewinnung, Abwasserbehandlung und -entsorgung)	KG 477
• Verfahrenstechnische Anlagen, Feststoffe, Wertstoffe und Abfälle (z.B. Kompostwerke, Mülldeponien, Verbrennungsanlagen; Pyrolyseanlagen)	KG 478
• Sonstiges zur KG 470 (z.B. Entnahme- und Überwachungsanlagen an Talsperren)	KG 479
• Abwasserentsorgung bei der öffentlichen Erschließung	KG 221
• Wasserversorgung bei der öffentlichen Erschließung	KG 222
• Abwasserentsorgung bei der nichtöffentlichen Erschließung	KG 231
• Wasserversorgung bei der nichtöffentlichen Erschließung	KG 232
• Anlagen der Abwasserentsorgung als Infrastrukturanlagen (Baukonstruktionen von Anlagen der Abwasser- und Schlammbehandlung	KG 375
• Anlagen der Wasserversorgung als Infrastrukturanlagen (Baukonstruktionen von Anlagen der Wasserspeicherung, Wasserverteilung)	KG 376
• Abwasseranlagen (z.B. Abläufe, Abwasserleitungen, Abwassersammel- und -behandlungsanlagen, Hebeanlagen)	KG 411
• Wasseranlagen (z.B. Wassergewinnungs-, Aufbereitungs- und Druckerhöhungsanlagen, Rohrleitungen)	KG 412
• Gasanlagen (z.B. für Wirtschaftswärme)	KG 413
• Raumlufttechnische Anlagen (z.B. Lüftungsanlagen, Klimaanlagen, Kälteanlagen)	KG 430
• Elektrische Anlagen (z.B. Hoch-, Mittel- und Niederspannungsanlagen, Beleuchtungsanlagen, Sicherheitsbeleuchtung)	KG 440
• Kommunikations-, sicherheits- und informationstechnische Anlagen (z.B. Gefahrenmelde- und Alarmanlagen)	KG 450
• Förderanlagen (z.B. Aufzugsanlagen, Befahranlagen, Transportanlagen)	KG 460
• Wasserbecken (z.B. Schwimmbecken, Schwimmteiche)	KG 548
• Abwasseranlagen in Außenanlagen und Freiflächen (z.B. Abwasserleitungen, Oberflächen- und Bauwerksentwässerungsanlagen, Sammelgruben, Abscheider, Hebeanlagen)	KG 551
• Wasseranlagen in Außenanlagen und Freiflächen (z.B. Brunnenanlagen, Zisternen, Wasserversorgungsleitungen, Löschwasseranlagen, Beregnungsanlagen)	KG 552
• Anlagen für Gase und Flüssigkeiten in Außenanlagen und Freiflächen	KG 553
• Nutzungsspezifische Anlagen in Außenanlagen und Freiflächen (z.B. Medienversorgungsanlagen, badetechnische Anlagen)	KG 558
• Einbauten in Außenanlagen und Freiflächen (z.B. allgemeine und besondere Einbauten, Orientierungs- und Informationssysteme)	KG 560
• Wasserflächen (z.B. naturnahe Wasserflächen, Bäche, Teiche, Seen)	KG 580
• Allgemeine Ausstattung (z.B. Möbel und Geräte, Hauswirtschafts-, Garten- und Reinigungsgeräte)	KG 610
• Besondere Ausstattung (z.B. Ausstattung für die besondere Zweckbestimmung des Objekts)	KG 620
• Betriebskosten nach der Abnahme (z.B. vorläufiger Betrieb insbesondere der technischen Anlagen nach der Abnahme bis zur Inbetriebnahme)	KG 765

Erläuterungen

- Bei den Kostengruppen der KG 400 werden in dieser Arbeitshilfe aus Platzgründen lediglich die Mengen und Bezugseinheiten entsprechend Abschnitt 6.2 und Tabelle 2 der DIN 276 angegeben. Ergänzende Arbeitshilfen zur weiteren Untergliederung und den spezifischen Mengen und Bezugseinheiten der Kostengruppen entsprechend Abschnitt 6.4 und Tabelle 4 der DIN 276 werden in den BKI-Online-Informationen zur Verfügung gestellt.

DIN 276 Tabelle 1 – Kostengliederung

475 **Prozesswärme-, kälte- und -luftanlagen**

Wärme-, Kälte- und Kühlwasserversorgungsanlagen (z. B. für Produktion, Forschung und Sportanlagen), soweit nicht in anderen Kostengruppen erfasst; Farbnebelabscheideanlagen, Prozessfortluftsysteme, Absauganlagen

DIN 276 Tabelle 2 – Mengen und Bezugseinheiten

Einheit	m^2
Bezeichnung	Brutto-Grundfläche (BGF)
Ermittlung	

In dieser Kostengruppe enthalten

- Wärmeerzeugungsanlagen (z.B. Solarthermieanlagen, Blockheizkraftwerke, Hochtemperatur-Brennstoffzellen)
- Kälteerzeugungsanlagen (z.B. Direktverdampfungskälteanlagen, Kältemaschinen, Kondensatoren)
- Kältemaschinen, Kondensatoren
- Einbauten in Sport- und Freizeitstätten (z.B. Kälteanlagen für Eisbahnen)
- Prozessfortluft- und Absaugsysteme (z.B. Nass-, Trocken-, Ölabscheider, Vakuum-Sauganlagen, Fortluft für Spritzkabinen, Digestorien)
- Prozessfortluftkanäle und -rohre mit Formstücken (z.B. aus Stahl-, Alublech, Kunststoff, flexible Prozessfortluftrohre)
- Wasser- und kühlmittelführende Leitungsnetze
- Einbaugeräte in Fortluft- und Absauganlagen (z.B. Luftfilter, Ventilatoren, schwingungsdämpfende Bauelemente, Wärmetauscher, Ventilatoren, Wetterschutzgitter, Deflektorhauben)
- Einbauteile in Kanal- und Rohrleitungsnetzen (z.B. Mess-, Absperr-, Sicherheitsarmaturen, Luftleitbleche, Revisionsdeckel, Wanddurchführungen, Feuerschutz-, Drosselklappen, Jalousieklappen, Schalldämpfer)
- Luftdurchlässe (z.B. Lüftungsgitter, Deckendiffusor, Zu-/Abluftventile, Schlitzauslässe, Drallauslässe, Fettfangfilter)
- Wärmerückgewinnungseinrichtungen (z.B. Rekuperatoren, Kreuzstrom-, Gegenstrom-, Rotationswärmetauscher)
- Wasseraufbereitungsanlagen, die ausschließlich den Prozesswärme-, kälte- und -luftanlagen dienen (z.B. Rückkühlwerke)
- Schluck- und Saugbrunnen, die ausschließlich den Prozesswärme-, kälte- und -luftanlagen dienen
- Wärmedämmung der Wärmeverteilleitungen
- Wärmedämmung der Kälteverteilleitungen
- Elektrische Komponenten werden ab Anschlusspunkt der elektrischen Versorgungsleitung einschließlich der elektrischen Verkabelung und der Anschlussarbeiten sowie der Inbetriebnahme in der Kostengruppe des zugehörigen Bauelements erfasst (z.B. Antriebe und Steuerungen).
- Maschinenfundamente, die den Prozesswärme-, kälte- und -luftanlagen dienen

In anderen Kostengruppen enthalten

• Küchentechnische Anlagen (z.B. zur Zubereitung, Ausgabe und Lagerung von Speisen)	KG 471
• Wäscherei-, Reinigungs- und badetechnische Anlagen	KG 472
• Medienversorgungsanlagen, Medizin- und labortechnische Anlagen	KG 473
• Feuerlöschanlagen (z.B. Sprinkler- und Gaslöschanlagen, Wandhydranten, Handfeuerlöscher)	KG 474
Prozesswärme-, kälte- und -luftanlagen	*KG 475*
• Weitere nutzungsspezifische Anlagen (z.B. Abfallentsorgungsanlagen, Staubsauganlagen, bühnentechnische Anlagen, Tankstellen- und Waschanlagen)	KG 476
• Verfahrenstechnische Anlagen, Wasser, Abwasser und Gase (z.B. für Wassergewinnung, Abwasserbehandlung und –entsorgung)	KG 477
• Verfahrenstechnische Anlagen, Feststoffe, Wertstoffe und Abfälle (z.B. Kompostwerke, Mülldeponien, Verbrennungsanlagen; Pyrolyseanlagen)	KG 478
• Sonstiges zur KG 470 (z.B. Entnahme- und Überwachungsanlagen an Talsperren)	KG 479
• Abwasserentsorgung bei der öffentlichen Erschließung	KG 221
• Wasserversorgung bei der öffentlichen Erschließung	KG 222

In anderen Kostengruppen enthalten

• Gasversorgung bei der öffentlichen Erschließung	KG 223
• Fernwärmeversorgung bei der öffentlichen Erschließung	KG 224
• Nichtöffentliche Erschließung (ggf. untergliedert entsprechend der KG 220)	KG 230
• Baukonstruktive Einbauten (z.B. allgemeine Einbauten, Einbaumöbel, besondere Einbauten für die besondere Zweckbestimmung des Objekts)	KG 380
• Abwasseranlagen (z.B. Abläufe, Abwasserleitungen, Abwasserbehandlungsanlagen, Hebeanlagen)	KG 411
• Wasseranlagen (z.B. Wassergewinnungs-, Aufbereitungs- und Druckerhöhungsanlagen, Rohrleitungen)	KG 412
• Gasanlagen (z.B. für Wirtschaftswärme)	KG 413
• Wärmeversorgungsanlagen (z.B. Wärmeerzeugungsanlagen, Wärmeverteilnetze, Raumheizflächen, Luftschleieranlagen)	KG 420
• Raumlufttechnische Anlagen (z.B. Lüftungsanlagen, Klimaanlagen, Kälteanlagen zur Raumkühlung und für lufttechnische Anlagen)	KG 430
• Elektrische Anlagen (z.B. Hoch-, Mittel- und Niederspannungsanlagen, Beleuchtungsanlagen)	KG 440
• Kommunikations-, sicherheits- und informationstechnische Anlagen	KG 450
• Förderanlagen (z.B. Lastenaufzüge, Warentransportanlagen, Krananlagen, Hebezeuge)	KG 460
• Abwasseranlagen in Außenanlagen und Freiflächen (z.B. Abwasserleitungen, Oberflächen- und Bauwerksentwässerungsanlagen, Abscheider)	KG 551
• Wasseranlagen in Außenanlagen und Freiflächen (z.B. Brunnenanlagen, Zisternen, Wasserversorgungsleitungen, Löschwasseranlagen, Beregnungsanlagen)	KG 552
• Anlagen für Gase und Flüssigkeiten in Außenanlagen und Freiflächen (z.B. Flüssiggasanlagen)	KG 553
• Wärmeversorgungsanlagen in Außenanlagen und Freiflächen (z.B. Wärmeversorgungsleitungen, Freiflächen- und Rampenheizungen)	KG 554
• Raumlufttechnische Anlagen in Außenanlagen und Freiflächen (z.B. Außenluftansaugung, Fortlufttürme, Erdwärmetauscher, Kälteversorgung)	KG 555
• Nutzungsspezifische Anlagen in Außenanlagen und Freiflächen (z.B. Medienversorgungsanlagen, Tankanlagen, badetechnische Anlagen)	KG 558
• Einbauten in Außenanlagen und Freiflächen (z.B. allgemeine Einbauten, besondere Einbauten für die besondere Zweckbestimmung des Objekts)	KG 460
• Allgemeine Ausstattung (z.B. Möbel und Geräte)	KG 610
• Besondere Ausstattung (z.B. Ausstattung für die besondere Zweckbestimmung des Objekts)	KG 620
• Betriebskosten nach der Abnahme (z.B. vorläufiger Betrieb insbesondere der technischen Anlagen nach der Abnahme bis zur Inbetriebnahme)	KG 765

Erläuterungen

- Bei den Kostengruppen der KG 400 werden in dieser Arbeitshilfe aus Platzgründen lediglich die Mengen und Bezugseinheiten entsprechend Abschnitt 6.2 und Tabelle 2 der DIN 276 angegeben. Ergänzende Arbeitshilfen zur weiteren Untergliederung und den spezifischen Mengen und Bezugseinheiten der Kostengruppen entsprechend Abschnitt 6.4 und Tabelle 4 der DIN 276 werden in den BKI-Online-Informationen zur Verfügung gestellt.

DIN 276 Tabelle 1 – Kostengliederung

476 **Weitere nutzungsspezifische Anlagen**

Abfall- und Medienentsorgungsanlagen, Staubsauganlagen, Bühnentechnische Anlagen, Tankstellen- und Waschanlagen, Taumittelsprüh- und Enteisungsanlagen

DIN 276 Tabelle 2 – Mengen und Bezugseinheiten

Einheit	m^2
Bezeichnung	Brutto-Grundfläche (BGF)
Ermittlung	Gesamte Brutto-Grundfläche nach DIN 277

In dieser Kostengruppe enthalten

- Müllentsorgungsanlagen, -pressen, verbrennungsanlagen, -verdichtungsanlagen und -zerkleinerungsanlagen
- Papierpressen, -verbrennung, -zerreißmaschinen, Aktenvernichter, für die aufgrund ihrer Beschaffenheit bauplanerische Maßnahmen erforderlich sind
- Maschinen und Apparate für Gewerbebetriebe (z.B. Bäckereien, Fleischereien, Klempnerwerkstätten, Schlossereien, Tischlereien, Autoreparaturwerkstätten, Autowaschanlagen)
- Maschinen und Anlagen der metallverarbeitenden Industrie (z.B. Gießereien, Ziehereien, Walzwerke, Härtereien, Maschinenbau, Fahrzeugbau, Schiffbau)
- Maschinen und Anlagen der Elektro- und Elektronischen Industrie
- Maschinen und Anlagen der Holz-, Papier- und Kunststoffindustrie (z.B. Sägereien, Holzverarbeitung, Pappe- und Papier-, Zellstofferzeugung und -verarbeitung, Druckerei und Vervielfältigung, Kunststoffverarbeitung)
- Maschinen und Anlagen der chemischen Industrie (z.B. Grob- und Feinkeramik, Glas und Porzellan, Petrochemie, Pharmaka, Kosmetik, Waschmittel)
- Maschinen und Anlagen der Textil- und Leder-Industrie (z.B. Lederherstellung, -verarbeitung, Textil-, Bekleidungsindustrie)
- Maschinen und Anlagen der Nahrungs- und Genussmittel Industrie (z.B. Mühlen, Nährmittel-, Backwarenherstellung, Zuckerindustrie, Obst- und Gemüseverarbeitung, Süßwarenherstellung, Milchverwertung, Öl- und Fettherstellung, Schlachterei, Fleisch- und Fischverarbeitung, Brauerei und Mälzerei, Wein- und Spirituosenherstellung, Mineralwasser und Limonaden, Tabakverarbeitung)
- Maschinen und Anlagen des Baugewerbes (z.B. Fertigteilproduktion, Eisenbiegereien)
- Maschinen und Anlagen der Grundstoffindustrie (z.B. Kohle-, Erz-, Salzverarbeitung, Salinen Verarbeitung von Erdöl, Erdgas und bituminösen Gesteinen, mineralischen Stoffen)
- Regale als Durchlauf-, Fahr-, Hoch-, Roll-, Schwerlast-, Paletten- oder Industrieregale, für die aufgrund ihrer Beschaffenheit bauplanerische Maßnahmen erforderlich sind
- Lagerbehälter für Benzin, Öl, Diesel, Chemikalien, Säuren, Schuttgüter, Wein, Gase
- Silos für die Landwirtschaft und die Industrie
- Rohrleitungen und Fördereinrichtungen/Pumpen mit Mess-, Sicherheits-, Absperrarmaturen für die Lagerbehälter und Silos
- Einbauten in sonstigen Sport- und Freizeitstätten (z.B. Bowling- und Kegelbahnen, Billardtische, Kälteanlagen für Eisbahnen, Schießstände, Radsportbahn)
- Großanlagen für physikalische, chemische, optische, elektrische und nukleare Forschung und Entwicklung (z.B. Mess- und Versuchsstände, Teilchenbeschleuniger, Windkanäle, Spiegelteleskope)
- Reproduktions- und Vervielfältigungseinrichtungen, Fotografie und Mikroverfilmung mit Zubehör (z.B. Lichtpaus-, Kopieranlagen, Sortiermaschinen)
- Bühnenprospekt, Schnürboden mit Maschinerie
- Bühnenbeleuchtung und Beleuchterbrücken, Regieanlagen, Steuergeräte für Licht- und Bühnentechnik
- Dreh-, Hub-, Senk- und Schiebebühnen
- Elektrische Komponenten werden ab Anschlusspunkt der elektrischen Versorgungsleitung einschließlich der elektrischen Verkabelung und der Anschlussarbeiten sowie der Inbetriebnahme in der Kostengruppe des zugehörigen Bauelements erfasst (z.B. Antriebe und Steuerungen).

In anderen Kostengruppen enthalten	
• Küchentechnische Anlagen (z.B. zur Zubereitung, Ausgabe und Lagerung von Speisen)	KG 471
• Wäscherei-, Reinigungs- und badetechnische Anlagen	KG 472
• Medienversorgungsanlagen, Medizin- und labortechnische Anlagen	KG 473
• Feuerlöschanlagen (z.B. Sprinkler- und Gaslöschanlagen, Wandhydranten, Handfeuerlöscher)	KG 474
• Prozesswärme-, kälte- und -luftanlagen	KG 475
Weitere nutzungsspezifische Anlagen	*KG 476*
• Verfahrenstechnische Anlagen, Wasser, Abwasser und Gase (z.B. für Wassergewinnung, Abwasserbehandlung und -entsorgung)	KG 477
• Verfahrenstechnische Anlagen, Feststoffe, Wertstoffe und Abfälle (z.B. Kompostwerke, Mülldeponien, Verbrennungsanlagen; Pyrolyseanlagen)	KG 478
• Sonstiges zur KG 470 (z.B. Entnahme- und Überwachungsanlagen an Talsperren)	KG 479
• Abwasserentsorgung bei der öffentlichen Erschließung	KG 221
• Wasserversorgung bei der öffentlichen Erschließung	KG 222
• Gasversorgung bei der öffentlichen Erschließung	KG 223
• Fernwärmeversorgung bei der öffentlichen Erschließung	KG 224
• Stromversorgung bei der öffentlichen Erschließung	KG 225
• Abfallentsorgung bei der öffentlichen Erschließung (z.B. leitungsgebundene Abfallentsorgung)	KG 228
• Nichtöffentliche Erschließung (ggf. untergliedert entsprechend der KG 220)	KG 230
• Anlagen der Abwasserentsorgung als Infrastrukturanlagen (z.B. Baukonstruktionen von Anlagen der Abwasser- und Schlammbehandlung)	KG 375
• Anlagen der Wasserversorgung als Infrastrukturanlagen (z.B. Baukonstruktionen von Anlagen der Wassergewinnung, Wasserspeicherung, Wasseraufbereitung)	KG 376
• Anlagen der Abfallentsorgung als Infrastrukturanlagen (z.B. Baukonstruktionen von Anlagen zur Sammlung, Lagerung, Deponierung und Aufbereitung von Abfällen und Wertstoffen)	KG 378
• Allgemeine baukonstruktive Einbauten (z.B. Einbaumöbel)	KG 381
• Besondere baukonstruktive Einbauten (z.B. für die besondere Zweckbestimmung des Objekts)	KG 382
• Schutzeinbauten (z.B. Rauchschutzvorhänge)	KG 387
• Abwasseranlagen (z.B. Abläufe, Abwasserleitungen, Abwasserbehandlungsanlagen, Hebeanlagen)	KG 411
• Wasseranlagen (z.B. Wassergewinnungs-, Aufbereitungs- und Druckerhöhungsanlagen, Rohrleitungen)	KG 412
• Gasanlagen (z.B. für Wirtschaftswärme)	KG 413
• Wärmeversorgungsanlagen (z.B. Wärmeerzeugungsanlagen, Wärmeverteilnetze, Raumheizflächen, Luftschleieranlagen)	KG 420
• Raumlufttechnische Anlagen (z.B. Lüftungsanlagen, Klimaanlagen, Kälteanlagen zur Raumkühlung und für lufttechnische Anlagen)	KG 430
• Elektrische Anlagen (z.B. Hoch-, Mittel- und Niederspannungsanlagen, Beleuchtungsanlagen)	KG 440
• Kommunikations-, sicherheits- und informationstechnische Anlagen	KG 450
• Förderanlagen (z.B. Aufzugs-, Befahr-, Transportanlagen, Krananlagen, Hebezeuge, Hydraulikanlagen)	KG 460
• Abwasseranlagen in Außenanlagen und Freiflächen (z.B. Abwasserleitungen, Oberflächen- und Bauwerksentwässerungsanlagen, Sammelgruben, Abscheider)	KG 551
• Wasseranlagen in Außenanlagen und Freiflächen (z.B. Brunnenanlagen, Druckerhöhungsanlagen, Wasserversorgungsleitungen, Löschwasser-, Beregnungsanlagen)	KG 552
• Anlagen für Gase und Flüssigkeiten in Außenanlagen und Freiflächen (z.B. Flüssiggasanlagen)	KG 553
• Nutzungsspezifische Anlagen in Außenanlagen und Freiflächen (z.B. Medienversorgungsanlagen, Tankanlagen, badetechnische Anlagen)	KG 558
• Einbauten in Außenanlagen und Freiflächen (z.B. allgemeine Einbauten, besondere Einbauten für die besondere Zweckbestimmung des Objekts)	KG 560
• Allgemeine Ausstattung (z.B. Möbel und Geräte, Garten- und Reinigungsgeräte, Abfallbehälter)	KG 610

In anderen Kostengruppen enthalten

- Besondere Ausstattung (z.B. Ausstattung für die besondere Zweckbestimmung des Objekts) KG 620
- Betriebskosten nach der Abnahme bis zur Inbetriebnahme KG 765

Erläuterungen

- Bei den Kostengruppen der KG 400 werden in dieser Arbeitshilfe aus Platzgründen lediglich die Mengen und Bezugseinheiten entsprechend Abschnitt 6.2 und Tabelle 2 der DIN 276 angegeben. Ergänzende Arbeitshilfen zur weiteren Untergliederung und den spezifischen Mengen und Bezugseinheiten der Kostengruppen entsprechend Abschnitt 6.4 und Tabelle 4 der DIN 276 werden in den BKI-Online-Informationen zur Verfügung gestellt.

DIN 276 Tabelle 1 – Kostengliederung	
477	**Verfahrenstechnische Anlagen, Wasser, Abwasser und Gase** Verfahrenstechnische Anlagen für Wassergewinnung, Abwasserbehandlung und -entsorgung (z. B. Anlagen der Wassergewinnung, Wasseraufbereitungsanlagen, Abwasserreinigungsanlagen, Schlammbehandlungsanlagen, Regenwasserbehandlungsanlagen, Grundwasserdekontaminierungsanlagen), Anlagen für die Ver- und Entsorgung mit Gasen (z. B. Odorieranlagen)

DIN 276 Tabelle 2 – Mengen und Bezugseinheiten	
Einheit	m^2
Bezeichnung	Brutto-Grundfläche (BGF)
Ermittlung	Gesamte Brutto-Grundfläche nach DIN 277

In dieser Kostengruppe enthalten

- Trinkwasseraufbereitungsanlagen (z. B. Umkehrosmose-, Meerwasserentsalzungs-, Filtrationsanlagen)
- Abwasseraufbereitungsanlagen (z. B. Ultrafiltrations-, Abscheider-, Kläranlagen)
- Schlammbehandlungsanlagen (z. B. Anlagen zur Schlammeindickung, -faulung, -entwässerung, -trocknung)
- Regenwasserbehandlungsanlagen (z. B. Sedimentationsanlagen, Substratfilter, Lamellenklärer, Versickerungsanlagen mit Filtration)
- Grundwasserdekontaminierungsanlagen (z. B. Ultrafiltrations-, UV-Anlagen)
- Gasbehandlungsanlagen (z. B. Gastrocknungs-, Xenon-Rückgewinnungs-, Gasmischanlagen)
- Elektrische Komponenten werden ab Anschlusspunkt der elektrischen Versorgungsleitung einschließlich der elektrischen Verkabelung und der Anschlussarbeiten sowie der Inbetriebnahme in der Kostengruppe des zugehörigen Bauelements erfasst (z. B. Antriebe und Steuerungen).

In anderen Kostengruppen enthalten	
• Küchentechnische Anlagen (z. B. zur Zubereitung, Ausgabe und Lagerung von Speisen)	KG 471
• Wäscherei-, Reinigungs- und badetechnische Anlagen	KG 472
• Medienversorgungsanlagen, Medizin- und labortechnische Anlagen	KG 473
• Feuerlöschanlagen (z. B. Sprinkler- und Gaslöschanlagen, Wandhydranten, Handfeuerlöscher)	KG 474
• Prozesswärme-, kälte- und -luftanlagen	KG 475
• Weitere nutzungsspezifische Anlagen (z. B. Abfallentsorgungsanlagen, Staubsauganlagen, bühnentechnische Anlagen, Tankstellen- und Waschanlagen)	KG 476
Verfahrenstechnische Anlagen, Wasser, Abwasser und Gase	*KG 477*
• Verfahrenstechnische Anlagen, Feststoffe, Wertstoffe und Abfälle (z. B. Kompostwerke, Mülldeponien, Verbrennungsanlagen; Pyrolyseanlagen)	KG 478
• Sonstiges zur KG 470 (z. B. Entnahme- und Überwachungsanlagen an Talsperren)	KG 479
• Abwasserentsorgung bei der öffentlichen Erschließung	KG 221
• Wasserversorgung bei der öffentlichen Erschließung	KG 222
• Gasversorgung bei der öffentlichen Erschließung	KG 223
• Nichtöffentliche Erschließung (ggf. untergliedert entsprechend der KG 220)	KG 230
• Anlagen der Abwasserentsorgung als Infrastrukturanlagen (z. B. Baukonstruktionen von Anlagen der Abwasser- und Schlammbehandlung)	KG 375
• Anlagen der Wasserversorgung als Infrastrukturanlagen (z. B. Baukonstruktionen von Anlagen der Wassergewinnung, Wasserspeicherung, Wasseraufbereitung)	KG 376
• Baukonstruktive Einbauten (z. B. allgemeine Einbauten, Einbaumöbel, besondere Einbauten, Einbauten für die besondere Zweckbestimmung des Objekts)	KG 380
• Abwasseranlagen (z. B. Abläufe, Abwasserleitungen, Abwasserbehandlungsanlagen, Hebeanlagen)	KG 411
• Wasseranlagen (z. B. Wassergewinnungs-, Aufbereitungs- und Druckerhöhungsanlagen, Rohrleitungen)	KG 412

In anderen Kostengruppen enthalten

• Gasanlagen (z.B. für Wirtschaftswärme, Gaslagerungs- und Erzeugungsanlagen, Übergabestationen, Druckregelanlagen, Gasleitungen)	KG 413
• Elektrische Anlagen (z.B. Hoch-, Mittel- und Niederspannungsanlagen, Beleuchtungsanlagen)	KG 440
• Abwasseranlagen in Außenanlagen und Freiflächen (z.B. Abwasserleitungen, häusliche Kläranlagen, Oberflächen- und Bauwerksentwässerungsanlagen, Sammelgruben)	KG 551
• Wasseranlagen in Außenanlagen und Freiflächen (z.B. Brunnenanlagen, Zisternen, Wasserversorgungsleitungen, Löschwasseranlagen, Beregnungsanlagen)	KG 552
• Anlagen für Gase und Flüssigkeiten in Außenanlagen und Freiflächen (z.B. Leitungen für Gase und wassergefährdende Flüssigkeiten)	KG 553
• Nutzungsspezifische Anlagen in Außenanlagen und Freiflächen (z.B. Medienversorgungsanlagen, Tankanlagen, badetechnische Anlagen)	KG 558
• Einbauten in Außenanlagen und Freiflächen (z.B. allgemeine Einbauten, besondere Einbauten für die besondere Zweckbestimmung des Objekts)	KG 560
• Allgemeine Ausstattung (z.B. Möbel und Geräte)	KG 610
• Besondere Ausstattung (z.B. Ausstattung für die besondere Zweckbestimmung des Objekts)	KG 620
• Betriebskosten nach der Abnahme (z.B. vorläufiger Betrieb insbesondere der technischen Anlagen nach der Abnahme bis zur Inbetriebnahme)	KG 765

Erläuterungen

- Bei den Kostengruppen der KG 400 werden in dieser Arbeitshilfe aus Platzgründen lediglich die Mengen und Bezugseinheiten entsprechend Abschnitt 6.2 und Tabelle 2 der DIN 276 angegeben. Ergänzende Arbeitshilfen zur weiteren Untergliederung und den spezifischen Mengen und Bezugseinheiten der Kostengruppen entsprechend Abschnitt 6.4 und Tabelle 4 der DIN 276 werden in den BKI-Online-Informationen zur Verfügung gestellt.

DIN 276 Tabelle 1 – Kostengliederung

478 Verfahrenstechnische Anlagen, Feststoffe, Wertstoffe und Abfälle

Anlagen für die Ver- und Entsorgung mit Feststoffen; Anlagen der Abfallentsorgung (z. B. für Kompostwerke, Mülldeponien, Verbrennungsanlagen, Pyrolyseanlagen, mehrfunktionale Aufbereitungs-anlagen für Wertstoffe)

DIN 276 Tabelle 2 – Mengen und Bezugseinheiten

Einheit	m^2
Bezeichnung	Brutto-Grundfläche (BGF)
Ermittlung	Gesamte Brutto-Grundfläche nach DIN 277

In dieser Kostengruppe enthalten

- Feststoffbehandlungsanlagen (z.B. Wirbelschicht-, Rotorgranulieranlagen) Abfallbehandlungsanlagen (z.B. mechanisch-biologische Behandlungsanlagen, Kompostieranlagen)
- Verbrennungsanlagen (z.B. Sondermüllverbrennungsanlagen)
- Pyrolyseanlagen (z.B. zur Rückgewinnung von Kohlenstofffasern aus kohlenstofffaserhaltigen Kunststoffen)
- Wertstoffaufbereitungsanlagen (z.B. Recyclinganlagen)
- Elektrische Komponenten werden ab Anschlusspunkt der elektrischen Versorgungsleitung einschließlich der elektrischen Verkabelung und der Anschlussarbeiten sowie der Inbetriebnahme in der Kostengruppe des zugehörigen Bauelements erfasst (z.B. Antriebe und Steuerungen).

In anderen Kostengruppen enthalten

• Küchentechnische Anlagen (z.B. zur Zubereitung, Ausgabe und Lagerung von Speisen)	KG 471
• Wäscherei-, Reinigungs- und badetechnische Anlagen	KG 472
• Medienversorgungsanlagen, Medizin- und labortechnische Anlagen	KG 473
• Feuerlöschanlagen (z.B. Sprinkler- und Gaslöschanlagen, Wandhydranten, Handfeuerlöscher)	KG 474
• Prozesswärme-, kälte- und -luftanlagen	KG 475
• Weitere nutzungsspezifische Anlagen (z.B. Abfallentsorgungsanlagen, Staubsauganlagen, bühnentechnische Anlagen, Tankstellen- und Waschanlagen)	KG 476
• Verfahrenstechnische Anlagen, Wasser, Abwasser und Gase (z.B. für Wassergewinnung, Abwasserbehandlung und -entsorgung)	KG 477
Verfahrenstechnische Anlagen, Feststoffe, Wertstoffe und Abfälle	*KG 478*
• Sonstiges zur KG 470 (z.B. Entnahme- und Überwachungsanlagen an Talsperren)	KG 479
• Abwasserentsorgung bei der öffentlichen Erschließung	KG 221
• Abfallentsorgung bei der öffentlichen Erschließung (z.B. leitungsgebundene Abfallentsorgung)	KG 228
• Abwasserentsorgung bei der nichtöffentlichen Erschließung	KG 231
• Abfallentsorgung bei der nichtöffentlichen Erschließung	KG 238
• Anlagen der Abwasserentsorgung als Infrastrukturanlagen (z.B. Baukonstruktionen von Anlagen der Abwasser- und Schlammbehandlung)	KG 375
• Anlagen der Abfallentsorgung als Infrastrukturanlagen (z.B. Baukonstruktionen von Anlagen zur Sammlung, Lagerung, Deponierung und Aufbereitung von Abfällen und Wertstoffen)	KG 378
• Baukonstruktive Einbauten (z.B. allgemeine Einbauten, Einbaumöbel, besondere Einbauten, Einbauten für die besondere Zweckbestimmung des Objekts)	KG 380
• Abwasseranlagen (z.B. Abläufe, Abwasserbehandlungsanlagen, Hebeanlagen)	KG 411
• Wärmeversorgungsanlagen (z.B. Wärmeerzeugungsanlagen, Wärmeverteilnetze, Schornsteine, soweit nicht in anderen Kostengruppen erfasst)	KG 420
• Raumlufttechnische Anlagen (z.B. Lüftungsanlagen, Klimaanlagen, Kälteanlagen)	KG 430
• Elektrische Anlagen (z.B. Hoch-, Mittel- und Niederspannungsanlagen, Beleuchtungsanlagen, Blitzschutz- und Erdungsanlagen)	KG 440
• Förderanlagen (z.B. Aufzugsanlagen, Transportanlagen, Krananlagen, Hebezeuge, Hydraulikanlagen)	KG 460

In anderen Kostengruppen enthalten

• Abwasseranlagen in Außenanlagen und Freiflächen (z.B. Abwasserleitungen, häusliche Kläranlagen, Sammelgruben, Abscheider, Hebeanlagen)	KG 551
• Nutzungsspezifische Anlagen in Außenanlagen und Freiflächen (z.B. Medienversorgungsanlagen, Tankanlagen)	KG 558
• Einbauten in Außenanlagen und Freiflächen (z.B. allgemeine und besondere Einbauten)	KG 560
• Allgemeine Ausstattung (z.B. Möbel und Geräte)	KG 610
• Besondere Ausstattung (z.B. Ausstattung für die besondere Zweckbestimmung des Objekts)	KG 620
• Betriebskosten nach der Abnahme (z.B. vorläufiger Betrieb insbesondere der technischen Anlagen nach der Abnahme bis zur Inbetriebnahme)	KG 765

Erläuterungen

- Bei den Kostengruppen der KG 400 werden in dieser Arbeitshilfe aus Platzgründen lediglich die Mengen und Bezugseinheiten entsprechend Abschnitt 6.2 und Tabelle 2 der DIN 276 angegeben. Ergänzende Arbeitshilfen zur weiteren Untergliederung und den spezifischen Mengen und Bezugseinheiten der Kostengruppen entsprechend Abschnitt 6.4 und Tabelle 4 der DIN 276 werden in den BKI-Online-Informationen zur Verfügung gestellt.

DIN 276 Tabelle 1 – Kostengliederung

479 **Sonstiges zur KG 470**

Entnahmeanlagen an Talsperren (hinsichtlich Wassermenge und Wassergüte) einschließlich der Entnahmeleitungen, der Antriebe und aller Anlagenteile (z. B. Armaturen, Formstücke, Pass- und Ausbaustücke, Sonderbauteile);

Messtechnische Überwachungsanlagen an Stauanlagen (z. B. Pegel, geodätische Messpunkte, mobile Messgeräte, Lote, Thermometer, Sickerwasser-, Grundwasser- und Sohlwasserdruckmesseinrichtungen) einschließlich Übertragungssystemen

DIN 276 Tabelle 2 – Mengen und Bezugseinheiten

Einheit	m^2
Bezeichnung	Brutto-Grundfläche (BGF)
Ermittlung	Gesamte Brutto-Grundfläche nach DIN 277

In dieser Kostengruppe enthalten

- Sonstige Kosten für nutzungsspezifische und verfahrenstechnische Anlagen, die nicht den KG 471 bis 478 zuzuordnen sind
- Entnahmeanlagen und -leitungen an Talsperren
- Überwachungsanlagen an Stauanlagen
- Elektrische Komponenten werden ab Anschlusspunkt der elektrischen Versorgungsleitung einschließlich der elektrischen Verkabelung und der Anschlussarbeiten sowie der Inbetriebnahme in der Kostengruppe des zugehörigen Bauelements erfasst (z.B. Antriebe und Steuerungen).

In anderen Kostengruppen enthalten

• Küchentechnische Anlagen (z.B. zur Zubereitung, Ausgabe und Lagerung von Speisen)	KG 471
• Wäscherei-, Reinigungs- und badetechnische Anlagen	KG 472
• Medienversorgungsanlagen, Medizin- und labortechnische Anlagen	KG 473
• Feuerlöschanlagen (z.B. Sprinkler- und Gaslöschanlagen, Wandhydranten, Handfeuerlöscher)	KG 474
• Prozesswärme-, kälte- und -luftanlagen	KG 475
• Weitere nutzungsspezifische Anlagen (z.B. Abfallentsorgungsanlagen, Staubsauganlagen, bühnentechnische Anlagen, Tankstellen- und Waschanlagen)	KG 476
• Verfahrenstechnische Anlagen, Wasser, Abwasser und Gase (z.B. für Wassergewinnung, Abwasserbehandlung und -entsorgung)	KG 477
• Verfahrenstechnische Anlagen, Feststoffe, Wertstoffe und Abfälle (z.B. Kompostwerke, Mülldeponien, Verbrennungsanlagen; Pyrolyseanlagen)	KG 478
Sonstiges zur KG 470	*KG 479*
• Wasserversorgung bei der öffentlichen Erschließung	KG 222
• Wasserversorgung bei der nichtöffentlichen Erschließung	KG 232
• Anlagen des Wasserbaus als Infrastrukturanlagen (z.B. Baukonstruktionen von Anlagen des Verkehrswasserbaus und des Gewässerausbaus)	KG 374
• Anlagen der Wasserversorgung als Infrastrukturanlagen (z.B. Baukonstruktionen von Anlagen der Wassergewinnung, Wasserspeicherung, Wasseraufbereitung und -verteilung)	KG 376
• Einbauten in Konstruktionen des Ingenieurbaus (z.B. Abdichtungen und Dränagen in Stauanlagen, Dämmen und Deponien, soweit nicht in KG 310 bis 360 erfasst)	KG 385
• Wasseranlagen (z.B. Wassergewinnungs-, Aufbereitungs- und Druckerhöhungsanlagen, Rohrleitungen)	KG 412
• Elektrische Anlagen (z.B. Hoch-, Mittel- und Niederspannungsanlagen, Beleuchtungsanlagen)	KG 440
• Kommunikations-, sicherheits- und informationstechnische Anlagen (z.B. Gefahrenmelde- und Alarmanlagen, Fernwirkanlagen)	KG 450
• Förderanlagen (z.B. Befahranlagen, Hydraulikanlagen, Entnahmeanlagen an Talsperren)	KG 460
• Wasseranlagen in Außenanlagen und Freiflächen (z.B. Brunnenanlagen, Zisternen, Wasserversorgungsleitungen, Löschwasseranlagen)	KG 552

In anderen Kostengruppen enthalten

• Nutzungsspezifische Anlagen in Außenanlagen und Freiflächen (z.B. badetechnische Anlagen)	KG 558
• Einbauten in Außenanlagen und Freiflächen (z.B. allgemeine und besondere Einbauten)	KG 560
• Wasserflächen (z.B. naturnahe Wasserflächen, Bäche, Teiche, Seen)	KG 580
• Allgemeine Ausstattung (z.B. Möbel und Geräte)	KG 610
• Besondere Ausstattung (z.B. Ausstattung für die besondere Zweckbestimmung des Objekts, wissenschaftliche und technische Geräte)	KG 620
• Betriebskosten nach der Abnahme (z.B. vorläufiger Betrieb insbesondere der technischen Anlagen nach der Abnahme bis zur Inbetriebnahme)	KG 765

Erläuterungen

- Bei den Kostengruppen der KG 400 werden in dieser Arbeitshilfe aus Platzgründen lediglich die Mengen und Bezugseinheiten entsprechend Abschnitt 6.2 und Tabelle 2 der DIN 276 angegeben. Ergänzende Arbeitshilfen zur weiteren Untergliederung und den spezifischen Mengen und Bezugseinheiten der Kostengruppen entsprechend Abschnitt 6.4 und Tabelle 4 der DIN 276 werden in den BKI-Online-Informationen zur Verfügung gestellt.

DIN 276 Tabelle 1 – Kostengliederung	
480	**Gebäude- und Anlagenautomation** Überwachungs-, Steuer-, Regel- und Optimierungseinrichtungen zur automatischen Durchführung von technischen Funktionsabläufen

DIN 276 Tabelle 2 – Mengen und Bezugseinheiten	
Einheit	m^2
Bezeichnung	Brutto-Grundfläche (BGF)
Ermittlung	Gesamte Brutto-Grundfläche nach DIN 277

In dieser Kostengruppe enthalten	
KG 481	Automationseinrichtungen (z. B. Automationsstationen, Bedien-, Anzeige- und Ausgabeeinrichtungen, Hard- und Software)
KG 482	Schaltschränke, Automationsschwerpunkte (z. B. Leistungs-, Steuerungs- und Sicherungsbaugruppen)
KG 483	Automationsmanagement (z. B. übergeordnete Einrichtungen für Automation und Management)
KG 484	Kabel, Leitungen, Verlegesysteme, soweit nicht in anderen Kostengruppen
KG 485	Datenübertragungsnetze, soweit nicht in anderen Kostengruppen
KG 489	Sonstiges zur KG 480

In anderen Kostengruppen enthalten	
• Abwasser-, Wasser-, Gasanlagen	KG 410
• Wärmeversorgungsanlagen (z. B. Wärmeerzeugungsanlagen, Wärmeverteilnetze, Raumheizflächen; Verkehrsheizflächen)	KG 420
• Raumlufttechnische Anlagen (z. B. Lüftungsanlagen, Teilklimaanlagen, Klimaanlagen, Kälteanlagen)	KG 430
• Elektrische Anlagen (z. B. Hoch-, Mittel- und Niederspannungsanlagen, Eigenstromerzeugungsanlagen, Beleuchtungsanlagen, Blitzschutz und Erdungsanlagen)	KG 440
• Kommunikations-, sicherheits- und informationstechnische Anlagen	KG 450
• Förderanlagen (z. B. Aufzugsanlagen, Fahrtreppen, Transportanlagen, Hydraulikanlagen)	KG 460
• Nutzungsspezifische und verfahrenstechnische Anlagen (z. B. küchentechnische Anlagen, verfahrenstechnische Anlagen Wasser, Abwasser und Gase)	KG 470
Gebäude- und Anlagenautomation	*KG 480*
• Sonstige Maßnahmen für technische Anlagen (z. B. Baustelleneinrichtung, Sicherungsmaßnahmen, Abbruchmaßnahmen, Instandsetzungen, Materialentsorgung)	KG 490
• Stromversorgung bei der öffentlichen Erschließung	KG 225
• Netzanschlüsse für Telekommunikation bei der öffentlichen Erschließung	KG 226
• Stromversorgung bei der nichtöffentlichen Erschließung	KG 235
• Netzanschlüsse für Telekommunikation bei der nichtöffentlichen Erschließung	KG 236
• Elektrische Anlagen in Außenanlagen und Freiflächen (z. B. Stromversorgungsleitungen, Eigenstromerzeugungsanlagen)	KG 556
• Kommunikations-, sicherheits- und informationstechnische Anlagen, Automation in Außenanlagen und Freiflächen	KG 557
• Informationstechnische Ausstattung (z. B. DV-Geräte)	KG 630
• Betriebskosten nach der Abnahme (z. B. vorläufiger Betrieb insbesondere der technischen Anlagen nach der Abnahme bis zur Inbetriebnahme)	KG 765

Erläuterungen

- Die einzelnen Einrichtungen der Gebäude- und Anlagenautomation enthalten die zugehörigen Gestelle, Befestigungen, Schall- und Brandschutzvorkehrungen, Abdeckungen, Bekleidungen, Beschichtungen, Kennzeichnungen sowie die werkseitig integrierten Mess-, Steuer- und Regelanlagen. Dazu gehören auch die Betriebskosten bis zur Abnahme, alle zugehörigen Leistungen nach VOB, Teil C, DIN 18386, insbesondere Abnahmeunterlagen, Revisionsunterlagen, Brandschutznachweis, Messprotokolle, Schnittstellen, Funktionsprüfung, Probebetrieb, Übersichtsschaltpläne, Werkstatt- und Montagezeichnungen, sowie alle zugehörigen Nebenleistungen und besonderen Leistungen.
- Zur Bedienung, zum Betrieb oder zum Schutz der Gebäude- und Anlagenautomation gehörendes, erstmalig zu beschaffendes, nicht eingebautes oder nicht befestigtes Zubehör wird in der zugehörigen Kostengruppe der Gebäude- und Anlagenautomation erfasst.
- Das nachträgliche Herstellen von Schlitzen und Durchbrüchen wird in der zugehörigen Kostengruppe der Gebäude- und Anlagenautomation erfasst. Die Kosten für das Schließen von Schlitzen und Durchführungen sowie für Rohr- und Kabelgräben werden in der Regel in der KG 300 erfasst.
- Bei den Kostengruppen der KG 400 werden in dieser Arbeitshilfe aus Platzgründen lediglich die Mengen und Bezugseinheiten entsprechend Abschnitt 6.2 und Tabelle 2 der DIN 276 angegeben. Ergänzende Arbeitshilfen zur weiteren Untergliederung und den spezifischen Mengen und Bezugseinheiten der Kostengruppen entsprechend Abschnitt 6.4 und Tabelle 4 der DIN 276 werden in den BKI-Online-Informationen zur Verfügung gestellt.

DIN 276 Tabelle 1 – Kostengliederung	
481	**Automationseinrichtungen** Automationsstationen, Bedien-, Anzeige- und Ausgabeeinrichtungen, Hard- und Software, Lizenzen, Funktionen, Schnittstellen, Feldgeräte, Programmiereinrichtungen

DIN 276 Tabelle 2 – Mengen und Bezugseinheiten	
Einheit	m^2
Bezeichnung	Brutto-Grundfläche (BGF)
Ermittlung	Gesamte Brutto-Grundfläche nach DIN 277

In dieser Kostengruppe enthalten

- Modulare oder kompakte Automationsstationen (z.B. Steuerzentralen, Controller, Gateways, I/O-Module, Automationsgeräte, Logik- und Steuermodule)
- Smart Building, Smart Home
- Anzeige- und Bediengeräte (z.B. Taster, Busankoppler, IR-Fernbedienungen, Tastsensoren, Visualisierungscontroller, Touchpanels, Raumbediengeräte)
- Hard- und Software (Kleinrechner und Großrechneranlagen, Bildschirm-, Druckerterminals, Monitore, Anschlüsse an den Arbeitsplätzen, binäre und analoge Ein-/Ausgänge, Schnittstellen)
- Feldgeräte (z.B. Aktoren, elektrische, pneumatische oder hydraulische Stellgeräte, Ventile, Schaltgerätekombinationen, Sensoren, Messwert- und Kontaktgeber)
- Antriebs- und Steuerungstechnik der Automationseinrichtungen
- Zur Bedienung, zum Betrieb oder zum Schutz der Automationseinrichtungen gehörendes, erstmalig zu beschaffendes, nicht eingebautes oder nicht fest verbundenes Zubehör
- Erstausstattung an Betriebsmitteln für die Automationseinrichtungen
- Funktionsprüfung und Probebetrieb, ggf. Werkstatt- und Montagezeichnungen

In anderen Kostengruppen enthalten	
Automationseinrichtungen	*KG 481*
• Schaltschränke, Automationsschwerpunkte (z.B. Leistungs-, Steuerungs- und Sicherungsbaugruppen)	KG 482
• Automationsmanagement (z.B. übergeordnete Einrichtungen für Automation und Management)	KG 483
• Kabel, Leitungen, Verlegesysteme, soweit nicht in anderen Kostengruppen	KG 484
• Datenübertragungsnetze, soweit nicht in anderen Kostengruppen	KG 485
• Sonstiges zur KG 480	KG 489
• Stromversorgung bei der öffentlichen Erschließung	KG 225
• Netzanschlüsse für Telekommunikation bei der öffentlichen Erschließung	KG 226
• Stromversorgung bei der nichtöffentlichen Erschließung	KG 235
• Netzanschlüsse für Telekommunikation bei der nichtöffentlichen Erschließung	KG 236
• Elektrische Anlagen (z.B. Hoch-, Mittel- und Niederspannungsanlagen, Eigenstromerzeugungsanlagen, Beleuchtungsanlagen, Blitzschutz und Erdungsanlagen)	KG 440
• Telekommunikationsanlagen (z.B. Einrichtungen zur Datenübertragung in Sprache, Text und Bild)	KG 451
• Datenübertragungsnetze, soweit nicht in anderen Kostengruppen erfasst	KG 457
• Sonstiges zur KG 450 (z.B. Fernwirkanlagen)	KG 459
• Elektrische Anlagen in Außenanlagen und Freiflächen (z.B. Stromversorgungsleitungen, Eigenstromerzeugungsanlagen)	KG 556
• Kommunikations-, sicherheits- und informationstechnische Anlagen, Automation in Außenanlagen und Freiflächen	KG 557
• Informationstechnische Ausstattung (z.B. DV-Geräte)	KG 630

In anderen Kostengruppen enthalten

- Betriebskosten nach der Abnahme (z.B. vorläufiger Betrieb insbesondere der technischen Anlagen nach der Abnahme bis zur Inbetriebnahme) KG 765

Erläuterungen

- Bei den Kostengruppen der KG 400 werden in dieser Arbeitshilfe aus Platzgründen lediglich die Mengen und Bezugseinheiten entsprechend Abschnitt 6.2 und Tabelle 2 der DIN 276 angegeben. Ergänzende Arbeitshilfen zur weiteren Untergliederung und den spezifischen Mengen und Bezugseinheiten der Kostengruppen entsprechend Abschnitt 6.4 und Tabelle 4 der DIN 276 werden in den BKI-Online-Informationen zur Verfügung gestellt.

DIN 276 Tabelle 1 – Kostengliederung	
482	**Schaltschränke, Automationsschwerpunkte**
	Schaltschränke zur Aufnahme von Automationseinrichtungen, Leistungs-, Steuerungs- und Sicherungsbaugruppen

DIN 276 Tabelle 2 – Mengen und Bezugseinheiten	
Einheit	m^2
Bezeichnung	Brutto-Grundfläche (BGF)
Ermittlung	Gesamte Brutto-Grundfläche nach DIN 277

In dieser Kostengruppe enthalten

- Schaltschränke mit Einbauten (z.B. Spannungsversorgung, elektronische Leistungssteller, Trenn-, Steuertransformatoren, Gleichspannungsnetzteile, Frequenzumrichter, Messgeräte, Zähler, Wandler, Relais, Sammel- und Verbindungsschienen)

In anderen Kostengruppen enthalten

• Automationseinrichtungen (z.B. Automationsstationen, Bedien-, Anzeige- und Ausgabeeinrichtungen, Hard- und Software)	KG 481
Schaltschränke, Automationsschwerpunkte	*KG 482*
• Automationsmanagement (z.B. übergeordnete Einrichtungen für Automation und Management)	KG 483
• Kabel, Leitungen, Verlegesysteme, soweit nicht in anderen Kostengruppen	KG 484
• Datenübertragungsnetze, soweit nicht in anderen Kostengruppen	KG 485
• Sonstiges zur KG 480	KG 489
• Stromversorgung bei der öffentlichen Erschließung	KG 225
• Netzanschlüsse für Telekommunikation bei der öffentlichen Erschließung	KG 226
• Stromversorgung bei der nichtöffentlichen Erschließung	KG 235
• Netzanschlüsse für Telekommunikation bei der nichtöffentlichen Erschließung	KG 236
• Elektrische Anlagen (z.B. Hoch-, Mittel- und Niederspannungsanlagen, Eigenstromerzeugungsanlagen, Beleuchtungsanlagen, Blitzschutz und Erdungsanlagen)	KG 440
• Telekommunikationsanlagen (z.B. Einrichtungen zur Datenübertragung in Sprache, Text und Bild)	KG 451
• Datenübertragungsnetze, soweit nicht in anderen Kostengruppen erfasst	KG 457
• Sonstiges zur KG 450 (z.B. Fernwirkanlagen)	KG 459
• Elektrische Anlagen in Außenanlagen und Freiflächen (z.B. Stromversorgungsleitungen, Eigenstromerzeugungsanlagen)	KG 556
• Kommunikations-, sicherheits- und informationstechnische Anlagen, Automation in Außenanlagen und Freiflächen	KG 557
• Informationstechnische Ausstattung (z.B. DV-Geräte)	KG 630
• Betriebskosten nach der Abnahme (z.B. vorläufiger Betrieb insbesondere der technischen Anlagen nach der Abnahme bis zur Inbetriebnahme)	KG 765

Erläuterungen

- Bei den Kostengruppen der KG 400 werden in dieser Arbeitshilfe aus Platzgründen lediglich die Mengen und Bezugseinheiten entsprechend Abschnitt 6.2 und Tabelle 2 der DIN 276 angegeben. Ergänzende Arbeitshilfen zur weiteren Untergliederung und den spezifischen Mengen und Bezugseinheiten der Kostengruppen entsprechend Abschnitt 6.4 und Tabelle 4 der DIN 276 werden in den BKI-Online-Informationen zur Verfügung gestellt.

DIN 276 Tabelle 1 – Kostengliederung

483 **Automationsmanagement**

Übergeordnete Einrichtungen für Automation und Management, Bedien-, Anzeige- und Ausgabeeinrichtungen, Hard- und Software, Lizenzen, Funktionen, Schnittstellen

DIN 276 Tabelle 2 – Mengen und Bezugseinheiten

Einheit	m^2
Bezeichnung	Brutto-Grundfläche (BGF)
Ermittlung	Gesamte Brutto-Grundfläche nach DIN 277

In dieser Kostengruppe enthalten

- Einrichtungen für das übergeordnete Bedienen und Überwachen von gebäudetechnischen Installationen (z.B. für Heizung, Lüftung, Kühlung, Beleuchtung, Beschattung, Brandschutz, Sicherheit)
- Hard- und Software (Managementstationen mit Software, Terminal Server, Web-Clients, Touchpanels, Kleinrechner und Großrechneranlagen, Bildschirm-, Druckerterminals, Monitore)
- Antriebs- und Steuerungstechnik des Automationsmanagements

In anderen Kostengruppen enthalten

• Automationseinrichtungen (z.B. Automationsstationen, Bedien-, Anzeige- und Ausgabeeinrichtungen, Hard- und Software)	KG 481
• Schaltschränke, Automationsschwerpunkte (z.B. Leistungs-, Steuerungs- und Sicherungsbaugruppen)	KG 482
Automationsmanagement	*KG 483*
• Kabel, Leitungen, Verlegesysteme, soweit nicht in anderen Kostengruppen	KG 484
• Datenübertragungsnetze, soweit nicht in anderen Kostengruppen	KG 485
• Sonstiges zur KG 480	KG 489
• Stromversorgung bei der öffentlichen Erschließung	KG 225
• Netzanschlüsse für Telekommunikation bei der öffentlichen Erschließung	KG 226
• Stromversorgung bei der nichtöffentlichen Erschließung	KG 235
• Netzanschlüsse für Telekommunikation bei der nichtöffentlichen Erschließung	KG 236
• Elektrische Anlagen (z.B. Hoch-, Mittel- und Niederspannungsanlagen, Eigenstromerzeugungsanlagen, Beleuchtungsanlagen, Blitzschutz und Erdungsanlagen)	KG 440
• Telekommunikationsanlagen (z.B. Einrichtungen zur Datenübertragung in Sprache, Text und Bild)	KG 451
• Datenübertragungsnetze, soweit nicht in anderen Kostengruppen erfasst	KG 457
• Sonstiges zur KG 450 (z.B. Fernwirkanlagen)	KG 459
• Elektrische Anlagen in Außenanlagen und Freiflächen (z.B. Stromversorgungsleitungen, Eigenstromerzeugungsanlagen)	KG 556
• Kommunikations-, sicherheits- und informationstechnische Anlagen, Automation in Außenanlagen und Freiflächen	KG 557
• Informationstechnische Ausstattung (z.B. DV-Geräte)	KG 630
• Betriebskosten nach der Abnahme (z.B. vorläufiger Betrieb insbesondere der technischen Anlagen nach der Abnahme bis zur Inbetriebnahme)	KG 765

Erläuterungen

- Bei den Kostengruppen der KG 400 werden in dieser Arbeitshilfe aus Platzgründen lediglich die Mengen und Bezugseinheiten entsprechend Abschnitt 6.2 und Tabelle 2 der DIN 276 angegeben. Ergänzende Arbeitshilfen zur weiteren Untergliederung und den spezifischen Mengen und Bezugseinheiten der Kostengruppen entsprechend Abschnitt 6.4 und Tabelle 4 der DIN 276 werden in den BKI-Online-Informationen zur Verfügung gestellt.

DIN 276 Tabelle 1 – Kostengliederung

484 **Kabel, Leitungen und Verlegesysteme**

Kabel, Leitungen und Verlegesysteme, soweit nicht in anderen Kostengruppen erfasst

DIN 276 Tabelle 2 – Mengen und Bezugseinheiten

Einheit	m^2
Bezeichnung	Brutto-Grundfläche (BGF)
Ermittlung	Gesamte Brutto-Grundfläche nach DIN 277

In dieser Kostengruppe enthalten

- Verlegesysteme (z.B. Kabelpritschen, Kabelrinnen, Elektroinstallationsrohre, Installations-, Unterflur- und Brüstungskanäle)
- Kabel und Leitungen (z.B. ein- und mehradrige Mantel-, Steg- und Gummischlauchleitungen, Steuer-, Installations- und Erdkabel, Ader-, Verdrahtungsleitungen

In anderen Kostengruppen enthalten

• Automationseinrichtungen (z.B. Automationsstationen, Bedien-, Anzeige- und Ausgabeeinrichtungen, Hard- und Software)	KG 481
• Schaltschränke, Automationsschwerpunkte (z.B. Leistungs-, Steuerungs- und Sicherungsbaugruppen)	KG 482
• Automationsmanagement (z.B. übergeordnete Einrichtungen für Automation und Management)	KG 483
Kabel, Leitungen, Verlegesysteme	*KG 484*
• Datenübertragungsnetze, soweit nicht in anderen Kostengruppen	KG 485
• Sonstiges zur KG 480	KG 489
• Stromversorgung bei der öffentlichen Erschließung	KG 225
• Netzanschlüsse für Telekommunikation bei der öffentlichen Erschließung	KG 226
• Stromversorgung bei der nichtöffentlichen Erschließung	KG 235
• Netzanschlüsse für Telekommunikation bei der nichtöffentlichen Erschließung	KG 236
• Elektrische Anlagen (z.B. Hoch-, Mittel- und Niederspannungsanlagen, Eigenstromerzeugungsanlagen, Beleuchtungsanlagen, Blitzschutz und Erdungsanlagen)	KG 440
• Telekommunikationsanlagen (z.B. Einrichtungen zur Datenübertragung in Sprache, Text und Bild)	KG 451
• Datenübertragungsnetze, soweit nicht in anderen Kostengruppen erfasst	KG 457
• Sonstiges zur KG 450 (z.B. Fernwirkanlagen)	KG 459
• Elektrische Anlagen in Außenanlagen und Freiflächen (z.B. Stromversorgungsleitungen, Eigenstromerzeugungsanlagen)	KG 556
• Kommunikations-, sicherheits- und informationstechnische Anlagen, Automation in Außenanlagen und Freiflächen	KG 557
• Informationstechnische Ausstattung (z.B. DV-Geräte)	KG 630
• Betriebskosten nach der Abnahme (z.B. vorläufiger Betrieb insbesondere der technischen Anlagen nach der Abnahme bis zur Inbetriebnahme)	KG 765

Erläuterungen

- Bei den Kostengruppen der KG 400 werden in dieser Arbeitshilfe aus Platzgründen lediglich die Mengen und Bezugseinheiten entsprechend Abschnitt 6.2 und Tabelle 2 der DIN 276 angegeben. Ergänzende Arbeitshilfen zur weiteren Untergliederung und den spezifischen Mengen und Bezugseinheiten der Kostengruppen entsprechend Abschnitt 6.4 und Tabelle 4 der DIN 276 werden in den BKI-Online-Informationen zur Verfügung gestellt.

DIN 276 Tabelle 1 – Kostengliederung

485 **Datenübertragungsnetze**

Netze zur Datenübertragung, soweit nicht in anderen Kostengruppen erfasst

DIN 276 Tabelle 2 – Mengen und Bezugseinheiten

Einheit	m^2
Bezeichnung	Brutto-Grundfläche (BGF)
Ermittlung	Gesamte Brutto-Grundfläche nach DIN 277

In dieser Kostengruppe enthalten

- Übertragungsnetze (z.B. primäre, sekundäre und tertiäre Verkabelung)
- Etagen-, Gebäude-, Campusverteiler
- Anschlüsse an den Arbeitsplätzen
- Aktive Netzwerkkomponenten (z.B. Router, Switches, Hubs)
- Messungen, Konfiguration
- Antriebs- und Steuerungstechnik der Datenübertragungsnetze

In anderen Kostengruppen enthalten

• Automationseinrichtungen (z.B. Automationsstationen, Bedien-, Anzeige- und Ausgabeeinrichtungen, Hard- und Software)	KG 481
• Schaltschränke, Automationsschwerpunkte (z.B. Leistungs-, Steuerungs- und Sicherungsbaugruppen)	KG 482
• Automationsmanagement (z.B. übergeordnete Einrichtungen für Automation und Management)	KG 483
• Kabel, Leitungen, Verlegesysteme, soweit nicht in anderen Kostengruppen	KG 484
Datenübertragungsnetze	*KG 485*
• Sonstiges zur KG 480	KG 489
• Stromversorgung bei der öffentlichen Erschließung	KG 225
• Netzanschlüsse für Telekommunikation bei der öffentlichen Erschließung	KG 226
• Stromversorgung bei der nichtöffentlichen Erschließung	KG 235
• Netzanschlüsse für Telekommunikation bei der nichtöffentlichen Erschließung	KG 236
• Elektrische Anlagen (z.B. Hoch-, Mittel- und Niederspannungsanlagen, Eigenstromerzeugungsanlagen, Beleuchtungsanlagen, Blitzschutz und Erdungsanlagen)	KG 440
• Telekommunikationsanlagen (z.B. Einrichtungen zur Datenübertragung in Sprache, Text und Bild)	KG 451
• Datenübertragungsnetze, soweit nicht in anderen Kostengruppen erfasst	KG 457
• Sonstiges zur KG 450 (z.B. Fernwirkanlagen)	KG 459
• Elektrische Anlagen in Außenanlagen und Freiflächen (z.B. Stromversorgungsleitungen, Eigenstromerzeugungsanlagen)	KG 556
• Kommunikations-, sicherheits- und informationstechnische Anlagen, Automation in Außenanlagen und Freiflächen	KG 557
• Informationstechnische Ausstattung (z.B. DV-Geräte)	KG 630
• Betriebskosten nach der Abnahme (z.B. vorläufiger Betrieb insbesondere der technischen Anlagen nach der Abnahme bis zur Inbetriebnahme)	KG 765

Erläuterungen

- Bei den Kostengruppen der KG 400 werden in dieser Arbeitshilfe aus Platzgründen lediglich die Mengen und Bezugseinheiten entsprechend Abschnitt 6.2 und Tabelle 2 der DIN 276 angegeben. Ergänzende Arbeitshilfen zur weiteren Untergliederung und den spezifischen Mengen und Bezugseinheiten der Kostengruppen entsprechend Abschnitt 6.4 und Tabelle 4 der DIN 276 werden in den BKI-Online-Informationen zur Verfügung gestellt.

DIN 276 Tabelle 1 – Kostengliederung	
489	**Sonstiges zur KG 480**

DIN 276 Tabelle 2 – Mengen und Bezugseinheiten	
Einheit	m^2
Bezeichnung	Brutto-Grundfläche (BGF)
Ermittlung	Gesamte Brutto-Grundfläche nach DIN 277

In dieser Kostengruppe enthalten

- Sonstige Kosten für Gebäude- und Anlagenautomation, die nicht den KG 481 bis 485 zuzuordnen sind

In anderen Kostengruppen enthalten

• Automationseinrichtungen (z.B. Automationsstationen, Bedien-, Anzeige- und Ausgabeeinrichtungen, Hard- und Software)	KG 481
• Schaltschränke, Automationsschwerpunkte (z.B. Leistungs-, Steuerungs- und Sicherungsbaugruppen)	KG 482
• Automationsmanagement (z.B. übergeordnete Einrichtungen für Automation und Management)	KG 483
• Kabel, Leitungen, Verlegesysteme, soweit nicht in anderen Kostengruppen	KG 484
• Datenübertragungsnetze, soweit nicht in anderen Kostengruppen	KG 485
Sonstiges zur KG 480	*KG 489*
• Stromversorgung bei der öffentlichen Erschließung	KG 225
• Netzanschlüsse für Telekommunikation bei der öffentlichen Erschließung	KG 226
• Stromversorgung bei der nichtöffentlichen Erschließung	KG 235
• Netzanschlüsse für Telekommunikation bei der nichtöffentlichen Erschließung	KG 236
• Elektrische Anlagen (z.B. Hoch-, Mittel- und Niederspannungsanlagen, Eigenstromerzeugungsanlagen, Beleuchtungsanlagen, Blitzschutz und Erdungsanlagen)	KG 440
• Telekommunikationsanlagen (z.B. Einrichtungen zur Datenübertragung in Sprache, Text und Bild)	KG 451
• Datenübertragungsnetze, soweit nicht in anderen Kostengruppen erfasst	KG 457
• Sonstiges zur KG 450 (z.B. Fernwirkanlagen)	KG 459
• Elektrische Anlagen in Außenanlagen und Freiflächen (z.B. Stromversorgungsleitungen, Eigenstromerzeugungsanlagen)	KG 556
• Kommunikations-, sicherheits- und informationstechnische Anlagen, Automation in Außenanlagen und Freiflächen	KG 557
• Informationstechnische Ausstattung (z.B. DV-Geräte)	KG 630
• Betriebskosten nach der Abnahme (z.B. vorläufiger Betrieb insbesondere der technischen Anlagen nach der Abnahme bis zur Inbetriebnahme)	KG 765

Erläuterungen

- Bei den Kostengruppen der KG 400 werden in dieser Arbeitshilfe aus Platzgründen lediglich die Mengen und Bezugseinheiten entsprechend Abschnitt 6.2 und Tabelle 2 der DIN 276 angegeben. Ergänzende Arbeitshilfen zur weiteren Untergliederung und den spezifischen Mengen und Bezugseinheiten der Kostengruppen entsprechend Abschnitt 6.4 und Tabelle 4 der DIN 276 werden in den BKI-Online-Informationen zur Verfügung gestellt.

DIN 276 Tabelle 1 – Kostengliederung	
490	**Sonstige Maßnahmen für technische Anlagen** Technische Anlagen und übergreifende Maßnahmen im Zusammenhang mit den technischen Anlagen, die nicht einzelnen Kostengruppen der KG 400 zugeordnet werden können oder die nicht in der KG 390 oder der KG 590 erfasst sind

DIN 276 Tabelle 2 – Mengen und Bezugseinheiten	
Einheit	m^2
Bezeichnung	Brutto-Grundfläche (BGF)
Ermittlung	Gesamte Brutto-Grundfläche nach DIN 277

In dieser Kostengruppe enthalten	
KG 491	Baustelleneinrichtung (z.B. Material- und Geräteschuppen, Sanitär – und Aufenthaltsräume, Misch- und Transportanlagen, Energie- und Bauwasseranschlüsse, Baustrom, Bauwasser)
KG 492	Gerüste (z.B. Innen- und Außengerüste)
KG 493	Sicherungsmaßnahmen (z.B. Unterfangungen, Abstützungen an bestehenden Bauwerken)
KG 494	Abbruchmaßnahmen (z.B. Abbruch- und Demontagearbeiten)
KG 495	Instandsetzungen (z.B. bei Umbauten oder Modernisierungen)
KG 496	Materialentsorgung (z.B. zum Recycling und zur Deponierung)
KG 497	Zusätzliche Maßnahmen (z.B. Schutz von Personen und Sachen, Reinigung vor Inbetriebnahme, Schlechtwetter und Winterbauschutz, Erwärmung der technischen Anlagen)
KG 498	Provisorische technische Anlagen (z.B. Erstellung, Betrieb und Beseitigung provisorischer technischer Anlagen)
KG 499	Sonstiges zur KG 490

In anderen Kostengruppen enthalten	
• Abwasser-, Wasser-, Gasanlagen	KG 410
• Wärmeversorgungsanlagen (z.B. Wärmeerzeugungsanlagen, Wärmeverteilnetze, Raumheizflächen; Verkehrsheizflächen)	KG 420
• Raumlufttechnische Anlagen (z.B. Lüftungsanlagen, Teilklimaanlagen, Klimaanlagen, Kälteanlagen)	KG 430
• Elektrische Anlagen (z.B. Hoch- und Mittelspannungsanlagen, Niederspannungsschalt- und -installationsanlagen, Beleuchtungsanlagen, Blitzschutz und Erdungsanlagen)	KG 440
• Kommunikations-, sicherheits- und informationstechnische Anlagen	KG 450
• Förderanlagen (z.B. Aufzugsanlagen, Fahrtreppen, Transportanlagen, Hydraulikanlagen)	KG 460
• Nutzungsspezifische und verfahrenstechnische Anlagen (z.B. küchentechnische Anlagen, verfahrenstechnische Anlagen Wasser, Abwasser und Gase)	KG 470
• Gebäude- und Anlagenautomation (z.B. Automationseinrichtungen, Datenübertragungsnetze)	KG 480
Sonstiges Maßnahmen für technische Anlagen	*KG 490*
• Sicherungsmaßnahmen beim Herrichte (z.B. Schutz vorhandener technischer Anlagen)	KG 211
• Abbruchmaßnahmen (z.B. vollständiges Abbrechen, Beseitigen und Entsorgen der technischen Anlagen von vorhandenen Bauwerken und Bauwerksbereichen)	KG 212
• Altlastenbeseitigung beim Herrichten (z.B. Beseitigen von gefährlichen Stoffen)	KG 213
• Herrichten der Geländeoberfläche (z.B. Bodenbewegungen, Oberbodensicherung)	KG 214
• Öffentliche Erschließung (z.B. Verkehrserschließung, Ver- und Entsorgung)	KG 220
• Nichtöffentliche Erschließung (z.B. Verkehrserschließung, Ver- und Entsorgung)	KG 230
• Übergangsmaßnahmen (z.B. provisorische Maßnahmen baulicher und organisatorischer Art)	KG 250
• Sonstige Maßnahmen für Baukonstruktionen des Bauwerks	KG 390
• Sonstige Maßnahmen für Außenanlagen und Freiflächen	KG 590

In anderen Kostengruppen enthalten

- Sicherheits- und Gesundheitsschutz-Koordination für die Arbeitssicherheit und den Gesundheitsschutz auf der Baustelle — KG 714
- Bewirtschaftungskosten (z.B. Baustellenbewachung, Gestellung und Betrieb von Baustellenbüros für Planer und Bauherrn) — KG 763
- Betriebskosten nach der Abnahme (z.B. vorläufiger Betrieb insbesondere der technischen Anlagen nach der Abnahme bis zur Inbetriebnahme) — KG 765

Erläuterungen

- Entsprechend Abschnitt 5.2, Absatz 3, der DIN 276 sollen die Kosten möglichst getrennt und eindeutig den einzelnen Kostengruppen zugeordnet werden. Erst wenn die Kosten auch nicht annähernd oder entsprechend der überwiegenden Verursachung einzelnen Kostengruppen zugeordnet werden können, ist eine Zuordnung solcher übergreifenden Kosten in die Kostengruppen der KG 490 vorgesehen.
- Elektrische Komponenten werden ab Anschlusspunkt der elektrischen Versorgungsleitung einschließlich der elektrischen Verkabelung und der Anschlussarbeiten sowie der Inbetriebnahme in der Kostengruppe des zugehörigen Bauelements erfasst (z.B. Antriebe und Steuerungen).

DIN 276 Tabelle 1 – Kostengliederung

491 **Baustelleneinrichtung**

Einrichten, Vorhalten, Betreiben und Räumen der übergeordneten Baustelleneinrichtung für technische Anlagen (z. B. Material- und Geräteschuppen, Lager-, Wasch-, Toiletten- und Aufenthaltsräume, Bauwagen, Misch- und Transportanlagen, Energie- und Bauwasseranschlüsse, Baustraßen, Lager- und Arbeitsplätze, Verkehrssicherungen, Abdeckungen, Bauschilder, Bau- und Schutzzäune, Baubeleuchtung, Baustrom, Bauwasser)

DIN 276 Tabelle 2 – Mengen und Bezugseinheiten

Einheit	m^2
Bezeichnung	Brutto-Grundfläche (BGF)
Ermittlung	Gesamte Brutto-Grundfläche nach DIN 277

In dieser Kostengruppe enthalten

- Material- und Geräteschuppen, Werkstatt- und Lagerräume, Lager- und Arbeitsflächen
- Wasch-, Toiletten- und Aufenthaltsräume, Bauwagen, Büro-Container
- Misch- und Transportanlagen, Bauaufzüge, Baukräne, Pumpen, Bautreppen
- Energie- und Bauwasseranschlüsse
- Baustraßen, Verkehrssicherungen, Abdeckungen, Hilfsbrücken, Bauschilder, Bau- und Schutzzäune
- Baubeleuchtung, Baustrom mit Verteilung, Bauwasser, Bauabwasser
- Elektrische Komponenten werden ab Anschlusspunkt der elektrischen Versorgungsleitung einschließlich der elektrischen Verkabelung und der Anschlussarbeiten sowie der Inbetriebnahme in der Kostengruppe des zugehörigen Bauelements erfasst (z.B. Antriebe und Steuerungen).
- Anschlussgebühren und Verbrauchskosten, soweit gesondert zu vergüten
- Erdarbeiten für die Baustelleneinrichtung

In anderen Kostengruppen enthalten

Baustelleneinrichtung	*KG 491*
• Gerüste (z.B. Innen- und Außengerüste)	KG 492
• Sicherungsmaßnahmen (z.B. Unterfangungen, Abstützungen an bestehenden Bauwerken)	KG 493
• Abbruchmaßnahmen (z.B. Abbruch- und Demontagearbeiten)	KG 494
• Instandsetzungen (z.B. bei Umbauten oder Modernisierungen)	KG 495
• Materialentsorgung (z.B. zum Recycling und zur Deponierung)	KG 496
• Zusätzliche Maßnahmen (z.B. Schutz von Personen und Sachen, Reinigung vor Inbetriebnahme, Schlechtwetter und Winterbauschutz, Erwärmung der technischen Anlagen)	KG 497
• Provisorische technische Anlagen (z.B. Erstellung, Betrieb und Beseitigung provisorischer technischer Anlagen)	KG 498
• Sonstiges zur KG 490	KG 499
• Sicherungsmaßnahmen beim Herrichten (z.B. Schutz vorhandener technischer Anlagen)	KG 211
• Abbruchmaßnahmen (z.B. vollständiges Abbrechen, Beseitigen und Entsorgen der technischen Anlagen von vorhandenen Bauwerken und Bauwerksbereichen)	KG 212
• Altlastenbeseitigung beim Herrichten (z.B. Beseitigen von gefährlichen Stoffen)	KG 213
• Herrichten der Geländeoberfläche (z.B. Bodenbewegungen, Oberbodensicherung)	KG 214
• Öffentliche Erschließung (z.B. Verkehrserschließung, Ver- und Entsorgung)	KG 220
• Nichtöffentliche Erschließung (z.B. Verkehrserschließung, Ver- und Entsorgung)	KG 230
• Übergangsmaßnahmen (z.B. provisorische Maßnahmen baulicher und organisatorischer Art)	KG 250
• Wasserhaltung (z.B. Beseitigung des Grund- und Schichtenwassers während der Bauzeit)	KG 313
• Sonstige Maßnahmen für Baukonstruktionen des Bauwerks	KG 390
• Baustelleneinrichtung für Baukonstruktionen des Bauwerks	KG 391
• Elektrische Anlagen (z.B. Hoch-, Mittel- und Niederspannungsanlagen, Beleuchtungsanlagen)	KG 440

In anderen Kostengruppen enthalten

• Sonstige Maßnahmen für Außenanlagen und Freiflächen	KG 590
• Baustelleneinrichtung für Außenanlagen und Freiflächen	KG 591
• Sicherheits- und Gesundheitsschutz-Koordination für die Arbeitssicherheit und den Gesundheitsschutz auf der Baustelle	KG 714
• Bewirtschaftungskosten (z.B. Baustellenbewachung, Gestellung und Betrieb von Baustellenbüros für Planer und Bauherrn)	KG 763
• Betriebskosten nach der Abnahme (z.B. vorläufiger Betrieb insbesondere der technischen Anlagen nach der Abnahme bis zur Inbetriebnahme)	KG 765
• Sonstiges zur KG 760 Allgemeine Baunebenkosten (z.B. Grundsteinlegung, Richtfest)	KG 769

Erläuterungen

- Entsprechend Abschnitt 5.2, Absatz 3, der DIN 276 sollen die Kosten möglichst getrennt und eindeutig den einzelnen Kostengruppen zugeordnet werden. Erst wenn die Kosten auch nicht annähernd oder entsprechend der überwiegenden Verursachung einzelnen Kostengruppen zugeordnet werden können, ist eine Zuordnung solcher übergreifenden Kosten in die Kostengruppen der KG 490 vorgesehen.

DIN 276 Tabelle 1 – Kostengliederung	
492	**Gerüste**
	Auf-, Um- und Abbauen sowie Vorhalten von Gerüsten

DIN 276 Tabelle 2 – Mengen und Bezugseinheiten	
Einheit	m^2
Bezeichnung	Brutto-Grundfläche (BGF)
Ermittlung	Gesamte Brutto-Grundfläche nach DIN 277

In dieser Kostengruppe enthalten

- Innengerüste
- Außengerüste
- Fahrgerüste
- Gerüstausleger
- Schutznetze oder Schutzfolien an Gerüsten

In anderen Kostengruppen enthalten

• Baustelleneinrichtung (z.B. Material- und Geräteschuppen, Sanitär- und Aufenthaltsräume, Misch- und Transportanlagen, Energie- und Bauwasseranschlüsse, Baustrom, Bauwasser)	KG 491
Gerüste	*KG 492*
• Sicherungsmaßnahmen (z.B. Unterfangungen, Abstützungen an bestehenden Bauwerken)	KG 493
• Abbruchmaßnahmen (z.B. Abbruch- und Demontagearbeiten)	KG 494
• Instandsetzungen (z.B. bei Umbauten oder Modernisierungen)	KG 495
• Materialentsorgung (z.B. zum Recycling und zur Deponierung)	KG 496
• Zusätzliche Maßnahmen (z.B. Schutz von Personen und Sachen, Reinigung vor Inbetriebnahme, Schlechtwetter und Winterbauschutz, Erwärmung der technischen Anlagen)	KG 497
• Provisorische technische Anlagen (z.B. Erstellung, Betrieb und Beseitigung provisorischer technischer Anlagen)	KG 498
• Sonstiges zur KG 490	KG 499
• Sicherungsmaßnahmen beim Herrichten des Grundstücks (z.B. Schutz von vorhandenen technischen Anlagen)	KG 211
• Abbruchmaßnahmen (z.B. vollständiges Abbrechen, Beseitigen und Entsorgen der technischen Anlagen von vorhandenen Bauwerken und Bauwerksbereichen)	KG 212
• Sonstige Maßnahmen für Baukonstruktionen des Bauwerks	KG 390
• Gerüste für Baukonstruktionen des Bauwerks	KG 392
• Sonstige Maßnahmen für Außenanlagen und Freiflächen	KG 590
• Gerüste für Außenanlagen und Freiflächen	KG 592
• Sicherheits- und Gesundheitsschutz-Koordination für die Arbeitssicherheit und den Gesundheitsschutz auf der Baustelle	KG 714

Erläuterungen

- Entsprechend Abschnitt 5.2, Absatz 3, der DIN 276 sollen die Kosten möglichst getrennt und eindeutig den einzelnen Kostengruppen zugeordnet werden. Erst wenn die Kosten auch nicht annähernd oder entsprechend der überwiegenden Verursachung einzelnen Kostengruppen zugeordnet werden können, ist eine Zuordnung solcher übergreifenden Kosten in die Kostengruppen der KG 490 vorgesehen.

DIN 276 Tabelle 1 – Kostengliederung	
493	**Sicherungsmaßnahmen**
	Sicherungsmaßnahmen an bestehenden Bauwerken (z. B. Unterfangungen, Abstützungen)

DIN 276 Tabelle 2 – Mengen und Bezugseinheiten	
Einheit	m^2
Bezeichnung	Brutto-Grundfläche (BGF)
Ermittlung	Gesamte Brutto-Grundfläche nach DIN 277

In dieser Kostengruppe enthalten

- Sicherung bestehender Bauwerke und technischer Anlagen
- Unterfangungskonstruktionen
- Unterfangung durch Injektion
- Abstützungen von benachbarten Bauwerken (z.B. als Gerüst-, Zimmer- oder Stahlbausicherung)
- Notwendige Erd-, Bohr- und Rammarbeiten
- Für Unterfangung notwendige Abbruch- und Gebäudesicherungsarbeiten für technische Anlagen

In anderen Kostengruppen enthalten	
• Baustelleneinrichtung (z.B. Material- und Geräteschuppen, Sanitär- und Aufenthaltsräume, Misch- und Transportanlagen, Energie- und Bauwasseranschlüsse, Baustrom, Bauwasser)	KG 491
• Gerüste (z.B. Innen- und Außengerüste)	KG 492
Sicherungsmaßnahmen	*KG 493*
• Abbruchmaßnahmen (z.B. Abbruch- und Demontagearbeiten)	KG 494
• Instandsetzungen (z.B. bei Umbauten oder Modernisierungen)	KG 495
• Materialentsorgung (z.B. zum Recycling und zur Deponierung)	KG 496
• Zusätzliche Maßnahmen (z.B. Schutz von Personen und Sachen, Reinigung vor Inbetriebnahme, Schlechtwetter und Winterbauschutz, Erwärmung der technischen Anlagen)	KG 497
• Provisorische technische Anlagen (z.B. Erstellung, Betrieb und Beseitigung provisorischer technischer Anlagen)	KG 498
• Sonstiges zur KG 490	KG 499
• Sicherungsmaßnahmen beim Herrichten des Grundstücks (z.B. Schutz von vorhandenen technischen Anlagen)	KG 211
• Abbruchmaßnahmen (z.B. vollständiges Abbrechen, Beseitigen und Entsorgen der technischen Anlagen von vorhandenen Bauwerken und Bauwerksbereichen)	KG 212
• Umschließung bei Erdbaumaßnahmen für Bauwerke (z.B. Verbau und Sicherung von Baugruben, Dämmen, Einschnitten)	KG 312
• Sonstige Maßnahmen für Baukonstruktionen des Bauwerks	KG 390
• Sicherungsmaßnahmen für Baukonstruktionen des Bauwerks	KG 393
• Umschließung bei Erdbaumaßnahmen für Außenanlagen und Freiflächen (z.B. Verbau und Sicherung von Baugruben, Dämmen, Einschnitten)	KG 512
• Sicherungsbauweisen bei Vegetationsflächen (z.B. Böschungs- und Flächensicherungen)	KG 572
• Sonstige Maßnahmen für Außenanlagen und Freiflächen	KG 590
• Sicherungsmaßnahmen für Außenanlagen und Freiflächen	KG 593
• Sicherheits- und Gesundheitsschutz-Koordination für die Arbeitssicherheit und den Gesundheitsschutz auf der Baustelle	KG 714

Erläuterungen

- Entsprechend Abschnitt 5.2, Absatz 3, der DIN 276 sollen die Kosten möglichst getrennt und eindeutig den einzelnen Kostengruppen zugeordnet werden. Erst wenn die Kosten auch nicht annähernd oder entsprechend der überwiegenden Verursachung einzelnen Kostengruppen zugeordnet werden können, ist eine Zuordnung solcher übergreifenden Kosten in die Kostengruppen der KG 490 vorgesehen.
- Hierzu gehören die Kosten für Unterfangungen und Abstützungen von bestehenden Bauwerken oder Abstützungen des Baugeländes für Arbeiten an Technischen Anlagen.

DIN 276 Tabelle 1 – Kostengliederung

494 **Abbruchmaßnahmen**

Abbruch- und Demontagearbeiten einschließlich Zwischenlagern wieder verwendbarer Teile, Abfuhr des Abbruchmaterials, soweit nicht in anderen Kostengruppen erfasst

DIN 276 Tabelle 2 – Mengen und Bezugseinheiten

Einheit	m^2
Bezeichnung	Brutto-Grundfläche (BGF)
Ermittlung	Gesamte Brutto-Grundfläche nach DIN 277

In dieser Kostengruppe enthalten

- Teilweiser Abbruch bzw. Demontage von technischen Anlagen des Bauwerks
- Hilfs- und Schutzkonstruktionen für Abbrucharbeiten (z.B. Abstützungen, Abfangungen, Schutzwände, Arbeitsgerüste)
- Beseitigen und Entsorgen des Abbruchmaterials (einschließlich der Gebühren für die Entsorgung)
- Zwischenlagern wiederverwendbarer Teile

In anderen Kostengruppen enthalten

• Baustelleneinrichtung (z.B. Material- und Geräteschuppen, Sanitär- und Aufenthaltsräume, Misch- und Transportanlagen, Energie- und Bauwasseranschlüsse, Baustrom, Bauwasser)	KG 491
• Gerüste (z.B. Innen- und Außengerüste)	KG 492
• Sicherungsmaßnahmen (z.B. Unterfangungen, Abstützungen an bestehenden Bauwerken)	KG 493
Abbruchmaßnahmen	*KG 494*
• Instandsetzungen (z.B. bei Umbauten oder Modernisierungen)	KG 495
• Materialentsorgung (z.B. zum Recycling und zur Deponierung)	KG 496
• Zusätzliche Maßnahmen (z.B. Schutz von Personen und Sachen, Reinigung vor Inbetriebnahme, Schlechtwetter und Winterbauschutz, Erwärmung der technischen Anlagen)	KG 497
• Provisorische technische Anlagen (z.B. Erstellung, Betrieb und Beseitigung provisorischer technischer Anlagen)	KG 498
• Sonstiges zur KG 490	KG 499
• Sicherungsmaßnahmen beim Herrichten des Grundstücks (z.B. Schutz von vorhandenen technischen Anlagen)	KG 211
• Abbruchmaßnahmen (z.B. vollständiges Abbrechen, Beseitigen und Entsorgen der technischen Anlagen von vorhandenen Bauwerken und Bauwerksbereichen)	KG 212
• Altlastenbeseitigung (z.B. Beseitigen von gefährlichen Stoffen)	KG 213
• Sonstige Maßnahmen für Baukonstruktionen des Bauwerks	KG 390
• Abbruchmaßnahmen für Baukonstruktionen des Bauwerks	KG 394
• Sonstige Maßnahmen für Außenanlagen und Freiflächen	KG 590
• Abbruchmaßnahmen für Außenanlagen und Freiflächen	KG 594
• Sicherheits- und Gesundheitsschutz-Koordination für die Arbeitssicherheit und den Gesundheitsschutz auf der Baustelle	KG 714

Erläuterungen

- Entsprechend Abschnitt 5.2, Absatz 3, der DIN 276 sollen die Kosten möglichst getrennt und eindeutig den einzelnen Kostengruppen zugeordnet werden. Erst wenn die Kosten auch nicht annähernd oder entsprechend der überwiegenden Verursachung einzelnen Kostengruppen zugeordnet werden können, ist eine Zuordnung solcher übergreifenden Kosten in die Kostengruppen der KG 490 vorgesehen.

DIN 276 Tabelle 1 – Kostengliederung

495 **Instandsetzungen**

Maßnahmen zur Wiederherstellung des zum bestimmungsgemäßen Gebrauch geeigneten Zustandes, soweit nicht in anderen Kostengruppen erfasst

DIN 276 Tabelle 2 – Mengen und Bezugseinheiten

Einheit	m^2
Bezeichnung	Brutto-Grundfläche (BGF)
Ermittlung	Gesamte Brutto-Grundfläche nach DIN 277

In dieser Kostengruppe enthalten

- Instandsetzung von technischen Anlagen des Bauwerks
- Instandsetzung von technischen Anlagen des Bauwerks, die während der Baumaßnahme beschädigt wurden

In anderen Kostengruppen enthalten

• Baustelleneinrichtung (z.B. Material- und Geräteschuppen, Sanitär- und Aufenthaltsräume, Misch- und Transportanlagen, Energie- und Bauwasseranschlüsse, Baustrom, Bauwasser)	KG 491
• Gerüste (z.B. Innen- und Außengerüste)	KG 492
• Sicherungsmaßnahmen (z.B. Unterfangungen, Abstützungen an bestehenden Bauwerken)	KG 493
• Abbruchmaßnahmen (z.B. Abbruch- und Demontagearbeiten)	KG 494
Instandsetzungen	*KG 495*
• Materialentsorgung (z.B. zum Recycling und zur Deponierung)	KG 496
• Zusätzliche Maßnahmen (z.B. Schutz von Personen und Sachen, Reinigung vor Inbetriebnahme, Schlechtwetter und Winterbauschutz, Erwärmung der technischen Anlagen)	KG 497
• Provisorische technische Anlagen (z.B. Erstellung, Betrieb und Beseitigung provisorischer technischer Anlagen)	KG 498
• Sonstiges zur KG 490	KG 499
• Sicherungsmaßnahmen beim Herrichten des Grundstücks (z.B. Schutz von vorhandenen technischen Anlagen)	KG 211
• Abbruchmaßnahmen (z.B. vollständiges Abbrechen, Beseitigen und Entsorgen der technischen Anlagen von vorhandenen Bauwerken und Bauwerksbereichen)	KG 212
• Altlastenbeseitigung (z.B. Beseitigen von gefährlichen Stoffen)	KG 213
• Übergangsmaßnahmen (z.B. provisorische Maßnahmen baulicher und organisatorischer Art)	KG 250
• Sonstige Maßnahmen für Baukonstruktionen des Bauwerks	KG 390
• Instandsetzungen für Baukonstruktionen des Bauwerks	KG 395
• Sonstige Maßnahmen für Außenanlagen und Freiflächen	KG 590
• Instandsetzungen für Außenanlagen und Freiflächen	KG 595
• Sicherheits- und Gesundheitsschutz-Koordination für die Arbeitssicherheit und den Gesundheitsschutz auf der Baustelle	KG 714

Erläuterungen

- Für Instandsetzungen während der Nutzung von Hochbauten gilt DIN 18960.
- Entsprechend Abschnitt 5.2, Absatz 3, der DIN 276 sollen die Kosten möglichst getrennt und eindeutig den einzelnen Kostengruppen zugeordnet werden. Erst wenn die Kosten auch nicht annähernd oder entsprechend der überwiegenden Verursachung einzelnen Kostengruppen zugeordnet werden können, ist eine Zuordnung solcher übergreifenden Kosten in die Kostengruppen der KG 490 vorgesehen.

DIN 276 Tabelle 1 – Kostengliederung	
496	**Materialentsorgung**
	Entsorgung von Materialien und Stoffen, die bei dem Abbruch, bei der Demontage und bei dem Ausbau von Anlagenteilen oder bei der Erstellung einer Bauleistung anfallen zum Zweck des Recyclings oder der Deponierung

DIN 276 Tabelle 2 – Mengen und Bezugseinheiten	
Einheit	m^2
Bezeichnung	Brutto-Grundfläche (BGF)
Ermittlung	Gesamte Brutto-Grundfläche nach DIN 277

In dieser Kostengruppe enthalten

- Beseitigen und Entsorgen der beim Abbruch oder der Herstellung von technischen Anlagen des Bauwerks anfallenden Materialien und Stoffen zum Recycling oder zur Deponierung
- Gebühren für die Entsorgung

In anderen Kostengruppen enthalten	
• Baustelleneinrichtung (z.B. Material- und Geräteschuppen, Sanitär- und Aufenthaltsräume, Misch- und Transportanlagen, Energie- und Bauwasseranschlüsse, Baustrom, Bauwasser)	KG 491
• Gerüste (z.B. Innen- und Außengerüste)	KG 492
• Sicherungsmaßnahmen (z.B. Unterfangungen, Abstützungen an bestehenden Bauwerken)	KG 493
• Abbruchmaßnahmen (z.B. Abbruch- und Demontagearbeiten)	KG 494
• Instandsetzungen (z.B. bei Umbauten oder Modernisierungen)	KG 495
Materialentsorgung	*KG 496*
• Zusätzliche Maßnahmen (z.B. Schutz von Personen und Sachen, Reinigung vor Inbetriebnahme, Schlechtwetter und Winterbauschutz, Erwärmung der technischen Anlagen)	KG 497
• Provisorische technische Anlagen (z.B. Erstellung, Betrieb und Beseitigung provisorischer technischer Anlagen)	KG 498
• Sonstiges zur KG 490	KG 499
• Herrichten des Grundstücks	KG 210
• Abbruchmaßnahmen beim Herrichten des Grundstücks (z.B. vollständiges Abbrechen, Beseitigen und Entsorgen der technischen Anlagen von vorhandenen Bauwerken und Bauwerksbereichen)	KG 212
• Altlastenbeseitigung (z.B. Beseitigen von gefährlichen Stoffen)	KG 213
• Kampfmittelräumung (z.B. Maßnahmen zum Auffinden und Räumen von Kampfmitteln)	KG 215
• Sonstige Maßnahmen für Baukonstruktionen des Bauwerks	KG 390
• Materialentsorgung für Baukonstruktionen des Bauwerks	KG 396
• Sonstige Maßnahmen für Außenanlagen und Freiflächen	KG 590
• Materialentsorgung für Außenanlagen und Freiflächen	KG 596
• Sicherheits- und Gesundheitsschutz-Koordination für die Arbeitssicherheit und den Gesundheitsschutz auf der Baustelle	KG 714

Erläuterungen

- Entsprechend Abschnitt 5.2, Absatz 3, der DIN 276 sollen die Kosten möglichst getrennt und eindeutig den einzelnen Kostengruppen zugeordnet werden. Erst wenn die Kosten auch nicht annähernd oder entsprechend der überwiegenden Verursachung einzelnen Kostengruppen zugeordnet werden können, ist eine Zuordnung solcher übergreifenden Kosten in die Kostengruppen der KG 490 vorgesehen.

DIN 276 Tabelle 1 – Kostengliederung	
497	**Zusätzliche Maßnahmen** Zusätzliche Maßnahmen bei der Erstellung von technischen Anlagen (z. B. Schutz von Personen und Sachen sowie betriebliche Sicherungsmaßnahmen beim Bauen unter Betrieb); Reinigung vor der Inbetriebnahme; Maßnahmen aufgrund von Forderungen des Wasser-, Landschafts-, Lärm- und Erschütterungsschutzes während der Bauzeit; Schlechtwetter und Winterbauschutz, Erwärmung der technischen Anlagen, Schneeräumung

DIN 276 Tabelle 2 – Mengen und Bezugseinheiten	
Einheit	m^2
Bezeichnung	Brutto-Grundfläche (BGF)
Ermittlung	Gesamte Brutto-Grundfläche nach DIN 277

In dieser Kostengruppe enthalten

- Schutz von Personen und Sachen (z.B. zusätzliche Arbeitskleidung, Überdachungen von Arbeits- und Lagerflächen, Schutzwände)
- Betriebliche Sicherungsmaßnahmen beim Bauen unter Betrieb bei Umbauten und Modernisierungen (z.B. zeitweise Unterbrechung des Betriebs, Schutzwände, Abdeckungen)
- Reinigung vor Inbetriebnahme (z.B. Grundreinigung zur Bauübergabe)
- Maßnahmen aufgrund von Forderungen des Wasser-, Landschafts-, Lärm- und Erschütterungsschutzes während der Bauzeit (z.B. zeitliche Beschränkung von Arbeiten, Abschirmmaßnahmen)
- Schutzmaßnahmen wegen beengtem Bauraum an benachbarten Bauwerken, Grundstücken, Verkehrsflächen
- Schlechtwetter und Winterbauschutz (z.B. provisorisches Schließen von Bauwerksöffnungen, Bauzelte, Notdächer, Notverglasungen
- Erwärmen von Materialien, Frostschutzmittel
- Erwärmung des Bauwerks, künstliche Bautrocknung
- Schneeräumung

In anderen Kostengruppen enthalten	
• Baustelleneinrichtung (z.B. Material- und Geräteschuppen, Sanitär- und Aufenthaltsräume, Misch- und Transportanlagen, Energie- und Bauwasseranschlüsse, Baustrom, Bauwasser)	KG 491
• Gerüste (z.B. Innen- und Außengerüste)	KG 492
• Sicherungsmaßnahmen (z.B. Unterfangungen, Abstützungen an bestehenden Bauwerken)	KG 493
• Abbruchmaßnahmen (z.B. Abbruch- und Demontagearbeiten)	KG 494
• Instandsetzungen (z.B. bei Umbauten oder Modernisierungen)	KG 495
• Materialentsorgung (z.B. zum Recycling und zur Deponierung)	KG 496
Zusätzliche Maßnahmen	*KG 497*
• Provisorische technische Anlagen (z.B. Erstellung, Betrieb und Beseitigung provisorischer technischer Anlagen)	KG 498
• Sonstiges zur KG 490	KG 499
• Sonstige Maßnahmen für Baukonstruktionen des Bauwerks	KG 390
• Zusätzliche Maßnahmen für Baukonstruktionen des Bauwerks	KG 397
• Sonstige Maßnahmen für Außenanlagen und Freiflächen	KG 590
• Zusätzliche Maßnahmen für Außenanlagen und Freiflächen	KG 597
• Sicherheits- und Gesundheitsschutz-Koordination für die Arbeitssicherheit und den Gesundheitsschutz auf der Baustelle	KG 714
• Bewirtschaftungskosten (z.B. Baustellenbewachung, Nutzungsentschädigungen während der Bauzeit, Bewirtschaftung der Baustellenbüros für Planer und Bauherrn)	KG 763
• Betriebskosten nach der Abnahme (z.B. für den vorläufigen Betrieb insbesondere der technischen Anlagen nach der Abnahme bis zur Inbetriebnahme)	KG 765

Erläuterungen

- Entsprechend Abschnitt 5.2, Absatz 3, der DIN 276 sollen die Kosten möglichst getrennt und eindeutig den einzelnen Kostengruppen zugeordnet werden. Erst wenn die Kosten auch nicht annähernd oder entsprechend der überwiegenden Verursachung einzelnen Kostengruppen zugeordnet werden können, ist eine Zuordnung solcher übergreifenden Kosten in die Kostengruppen der KG 490 vorgesehen.
- Hierzu gehören die Kosten, die durch besondere Maßnahmen bei der Herstellung der Technischen Anlagen verursacht werden, die deren Wert jedoch nicht erhöhen, z.B. Schutz vor Witterungseinflüssen.

DIN 276 Tabelle 1 – Kostengliederung

498 **Provisorische technische Anlagen**

Erstellung, Betrieb und Beseitigung provisorischer technischer Anlagen, Anpassung der technischen Anlagen bis zur Inbetriebnahme der endgültigen technischen Anlagen

DIN 276 Tabelle 2 – Mengen und Bezugseinheiten

Einheit	m^2
Bezeichnung	Brutto-Grundfläche (BGF)
Ermittlung	Gesamte Brutto-Grundfläche nach DIN 277

In dieser Kostengruppe enthalten

- Erstellen provisorischer technischer Anlagen des Bauwerks
- Betreiben und Unterhalten provisorischer technischer Anlagen des Bauwerks
- Beseitigen provisorischer technischer Anlagen des Bauwerks
- Hilfs- und Schutzkonstruktionen für provisorische technischer Anlagen des Bauwerks
- Anpassen der endgültigen technischer Anlagen des Bauwerks nach der Beseitigung der provisorischen technischer Anlagen
- Elektrische Komponenten werden ab Anschlusspunkt der elektrischen Versorgungsleitung einschließlich der elektrischen Verkabelung und der Anschlussarbeiten sowie der Inbetriebnahme in der Kostengruppe des zugehörigen Bauelements erfasst (z.B. Antriebe und Steuerungen).

In anderen Kostengruppen enthalten

• Baustelleneinrichtung (z.B. Material- und Geräteschuppen, Sanitär- und Aufenthaltsräume, Misch- und Transportanlagen, Energie- und Bauwasseranschlüsse, Baustrom, Bauwasser)	KG 491
• Gerüste (z.B. Innen- und Außengerüste)	KG 492
• Sicherungsmaßnahmen (z.B. Unterfangungen, Abstützungen an bestehenden Bauwerken)	KG 493
• Abbruchmaßnahmen (z.B. Abbruch- und Demontagearbeiten)	KG 494
• Instandsetzungen (z.B. bei Umbauten oder Modernisierungen)	KG 495
• Materialentsorgung (z.B. zum Recycling und zur Deponierung)	KG 496
• Zusätzliche Maßnahmen (z.B. Schutz von Personen und Sachen, Reinigung vor Inbetriebnahme, Schlechtwetter und Winterbauschutz, Erwärmung der technischen Anlagen)	KG 497
Provisorische technische Anlagen	*KG 498*
• Sonstiges zur KG 490	KG 499
• Herrichten des Grundstücks	KG 210
• Übergangsmaßnahmen (z.B. provisorische Maßnahmen baulicher und organisatorischer Art)	KG 250
• Sonstige Maßnahmen für Baukonstruktionen des Bauwerks	KG 390
• Provisorische Baukonstruktionen des Bauwerks	KG 398
• Elektrische Anlagen (z.B. Hoch-, Mittel- und Niederspannungsanlagen, Beleuchtungsanlagen)	KG 440
• Sonstige Maßnahmen für Außenanlagen und Freiflächen	KG 590
• Provisorische Außenanlagen und Freiflächen	KG 592
• Bewirtschaftungskosten (z.B. Baustellenbewachung, Gestellung und Betrieb von Baustellenbüros für Planer und Bauherrn)	KG 763
• Betriebskosten nach der Abnahme (z.B. vorläufiger Betrieb insbesondere der technischen Anlagen nach der Abnahme bis zur Inbetriebnahme)	KG 765

Erläuterungen

- Entsprechend Abschnitt 5.2, Absatz 3, der DIN 276 sollen die Kosten möglichst getrennt und eindeutig den einzelnen Kostengruppen zugeordnet werden. Erst wenn die Kosten auch nicht annähernd oder entsprechend der überwiegenden Verursachung einzelnen Kostengruppen zugeordnet werden können, ist eine Zuordnung solcher übergreifenden Kosten in die Kostengruppen der KG 490 vorgesehen.

DIN 276 Tabelle 1 – Kostengliederung

499	**Sonstiges zur KG 490**
	Technische Anlagen und Maßnahmen, die mehrere Kostengruppen betreffen; Baustellengemeinkosten

DIN 276 Tabelle 2 – Mengen und Bezugseinheiten

Einheit	m^2
Bezeichnung	Brutto-Grundfläche (BGF)
Ermittlung	Gesamte Brutto-Grundfläche nach DIN 277

In dieser Kostengruppe enthalten

- Sonstige Kosten von sonstigen Maßnahmen für technische Anlagen des Bauwerks, die nicht den KG 491 bis 498 zuzuordnen sind
- Baustellengemeinkosten (z.B. im Zusammenhang mit der Ausführung stehende indirekte Kosten der ausführenden Unternehmen, die nicht direkt den in den KG 410 bis 480 enthaltenen Teilleistungen zugewiesen worden sind oder die nicht den KG 491 bis 498 zugeordnet werden können

In anderen Kostengruppen enthalten

• Baustelleneinrichtung (z.B. Material- und Geräteschuppen, Sanitär- und Aufenthaltsräume, Misch- und Transportanlagen, Energie- und Bauwasseranschlüsse, Baustrom, Bauwasser)	KG 491
• Gerüste (z.B. Innen- und Außengerüste)	KG 492
• Sicherungsmaßnahmen (z.B. Unterfangungen, Abstützungen an bestehenden Bauwerken)	KG 493
• Abbruchmaßnahmen (z.B. Abbruch- und Demontagearbeiten)	KG 494
• Instandsetzungen (z.B. bei Umbauten oder Modernisierungen)	KG 495
• Materialentsorgung (z.B. zum Recycling und zur Deponierung)	KG 496
• Zusätzliche Maßnahmen (z.B. Schutz von Personen und Sachen, Reinigung vor Inbetriebnahme, Schlechtwetter und Winterbauschutz, Erwärmung der technischen Anlagen)	KG 497
• Provisorische technische Anlagen (z.B. Erstellung, Betrieb und Beseitigung provisorischer technischer Anlagen)	KG 498
Sonstiges zur KG 490	*KG 499*
• Herstellen des Grundstücks	KG 210
• Sonstige Maßnahmen für Baukonstruktionen des Bauwerks	KG 390
• Sonstiges zur KG 390	KG 399
• Sonstige Maßnahmen für Außenanlagen und Freiflächen	KG 590
• Sonstiges zur KG 590	KG 599
• Bewirtschaftungskosten (z.B. Baustellenbewachung, Gestellung und Betrieb von Baustellenbüros für Planer und Bauherrn)	KG 763
• Betriebskosten nach der Abnahme (z.B. vorläufiger Betrieb insbesondere der technischen Anlagen nach der Abnahme bis zur Inbetriebnahme)	KG 765

Erläuterungen

- Entsprechend Abschnitt 5.2, Absatz 3, der DIN 276 sollen die Kosten möglichst getrennt und eindeutig den einzelnen Kostengruppen zugeordnet werden. Erst wenn die Kosten auch nicht annähernd oder entsprechend der überwiegenden Verursachung einzelnen Kostengruppen zugeordnet werden können, ist eine Zuordnung solcher übergreifenden Kosten in die Kostengruppen der KG 490 vorgesehen.

DIN 276 Tabelle 1 – Kostengliederung

500 **Außenanlagen und Freiflächen**

Bauleistungen und Lieferungen zur Herstellung von Außenanlagen der Bauwerke sowie von Freiflächen, die selbstständig und unabhängig der Bauwerke sind, mit den dazugehörigen baulichen Anlagen, Baukonstruktionen oder technischen Anlagen

Dazu gehören auch die mit baulichen Anlagen fest verbundenen Einbauten, die der besonderen Zweckbestimmung dienen sowie übergreifende Maßnahmen.

Die Kosten von Außenanlagen und Freiflächen, die unterbaut sind (z. B von Tiefgaragen, Untergeschossen, Tunneln), sind bei den betreffenden Kostengruppen auszuweisen.

Bei Umbauten und Modernisierungen von Außenanlagen und Freiflächen zählen hierzu auch die Kosten von Teilabbruch-, Instandsetzungs-, Sicherungs- und Demontagearbeiten. Die Kosten sind bei den betreffenden Kostengruppen auszuweisen.

Außerhalb des Grundstücks liegende Anlagen des Verkehrs und technische Anlagen zur Erschließung des Grundstücks gehören zur KG 200.

Die mit dem Bauwerk verbundenen Fassaden-, Wand-, Dach- und Innenraumbegrünungen sowie landschaftsgestalterische Einbauten gehören zur KG 300.

Eigenständige Bauwerke von Infrastrukturanlagen gehören zur KG 300 und KG 400.

DIN 276 Tabelle 2 – Mengen und Bezugseinheiten

Einheit	m^2
Bezeichnung	Außenanlagenfläche (AF)
Ermittlung	Gesamte Außenanlagenfläche nach DIN 277

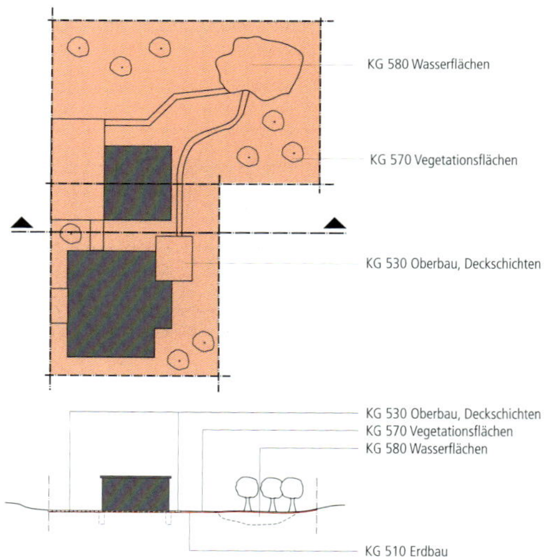

In dieser Kostengruppe enthalten

KG 510	Erdbau
KG 520	Gründung, Unterbau
KG 530	Oberbau, Deckschichten
KG 540	Baukonstruktionen
KG 550	Technische Anlagen

In dieser Kostengruppe enthalten

KG 560	Einbauten in Außenanlagen und Freiflächen
KG 570	Vegetationsflächen
KG 580	Wasserflächen
KG 590	Sonstige Maßnahmen für Außenanlagen und Freiflächen

In anderen Kostengruppen enthalten

• Grundstück (z.B. Grundstückswert, Grundstücksnebenkosten)	KG 100
• Vorbereitende Maßnahmen (z.B. Herrichten des Grundstücks, vollständiger Abbruch von vorhandenen Bauwerken und Bauwerksbereichen, öffentliche Erschließung)	KG 200
• Bauwerk – Baukonstruktionen (z.B. Baugrube/Erdbau, Gründung, Unterbau, Außenwände/Vertikale Baukonstruktionen, Infrastrukturanlagen, Baukonstruktive Einbauten)	KG 300
• Bauwerk – Technische Anlagen (z.B. Abwasser-, Wasser-, Gasanlagen)	KG 400
Außenanlagen und Freiflächen	*KG 500*
• Ausstattung und Kunstwerke (z.B. allgemeine und besondere Ausstattung, informationstechnische Ausstattung, künstlerische Ausstattung)	KG 600
• Baunebenkosten (z.B. Bauherrenaufgaben, Vorbereitung der Objektplanung, Objektplanung, Fachplanung)	KG 700
• Finanzierung	KG 800

Erläuterungen

- Maßgebend für die Abgrenzung der KG 500 gegenüber der KG 300 und der KG 400 ist u.a. die geometrische Abgrenzung von Außenanlagen und Bauwerk nach DIN 277: Die Abgrenzung ergibt sich durch die Ermittlung der Außenanlagenfläche (AF) des Grundstücks und die Ermittlung der Brutto-Grundfläche (BGF) und des Brutto-Rauminhalts (BRI) für das Bauwerk (abgesehen von geringfügigen, technisch bedingten Abweichungen).
- Bei Umbauten und Modernisierungen von Außenanlagen und Freiflächen sollen die Kosten von Teilabbruch-, Instandsetzungs-, Sicherungs- und Demontagearbeiten bei den betreffenden Kostengruppen (KG 510 bis KG 580) ausgewiesen werden. Soweit es nicht möglich ist, diese Kosten einzelnen Kostengruppen zuzuordnen, können sie in den Kostengruppen der KG 590 erfasst werden.
- Elektrische Komponenten werden ab Anschlusspunkt der elektrischen Versorgungsleitung einschließlich der elektrischen Verkabelung und der Anschlussarbeiten sowie der Inbetriebnahme in der Kostengruppe des zugehörigen Bauelements erfasst (z.B. Antriebe und Steuerungen).
- Entsprechend Abschnitt 6.2 empfiehlt die DIN 276, auch für die Kostengruppen der zweiten und der dritten Ebene der Kostengliederung die Mengen und Bezugseinheiten der Tabelle 2 zu verwenden. Ergänzend dazu werden in dieser Arbeitshilfe von BKI spezifische Mengen und Bezugseinheiten für die Kostengruppen der zweiten und dritten Gliederungsebene entsprechend der BKI-Tabelle 5 angegeben (siehe Erläuterungen in Teil A, 7. BKI Ergänzung zur DIN 276 ff.).
- Hierzu gehören die Kosten für die Herstellung aller Anlagen außerhalb des Bauwerkes, einschl. der Verbindung mit den öffentlichen oder nichtöffentlichen Erschließungsanlagen, ferner die Kosten, die durch die Erschließung und die Oberflächengestaltung des Baugrundstückes entstehen, soweit nicht in Kostengruppe 200 erfasst.
- Werden Eigenleistungen erbracht, so sind dafür die Kosten einzusetzen, die für die entsprechenden Auftragnehmerleistungen entstehen würden.

DIN 276 Tabelle 1 – Kostengliederung

510	**Erdbau**
	Oberbodenarbeiten und Bodenarbeiten, Erdbaumaßnahmen, Baugruben, Dämme, Einschnitte, Wälle, Hangsicherungen

BKI Tabelle 5 – Mengen und Bezugseinheiten für die Kostengruppe 500

Einheit	m^3
Bezeichnung	Erdbaurauminhalt
Ermittlung	Rauminhalt einschließlich der Arbeitsräume und Böschungen

In dieser Kostengruppe enthalten

KG 511	Herstellung (z.B. Bodenabtrag, Bodensicherung, Bodenauftrag, Aushub von Baugruben)
KG 512	Umschließung (z.B. Verbau und Sicherung von Baugruben, Baugruben, Dämmen, Einschnitten)
KG 513	Wasserhaltung (z.B. Beseitigung des Grund- und Schichtenwassers während der Bauzeit)
KG 514	Vortrieb (z.B. Erdausbruch unter Tage, Stützung, Sicherung)
KG 519	Sonstiges zur KG 510

In anderen Kostengruppen enthalten

Erdbau	*KG 510*
• Gründung, Unterbau (z.B. Baugrundverbesserung, Aushub von Fundamenten, Dränagen)	KG 520
• Oberbau, Deckschichten (z.B. Wege, Straßen, Plätze, Sport- und Spielplatzflächen)	KG 530
• Baukonstruktionen (z.B. Einfriedungen, Schutz- und Wandkonstruktionen, Rampen, Treppen, Tribünen, Überdachungen, Stege, Wasserbecken)	KG 540
• Technische Anlagen (z.B. Abwasser- und Wasseranlagen, Wärmeversorgungsanlagen, elektrische Anlagen)	KG 550
• Einbauten in Außenanlagen und Freiflächen	KG 560
• Vegetationsflächen (z.B. vegetationstechnische Bodenbearbeitung, Sicherungsbauweisen, Pflanzflächen)	KG 570
• Wasserflächen (z.B. Befestigungen, Abdichtungen)	KG 580
• Sonstige Maßnahmen für Außenanlagen und Freiflächen (z.B. Baustelleneinrichtung)	KG 590
• Sicherungsmaßnahmen beim Herrichten des Grundstücks (z.B. Schutz von vorhandenen Baukonstruktionen, Sichern von Bewuchs und Vegetationsschichten)	KG 211
• Abbruchmaßnahmen beim Herrichten des Grundstücks (z.B. vollständiger Abbruch von Baukonstruktionen, technischen Anlagen, Außenanlagen und Freiflächen)	KG 212
• Herrichten der Geländeoberfläche (z.B. Roden von Bewuchs, Planieren, Bodenbewegungen, Oberbodensicherung)	KG 214
• Baugrube/Erdbau für Bauwerke (z.B. Oberbodenarbeiten, Bodenarbeiten, Erdbaumaßnahmen, Baugruben, Dämme, Einschnitte, Wälle)	KG 310
• Gründung, Unterbau für Bauwerke (z.B. Baugrundverbesserung, Aushub von Fundamenten, Dränagen)	KG 320

Erläuterungen

- Die Bodenarbeiten und Erdbaumaßnahmen für Baukonstruktionen (KG 540), technische Anlagen (KG 550), Einbauten (KG 560), Vegetationsflächen (KG 570) und Wasserflächen (KG 580) der Außenanlagen und Freiflächen gehören zur KG 510.
- Rohr- und Kabelgrabenaushub außerhalb der Gründungsfläche des Bauwerks.
- Entsprechend Abschnitt 6.2 empfiehlt die DIN 276, auch für die Kostengruppen der zweiten und der dritten Ebene der Kostengliederung die Mengen und Bezugseinheiten der Tabelle 2 zu verwenden. Ergänzend dazu werden in dieser Arbeitshilfe von BKI spezifische Mengen und Bezugseinheiten für die Kostengruppen der zweiten und dritten Gliederungsebene entsprechend der BKI-Tabelle 5 angegeben (siehe Erläuterungen in Teil A, 7. BKI Ergänzung zur DIN 276 ff.).

DIN 276 Tabelle 1 – Kostengliederung

511 **Herstellung**

Bodenabtrag und Bodensicherung einschließlich Oberboden sowie Bodenauftrag; Aushub von Baugruben und Baugräben einschließlich der Arbeitsräume und Böschungen; Lagern, Bodenlieferung und Bodenabfuhr; Verfüllungen und Hinterfüllungen;

Planum, Mulden, Bankette

BKI Tabelle 5 – Mengen und Bezugseinheiten für die Kostengruppe 500

Einheit	m^3
Bezeichnung	Erdbaurauminhalt
Ermittlung	Rauminhalt einschließlich der Arbeitsräume und Böschungen

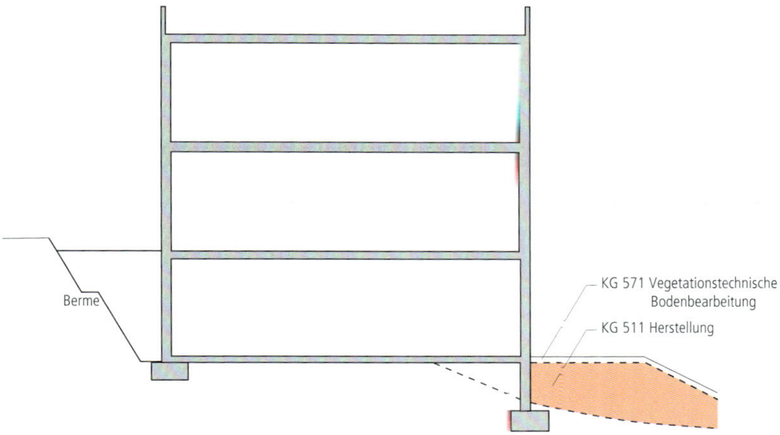

In dieser Kostengruppe enthalten

- Lösen und Laden von Aushubmaterial aller Bodenarten
- Transport von Aushubmaterial innerhalb und außerhalb der Baustelle
- Mehraufwand für Aushubarbeiten in leichtem und schwererem Fels
- Lockerungssprengungen
- Felssprengungen
- Bohrungen für Sprengungen
- Aushub von Arbeitsräumen und Böschungen
- Rohr- und Kabelgrabenaushub außerhalb der Gründungsfläche des Bauwerks
- Herstellen des Rohplanums
- Zwischenlagern, Umlagern und Wiederaufnehmen des Aushubmaterials
- Geländeflächen profilgerecht formen
- Material abtransportieren, einschließlich der Deponiegebühren
- Anfuhr von Fremdmaterial

In anderen Kostengruppen enthalten

Herstellung	*KG 511*
• Umschließung (z.B. Verbau und Sicherung von Baugruben, Baugruben, Dämmen, Einschnitten)	KG 512
• Wasserhaltung (z.B. Beseitigung des Grund- und Schichtenwassers während der Bauzeit)	KG 513
• Vortrieb (z.B. Erdausbruch unter Tage, Stützung, Sicherung)	KG 514

In anderen Kostengruppen enthalten	
• Sonstiges zur KG 510	KG 519
• Sicherungsmaßnahmen beim Herrichten des Grundstücks (z.B. Schutz von vorhandenen Baukonstruktionen und technischen Anlagen, Sichern von Bewuchs und Vegetationsschichten)	KG 211
• Abbruchmaßnahmen beim Herrichten des Grundstücks (z.B. vollständiger Abbruch von Baukonstruktionen, technischen Anlagen, Außenanlagen und Freiflächen)	KG 212
• Altlastenbeseitigung (z.B. Beseitigen und Sanieren kontaminierter Böden)	KG 213
• Herrichten der Geländeoberfläche (z.B. Roden von Bewuchs, Planieren, Bodenbewegungen, Oberbodensicherung)	KG 214
• Kampfmittelbeseitigung (z.B. Auffinden von Kampfmitteln durch Sondieren der Grundstücksfläche)	KG 215
• Herstellung von Baugruben/Erdbau für Bauwerke (z.B. Bodenabtrag, Bodensicherung, Bodenauftrag, Aushub von Baugruben und Gräben, Oberbodenarbeiten, Verfüllungen)	KG 311
• Gründung, Unterbau für Bauwerke (z.B. Baugrundverbesserung, Aushub von Fundamenten, Dränagen)	KG 320
• Gründung, Unterbau (z.B. Baugrundverbesserung, Aushub von Fundamenten, Dränagen)	KG 520
• Vegetationstechnische Bodenbearbeitung (z.B. Vorbereitung von Pflanzflächen durch Oberbodenauftrag, Oberbodenlockerung, Fräsen, Planieren, Bodenverbesserung)	KG 571
• Baustelleneinrichtung für Außenanlagen und Freiflächen (z.B. Erdarbeiten für Baustraßen)	KG 591

Erläuterungen

- Die Bodenarbeiten und Erdbaumaßnahmen für Baukonstruktionen (KG 540), technische Anlagen (KG 550), Einbauten (KG 560), Vegetationsflächen (KG 570) und Wasserflächen (KG 580) der Außenanlagen und Freiflächen gehören zur KG 510.
- Entsprechend Abschnitt 6.2 empfiehlt die DIN 276, auch für die Kostengruppen der zweiten und der dritten Ebene der Kostengliederung die Mengen und Bezugseinheiten der Tabelle 2 zu verwenden. Ergänzend dazu werden in dieser Arbeitshilfe von BKI spezifische Mengen und Bezugseinheiten für die Kostengruppen der zweiten und dritten Gliederungsebene entsprechend der BKI-Tabelle 5 angegeben (siehe Erläuterungen in Teil A, 7. BKI Ergänzung zur DIN 276 ff.).

DIN 276 Tabelle 1 – Kostengliederung	
512	**Umschließung** Verbau und Sicherung von Baugruben, Baugräben, Dämmen, Wällen und Einschnitten (z. B. Schlitz-, Pfahl-, Spund-, Trägerbohl-, Injektions- und Spritzbetonsicherung) einschließlich der Verankerungen, Absteifungen und Böschungen

BKI Tabelle 5 – Mengen und Bezugseinheiten für die Kostengruppe 500	
Einheit	m^2
Bezeichnung	Umschließungsfläche
Ermittlung	Umschlossene Begrenzungsflächen der Baugrube

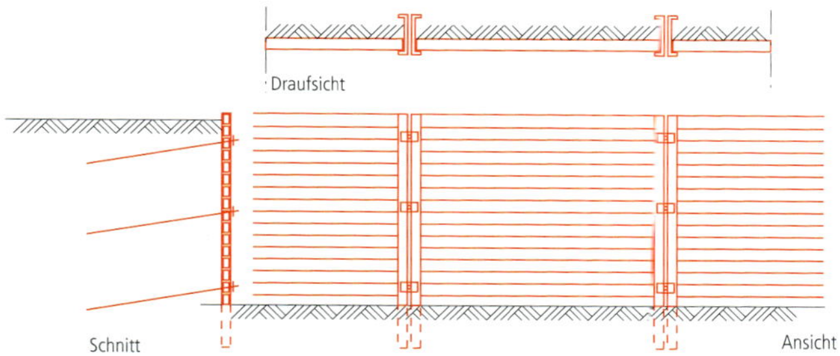

In dieser Kostengruppe enthalten

- Baugrubensicherung bei nicht standfähigem Boden, bei Grundwasser oder bei beengtem Bauraum (z.B. durch Trägerbohlwand, Spund- oder Schlitzwand, Bohrpfahlwand, Bohr- oder Rammpfählen)
- Verbau von Rohrgräben außerhalb der Gründungsebene des Bauwerks
- Für Umschließungen erforderliche Erd-, Bohr- und Rammarbeiten
- Für Unterfangungen notwendige Abbruch- und Gebäudesicherungsarbeiten
- Verankerungen, Absteifungen und Böschungen
- Injektions- und Spritzbetonsicherung
- Abdeckungen (z.B. mit Folien)
- Nachträgliches Verkürzen oder Entfernen von Baugrubensicherungen
- Setzungsmessungen

In anderen Kostengruppen enthalten

• Herstellung (z.B. Bodenabtrag, Bodensicherung, Bodenauftrag, Aushub von Baugruben)	KG 511
Umschließung	*KG 512*
• Wasserhaltung (z. B Beseitigung des Grund- und Schichtenwassers während der Bauzeit)	KG 513
• Vortrieb (z.B. Erdausbruch unter Tage, Stützung, Sicherung)	KG 514
• Sonstiges zur KG 510	KG 519
• Sicherungsmaßnahmen beim Herrichten des Grundstücks (z.B. Schutz von vorhandenen Baukonstruktionen und technischen Anlagen, Sichern von Bewuchs und Vegetationsschichten)	KG 211
• Umschließung bei Erdbaumaßnahmen für Bauwerke (z.B. Verbau und Sicherung von Baugruben, Baugräben, Dämmen, Wällen und Einschnitten)	KG 312
• Gründung, Unterbau für Baukonstruktionen von Bauwerken (z.B. Baugrundverbesserung, Flachgründungen, Tiefgründungen, Verankerungen, Dränagen)	KG 320
• Sicherungsmaßnahmen an Baukonstruktionen bestehender Bauwerke (z.B. Unterfangungen, Abstützungen)	KG 393
• Sicherungsmaßnahmen an technischen Anlagen bestehender Bauwerke (z.B. Unterfangungen, Abstützungen)	KG 493

In anderen Kostengruppen enthalten

- Gründung, Unterbau für Außenanlagen und Freiflächen einschließlich Erdarbeiten (z.B. Baugrundverbesserung, Gründungen und Bodenplatten; Dränagen) — KG 520
- Sicherungsbauweisen (z.B. Vegetationsstücke, Geotextilien, Flechtwerk, Böschungs- und Flächensicherungen) — KG 572
- Sicherungsmaßnahmen an bestehenden baulichen Anlagen in Außenanlagen und Freiflächen — KG 593

Erläuterungen

- Die Bodenarbeiten und Erdbaumaßnahmen für Baukonstruktionen (KG 540), technische Anlagen (KG 550), Einbauten (KG 560), Vegetationsflächen (KG 570) und Wasserflächen (KG 580) der Außenanlagen und Freiflächen gehören zur KG 510.
- Entsprechend Abschnitt 6.2 empfiehlt die DIN 276, auch für die Kostengruppen der zweiten und der dritten Ebene der Kostengliederung die Mengen und Bezugseinheiten der Tabelle 2 zu verwenden. Ergänzend dazu werden in dieser Arbeitshilfe von BKI spezifische Mengen und Bezugseinheiten für die Kostengruppen der zweiten und dritten Gliederungsebene entsprechend der BKI-Tabelle 5 angegeben (siehe Erläuterungen in Teil A, 7. BKI Ergänzung zur DIN 276 ff.).

DIN 276 Tabelle 1 – Kostengliederung

513 **Wasserhaltung**

Beseitigung des Grund- und Schichtenwassers während der Bauzeit

BKI Tabelle 5 – Mengen und Bezugseinheiten für die Kostengruppe 500

Einheit	m^3
Bezeichnung	Wasserhaltungsvolumen
Ermittlung	Zu entwässernder Rauminhalt einschließlich der Arbeitsräume und Böschungen

In dieser Kostengruppe enthalten

- Wasserhaltung während der Bauzeit (z.B. durch Vereisung, offene Gerinne, Hebeschächte, Brunnen, Pumpen, Leitungen, Vorflutbecken)
- Einrichten, Vorhalten, Betreiben und Räumen der Wasserhaltung einschließlich aller damit zusammenhängenden Kosten (z.B. Starkstromversorgung, Energie- und Anschlusskosten, kontinuierliche Überwachung, Einleitungsgebühren)

In anderen Kostengruppen enthalten

• Herstellung (z.B. Bodenabtrag, Bodensicherung, Bodenauftrag, Aushub von Baugruben)	KG 511
• Umschließung (z.B. Verbau und Sicherung von Baugruben, Baugruben, Dämmen, Einschnitten)	KG 512
Wasserhaltung	*KG 513*
• Vortrieb (z.B. Erdausbruch unter Tage, Stützung, Sicherung)	KG 514
• Sonstiges zur KG 510	KG 519
• Umleiten von Oberflächengewässern, Trockenlegung des Baugrundstücks beim Herrichten des Grundstücks	KG 214
• Wasserhaltung für Bauwerke	KG 313
• Abdichtungen gegen nichtdrückendes Wasser unter Bauwerken	KG 325
• Wasserdruckhaltende Abdichtungen gegenüber offenem, stehendem oder fließendem Wasser an Außenwänden von Bauwerken	KG 335
• Anlagen des Wasserbaus als Infrastrukturanlagen (z.B. Kanäle, Schleusen, Hafen-, Dock- und Werftanlagen)	KG 374
• Baustelleneinrichtung für Baukonstruktionen von Bauwerken	KG 391
• Baustelleneinrichtung für technische Anlagen von Bauwerken	KG 491
• Gründung, Unterbau für Außenanlagen und Freiflächen einschließlich Erdarbeiten (z.B. Baugrundverbesserung, Gründungen und Bodenplatten; Dränagen)	KG 520
• Wasserbecken, Schwimmbecken, Schwimmteiche	KG 548
• Wasseranlagen (z.B. Brunnenanlage zur Wassergewinnung)	KG 552
• Wasserflächen (z.B. naturnahe Wasserflächen, Sohl- und Uferausbildung, Befestigungen)	KG 580
• Baustelleneinrichtung für Außenanlagen und Freiflächen (z.B. Energie- und Bauwasseranschlüsse)	KG 591

Erläuterungen

- Die Bodenarbeiten und Erdbaumaßnahmen für Baukonstruktionen (KG 540), technische Anlagen (KG 550), Einbauten (KG 560), Vegetationsflächen (KG 570) und Wasserflächen (KG 580) der Außenanlagen und Freiflächen gehören zur KG 510.
- Entsprechend Abschnitt 6.2 empfiehlt die DIN 276, auch für die Kostengruppen der zweiten und der dritten Ebene der Kostengliederung die Mengen und Bezugseinheiten der Tabelle 2 zu verwenden. Ergänzend dazu werden in dieser Arbeitshilfe von BKI spezifische Mengen und Bezugseinheiten für die Kostengruppen der zweiten und dritten Gliederungsebene entsprechend der BKI-Tabelle 5 angegeben (siehe Erläuterungen in Teil A, 7. BKI Ergänzung zur DIN 276 ff.).
- Hierzu gehören die Kosten für zeitlich begrenzte Maßnahmen während der Bauzeit, die durch Schichten- und Grundwasser im Baugrund verursacht werden.

DIN 276 Tabelle 1 – Kostengliederung	
514	**Vortrieb**
	Erdausbruch unter Tage einschließlich Stützung und Sicherung

BKI Tabelle 5 – Mengen und Bezugseinheiten für die Kostengruppe 500	
Einheit	m^3
Bezeichnung	Vortriebsvolumen
Ermittlung	Rauminhalt des Ausbruchs

In dieser Kostengruppe enthalten

- Ausbruch eines horizontalen oder geneigten Grubenbaus durch Sprengen oder durch bergmännischen Vortrieb mit Tunnelvortriebsmaschinen
- Stütz- und Sicherungsmaßnahmen

In anderen Kostengruppen enthalten

• Herstellung (z.B. Bodenabtrag, Bodensicherung, Bodenauftrag, Aushub von Baugruben, Felssprengung, Bohrungen für Sprengungen, Lockerungssprengungen)	KG 511
• Umschließung (z.B. Verbau und Sicherung von Baugruben, Baugruben, Dämmen, Einschnitten)	KG 512
• Wasserhaltung (z. B Beseitigung des Grund- und Schichtenwassers während der Bauzeit)	KG 513
Vortrieb	*KG 514*
• Sonstiges zur KG 510	KG 519
• Herstellung von Baugruben/Erdbau für Bauwerke (z.B. Bodenabtrag, Bodensicherung, Bodenauftrag, Aushub von Baugruben und Baugräben, Oberbodenarbeiten, Verfüllungen)	KG 311
• Umschließung bei Erdbaumaßnahmen für Bauwerke (z.B. Verbau und Sicherung von Baugruben Baugräben, Dämmen, Wällen und Einschnitten)	KG 312
• Vortrieb (z.B. Erdausbruch unter Tage in bergmännischer Bauweise, Stützung, Sicherung)	KG 314
• Sicherungsmaßnahmen an Baukonstruktionen bestehender Bauwerke (z.B. Unterfangungen, Abstützungen)	KG 393
• Sicherungsmaßnahmen an technischen Anlagen bestehender Bauwerke (z.B. Unterfangungen, Abstützungen)	KG 493
• Sicherungsmaßnahmen an bestehenden baulichen Anlagen in Außenanlagen und Freiflächen	KG 593

Erläuterungen

- Die Bodenarbeiten und Erdbaumaßnahmen für Baukonstruktionen (KG 540), technische Anlagen (KG 550), Einbauten (KG 560), Vegetationsflächen (KG 570) und Wasserflächen (KG 580) der Außenanlagen und Freiflächen gehören zur KG 510.
- Entsprechend Abschnitt 6.2 empfiehlt die DIN 276, auch für die Kostengruppen der zweiten und der dritten Ebene der Kostengliederung die Mengen und Bezugseinheiten der Tabelle 2 zu verwenden. Ergänzend dazu werden in dieser Arbeitshilfe von BKI spezifische Mengen und Bezugseinheiten für die Kostengruppen der zweiten und dritten Gliederungsebene entsprechend der BKI-Tabelle 5 angegeben (siehe Erläuterungen in Teil A, 7. BKI Ergänzung zur DIN 276 ff.).

DIN 276 Tabelle 1 – Kostengliederung

519 **Sonstiges zur KG 510**

BKI Tabelle 5 – Mengen und Bezugseinheiten für die Kostengruppe 500

Einheit	m^3
Bezeichnung	Erdbauraumrinhalt
Ermittlung	Rauminhalt einschließlich der Arbeitsräume und Böschungen

In dieser Kostengruppe enthalten

- Sonstige Kosten für Erdbau, die nicht den KG 511 bis 514 zuzuordnen sind

In anderen Kostengruppen enthalten

• Herstellung (z.B. Bodenabtrag, Bodensicherung, Bodenauftrag, Aushub von Baugruben)	KG 511
• Umschließung (z.B. Verbau und Sicherung von Baugruben, Baugruben, Dämmen, Einschnitten)	KG 512
• Wasserhaltung (z. B Beseitigung des Grund- und Schichtenwassers während der Bauzeit)	KG 513
• Vortrieb (z.B. Erdausbruch unter Tage, Stützung, Sicherung)	KG 514
Sonstiges zur KG 510	*KG 519*
• Sicherungsmaßnahmen beim Herrichten des Grundstücks (z.B. Schutz von vorhandenen Baukonstruktionen und technischen Anlagen, Sichern von Bewuchs und Vegetationsschichten)	KG 211
• Abbruchmaßnahmen beim Herrichten des Grundstücks (z.B. vollständiger Abbruch von Bauwerken, technischen Anlagen, Außenanlagen und Freiflächen)	KG 212
• Herrichten der Geländeoberfläche (z.B. Roden von Bewuchs, Planieren, Bodenbewegungen, Oberbodensicherung)	KG 214
• Baugrube/Erdbau für Bauwerke (z.B. Oberbodenarbeiten, Bodenarbeiten, Baugruben, Dämme, Einschnitte, Hangsicherungen)	KG 310
• Gründung, Unterbau für Bauwerke (z.B. Baugrundverbesserung, Aushub von Fundamenten, Dränagen)	KG 320
• Gründung, Unterbau für Außenanlagen und Freiflächen einschließlich Erdarbeiten (z.B. Baugrundverbesserung, Gründungen und Bodenplatten; Dränagen)	KG 520

Erläuterungen

- Die Bodenarbeiten und Erdbaumaßnahmen für Baukonstruktionen (KG 540), technische Anlagen (KG 550), Einbauten (KG 560), Vegetationsflächen (KG 570) und Wasserflächen (KG 580) der Außenanlagen und Freiflächen gehören zur KG 510.
- Entsprechend Abschnitt 6.2 empfiehlt die DIN 276, auch für die Kostengruppen der zweiten und der dritten Ebene der Kostengliederung die Mengen und Bezugseinheiten der Tabelle 2 zu verwenden. Ergänzend dazu werden in dieser Arbeitshilfe von BKI spezifische Mengen und Bezugseinheiten für die Kostengruppen der zweiten und dritten Gliederungsebene entsprechend der BKI-Tabelle 5 angegeben (siehe Erläuterungen in Teil A, 7. BKI Ergänzung zur DIN 276 ff.).

DIN 276 Tabelle 1 – Kostengliederung

520	**Gründung, Unterbau**
	Gründungs- und Unterbaumaßnahmen von Außenanlagen und Freiflächen einschließlich der zugehörigen Erdarbeiten und Sauberkeitsschichten, soweit nicht in der KG 510 erfasst

BKI Tabelle 5 – Mengen und Bezugseinheiten für die Kostengruppe 500

Einheit	m^2
Bezeichnung	Außenanlagenfläche (AF)
Ermittlung	Gesamte Außenanlagenfläche nach DIN 277

In dieser Kostengruppe enthalten

KG 521	Baugrundverbesserung (z.B. Bodenaustausch, Verdichtung, Einpressung, Stützmaßnahmen)
KG 522	Gründungen und Bodenplatten (z.B. Einzel- und Streifenfundamente, Fundament-, Sohl- und Bodenplatten)
KG 523	Gründungsbeläge (z.B. Beläge auf Sohl-, Boden- und Fundamentplatten)
KG 524	Abdichtungen und Bekleidungen (z.B. Konstruktionsschichten unterhalb der Sohl-, Boden- und Fundamentplatten, vertikale Abdichtungen und Bekleidungen der Gründung)
KG 525	Dränagen (z.B. Leitungen, Schächte, Packungen, Pumpensümpfe, Tiefen- und Oberflächenentwässerung)
KG 529	Sonstiges zur KG 520

In anderen Kostengruppen enthalten

• Erdbau für Außenanlagen und Freiflächen (z.B. Oberbodenarbeiten, Bodenarbeiten, Erdbaumaßnahmen, Baugruben, Dämme, Einschnitte Wälle, Hangsicherungen)	KG 510
Gründung, Unterbau	*KG 520*
• Oberbau- und Deckschichten von Außenanlagen und Freiflächen (z.B. Wege, Straßen, Plätze, Sport- und Spielplatzflächen)	KG 530
• Baukonstruktionen in Außenanlagen und Freiflächen (z.B. Einfriedungen, Schutz- und Wandkonstruktionen, Rampen, Treppen, Tribünen, Überdachungen, Stege, Wasserbecken)	KG 540
• Technische Anlagen in Außenanlagen und Freiflächen (z.B. Abwasser- und Wasseranlagen, Wärmeversorgungsanlagen, elektrische Anlagen)	KG 550
• Einbauten in Außenanlagen und Freiflächen	KG 560
• Vegetationsflächen (z.B. vegetationstechnische Bodenbearbeitung, Sicherungsbauweisen, Pflanzflächen)	KG 570
• Wasserflächen (z.B. naturnahe Wasserflächen, Sohl- und Uferausbildung, Befestigungen, Abdichtungen)	KG 580
• Sonstige Maßnahmen für Außenanlagen und Freiflächen (z.B. Baustelleneinrichtung)	KG 590
• Herrichten der Geländeoberfläche (z.B. Roden von Bewuchs, Planieren, Bodenbewegungen, Oberbodensicherung)	KG 214
• Gründung, Unterbau für Bauwerke (z.B. Baugrundverbesserung, Flachgründungen, Tiefgründungen, Verankerungen, Dränagen)	KG 320
• Künstlerische Ausstattung (z.B. Erdarbeiten und Gründungen für Kunstobjekte)	KG 640

Erläuterungen

- Die Gründungs- und Unterbaumaßnahmen für Baukonstruktionen (KG 540), technische Anlagen (KG 550) und Einbauten (KG 560) der Außenanlagen und Freiflächen gehören zur KG 520.
- Entsprechend Abschnitt 6.2 empfiehlt die DIN 276, auch für die Kostengruppen der zweiten und der dritten Ebene der Kostengliederung die Mengen und Bezugseinheiten der Tabelle 2 zu verwenden. Ergänzend dazu werden in dieser Arbeitshilfe von BKI spezifische Mengen und Bezugseinheiten für die Kostengruppen der zweiten und dritten Gliederungsebene entsprechend der BKI-Tabelle 5 angegeben (siehe Erläuterungen in Teil A, 7. BKI Ergänzung zur DIN 276 ff.).

DIN 276 Tabelle 1 – Kostengliederung	
521	**Baugrundverbesserung** Bodenaustausch, Verdichtung, Einpressung, Ankerung, Stützmaßnahmen, Bodenlockerung, Verlegung von Geotextilien

BKI Tabelle 5 – Mengen und Bezugseinheiten für die Kostengruppe 500	
Einheit	m^2
Bezeichnung	Baugrundverbesserungsfläche
Ermittlung	Grundfläche der Baugrundverbesserung

In dieser Kostengruppe enthalten

- Bodenaustausch außerhalb des Bauwerks
- Bodenverdichtung (z.B. Verfestigung durch Vermischen mit bindigen Materialien)
- Injektionen und Einpressungen mit verschiedenen Materialien
- Auffüllung von vorhandenen Kavernen und Hohlräumen
- Ankerungen und Stützmaßnahmen
- Bohrungen und Sicherungsmaßnahmen für Baugrundverbesserungen
- Bodenlockerung (z.B. Umgraben, Fräsen, Pflügen, Sanden)
- Verlegung von Geotextilien

In anderen Kostengruppen enthalten

Baugrundverbesserung	*KG 521*
• Gründungen und Bodenplatten (z.B. Einzel- und Streifenfundamente, Fundament-, Sohl- und Bodenplatten)	KG 522
• Gründungsbeläge (z.B. Beläge auf Sohl-, Boden- und Fundamentplatten)	KG 523
• Abdichtungen und Bekleidungen (z.B. Konstruktionsschichten unterhalb der Sohl-, Boden- und Fundamentplatten, vertikale Abdichtungen und Bekleidungen der Gründung)	KG 524
• Dränagen (z.B. Leitungen, Schächte, Packungen, Pumpensümpfe, Tiefen- und Oberflächenentwässerung)	KG 525
• Sonstiges zur KG 520	KG 529
• Altlastenbeseitigung beim Herrichten des Grundstücks (z.B. Bodenaustausch bei der Beseitigung von Altlasten auf dem Grundstück	KG 213
• Herrichten der Geländeoberfläche (z.B. Bodenauftrag, Verdichten des Bodens)	KG 214
• Baugrube/Erdbau für Bauwerke (z.B. Oberbodenarbeiten und Bodenarbeiten, Baugruben, Bodenabtrag, Bodenauftrag)	KG 310
• Gründung, Unterbau für Bauwerke (z.B. Baugrundverbesserung, Flachgründungen, Tiefgründungen, Verankerungen, Dränagen)	KG 320
• Baugrundverbesserung bei Gründungs- und Unterbaumaßnahmen für Bauwerke	KG 321
• Erdbau für Außenanlagen und Freiflächen (z.B. Oberbodenarbeiten, Bodenarbeiten, Erdbaumaßnahmen, Baugruben, Dämme, Einschnitte Wälle, Hangsicherungen)	KG 510
• Vegetationstechnische Bodenbearbeitung (z.B. Vorbereitung von Pflanzflächen durch Oberbodenauftrag, Oberbodenlockerung, Fräsen, Planieren, Bodenverbesserung)	KG 571
• Sicherungsbauweisen (z.B. Vegetationsstücke, Geotextilien, Flechtwerk, Böschungs- und Flächensicherungen)	KG 572

Erläuterungen

- Die Gründungs- und Unterbaumaßnahmen für Baukonstruktionen (KG 540), technische Anlagen (KG 550) und Einbauten (KG 560) der Außenanlagen und Freiflächen gehören zur KG 520.
- Entsprechend Abschnitt 6.2 empfiehlt die DIN 276, auch für die Kostengruppen der zweiten und der dritten Ebene der Kostengliederung die Mengen und Bezugseinheiten der Tabelle 2 zu verwenden. Ergänzend dazu werden in dieser Arbeitshilfe von BKI spezifische Mengen und Bezugseinheiten für die Kostengruppen der zweiten und dritten Gliederungsebene entsprechend der BKI-Tabelle 5 angegeben (siehe Erläuterungen in Teil A, 7. BKI Ergänzung zur DIN 276 ff.).

100 200 300 400 500 600 700 800

Erläuterungen

- Hierzu gehören die Kosten für das Erstellen eines tragfähigen Bodens bzw. des Gründungshorizonts für Außenanlagen und Freiflächen, durch Sondermaßnahmen, z.B. Bodenaustausch.

DIN 276 Tabelle 1 – Kostengliederung

522 **Gründungen und Bodenplatten**
Einzelfundamente, Streifenfundamente, Fundament-, Sohl- und Bodenplatten

BKI Tabelle 5 – Mengen und Bezugseinheiten für die Kostengruppe 500

Einheit	m²
Bezeichnung	Gründungsfläche
Ermittlung	Grundfläche der Gründungen

In dieser Kostengruppe enthalten

- Einzel- und Streifenfundamente
- Sonderfundamente (z.B. Stiefelfundamente, Köcherfundamente, Zugfundamente)
- Fundament-, Sohl-, und Bodenplatten
- Fundament-, Sohl-, und Bodenplatten in wasserundurchlässiger Ausführung („weiße Wanne")
- Fundamentabtreppungen, Fundamentvergrößerungen
- Fundamenthälse, wandartige Fundamente (z.B. zur frostsicheren Gründung, Frostschürzen)
- Schotterfundamente
- Erdarbeiten für Fundamente (z.B. Aushub einschließlich der Arbeitsräume, Abtransport, Hinterfüllen)

In anderen Kostengruppen enthalten

• Baugrundverbesserung (z.B. Bodenaustausch, Verdichtung, Einpressung, Stützmaßnahmen)	KG 521
Gründungen und Bodenplatten	*KG 522*
• Gründungsbeläge (z.B. Beläge auf Sohl-, Boden- und Fundamentplatten)	KG 523
• Abdichtungen und Bekleidungen (z.B. Konstruktionsschichten unterhalb der Sohl-, Boden- und Fundamentplatten, vertikale Abdichtungen und Bekleidungen der Gründung)	KG 524
• Dränagen (z.B. Leitungen, Schächte, Packungen, Pumpensümpfe, Tiefen- und Oberflächenentwässerung)	KG 525
• Sonstiges zur KG 520	KG 529
• Herrichten der Geländeoberfläche (z.B. Roden von Bewuchs, Planieren, Bodenbewegungen, Oberbodensicherung)	KG 214
• Baugrube/Erdbau für Bauwerke (z.B. Oberbodenarbeiten und Bodenarbeiten, Baugruben, Bodenabtrag, Bodenauftrag)	KG 310
• Gründung, Unterbau für Bauwerke (z.B. Baugrundverbesserung, Flachgründungen, Tiefgründungen, Verankerungen, Dränagen)	KG 320
• Erdbau für Außenanlagen und Freiflächen (z.B. Oberbodenarbeiten, Bodenarbeiten, Erdbaumaßnahmen, Baugruben, Dämme, Einschnitte Wälle, Hangsicherungen)	KG 510
• Künstlerische Ausstattung (z.B. Erdarbeiten und Gründungen für Kunstobjekte)	KG 640

Erläuterungen

- Die Gründungs- und Unterbaumaßnahmen für Baukonstruktionen (KG 540), technische Anlagen (KG 550) und Einbauten (KG 560) der Außenanlagen und Freiflächen gehören zur KG 520.
- Entsprechend Abschnitt 6.2 empfiehlt die DIN 276, auch für die Kostengruppen der zweiten und der dritten Ebene der Kostengliederung die Mengen und Bezugseinheiten der Tabelle 2 zu verwenden. Ergänzend dazu werden in dieser Arbeitshilfe von BKI spezifische Mengen und Bezugseinheiten für die Kostengruppen der zweiten und dritten Gliederungsebene entsprechend der BKI-Tabelle 5 angegeben (siehe Erläuterungen in Teil A, 7. BKI Ergänzung zur DIN 276 ff.).
- In dieser Kostengruppe wird nicht die Grundfläche der Streifen- und Einzelfundamente ermittelt, sondern die Grundfläche der horizontalen Flächen, welche durch diese gegründet werden (z.B. Terrassen, Rampen, Treppen, Tribünen, Überdachungen).

DIN 276 Tabelle 1 – Kostengliederung

523	**Gründungsbeläge**
	Beläge auf Sohl-, Boden- und Fundamentplatten (z. B. Estriche, Dichtungs-, Dämm-, Schutz- und Nutzschichten)

BKI Tabelle 5 – Mengen und Bezugseinheiten für die Kostengruppe 500

Einheit	m^2
Bezeichnung	Gründungsbelagsfläche
Ermittlung	Grundfläche der Gründungsbeläge

In dieser Kostengruppe enthalten

- Abdichtungen auf Sohl-, Boden- und Fundamentplatten (ggf. mit Trenn-, Dämm- und Schutzschichten)
- Ausgleichs- und Gefälleschichten, Schüttungen
- Estriche (z.B. schwimmende Estriche, Kontakt- und Verbundestriche)
- Nutzschichten (z.B. Bodenbeschichtungen, Fliesen- und Plattenbeläge, Natur- und Betonwerksteinbeläge, Holzpflaster)
- Unterkonstruktionen in Trockenbaumaterialien (z.B. Holzwerkstoffe, Metall, Kunststoff)
- Straßenbeläge (z.B. Beton oder Asphalt)
- Pflasterbeläge (z.B. Natur- oder Betonwerksteine, Klinkern, Ziegelbeläge)
- Bodenauftrag auf Unterböden und Bodenplatten für Bepflanzungen
- Oberflächennachbearbeitung (z.B. Schleifen, Versiegeln, Beschichten, Spachteln, Fugen verschweißen)
- Besondere Ausführungen (z.B. Markierungen, Rinnen, Grate, Mulden, Gerätesockel, Kehlsockel, Fuß- und Putzleisten)
- Einbauteile in Gründungsbelägen (z.B. Rahmen mit Rosten oder Matten, Stoßkanten, Abschluss- und Trennschienen, Schwellen)

In anderen Kostengruppen enthalten

• Baugrundverbesserung (z.B. Bodenaustausch, Verdichtung, Einpressung, Stützmaßnahmen)	KG 521
• Gründungen und Bodenplatten (z.B. Einzel- und Streifenfundamente, Fundament-, Sohl- und Bodenplatten)	KG 522
Gründungsbeläge	*KG 523*
• Abdichtungen und Bekleidungen (z.B. Konstruktionsschichten unterhalb der Sohl-, Boden- und Fundamentplatten, vertikale Abdichtungen und Bekleidungen der Gründung)	KG 524
• Dränagen (z.B. Leitungen, Schächte, Packungen, Pumpensümpfe, Tiefen- und Oberflächenentwässerung)	KG 525
• Sonstiges zur KG 520	KG 529
• Gründungsbeläge in Bauwerken (z.B. Beläge auf Sohl-, Boden- und Fundamentplatten)	KG 324
• Deckenbeläge in Bauwerken (z.B. Beläge auf Deckenkonstruktionen und horizontalen Baukonstruktionen, ggf. mit Begrünungssystemen)	KG 353
• Dachbeläge von Bauwerken (z.B. Beläge auf Dachkonstruktionen, Dachentwässerung, ggf. Dachbegrünungen)	KG 363
• In Gründungsbelägen verlegte Installationen (z.B. Abläufe, Leitungen)	KG 550

Erläuterungen

- Die Kosten von Außenanlagen und Freiflächen, die durch Bauwerke unterbaut sind (z.B. von Tiefgaragen, Untergeschossen des Bauwerks, Tunneln), sind bei den betreffenden Kostengruppen der KG 500 auszuweisen (siehe DIN 276, Tabelle 1, Anmerkungen zu KG 500).
- Die Gründungs- und Unterbaumaßnahmen für Baukonstruktionen (KG 540), technische Anlagen (KG 550) und Einbauten (KG 560) der Außenanlagen und Freiflächen gehören zur KG 520.
- Entsprechend Abschnitt 6.2 empfiehlt die DIN 276, auch für die Kostengruppen der zweiten und der dritten Ebene der Kostengliederung die Mengen und Bezugseinheiten der Tabelle 2 zu verwenden. Ergänzend dazu werden in dieser Arbeitshilfe von BKI spezifische Mengen und Bezugseinheiten für die Kostengruppen der zweiten und dritten Gliederungsebene entsprechend der BKI-Tabelle 5 angegeben (siehe Erläuterungen in Teil A, 7. BKI Ergänzung zur DIN 276 ff.).

DIN 276 Tabelle 1 – Kostengliederung

524 **Abdichtungen und Bekleidungen**

Konstruktionsschichten unterhalb der Sohl-, Boden- und Fundamentplatte, Abdichtungen und Bekleidungen der Gründung einschließlich Dämmungen sowie Filter-, Trenn-, Sauberkeits- und Schutzschichten

BKI Tabelle 5 – Mengen und Bezugseinheiten für die Kostengruppe 500

Einheit	m^2
Bezeichnung	Abdichtungs- und Bekleidungsfläche
Ermittlung	Abgedichtete und bekleidete Flächen

In dieser Kostengruppe enthalten

- Auffüllungen zwischen den Fundamenten
- Sauberkeits- und Filterschichten (z.B. aus Beton, Sand, Kies, Schotter, Schlacke)
- Trennschichten (z.B. aus Folien, Bitumenbahnen)
- Abdichtungen gegen nichtdrückendes Wasser unterhalb der Unterböden, Fundament- und Bodenplatten einschließlich der Dämm-, Trenn- und Schutzschichten
- Vertikale Abdichtungen und Bekleidungen der Gründung einschließlich Dämm-, Filter-, Trenn-, Sauberkeits- und Schutzschichten
- Verdichten des anstehenden Bodens als nutzbarer Boden (z.B. bei einfachen Bauten)

In anderen Kostengruppen enthalten

• Baugrundverbesserung (z.B. Bodenaustausch, Verdichtung, Einpressung, Stützmaßnahmen)	KG 521
• Gründungen und Bodenplatten (z.B. Einzel- und Streifenfundamente, Fundament-, Sohl- und Bodenplatten)	KG 522
• Gründungsbeläge (z.B. Beläge auf Sohl-, Boden- und Fundamentplatten)	KG 523
Abdichtungen und Bekleidungen	*KG 524*
• Dränagen (z.B. Leitungen, Schächte, Packungen, Pumpensümpfe, Tiefen- und Oberflächenentwässerung)	KG 525
• Sonstiges zur KG 520	KG 529
• Herrichten der Geländeoberfläche (z.B. Bodenbewegungen, Planieren, Verdichten des Bodens)	KG 214
• Herstellung für Bauwerke (z.B. Aushub und Verfüllung von Rohrgräben unterhalb der Gründungsebene des Bauwerks)	KG 311
• Baugrundverbesserung bei Gründungs- und Unterbaumaßnahmen für Bauwerke	KG 321
• Abdichtungen und Bekleidungen für Bauwerke (z.B. Konstruktionsschichten unterhalb der Sohl-, Boden- und Fundamentplatte, vertikale Abdichtungen und Bekleidungen der Gründung)	KG 325
• Herstellung für Außenanlagen und Freiflächen (z.B. Verfüllungen bis Gründungshorizont)	KG 511

Erläuterungen

- Die Kosten von Außenanlagen und Freiflächen, die durch Bauwerke unterbaut sind (z.B. von Tiefgaragen, Untergeschossen des Bauwerks, Tunneln), sind bei den betreffenden Kostengruppen der KG 500 auszuweisen (siehe DIN 276, Tabelle 1, Anmerkungen zu KG 500).
- Die Gründungs- und Unterbaumaßnahmen für Baukonstruktionen (KG 540), technische Anlagen (KG 550) und Einbauten (KG 560) der Außenanlagen und Freiflächen gehören zur KG 520.
- Entsprechend Abschnitt 6.2 empfiehlt die DIN 276, auch für die Kostengruppen der zweiten und der dritten Ebene der Kostengliederung die Mengen und Bezugseinheiten der Tabelle 2 zu verwenden. Ergänzend dazu werden in dieser Arbeitshilfe von BKI spezifische Mengen und Bezugseinheiten für die Kostengruppen der zweiten und dritten Gliederungsebene entsprechend der BKI-Tabelle 5 angegeben (siehe Erläuterungen in Teil A, 7. BKI Ergänzung zur DIN 276 ff.).
- Die vertikalen Abdichtungen und Bekleidungen werden bis zur Oberkante der Gründung gemessen.

DIN 276 Tabelle 1 – Kostengliederung	
525	**Dränagen**
	Leitungen, Schächte, Packungen, Pumpensümpfe, Tiefenentwässerung, Oberflächenentwässerung

BKI Tabelle 5 – Mengen und Bezugseinheiten für die Kostengruppe 500	
Einheit	m^2
Bezeichnung	Dränierte Fläche
Ermittlung	Der mit Dränagen versehene Anteil der Außenanlagenfläche

In dieser Kostengruppe enthalten

- Tiefenentwässerung und Oberflächenentwässerung
- Ständige Wasserhaltung (z.B. durch Ableitung über Pumpenanlagen mit Brunnen, Rohrleitungen und Stromversorgung)
- Ständige Wasserhaltung (z.B. durch Ring- oder Grunddränage, Unterdükerung mit Kontrollschächten, Leitungen, Kanäle)
- Erdarbeiten für Dränagen und Abdichtungen
- Gasdränagen

In anderen Kostengruppen enthalten

• Baugrundverbesserung (z.B. Bodenaustausch, Verdichtung, Einpressung, Stützmaßnahmen)	KG 521
• Gründungen und Bodenplatten (z.B. Einzel- und Streifenfundamente, Fundament-, Sohl- und Bodenplatten)	KG 522
• Gründungsbeläge (z.B. Beläge auf Sohl-, Boden- und Fundamentplatten)	KG 523
• Abdichtungen und Bekleidungen (z.B. Konstruktionsschichten unterhalb der Sohl-, Boden- und Fundamentplatten, vertikale Abdichtungen und Bekleidungen der Gründung)	KG 524
Dränagen	*KG 525*
• Sonstiges zur KG 520	KG 529
• Wasserhaltung für Bauwerke	KG 313
• Dränagen für Bauwerke (z.B. Leitungen, Schächte, Packungen, Pumpensümpfe, Tiefenentwässerung, Oberflächenentwässerung)	KG 326
• Anlagen des Wasserbaus als Infrastrukturanlagen	KG 374
• Baustelleneinrichtung für Baukonstruktionen von Bauwerken	KG 391
• Baustelleneinrichtung für technischen Anlagen von Bauwerken	KG 491
• Wasserhaltung für Außenanlagen und Freiflächen	KG 513
• Wasserbecken (z.B. Schwimmbecken, Schwimmteiche)	KG 548
• Abwasseranlagen der technischen Anlagen in Außenanlagen und Freiflächen	KG 551
• Wasseranlagen (z.B. Brunnenanlage zur Wassergewinnung)	KG 552
• Wasserflächen (z.B. naturnahe Wasserflächen)	KG 580
• Baustelleneinrichtung für Außenanlagen und Freiflächen (z.B. Energie- und Bauwasseranschlüsse)	KG 591

Erläuterungen

- Die Kosten von Außenanlagen und Freiflächen, die durch Bauwerke unterbaut sind (z.B. von Tiefgaragen, Untergeschossen des Bauwerks, Tunneln), sind bei den betreffenden Kostengruppen der KG 500 auszuweisen (siehe DIN 276, Tabelle 1, Anmerkungen zu KG 500).
- Die Gründungs- und Unterbaumaßnahmen für Baukonstruktionen (KG 540), Technische Anlagen (KG 550)
- Entsprechend Abschnitt 6.2 empfiehlt die DIN 276, auch für die Kostengruppen der zweiten und der dritten Ebene der Kostengliederung die Mengen und Bezugseinheiten der Tabelle 2 zu verwenden. Ergänzend dazu werden in dieser Arbeitshilfe von BKI spezifische Mengen und Bezugseinheiten für die Kostengruppen der zweiten und dritten Gliederungsebene entsprechend der BKI-Tabelle 5 angegeben (siehe Erläuterungen in Teil A, 7. BKI Ergänzung zur DIN 276 ff.).

DIN 276 Tabelle 1 – Kostengliederung

529 Sonstiges zur KG 520

BKI Tabelle 5 – Mengen und Bezugseinheiten für die Kostengruppe 500

Einheit	m^2
Bezeichnung	Außenanlagenfläche (AF)
Ermittlung	Gesamte Außenanlagenfläche nach DIN 277

In dieser Kostengruppe enthalten

- Sonstige Kosten für Gründung und Unterbau, die nicht den KG 521 bis 525 zuzuordnen sind (z.B. Einbauteile, Klappen, Steigeisen)

In anderen Kostengruppen enthalten

• Baugrundverbesserung (z.B. Bodenaustausch, Verdichtung, Einpressung, Stützmaßnahmen)	KG 521
• Gründungen und Bodenplatten (z.B. Einzel- und Streifenfundamente, Fundament-, Sohl- und Bodenplatten)	KG 522
• Gründungsbeläge (z.B. Beläge auf Sohl-, Boden- und Fundamentplatten)	KG 523
• Abdichtungen und Bekleidungen (z.B. Konstruktionsschichten unterhalb der Sohl-, Boden- und Fundamentplatten, vertikale Abdichtungen und Bekleidungen der Gründung)	KG 524
• Dränagen (z.B. Leitungen, Schächte, Packungen, Pumpensümpfe, Tiefen- und Oberflächenentwässerung)	KG 525
Sonstiges zur KG 520	*KG 529*
• Gründungs- und Unterbaumaßnahmen für Bauwerke	KG 320
• Dachbeläge für Bauwerke (z.B. Abdichtungen auf Tiefgaragen)	KG 363

Erläuterungen

- Die Kosten von Außenanlagen und Freiflächen, die durch Bauwerke unterbaut sind (z.B. von Tiefgaragen, Untergeschossen des Bauwerks, Tunneln), sind bei den betreffenden Kostengruppen der KG 500 auszuweisen (siehe DIN 276, Tabelle 1, Anmerkungen zu KG 500).
- Die Gründungs- und Unterbaumaßnahmen für Baukonstruktionen (KG 540), Technische Anlagen (KG 550)
- Entsprechend Abschnitt 6.2 empfiehlt die DIN 276, auch für die Kostengruppen der zweiten und der dritten Ebene der Kostengliederung die Mengen und Bezugseinheiten der Tabelle 2 zu verwenden. Ergänzend dazu werden in dieser Arbeitshilfe von BKI spezifische Mengen und Bezugseinheiten für die Kostengruppen der zweiten und dritten Gliederungsebene entsprechend der BKI-Tabelle 5 angegeben (siehe Erläuterungen in Teil A, 7. BKI Ergänzung zur DIN 276 ff.).

DIN 276 Tabelle 1 – Kostengliederung	
530	**Oberbau, Deckschichten**
	Oberbau- und Deckschichten von Außenanlagen und Freiflächen; Oberbau und Deckschichten mit oder ohne Bindemittel von befestigten Flächen einschließlich Bettungsmaterialien, Fugenfüllungen, Markierungen und Einfassungen (z. B. Borde, Kantensteine)

BKI Tabelle 5 – Mengen und Bezugseinheiten für die Kostengruppe 500	
Einheit	m^2
Bezeichnung	Oberbaufläche/Fläche der Deckschichten
Ermittlung	Fläche des Oberbaus/Fläche der Deckschichten

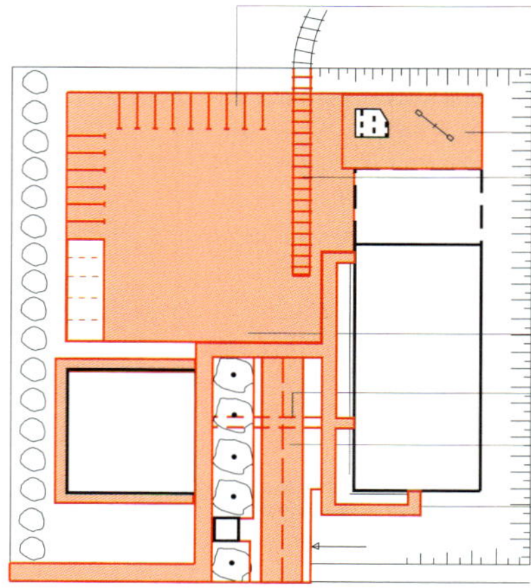

In dieser Kostengruppe enthalten	
KG 531	Wege (z.B. Oberbau und Deckschichten von Flächen für den Fuß- und Radverkehr)
KG 532	Straßen (z.B. Oberbau- und Deckschichten von Flächen für den Leicht- und Schwerverkehr sowie für Fußgängerzonen mit Anlieferungsverkehr)
KG 533	Plätze, Höfe, Terrassen (z.B. Oberbau- und Deckschichten von Platzflächen, Innenhöfen, Terrassen, Sitzplätzen)
KG 534	Stellplätze (z.B. Oberbau- und Deckschichten von Flächen für den ruhenden Verkehr)
KG 535	Sportplatzflächen (z.B. Oberbau- und Deckschichten von Sportplatzflächen)
KG 536	Spielplatzflächen (z.B. Oberbau- und Deckschichten von Spielplatzflächen)
KG 537	Gleisanlagen (z.B. Gleise, Weichen und Gleisabschlüsse einschließlich Schwellen)
KG 538	Flugplatzflächen (z.B. Oberbau und Deckschichten beispielsweise von Hubschrauberlandeplätzen)
KG 539	Sonstiges zur KG 530 (z.B. Gitter, Stoßabweiser, Handläufe, Berührungsschutz)

In anderen Kostengruppen enthalten	
• Erdbau von Außenanlagen und Freiflächen (z.B. Oberbodenarbeiten, Bodenarbeiten, Erdbaumaßnahmen, Baugruben, Dämme, Einschnitte Wälle, Hangsicherungen)	KG 510
• Gründung, Unterbau (z.B. Baugrundverbesserung, Aushub von Fundamenten, Dränagen)	KG 520
Oberbau, Deckschichten	*KG 530*
• Baukonstruktionen (z.B. Einfriedungen, Schutz- und Wandkonstruktionen, Rampen, Treppen, Tribünen, Überdachungen, Stege, Wasserbecken)	KG 540
• Technische Anlagen (z.B. Abwasser- und Wasseranlagen, Wärmeversorgungsanlagen, elektrische Anlagen)	KG 550

In anderen Kostengruppen enthalten

• Einbauten in Außenanlagen und Freiflächen (z.B. Wirtschaftsgegenstände, Spielplatzeinbauten, Orientierungssysteme)	KG 560
• Vegetationsflächen (z.B. vegetationstechnische Bodenbearbeitung, Sicherungsbauweisen, Pflanzflächen)	KG 570
• Wasserflächen (z.B. Befestigungen, Abdichtungen, Bepflanzungen)	KG 580
• Sonstige Maßnahmen für Außenanlagen und Freiflächen (z.B. Baustelleneinrichtung)	KG 590
• Gründungsbeläge in Bauwerken (z.B. Beläge auf Sohl-, Boden- und Fundamentplatten)	KG 324
• Deckenbeläge in Bauwerken (z.B. Beläge auf Deckenkonstruktionen und horizontalen Baukonstruktionen, ggf. mit Begrünungssystemen)	KG 353
• Dachbeläge von Bauwerken (z.B. Beläge auf Dachkonstruktionen, Dachentwässerung, ggf. Dachbegrünungen)	KG 363
• Dränagen in Außenanlagen und Freiflächen (z.B. Drän-und Wasserspeichermatten)	KG 525
• Künstlerische Gestaltung der Außenanlagen und Freiflächen (z.B. Mosaike)	KG 643

Erläuterungen

- Hierzu gehören auch die Kosten von Außenanlagen und Freiflächen, die durch Bauwerke unterbaut sind (siehe DIN 276, Tabelle 1, Anmerkungen zu KG 500).
- Entsprechend Abschnitt 6.2 empfiehlt die DIN 276, auch für die Kostengruppen der zweiten und der dritten Ebene der Kostengliederung die Mengen und Bezugseinheiten der Tabelle 2 zu verwenden. Ergänzend dazu werden in dieser Arbeitshilfe von BKI spezifische Mengen und Bezugseinheiten für die Kostengruppen der zweiten und dritten Gliederungsebene entsprechend der BKI-Tabelle 5 angegeben (siehe Erläuterungen in Teil A, 7. BKI Ergänzung zur DIN 276 ff.).
- Kosten, die für die Bearbeitung und Herstellung der befestigten Flächen aufgewendet werden.

DIN 276 Tabelle 1 – Kostengliederung

531	**Wege**
	Oberbau und Deckschichten von Flächen für den Fuß- und Radverkehr

BKI Tabelle 5 – Mengen und Bezugseinheiten für die Kostengruppe 500

Einheit	m^2
Bezeichnung	Wegefläche
Ermittlung	Der mit Wegen versehene Anteil von Oberbaufläche/Fläche der Deckschichten

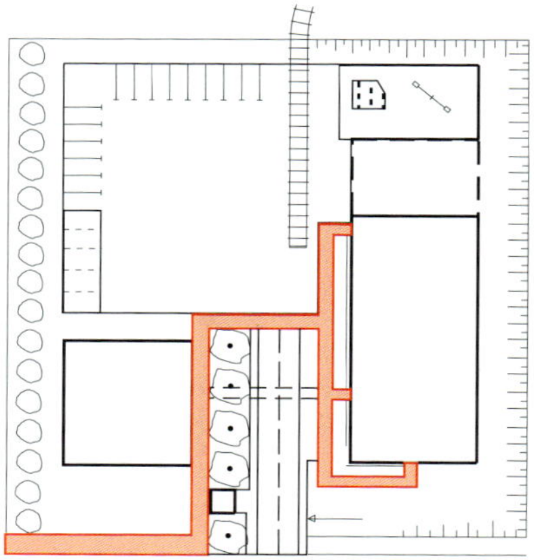

In dieser Kostengruppe enthalten

- Frostschutz-, Filterschichten
- Gebundene oder ungebundene Tragschichten
- Feinplanum
- Ungebundene Deckschichten (z.B. aus Kies, Sand)
- Beton- und Asphaltdeckschichten
- Pflasterbeläge (z.B. Natur-, Betonwerksteine, Klinker, Rundholz)
- Ziegelschichten
- Plattenbeläge (z.B. Natur-, Betonwerksteine, Asphalt)
- Holzbeläge
- Bettungen (z.B. aus Splitt, Sand)
- Rampen im Wegeverlauf (z.B. Pflasterfläche mit Rampengefälle)
- Borde, Einfassungen, Rinnen- und Muldensteine, Einzelstufen
- Markierungen
- Oberflächenbehandlung (z.B. Imprägnierung, Beschichtung)

In anderen Kostengruppen enthalten

Wege	*KG 531*
• Straßen (z.B. Oberbau- und Deckschichten von Flächen für den Leicht- und Schwerverkehr sowie für Fußgängerzonen mit Anlieferungsverkehr)	KG 532
• Plätze, Höfe, Terrassen (z.B. Oberbau- und Deckschichten von Platzflächen, Innenhöfen, Terrassen, Sitzplätzen)	KG 533
• Stellplätze (z.B. Oberbau- und Deckschichten von Flächen für den ruhenden Verkehr)	KG 534
• Sportplatzflächen (z.B. Oberbau- und Deckschichten von Sportplatzflächen)	KG 535
• Spielplatzflächen (z.B. Oberbau- und Deckschichten von Spielplatzflächen)	KG 536

In anderen Kostengruppen enthalten	
• Gleisanlagen (z.B. Gleise, Weichen und Gleisabschlüsse einschließlich Schwellen)	KG 537
• Flugplatzflächen (z.B. Oberbau und Deckschichten beispielsweise von Hubschrauberlandeplätzen)	KG 538
• Sonstiges zur KG 530 (z.B. Gitter, Stoßabweiser, Handläufe, Berührungsschutz)	KG 539
• Abbruchmaßnahmen beim Herrichten des Grundstücks (z.B. vollständiger Abbruch von Baukonstruktionen, technischen Anlagen, Außenanlagen und Freiflächen)	KG 212
• Oberbau und Deckschichten bis zur Grundstücksgrenze	KG 227
• Gründungsbeläge in Bauwerken (z.B. Beläge auf Sohl-, Boden- und Fundamentplatten)	KG 324
• Deckenbeläge in Bauwerken (z.B. Beläge auf Deckenkonstruktionen und horizontalen Baukonstruktionen, ggf. mit Begrünungssystemen)	KG 353
• Dachbeläge von Bauwerken (z.B. Beläge auf Dachkonstruktionen, Dachentwässerung, ggf. Dachbegrünungen)	KG 363
• Erdbau für Außenanlagen und Freiflächen (z.B. Oberbodenarbeiten, Bodenarbeiten, Erdbaumaßnahmen, Baugruben, Dämme, Einschnitte Wälle, Hangsicherungen)	KG 510
• Gründungen und Bodenplatten (z.B. Einzel- und Streifenfundamente, Fundament-, Sohl- und Bodenplatten)	KG 522
• Dränagen in Außenanlagen und Freiflächen (z.B. Drän-und Wasserspeichermatten)	KG 525
• Rampen, Treppen, Tribünen	KG 544
• In Oberbau und Deckschichten verlegte Installationen (z.B. Abläufe, Wasserleitungen, Heizungsleitungen, Elektroinstallationen)	KG 550
• Künstlerische Gestaltung der Außenanlagen und Freiflächen (z.B. Mosaike)	KG 643

Erläuterungen

- Hierzu gehören auch die Kosten von Außenanlagen und Freiflächen, die durch Bauwerke unterbaut sind (siehe DIN 276, Tabelle 1, Anmerkungen zu KG 500).
- Entsprechend Abschnitt 6.2 empfiehlt die DIN 276, auch für die Kostengruppen der zweiten und der dritten Ebene der Kostengliederung die Mengen und Bezugseinheiten der Tabelle 2 zu verwenden. Ergänzend dazu werden in dieser Arbeitshilfe von BKI spezifische Mengen und Bezugseinheiten für die Kostengruppen der zweiten und dritten Gliederungsebene entsprechend der BKI-Tabelle 5 angegeben (siehe Erläuterungen in Teil A, 7. BKI Ergänzung zur DIN 276 ff.).

DIN 276 Tabelle 1 – Kostengliederung	
532	**Straßen** Oberbau- und Deckschichten von Flächen für den Leicht- und Schwerverkehr sowie für Fußgängerzonen mit Anlieferungsverkehr

BKI Tabelle 5 – Mengen und Bezugseinheiten für die Kostengruppe 500	
Einheit	m^2
Bezeichnung	Straßenfläche
Ermittlung	Der mit Straßen versehene Anteil von Oberbaufläche/Fläche der Deckschichten

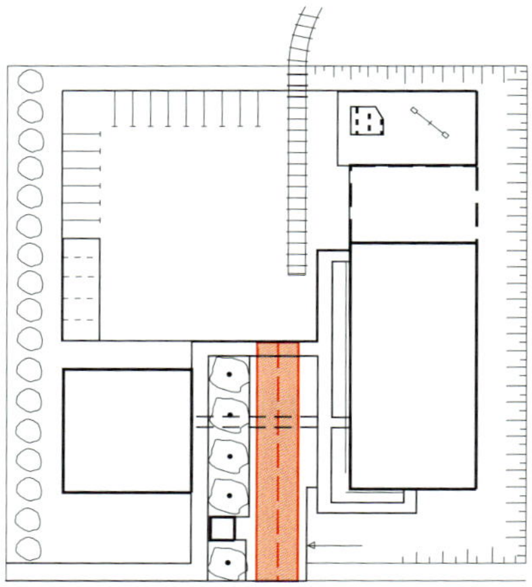

In dieser Kostengruppe enthalten

- Frostschutz-, Filterschichten
- Gebundene oder ungebundene Tragschichten
- Feinplanum
- Ungebundenen Deckschichten (z. B. aus Kies, Sand)
- Beton- und Asphaltdeckschichten
- Pflasterbeläge (z. B. Natur-, Betonwerksteine, Klinker, Rundholz)
- Ziegelschichten
- Plattenbeläge (z. B. Natur-, Betonwerksteine, Asphalt)
- Holzbeläge
- Bettungen (z. B. aus Splitt, Sand)
- Borde, Einfassungen, Rinnen- und Muldensteine, Einzelstufen
- Markierungen
- Oberflächenbehandlung (z. B. Imprägnierung, Beschichtung)

In anderen Kostengruppen enthalten

• Wege (z. B. Oberbau und Deckschichten von Flächen für den Fuß- und Radverkehr)	KG 531
Straßen	*KG 532*
• Plätze, Höfe, Terrassen (z. B. Oberbau- und Deckschichten von Platzflächen, Innenhöfen, Terrassen, Sitzplätzen)	KG 533
• Stellplätze (z. B. Oberbau- und Deckschichten von Flächen für den ruhenden Verkehr)	KG 534
• Sportplatzflächen (z. B. Oberbau- und Deckschichten von Sportplatzflächen)	KG 535
• Spielplatzflächen (z. B. Oberbau- und Deckschichten von Spielplatzflächen)	KG 536

In anderen Kostengruppen enthalten

• Gleisanlagen (z.B. Gleise, Weichen und Gleisabschlüsse einschließlich Schwellen)	KG 537
• Flugplatzflächen (z.B. Oberbau und Deckschichten beispielsweise von Hubschrauberlandeplätzen)	KG 538
• Sonstiges zur KG 530 (z.B. Gitter, Stoßabweiser, Handläufe, Berührungsschutz)	KG 539
• Abbruchmaßnahmen beim Herrichten des Grundstücks (z.B. vollständiger Abbruch von Baukonstruktionen, Technischen Anlagen, Außenanlagen und Freiflächen)	KG 212
• Oberbau und Deckschichten bis zur Grundstücksgrenze	KG 227
• Gründungsbeläge in Bauwerken (z.B. Beläge auf Sohl-, Boden- und Fundamentplatten)	KG 324
• Deckenbeläge in Bauwerken (z.B. Beläge auf Deckenkonstruktionen und horizontalen Baukonstruktionen, ggf. mit Begrünungssystemen)	KG 353
• Dachbeläge von Bauwerken (z.B. Beläge auf Dachkonstruktionen, Dachentwässerung, ggf. Dachbegrünungen)	KG 363
• Erdbau für Außenanlagen und Freiflächen (z.B. Oberbodenarbeiten, Bodenarbeiten, Erdbaumaßnahmen, Baugruben, Dämme, Einschnitte Wälle, Hangsicherungen)	KG 510
• Gründungen und Bodenplatten (z.B. Einzel- und Streifenfundamente, Fundament-, Sohl- und Bodenplatten)	KG 522
• In Oberbau und Deckschichten verlegte Installationen (z.B. Abläufe, Wasserleitungen, Heizungsleitungen, Elektroinstallationen)	KG 550

Erläuterungen

- Hierzu gehören auch die Kosten von Außenanlagen und Freiflächen, die durch Bauwerke unterbaut sind (siehe DIN 276, Tabelle 1, Anmerkungen zu KG 500).
- Entsprechend Abschnitt 6.2 empfiehlt die DIN 276, auch für die Kostengruppen der zweiten und der dritten Ebene der Kostengliederung die Mengen und Bezugseinheiten der Tabelle 2 zu verwenden. Ergänzend dazu werden in dieser Arbeitshilfe von BKI spezifische Mengen und Bezugseinheiten für die Kostengruppen der zweiten und dritten Gliederungsebene entsprechend der BKI-Tabelle 5 angegeben (siehe Erläuterungen in Teil A, 7. BKI Ergänzung zur DIN 276 ff.).

DIN 276 Tabelle 1 – Kostengliederung	
533	**Plätze, Höfe, Terrassen**
	Oberbau- und Deckschichten von Platzflächen, Innenhöfen, Terrassen und Sitzplätzen

BKI Tabelle 5 – Mengen und Bezugseinheiten für die Kostengruppe 500	
Einheit	m²
Bezeichnung	Platz-, Hof-, Terrassenfläche
Ermittlung	Der mit Plätzen, Höfen und Terrassen versehene Anteil von Oberbaufläche/Fläche der Deckschichten

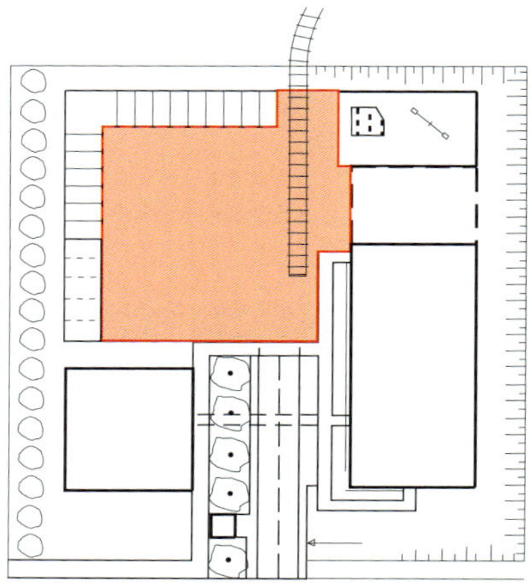

In dieser Kostengruppe enthalten

- Frostschutz-, Filterschichten
- Gebundene oder ungebundene Tragschichten
- Feinplanum
- Ungebundenen Deckschichten (z.B. aus Kies, Sand)
- Beton- und Asphaltdeckschichten
- Pflasterbeläge (z.B. Natur-, Betonwerksteine, Klinker, Rundholz)
- Ziegelschichten
- Plattenbeläge (z.B. Natur-, Betonwerksteine, Asphalt)
- Holzbeläge
- Rollkies, Zierschotterflächen
- Bettungen (z.B. aus Splitt, Sand)
- Borde, Einfassungen, Rinnen- und Muldensteine, Einzelstufen
- Markierungen
- Oberflächenbehandlung (z.B. Imprägnierung, Beschichtung)

In anderen Kostengruppen enthalten

• Wege (z.B. Oberbau und Deckschichten von Flächen für den Fuß- und Radverkehr)	KG 531
• Straßen (z.B. Oberbau- und Deckschichten von Flächen für den Leicht- und Schwerverkehr sowie für Fußgängerzonen mit Anlieferungsverkehr)	KG 532
Plätze, Höfe, Terrassen	*KG 533*
• Stellplätze (z.B. Oberbau- und Deckschichten von Flächen für den ruhenden Verkehr)	KG 534
• Sportplatzflächen (z.B. Oberbau- und Deckschichten von Sportplatzflächen)	KG 535

In anderen Kostengruppen enthalten

• Spielplatzflächen (z.B. Oberbau- und Deckschichten von Spielplatzflächen)	KG 536
• Gleisanlagen (z.B. Gleise, Weichen und Gleisabschlüsse einschließlich Schwellen)	KG 537
• Flugplatzflächen (z.B. Oberbau und Deckschichten beispielsweise von Hubschrauberlandeplätzen)	KG 538
• Sonstiges zur KG 530 (z.B. Gitter, Stoßabweiser, Handläufe, Berührungsschutz)	KG 539
• Abbruchmaßnahmen beim Herrichten des Grundstücks (z.B. vollständiger Abbruch von Baukonstruktionen, technischen Anlagen, Außenanlagen und Freiflächen)	KG 212
• Gründungsbeläge in Bauwerken (z.B. Beläge auf Sohl-, Boden- und Fundamentplatten)	KG 324
• Deckenbeläge in Bauwerken (z.B. Beläge auf Deckenkonstruktionen und horizontalen Baukonstruktionen, ggf. mit Begrünungssystemen)	KG 353
• Dachbeläge von Bauwerken (z.B. Beläge auf Dachkonstruktionen, Dachentwässerung, ggf. Dachbegrünungen)	KG 363
• Erdbau für Außenanlagen und Freiflächen (z.B. Oberbodenarbeiten, Bodenarbeiten, Erdbaumaßnahmen, Baugruben, Dämme, Einschnitte Wälle, Hangsicherungen)	KG 510
• Gründungen und Bodenplatten (z.B. Einzel- und Streifenfundamente, Fundament-, Sohl- und Bodenplatten)	KG 522
• In Oberbau und Deckschichten verlegte Installationen (z.B. Abläufe, Wasserleitungen Heizungsleitungen, Elektroinstallationen)	KG 550
• Pflanzflächen (z.B. Rollkies, Zierschotterflächen auf vegetationstechnisch bearbeiteten Flächen)	KG 573
• Künstlerische Gestaltung der Außenanlagen und Freiflächen (z.B. Mosaike)	KG 643

Erläuterungen

- Hierzu gehören auch die Kosten von Außenanlagen und Freiflächen, die durch Bauwerke unterbaut sind (siehe DIN 276, Tabelle 1, Anmerkungen zu KG 500).
- Entsprechend Abschnitt 6.2 empfiehlt die DIN 276, auch für die Kostengruppen der zweiten und der dritten Ebene der Kostengliederung die Mengen und Bezugseinheiten der Tabelle 2 zu verwenden. Ergänzend dazu werden in dieser Arbeitshilfe von BKI spezifische Mengen und Bezugseinheiten für die Kostengruppen der zweiten und dritten Gliederungsebene entsprechend der BKI-Tabelle 5 angegeben (siehe Erläuterungen in Teil A, 7. BKI Ergänzung zur DIN 276 ff.).

DIN 276 Tabelle 1 – Kostengliederung	
534	**Stellplätze** Oberbau- und Deckschichten von Flächen für den ruhenden Verkehr

BKI Tabelle 5 – Mengen und Bezugseinheiten für die Kostengruppe 500	
Einheit	m²
Bezeichnung	Stellplatzfläche
Ermittlung	Der mit Stellplätzen versehene Anteil von Oberbaufläche/Fläche der Deckschichten

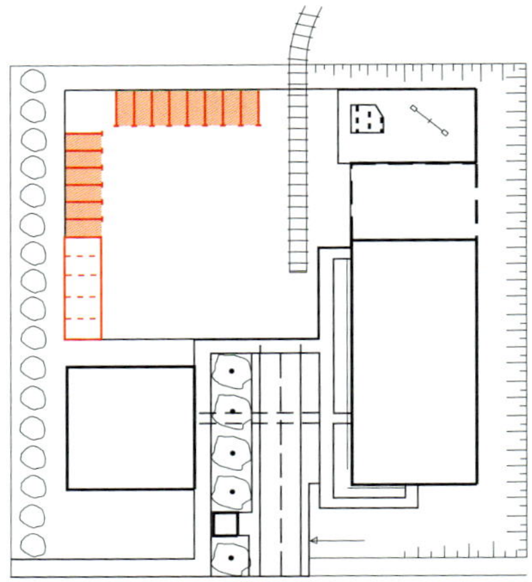

In dieser Kostengruppe enthalten

- Frostschutz-, Filterschichten
- Gebundene oder ungebundene Tragschichten
- Feinplanum
- Ungebundenen Deckschichten (z.B. aus Kies, Sand)
- Beton- und Asphaltdeckschichten
- Pflasterbeläge (z.B. Natur-, Betonwerksteine, Klinker, Rundholz)
- Ansaat in Rasengittersteinen von Stellplätzen
- Ziegelschichten
- Plattenbeläge (z.B. Natur-, Betonwerksteine, Asphalt)
- Holzbeläge
- Bettungen (z.B. aus Splitt, Sand)
- Borde, Einfassungen, Rinnen- und Muldensteine, Einzelstufen
- Stellplatzmarkierungen
- Oberflächenbehandlung (z.B. Imprägnierung, Beschichtung)

In anderen Kostengruppen enthalten

• Wege (z.B. Oberbau und Deckschichten von Flächen für den Fuß- und Radverkehr)	KG 531
• Straßen (z.B. Oberbau- und Deckschichten von Flächen für den Leicht- und Schwerverkehr sowie für Fußgängerzonen mit Anlieferungsverkehr)	KG 532
• Plätze, Höfe, Terrassen (z.B. Oberbau- und Deckschichten von Platzflächen, Innenhöfen, Terrassen, Sitzplätzen)	KG 533
Stellplätze	*KG 534*
• Sportplatzflächen (z.B. Oberbau- und Deckschichten von Sportplatzflächen)	KG 535

In anderen Kostengruppen enthalten

• Spielplatzflächen (z.B. Oberbau- und Deckschichten von Spielplatzflächen)	KG 536
• Gleisanlagen (z.B. Gleise, Weichen und Gleisabschlüsse einschließlich Schweller)	KG 537
• Flugplatzflächen (z.B. Oberbau und Deckschichten beispielsweise von Hubschrauberlandeplätzen)	KG 538
• Sonstiges zur KG 530 (z.B. Gitter, Stoßabweiser, Handläufe, Berührungsschutz)	KG 539
• Abbruchmaßnahmen beim Herrichten des Grundstücks (z.B. vollständiger Abbruch von Baukonstruktionen, technischen Anlagen, Außenanlagen und Freiflächen)	KG 212
• Gründungsbeläge in Bauwerken (z.B. Beläge auf Sohl-, Boden- und Fundamentplatten)	KG 324
• Deckenbeläge in Bauwerken (z.B. Beläge auf Deckenkonstruktionen und horizontalen Baukonstruktionen, ggf. mit Begrünungssystemen)	KG 353
• Dachbeläge von Bauwerken (z.B. Beläge auf Dachkonstruktionen, Dachentwässerung, ggf. Dachbegrünungen)	KG 363
• Erdbau für Außenanlagen und Freiflächen (z.B. Oberbodenarbeiten, Bodenarbeiten, Erdbaumaßnahmen, Baugruben, Dämme, Einschnitte Wälle, Hangsicherungen)	KG 510
• Gründungen und Bodenplatten (z.B. Einzel- und Streifenfundamente, Fundament-, Sohl- und Bodenplatten)	KG 522
• In Oberbau und Deckschichten verlegte Installationen (z.B. Abläufe, Wasserleitungen, Heizungsleitungen, Elektroinstallationen)	KG 550
• Rasen- und Saatflächen	KG 574

Erläuterungen

- Hierzu gehören auch die Kosten von Außenanlagen und Freiflächen, die durch Bauwerke unterbaut sind (siehe DIN 276, Tabelle 1, Anmerkungen zu KG 500).
- Entsprechend Abschnitt 6.2 empfiehlt die DIN 276, auch für die Kostengruppen der zweiten und der dritten Ebene der Kostengliederung die Mengen und Bezugseinheiten der Tabelle 2 zu verwenden. Ergänzend dazu werden in dieser Arbeitshilfe von BKI spezifische Mengen und Bezugseinheiten für die Kostengruppen der zweiten und dritten Gliederungsebene entsprechend der BKI-Tabelle 5 angegeben (siehe Erläuterungen in Teil A, 7. BKI Ergänzung zur DIN 276 ff.).

DIN 276 Tabelle 1 – Kostengliederung	
535	**Sportplatzflächen**
	Oberbau- und Deckschichten von Sportplatzflächen

BKI Tabelle 5 – Mengen und Bezugseinheiten für die Kostengruppe 500	
Einheit	m^2
Bezeichnung	Sportplatzfläche
Ermittlung	Der mit Sportplätzen versehene Anteil von Oberbaufläche/Fläche der Deckschichten

In dieser Kostengruppe enthalten

- Frostschutz-, Filterschichten
- Gebundene oder ungebundene Tragschichten
- Feinplanum
- Sportrasenflächen mit Ansaat, Entwicklungs- und Fertigstellungspflege
- Tennenflächen mit dynamischer Schicht und Tennenbelag, mit Fertigstellungspflege
- Kunststoff- und Gummi-Sportflächenbeläge
- Kunststoffrasenflächen
- Sportanlagen, Übungsbahnen, Schießstände
- Borde, Einfassungen, Rinnen- und Muldensteine, Einzelstufen
- Spielfeld- und Laufbahnmarkierungen
- Oberflächenbehandlung (z.B. Imprägnierung, Beschichtung, Korrosionsschutz)

In anderen Kostengruppen enthalten	
• Wege (z.B. Oberbau und Deckschichten von Flächen für den Fuß- und Radverkehr)	KG 531
• Straßen (z.B. Oberbau- und Deckschichten von Flächen für den Leicht- und Schwerverkehr sowie für Fußgängerzonen mit Anlieferungsverkehr)	KG 532
• Plätze, Höfe, Terrassen (z.B. Oberbau- und Deckschichten von Platzflächen, Innenhöfen, Terrassen, Sitzplätzen)	KG 533
• Stellplätze (z.B. Oberbau- und Deckschichten von Flächen für den ruhenden Verkehr)	KG 534
Sportplatzflächen	*KG 535*
• Spielplatzflächen (z.B. Oberbau- und Deckschichten von Spielplatzflächen)	KG 536
• Gleisanlagen (z.B. Gleise, Weichen und Gleisabschlüsse einschließlich Schwellen)	KG 537
• Flugplatzflächen (z.B. Oberbau und Deckschichten beispielsweise von Hubschrauberlandeplätzen)	KG 538
• Sonstiges zur KG 530 (z.B. Gitter, Stoßabweiser, Handläufe, Berührungsschutz)	KG 539
• Abbruchmaßnahmen beim Herrichten des Grundstücks (z.B. vollständiger Abbruch von Baukonstruktionen, technischen Anlagen, Außenanlagen und Freiflächen)	KG 212
• Gründungsbeläge in Bauwerken (z.B. Beläge auf Sohl-, Boden- und Fundamentplatten)	KG 324
• Deckenbeläge in Bauwerken (z.B. Beläge auf Deckenkonstruktionen und horizontalen Baukonstruktionen, ggf. mit Begrünungssystemen)	KG 353
• Dachbeläge von Bauwerken (z.B. Beläge auf Dachkonstruktionen, Dachentwässerung, ggf. Dachbegrünungen)	KG 363
• Erdbau für Außenanlagen und Freiflächen (z.B. Oberbodenarbeiten, Bodenarbeiten, Erdbaumaßnahmen, Baugruben, Dämme, Einschnitte Wälle, Hangsicherungen)	KG 510
• Gründungen und Bodenplatten (z.B. Einzel- und Streifenfundamente, Fundament-, Sohl- und Bodenplatten)	KG 522
• Dränagen (z.B. Leitungen, Schächte, Packungen, Pumpensümpfe, Tiefen- und Oberflächenentwässerung)	KG 525
• In Oberbau und Deckschichten verlegte Installationen (z.B. Abläufe, Wasserleitungen, Heizungsleitungen, Elektroinstallationen)	KG 550
• Abwasseranlagen (z.B. Laufbahnentwässerung)	KG 551
• Wasseranlagen (z.B. Sportrasenberegnung)	KG 552
• Rasen- und Saatflächen	KG 574

Erläuterungen

- Hierzu gehören auch die Kosten von Außenanlagen und Freiflächen, die durch Bauwerke unterbaut sind (siehe DIN 276, Tabelle 1, Anmerkungen zu KG 500).
- Entsprechend Abschnitt 6.2 empfiehlt die DIN 276, auch für die Kostengruppen der zweiten und der dritten Ebene der Kostengliederung die Mengen und Bezugseinheiten der Tabelle 2 zu verwenden. Ergänzend dazu werden in dieser Arbeitshilfe von BKI spezifische Mengen und Bezugseinheiten für die Kostengruppen der zweiten und dritten Gliederungsebene entsprechend der BKI-Tabelle 5 angegeben (siehe Erläuterungen in Teil A, 7. BKI Ergänzung zur DIN 276 ff.).

DIN 276 Tabelle 1 – Kostengliederung	
536	**Spielplatzflächen**
	Oberbau- und Deckschichten von Spielplatzflächen

BKI Tabelle 5 – Mengen und Bezugseinheiten für die Kostengruppe 500	
Einheit	m²
Bezeichnung	Spielplatzfläche
Ermittlung	Der mit Spielplätzen versehene Anteil von Oberbaufläche/Fläche der Deckschichten

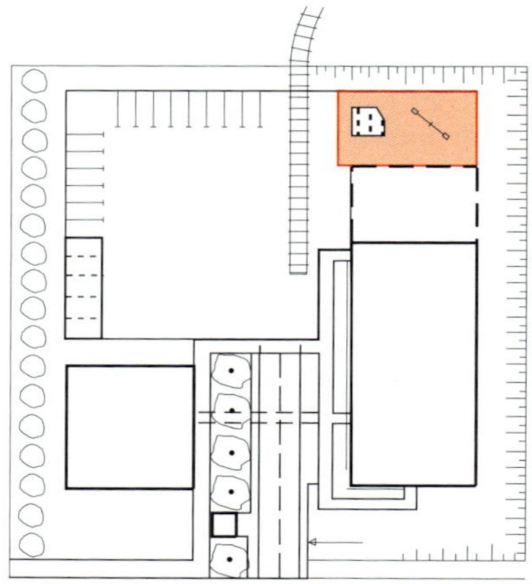

In dieser Kostengruppe enthalten

- Frostschutzschichten
- Gebundene oder ungebundene Tragschichten
- Feinplanum
- Ungebundenen Deckschichten (z.B. aus Kies, Sand)
- Fallschutzbeläge (z.B. aus Sand, Riesel, Gummigranulat, Holzhackschnitzel)
- Beton- und Asphaltdeckschichten
- Pflasterbeläge aus Natur-, Betonsteinen, Klinkern, Rundholz
- Ziegelschichten
- Plattenbeläge aus Beton-, Naturwerksteinen, Asphalt
- Holzbohlen
- Bettungen (z.B. aus Splitt, Sand)
- Borde, Einfassungen, Entwässerungsrinnen und -mulden, Einzelstufen
- Oberflächenbehandlung (z.B. Imprägnierung, Beschichtung, Korrosionsschutz)

In anderen Kostengruppen enthalten

• Wege (z.B. Oberbau und Deckschichten von Flächen für den Fuß- und Radverkehr)	KG 531
• Straßen (z.B. Oberbau- und Deckschichten von Flächen für den Leicht- und Schwerverkehr sowie für Fußgängerzonen mit Anlieferungsverkehr)	KG 532
• Plätze, Höfe, Terrassen (z.B. Oberbau- und Deckschichten von Platzflächen, Innenhöfen, Terrassen, Sitzplätzen)	KG 533
• Stellplätze (z.B. Oberbau- und Deckschichten von Flächen für den ruhenden Verkehr)	KG 534
• Sportplatzflächen (z.B. Oberbau- und Deckschichten von Sportplatzflächen)	KG 535
Spielplatzflächen	*KG 536*

In anderen Kostengruppen enthalten

• Gleisanlagen (z.B. Gleise, Weichen und Gleisabschlüsse einschließlich Schwellen)	KG 537
• Flugplatzflächen (z.B. Oberbau und Deckschichten beispielsweise von Hubschrauberlandeplätzen)	KG 538
• Sonstiges zur KG 530 (z.B. Gitter, Stoßabweiser, Handläufe, Berührungsschutz)	KG 539
• Abbruchmaßnahmen beim Herrichten des Grundstücks (z.B. vollständiger Abbruch von Baukonstruktionen, technischen Anlagen, Außenanlagen und Freiflächen)	KG 212
• Gründungsbeläge in Bauwerken (z.B. Beläge auf Sohl-, Boden- und Fundamentplatten)	KG 324
• Dachbeläge von Bauwerken (z.B. Beläge auf Dachkonstruktionen, Dachentwässerung, ggf. Dachbegrünungen)	KG 363
• Erdbau für Außenanlagen und Freiflächen (z.B. Oberbodenarbeiten, Bodenarbeiten, Erdbaumaßnahmen, Baugruben, Dämme, Einschnitte Wälle, Hangsicherungen)	KG 510
• Gründungen und Bodenplatten (z.B. Einzel- und Streifenfundamente, Fundament-, Sohl- und Bodenplatten)	KG 522
• In Oberbau und Deckschichten verlegte Installationen (z.B. Abläufe, Wasserleitungen, Heizungsleitungen, Elektroinstallationen)	KG 550
• Rasen- und Saatflächen	KG 574

Erläuterungen

- Hierzu gehören auch die Kosten von Außenanlagen und Freiflächen, die durch Bauwerke unterbaut sind (siehe DIN 276, Tabelle 1, Anmerkungen zu KG 500).
- Entsprechend Abschnitt 6.2 empfiehlt die DIN 276, auch für die Kostengruppen der zweiten und der dritten Ebene der Kostengliederung die Mengen und Bezugseinheiten der Tabelle 2 zu verwenden. Ergänzend dazu werden in dieser Arbeitshilfe von BKI spezifische Mengen und Bezugseinheiten für die Kostengruppen der zweiten und dritten Gliederungsebene entsprechend der BKI-Tabelle 5 angegeben (siehe Erläuterungen in Teil A, 7. BKI Ergänzung zur DIN 276 ff.).

DIN 276 Tabelle 1 – Kostengliederung	
537	**Gleisanlagen**
	Gleise, Weichen und Gleisabschlüsse einschließlich Schwellen

BKI Tabelle 5 – Mengen und Bezugseinheiten für die Kostengruppe 500	
Einheit	m^2
Bezeichnung	Gleisanlagenfläche
Ermittlung	Der mit Gleisanlagen versehene Anteil von Oberbaufläche/Fläche der Deckschichten

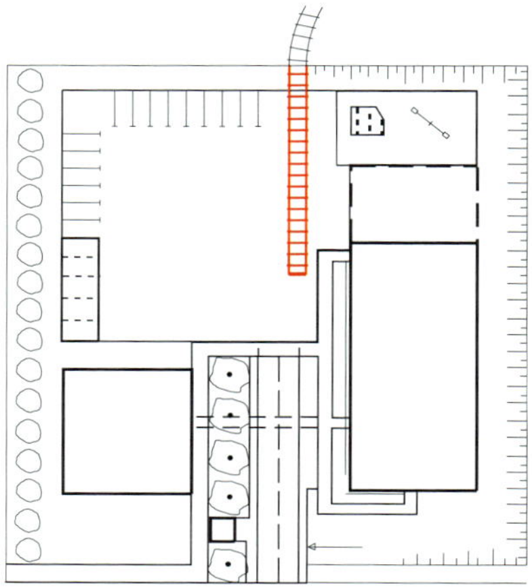

In dieser Kostengruppe enthalten

- Gleise (z.B. Vignolschienen, Rillenschienen)
- Weichen, Kreuzungen
- Gleisabschlüsse (z.B. Rammböcke, Gleisendschuhe, Stirn- oder Kopframpen)
- Schwellen (z.B. aus Holz, Stahl oder Beton), Kleineisen
- Bettung (z.B. Schotter)
- Feste Fahrbahnen mit Oberbauplatten aus Beton oder Asphalt
- Übergänge mit Oberflächenbefestigungen
- Oberflächenbehandlung (z.B. Beschichtung, Korrosionsschutz)

In anderen Kostengruppen enthalten

• Wege (z.B. Oberbau und Deckschichten von Flächen für den Fuß- und Radverkehr)	KG 531
• Straßen (z.B. Oberbau- und Deckschichten von Flächen für den Leicht- und Schwerverkehr sowie für Fußgängerzonen mit Anlieferungsverkehr)	KG 532
• Plätze, Höfe, Terrassen (z.B. Oberbau- und Deckschichten von Platzflächen, Innenhöfen, Terrassen, Sitzplätzen)	KG 533
• Stellplätze (z.B. Oberbau- und Deckschichten von Flächen für den ruhenden Verkehr)	KG 534
• Sportplatzflächen (z.B. Oberbau- und Deckschichten von Sportplatzflächen)	KG 535
• Spielplatzflächen (z.B. Oberbau- und Deckschichten von Spielplatzflächen)	KG 536
Gleisanlagen	*KG 537*
• Flugplatzflächen (z.B. Oberbau und Deckschichten beispielsweise von Hubschrauberlandeplätzen)	KG 538
• Sonstiges zur KG 530 (z.B. Gitter, Stoßabweiser, Handläufe, Berührungsschutz)	KG 539
• Abbruchmaßnahmen beim Herrichten des Grundstücks (z.B. vollständiger Abbruch von Baukonstruktionen, technischen Anlagen, Außenanlagen und Freiflächen)	KG 212

In anderen Kostengruppen enthalten

• Anlagen für den Schienenverkehr als Infrastrukturanlagen (Oberbau von Gleisanlagen mit Gleisen, Weichen und Gleisabschlüssen sowie von Bahnsteiganlagen)	KG 372
• Erdbau für Außenanlagen und Freiflächen (z.B. Oberbodenarbeiten, Bodenarbeiten, Erdbaumaßnahmen, Baugruben, Dämme, Einschnitte Wälle, Hangsicherungen)	KG 510
• Gründungen und Bodenplatten (z.B. Einzel- und Streifenfundamente, Fundament-, Sohl- und Bodenplatten)	KG 522
• Elektrische Anlagen (z.B. Stromversorgungsleitungen, Stromschienen und Oberleitungen)	KG 556

Erläuterungen

- Entsprechend Abschnitt 6.2 empfiehlt die DIN 276, auch für die Kostengruppen der zweiten und der dritten Ebene der Kostengliederung die Mengen und Bezugseinheiten der Tabelle 2 zu verwenden. Ergänzend dazu werden in dieser Arbeitshilfe von BKI spezifische Mengen und Bezugseinheiten für die Kostengruppen der zweiten und dritten Gliederungsebene entsprechend der BKI-Tabelle 5 angegeben (siehe Erläuterungen in Teil A, 7. BKI Ergänzung zur DIN 276 ff.).

DIN 276 Tabelle 1 – Kostengliederung	
538	**Flugplatzflächen**
	Oberbau und Deckschichten beispielsweise von Hubschrauberlandeplätzen

BKI Tabelle 5 – Mengen und Bezugseinheiten für die Kostengruppe 500	
Einheit	m^2
Bezeichnung	Flugplatzfläche
Ermittlung	Der mit Flugplatzflächen versehene Anteil von Oberbaufläche/Fläche der Deckschichten

In dieser Kostengruppe enthalten

- Frostschutzschichten
- Gebundene oder ungebundene Tragschichten
- Feinplanum
- Beton- und Asphaltdeckschichten
- Ungebundenen Deckschichten (z.B. Grasnarbe, Schotter, Sand)
- Borde, Einfassungen, Entwässerungsrinnen und -mulden
- Markierungen
- Oberflächenbehandlung (z.B. Beschichtung, Korrosionsschutz)

In anderen Kostengruppen enthalten

• Wege (z.B. Oberbau und Deckschichten von Flächen für den Fuß- und Radverkehr)	KG 531
• Straßen (z.B. Oberbau- und Deckschichten von Flächen für den Leicht- und Schwerverkehr sowie für Fußgängerzonen mit Anlieferungsverkehr)	KG 532
• Plätze, Höfe, Terrassen (z.B. Oberbau- und Deckschichten von Platzflächen, Innenhöfen, Terrassen, Sitzplätzen)	KG 533
• Stellplätze (z.B. Oberbau- und Deckschichten von Flächen für den ruhenden Verkehr)	KG 534
• Sportplatzflächen (z.B. Oberbau- und Deckschichten von Sportplatzflächen)	KG 535
• Spielplatzflächen (z.B. Oberbau- und Deckschichten von Spielplatzflächen)	KG 536
• Gleisanlagen (z.B. Gleise, Weichen und Gleisabschlüsse einschließlich Schwellen)	KG 537
Flugplatzflächen	*KG 538*
• Sonstiges zur KG 530 (z.B. Gitter, Stoßabweiser, Handläufe, Berührungsschutz)	KG 539
• Abbruchmaßnahmen beim Herrichten des Grundstücks (z.B. vollständiger Abbruch von Baukonstruktionen, technischen Anlagen, Außenanlagen und Freiflächen)	KG 212
• Dachbeläge von Bauwerken (z.B. Beläge auf Dachkonstruktionen, Dachentwässerung, ggf. Dachbegrünungen)	KG 363
• Anlagen für dem Flugverkehr als Infrastrukturanlagen (Oberbau- und Deckschichten von Flugverkehrsflächen)	KG 373
• Erdbau für Außenanlagen und Freiflächen (z.B. Oberbodenarbeiten, Bodenarbeiten, Erdbaumaßnahmen, Baugruben, Dämme, Einschnitte Wälle, Hangsicherungen)	KG 510
• Gründungen und Bodenplatten (z.B. Einzel- und Streifenfundamente, Fundament-, Sohl- und Bodenplatten)	KG 522
• In Oberbau und Deckschichten verlegte Installationen (z.B. Abläufe, Wasserleitungen, Heizungsleitungen, Elektroinstallationen)	KG 550

Erläuterungen

- Entsprechend Abschnitt 6.2 empfiehlt die DIN 276, auch für die Kostengruppen der zweiten und der dritten Ebene der Kostengliederung die Mengen und Bezugseinheiten der Tabelle 2 zu verwenden. Ergänzend dazu werden in dieser Arbeitshilfe von BKI spezifische Mengen und Bezugseinheiten für die Kostengruppen der zweiten und dritten Gliederungsebene entsprechend der BKI-Tabelle 5 angegeben (siehe Erläuterungen in Teil A, 7. BKI Ergänzung zur DIN 276 ff.).

DIN 276 Tabelle 1 – Kostengliederung

539 **Sonstiges zur KG 530**

BKI Tabelle 5 – Mengen und Bezugseinheiten für die Kostengruppe 500

Einheit	m²
Bezeichnung	Oberbaufläche/Fläche der Deckschichten
Ermittlung	Fläche des Oberbaus/Fläche der Deckschichten

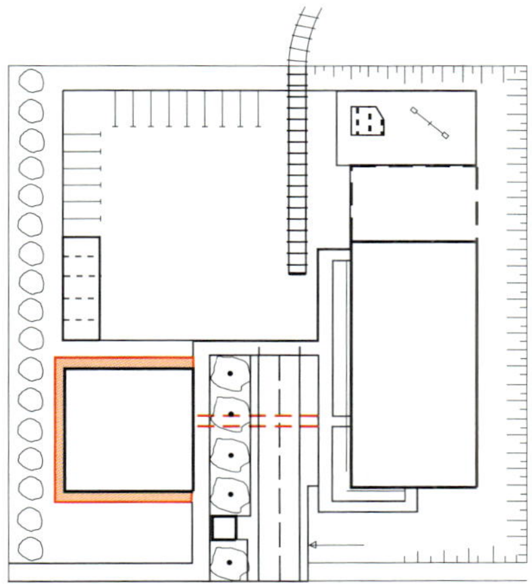

In dieser Kostengruppe enthalten

- Sonstige Kosten für Oberbau und Deckschichten, die nicht den KG 531 bis 538 zuzuordnen sind
- Traufstreifen einschl. dem Schutz der Gebäudeaußenwand z.B. durch eine Noppenbahn, bei eigenständiger Freianlage
- Verkehrsanlagen wie Durchlässe, Überbrückungen, Unterführungen usw., die nicht als Bauwerk nach KG 300+400 anzusetzen sind
- Oberflächenbehandlung (z.B. Beschichtung, Korrosionsschutz)

In anderen Kostengruppen enthalten

• Wege (z.B. Oberbau und Deckschichten von Flächen für den Fuß- und Radverkehr)	KG 531
• Straßen (z.B. Oberbau- und Deckschichten von Flächen für den Leicht- und Schwerverkehr sowie für Fußgängerzonen mit Anlieferungsverkehr)	KG 532
• Plätze, Höfe, Terrassen (z.B. Oberbau- und Deckschichten von Platzflächen, Innenhöfen, Terrassen, Sitzplätzen)	KG 533
• Stellplätze (z.B. Oberbau- und Deckschichten von Flächen für den ruhenden Verkehr)	KG 534
• Sportplatzflächen (z.B. Oberbau- und Deckschichten von Sportplatzflächen)	KG 535
• Spielplatzflächen (z.B. Oberbau- und Deckschichten von Spielplatzflächen)	KG 536
• Gleisanlagen (z.B. Gleise, Weichen und Gleisabschlüsse einschließlich Schwellen)	KG 537
• Flugplatzflächen (z.B. Oberbau und Deckschichten beispielsweise von Hubschrauberlandeplätzen)	KG 538
Sonstiges zur KG 530	*KG 539*
• Abbruchmaßnahmen beim Herrichten des Grundstücks (z.B. vollständiger Abbruch von Baukonstruktionen, technischen Anlagen, Außenanlagen und Freiflächen)	KG 212
• Außenwandbekleidungen für Bauwerke, außen	KG 335
• Erdbau für Außenanlagen und Freiflächen (z.B. Oberbodenarbeiten, Bodenarbeiten, Erdbaumaßnahmen, Baugruben, Dämme, Einschnitte Wälle, Hangsicherungen)	KG 510

In anderen Kostengruppen enthalten

- Gründungen und Bodenplatten (z.B. Einzel- und Streifenfundamente, Fundament-, Sohl- und Bodenplatten) KG 522

Erläuterungen

- Entsprechend Abschnitt 6.2 empfiehlt die DIN 276, auch für die Kostengruppen der zweiten und der dritten Ebene der Kostengliederung die Mengen und Bezugseinheiten der Tabelle 2 zu verwenden. Ergänzend dazu werden in dieser Arbeitshilfe von BKI spezifische Mengen und Bezugseinheiten für die Kostengruppen der zweiten und dritten Gliederungsebene entsprechend der BKI-Tabelle 5 angegeben (siehe Erläuterungen in Teil A, 7. BKI Ergänzung zur DIN 276 ff.).

DIN 276 Tabelle 1 – Kostengliederung

540	**Baukonstruktionen**
	Baukonstruktionen in Außenanlagen und Freiflächen, die eigenständig und unabhängig von Bauwerken sind
	Die Bodenarbeiten und Erdbaumaßnahmen gehören zur KG 510, die Gründungs- und Unterbaumaßnahmen zur KG 520.
	Baukonstruktionen, die eigenständige Bauwerke darstellen, werden in der KG 300 erfasst.

BKI Tabelle 5 – Mengen und Bezugseinheiten für die Kostengruppe 500

Einheit	m^2
Bezeichnung	Außenanlagenfläche (AF)
Ermittlung	Gesamte Außenanlagenfläche nach DIN 277

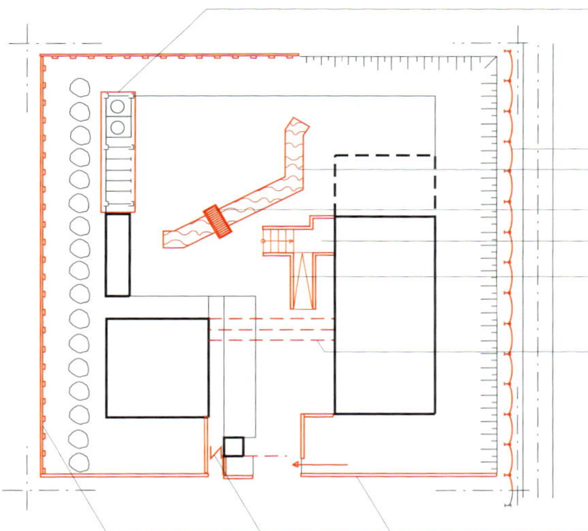

In dieser Kostengruppe enthalten

KG 541	Einfriedungen (z.B. Zäune, Mauern, Türen, Tore, Schutzgitter, Schrankenanlagen)
KG 542	Schutzkonstruktionen (z.B. Lärmschutzwände, Sichtschutzwände, Schutzgitter; Konstruktionen für beispielsweise Sonnenschutz einschließlich Antrieben)
KG 543	Wandkonstruktionen (z.B. Stütz- und Schwergewichtsmauern, elementierte Konstruktionen einschließlich Bekleidungen, füllender Teile und Abdichtungen)
KG 544	Rampen, Treppen, Tribünen (einschließlich Geländer, Handläufe und Absturzsicherungen)
KG 545	Überdachungen (z.B. Unterstände, Wetterschutzkonstruktionen und Pergolen einschließlich deren Stützkonstruktionen)
KG 546	Stege (z.B. kleinere Brücken für den Fuß- und Radverkehr, Bootsstege einschließlich Rampen, Stufen, Treppen, Geländern, Handläufen, Absturzsicherungen und Wetterschutz)
KG 547	Kanal- und Schachtkonstruktionen (z.B. Rohrkanäle und -schächte, Leerrohre für technische Anlagen)
KG 548	Wasserbecken (z.B. Schwimmbecken, Schwimmteiche)
KG 549	Sonstiges zur KG 540

In anderen Kostengruppen enthalten

• Erdbau von Außenanlagen und Freiflächen (z.B. Oberbodenarbeiten, Bodenarbeiten, Erdbaumaßnahmen, Baugruben, Dämme, Einschnitte Wälle, Hangsicherungen)	KG 510

100
200
300
400
500
600
700
800

In anderen Kostengruppen enthalten	
• Gründung, Unterbau (z.B. Baugrundverbesserung, Aushub von Fundamenten, Dränagen)	KG 520
• Oberbau, Deckschichten (z.B. Wege, Straßen, Plätze, Sport- und Spielplatzflächen)	KG 530
Baukonstruktionen	*KG 540*
• Technische Anlagen (z.B. Abwasser- und Wasseranlagen, Wärmeversorgungsanlagen, elektrische Anlagen)	KG 550
• Einbauten in Außenanlagen und Freiflächen (z.B. Wirtschaftsgegenstände, Spielplatzeinbauten, Orientierungssysteme)	KG 560
• Vegetationsflächen (z.B. vegetationstechnische Bodenbearbeitung, Sicherungsbauweisen, Pflanzflächen)	KG 570
• Wasserflächen (z.B. Befestigungen, Abdichtungen, Bepflanzungen)	KG 580
• Sonstige Maßnahmen für Außenanlagen und Freiflächen (z.B. Baustelleneinrichtung)	KG 590
• Bauwerk – Baukonstruktionen (z.B. Baugrube/Erdbau, Gründung, Unterbau, Außenwände, Innenwände, Decken, Dächer, Infrastrukturanlagen)	KG 300

Erläuterungen

- Entsprechend Abschnitt 6.2 empfiehlt die DIN 276, auch für die Kostengruppen der zweiten und der dritten Ebene der Kostengliederung die Mengen und Bezugseinheiten der Tabelle 2 zu verwenden. Ergänzend dazu werden in dieser Arbeitshilfe von BKI spezifische Mengen und Bezugseinheiten für die Kostengruppen der zweiten und dritten Gliederungsebene entsprechend der BKI-Tabelle 5 angegeben (siehe Erläuterungen in Teil A, 7. BKI Ergänzung zur DIN 276 ff.).

DIN 276 Tabelle 1 – Kostengliederung	
541	**Einfriedungen**
	Zäune, Mauern, Türen, Tore, Schutzgitter, Schrankenanlagen

BKI Tabelle 5 – Mengen und Bezugseinheiten für die Kostengruppe 500	
Einheit	m^2
Bezeichnung	Einfriedungsfläche
Ermittlung	Die Summe der wahren Fläche von Einfriedungen

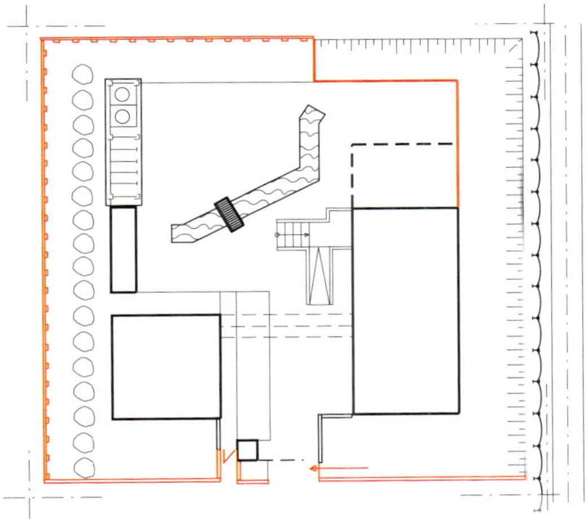

In dieser Kostengruppe enthalten

- Holzzäune (z.B. aus Latten, Brettern, Flechtwerk, Bohlen, Rundhölzer)
- Metallzäune (z.B. aus Drahtgeflecht, Drahtgitter, Stabgitter)
- Handläufe, Stab-, Gurt- und Füllungsgeländern, Drehkreuze
- Rahmenkonstruktionen mit Füllungen
- Mauern (z.B. aus Kalksandstein, Naturwerkstein, Beton, Glasbausteinen)
- Türen, Tore, Schranken, Poller mit Beschlägen, Antrieben, Steuerungen
- Lebende Hecken
- Gräben mit geböschten oder senkrechten Wänden
- Borde und Einfassungen
- Oberflächenbehandlung (z.B. Abdichtungen, Vorsatzschalen, Putz, Fliesen, Beschichtung, Korrosionsschutz)
- Einbauteile, Abdeckungen
- Integrierte Briefkästen, Sprechanlagen

In anderen Kostengruppen enthalten

Einfriedungen	*KG 541*
• Schutzkonstruktionen (z.B. Lärmschutzwände, Sichtschutzwände, Schutzgitter; Konstruktionen für beispielsweise Sonnenschutz einschließlich Antrieben)	KG 542
• Wandkonstruktionen (z.B. Stütz- und Schwergewichtsmauern, elementierte Konstruktionen einschließlich Bekleidungen, füllender Teile und Abdichtungen)	KG 543
• Rampen, Treppen, Tribünen (einschließlich Geländer, Handläufe und Absturzsicherungen)	KG 544

100 200 300 400 500 600 700 800

In anderen Kostengruppen enthalten

• Überdachungen (z.B. Unterstände, Wetterschutzkonstruktionen und Pergolen einschließlich deren Stützkonstruktionen)	KG 545
• Stege (z.B. kleinere Brücken für den Fuß- und Radverkehr, Bootsstege einschließlich Rampen, Stufen, Treppen, Geländern, Handläufen, Absturzsicherungen und Wetterschutz)	KG 546
• Kanal- und Schachtkonstruktionen (z.B. Rohrkanäle und -schächte, Leerrohre für technische Anlagen)	KG 547
• Wasserbecken (z.B. Schwimmbecken, Schwimmteiche)	KG 548
• Sonstiges zur KG 540	KG 549
• Abbruchmaßnahmen beim Herrichten des Grundstücks (z.B. vollständiger Abbruch von Baukonstruktionen, technischen Anlagen, Außenanlagen und Freiflächen)	KG 212
• Nichttragende Außenwände von Bauwerken (z.B. Außenwände und flächige Konstruktionen, die für die Standfestigkeit des Bauwerks nicht erforderlich sind)	KG 332
• Außenwandöffnungen von Bauwerken (z.B. Türen, Tore, Fenster, Glasfassaden und sonstige Öffnungen)	KG 334
• Baustelleneinrichtung für Baukonstruktionen von Bauwerken (z.B. Baustellentüren, Tore in Bauzäunen)	KG 391
• Baustelleneinrichtung für technische Anlagen von Bauwerken (z.B. Baustellentüren, Tore in Bauzäunen)	KG 491
• Erdbau für Außenanlagen und Freiflächen (z.B. Oberbodenarbeiten, Bodenarbeiten, Erdbaumaßnahmen, Baugruben, Dämme, Einschnitte Wälle, Hangsicherungen)	KG 510
• Gründungen und Bodenplatten (z.B. Einzel- und Streifenfundamente, Fundament-, Sohl- und Bodenplatten)	KG 522
• Objektsicherungsanlagen (z.B. Videoüberwachung, Münzautomat, Kartenlesegerät)	KG 557
• Baustelleneinrichtung für Außenanlagen und Freiflächen (z.B. Baustellentüren, Tore in Bauzäunen)	KG 591

Erläuterungen

- Einfriedungen dienen sowohl der Begrenzung des Grundstücks als auch der Begrenzung von Teilflächen auf dem Grundstück.
- Entsprechend Abschnitt 6.2 empfiehlt die DIN 276, auch für die Kostengruppen der zweiten und der dritten Ebene der Kostengliederung die Mengen und Bezugseinheiten der Tabelle 2 zu verwenden. Ergänzend dazu werden in dieser Arbeitshilfe von BKI spezifische Mengen und Bezugseinheiten für die Kostengruppen der zweiten und dritten Gliederungsebene entsprechend der BKI-Tabelle 5 angegeben (siehe Erläuterungen in Teil A, 7. BKI Ergänzung zur DIN 276 ff.).

DIN 276 Tabelle 1 – Kostengliederung	
542	**Schutzkonstruktionen**
	Lärmschutzwände, Sichtschutzwände, Schutzgitter; Konstruktionen für beispielsweise Sonnenschutz einschließlich Antrieben

BKI Tabelle 5 – Mengen und Bezugseinheiten für die Kostengruppe 500	
Einheit	m²
Bezeichnung	Schutzkonstruktionsfläche
Ermittlung	Die Summe der wahren Fläche von Schutzkonstruktionen

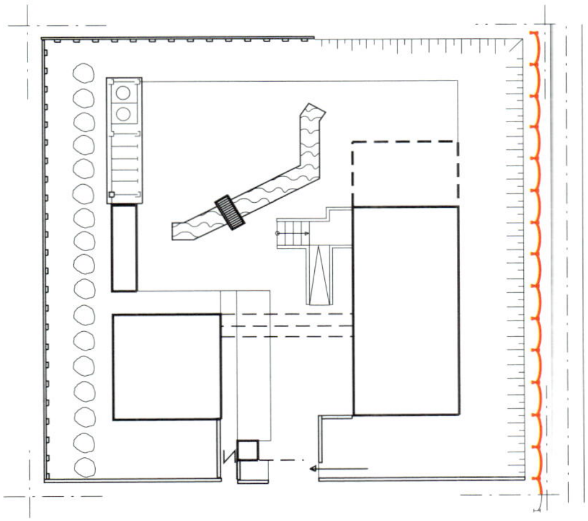

In dieser Kostengruppe enthalten

- Lärmschutzwände (z.B. aus Beton, Mauerwerk, Glas)
- Sichtschutzwände (z.B. als Rahmenkonstruktionen mit Füllungen)
- Schutzgitter (z.B. Ballfangzäune, Sportbarrieren)
- Bauliche Sonnenschutzkonstruktionen, mit Antrieb
- Eigenständige Geländer die nicht zu Rampen, Treppen oder Tribünen gehören
- Oberflächenbehandlung (z.B. Vorsatzschalen, Abdichtungen, Putz, Fliesen, Beschichtung, Korrosionsschutz)
- Einbauteile, Abdeckungen

In anderen Kostengruppen enthalten

• Einfriedungen (z.B. Zäune, Mauern, Türen, Tore, Schutzgitter, Schrankenanlagen)	KG 541
Schutzkonstruktionen	*KG 542*
• Wandkonstruktionen (z.B. Stütz- und Schwergewichtsmauern, elementierte Konstruktionen einschließlich Bekleidungen, füllender Teile und Abdichtungen)	KG 543
• Rampen, Treppen, Tribünen (einschließlich Geländer, Handläufe und Absturzsicherungen)	KG 544
• Überdachungen (z.B. Unterstände, Wetterschutzkonstruktionen und Pergolen einschließlich deren Stützkonstruktionen)	KG 545
• Stege (z.B. kleinere Brücken für den Fuß- und Radverkehr, Bootsstege einschließlich Rampen, Stufen, Treppen, Geländern, Handläufen, Absturzsicherungen und Wetterschutz)	KG 546
• Kanal- und Schachtkonstruktionen (z.B. Rohrkanäle und -schächte, Leerrohre für technische Anlagen	KG 547
• Wasserbecken (z.B. Schwimmbecken, Schwimmteiche)	KG 548

In anderen Kostengruppen enthalten

• Sonstiges zur KG 540	KG 549
• Sicherungsmaßnahmen beim Herrichten des Grundstücks (z.B. Schutz von vorhandenen Baukonstruktionen, Sichern von Bewuchs und Vegetationsschichten)	KG 211
• Abbruchmaßnahmen beim Herrichten des Grundstücks (z.B. vollständiger Abbruch von Baukonstruktionen, technischen Anlagen, Außenanlagen und Freiflächen)	KG 212
• Licht- und Sonnenschutz an Bauwerken	KG 338
• Schutzkonstruktionen an Bauwerken (z.B. Gitter, Stoßabweiser, Handläufe, Berührungsschutz)	KG 339
• Baustelleneinrichtung für Baukonstruktionen von Bauwerken (z.B. Baustellentüren, Tore in Bauzäunen)	KG 391
• Sicherungsmaßnahmen an Baukonstruktionen bestehender Bauwerke (z.B. Unterfangungen, Abstützungen)	KG 393
• Baustelleneinrichtung für technische Anlagen von Bauwerken (z.B. Baustellentüren, Tore in Bauzäunen)	KG 491
• Sicherungsmaßnahmen an technischen Anlagen bestehender Bauwerke (z.B. Unterfangungen, Abstützungen)	KG 493
• Erdbau für Außenanlagen und Freiflächen (z.B. Oberbodenarbeiten, Bodenarbeiten, Erdbaumaßnahmen, Baugruben, Dämme, Einschnitte Wälle, Hangsicherungen)	KG 510
• Gründungen und Bodenplatten (z.B. Einzel- und Streifenfundamente, Fundament-, Sohl- und Bodenplatten)	KG 522
• Baustelleneinrichtung für Außenanlagen und Freiflächen (z.B. Baustellentüren, Tore in Bauzäunen)	KG 591
• Sicherungsmaßnahmen an bestehenden baulichen Anlagen in Außenanlagen und Freiflächen	KG 593

Erläuterungen

- Entsprechend Abschnitt 6.2 empfiehlt die DIN 276, auch für die Kostengruppen der zweiten und der dritten Ebene der Kostengliederung die Mengen und Bezugseinheiten der Tabelle 2 zu verwenden. Ergänzend dazu werden in dieser Arbeitshilfe von BKI spezifische Mengen und Bezugseinheiten für die Kostengruppen der zweiten und dritten Gliederungsebene entsprechend der BKI-Tabelle 5 angegeben (siehe Erläuterungen in Teil A, 7. BKI Ergänzung zur DIN 276 ff.).

DIN 276 Tabelle 1 – Kostengliederung

543 **Wandkonstruktionen**

Stütz- und Schwergewichtsmauern, elementierte Konstruktionen einschließlich Bekleidungen, füllender Teile und Abdichtungen

BKI Tabelle 5 – Mengen und Bezugseinheiten für die Kostengruppe 500

Einheit	m²
Bezeichnung	Wandkonstruktionsfläche
Ermittlung	Die Summe der wahren Fläche von Wandkonstruktionen

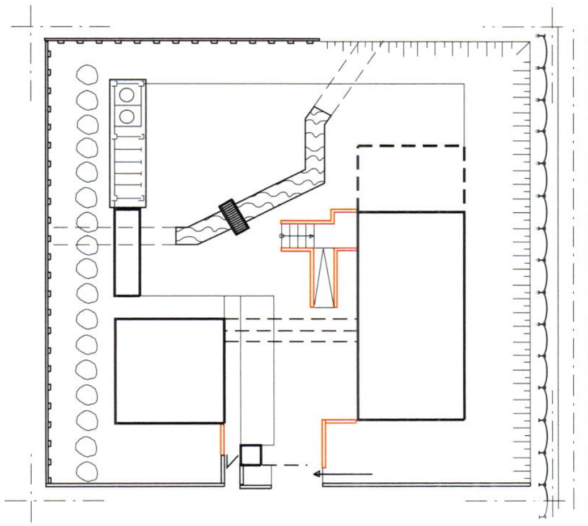

In dieser Kostengruppe enthalten

- Freistehende Wände (z.B. aus Mauerwerk, Ortbeton, Betonfertigteilen, Holz)
- Stützwände (z.B. aus Mauerwerk, Ortbeton, Betonfertigteilen)
- Winkelstützwände
- Oberflächenbehandlung (z.B. Abdichtungen, Putz, Fliesen, Beschichtung, Vorsatzschalen, Korrosionsschutz)
- Abdeckungen, Einbauteile

In anderen Kostengruppen enthalten

• Einfriedungen (z.B. Zäune, Mauern, Türen, Tore, Schutzgitter, Schrankenanlagen)	KG 541
• Schutzkonstruktionen (z.B. Lärmschutzwände, Sichtschutzwände, Schutzgitter; Konstruktionen für beispielsweise Sonnenschutz einschließlich Antrieben)	KG 542
Wandkonstruktionen	*KG 543*
• Rampen, Treppen, Tribünen (einschließlich Geländer, Handläufe und Absturzsicherungen)	KG 544
• Überdachungen (z.B. Unterstände, Wetterschutzkonstruktionen und Pergolen einschließlich deren Stützkonstruktionen)	KG 545
• Stege (z.B. kleinere Brücken für den Fuß- und Radverkehr, Bootsstege einschließlich Rampen, Stufen, Treppen, Geländern, Handläufen, Absturzsicherungen und Wetterschutz)	KG 546
• Kanal- und Schachtkonstruktionen (z.B. Rohrkanäle und -schächte, Leerrohre für technische Anlagen)	KG 547
• Wasserbecken (z.B. Schwimmbecken, Schwimmteiche)	KG 548
• Sonstiges zur KG 540	KG 549

In anderen Kostengruppen enthalten

• Abbruchmaßnahmen beim Herrichten des Grundstücks (z.B. vollständiger Abbruch von Baukonstruktionen, technischen Anlagen, Außenanlagen und Freiflächen)	KG 212
• Tragende Außenwände von Bauwerken (z.B. Außenwände und flächige Konstruktionen, die für die Standfestigkeit des Bauwerks erforderlich sind)	KG 331
• Nichttragende Außenwände von Bauwerken (z.B. Außenwände und flächige Konstruktionen, die für die Standfestigkeit des Bauwerks nicht erforderlich sind)	KG 332
• Tragende Innenwände von Bauwerken (z.B. Innenwände und flächige Konstruktionen, die für die Standfestigkeit des Bauwerks erforderlich sind)	KG 341
• Erdbau für Außenanlagen und Freiflächen (z.B. Oberbodenarbeiten, Bodenarbeiten, Erdbaumaßnahmen, Baugruben, Dämme, Einschnitte Wälle, Hangsicherungen)	KG 510
• Gründungen und Bodenplatten (z.B. Einzel- und Streifenfundamente, Fundament-, Sohl- und Bodenplatten)	KG 522

Erläuterungen

- Kosten für Mauern und Wände in Außenanlagen, sofern sie nicht als Einfriedungen dienen.
- Entsprechend Abschnitt 6.2 empfiehlt die DIN 276, auch für die Kostengruppen der zweiten und der dritten Ebene der Kostengliederung die Mengen und Bezugseinheiten der Tabelle 2 zu verwenden. Ergänzend dazu werden in dieser Arbeitshilfe von BKI spezifische Mengen und Bezugseinheiten für die Kostengruppen der zweiten und dritten Gliederungsebene entsprechend der BKI-Tabelle 5 angegeben (siehe Erläuterungen in Teil A, 7. BKI Ergänzung zur DIN 276 ff.).

DIN 276 Tabelle 1 – Kostengliederung	
544	**Rampen, Treppen, Tribünen**
	Rampen, Treppen und Tribünen einschließlich Geländern, Handläufen und Absturzsicherungen

BKI Tabelle 5 – Mengen und Bezugseinheiten für die Kostengruppe 500	
Einheit	m^2
Bezeichnung	Grundfläche Rampen, Treppen, Tribünen
Ermittlung	Die Summe der Grundflächen von Rampen, Treppen und Tribünen

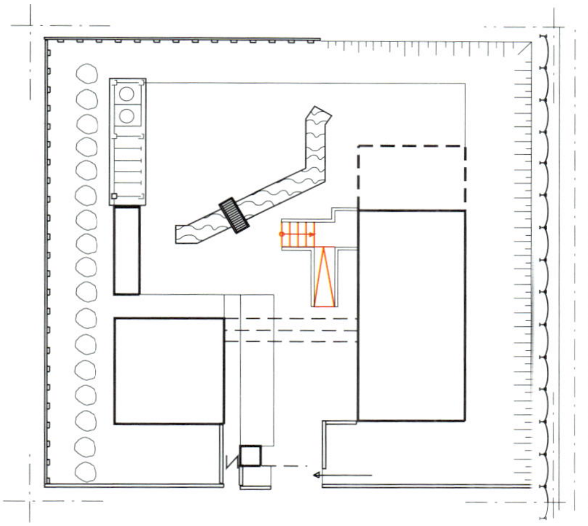

In dieser Kostengruppe enthalten

- Rampen-, Treppen- und Tribünenkonstruktionen (z.B. aus Beton, Stahl, Holz)
- Nutzschichten (z.B. Bodenbeschichtungen, Fliesen- und Plattenbeläge, Natur- und Betonwerksteinbeläge, Holzpflaster)
- Straßenbeläge (z.B. Beton oder Asphalt)
- Pflasterbeläge (z.B. Natur- oder Betonwerksteine, Klinkern, Ziegelbeläge)
- Geländer und Handläufe (z.B. aus Stahl, Holz, Glas)
- Oberflächenbehandlung (z.B. Abdichtungen, Putz, Fliesen, Beschichtung, Vorsatzschalen, Korrosionsschutz)
- Abdeckungen, Einbauteile

In anderen Kostengruppen enthalten

• Einfriedungen (z.B. Zäune, Mauern, Türen, Tore, Schutzgitter, Schrankenanlagen)	KG 541
• Schutzkonstruktionen (z.B. Lärmschutzwände, Sichtschutzwände, Schutzgitter; Konstruktionen für beispielsweise Sonnenschutz einschließlich Antrieben)	KG 542
• Wandkonstruktionen (z.B. Stütz- und Schwergewichtsmauern, elementierte Konstruktionen einschließlich Bekleidungen, füllender Teile und Abdichtungen)	KG 543
Rampen, Treppen, Tribünen	*KG 544*
• Überdachungen (z.B. Unterstände, Wetterschutzkonstruktionen und Pergolen einschließlich deren Stützkonstruktionen)	KG 545
• Stege (z.B. kleinere Brücken für den Fuß- und Radverkehr, Bootsstege einschließlich Rampen, Stufen, Treppen, Geländern, Handläufen, Absturzsicherungen und Wetterschutz)	KG 546
• Kanal- und Schachtkonstruktionen (z.B. Rohrkanäle und -schächte, Leerrohre für technische Anlagen)	KG 547
• Wasserbecken (z.B. Schwimmbecken, Schwimmteiche)	KG 548

In anderen Kostengruppen enthalten

• Sonstiges zur KG 540	KG 549
• Abbruchmaßnahmen beim Herrichten des Grundstücks (z. B. vollständiger Abbruch von Baukonstruktionen, technischen Anlagen, Außenanlagen und Freiflächen)	KG 212
• Bodenplatten für Außentreppen, -rampen, -terrassen u. ä., soweit diese dem Bauwerk und nicht den Außenanlagen zuzurechnen sind	KG 322
• Geländer und Handläufe an Bauwerken	KG 339
• Erdbau für Außenanlagen und Freiflächen (z. B. Oberbodenarbeiten, Bodenarbeiten, Erdbaumaßnahmen, Baugruben, Dämme, Einschnitte Wälle, Hangsicherungen)	KG 510
• Gründungen und Bodenplatten (z. B. Einzel- und Streifenfundamente, Fundament-, Sohl- und Bodenplatten)	KG 522
• Wege (z. B. Pflasterflächen mit Rampengefälle)	KG 531
• Wärmeversorgungsanlagen (z. B. Rampenheizungen)	KG 554

Erläuterungen

- Entsprechend Abschnitt 6.2 empfiehlt die DIN 276, auch für die Kostengruppen der zweiten und der dritten Ebene der Kostengliederung die Mengen und Bezugseinheiten der Tabelle 2 zu verwenden. Ergänzend dazu werden in dieser Arbeitshilfe von BKI spezifische Mengen und Bezugseinheiten für die Kostengruppen der zweiten und dritten Gliederungsebene entsprechend der BKI-Tabelle 5 angegeben (siehe Erläuterungen in Teil A, 7. BKI Ergänzung zur DIN 276 ff.).

DIN 276 Tabelle 1 – Kostengliederung	
545	**Überdachungen**
	Überdachungen, Unterstände, Wetterschutzkonstruktionen und Pergolen einschließlich deren Stützkonstruktionen

BKI Tabelle 5 – Mengen und Bezugseinheiten für die Kostengruppe 500	
Einheit	m^2
Bezeichnung	Grundfläche Überdachungen
Ermittlung	Die Summe der Grundflächen von Überdachungen

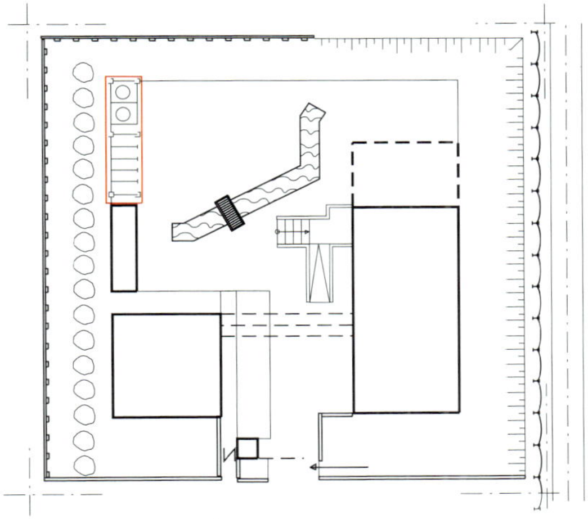

In dieser Kostengruppe enthalten

- Überdachungen, Boxen, Hütten, Regenschutz- und Gartenlauben (z.B. aus Beton, Holz, Stahl)
- Carport
- Garagenboxen für Fahrräder
- Nach dem Baurecht nicht als Bauwerk anzusetzende Gebäude (z.B. Gewächshäuser, Wartehäuschen pneumatische Tragwerkskonstruktionen, fliegende Bauten)
- Oberflächenbehandlung (z.B. Vorsatzschalen, Abdichtungen, Putz, Fliesen, Beschichtung, Korrosionsschutz)

In anderen Kostengruppen enthalten

• Einfriedungen (z.B. Zäune, Mauern, Türen, Tore, Schutzgitter, Schrankenanlagen)	KG 541
• Schutzkonstruktionen (z.B. Lärmschutzwände, Sichtschutzwände, Schutzgitter; Konstruktionen für beispielsweise Sonnenschutz einschließlich Antrieben)	KG 542
• Wandkonstruktionen (z.B. Stütz- und Schwergewichtsmauern, elementierte Konstruktionen einschließlich Bekleidungen, füllender Teile und Abdichtungen)	KG 543
• Rampen, Treppen, Tribünen (einschließlich Geländer, Handläufe und Absturzsicherungen)	KG 544
Überdachungen	*KG 545*
• Stege (z.B. kleinere Brücken für den Fuß- und Radverkehr, Bootsstege einschließlich Rampen, Stufen, Treppen, Geländern, Handläufen, Absturzsicherungen und Wetterschutz)	KG 546
• Kanal- und Schachtkonstruktionen (z.B. Rohrkanäle und -schächte, Leerrohre für technische Anlagen)	KG 547
• Wasserbecken (z.B. Schwimmbecken, Schwimmteiche)	KG 548
• Sonstiges zur KG 540	KG 549

In anderen Kostengruppen enthalten	
• Abbruchmaßnahmen beim Herrichten des Grundstücks (z. B. vollständiger Abbruch von Baukonstruktionen, technischen Anlagen, Außenanlagen und Freiflächen)	KG 212
• Sonstiges zur KG 330 (z. B. untergeordnete Eingangsüberdachungen, kleinere Vordächer)	KG 339
• Dachkonstruktionen für Bauwerke (z. B. große Vordächer)	KG 361
• Sonstiges zur KG 390 (z. B. Fertigteilgaragen die im Zusammenhang mit Bauwerken erstellt werden)	KG 399
• Erdbau für Außenanlagen und Freiflächen (z. B. Oberbodenarbeiten, Bodenarbeiten, Erdbaumaßnahmen, Baugruben, Dämme, Einschnitte Wälle, Hangsicherungen)	KG 510
• Gründungen und Bodenplatten (z. B. Einzel- und Streifenfundamente, Fundament-, Sohl- und Bodenplatten)	KG 522
• Sonstiges zur KG 590 (z. B. Fertigteilgaragen in Freiflächen, die selbstständig und unabhängig der Bauwerke sind)	KG 599

Erläuterungen

- Entsprechend Abschnitt 6.2 empfiehlt die DIN 276, auch für die Kostengruppen der zweiten und der dritten Ebene der Kostengliederung die Mengen und Bezugseinheiten der Tabelle 2 zu verwenden. Ergänzend dazu werden in dieser Arbeitshilfe von BKI spezifische Mengen und Bezugseinheiten für die Kostengruppen der zweiten und dritten Gliederungsebene entsprechend der BKI-Tabelle 5 angegeben (siehe Erläuterungen in Teil A, 7. BKI Ergänzung zur DIN 276 ff.).

DIN 276 Tabelle 1 – Kostengliederung

546	**Stege**	
	Stege und kleinere Brücken für den Fuß- und Radverkehr sowie Bootsstege einschließlich Rampen, Stufen, Treppen, Geländern, Handläufen, Absturzsicherungen und Wetterschutz	

BKI Tabelle 5 – Mengen und Bezugseinheiten für die Kostengruppe 500

Einheit	m²
Bezeichnung	Grundfläche Stege
Ermittlung	Die Grundflächen von Stegen

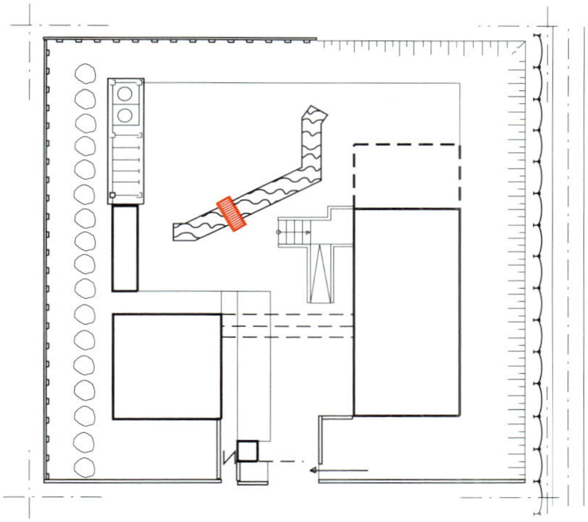

In dieser Kostengruppe enthalten

- Steg- und Brückenkonstruktionen (z.B. Beton, Stahl oder Holz)
- Steg- und Brückenbeläge (z.B. Beton-, Asphaltdeckschichten, Pflaster, Plattenbeläge, Holzbeläge)
- Geländer, Absturzsicherungen und Wetterschutz (z.B. Stahl, Holz, Glas)
- Oberflächenbehandlung (z.B. Beschichtung, Korrosionsschutz)

In anderen Kostengruppen enthalten

• Einfriedungen (z.B. Zäune, Mauern, Türen, Tore, Schutzgitter, Schrankenanlagen)	KG 541
• Schutzkonstruktionen (z.B. Lärmschutzwände, Sichtschutzwände, Schutzgitter; Konstruktionen für beispielsweise Sonnenschutz einschließlich Antrieben)	KG 542
• Wandkonstruktionen (z.B. Stütz- und Schwergewichtsmauern, elementierte Konstruktionen einschließlich Bekleidungen, füllender Teile und Abdichtungen)	KG 543
• Rampen, Treppen, Tribünen (einschließlich Geländer, Handläufe und Absturzsicherungen)	KG 544
• Überdachungen (z.B. Unterstände, Wetterschutzkonstruktionen und Pergolen einschließlich deren Stützkonstruktionen)	KG 545
Stege	*KG 546*
• Kanal- und Schachtkonstruktionen (z.B. Rohrkanäle und -schächte, Leerrohre für technische Anlagen)	KG 547
• Wasserbecken (z.B. Schwimmbecken, Schwimmteiche)	KG 548
• Sonstiges zur KG 540	KG 549
• Abbruchmaßnahmen beim Herrichten des Grundstücks (z.B. vollständiger Abbruch von Baukonstruktionen, technischen Anlagen, Außenanlagen und Freiflächen)	KG 212

100 200 300 400 500 600 700 800

In anderen Kostengruppen enthalten

- Erdbau für Außenanlagen und Freiflächen (z.B. Oberbodenarbeiten, Bodenarbeiten, Erdbaumaßnahmen, Baugruben, Dämme, Einschnitte Wälle, Hangsicherungen) KG 510
- Gründungen und Bodenplatten (z.B. Einzel- und Streifenfundamente, Fundament-, Sohl- und Bodenplatten) KG 522

Erläuterungen

- Entsprechend Abschnitt 6.2 empfiehlt die DIN 276, auch für die Kostengruppen der zweiten und der dritten Ebene der Kostengliederung die Mengen und Bezugseinheiten der Tabelle 2 zu verwenden. Ergänzend dazu werden in dieser Arbeitshilfe von BKI spezifische Mengen und Bezugseinheiten für die Kostengruppen der zweiten und dritten Gliederungsebene entsprechend der BKI-Tabelle 5 angegeben (siehe Erläuterungen in Teil A, 7. BKI Ergänzung zur DIN 276 ff.).

DIN 276 Tabelle 1 – Kostengliederung

547	**Kanal- und Schachtkonstruktionen**
	Rohrkanäle und -schächte, Leerrohre für technische Anlagen

BKI Tabelle 5 – Mengen und Bezugseinheiten für die Kostengruppe 500

Einheit	m
Bezeichnung	Kanal-, Schachtkonstruktionslänge
Ermittlung	Die Summe der Längen von Kanal- und Schachtkonstruktionen

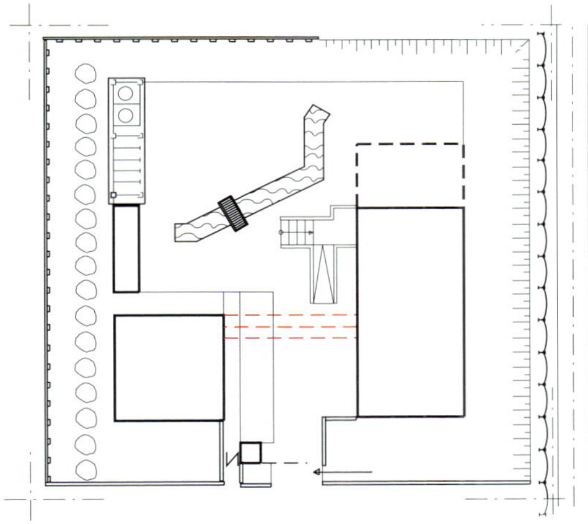

In dieser Kostengruppe enthalten

- Kanal- und Schachtkonstruktionen (z.B. aus Beton, Mauerwerk)
- Oberflächenbehandlung (z.B. Abdichtungen, Beschichtung)
- Einbauteile (z.B. Anker, Aussteifungen, Öffnungen mit Abdeckungen)
- Leerrohre bei mehreren beteiligten Medien
- Leerrohre, die in Kanal- und Schachtkonstruktionen verlegt werden

In anderen Kostengruppen enthalten

• Einfriedungen (z.B. Zäune, Mauern, Türen, Tore, Schutzgitter, Schrankenanlagen)	KG 541
• Schutzkonstruktionen (z.B. Lärmschutzwände, Sichtschutzwände, Schutzgitter; Konstruktionen für beispielsweise Sonnenschutz einschließlich Antrieben)	KG 542
• Wandkonstruktionen (z.B. Stütz- und Schwergewichtsmauern, elementierte Konstruktionen einschließlich Bekleidungen, füllender Teile und Abdichtungen)	KG 543
• Rampen, Treppen, Tribünen (einschließlich Geländer, Handläufe und Absturzsicherungen)	KG 544
• Überdachungen (z.B. Unterstände, Wetterschutzkonstruktionen und Pergolen einschließlich deren Stützkonstruktionen)	KG 545
• Stege (z.B. kleinere Brücken für den Fuß- und Radverkehr, Bootsstege einschließlich Rampen, Stufen, Treppen, Geländern, Handläufen, Absturzsicherungen und Wetterschutz)	KG 546
Kanal- und Schachtkonstruktionen	*KG 547*
• Wasserbecken (z.B. Schwimmbecken, Schwimmteiche)	KG 548
• Sonstiges zur KG 540	KG 549

In anderen Kostengruppen enthalten

• Abbruchmaßnahmen beim Herrichten des Grundstücks (z.B. vollständiger Abbruch von Baukonstruktionen, technischen Anlagen, Außenanlagen und Freiflächen)	KG 212
• Sonstiges zur KG 330 (z.B. untergeordnete, nicht zur BGF zählende Licht- und ähnliche Schächte)	KG 339
• Erdbau für Außenanlagen und Freiflächen (z.B. Oberbodenarbeiten, Bodenarbeiten, Erdbaumaßnahmen, Baugruben, Dämme, Einschnitte Wälle, Hangsicherungen)	KG 510
• Gründungen und Bodenplatten (z.B. Einzel- und Streifenfundamente, Fundament-, Sohl- und Bodenplatten)	KG 522

Erläuterungen

- Entsprechend Abschnitt 6.2 empfiehlt die DIN 276, auch für die Kostengruppen der zweiten und der dritten Ebene der Kostengliederung die Mengen und Bezugseinheiten der Tabelle 2 zu verwenden. Ergänzend dazu werden in dieser Arbeitshilfe von BKI spezifische Mengen und Bezugseinheiten für die Kostengruppen der zweiten und dritten Gliederungsebene entsprechend der BKI-Tabelle 5 angegeben (siehe Erläuterungen in Teil A, 7. BKI Ergänzung zur DIN 276 ff.).
- Hierzu gehören die Kosten für Baukonstruktionen von Schächten und Kanälen in Außenanlagen und Freiflächen, die technischen Anlagen dienen.

DIN 276 Tabelle 1 – Kostengliederung	
548	**Wasserbecken**
	Wasserbecken, Schwimmbecken, Schwimmteiche

BKI Tabelle 5 – Mengen und Bezugseinheiten für die Kostengruppe 500	
Einheit	m^2
Bezeichnung	Grundfläche Wasserbecken
Ermittlung	Die Summe der Grundflächen von Wasserbecken

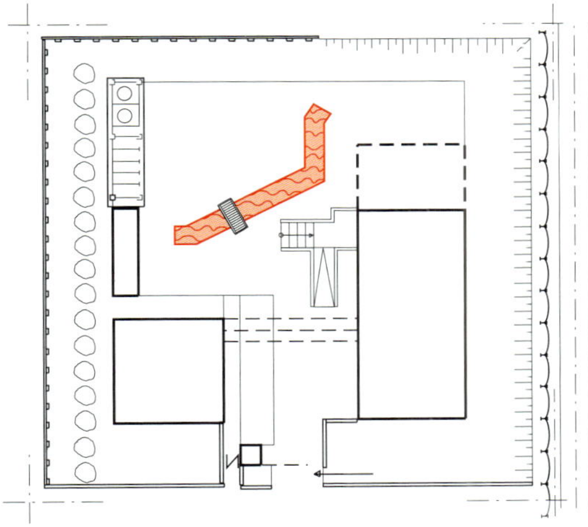

In dieser Kostengruppe enthalten

- Wasserbecken- und Schwimmbeckenkonstruktionen (z.B. aus Beton, Stahl, glasfaserverstärkter Kunststoff)
- Schwimmteiche mit Schwimmbereich, Klärbereich, Teichpflanzen
- Randbefestigungen (z.B. Lebendverbau, Betonschalen, Holz-, Steinumrandungen, kombinierte Bauweisen)
- Oberflächenbehandlung (z.B. Vorsatzschalen, Abdichtungen, Putz, Fliesen, Beschichtung, Korrosionsschutz)
- Einbauteile (z.B. Anker, Aussteifungen, Öffnungen mit Abdeckungen)
- Abdichtungen, Schutz- und Filterschichten

In anderen Kostengruppen enthalten

• Einfriedungen (z.B. Zäune, Mauern, Türen, Tore, Schutzgitter, Schrankenanlagen)	KG 541
• Schutzkonstruktionen (z.B. Lärmschutzwände, Sichtschutzwände, Schutzgitter; Konstruktionen für beispielsweise Sonnenschutz einschließlich Antrieben)	KG 542
• Wandkonstruktionen (z.B. Stütz- und Schwergewichtsmauern, elementierte Konstruktionen einschließlich Bekleidungen, füllender Teile und Abdichtungen)	KG 543
• Rampen, Treppen, Tribünen (einschließlich Geländer, Handläufe und Absturzsicherungen)	KG 544
• Überdachungen (z.B. Unterstände, Wetterschutzkonstruktionen und Pergolen einschließlich deren Stützkonstruktionen)	KG 545
• Stege (z.B. kleinere Brücken für den Fuß- und Radverkehr, Bootsstege einschließlich Rampen, Stufen, Treppen, Geländern, Handläufen, Absturzsicherungen und Wetterschutz)	KG 546
• Kanal- und Schachtkonstruktionen (z.B. Rohrkanäle und -schächte, Leerrohre für technische Anlagen	KG 547
Wasserbecken	*KG 548*
• Sonstiges zur KG 540	KG 549

In anderen Kostengruppen enthalten

• Abbruchmaßnahmen beim Herrichten des Grundstücks (z.B. vollständiger Abbruch von Baukonstruktionen, technischen Anlagen, Außenanlagen und Freiflächen)	KG 212
• Erdbau für Außenanlagen und Freiflächen (z.B. Oberbodenarbeiten, Bodenarbeiten, Erdbaumaßnahmen, Baugruben, Dämme, Einschnitte Wälle, Hangsicherungen)	KG 510
• Gründungen und Bodenplatten (z.B. Einzel- und Streifenfundamente, Fundament-, Sohl- und Bodenplatten)	KG 522
• Abwasseranlagen (z.B. Abwasserleitungen)	KG 551
• Wasseranlagen (z.B. Wasserversorgungsleitungen, Brunnenanlagen zur Wassergewinnung)	KG 552
• Elektrische Anlagen (z.B. Stromversorgungsleitungen, Außenbeleuchtungsanlagen)	KG 556
• Naturnahe Wasserflächen (z.B. Befestigungen, Abdichtungen)	KG 580
• Künstlerische Gestaltung der Außenanlagen und Freiflächen	KG 643

Erläuterungen

- Wasserführende Anlagen für stehendes oder motorisch bewegtes Wasser, die keine Bauwerke oder Versorgungsanlagen sind und nicht zu KG 580 (naturnahe) Wasserflächen oder KG 643 Künstlerisch gestaltete Bauteile der Außenanlagen zählen.
- Entsprechend Abschnitt 6.2 empfiehlt die DIN 276, auch für die Kostengruppen der zweiten und der dritten Ebene der Kostengliederung die Mengen und Bezugseinheiten der Tabelle 2 zu verwenden. Ergänzend dazu werden in dieser Arbeitshilfe von BKI spezifische Mengen und Bezugseinheiten für die Kostengruppen der zweiten und dritten Gliederungsebene entsprechend der BKI-Tabelle 5 angegeben (siehe Erläuterungen in Teil A, 7. BKI Ergänzung zur DIN 276 ff.).

DIN 276 Tabelle 1 – Kostengliederung	
549	**Sonstiges zur KG 540**

BKI Tabelle 5 – Mengen und Bezugseinheiten für die Kostengruppe 500	
Einheit	m^2
Bezeichnung	Außenanlagenfläche (AF)
Ermittlung	Gesamte Außenanlagenfläche nach DIN 277

In dieser Kostengruppe enthalten

- Sonstige Kosten für Baukonstruktionen, die nicht den KG 541 bis 548 zuzuordnen sind

In anderen Kostengruppen enthalten	
• Einfriedungen (z.B. Zäune, Mauern, Türen, Tore, Schutzgitter, Schrankenanlagen)	KG 541
• Schutzkonstruktionen (z.B. Lärmschutzwände, Sichtschutzwände, Schutzgitter; Konstruktionen für beispielsweise Sonnenschutz einschließlich Antrieben)	KG 542
• Wandkonstruktionen (z.B. Stütz- und Schwergewichtsmauern, elementierte Konstruktionen einschließlich Bekleidungen, füllender Teile und Abdichtungen)	KG 543
• Rampen, Treppen, Tribünen (einschließlich Geländer, Handläufe und Absturzsicherungen)	KG 544
• Überdachungen (z.B. Unterstände, Wetterschutzkonstruktionen und Pergolen einschließlich deren Stützkonstruktionen)	KG 545
• Stege (z.B. kleinere Brücken für den Fuß- und Radverkehr, Bootsstege einschließlich Rampen, Stufen, Treppen, Geländern, Handläufen, Absturzsicherungen und Wetterschutz)	KG 546
• Kanal- und Schachtkonstruktionen (z.B. Rohrkanäle und -schächte, Leerrohre für technische Anlagen)	KG 547
• Wasserbecken (z.B. Schwimmbecken, Schwimmteiche)	KG 548
Sonstiges zur KG 540	*KG 549*
• Abbruchmaßnahmen beim Herrichten des Grundstücks (z.B. vollständiger Abbruch von Bauwerken, technischen Anlagen, Außenanlagen und Freiflächen)	KG 212
• Erdbau für Außenanlagen und Freiflächen (z.B. Oberbodenarbeiten, Bodenarbeiten, Erdbaumaßnahmen, Baugruben, Dämme, Einschnitte Wälle, Hangsicherungen)	KG 510
• Gründung, Unterbau für Außenanlagen und Freiflächen einschließlich Erdarbeiten (z.B. Baugrundverbesserung, Gründungen und Bodenplatten; Dränagen)	KG 520
• Technische Anlagen (z.B. Abwasser- und Wasseranlagen, Wärmeversorgungsanlagen, elektrische Anlagen)	KG 550
• Naturnahe Wasserflächen	KG 580
• Künstlerische Gestaltung der Außenanlagen und Freiflächen	KG 643

Erläuterungen

- Entsprechend Abschnitt 6.2 empfiehlt die DIN 276, auch für die Kostengruppen der zweiten und der dritten Ebene der Kostengliederung die Mengen und Bezugseinheiten der Tabelle 2 zu verwenden. Ergänzend dazu werden in dieser Arbeitshilfe von BKI spezifische Mengen und Bezugseinheiten für die Kostengruppen der zweiten und dritten Gliederungsebene entsprechend der BKI-Tabelle 5 angegeben (siehe Erläuterungen in Teil A, 7. BKI Ergänzung zur DIN 276 ff.).

DIN 276 Tabelle 1 – Kostengliederung

550 **Technische Anlagen**

Technische Anlagen in Außenanlagen einschließlich der Ver- und Entsorgung des Bauwerks sowie in Freiflächen, die eigenständig und unabhängig von Bauwerken sind

Die Bodenarbeiten und Erdbaumaßnahmen gehören zur KG 510, die Gründungs- und Unterbaumaßnahmen zur KG 520.

BKI Tabelle 5 – Mengen und Bezugseinheiten für die Kostengruppe 500

Einheit	m^2
Bezeichnung	Außenanlagenfläche (AF)
Ermittlung	Gesamte Außenanlagenfläche nach DIN 277

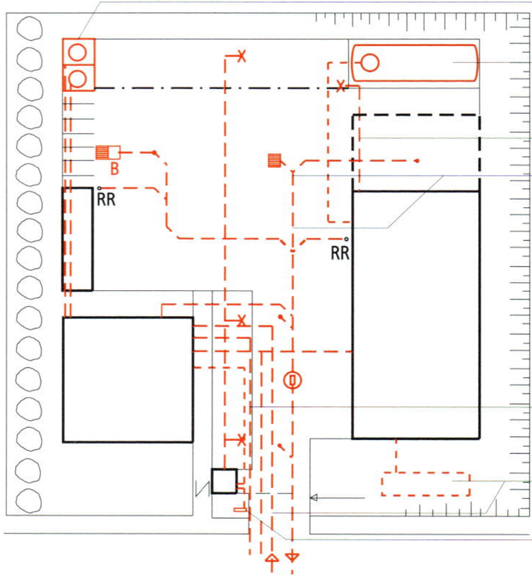

In dieser Kostengruppe enthalten

KG 551	Abwasseranlagen (z.B. Abwasserleitungen, häusliche Kläranlagen, Oberflächen- und Bauwerksentwässerungsanlagen, Sammelgruben, Abscheider, Hebeanlagen)
KG 552	Wasseranlagen (z.B. Brunnenanlagen, Zisternen, Druckerhöhungsanlagen, Wasserversorgungsleitungen, Löschwasseranlagen, Beregnungsanlagen)
KG 553	Anlagen für Gase und Flüssigkeiten (z.B. Leitungen für Gase und wassergefährdende Flüssigkeiten, Flüssiggasanlagen)
KG 554	Wärmeversorgungsanlagen (z.B. Wärmeversorgungsleitungen, Freiflächen- und Rampenheizungen)
KG 555	Raumlufttechnische Anlagen (Anlagenteile der Raumlufttechnik, z.B. Außenluftansaugung, Fortlufttürme, Erdwärmetauscher, Kälteversorgung)
KG 556	Elektrische Anlagen (z.B. Stromversorgungsleitungen, Trafostationen, Eigenstromerzeugungsanlagen, Außenbeleuchtungsanlagen, Flutlichtanlagen, Fahrleitungsanlagen)
KG 557	Kommunikations-, sicherheits- und informationstechnische Anlagen, Automation (z.B. Leitungsnetze, Beschallungsanlagen, Zeitdienstanlagen, Verkehrssignalanlagen, Parkleitsysteme)
KG 558	Nutzungsspezifische Anlagen (z.B. Oberbau und Deckschichten beispielsweise von Hubschrauberlandeplätzen)
KG 559	Sonstiges zur KG 550

In anderen Kostengruppen enthalten	
• Erdbau von Außenanlagen und Freiflächen (z.B. Oberbodenarbeiten, Bodenarbeiten, Erdbaumaßnahmen, Baugruben, Dämme, Einschnitte Wälle, Hangsicherungen)	KG 510
• Gründung, Unterbau (z.B. Baugrundverbesserung, Aushub von Fundamenten, Dränagen)	KG 520
• Oberbau, Deckschichten (z.B. Wege, Straßen, Plätze, Sport- und Spielplatzflächen)	KG 530
• Baukonstruktionen (z.B. Einfriedungen, Schutz- und Wandkonstruktionen, Rampen, Treppen, Tribünen, Überdachungen, Stege, Wasserbecken)	KG 540
Technische Anlagen	*KG 550*
• Einbauten in Außenanlagen und Freiflächen (z.B. Wirtschaftsgegenstände, Spielgeräte, Orientierungssysteme)	KG 560
• Vegetationsflächen (z.B. vegetationstechnische Bodenbearbeitung, Sicherungsbauweisen, Pflanzflächen)	KG 570
• Wasserflächen (z.B. Befestigungen, Abdichtungen, Bepflanzungen)	KG 580
• Sonstige Maßnahmen für Außenanlagen und Freiflächen (z.B. Baustelleneinrichtung)	KG 590
• Öffentliche Erschließung	KG 220
• Nichtöffentliche Erschließung	KG 230
• Bauwerk – Technische Anlagen (z.B. Abwasser-, Wasser-, Gasanlagen)	KG 400

Erläuterungen

- Zur Bedienung, zum Betrieb oder zum Schutz der technischen Anlagen gehörendes, erstmalig zu beschaffendes, nicht eingebautes oder nicht befestigtes Zubehör wird in der zugehörigen Kostengruppe der technischen Anlagen erfasst.
- Elektrische Komponenten werden ab Anschlusspunkt der elektrischen Versorgungsleitung einschließlich der elektrischen Verkabelung und der Anschlussarbeiten sowie der Inbetriebnahme in der Kostengruppe des zugehörigen Bauelements erfasst (z.B. Antriebe und Steuerungen).
- Entsprechend Abschnitt 6.2 empfiehlt die DIN 276, auch für die Kostengruppen der zweiten und der dritten Ebene der Kostengliederung die Mengen und Bezugseinheiten der Tabelle 2 zu verwenden. Ergänzend dazu werden in dieser Arbeitshilfe von BKI spezifische Mengen und Bezugseinheiten für die Kostengruppen der zweiten und dritten Gliederungsebene entsprechend der BKI-Tabelle 5 angegeben (siehe Erläuterungen in Teil A, 7. BKI Ergänzung zur DIN 276 ff.).

DIN 276 Tabelle 1 – Kostengliederung

551	**Abwasseranlagen**
	Abwasserleitungen, häusliche Kläranlagen, Oberflächen- und Bauwerksentwässerungsanlagen, Sammelgruben, Abscheider, Hebeanlagen

BKI Tabelle 5 – Mengen und Bezugseinheiten für die Kostengruppe 500

Einheit	m^2
Bezeichnung	Außenanlagenfläche (AF)
Ermittlung	Gesamte Außenanlagenfläche nach DIN 277

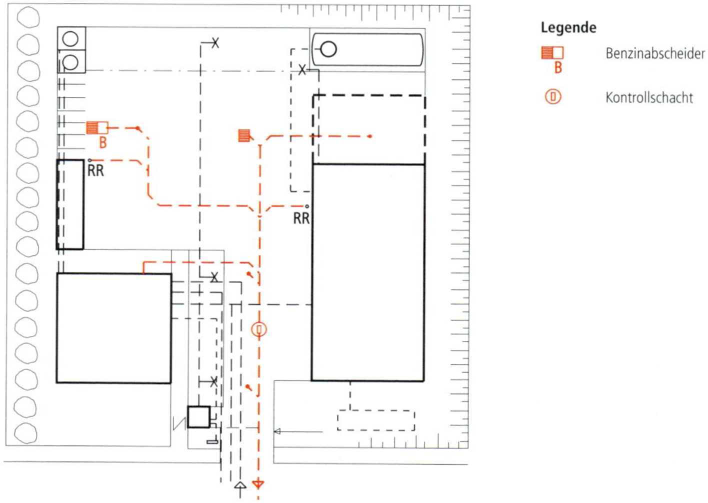

In dieser Kostengruppe enthalten

- Abwasserleitungen (z.B. Rohre, Form- und Verbindungsstücke)
- Grundleitungen/Abläufe (z.B. Anschlussleitungen, Hof-, Straßenabläufe, Entwässerungsrinnen, Kontrollschächte)
- Sammel- und Behandlungsanlagen (z.B. Regenrückhaltebecken, Rigolen, Sickergruben, Sammelschächte)
- Abscheider-, Klär- und Hebeanlagen
- Entwässerungskanäle und -schächte (z.B. aus Mauerwerk, Ortbeton oder Betonfertigteilen)
- Sickergrube für Regenwasser
- Sandbett für die Rohrverlegung
- Elektrische Komponenten, ab Anschlusspunkt der elektrischen Versorgungsleitung einschließlich der elektrischen Verkabelung und der Anschlussarbeiten sowie der Inbetriebnahme (z.B. Antriebe und Steuerungen)

In anderen Kostengruppen enthalten

Abwasseranlagen	*KG 551*
• Wasseranlagen (z.B. Brunnenanlagen, Zisternen, Druckerhöhungsanlagen, Wasserversorgungsleitungen, Löschwasseranlagen, Beregnungsanlagen)	KG 552
• Anlagen für Gase und Flüssigkeiten (z.B. Leitungen für Gase und wassergefährdende Flüssigkeiten, Flüssiggasanlagen)	KG 553
• Wärmeversorgungsanlagen (z.B. Wärmeversorgungsleitungen, Freiflächen- und Rampenheizungen)	KG 554
• Raumlufttechnische Anlagen (Anlagenteile der Raumlufttechnik, z.B. Außenluftansaugung, Fortlufttürme, Erdwärmetauscher, Kälteversorgung)	KG 555

In anderen Kostengruppen enthalten

• Elektrische Anlagen (z.B. Stromversorgungsleitungen, Trafostationen, Eigenstromerzeugungsanlagen, Außenbeleuchtungsanlagen, Flutlichtanlagen, Fahrleitungsanlagen)	KG 556
• Kommunikations-, sicherheits- und informationstechnische Anlagen, Automation (z.B. Leitungsnetze, Beschallungsanlagen, Zeitdienstanlagen, Verkehrssignalanlagen, Parkleitsysteme)	KG 557
• Nutzungsspezifische Anlagen (z.B. Oberbau und Deckschichten beispielsweise von Hubschrauberlandeplätzen)	KG 558
• Sonstiges zur KG 550	KG 559
• Abbruchmaßnahmen beim Herrichten des Grundstücks (z.B. vollständiges Abbrechen von vorhandenen technischen Anlagen oder Anlagenbereichen)	KG 212
• Abwasserentsorgung im Rahmen der öffentlichen Erschließung	KG 221
• Nichtöffentliche Erschließung (ggf. untergliedert entsprechend der KG 220)	KG 230
• Herstellung (z.B. Aushub und Verfüllung von Rohrgräben unterhalb der Gründungsebene des Bauwerks)	KG 311
• Wasserhaltung bei Bauwerken (z.B. Beseitigung des Grund- und Schichtenwassers während der Bauzeit)	KG 313
• Dränagen für Bauwerke (z.B. Leitungen, Pumpensümpfe, Tiefen- und Oberflächenentwässerung)	KG 326
• Dachbeläge von Bauwerken (z.B. Beläge auf Dachkonstruktionen, Dachentwässerung, ggf. Dachbegrünungen)	KG 363
• Anlagen der Abwasserentsorgung als Infrastrukturanlagen	KG 375
• Baustelleneinrichtung für Baukonstruktionen von Bauwerken (z.B. Energie- und Bauwasseranschlüsse)	KG 391
• Abwasseranlagen bei technischen Anlagen von Bauwerken	KG 411
• Baustelleneinrichtung für technische Anlagen von Bauwerken (z.B. Energie- und Bauwasseranschlüsse)	KG 491
• Erdbau für Außenanlagen und Freiflächen (z.B. Aushub und Verfüllung von Rohrgräben und Schächten)	KG 511
• Wasserhaltung beim Erdbau in Außenanlagen und Freiflächen während der Bauzeit	KG 513
• Dränagen bei Gründung und Unterbau in Außenanlagen und Freiflächen	KG 525
• Wasserflächen (z.B. naturnahe Wasserflächen, Bäche, Teiche, Seen)	KG 580
• Baustelleneinrichtung für Außenanlagen und Freiflächen (z.B. Energie- und Bauwasseranschlüsse, Abwasserbeseitigung)	KG 591

Erläuterungen

- Die Abwasseranlagen enthalten die zugehörigen Gestelle, Befestigungen, Armaturen, Wärme- und Kältedämmung, Schall- und Brandschutzvorkehrungen, Abdeckungen, Bekleidungen, Beschichtungen, Kennzeichnungen sowie die werkseitig integrierten Mess-, Steuer- und Regelanlagen. Dazu gehören auch die Betriebskosten bis zur Abnahme, alle zugehörigen Leistungen nach VOB, Teil C, DIN 18381, insbesondere Abnahmeunterlagen, Revisionsunterlagen, Messprotokolle, Funktionsprüfung, Probebetrieb, Werkstatt- und Montagezeichnungen, sowie alle zugehörigen Nebenleistungen und besonderen Leistungen.
- Entsprechend Abschnitt 6.2 empfiehlt die DIN 276, auch für die Kostengruppen der zweiten und der dritten Ebene der Kostengliederung die Mengen und Bezugseinheiten der Tabelle 2 zu verwenden. Ergänzend dazu werden in dieser Arbeitshilfe von BKI spezifische Mengen und Bezugseinheiten für die Kostengruppen der zweiten und dritten Gliederungsebene entsprechend der BKI-Tabelle 5 angegeben (siehe Erläuterungen in Teil A, 7. BKI Ergänzung zur DIN 276 ff.).
- Hierzu gehören die Kosten für Abwasseranlagen als Zu-/Ableitung für die Bauwerke zwischen der Außenkante des Bauwerks und der Grundstücksgrenze.

DIN 276 Tabelle 1 – Kostengliederung	
552	**Wasseranlagen** Brunnenanlagen, Zisternen, Druckerhöhungsanlagen, Wasserversorgungsleitungen, Löschwasseranlagen, Beregnungsanlagen

BKI Tabelle 5 – Mengen und Bezugseinheiten für die Kostengruppe 500	
Einheit	m^2
Bezeichnung	Außenanlagenfläche (AF)
Ermittlung	Gesamte Außenanlagenfläche nach DIN 277

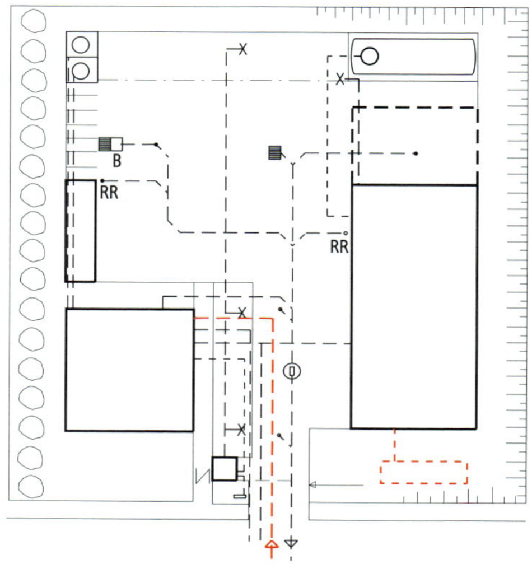

In dieser Kostengruppe enthalten

- Gewinnungsanlagen (z.B. Brunnenanlagen mit Pumpen, Behältern, Verteilern)
- Aufbereitungsanlagen (z.B. Wasserreinigungsanlagen für Brauchwasser)
- Druckerhöhungsanlagen
- Wasserleitungen (z.B. Rohre, Form- und Verbindungsstücke)
- Dezentrale Wassererwärmer
- Sanitärobjekte (z.B. Waschbecken, Außenarmaturen)
- Wasserspeicher (z.B. Zisternen, Wasservorratsbehälter) außerhalb der Gründungsfläche des Bauwerks
- Sportrasenberegnung
- Sandbett für die Rohrverlegung
- Elektrische Komponenten, ab Anschlusspunkt der elektrischen Versorgungsleitung einschließlich der elektrischen Verkabelung und der Anschlussarbeiten sowie der Inbetriebnahme (z.B. Antriebe und Steuerungen)

In anderen Kostengruppen enthalten

• Abwasseranlagen (z.B. Abwasserleitungen, häusliche Kläranlagen, Oberflächen- und Bauwerksentwässerungsanlagen, Sammelgruben, Abscheider, Hebeanlagen)	KG 551
Wasseranlagen	*KG 552*
• Anlagen für Gase und Flüssigkeiten (z.B. Leitungen für Gase und wassergefährdende Flüssigkeiten, Flüssiggasanlagen)	KG 553
• Wärmeversorgungsanlagen (z.B. Wärmeversorgungsleitungen, Freiflächen- und Rampenheizungen)	KG 554

In anderen Kostengruppen enthalten	
• Raumlufttechnische Anlagen (Anlagenteile der Raumlufttechnik, z.B. Außenluftansaugung, Fortlufttürme, Erdwärmetauscher, Kälteversorgung)	KG 555
• Elektrische Anlagen (z.B. Stromversorgungsleitungen, Trafostationen, Eigenstromerzeugungsanlagen, Außenbeleuchtungsanlagen, Flutlichtanlagen, Fahrleitungsanlagen)	KG 556
• Kommunikations-, sicherheits- und informationstechnische Anlagen, Automation (z.B. Leitungsnetze, Beschallungsanlagen, Zeitdienstanlagen, Verkehrssignalanlagen, Parkleitsysteme)	KG 557
• Nutzungsspezifische Anlagen (z.B. Oberbau und Deckschichten beispielsweise von Hubschrauberlandeplätzen)	KG 558
• Sonstiges zur KG 550	KG 559
• Abbruchmaßnahmen beim Herrichten des Grundstücks (z.B. vollständiges Abbrechen von vorhandenen technischen Anlagen oder Anlagenbereichen)	KG 212
• Wasserversorgung im Rahmen der öffentlichen Erschließung	KG 222
• Nichtöffentliche Erschließung (ggf. untergliedert entsprechend der KG 220)	KG 230
• Herstellung (z.B. Aushub und Verfüllung von Rohrgräben unterhalb der Gründungsebene des Bauwerks)	KG 311
• Wasserhaltung bei Bauwerken (z.B. Beseitigung des Grund- und Schichtenwassers während der Bauzeit)	KG 313
• Anlagen der Wasserversorgung als Infrastrukturanlagen	KG 376
• Baustelleneinrichtung für Baukonstruktionen von Bauwerken (z.B. Energie- und Bauwasseranschlüsse)	KG 391
• Wasseranlagen bei technischen Anlagen von Bauwerken	KG 412
• Baustelleneinrichtung für technische Anlagen von Bauwerken (z.B. Energie- und Bauwasseranschlüsse)	KG 491
• Wasserbecken (z.B. Schwimmbecken, Schwimmteiche)	KG 548
• Wasserflächen (z.B. naturnahe Wasserflächen, Bäche, Teiche, Seen)	KG 580
• Baustelleneinrichtung für Außenanlagen und Freiflächen (z.B. Energie- und Bauwasseranschlüsse)	KG 591

Erläuterungen

- Die Wasseranlagen enthalten die zugehörigen Gestelle, Befestigungen, Armaturen, Wärme- und Kältedämmung, Schall- und Brandschutzvorkehrungen, Abdeckungen, Bekleidungen, Beschichtungen, Kennzeichnungen sowie die werkseitig integrierten Mess-, Steuer- und Regelanlagen. Dazu gehören auch die Betriebskosten bis zur Abnahme, alle zugehörigen Leistungen nach VOB, Teil C, DIN 18381, insbesondere Abnahmeunterlagen, Revisionsunterlagen, Messprotokolle, Funktionsprüfung, Probebetrieb, Werkstatt- und Montagezeichnungen, sowie alle zugehörigen Nebenleistungen und besonderen Leistungen.
- Entsprechend Abschnitt 6.2 empfiehlt die DIN 276, auch für die Kostengruppen der zweiten und der dritten Ebene der Kostengliederung die Mengen und Bezugseinheiten der Tabelle 2 zu verwenden. Ergänzend dazu werden in dieser Arbeitshilfe von BKI spezifische Mengen und Bezugseinheiten für die Kostengruppen der zweiten und dritten Gliederungsebene entsprechend der BKI-Tabelle 5 angegeben (siehe Erläuterungen in Teil A, 7. BKI Ergänzung zur DIN 276 ff.).
- Hierzu gehören die Kosten für Wasseranlagen als Zu-/Ableitung für die Bauwerke zwischen der Außenkante des Bauwerks und der Grundstücksgrenze.

DIN 276 Tabelle 1 – Kostengliederung	
553	**Anlagen für Gase und Flüssigkeiten**
	Leitungen für Gase und wassergefährdende Flüssigkeiten, Flüssiggasanlagen

BKI Tabelle 5 – Mengen und Bezugseinheiten für die Kostengruppe 500	
Einheit	m^2
Bezeichnung	Außenanlagenfläche (AF)
Ermittlung	Gesamte Außenanlagenfläche nach DIN 277

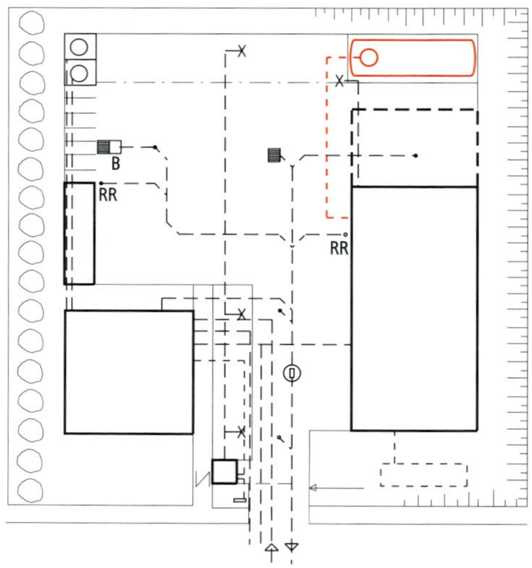

In dieser Kostengruppe enthalten

- Lagerungs- und Erzeugungsanlagen (z.B. Erdtanks)
- Übergabestationen (z.B. Gasanschluss-, Gasübergabeschächte mit Übergabe-, Reduzierstation, sofern nicht als Bauwerk anzusetzen
- Druckregelanlagen
- Gasleitungen (z.B. Rohre, Form- und Verbindungsstücke)
- Sandbett für die Rohrverlegung
- Elektrische Komponenten, ab Anschlusspunkt der elektrischen Versorgungsleitung einschließlich der elektrischen Verkabelung und der Anschlussarbeiten sowie der Inbetriebnahme (z.B. Antriebe und Steuerungen)

In anderen Kostengruppen enthalten

• Abwasseranlagen (z.B. Abwasserleitungen, häusliche Kläranlagen, Oberflächen- und Bauwerksentwässerungsanlagen, Sammelgruben, Abscheider, Hebeanlagen)	KG 551
• Wasseranlagen (z.B. Brunnenanlagen, Zisternen, Druckerhöhungsanlagen, Wasserversorgungsleitungen, Löschwasseranlagen, Beregnungsanlagen)	KG 552
Anlagen für Gase und Flüssigkeiten	*KG 553*
• Wärmeversorgungsanlagen (z.B. Wärmeversorgungsleitungen, Freiflächen- und Rampenheizungen)	KG 554
• Raumlufttechnische Anlagen (Anlagenteile der Raumlufttechnik, z.B. Außenluftansaugung, Fortlufttürme, Erdwärmetauscher, Kälteversorgung)	KG 555
• Elektrische Anlagen (z.B. Stromversorgungsleitungen, Trafostationen, Eigenstromerzeugungsanlagen, Außenbeleuchtungsanlagen, Flutlichtanlagen, Fahrleitungsanlagen)	KG 556

In anderen Kostengruppen enthalten

• Kommunikations-, sicherheits- und informationstechnische Anlagen, Automation (z.B. Leitungsnetze, Beschallungsanlagen, Zeitdienstanlagen, Verkehrssignalanlagen, Parkleitsysteme)	KG 557
• Nutzungsspezifische Anlagen (z.B. Oberbau und Deckschichten beispielsweise von Hubschrauberlandeplätzen)	KG 558
• Sonstiges zur KG 550	KG 559
• Abbruchmaßnahmen beim Herrichten des Grundstücks (z.B. vollständiges Abbrechen von vorhandenen technischen Anlagen oder Anlagenbereichen)	KG 212
• Gasversorgung im Rahmen der öffentlichen Erschließung	KG 223
• Nichtöffentliche Erschließung (ggf. untergliedert entsprechend der KG 220)	KG 230
• Herstellung (z.B. Aushub und Verfüllung von Rohrgräben unterhalb der Gründungsebene des Bauwerks)	KG 311
• Gasdränagen für Bauwerke	KG 326
• Anlagen der Gasversorgung als Infrastrukturanlagen	KG 379
• Baustelleneinrichtung für Baukonstruktionen von Bauwerken (z.B. Energie- und Bauwasseranschlüsse, Gasanschlüsse)	KG 391
• Gasanlagen bei technischen Anlagen in Bauwerken	KG 413
• Baustelleneinrichtung für Baukonstruktionen von Bauwerken (z.B. Energie- und Bauwasseranschlüsse, Gasanschlüsse)	KG 491
• Erdbau für Außenanlagen und Freiflächen (z.B. Aushub und Verfüllung von Rohrgräben und Schächten)	KG 511
• Gasdränagen für Außenanlagen und Freiflächen	KG 525
• Baustelleneinrichtung für Außenanlagen und Freiflächen (z.B. Energie- und Bauwasseranschlüsse, Gasanschlüsse)	KG 591

Erläuterungen

- Die Anlagen für Gas und Flüssigkeiten enthalten die zugehörigen Gestelle, Befestigungen, Armaturen, Wärme- und Kältedämmung, Schall- und Brandschutzvorkehrungen, Abdeckungen, Bekleidungen, Beschichtungen, Kennzeichnungen sowie die werkseitig integrierten Mess-, Steuer- und Regelanlagen. Dazu gehören auch die Betriebskosten bis zur Abnahme, alle zugehörigen Leistungen nach VOB, Teil C, DIN 18381, insbesondere Abnahmeunterlagen, Revisionsunterlagen, Messprotokolle, Funktionsprüfung, Probebetrieb, Werkstatt- und Montagezeichnungen, sowie alle zugehörigen Nebenleistungen und besonderen Leistungen.
- Entsprechend Abschnitt 6.2 empfiehlt die DIN 276, auch für die Kostengruppen der zweiten und der dritten Ebene der Kostengliederung die Mengen und Bezugseinheiten der Tabelle 2 zu verwenden. Ergänzend dazu werden in dieser Arbeitshilfe von BKI spezifische Mengen und Bezugseinheiten für die Kostengruppen der zweiten und dritten Gliederungsebene entsprechend der BKI-Tabelle 5 angegeben (siehe Erläuterungen in Teil A, 7. BKI Ergänzung zur DIN 276 ff.).
- Hierzu gehören die Kosten für Anlagen für Gase und Flüssigkeiten als Zu-/Ableitung für die Bauwerke zwischen der Außenkante des Bauwerks und der Grundstücksgrenze.

DIN 276 Tabelle 1 – Kostengliederung	
554	**Wärmeversorgungsanlagen**
	Wärmeerzeugungsanlagen, Wärmeversorgungsleitungen, Freiflächen- und Rampenheizungen

BKI Tabelle 5 – Mengen und Bezugseinheiten für die Kostengruppe 500	
Einheit	m^2
Bezeichnung	Außenanlagenfläche (AF)
Ermittlung	Gesamte Außenanlagenfläche nach DIN 277

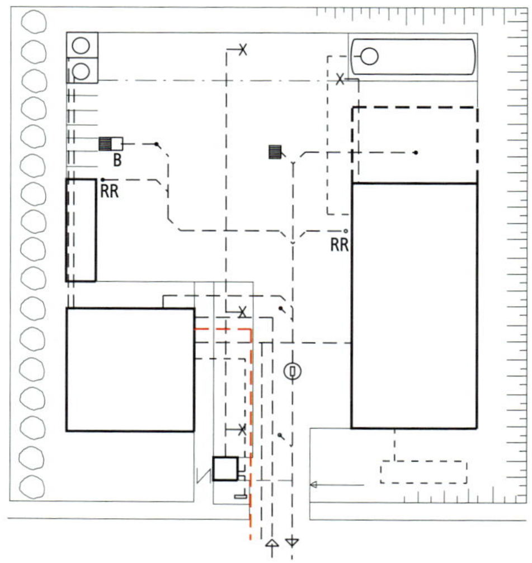

In dieser Kostengruppe enthalten

- Brennstoffversorgungs- und -lagerungsanlagen
- Wärmeübergabestationen (z.B. Heizungsanschluss-, -übergabeschacht mit Übergabe- oder Reduzierstation)
- Heizkesselanlagen
- Wärmepumpenanlagen, Erdsondenbohrungen einschließlich Bohrgut
- Thermosolaranlagen
- Wassererwärmungsanlagen
- Wärmeverteilnetze, Fernheizleitungen (z.B. Rohre, Form- und Verbindungsstücke, Verteilungen)
- Heizflächen (z.B. Freiflächen-, Rampen-, Fahrbahn- und Weichenheizungen)
- Erdsonden einschließlich der Bohrungen und Erdarbeiten
- Sandbett für die Rohrverlegung
- Elektrische Komponenten, ab Anschlusspunkt der elektrischen Versorgungsleitung einschließlich der elektrischen Verkabelung und der Anschlussarbeiten sowie der Inbetriebnahme (z.B. Antriebe und Steuerungen)

In anderen Kostengruppen enthalten

• Abwasseranlagen (z.B. Abwasserleitungen, häusliche Kläranlagen, Oberflächen- und Bauwerksentwässerungsanlagen, Sammelgruben, Abscheider, Hebeanlagen)	KG 551
• Wasseranlagen (z.B. Brunnenanlagen, Zisternen, Druckerhöhungsanlagen, Wasserversorgungsleitungen, Löschwasseranlagen, Beregnungsanlagen)	KG 552
• Anlagen für Gase und Flüssigkeiten (z.B. Leitungen für Gase und wassergefährdende Flüssigkeiten, Flüssiggasanlagen)	KG 553

In anderen Kostengruppen enthalten

Wärmeversorgungsanlagen	*KG 554*
• Raumlufttechnische Anlagen (Anlagenteile der Raumlufttechnik, z.B. Außenluftansaugung, Fortlufttürme, Erdwärmetauscher, Kälteversorgung)	KG 555
• Elektrische Anlagen (z.B. Stromversorgungsleitungen, Trafostationen, Eigenstromerzeugungsanlagen, Außenbeleuchtungsanlagen, Flutlichtanlagen, Fahrleitungsanlagen)	KG 556
• Kommunikations-, sicherheits- und informationstechnische Anlagen, Automation (z.B. Leitungsnetze, Beschallungsanlagen, Zeitdienstanlagen, Verkehrssignalanlagen, Parkleitsysteme)	KG 557
• Nutzungsspezifische Anlagen (z.B. Oberbau und Deckschichten beispielsweise von Hubschrauberlandeplätzen)	KG 558
• Sonstiges zur KG 550	KG 559
• Abbruchmaßnahmen beim Herrichten des Grundstücks (z.B. vollständiges Abbrechen von vorhandenen technischen Anlagen oder Anlagenbereichen)	KG 212
• Fernwärmeversorgung im Rahmen der öffentlichen Erschließung	KG 224
• Nichtöffentliche Erschließung (ggf. untergliedert entsprechend der KG 220)	KG 230
• Herstellung (z.B. Aushub und Verfüllung von Rohrgräben unterhalb der Gründungsebene des Bauwerks)	KG 311
• Anlagen der Energie- und Informationsversorgung als Infrastrukturanlagen	KG 377
• Baustelleneinrichtung für Baukonstruktionen von Bauwerken (z.B. Energie- und Bauwasseranschlüsse)	KG 391
• Zusätzliche Maßnahmen für Baukonstruktionen von Bauwerken (z.B. Erwärmung des Bauwerks, künstliche Bautrocknung)	KG 397
• Wärmeversorgungsanlagen bei technischen Anlagen von Bauwerken (z.B. Wärmeerzeugungsanlagen, Wärmeverteilnetze, Raumheizflächen; Verkehrsheizflächen)	KG 420
• Baustelleneinrichtung für technische Anlagen von Bauwerken (z.B. Energie- und Bauwasseranschlüsse)	KG 491
• Erdbau für Außenanlagen und Freiflächen (z.B. Aushub und Verfüllung von Rohrgräben und Schächten)	KG 511
• Baustelleneinrichtung für Außenanlagen und Freiflächen (z.B. Energie- und Bauwasseranschlüsse)	KG 591

Erläuterungen

- Die Wärmeversorgungsanlagen enthalten die zugehörigen Gestelle, Befestigungen, Armaturen, Wärme- und Kältedämmung, Schall- und Brandschutzvorkehrungen, Abdeckungen, Bekleidungen, Beschichtungen, Kennzeichnungen sowie die werkseitig integrierten Mess-, Steuer- und Regelanlagen. Dazu gehören auch die Betriebskosten bis zur Abnahme, alle zugehörigen Leistungen nach VOB, Teil C, DIN 18380, insbesondere Abnahmeunterlagen, Revisionsunterlagen, Messprotokolle, Funktionsprüfung, Probebetrieb, Werkstatt- und Montagezeichnungen, sowie alle zugehörigen Nebenleistungen und besonderen Leistungen.
- Entsprechend Abschnitt 6.2 empfiehlt die DIN 276, auch für die Kostengruppen der zweiten und der dritten Ebene der Kostengliederung die Mengen und Bezugseinheiten der Tabelle 2 zu verwenden. Ergänzend dazu werden in dieser Arbeitshilfe von BKI spezifische Mengen und Bezugseinheiten für die Kostengruppen der zweiten und dritten Gliederungsebene entsprechend der BKI-Tabelle 5 angegeben (siehe Erläuterungen in Teil A, 7. BKI Ergänzung zur DIN 276 ff.).
- Hierzu gehören die Kosten für die Wärmeversorgungsanlagen als Zu-/Ableitung für die Bauwerke zwischen der Außenkante des Bauwerks und der Grundstücksgrenze.

DIN 276 Tabelle 1 – Kostengliederung

555	**Raumlufttechnische Anlagen**
	Anlagenteile der Raumlufttechnik (z. B. Außenluftansaugung, Fortluftausblas, Erdwärmetauscher, Kälteversorgung)

BKI Tabelle 5 – Mengen und Bezugseinheiten für die Kostengruppe 500

Einheit	m^2
Bezeichnung	Außenanlagenfläche (AF)
Ermittlung	Gesamte Außenanlagenfläche nach DIN 277

In dieser Kostengruppe enthalten

- Lüftungs-, Teilklima-. Klima- und Kälteanlagen, die als Versorgungseinheit nicht einem Bauwerk zugeordnet werden können
- Wärmerückgewinnungsanlagen (z.B. Erdwärmetauscher)
- Kälteerzeugungs-, Rückkühlfreianlagen
- Zu- und Abluftleitungen (z.B. luftführende Kanäle und Rohre, Form- und Verbindungsstücke)
- Wasser- oder kühlmittelführende Leitungen
- Außenluftansaugung, Fortluftausblas (z.B. Zu- und Ablufttürme)
- Sandbett für die Rohrverlegung
- Elektrische Komponenten, ab Anschlusspunkt der elektrischen Versorgungsleitung einschließlich der elektrischen Verkabelung und der Anschlussarbeiten sowie der Inbetriebnahme (z.B. Antriebe und Steuerungen)

In anderen Kostengruppen enthalten

• Abwasseranlagen (z.B. Abwasserleitungen, häusliche Kläranlagen, Oberflächen- und Bauwerksentwässerungsanlagen, Sammelgruben, Abscheider, Hebeanlagen)	KG 551
• Wasseranlagen (z.B. Brunnenanlagen, Zisternen, Druckerhöhungsanlagen, Wasserversorgungsleitungen, Löschwasseranlagen, Beregnungsanlagen)	KG 552
• Anlagen für Gase und Flüssigkeiten (z.B. Leitungen für Gase und wassergefährdende Flüssigkeiten, Flüssiggasanlagen)	KG 553
• Wärmeversorgungsanlagen (z.B. Wärmeversorgungsleitungen, Freiflächen- und Rampenheizungen)	KG 554
Raumlufttechnische Anlagen	*KG 555*
• Elektrische Anlagen (z.B. Stromversorgungsleitungen, Trafostationen, Eigenstromerzeugungsanlagen, Außenbeleuchtungsanlagen, Flutlichtanlagen, Fahrleitungsanlagen)	KG 556
• Kommunikations-, sicherheits- und informationstechnische Anlagen, Automation (z.B. Leitungsnetze, Beschallungsanlagen, Zeitdienstanlagen, Verkehrssignalanlagen, Parkleitsysteme)	KG 557
• Nutzungsspezifische Anlagen (z.B. Oberbau und Deckschichten beispielsweise von Hubschrauberlandeplätzen)	KG 558
• Sonstiges zur KG 550	KG 559
• Abbruchmaßnahmen beim Herrichten des Grundstücks (z.B. vollständiges Abbrechen von vorhandenen technischen Anlagen oder Anlagenbereichen)	KG 212
• Herstellung (z.B. Aushub und Verfüllung von Rohrgräben unterhalb der Gründungsebene des Bauwerks)	KG 311
• Anlagen der Energie- und Informationsversorgung als Infrastrukturanlagen	KG 377
• Baustelleneinrichtung für Baukonstruktionen von Bauwerken (z.B. Energie- und Bauwasseranschlüsse)	KG 391
• Zusätzliche Maßnahmen für Baukonstruktionen von Bauwerken (z.B. Erwärmung des Bauwerks, künstliche Bautrocknung)	KG 397
• Raumlufttechnische Anlagen bei technischen Anlagen von Bauwerken (z.B. Lüftungsanlagen, Teilklimaanlagen, Klimaanlagen, Kälteanlagen)	KG 430
• Baustelleneinrichtung für technische Anlagen von Bauwerken (z.B. Energie- und Bauwasseranschlüsse)	KG 491
• Erdbau für Außenanlagen und Freiflächen (z.B. Aushub und Verfüllung von Rohrgräben und Schächten)	KG 511
• Baustelleneinrichtung für Außenanlagen und Freiflächen des Bauwerks (z.B. Energie- und Bauwasseranschlüsse)	KG 591

Erläuterungen

- Die raumlufttechnischen Anlagen enthalten die zugehörigen Gestelle, Befestigungen, Armaturen, Wärme- und Kältedämmung, Schall- und Brandschutzvorkehrungen, Abdeckungen, Bekleidungen, Beschichtungen, Kennzeichnungen sowie die werkseitig integrierten Mess-, Steuer- und Regelanlagen. Dazu gehören auch die Betriebskosten bis zur Abnahme, alle zugehörigen Leistungen nach VOB, Teil C, DIN 18379, insbesondere Abnahmeunterlagen, Revisionsunterlagen, Messprotokolle, Funktionsprüfung, Probebetrieb, Werkstatt- und Montagezeichnungen, sowie alle zugehörigen Nebenleistungen und besonderen Leistungen.
- Zur Bedienung, zum Betrieb oder zum Schutz der raumlufttechnischen Anlagen gehörendes, erstmalig zu beschaffendes, nicht eingebautes oder nicht befestigtes Zubehör wird in der zugehörigen Kostengruppe der raumlufttechnischen Anlagen erfasst.
- Entsprechend Abschnitt 6.2 empfiehlt die DIN 276, auch für die Kostengruppen der zweiten und der dritten Ebene der Kostengliederung die Mengen und Bezugseinheiten der Tabelle 2 zu verwenden. Ergänzend dazu werden in dieser Arbeitshilfe von BKI spezifische Mengen und Bezugseinheiten für die Kostengruppen der zweiten und dritten Gliederungsebene entsprechend der BKI-Tabelle 5 angegeben (siehe Erläuterungen in Teil A, 7. BKI Ergänzung zur DIN 276 ff.).
- Hierzu gehören die Kosten für die Raumlufttechnische Anlagen als Zu-/Ableitung für die Bauwerke zwischen der Außenkante des Bauwerks und der Grundstücksgrenze.

DIN 276 Tabelle 1 – Kostengliederung	
556	**Elektrische Anlagen** Elektrische Anlagen für Starkstrom (z. B. für Stromversorgungsleitungen, Freilufttrafostationen, Eigenstromerzeugungsanlagen); Außenbeleuchtungsanlagen, Beleuchtungsanlagen für Wege, Straßen, Plätze und Flächen für den ruhenden Verkehr sowie Flutlichtanlagen und Fahrleitungsanlagen einschließlich der Maste und Befestigungen

BKI Tabelle 5 – Mengen und Bezugseinheiten für die Kostengruppe 500	
Einheit	m^2
Bezeichnung	Außenanlagenfläche (AF)
Ermittlung	Gesamte Außenanlagenfläche nach DIN 277

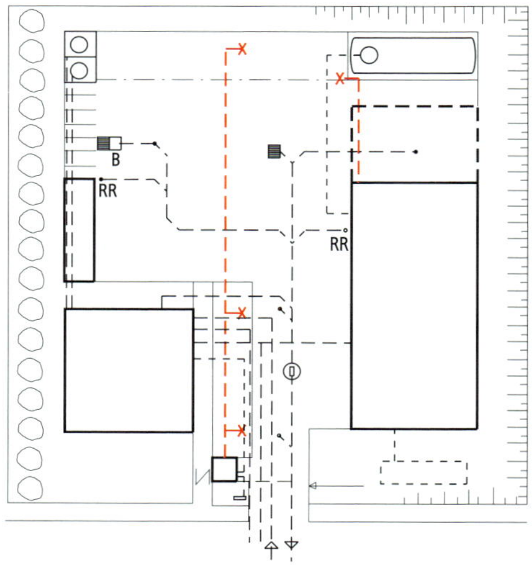

In dieser Kostengruppe enthalten

- Hoch- und Mittelspannungsanlagen (z.B. Freilufttrafostationen, Schaltanlagen)
- Eigenstromversorgungsanlagen (z.B. Windkraftanlagen, Photovoltaikanlagen)
- Niederspannungsschaltanlagen
- Niederspannungsinstallationsanlagen (z.B. Kabel, Leitungen, Leerrohre, Elektroauslässe, Schalter, Steckdosen)
- Wallbox
- Beleuchtungsanlagen (z.B. Bodeneinbauleuchten, Mastleuchten, Pollerleuchten, Flutlichtanlagen)
- Kabel und Leitungen
- Blitzschutz, Erdung (z.B. Auffangeinrichtungen, Ableitungen, Potenzialausgleich)
- Fahrleitungssysteme (z.B. Stromschienen, Oberleitungen)
- Sandbett für die Kabel- und Kabelzugrohrverlegung
- Leerrohre in Rohr- und Kabelgräben

In anderen Kostengruppen enthalten

• Abwasseranlagen (z.B. Abwasserleitungen, häusliche Kläranlagen, Oberflächen- und Bauwerksentwässerungsanlagen, Sammelgruben, Abscheider, Hebeanlagen)	KG 551
• Wasseranlagen (z.B. Brunnenanlagen, Zisternen, Druckerhöhungsanlagen, Wasserversorgungsleitungen, Löschwasseranlagen, Beregnungsanlagen)	KG 552

In anderen Kostengruppen enthalten

• Anlagen für Gase und Flüssigkeiten (z.B. Leitungen für Gase und wassergefährdende Flüssigkeiten, Flüssiggasanlagen)	KG 553
• Wärmeversorgungsanlagen (z.B. Wärmeversorgungsleitungen, Freiflächen- und Rampenheizungen)	KG 554
• Raumlufttechnische Anlagen (Anlagenteile der Raumlufttechnik, z.B. Außenluftansaugung, Fortlufttürme, Erdwärmetauscher, Kälteversorgung)	KG 555
Elektrische Anlagen	*KG 556*
• Kommunikations-, sicherheits- und informationstechnische Anlagen, Automation (z.B. Leitungsnetze, Beschallungsanlagen, Zeitdienstanlagen, Verkehrssignalanlagen, Parkleitsysteme)	KG 557
• Nutzungsspezifische Anlagen (z.B. Oberbau und Deckschichten beispielsweise von Hubschrauberlandeplätzen)	KG 558
• Sonstiges zur KG 550	KG 559
• Abbruchmaßnahmen beim Herrichten des Grundstücks (z.B. vollständiges Abbrechen von vorhandenen technischen Anlagen oder Anlagenbereichen)	KG 212
• Stromversorgung im Rahmen der öffentlichen Erschließung	KG 225
• Nichtöffentliche Erschließung (ggf. untergliedert entsprechend der KG 220)	KG 230
• Herstellung (z.B. Aushub und Verfüllung von Rohrgräben unterhalb der Gründungsebene des Bauwerks)	KG 311
• Anlagen der Energie- und Informationsversorgung als Infrastrukturanlagen	KG 377
• Baustelleneinrichtung für Baukonstruktionen von Bauwerken (z.B. Energie- und Bauwasseranschlüsse, Baubeleuchtung)	KG 391
• Elektrische Anlagen bei technischen Anlagen von Bauwerken (z.B. Hoch- und Mittelspannungsanlagen, Niederspannungsschalt- und -installationsanlagen, Beleuchtungsanlagen, Blitzschutz und Erdungsanlagen)	KG 440
• Baustelleneinrichtung für technische Anlagen von Bauwerken (z.B. Energie- und Bauwasseranschlüsse, Baubeleuchtung)	KG 491
• Erdbau für Außenanlagen und Freiflächen (z.B. Aushub und Verfüllung von Rohrgräben und Schächten)	KG 511
• Gründung und Bodenplatten (z.B. Fundamente einschließlich Aushub für Mastleuchten, Pollerleuchten, Flutlichtanlagen)	KG 522
• Kanal- und Schachtkonstruktionen	KG 547
• Baustelleneinrichtung für Außenanlagen und Freiflächen (z.B. Energie- und Bauwasseranschlüsse)	KG 591

Erläuterungen

- Die elektrischen Anlagen enthalten die zugehörigen Gestelle, Befestigungen, Schall- und Brandschutzvorkehrungen, Abdeckungen, Bekleidungen, Beschichtungen, Kennzeichnungen sowie die werkseitig integrierten Mess-, Steuer- und Regelanlagen. Dazu gehören auch die Betriebskosten bis zur Abnahme, alle zugehörigen Leistungen nach VOB, Teil C, DIN 18382, insbesondere Abnahmeunterlagen, Revisionsunterlagen, Brandschutznachweis, Messprotokolle, Schnittstellen, Funktionsprüfung, Probebetrieb, Übersichtsschaltpläne, Werkstatt- und Montagezeichnungen, sowie alle zugehörigen Nebenleistungen und besonderen Leistungen.
- Entsprechend Abschnitt 6.2 empfiehlt die DIN 276, auch für die Kostengruppen der zweiten und der dritten Ebene der Kostengliederung die Mengen und Bezugseinheiten der Tabelle 2 zu verwenden. Ergänzend dazu werden in dieser Arbeitshilfe von BKI spezifische Mengen und Bezugseinheiten für die Kostengruppen der zweiten und dritten Gliederungsebene entsprechend der BKI-Tabelle 5 angegeben (siehe Erläuterungen in Teil A, 7. BKI Ergänzung zur DIN 276 ff.).
- Hierzu gehören die Kosten für die elektrischen Anlagen als Zu-/Ableitung für die Bauwerke zwischen der Außenkante des Bauwerks und der Grundstücksgrenze.

DIN 276 Tabelle 1 – Kostengliederung	
557	**Kommunikations-, sicherheits- und informationstechnische Anlagen, Automation** Leitungsnetze, Beschallungsanlagen, Zeitdienstanlagen und Verkehrssignalanlagen, elektronische Anzeigetafeln, Objektsicherungsanlagen, Parkleitsysteme

BKI Tabelle 5 – Mengen und Bezugseinheiten für die Kostengruppe 500	
Einheit	m^2
Bezeichnung	Außenanlagenfläche (AF)
Ermittlung	Gesamte Außenanlagenfläche nach DIN 277

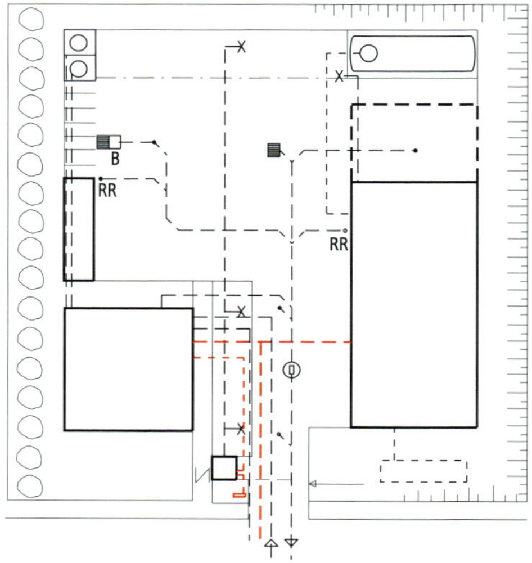

In dieser Kostengruppe enthalten

- Verlegesysteme (z.B. Kabelpritschen, Kabelrinnen, Elektroinstallationsrohre, Installations-, Unterflur- und Brüstungskanäle, auch bei Mitbenutzung durch Kommunikationstechnik)
- Kabel und Leitungen (z.B. ein- und mehradrige Mantel-, Steg- und Gummischlauchleitungen, Steuer-, Installations- und Erdkabel, Ader-, Verdrahtungsleitungen)
- Installationsgeräte (z.B. Schalter, Taster, Steckdosen, Dimmer, Lichtsignale, Rasiersteckdosen, Geräte-, Leuchtenanschlussdosen, Verbindungsdose, Dämmerungsschalter)
- Steuer-, Befehls-, Meldegeräte (z.B. Steuerschalter, Schalterstellungsanzeiger, optische und akustische Meldeeinrichtungen, Zeitschaltuhren, Treppenlichtautomat)
- Telekommunikationsanlagen (z.B. Fernmeldekabel, -auslässe, -anschlussdosen)
- Such- und Signalanlagen (z.B. Personenruf-, Türsprechanlagen)
- Zeitdienstanlagen (z.B. Uhren-, Zeiterfassungsanlagen)
- Elektroakustische Anlagen (z.B. Beschallungsanlagen)
- Audiovisuelle Medienanlagen und Antennenanlagen (z.B. elektronische Anzeigetafeln, Videoanlagen, Funk-, Sende- und Empfangsanlagen)
- Gefahrenmelde- und Alarmanlagen (z.B. Objektsicherungs-, Zugangskontrollanlagen)
- Datenübertragungsnetze
- Verkehrsbeeinflussungsanlagen (z.B. Parkleitsysteme, Verkehrssignalanlagen, Mautsysteme)
- Sandbett für die Kabel- und Kabelzugrohrverlegung

In anderen Kostengruppen enthalten	
• Abwasseranlagen (z.B. Abwasserleitungen, häusliche Kläranlagen, Oberflächen- und Bauwerksentwässerungsanlagen, Sammelgruben, Abscheider, Hebeanlagen)	KG 551
• Wasseranlagen (z.B. Brunnenanlagen, Zisternen, Druckerhöhungsanlagen, Wasserversorgungsleitungen, Löschwasseranlagen, Beregnungsanlagen)	KG 552
• Anlagen für Gase und Flüssigkeiten (z.B. Leitungen für Gase und wassergefährdende Flüssigkeiten, Flüssiggasanlagen)	KG 553
• Wärmeversorgungsanlagen (z.B. Wärmeversorgungsleitungen, Freiflächen- und Rampenheizungen)	KG 554
• Raumlufttechnische Anlagen (Anlagenteile der Raumlufttechnik, z.B. Außenluftansaugung, Fortlufttürme, Erdwärmetauscher, Kälteversorgung)	KG 555
• Elektrische Anlagen (z.B. Stromversorgungsleitungen, Trafostationen, Eigenstromerzeugungsanlagen, Außenbeleuchtungsanlagen, Flutlichtanlagen, Fahrleitungsanlagen)	KG 556
Kommunikations-, sicherheits- und informationstechnische Anlagen, Automation	*KG 557*
• Nutzungsspezifische Anlagen (z.B. Oberbau und Deckschichten beispielsweise von Hubschrauberlandeplätzen)	KG 558
• Sonstiges zur KG 550	KG 559
• Abbruchmaßnahmen beim Herrichten des Grundstücks (z.B. vollständiges Abbrechen von vorhandenen technischen Anlagen oder Anlagenbereichen)	KG 212
• Telekommunikation im Rahmen der öffentlichen Erschließung	KG 226
• Nichtöffentliche Erschließung (ggf. untergliedert entsprechend der KG 220)	KG 230
• Herstellung (z.B. Aushub und Verfüllung von Rohrgräben unterhalb der Gründungsebene des Bauwerks)	KG 311
• Anlagen der Energie- und Informationsversorgung als Infrastrukturanlagen	KG 377
• Baustelleneinrichtung für Baukonstruktionen von Bauwerken (z.B. Energie- und Bauwasseranschlüsse)	KG 391
• Kommunikations-, sicherheits- und informationstechnische Anlagen bei technischen Anlagen von Bauwerken	KG 450
• Baustelleneinrichtung für technische Anlagen von Bauwerken (z.B. Energie- und Bauwasseranschlüsse)	KG 491
• Erdbau für Außenanlagen und Freiflächen (z.B. Aushub und Verfüllung von Rohrgräben und Schächten)	KG 511
• Gründung und Bodenplatten (z.B. Fundamente einschließlich Aushub für elektronische Anzeigetafeln)	KG 522
• Baustelleneinrichtung für Außenanlagen und Freiflächen (z.B. Energie- und Bauwasseranschlüsse)	KG 591

Erläuterungen

- Die einzelnen kommunikations-, sicherheits- und informationstechnischen Anlagen und Automation enthalten die zugehörigen Gestelle, Befestigungen, Schall- und Brandschutzvorkehrungen, Abdeckungen, Bekleidungen, Beschichtungen, Kennzeichnungen sowie die werkseitig integrierten Mess-, Steuer- und Regelanlagen. Dazu gehören auch die Betriebskosten bis zur Abnahme, alle zugehörigen Leistungen nach VOB, Teil C, DIN 18382 und DIN 18386, insbesondere Abnahmeunterlagen, Revisionsunterlagen, Brandschutznachweis, Messprotokolle, Schnittstellen, Funktionsprüfung, Probebetrieb, Übersichtsschaltpläne, Werkstatt- und Montagezeichnungen, sowie alle zugehörigen Nebenleistungen und besonderen Leistungen.
- Entsprechend Abschnitt 6.2 empfiehlt die DIN 276, auch für die Kostengruppen der zweiten und der dritten Ebene der Kostengliederung die Mengen und Bezugseinheiten der Tabelle 2 zu verwenden. Ergänzend dazu werden in dieser Arbeitshilfe von BKI spezifische Mengen und Bezugseinheiten für die Kostengruppen der zweiten und dritten Gliederungsebene entsprechend der BKI-Tabelle 5 angegeben (siehe Erläuterungen in Teil A, 7. BKI Ergänzung zur DIN 276 ff.).
- Hierzu gehören die Kosten für Kommunikations-, sicherheits- und informationstechnische Anlagen als Zu-/Ableitung für die Bauwerke zwischen der Außenkante des Bauwerks und der Grundstücksgrenze.

100
200
300
400
500
600
700
800

DIN 276 Tabelle 1 – Kostengliederung	
558	**Nutzungsspezifische Anlagen**
	Medienversorgungsanlagen, Tankanlagen, badetechnische Anlagen

BKI Tabelle 5 – Mengen und Bezugseinheiten für die Kostengruppe 500	
Einheit	m^2
Bezeichnung	Außenanlagenfläche (AF)
Ermittlung	Gesamte Außenanlagenfläche nach DIN 277

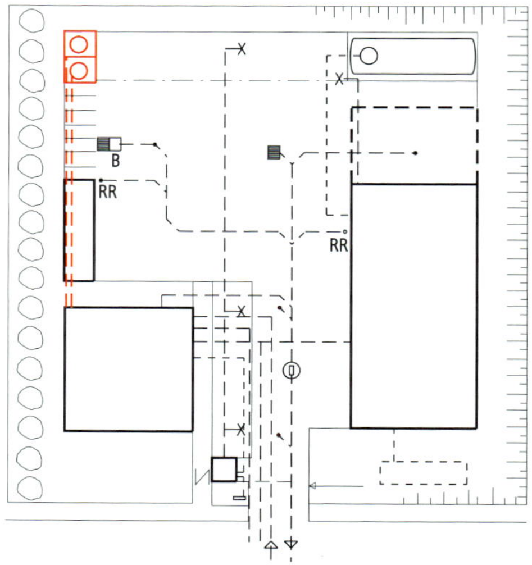

In dieser Kostengruppe enthalten

- Feuerlöschanlagen in Außenanlagen (z. B. Feuerlösch-, Hydrantenleitungen, Außenhydranten, Druckerhöhungsanlagen für Feuerlöschleitungen)
- Tankanlagen
- Badetechnische Anlagen (z. B. Wellenanlagen, Gegenstromanlagen, bewegliche Beckenabdeckung, Sprungbretter, Wasserrutschen, Startblöcke, Hubböden, Wasserfilteranlage)
- Gas- und Medienleitungen (z. B. Schweißgasnetz für Sauerstoff und Azetylen, Mess-, Absperr-, Sicherheitsarmaturen, Anschluss- und Entnahmeventile)
- Leitungen und Kanäle, die der Abfallentsorgung dienen
- Sandbett für die Rohrverlegung
- Elektrische Komponenten, ab Anschlusspunkt der elektrischen Versorgungsleitung einschließlich der elektrischen Verkabelung und der Anschlussarbeiten sowie der Inbetriebnahme (z. B. Antriebe und Steuerungen)

In anderen Kostengruppen enthalten

- Abwasseranlagen (z. B. Abwasserleitungen, häusliche Kläranlagen, Oberflächen- und Bauwerksentwässerungsanlagen, Sammelgruben, Abscheider, Hebeanlagen) KG 551
- Wasseranlagen (z. B. Brunnenanlagen, Zisternen, Druckerhöhungsanlagen, Wasserversorgungsleitungen, Löschwasseranlagen, Beregnungsanlagen) KG 552
- Anlagen für Gase und Flüssigkeiten (z. B. Leitungen für Gase und wassergefährdende Flüssigkeiten, Flüssiggasanlagen) KG 553
- Wärmeversorgungsanlagen (z. B. Wärmeversorgungsleitungen, Freiflächen- und Rampenheizungen) KG 554

In anderen Kostengruppen enthalten

• Raumlufttechnische Anlagen (Anlagenteile der Raumlufttechnik, z.B. Außenluftansaugung, Fortlufttürme, Erdwärmetauscher, Kälteversorgung)	KG 555
• Elektrische Anlagen (z.B. Stromversorgungsleitungen, Trafostationen, Eigenstromerzeugungsanlagen, Außenbeleuchtungsanlagen, Flutlichtanlagen, Fahrleitungsanlagen)	KG 556
• Kommunikations-, sicherheits- und informationstechnische Anlagen, Automation (z.B. Leitungsnetze, Beschallungsanlagen, Zeitdienstanlagen, Verkehrssignalanlagen, Parkleitsysteme)	KG 557
Nutzungsspezifische Anlagen	*KG 558*
• Sonstiges zur KG 550	KG 559
• Abbruchmaßnahmen beim Herrichten des Grundstücks (z.B. vollständiges Abbrechen von vorhandenen technischen Anlagen oder Anlagenbereichen)	KG 212
• Öffentliche Erschließung	KG 220
• Nichtöffentliche Erschließung (ggf. untergliedert entsprechend der KG 220)	KG 230
• Herstellung (z.B. Aushub und Verfüllung von Rohrgräben unterhalb der Gründungsebene des Bauwerks)	KG 311
• Anlagen der Energie- und Informationsversorgung als Infrastrukturanlagen	KG 370
• Kommunikations-, sicherheits- und informationstechnische Anlagen bei technischen Anlagen des Bauwerks	KG 450
• Nutzungsspezifische und verfahrenstechnische Anlagen in Bauwerken (z.B. küchentechnische Anlagen, verfahrenstechnische Anlagen Wasser, Abwasser und Gase)	KG 470
• Erdbau für Außenanlagen und Freiflächen (z.B. Aushub und Verfüllung von Rohrgräben und Schächten)	KG 511

Erläuterungen

- Die nutzungsspezifischen Anlagen enthalten die zugehörigen Gestelle, Befestigungen, Armaturen, Wärme- und Kältedämmung, Schall- und Brandschutzvorkehrungen, Abdeckungen, Bekleidungen, Beschichtungen, Kennzeichnungen sowie die werkseitig integrierten Mess-, Steuer- und Regelanlagen. Dazu gehören auch die Betriebskosten bis zur Abnahme, alle zugehörigen Leistungen nach VOB, insbesondere Abnahmeunterlagen, Revisionsunterlagen, Messprotokolle, Funktionsprüfung, Probebetrieb, Werkstatt- und Montagezeichnungen, sowie alle zugehörigen Nebenleistungen und besonderen Leistungen.
- Entsprechend Abschnitt 6.2 empfiehlt die DIN 276, auch für die Kostengruppen der zweiten und der dritten Ebene der Kostengliederung die Mengen und Bezugseinheiten der Tabelle 2 zu verwenden. Ergänzend dazu werden in dieser Arbeitshilfe von BKI spezifische Mengen und Bezugseinheiten für die Kostengruppen der zweiten und dritten Gliederungsebene entsprechend der BKI-Tabelle 5 angegeben (siehe Erläuterungen in Teil A, 7. BKI Ergänzung zur DIN 276 ff.).

DIN 276 Tabelle 1 – Kostengliederung

559 **Sonstiges zur KG 550**

BKI Tabelle 5 – Mengen und Bezugseinheiten für die Kostengruppe 500

Einheit	m^2
Bezeichnung	Außenanlagenfläche (AF)
Ermittlung	Gesamte Außenanlagenfläche nach DIN 277

In dieser Kostengruppe enthalten

- Sonstige Kosten für technische Anlagen, die nicht den KG 551 bis 558 zuzuordnen sind
- Elektrische Komponenten werden ab Anschlusspunkt der elektrischen Versorgungsleitung einschließlich der elektrischen Verkabelung und der Anschlussarbeiten sowie der Inbetriebnahme in der Kostengruppe des zugehörigen Bauelements erfasst (z.B. Antriebe und Steuerungen).
- Sandbett für die Rohrverlegung

In anderen Kostengruppen enthalten

• Abwasseranlagen (z.B. Abwasserleitungen, häusliche Kläranlagen, Oberflächen- und Bauwerksentwässerungsanlagen, Sammelgruben, Abscheider, Hebeanlagen)	KG 551
• Wasseranlagen (z.B. Brunnenanlagen, Zisternen, Druckerhöhungsanlagen, Wasserversorgungsleitungen, Löschwasseranlagen, Beregnungsanlagen)	KG 552
• Anlagen für Gase und Flüssigkeiten (z.B. Leitungen für Gase und wassergefährdende Flüssigkeiten, Flüssiggasanlagen)	KG 553
• Wärmeversorgungsanlagen (z.B. Wärmeversorgungsleitungen, Freiflächen- und Rampenheizungen)	KG 554
• Raumlufttechnische Anlagen (Anlagenteile der Raumlufttechnik, z.B. Außenluftansaugung, Fortlufttürme, Erdwärmetauscher, Kälteversorgung)	KG 555
• Elektrische Anlagen (z.B. Stromversorgungsleitungen, Trafostationen, Eigenstromerzeugungsanlagen, Außenbeleuchtungsanlagen, Flutlichtanlagen, Fahrleitungsanlagen)	KG 556
• Kommunikations-, sicherheits- und informationstechnische Anlagen, Automation (z.B. Leitungsnetze, Beschallungsanlagen, Zeitdienstanlagen, Verkehrssignalanlagen, Parkleitsysteme)	KG 557
• Nutzungsspezifische Anlagen (z.B. Oberbau und Deckschichten beispielsweise von Hubschrauberlandeplätzen)	KG 558
Sonstiges zur KG 550	*KG 559*
• Abbruchmaßnahmen beim Herrichten des Grundstücks (z.B. vollständiges Abbrechen von vorhandenen technischen Anlagen oder Anlagenbereichen)	KG 212
• Öffentliche Erschließung	KG 220
• Nichtöffentliche Erschließung (ggf. untergliedert entsprechend der KG 220)	KG 230
• Herstellung (z.B. Aushub und Verfüllung von Rohrgräben unterhalb der Gründungsebene des Bauwerks)	KG 311
• Infrastrukturanlagen	KG 370
• Technische Anlagen des Bauwerks	KG 400
• Erdbau für Außenanlagen und Freiflächen (z.B. Aushub und Verfüllung von Rohrgräben und Schächten)	KG 511

Erläuterungen

- Entsprechend Abschnitt 6.2 empfiehlt die DIN 276, auch für die Kostengruppen der zweiten und der dritten Ebene der Kostengliederung die Mengen und Bezugseinheiten der Tabelle 2 zu verwenden. Ergänzend dazu werden in dieser Arbeitshilfe von BKI spezifische Mengen und Bezugseinheiten für die Kostengruppen der zweiten und dritten Gliederungsebene entsprechend der BKI-Tabelle 5 angegeben (siehe Erläuterungen in Teil A, 7. BKI Ergänzung zur DIN 276 ff.).

DIN 276 Tabelle 1 – Kostengliederung

560	**Einbauten in Außenanlagen und Freiflächen**
	Einbauten in Außenanlagen und Freiflächen, die eigenständig und unabhängig von Bauwerken sind
	Die Erdbaumaßnahmen gehören zur KG 510, die Gründungs- und Unterbaumaßnahmen zur KG 520.

BKI Tabelle 5 – Mengen und Bezugseinheiten für die Kostengruppe 500

Einheit	m²
Bezeichnung	Außenanlagenfläche (AF)
Ermittlung	Gesamte Außenanlagenfläche nach DIN 277

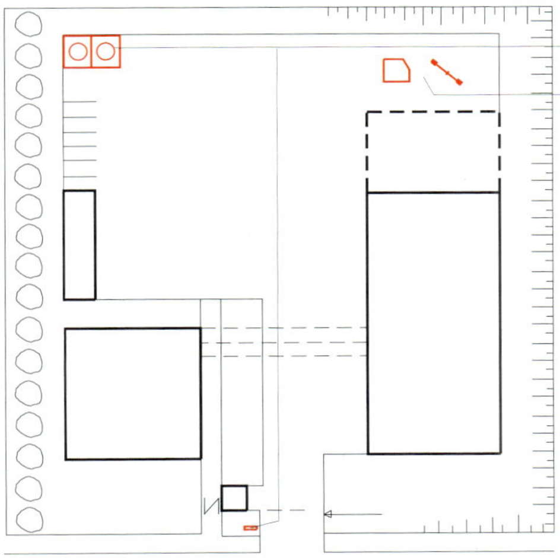

In dieser Kostengruppe enthalten

KG 561	Allgemeine Einbauten (z.B. Sitzmöbel, Fahrradständer, Pflanzbehälter, Abfallbehälter, Fahnenmaste, Absperrpoller, Stoßabweiser)
KG 562	Besondere Einbauten (z.B. Spielgeräte, Klettereinrichtungen, Einbauten in Freizeitanlagen und Tiergehege)
KG 563	Orientierungs- und Informationssysteme (z.B. für Flucht, Rettung, Orientierung, Werbung)
KG 569	Sonstiges zur KG 560

In anderen Kostengruppen enthalten

• Erdbau von Außenanlagen und Freiflächen (z.B. Oberbodenarbeiten, Bodenarbeiten, Erdbaumaßnahmen, Baugruben, Dämme, Einschnitte Wälle, Hangsicherungen)	KG 510
• Gründung, Unterbau (z.B. Baugrundverbesserung, Aushub von Fundamenten, Dränagen)	KG 520
• Oberbau, Deckschichten (z.B. Wege, Straßen, Plätze, Sport- und Spielplatzflächen)	KG 530
• Baukonstruktionen (z.B. Einfriedungen, Schutz- und Wandkonstruktionen, Rampen, Treppen, Tribünen, Überdachungen, Stege, Wasserbecken)	KG 540
• Technische Anlagen (z.B. Abwasser- und Wasseranlagen, Wärmeversorgungsanlagen, elektrische Anlagen)	KG 550
Einbauten in Außenanlagen und Freiflächen	*KG 560*
• Vegetationsflächen (z.B. vegetationstechnische Bodenbearbeitung, Sicherungsbauweisen, Pflanzflächen)	KG 570
• Wasserflächen (z.B. Befestigungen, Abdichtungen, Bepflanzungen)	KG 580
• Sonstige Maßnahmen für Außenanlagen und Freiflächen (z.B. Baustelleneinrichtung)	KG 590
• Infrastrukturanlagen	KG 370
• Baukonstruktive Einbauten in Bauwerken	KG 380

In anderen Kostengruppen enthalten

• Nutzungsspezifische Anlagen in Bauwerken	KG 470
• Allgemeine Ausstattung (z.B. Sonnenschirme, Außenmöblierung)	KG 610

Erläuterungen

- Entsprechend Abschnitt 6.2 empfiehlt die DIN 276, auch für die Kostengruppen der zweiten und der dritten Ebene der Kostengliederung die Mengen und Bezugseinheiten der Tabelle 2 zu verwenden. Ergänzend dazu werden in dieser Arbeitshilfe von BKI spezifische Mengen und Bezugseinheiten für die Kostengruppen der zweiten und dritten Gliederungsebene entsprechend der BKI-Tabelle 5 angegeben (siehe Erläuterungen in Teil A, 7. BKI Ergänzung zur DIN 276 ff.).

DIN 276 Tabelle 1 – Kostengliederung	
561	**Allgemeine Einbauten**
	Wirtschaftsgegenstände (z. B. Sitzmöbel, Fahrradständer, Pflanzbehälter, Abfallbehälter, Fahnenmaste, Absperrpoller, Stoßabweiser)

BKI Tabelle 5 – Mengen und Bezugseinheiten für die Kostengruppe 500	
Einheit	m²
Bezeichnung	Außenanlagenfläche (AF)
Ermittlung	Gesamte Außenanlagenfläche nach DIN 277

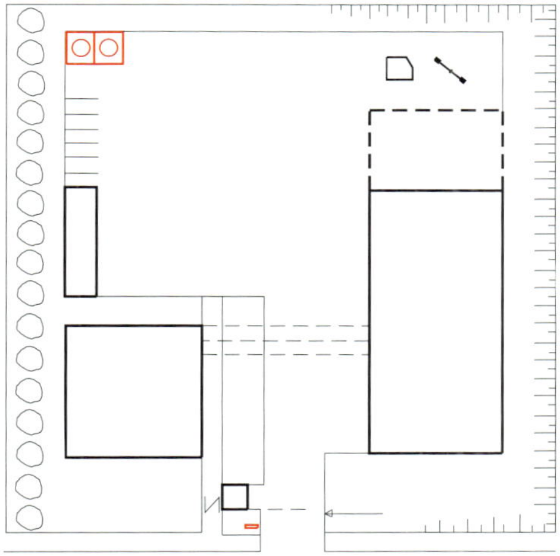

In dieser Kostengruppe enthalten

- Eingebaute Wirtschaftsgegenstände (z.B. Schränke für Müll- und Abfallbehälter, Containerhäuschen, Teppichklopfstangen, Fahnenmaste, Wäschetrockenvorrichtungen, Fahrradständer, Rankgerüste, Pflanzenbehälter, Pflanzenkübel)
- Briefkästen als Einbauten in Außenanlagen und Freiflächen
- Eingebaute Außenmöblierung (z.B. Gartenbänke und -tische)
- Pflanzgefäße mit Pflanzen
- Oberflächenbehandlung der Einbauten (z.B. Beschichtung, Korrosionsschutz)
- Zur Bedienung, zum Betrieb oder zum Schutz der allgemeinen Einbauten gehörendes, erstmalig zu beschaffendes, nicht eingebautes oder nicht fest verbundenes Zubehör
- Funktionsprüfung und Probebetrieb, ggf. Werkstatt- und Montagezeichnungen

In anderen Kostengruppen enthalten

Allgemeine Einbauten	*KG 561*
• Besondere Einbauten (z.B. Spielgeräte, Klettereinrichtungen, Einbauten in Freizeitanlagen und Tiergehege)	KG 562
• Orientierungs- und Informationssysteme (z.B. für Flucht, Rettung, Orientierung, Werbung)	KG 563
• Sonstiges zur KG 560	KG 569
• Allgemeine Einbauten in Bauwerken	KG 381
• Nutzungsspezifische und verfahrenstechnische Anlagen	KG 470
• Erdbau für Außenanlagen und Freiflächen	KG 511
• Gründungen und Bodenplatten (z.B. Einzel- und Streifenfundamente einschließlich Aushub)	KG 522

100 200 300 400 500 600 700 800

In anderen Kostengruppen enthalten

- Allgemeine Ausstattung (z.B. Gartenmöbel, Gartengeräte, Fahnen) KG 610

Erläuterungen

- Entsprechend Abschnitt 6.2 empfiehlt die DIN 276, auch für die Kostengruppen der zweiten und der dritten Ebene der Kostengliederung die Mengen und Bezugseinheiten der Tabelle 2 zu verwenden. Ergänzend dazu werden in dieser Arbeitshilfe von BKI spezifische Mengen und Bezugseinheiten für die Kostengruppen der zweiten und dritten Gliederungsebene entsprechend der BKI-Tabelle 5 angegeben (siehe Erläuterungen in Teil A, 7. BKI Ergänzung zur DIN 276 ff.).

DIN 276 Tabelle 1 – Kostengliederung

562	**Besondere Einbauten**
	Einbauten in Spielplätzen (z. B. Spielgeräte und Klettereinrichtungen); Einbauten für Sportanlagen, Freizeitanlagen und Tiergehege

BKI Tabelle 5 – Mengen und Bezugseinheiten für die Kostengruppe 500

Einheit	m^2
Bezeichnung	Außenanlagenfläche (AF)
Ermittlung	Gesamte Außenanlagenfläche nach DIN 277

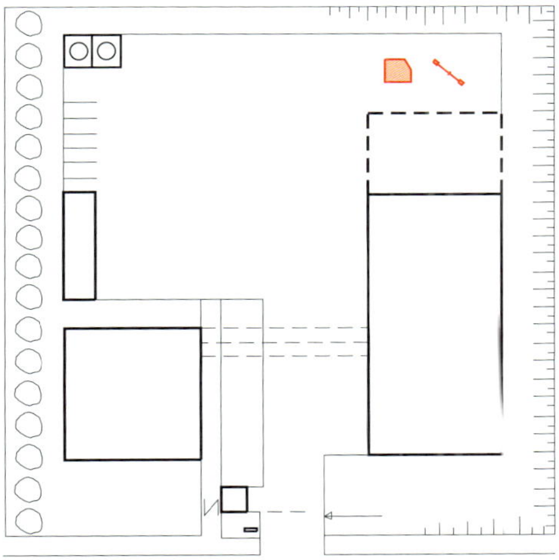

In dieser Kostengruppe enthalten

- Eingebaute Spielplatzgeräte und -einrichtungen (z.B. Dreh- und Hangelgeräte, Hütten, Wippen, Turn- und Klettergerüste, Rutschen, Sandkästen, Spieltische und -felder für Gesellschaftsspiele)
- Eingebaute Sportplatzgeräte und -einrichtungen (z.B. Sprunganlagen, Sandgruben, Wassergräben mit Absprungbalken, Einstichkästen, Sandfüllungen, Stoß- und Wurfkreise, Abwurfbalken)
- Eingebaute Turn- und Trainingsanlagen mit Turngeräten (z.B. Barren, Klettergerüste, Recke)
- Eingebaute Trainingsgeräte und -einrichtungen (z.B. Balancierbalken, Sprungpfosten, Klettertürme, Torwände, Tennis-Trainingswände, Hindernisbahnen)
- Eingebaute Sportplatz-Ausstattung (z.B. Tore, Ständer für Ballspiele, Sprungübungen, Schutzgitter für Wurfübungen, Hürden, Sprungkissen, Schiedsrichterstühle, Zeitnehmertreppen)
- Eingebaute Freizeitanlagen (z.B. Boccia-, Kegelbahnen, Minigolfanlagen)
- Tiergehege aller Art, sofern nicht eigenständige Bauwerke
- Grabplatten in Friedhöfen
- Oberflächenbehandlung (z.B. Beschichtung, Korrosionsschutz)
- Zur Bedienung, zum Betrieb oder zum Schutz der allgemeinen Einbauten gehörendes, erstmalig zu beschaffendes, nicht eingebautes oder nicht fest verbundenes Zubehör
- Funktionsprüfung und Probebetrieb, ggf. Werkstatt- und Montagezeichnungen

In anderen Kostengruppen enthalten

• Allgemeine Einbauten (z.B. Sitzmöbel, Fahrradständer, Pflanzbehälter, Abfallbehälter, Fahnenmaste, Absperrpoller, Stoßabweiser)	KG 561
Besondere Einbauten	*KG 562*

100 200 300 400 **500** 600 700 800

In anderen Kostengruppen enthalten

• Orientierungs- und Informationssysteme (z. B. für Flucht, Rettung, Orientierung, Werbung)	KG 563
• Sonstiges zur KG 560	KG 569
• Besondere Einbauten in Bauwerken	KG 382
• Nutzungsspezifische und verfahrenstechnische Anlagen	KG 470
• Erdbau für Außenanlagen und Freiflächen	KG 511
• Gründungen und Bodenplatten (z. B. Einzel- und Streifenfundamente einschließlich Aushub)	KG 522
• Kommunikations-, sicherheits- und informationstechnische Anlagen, Automation in Außenanlagen und Freiflächen (z.B. elektronische Anzeigetafeln, Videoanlagen, elektroakustischer Anlagen)	KG 557
• Allgemeine Ausstattung (z. B. Gartenmöbel, Gartengeräte, Fahnen)	KG 610
• Besondere Ausstattung (z. B. Sportgeräte, Spielsachen)	KG 620

Erläuterungen

- Entsprechend Abschnitt 6.2 empfiehlt die DIN 276, auch für die Kostengruppen der zweiten und der dritten Ebene der Kostengliederung die Mengen und Bezugseinheiten der Tabelle 2 zu verwenden. Ergänzend dazu werden in dieser Arbeitshilfe von BKI spezifische Mengen und Bezugseinheiten für die Kostengruppen der zweiten und dritten Gliederungsebene entsprechend der BKI-Tabelle 5 angegeben (siehe Erläuterungen in Teil A, 7. BKI Ergänzung zur DIN 276 ff.).
- Besondere Einbauten werden nur in Außenanlagen mit besonderer Nutzung eingebaut, z.B. in Spielplätze, Sportplätze, Tiergehege.

DIN 276 Tabelle 1 – Kostengliederung

563 **Orientierungs- und Informationssysteme**
Einbauten, die der Orientierung und Information dienen (z. B. für Flucht, Rettung, Orientierung, Werbung)

BKI Tabelle 5 – Mengen und Bezugseinheiten für die Kostengruppe 500

Einheit	m^2
Bezeichnung	Außenanlagenfläche (AF)
Ermittlung	Gesamte Außenanlagenfläche nach DIN 277

In dieser Kostengruppe enthalten

- Eingebaute Orientierungs- und Informationssysteme für Flucht
- Eingebaute Orientierungs- und Informationssysteme für Rettung
- Eingebaute Orientierungs- und Informationssysteme für Orientierung
- Eingebaute Orientierungs- und Informationssysteme für Werbung
- Litfaßsäulen in Außenanlagen und Freiflächen
- Elektrische Komponenten werden ab Anschlusspunkt der elektrischen Versorgungsleitung einschließlich der elektrischen Verkabelung und der Anschlussarbeiten sowie der Inbetriebnahme in der Kostengruppe des zugehörigen Bauelements erfasst (z.B. Antriebe und Steuerungen).

In anderen Kostengruppen enthalten

• Allgemeine Einbauten (z.B. Sitzmöbel, Fahrradständer, Pflanzbehälter, Abfallbehälter, Fahnenmaste, Absperrpoller, Stoßabweiser)	KG 561
• Besondere Einbauten (z.B. Spielgeräte, Klettereinrichtungen, Einbauten in Freizeitanlagen und Tiergehege)	KG 562
Orientierungs- und Informationssysteme	*KG 563*
• Sonstiges zur KG 560	KG 569
• Orientierungs- und Informationssysteme in Bauwerken	KG 386
• Kommunikations-, sicherheits- und informationstechnische Anlagen in Bauwerken	KG 450
• Nutzungsspezifische und verfahrenstechnische Anlagen in Bauwerken	KG 470
• Erdbau für Außenanlagen und Freiflächen	KG 511
• Gründungen und Bodenplatten (z.B. Einzel- und Streifenfundamente einschließlich Aushub)	KG 522
• Kommunikations-, sicherheits- und informationstechnische Anlagen, Automation in Außenanlagen und Freiflächen	KG 557
• Informationstechnische Ausstattung (z.B. DV-Geräte)	KG 630
• Sonstige Ausstattung (z.B. Schilder, Wegweiser, Informations- und Werbetafeln)	KG 690

Erläuterungen

- Entsprechend Abschnitt 6.2 empfiehlt die DIN 276, auch für die Kostengruppen der zweiten und der dritten Ebene der Kostengliederung die Mengen und Bezugseinheiten der Tabelle 2 zu verwenden. Ergänzend dazu werden in dieser Arbeitshilfe von BKI spezifische Mengen und Bezugseinheiten für die Kostengruppen der zweiten und dritten Gliederungsebene entsprechend der BKI-Tabelle 5 angegeben (siehe Erläuterungen in Teil A, 7. BKI Ergänzung zur DIN 276 ff.).

DIN 276 Tabelle 1 – Kostengliederung

569 **Sonstiges zur KG 560**

BKI Tabelle 5 – Mengen und Bezugseinheiten für die Kostengruppe 500

Einheit	m^2
Bezeichnung	Außenanlagenfläche (AF)
Ermittlung	Gesamte Außenanlagenfläche nach DIN 277

In dieser Kostengruppe enthalten

- Sonstige Kosten für Einbauten in Außenanlagen und Freiflächen, die nicht den KG 561 bis 563 zuzuordnen sind
- Elektrische Komponenten werden ab Anschlusspunkt der elektrischen Versorgungsleitung einschließlich der elektrischen Verkabelung und der Anschlussarbeiten sowie der Inbetriebnahme in der Kostengruppe des zugehörigen Bauelements erfasst (z.B. Antriebe und Steuerungen).

In anderen Kostengruppen enthalten

• Allgemeine Einbauten (z.B. Sitzmöbel, Fahrradständer, Pflanzbehälter, Abfallbehälter, Fahnenmaste, Absperrpoller, Stoßabweiser)	KG 561
• Besondere Einbauten (z.B. Spielgeräte, Klettereinrichtungen, Einbauten in Freizeitanlagen und Tiergehege)	KG 562
• Orientierungs- und Informationssysteme (z.B. für Flucht, Rettung, Orientierung, Werbung)	KG 563
Sonstiges zur KG 560	*KG 569*
• Baukonstruktive Einbauten in Bauwerken	KG 380
• Nutzungsspezifische und verfahrenstechnische Anlagen in Bauwerken	KG 470
• Erdbau für Außenanlagen und Freiflächen	KG 511
• Allgemeine Ausstattung (z.B. Sonnenschirme, Außenmöblierung)	KG 610
• Ausstattung und Kunstwerke (z.B. allgemeine Ausstattung, besondere Ausstattung, informationstechnische Ausstattung, künstlerische Ausstattung)	KG 600

Erläuterungen

- Entsprechend Abschnitt 6.2 empfiehlt die DIN 276, auch für die Kostengruppen der zweiten und der dritten Ebene der Kostengliederung die Mengen und Bezugseinheiten der Tabelle 2 zu verwenden. Ergänzend dazu werden in dieser Arbeitshilfe von BKI spezifische Mengen und Bezugseinheiten für die Kostengruppen der zweiten und dritten Gliederungsebene entsprechend der BKI-Tabelle 5 angegeben (siehe Erläuterungen in Teil A, 7. BKI Ergänzung zur DIN 276 ff.).

DIN 276 Tabelle 1 – Kostengliederung	
570	**Vegetationsflächen**
	Die Erdbaumaßnahmen gehören zur KG 510.

BKI Tabelle 5 – Mengen und Bezugseinheiten für die Kostengruppe 500	
Einheit	m^2
Bezeichnung	Vegetationsfläche
Ermittlung	Der mit Vegetationsflächen versehene Teil der Außenanlagenfläche

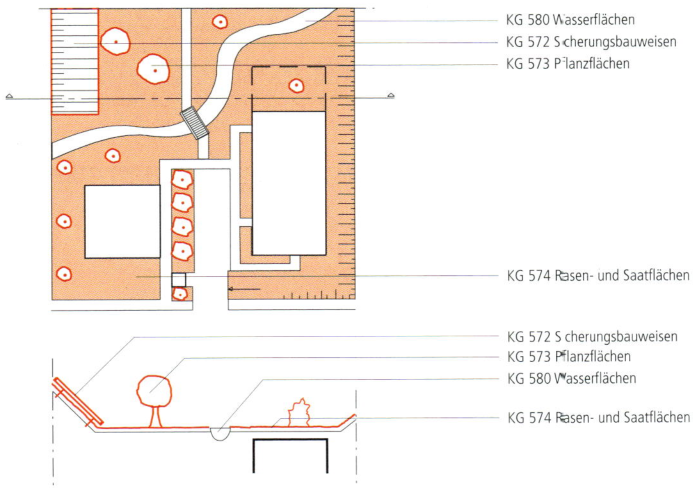

In dieser Kostengruppe enthalten	
KG 571	Vegetationstechnische Bodenbearbeitung (z.B. Oberbodenauftrag, -lockerung, Bodenverbesserung)
KG 572	Sicherungsbauweisen (z.B. Vegetationsstücke, Geotextilien, Flechtwerk, Böschungssicherungen, Flächensicherungen)
KG 574	Pflanzflächen (z.B. Pflanzung von Gehölzen und Stauden, Feinplanum und Fertigstellungspflege)
	Rasen- und Saatflächen (z.B. Aussaat von Saatgut und Rasen, Verlegung von Fertigrasen, Feinplanum und Fertigstellungspflege)
KG 579	Sonstiges zur KG 570 (z.B. Entwicklungspflege von Pflanz-, Rasen- und Saatflächen)

In anderen Kostengruppen enthalten	
• Erdbau von Außenanlagen und Freiflächen (z.B. Oberbodenarbeiten, Bodenarbeiten, Erdbaumaßnahmen, Baugruben, Dämme, Einschnitte Wälle, Hangsicherungen)	KG 510
• Gründung, Unterbau (z.B. Baugrundverbesserung, Aushub von Fundamenten, Dränagen)	KG 520
• Oberbau, Deckschichten (z.B. Wege, Straßen, Plätze, Sport- und Spielplatzflächen)	KG 530
• Baukonstruktionen (z.B. Einfriedungen, Schutz- und Wandkonstruktionen, Rampen, Treppen, Tribünen, Überdachungen, Stege, Wasserbecken)	KG 540
• Technische Anlagen (z.B. Abwasser- und Wasseranlagen, Wärmeversorgungsanlagen, elektrische Anlagen)	KG 550
• Einbauten in Außenanlagen und Freiflächen (z.B. Wirtschaftsgegenstände, Spielplatzeinbauten, Orientierungssysteme)	KG 560
Vegetationsflächen	*KG 570*
• Wasserflächen (z.B. Befestigungen, Abdichtungen, Bepflanzungen)	KG 580
• Sonstige Maßnahmen für Außenanlagen und Freiflächen (z.B. Baustelleneinrichtung)	KG 590

In anderen Kostengruppen enthalten

• Sicherungsmaßnahmen beim Herrichten des Grundstücks (z.B. Schutz von vorhandenen Baukonstruktionen, Sichern von Bewuchs und Vegetationsschichten)	KG 211
• Herrichten der Geländeoberfläche (z.B. Roden von Bewuchs, Planieren, Bodenbewegungen, Oberbodensicherung)	KG 214
• Fassaden- und Wandbegrünungssysteme für Bauwerke an Außenwänden, außen	KG 335
• Wandbegrünungssysteme für Bauwerke an Außenwänden, innen	KG 336
• Wandbegrünungssysteme für Bauwerke an Innenwänden	KG 345
• Deckenbeläge in Bauwerken (z.B. Begrünungssysteme auf Decken)	KG 353
• Dachbeläge von Bauwerken (z.B. Beläge auf Dachkonstruktionen, Dachentwässerung, ggf. Dachbegrünungen)	KG 363
• Landschaftsgestalterische Einbauten in Bauwerken	KG 383

Erläuterungen

- Die Kosten von Außenanlagen und Freiflächen, die durch Bauwerke unterbaut sind (z.B. von Tiefgaragen, Untergeschossen des Bauwerks, Tunneln), sind bei den betreffenden Kostengruppen der KG 500 auszuweisen (siehe DIN 276, Tabelle 1, Anmerkungen zu KG 500).
- Entsprechend Abschnitt 6.2 empfiehlt die DIN 276, auch für die Kostengruppen der zweiten und der dritten Ebene der Kostengliederung die Mengen und Bezugseinheiten der Tabelle 2 zu verwenden. Ergänzend dazu werden in dieser Arbeitshilfe von BKI spezifische Mengen und Bezugseinheiten für die Kostengruppen der zweiten und dritten Gliederungsebene entsprechend der BKI-Tabelle 5 angegeben (siehe Erläuterungen in Teil A, 7. BKI Ergänzung zur DIN 276 ff.).

DIN 276 Tabelle 1 – Kostengliederung

571	**Vegetationstechnische Bodenbearbeitung**
	Vorbereitung von Pflanzflächen durch Oberbodenauftrag, Oberbodenlockerung, Fräsen, Planieren, Bodenverbesserung (z. B. Düngung, Bodenhilfsstoffe und Zwischenbegrünungen)

BKI Tabelle 5 – Mengen und Bezugseinheiten für die Kostengruppe 500

Einheit	m²
Bezeichnung	Vegetationstechnisch bearbeitete Fläche
Ermittlung	Der vegetationstechnisch bearbeitete Anteil der Außenanlagenfläche

In dieser Kostengruppe enthalten

- Vegetationsfläche profilgerecht formen
- Vegetationsschicht lockern (z.B. durch Aufreißen, Pflügen, Fräsen, Umgraben, Eggen)
- Pflanzgruben, -gräben ausheben, Riefen anlegen
- Auftrag von Oberboden, Pflanzsubstrat
- Bodenverbesserung (z.B. durch Torf, Kompost, Sand, organische und chemische Dünger)
- Aussaat der Bodenflächen als Voranbau oder Zwischenbegrünung

In anderen Kostengruppen enthalten

Vegetationstechnische Bodenbearbeitung	*KG 571*
• Sicherungsbauweisen (z.B. Vegetationsstücke, Geotextilien, Flechtwerk, Böschungssicherungen, Flächensicherungen)	KG 572
• Pflanzflächen (z.B. Pflanzung von Gehölzen und Stauden, Feinplanum und Fertigstellungspflege)	KG 573
• Rasen- und Saatflächen (z.B. Aussaat von Saatgut und Rasen, Verlegung von Fertigrasen, Feinplanum und Fertigstellungspflege)	KG 574
• Sonstiges zur KG 570 (z.B. Entwicklungspflege von Pflanz-, Rasen- und Saatflächen)	KG 579
• Herrichten der Geländeoberfläche (z.B. Roden von Bewuchs, Planieren, Bodenbewegungen, Oberbodensicherung)	KG 214
• Herstellung von Baugruben/Erdbau für Bauwerke (z.B. Bodenabtrag, Bodensicherung, Bodenauftrag, Aushub von Baugruben und Baugräben, Oberbodenarbeiten, Verfüllungen)	KG 311
• Herstellung (z.B. Bodenabtrag, Bodensicherung, Bodenauftrag, Aushub von Baugruben)	KG 511
• Feinplanum für befestigte Flächen	KG 530
• Feinplanum für Wasserflächen	KG 580

Erläuterungen

- Die Kosten von Außenanlagen und Freiflächen, die durch Bauwerke unterbaut sind (z.B. von Tiefgaragen, Untergeschossen des Bauwerks, Tunneln), sind bei den betreffenden Kostengruppen der KG 500 auszuweisen (siehe DIN 276, Tabelle 1, Anmerkungen zu KG 500).
- Entsprechend Abschnitt 6.2 empfiehlt die DIN 276, auch für die Kostengruppen der zweiten und der dritten Ebene der Kostengliederung die Mengen und Bezugseinheiten der Tabelle 2 zu verwenden. Ergänzend dazu werden in dieser Arbeitshilfe von BKI spezifische Mengen und Bezugseinheiten für die Kostengruppen der zweiten und dritten Gliederungsebene entsprechend der BKI-Tabelle 5 angegeben (siehe Erläuterungen in Teil A, 7. BKI Ergänzung zur DIN 276 ff.).

DIN 276 Tabelle 1 – Kostengliederung	
572	**Sicherungsbauweisen**
	Vegetationsstücke, Geotextilien, Flechtwerk, Böschungssicherungen, Flächensicherungen

BKI Tabelle 5 – Mengen und Bezugseinheiten für die Kostengruppe 500	
Einheit	m^2
Bezeichnung	Stabilisierende Fläche
Ermittlung	Die Summe der wahren Fläche von Sicherungsbauweisen

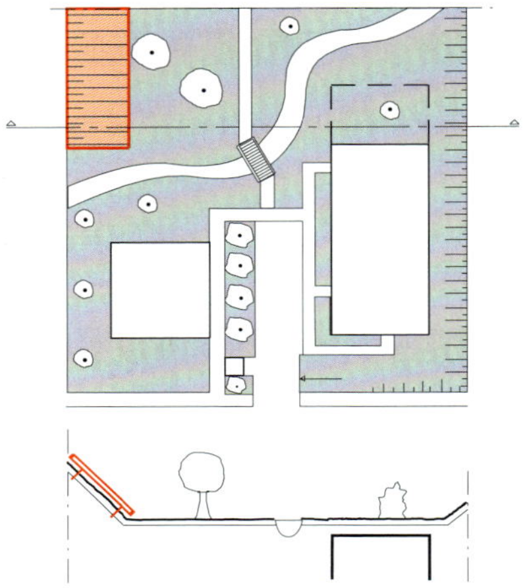

In dieser Kostengruppe enthalten

- Hangsicherung (z.B. Rückverankerungen, Steinschlagschutznetze, Spritzbeton)
- Erosionssicherung (z.B. Bodenabdeckungen mit Mulch, Folien, Matten, Kunststoffgeweben)
- Steinschlag-, Lawinenverbau, Verwehungszäune
- Quellfassungen
- Abdeckungen von Wänden, Ufern und Becken, Randbefestigungen durch Lebendverbau

In anderen Kostengruppen enthalten	
• Vegetationstechnische Bodenbearbeitung (z.B. Oberbodenauftrag, -lockerung, Bodenverbesserung)	KG 571
Sicherungsbauweisen	*KG 572*
• Pflanzflächen (z.B. Pflanzung von Gehölzen und Stauden, Feinplanum und Fertigstellungspflege)	KG 573
• Rasen- und Saatflächen (z.B. Aussaat von Saatgut und Rasen, Verlegung von Fertigrasen, Feinplanum und Fertigstellungspflege)	KG 574
• Sonstiges zur KG 570 (z.B. Entwicklungspflege von Pflanz-, Rasen- und Saatflächen)	KG 579
• Sicherungsmaßnahmen beim Herrichten des Grundstücks (z.B. Schutz von vorhandenen Baukonstruktionen, Sichern von Bewuchs und Vegetationsschichten)	KG 211
• Umschließung bei Erdbaumaßnahmen für Bauwerke (z.B. Verbau und Sicherung von Baugruben, Baugräben, Dämmen, Wällen und Einschnitten)	KG 312
• Dränagen für Bauwerke (z.B. Leitungen, Schächte, Packungen, Pumpensümpfe, Tiefenentwässerung, Oberflächenentwässerung)	KG 326
• Sicherungsmaßnahmen an Baukonstruktionen bestehender Bauwerke (z.B. Unterfangungen, Abstützungen)	KG 393
• Sicherungsmaßnahmen an technischen Anlagen bestehender Bauwerke (z.B. Unterfangungen, Abstützungen)	KG 493

In anderen Kostengruppen enthalten

- Umschließung bei Erdbaumaßnahmen für Außenanlagen und Freiflächen (z.B. Verbau und Sicherung von Baugruben, Baugruben, Dämmen, Einschnitten) KG 512
- Schutzkonstruktionen (z.B. Lärmschutzwände, Sichtschutzwände, Schutzgitter; Konstruktionen für beispielsweise Sonnenschutz einschließlich Antrieben) KG 542
- Sicherungsmaßnahmen an bestehenden baulichen Anlagen in Außenanlagen und Freiflächen KG 593

Erläuterungen

- Die Kosten von Außenanlagen und Freiflächen, die durch Bauwerke unterbaut sind (z.B. von Tiefgaragen, Untergeschossen des Bauwerks, Tunneln), sind bei den betreffenden Kostengruppen der KG 500 auszuweisen (siehe DIN 276, Tabelle 1, Anmerkungen zu KG 500).
- Entsprechend Abschnitt 6.2 empfiehlt die DIN 276, auch für die Kostengruppen der zweiten und der dritten Ebene der Kostengliederung die Mengen und Bezugseinheiten der Tabelle 2 zu verwenden. Ergänzend dazu werden in dieser Arbeitshilfe von BKI spezifische Mengen und Bezugseinheiten für die Kostengruppen der zweiten und dritten Gliederungsebene entsprechend der BKI-Tabelle 5 angegeben (siehe Erläuterungen in Teil A, 7. BKI Ergänzung zur DIN 276 ff.).

DIN 276 Tabelle 1 – Kostengliederung	
573	**Pflanzflächen**
	Pflanzung von Gehölzen und Stauden einschließlich Feinplanum und Fertigstellungspflege

BKI Tabelle 5 – Mengen und Bezugseinheiten für die Kostengruppe 500	
Einheit	m^2
Bezeichnung	Pflanzfläche
Ermittlung	Der bepflanzte Anteil der Außenanlagenfläche

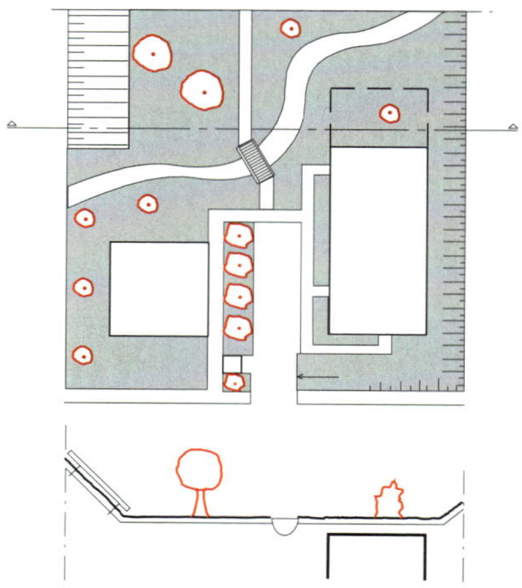

In dieser Kostengruppe enthalten

- Liefern und Pflanzen (z. B. Bäume, Sträucher, Hecken, Bodendecker, Kletterpflanzen, Stauden, Blumenzwiebeln, Knollen, Blumen)
- Aufschulen und vorbereitende Maßnahmen für Umpflanzungen (z. B. Wurzelvorhang)
- Zwischenzeitliches Einschlagen von Pflanzen
- Schutzmaßnahmen (z. B. gegen Wildverbiss, Mäusefraß, Weidevieh, Verdunstung, Erosion, Frost, Verunkrauten)
- Pflanzverankerung (z. B. Pfähle, Drahtanker)
- Pflanzfläche nach der Pflanzung lockern, Gießränder herstellen
- Fertigstellungspflege (z. B. Fräsen, Hacken, Wässern, Säubern, Pflanzen schneiden, Pflanzenschutz gegen Pilze und Schädlinge)
- Rollkies, Zierschotterflächen auf vegetationstechnisch bearbeiteten Flächen

In anderen Kostengruppen enthalten	
• Vegetationstechnische Bodenbearbeitung (z. B. Oberbodenauftrag, -lockerung, Bodenverbesserung)	KG 571
• Sicherungsbauweisen (z. B. Vegetationsstücke, Geotextilien, Flechtwerk, Böschungssicherungen, Flächensicherungen)	KG 572
Pflanzflächen	*KG 573*
• Rasen- und Saatflächen (z. B. Aussaat von Saatgut und Rasen, Verlegung von Fertigrasen, Feinplanum und Fertigstellungspflege)	KG 574
• Sonstiges zur KG 570 (z. B. Entwicklungspflege von Pflanz-, Rasen- und Saatflächen)	KG 579
• Sicherungsmaßnahmen beim Herrichten des Grundstücks (z. B. Schutz von vorhandenen Baukonstruktionen, Sichern von Bewuchs und Vegetationsschichten)	KG 211
• Herrichten der Geländeoberfläche (z. B. Roden von Bewuchs, Planieren, Bodenbewegungen, Oberbodensicherung)	KG 214

In anderen Kostengruppen enthalten

• Fassaden- und Wandbegrünungssysteme für Bauwerke an Außenwänden, außen	KG 335
• Wandbegrünungssysteme für Bauwerke an Außenwänden, innen	KG 336
• Wandbegrünungssystem für Bauwerke an Innenwänden	KG 345
• Deckenbeläge in Bauwerken (z.B. Begrünungssysteme auf Decken)	KG 353
• Dachbeläge von Bauwerken (z.B. Beläge auf Dachkonstruktionen, Dachentwässerung, ggf. Dachbegrünungen)	KG 363
• Landschaftsgestalterische Einbauten in Bauwerken	KG 383
• Begrünungen als Gründungsbeläge in Außenanlagen und Freiflächen	KG 523
• Plätze, Höfe, terrassen (z.B. Rollkies, Zierschotterflächen auf Frostschutz-, Filter-, Tragschichten)	KG 533
• Bepflanzungen in Wasserbecken (z.B. Schwimmbecken, Schwimmteiche)	KG 548
• Bepflanzungen in Wasserflächen	KG 583

Erläuterungen

- Die Kosten von Außenanlagen und Freiflächen, die durch Bauwerke unterbaut sind (z.B. von Tiefgaragen, Untergeschossen des Bauwerks, Tunneln), sind bei den betreffenden Kostengruppen der KG 500 auszuweisen (siehe DIN 276, Tabelle 1, Anmerkungen zu KG 500).
- Entsprechend Abschnitt 6.2 empfiehlt die DIN 276, auch für die Kostengruppen der zweiten und der dritten Ebene der Kostengliederung die Mengen und Bezugseinheiten der Tabelle 2 zu verwenden. Ergänzend dazu werden in dieser Arbeitshilfe von BKI spezifische Mengen und Bezugseinheiten für die Kostengruppen der zweiten und dritten Gliederungsebene entsprechend der BKI-Tabelle 5 angegeben (siehe Erläuterungen in Teil A, 7. BKI Ergänzung zur DIN 276 ff.).

DIN 276 Tabelle 1 – Kostengliederung	
574	**Rasen- und Saatflächen**
	Aussaat von Saatgut und Rasen sowie Verlegung von Fertigrasen einschließlich Feinplanum und Fertigstellungspflege

BKI Tabelle 5 – Mengen und Bezugseinheiten für die Kostengruppe 500	
Einheit	m^2
Bezeichnung	Rasen- und Saatfläche
Ermittlung	Der mit Rasen und Saat versehene Anteil der Außenanlagenfläche

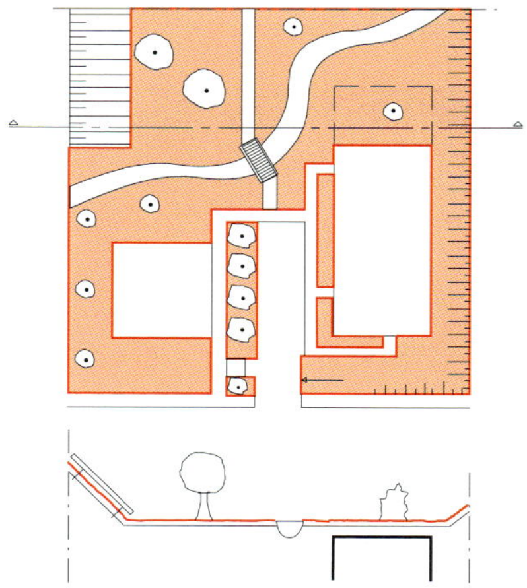

In dieser Kostengruppe enthalten

- Ansaat von Saatgut und Rasen (z.B. Gebrauchs-, Landschafts-, Parkplatz-, Zierrasen und Rasen auf Gittersteinen, Wiesen)
- Fertigrasen (z.B. Rollrasen, Rasensoden)
- Verwendbare Rasendecke vorbereiten, abheben, lagern
- Rasensaat festlegen, Fertigrasen nageln
- Fertigstellungspflege (z.B. fräsen, hacken, wässern, säubern, Rasenflächen mähen, senkrecht schneiden, schlitzen, löchern, besanden)
- Rasenflächen nachsäen, ausbessern

In anderen Kostengruppen enthalten	
• Vegetationstechnische Bodenbearbeitung (z.B. Oberbodenauftrag, -lockerung, Bodenverbesserung)	KG 573
• Sicherungsbauweisen (z.B. Vegetationsstücke, Geotextilien, Flechtwerk, Böschungssicherungen, Flächensicherungen)	KG 572
• Pflanzflächen (z.B. Pflanzung von Gehölzen und Stauden, Feinplanum und Fertigstellungspflege)	KG 573
Rasen- und Saatflächen	*KG 574*
• Sonstiges zur KG 570 (z.B. Entwicklungspflege von Pflanz-, Rasen- und Saatflächen)	KG 579
• Sicherungsmaßnahmen beim Herrichten des Grundstücks (z.B. Schutz von vorhandenen Baukonstruktionen, Sichern von Bewuchs und Vegetationsschichten)	KG 211
• Herrichten der Geländeoberfläche (z.B. Roden von Bewuchs, Planieren, Bodenbewegungen, Oberbodensicherung)	KG 214
• Deckenbeläge in Bauwerken (z.B. Begrünungssysteme auf Decken)	KG 353
• Dachbeläge von Bauwerken (z.B. Beläge auf Dachkonstruktionen, Dachentwässerung, ggf. Dachbegrünungen)	KG 363

In anderen Kostengruppen enthalten

• Landschaftsgestalterische Einbauten in Bauwerken	KG 383
• Begrünungen als Gründungsbeläge in Außenanlagen und Freiflächen	KG 523
• Stellplätze (z.B. Ansaat in Rasengittersteinen)	KG 534
• Sportplatzflächen (z.B. Oberbau- und Deckschichten von Sportplatzflächen)	KG 535
• Spielplatzflächen (z.B. Oberbau- und Deckschichten von Spielplatzflächen)	KG 536

Erläuterungen

- Die Kosten von Außenanlagen und Freiflächen, die durch Bauwerke unterbaut sind (z.B. von Tiefgaragen, Untergeschossen des Bauwerks, Tunneln), sind bei den betreffenden Kostengruppen der KG 500 auszuweisen (siehe DIN 276, Tabelle 1, Anmerkungen zu KG 500).
- Entsprechend Abschnitt 6.2 empfiehlt die DIN 276, auch für die Kostengruppen der zweiten und der dritten Ebene der Kostengliederung die Mengen und Bezugseinheiten der Tabelle 2 zu verwenden. Ergänzend dazu werden in dieser Arbeitshilfe von BKI spezifische Mengen und Bezugseinheiten für die Kostengruppen der zweiten und dritten Gliederungsebene entsprechend der BKI-Tabelle 5 angegeben (siehe Erläuterungen in Teil A, 7. BKI Ergänzung zur DIN 276 ff.).

DIN 276 Tabelle 1 – Kostengliederung	
579	**Sonstiges zur KG 570**
	Entwicklungspflege von Pflanz-, Rasen- und Saatflächen

BKI Tabelle 5 – Mengen und Bezugseinheiten für die Kostengruppe 500	
Einheit	m^2
Bezeichnung	Vegetationsfläche
Ermittlung	Der mit Vegetationsflächen versehene Teil der Außenanlagenfläche

In dieser Kostengruppe enthalten

- Sonstige Kosten für Vegetationsflächen, die nicht den KG 571 bis 574 zuzuordnen sind
- Entwicklungspflege für Pflanz- Rasen- und Saatflächen nach Fertigstellung (z.B. Lockern, Wässern, Mähen, Schneiden, Düngen)
- Trennstreifen (z.B. Bord-, Kanten- und Rinnensteine, Rinnenplatten, Muldensteine, Einzelstufen)
- Findlinge

In anderen Kostengruppen enthalten	
• Vegetationstechnische Bodenbearbeitung (z.B. Oberbodenauftrag, -lockerung, Bodenverbesserung)	KG 571
• Sicherungsbauweisen (z.B. Vegetationsstücke, Geotextilien, Flechtwerk, Böschungssicherungen, Flächensicherungen)	KG 572
• Pflanzflächen (z.B. Pflanzung von Gehölzen und Stauden, Feinplanum und Fertigstellungspflege)	KG 573
• Rasen- und Saatflächen (z.B. Aussaat von Saatgut und Rasen, Verlegung von Fertigrasen, Feinplanum und Fertigstellungspflege)	KG 574
Sonstiges zur KG 570	*KG 579*
• Sicherungsmaßnahmen beim Herrichten des Grundstücks (z.B. Schutz von vorhandenen Baukonstruktionen, Sichern von Bewuchs und Vegetationsschichten)	KG 211
• Herrichten der Geländeoberfläche (z.B. Roden von Bewuchs, Planieren, Bodenbewegungen, Oberbodensicherung)	KG 214
• Begrünungen als Gründungsbeläge in Außenanlagen und Freiflächen	KG 523
• Sportplatzflächen (z.B. Oberbau- und Deckschichten von Sportplatzflächen)	KG 535
• Spielplatzflächen (z.B. Oberbau- und Deckschichten von Spielplatzflächen)	KG 536
• Bepflanzungen in Wasserbecken (z.B. Schwimmbecken, Schwimmteiche)	KG 548
• Bepflanzungen in Wasserflächen	KG 583

Erläuterungen

- Die Kosten von Außenanlagen und Freiflächen, die durch Bauwerke unterbaut sind (z.B. von Tiefgaragen, Untergeschossen des Bauwerks, Tunneln), sind bei den betreffenden Kostengruppen der KG 500 auszuweisen (siehe DIN 276, Tabelle 1, Anmerkungen zu KG 500).
- Entsprechend Abschnitt 6.2 empfiehlt die DIN 276, auch für die Kostengruppen der zweiten und der dritten Ebene der Kostengliederung die Mengen und Bezugseinheiten der Tabelle 2 zu verwenden. Ergänzend dazu werden in dieser Arbeitshilfe von BKI spezifische Mengen und Bezugseinheiten für die Kostengruppen der zweiten und dritten Gliederungsebene entsprechend der BKI-Tabelle 5 angegeben (siehe Erläuterungen in Teil A, 7. BKI Ergänzung zur DIN 276 ff.).

DIN 276 Tabelle 1 – Kostengliederung	
580	**Wasserflächen**
	Naturnahe Wasserflächen, Bäche, Teiche und Seen einschließlich Sohl- und Uferausbildung sowie Uferbefestigung
	Die Erdbaumaßnahmen gehören zur KG 510.

BKI Tabelle 5 – Mengen und Bezugseinheiten für die Kostengruppe 500	
Einheit	m^2
Bezeichnung	Wasserfläche
Ermittlung	Der mit Wasserflächen versehene Teil der Außenanlagenfläche

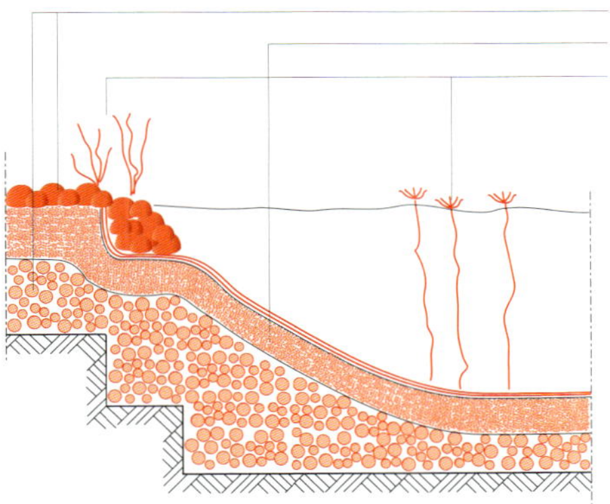

In dieser Kostengruppe enthalten	
KG 581	Befestigungen (z.B. Tragschichten einschließlich Bodensubstraten, Kies- und Schotterschichten sowie Wasserbausteinbettungsschichten)
KG 582	Abdichtungen (z.B. Planum, Frostschutzschichten, Bewehrungs-, Trenn-, Filter- und Dichtungsschichten; Schutzschichten)
KG 583	Bepflanzungen (z.B. Unterwasser- und Wasserpflanzen, Röhrichte)
KG 589	Sonstiges zur KG 580 (z.B. Entwicklungspflege von Bepflanzungen)

In anderen Kostengruppen enthalten	
• Erdbau von Außenanlagen und Freiflächen (z.B. Oberbodenarbeiten, Bodenarbeiten, Erdbaumaßnahmen, Baugruben, Dämme, Einschnitte Wälle, Hangsicherungen)	KG 510
• Gründung, Unterbau (z.B. Baugrundverbesserung, Aushub von Fundamenten, Dränagen)	KG 520
• Oberbau, Deckschichten (z.B. Wege, Straßen, Plätze, Sport- und Spielplatzflächen)	KG 530
• Baukonstruktionen (z.B. Einfriedungen, Schutz- und Wandkonstruktionen, Rampen, Treppen, Tribünen, Überdachungen, Stege, Wasserbecken)	KG 540
• Technische Anlagen (z.B. Abwasser- und Wasseranlagen, Wärmeversorgungsanlagen, elektrische Anlagen)	KG 550
• Einbauten in Außenanlagen und Freiflächen (z.B. Wirtschaftsgegenstände, Spielplatzeinbauten, Orientierungssysteme)	KG 560
• Vegetationsflächen (z.B. vegetationstechnische Bodenbearbeitung, Sicherungsbauweisen, Pflanzflächen)	KG 570
Wasserflächen	*KG 580*
• Sonstige Maßnahmen für Außenanlagen und Freiflächen (z.B. Baustelleneinrichtung)	KG 590
• Wasserhaltung bei Bauwerken (z.B. Beseitigung des Grund- und Schichtenwassers während der Bauzeit)	KG 313
• Anlagen des Wasserbaus als Infrastrukturanlagen (z.B. Kanäle, Schleusen, Hafen-, Dock- und Werftanlagen)	KG 374
• Baustelleneinrichtung für Baukonstruktionen von Bauwerken (z.B. Energie- und Bauwasseranschlüsse)	KG 391

In anderen Kostengruppen enthalten

• Baustelleneinrichtung für technische Anlagen von Bauwerken (z.B. Energie- und Bauwasseranschlüsse)	KG 491
• Wasserhaltung (z. B Beseitigung des Grund- und Schichtenwassers während der Bauzeit)	KG 513
• Wasserbecken, Schwimmbecken, Schwimmteiche	KG 548
• Abwasseranlagen (z.B. Abwasserleitungen)	KG 551
• Wasseranlagen (z.B. Wasserversorgungsleitungen)	KG 552
• Baustelleneinrichtung für Außenanlagen und Freiflächen (z.B. Energie- und Bauwasseranschlüsse)	KG 591

Erläuterungen

- Entsprechend Abschnitt 6.2 empfiehlt die DIN 276, auch für die Kostengruppen der zweiten und der dritten Ebene der Kostengliederung die Mengen und Bezugseinheiten der Tabelle 2 zu verwenden. Ergänzend dazu werden in dieser Arbeitshilfe von BKI spezifische Mengen und Bezugseinheiten für die Kostengruppen der zweiten und dritten Gliederungsebene entsprechend der BKI-Tabelle 5 angegeben (siehe Erläuterungen in Teil A, 7. BKI Ergänzung zur DIN 276 ff.).

DIN 276 Tabelle 1 – Kostengliederung

581 **Befestigungen**

Tragschichten einschließlich Bodensubstraten, Kies- und Schotterschichten sowie Wasserbausteinbettungsschichten, soweit nicht unter anderen Kostengruppen erfasst

BKI Tabelle 5 – Mengen und Bezugseinheiten für die Kostengruppe 500

Einheit	m2
Bezeichnung	Befestigte Wasserfläche
Ermittlung	Der mit Befestigungen versehene Teil der Wasserfläche

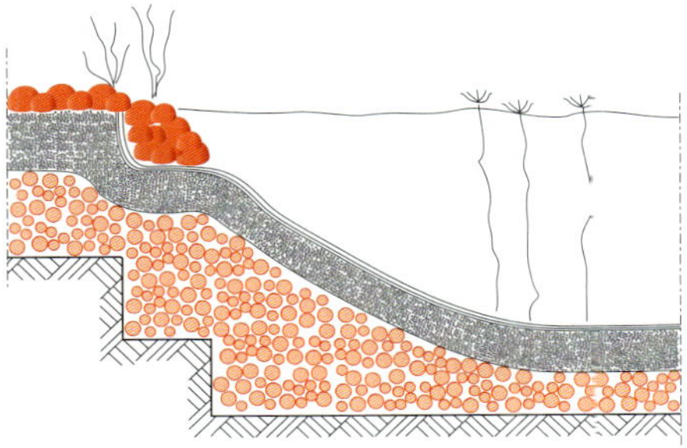

In dieser Kostengruppe enthalten

- Uferbefestigung für naturnahe Wasserflächen (z.B. Lebendverbau, Faschinen, Flechtwerk, Busch- und Spreitlagen, Steckhölzer, Setzstangen, Palisaden)
- Ufer- und Sohlenbefestigung für naturnahe Wasserflächen durch sonstige Bauweisen (z.B. Einbau von Zäunen, Rosten, Krainerwänden, Drahtschotterkästen, Ausgraben von Runsen, Auskleiden mit Brettern, Fertigteilen, Gesteinspacklagen)
- Oberflächenbehandlung (z.B. Beschichtung, Vorsatzschalen, Korrosionsschutz)
- Abdeckungen, Einbauteile (z.B. Anker, Aussteifungen, Öffnungen mit Abdeckung)

In anderen Kostengruppen enthalten

Befestigungen	*KG 581*
• Abdichtungen (z.B. Planum, Frostschutzschichten, Bewehrungs-, Trenn-, Filter- und Dichtungsschichten; Schutzschichten)	KG 582
• Bepflanzungen (z.B. Unterwasser- und Wasserpflanzen, Röhrichte)	KG 583
• Sonstiges zur KG 580 (z.B. Entwicklungspflege von Bepflanzungen)	KG 589
• Anlagen des Wasserbaus als Infrastrukturanlagen (z.B. Kanäle, Schleusen, Hafen-, Dock- und Werftanlagen)	KG 374
• Erdbau für Außenanlagen und Freiflächen (z.B. Oberbodenarbeiten, Bodenarbeiten, Erdbaumaßnahmen, Baugruben, Dämme, Einschnitte Wälle, Hangsicherungen)	KG 510
• Wasserbecken, Schwimmbecken, Schwimmteiche	KG 548
• Sicherungsbauweisen für Pflanzflächen (z.B. Vegetationsstücke, Geotextilien, Flechtwerk, Böschungssicherungen, Flächensicherungen)	KG 572
• Sicherungsmaßnahmen an bestehenden baulichen Anlagen in Außenanlagen und Freiflächen	KG 593

Erläuterungen

- Entsprechend Abschnitt 6.2 empfiehlt die DIN 276, auch für die Kostengruppen der zweiten und der dritten Ebene der Kostengliederung die Mengen und Bezugseinheiten der Tabelle 2 zu verwenden. Ergänzend dazu werden in dieser Arbeitshilfe von BKI spezifische Mengen und Bezugseinheiten für die Kostengruppen der zweiten und dritten Gliederungsebene entsprechend der BKI-Tabelle 5 angegeben (siehe Erläuterungen in Teil A, 7. BKI Ergänzung zur DIN 276 ff.).

100 200 300 400 500 600 700 800

DIN 276 Tabelle 1 – Kostengliederung	
582	**Abdichtungen** Planum, Planumsschutzschichten, Frostschutzschichten, Bewehrungs-, Trenn-, Filter- und Dichtungsschichten; Schutzschichten

BKI Tabelle 5 – Mengen und Bezugseinheiten für die Kostengruppe 500	
Einheit	m^2
Bezeichnung	Abgedichtete Wasserfläche
Ermittlung	Der mit Abdichtungen versehene Teil der Wasserfläche

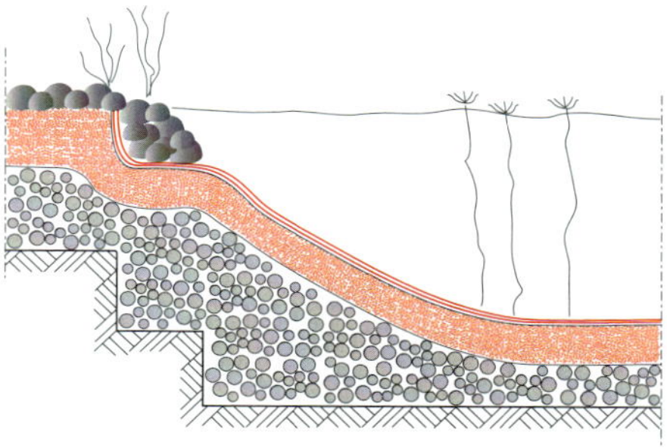

In dieser Kostengruppe enthalten

- Bodenfüllungen für Abdichtungen für naturnahe Wasserflächen, einschließlich Planum und Verdichten (z.B. als nutzbaren Boden)
- Sauberkeits- und Filterschichten (z.B. aus Beton, Sand, Kies, Schotter, Schlacke)
- Trennschichten (z.B. aus Folien, Bitumenbahnen)
- Abdichtungen (z.B. Kunststoff-Teichfolien, Dichtschlämme, Lehm)

In anderen Kostengruppen enthalten	
• Befestigungen (z.B. Tragschichten einschließlich Bodensubstraten, Kies- und Schotterschichten sowie Wasserbausteinbettungsschichten)	KG 581
Abdichtungen	*KG 582*
• Bepflanzungen (z.B. Unterwasser- und Wasserpflanzen, Röhrichte)	KG 583
• Sonstiges zur KG 580 (z.B. Entwicklungspflege von Bepflanzungen)	KG 589
• Anlagen des Wasserbaus als Infrastrukturanlagen (z.B. Kanäle, Schleusen, Hafen-, Dock- und Werftanlagen)	KG 374
• Erdbau für Außenanlagen und Freiflächen (z.B. Oberbodenarbeiten, Bodenarbeiten, Erdbaumaßnahmen, Baugruben, Dämme, Einschnitte Wälle, Hangsicherungen)	KG 510
• Gründungsbeläge (z.B. Beläge auf Sohl-, Boden- und Fundamentplatten)	KG 523
• Abdichtungen und Bekleidungen (z.B. Konstruktionsschichten unterhalb der Sohl-, Boden- und Fundamentplatten, vertikale Abdichtungen und Bekleidungen der Gründung)	KG 524
• Wasserbecken, Schwimmbecken, Schwimmteiche	KG 548

Erläuterungen

- Entsprechend Abschnitt 6.2 empfiehlt die DIN 276, auch für die Kostengruppen der zweiten und der dritten Ebene der Kostengliederung die Mengen und Bezugseinheiten der Tabelle 2 zu verwenden. Ergänzend dazu werden in dieser Arbeitshilfe von BKI spezifische Mengen und Bezugseinheiten für die Kostengruppen der zweiten und dritten Gliederungsebene entsprechend der BKI-Tabelle 5 angegeben (siehe Erläuterungen in Teil A, 7. BKI Ergänzung zur DIN 276 ff.).

DIN 276 Tabelle 1 – Kostengliederung

583	**Bepflanzungen**
	Unterwasser- und Wasserpflanzen, Röhrichte, Bepflanzungen der Wasserwechselzonen

BKI Tabelle 5 – Mengen und Bezugseinheiten für die Kostengruppe 500

Einheit	m²
Bezeichnung	Bepflanzte Wasserfläche
Ermittlung	Der mit Bepflanzungen versehene Teil der Wasserfläche

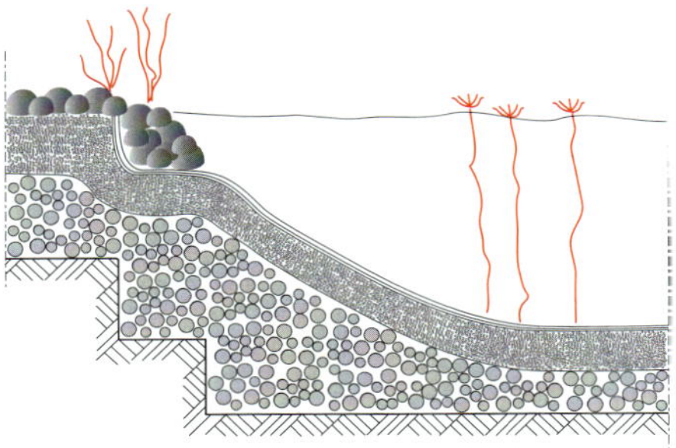

In dieser Kostengruppe enthalten

- Liefern und Pflanzen (z.B. Schwimmblattpflanzen, Unterwasserpflanzen, Flachwasserpflanzen und Sumpf- und Röhricht-pflanzen)
- Schutzmaßnahmen (z.B. gegen Wildverbiss, Mäusefraß, Weidevieh, Verdunstung, Erosion, Frost, Verunkrauten)
- Fertigstellungspflege (z.B. Säubern, Pflanzen schneiden, Pflanzenschutz gegen Pilze und Schädlinge)

In anderen Kostengruppen enthalten

• Befestigungen (z.B. Tragschichten einschließlich Bodensubstraten, Kies- und Schotterschichten sowie Wasserbausteinbettungsschichten)	KG 581
• Abdichtungen (z.B. Planum, Frostschutzschichten, Bewehrungs-, Trenn-, Filter- und Dichtungsschichten; Schutzschichten)	KG 582
Bepflanzungen	*KG 583*
• Sonstiges zur KG 580 (z.B. Entwicklungspflege von Bepflanzungen)	KG 589
• Anlagen des Wasserbaus als Infrastrukturanlagen (z.B. Kanäle, Schleusen, Hafen-, Dock- und Werftanlagen)	KG 374
• Wasserbecken, Schwimmbecken, Schwimmteiche	KG 548
• Pflanzflächen (z.B. Pflanzung von Gehölzen und Stauden, Feinplanum und Fertigstellungspflege)	KG 573

Erläuterungen

- Entsprechend Abschnitt 6.2 empfiehlt die DIN 276, auch für die Kostengruppen der zweiten und der dritten Ebene der Kostengliederung die Mengen und Bezugseinheiten der Tabelle 2 zu verwenden. Ergänzend dazu werden in dieser Arbeitshilfe von BKI spezifische Mengen und Bezugseinheiten für die Kostengruppen der zweiten und dritten Gliederungsebene entsprechend der BKI-Tabelle 5 angegeben (siehe Erläuterungen in Teil A, 7. BKI Ergänzung zur DIN 276 ff.).

DIN 276 Tabelle 1 – Kostengliederung

589	**Sonstiges zur KG 580**
	Entwicklungspflege von Bepflanzungen

BKI Tabelle 5 – Mengen und Bezugseinheiten für die Kostengruppe 500

Einheit	m^2
Bezeichnung	Wasserfläche
Ermittlung	Der mit Wasserflächen versehene Teil der Außenanlagenfläche

In dieser Kostengruppe enthalten

- Sonstige Kosten für Wasserflächen, die nicht den KG 581 bis 583 zuzuordnen sind
- Entwicklungspflege Bepflanzungen nach Fertigstellung (z.B. Schneiden, Düngen)

In anderen Kostengruppen enthalten

• Befestigungen (z.B. Tragschichten einschließlich Bodensubstraten, Kies- und Schotterschichten sowie Wasserbausteinbettungsschichten)	KG 581
• Abdichtungen (z.B. Planum, Frostschutzschichten, Bewehrungs-, Trenn-, Filter- und Dichtungsschichten; Schutzschichten)	KG 582
• Bepflanzungen (z.B. Unterwasser- und Wasserpflanzen, Röhrichte)	KG 583
Sonstiges zur KG 580	*KG 589*
• Anlagen des Wasserbaus als Infrastrukturanlagen (z.B. Kanäle, Schleusen, Hafen-, Dock- und Werftanlagen)	KG 374
• Wasserbecken, Schwimmbecken, Schwimmteiche	KG 548
• Pflanzflächen (z.B. Pflanzung von Gehölzen und Stauden, Feinplanum und Fertigstellungspflege)	KG 573

Erläuterungen

- Entsprechend Abschnitt 6.2 empfiehlt die DIN 276, auch für die Kostengruppen der zweiten und der dritten Ebene der Kostengliederung die Mengen und Bezugseinheiten der Tabelle 2 zu verwenden. Ergänzend dazu werden in dieser Arbeitshilfe von BKI spezifische Mengen und Bezugseinheiten für die Kostengruppen der zweiten und dritten Gliederungsebene entsprechend der BKI-Tabelle 5 angegeben (siehe Erläuterungen in Teil A, 7. BKI Ergänzung zur DIN 276 ff.).

DIN 276 Tabelle 1 – Kostengliederung

590	**Sonstige Maßnahmen für Außenanlagen und Freiflächen** Anlagen und übergreifende Maßnahmen im Zusammenhang mit den Außenanlagen und Freiflächen, die nicht einzelnen Kostengruppen der KG 500 zugeordnet werden können oder die nicht in der KG 390 oder der KG 490 erfasst sind

BKI Tabelle 5 – Mengen und Bezugseinheiten für die Kostengruppe 500

Einheit	m²
Bezeichnung	Außenanlagenfläche (AF)
Ermittlung	Gesamte Außenanlagenfläche nach DIN 277

In dieser Kostengruppe enthalten

KG 591	Baustelleneinrichtung (z.B. Material- und Geräteschuppen, Sanitär- und Aufenthaltsräume, Misch- und Transportanlagen, Energie- und Bauwasseranschlüsse, Baustrom, Bauwasser)
KG 592	Gerüste (z.B. Innen- und Außengerüste)
KG 593	Sicherungsmaßnahmen (z.B. Unterfangungen, Abstützungen an bestehenden Bauwerken)
KG 594	Abbruchmaßnahmen (z.B. Abbruch- und Demontagearbeiten)
KG 595	Instandsetzungen (z.B. bei Umbauten oder Modernisierungen)
KG 596	Materialentsorgung (z.B. zum Recycling und zur Deponierung)
KG 597	Zusätzliche Maßnahmen (z.B. Schutz von Personen und Sachen, Reinigung vor Inbetriebnahme, Schlechtwetter und Winterbauschutz, Erwärmung der technischen Anlagen)
KG 598	Provisorische Außenanlagen und Freianlagen (z.B. Erstellung, Betrieb und Beseitigung provisorischer Außenanlagen)
KG 599	Sonstiges zur KG 590

In anderen Kostengruppen enthalten

• Erdbau von Außenanlagen und Freiflächen (z.B. Oberbodenarbeiten, Bodenarbeiten, Erdbaumaßnahmen, Baugruben, Dämme, Einschnitte Wälle, Hangsicherungen)	KG 510
• Gründung, Unterbau (z.B. Baugrundverbesserung, Aushub von Fundamenten, Dränagen)	KG 520
• Oberbau, Deckschichten (z.B. Wege, Straßen, Plätze, Sport- und Spielplatzflächen	KG 530
• Baukonstruktionen (z.B. Einfriedungen, Schutz- und Wandkonstruktionen, Rampen, Treppen, Tribünen, Überdachungen, Stege, Wasserbecken)	KG 540
• Technische Anlagen (z.B. Abwasser- und Wasseranlagen, Wärmeversorgungsanlagen, elektrische Anlagen)	KG 550
• Einbauten in Außenanlagen und Freiflächen (z.B. Wirtschaftsgegenstände, Spielplatzeinbauten, Orientierungssysteme)	KG 560
• Vegetationsflächen (z.B. vegetationstechnische Bodenbearbeitung, Sicherungsbauweisen, Pflanzflächen)	KG 570
• Wasserflächen (z.B. Befestigungen, Abdichtungen, Bepflanzungen)	KG 580
Sonstige Maßnahmen für Außenanlagen und Freiflächen	*KG 590*
• Sicherungsmaßnahmen beim Herrichten des Grundstücks (z.B. Schutz von vorhandenen Baukonstruktionen)	KG 211
• Abbruchmaßnahmen beim Herrichten des Grundstücks (z.B. vollständiges Abbrechen, Beseitigen und Entsorgen der Baukonstruktionen von vorhandenen Bauwerken und Bauwerksbereichen)	KG 212
• Altlastenbeseitigung beim Herrichten des Grundstücks (z.B. Beseitigen von gefährlichen Stoffen)	KG 213
• Herrichten der Geländeoberfläche (z.B. Roden von Bewuchs, Bodenbewegungen, Oberbodensicherung)	KG 214
• Übergangsmaßnahmen (z.B. provisorische Maßnahmen baulicher und organisatorischer Art)	KG 250
• Sonstige Maßnahmen für Baukonstruktionen von Bauwerken	KG 390
• Sonstige Maßnahmen für technische Anlagen von Bauwerken	KG 490
• Sicherheits- und Gesundheitsschutz-Koordination für die Arbeitssicherheit und den Gesundheitsschutz auf der Baustelle	KG 714

In anderen Kostengruppen enthalten

• Bewirtschaftungskosten (z.B. Baustellenbewachung, Gestellung und Betrieb von Baustellenbüros für Planer und Bauherrn)	KG 763
• Betriebskosten nach der Abnahme (z.B. vorläufiger Betrieb insbesondere der technischen Anlagen nach der Abnahme bis zur Inbetriebnahme)	KG 765

Erläuterungen

- Entsprechend Abschnitt 5.2, Absatz 3, der DIN 276 sollen die Kosten möglichst getrennt und eindeutig den einzelnen Kostengruppen zugeordnet werden. Erst wenn die Kosten auch nicht annähernd oder entsprechend der überwiegenden Verursachung einzelnen Kostengruppen zugeordnet werden können, ist eine Zuordnung solcher übergreifenden Kosten in die Kostengruppen der KG 590 vorgesehen.
- Entsprechend Abschnitt 6.2 empfiehlt die DIN 276, auch für die Kostengruppen der zweiten und der dritten Ebene der Kostengliederung die Mengen und Bezugseinheiten der Tabelle 2 zu verwenden. Ergänzend dazu werden in dieser Arbeitshilfe von BKI spezifische Mengen und Bezugseinheiten für die Kostengruppen der zweiten und dritten Gliederungsebene entsprechend der BKI-Tabelle 5 angegeben (siehe Erläuterungen in Teil A, 7. BKI Ergänzung zur DIN 276 ff.).
- Elektrische Komponenten werden ab Anschlusspunkt der elektrischen Versorgungsleitung einschließlich der elektrischen Verkabelung und der Anschlussarbeiten sowie der Inbetriebnahme in der Kostengruppe des zugehörigen Bauelements erfasst (z.B. Antriebe und Steuerungen).

DIN 276 Tabelle 1 – Kostengliederung

591	**Baustelleneinrichtung**
	Einrichten, Vorhalten, Betreiben und Räumen der übergeordneten Baustelleneinrichtung für Außenanlagen und Freiflächen (z. B. Material- und Geräteschuppen, Lager-, Wasch-, Toiletten- und Aufenthaltsräume, Bauwagen, Misch- und Transportanlagen, Energie- und Bauwasseranschlüsse, Baustraßen, Lager- und Arbeitsplätze, Verkehrssicherungen, Abdeckungen, Bauschilder, Bau- und Schutzzäune, Baubeleuchtung, Baustrom, Bauwasser)

BKI Tabelle 5 – Mengen und Bezugseinheiten für die Kostengruppe 500

Einheit	m^2
Bezeichnung	Außenanlagenfläche (AF)
Ermittlung	Gesamte Außenanlagenfläche nach DIN 277

In dieser Kostengruppe enthalten

- Material- und Geräteschuppen, Werkstatt- und Lagerräume, Lager- und Arbeitsflächen
- Wasch-, Toiletten- und Aufenthaltsräume, Bauwagen, Büro-Container
- Misch- und Transportanlagen, Bauaufzüge, Baukräne, Pumpen, Bautreppen
- Energie- und Bauwasseranschlüsse
- Baustraßen, Verkehrssicherungen, Abdeckungen, Hilfsbrücken, Bauschilder, Bau- und Schutzzäune
- Baubeleuchtung, Baustrom mit Verteilung, Bauwasser, Bauabwasser
- Elektrische Komponenten werden ab Anschlusspunkt der elektrischen Versorgungsleitung einschließlich der elektrischen Verkabelung und der Anschlussarbeiten sowie der Inbetriebnahme in der Kostengruppe des zugehörigen Bauelements erfasst (z. B. Antriebe und Steuerungen).
- Anschlussgebühren und Verbrauchskosten, soweit gesondert zu vergüten
- Erdarbeiten für die Baustelleneinrichtung

In anderen Kostengruppen enthalten

Baustelleneinrichtung	*KG 591*
• Gerüste (z. B. Innen- und Außengerüste)	KG 592
• Sicherungsmaßnahmen (z. B. Unterfangungen, Abstützungen an bestehenden baulichen Anlagen)	KG 593
• Abbruchmaßnahmen (z. B. Abbruch- und Demontagearbeiten)	KG 594
• Instandsetzungen (z. B. bei Umbauten oder Modernisierungen)	KG 595
• Materialentsorgung (z. B. zum Recycling und zur Deponierung)	KG 596
• Zusätzliche Maßnahmen (z. B. Schutz von Personen und Sachen, Reinigung vor Inbetriebnahme, Schlechtwetter und Winterbauschutz, Erwärmung der Außenanlage und Freiflächen)	KG 597
• Provisorische Außenanlagen und Freiflächen (z. B. Erstellung, Betrieb und Beseitigung provisorischer Außenanlagen und Freiflächen)	KG 598
• Sonstiges zur KG 590	KG 599
• Sicherungsmaßnahmen beim Herrichten des Grundstücks (z. B. Schutz von vorhandenen Baukonstruktionen, Sichern von Bewuchs und Vegetationsschichten)	KG 211
• Abbruchmaßnahmen beim Herrichten des Grundstücks (z. B. vollständiger Abbruch von Baukonstruktionen, technischen Anlagen, Außenanlagen und Freiflächen)	KG 212
• Altlastenbeseitigung beim Herrichten des Grundstücks (z. B. Beseitigen von gefährlichen Stoffen)	KG 213
• Herrichten der Geländeoberfläche (z. B. Roden von Bewuchs, Bodenbewegungen, Oberbodensicherung)	KG 214
• Öffentliche Erschließung (z. B. Verkehrserschließung, Ver- und Entsorgung)	KG 220
• Nichtöffentliche Erschließung (z. B. Verkehrserschließung, Ver- und Entsorgung)	KG 230
• Übergangsmaßnahmen (z. B. provisorische Maßnahmen baulicher und organisatorischer Art)	KG 250
• Baustelleneinrichtung für Baukonstruktionen von Bauwerken	KG 391
• Baustelleneinrichtung für technische Anlagen von Bauwerken	KG 491

In anderen Kostengruppen enthalten

• Wasserhaltung während der Bauzeit	KG 513
• Sonstige Maßnahmen für Außenanlagen und Freiflächen (z.B. Schlechtwetter- und Winterbauschutz)	KG 597
• Sicherheits- und Gesundheitsschutz-Koordination für die Arbeitssicherheit und den Gesundheitsschutz auf der Baustelle	KG 714
• Bewirtschaftungskosten (z.B. Baustellenbewachung, Gestellung und Betrieb von Baustellenbüros für Planer und Bauherrn)	KG 763
• Betriebskosten nach der Abnahme (z.B. vorläufiger Betrieb insbesondere der technischen Anlagen nach der Abnahme bis zur Inbetriebnahme)	KG 765

Erläuterungen

- Entsprechend Abschnitt 5.2, Absatz 3, der DIN 276 sollen die Kosten möglichst getrennt und eindeutig den einzelnen Kostengruppen zugeordnet werden. Erst wenn die Kosten auch nicht annähernd oder entsprechend der überwiegenden Verursachung einzelnen Kostengruppen zugeordnet werden können, ist eine Zuordnung solcher übergreifenden Kosten in die Kostengruppen der KG 590 vorgesehen.
- Entsprechend Abschnitt 6.2 empfiehlt die DIN 276, auch für die Kostengruppen der zweiten und der dritten Ebene der Kostengliederung die Mengen und Bezugseinheiten der Tabelle 2 zu verwenden. Ergänzend dazu werden in dieser Arbeitshilfe von BKI spezifische Mengen und Bezugseinheiten für die Kostengruppen der zweiten und dritten Gliederungsebene entsprechend der BKI-Tabelle 5 angegeben (siehe Erläuterungen in Teil A, 7. BKI Ergänzung zur DIN 276 ff.).

DIN 276 Tabelle 1 – Kostengliederung

592 **Gerüste**

Auf-, Um-, und Abbauen sowie Vorhalten von Gerüsten

BKI Tabelle 5 – Mengen und Bezugseinheiten für die Kostengruppe 500

Einheit	m^2
Bezeichnung	Außenanlagenfläche (AF)
Ermittlung	Gesamte Außenanlagenfläche nach DIN 277

In dieser Kostengruppe enthalten

- Außengerüste
- Fahrgerüste
- Gerüstausleger
- Schutznetze oder Schutzfolien an Gerüsten

In anderen Kostengruppen enthalten

• Baustelleneinrichtung (z.B. Material- und Geräteschuppen, Sanitär- und Aufenthaltsräume, Misch- und Transportanlagen, Energie- und Bauwasseranschlüsse, Baustrom, Bauwasser)	KG 591
Gerüste	*KG 592*
• Sicherungsmaßnahmen (z.B. Unterfangungen, Abstützungen an bestehenden baulichen Anlagen)	KG 593
• Abbruchmaßnahmen (z.B. Abbruch- und Demontagearbeiten)	KG 594
• Instandsetzungen (z.B. bei Umbauten oder Modernisierungen)	KG 595
• Materialentsorgung (z.B. zum Recycling und zur Deponierung)	KG 596
• Zusätzliche Maßnahmen (z.B. Schutz von Personen und Sachen, Reinigung vor Inbetriebnahme, Schlechtwetter und Winterbauschutz, Erwärmung der Außenanlage und Freiflächen)	KG 597
• Provisorische Außenanlagen und Freiflächen (z.B. Erstellung, Betrieb und Beseitigung provisorischer Außenanlagen und Freiflächen)	KG 598
• Sonstiges zur KG 590	KG 599
• Sicherungsmaßnahmen beim Herrichten des Grundstücks (z.B. Schutz von vorhandenen Baukonstruktionen, Sichern von Bewuchs und Vegetationsschichten)	KG 211
• Abbruchmaßnahmen beim Herrichten des Grundstücks (z.B. vollständiger Abbruch von Baukonstruktionen, technischen Anlagen, Außenanlagen und Freiflächen)	KG 212
• Gerüste für Baukonstruktionen von Bauwerken	KG 392
• Gerüste für technische Anlagen von Bauwerken	KG 492
• Sicherheits- und Gesundheitsschutz-Koordination für die Arbeitssicherheit und den Gesundheitsschutz auf der Baustelle	KG 714

Erläuterungen

- Entsprechend Abschnitt 5.2, Absatz 3, der DIN 276 sollen die Kosten möglichst getrennt und eindeutig den einzelnen Kostengruppen zugeordnet werden. Erst wenn die Kosten auch nicht annähernd oder entsprechend der überwiegenden Verursachung einzelnen Kostengruppen zugeordnet werden können, ist eine Zuordnung solcher übergreifenden Kosten in die Kostengruppen der KG 590 vorgesehen.
- Entsprechend Abschnitt 6.2 empfiehlt die DIN 276, auch für die Kostengruppen der zweiten und der dritten Ebene der Kostengliederung die Mengen und Bezugseinheiten der Tabelle 2 zu verwenden. Ergänzend dazu werden in dieser Arbeitshilfe von BKI spezifische Mengen und Bezugseinheiten für die Kostengruppen der zweiten und dritten Gliederungsebene entsprechend der BKI-Tabelle 5 angegeben (siehe Erläuterungen in Teil A, 7. BKI Ergänzung zur DIN 276 ff.).

DIN 276 Tabelle 1 – Kostengliederung

593	**Sicherungsmaßnahmen**
	Sicherungsmaßnahmen an bestehenden baulichen Anlagen (z. B. Unterfangungen, Abstützungen)

BKI Tabelle 5 – Mengen und Bezugseinheiten für die Kostengruppe 500

Einheit	m^2
Bezeichnung	Außenanlagenfläche (AF)
Ermittlung	Gesamte Außenanlagenfläche nach DIN 277

In dieser Kostengruppe enthalten

- Sicherung bestehender Bauwerke, Außenanlagen und Freiflächen
- Unterfangungskonstruktionen
- Unterfangung durch Injektion
- Abstützungen von benachbarten Bauwerken (z.B. als Gerüst-, Zimmer- oder Stahlbausicherung)
- Notwendige Erd-, Bohr- und Rammarbeiten
- Für Unterfangung notwendige Abbruch- und Gebäudesicherungsarbeiten

In anderen Kostengruppen enthalten

• Baustelleneinrichtung (z.B. Material- und Geräteschuppen, Sanitär- und Aufenthaltsräume, Misch- und Transportanlagen, Energie- und Bauwasseranschlüsse, Baustrom, Bauwasser)	KG 591
• Gerüste (z.B. Innen- und Außengerüste)	KG 592
Sicherungsmaßnahmen	*KG 593*
• Abbruchmaßnahmen (z.B. Abbruch- und Demontagearbeiten)	KG 594
• Instandsetzungen (z.B. bei Umbauten oder Modernisierungen)	KG 595
• Materialentsorgung (z.B. zum Recycling und zur Deponierung)	KG 596
• Zusätzliche Maßnahmen (z.B. Schutz von Personen und Sachen, Reinigung vor Inbetriebnahme, Schlechtwetter und Winterbauschutz, Erwärmung der Außenanlage und Freiflächen)	KG 597
• Provisorische Außenanlagen und Freiflächen (z.B. Erstellung, Betrieb und Beseitigung provisorischer Außenanlagen und Freiflächen)	KG 598
• Sonstiges zur KG 590	KG 599
• Sicherungsmaßnahmen beim Herrichten des Grundstücks (z.B. Schutz von vorhandenen Baukonstruktionen)	KG 211
• Abbruchmaßnahmen beim Herrichten des Grundstücks (z.B. vollständiger Abbruch von Baukonstruktionen, technischen Anlagen, Außenanlagen und Freiflächen)	KG 212
• Umschließung bei Erdbaumaßnahmen für Bauwerke (z.B. Verbau und Sicherung von Baugruben, Dämmen, Einschnitten)	KG 312
• Sicherungsmaßnahmen für Baukonstruktionen bestehender Bauwerke	KG 393
• Sicherungsmaßnahmen für technische Anlagen bestehender Bauwerke	KG 493
• Umschließung bei Erdbaumaßnahmen für Außenanlagen und Freiflächen (z.B. Verbau und Sicherung von Baugruben, Dämmen, Einschnitten)	KG 512
• Sicherungsbauweisen bei Vegetationsflächen (z.B. Böschungs- und Flächensicherungen)	KG 572
• Sicherheits- und Gesundheitsschutz-Koordination für die Arbeitssicherheit und den Gesundheitsschutz auf der Baustelle	KG 714

Erläuterungen

- Entsprechend Abschnitt 5.2, Absatz 3, der DIN 276 sollen die Kosten möglichst getrennt und eindeutig den einzelnen Kostengruppen zugeordnet werden. Erst wenn die Kosten auch nicht annähernd oder entsprechend der überwiegenden Verursachung einzelnen Kostengruppen zugeordnet werden können, ist eine Zuordnung solcher übergreifenden Kosten in die Kostengruppen der KG 590 vorgesehen.

Erläuterungen

- Entsprechend Abschnitt 6.2 empfiehlt die DIN 276, auch für die Kostengruppen der zweiten und der dritten Ebene der Kostengliederung die Mengen und Bezugseinheiten der Tabelle 2 zu verwenden. Ergänzend dazu werden in dieser Arbeitshilfe von BKI spezifische Mengen und Bezugseinheiten für die Kostengruppen der zweiten und dritten Gliederungsebene entsprechend der BKI-Tabelle 5 angegeben (siehe Erläuterungen in Teil A, 7. BKI Ergänzung zur DIN 276 ff.).
- Hierzu gehören die Kosten für Unterfangungen und Abstützungen von bestehenden Bauwerken oder Abstützungen des Baugeländes für Arbeiten an Außenanlagen und Freiflächen.

DIN 276 Tabelle 1 – Kostengliederung

594 **Abbruchmaßnahmen**

Abbruch- und Demontagearbeiten einschließlich Zwischenlagern wiederverwendbarer Teile, Abfuhr des Abbruchmaterials, soweit nicht in anderen Kostengruppen erfasst

BKI Tabelle 5 – Mengen und Bezugseinheiten für die Kostengruppe 500

Einheit	m^2
Bezeichnung	Außenanlagenfläche (AF)
Ermittlung	Gesamte Außenanlagenfläche nach DIN 277

In dieser Kostengruppe enthalten

- Teilweiser Abbruch bzw. Demontage von Außenanlagen und Freiflächen (bei Umbauten und Modernisierungen)
- Hilfs- und Schutzkonstruktionen für Abbrucharbeiten (z.B. Abstützungen, Abfangungen, Schutzwände, Arbeitsgerüste)
- Beseitigen und Entsorgen des Abbruchmaterials
- Gebühren für die Entsorgung
- Zwischenlagern wiederverwendbarer Teile

In anderen Kostengruppen enthalten

• Baustelleneinrichtung (z.B. Material- und Geräteschuppen, Sanitär- und Aufenthaltsräume, Misch- und Transportanlagen, Energie- und Bauwasseranschlüsse, Baustrom, Bauwasser)	KG 591
• Gerüste (z.B. Innen- und Außengerüste)	KG 592
• Sicherungsmaßnahmen (z.B. Unterfangungen, Abstützungen an bestehenden baulichen Anlagen)	KG 593
Abbruchmaßnahmen	*KG 594*
• Instandsetzungen (z.B. bei Umbauten oder Modernisierungen)	KG 595
• Materialentsorgung (z.B. zum Recycling und zur Deponierung)	KG 596
• Zusätzliche Maßnahmen (z.B. Schutz von Personen und Sachen, Reinigung vor Inbetriebnahme, Schlechtwetter und Winterbauschutz, Erwärmung der Außenanlage und Freiflächen)	KG 597
• Provisorische Außenanlagen und Freiflächen (z.B. Erstellung, Betrieb und Beseitigung provisorischer Außenanlagen und Freiflächen)	KG 598
• Sonstiges zur KG 590	KG 599
• Sicherungsmaßnahmen beim Herrichten des Grundstücks (z.B. Schutz von vorhandenen Baukonstruktionen, Sichern von Bewuchs und Vegetationsschichten)	KG 211
• Abbruchmaßnahmen beim Herrichten des Grundstücks (z.B. vollständiges Abbrechen, Beseitigen und Entsorgen der Baukonstruktionen von vorhandenen Bauwerken und Bauwerksbereichen)	KG 212
• Altlastenbeseitigung (z.B. Beseitigen von gefährlichen Stoffen)	KG 213
• Abbruchmaßnahmen für Baukonstruktionen von Bauwerken	KG 394
• Abbruchmaßnahmen für technische Anlagen von Bauwerken	KG 494
• Sicherheits- und Gesundheitsschutz-Koordination für die Arbeitssicherheit und den Gesundheitsschutz auf der Baustelle	KG 714

Erläuterungen

- Entsprechend Abschnitt 5.2, Absatz 3, der DIN 276 sollen die Kosten möglichst getrennt und eindeutig den einzelnen Kostengruppen zugeordnet werden. Erst wenn die Kosten auch nicht annähernd oder entsprechend der überwiegenden Verursachung einzelnen Kostengruppen zugeordnet werden können, ist eine Zuordnung solcher übergreifenden Kosten in die Kostengruppen der KG 590 vorgesehen.

Erläuterungen

- Entsprechend Abschnitt 6.2 empfiehlt die DIN 276, auch für die Kostengruppen der zweiten und der dritten Ebene der Kostengliederung die Mengen und Bezugseinheiten der Tabelle 2 zu verwenden. Ergänzend dazu werden in dieser Arbeitshilfe von BKI spezifische Mengen und Bezugseinheiten für die Kostengruppen der zweiten und dritten Gliederungsebene entsprechend der BKI-Tabelle 5 angegeben (siehe Erläuterungen in Teil A, 7. BKI Ergänzung zur DIN 276 ff.).

DIN 276 Tabelle 1 – Kostengliederung	
595	**Instandsetzungen** Maßnahmen zur Wiederherstellung des zum bestimmungsgemäßen Gebrauch geeigneten Zustandes, soweit nicht in anderen Kostengruppen erfasst

BKI Tabelle 5 – Mengen und Bezugseinheiten für die Kostengruppe 500	
Einheit	m²
Bezeichnung	Außenanlagenfläche (AF)
Ermittlung	Gesamte Außenanlagenfläche nach DIN 277

In dieser Kostengruppe enthalten

- Instandsetzung von Außenanlagen und Freiflächen (bei Umbauten und Modernisierungen)
- Instandsetzung von Außenanlagen und Freiflächen, die während der Baumaßnahme beschädigt wurden

In anderen Kostengruppen enthalten

• Baustelleneinrichtung (z.B. Material- und Geräteschuppen, Sanitär- und Aufenthaltsräume, Misch- und Transportanlagen, Energie- und Bauwasseranschlüsse, Baustrom, Bauwasser)	KG 591
• Gerüste (z.B. Innen- und Außengerüste)	KG 592
• Sicherungsmaßnahmen (z.B. Unterfangungen, Abstützungen an bestehenden baulichen Anlagen)	KG 593
• Abbruchmaßnahmen (z.B. Abbruch- und Demontagearbeiten)	KG 594
Instandsetzungen	*KG 595*
• Materialentsorgung (z.B. zum Recycling und zur Deponierung)	KG 596
• Zusätzliche Maßnahmen (z.B. Schutz von Personen und Sachen, Reinigung vor Inbetriebnahme, Schlechtwetter und Winterbauschutz, Erwärmung der Außenanlage und Freiflächen)	KG 597
• Provisorische Außenanlagen und Freiflächen (z.B. Erstellung, Betrieb und Beseitigung provisorischer Außenanlagen und Freiflächen)	KG 598
• Sonstiges zur KG 590	KG 599
• Sicherungsmaßnahmen beim Herrichten des Grundstücks (z.B. Schutz von vorhandenen Baukonstruktionen, Sichern von Bewuchs und Vegetationsschichten)	KG 211
• Abbruchmaßnahmen beim Herrichten des Grundstücks (z.B. vollständiger Abbruch von Baukonstruktionen, technischen Anlagen, Außenanlagen und Freiflächen)	KG 212
• Altlastenbeseitigung (z.B. Beseitigen von gefährlichen Stoffen)	KG 213
• Übergangsmaßnahmen (z.B. provisorische Maßnahmen baulicher und organisatorischer Art)	KG 250
• Instandsetzungen für Baukonstruktionen von Bauwerken	KG 395
• Instandsetzungen für technische Anlagen von Bauwerken	KG 495
• Sicherheits- und Gesundheitsschutz-Koordination für die Arbeitssicherheit und den Gesundheitsschutz auf der Baustelle	KG 714

Erläuterungen

- Entsprechend Abschnitt 5.2, Absatz 3, der DIN 276 sollen die Kosten möglichst getrennt und eindeutig den einzelnen Kostengruppen zugeordnet werden. Erst wenn die Kosten auch nicht annähernd oder entsprechend der überwiegenden Verursachung einzelnen Kostengruppen zugeordnet werden können, ist eine Zuordnung solcher übergreifenden Kosten in die Kostengruppen der KG 590 vorgesehen.
- Entsprechend Abschnitt 6.2 empfiehlt die DIN 276, auch für die Kostengruppen der zweiten und der dritten Ebene der Kostengliederung die Mengen und Bezugseinheiten der Tabelle 2 zu verwenden. Ergänzend dazu werden in dieser Arbeitshilfe von BKI spezifische Mengen und Bezugseinheiten für die Kostengruppen der zweiten und dritten Gliederungsebene entsprechend der BKI-Tabelle 5 angegeben (siehe Erläuterungen in Teil A, 7. BKI Ergänzung zur DIN 276 ff.).

DIN 276 Tabelle 1 – Kostengliederung

596	**Materialentsorgung** Entsorgung von Materialien und Stoffen, die bei dem Abbruch, bei der Demontage und bei dem Ausbau von Außenanlagen und Freiflächen oder bei der Erstellung einer Bauleistung anfallen zum Zweck des Recyclings oder der Deponierung

BKI Tabelle 5 – Mengen und Bezugseinheiten für die Kostengruppe 500

Einheit	m^2
Bezeichnung	Außenanlagenfläche (AF)
Ermittlung	Gesamte Außenanlagenfläche nach DIN 277

In dieser Kostengruppe enthalten

- Beseitigen und Entsorgen der beim Abbruch oder der Herstellung von Außenanlagen und Freiflächen anfallenden Materialien und Stoffen zum Recycling oder zur Deponierung
- Gebühren für die Entsorgung

In anderen Kostengruppen enthalten

• Baustelleneinrichtung (z.B. Material- und Geräteschuppen, Sanitär- und Aufenthaltsräume, Misch- und Transportanlagen, Energie- und Bauwasseranschlüsse, Baustrom, Bauwasser)	KG 591
• Gerüste (z.B. Innen- und Außengerüste)	KG 592
• Sicherungsmaßnahmen (z.B. Unterfangungen, Abstützungen an bestehenden baulichen Anlagen)	KG 593
• Abbruchmaßnahmen (z.B. Abbruch- und Demontagearbeiten)	KG 594
• Instandsetzungen (z.B. bei Umbauten oder Modernisierungen)	KG 595
Materialentsorgung	*KG 596*
• Zusätzliche Maßnahmen (z.B. Schutz von Personen und Sachen, Reinigung vor Inbetriebnahme, Schlechtwetter und Winterbauschutz, Erwärmung der Außenanlage und Freiflächen)	KG 597
• Provisorische Außenanlagen und Freiflächen (z.B. Erstellung, Betrieb und Beseitigung provisorischer Außenanlagen und Freiflächen)	KG 598
• Sonstiges zur KG 590	KG 599
• Abbruchmaßnahmen beim Herrichten des Grundstücks (z.B. vollständiger Abbruch von Baukonstruktionen, technischen Anlagen, Außenanlagen und Freiflächen)	KG 212
• Altlastenbeseitigung (z.B. Beseitigen von gefährlichen Stoffen)	KG 213
• Kampfmittelräumung (z.B. Maßnahmen zum Auffinden und Räumen von Kampfmitteln)	KG 215
• Materialentsorgung für Baukonstruktionen von Bauwerken	KG 396
• Materialentsorgung für technische Anlagen von Bauwerken	KG 496
• Sicherheits- und Gesundheitsschutz-Koordination für die Arbeitssicherheit und den Gesundheitsschutz auf der Baustelle	KG 714

Erläuterungen

- Entsprechend Abschnitt 5.2, Absatz 3, der DIN 276 sollen die Kosten möglichst getrennt und eindeutig den einzelnen Kostengruppen zugeordnet werden. Erst wenn die Kosten auch nicht annähernd oder entsprechend der überwiegenden Verursachung einzelnen Kostengruppen zugeordnet werden können, ist eine Zuordnung solcher übergreifenden Kosten in die Kostengruppen der KG 590 vorgesehen.
- Entsprechend Abschnitt 6.2 empfiehlt die DIN 276, auch für die Kostengruppen der zweiten und der dritten Ebene der Kostengliederung die Mengen und Bezugseinheiten der Tabelle 2 zu verwenden. Ergänzend dazu werden in dieser Arbeitshilfe von BKI spezifische Mengen und Bezugseinheiten für die Kostengruppen der zweiten und dritten Gliederungsebene entsprechend der BKI-Tabelle 5 angegeben (siehe Erläuterungen in Teil A, 7. BKI Ergänzung zur DIN 276 ff.).

DIN 276 Tabelle 1 – Kostengliederung	
597	**Zusätzliche Maßnahmen**
	Zusätzliche Maßnahmen bei der Erstellung von Außenanlagen und Freiflächen (z. B. Schutz von Personen und Sachen sowie betriebliche Sicherungsmaßnahmen beim Bauen unter Betrieb); Reinigung vor Inbetriebnahme; Maßnahmen aufgrund von Forderungen des Wasser-, Landschafts-, Lärm- und Erschütterungsschutzes während der Bauzeit; Schlechtwetter und Winterbauschutz, Erwärmung, Schneeräumung

BKI Tabelle 5 – Mengen und Bezugseinheiten für die Kostengruppe 500	
Einheit	m^2
Bezeichnung	Außenanlagenfläche (AF)
Ermittlung	Gesamte Außenanlagenfläche nach DIN 277

In dieser Kostengruppe enthalten

- Schutz von Personen und Sachen (z.B. zusätzliche Arbeitskleidung, Überdachungen von Arbeits- und Lagerflächen, Schutzwände)
- Betriebliche Sicherungsmaßnahmen beim Bauen unter Betrieb bei Umbauten und Modernisierungen (z.B. zeitweise Unterbrechung des Betriebs, Schutzwände, Abdeckungen)
- Reinigung vor Inbetriebnahme (z.B. Grundreinigung zur Bauübergabe)
- Maßnahmen aufgrund von Forderungen des Wasser-, Landschafts-, Lärm- und Erschütterungsschutzes während der Bauzeit (z.B. zeitliche Beschränkung von Arbeiten, Abschirmmaßnahmen)
- Schutzmaßnahmen wegen beengtem Bauraum an benachbarten Bauwerken, Grundstücken, Verkehrsflächen
- Schlechtwetter und Winterbauschutz (z.B. provisorisches Schließen von Bauwerksöffnungen, Bauzelte, Notdächer, Notverglasungen
- Erwärmen von Materialien, Frostschutzmittel
- Erwärmung des Bauwerks, künstliche Bautrocknung
- Schneeräumung
- Kosten für Erstellen und Abbrechen von verworfenen Bauteilen während der Bauzeit

In anderen Kostengruppen enthalten

• Baustelleneinrichtung (z.B. Material- und Geräteschuppen, Sanitär- und Aufenthaltsräume, Misch- und Transportanlagen, Energie- und Bauwasseranschlüsse, Baustrom, Bauwasser)	KG 591
• Gerüste (z.B. Innen- und Außengerüste)	KG 592
• Sicherungsmaßnahmen (z.B. Unterfangungen, Abstützungen an bestehenden baulichen Anlagen)	KG 593
• Abbruchmaßnahmen (z.B. Abbruch- und Demontagearbeiten)	KG 594
• Instandsetzungen (z.B. bei Umbauten oder Modernisierungen)	KG 595
• Materialentsorgung (z.B. zum Recycling und zur Deponierung)	KG 596
Zusätzliche Maßnahmen	*KG 597*
• Provisorische Außenanlagen und Freiflächen (z.B. Erstellung, Betrieb und Beseitigung provisorischer Außenanlagen und Freiflächen)	KG 598
• Sonstiges zur KG 590	KG 599
• Zusätzliche Maßnahmen für Baukonstruktionen von Bauwerken	KG 397
• Zusätzliche Maßnahmen für technische Anlagen von Bauwerken	KG 497
• Sicherheits- und Gesundheitsschutz-Koordination für die Arbeitssicherheit und den Gesundheitsschutz auf der Baustelle	KG 714
• Bewirtschaftungskosten (z.B. Baustellenbewachung, Nutzungsentschädigungen während der Bauzeit, Bewirtschaftung der Baustellenbüros für Planer und Bauherrn)	KG 763
• Betriebskosten nach der Abnahme (z.B. für den vorläufigen Betrieb insbesondere der technischen Anlagen nach der Abnahme bis zur Inbetriebnahme)	KG 765

Erläuterungen

- Entsprechend Abschnitt 5.2, Absatz 3, der DIN 276 sollen die Kosten möglichst getrennt und eindeutig den einzelnen Kostengruppen zugeordnet werden. Erst wenn die Kosten auch nicht annähernd oder entsprechend der überwiegenden Verursachung einzelnen Kostengruppen zugeordnet werden können, ist eine Zuordnung solcher übergreifenden Kosten in die Kostengruppen der KG 590 vorgesehen.
- Entsprechend Abschnitt 6.2 empfiehlt die DIN 276, auch für die Kostengruppen der zweiten und der dritten Ebene der Kostengliederung die Mengen und Bezugseinheiten der Tabelle 2 zu verwenden. Ergänzend dazu werden in dieser Arbeitshilfe von BKI spezifische Mengen und Bezugseinheiten für die Kostengruppen der zweiten und dritten Gliederungsebene entsprechend der BKI-Tabelle 5 angegeben (siehe Erläuterungen in Teil A, 7. BKI Ergänzung zur DIN 276 ff.).
- Hierzu gehören die Kosten, die durch besondere Maßnahmen bei der Herstellung der Außenanlagen und Freiflächen verursacht werden, die deren Wert jedoch nicht erhöhen, z.B. Maßnahmen zur Beschleunigung des Baubetriebs, Schutz gegen Behinderungen des Baubetriebs durch Witterungseinflüsse.

DIN 276 Tabelle 1 – Kostengliederung

598	**Provisorische Außenanlagen und Freiflächen**
	Erstellung, Betrieb und Beseitigung provisorischer Außenanlagen und Freiflächen, Anpassung der Außenanlagen und Freiflächen bis zur Inbetriebnahme der endgültigen Außenanlagen und Freiflächen

BKI Tabelle 5 – Mengen und Bezugseinheiten für die Kostengruppe 500

Einheit	m^2
Bezeichnung	Außenanlagenfläche (AF)
Ermittlung	Gesamte Außenanlagenfläche nach DIN 277

In dieser Kostengruppe enthalten

- Erstellen provisorischer Außenanlagen und Freiflächen
- Betreiben und Unterhalten provisorischer Außenanlagen und Freiflächen
- Beseitigen provisorischer Außenanlagen und Freiflächen
- Hilfs- und Schutzkonstruktionen für provisorische Außenanlagen und Freiflächen
- Anpassen der endgültigen Außenanlagen und Freiflächen nach der Beseitigung der provisorischen Außenanlagen und Freiflächen
- Elektrische Komponenten werden ab Anschlusspunkt der elektrischen Versorgungsleitung einschließlich der elektrischen Verkabelung und der Anschlussarbeiten sowie der Inbetriebnahme in der Kostengruppe des zugehörigen Bauelements erfasst (z.B. Antriebe und Steuerungen).

In anderen Kostengruppen enthalten

• Baustelleneinrichtung (z.B. Material- und Geräteschuppen, Sanitär- und Aufenthaltsräume, Misch- und Transportanlagen, Energie- und Bauwasseranschlüsse, Baustrom, Bauwasser)	KG 591
• Gerüste (z.B. Innen- und Außengerüste)	KG 592
• Sicherungsmaßnahmen (z.B. Unterfangungen, Abstützungen an bestehenden baulichen Anlagen)	KG 593
• Abbruchmaßnahmen (z.B. Abbruch- und Demontagearbeiten)	KG 594
• Instandsetzungen (z.B. bei Umbauten oder Modernisierungen)	KG 595
• Materialentsorgung (z.B. zum Recycling und zur Deponierung)	KG 596
• Zusätzliche Maßnahmen (z.B. Schutz von Personen und Sachen, Reinigung vor Inbetriebnahme, Schlechtwetter und Winterbauschutz, Erwärmung der Außenanlage und Freiflächen)	KG 597
Provisorische Baukonstruktionen	*KG 598*
• Sonstiges zur KG 590	KG 599
• Herrichten des Grundstücks	KG 210
• Übergangsmaßnahmen (z.B. provisorische Maßnahmen baulicher und organisatorischer Art)	KG 250
• Provisorische Baukonstruktionen von Bauwerken	KG 398
• Provisorische technische Anlagen von Bauwerken	KG 498
• Bewirtschaftungskosten (z.B. Baustellenbewachung, Gestellung und Betrieb von Baustellenbüros für Planer und Bauherrn)	KG 763
• Betriebskosten nach der Abnahme (z.B. vorläufiger Betrieb insbesondere der technischen Anlagen nach der Abnahme bis zur Inbetriebnahme)	KG 765

Erläuterungen

- Entsprechend Abschnitt 5.2, Absatz 3, der DIN 276 sollen die Kosten möglichst getrennt und eindeutig den einzelnen Kostengruppen zugeordnet werden. Erst wenn die Kosten auch nicht annähernd oder entsprechend der überwiegenden Verursachung einzelnen Kostengruppen zugeordnet werden können, ist eine Zuordnung solcher übergreifenden Kosten in die Kostengruppen der KG 590 vorgesehen.

Erläuterungen

- Entsprechend Abschnitt 6.2 empfiehlt die DIN 276, auch für die Kostengruppen der zweiten und der dritten Ebene der Kostengliederung die Mengen und Bezugseinheiten der Tabelle 2 zu verwenden. Ergänzend dazu werden in dieser Arbeitshilfe von BKI spezifische Mengen und Bezugseinheiten für die Kostengruppen der zweiten und dritten Gliederungsebene entsprechend der BKI-Tabelle 5 angegeben (siehe Erläuterungen in Teil A, 7. BKI Ergänzung zur DIN 276 ff.).
- Hierzu gehören alle anfallenden Kosten für provisorische Außenanlagen und Freiflächen bis zur Inbetriebnahme der endgültigen Außenanlagen, soweit sie für den Betrieb der baulichen Anlage erforderlich sind.

DIN 276 Tabelle 1 – Kostengliederung	
599	**Sonstiges zur KG 590** Anlagen und Maßnahmen, die mehrere Kostengruppen betreffen; Baustellengemeinkosten

BKI Tabelle 5 – Mengen und Bezugseinheiten für die Kostengruppe 500	
Einheit	m^2
Bezeichnung	Außenanlagenfläche (AF)
Ermittlung	Gesamte Außenanlagenfläche nach DIN 277

In dieser Kostengruppe enthalten

- Sonstige Kosten von sonstigen Maßnahmen für Außenanlagen und Freiflächen, die nicht den KG 591 bis 598 zuzuordnen sind
- Baustellengemeinkosten (z.B. im Zusammenhang mit der Ausführung stehende indirekte Kosten der ausführenden Unternehmen, die nicht direkt den in den KG 510 bis 580 enthaltenen Teilleistungen zugewiesen worden sind oder die nicht den KG 591 bis 598 zugeordnet werden können
- Fertigteilgaragen in Freiflächen, die selbstständig und unabhängig der Bauwerke sind

In anderen Kostengruppen enthalten

• Baustelleneinrichtung (z.B. Material- und Geräteschuppen, Sanitär- und Aufenthaltsräume, Misch- und Transportanlagen, Energie- und Bauwasseranschlüsse, Baustrom, Bauwasser)	KG 591
• Gerüste (z.B. Innen- und Außengerüste)	KG 592
• Sicherungsmaßnahmen (z.B. Unterfangungen, Abstützungen an bestehenden baulichen Anlagen)	KG 593
• Abbruchmaßnahmen (z.B. Abbruch- und Demontagearbeiten)	KG 594
• Instandsetzungen (z.B. bei Umbauten oder Modernisierungen)	KG 595
• Materialentsorgung (z.B. zum Recycling und zur Deponierung)	KG 596
• Zusätzliche Maßnahmen (z.B. Schutz von Personen und Sachen, Reinigung vor Inbetriebnahme, Schlechtwetter und Winterbauschutz, Erwärmung der Außenanlage und Freiflächen)	KG 597
• Provisorische Außenanlagen und Freiflächen (z.B. Erstellung, Betrieb und Beseitigung provisorischer Außenanlagen und Freiflächen)	KG 598
Sonstiges zur KG 590	*KG 599*
• Herrichten des Grundstücks	KG 210
• Sonstiges zur KG 390 (z.B. Fertigteilgaragen die im Zusammenhang mit Bauwerken erstellt werden)	KG 399
• Sonstiger Maßnahmen für technischen Anlagen von Bauwerken	KG 499
• Überdachungen (z.B. Carport, Garagenboxen für Fahrräder)	KG 545
• Bewirtschaftungskosten (z.B. Baustellenbewachung, Gestellung und Betrieb von Baustellenbüros für Planer und Bauherrn)	KG 763
• Betriebskosten nach der Abnahme (z.B. vorläufiger Betrieb insbesondere der technischen Anlagen nach der Abnahme bis zur Inbetriebnahme)	KG 765

Erläuterungen

- Entsprechend Abschnitt 5.2, Absatz 3, der DIN 276 sollen die Kosten möglichst getrennt und eindeutig den einzelnen Kostengruppen zugeordnet werden. Erst wenn die Kosten auch nicht annähernd oder entsprechend der überwiegenden Verursachung einzelnen Kostengruppen zugeordnet werden können, ist eine Zuordnung solcher übergreifenden Kosten in die Kostengruppen der KG 590 vorgesehen.
- Entsprechend Abschnitt 6.2 empfiehlt die DIN 276, auch für die Kostengruppen der zweiten und der dritten Ebene der Kostengliederung die Mengen und Bezugseinheiten der Tabelle 2 zu verwenden. Ergänzend dazu werden in dieser Arbeitshilfe von BKI spezifische Mengen und Bezugseinheiten für die Kostengruppen der zweiten und dritten Gliederungsebene entsprechend der BKI-Tabelle 5 angegeben (siehe Erläuterungen in Teil A, 7. BKI Ergänzung zur DIN 276 ff.).

DIN 276 Tabelle 1 – Kostengliederung

600 **Ausstattung und Kunstwerke**

Bewegliche oder ohne besondere Maßnahmen zu befestigende Sachen, die zur Ingebrauchnahme, zur allgemeinen Benutzung oder zur künstlerischen Gestaltung des Bauwerks sowie der Außenanlagen und Freiflächen dienen (siehe Anmerkungen zu den KG 380 und 470)

DIN 276 Tabelle 2 – Mengen und Bezugseinheiten

Einheit	m^2
Bezeichnung	Brutto-Grundfläche (BGF)
Ermittlung	Gesamte Brutto-Grundfläche nach DIN 277

In dieser Kostengruppe enthalten

KG 610	Allgemeine Ausstattung (z.B. Möbel und Geräte)
KG 620	Besondere Ausstattung (z.B. Ausstattungsgegenstände, die der besonderen Zweckbestimmung eines Objekts dienen)
KG 630	Informationstechnische Ausstattung (z.B. DV-Geräte)
KG 640	Künstlerische Ausstattung (z.B. Kunstobjekte und künstlerische Gestaltung des Bauwerks sowie der Außenanlagen und Freiflächen)
KG 690	Sonstige Ausstattung (z.B. Schilder, Wegweiser, Informations- und Werbetafeln)

In anderen Kostengruppen enthalten

• Grundstück (z.B. Grundstückswert, Grundstücksnebenkosten)	KG 100
• Vorbereitende Maßnahmen (z.B. Herrichten des Grundstücks, öffentliche Erschließung)	KG 200
• Bauwerk – Baukonstruktionen (z.B. Baugrube/Erdbau, Gründung, Unterbau, Außenwände, Innenwände, Decken, Dächer, Infrastrukturanlagen)	KG 300
• Bauwerk – Technische Anlagen (z.B. Kommunikations-, sicherheits- und informationstechnische Anlagen)	KG 400
• Außenanlagen und Freiflächen (z.B. Baukonstruktionen, technische Anlagen, Vegetationsflächen, Wasserflächen in Außenanlagen und Freiflächen)	KG 500
Ausstattung und Kunstwerke	*KG 600*
• Baunebenkosten (z.B. Bauherrenaufgaben, Objektplanung, Fachplanung, künstlerische Leistungen)	KG 700
• Finanzierung	KG 800
• Baukonstruktive Einbauten (z.B. allgemeine und besondere Einbauten)	KG 380
• Nutzungsspezifische und verfahrenstechnische Anlagen	KG 470
• Einbauten in Außenanlagen und Freiflächen	KG 560

Erläuterungen

- Für die Abgrenzung der KG 600 gegenüber der KG 380 und der KG 470 ist maßgebend, dass es sich bei der Ausstattung um bewegliche oder ohne besondere Maßnahmen zu befestigende Sachen handelt, während die baukonstruktiven Einbauten und die nutzungsspezifischen Anlagen durch ihre Beschaffenheit und die Art ihres Einbaus technische und planerische Maßnahmen erforderlich machen (z.B. Anfertigen von Ausführungszeichnungen, statischen und anderen Berechnungen, Anschließen von Installationen und Anschließen von anderen technischen Anlagen)

DIN 276 Tabelle 1 – Kostengliederung

610	**Allgemeine Ausstattung**
	Möbel und Geräte (z. B. Sitz- und Liegemöbel, Schränke, Regale, Tische); Textilien (z. B. Vorhänge, Wandbehänge, lose Teppiche, Wäsche); Hauswirtschafts-, Garten- und Reinigungsgeräte

DIN 276 Tabelle 2 – Mengen und Bezugseinheiten

Einheit	m^2
Bezeichnung	Brutto-Grundfläche (BGF)
Ermittlung	Gesamte Brutto-Grundfläche nach DIN 277

In dieser Kostengruppe enthalten

- Sitz- und Liegemöbel (z. B. Stühle, Hocker, Sessel, Bänke, Sofas, Schlafcouchen, Betten einschließlich Matratzen)
- Schränke und Regale (z. B. Kleiderschränke, Geschirrschränke, Bücherschränke, Sideboards, Regale, Kastenmöbel, Truhen, Ablagen)
- Tische (z. B. Arbeitstische, Schreibtische, Esstische, Couchtische, Beistelltische, Stehpulte)
- Sonstige Möbel (z. B. Garderobenständer, Schirmständer, Schließfachfächer)
- Gartenmöbel (z. B. Stühle, Liegestühle, Gartentische)
- Textilien (z. B. Vorhänge, Wandbehänge, lose Teppiche, Tischwäsche, Bettwäsche, Handtücher, Fahnen, Kissen)
- Stellwände (z. B. Ausstellungswände, Trennwände in Großraumbüros, transportable Pflanzbehälter)
- Hygienegeräte (z. B. Spiegel, Handtuchhalter, Handtuchspender, Händetrockner, Haartrockner, Papierrollenhalter, Spiegelschränke, Duschabtrennungen)
- Hauswirtschaftsgeräte (z. B. Küchengeräte, Geschirr, Besteck, Geräte für Wäschepflege, Reinigungsgeräte, Abfallbehälter, Aschenbecher)
- Arbeitsgeräte (Rechenmaschinen, Kopiergeräte)
- Geräte für die Pflege und Reinigung der Außenanlagen und Freiflächen (z. B. Gartengeräte, Rasenmäher, Schneeräumgeräte)
- Unterkonstruktionen und Aufhängungen für die allgemeine Ausstattung (z. B. Hängegerüste, Wandkonsolen, Verankerungen)
- Elektrogeräte für die elektrische Versorgung der allgemeinen Ausstattung (z. B. Verlängerungskabel, Verteilerdosen), nicht ortsfeste Leuchten

In anderen Kostengruppen enthalten

Allgemeine Ausstattung	*KG 610*
• Besondere Ausstattung (z. B. Ausstattungsgegenstände, die der besonderen Zweckbestimmung eines Objekts dienen)	KG 620
• Informationstechnische Ausstattung (z. B. DV-Geräte)	KG 630
• Künstlerische Ausstattung (z. B. Kunstobjekte und künstlerische Gestaltung des Bauwerks sowie der Außenanlagen und Freiflächen)	KG 640
• Sonstige Ausstattung (z. B. Schilder, Wegweiser, Informations- und Werbetafeln)	KG 690
• Gründungsbeläge (z. B. eingebaute Fußabstreifer, Fußmatten)	KG 324
• Lichtschutz an Außenwänden (z. B. Sonnen-, Sicht- und Blendschutz, Verdunkelung)	KG 338
• Lichtschutz an Innenwänden (z. B. Sonnen-, Sicht- und Blendschutz, Verdunkelung)	KG 347
• Deckenbeläge (z. B. eingebaute Fußabstreifer, Fußmatten)	KG 353
• Deckenbekleidungen (z. B. eingebaute oder integrierte Vorhangschienen)	KG 354
• Dachbekleidungen (z. B. eingebaute oder integrierte Vorhangschienen)	KG 364
• Lichtschutz an Dächern (z. B. Sonnen-, Sicht- und Blendschutz, Verdunkelung)	KG 366
• Allgemeine Einbauten (z. B. Einbaumöbel, Gestühl, Podien, Theken, Einbauschränke, Einbauküchen, eingebaute Vitrinen und Schaukästen)	KG 381
• Besondere Einbauten (z. B. Werkbänke, Laboreinbauten, Kanzeln, Taufbecken, Bibliothekseinbauten)	KG 382
• Wasseranlagen (z. B. Sanitärobjekte)	KG 412
• Beleuchtung (z. B. ortsfeste Leuchten, Sicherheitsbeleuchtung)	KG 445

In anderen Kostengruppen enthalten	
• Nutzungsspezifische Anlagen (z.B. küchentechnische Anlagen, Wäschereianlagen)	KG 470
• Feuerlöschanlagen (z.B. Wandhydranten, Handfeuerlöscher)	KG 474
• Einbauten in Außenanlagen und Freiflächen	KG 560
• Allgemeine Einbauten (z.B. Wirtschaftsgegenstände, Sitzmöbel, Fahrradständer, Fahnenmasten)	KG 561

DIN 276 Tabelle 1 – Kostengliederung	
620	**Besondere Ausstattung** Ausstattungsgegenstände, die der besonderen Zweckbestimmung eines Objekts dienen (z. B. wissenschaftliche, medizinische, technische Geräte)

DIN 276 Tabelle 2 – Mengen und Bezugseinheiten	
Einheit	m²
Bezeichnung	Brutto-Grundfläche (BGF)
Ermittlung	Gesamte Brutto-Grundfläche nach DIN 277

In dieser Kostengruppe enthalten

- Besondere Ausstattung in Bauwerken mit Nutzungen entsprechend NUF 1 nach DIN 277 für Wohnen und Aufenthalt (z.B. Geräte zur Freizeitgestaltung, Rundfunk- und Fernsehgeräte)
- Besondere Ausstattung in Bauwerken mit Nutzungen entsprechend NUF 2 nach DIN 277 für Büroarbeit (z.B. Zeichenmaschinen in Konstruktions- und Zeichenräumen)
- Besondere Ausstattung in Bauwerken mit Nutzungen entsprechend NUF 3 nach DIN 277 für Produktion, Hand- und Maschinenarbeit, Forschung und Lehre (z.B. spezielle Arbeitsgeräte, wissenschaftliche Geräte in Forschungseinrichtungen)
- Besondere Ausstattung in Bauwerken mit Nutzungen entsprechend NUF 4 nach DIN 277 für Lagern, Verteilen und Verkaufen (z.B. Transportmittel, Regale zur Warenpräsentation)
- Besondere Ausstattung in Bauwerken mit Nutzungen entsprechend NUF 5 nach DIN 277 für Bildung, Unterricht und Kultur (z.B. Spielsachen und Spielgeräte in Kindergärten, Sportgeräte in Sport- und Spielhallen, Musikinstrumente in Schulen)
- Besondere Ausstattung in Bauwerken mit Nutzungen entsprechend NUF 6 nach DIN 277 für Heilen und Pflegen (z.B. medizinisches Gerät für Untersuchung und Behandlung)
- Besondere Ausstattung in Bauwerken mit Nutzungen entsprechend NUF 7 nach DIN 277 für Sonstige Nutzungen (z.B. technisches Gerät zum Betrieb nutzungsspezifischer Einrichtungen)
- Besondere Ausstattung für Außenanlagen und Freiflächen (z.B. bei Sport- und Spielplatzflächen)
- Unterkonstruktionen und Hilfskonstruktionen für besondere Ausstattung (z.B. Gerüste, Aufhängungen)

In anderen Kostengruppen enthalten	
• Allgemeine Ausstattung (z.B. Möbel und Geräte)	KG 610
Besondere Ausstattung	*KG 620*
• Informationstechnische Ausstattung (z.B. DV-Geräte)	KG 630
• Künstlerische Ausstattung (z.B. Kunstobjekte und künstlerische Gestaltung des Bauwerks sowie der Außenanlagen und Freiflächen)	KG 640
• Sonstige Ausstattung (z.B. Schilder, Wegweiser, Informations- und Werbetafeln)	KG 690
• Baukonstruktive Einbauten	KG 380
• Allgemeine Einbauten	KG 381
• Besondere Einbauten (Einbauten, die einer besonderen Zweckbestimmung eines Objekts dienen)	KG 382
• Nutzungsspezifische und verfahrenstechnische Anlagen (z.B. küchentechnische Anlagen, Wäscherei-, Reinigungs- und badetechnische Anlagen, Feuerlöschanlagen)	KG 470
• Einbauten in Außenanlagen und Freiflächen	KG 560
• Allgemeine Einbauten	KG 561
• Besondere Einbauten (z.B. Einbauten in Spielplätzen, Sportanlagen, Freizeitanlagen, Tiergehege)	KG 562

DIN 276 Tabelle 1 – Kostengliederung	
630	**Informationstechnische Ausstattung**
	DV-Geräte (z. B. Server, PC sowie periphere Geräte und Zubehör)

DIN 276 Tabelle 2 – Mengen und Bezugseinheiten	
Einheit	m^2
Bezeichnung	Brutto-Grundfläche (BGF)
Ermittlung	Gesamte Brutto-Grundfläche nach DIN 277

In dieser Kostengruppe enthalten

- DV-Server (Dienstrechner)
- Rechenzentren (z.B. Großrechner mit Grundprogrammen und Arbeitsplatzrechnern)
- Personal Computer (Arbeitsplatzrechner, z.B. Desktop-PC, Notebook, Tablet-Computer)
- Peripherie-Geräte (z.B. Drucker, Scanner, Plotter, Beamer)
- Bildschirm-, Druckerterminals, Monitore mit Anschlusskombinationen
- DV-Zubehör

In anderen Kostengruppen enthalten	
• Allgemeine Ausstattung (z.B. Möbel und Geräte)	KG 610
• Besondere Ausstattung (z.B. Ausstattungsgegenstände, die der besonderen Zweckbestimmung eines Objekts dienen)	KG 620
Informationstechnische Ausstattung	*KG 630*
• Künstlerische Ausstattung (z.B. Kunstobjekte und künstlerische Gestaltung des Bauwerks sowie der Außenanlagen und Freiflächen)	KG 640
• Sonstige Ausstattung (z.B. Schilder, Wegweiser, Informations- und Werbetafeln)	KG 690
• Anlagen der Energie- und Informationsversorgung	KG 377
• Kommunikations-, sicherheits- und informationstechnische Anlagen	KG 450
• Telekommunikationsanlagen (z.B. Einrichtungen zur Datenübertragung in Sprache, Text und Bild)	KG 451
• Audiovisuelle Medien- und Antennenanlagen (z.B. Beamer mit Deckenlift, angeschlossen, fest eingebaut)	KG 455
• Datenübertragungsnetze	KG 457
• Gebäude- und Anlagenautomation	KG 480
• Kommunikations-, sicherheits- und informationstechnische Anlagen, Automation in Außenanlagen und Freiflächen	KG 557

100 200 300 400 500 600 700 800

DIN 276 Tabelle 1 – Kostengliederung	
640	**Künstlerische Ausstattung** Künstlerische Ausstattung oder Gestaltung des Bauwerks sowie der Außenanlagen und Freiflächen

DIN 276 Tabelle 2 – Mengen und Bezugseinheiten	
Einheit	m^2
Bezeichnung	Brutto-Grundfläche (BGF)
Ermittlung	Gesamte Brutto-Grundfläche nach DIN 277

In dieser Kostengruppe enthalten	
KG 641	Kunstobjekte (z.B. Kunstwerke, Skulpturen, Objekte, Gemälde, Antiquitäten in und am Bauwerk sowie in Außenanlagen und Freiflächen)
KG 642	Künstlerische Gestaltung des Bauwerks (z.B. Malereien, Reliefs, Mosaike)
KG 643	Künstlerische Gestaltung der Außenanlagen und Freiflächen (z.B. Malereien, Reliefs, Mosaike)
KG 649	Sonstiges zur KG 640

In anderen Kostengruppen enthalten	
• Allgemeine Ausstattung	KG 610
• Besondere Ausstattung	KG 620
• Informationstechnische Ausstattung	KG 630
• Künstlerische Ausstattung	KG 640
• Sonstiges zur KG 640	KG 690
• Künstlerische Leistungen	KG 750
• Kunstwettbewerbe (z.B. zur Erarbeitung eines Konzepts für Kunstwerke oder künstlerisch gestaltete Bauteile)	KG 751
• Honorare für Kunstwerke und künstlerisch gestaltete Bauteile, soweit nicht in KG 640 erfasst	KG 752

DIN 276 Tabelle 1 – Kostengliederung	
641	**Kunstobjekte**
	Kunstwerke (z. B. Skulpturen, Objekte, Gemälde, Möbel, Antiquitäten, Altäre, Taufbecken)

DIN 276 Tabelle 2 – Mengen und Bezugseinheiten	
Einheit	m^2
Bezeichnung	Brutto-Grundfläche (BGF)
Ermittlung	Gesamte Brutto-Grundfläche nach DIN 277

In dieser Kostengruppe enthalten

- Kunstwerke in und an Bauwerken sowie in Außenanlagen und Freiflächen
- Skulpturen und Plastiken, einschließlich der Fundamente und Sockel
- Gemälde, Grafiken, Fotografien
- Antiquitäten, künstlerische und kunsthandwerkliche Ausstattungsgegenstände (z.B. Möbel, Textilien)
- Großmobiles, Sonnenuhren, Wetterfahnen, einschließlich der Fundamente und Sockel
- Springbrunnen, Wasserspiele, einschließlich der dazu gehörenden Baukonstruktionen und technischen Installationen

In anderen Kostengruppen enthalten

Kunstobjekte	*KG 641*
• Künstlerische Gestaltung des Bauwerks (z.B. Malereien, Reliefs, Mosaike)	KG 642
• Künstlerische Gestaltung der Außenanlagen und Freiflächen (z.B. Malereien, Reliefs, Mosaike)	KG 643
• Sonstiges zur KG 640	KG 649
• Allgemeine Ausstattung (z.B. Möbel und Geräte)	KG 610
• Besondere Ausstattung (z.B. Ausstattungsgegenstände, die der besonderen Zweckbestimmung eines Objekts dienen)	KG 620
• Informationstechnische Ausstattung (z.B. DV-Geräte)	KG 630
• Sonstige Ausstattung	KG 690
• Künstlerische Leistungen	KG 750
• Kunstwettbewerbe (z.B. zur Erarbeitung eines Konzepts für Kunstwerke oder künstlerisch gestaltete Bauteile)	KG 751
• Honorare für Kunstwerke und künstlerisch gestaltete Bauteile, soweit nicht in KG 640 erfasst	KG 752

Erläuterungen

- Die Kosten für technische Installationen, die in die Kunstwerke integriert sind, gehören in diese Kostengruppe (KG 641) bis zum Anschluss an die technischen Anlagen (KG 400 oder KG 550, z.B. Abwasser- und Wasseranlagen, elektrische Anlagen, Beleuchtung)

DIN 276 Tabelle 1 – Kostengliederung	
642	**Künstlerische Gestaltung des Bauwerks** Künstlerisch gestaltete Teile des Bauwerks (z. B. Malereien, Reliefs, Mosaiken, künstlerische Glas-, Schmiede-, Steinmetzarbeiten)

DIN 276 Tabelle 2 – Mengen und Bezugseinheiten	
Einheit	m^2
Bezeichnung	Brutto-Grundfläche (BGF)
Ermittlung	Gesamte Brutto-Grundfläche nach DIN 277

In dieser Kostengruppe enthalten

- Künstlerische Gestaltung von Teilen des Bauwerks (z.B. Außenwände, Innenwände, Decken, Dächer, Einbauten)
- Künstlerische Gestaltung (z.B. Malereien, Fresken, Reliefs, Mosaike, Glasmalereien)
- Künstlerische und kunsthandwerkliche Bearbeitungen (z.B. Holzschnitzerei, Kunstschmiedearbeiten, Kunstglaserarbeiten, Steinmetzarbeiten)
- Zusätzliche baukonstruktive Bearbeitungen im Zusammenhang mit der künstlerischen Gestaltung (z.B. Erdarbeiten, Betonarbeiten, Metallbauarbeiten, Beschichtungen)
- Zusätzliche technische Installationen im Zusammenhang mit der künstlerischen Gestaltung (z.B. Abwasser- und Wasserinstallationen, elektrische Installationen, Beleuchtung)

In anderen Kostengruppen enthalten	
• Kunstobjekte (z.B. Kunstwerke, Skulpturen, Objekte, Gemälde, Antiquitäten)	KG 641
Künstlerische Gestaltung des Bauwerks	*KG 642*
• Künstlerische Gestaltung der Außenanlagen und Freiflächen (z.B. Malereien, Reliefs, Mosaike)	KG 643
• Sonstiges zur KG 640	KG 649
• Bauwerk – Baukonstruktionen (z.B. Außenwände/Vertikale Baukonstruktionen, außen)	KG 300
• Bauwerk – Technische Anlagen (z.B. Abwasser- und Wasseranlagen)	KG 400
• Allgemeine Ausstattung (z.B. Möbel und Geräte)	KG 610
• Besondere Ausstattung (z.B. Ausstattungsgegenstände, die der besonderen Zweckbestimmung eines Objekts dienen)	KG 620
• Informationstechnische Ausstattung (z.B. DV-Geräte)	KG 630
• Sonstige Ausstattung	KG 690
• Künstlerische Leistungen	KG 750
• Kunstwettbewerbe (z.B. zur Erarbeitung eines Konzepts für Kunstwerke oder künstlerisch gestaltete Bauteile)	KG 751
• Honorare für Kunstwerke und künstlerisch gestaltete Bauteile, soweit nicht in KG 640 erfasst	KG 752

Erläuterungen

- In der KG 642 sind die Mehrkosten zu erfassen, die für die künstlerische Gestaltung und die kunsthandwerkliche oder handwerkliche Ausführung von Teilen des Bauwerks gegenüber einer Ausführung dieser Teile ohne künstlerische Gestaltung entstehen. Sofern die Mehrkosten nicht getrennt ermittelt werden können, sind die gesamten Kosten der künstlerisch gestalteten Teile des Bauwerks bei den entsprechenden Kostengruppen der KG 300 zuzuordnen.
- Die Kosten für technische Installationen, die in die künstlerisch gestalteten Teile des Bauwerks integriert sind, gehören in diese Kostengruppe (KG 642) bis zum Anschluss an die technischen Anlagen (KG 400, z.B. Abwasser- und Wasseranlagen, elektrische Anlagen, Beleuchtungsanlagen)

DIN 276 Tabelle 1 – Kostengliederung

643 **Künstlerische Gestaltung der Außenanlagen und Freiflächen**

Künstlerisch gestaltete Teile der Außenanlagen und Freiflächen (z. B. Malereien, Reliefs, Mosaiken, künstlerische Glas-, Schmiede-, Steinmetzarbeiten)

DIN 276 Tabelle 2 – Mengen und Bezugseinheiten

Einheit	m²
Bezeichnung	Brutto-Grundfläche (BGF)
Ermittlung	Gesamte Brutto-Grundfläche nach DIN 277

In dieser Kostengruppe enthalten

- Künstlerische Gestaltung von Teilen der Außenanlagen und Freiflächen (z.B. Wege, Plätze, Wände, Rampen, Treppen, Stege, Wasserbecken, Einbauten, Pflanzflächen, Wasserflächen)
- Künstlerische Gestaltung (z.B. Malereien, Fresken, Reliefs, Mosaike, Glasmalereien)
- Künstlerische Landschaftsgestaltung (z.B. Baumschnitt, Heckenschnitt, Flächen mit Findlingen, Kies, Sand, Vegetationsflächen, Wasserflächen)
- Künstlerische und kunsthandwerkliche Bearbeitungen (z.B. Holzschnitzerei, Kunstschmiedearbeiten, Kunstglaserarbeiten, Steinmetzarbeiten)
- Zusätzliche landschaftsbauliche und baukonstruktive Bearbeitungen im Zusammenhang mit der künstlerischen Gestaltung (z.B. Erdarbeiten, Betonarbeiten, Schlosserarbeiten, Beschichtungen)
- Zusätzliche technische Installationen im Zusammenhang mit der künstlerischen Gestaltung (z.B. Abwasser- und Wasserinstallationen, elektrische Installationen, Beleuchtung)

In anderen Kostengruppen enthalten

• Kunstobjekte (z.B. Kunstwerke, Skulpturen, Objekte, Gemälde, Antiquitäten)	KG 641
• Künstlerische Gestaltung des Bauwerks (z.B. Malereien, Reliefs, Mosaike)	KG 642
Künstlerische Gestaltung der Außenanlagen und Freiflächen	*KG 643*
• Sonstiges zur KG 649	KG 649
• Allgemeine Ausstattung (z.B. Möbel und Geräte)	KG 610
• Besondere Ausstattung (z.B. Ausstattungsgegenstände, die der besonderen Zweckbestimmung eines Objekts dienen)	KG 620
• Informationstechnische Ausstattung (z.B. DV-Geräte)	KG 630
• Sonstige Ausstattung	KG 690
• Außenanlagen und Freiflächen (z.B. Erdbau, Unterbau, Oberbau, Baukonstruktionen, technische Anlagen, Einbauten, Vegetationsflächen, Wasserflächen)	KG 500
• Sonstiges zur KG 570 Vegetationsflächen (z.B. Findlinge)	KG 579
• Künstlerische Leistungen	KG 750
• Kunstwettbewerbe (z.B. zur Erarbeitung eines Konzepts für Kunstwerke oder künstlerisch gestaltete Bauteile)	KG 751
• Honorare für Kunstwerke und künstlerisch gestaltete Bauteile, soweit nicht in KG 640 erfasst	KG 752

Erläuterungen

- In der KG 643 sind die Mehrkosten zu erfassen, die für die künstlerische Gestaltung und die kunsthandwerkliche oder handwerkliche Ausführung von Teilen der Außenanlagen und Freiflächen gegenüber einer Ausführung dieser Teile ohne künstlerische Gestaltung entstehen. Sofern die Mehrkosten nicht getrennt ermittelt werden können, sind die gesamten Kosten der künstlerisch gestalteten Teile des Bauwerks bei den entsprechenden Kostengruppen der KG 500 zuzuordnen.
- Die Kosten für technische Installationen, die in die künstlerisch gestalteten Teile des Bauwerks integriert sind, gehören in diese Kostengruppe (KG 643) bis zum Anschluss an die technischen Anlagen (KG 550, z.B. Abwasseranlagen, Wasseranlagen, elektrische Anlagen)

Erläuterungen

- Abweichend von der in der Tabelle 2 empfohlenen Messregel, kann es zweckmäßig sein, für die KG 643 die Außenanlagenfläche (AF) als Bezugseinheit zu verwenden.

DIN 276 Tabelle 1 – Kostengliederung	
649	**Sonstiges zur KG 640**

DIN 276 Tabelle 2 – Mengen und Bezugseinheiten	
Einheit	m²
Bezeichnung	Brutto-Grundfläche (BGF)
Ermittlung	Gesamte Brutto-Grundfläche nach DIN 277

In dieser Kostengruppe enthalten

- Sonstige Kosten für die künstlerische Ausstattung oder Gestaltung des Bauwerks sowie der Außenanlagen und der Freiflächen, die nicht den KG 641 bis 643 zuzuordnen sind

In anderen Kostengruppen enthalten	
• Kunstobjekte (z.B. Kunstwerke, Skulpturen, Objekte, Gemälde, Antiquitäten)	KG 641
• Künstlerische Gestaltung des Bauwerks (z.B. Malereien, Reliefs, Mosaike)	KG 642
• Künstlerische Gestaltung der Außenanlagen und Freiflächen (z.B. Malereien, Reliefs, Mosaike)	KG 643
Sonstiges zur KG 649	*KG 649*
• Bauwerk – Baukonstruktionen (z.B. Außenwände/Vertikale Baukonstruktionen, außen)	KG 300
• Bauwerk – Technische Anlagen (z.B. Abwasser- und Wasseranlagen)	KG 400
• Außenanlagen und Freiflächen (z.B. Erdbau, Unterbau, Oberbau, Baukonstruktionen, technische Anlagen, Einbauten, Vegetationsflächen, Wasserflächen)	KG 500
• Allgemeine Ausstattung (z.B. Möbel und Geräte)	KG 610
• Besondere Ausstattung (z.B. Ausstattungsgegenstände, die der besonderen Zweckbestimmung eines Objekts dienen)	KG 620
• Informationstechnische Ausstattung (z.B. DV-Geräte)	KG 630
• Sonstige Ausstattung	KG 690
• Künstlerische Leistungen	KG 750
• Kunstwettbewerbe (z.B. zur Erarbeitung eines Konzepts für Kunstwerke oder künstlerisch gestaltete Bauteile)	KG 751
• Honorare für Kunstwerke und künstlerisch gestaltete Bauteile, soweit nicht in KG 640 erfasst	KG 752

DIN 276 Tabelle 1 – Kostengliederung	
690	**Sonstige Ausstattung** Schilder, Wegweiser, Informations- und Werbetafeln

DIN 276 Tabelle 2 – Mengen und Bezugseinheiten	
Einheit	m^2
Bezeichnung	Brutto-Grundfläche (BGF)
Ermittlung	Gesamte Brutto-Grundfläche nach DIN 277

In dieser Kostengruppe enthalten

- Informationselemente (z.B. Beschriftungen, Türschilder, Raumbezeichnungsschilder, Tafeln für Bekanntmachungen, Hausnummernschilder, Firmenschilder)
- Orientierungshilfen (z.B. Wegweiser, Hinweisschilder, Orientierungstafeln, Markierungen, Führungslinien, Piktogramme)
- Werbeschilder, Werbetafeln, Kundenstopper
- Unterkonstruktionen und Aufhängungen für die Ausstattung (z.B. Hängegerüste, Wandkonsolen, Verankerungen)

In anderen Kostengruppen enthalten

• Allgemeine Ausstattung (z.B. Möbel und Geräte)	KG 610
• Besondere Ausstattung (z.B. Ausstattungsgegenstände, die der besonderen Zweckbestimmung eines Objekts dienen)	KG 620
• Informationstechnische Ausstattung (z.B. DV-Geräte)	KG 630
• Künstlerische Ausstattung (z.B. Kunstobjekte und künstlerische Gestaltung des Bauwerks sowie der Außenanlagen und Freiflächen)	KG 640
Sonstige Ausstattung	*KG 690*
• Baukonstruktive Einbauten des Bauwerks (z.B. allgemeine und besondere Einbauten)	KG 380
• Orientierungs- und Informationssysteme (z.B. Einbausysteme für Orientierung, Information, Werbung)	KG 386
• Nutzungsspezifische und verfahrenstechnische Anlagen des Bauwerks (z.B. küchentechnische Anlagen, Wäscherei-, Reinigungs- und badtechnische Anlagen)	KG 470
• Einbauten in Außenanlagen und Freiflächen (z.B. allgemeine und besondere Einbauten)	KG 560
• Orientierungs- und Informationssysteme (z.B. Einbausysteme für Orientierung, Information, Werbung)	KG 561

Erläuterungen

- Zur Abgrenzung der KG 690 gegenüber der KG 386 und der KG 561 gelten die generellen Anmerkungen zur KG 380. Bei den in der KG 690 aufgeführten Orientierungs- und Informationshilfen handelt es sich um Einzelelemente technisch einfacherer Art, während die Orientierungs- und Informationssysteme der KG 386 und der KG 561 eingebaute Systeme komplexerer Art darstellen.

DIN 276 Tabelle 1 – Kostengliederung	
700	**Baunebenkosten**
	Leistungen, die neben den Bauleistungen und Lieferungen für das Bauprojekt erforderlich sind (z. B. Leistungen des Bauherren, Vorbereitung der Objektplanung, Leistungen der Objekt- und Fachplanung, künstlerische Leistungen und allgemeine Baunebenkosten)

DIN 276 Tabelle 2 – Mengen und Bezugseinheiten	
Einheit	m^2
Bezeichnung	Brutto-Grundfläche (BGF)
Ermittlung	Gesamte Brutto-Grundfläche nach DIN 277

In dieser Kostengruppe enthalten	
KG 710	Bauherrenaufgaben (z.B. Projektleitung, Bedarfsplanung, Projektsteuerung, Sicherheits- und Gesundheitsschutzkoordination, Vergabeverfahren)
KG 720	Vorbereitung der Objektplanung (z.B. Untersuchungen, Wertermittlungen, städtebauliche Leistungen, landschaftsplanerische Leistungen, Wettbewerbe)
KG 730	Objektplanung (z.B. für Gebäude und Innenräume, Freianlagen, Ingenieurbauwerke, Verkehrsanlagen)
KG 740	Fachplanung (z.B. Tragwerksplanung, technische Ausrüstung, Bauphysik, Geotechnik, Ingenieurvermessung, Lichttechnik, Tageslichttechnik, Brandschutz, Altlasten)
KG 750	Künstlerische Leistungen (z.B. Kunstwettbewerbe, Honorare für geistig-schöpferische Leistungen für Kunstwerke oder künstlerisch gestaltete Bauteile)
KG 760	Allgemeine Baunebenkosten (z.B. Gutachten, Beratung, Prüfungen, Genehmigungen, Abnahmen, Bewirtschaftungskosten, Bemusterungskosten, Betriebskosten nach der Abnahme, Versicherungen, Vervielfältigungen, Dokumentationen, Versand- und Kommunikationskosten, Veranstaltungen)
KG 790	Sonstige Baunebenkosten (z.B. Liegenschafts- und Gebäudebestandsdokumentationen bei Bundesbauten)

In anderen Kostengruppen enthalten	
• Grundstück (z.B. Grundstückswert, Grundstücksnebenkosten, Ablösen von Rechten)	KG 100
• Vorbereitende Maßnahmen (z.B. Herrichten des Grundstücks, öffentliche und nichtöffentliche Erschließung, Ausgleichsmaßnahmen und -abgaben, Übergangsmaßnahmen)	KG 200
• Bauwerk – Baukonstruktionen	KG 300
• Bauwerk – Technische Anlagen	KG 400
• Außenanlagen und Freiflächen	KG 500
• Ausstattung und Kunstwerke	KG 600
Baunebenkosten	*KG 700*
• Finanzierung (z.B. Finanzierungsnebenkosten, Fremd- und Eigenkapitalzinsen, Gebühren für Bürgschaften)	KG 800

DIN 276 Tabelle 1 – Kostengliederung	
710	**Bauherrenaufgaben** Selbst wahrgenommene oder übertragene Aufgaben

DIN 276 Tabelle 2 – Mengen und Bezugseinheiten	
Einheit	m^2
Bezeichnung	Brutto-Grundfläche (BGF)
Ermittlung	Gesamte Brutto-Grundfläche nach DIN 277

In dieser Kostengruppe enthalten	
KG 711	Projektleitung (z.B. Zielvorgaben, Überwachung und Vertretung der Bauherreninteressen)
KG 712	Bedarfsplanung (z.B. Bedarfs-, Betriebs- und Organisationsplanung, Raum- und Funktionsprogramme)
KG 713	Projektsteuerung (z.B. übergeordnete Kontrolle und Steuerung der Projektorganisation, Termine, Kosten, Qualitäten und Quantitäten)
KG 714	Sicherheits- und Gesundheitsschutzkoordination (z.B. für Arbeitssicherheit und Gesundheitsschutz auf der Baustelle)
KG 715	Vergabeverfahren (z.B. Auftragsvergabe, Verhandlungsverfahren, wettbewerblicher Dialog)
KG 719	Sonstiges zur KG 710 (z.B. Baubetreuung, Umweltbaubegleitung, Rechtsberatung, Steuerberatung, Streitbeilegung, Management der Inbetriebnahme)

In anderen Kostengruppen enthalten	
Bauherrenaufgaben	*KG 710*
• Vorbereitung der Objektplanung (z.B. Untersuchungen, Wertermittlungen, städtebauliche Leistungen, landschaftsplanerische Leistungen, Wettbewerbe)	KG 720
• Objektplanung (z.B. für Gebäude und Innenräume, Freianlagen, Ingenieurbauwerke, Verkehrsanlagen)	KG 730
• Fachplanung (z.B. Tragwerksplanung, technische Ausrüstung, Bauphysik, Geotechnik, Ingenieurvermessung, Lichttechnik, Tageslichttechnik, Brandschutz, Altlasten)	KG 740
• Künstlerische Leistungen (z.B. Kunstwettbewerbe, Honorare für geistig-schöpferische Leistungen für Kunstwerke oder künstlerisch gestaltete Bauteile)	KG 750
• Allgemeine Baunebenkosten (z.B. Gutachten, Beratung, Prüfungen, Genehmigungen, Abnahmen, Bewirtschaftungskosten, Bemusterungskosten, Betriebskosten nach der Abnahme, Versicherungen, Vervielfältigungen, Dokumentationen, Versand- und Kommunikationskosten, Veranstaltungen)	KG 760
• Sonstige Baunebenkosten (z.B. Liegenschafts- und Gebäudebestandsdokumentationen bei Bundesbauten)	KG 790
• Grundstücksnebenkosten (z.B. Gerichtsgebühren, Notargebühren, Grunderwerbsteuer, Untersuchungen, Wertermittlungen, Genehmigungsgebühren, Bodenordnung)	KG 120
• Ablösen von Rechten Dritter (z.B. Abfindungen, Ablösen von Lasten und Beschränkungen)	KG 130
• Öffentliche Erschließung (z.B. Anliegerbeiträge, Kostenzuschüsse, Anschlusskosten)	KG 220
• Nichtöffentliche Erschließung	KG 230
• Ausgleichsmaßnahmen und -abgaben (z.B. aufgrund öffentlich-rechtlicher Bestimmungen)	KG 240
• Übergangsmaßnahmen (z.B. provisorische Maßnahmen zur Aufrechterhaltung der Nutzung während der Projektdauer)	KG 250
• Ausstattung und Kunstwerke (z.B. allgemeine und besondere Ausstattung, informationstechnische und künstlerische Ausstattung)	KG 600
• Finanzierung (z.B. Finanzierungsnebenkosten, Fremd- und Eigenkapitalzinsen, Bürgschaften)	KG 800

Erläuterungen

- Bauherrenaufgaben werden allgemein als die von der Bauherrschaft bei einem Bauprojekt zu erbringenden Leistungen im Zusammenwirken mit den Projektbeteiligten, insbesondere den beauftragten Planern und den ausführenden Firmen, verstanden. Dabei werden die in der Regel nicht delegierbaren Bauherrenaufgaben (KG 711 Projektleitung) von den delegierbaren Bauherrenaufgaben (KG 712 bis KG 719) unterschieden.

DIN 276 Tabelle 1 – Kostengliederung

711	**Projektleitung**
	Zielvorgaben, Überwachung und Vertretung der Bauherreninteressen

DIN 276 Tabelle 2 – Mengen und Bezugseinheiten

Einheit	m^2
Bezeichnung	Brutto-Grundfläche (BGF)
Ermittlung	Gesamte Brutto-Grundfläche nach DIN 277

In dieser Kostengruppe enthalten

- Festlegung der Projektziele (z.B. Kostenziele, Terminziele, Planungsziele, Qualitätsziele)
- Organisatorische Vorbereitung und Planung des Projekts (z.B. Projektbeteiligte, Aufgabenverteilung, Organisationsstruktur, Verantwortlichkeiten, Abschluss von Versicherungen)
- Koordination des Informationsflusses und der Zusammenarbeit (z.B. Leiten von Projektbesprechungen, Führen von Verhandlungen, Kommunikation, Konfliktmanagement)
- Herbeiführen und Treffen von Entscheidungen (z.B. Planungs- und Ausführungsentscheidungen, Vergabeentscheidungen, Vertragsabschlüsse, Auftragserteilungen)
- Überwachung des Projekts (z.B. hinsichtlich Einhaltung der Projektziele, Wahrnehmung der Bauherreninteressen, Vollzug der Verträge)
- Budgetverwaltung (z.B. Finanzierungsplanung, Liquiditätssicherung, Mittelbereitstellung, Auszahlungsanordnungen, Zahlungsverkehr)
- Repräsentation des Projekts (z.B. gegenüber Öffentlichkeit, Verwaltungen, Geldgebern)
- Dokumentation des Projekts (z.B. Präsentation von Ergebnissen, Berichte)

In anderen Kostengruppen enthalten

Projektleitung	*KG 711*
• Bedarfsplanung (z.B. Bedarfs-, Betriebs- und Organisationsplanung, Raum- und Funktionsprogramme)	KG 712
• Projektsteuerung (z.B. übergeordnete Kontrolle und Steuerung der Projektorganisation, Termine, Kosten, Qualitäten und Quantitäten)	KG 713
• Sicherheits- und Gesundheitsschutzkoordination (z.B. für Arbeitssicherheit und Gesundheitsschutz auf der Baustelle)	KG 714
• Vergabeverfahren (z.B. Auftragsvergabe, Verhandlungsverfahren, wettbewerblicher Dialog)	KG 715
• Sonstiges zur KG 710 (z.B. Baubetreuung, Umweltbaubegleitung, Rechtsberatung, Steuerberatung, Streitbeilegung, Management der Inbetriebnahme)	KG 719
• Grundstück (z.B. Grundstücksnebenkosten, Ablösen von Rechten Dritter)	KG 100
• Vorbereitende Maßnahmen (z.B. Herrichten des Grundstücks, öffentliche Erschließung, Ausgleichsmaßnahmen und -abgaben, Übergangsmaßnahmen)	KG 200
• Vorbereitung der Objektplanung (z.B. Untersuchungen, Wertermittlungen, städtebauliche Leistungen, landschaftsplanerische Leistungen, Wettbewerbe)	KG 720
• Objektplanung (z.B. Planungsleistungen für Gebäude und Innenräume, Freianlagen, Ingenieurbauwerke, Verkehrsanlagen)	KG 730
• Fachplanung (z.B. Tragwerksplanung, technische Ausrüstung, Bauphysik, Geotechnik, Ingenieurvermessung, Lichttechnik, Tageslichttechnik, Brandschutz, Altlasten)	KG 740
• Künstlerische Leistungen (z.B. Kunstwettbewerbe, Honorare)	KG 750
• Allgemeine Baunebenkosten (z.B. Beratung, Prüfungen, Genehmigungen, Abnahmen, Bemusterungskosten, Versicherungen, Vervielfältigungen, Dokumentationen, Versand- und Kommunikationskosten, Veranstaltungen)	KG 760
• Sonstige Baunebenkosten (z.B. Liegenschafts- und Gebäudebestandsdokumentationen bei Bundesbauten)	KG 790
• Finanzierung (z.B. Finanzierungsnebenkosten, Fremd- und Eigenkapitalzinsen, Bürgschaften)	KG 800

Erläuterungen

- Die Projektleitungsaufgaben werden allgemein als der Teil der Bauherrenaufgaben bei einem Bauprojekt verstanden, der in der Regel von Bauherren selbst wahrgenommen wird. Bei der Ermittlung der Kosten in der KG 711 ist Abschnitt 4.2.11 der DIN 276 über eingebrachte Güter und Leistungen zu beachten.

DIN 276 Tabelle 1 – Kostengliederung

712 **Bedarfsplanung**

Bedarfs-, Betriebs- und Organisationsplanung beispielsweise zur betrieblichen Organisation, zur Arbeitsplatzgestaltung, zur Erstellung von Raum- und Funktionsprogrammen, zur betrieblichen Ablaufplanung und zur Inbetriebnahme des Objekts

DIN 276 Tabelle 2 – Mengen und Bezugseinheiten

Einheit	m^2
Bezeichnung	Brutto-Grundfläche (BGF)
Ermittlung	Gesamte Brutto-Grundfläche nach DIN 277

In dieser Kostengruppe enthalten

- Betriebs- und Organisationsplanung (z.B. zur betrieblichen Organisation und zur Gestaltung der Arbeitsplätze)
- Aufstellen der Projektziele (z.B. funktionale, technische, ökonomische, zeitliche, ökologische Zielsetzungen
- Erfassen und Analysieren der Bedarfsangaben
- Erstellung von Plänen und Programmen (z.B. Flächenprogramme, Funktionsprogramme, Raumprogramme)
- Untersuchen und Bewerten der Alternativen zur Bedarfsdeckung
- Fortschreiben und Evaluieren von Bedarfsplänen während des Projektablaufs, Erfolgskontrolle

In anderen Kostengruppen enthalten

• Projektleitung (z.B. Zielvorgaben, Überwachung und Vertretung der Bauherreninteressen)	KG 711
Bedarfsplanung	*KG 712*
• Projektsteuerung (z.B. übergeordnete Kontrolle und Steuerung der Projektorganisation, Termine, Kosten, Qualitäten und Quantitäten)	KG 713
• Sicherheits- und Gesundheitsschutzkoordination (z.B. für Arbeitssicherheit und Gesundheitsschutz auf der Baustelle)	KG 714
• Vergabeverfahren (z.B. Auftragsvergabe, Verhandlungsverfahren, wettbewerblicher Dialog)	KG 715
• Sonstiges zur KG 710 (z.B. Baubetreuung, Umweltbaubegleitung, Rechtsberatung, Steuerberatung, Streitbeilegung, Management der Inbetriebnahme)	KG 719
• Grundstück (z.B. Grundstücksnebenkosten, Ablösen von Rechten Dritter)	KG 100
• Vorbereitende Maßnahmen (z.B. Herrichten des Grundstücks, öffentliche Erschließung, Ausgleichsmaßnahmen und -abgaben, Übergangsmaßnahmen)	KG 200
• Vorbereitung der Objektplanung (z.B. Untersuchungen, Wertermittlungen, städtebauliche Leistungen, landschaftsplanerische Leistungen, Wettbewerbe)	KG 720
• Objektplanung (z.B. Planungsleistungen für Gebäude und Innenräume, Freianlagen, Ingenieurbauwerke, Verkehrsanlagen)	KG 730
• Fachplanung (z.B. Tragwerksplanung, technische Ausrüstung, Bauphysik, Geotechnik, Ingenieurvermessung, Lichttechnik, Tageslichttechnik, Brandschutz, Altlasten)	KG 740
• Künstlerische Leistungen (z.B. Kunstwettbewerbe, Honorare)	KG 750
• Allgemeine Baunebenkosten (z.B. Beratung, Prüfungen, Genehmigungen, Abnahmen, Bemusterungskosten, Versicherungen, Vervielfältigungen, Dokumentationen, Versand- und Kommunikationskosten, Veranstaltungen)	KG 760
• Sonstige Baunebenkosten (z.B. Liegenschafts- und Gebäudebestandsdokumentationen bei Bundesbauten)	KG 790
• Finanzierung (z.B. Finanzierungsnebenkosten, Fremd- und Eigenkapitalzinsen, Bürgschaften)	KG 800

Erläuterungen

- Die Bedarfsplanung kann beispielsweise nach DIN 18205 Bedarfsplanung im Bauwesen durchgeführt werden.

DIN 276 Tabelle 1 – Kostengliederung

713	**Projektsteuerung**
	Projektsteuerungsleistungen sowie andere Leistungen, die sich mit der übergeordneten Steuerung und Kontrolle von Projektorganisation, Terminen, Kosten, Qualitäten und Quantitäten befassen

DIN 276 Tabelle 2 – Mengen und Bezugseinheiten

Einheit	m^2
Bezeichnung	Brutto-Grundfläche (BGF)
Ermittlung	Gesamte Brutto-Grundfläche nach DIN 277

In dieser Kostengruppe enthalten

- Projektsteuerung in allen Projektstufen im Projektablauf (z.B. Projektvorbereitung, Flanung, Ausführungsvorbereitung, Ausführung, Projektabschluss)
- Projektsteuerung in den Handlungsbereichen Organisation, Information, Koordination und Dokumentation
- Projektsteuerung in den Handlungsbereichen Qualitäten und Quantitäten
- Projektsteuerung in den Handlungsbereichen Kosten und Finanzierung
- Projektsteuerung in den Handlungsbereichen Termine, Kapazitäten und Logistik
- Projektsteuerung in den Handlungsbereichen Verträge und Versicherungen

In anderen Kostengruppen enthalten

• Projektleitung (z.B. Zielvorgaben, Überwachung und Vertretung der Bauherreninteressen)	KG 711
• Bedarfsplanung (z.B. Bedarfs-, Betriebs- und Organisationsplanung, Raum- und Funktionsprogramme)	KG 712
Projektsteuerung	*KG 713*
• Sicherheits- und Gesundheitsschutzkoordination (z.B. für Arbeitssicherheit und Gesundheitsschutz auf der Baustelle)	KG 714
• Vergabeverfahren (z.B. Auftragsvergabe, Verhandlungsverfahren, wettbewerblicher Dialog)	KG 715
• Sonstiges zur KG 710 (z.B. Baubetreuung, Umweltbaubegleitung, Rechtsberatung, Steuerberatung, Streitbeilegung, Management der Inbetriebnahme)	KG 719
• Grundstück (z.B. Grundstücksnebenkosten, Ablösen von Rechten Dritter)	KG 100
• Vorbereitende Maßnahmen (z.B. Herrichten des Grundstücks, öffentliche Erschließung, Ausgleichsmaßnahmen und -abgaben, Übergangsmaßnahmen)	KG 200
• Vorbereitung der Objektplanung (z.B. Untersuchungen, Wertermittlungen, städtebauliche Leistungen, landschaftsplanerische Leistungen, Wettbewerbe)	KG 720
• Objektplanung (z.B. Planungsleistungen für Gebäude und Innenräume, Freianlagen, Ingenieurbauwerke, Verkehrsanlagen)	KG 730
• Fachplanung (z.B. Tragwerksplanung, technische Ausrüstung, Bauphysik, Geotechnik, Ingenieurvermessung, Lichttechnik, Tageslichttechnik, Brandschutz, Altlasten)	KG 740
• Künstlerische Leistungen (z.B. Kunstwettbewerbe, Honorare)	KG 750
• Allgemeine Baunebenkosten (z.B. Beratung, Prüfungen, Genehmigungen, Abnahmen, Bemusterungskosten, Versicherungen, Vervielfältigungen, Dokumentationen, Versand- und Kommunikationskosten, Veranstaltungen)	KG 760
• Sonstige Baunebenkosten (z.B. Liegenschafts- und Gebäudebestandsdokumentationen bei Bundesbauten)	KG 790
• Finanzierung (z.B. Finanzierungsnebenkosten, Fremd- und Eigenkapitalzinsen, Bürgschaften)	KG 800

Erläuterungen

- Die Projektsteuerungsaufgaben werden allgemein als der Teil der Bauherrenaufgaben bei einem Bauprojekt verstanden, der in der Regel von Auftragnehmern in Funktion und Vertretung des Auftraggebers übernommen werden kann. Wenn Projektsteuerungsleistungen vom Bauherrn selbst wahrgenommen werden, ist bei der Ermittlung der Kosten in der KG 713 Abschnitt 4.2.11 der DIN 276 über eingebrachte Güter und Leistungen zu beachten.

Erläuterungen

- Die Projektsteuerung kann beispielsweise nach dem Leistungsbild und den Honorarempfehlungen des AHO über Projektmanagementleistungen in der Bau- und Immobilienwirtschaft (AHO-Heft 9, Bundesanzeiger Verlag) durchgeführt werden.

DIN 276 Tabelle 1 – Kostengliederung

714	**Sicherheits- und Gesundheitsschutzkoordination**
	Planungs- und Koordinationsleistungen für die Arbeitssicherheit und den Gesundheitsschutz auf der Baustelle

DIN 276 Tabelle 2 – Mengen und Bezugseinheiten

Einheit	m^2
Bezeichnung	Brutto-Grundfläche (BGF)
Ermittlung	Gesamte Brutto-Grundfläche nach DIN 277

In dieser Kostengruppe enthalten

- Bestellung eines Koordinators für die Arbeitssicherheit und den Gesundheitsschutz auf der Baustelle
- Erstellung eines Sicherheits- und Gesundheitsschutzplans (z.B. mit Maßnahmen zum Schutz vor Gefährdungen bei der Zusammenarbeit mehrerer Arbeitgeber und zur gemeinsamen Nutzung sicherheitstechnischer Einrichtungen, Angaben zu den räumlichen und zeitlichen Arbeitsabläufen sowie den gewerkbezogenen Gefährdungen)
- Erstellen der Vorankündigung des Bauprojekts und Information der zuständigen Behörden
- Koordination der Arbeitssicherheitsbelange und der Gesundheitsschutzbelange während der Ausführung (z.B. Information der Beteiligten über den Sicherheits- und Gesundheitsschutzplan, Teilnahme an Baubesprechungen und Baubegehungen)
- Erstellen der Unterlagen für spätere Arbeiten (z.B. für Wartungs-, Inspektions- und Instandsetzungsarbeiten)

In anderen Kostengruppen enthalten

• Projektleitung (z.B. Zielvorgaben, Überwachung und Vertretung der Bauherreninteressen)	KG 711
• Bedarfsplanung (z.B. Bedarfs-, Betriebs- und Organisationsplanung, Raum- und Funktionsprogramme)	KG 712
• Projektsteuerung (z.B. übergeordnete Kontrolle und Steuerung der Projektorganisation, Termine, Kosten, Qualitäten und Quantitäten)	KG 713
Sicherheits- und Gesundheitsschutzkoordination	*KG 714*
• Vergabeverfahren (z.B. Auftragsvergabe, Verhandlungsverfahren, wettbewerblicher Dialog)	KG 715
• Sonstiges zur KG 710 (z.B. Baubetreuung, Umweltbaubegleitung, Rechtsberatung, Steuerberatung, Streitbeilegung, Management der Inbetriebnahme)	KG 719
• Sicherungsmaßnahmen beim Herrichten des Grundstücks	KG 211
• Sonstige Maßnahmen für Baukonstruktionen (z.B. Baustelleneinrichtung, Gerüste, Sicherungsmaßnahmen) an bestehenden Bauwerken)	KG 390
• Sonstige Maßnahmen für technische Anlagen (z.B. Baustelleneinrichtung, Gerüste, Sicherungsmaßnahmen) an bestehenden Bauwerken)	KG 490
• Sonstige Maßnahmen für Außenanlagen und Freiflächen (z.B. Baustelleneinrichtung, Gerüste, Sicherungsmaßnahmen an bestehenden baulichen Anlagen)	KG 590
• Vorbereitung der Objektplanung (z.B. Untersuchungen, Wertermittlungen, städtebauliche Leistungen, landschaftsplanerische Leistungen, Wettbewerbe)	KG 720
• Objektplanung (z.B. Planungsleistungen für Gebäude und Innenräume, Freianlagen, Ingenieurbauwerke, Verkehrsanlagen)	KG 730
• Fachplanung (z.B. Tragwerksplanung, technische Ausrüstung, Bauphysik, Geotechnik, Ingenieurvermessung, Lichttechnik, Tageslichttechnik, Brandschutz, Altlasten)	KG 740
• Künstlerische Leistungen (z.B. Kunstwettbewerbe, Honorare)	KG 750
• Allgemeine Baunebenkosten (z.B. Beratung, Prüfungen, Genehmigungen, Abnahmen, Bemusterungskosten, Versicherungen, Vervielfältigungen, Dokumentationen, Versand- und Kommunikationskosten, Veranstaltungen)	KG 760
• Sonstige Baunebenkosten (z.B. Liegenschafts- und Gebäudebestandsdokumentationen bei Bundesbauten)	KG 790

714
Sicherheits- und Gesundheitsschutz-koordination

Erläuterungen

- Die nach der Baustellenverordnung im Verantwortungsbereich des Bauherrn liegende Sicherheits- und Gesundheitsschutz-koordination kann an geeignete Dritte übertragen werden.
- Die Leistungen können beispielsweise nach dem Leistungsbild und den Honorarempfehlungen des AHO über Leistungen nach der Baustellenverordnung (AHO-Heft 15, Bundesanzeiger Verlag) durchgeführt werden.

DIN 276 Tabelle 1 – Kostengliederung

715	**Vergabeverfahren**
	Verhandlungsverfahren, wettbewerblicher Dialog

DIN 276 Tabelle 2 – Mengen und Bezugseinheiten

Einheit	m^2
Bezeichnung	Brutto-Grundfläche (BGF)
Ermittlung	Gesamte Brutto-Grundfläche nach DIN 277

In dieser Kostengruppe enthalten

- Vergaben oberhalb und unterhalb der Schwellenwerte
- Vergabe nach öffentlicher Ausschreibung (ab Erreichen der Schwellenwerte „offenes Verfahren")
- Vergabe nach beschränkter Ausschreibung (ab Erreichen der Schwellenwerte „nichtoffenes Verfahren")
- Freihändige Vergabe (ab Erreichen der Schwellenwerte „Verhandlungsverfahren")
- Vergabe nach wettbewerblichem Dialog zur Vergabe besonders komplexer Aufträge

In anderen Kostengruppen enthalten

• Projektleitung (z.B. Zielvorgaben, Überwachung und Vertretung der Bauherreninteressen)	KG 711
• Bedarfsplanung (z.B. Bedarfs-, Betriebs- und Organisationsplanung, Raum- und Funktionsprogramme)	KG 712
• Projektsteuerung (z.B. übergeordnete Kontrolle und Steuerung der Projektorganisation, Termine, Kosten, Qualitäten und Quantitäten)	KG 713
• Sicherheits- und Gesundheitsschutzkoordination (z.B. für Arbeitssicherheit und Gesundheitsschutz auf der Baustelle)	KG 714
Vergabeverfahren	*KG 715*
• Sonstiges zur KG 710 (z.B. Baubetreuung, Umweltbaubegleitung, Rechtsberatung, Steuerberatung, Streitbeilegung, Management der Inbetriebnahme)	KG 719
• Vorbereitung der Objektplanung (z.B. Untersuchungen, Wertermittlungen, städtebauliche Leistungen, landschaftsplanerische Leistungen, Wettbewerbe)	KG 720
• Objektplanung (z.B. Planungsleistungen für Gebäude und Innenräume, Freianlagen, Ingenieurbauwerke, Verkehrsanlagen)	KG 730
• Fachplanung (z.B. Tragwerksplanung, technische Ausrüstung, Bauphysik, Geotechnik, Ingenieurvermessung, Lichttechnik, Tageslichttechnik, Brandschutz, Altlasten)	KG 740
• Künstlerische Leistungen (z.B. Kunstwettbewerbe, Honorare)	KG 750
• Allgemeine Baunebenkosten (z.B. Beratung, Prüfungen, Genehmigungen, Abnahmen Bemusterungskosten, Versicherungen, Vervielfältigungen, Dokumentationen, Versand- und Kommunikationskosten, Veranstaltungen)	KG 760
• Sonstige Baunebenkosten (z.B. Liegenschafts- und Gebäudebestandsdokumentationen bei Bundesbauten)	KG 790
• Finanzierung (z.B. Finanzierungsnebenkosten, Fremd- und Eigenkapitalzinsen, Bürgschaften)	KG 800

Erläuterungen

- Die Vergabe von Bauleistungen und die verschiedenen Vergabearten richten sich nach der VOB Vergabe- und Vertragsordnung für Bauleistungen - Teil A: Allgemeine Bestimmungen für die Vergabe von Bauleistungen (VOB/A), bei der Vergabe öffentlicher Aufträge nach der Verordnung über die Vergabe öffentlicher Aufträge (Vergabeverordnung – VgV).

100 200 300 400 500 600 700 800

DIN 276 Tabelle 1 – Kostengliederung	
719	**Sonstiges zur KG 710**
	Baubetreuung, Umweltbaubegleitung, Rechtsberatung, Steuerberatung, Streitbeilegung (außergerichtliche und gerichtliche), Nachhaltigkeitskoordinierung bzw. -auditierung, Management zur Inbetriebnahme des Objekts

DIN 276 Tabelle 2 – Mengen und Bezugseinheiten	
Einheit	m^2
Bezeichnung	Brutto-Grundfläche (BGF)
Ermittlung	Gesamte Brutto-Grundfläche nach DIN 277

In dieser Kostengruppe enthalten

- Sonstige Kosten für Bauherrenaufgaben, die nicht den KG 711 bis 715 zuzuordnen sind
- Baubetreuung (z.B. Planung und Durchführung eines Bauprojekts im Namen und auf Rechnung des Bauherrn in wirtschaftlichen oder technischen Angelegenheiten)
- Umweltbaubegleitung (z.B. zur Beachtung von Umweltvorschriften und naturschutzrechtlichen Vorgaben sowie zur Vermeidung von Umweltschäden)
- Rechtsberatung (Rechtsdienstleistungen nach dem Rechtsdienstleistungsgesetz)
- Steuerberatung (Beratung in Steuerangelegenheiten nach dem Steuerberatungsgesetz)
- Gerichtliche und außergerichtliche Streitbeilegung (z.B. Schiedsverfahren, Mediation, Schlichtung)
- Nachhaltigkeitszertifizierung (z.B. Nachhaltigkeitskoordinierung und Nachhaltigkeitsauditierung)
- Management zur Inbetriebnahme des Objekts (z.B. Planung der Inbetriebnahme, Inbetriebsetzung, Bauübergabe, Umzugsmanagement)

In anderen Kostengruppen enthalten	
• Projektleitung (z.B. Zielvorgaben, Überwachung und Vertretung der Bauherreninteressen)	KG 711
• Bedarfsplanung (z.B. Bedarfs-, Betriebs- und Organisationsplanung, Raum- und Funktionsprogramme)	KG 712
• Projektsteuerung (z.B. übergeordnete Kontrolle und Steuerung der Projektorganisation, Termine, Kosten, Qualitäten und Quantitäten)	KG 713
• Sicherheits- und Gesundheitsschutzkoordination (z.B. für Arbeitssicherheit und Gesundheitsschutz auf der Baustelle)	KG 714
• Vergabeverfahren (z.B. Auftragsvergabe, Verhandlungsverfahren, wettbewerblicher Dialog)	KG 715
Sonstiges zur KG 710	*KG 719*
• Vorbereitung der Objektplanung (z.B. Untersuchungen, Wertermittlungen, städtebauliche Leistungen, landschaftsplanerische Leistungen, Wettbewerbe)	KG 720
• Objektplanung (z.B. Planungsleistungen für Gebäude und Innenräume, Freianlagen, Ingenieurbauwerke, Verkehrsanlagen)	KG 730
• Fachplanung (z.B. Tragwerksplanung, technische Ausrüstung, Bauphysik, Geotechnik, Ingenieurvermessung, Lichttechnik, Tageslichttechnik, Brandschutz, Altlasten)	KG 740
• Künstlerische Leistungen (z.B. Kunstwettbewerbe, Honorare)	KG 750
• Allgemeine Baunebenkosten (z.B. Beratung, Prüfungen, Genehmigungen, Abnahmen, Bemusterungskosten, Versicherungen, Vervielfältigungen, Dokumentationen, Versand- und Kommunikationskosten, Veranstaltungen)	KG 760
• Sonstige Baunebenkosten (z.B. Liegenschafts- und Gebäudebestandsdokumentationen bei Bundesbauten)	KG 790
• Finanzierung (z.B. Finanzierungsnebenkosten, Fremd- und Eigenkapitalzinsen, Bürgschaften)	KG 800

DIN 276 Tabelle 1 – Kostengliederung	
720	**Vorbereitung der Objektplanung**

DIN 276 Tabelle 2 – Mengen und Bezugseinheiten	
Einheit	m^2
Bezeichnung	Brutto-Grundfläche (BGF)
Ermittlung	Gesamte Brutto-Grundfläche nach DIN 277

In dieser Kostengruppe enthalten	
KG 721	Untersuchungen (z.B. Standortanalysen, Baugrundgutachten, Bestandsanalysen, Untersuchungen zu Artenschutz, Flora, Fauna, Altlasten, Kampfmittel, kulturhistorische Funde)
KG 722	Wertermittlungen (z.B. zu Gebäudewerten, soweit nicht in KG 126 erfasst)
KG 723	Städtebauliche Leistungen (z.B. Bauleitplanung, städtebauliche Entwürfe und Rahmenpläne)
KG 724	Landschaftsplanerische Leistungen (z.B. Landschaftsplan, Grünordnungsplan, Umweltverträglichkeitsstudien, Eingriffs- und Ausgleichsplanung)
KG 725	Wettbewerbe (z.B. Ideenwettbewerbe, Realisierungswettbewerbe)
KG 729	Sonstiges zur KG 720

In anderen Kostengruppen enthalten	
• Bauherrenaufgaben (z.B. Projektleitung, Bedarfsplanung, Projektsteuerung, Sicherheits- und Gesundheitsschutzkoordination, Vergabeverfahren)	KG 710
Vorbereitung der Objektplanung	*KG 720*
• Objektplanung (z.B. für Gebäude und Innenräume, Freianlagen, Ingenieurbauwerke, Verkehrsanlagen)	KG 730
• Fachplanung (z.B. Tragwerksplanung, technische Ausrüstung, Bauphysik, Geotechnik, Ingenieurvermessung, Lichttechnik, Tageslichttechnik, Brandschutz, Planungen für Altlastenbeseitigung, Kampfmittelräumung und die Sicherung kulturhistorischer Funde)	KG 740
• Künstlerische Leistungen (z.B. Kunstwettbewerbe, Honorare für geistig-schöpferische Leistungen für Kunstwerke oder künstlerisch gestaltete Bauteile)	KG 750
• Allgemeine Baunebenkosten (z.B. Gutachten, Beratung, Prüfungen, Genehmigungen, Abnahmen, Bewirtschaftungskosten, Bemusterungskosten, Betriebskosten nach der Abnahme, Versicherungen, Vervielfältigungen, Dokumentationen, Versand- und Kommunikationskosten, Veranstaltungen)	KG 760
• Sonstige Baunebenkosten (z.B. Liegenschafts- und Gebäudebestandsdokumentationen bei Bundesbauten)	KG 790
• Untersuchungen (z.B. zu Altlasten, Baugrund, Bebaubarkeit, soweit sie zur Beurteilung des Grundstückswerts dienen)	KG 125
• Wertermittlungen (z.B. von unbebauten und bebauten Grundstücken sowie grundstücksgleichen Rechten)	KG 126
• Bodenordnung (z.B. Neuordnung und Umlegung von Grundstücken, Grenzregulierung)	KG 128
• Vorbereitende Maßnahmen (z.B. Herrichten des Grundstücks, öffentliche Erschließung, Ausgleichsmaßnahmen und -abgaben, Übergangsmaßnahmen)	KG 200

DIN 276 Tabelle 1 – Kostengliederung

721	**Untersuchungen**
	Standortanalysen, Baugrundgutachten, Gutachten für die Verkehrsanbindung, Bestandsanalysen (z. B. Untersuchungen zum Gebäudebestand bei Umbau- und Modernisierungsmaßnahmen); Untersuchungen im Rahmen von artenschutzrechtlichen Prüfungen, floristische und faunistische Untersuchungen; Untersuchungen zu Altlasten, Kampfmitteln und kulturhistorischen Funden

DIN 276 Tabelle 2 – Mengen und Bezugseinheiten

Einheit	m^2
Bezeichnung	Brutto-Grundfläche (BGF)
Ermittlung	Gesamte Brutto-Grundfläche nach DIN 277

In dieser Kostengruppe enthalten

- Standortanalysen (z.B. zu Makro- und Mikrostandort, Attraktivität und Rentabilität, Situation und Entwicklungsprognosen der regionalen Wirtschaft)
- Baugrundgutachten (z.B. zu Bodenaufbau, bodenmechanischen Eigenschaften, Tragfähigkeit, Bodenart, Grundwasser, Bodenverbesserungsmaßnahmen, Gründungsanforderungen, Erdbebenzonen, Baugrunduntersuchungen, Baugrundbohrungen)
- Gutachten für die Verkehrsanbindung (z.B. Straßen-, Schienen- und Wasserwege, ÖPNV)
- Bestandsanalysen (z.B. Untersuchungen zum Gebäudebestand bei Umbau- und Modernisierungsmaßnahmen)
- Untersuchungen im Rahmen von artenschutzrechtlichen Prüfungen (z.B. floristische und faunistische Untersuchungen, Naturschutz, Vogelschutz)
- Untersuchungen zu Altlasten, Kampfmitteln und kulturhistorischen Funden

In anderen Kostengruppen enthalten

Untersuchungen	*KG 721*
• Wertermittlungen (z.B. zu Gebäudewerten, soweit nicht in KG 126 erfasst)	KG 722
• Städtebauliche Leistungen (z.B. Bauleitplanung, städtebauliche Entwürfe und Rahmenpläne)	KG 723
• Landschaftsplanerische Leistungen (z.B. Landschaftsplan, Grünordnungsplan, Umweltverträglichkeitsstudien, Eingriffs- und Ausgleichsplanung)	KG 724
• Wettbewerbe (z.B. Ideenwettbewerbe, Realisierungswettbewerbe)	KG 725
• Sonstiges zur KG 720	KG 729
• Untersuchungen (z.B. zu Altlasten, Baugrund, Bebaubarkeit, soweit sie zur Beurteilung des Grundstückswerts dienen)	KG 125
• Wertermittlungen (z.B. von unbebauten und bebauten Grundstücken sowie grundstücksgleichen Rechten)	KG 126
• Herrichten des Grundstücks (z.B. Sicherungsmaßnahmen, Altlastenbeseitigung, Roden von Bewuchs, Kampfmittelräumung, Sicherung kulturhistorischer Funde)	KG 210
• Ausgleichsmaßnahmen und -abgaben (z.B. Umsetzen oder Ablösen von Verpflichtungen des Artenschutzes und des Naturschutzes)	KG 240
• Bauherrenaufgaben (z.B. Projektleitung, Bedarfsplanung, Projektsteuerung, Sicherheits- und Gesundheitsschutzkoordination, Vergabeverfahren)	KG 710
• Objektplanung (z.B. Planungsleistungen für Gebäude und Innenräume, Freianlagen, Ingenieurbauwerke, Verkehrsanlagen)	KG 730
• Fachplanung (z.B. Tragwerksplanung, technische Ausrüstung, Bauphysik, Geotechnik, Ingenieurvermessung, Lichttechnik, Tageslichttechnik, Brandschutz, Altlasten)	KG 740
• Künstlerische Leistungen (z.B. Kunstwettbewerbe, Honorare)	KG 750
• Allgemeine Baunebenkosten (z.B. Beratung, Prüfungen, Genehmigungen, Abnahmen, Bemusterungskosten, Versicherungen, Vervielfältigungen, Dokumentationen, Versand- und Kommunikationskosten, Veranstaltungen)	KG 760
• Sonstige Baunebenkosten (z.B. Liegenschafts- und Gebäudebestandsdokumentationen bei Bundesbauten)	KG 790

DIN 276 Tabelle 1 – Kostengliederung

722	**Wertermittlungen**
	Gutachten zur Ermittlung von Gebäudewerten, soweit nicht in der KG 126 erfasst

DIN 276 Tabelle 2 – Mengen und Bezugseinheiten

Einheit	m^2
Bezeichnung	Brutto-Grundfläche (BGF)
Ermittlung	Gesamte Brutto-Grundfläche nach DIN 277

In dieser Kostengruppe enthalten

- Gutachten zur Ermittlung des Verkehrswerts von vorhandenen Bauwerken (z.B. Baukonstruktionen und technische Anlagen des Bauwerks, Infrastrukturanlagen)
- Gutachten zur Ermittlung des Verkehrswerts von vorhandenen Außenanlagen und Freiflächen (z.B. Wege, Straßen, Stellplätze Sport- und Spielplatzflächen, Gleisanlagen, Baukonstruktionen, technische Anlagen Einbauten, Vegetations- und Wasserflächen)
- Gutachten zum Wert von Eigenleistungen des Bauherrn

In anderen Kostengruppen enthalten

• Untersuchungen (z.B. Standortanalysen, Baugrundgutachten, Bestandsanalysen, Untersuchungen zu Artenschutz, Altlasten, Kampfmittel, kulturhistorische Funde)	KG 721
Wertermittlungen	*KG 722*
• Städtebauliche Leistungen (z.B. Bauleitplanung, städtebauliche Entwürfe und Rahmenpläne)	KG 723
• Landschaftsplanerische Leistungen (z.B. Landschaftsplan, Grünordnungsplan, Umweltverträglichkeitsstudien, Eingriffs- und Ausgleichsplanung)	KG 724
• Wettbewerbe (z.B. Ideenwettbewerbe, Realisierungswettbewerbe)	KG 725
• Sonstiges zur KG 720	KG 729
• Untersuchungen (z.B. zu Altlasten, Baugrund, Bebaubarkeit, soweit sie zur Beurteilung des Grundstückswerts dienen)	KG 125
• Wertermittlungen (z.B. von unbebauten und bebauten Grundstücken sowie grundstücksgleichen Rechten)	KG 126
• Vorbereitende Maßnahmen (z.B. Herrichten des Grundstücks, öffentliche Erschließung, Ausgleichsmaßnahmen und -abgaben, Übergangsmaßnahmen)	KG 200
• Bauherrenaufgaben (z.B. Projektleitung, Bedarfsplanung, Projektsteuerung, Sicherheits- und Gesundheitsschutzkoordination, Vergabeverfahren)	KG 710
• Objektplanung (z.B. Planungsleistungen für Gebäude und Innenräume, Freianlagen, Ingenieurbauwerke, Verkehrsanlagen)	KG 730
• Fachplanung (z.B. Tragwerksplanung, technische Ausrüstung, Bauphysik, Geotechnik, Ingenieurvermessung, Lichttechnik, Tageslichttechnik, Brandschutz, Altlasten)	KG 740
• Künstlerische Leistungen (z.B. Kunstwettbewerbe, Honorare)	KG 750
• Allgemeine Baunebenkosten (z.B. Beratung, Prüfungen, Genehmigungen, Abnahmen, Bemusterungskosten, Versicherungen, Vervielfältigungen, Dokumentationen, Versand- und Kommunikationskosten, Veranstaltungen)	KG 760
• Sonstige Baunebenkosten (z.B. Liegenschafts- und Gebäudebestandsdokumentationen bei Bundesbauten)	KG 790
• Finanzierung (z.B. Finanzierungsnebenkosten, Fremd- und Eigenkapitalzinsen, Bürgschaften)	KG 800

Erläuterungen

- Der Verkehrswert (Marktwert) ist nach der Verordnung über die Grundsätze für die Ermittlung der Verkehrswerte von Grundstücken (Immobilienwertermittlungsverordnung - ImmoWertV) zu ermitteln. Für die Ermittlung des Verkehrswerts ist der Zeitpunkt der Kostenermittlung maßgeblich.
- Zur Ermittlung des Sachwerts nach den §§ 21 bis 23 der Immobilienwertermittlungsverordnung - ImmoWertV gilt die Richtlinie zur Ermittlung des Sachwerts (Sachwertrichtlinie - SW-RL) des Bundes.

Erläuterungen

- Bei der Ermittlung der Kosten in der KG 722 ist Abschnitt 4.2.11 der DIN 276 über eingebrachte Güter und Leistungen zu beachten.

DIN 276 Tabelle 1 – Kostengliederung	
723	**Städtebauliche Leistungen**
	Bauleitplanung einschließlich Umweltbericht und städtebaulicher Entwurf, städtebauliche Rahmenpläne

DIN 276 Tabelle 2 – Mengen und Bezugseinheiten	
Einheit	m^2
Bezeichnung	Brutto-Grundfläche (BGF)
Ermittlung	Gesamte Brutto-Grundfläche nach DIN 277

In dieser Kostengruppe enthalten

- Flächennutzungsplanung (z.B. Vorbereitung der Aufstellung von Flächennutzungsplänen, Ausarbeitungen und Planfassungen, Vorentwurf für die frühzeitige Beteiligung, Entwurf zur öffentlichen Auslegung, Plan zur Beschlussfassung, Mitwirkung beim Verfahren)
- Bebauungsplanung (z.B. Vorbereitung der Aufstellung von Bebauungsplänen, Ausarbeitungen und Planfassungen, Vorentwurf für die frühzeitige Beteiligung, Entwurf zur öffentlichen Auslegung, Plan zur Beschlussfassung, Mitwirkung beim Verfahren)
- Rahmensetzende Pläne und Konzepte (z.B. Leitbilder, Entwicklungskonzepte, Masterpläne, Rahmenpläne)
- Städtebaulicher Entwurf
- Verfahrens- und Projektsteuerung, Qualitätssicherung
- Vorbereitung von Planungsgrundlagen (z.B. digitale Geländemodelle, statistische Analysen, Erhebungen, Befragungen)
- Verfahrensbegleitung (z.B. Erarbeiten eines Umweltberichts)

In anderen Kostengruppen enthalten	
• Untersuchungen (z.B. Standortanalysen, Baugrundgutachten, Bestandsanalysen, Untersuchungen zu Artenschutz, Altlasten, Kampfmittel, kulturhistorische Funde)	KG 721
• Wertermittlungen (z.B. zu Gebäudewerten, soweit nicht in KG 126)	KG 722
Städtebauliche Leistungen	*KG 723*
• Landschaftsplanerische Leistungen (z.B. Landschaftsplan, Grünordnungsplan, Umweltverträglichkeitsstudien, Eingriffs- und Ausgleichsplanung)	KG 724
• Wettbewerbe (z.B. Ideenwettbewerbe, Realisierungswettbewerbe)	KG 725
• Sonstiges zur KG 720	KG 729
• Untersuchungen (z.B. zu Altlasten, Baugrund, Bebaubarkeit, soweit sie zur Beurteilung des Grundstückswerts dienen)	KG 125
• Bodenordnung (z.B. Neuordnung und Umlegung von Grundstücken, Grenzregulierung)	KG 128
• Vorbereitende Maßnahmen (z.B. Herrichten des Grundstücks, öffentliche Erschließung, Ausgleichsmaßnahmen und -abgaben, Übergangsmaßnahmen)	KG 200
• Bauherrenaufgaben (z.B. Projektleitung, Bedarfsplanung, Projektsteuerung, Sicherheits- und Gesundheitsschutzkoordination, Vergabeverfahren)	KG 710
• Objektplanung (z.B. Planungsleistungen für Gebäude und Innenräume, Freianlagen, Ingenieurbauwerke, Verkehrsanlagen)	KG 730
• Fachplanung (z.B. Tragwerksplanung, technische Ausrüstung, Bauphysik, Geotechnik, Ingenieurvermessung, Lichttechnik, Tageslichttechnik, Brandschutz, Altlasten)	KG 740
• Künstlerische Leistungen (z.B. Kunstwettbewerbe, Honorare)	KG 750
• Allgemeine Baunebenkosten (z.B. Beratung, Prüfungen, Genehmigungen, Abnahmen, Bemusterungskosten, Versicherungen, Vervielfältigungen, Dokumentationen, Versand- und Kommunikationskosten, Veranstaltungen)	KG 760
• Sonstige Baunebenkosten (z.B. Liegenschafts- und Gebäudebestandsdokumentationen bei Bundesbauten)	KG 790

Erläuterungen

- Die Honorare und Leistungsbilder für städtebaulichen Leistungen richten sich nach der Honorarordnung für Architekten und Ingenieure (HOAI), soweit sie in Teil 2 Flächenplanung, Abschnitt 1 Bauleitplanung, sowie in Anlage 2 (Grundleistungen Flächennutzungsplan), Anlage 3 (Grundleistungen Bebauungsplan) und in Anlage 9 (Besondere Leistungen Flächenplanung) geregelt sind.

DIN 276 Tabelle 1 – Kostengliederung

724 **Landschaftsplanerische Leistungen**

Landschaftsplan, Grünordnungsplan, Biotopvernetzungsplanungen, Umweltprüfung, Umweltverträglichkeitsstudie, landschaftspflegerische Begleitplanung, Eingriffs- und Ausgleichsplanung

DIN 276 Tabelle 2 – Mengen und Bezugseinheiten

Einheit	m^2
Bezeichnung	Brutto-Grundfläche (BGF)
Ermittlung	Gesamte Brutto-Grundfläche nach DIN 277

In dieser Kostengruppe enthalten

- Landschaftspläne (z.B. Vorbereiten, Ermitteln der Planungsgrundlagen, Erstellen der vorläufigen und der abgestimmten Fassung)
- Grünordnungspläne (z.B. Vorbereiten, Ermitteln der Planungsgrundlagen, Erstellen der vorläufigen und der abgestimmten Fassung)
- Landschaftsrahmenpläne (z.B. Vorbereiten, Landschaftsanalyse, Landschaftsdiagnose, Erstellen der vorläufigen und der abgestimmten Fassung)
- Landschaftspflegerische Begleitpläne (z.B. Vorbereiten und Erstellen der vorläufigen und der abgestimmten Fassung)
- Pflege- und Entwicklungspläne (z.B. Vorbereiten und Erstellen der vorläufigen und der abgestimmten Fassung)
- Rahmensetzende Pläne und Konzepte (z.B. Leitbilder, Entwicklungskonzepte, Masterpläne, Rahmenpläne)
- Verfahrens- und Projektsteuerung, Qualitätssicherung, Vorbereitung von Planungsgrundlagen
- Verfahrensbegleitung
- Biotopvernetzungsplanungen, Umweltprüfung, Umweltverträglichkeitsstudien, Eingriffs- und Ausgleichsplanung

In anderen Kostengruppen enthalten

• Untersuchungen (z.B. Standortanalysen, Baugrundgutachten, Bestandsanalysen, Untersuchungen zu Artenschutz, Altlasten, Kampfmittel, kulturhistorische Funde)	KG 721
• Wertermittlungen (z.B. zu Gebäudewerten, soweit nicht in KG 126)	KG 722
• Städtebauliche Leistungen (z.B. Bauleitplanung, städtebauliche Entwürfe und Rahmenpläne)	KG 723
Landschaftsplanerische Leistungen	*KG 724*
• Wettbewerbe (z.B. Ideenwettbewerbe, Realisierungswettbewerbe)	KG 725
• Sonstiges zur KG 720	KG 729
• Untersuchungen (z.B. zu Altlasten, Baugrund, Bebaubarkeit, soweit sie zur Beurteilung des Grundstückswerts dienen)	KG 125
• Bodenordnung (z.B. Neuordnung und Umlegung von Grundstücken, Grenzregulierung)	KG 128
• Vorbereitende Maßnahmen (z.B. Herrichten des Grundstücks, öffentliche Erschließung, Ausgleichsmaßnahmen und -abgaben, Übergangsmaßnahmen)	KG 200
• Bauherrenaufgaben (z.B. Projektleitung, Bedarfsplanung, Projektsteuerung, Sicherheits- und Gesundheitsschutzkoordination, Vergabeverfahren)	KG 710
• Objektplanung (z.B. Planungsleistungen für Gebäude und Innenräume, Freianlagen, Ingenieurbauwerke, Verkehrsanlagen)	KG 730
• Fachplanung (z.B. Tragwerksplanung, technische Ausrüstung, Bauphysik, Geotechnik, Ingenieurvermessung, Lichttechnik, Tageslichttechnik, Brandschutz, Altlasten)	KG 740
• Künstlerische Leistungen (z.B. Kunstwettbewerbe, Honorare)	KG 750
• Allgemeine Baunebenkosten (z.B. Beratung, Prüfungen, Genehmigungen, Abnahmen, Bemusterungskosten, Versicherungen, Vervielfältigungen, Dokumentationen, Versand- und Kommunikationskosten, Veranstaltungen)	KG 760
• Sonstige Baunebenkosten (z.B. Liegenschafts- und Gebäudebestandsdokumentationen bei Bundesbauten)	KG 790

Erläuterungen

- Die Honorare und Leistungsbilder für landschaftsplanerische Leistungen richten sich nach der Honorarordnung für Architekten und Ingenieure (HOAI), soweit sie in Teil 2 Flächenplanung, Abschnitt 2 Landschaftsplanung, sowie in den Anlagen 4 bis 8 (Grundleistungen) und in Anlage 9 (Besondere Leistungen Flächenplanung) geregelt sind.

DIN 276 Tabelle 1 – Kostengliederung

725	**Wettbewerbe**
	Durchführung von Ideenwettbewerben und Realisierungswettbewerben

DIN 276 Tabelle 2 – Mengen und Bezugseinheiten

Einheit	m²
Bezeichnung	Brutto-Grundfläche (BGF)
Ermittlung	Gesamte Brutto-Grundfläche nach DIN 277

In dieser Kostengruppe enthalten

- Wettbewerbe für verschiedene Aufgabenfelder (z.B. Städtebau, Stadtplanung, Stadtentwicklung, Landschafts- und Freiraumplanung, Planung von Gebäuden und Innenräumen, Planung von Ingenieurbauwerken und Verkehrsanlagen, technische Fachplanungen)
- Realisierungswettbewerbe (mit Realisierungsabsicht, zur Realisierung des Wettbewerbsergebnisses)
- Ideenwettbewerbe (ohne Realisierungsabsicht, z.B. zur Findung konzeptioneller Lösungen, zur Klärung der Grundlagen einer Planungsaufgabe)
- Wettbewerbe in verschiedenen Verfahrensweisen (z.B. offene und nichtoffene Wettbewerbe, zweiphasige und kooperative Verfahren)
- Alle Aufwendungen für die Durchführung eines Wettbewerbs (z.B. Vorbereitung, Auslobung, Kolloquien, Vorprüfung, Preisgericht, Preise und Anerkennungen, Dokumentation, Veröffentlichung)

In anderen Kostengruppen enthalten

• Untersuchungen (z.B. Standortanalysen, Baugrundgutachten, Bestandsanalysen, Untersuchungen zu Artenschutz, Altlasten, Kampfmittel, kulturhistorische Funde)	KG 721
• Wertermittlungen (z.B. zu Gebäudewerten, soweit nicht in KG 126)	KG 722
• Städtebauliche Leistungen (z.B. Bauleitplanung, städtebauliche Entwürfe und Rahmenpläne)	KG 723
• Landschaftsplanerische Leistungen (z.B. Landschaftsplan, Grünordnungsplan, Umweltverträglichkeitsstudien, Eingriffs- und Ausgleichsplanung)	KG 724
Wettbewerbe	*KG 725*
• Sonstiges zur KG 720	KG 729
• Bauherrenaufgaben (z.B. Projektleitung, Bedarfsplanung, Projektsteuerung, Sicherheits- und Gesundheitsschutzkoordination, Vergabeverfahren)	KG 710
• Objektplanung (z.B. Planungsleistungen für Gebäude und Innenräume, Freianlagen, Ingenieurbauwerke, Verkehrsanlagen)	KG 730
• Fachplanung (z.B. Tragwerksplanung, technische Ausrüstung, Bauphysik, Geotechnik, Ingenieurvermessung, Lichttechnik, Tageslichttechnik, Brandschutz, Altlasten)	KG 740
• Künstlerische Leistungen (z.B. Kunstwettbewerbe, Honorare)	KG 750
• Kunstwettbewerbe	KG 751
• Allgemeine Baunebenkosten (z.B. Beratung, Prüfungen, Genehmigungen, Abnahmen, Bemusterungskosten, Versicherungen, Vervielfältigungen, Dokumentationen, Versand- und Kommunikationskosten, Veranstaltungen)	KG 760
• Sonstige Baunebenkosten (z.B. Liegenschafts- und Gebäudebestandsdokumentationen bei Bundesbauten)	KG 790

Erläuterungen

- Die Durchführung von Wettbewerben ist in der Richtlinie für Planungswettbewerbe (RPW 2013) geregelt.

  Die RPW 2013 ist von den jeweils zuständigen Bundes- und Landesministerien in Abstimmung mit der Bundesarchitektenkammer und der Bundesingenieurkammer als verbindliche Richtlinie für ihre Zuständigkeitsbereiche eingeführt worden.

DIN 276 Tabelle 1 – Kostengliederung	
729	**Sonstiges zur KG 720**

DIN 276 Tabelle 2 – Mengen und Bezugseinheiten	
Einheit	m^2
Bezeichnung	Brutto-Grundfläche (BGF)
Ermittlung	Gesamte Brutto-Grundfläche nach DIN 277

In dieser Kostengruppe enthalten

- Sonstige Kosten für die Vorbereitung der Objektplanung, die nicht den KG 721 bis 725 zuzuordnen sind

In anderen Kostengruppen enthalten

• Untersuchungen (z.B. Standortanalysen, Baugrundgutachten, Bestandsanalysen, Untersuchungen zu Artenschutz, Altlasten, Kampfmittel, kulturhistorische Funde)	KG 721
• Wertermittlungen (z.B. zu Gebäudewerten, soweit nicht in KG 126)	KG 722
• Städtebauliche Leistungen (z.B. Bauleitplanung, städtebauliche Entwürfe und Rahmenpläne)	KG 723
• Landschaftsplanerische Leistungen (z.B. Landschaftsplan, Grünordnungsplan, Umweltverträglichkeitsstudien, Eingriffs- uns Ausgleichsplanung)	KG 724
• Wettbewerbe (z.B. Ideenwettbewerbe, Realisierungswettbewerbe)	KG 725
Sonstiges zur KG 720	*KG 729*
• Grundstücksnebenkosten (z.B. Vermessungsgebühren, Untersuchungen, Wertermittlungen, Bodenordnung)	KG 120
• Vorbereitende Maßnahmen (z.B. Herrichten des Grundstücks, öffentliche Erschließung, Ausgleichsmaßnahmen und -abgaben, Übergangsmaßnahmen)	KG 200
• Bauherrenaufgaben (z.B. Projektleitung, Bedarfsplanung, Projektsteuerung, Sicherheits- und Gesundheitsschutzkoordination, Vergabeverfahren)	KG 710
• Objektplanung (z.B. Planungsleistungen für Gebäude und Innenräume, Freianlagen, Ingenieurbauwerke, Verkehrsanlagen)	KG 730
• Fachplanung (z.B. Tragwerksplanung, technische Ausrüstung, Bauphysik, Geotechnik, Ingenieurvermessung, Lichttechnik, Tageslichttechnik, Brandschutz, Altlasten)	KG 740
• Künstlerische Leistungen (z.B. Kunstwettbewerbe, Honorare)	KG 750
• Allgemeine Baunebenkosten (z.B. Beratung, Prüfungen, Genehmigungen, Abnahmen, Bemusterungskosten, Versicherungen, Vervielfältigungen, Dokumentationen, Versand- und Kommunikationskosten, Veranstaltungen)	KG 760
• Sonstige Baunebenkosten (z.B. Liegenschafts- und Gebäudebestandsdokumentationen bei Bundesbauten)	KG 790

DIN 276 Tabelle 1 – Kostengliederung	
730	**Objektplanung** Planung und Überwachung der Ausführung

DIN 276 Tabelle 2 – Mengen und Bezugseinheiten	
Einheit	m^2
Bezeichnung	Brutto-Grundfläche (BGF)
Ermittlung	Gesamte Brutto-Grundfläche nach DIN 277

In dieser Kostengruppe enthalten

KG 731	Gebäude und Innenräume (z.B. Objektplanung für Neubauten, Wiederaufbauten, Erweiterungsbauten, Umbauten, Modernisierungen von Gebäuden und Innenräumen)
KG 732	Freianlagen (z.B. Objektplanung für Außenanlagen und Freiflächen)
KG 733	Ingenieurbauwerke (z.B. Objektplanung für Bauwerke und Anlagen der Wasserversorgung, Abwasserentsorgung, des Wasserbaus, der Abfallentsorgung, sowie für konstruktive Ingenieurbauwerke von Verkehrsanlagen)
KG 734	Verkehrsanlagen (z.B. Objektplanung für Anlagen des Straßenverkehrs, Schienenverkehrs und Flugverkehrs)
KG 739	Sonstiges zur KG 730

In anderen Kostengruppen enthalten

• Bauherrenaufgaben (z.B. Projektleitung, Bedarfsplanung, Projektsteuerung, Sicherheits- und Gesundheitsschutzkoordination, Vergabeverfahren)	KG 710
• Vorbereitung der Objektplanung (z.B. Untersuchungen, Wertermittlungen, städtebauliche Leistungen, landschaftsplanerische Leistungen, Wettbewerbe)	KG 720
Objektplanung	*KG 730*
• Fachplanung (z.B. Tragwerksplanung, technische Ausrüstung, Bauphysik, Geotechnik, Ingenieurvermessung, Lichttechnik, Tageslichttechnik, Brandschutz, Altlasten)	KG 740
• Künstlerische Leistungen (z.B. Kunstwettbewerbe, Honorare für geistig-schöpferische Leistungen für Kunstwerke oder künstlerisch gestaltete Bauteile)	KG 750
• Allgemeine Baunebenkosten (z.B. Gutachten, Beratung, Prüfungen, Genehmigungen, Abnahmen, Bewirtschaftungskosten, Bemusterungskosten, Betriebskosten nach der Abnahme, Versicherungen, Vervielfältigungen, Dokumentationen, Versand- und Kommunikationskosten, Veranstaltungen)	KG 760
• Sonstige Baunebenkosten (z.B. Liegenschafts- und Gebäudebestandsdokumentationen bei Bundesbauten)	KG 790
• Untersuchungen (z.B. zu Altlasten, Baugrund, Bebaubarkeit, soweit sie zur Beurteilung des Grundstückswerts dienen)	KG 125
• Wertermittlungen (z.B. von unbebauten und bebauten Grundstücken sowie grundstücksgleichen Rechten)	KG 126
• Bodenordnung (z.B. Neuordnung und Umlegung von Grundstücken, Grenzregulierung)	KG 128
• Finanzierungsnebenkosten (z.B. Finanzierungsplanung, Beschaffung von Finanzierungsmitteln)	KG 810

Erläuterungen

- Die Honorare und Leistungsbilder für die Objektplanungsleistungen (Grundleistungen und besondere Leistungen) richten sich nach der Honorarordnung für Architekten und Ingenieure (HOAI), soweit sie in Teil 3 Objektplanung sowie in den Anlagen 10 bis 13 geregelt sind.
- Planungskosten für vorbereitende Maßnahmen (z.B. für Herrichten des Grundstücks, öffentliche und nichtöffentliche Erschließung, Übergangsmaßnahmen), die zeitlich vorgezogen – d.h. nicht unmittelbar in einem zeitlichen Zusammenhang mit dem eigentlichen Bauprojekt – durchgeführt worden sind, können ggf. auch in der KG 200 erfasst werden.

DIN 276 Tabelle 1 – Kostengliederung	
731	**Gebäude und Innenräume**

DIN 276 Tabelle 2 – Mengen und Bezugseinheiten	
Einheit	m²
Bezeichnung	Brutto-Grundfläche (BGF)
Ermittlung	Gesamte Brutto-Grundfläche nach DIN 277

In dieser Kostengruppe enthalten

- Leistungsphase 1 Grundlagenermittlung (z.B. Klären der Aufgabenstellung, Ortsbesichtigung)
- Leistungsphase 2 Vorplanung (z.B. Zeichnungen, Kostenschätzung nach DIN 276, Terminplan)
- Leistungsphase 3 Entwurfsplanung (z.B. Zeichnungen, Kostenberechnung nach DIN 276)
- Leistungsphase 4 Genehmigungsplanung (z.B. Vorlagen für öffentlich-rechtliche Genehmigungen)
- Leistungsphase 5 Ausführungsplanung (z.B. Ausführungs-, Detail- und Konstruktionszeichnungen)
- Leistungsphase 6 Vorbereitung der Vergabe (z.B. Leistungsverzeichnisse, Kostenermittlung mit bepreisten Leistungsverzeichnissen, Kostenkontrolle)
- Leistungsphase 7 Mitwirkung bei der Vergabe (z.B. Einholen, Prüfen und Werten der Angebote, Preisspiegel, Vergabevorschläge)
- Leistungsphase 8 Objektüberwachung und Dokumentation (z.B. Überwachen der Ausführung, Kostenkontrolle, Kostenfeststellung nach DIN 276, Übergabe des Objekts)
- Leistungsphase 9 Objektbetreuung (z.B. Bewerten der Gewährleistungsansprüche)

In anderen Kostengruppen enthalten

Gebäude und Innenräume	*KG 731*
• Freianlagen (z.B. Objektplanung für Außenanlagen und Freiflächen)	KG 732
• Ingenieurbauwerke (z.B. Objektplanung für Bauwerke und Anlagen der Wasserversorgung, Abwasserentsorgung, des Wasserbaus, der Abfallentsorgung, sowie für konstruktive Ingenieurbauwerke von Verkehrsanlagen)	KG 733
• Verkehrsanlagen (z.B. Objektplanung für Anlagen des Straßenverkehrs, Schienenverkehrs und Flugverkehrs)	KG 734
• Sonstiges zur KG 730	KG 739
• Bauherrenaufgaben (z.B. Projektleitung, Bedarfsplanung, Projektsteuerung, Sicherheits- und Gesundheitsschutzkoordination, Vergabeverfahren)	KG 710
• Vorbereitung der Objektplanung (z.B. Untersuchungen, Wertermittlungen, städtebauliche Leistungen, landschaftsplanerische Leistungen, Wettbewerbe)	KG 720
• Fachplanung (z.B. Tragwerksplanung, technische Ausrüstung, Bauphysik, Geotechnik, Ingenieurvermessung, Lichttechnik, Tageslichttechnik, Brandschutz, Altlasten)	KG 740
• Künstlerische Leistungen (z.B. Kunstwettbewerbe, Honorare für geistig-schöpferische Leistungen für Kunstwerke oder künstlerisch gestaltete Bauteile)	KG 750
• Allgemeine Baunebenkosten (z.B. Gutachten, Beratung, Prüfungen, Genehmigungen, Abnahmen, Bewirtschaftungskosten, Bemusterungskosten, Betriebskosten nach der Abnahme, Versicherungen, Vervielfältigungen, Dokumentationen, Versand- und Kommunikationskosten, Veranstaltungen)	KG 760
• Sonstige Baunebenkosten (z.B. Liegenschafts- und Gebäudebestandsdokumentationen bei Bundesbauten)	KG 790

Erläuterungen

- Die Honorare und das Leistungsbild für die Objektplanungsleistungen der Gebäude und Innenräume (Grundleistungen und besondere Leistungen) richten sich nach der Honorarordnung für Architekten und Ingenieure (HOAI), soweit sie in Teil 3 Objektplanung, Abschnitt 1, sowie in der Anlage 10 geregelt sind.
- Planungskosten für vorbereitende Maßnahmen (z.B. für Herrichten des Grundstücks, öffentliche und nichtöffentliche Erschließung, Übergangsmaßnahmen), die zeitlich vorgezogen – d.h. nicht unmittelbar in einem zeitlichen Zusammenhang mit dem eigentlichen Bauprojekt – durchgeführt worden sind, können ggf. auch in der KG 200 erfasst werden.

Erläuterungen

- Planungsleistungen der ausführenden Firmen (z.B. Werkstatt- und Montagezeichnungen, technische Bestandspläne) sind in der Regel als Nebenleistungen bzw. besondere Leistungen in den Kosten der Bauleistungen enthalten oder im Fall, dass sie gesondert vergütet werden, in den jeweiligen Kostengruppen der KG 300, KG 400 und KG 500 zu erfassen.

DIN 276 Tabelle 1 – Kostengliederung	
732	**Freianlagen**

DIN 276 Tabelle 2 – Mengen und Bezugseinheiten	
Einheit	m^2
Bezeichnung	Brutto-Grundfläche (BGF)
Ermittlung	Gesamte Brutto-Grundfläche nach DIN 277

In dieser Kostengruppe enthalten

- Leistungsphase 1 Grundlagenermittlung (z.B. Klären der Aufgabenstellung, Ortsbesichtigung)
- Leistungsphase 2 Vorplanung (z.B. Planungskonzept, Kostenschätzung nach DIN 276)
- Leistungsphase 3 Entwurfsplanung (z.B. Darstellen des Entwurfs, Kostenberechnung nach DIN 276)
- Leistungsphase 4 Genehmigungsplanung (z.B. Vorlagen für öffentlich-rechtliche Genehmigungen)
- Leistungsphase 5 Ausführungsplanung (z.B. Pläne, Beschreibungen, Darstellen der Freianlagen)
- Leistungsphase 6 Vorbereitung der Vergabe (z.B. Leistungsverzeichnisse, Kostenermittlung mit bepreisten Leistungsverzeichnissen, Kostenkontrolle)
- Leistungsphase 7 Mitwirkung bei der Vergabe (z.B. Einholen, Prüfen und Werten der Angebote, Preisspiegel, Vergabevorschläge)
- Leistungsphase 8 Objektüberwachung und Dokumentation (z.B. Überwachen der Ausführung, Kostenkontrolle, Kostenfeststellung nach DIN 276, Übergabe des Objekts)
- Leistungsphase 9 Objektbetreuung (z.B. Bewerten der Gewährleistungsansprüche)

In anderen Kostengruppen enthalten

• Gebäude und Innenräume (z.B. Objektplanung für Neubauten, Wiederaufbauten, Erweiterungsbauten, Umbauten, Modernisierungen von Gebäuden und Innenräumen)	KG 731
Freianlagen	*KG 732*
• Ingenieurbauwerke (z.B. Objektplanung für Bauwerke und Anlagen der Wasserversorgung, Abwasserentsorgung, des Wasserbaus, der Abfallentsorgung, sowie für konstruktive Ingenieurbauwerke von Verkehrsanlagen)	KG 733
• Verkehrsanlagen (z.B. Objektplanung für Anlagen des Straßenverkehrs, Schienenverkehrs und Flugverkehrs)	KG 734
• Sonstiges zur KG 730	KG 739
• Bauherrenaufgaben (z.B. Projektleitung, Bedarfsplanung, Projektsteuerung, Sicherheits- und Gesundheitsschutzkoordination, Vergabeverfahren)	KG 710
• Vorbereitung der Objektplanung (z.B. Untersuchungen, Wertermittlungen, städtebauliche Leistungen, landschaftsplanerische Leistungen, Wettbewerbe)	KG 720
• Fachplanung (z.B. Tragwerksplanung, technische Ausrüstung, Bauphysik, Geotechnik, Ingenieurvermessung, Lichttechnik, Tageslichttechnik, Brandschutz, Altlasten)	KG 740
• Künstlerische Leistungen (z.B. Kunstwettbewerbe, Honorare für geistig-schöpferische Leistungen für Kunstwerke oder künstlerisch gestaltete Bauteile)	KG 750
• Allgemeine Baunebenkosten (z.B. Gutachten, Beratung, Prüfungen, Genehmigungen, Abnahmen, Bewirtschaftungskosten, Bemusterungskosten, Betriebskosten nach der Abnahme, Versicherungen, Vervielfältigungen, Dokumentationen, Versand- und Kommunikationskosten, Veranstaltungen)	KG 760
• Sonstige Baunebenkosten (z.B. Liegenschafts- und Gebäudebestandsdokumentationen bei Bundesbauten)	KG 790

Erläuterungen

- Die Honorare und das Leistungsbild für die Objektplanungsleistungen der Freianlagen (Grundleistungen und besondere Leistungen) richten sich nach der Honorarordnung für Architekten und Ingenieure (HOAI), soweit sie in Teil 3 Objektplanung, Abschnitt 2, sowie in der Anlage 11 geregelt sind.

Erläuterungen

- Planungskosten für vorbereitende Maßnahmen (z.B. für Herrichten des Grundstücks, öffentliche und nichtöffentliche Erschließung, Übergangsmaßnahmen), die zeitlich vorgezogen – d.h. nicht unmittelbar in einem zeitlichen Zusammenhang mit dem eigentlichen Bauprojekt - durchgeführt worden sind, können ggf. auch in der KG 200 erfasst werden.
- Planungsleistungen der ausführenden Firmen (z.B. Werkstatt- und Montagezeichnungen, technische Bestandspläne) sind in der Regel als Nebenleistungen bzw. besondere Leistungen in den Kosten der Bauleistungen enthalten oder bei gesonderter Vergütung in den jeweiligen Kostengruppen der KG 300, KG 400 und KG 500 zu erfassen.

DIN 276 Tabelle 1 – Kostengliederung

733 **Ingenieurbauwerke**

DIN 276 Tabelle 2 – Mengen und Bezugseinheiten

Einheit	m^2
Bezeichnung	Brutto-Grundfläche (BGF)
Ermittlung	Gesamte Brutto-Grundfläche nach DIN 277

In dieser Kostengruppe enthalten

- Leistungsphase 1 Grundlagenermittlung (z.B. Klären der Aufgabenstellung, Ortsbesichtigung)
- Leistungsphase 2 Vorplanung (z.B. Planungskonzept, Kostenschätzung)
- Leistungsphase 3 Entwurfsplanung (z.B. Entwurf, Kostenberechnung)
- Leistungsphase 4 Genehmigungsplanung (z.B. Unterlagen für öffentlich-rechtliche Genehmigungen)
- Leistungsphase 5 Ausführungsplanung (z.B. Zeichnungen, Erläuterungen, Berechnungen)
- Leistungsphase 6 Vorbereitung der Vergabe (z.B. Leistungsverzeichnisse, Kostenermittlung mit bepreisten Leistungsverzeichnissen, Kostenkontrolle)
- Leistungsphase 7 Mitwirkung bei der Vergabe (z.B. Einholen, Prüfen und Werten der Angebote, Preisspiegel, Vergabevorschläge)
- Leistungsphase 8 Objektüberwachung und Dokumentation (z.B. Aufsicht über die Bauüberwachung, Kostenfeststellung, Übergabe des Objekts)
- Leistungsphase 9 Objektbetreuung (z.B. Bewerten der Gewährleistungsansprüche)

In anderen Kostengruppen enthalten

• Gebäude und Innenräume (z.B. Objektplanung für Neubauten, Wiederaufbauten, Erweiterungsbauten, Umbauten, Modernisierungen von Gebäuden und Innenräumen)	KG 731
• Freianlagen (z.B. Objektplanung für Außenanlagen und Freiflächen)	KG 732
Ingenieurbauwerke	*KG 733*
• Verkehrsanlagen (z.B. Objektplanung für Anlagen des Straßenverkehrs, Schienenverkehrs und Flugverkehrs)	KG 734
• Sonstiges zur KG 730	KG 739
• Bauherrenaufgaben (z.B. Projektleitung, Bedarfsplanung, Projektsteuerung, Sicherheits- und Gesundheitsschutzkoordination, Vergabeverfahren)	KG 710
• Vorbereitung der Objektplanung (z.B. Untersuchungen, Wertermittlungen, städtebauliche Leistungen, landschaftsplanerische Leistungen, Wettbewerbe)	KG 720
• Fachplanung (z.B. Tragwerksplanung, technische Ausrüstung, Bauphysik, Geotechnik, Ingenieurvermessung, Lichttechnik, Tageslichttechnik, Brandschutz, Altlasten)	KG 740
• Künstlerische Leistungen (z.B. Kunstwettbewerbe, Honorare für geistig-schöpferische Leistungen für Kunstwerke oder künstlerisch gestaltete Bauteile)	KG 750
• Allgemeine Baunebenkosten (z.B. Gutachten, Beratung, Prüfungen, Genehmigungen, Abnahmen, Bewirtschaftungskosten, Bemusterungskosten, Betriebskosten nach der Abnahme, Versicherungen, Vervielfältigungen, Dokumentationen, Versand- und Kommunikationskosten, Veranstaltungen)	KG 760
• Sonstige Baunebenkosten (z.B. Liegenschafts- und Gebäudebestandsdokumentationen bei Bundesbauten)	KG 790

Erläuterungen

- Die Honorare und das Leistungsbild für die Objektplanungsleistungen der Ingenieurbauwerke (Grundleistungen und besondere Leistungen) richten sich nach der Honorarordnung für Architekten und Ingenieure (HOAI), soweit sie in Teil 3 Objektplanung, Abschnitt 3, sowie in der Anlage 12 geregelt sind.
- Planungskosten für vorbereitende Maßnahmen (z.B. für Herrichten des Grundstücks, öffentliche und nichtöffentliche Erschließung, Übergangsmaßnahmen), die zeitlich vorgezogen – d.h. nicht unmittelbar in einem zeitlichen Zusammenhang mit dem eigentlichen Bauprojekt – durchgeführt worden sind, können ggf. auch in der KG 200 erfasst werden.

Erläuterungen

- Planungsleistungen der ausführenden Firmen (z.B. Werkstatt- und Montagezeichnungen, technische Bestandspläne) sind in der Regel als Nebenleistungen bzw. besondere Leistungen in den Kosten der Bauleistungen enthalten oder bei gesonderter Vergütung in den jeweiligen Kostengruppen der KG 300, KG 400 und KG 500 zu erfassen.

DIN 276 Tabelle 1 – Kostengliederung	
734	**Verkehrsanlagen**

DIN 276 Tabelle 2 – Mengen und Bezugseinheiten	
Einheit	m^2
Bezeichnung	Brutto-Grundfläche (BGF)
Ermittlung	Gesamte Brutto-Grundfläche nach DIN 277

In dieser Kostengruppe enthalten

- Leistungsphase 1 Grundlagenermittlung (z.B. Klären der Aufgabenstellung, Ortsbesichtigung)
- Leistungsphase 2 Vorplanung (z.B. Planungskonzept, Kostenschätzung)
- Leistungsphase 3 Entwurfsplanung (z.B. Entwurf, Kostenberechnung)
- Leistungsphase 4 Genehmigungsplanung (z.B. Unterlagen für öffentlich-rechtliche Genehmigungen)
- Leistungsphase 5 Ausführungsplanung (z.B. Zeichnungen, Erläuterungen, Berechnungen)
- Leistungsphase 6 Vorbereitung der Vergabe (z.B. Leistungsverzeichnisse, Kostenermittlung mit bepreisten Leistungsverzeichnissen, Kostenkontrolle)
- Leistungsphase 7 Mitwirkung bei der Vergabe (z.B. Einholen, Prüfen und Werten der Angebote, Preisspiegel, Vergabevorschläge)
- Leistungsphase 8 Objektüberwachung und Dokumentation (z.B. Aufsicht über die Bauüberwachung, Kostenfeststellung, Übergabe des Objekts)
- Leistungsphase 9 Objektbetreuung (z.B. Bewerten der Gewährleistungsansprüche)

In anderen Kostengruppen enthalten

• Gebäude und Innenräume (z.B. Objektplanung für Neubauten, Wiederaufbauten, Erweiterungsbauten, Umbauten, Modernisierungen von Gebäuden und Innenräumen)	KG 731
• Freianlagen (z.B. Objektplanung für Außenanlagen und Freiflächen)	KG 732
• Ingenieurbauwerke (z.B. Objektplanung für Bauwerke und Anlagen der Wasserversorgung, Abwasserentsorgung, des Wasserbaus, der Abfallentsorgung, sowie für konstruktive Ingenieurbauwerke von Verkehrsanlagen	KG 733
Verkehrsanlagen	*KG 734*
• Sonstiges zur KG 730	KG 739
• Bauherrenaufgaben (z.B. Projektleitung, Bedarfsplanung, Projektsteuerung, Sicherheits- und Gesundheitsschutzkoordination, Vergabeverfahren)	KG 710
• Vorbereitung der Objektplanung (z.B. Untersuchungen, Wertermittlungen, städtebauliche Leistungen, landschaftsplanerische Leistungen, Wettbewerbe)	KG 720
• Fachplanung (z.B. Tragwerksplanung, technische Ausrüstung, Bauphysik, Geotechnik, Ingenieurvermessung, Lichttechnik, Tageslichttechnik, Brandschutz, Altlasten)	KG 740
• Künstlerische Leistungen (z.B. Kunstwettbewerbe, Honorare für geistig-schöpferische Leistungen für Kunstwerke oder künstlerisch gestaltete Bauteile)	KG 750
• Allgemeine Baunebenkosten (z.B. Gutachten, Beratung, Prüfungen, Genehmigungen, Abnahmen, Bewirtschaftungskosten, Bemusterungskosten, Betriebskosten nach der Abnahme, Versicherungen, Vervielfältigungen, Dokumentationen, Versand- und Kommunikationskosten, Veranstaltungen)	KG 760
• Sonstige Baunebenkosten (z.B. Liegenschafts- und Gebäudebestandsdokumentationen bei Bundesbauten)	KG 790

Erläuterungen

- Die Honorare und das Leistungsbild für Verkehrsanlagen(Grundleistungen und besondere Leistungen) richten sich nach der Honorarordnung für Architekten und Ingenieure (HOAI), soweit sie in Teil 3 Objektplanung, Abschnitt 4, sowie in der Anlage 13 geregelt sind.

Erläuterungen

- Planungskosten für vorbereitende Maßnahmen (z.B. für Herrichten des Grundstücks, öffentliche und nichtöffentliche Erschließung, Übergangsmaßnahmen), die zeitlich vorgezogen – d.h. nicht unmittelbar in einem zeitlichen Zusammenhang mit dem eigentlichen Bauprojekt – durchgeführt worden sind, können ggf. auch in der KG 200 erfasst werden.
- Planungsleistungen der ausführenden Firmen (z.B. Werkstatt- und Montagezeichnungen, technische Bestandspläne) sind in der Regel als Nebenleistungen bzw. besondere Leistungen in den Kosten der Bauleistungen enthalten oder bei gesonderter Vergütung in den jeweiligen Kostengruppen der KG 300, KG 400 und KG 500 zu erfassen

DIN 276 Tabelle 1 – Kostengliederung	
739	**Sonstiges zur KG 730**

DIN 276 Tabelle 2 – Mengen und Bezugseinheiten	
Einheit	m^2
Bezeichnung	Brutto-Grundfläche (BGF)
Ermittlung	Gesamte Brutto-Grundfläche nach DIN 277

In dieser Kostengruppe enthalten

- Sonstige Kosten für die Objektplanung, die nicht den KG 731 bis 734 zuzuordnen sind.

In anderen Kostengruppen enthalten

• Gebäude und Innenräume (z.B. Objektplanung für Neubauten, Wiederaufbauten, Erweiterungsbauten, Umbauten, Modernisierungen von Gebäuden und Innenräumen)	KG 731
• Freianlagen (z.B. Objektplanung für Außenanlagen und Freiflächen)	KG 732
• Ingenieurbauwerke (z.B. Objektplanung für Bauwerke und Anlagen der Wasserversorgung, Abwasserentsorgung, des Wasserbaus, der Abfallentsorgung, sowie für konstruktive Ingenieurbauwerke von Verkehrsanlagen)	KG 733
• Verkehrsanlagen (z.B. Objektplanung für Anlagen des Straßenverkehrs, Schienenverkehrs und Flugverkehrs)	KG 734
Sonstiges zur KG 730	*KG 739*
• Grundstücksnebenkosten (z.B. Vermessungsgebühren, Untersuchungen, Wertermittlungen, Bodenordnung)	KG 120
• Bauherrenaufgaben (z.B. Projektleitung, Bedarfsplanung, Projektsteuerung, Sicherheits- und Gesundheitsschutzkoordination, Vergabeverfahren)	KG 710
• Vorbereitung der Objektplanung (z.B. Untersuchungen, Wertermittlungen, städtebauliche Leistungen, landschaftsplanerische Leistungen, Wettbewerbe)	KG 720
• Fachplanung (z.B. Tragwerksplanung, technische Ausrüstung, Bauphysik, Geotechnik, Ingenieurvermessung, Lichttechnik, Tageslichttechnik, Brandschutz, Altlasten)	KG 740
• Künstlerische Leistungen (z.B. Kunstwettbewerbe, Honorare für geistig-schöpferische Leistungen für Kunstwerke oder künstlerisch gestaltete Bauteile)	KG 750
• Allgemeine Baunebenkosten (z.B. Gutachten, Beratung, Prüfungen, Genehmigungen, Abnahmen, Bewirtschaftungskosten, Bemusterungskosten, Betriebskosten nach der Abnahme, Versicherungen, Vervielfältigungen, Dokumentationen, Versand- und Kommunikationskosten, Veranstaltungen)	KG 760
• Sonstige Baunebenkosten (z.B. Liegenschafts- und Gebäudebestandsdokumentationen bei Bundesbauten)	KG 790
• Finanzierungsnebenkosten (z.B. Finanzierungsplanung, Beschaffung von Finanzierungsmitteln)	KG 810

Erläuterungen

- Die Honorare und Leistungsbilder für die Objektplanungsleistungen (Grundleistungen und besondere Leistungen) richten sich nach der Honorarordnung für Architekten und Ingenieure (HOAI), soweit sie in Teil 3 Objektplanung sowie in den Anlagen 10 bis 13 geregelt sind.
- Planungskosten für vorbereitende Maßnahmen (z.B. für Herrichten des Grundstücks, öffentliche und nichtöffentliche Erschließung, Übergangsmaßnahmen), die zeitlich vorgezogen – d.h. nicht unmittelbar in einem zeitlichen Zusammenhang mit dem eigentlichen Bauprojekt – durchgeführt worden sind, können ggf. auch in der KG 200 erfasst werden.
- Planungsleistungen der ausführenden Firmen (z.B. Werkstatt- und Montagezeichnungen, technische Bestandspläne) sind in der Regel als Nebenleistungen bzw. besondere Leistungen in den Kosten der Bauleistungen enthalten oder bei gesonderter Vergütung in den jeweiligen Kostengruppen der KG 300, KG 400 und KG 500 zu erfassen.

DIN 276 Tabelle 1 – Kostengliederung	
740	**Fachplanung**
	Planung und Überwachung der Ausführung

DIN 276 Tabelle 2 – Mengen und Bezugseinheiten	
Einheit	m^2
Bezeichnung	Brutto-Grundfläche (BGF)
Ermittlung	Gesamte Brutto-Grundfläche nach DIN 277

In dieser Kostengruppe enthalten

KG 741	Tragwerksplanung (z.B. statische Fachplanung für die Objektplanung von Gebäuden und Ingenieurbauwerken)
KG 742	Technische Ausrüstung (z.B. technische Fachplanung für Gebäude, Innenräume, Außenanlagen und Freiflächen, Ingenieurbauwerke, Verkehrsanlagen)
KG 743	Bauphysik (z.B. Wärmeschutz, Energiebilanzierung, Bauakustik, Raumakustik)
KG 744	Geotechnik (z.B. Boden- und Felsmechanik, Baugrund-, Grundwasser- und Gründungstechnik)
KG 745	Ingenieurvermessung (z.B. planungsbegleitende Vermessung, Bauvermessung, vermessungstechnische Bestandsdokumentation)
KG 746	Lichttechnik, Tageslichttechnik (z.B. Lichtplanung, Lichtdesign, Beleuchtungstechnik bei der Veranstaltungs- und Bühnentechnik)
KG 747	Brandschutz (z.B. vorbeugender Brandschutz, baulicher, anlagentechnischer und organisatorischer Brandschutz, Brandschutzkonzepte, Fluchtwegepläne, Alarmpläne)
KG 748	Altlasten, Kampfmittel, kulturhistorische Funde (z.B. Planungen für Altlastenbeseitigung, Kampfmittelräumung und die Sicherung kulturhistorischer Funde)
KG 749	Sonstiges zur KG 740 (z.B. Fassadenplanung, Geothermie)

In anderen Kostengruppen enthalten

• Bauherrenaufgaben (z.B. Projektleitung, Bedarfsplanung, Projektsteuerung, Sicherheits- und Gesundheitsschutzkoordination, Vergabeverfahren)	KG 710
• Vorbereitung der Objektplanung (z.B. Untersuchungen, Wertermittlungen, städtebauliche Leistungen, landschaftsplanerische Leistungen, Wettbewerbe)	KG 720
• Objektplanung (z.B. für Gebäude und Innenräume, Freianlagen, Ingenieurbauwerke, Verkehrsanlagen)	KG 730
Fachplanung	*KG 740*
• Künstlerische Leistungen (z.B. Kunstwettbewerbe, Honorare für geistig-schöpferische Leistungen für Kunstwerke oder künstlerisch gestaltete Bauteile)	KG 750
• Allgemeine Baunebenkosten (z.B. Gutachten, Beratung, Prüfungen, Genehmigungen, Abnahmen, Bewirtschaftungskosten, Bemusterungskosten, Betriebskosten nach der Abnahme, Versicherungen, Vervielfältigungen, Dokumentationen, Versand- und Kommunikationskosten, Veranstaltungen)	KG 760
• Sonstige Baunebenkosten (z.B. Liegenschafts- und Gebäudebestandsdokumentationen bei Bundesbauten)	KG 790
• Vermessungsgebühren (z.B. Grenzvermessung, Vermessung zu Übernahme in das Liegenschaftskataster)	KG 121
• Untersuchungen (z.B. zu Altlasten, Baugrund, Bebaubarkeit, soweit sie zur Beurteilung des Grundstückswerts dienen)	KG 125
• Wertermittlungen (z.B. von unbebauten und bebauten Grundstücken sowie grundstücksgleichen Rechten)	KG 126
• Bodenordnung (z.B. Neuordnung und Umlegung von Grundstücken, Grenzregulierung)	KG 128
• Herrichten des Grundstücks (z.B. Altlastenbeseitigung, Kampfmittelräumung, Sicherung von kulturhistorischen Funden)	KG 210
• Finanzierungsnebenkosten (z.B. Finanzierungsplanung, Beschaffung von Finanzierungsmitteln)	KG 810

Erläuterungen

- Die Honorare und Leistungsbilder für Fachplanungsleistungen (Grundleistungen und besondere Leistungen) richten sich nach der Honorarordnung für Architekten und Ingenieure (HOAI), soweit sie in Teil 4 Fachplanung, Abschnitt 1 Tragwerksplanung und Abschnitt 2 Technische Ausrüstung, sowie in den Anlagen 14 und 15 geregelt sind.
- Die Honorare für Beratungsleistungen der Bauphysik, Geotechnik und Ingenieurvermessung können nach der HOAI, soweit sie in der Anlage 1 aufgeführt sind, ermittelt werden. Sie sind dort jedoch nicht verbindlich geregelt.
- Planungskosten für vorbereitende Maßnahmen (z.B. für Herrichten des Grundstücks, öffentliche und nichtöffentliche Erschließung, Übergangsmaßnahmen), die zeitlich vorgezogen – d.h. nicht unmittelbar in einem zeitlichen Zusammenhang mit dem eigentlichen Bauprojekt – durchgeführt worden sind, können ggf. auch in der KG 200 erfasst werden.
- Planungsleistungen der ausführenden Firmen (z.B. Werkstatt- und Montagezeichnungen, technische Bestandspläne) sind in der Regel als Nebenleistungen bzw. besondere Leistungen in den Kosten der Bauleistungen enthalten oder bei gesonderter Vergütung in den jeweiligen Kostengruppen der KG 300, KG 400 und KG 500 zu erfassen.

DIN 276 Tabelle 1 – Kostengliederung	
741	**Tragwerksplanung**

DIN 276 Tabelle 2 – Mengen und Bezugseinheiten	
Einheit	m^2
Bezeichnung	Brutto-Grundfläche (BGF)
Ermittlung	Gesamte Brutto-Grundfläche nach DIN 277

In dieser Kostengruppe enthalten

- Leistungsphase 1 Grundlagenermittlung (z.B. Klären der Aufgabenstellung)
- Leistungsphase 2 Vorplanung (z.B. Beraten in statisch-konstruktiver Hinsicht, Mitwirken beim Planungskonzept, der Kostenschätzung und der Terminplanung)
- Leistungsphase 3 Entwurfsplanung (z.B. Erarbeiten der Tragwerkslösung, überschlägige Berechnungen und Bemessungen, Mitwirken bei der Kostenberechnung)
- Leistungsphase 4 Genehmigungsplanung (z.B. statische Berechnungen für das Tragwerk, Positionspläne, Abstimmen mit Prüfämtern und Prüfingenieuren)
- Leistungsphase 5 Ausführungsplanung (z.B. Schalpläne, Bewehrungspläne, Leitdetails, Stahllisten)
- Leistungsphase 6 Vorbereitung der Vergabe (z.B. Mengenermittlungen, Mitwirken bei der Leistungsbeschreibung)
- Leistungsphase 7 Mitwirkung bei der Vergabe (z.B. Mitwirken bei der Prüfung und Wertung der Angebote)
- Leistungsphase 8 Objektüberwachung und Dokumentation (z.B. ingenieurtechnische Kontrolle der Ausführung des Tragwerks)
- Leistungsphase 9 Objektbetreuung (z.B. Baubegehung)

In anderen Kostengruppen enthalten

Tragwerksplanung	*KG 741*
• Technische Ausrüstung (z.B. technische Fachplanung für Gebäude, Innenräume, Außenanlagen und Freiflächen, Ingenieurbauwerke, Verkehrsanlagen)	KG 742
• Bauphysik (z.B. Wärmeschutz, Energiebilanzierung, Bauakustik, Raumakustik)	KG 743
• Geotechnik (z.B. Boden- und Felsmechanik, Baugrund-, Grundwasser- und Gründungstechnik)	KG 744
• Ingenieurvermessung (z.B. planungsbegleitende Vermessung, Bauvermessung, vermessungstechnische Bestandsdokumentation)	KG 745
• Lichttechnik, Tageslichttechnik (z.B. Lichtplanung, Lichtdesign, Beleuchtungstechnik bei der Veranstaltungs- und Bühnentechnik)	KG 746
• Brandschutz (z.B. vorbeugender Brandschutz, baulicher, anlagentechnischer und organisatorischer Brandschutz, Brandschutzkonzepte, Fluchtwegepläne, Alarmpläne)	KG 747
• Altlasten, Kampfmittel, kulturhistorische Funde (z.B. Planungen für Altlastenbeseitigung, Kampfmittelräumung und die Sicherung kulturhistorischer Funde)	KG 748
• Sonstiges zur KG 740 (z.B. Fassadenplanung, Geothermie)	KG 749
• Bauherrenaufgaben (z.B. Projektleitung, Bedarfsplanung, Projektsteuerung, Sicherheits- und Gesundheitsschutzkoordination, Vergabeverfahren)	KG 710
• Vorbereitung der Objektplanung (z.B. Untersuchungen, Wertermittlungen, städtebauliche Leistungen, landschaftsplanerische Leistungen, Wettbewerbe)	KG 720
• Objektplanung (z.B. für Gebäude und Innenräume, Freianlagen, Ingenieurbauwerke, Verkehrsanlagen)	KG 730
• Künstlerische Leistungen (z.B. Kunstwettbewerbe, Honorare für geistig-schöpferische Leistungen für Kunstwerke oder künstlerisch gestaltete Bauteile)	KG 750
• Allgemeine Baunebenkosten (z.B. Gutachten, Beratung, Prüfungen, Genehmigungen, Abnahmen, Bewirtschaftungskosten, Bemusterungskosten, Betriebskosten nach der Abnahme, Versicherungen, Vervielfältigungen, Dokumentationen, Versand- und Kommunikationskosten, Veranstaltungen)	KG 760
• Sonstige Baunebenkosten (z.B. Liegenschafts- und Gebäudebestandsdokumentationen bei Bundesbauten)	KG 790

Erläuterungen

- Die Honorare und das Leistungsbild für die Fachplanungsleistungen der Tragwerksplanung (Grundleistungen und besondere Leistungen) richten sich nach der Honorarordnung für Architekten und Ingenieure (HOAI), soweit sie in Teil 4 Fachplanung, Abschnitt 1 Tragwerksplanung, sowie in der Anlage 14 geregelt sind.
- Planungskosten für vorbereitende Maßnahmen (z.B. für Herrichten des Grundstücks, öffentliche und nichtöffentliche Erschließung, Übergangsmaßnahmen), die zeitlich vorgezogen – d.h. nicht unmittelbar in einem zeitlichen Zusammenhang mit dem eigentlichen Bauprojekt – durchgeführt worden sind, können ggf. auch in der KG 200 erfasst werden.
- Planungsleistungen der ausführenden Firmen (z.B. Werkstatt- und Montagezeichnungen, technische Bestandspläne) sind in der Regel als Nebenleistungen bzw. besondere Leistungen in den Kosten der Bauleistungen enthalten oder bei gesonderter Vergütung in den jeweiligen Kostengruppen der KG 300, KG 400 und KG 500 zu erfassen.

DIN 276 Tabelle 1 – Kostengliederung	
742	**Technische Ausrüstung**

DIN 276 Tabelle 2 – Mengen und Bezugseinheiten	
Einheit	m^2
Bezeichnung	Brutto-Grundfläche (BGF)
Ermittlung	Gesamte Brutto-Grundfläche nach DIN 277

In dieser Kostengruppe enthalten

- Leistungsphase 1 Grundlagenermittlung (z.B. Klären der Aufgabenstellung)
- Leistungsphase 2 Vorplanung (z.B. Planungskonzept, Funktionsschemata, Prinzipschaltbilder, Kostenschätzung nach DIN 276)
- Leistungsphase 3 Entwurfsplanung (z.B. Erarbeiten einer Lösung, Berechnen und Bemessen der Anlagen und Anlagenteile, Kostenberechnung nach DIN 276, Kostenkontrolle)
- Leistungsphase 4 Genehmigungsplanung (z.B. Vorlagen und Nachweise für öffentlich-rechtliche Genehmigungen)
- Leistungsphase 5 Ausführungsplanung (z.B. Fortschreiben der Berechnungen und Bemessungen, Schlitz- und Durchbruchspläne)
- Leistungsphase 6 Vorbereitung der Vergabe (z.B. Mengenermittlungen, Leistungsverzeichnisse, Kostenermittlung mit bepreisten Leistungsverzeichnissen, Kostenkontrolle)
- Leistungsphase 7 Mitwirkung bei der Vergabe (z.B. Einholen, Prüfen und Werten der Angebote, Preisspiegel, Vergabevorschläge)
- Leistungsphase 8 Objektüberwachung und Dokumentation (z.B. Überwachen der Ausführung, Kostenkontrolle, Kostenfeststellung, Mitwirken bei Leistungs- und Funktionsprüfungen)
- Leistungsphase 9 Objektbetreuung (z.B. Bewerten der Gewährleistungsansprüche, Objektbegehung)

In anderen Kostengruppen enthalten	
• Tragwerksplanung (z.B. statische Fachplanung für die Objektplanung von Gebäuden und Ingenieurbauwerken)	KG 741
Technische Ausrüstung	*KG 742*
• Bauphysik (z.B. Wärmeschutz, Energiebilanzierung, Bauakustik, Raumakustik)	KG 743
• Geotechnik (z.B. Boden- und Felsmechanik, Baugrund-, Grundwasser- und Gründungstechnik)	KG 744
• Ingenieurvermessung (z.B. planungsbegleitende Vermessung, Bauvermessung, vermessungstechnische Bestandsdokumentation)	KG 745
• Lichttechnik, Tageslichttechnik (z.B. Lichtplanung, Lichtdesign, Beleuchtungstechnik bei der Veranstaltungs- und Bühnentechnik)	KG 746
• Brandschutz (z.B. vorbeugender Brandschutz, baulicher, anlagentechnischer und organisatorischer Brandschutz, Brandschutzkonzepte, Fluchtwegepläne, Alarmpläne)	KG 747
• Altlasten, Kampfmittel, kulturhistorische Funde (z.B. Planungen für Altlastenbeseitigung, Kampfmittelräumung und die Sicherung kulturhistorischer Funde)	KG 748
• Sonstiges zur KG 740 (z.B. Fassadenplanung, Geothermie)	KG 749
• Bauherrenaufgaben (z.B. Projektleitung, Bedarfsplanung, Projektsteuerung, Sicherheits- und Gesundheitsschutzkoordination, Vergabeverfahren)	KG 710
• Vorbereitung der Objektplanung (z.B. Untersuchungen, Wertermittlungen, städtebauliche Leistungen, landschaftsplanerische Leistungen, Wettbewerbe)	KG 720
• Objektplanung (z.B. für Gebäude und Innenräume, Freianlagen, Ingenieurbauwerke, Verkehrsanlagen)	KG 730
• Künstlerische Leistungen (z.B. Kunstwettbewerbe, Honorare für geistig-schöpferische Leistungen für Kunstwerke oder künstlerisch gestaltete Bauteile)	KG 750
• Allgemeine Baunebenkosten (z.B. Gutachten, Beratung, Prüfungen, Genehmigungen, Abnahmen, Bewirtschaftungskosten, Bemusterungskosten, Betriebskosten nach der Abnahme, Versicherungen, Vervielfältigungen, Dokumentationen, Versand- und Kommunikationskosten, Veranstaltungen)	KG 760

In anderen Kostengruppen enthalten

- Sonstige Baunebenkosten (z.B. Liegenschafts- und Gebäudebestandsdokumentationen bei Bundesbauten) KG 790

Erläuterungen

- Die Honorare und das Leistungsbild für die Fachplanungsleistungen der Technische Ausrüstung (Grundleistungen und besondere Leistungen) richten sich nach der Honorarordnung für Architekten und Ingenieure (HOAI), soweit sie in Teil 4 Fachplanung, Abschnitt 2 Technische Ausrüstung, sowie in der Anlage 15 geregelt sind.
- Planungskosten für vorbereitende Maßnahmen (z.B. für Herrichten des Grundstücks, öffentliche und nichtöffentliche Erschließung, Übergangsmaßnahmen), die zeitlich vorgezogen – d.h. nicht unmittelbar in einem zeitlichen Zusammenhang mit dem eigentlichen Bauprojekt – durchgeführt worden sind, können ggf. auch in der KG 200 erfasst werden.
- Planungsleistungen der ausführenden Firmen (z.B. Werkstatt- und Montagezeichnungen, technische Bestandspläne) sind in der Regel als Nebenleistungen bzw. besondere Leistungen in den Kosten der Bauleistungen enthalten oder bei gesonderter Vergütung in den jeweiligen Kostengruppen der KG 300, KG 400 und KG 500 zu erfassen.

DIN 276 Tabelle 1 – Kostengliederung

743 **Bauphysik**

DIN 276 Tabelle 2 – Mengen und Bezugseinheiten

Einheit	m^2
Bezeichnung	Brutto-Grundfläche (BGF)
Ermittlung	Gesamte Brutto-Grundfläche nach DIN 277

In dieser Kostengruppe enthalten

- Beratungsleistungen der Bauphysik (z.B. Wärmeschutz, Energiebilanzierung, Bauakustik, Raumakustik)
- Leistungsphase 1 Grundlagenermittlung (z.B. Klären der Aufgabenstellung)
- Leistungsphase 2 Mitwirkung bei der Vorplanung (z.B. Vordimensionieren der relevanten Bauteile, Gesamtkonzept, Rechenmodelle, Kennwerte)
- Leistungsphase 3 Mitwirkung bei der Entwurfsplanung (z.B. Fortschreiben der Rechenmodelle und Kennwerte, Bemessen der Bauteile, Übersichtspläne, Erläuterungsbericht)
- Leistungsphase 4 Mitwirkung bei der Genehmigungsplanung (z.B. Aufstellen der förmlichen Nachweise)
- Leistungsphase 5 Mitwirkung bei der Ausführungsplanung (z.B. ergänzende Angaben für die Objektplanung und die Fachplanung)
- Leistungsphase 6 Vorbereitung der Vergabe (z.B. Beiträge zu Ausschreibungsunterlagen)
- Leistungsphase 7 Mitwirkung bei der Vergabe (z.B. Mitwirken beim Prüfen und Werten der Angebote)
- Leistungsphase 8 Objektüberwachung und Dokumentation (z.B. Mitwirken bei der Baustellenkontrolle)
- Leistungsphase 9 Objektbetreuung (z.B. Mitwirken bei Audits in Zertifizierungsprozessen)

In anderen Kostengruppen enthalten

• Tragwerksplanung (z.B. statische Fachplanung für die Objektplanung von Gebäuden und Ingenieurbauwerken)	KG 741
• Technische Ausrüstung (z.B. technische Fachplanung für Gebäude, Innenräume, Außenanlagen und Freiflächen, Ingenieurbauwerke, Verkehrsanlagen)	KG 742
Bauphysik	*KG 743*
• Geotechnik (z.B. Boden- und Felsmechanik, Baugrund-, Grundwasser- und Gründungstechnik)	KG 744
• Ingenieurvermessung (z.B. planungsbegleitende Vermessung, Bauvermessung, vermessungstechnische Bestandsdokumentation)	KG 745
• Lichttechnik, Tageslichttechnik (z.B. Lichtplanung, Lichtdesign, Beleuchtungstechnik bei der Veranstaltungs- und Bühnentechnik)	KG 746
• Brandschutz (z.B. vorbeugender Brandschutz, baulicher, anlagentechnischer und organisatorischer Brandschutz, Brandschutzkonzepte, Fluchtwegepläne, Alarmpläne)	KG 747
• Altlasten, Kampfmittel, kulturhistorische Funde (z.B. Planungen für Altlastenbeseitigung, Kampfmittelräumung und die Sicherung kulturhistorischer Funde)	KG 748
• Sonstiges zur KG 740 (z.B. Fassadenplanung, Geothermie)	KG 749
• Bauherrenaufgaben (z.B. Projektleitung, Bedarfsplanung, Projektsteuerung, Sicherheits- und Gesundheitsschutzkoordination, Vergabeverfahren)	KG 710
• Vorbereitung der Objektplanung (z.B. Untersuchungen, Wertermittlungen, städtebauliche Leistungen, landschaftsplanerische Leistungen, Wettbewerbe)	KG 720
• Objektplanung (z.B. für Gebäude und Innenräume, Freianlagen, Ingenieurbauwerke, Verkehrsanlagen)	KG 730
• Künstlerische Leistungen (z.B. Kunstwettbewerbe, Honorare für geistig-schöpferische Leistungen für Kunstwerke oder künstlerisch gestaltete Bauteile)	KG 750
• Allgemeine Baunebenkosten (z.B. Gutachten, Beratung, Prüfungen, Genehmigungen, Abnahmen, Bewirtschaftungskosten, Bemusterungskosten, Betriebskosten nach der Abnahme, Versicherungen, Vervielfältigungen, Dokumentationen, Versand- und Kommunikationskosten, Veranstaltungen)	KG 760

In anderen Kostengruppen enthalten

- Sonstige Baunebenkosten (z.B. Liegenschafts- und Gebäudebestandsdokumentationen bei Bundesbauten) KG 790

Erläuterungen

- Die Honorare für die Beratungsleistungen der Bauphysik (Grundleistungen und besondere Leistungen) können nach der Honorarordnung für Architekten und Ingenieure (HOAI), soweit sie in der Anlage 1, Abschnitt 1.2 Bauphysik aufgeführt sind, ermittelt werden. Sie sind dort jedoch nicht verbindlich geregelt.
- Planungskosten für vorbereitende Maßnahmen (z.B. für Herrichten des Grundstücks, öffentliche und nichtöffentliche Erschließung, Übergangsmaßnahmen), die zeitlich vorgezogen – d.h. nicht unmittelbar in einem zeitlichen Zusammenhang mit dem eigentlichen Bauprojekt – durchgeführt worden sind, können ggf. auch in der KG 200 erfasst werden.
- Planungsleistungen der ausführenden Firmen (z.B. Werkstatt- und Montagezeichnungen, technische Bestandspläne) sind in der Regel als Nebenleistungen bzw. besondere Leistungen in den Kosten der Bauleistungen enthalten oder bei gesonderter Vergütung in den jeweiligen Kostengruppen der KG 300, KG 400 und KG 500 zu erfassen.

DIN 276 Tabelle 1 – Kostengliederung

744 **Geotechnik**

DIN 276 Tabelle 2 – Mengen und Bezugseinheiten

Einheit	m^2
Bezeichnung	Brutto-Grundfläche (BGF)
Ermittlung	Gesamte Brutto-Grundfläche nach DIN 277

In dieser Kostengruppe enthalten

- Beratungsleistungen der Geotechnik (z.B. Boden- und Felsmechanik, Baugrund-, Grundwasser- und Gründungstechnik)
- Geotechnischer Bericht
- Grundlagenermittlung und Erkundungskonzept (z.B. Klären der Aufgabenstellung, Ermitteln der Baugrund- und Grundwasserverhältnisse, Festlegen der erforderlichen Baugrunderkundungen)
- Beschreiben der Baugrund- und Grundwasserverhältnisse (z.B. Auswerten und Darstellen der Baugrunderkundungen, Festlegen von Baugrundkennwerten)
- Beurteilen der Baugrund- und Grundwasserverhältnisse (z.B. Empfehlungen, Hinweise und Angaben zur Bemessung der Gründung und zu den zu erwartenden Setzungen)
- Hinweise zur Herstellung und Trockenhaltung der Baugrube
- Angaben zur geotechnischen Eignung von Aushubmaterial zur Wiederverwendung
- Beratung zu Dränanlagen, Anlagen zur Grundwasserabsenkung
- Geotechnische Beratung zu Gründungselemente, Baugruben- oder Hangsicherungen und Erdbauwerken

In anderen Kostengruppen enthalten

• Tragwerksplanung (z.B. statische Fachplanung für die Objektplanung von Gebäuden und Ingenieurbauwerken)	KG 741
• Technische Ausrüstung (z.B. technische Fachplanung für Gebäude, Innenräume, Außenanlagen und Freiflächen, Ingenieurbauwerke, Verkehrsanlagen)	KG 742
• Bauphysik (z.B. Wärmeschutz, Energiebilanzierung, Bauakustik, Raumakustik)	KG 743
Geotechnik	*KG 744*
• Ingenieurvermessung (z.B. planungsbegleitende Vermessung, Bauvermessung, vermessungstechnische Bestandsdokumentation)	KG 745
• Lichttechnik, Tageslichttechnik (z.B. Lichtplanung, Lichtdesign, Beleuchtungstechnik bei der Veranstaltungs- und Bühnentechnik)	KG 746
• Brandschutz (z.B. vorbeugender Brandschutz, baulicher, anlagentechnischer und organisatorischer Brandschutz, Brandschutzkonzepte, Fluchtwegepläne, Alarmpläne)	KG 747
• Altlasten, Kampfmittel, kulturhistorische Funde (z.B. Planungen für Altlastenbeseitigung, Kampfmittelräumung und die Sicherung kulturhistorischer Funde)	KG 748
• Sonstiges zur KG 740 (z.B. Fassadenplanung, Geothermie)	KG 749
• Bauherrenaufgaben (z.B. Projektleitung, Bedarfsplanung, Projektsteuerung, Sicherheits- und Gesundheitsschutzkoordination, Vergabeverfahren)	KG 710
• Vorbereitung der Objektplanung (z.B. Untersuchungen, Wertermittlungen, städtebauliche Leistungen, landschaftsplanerische Leistungen, Wettbewerbe)	KG 720
• Objektplanung (z.B. für Gebäude und Innenräume, Freianlagen, Ingenieurbauwerke, Verkehrsanlagen)	KG 730
• Künstlerische Leistungen (z.B. Kunstwettbewerbe, Honorare für geistig-schöpferische Leistungen für Kunstwerke oder künstlerisch gestaltete Bauteile)	KG 750
• Allgemeine Baunebenkosten (z.B. Gutachten, Beratung, Prüfungen, Genehmigungen, Abnahmen, Bewirtschaftungskosten, Bemusterungskosten, Betriebskosten nach der Abnahme, Versicherungen, Vervielfältigungen, Dokumentationen, Versand- und Kommunikationskosten, Veranstaltungen)	KG 760
• Sonstige Baunebenkosten (z.B. Liegenschafts- und Gebäudebestandsdokumentationen bei Bundesbauten)	KG 790

Erläuterungen

- Die Honorare für die Beratungsleistungen der Geotechnik (Grundleistungen und besondere Leistungen) können nach der Honorarordnung für Architekten und Ingenieure (HOAI), soweit sie in der Anlage 1, Abschnitt 1.3 Geotechnik aufgeführt sind, ermittelt werden. Sie sind dort jedoch nicht verbindlich geregelt.
- Planungskosten für vorbereitende Maßnahmen (z. B. für Herrichten des Grundstücks, öffentliche und nichtöffentliche Erschließung, Übergangsmaßnahmen), die zeitlich vorgezogen – d.h. nicht unmittelbar in einem zeitlichen Zusammenhang mit dem eigentlichen Bauprojekt – durchgeführt worden sind, können ggf. auch in der KG 200 erfasst werden.
- Planungsleistungen der ausführenden Firmen (z. B. Werkstatt- und Montagezeichnungen, technische Bestandspläne) sind in der Regel als Nebenleistungen bzw. besondere Leistungen in den Kosten der Bauleistungen enthalten oder bei gesonderter Vergütung in den jeweiligen Kostengruppen der KG 300, KG 400 und KG 500 zu erfassen.

DIN 276 Tabelle 1 – Kostengliederung	
745	**Ingenieurvermessung**
	Planungs- und baubezogene vermessungstechnische Leistungen; die grundstücksbezogenen Leistungen für die Grenzvermessung sowie für die Übernahme in das Liegenschaftskataster gehören zur KG 121.

DIN 276 Tabelle 2 – Mengen und Bezugseinheiten	
Einheit	m^2
Bezeichnung	Brutto-Grundfläche (BGF)
Ermittlung	Gesamte Brutto-Grundfläche nach DIN 277

In dieser Kostengruppe enthalten

- Planungsbegleitende Vermessungen bei Gebäuden, Ingenieurbauwerken und Verkehrsanlagen sowie für Flächenplanungen
- Grundlagenermittlung (z.B. Beschaffen vermessungstechnischer Unterlagen und Daten)
- Geodätischer Raumbezug (z.B. Erkunden und Vermarken von Lage- und Höhenfestpunkten, Einmessungsskizzen, Messungen, Koordinaten- und Höhenverzeichnis)
- Vermessungstechnische Grundlagen (z.B. topographische/morphologische Geländeaufnahme, digitales Lagemodell, Übernehmen vorhandener Anlagen und des Liegenschaftskatasters)
- Digitales Geländemodell (z.B. Berechnungen, Ableitung von Schnitten, Darstellungen, Pläne und Daten in analoger und digitaler Form)
- Bauvermessung vor und während der Bauausführung und Bestandsdokumentation
- Baugeometrische Beratung
- Absteckungsunterlagen
- Bauvorbereitende Vermessung
- Bauausführungsvermessung
- Vermessungstechnische Überwachung der Bauausführung
- Sonstige vermessungstechnische Leistungen (z.B. Vermessung bei Wasserstraßen)

In anderen Kostengruppen enthalten	
• Tragwerksplanung (z.B. statische Fachplanung für die Objektplanung von Gebäuden und Ingenieurbauwerken)	KG 741
• Technische Ausrüstung (z.B. technische Fachplanung für Gebäude, Innenräume, Außenanlagen und Freiflächen, Ingenieurbauwerke, Verkehrsanlagen)	KG 742
• Bauphysik (z.B. Wärmeschutz, Energiebilanzierung, Bauakustik, Raumakustik)	KG 743
• Geotechnik (z.B. Boden- und Felsmechanik, Baugrund-, Grundwasser- und Gründungstechnik)	KG 744
Ingenieurvermessung	*KG 745*
• Lichttechnik, Tageslichttechnik (z.B. Lichtplanung, Lichtdesign, Beleuchtungstechnik bei der Veranstaltungs- und Bühnentechnik)	KG 746
• Brandschutz (z.B. vorbeugender Brandschutz, baulicher, anlagentechnischer und organisatorischer Brandschutz, Brandschutzkonzepte, Fluchtwegepläne, Alarmpläne)	KG 747
• Altlasten, Kampfmittel, kulturhistorische Funde (z.B. Planungen für Altlastenbeseitigung, Kampfmittelräumung und die Sicherung kulturhistorischer Funde)	KG 748
• Sonstiges zur KG 740 (z.B. Fassadenplanung, Geothermie)	KG 749
• Vermessungsgebühren (z.B. für die Grenzvermessung und zur Übernahme in das Liegenschaftskataster einschließlich der Verwaltungsgebühren)	KG 121
• Bauherrenaufgaben (z.B. Projektleitung, Bedarfsplanung, Projektsteuerung, Sicherheits- und Gesundheitsschutzkoordination, Vergabeverfahren)	KG 710
• Vorbereitung der Objektplanung (z.B. Untersuchungen, Wertermittlungen, städtebauliche Leistungen, landschaftsplanerische Leistungen, Wettbewerbe)	KG 720
• Objektplanung (z.B. für Gebäude und Innenräume, Freianlagen, Ingenieurbauwerke, Verkehrsanlagen)	KG 730

In anderen Kostengruppen enthalten

- Künstlerische Leistungen (z.B. Kunstwettbewerbe, Honorare für geistig-schöpferische Leistungen für Kunstwerke oder künstlerisch gestaltete Bauteile) KG 750
- Allgemeine Baunebenkosten (z.B. Gutachten, Beratung, Prüfungen, Genehmigungen, Abnahmen, Bewirtschaftungskosten, Bemusterungskosten, Betriebskosten nach der Abnahme, Versicherungen, Vervielfältigungen, Dokumentationen, Versand- und Kommunikationskosten, Veranstaltungen) KG 760
- Sonstige Baunebenkosten (z.B. Liegenschafts- und Gebäudebestandsdokumentationen bei Bundesbauten) KG 790

Erläuterungen

- Die Honorare für die Beratungsleistungen der Ingenieurvermessung (Grundleistungen und besondere Leistungen) können nach der Honorarordnung für Architekten und Ingenieure (HOAI), soweit sie in der Anlage 1, Abschnitt 1.4 Ingenieurvermessung aufgeführt sind, ermittelt werden. Sie sind dort jedoch nicht verbindlich geregelt.
- Planungskosten für vorbereitende Maßnahmen (z.B. für Herrichten des Grundstücks, öffentliche und nichtöffentliche Erschließung, Übergangsmaßnahmen), die zeitlich vorgezogen – d.h. nicht unmittelbar in einem zeitlichen Zusammenhang mit dem eigentlichen Bauprojekt – durchgeführt worden sind, können ggf. auch in der KG 200 erfasst werden.

DIN 276 Tabelle 1 – Kostengliederung

746 **Lichttechnik, Tageslichttechnik**

DIN 276 Tabelle 2 – Mengen und Bezugseinheiten

Einheit	m^2
Bezeichnung	Brutto-Grundfläche (BGF)
Ermittlung	Gesamte Brutto-Grundfläche nach DIN 277

In dieser Kostengruppe enthalten

- Beratungs- und Planungsleistungen für Lichttechnik
- Beratungs- und Planungsleistungen für Tageslichttechnik
- Beratungs- und Planungsleistungen für Lichtdesign
- Beleuchtungstechnik bei der Veranstaltungs- und Bühnentechnik

In anderen Kostengruppen enthalten

• Tragwerksplanung (z.B. statische Fachplanung für die Objektplanung von Gebäuden und Ingenieurbauwerken)	KG 741
• Technische Ausrüstung (z.B. technische Fachplanung für Gebäude, Innenräume, Außenanlagen und Freiflächen, Ingenieurbauwerke, Verkehrsanlagen)	KG 742
• Bauphysik (z.B. Wärmeschutz, Energiebilanzierung, Bauakustik, Raumakustik)	KG 743
• Geotechnik (z.B. Boden- und Felsmechanik, Baugrund-, Grundwasser- und Gründungstechnik)	KG 744
• Ingenieurvermessung (z.B. planungsbegleitende Vermessung, Bauvermessung, vermessungstechnische Bestandsdokumentation)	KG 745
Lichttechnik, Tageslichttechnik	*KG 746*
• Brandschutz (z.B. vorbeugender Brandschutz, baulicher, anlagentechnischer und organisatorischer Brandschutz, Brandschutzkonzepte, Fluchtwegepläne, Alarmpläne)	KG 747
• Altlasten, Kampfmittel, kulturhistorische Funde (z.B. Planungen für Altlastenbeseitigung, Kampfmittelräumung und die Sicherung kulturhistorischer Funde)	KG 748
• Sonstiges zur KG 740 (z.B. Fassadenplanung, Geothermie)	KG 749
• Bauherrenaufgaben (z.B. Projektleitung, Bedarfsplanung, Projektsteuerung, Sicherheits- und Gesundheitsschutzkoordination, Vergabeverfahren)	KG 710
• Vorbereitung der Objektplanung (z.B. Untersuchungen, Wertermittlungen, städtebauliche Leistungen, landschaftsplanerische Leistungen, Wettbewerbe)	KG 720
• Objektplanung (z.B. für Gebäude und Innenräume, Freianlagen, Ingenieurbauwerke, Verkehrsanlagen)	KG 730
• Künstlerische Leistungen (z.B. Kunstwettbewerbe, Honorare für geistig-schöpferische Leistungen für Kunstwerke oder künstlerisch gestaltete Bauteile)	KG 750
• Allgemeine Baunebenkosten (z.B. Gutachten, Beratung, Prüfungen, Genehmigungen, Abnahmen, Bewirtschaftungskosten, Bemusterungskosten, Betriebskosten nach der Abnahme, Versicherungen, Vervielfältigungen, Dokumentationen, Versand- und Kommunikationskosten, Veranstaltungen)	KG 760
• Sonstige Baunebenkosten (z.B. Liegenschafts- und Gebäudebestandsdokumentationen bei Bundesbauten)	KG 790

Erläuterungen

- Die Beratungs- und Planungsleistungen der Lichttechnik und Tageslichttechnik gehören zu den Fachplanungsleistungen, die in der Honorarordnung für Architekten und Ingenieure (HOAI) nicht aufgeführt sind.

DIN 276 Tabelle 1 – Kostengliederung	
747	**Brandschutz**

DIN 276 Tabelle 2 – Mengen und Bezugseinheiten	
Einheit	m^2
Bezeichnung	Brutto-Grundfläche (BGF)
Ermittlung	Gesamte Brutto-Grundfläche nach DIN 277

In dieser Kostengruppe enthalten

- Beratungs- und Planungsleistungen für vorbeugenden Brandschutz (z.B. Brandschutzgutachten, Brandschutzkonzepte)
- Beratungs- und Planungsleistungen für baulichen Brandschutz (z.B. Planung von Flucht- und Rettungswegen, Brandverhalten von Baustoffen, Feuerwiderstand von Baukonstruktionen, Brandlasten, Gefahrstoffe, Brandabschnitte, Feuerschutztüren, Rauchschutzvorhänge)
- Beratungs- und Planungsleistungen für anlagentechnischen Brandschutz (z.B. Löschanlagen, Brandmeldeanlagen, Rauch- und Wärmeabzugsanlagen, Gefahrenmeldeanlagen)
- Beratungs- und Planungsleistungen für organisatorischen Brandschutz (z.B. Brandschutzordnungen, Brandschutzpläne, Alarmpläne, Brandschutzbeauftragte)

In anderen Kostengruppen enthalten

• Tragwerksplanung (z.B. statische Fachplanung für die Objektplanung von Gebäuden und Ingenieurbauwerken)	KG 741
• Technische Ausrüstung (z.B. technische Fachplanung für Gebäude, Innenräume, Außenanlagen und Freiflächen, Ingenieurbauwerke, Verkehrsanlagen)	KG 742
• Bauphysik (z.B. Wärmeschutz, Energiebilanzierung, Bauakustik, Raumakustik)	KG 743
• Geotechnik (z.B. Boden- und Felsmechanik, Baugrund-, Grundwasser- und Gründungstechnik)	KG 744
• Ingenieurvermessung (z.B. planungsbegleitende Vermessung, Bauvermessung, vermessungstechnische Bestandsdokumentation)	KG 745
• Lichttechnik, Tageslichttechnik (z.B. Lichtplanung, Lichtdesign, Beleuchtungstechnik bei der Veranstaltungs- und Bühnentechnik)	KG 746
Brandschutz	*KG 747*
• Altlasten, Kampfmittel, kulturhistorische Funde (z.B. Planungen für Altlastenbeseitigung, Kampfmittelräumung und die Sicherung kulturhistorischer Funde)	KG 748
• Sonstiges zur KG 740 (z.B. Fassadenplanung, Geothermie)	KG 749
• Bauherrenaufgaben (z.B. Projektleitung, Bedarfsplanung, Projektsteuerung, Sicherheits- und Gesundheitsschutzkoordination, Vergabeverfahren)	KG 710
• Vorbereitung der Objektplanung (z.B. Untersuchungen, Wertermittlungen, städtebauliche Leistungen, landschaftsplanerische Leistungen, Wettbewerbe)	KG 720
• Objektplanung (z.B. für Gebäude und Innenräume, Freianlagen, Ingenieurbauwerke, Verkehrsanlagen)	KG 730
• Künstlerische Leistungen (z.B. Kunstwettbewerbe, Honorare für geistig-schöpferische Leistungen für Kunstwerke oder künstlerisch gestaltete Bauteile)	KG 750
• Allgemeine Baunebenkosten (z.B. Gutachten, Beratung, Prüfungen, Genehmigungen, Abnahmen, Bewirtschaftungskosten, Bemusterungskosten, Betriebskosten nach der Abnahme, Versicherungen, Vervielfältigungen, Dokumentationen, Versand- und Kommunikationskosten, Veranstaltungen)	KG 760
• Sonstige Baunebenkosten (z.B. Liegenschafts- und Gebäudebestandsdokumentationen bei Bundesbauten)	KG 790

Erläuterungen

- Die Beratungs- und Planungsleistungen des Brandschutzes gehören zu den Fachplanungsleistungen, die in der Honorarordnung für Architekten und Ingenieure (HOAI) nicht aufgeführt sind.

DIN 276 Tabelle 1 – Kostengliederung	
748	**Altlasten, Kampfmittel, kulturhistorische Funde**
	Planungen für Altlastenbeseitigung, Kampfmittelräumung und die Sicherung kulturhistorischer Funde

DIN 276 Tabelle 2 – Mengen und Bezugseinheiten	
Einheit	m^2
Bezeichnung	Brutto-Grundfläche (BGF)
Ermittlung	Gesamte Brutto-Grundfläche nach DIN 277

In dieser Kostengruppe enthalten

- Beratungs- und Planungsleistungen für die Beseitigung von Altlasten
- Beratungs- und Planungsleistungen für die Räumung von Kampfmitteln (zivile Kampfmittelbeseitigung)
- Beratungs- und Planungsleistungen für die Sicherung kulturhistorischer Funde

In anderen Kostengruppen enthalten

• Tragwerksplanung (z.B. statische Fachplanung für die Objektplanung von Gebäuden und Ingenieurbauwerken)	KG 741
• Technische Ausrüstung (z.B. technische Fachplanung für Gebäude, Innenräume, Außenanlagen und Freiflächen, Ingenieurbauwerke, Verkehrsanlagen)	KG 742
• Bauphysik (z.B. Wärmeschutz, Energiebilanzierung, Bauakustik, Raumakustik)	KG 743
• Geotechnik (z.B. Boden- und Felsmechanik, Baugrund-, Grundwasser- und Gründungstechnik)	KG 744
• Ingenieurvermessung (z.B. planungsbegleitende Vermessung, Bauvermessung, vermessungstechnische Bestandsdokumentation)	KG 745
• Lichttechnik, Tageslichttechnik (z.B. Lichtplanung, Lichtdesign, Beleuchtungstechnik bei der Veranstaltungs- und Bühnentechnik)	KG 746
• Brandschutz (z.B. vorbeugender Brandschutz, baulicher, anlagentechnischer und organisatorischer Brandschutz, Brandschutzkonzepte, Fluchtwegepläne, Alarmpläne)	KG 747
Altlasten, Kampfmittel, kulturhistorische Funde	*KG 748*
• Sonstiges zur KG 740 (z.B. Fassadenplanung, Geothermie)	KG 749
• Untersuchungen zu Altlasten und zu deren Beseitigung, soweit sie zur Beurteilung des Grundstückswerts dienen	KG 125
• Bauherrenaufgaben (z.B. Projektleitung, Bedarfsplanung, Projektsteuerung, Sicherheits- und Gesundheitsschutzkoordination, Vergabeverfahren)	KG 710
• Vorbereitung der Objektplanung (z.B. Untersuchungen, Wertermittlungen, städtebauliche Leistungen, landschaftsplanerische Leistungen, Wettbewerbe)	KG 720
• Untersuchungen zu Altlasten, Kampfmitteln und kulturhistorischen Funden	KG 721
• Objektplanung (z.B. für Gebäude und Innenräume, Freianlagen, Ingenieurbauwerke, Verkehrsanlagen)	KG 730
• Künstlerische Leistungen (z.B. Kunstwettbewerbe, Honorare für geistig-schöpferische Leistungen für Kunstwerke oder künstlerisch gestaltete Bauteile)	KG 750
• Allgemeine Baunebenkosten (z.B. Gutachten, Beratung, Prüfungen, Genehmigungen, Abnahmen, Bewirtschaftungskosten, Bemusterungskosten, Betriebskosten nach der Abnahme, Versicherungen, Vervielfältigungen, Dokumentationen, Versand- und Kommunikationskosten, Veranstaltungen)	KG 760
• Sonstige Baunebenkosten (z.B. Liegenschafts- und Gebäudebestandsdokumentationen bei Bundesbauten)	KG 790

Erläuterungen

- Die Beratungs- und Planungsleistungen für Altlastenbeseitigung, Kampfmittelräumung und die Sicherung kulturhistorischer Funde gehören zu den Fachplanungsleistungen, die in der Honorarordnung für Architekten und Ingenieure (HOAI) nicht aufgeführt sind.

DIN 276 Tabelle 1 – Kostengliederung	
749	**Sonstiges zur KG 740**
	Fassadenplanung, Geothermie

DIN 276 Tabelle 2 – Mengen und Bezugseinheiten	
Einheit	m^2
Bezeichnung	Brutto-Grundfläche (BGF)
Ermittlung	Gesamte Brutto-Grundfläche nach DIN 277

In dieser Kostengruppe enthalten

- Sonstige Kosten für die Fachplanung, die nicht den KG 741 bis 748 zuzuordnen sind
- Beratungs- und Planungsleistungen für die Fassadenplanung (z.B. zum Sonnenschutz, Wärmeschutz, Schallschutz, Fassadensanierung, Entwicklung von Fassadensystemen, Analyse von bestehenden Fassaden)
- Beratungs- und Planungsleistungen für Nutzung von Erdwärme (z.B. oberflächennahe Geothermie, Geothermie aus Tunnelbauwerken und Bergbauanlagen, Einsatz von Wärmepumpen)

In anderen Kostengruppen enthalten	
• Tragwerksplanung (z.B. statische Fachplanung für die Objektplanung von Gebäuden und Ingenieurbauwerken)	KG 741
• Technische Ausrüstung (z.B. technische Fachplanung für Gebäude, Innenräume, Außenanlagen und Freiflächen, Ingenieurbauwerke, Verkehrsanlagen)	KG 742
• Bauphysik (z.B. Wärmeschutz, Energiebilanzierung, Bauakustik, Raumakustik)	KG 743
• Geotechnik (z.B. Boden- und Felsmechanik, Baugrund-, Grundwasser- und Gründungstechnik)	KG 744
• Ingenieurvermessung (z.B. planungsbegleitende Vermessung, Bauvermessung, vermessungstechnische Bestandsdokumentation)	KG 745
• Lichttechnik, Tageslichttechnik (z.B. Lichtplanung, Lichtdesign, Beleuchtungstechnik bei der Veranstaltungs- und Bühnentechnik)	KG 746
• Brandschutz (z.B. vorbeugender Brandschutz, baulicher, anlagentechnischer und organisatorischer Brandschutz, Brandschutzkonzepte, Fluchtwegepläne, Alarmpläne)	KG 747
• Altlasten, Kampfmittel, kulturhistorische Funde (z.B. Planungen für Altlastenbeseitigung, Kampfmittelräumung und die Sicherung kulturhistorischer Funde)	KG 748
Sonstiges zur KG 740	*KG 749*
• Grundstücksnebenkosten (z.B. Vermessungsgebühren, Untersuchungen, Wertermittlungen, Bodenordnung)	KG 120
• Herrichten des Grundstücks (z.B. Altlastenbeseitigung, Kampfmittelräumung, Sicherung von kulturhistorischen Funden)	KG 210
• Bauherrenaufgaben (z.B. Projektleitung, Bedarfsplanung, Projektsteuerung, Sicherheits- und Gesundheitsschutzkoordination, Vergabeverfahren)	KG 710
• Vorbereitung der Objektplanung (z.B. Untersuchungen, Wertermittlungen, städtebauliche Leistungen, landschaftsplanerische Leistungen, Wettbewerbe)	KG 720
• Untersuchungen zu Altlasten, Kampfmitteln und kulturhistorischen Funden	KG 721
• Objektplanung (z.B. für Gebäude und Innenräume, Freianlagen, Ingenieurbauwerke, Verkehrsanlagen)	KG 730
• Künstlerische Leistungen (z.B. Kunstwettbewerbe, Honorare für geistig-schöpferische Leistungen für Kunstwerke oder künstlerisch gestaltete Bauteile)	KG 750
• Allgemeine Baunebenkosten (z.B. Gutachten, Beratung, Prüfungen, Genehmigungen, Abnahmen, Bewirtschaftungskosten, Bemusterungskosten, Betriebskosten nach der Abnahme, Versicherungen, Vervielfältigungen, Dokumentationen, Versand- und Kommunikationskosten, Veranstaltungen)	KG 760
• Sonstige Baunebenkosten (z.B. Liegenschafts- und Gebäudebestandsdokumentationen bei Bundesbauten)	KG 790
• Finanzierungsnebenkosten (z.B. Finanzierungsplanung, Beschaffung von Finanzierungsmitteln)	KG 810

DIN 276 Tabelle 1 – Kostengliederung	
750	**Künstlerische Leistungen**

DIN 276 Tabelle 2 – Mengen und Bezugseinheiten	
Einheit	m^2
Bezeichnung	Brutto-Grundfläche (BGF)
Ermittlung	Gesamte Brutto-Grundfläche nach DIN 277

In dieser Kostengruppe enthalten

KG 751	Kunstwettbewerbe (z.B. Wettbewerbe zur Erarbeitung von Konzepten für Kunstwerke und künstlerisch gestaltete Bauwerke)
KG 752	Honorare (z.B. für geistig-schöpferische Leistungen für Kunstwerke oder künstlerisch gestaltete Bauteile, soweit nicht in der KG 640 erfasst)
KG 759	Sonstiges zur KG 750

In anderen Kostengruppen enthalten

• Bauherrenaufgaben (z.B. Projektleitung, Bedarfsplanung, Projektsteuerung, Sicherheits- und Gesundheitsschutzkoordination, Vergabeverfahren)	KG 710
• Vorbereitung der Objektplanung (z.B. Untersuchungen, Wertermittlungen, städtebauliche Leistungen, landschaftsplanerische Leistungen, Wettbewerbe)	KG 720
• Objektplanung (z.B. für Gebäude und Innenräume, Freianlagen, Ingenieurbauwerke, Verkehrsanlagen)	KG 730
• Fachplanung (z.B. Tragwerksplanung, technische Ausrüstung, Bauphysik, Geotechnik, Ingenieurvermessung, Lichttechnik, Tageslichttechnik, Brandschutz, Altlasten)	KG 740
Künstlerische Leistungen	*KG 750*
• Allgemeine Baunebenkosten (z.B. Gutachten, Beratung, Prüfungen, Genehmigungen, Abnahmen, Bewirtschaftungskosten, Bemusterungskosten, Betriebskosten nach der Abnahme, Versicherungen, Vervielfältigungen, Dokumentationen, Versand- und Kommunikationskosten, Veranstaltungen)	KG 760
• Sonstige Baunebenkosten (z.B. Liegenschafts- und Gebäudebestandsdokumentationen bei Bundesbauten)	KG 790
• Künstlerische Ausstattung	KG 640
• Kunstobjekte (z.B. Skulpturen, Objekte, Gemälde, Möbel, Antiquitäten, Altäre, Taufbecken)	KG 641
• Künstlerische Gestaltung des Bauwerks (z.B. Malereien, Reliefs, Mosaike, künstlerische Glas-, Schmiede-Steinmetzarbeiten)	KG 642
• Künstlerische Gestaltung der Außenanlagen und Freiflächen (z.B. Malereien, Reliefs, Mosaike, künstlerische Glas-, Schmiede- Steinmetzarbeiten)	KG 643
• Sonstiges zur KG 640	KG 649

DIN 276 Tabelle 1 – Kostengliederung

751 **Kunstwettbewerbe**

Durchführung von Wettbewerben zur Erarbeitung eines Konzepts für Kunstwerke oder künstlerisch gestaltete Bauteile

DIN 276 Tabelle 2 – Mengen und Bezugseinheiten

Einheit	m^2
Bezeichnung	Brutto-Grundfläche (BGF)
Ermittlung	Gesamte Brutto-Grundfläche nach DIN 277

In dieser Kostengruppe enthalten

- Wettbewerbe für Aufgaben im Bereich Kunst und Design (z.B. für Kunstwerke oder künstlerisch gestaltete Bauteile)
- Realisierungswettbewerbe (mit Realisierungsabsicht, zur Realisierung des Wettbewerbsergebnisses)
- Ideenwettbewerbe (ohne Realisierungsabsicht, z.B. zur Erarbeitung von Konzepten für Kunstwerke oder künstlerisch gestaltete Bauteile)
- Wettbewerbe in verschiedenen Verfahrensweisen (z.B. offene und nichtoffene Wettbewerbe, zweiphasige und kooperative Verfahren)
- Alle Aufwendungen für die Durchführung eines Wettbewerbs (z.B. Vorbereitung, Auslobung, Kolloquien, Vorprüfung, Preisgericht, Preise und Anerkennungen, Dokumentation, Veröffentlichung)

In anderen Kostengruppen enthalten

Kunstwettbewerbe	*KG 751*
• Honorare (z.B. für geistig-schöpferische Leistungen für Kunstwerke oder künstlerisch gestaltete Bauteile, soweit nicht in der KG 640 erfasst)	KG 752
• Sonstiges zur KG 750	KG 759
• Bauherrenaufgaben (z.B. Projektleitung, Bedarfsplanung, Projektsteuerung, Sicherheits- und Gesundheitsschutzkoordination, Vergabeverfahren)	KG 710
• Vorbereitung der Objektplanung (z.B. Untersuchungen, Wertermittlungen, städtebauliche Leistungen, landschaftsplanerische Leistungen, Wettbewerbe)	KG 720
• Objektplanung (z.B. für Gebäude und Innenräume, Freianlagen, Ingenieurbauwerke, Verkehrsanlagen)	KG 730
• Fachplanung (z.B. Tragwerksplanung, technische Ausrüstung, Bauphysik, Geotechnik, Ingenieurvermessung, Lichttechnik, Tageslichttechnik, Brandschutz, Altlasten)	KG 740
• Allgemeine Baunebenkosten (z.B. Gutachten, Beratung, Prüfungen, Genehmigungen, Abnahmen, Bewirtschaftungskosten, Bemusterungskosten, Betriebskosten nach der Abnahme, Versicherungen, Vervielfältigungen, Dokumentationen, Versand- und Kommunikationskosten, Veranstaltungen)	KG 760
• Sonstige Baunebenkosten (z.B. Liegenschafts- und Gebäudebestandsdokumentationen bei Bundesbauten)	KG 790

Erläuterungen

- Die Richtlinie für Planungswettbewerbe (RPW 2013) kann auch für die Durchführung von Wettbewerben im Bereich Kunst und Design angewendet werden. Die RPW 2013 ist von den jeweils zuständigen Bundes- und Landesministerien in Abstimmung mit der Bundesarchitektenkammer und der Bundesingenieurkammer als verbindliche Richtlinie für ihre Zuständigkeitsbereiche eingeführt worden.

DIN 276 Tabelle 1 – Kostengliederung

752 **Honorare**

Geistig-schöpferische Leistungen für Kunstwerke oder künstlerisch gestaltete Bauteile, soweit nicht in der KG 640 erfasst

DIN 276 Tabelle 2 – Mengen und Bezugseinheiten

Einheit	m²
Bezeichnung	Brutto-Grundfläche (BGF)
Ermittlung	Gesamte Brutto-Grundfläche nach DIN 277

In dieser Kostengruppe enthalten

- Honorare für geistig-schöpferische Leistungen, die für Kunstobjekte erbracht werden, soweit sie nicht in der KG 641 erfasst sind
- Honorare für geistig-schöpferische Leistungen, die für die künstlerische Gestaltung des Bauwerks erbracht werden, soweit sie nicht in der KG 642 erfasst sind
- Honorare für geistig-schöpferische Leistungen, die für die künstlerische Gestaltung der Außenanlagen und Freiflächen erbracht werden, soweit sie nicht in der KG 643 erfasst sind

In anderen Kostengruppen enthalten

• Kunstwettbewerbe (z.B. Wettbewerbe zur Erarbeitung von Konzepten für Kunstwerke und künstlerisch gestaltete Bauwerke)	KG 751
Honorare	*KG 752*
• Sonstiges zur KG 750	KG 759
• Künstlerische Ausstattung	KG 640
• Kunstobjekte (z.B. Skulpturen, Objekte, Gemälde, Möbel, Antiquitäten, Altäre, Taufbecken)	KG 641
• Künstlerische Gestaltung des Bauwerks (z.B. Malereien, Reliefs, Mosaike, künstlerische Glas-, Schmiede-, Steinmetzarbeiten)	KG 642
• Künstlerische Gestaltung der Außenanlagen und Freiflächen (z.B. Malereien, Reliefs, Mosaike, künstlerische Glas-, Schmiede-, Steinmetzarbeiten)	KG 643
• Sonstiges zur KG 640	KG 649
• Bauherrenaufgaben (z.B. Projektleitung, Bedarfsplanung, Projektsteuerung, Sicherheits- und Gesundheitsschutzkoordination, Vergabeverfahren)	KG 710
• Vorbereitung der Objektplanung (z.B. Untersuchungen, Wertermittlungen, städtebauliche Leistungen, landschaftsplanerische Leistungen, Wettbewerbe)	KG 720
• Objektplanung (z.B. für Gebäude und Innenräume, Freianlagen, Ingenieurbauwerke, Verkehrsanlagen)	KG 730
• Fachplanung (z.B. Tragwerksplanung, technische Ausrüstung, Bauphysik, Geotechnik, Ingenieurvermessung, Lichttechnik, Tageslichttechnik, Brandschutz, Altlasten)	KG 740
• Allgemeine Baunebenkosten (z.B. Gutachten, Beratung, Prüfungen, Genehmigungen, Abnahmen, Bewirtschaftungskosten, Bemusterungskosten, Betriebskosten nach der Abnahme, Versicherungen, Vervielfältigungen, Dokumentationen, Versand- und Kommunikationskosten, Veranstaltungen)	KG 760
• Sonstige Baunebenkosten (z.B. Liegenschafts- und Gebäudebestandsdokumentationen bei Bundesbauten)	KG 790

DIN 276 Tabelle 1 – Kostengliederung	
759	**Sonstiges zur KG 750**

DIN 276 Tabelle 2 – Mengen und Bezugseinheiten	
Einheit	m²
Bezeichnung	Brutto-Grundfläche (BGF)
Ermittlung	Gesamte Brutto-Grundfläche nach DIN 277

In dieser Kostengruppe enthalten

- Sonstige Kosten für künstlerische Leistungen, die nicht den KG 751 und 752 zuzuordnen sind

In anderen Kostengruppen enthalten	
• Kunstwettbewerbe (z.B. Wettbewerbe zur Erarbeitung von Konzepten für Kunstwerke und künstlerisch gestaltete Bauwerke)	KG 751
• Honorare (z.B. für geistig-schöpferische Leistungen für Kunstwerke oder künstlerisch gestaltete Bauteile, soweit nicht in der KG 640 erfasst)	KG 752
Sonstiges zur KG 750	*KG 759*
• Künstlerische Ausstattung	KG 640
• Kunstobjekte (z.B. Skulpturen, Objekte, Gemälde, Möbel, Antiquitäten, Altäre, Taufbecken)	KG 641
• Künstlerische Gestaltung des Bauwerks (z.B. Malereien, Reliefs, Mosaike, künstlerische Glas-, Schmiede-, Steinmetzarbeiten)	KG 642
• Künstlerische Gestaltung der Außenanlagen und Freiflächen (z.B. Malereien, Reliefs, Mosaike, künstlerische Glas-, Schmiede-, Steinmetzarbeiten)	KG 643
• Sonstiges zur KG 640	KG 649
• Bauherrenaufgaben (z.B. Projektleitung, Bedarfsplanung, Projektsteuerung, Sicherheits- und Gesundheitsschutzkoordination, Vergabeverfahren)	KG 710
• Vorbereitung der Objektplanung (z.B. Untersuchungen, Wertermittlungen, städtebauliche Leistungen, landschaftsplanerische Leistungen, Wettbewerbe)	KG 720
• Objektplanung (z.B. für Gebäude und Innenräume, Freianlagen, Ingenieurbauwerke, Verkehrsanlagen)	KG 730
• Fachplanung (z.B. Tragwerksplanung, technische Ausrüstung, Bauphysik, Geotechnik, Ingenieurvermessung, Lichttechnik, Tageslichttechnik, Brandschutz, Altlasten)	KG 740
• Allgemeine Baunebenkosten (z.B. Gutachten, Beratung, Prüfungen, Genehmigungen, Abnahmen, Bewirtschaftungskosten, Bemusterungskosten, Betriebskosten nach der Abnahme, Versicherungen, Vervielfältigungen, Dokumentationen, Versand- und Kommunikationskosten, Veranstaltungen)	KG 760
• Sonstige Baunebenkosten (z.B. Liegenschafts- und Gebäudebestandsdokumentationen bei Bundesbauten)	KG 790

DIN 276 Tabelle 1 – Kostengliederung

760 Allgemeine Baunebenkosten

DIN 276 Tabelle 2 – Mengen und Bezugseinheiten

Einheit	m^2
Bezeichnung	Brutto-Grundfläche (BGF)
Ermittlung	Gesamte Brutto-Grundfläche nach DIN 277

In dieser Kostengruppe enthalten

KG 761	Gutachten und Beratung
KG 762	Prüfungen, Genehmigungen, Abnahmen (z.B. Prüfung der Tragwerksplanung, Gebühren für Baugenehmigungen und Bauabnahmen, Gebühren für Nachhaltigkeitszertifizierungen)
KG 763	Bewirtschaftungskosten (z.B. Baustellenbewachung, Nutzungsentschädigungen während der Bauzeit, Baustellenbüros für Planer und Bauherrn)
KG 764	Bemusterungskosten (z.B. Modellversuche, Musterstücke, Eignungsversuche, Eignungsmessungen)
KG 765	Betriebskosten nach der Abnahme (z.B. Kosten für den vorläufigen Betrieb technischer Anlagen nach der Abnahme bis zur Inbetriebnahme)
KG 766	Versicherungen (z.B. Bauherrenhaftpflichtversicherung, Bauwesenversicherung)
KG 769	Sonstiges zur KG 760 (z.B. Vervielfältigungen, Dokumentationen, Versand- und Kommunikationskosten, Veranstaltungen

In anderen Kostengruppen enthalten

• Bauherrenaufgaben (z.B. Projektleitung, Bedarfsplanung, Projektsteuerung, Sicherheits- und Gesundheitsschutzkoordination, Vergabeverfahren)	KG 710
• Vorbereitung der Objektplanung (z.B. Untersuchungen, Wertermittlungen, städtebauliche Leistungen, landschaftsplanerische Leistungen, Wettbewerbe)	KG 720
• Objektplanung (z.B. für Gebäude und Innenräume, Freianlagen, Ingenieurbauwerke, Verkehrsanlagen)	KG 730
• Fachplanung (z.B. Tragwerksplanung, technische Ausrüstung, Bauphysik, Geotechnik, Ingenieurvermessung, Lichttechnik, Tageslichttechnik, Brandschutz, Altlasten)	KG 740
• Künstlerische Leistungen (z.B. Kunstwettbewerbe, Honorare für geistig-schöpferische Leistungen für Kunstwerke oder künstlerisch gestaltete Bauteile)	KG 750
Allgemeine Baunebenkosten	*KG 760*
• Sonstige Baunebenkosten (z.B. Liegenschafts- und Gebäudebestandsdokumentationen bei Bundesbauten)	KG 790
• Grundstücksnebenkosten (z.B. Gerichtsgebühren, Notargebühren, Wertermittlungen, Genehmigungsgebühren, Bodenordnung beim Erwerb und dem Eigentum des Grundstücks)	KG 120
• Ablösen von Rechten Dritter (z.B. Abfindungen und Entschädigungen)	KG 130
• Ausgleichsmaßnahmen und -abgaben (z.B. aufgrund öffentlich rechtlicher Bestimmungen)	KG 240
• Übergangsmaßnahmen (z.B. provisorische bauliche und organisatorische Maßnahmen)	KG 250
• Baustelleneinrichtung für Baukonstruktionen (z.B. Material- und Geräteschuppen, Lager-, Wasch-, Toiletten- und Aufenthaltsräume, Baubeleuchtung, Baustrom, Bauwasser)	KG 391
• Bauwerk – Technische Anlagen (z.B. Betriebskosten der technischen Anlagen bis zur Abnahme)	KG 400
• Baustelleneinrichtung für technische Anlagen	KG 491
• Baustelleneinrichtung für Außenanlagen und Freiflächen	KG 591
• Finanzierungsnebenkosten (z.B. Finanzierungsplanung, Beschaffung von Finanzierungsmitteln, Gerichts- und Notargebühren für die Finanzierung)	KG 810
• Bürgschaften (z.B. Gebühren für Zahlungsbürgschaften)	KG 840

Erläuterungen

- Die Kosten von Abnahmen der Bauleistungen für die Baukonstruktionen und technische Anlagen des Bauwerks sowie die Außenanlagen und Freiflächen sind auf der Seite der ausführenden Unternehmen in den Kostengruppen der KG 300, KG 400 und KG 500 erfasst, auf der Seite der an der Planung und Bauüberwachung Beteiligten in den Kostengruppen der KG 700.

DIN 276 Tabelle 1 – Kostengliederung

761 **Gutachten und Beratung**

DIN 276 Tabelle 2 – Mengen und Bezugseinheiten

Einheit	m^2
Bezeichnung	Brutto-Grundfläche (BGF)
Ermittlung	Gesamte Brutto-Grundfläche nach DIN 277

In dieser Kostengruppe enthalten

- Sonstige Kosten für Gutachten und Beratung, die nicht den KG 120, 710 bis 750 und 810 zuzuordnen sind

In anderen Kostengruppen enthalten

Gutachten und Beratung	*KG 761*
• Prüfungen, Genehmigungen, Abnahmen (z.B. Prüfung der Tragwerksplanung, Gebühren für Baugenehmigungen und Bauabnahmen, Gebühren für Nachhaltigkeitszertifizierungen)	KG 762
• Bewirtschaftungskosten (z.B. Baustellenbewachung, Nutzungsentschädigungen während der Bauzeit, Baustellenbüros für Planer und Bauherrn)	KG 763
• Bemusterungskosten (z.B. Modellversuche, Musterstücke, Eignungsversuche, Eignungsmessungen)	KG 764
• Betriebskosten nach der Abnahme (z.B. Kosten für den vorläufigen Betrieb technischer Anlagen nach der Abnahme bis zur Inbetriebnahme)	KG 765
• Versicherungen (z.B. Bauherrenhaftpflichtversicherung, Bauwesenversicherung)	KG 766
• Sonstiges zur KG 760 (z.B. Vervielfältigungen, Dokumentationen, Versand- und Kommunikationskosten, Veranstaltungen	KG 769
• Grundstücksnebenkosten (Gutachten und Beratung im Zusammenhang mit dem Erwerb des Grundstücks, z.B. für Vermessungen, Untersuchungen, Wertermittlungen)	KG 120
• Bauherrenaufgaben (z.B. Projektleitung, Bedarfsplanung, Projektsteuerung, Sicherheits- und Gesundheitsschutzkoordination, Vergabeverfahren)	KG 710
• Vorbereitung der Objektplanung (z.B. Untersuchungen, Wertermittlungen, städtebauliche Leistungen, landschaftsplanerische Leistungen, Wettbewerbe)	KG 720
• Objektplanung (z.B. für Gebäude und Innenräume, Freianlagen, Ingenieurbauwerke, Verkehrsanlagen)	KG 730
• Fachplanung (z.B. Tragwerksplanung, technische Ausrüstung, Beratung für Bauphysik, Geotechnik, Ingenieurvermessung, Lichttechnik, Tageslichttechnik, Brandschutz, Altlasten)	KG 740
• Künstlerische Leistungen (z.B. Kunstwettbewerbe, Honorare für geistig-schöpferische Leistungen für Kunstwerke oder künstlerisch gestaltete Bauteile)	KG 750
• Sonstige Baunebenkosten	KG 790
• Finanzierungsnebenkosten (Gutachten und Beratung im Zusammenhang mit der Finanzierung z.B. für die Beschaffung von Finanzierungsmitteln)	KG 810

DIN 276 Tabelle 1 – Kostengliederung	
762	**Prüfungen, Genehmigungen, Abnahmen** Prüfungen, Genehmigungen und Abnahmen (z. B. Prüfung der Tragwerksplanung, Konformitätsprüfungen von Nachhaltigkeitsauditierungen)

DIN 276 Tabelle 2 – Mengen und Bezugseinheiten	
Einheit	m^2
Bezeichnung	Brutto-Grundfläche (BGF)
Ermittlung	Gesamte Brutto-Grundfläche nach DIN 277

In dieser Kostengruppe enthalten

- Gebühren für öffentlich-rechtliche Prüfungen, Genehmigungen und Abnahmen (z.B. aufgrund von bundesrechtlichen, landesrechtlicher und örtlichen Vorschriften)
- Prüfungen, Genehmigungen und Abnahmen in bauaufsichtlichen Verfahren (z.B. Baugenehmigung, Bauzustandsbesichtigung, Rohbauabnahme, Schlussabnahme, Gebrauchsabnahme)
- Prüfung der Tragwerksplanung und der Standsicherheitsnachweise (z.B. der statischen Berechnungen, der Konstruktions- und Bewehrungspläne, Prüfung der Ausführung auf der Baustelle)
- Abnahme des Schnurgerüsts (z.B. durch die Baubehörde oder durch Einreichen der Einmessungsbescheinigung durch einen Sachverständigen)
- Abnahme der Abgasanlagen durch den Schornsteinfeger
- Prüfung, Genehmigung und Abnahme genehmigungspflichtiger Anlagen (z.B. Förderanlagen, elektrische Anlagen, Druckkesselanlagen, Feuerlöschanlagen)
- Prüfung und Abnahme in gewerbeaufsichtsrechtlichen Verfahren
- Gebühren für freiwillige Prüfungen und Abnahmen (z.B. bei Nachhaltigkeitszertifizierungen, Konformitätsprüfungen und Nachhaltigkeitsauditierungen)
- Blower-Door-Test

In anderen Kostengruppen enthalten	
• Gutachten und Beratung	KG 761
Prüfungen, Genehmigungen, Abnahmen	*KG 762*
• Bewirtschaftungskosten (z.B. Baustellenbewachung, Nutzungsentschädigungen während der Bauzeit, Baustellenbüros für Planer und Bauherrn)	KG 763
• Bemusterungskosten (z.B. Modellversuche, Musterstücke, Eignungsversuche, Eignungsmessungen)	KG 764
• Betriebskosten nach der Abnahme (z.B. Kosten für den vorläufigen Betrieb technischer Anlagen nach der Abnahme bis zur Inbetriebnahme)	KG 765
• Versicherungen (z.B. Bauherrenhaftpflichtversicherung, Bauwesenversicherung)	KG 766
• Sonstiges zur KG 760 (z.B. Vervielfältigungen, Dokumentationen, Versand- und Kommunikationskosten, Veranstaltungen)	KG 769
• Grundstücksnebenkosten (Gebühren für Prüfungen und Genehmigungen im Zusammenhang mit dem Erwerb des Grundstücks, z.B. Teilungsgenehmigungen, Liegenschaftskataster, Bodenordnung)	KG 120
• Öffentliche Erschließung (z.B. Erschließungsbeiträge, Anliegerbeiträge)	KG 220
• Ausgleichsabgaben aufgrund öffentlich-rechtlicher Verpflichtungen (z.B. Naturschutz, Stellplätze, Baumbestand)	KG 242
• Bauherrenaufgaben (z.B. Projektleitung, Bedarfsplanung, Projektsteuerung, Sicherheits- und Gesundheitsschutzkoordination, Vergabeverfahren)	KG 710
• Vorbereitung der Objektplanung (z.B. Untersuchungen, Wertermittlungen, städtebauliche Leistungen, landschaftsplanerische Leistungen, Wettbewerbe)	KG 720
• Objektplanung (z.B. für Gebäude und Innenräume, Freianlagen, Ingenieurbauwerke, Verkehrsanlagen)	KG 730
• Fachplanung (z.B. Tragwerksplanung, technische Ausrüstung, Beratung für Bauphysik, Geotechnik, Ingenieurvermessung, Lichttechnik, Tageslichttechnik, Brandschutz, Altlasten)	KG 740

In anderen Kostengruppen enthalten

• Künstlerische Leistungen (z.B. Kunstwettbewerbe, Honorare für geistig-schöpferische Leistungen für Kunstwerke oder künstlerisch gestaltete Bauteile)	KG 750
• Sonstige Baunebenkosten	KG 790
• Finanzierungsnebenkosten (Kosten im Zusammenhang mit der Finanzierung z.B. für Genehmigung von Krediten, Eintragungen und Löschungen im Grundbuch)	KG 810

Erläuterungen

- Die Kosten von Abnahmen der Bauleistungen für die Baukonstruktionen und technische Anlagen des Bauwerks sowie die Außenanlagen und Freiflächen sind auf der Seite der ausführenden Unternehmen in den Kostengruppen der KG 300, KG 400 und KG 500 erfasst, auf der Seite der an der Planung und Bauüberwachung Beteiligten in den Kostengruppen der KG 700.

DIN 276 Tabelle 1 – Kostengliederung	
763	**Bewirtschaftungskosten**
	Baustellenbewachung, Nutzungsentschädigungen während der Bauzeit; Gestellung des Baustellenbüros für Planer und Bauherrn sowie dessen Beheizung, Beleuchtung und Reinigung

DIN 276 Tabelle 2 – Mengen und Bezugseinheiten	
Einheit	m^2
Bezeichnung	Brutto-Grundfläche (BGF)
Ermittlung	Gesamte Brutto-Grundfläche nach DIN 277

In dieser Kostengruppe enthalten

- Baustellenbewachung (z.B. Schutz vor Diebstahl und Vandalismus, Eingangskontrollen, Dokumentation der Baustellenabläufe)
- Nutzungsentschädigungen (Gebühren für Straßenbenutzung z.B. für Baustelleneinrichtungen)
- Bewirtschaftungskosten während der Bauzeit (z.B. für Baustellenbüros der Planungsbeteiligten und der Bauherrschaft einschließlich Ausstattung, Beheizung, Beleuchtung, Reinigung und Telekommunikation)

In anderen Kostengruppen enthalten

• Gutachten und Beratung	KG 761
• Prüfungen, Genehmigungen, Abnahmen (z.B. Prüfung der Tragwerksplanung, Gebühren für Baugenehmigungen und Bauabnahmen, Gebühren für Nachhaltigkeitszertifizierungen)	KG 762
Bewirtschaftungskosten	*KG 763*
• Bemusterungskosten (z.B. Modellversuche, Musterstücke, Eignungsversuche, Eignungsmessungen)	KG 764
• Betriebskosten nach der Abnahme (z.B. Kosten für den vorläufigen Betrieb technischer Anlagen nach der Abnahme bis zur Inbetriebnahme)	KG 765
• Versicherungen (z.B. Bauherrenhaftpflichtversicherung, Bauwesenversicherung)	KG 766
• Sonstiges zur KG 760 (z.B. Vervielfältigungen, Dokumentationen, Versand- und Kommunikationskosten, Veranstaltungen)	KG 769
• Grundstücksnebenkosten (Gutachten und Beratung im Zusammenhang mit dem Erwerb des Grundstücks, z.B. für Vermessungen, Untersuchungen, Wertermittlungen)	KG 120
• Baustelleneinrichtung für Baukonstruktionen (z.B. Material- und Geräteschuppen, Lager-, Wasch-, Toiletten- und Aufenthaltsräume, Baubeleuchtung, Baustrom, Bauwasser)	KG 391
• Bauwerk – Technische Anlagen (z.B. Betriebskosten der technischen Anlagen bis zur Abnahme)	KG 400
• Baustelleneinrichtung für technische Anlagen	KG 491
• Baustelleneinrichtung für Außenanlagen und Freiflächen	KG 591
• Bauherrenaufgaben (z.B. Projektleitung, Bedarfsplanung, Projektsteuerung, Sicherheits- und Gesundheitsschutzkoordination, Vergabeverfahren)	KG 710
• Vorbereitung der Objektplanung (z.B. Untersuchungen, Wertermittlungen, städtebauliche Leistungen, landschaftsplanerische Leistungen, Wettbewerbe)	KG 720
• Objektplanung (z.B. für Gebäude und Innenräume, Freianlagen, Ingenieurbauwerke, Verkehrsanlagen)	KG 730
• Fachplanung (z.B. Tragwerksplanung, technische Ausrüstung, Beratung für Bauphysik, Geotechnik, Ingenieurvermessung, Lichttechnik, Tageslichttechnik, Brandschutz, Altlasten)	KG 740
• Künstlerische Leistungen (z.B. Kunstwettbewerbe, Honorare für geistig-schöpferische Leistungen für Kunstwerke oder künstlerisch gestaltete Bauteile)	KG 750
• Sonstige Baunebenkosten	KG 790
• Bürgschaften (z.B. Gebühren für Zahlungsbürgschaften)	KG 840

DIN 276 Tabelle 1 – Kostengliederung	
764	**Bemusterungskosten**
	Modellversuche, Musterstücke, Eignungsversuche, Eignungsmessungen

DIN 276 Tabelle 2 – Mengen und Bezugseinheiten	
Einheit	m²
Bezeichnung	Brutto-Grundfläche (BGF)
Ermittlung	Gesamte Brutto-Grundfläche nach DIN 277

In dieser Kostengruppe enthalten

- Bemusterung (z.B. von Baustoffen, Baukonstruktionen, Anlagenteilen, Ausstattungen)
- Anschauungs- und Entscheidungshilfen (z.B. Modelle, Materialcollagen, Musterstücke, Musterräume, Musterausführungen)
- Eignungsversuche, Eignungsmessungen, Güte- und Gebrauchsprüfungen

In anderen Kostengruppen enthalten

• Gutachten und Beratung	KG 761
• Prüfungen, Genehmigungen, Abnahmen (z.B. Prüfung der Tragwerksplanung, Gebühren für Baugenehmigungen und Bauabnahmen, Gebühren für Nachhaltigkeitszertifizierungen)	KG 762
• Bewirtschaftungskosten (z.B. Baustellenbewachung, Nutzungsentschädigungen während der Bauzeit, Baustellenbüros für Planer und Bauherrn)	KG 763
Bemusterungskosten	*KG 764*
• Betriebskosten nach der Abnahme (z.B. Kosten für den vorläufigen Betrieb technischer Anlagen nach der Abnahme bis zur Inbetriebnahme)	KG 765
• Versicherungen (z.B. Bauherrenhaftpflichtversicherung, Bauwesenversicherung)	KG 766
• Sonstiges zur KG 760 (z.B. Vervielfältigungen, Dokumentationen, Versand- und Kommunikationskosten, Veranstaltungen	KG 769
• Bauherrenaufgaben (z.B. Projektleitung, Bedarfsplanung, Projektsteuerung, Sicherheits- und Gesundheitsschutzkoordination, Vergabeverfahren)	KG 710
• Vorbereitung der Objektplanung (z.B. Untersuchungen, Wertermittlungen, städtebauliche Leistungen, landschaftsplanerische Leistungen, Wettbewerbe)	KG 720
• Objektplanung (z.B. für Gebäude und Innenräume, Freianlagen, Ingenieurbauwerke, Verkehrsanlagen)	KG 730
• Fachplanung (z.B. Tragwerksplanung, technische Ausrüstung, Beratung für Bauphysik, Geotechnik, Ingenieurvermessung, Lichttechnik, Tageslichttechnik, Brandschutz, Altlasten)	KG 740
• Künstlerische Leistungen (z.B. Kunstwettbewerbe, Honorare für geistig-schöpferische Leistungen für Kunstwerke oder künstlerisch gestaltete Bauteile)	KG 750
• Sonstige Baunebenkosten	KG 790

DIN 276 Tabelle 1 – Kostengliederung	
765	**Betriebskosten nach der Abnahme** Kosten für den vorläufigen Betrieb insbesondere der technischen Anlagen nach der Abnahme bis zur Inbetriebnahme

DIN 276 Tabelle 2 – Mengen und Bezugseinheiten	
Einheit	m^2
Bezeichnung	Brutto-Grundfläche (BGF)
Ermittlung	Gesamte Brutto-Grundfläche nach DIN 277

In dieser Kostengruppe enthalten

- Betriebskosten für die Versorgung (z.B. Wasser, Brennstoffe, Fernwärme, Strom)
- Betriebskosten für die Entsorgung (z.B. Abwasser, Abfall)
- Betriebskosten für die Reinigung und Pflege von Bauwerken (z.B. Baukonstruktionen, technische Anlagen)
- Betriebskosten für die Reinigung und Pflege von Außenanlagen und Freiflächen
- Betriebskosten für die Reinigung und Pflege von Ausstattungen
- Betriebskosten für Bedienung, Inspektion und Wartung

In anderen Kostengruppen enthalten	
• Gutachten und Beratung	KG 761
• Prüfungen, Genehmigungen, Abnahmen (z.B. Prüfung der Tragwerksplanung, Gebühren für Baugenehmigungen und Bauabnahmen, Gebühren für Nachhaltigkeitszertifizierungen)	KG 762
• Bewirtschaftungskosten (z.B. Baustellenbewachung, Nutzungsentschädigungen während der Bauzeit, Baustellenbüros für Planer und Bauherrn)	KG 763
• Bemusterungskosten (z.B. Modellversuche, Musterstücke, Eignungsversuche, Eignungsmessungen)	KG 764
Betriebskosten nach der Abnahme	*KG 765*
• Versicherungen (z.B. Bauherrenhaftpflichtversicherung, Bauwesenversicherung)	KG 766
• Sonstiges zur KG 760 (z.B. Vervielfältigungen, Dokumentationen, Versand- und Kommunikationskosten, Veranstaltungen	KG 769
• Baustelleneinrichtung für Baukonstruktionen (z.B. Material- und Geräteschuppen, Lager-, Wasch-, Toiletten- und Aufenthaltsräume, Baubeleuchtung, Baustrom, Bauwasser)	KG 391
• Bauwerk – Technische Anlagen (z.B. Betriebskosten der technischen Anlagen bis zur Abnahme)	KG 400
• Baustelleneinrichtung für technische Anlagen	KG 491
• Baustelleneinrichtung für Außenanlagen und Freiflächen	KG 591
• Bauherrenaufgaben (z.B. Projektleitung, Bedarfsplanung, Projektsteuerung, Sicherheits- und Gesundheitsschutzkoordination, Vergabeverfahren)	KG 710
• Vorbereitung der Objektplanung (z.B. Untersuchungen, Wertermittlungen, städtebauliche Leistungen, landschaftsplanerische Leistungen, Wettbewerbe)	KG 720
• Objektplanung (z.B. für Gebäude und Innenräume, Freianlagen, Ingenieurbauwerke, Verkehrsanlagen)	KG 730
• Fachplanung (z.B. Tragwerksplanung, technische Ausrüstung, Beratung für Bauphysik, Geotechnik, Ingenieurvermessung, Lichttechnik, Tageslichttechnik, Brandschutz, Altlasten)	KG 740
• Künstlerische Leistungen (z.B. Kunstwettbewerbe, Honorare für geistig-schöpferische Leistungen für Kunstwerke oder künstlerisch gestaltete Bauteile)	KG 750
• Sonstige Baunebenkosten	KG 790

DIN 276 Tabelle 1 – Kostengliederung

766	**Versicherungen**	
	Bauherrenhaftpflichtversicherung, Bauwesenversicherung	

DIN 276 Tabelle 2 – Mengen und Bezugseinheiten

Einheit	m^2
Bezeichnung	Brutto-Grundfläche (BGF)
Ermittlung	Gesamte Brutto-Grundfläche nach DIN 277

In dieser Kostengruppe enthalten

- Versicherungen während der Bauzeit
- Haftpflichtversicherungen (z.B. Haftpflichtversicherung für unbebaute Grundstücke, Bauherrenhaftpflichtversicherung)
- Sachversicherungen (z.B. Bauwesenversicherung, Bauleistungsversicherung, Feuer-Rohbau-Versicherung, Wohngebäudeversicherung)
- Unfallversicherungen (z.B. Bauhelfer-Unfallversicherung)
- Rechtsschutzversicherungen (z.B. Vertragsrechtsschutzversicherung)

In anderen Kostengruppen enthalten

• Gutachten und Beratung	KG 761
• Prüfungen, Genehmigungen, Abnahmen (z.B. Prüfung der Tragwerksplanung, Gebühren für Baugenehmigungen und Bauabnahmen, Gebühren für Nachhaltigkeitszertifizierungen)	KG 762
• Bewirtschaftungskosten (z.B. Baustellenbewachung, Nutzungsentschädigungen während der Bauzeit, Baustellenbüros für Planer und Bauherrn)	KG 763
• Bemusterungskosten (z.B. Modellversuche, Musterstücke, Eignungsversuche, Eignungsmessungen)	KG 764
• Betriebskosten nach der Abnahme (z.B. Kosten für den vorläufigen Betrieb technischer Anlagen nach der Abnahme bis zur Inbetriebnahme)	KG 765
Versicherungen	*KG 766*
• Sonstiges zur KG 760 (z.B. Vervielfältigungen, Dokumentationen, Versand- und Kommunikationskosten, Veranstaltungen)	KG 769
• Bauherrenaufgaben (z.B. Projektleitung, Bedarfsplanung, Projektsteuerung, Sicherheits- und Gesundheitsschutzkoordination, Vergabeverfahren)	KG 710
• Vorbereitung der Objektplanung (z.B. Untersuchungen, Wertermittlungen, städtebauliche Leistungen, landschaftsplanerische Leistungen, Wettbewerbe)	KG 720
• Objektplanung (z.B. für Gebäude und Innenräume, Freianlagen, Ingenieurbauwerke, Verkehrsanlagen)	KG 730
• Fachplanung (z.B. Tragwerksplanung, technische Ausrüstung, Beratung für Bauphysik, Geotechnik, Ingenieurvermessung, Lichttechnik, Tageslichttechnik, Brandschutz, Altlasten)	KG 740
• Künstlerische Leistungen (z.B. Kunstwettbewerbe, Honorare für geistig-schöpferische Leistungen für Kunstwerke oder künstlerisch gestaltete Bauteile)	KG 750
• Sonstige Baunebenkosten	KG 790
• Finanzierung (Kosten, die im Zusammenhang mit der Finanzierung bis zum Beginn der Nutzung anfallen)	KG 800

DIN 276 Tabelle 1 – Kostengliederung	
769	**Sonstiges zur KG 760** Vervielfältigung und Dokumentation, Versand- und Kommunikationskosten, Veranstaltungen (z. B. Grundsteinlegung, Richtfest)

DIN 276 Tabelle 2 – Mengen und Bezugseinheiten	
Einheit	m^2
Bezeichnung	Brutto-Grundfläche (BGF)
Ermittlung	Gesamte Brutto-Grundfläche nach DIN 277

In dieser Kostengruppe enthalten

- Sonstige allgemeine Baunebenkosten, die nicht den KG 761 bis 766 zuzuordnen sind
- Vervielfältigungen (z.B. Kopien, Drucke, Reproduktionen, Filme, Fotografien)
- Dokumentationen (z.B. Objektdokumentationen, Einweihungsbroschüren)
- Versand- und Kommunikationskosten (z.B. Telefongebühren, Porto, Transportkosten)
- Veranstaltungen (z.B. Grundsteinlegung, Richtfest, Einweihungsfeier)
- Reisekosten, Fahrtkosten

In anderen Kostengruppen enthalten	
• Gutachten und Beratung	KG 761
• Prüfungen, Genehmigungen, Abnahmen (z.B. Prüfung der Tragwerksplanung, Gebühren für Baugenehmigungen und Bauabnahmen, Gebühren für Nachhaltigkeitszertifizierungen)	KG 762
• Bewirtschaftungskosten (z.B. Baustellenbewachung, Nutzungsentschädigungen während der Bauzeit, Baustellenbüros für Planer und Bauherrn)	KG 763
• Bemusterungskosten (z.B. Modellversuche, Musterstücke, Eignungsversuche,Eignungsmessungen)	KG 764
• Betriebskosten nach der Abnahme (z.B. Kosten für den vorläufigen Betrieb technischer Anlagen nach der Abnahme bis zur Inbetriebnahme)	KG 765
• Versicherungen (z.B. Bauherrenhaftpflichtversicherung, Bauwesenversicherung)	KG 766
Sonstiges zur KG 760	*KG 769*
• Bauherrenaufgaben (z.B. Projektleitung, Bedarfsplanung, Projektsteuerung, Sicherheits- und Gesundheitsschutzkoordination, Vergabeverfahren)	KG 710
• Vorbereitung der Objektplanung (z.B. Untersuchungen, Wertermittlungen, städtebauliche Leistungen, landschaftsplanerische Leistungen, Wettbewerbe)	KG 720
• Objektplanung (z.B. für Gebäude und Innenräume, Freianlagen, Ingenieurbauwerke, Verkehrsanlagen)	KG 730
• Fachplanung (z.B. Tragwerksplanung, technische Ausrüstung, Beratung für Bauphysik, Geotechnik, Ingenieurvermessung, Lichttechnik, Tageslichttechnik, Brandschutz, Altlasten)	KG 740
• Künstlerische Leistungen (z.B. Kunstwettbewerbe, Honorare für geistig-schöpferische Leistungen für Kunstwerke oder künstlerisch gestaltete Bauteile)	KG 750
• Sonstige Baunebenkosten	KG 790
• Finanzierungsnebenkosten (Gutachten und Beratung im Zusammenhang mit der Finanzierung, z.B. für die Beschaffung von Finanzierungsmitteln)	KG 810

DIN 276 Tabelle 1 – Kostengliederung	
790	**Sonstige Baunebenkosten**

DIN 276 Tabelle 2 – Mengen und Bezugseinheiten	
Einheit	m^2
Bezeichnung	Brutto-Grundfläche (BGF)
Ermittlung	Gesamte Brutto-Grundfläche nach DIN 277

In dieser Kostengruppe enthalten	
KG 791	Bestandsdokumentationen (z.B. Liegenschafts- und Gebäudebestandsdokumentationen)
KG 799	Sonstiges zur KG 790

In anderen Kostengruppen enthalten	
• Bauherrenaufgaben (z.B. Projektleitung, Bedarfsplanung, Projektsteuerung, Sicherheits- und Gesundheitsschutzkoordination, Vergabeverfahren)	KG 710
• Vorbereitung der Objektplanung (z.B. Untersuchungen, Wertermittlungen, städtebauliche Leistungen, landschaftsplanerische Leistungen, Wettbewerbe)	KG 720
• Objektplanung (z.B. für Gebäude und Innenräume, Freianlagen, Ingenieurbauwerke, Verkehrsanlagen)	KG 730
• Fachplanung (z.B. Tragwerksplanung, technische Ausrüstung, Bauphysik, Geotechnik, Ingenieurvermessung, Lichttechnik, Tageslichttechnik, Brandschutz, Altlasten)	KG 740
• Künstlerische Leistungen (z.B. Kunstwettbewerbe, Honorare für geistig-schöpferische Leistungen für Kunstwerke oder künstlerisch gestaltete Bauteile)	KG 750
• Allgemeine Baunebenkosten (z.B. Gutachten, Beratung, Prüfungen, Genehmigungen, Abnahmen, Bewirtschaftungskosten, Bemusterungskosten, Betriebskosten nach der Abnahme, Versicherungen, Vervielfältigungen, Dokumentationen, Versand- und Kommunikationskosten, Veranstaltungen)	KG 760
Sonstige Baunebenkosten	*KG 790*
• Vermessungsgebühren (z.B. Gebühren für die Vermessung zur Übernahme in das Liegenschaftskataster einschließlich der Verwaltungsgebühren)	KG 121
• Bauvermessung vor und während der Bauausführung und Bestandsdokumentation	KG 745
• Dokumentationen (z.B. Objektdokumentationen, Einweihungsbroschüren)	KG 769

Erläuterungen

- Bei den in der KG 791 aufgeführten Bestandsdokumentationen handelt es sich um spezifische Regelungen der Bundesministerien für die systematische Erfassung, Herstellung und Pflege der digitalen Bestandsdaten von Bundesbauten.
- Gebäudebestandsdokumentationen im Allgemeinen gehören nach der Honorarordnung für Architekten und Ingenieure (HOAI) als besondere Leistungen zur Objektplanung (KG 730) bzw. zur Fachplanung (KG 740).

DIN 276 Tabelle 1 – Kostengliederung	
791	**Bestandsdokumentation** Liegenschafts- und Gebäudebestandsdokumentation als Grundlage für die Nutzung (z. B. Vermessung, Fachdatenerhebung)

DIN 276 Tabelle 2 – Mengen und Bezugseinheiten	
Einheit	m^2
Bezeichnung	Brutto-Grundfläche (BGF)
Ermittlung	Gesamte Brutto-Grundfläche nach DIN 277

In dieser Kostengruppe enthalten

- Liegenschaftsdokumentationen als Grundlage für die Nutzung von Liegenschaften des Bundes (z.B. Vermessungsdaten, baufachliche Daten)
- Gebäudebestandsdokumentationen als Grundlage für die Nutzung von Gebäuden des Bundes (z.B. Vermessungsdaten, baufachliche Daten)

In anderen Kostengruppen enthalten

Bestandsdokumentationen	*KG 791*
• Sonstiges zur KG 790	KG 799
• Vermessungsgebühren (z.B. Gebühren für die Vermessung zur Übernahme in das Liegenschaftskataster einschließlich der Verwaltungsgebühren)	KG 121
• Bauherrenaufgaben (z.B. Projektleitung, Bedarfsplanung, Projektsteuerung, Sicherheits- und Gesundheitsschutzkoordination, Vergabeverfahren)	KG 710
• Vorbereitung der Objektplanung (z.B. Untersuchungen, Wertermittlungen, städtebauliche Leistungen, landschaftsplanerische Leistungen, Wettbewerbe)	KG 720
• Objektplanung (z.B. für Gebäude und Innenräume, Freianlagen, Ingenieurbauwerke, Verkehrsanlagen)	KG 730
• Fachplanung (z.B. Tragwerksplanung, technische Ausrüstung, Bauphysik, Geotechnik, Ingenieurvermessung, Lichttechnik, Tageslichttechnik, Brandschutz, Altlasten)	KG 740
• Bauvermessung vor und während der Bauausführung und Bestandsdokumentation	KG 745
• Künstlerische Leistungen (z.B. Kunstwettbewerbe, Honorare für geistig-schöpferische Leistungen für Kunstwerke oder künstlerisch gestaltete Bauteile)	KG 750
• Allgemeine Baunebenkosten (z.B. Gutachten, Beratung, Prüfungen, Genehmigungen, Abnahmen, Bewirtschaftungskosten, Bemusterungskosten, Betriebskosten nach der Abnahme, Versicherungen, Vervielfältigungen, Dokumentationen, Versand- und Kommunikationskosten, Veranstaltungen)	KG 760
• Dokumentationen (z.B. Objektdokumentationen, Einweihungsbroschüren)	KG 769

Erläuterungen

- Bei den in der KG 791 aufgeführten Liegenschafts- und Gebäudebestandsdokumentationen handelt es sich um spezifische Regelungen der Bundesministerien für die systematische Erfassung, Herstellung und Pflege der digitalen Bestandsdaten von Bundesbauten.
- Gebäudebestandsdokumentationen im Allgemeinen gehören nach der Honorarordnung für Architekten und Ingenieure (HOAI) als besondere Leistungen zur Objektplanung (KG 730) bzw. zur Fachplanung (KG 740).

DIN 276 Tabelle 1 – Kostengliederung	
799	**Sonstiges zur KG 790**

DIN 276 Tabelle 2 – Mengen und Bezugseinheiten	
Einheit	m^2
Bezeichnung	Brutto-Grundfläche (BGF)
Ermittlung	Gesamte Brutto-Grundfläche nach DIN 277

In dieser Kostengruppe enthalten

- Sonstige Kosten, die nicht der KG 791 zuzuordnen sind

In anderen Kostengruppen enthalten	
• Bestandsdokumentationen (z.B. Liegenschafts- und Gebäudebestandsdokumentationen)	KG 791
Sonstiges zur KG 790	*KG 799*
• Bauherrenaufgaben (z.B. Projektleitung, Bedarfsplanung, Projektsteuerung, Sicherheits- und Gesundheitsschutzkoordination, Vergabeverfahren)	KG 710
• Vorbereitung der Objektplanung (z.B. Untersuchungen, Wertermittlungen, städtebauliche Leistungen, landschaftsplanerische Leistungen, Wettbewerbe)	KG 720
• Objektplanung (z.B. für Gebäude und Innenräume, Freianlagen, Ingenieurbauwerke, Verkehrsanlagen)	KG 730
• Fachplanung (z.B. Tragwerksplanung, technische Ausrüstung, Bauphysik, Geotechnik, Ingenieurvermessung, Lichttechnik, Tageslichttechnik, Brandschutz, Altlasten)	KG 740
• Künstlerische Leistungen (z.B. Kunstwettbewerbe, Honorare für geistig-schöpferische Leistungen für Kunstwerke oder künstlerisch gestaltete Bauteile)	KG 750
• Allgemeine Baunebenkosten (z.B. Gutachten, Beratung, Prüfungen, Genehmigungen, Abnahmen, Bewirtschaftungskosten, Bemusterungskosten, Betriebskosten nach der Abnahme, Versicherungen, Vervielfältigungen, Dokumentationen, Versand- und Kommunikationskosten, Veranstaltungen)	KG 760

DIN 276 Tabelle 1 – Kostengliederung	
800	**Finanzierung**
	Kosten, die im Zusammenhang mit der Finanzierung des Bauprojekts bis zum Beginn der Nutzung anfallen

DIN 276 Tabelle 2 – Mengen und Bezugseinheiten	
Einheit	m^2
Bezeichnung	Brutto-Grundfläche (BGF)
Ermittlung	Gesamte Brutto-Grundfläche nach DIN 277

In dieser Kostengruppe enthalten

KG 810	Finanzierungsnebenkosten (z.B. Finanzierungsplanung, Beschaffung von Finanzierungsmitteln, Gerichts- und Notargebühren für die Finanzierung)
KG 820	Fremdkapitalzinsen (z.B. Zinsen für das Fremdkapital bis zum Beginn der Nutzung)
KG 830	Eigenkapitalzinsen (z.B. kalkulatorische Zinsen für das Eigenkapital bis zum Beginn der Nutzung)
KG 840	Bürgschaften (z.B. Gebühren für Zahlungsbürgschaften)
KG 890	Sonstige Finanzierungskosten

In anderen Kostengruppen enthalten

• Grundstück (z.B. Grundstückswert, Grundstücksnebenkosten, Ablösen von Rechten)	KG 100
• Vorbereitende Maßnahmen (z.B. Herrichten des Grundstücks, öffentliche Erschließung, Ausgleichsmaßnahmen und -abgaben, Übergangsmaßnahmen)	KG 200
• Bauwerk – Baukonstruktionen	KG 300
• Bauwerk – Technische Anlagen	KG 400
• Außenanlagen und Freiflächen	KG 500
• Ausstattung und Kunstwerke	KG 600
• Baunebenkosten (z.B. Bauherrenaufgaben, Vorbereitung der Objektplanung, Objektplanung, Fachplanung, künstlerische Leistungen, allgemeine Baunebenkosten)	KG 700
Finanzierung	*KG 800*

Erläuterungen

- Finanzierungskosten von Hochbauten und deren Grundstücken, die innerhalb der Nutzungsdauer vom Beginn ihrer Nutzung bis zu ihrer Beseitigung entstehen, werden nach DIN 18960 Nutzungskosten im Hochbau ermittelt. Für Ingenieurbauten, Infrastrukturanlagen und Freiflächen gibt es bisher noch keine vergleichbare Norm.

DIN 276 Tabelle 1 – Kostengliederung

810 **Finanzierungsnebenkosten**

Kosten für die Finanzierungsplanung und die Beschaffung von Finanzierungsmitteln, Gerichts- und Notargebühren für die mit der Finanzierung verbundenen Eintragungen und Löschungen im Grundbuch

DIN 276 Tabelle 2 – Mengen und Bezugseinheiten

Einheit	m^2
Bezeichnung	Brutto-Grundfläche (BGF)
Ermittlung	Gesamte Brutto-Grundfläche nach DIN 277

In dieser Kostengruppe enthalten

- Finanzierungsplanung (z.B. Finanzierungsplan mit Darstellung der Gesamtkosten, der verfügbaren Eigenmittel und der notwendigen Fremdmittel)
- Beschaffung der Finanzierungsmittel (z.B. Provisionen für Kreditvermittlung, Bereitstellungsprovisionen, Bearbeitungsgebühren)
- Notargebühren (z.B. für die Bestellung einer Grundschuld)
- Gerichtsgebühren (z.B. für die mit der Finanzierung verbundenen Eintragungen und Löschungen von Grundpfandrechten im Grundbuch)

In anderen Kostengruppen enthalten

Finanzierungsnebenkosten	*KG 810*
• Fremdkapitalzinsen (z.B. Zinsen für das Fremdkapital bis zum Beginn der Nutzung)	KG 820
• Eigenkapitalzinsen (z.B. kalkulatorische Zinsen für das Eigenkapital bis zum Beginn der Nutzung)	KG 830
• Bürgschaften (z.B. Gebühren für Zahlungsbürgschaften)	KG 840
• Sonstige Finanzierungskosten	KG 890
• Grundstückswert (z.B. Kaufpreis oder Verkehrswert des Grundstücks)	KG 110
• Grundstücksnebenkosten (z.B. Gerichts- und Notargebühren beim Grundstückserwerb)	KG 120
• Aufheben von Rechten Dritter (z.B. Abfindungen, Ablösen dinglicher Rechte)	KG 130
• Öffentliche Erschließung (z.B. Erschließungsbeiträge, Anschlusskosten)	KG 220
• Ausgleichsmaßnahmen und -abgaben (aufgrund öffentlich-rechtlicher Bestimmungen)	KG 240
• Baunebenkosten (z.B. Bauherrenaufgaben, Vorbereitung der Objektplanung, Objektplanung, Fachplanung, künstlerische Leistungen, allgemeine Baunebenkosten)	KG 700

DIN 276 Tabelle 1 – Kostengliederung

820	**Fremdkapitalzinsen**
	Zinsen für das zur Finanzierung beschaffte Fremdkapital bis zum Beginn der Nutzung

DIN 276 Tabelle 2 – Mengen und Bezugseinheiten

Einheit	m^2
Bezeichnung	Brutto-Grundfläche (BGF)
Ermittlung	Gesamte Brutto-Grundfläche nach DIN 277

In dieser Kostengruppe enthalten

- Kosten für das beschaffte Fremdkapital während der Bauzeit (z.B. Kreditzinsen, Disagio, Erbpachtzinsen)

In anderen Kostengruppen enthalten

• Finanzierungsnebenkosten (z.B. Finanzierungsplanung, Beschaffung von Finanzierungsmitteln, Gerichts- und Notargebühren für die Finanzierung)	KG 810
Fremdkapitalzinsen	*KG 820*
• Eigenkapitalzinsen (z.B. kalkulatorische Zinsen für das Eigenkapital bis zum Beginn der Nutzung)	KG 830
• Bürgschaften (z.B. Gebühren für Zahlungsbürgschaften)	KG 840
• Sonstige Finanzierungskosten	KG 890
• Grundstückswert (z.B. Kaufpreis oder Verkehrswert des Grundstücks)	KG 110
• Grundstücksnebenkosten (z.B. Gerichts- und Notargebühren beim Grundstückserwerb)	KG 120
• Aufheben von Rechten Dritter (z.B. Abfindungen, Ablösen dinglicher Rechte)	KG 130
• Öffentliche Erschließung (z.B. Erschließungsbeiträge, Anschlusskosten)	KG 220
• Ausgleichsmaßnahmen und -abgaben (aufgrund öffentlich-rechtlicher Bestimmungen)	KG 240
• Baunebenkosten (z.B. Bauherrenaufgaben, Vorbereitung der Objektplanung, Objektplanung, Fachplanung, künstlerische Leistungen, allgemeine Baunebenkosten)	KG 700

DIN 276 Tabelle 1 – Kostengliederung	
830	**Eigenkapitalzinsen**
	Kalkulatorische Zinsen für das zur Finanzierung eingesetzte Eigenkapital bis zum Beginn der Nutzung

DIN 276 Tabelle 2 – Mengen und Bezugseinheiten	
Einheit	m²
Bezeichnung	Brutto-Grundfläche (BGF)
Ermittlung	Gesamte Brutto-Grundfläche nach DIN 277

In dieser Kostengruppe enthalten

- Kosten für das eingesetzte Eigenkapital während der Bauzeit (z.B. kalkulatorische Zinsen für eingesetztes Eigenkapital und eingebrachte Güter und Leistungen)

In anderen Kostengruppen enthalten

• Finanzierungsnebenkosten (z.B. Finanzierungsplanung, Beschaffung von Finanzierungsmitteln, Gerichts- und Notargebühren für die Finanzierung)	KG 810
• Fremdkapitalzinsen (z.B. Zinsen für das Fremdkapital bis zum Beginn der Nutzung)	KG 820
Eigenkapitalzinsen	*KG 830*
• Bürgschaften (z.B. Gebühren für Zahlungsbürgschaften)	KG 840
• Sonstige Finanzierungskosten	KG 890
• Grundstückswert (z.B. Kaufpreis oder Verkehrswert des Grundstücks)	KG 110
• Grundstücksnebenkosten (z.B. Gerichts- und Notargebühren beim Grundstückserwerb)	KG 120
• Aufheben von Rechten Dritter (z.B. Abfindungen, Ablösen dinglicher Rechte)	KG 130
• Öffentliche Erschließung (z.B. Erschließungsbeiträge, Anschlusskosten)	KG 220
• Ausgleichsmaßnahmen und -abgaben (aufgrund öffentlich-rechtlicher Bestimmungen)	KG 240
• Baunebenkosten (z.B. Bauherrenaufgaben, Vorbereitung der Objektplanung, Objektplanung, Fachplanung, künstlerische Leistungen, allgemeine Baunebenkosten)	KG 700

Erläuterungen

- Bei der Ermittlung der kalkulatorischen Zinsen in der KG 830 ist Abschnitt 4.2.11 der DIN 276 über eingebrachte Güter und Leistungen zu beachten.

DIN 276 Tabelle 1 – Kostengliederung	
840	**Bürgschaften** Gebühren für Zahlungsbürgschaften

DIN 276 Tabelle 2 – Mengen und Bezugseinheiten	
Einheit	m²
Bezeichnung	Brutto-Grundfläche (BGF)
Ermittlung	Gesamte Brutto-Grundfläche nach DIN 277

In dieser Kostengruppe enthalten

- Gebühren für Zahlungsbürgschaften (z.B. Zahlungsgarantien, Vertragserfüllungsbürgschaften)

In anderen Kostengruppen enthalten	
• Finanzierungsnebenkosten (z.B. Finanzierungsplanung, Beschaffung von Finanzierungsmitteln, Gerichts- und Notargebühren für die Finanzierung)	KG 810
• Fremdkapitalzinsen (z.B. Zinsen für das Fremdkapital bis zum Beginn der Nutzung)	KG 820
• Eigenkapitalzinsen (z.B. kalkulatorische Zinsen für das Eigenkapital bis zum Beginn der Nutzung)	KG 830
Bürgschaften	*KG 840*
• Sonstige Finanzierungskosten	KG 890
• Grundstückswert (z.B. Kaufpreis oder Verkehrswert des Grundstücks)	KG 110
• Grundstücksnebenkosten (z.B. Gerichts- und Notargebühren beim Grundstückserwerb)	KG 120
• Aufheben von Rechten Dritter (z.B. Abfindungen, Ablösen dinglicher Rechte)	KG 130
• Öffentliche Erschließung (z.B. Erschließungsbeiträge, Anschlusskosten)	KG 220
• Ausgleichsmaßnahmen und -abgaben (aufgrund öffentlich-rechtlicher Bestimmungen)	KG 240
• Baunebenkosten (z.B. Bauherrenaufgaben, Vorbereitung der Objektplanung, Objektplanung, Fachplanung, künstlerische Leistungen, allgemeine Baunebenkosten)	KG 700

DIN 276 Tabelle 1 – Kostengliederung	
890	**Sonstige Finanzierungskosten**

DIN 276 Tabelle 2 – Mengen und Bezugseinheiten	
Einheit	m^2
Bezeichnung	Brutto-Grundfläche (BGF)
Ermittlung	Gesamte Brutto-Grundfläche nach DIN 277

In dieser Kostengruppe enthalten

- Sonstige Kosten für die Finanzierung, die nicht den KG 810 bis 840 zuzuordnen sind

In anderen Kostengruppen enthalten	
• Finanzierungsnebenkosten (z.B. Finanzierungsplanung, Beschaffung von Finanzierungsmitteln, Gerichts- und Notargebühren für die Finanzierung)	KG 810
• Fremdkapitalzinsen (z.B. Zinsen für das Fremdkapital bis zum Beginn der Nutzung)	KG 820
• Eigenkapitalzinsen (z.B. kalkulatorische Zinsen für das Eigenkapital bis zum Beginn der Nutzung)	KG 830
• Bürgschaften (z.B. Gebühren für Zahlungsbürgschaften)	KG 840
Sonstige Finanzierungskosten	*KG 890*
• Grundstückswert (z.B. Kaufpreis oder Verkehrswert des Grundstücks)	KG 110
• Grundstücksnebenkosten (z.B. Gerichts- und Notargebühren beim Grundstückserwerb)	KG 120
• Aufheben von Rechten Dritter (z.B. Abfindungen, Ablösen dinglicher Rechte)	KG 130
• Öffentliche Erschließung (z.B. Erschließungsbeiträge, Anschlusskosten)	KG 220
• Ausgleichsmaßnahmen und -abgaben (aufgrund öffentlich-rechtlicher Bestimmungen)	KG 240
• Baunebenkosten (z.B. Bauherrenaufgaben, Vorbereitung der Objektplanung, Objektplanung, Fachplanung, künstlerische Leistungen, allgemeine Baunebenkosten)	KG 700

Anhang

Messregeln zu Grobelementen

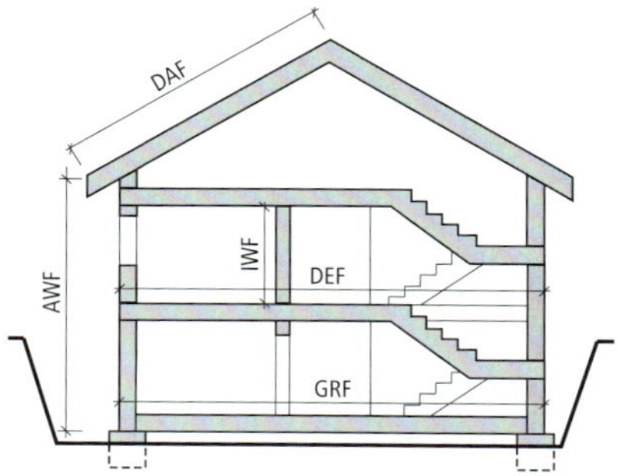

310 Baugrube [m³ BGI]

Als Baugrubenrauminhalt (BGI) wird das Volumen des Aushubs einschließlich der Arbeitsräume gemessen. Aushub für Fundamente wird nicht berücksichtigt.

320 Gründung [m² GRF]

Als Gründungsfläche (GRF) wird die unterste Grundrissfläche (bei unterschiedlichem Niveau die Summe der Teilflächen) gemessen. Die Fläche ergibt sich aus den äußeren Abmessungen in Bodenhöhe. Konstruktive und gestalterische Vor- und Rücksprünge bleiben unberücksichtigt. Es gilt Abschnitt 6.1 von DIN 277:2021-08 sinngemäß.

330 Außenwände [m² AWF]

Die Außenwandfläche (AWF) ist die Summe der abgewickelten Außenfläche der Außenwände. Gemessen wird vertikal ab Oberkante Gründung bis Oberfläche des Dachbelags bzw. bis zur Oberkante der als Dachbrüstung geführten Außenwand. Öffnungen, wie z. B. Fenster, Türen und Loggien, konstruktive Vorsprünge wie z. B. Lichtschächte werden übermessen

Bis auf kleinere Abweichungen ist die Fläche der Außenwände die Summe der Flächen der Elemente (3. Ebene DIN 276):

– Tragende Außenwände	(KG 331)
– Nichttragende Außenwände	(KG 332)
– Außenwandöffnungen	(KG 334)
– Elementierte Außenwandkonstruktionen	(KG 337)

340 Innenwände [m² IWF]

Die Innenwandfläche (IWF) ist die Summe der Flächen der Innenwände in allen Grundrissebenen. Gemessen wird bei Kenntnis der Wandstärken bis zur Innenkante der Außenwand. Bei durchbindenden Wänden wird nur eine (bei ungleichen Wandstärken die stärkere) gemessen. Vertikal wird von Oberkante der darunterliegenden bis zur Unterkante der darüberliegenden Tragkonstruktion der Decken gemessen. Öffnungen, wie z. B. Türen und Innenfenster werden übermessen. Bewegliche, aber ortsfeste Trennwände werden mitgemessen; frei stellbare Trennwände bleiben unberücksichtigt. Wände, die nicht eben sind (z. B. im Grundriss gerundet) werden in der Abwicklung gemessen.

Bis auf kleinere Abweichungen (z. B. Differenzen in Festlegung der vertikalen Begrenzungen) ist die Fläche der Innenwände die Summe der Flächen der Elemente (3. Ebene DIN 276):
- Tragende Innenwände (KG 341)
- Nichttragende Innenwände (KG 342)
- Innenwandöffnungen (KG 344)
- Elementierte Innenwandkonstruktionen (KG 346)

350 Decken [m² DEF]

Die Deckenfläche (DEF) ist die Summe aller Grundrissflächen mit Ausnahme der Gründungsfläche und eventuell vorhandener Flächen im Dachraum, die keinen Zugang haben, nicht begehbar sind oder aus anderen Gründen nicht nutzbar sind. Die Fläche in den einzelnen Grundrissebenen ergibt sich in der Regel aus den äußeren Abmessungen in Bodenhöhe. Konstruktive und gestalterische Vor- und Rücksprünge bleiben unberücksichtigt. Es gilt Abschnitt 6.1 von DIN 277:2021-08 sinngemäß. Treppen, Öffnungen, Wände, Schächte usw. werden übermessen, dabei werden die Treppen in horizontaler Projektion gemessen.

Bis auf kleinere Abweichungen ist die Fläche der Decken gleich der Fläche der Elemente (3. Ebene DIN 276):
- Deckenkonstruktionen (KG 351)
- Deckenöffnungen (KG 352)
- Elementierte Deckenkonstruktionen (KG 355)

360 Dächer [m² DAF]

Die Dachfläche (DAF) ist die Summe aller flachen oder geneigten Dächer, die das Gebäude nach oben abgrenzen. Bei Flachdächern ergibt sich die Fläche aus den äußeren Abmessungen in Höhe der Dachkonstruktion. Bei geneigten Dächern wird die abgewickelte Fläche ermittelt. Öffnungen, wie z. B. Dachfenster, Schornsteine und sonstige Aufbauten werden übermessen.

Bis auf kleinere Abweichungen ist die Fläche der Dächer die Summe der Elemente (3. Ebene DIN 276):
- Dachkonstruktionen (KG 361)
- Dachöffnungen (KG 362)
- Elementierte Dachkonstruktionen (KG 365)

Gründungsfläche (GRF)

Definition

Als Gründungsfläche (GRF) wird die unterste Grundrissfläche (bei unterschiedlichem Niveau die Summe der Teilflächen) gemessen. Die Fläche ergibt sich aus den äußeren Abmessungen in Bodenhöhe. Konstruktive und gestalterische Vor- und Rücksprünge bleiben unberücksichtigt. Es gilt Abschnitt 6.1 von DIN 277:2021-08 sinngemäß.

Anteile

GRF a	Fundamentplattenfläche
GRF b	Horizontale Bodenplattenfläche
GRF c	Horizontale Projektionsfläche Treppe
GRF d	Sonstige Flächen (Konstruktionsfläche, Belagsflächen ohne Tragkonstruktion)
Σ GRF	Gründungsfläche

Die Gründungsfläche wird durch die äußeren Abmessungen als „Bruttofläche" definiert.

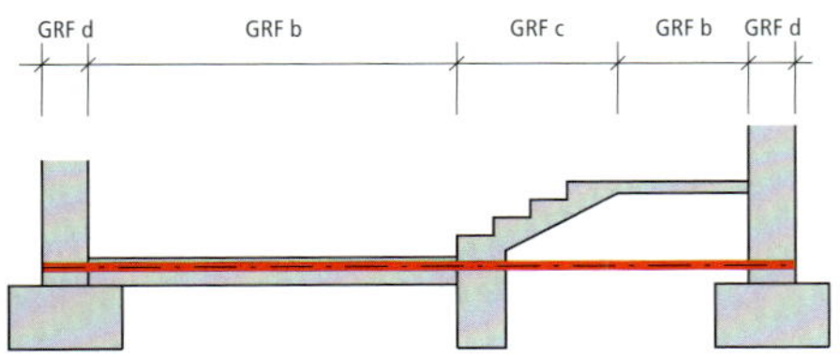

Schnitt

Übermessen: Kleine Vor- und Rücksprünge bleiben unberücksichtigt gemäß DIN 277, ebenso der Fundamentüberstand.

Schräge Flächen: (Treppen, Rampen) werden in der Projektion gemessen

Kriechkeller

Flächen von Kriechkellern, die keinen Zugang haben, nicht begehbar sind oder aus anderen Gründen nicht nutzbar sind, gehören nicht zur Gründungsfläche.

Unterschiedliches Niveau

Es wird die unterste Brutto-Grundfläche nach DIN 277 gemessen.

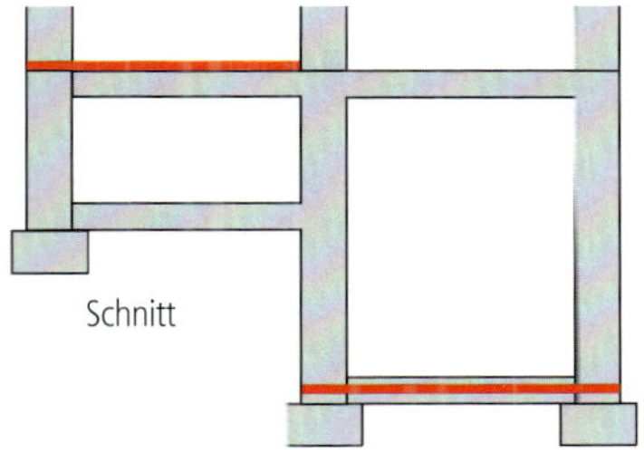

Schnitt

Kellertreppe

Kellertreppen und -rampen, die auf dem Erdreich aufliegen sind der Gründungsfläche als projizierte Grundfläche zuzurechnen (z. B. Tiefgaragenausfahrt)

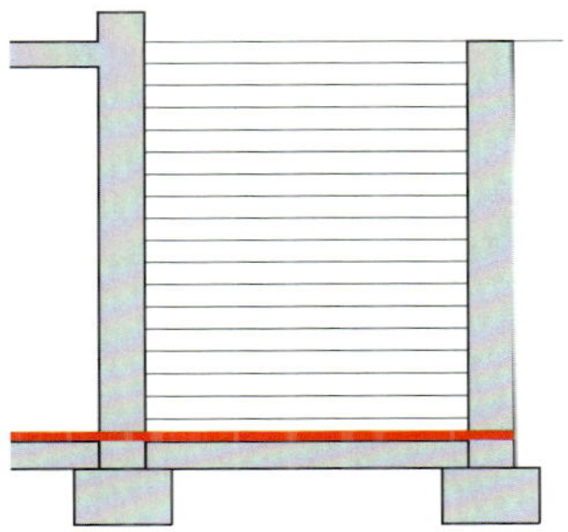

Schnitt

Montageschacht

Wenn nach DIN 277 eine Netto-Grundfläche anzusetzen ist (Montageschacht, Notausstieg etc.), so ist die BGF als GRF mit zu erfassen.

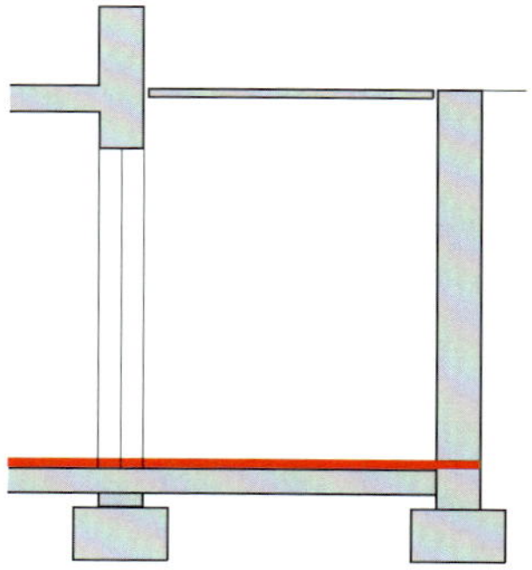

Schnitt

Belagsflächen[1]

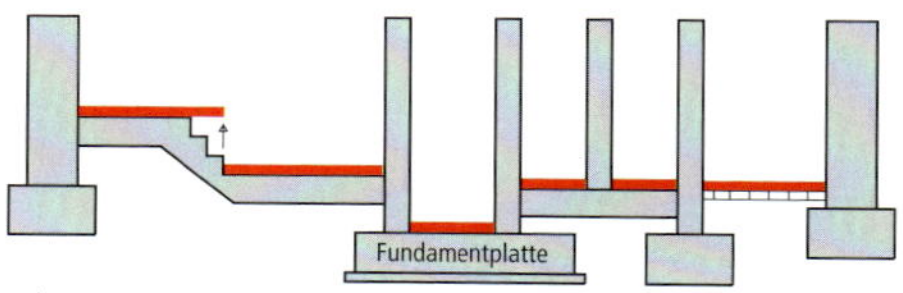

Schnitt

Aus Vereinfachungsgründen bei Kostenplanung und -dokumentation wird ohne Berücksichtigung der unterschiedlichen Aufmaßvorschriften der VOB, Teil C, die Messregel der Gebäudegrobelemente für die Belagsflächen zugrundegelegt. Gemessen wird der tatsächlich belegte Teil der Gründungsfläche GRF; Öffnungen und Durchdringungen bis 1 m² werden dabei übermessen.

1 Treppenbeläge werden auf eine gedachte waagrechte Fläche projiziert gemessen und nicht abgewickelt.

Außenwandfläche (AWF)

Definition

Die Außenwandfläche (AWF) ist die Summe der abgewickelten Außenfläche der Außenwände. Gemessen wird vertikal ab Oberkante Gründung bis Oberfläche des Dachbelags bzw. bis zur Oberkante der als Dachbrüstung geführten Außenwand. Öffnungen, wie z. B. Fenster, Türen und Loggien, konstruktive Vorsprünge wie z. B. Lichtschächte werden übermessen

Anteile

AWF a	Tragende Außenwandfläche
AWF b	Nichttragende Außenwandfläche (z.B. Fensterbrüstungen, Ausfachung, Glasbausteinwände, lichtdurchlässige Wände)
AWF c	Außenstützen-Ansichtsfläche
AWF d	Außenwandöffnungsfläche
AWF e	Elementierte Außenwandkonstruktionsfläche (eingestellte oder vorgehängte Fertigelemente mit voll integrierten Öffnungen)
AWF f	Sonstige Außenwandflächen (Schnittflächen, offene Flächen)
Σ AWF	Außenwandfläche

Die Außenwandfläche wird durch die äußeren Abmessungen als „Bruttofläche" definiert.

Übermessen: Kleine Vor-, Rücksprünge (bis zu 0,50 m), Lichtschächte usw. bleiben unberücksichtigt.

Mehrfach-Messungen: Liegen mehrere Außenwandflächen hintereinander, so werden alle gemessen (z.B. Kelleraußentreppe, Arkade, Loggia, Durchfahrt)

Brüstung, Attika

Brüstungen und Attiken werden als Außenwand bis Oberkante gemessen.

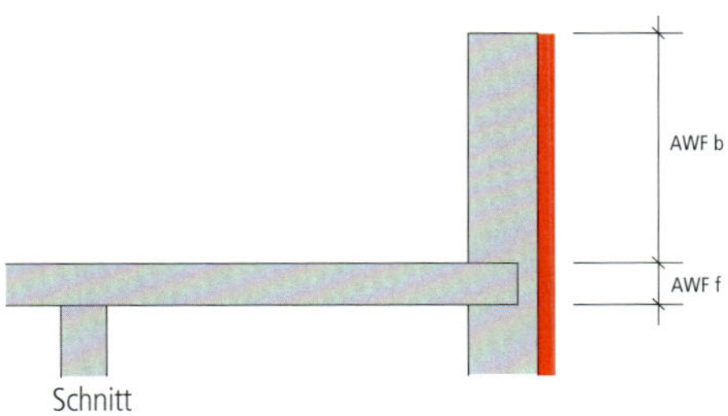

Terrassiert

Terrassierte Gebäude haben ein- oder mehrfache Außenwandflächen, wobei bis Auflager der Dachkonstruktion bzw. bis Oberkante tatsächliche Höhe zu messen ist.

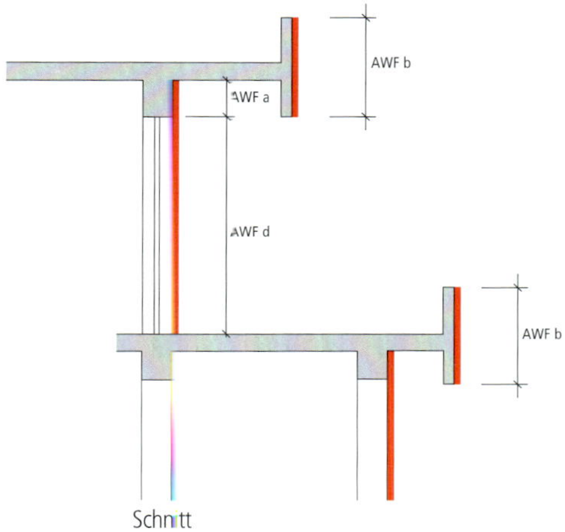

Loggia, Laubengang, Arkade

Loggien, Laubengänge, Arkaden, offene Durchfahrten etc. mit mehrfachen Außenwänden: alle Außenwände werden einzeln gemessen.

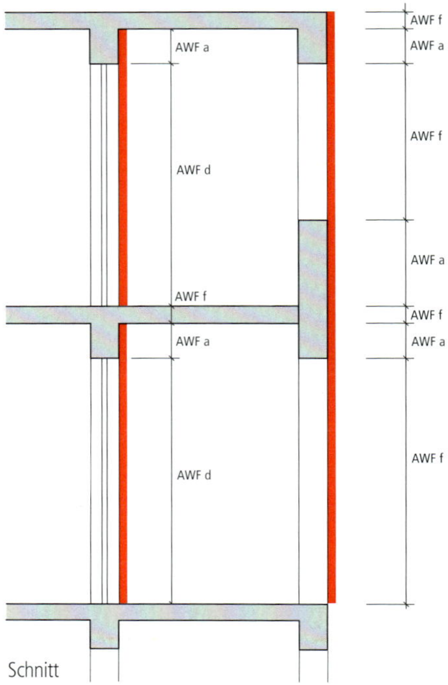

Brüstungen, Geländer

Brüstungen, Geländer u. ä. bei vorspringenden Teilen werden als „der Außenwand entsprechende Bauteile" in tatsächlicher Höhe gemessen.

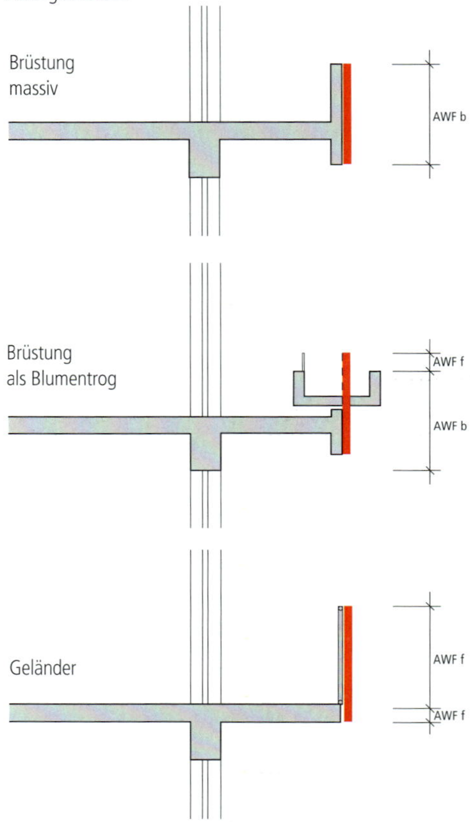

Vorsprung

Vor- und Rücksprünge bis 0,50 m werden übermessen, sofern diese bei der Ermittlung der Brutto-Grundfläche nach DIN 277 nicht berücksichtigt werden.

Erker

Erker (Vorsprünge) über 0,5 m in Höhe oder Breite werden in der Abwicklung gemessen.

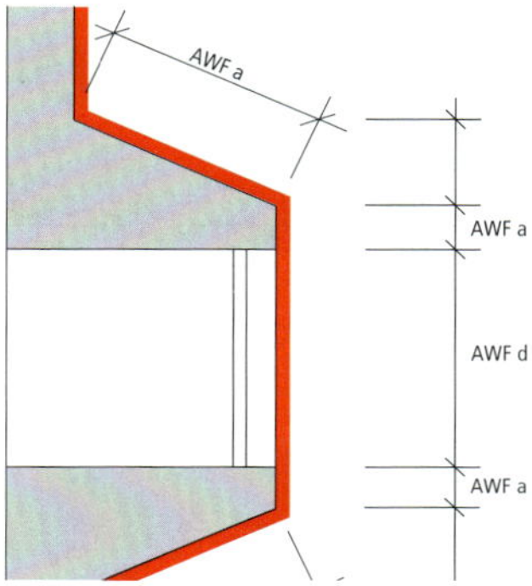

Lichtschacht

Lichtschächte werden übermessen, sofern diese nicht als Verkehrsflächen nach DIN 277 anzusetzen sind (Notausstieg, Transportschacht usw.)

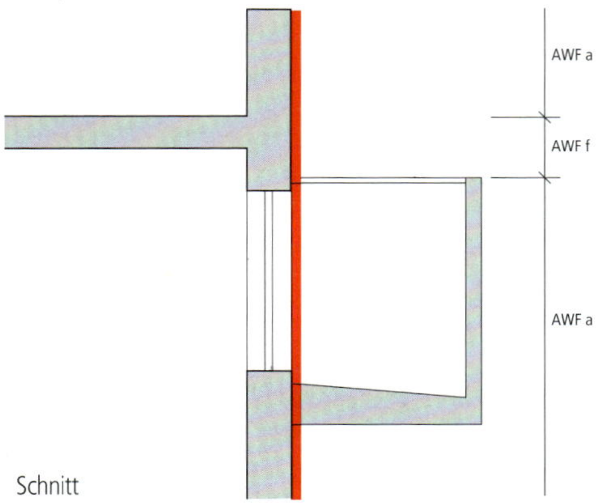

Außentreppe

Außentreppen, Montageschächte u. ä. haben mehrfache Außenwände, sofern sie als Bruttogrundfläche nach DIN 277 auszuweisen sind.

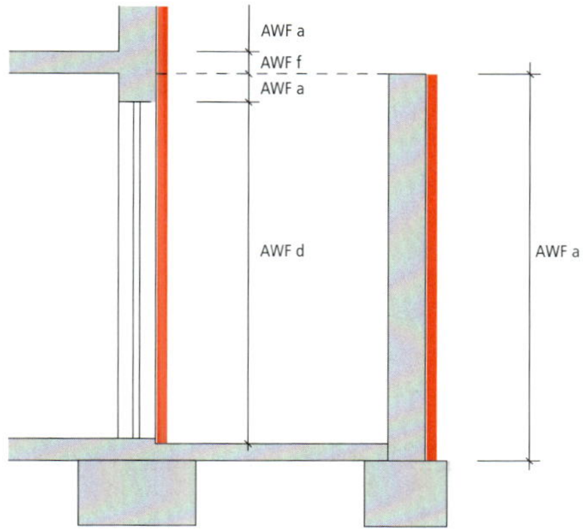

Innenhöfe

Wandflächen nicht überdachter Innenhöfe sind in die Erfassung einzubeziehen.

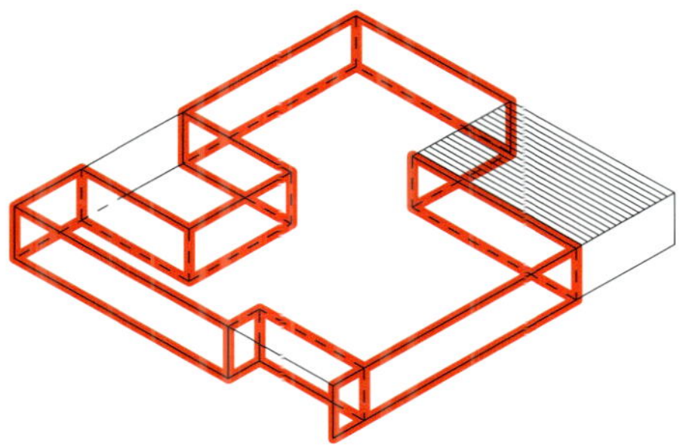

Dachgaube, Dachbalkon; Balkontrennwand

Dachgauben, Dachbalkone: Wandflächen von Dachinnenbalkonen und großen Dachgauben (über 5 m² Anteil der Dachfläche) sind hier mitzuerfassen. Die Gaubenseiten sind nur als Wand anzusetzen, wenn sie sich in der Konstruktionsart vom Dach unterscheiden.
Balkontrenn-, Sichtschutzwände: Diese Wände in massiver oder leichter Bauart sind hier mitzuerfassen.

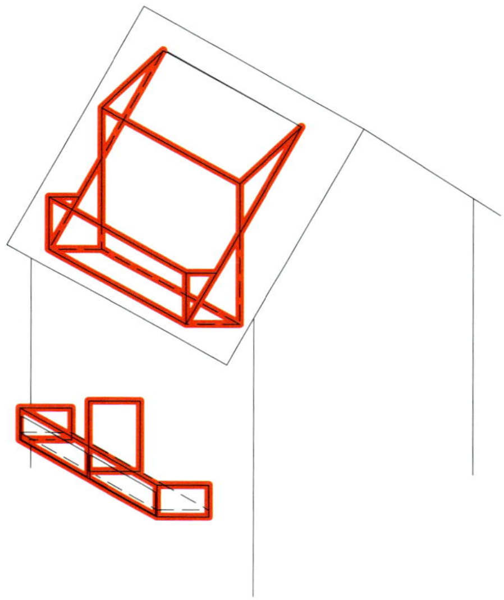

Glaswände

Glasbausteine, lichtdurchlässige Wände (z. B. beim Gewächshaus) sind nichttragende Wände und keine Fenster.

Bekleidungsflächen (einschl. Stützen)

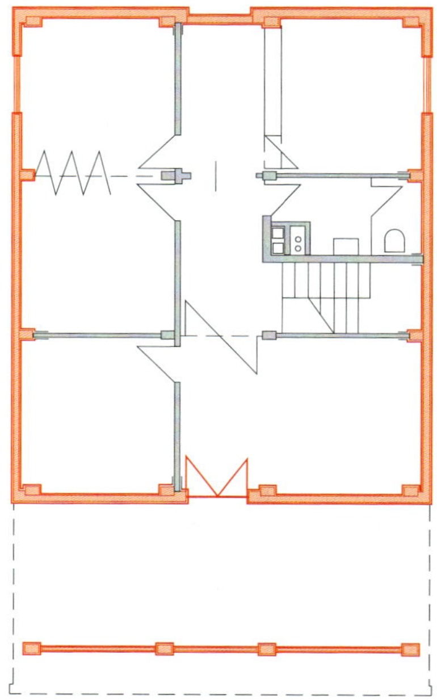

Aus Vereinfachungsgründen bei Kostenplanung und -dokumentation wird ohne Berücksichtigung der unterschiedlichen Aufmaßvorschriften der VOB, Teil C, die Messregel der Gebäude-Grobelemente für die Bekleidungsflächen zugrunde gelegt. Gemessen wird der tatsächlich bekleidete Teil der Außenwandfläche AWF; Öffnungen und Durchdringungen bis 1m² werden dabei übermessen.

Innenwandfläche (IWF)

Definition

Die Innenwandfläche (IWF) ist die Summe der Fläche der Innenwände in allen Grundrissebenen. Gemessen wird bei Kenntnis der Wandstärken bis zur Innenkante der Außenwand. Bei durchbindenden Wänden wird nur eine (bei ungleichen Wandstärken die stärkere) gemessen. Vertikal wird von Oberkante der darunterliegenden bis zur Unterkante der darüberliegenden Tragkonstruktion der Decke gemessen. Öffnungen, wie z. B. Türen und Innenfenster werden übermessen. Bewegliche, aber ortsfeste Trennwände werden mitgemessen; frei stellbare Trennwände bleiben unberücksichtigt. Nicht-ebene Wände werden in der Abwicklung gemessen.

Anteile

IWF a	Tragende Innenwandfläche
IWF b	Nichttragende Innenwandfläche
IWF c	Innenstützen-Ansichtsfläche
IWF d	Innenwandöffnungsfläche
IWF e	Elementierte Innenwandkonstruktionsfläche (weitgehend vorgefertigte Innenwände einschl. Öffnungen)
IWF f	Sonstige Innenwandfläche (offene Innenwandfläche, nicht massive Brüstungen und Geländer)
Σ IWF	Innenwandfläche

Die Innenwandfläche wird als „Nettofläche" definiert.

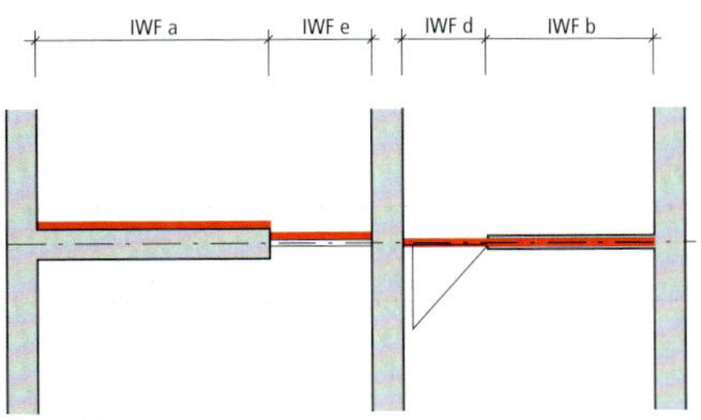

Grundriss

Übermessen: Kleine Vor-, Rücksprünge (bis zu 0,50 m) sowie alle Öffnungen wie Türen, Innenfenster und alle ungeschlossenen Öffnungen (Durchgang, Durchreiche u. ä.) werden übermessen.

Schräge Flächen: Sofern geneigte Flächen nicht zur Deckenfläche DEF (mit Zuordnung zur Brutto-Grundfläche nach DIN 277) gehören, sind sie der Innenwandfläche zuzuordnen, wobei als allgemeine Abgrenzung zwischen DEF und IWF eine Neigung von 45° anzusetzen ist.

Mehrfach-Messung: Liegen mehrere Innenwandflächen in geringem Abstand hintereinander, so werden alle gemessen (z. B. zweischalige Wände, Wände vor Installationsschächten u. ä.).

Einbindende Wände

Bei ein- und durchbindenden Wänden wird nur eine Wand gemessen (in der Regel die dickere).

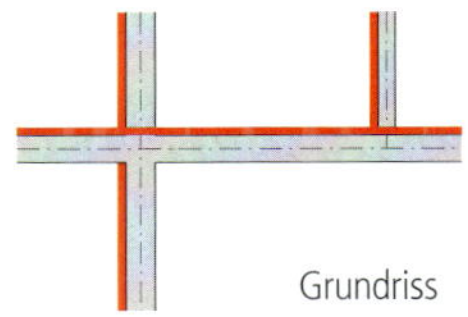

Grundriss

Verspringende Wände

Verspringende Wände werden aus einzelnen ebenen Stücken zusammengesetzt.

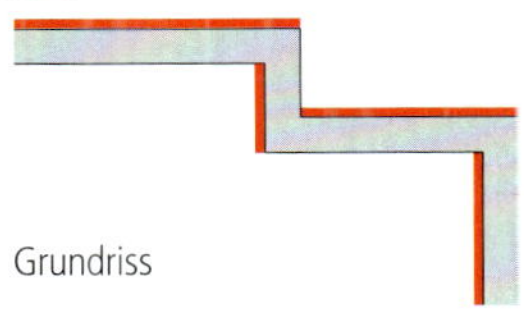

Grundriss

Nicht-ebene Wände

Nicht-ebene Wände werden abgewickelt gemessen, wobei die größere Abmessung zugrunde zu legen ist.

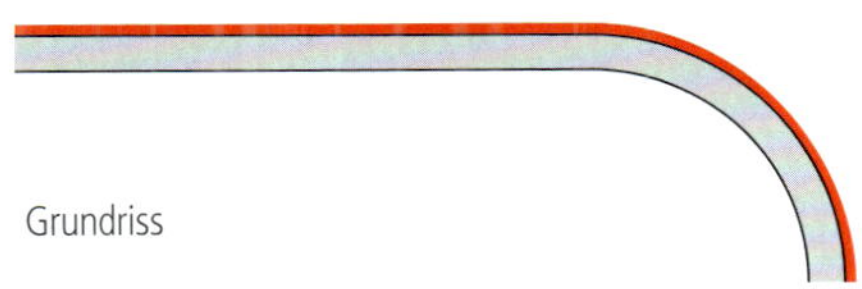

Grundriss

Innenbrüstung

Innenbrüstungen sind als Wand anzusetzen, wenn sie in gleicher Art und als Fortsetzung einer Wand ausgeführt sind.

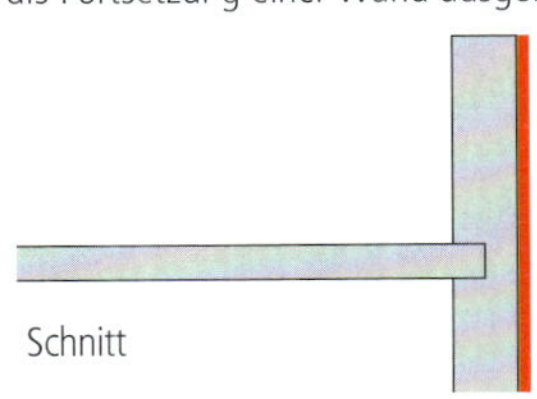

Schnitt

Leichtwände

Leichtwände werden in tatsächlicher Höhe gemessen, wobei geringfügige Aufständerungen (bis 20cm ab Bodenbelag, z. B. bei Sanitärtrennwänden) übermessen werden. Aussteifungen/Abstützungen zur tragenden Deckenkonstruktion ohne flächige Ausfachung bleiben unberücksichtigt.

Enthalten sind:

- Versetzbare, jedoch ortsfeste Wände (freistellbare Wände bleiben unberücksichtigt)
- Glas- und verglaste Wände
- WC-/Dusch-Trennwände, nicht jedoch Wannenaufsätze und -vorhänge
- Maschendrahtwände und Lattenverschläge einschl. der Türen/Tore

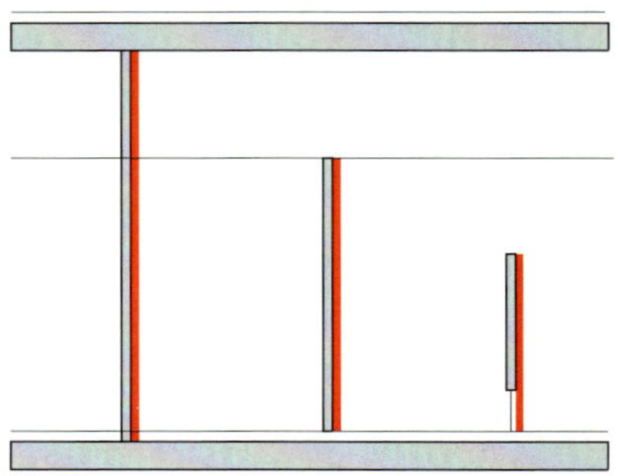

Schnitt

Freistehende Stützen

Freistehende Stützen werden in der größten Länge gemessen.

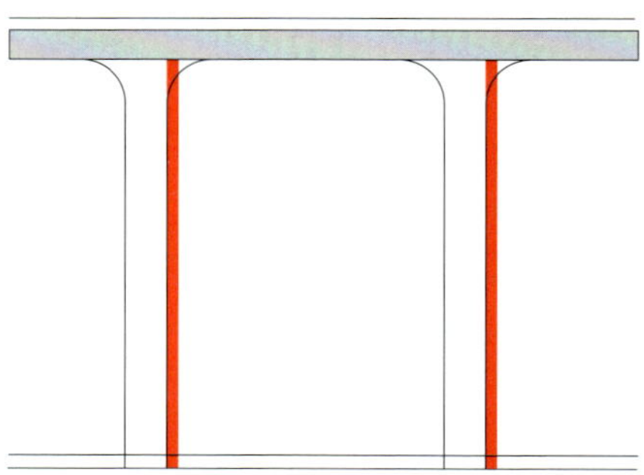

Ansicht

Geöffnete Wände

Geöffnete Wände mit wandartigem Charakter werden voll gemessen.

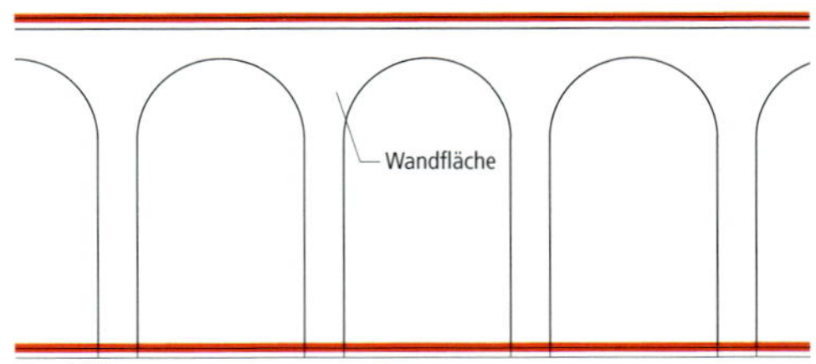

Ansicht

Gewölbe

Als Wandfläche ist nur der senkrechte oder bis max. 10° gegen die Senkrechte geneigte Teil anzusetzen. Die übrige Fläche ist DEF oder DAF zuzuordnen.

Stürze

Wandartig ausgebildete, in der Ebene von Wänden liegende Stürze, Träger, Unter- und Überzüge sind als Wände zu messen (sonst sind diese der DEF oder DAF zuzuordnen).

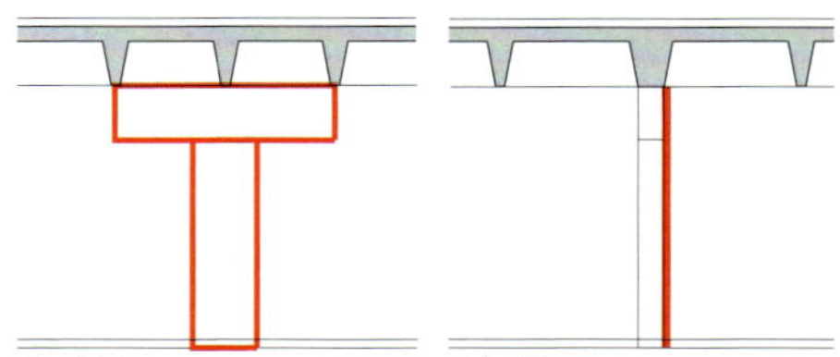

Ansicht Schnitt

Deckenanschluss

Wandanschluss an profilierte Decken (Kassetten-, Rippen-, TT-Decken): Es wird bis zur tatsächlich ausgeführten Oberkante gemessen, wobei Durchdringungen unberücksichtigt bleiben.

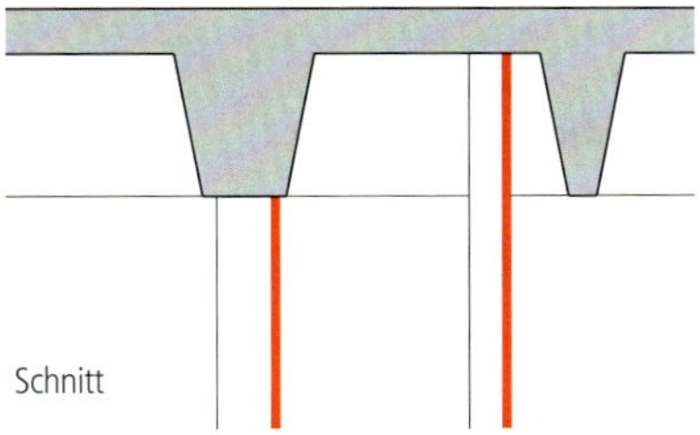

Bekleidungsflächen (einschl. Stützen)

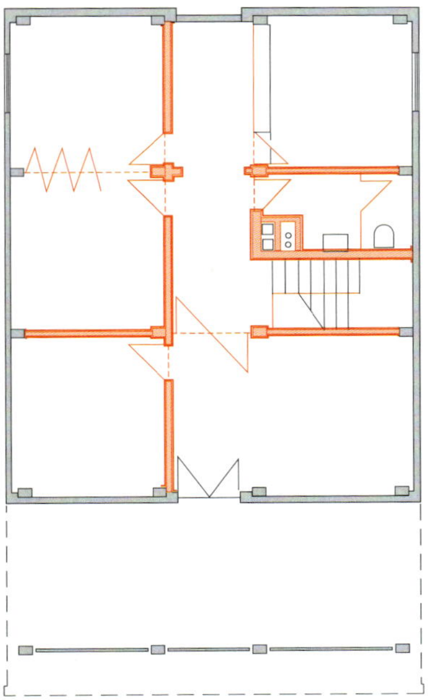

Grundriss

Aus Vereinfachungsgründen bei Kostenplanung und dokumentation wird ohne Berücksichtigung der unterschiedlichen Aufmaßvorschriften der VOB, Teil C, die Messregel der Gebäude-Grobelemente für die Bekleidungsflächen zugrunde gelegt. Gemessen wird der tatsächlich bekleidete Teil der Innenwandfläche IWF; Öffnungen und Durchdringungen bis 1 m² werden dabei übermessen.

Anmerkungen zu den Messregeln KG 340 Innenwände

Die Messregeln für Innenwände werden von der Norm DIN 276:2018-12 nur grob definiert („Fläche der Innenwände/Fläche der vertikalen Baukonstruktionen, innen"). BKI orientiert sich an den tatsächlichen Abmessungen der Innenwandfläche, d.h. bei durchbindenden Wänden wird nur eine Wand, bei ungleichen Wandstärken die stärkere Wand, gemessen.

Wird bei Kostenermittlungen die Innenwandfläche bis zur Außenseite der Außenwand gerechnet, führt das zu Mehrmengen gegenüber den Kennwerten des BKI. Es muss beachtet werden, dass daraus Mehrkosten resultieren können.

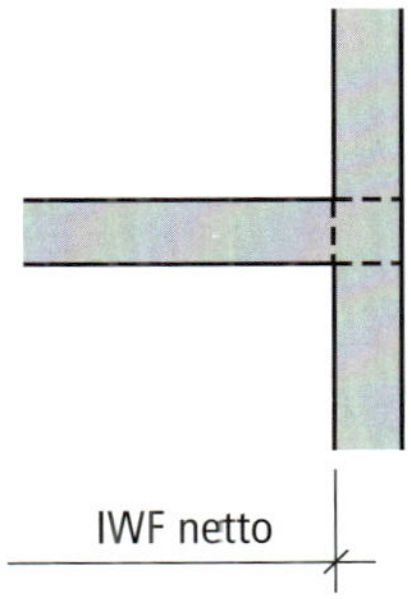

Schnitt

Deckenfläche (DEF)

Definition

Die Deckenfläche (DEF) ist die Summe aller Grundrissflächen mit Ausnahme der Gründungsfläche. Die Fläche in den einzelnen Grundrissebenen ergibt sich in der Regel aus den äußeren Abmessungen in Bodenhöhe. Konstruktive und gestalterische Vor- und Rücksprünge bleiben unberücksichtigt. Es gilt Abschnitt 6.1 von DIN 277:2021-08 sinngemäß. Treppen, Öffnungen, Wände, Schächte usw. werden übermessen, dabei werden die Treppen in horizontaler Projektion gemessen.

Anteile

DEF a	Deckenkonstruktionsfläche innen und außen
DEF b	Treppenfläche, soweit nicht zu GRF gehörend
DEF c	Sonstige horizontale Deckenfläche (z. B. offene Deckenfläche)
Σ DEF	Deckenfläche

Die Deckenfläche wird durch die äußeren Abmessungen als „Bruttofläche" definiert.

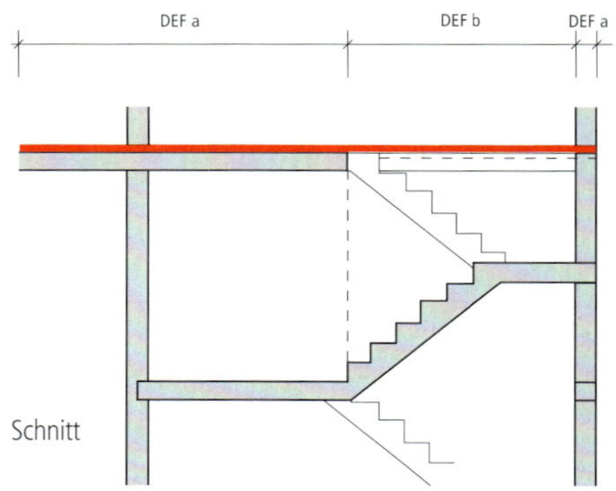

Übermessen werden Wände, Schächte, Öffnungen, Durchdringungen usw. bis 1 m².

Große Öffnungen: Räume über mehrere Geschosse, große überdachte Innenlichthöfe usw. werden nur in der untersten Ebene als Grundrissfläche gerechnet.

Treppen und Rampen

Sie zählen zu der darüber liegenden Grundrissebene und werden in der Projektion gemessen. Dies gilt auch für Wendel und Spindeltreppen. Auf dem Erdreich aufliegende Treppen und Rampen zählen zur Gründungsfläche GRF.

Geschoss

Ein Geschoss liegt nur dann vor, wenn in dieser Ebene Nutz- oder Funktionsfläche nach DIN 277 realisiert ist.

Ein Kriechkeller oder ein nicht nutzbarer Dachraum gilt nicht als Geschoss.

Belags- und Bekleidungsflächen[1]

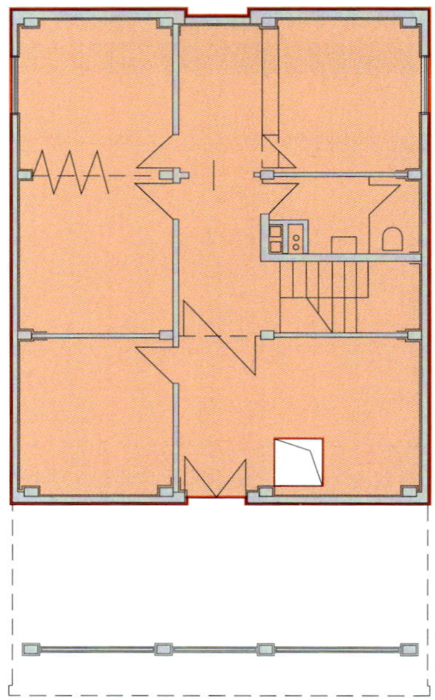

Aus Vereinfachungsgründen bei Kostenplanung und dokumentation wird ohne Berücksichtigung der unterschiedlichen Aufmaßvorschriften der VOB, Teil C, die Messregel der Gebäudegrobelemente für die Belags- und Bekleidungsflächen zugrunde gelegt. Gemessen wird der tatsächlich belegte oder bekleidete Teil der Deckenfläche DEF; Öffnungen und Durchdringungen bis 1 m² werden dabei übermessen.

1 einschl. Über- und Unterzüge

Definition

Die Dachfläche (DAF) ist die Summe aller flachen oder geneigten Dächer, die das Gebäude nach oben abgrenzen. Bei Flachdächern ergibt sich die Fläche aus den äußeren Abmessungen in Höhe der Dachkonstruktion. Bei geneigten Dächern wird die abgewickelte Fläche ermittelt. Öffnungen, wie z. B. Dachfenster, Schornsteine und sonstige Aufbauten werden übermessen.

Anteile

DAF a	Dachkonstruktionsfläche
DAF b	Dachöffnungsfläche
DAF c	Sonstige Dachfläche
Σ DAF	Dachfläche

Die Dachfläche wird durch die äußeren Abmessungen als „Bruttofläche" definiert.

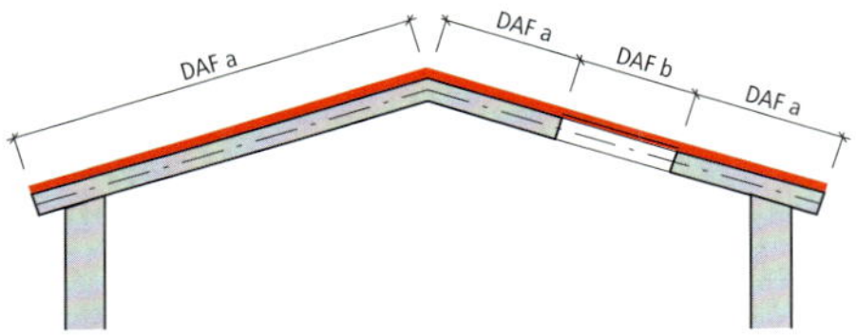

Schnitt

Übermessen: Kleine Vorsprünge und Aufbauten bis 0,50m werden nicht abgewickelt. Ausschnitte bis 5m² werden übermessen.

Räumliche Dachkonstruktion

Räumliche Dachkonstruktionen, z. B. Dachstuhl über nicht nutzbarem Dachraum werden entlang der Oberfläche gemessen.

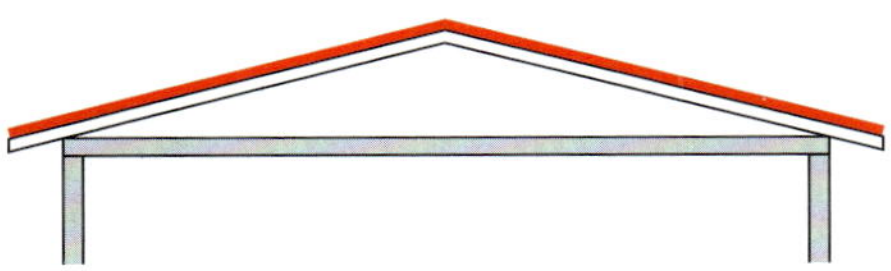

Dachüberstände

Dachüberstände sind mitzumessen entlang der Oberkante der Dachkonstruktion.

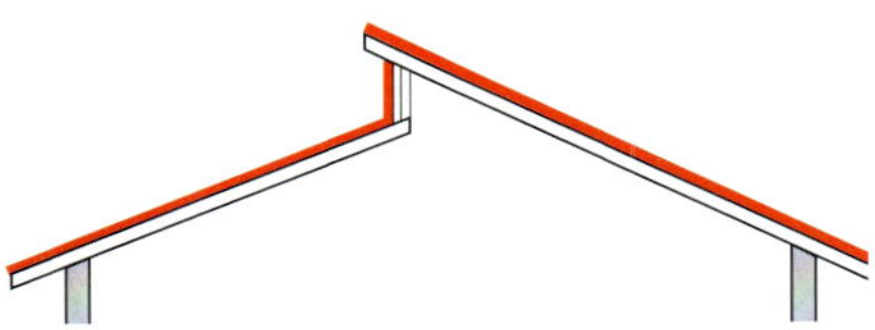

Gewölbe

Gewölbe werden bis zur vertikalen Außenwand, evtl. bis zum Fundament als DAF gemessen.

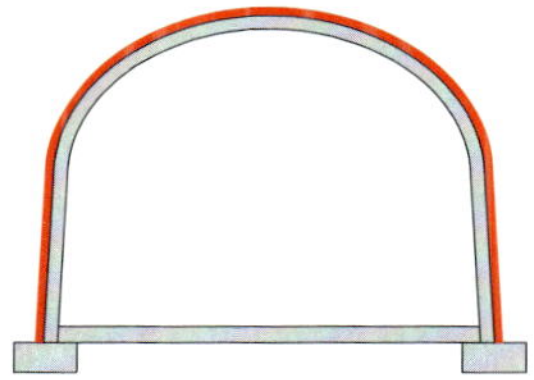

Terrassierte Dachflächen

Terrassierte Dachflächen werden von Außenkante aufgehende Außenwand bis Außenkante Dachkonstruktion gemessen Dachflächen können auch erdüberschüttet (befestigt, begrünt) sein.

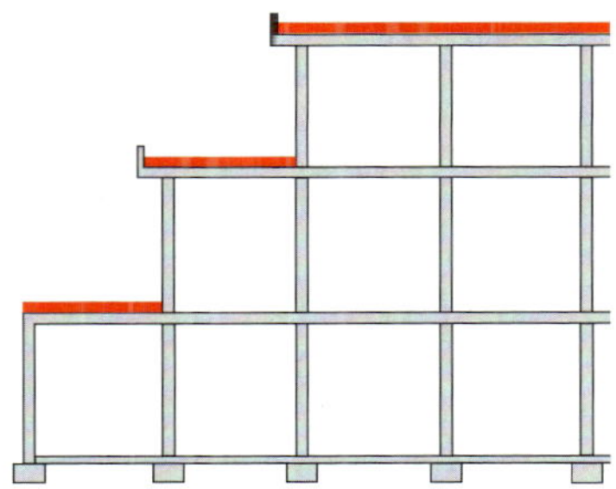

Dachöffnungen

Stark überhöhte Abdeckungen von Dachöffnungen (Schrägverglasung, Dachreiter) werden in der Abwicklung gemessen. Parallel zur Dachfläche oder leicht überhöhte Abdeckungen werden in der Projektion auf die umgebende Dachfläche (als Teil davon) gemessen (Lichtkuppeln, Dachflächenfenster usw.)

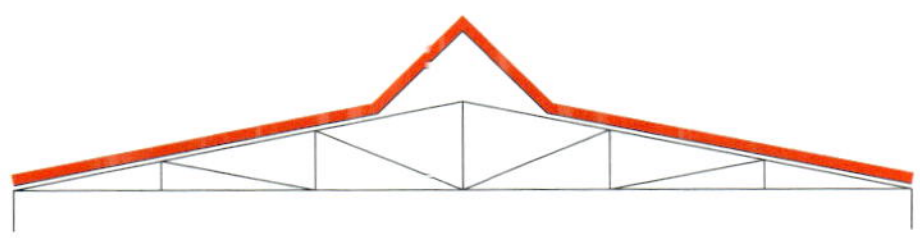

Dachöffnungen wie Dachfenster, -luken, Lichtkuppeln, Rauchabzüge, Dachreiter u.ä. sind gegenüber der Dachdeckung, -dichtung in anderer Konstruktionsart ausgeführt.

Eingeschnittene Dachbalkone

Bei eingeschnittenen Dachbalkonen wird die Dachöffnung in der Schräge von der Hauptdachfläche abgezogen, sofern sie größer als 5m² ist.

Vordächer

Vordächer zählen zur KG 339 (Sonstiges zur KG 330), wenn ein oder mehrere von folgenden Kriterien erfüllt werden:
- Vordach als Eingangsüberdachung
- Ausführung in leichter Konstruktionsweise
- Ausführung als nichttragende Konstruktion
- Befestigung an der Außenwand
- Ausführung als Fertigteil

Lichtdächer

Lichtdächer sind keine Dachöffnungen (z. B. bei einem Gewächshaus), sondern Wintergarten Dachflächen.

Belags- und Bekleidungsflächen[1]

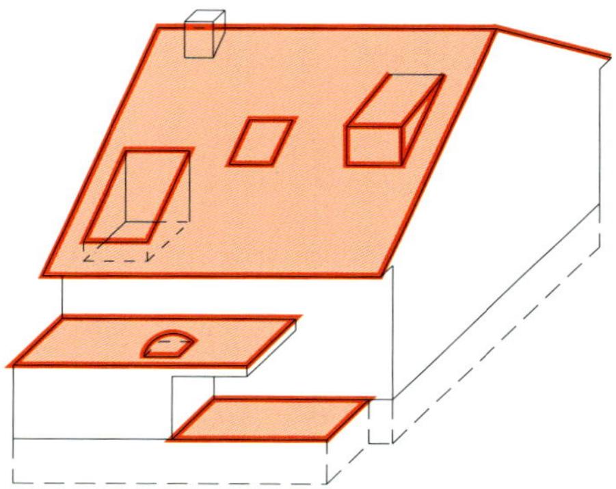

Aus Vereinfachungsgründen bei Kostenplanung und dokumentation wird ohne Berücksichtigung der unterschiedlichen Aufmaßvorschriften der VOB, Teil C, die Messregel der Gebäudegrobelemente für die Bekleidungsflächen zugrunde gelegt. Gemessen wird der tatsächlich belegte oder bekleidete Teil der Dachfläche DAF; Öffnungen und Durchdringungen bis 1 m^2 werden dabei übermessen.

1 einschl. Über- und Unterzüge

Anhang

Stichwortverzeichnis

zu Bildkommentar Teil C „Arbeitshilfe Kostengruppen“

Stichwortverzeichnis zu Teil C (Verweis auf Kostengruppennummern)

A

Abbruch KG: 210, 212, 251, 312, 390, 393, 394, 396, 490, 493, 494, 496, 512, 590, 593, 594, 596
Abbruchmaßnahmen KG: 210, 212, 390, 394, 490, 494, 590, 594
Abdichtung KG: 320, 324, 325, 331, 332, 333, 335, 336, 341, 342, 343, 345, 353, 363, 385, 520, 523, 524, 540, 541, 542, 543, 544, 545, 547, 548, 580, 582
Abfall KG: 378, 470, 478
Abfallbehälter KG: 560, 561, 610
Abfallbehandlungsanlagen KG: 478
Abfallentsorgungsanlagen KG: 228, 470
Abfangungen KG: 394, 494, 594
Abfindungen KG: 100, 130, 131
Abfuhr KG: 394, 494, 594
Abhängungen KG: 354, 364
Abläufe KG: 410, 411, 551
Ablagen KG: 381, 610
Ableitungen KG: 440, 446, 556
Ablösen KG: 100, 130, 132, 242
Abluftanlagen KG: 430, 431
Abluftfenster KG: 430, 439
Ablufttürme KG: 555
Abluftventile KG: 431, 432, 433, 434, 439, 475
Abnahme KG: 700, 760, 762
Absauganlagen KG: 475
Abscheider KG: 410, 411, 477, 550, 551
Abschottungen KG: 354, 364
Absetzbecken KG: 384
Absperrarmaturen KG: 222, 223, 224, 225, 476
Absperrpoller KG: 560, 561
Absperrschieber KG: 411
Absprungbalken KG: 562
Absteifungen KG: 312, 512
Abstützung KG: 351, 361, 390, 393, 394, 490, 493, 494, 590, 593, 594
Absturzsicherungen KG: 540, 546
Abwasseranlagen KG: 221, 363, 410, 411, 550, 551, 643
Abwasseraufbereitungsanlagen KG: 477
Abwassereinigungsanlagen KG: 477
Abwasserleitungen KG: 410, 411, 550, 551
Abwasserleitungsnetze KG: 375
Abwassersammelanlagen KG: 411
Abzüge KG: 473
Abzweigkästen KG: 444
Akkumulatorenbatterien KG: 442
Aktentransportanlagen KG: 460, 464
Aktenvernichter KG: 476
Aktoren KG: 481
Alarmanlagen KG: 450, 456, 557
Alarmpläne KG: 740, 747
Altäre KG: 382, 641
Altlasten KG: 125, 213, 700, 720, 721, 740, 748
Ampelanlagen KG: 458
Analyse KG: 473, 723, 749
Anatomieraum KG: 473
Anfuhr KG: 311, 511
Anker KG: 331, 332, 333, 341, 342, 343, 351, 361, 547, 548, 581
Ankerung KG: 321, 521
Anliegerbeiträge KG: 220, 230
Anliegerbeiträgen KG: 220, 227
Anmeldetheken KG: 381
Ansaat KG: 534, 535, 574
Anschlussdosen KG: 451, 455, 557
Anschlussleitung KG: 222, 223, 224, 225, 226, 228, 411, 412, 422, 443, 551
Antennenanlagen KG: 450, 455, 557
Antiquitäten KG: 640, 641
Anzeigetafeln KG: 450, 458, 557
Arbeitsgerüste KG: 394, 494, 594
Arbeitskleidung KG: 397, 497, 597
Arbeitsplatzrechner KG: 630
Arbeitsplatzrechnern KG: 630
Arbeitsräume KG: 310, 311, 313, 319, 322, 323, 510, 511, 513, 519, 522
Arbeitsräumen KG: 311, 511
Arbeitssicherheit KG: 710, 714
Armaturen KG: 400, 410, 420, 430, 460, 470, 473, 479, 551, 552, 553, 554, 555, 558
Artenschutz KG: 241, 242, 720
Arztpraxis KG: 473
Ascheaustragsysteme KG: 421
Asphalt KG: 324, 353, 363, 523, 531, 532, 533, 534, 544
Atrien KG: 352
Attiken KG: 332
Aufbereitungsanlagen KG: 410, 412, 472, 552
Auffangeinrichtungen KG: 440, 446, 556
Auffüllung KG: 321, 325, 521, 524
Auflager KG: 333, 343
Auflösung KG: 131
Aufzugsanlagen KG: 400, 460, 461
Ausbruch KG: 314, 514
Ausfachungen KG: 332, 342
Ausführungsplanung KG: 731, 732, 733, 734, 741, 742, 743
Ausgleichsmaßnahmen KG: 200, 240, 241, 242, 249
Aushub KG: 214, 310, 311, 320, 322, 323, 510, 511, 522
Auslagerung KG: 250, 252
Auslösesysteme KG: 474
Aussaat KG: 570, 571, 574
Außenarmaturen KG: 552
Außenbeleuchtung KG: 445
Außenbeleuchtungsanlagen KG: 550, 556
Außengerüste KG: 390, 392, 490, 590
Außenhydranten KG: 558
Außenluftansaugung KG: 550, 555
Außenmöblierung KG: 561
Außenstützen KG: 330, 333, 336
Außentreppen KG: 322

Außenwand KG: 300, 330, 331, 332, 333, 335, 336, 337, 338, 339, 343, 642
Außenwandbekleidungen KG: 330, 335, 336
Außenwandöffnungen KG: 330, 334, 337
Ausstattung KG: 471, 562, 600, 610, 620, 630, 640, 649, 690, 763
Ausstiege KG: 360, 362
Ausweismedien KG: 453
Automatiktüren KG: 334
Automation KG: 480, 483, 550, 557
Autoparksysteme KG: 469
Autoreparaturwerkstätten KG: 476
Autowaschanlagen KG: 476

B

Backöfen KG: 471
Backwarenherstellung KG: 476
Badeanlagen KG: 472
Badewannen KG: 412
Bäche KG: 580
Bänke KG: 610
Balken KG: 351, 361
Balkone KG: 322, 350, 351
Balkontrennwände KG: 339
Ballfangzäune KG: 542
Batterie KG: 442
Bauabnahmen KG: 760
Bauakustik KG: 740, 743
Bauaufzüge KG: 391, 491, 591
Baubeleuchtung KG: 391, 491, 591
Baufläche KG: 210
Baugenehmigungen KG: 760
Baugräben KG: 311, 312, 511, 512
Baugruben KG: 310, 311, 312, 510, 511, 512, 744
Baugrubensicherung KG: 312, 512
Baugrundgutachten KG: 720, 721
Baugrundverbesserung KG: 320, 321, 520, 521
Bauherrenaufgaben KG: 700, 710, 711, 713, 719
Baukräne KG: 391, 491, 591
Baulasten KG: 130, 132
Baulastenverzeichnis KG: 127
Bauleitplanung KG: 720, 723
Baum KG: 211, 214, 573
Baunebenkosten KG: 700, 760, 769, 790
Bauphysik KG: 700, 740, 743
Bauschilder KG: 391, 491, 591
Baustellenbewachung KG: 760, 763
Baustelleneinrichtung KG: 390, 391, 400, 490, 491, 590, 591
Baustraßen KG: 391, 491, 591
Baustrom KG: 390, 391, 490, 491, 590, 591
Bauübergabe KG: 397, 497, 597, 719
Bauvermessung KG: 121, 740, 745
Bauwagen KG: 391, 491, 591
Bauwasser KG: 390, 391, 490, 491, 590, 591
Bebaubarkeit KG: 125, 210
Bebauungsplan KG: 723
Bedarfsplan KG: 712
Befahranlagen KG: 460, 463
Begrenzung KG: 541
Behälter KG: 412, 461, 552
Behandlungsgeräte KG: 473
Beheizung KG: 763
Behelfsbauten KG: 250
Bekleidungen KG: 320, 325, 330, 331, 332, 333, 335, 336, 337, 340, 345, 350, 354, 355, 360, 364, 365, 410, 420, 429, 430, 440, 450, 460, 470, 480, 520, 524, 540, 543, 551, 552, 553, 554, 555, 556, 557, 558
Beläge KG: 320, 324, 350, 353, 355, 360, 363, 365, 520, 523
Belebungsbecken KG: 375
Beleuchtungsanlagen KG: 400, 440, 445, 556, 642
Beleuchtungstechnik KG: 740, 746
Bemusterung KG: 764
Bepflanzungen KG: 580, 583, 589
Beregnungsanlagen KG: 550
Berührungsschutz KG: 330, 340, 350, 359, 530
Beschallungsanlagen KG: 450, 454, 550, 557
Beschichtung KG: 324, 331, 332, 333, 334, 335, 336, 337, 341, 342, 343, 344, 345, 346, 352, 353, 354, 355, 362, 363, 364, 365, 372, 410, 420, 422, 423, 430, 440, 450, 460, 470, 480, 523, 531, 532, 533, 534, 535, 536, 537, 538, 539, 541, 542, 543, 544, 545, 546, 547,
Beschriftungen KG: 690
Bestandsdokumentation KG: 790
Bestuhlungen KG: 381
Betondachstein KG: 363
Betondächer KG: 361
Betonfertigteilwand KG: 331, 332, 341, 342
Betten KG: 472, 610
Bewässerungsvorrichtungen KG: 335, 363
Bewehrung KG: 320
Bewirtschaftungskosten KG: 700, 760, 763
Bewuchs KG: 211, 214
Bibliothekseinbauten KG: 382
Bildregiegeräte KG: 455
Bildschirm KG: 481, 483, 630
Bildspeicher KG: 455
Biosphärenhallen KG: 383
Biotopschutz KG: 241, 242
Blendschutz KG: 330, 338, 340, 347, 360, 366
Blindböden KG: 324, 351, 353, 361, 363
Blindschalungen KG: 354, 364
Blindstromkompensationsanlagen KG: 440, 443
Blitzschutz KG: 440, 446, 556
Blumenzwiebeln KG: 573
Boccia KG: 562
Bodenabdeckungen KG: 572
Bodenabfuhr KG: 311, 511
Bodenabtrag KG: 213, 214, 310, 311, 510, 511
Bodenanalysen KG: 216
Bodenauftrag KG: 213, 214, 310, 311, 324, 353, 363, 383, 510, 511, 523
Bodenaustausch KG: 320, 321, 520, 521
Bodenbearbeitung KG: 570, 571
Bodenbeläge KG: 324, 353, 394
Bodenbeschichtungen KG: 324, 353, 363, 523, 544
Bodendecker KG: 573
Bodeneinbauleuchten KG: 556

Bodenhilfsstoffe KG: 571
Bodenplatten KG: 320, 322, 324, 325, 520, 522, 523, 524
Bodensubstrat KG: 580, 581
Bodenverbesserung KG: 570, 571
Böschungssicherungen KG: 570, 572
Bohrpfähle KG: 323
Bowling KG: 476
Brandmeldeanlagen KG: 456, 747
Brandschutzgutachten KG: 747
Brandschutzvorhänge KG: 387
Brauchwasser KG: 412, 552
Brauerei KG: 476
Brennstoffbeschickung KG: 421
Brennstoffe KG: 421, 423, 765
Brennstofflagerbehälter KG: 421
Briefkästen KG: 334, 337, 344, 389, 541, 561
Brückenkonstruktionen KG: 546
Brüstungen KG: 332, 339, 342, 359, 369
Brunnenanlagen KG: 376, 412, 550, 552
Brunnengründungen KG: 320, 323
Budgetverwaltung KG: 711
Bühnen KG: 387
Bühnenbeleuchtung KG: 445, 476
Bühnenpodeste KG: 382
Bühnenprospekt KG: 476
Bühnentechnik KG: 740
Bühnenvorhänge KG: 382
Busch KG: 581

C

Chemikalien KG: 476
Computer KG: 630
Containerkräne KG: 460, 465

D

Dachabdichtung KG: 363
Dachausstiege KG: 362
Dachbefahranlagen KG: 463
Dachbegrünungen KG: 360, 363
Dachbekleidungen KG: 360, 364, 365
Dachbeläge KG: 360, 363, 365, 394
Dachdeckung KG: 363
Dachelemente KG: 365
Dachentwässerung KG: 360, 411
Dachfenster KG: 360, 362
Dachkonstruktionen KG: 351, 360, 361, 363, 364, 365
Dachlichtschutzfläche KG: 366
Dachöffnungen KG: 360, 362, 365
Dachstühle KG: 360, 361
Dachziegel KG: 363
Dämme KG: 310, 374, 510
Dämmerungsschalter KG: 444, 557
Dämpfautomaten KG: 472
Dampf KG: 422
Datennetze KG: 451, 457
Datenübertragungsnetz KG: 400, 450, 451, 457, 480, 485
Deckenbekleidungen KG: 350, 354, 355, 389
Deckenbeläge KG: 350, 353, 355, 389
Deckenfläche KG: 350, 355, 359
Deckenheizungen KG: 423
Deckenkonstruktionen KG: 350, 351, 353, 354, 355
Deckenöffnungen KG: 350, 352, 355
Deiche KG: 374
Dekontaminationsanlagen KG: 411
Demontage KG: 394, 396, 494, 496, 594, 596
Deponien KG: 385
Deponierung KG: 378, 390, 490, 590
Desinfektionstechnik KG: 473
Diagnosegeräte KG: 473
Digestorien KG: 473, 475
Direktverdampfungskälteanlagen KG: 475
Diskussionsanlagen KG: 454
Docktore KG: 384, 466
Dokumentation KG: 216, 700, 711, 725, 731, 732, 733, 734, 741, 742, 743, 751, 760, 763, 769
Dolmetscheranlagen KG: 450, 454
Doppelstockgaragen KG: 469
Dränagen KG: 320, 326, 385, 520, 525
Drahtgeflecht KG: 541
Drahtschotterkästen KG: 581
Drallauslässe KG: 432, 433, 434, 439, 475
Drehkreuze KG: 381
Drehstromtransformatoren KG: 441
Druckerei KG: 476
Druckerhöhungsanlagen KG: 376, 410, 412, 474, 550, 552, 558
Druckerterminals KG: 481, 483, 630
Druckkesselanlagen KG: 762
Druckluft KG: 473
Dünger KG: 335, 363, 383, 571, 579, 589
Dunstabzugshauben KG: 471
Durchführung KG: 310, 311, 320, 330, 332, 340, 342, 400, 410, 420, 430, 440, 441, 450, 460, 470, 480, 719, 725, 751
Durchlauferhitzer KG: 412
Duschabtrennungen KG: 610

E

Eigenkapital KG: 800, 830
Eigenstromerzeugungsanlagen KG: 550, 556
Eigenstromversorgungsanlagen KG: 440, 442, 556
Einbaubetten KG: 381
Einbaugeräte KG: 381, 431, 432, 433, 434, 439, 441, 471, 475
Einbauküchen KG: 381, 471
Einbaulautsprecher KG: 455
Einbaumöbel KG: 381
Einbausportgeräte KG: 382
Einbruchmeldeanlagen KG: 450, 456
Einfriedungen KG: 211, 212, 540, 541, 543
Eingangskontrollen KG: 763
Eingangsüberdachungen KG: 339
Einschubtreppen KG: 362
Einstiegsluken KG: 352
Einzelfundamente KG: 322, 522
Einzelöfen KG: 423, 429
Einzelraumlüfter KG: 431
Eisbahnen KG: 475, 476
Elektroheizkessel KG: 421

Empfangsantennen KG: 455
Entrümpelung KG: 219
Entsorgungsanlagen KG: 379
Entwässerungskanäle KG: 551
Entwässerungsrinnen KG: 536, 538, 551
Entwicklungspflege KG: 335, 353, 363, 383, 570, 579, 580, 589
Erbbaurecht KG: 110, 122, 124, 126
Erdgas KG: 473, 476
Erdsondenbohrungen KG: 554
Erdtanks KG: 553
Erdungen KG: 440, 446
Erdwärmetauscher KG: 550, 555
Erosionssicherung KG: 572
Ersatzstromversorgungsanlage KG: 442
Erschließungsbeiträge KG: 220, 227, 230, 240
Erschließungsflächen KG: 220
Erschließungskosten KG: 110, 220
Erschließungsmaßnahmen KG: 220, 227, 230
Erstpflege KG: 324, 353
Erwärmung KG: 390, 397, 490, 497, 590, 597
Estriche KG: 324, 353, 523
Evakuierungskosten KG: 219

F

Fachplanung KG: 700, 725, 740, 741, 742, 743, 749, 790, 791
Fällen KG: 214, 215
Fahnenmaste KG: 560, 561
Fahrbahnbeheizung KG: 420, 424
Fahrplantafeln KG: 458
Fahrradständer KG: 381, 560, 561
Fahrtreppen KG: 400, 460, 462
Fallrohre KG: 363, 411
Fallschutzbeläge KG: 536
Farbnebelabscheideanlagen KG: 475
Fassade KG: 300, 335, 337, 389, 429, 463, 500, 749
Fassadenaufzüge KG: 460, 463
Fassadenelementen KG: 337
Fassadenplanung KG: 740, 749
Feinplanum KG: 570, 573, 574
Feldgeräte KG: 481
Fenster KG: 330, 334, 337, 340, 344, 346, 394
Fensterbänke KG: 334, 337, 344, 346
Fenstervergitterungen KG: 339, 349
Fernheizleitungen KG: 554
Fernmeldekabel KG: 557
Fernmeldeleitungen KG: 451
Fernsehgeräte KG: 455, 620
Fernsprechanlagen KG: 451, 457
Fernsprechapparate KG: 451
Fernwärmeleitungsnetz KG: 224
Fernwärmeversorgung KG: 220, 224
Fernwirkanlagen KG: 450, 459
Fertigrasen KG: 570, 574
Fertigstellungspflege KG: 570, 573, 583
Feststoffbehandlungsanlagen KG: 478
Feuerlöschanlagen KG: 400, 470, 474, 558, 762
Feuerlöscher KG: 474
Feuerlöschleitungen KG: 474, 558
Filterschichten KG: 325, 524, 582
Filtrationsanlagen KG: 477
Finanzierung KG: 800, 810, 820, 830, 890
Findlinge KG: 643
Flachdach KG: 363
Flachdachausstiege KG: 362
Flachgründungen KG: 320, 322
Flächenheizungen KG: 423
Flächennutzungsplan KG: 723
Fluchtwege KG: 387
Fluchtwegepläne KG: 740
Fluchtwegleuchten KG: 445
Flüssiggastank KG: 413, 421
Flugfeldbeheizung KG: 420, 424
Flugplatzflächen KG: 530, 538
Flugsteige KG: 382
Flugverkehrsflächen KG: 373
Flurstücke KG: 128
Flutlichtanlagen KG: 440, 445, 550, 556
Förderanlagen KG: 400, 421, 460, 461, 464, 469, 471, 472, 762
Forschung KG: 382, 475, 476, 620
Fortluftürme KG: 555
Fräsen KG: 521, 571, 573, 574
Freilufttrafostationen KG: 556
Freiraumplanung KG: 725
Fremdkapital KG: 800, 820
Fremdmaterial KG: 311
Frequenzumformer KG: 440, 449
Fresken KG: 642, 643
Frostschürzen KG: 322, 522
Frostschutz KG: 531, 532, 533, 534, 535
Fugen KG: 324, 331, 341, 353, 363, 523
Fundamentabtreppungen KG: 322, 522
Fundamentplatten KG: 320, 322, 324, 520, 523
Fundamentroste KG: 323
Funkanlagen KG: 455
Fußboden KG: 423

G

Garagen KG: 469
Garagenboxen KG: 399, 545
Garderobenanlagen KG: 381
Garderobenständer KG: 610
Gartenbänke KG: 561
Gartengeräte KG: 610
Gartenlauben KG: 545
Gartenmöbel KG: 610
Gasanlagen KG: 223, 410, 413, 419
Gasanschluss KG: 553
Gasdruckregelanlagen KG: 473
Gaslagerung KG: 413
Gasleitungen KG: 410, 413, 553
Gaslöschanlagen KG: 470, 474
Gasmischanlagen KG: 473, 477
Gasversorgung KG: 220, 223

Gebäudebestand KG: 721
Gebäudebestandsdokumentation KG: 700, 790, 791
Gefrierräume KG: 471
Gegenstromanlagen KG: 472, 558
Gehölze KG: 214, 570, 573
Gehwege KG: 371
Geländer KG: 339, 350, 355, 359, 360, 369, 540, 542, 544, 546
Genehmigungen KG: 127, 700, 731, 732, 733, 734, 742, 760, 762
Generatoren KG: 442, 454
Geotechnik KG: 700, 740, 744
Geotextilien KG: 570, 572
Geothermie KG: 740, 749
Geräteschuppen KG: 390, 391, 490, 491, 590, 591
Gerätesockel KG: 324, 353, 363, 523
Gerichtsgebühren KG: 122, 139, 810
Gerüst KG: 393, 493, 593
Gesundheitsschutz KG: 710, 714
Gewächshäuser KG: 545
Gitter KG: 330, 339, 340, 349, 350, 359, 360, 369, 530
Glasdächer KG: 365
Glasdecken KG: 355
Glasmalereien KG: 642, 643
Glaswände KG: 346
Gleisanlagen KG: 212, 372, 382, 530, 537, 722
Großküchenanlage KG: 471
Großrechner KG: 630
Großrechneranlagen KG: 481, 483
Gründung KG: 212, 300, 320, 322, 325, 329, 335, 370, 500, 520, 521, 522, 523, 524, 525, 529, 540, 550, 560, 744
Gründungsbeläge KG: 320, 324, 520, 523
Grundbuch KG: 100, 122, 123, 810
Grunderwerbsteuer KG: 100, 124
Grundreinigung KG: 397, 497, 597
Grundsteinlegung KG: 769
Grundstück KG: 100, 110, 130, 200, 210, 222, 223, 224, 225, 226, 228, 230, 241, 251, 541
Grundstücksgrenzen KG: 121
Grundstückswert KG: 125
Grundwasserdekontaminierungsanlagen KG: 477
Gutachten KG: 700, 721, 722, 760, 761

H

Händetrockner KG: 610
Hafen KG: 374
Hafenanlagen KG: 230
Handfeuerlöscher KG: 470, 474
Handläufe KG: 330, 339, 340, 349, 350, 359, 360, 369, 530, 540, 541, 544, 546
Handtuchhalter KG: 610
Handtuchspender KG: 610
Hangsicherung KG: 572
Hauptuhren KG: 453
Hauptverteiler KG: 443
Hausnummernschilder KG: 690
Hebeanlagen KG: 410, 550
Hebebühnen KG: 460, 469
Heizflächen KG: 554
Heizkörper KG: 420, 423
Heizungsanlage KG: 423
Heizungsverteiler KG: 421
Herde KG: 471
Hinterfüllungen KG: 311, 322, 323, 511, 522
Hinweisschilder KG: 690
Höfe KG: 533
Holzbalken KG: 351, 361
Holzbalkendecken KG: 351
Holzböden KG: 324, 353, 363
Holzhackschnitzel KG: 536
Holzimprägnierung KG: 331, 332, 333, 341, 342, 343, 351, 361
Holzkonstruktionen KG: 333, 343, 355, 365
Holzpflaster KG: 523, 544
Holzschindeln KG: 363
Holzschnitzerei KG: 642, 643
Honorarordnung KG: 723, 724, 730, 731, 732, 733, 734, 739, 740, 741, 742, 743, 744, 745, 746, 747, 748, 790, 791
Hubboden KG: 472, 558
Hubschrauberlandeplätze KG: 530, 550
Hütten KG: 545, 562
Hydrantenleitungen KG: 558
Hydraulikanlagen KG: 400, 460, 466
Hydraulikaufzüge KG: 461

I

Ideenwettbewerbe KG: 720, 725, 751
Imprägnierung KG: 334, 337, 344, 346, 352, 354, 355, 362, 364, 365, 531, 532, 533, 534, 535, 536
Inbetriebnahme KG: 300, 330, 334, 337, 338, 340, 344, 346, 347, 350, 352, 355, 359, 360, 362, 365, 366, 369, 370, 375, 376, 377, 380, 381, 382, 384, 386, 390, 391, 397, 398, 400, 410, 411, 412, 413, 419, 420, 421, 422, 423, 424, 429, 430, 431, 432, 433, 434, 439, 450,
Informationssysteme KG: 386, 560, 563, 690
Innenstützen KG: 340, 343
Innenwände KG: 300, 340, 341, 342, 345, 346, 347, 349, 389, 642
Innenwandbekleidungsfläche KG: 345
Installationsblöcke KG: 410, 419
Installationsdoppelböden KG: 353, 439
Instandsetzung KG: 395, 495, 595

J

Jalousien KG: 338, 344, 346, 347, 365, 366

K

Kabelpritschen KG: 444, 451, 452, 453, 454, 455, 456, 457, 458, 484, 557
Kabelrinnen KG: 444, 451, 452, 453, 454, 455, 456, 457, 458, 484, 557
Kachelöfen KG: 429
Kälteanlagen KG: 400, 430, 434, 475, 476, 555
Kälteerzeugung KG: 430, 434, 555
Kälteerzeugungsanlagen KG: 475
Kaltdach KG: 363
Kampfmittelbeseitigung KG: 215, 748
Kanzeln KG: 382
Kassenhäuschen KG: 381

Kaufpreis KG: 126
Kaufvertrag KG: 123
Kehlsockel KG: 324, 353, 523
Kessel KG: 474
Kleinkälteanlagen KG: 471
Klettergerüste KG: 562
Klettertürme KG: 562
Klimaanlagen KG: 400, 430, 433
Klimageräte KG: 433
Klingelanlagen KG: 450, 452
Kompensationsanlagen KG: 441
Kompost KG: 571
Kompostieranlagen KG: 378, 478
Kontrollschächte KG: 326, 525, 551
Konvektoren KG: 423
Krananlagen KG: 460, 465
Krankenhäusern KG: 452
Küche KG: 471
Küchengeräte KG: 610
Küchengroßgeräte KG: 471
Kühlaggregat KG: 432, 433
Kühldecken KG: 430, 439
Kühlräume KG: 471
Kühlwasserversorgungsanlagen KG: 475
Kunstobjekte KG: 600, 640, 641, 752
Kunststoffbeläge KG: 336, 345
Kunstwerke KG: 600, 640, 641, 700, 750, 751, 752

L

Laboreinbauten KG: 382
Laboreinrichtungen KG: 473
Ladebrücken KG: 469
Laderampen KG: 351
Lärmschutzwände KG: 540, 542
Lagerflächen KG: 397, 497, 597
Landwirtschaft KG: 476
Lastenaufzüge KG: 460, 461
Laufstege KG: 369
Lautsprecher KG: 454
Lawinenverbau KG: 572
Lebendverbau KG: 548, 581
Leitern KG: 339, 349, 350, 359, 369
Leitplanken KG: 339, 349, 359, 369
Leittechnik KG: 456
Leitzentrale KG: 456
Leuchten KG: 352, 354, 362, 364, 440, 445
Lichtkuppeln KG: 360, 362
Lichtplanung KG: 740
Lichtrufanlagen KG: 452
Lichtschutzkonstruktionen KG: 338, 347, 366
Liegemöbel KG: 381, 610
Löschanlagen KG: 474, 747
Löschwasseranlagen KG: 550, 552
Lüftungsanlagen KG: 400, 431
Lüftungsdecken KG: 430, 439
Lüftungskanäle KG: 431, 432, 433, 434, 439
Lüftungsrohre KG: 431, 432, 433, 434, 439
Luftdurchlässe KG: 431, 432, 433, 434, 439, 475
Luftentfeuchter KG: 431, 432, 433
Lufterhitzer KG: 431, 432, 433
Luftfilter KG: 431, 432, 433, 434, 439, 475
Luken KG: 350, 352, 362

M

Malereien KG: 640, 642, 643
Managementstationen KG: 483
Markierungen KG: 324, 353, 363, 371, 373, 523, 530, 690
Markisen KG: 338, 347, 366
Maschinen KG: 476
Maschinenfundamente KG: 411, 412, 413, 421, 431, 432, 433, 434, 441, 442, 475
Mastleuchten KG: 556
Materialcollagen KG: 764
Matten KG: 324, 353, 523, 572
Mauern KG: 540, 541, 543
Mautsysteme KG: 450, 458, 557
Medienentsorgungsanlagen KG: 476
Medienversorgungsanlagen KG: 470, 473, 558
Meerwasserentsalzung KG: 477
Metallbekleidungen KG: 335, 336, 345
Metalldeckung KG: 363
Metallzäune KG: 541
Mieten KG: 214
Mikrofonanlagen KG: 454
Mittelspannungsanlagen KG: 440, 441, 556
Mittelspannungsschaltanlagen KG: 441
Modellversuche KG: 760, 764
Möbel KG: 600, 610, 641
Monitore KG: 455, 481, 483, 630
Montageelemente KG: 419
Montagewände KG: 346
Mosaik KG: 640, 642, 643
Mühlen KG: 476
Müllentsorgungsanlagen KG: 476
Mulch KG: 572
Mutterboden KG: 214

N

Netzwerkschränke KG: 457
Niederspannungshauptverteiler KG: 440, 443
Niederspannungsinstallationsanlagen KG: 440, 444, 556
Niederspannungsschaltanlagen KG: 440, 443
Niederspannungsverteilung KG: 441, 443
Nießbrauchrecht KG: 122, 123
Notargebühren KG: 123, 800, 810
Notrufanlagen KG: 456
Notstromaggregate KG: 442

O

Oberboden KG: 214, 511, 571
Oberbodenauftrag KG: 570, 571
Oberbodensicherung KG: 214
Oberleitungen KG: 447, 555
Objektbetreuung KG: 731, 732, 733, 734, 741, 742, 743
Objektdokumentationen KG: 769
Öltanks KG: 421
Orientierung KG: 380, 386, 560, 563, 690
Orientierungstafeln KG: 690

P

Palisaden KG: 581

Papierpressen KG: 476
Papierrollenhalter KG: 610
Parabolantennen KG: 455
Parkleitsysteme KG: 450, 458, 550, 557
Parkplatz KG: 574
Parksysteme KG: 460
Patientenlifter KG: 472
Pelletförderschnecken KG: 421
Pelletsilos KG: 421
Pergolen KG: 540, 545
Personenaufzüge KG: 460, 461
Personenrufanlagen KG: 450, 452
Pfahlgründung KG: 320, 323
Pfeiler KG: 330, 333, 340, 343
Pfetten KG: 361
Pflanzbehälter KG: 560, 561, 610
Pflanzen KG: 335, 363, 383, 573, 583
Pflanzflächen KG: 570, 571, 573, 643
Pflanzgruben KG: 571
Pflanzung KG: 570, 573
Pflanzverankerung KG: 573
Pflaster KG: 546
Pflasterbeläge KG: 324, 353, 523, 531, 532, 533, 534, 536, 544
Photovoltaikanlagen KG: 442, 556
Piktogramme KG: 690
Plätze KG: 533
Planum KG: 311, 511, 580, 582
Planung KG: 711, 713, 719, 725, 730, 740, 747, 760, 762
Plastiken KG: 641
Plattenbalken KG: 351, 361
Plattenbeläge KG: 324, 353, 363, 523, 531, 532, 533, 534, 536, 544, 546
Platzflächen KG: 530, 533
Podien KG: 381
Poller KG: 541
Pollerleuchten KG: 556
Potentialausgleich KG: 440, 556
Profilglasflächen KG: 334, 344
Projektionswände KG: 382
Projektsteuerung KG: 700, 710, 713, 723, 724
Provisorien KG: 251
Prozessfortluftsysteme KG: 475
Prüfung KG: 741, 760, 762
Pumpen KG: 313, 391, 412, 420, 421, 422, 434, 474, 476, 491, 513, 552, 591
Pumpensümpfe KG: 320, 326, 520, 525
Pyrolyseanlagen KG: 470, 478

Q

Quellfassungen KG: 376

R

Radiatoren KG: 423
Radsportbahn KG: 476
Rammpfählen KG: 312, 323, 512
Rampen KG: 212, 322, 350, 351, 355, 522, 531, 540, 542, 544, 546, 554, 643
Rampenheizungen KG: 550
Rankgerüste KG: 561
Rasen KG: 570, 574, 579
Rauchmelder KG: 456
Rauchschutzvorhänge KG: 387, 747
Raumakustik KG: 740, 743
Raumbediengeräte KG: 481
Raumbezeichnungsschilder KG: 690
Raumheizflächen KG: 400, 420, 422, 423
Raumkühlung KG: 430, 434
Raumlufttechnik KG: 550, 555
Raumzellen KG: 399
Realisierungswettbewerbe KG: 720, 725, 751
Rechtsberatung KG: 710, 719
Reck KG: 562
Recycling KG: 390, 396, 490, 496, 590, 596
Recyclinganlagen KG: 478
Regenrückhaltebecken KG: 375, 551
Regenrückhaltungsanlagen KG: 375
Regenwasserbehandlungsanlagen KG: 477
Reinigung KG: 259, 390, 397, 463, 490, 497, 590, 597, 610, 763, 765
Relief KG: 640, 642, 643
Richtfest KG: 769
Rigolen KG: 375, 551
Ringanker KG: 331, 332, 341, 342
Rinnen KG: 324, 353, 363, 411, 523, 531, 532, 533, 534, 535
Roden KG: 214
Rohrleitungen KG: 326, 412, 420, 422, 476, 525
Rohrpostanlagen KG: 460
Rollgitter KG: 337, 339, 346, 349, 365
Rollladenkästen KG: 331, 332
Rollläden KG: 337, 338, 346, 347, 366
Rollrasen KG: 574
Rostschutzgrundierung KG: 334, 337, 344, 346, 352, 355, 362, 365
Rotationswärmetauscher KG: 431, 432, 433, 434, 439, 475
Router KG: 457, 485
Rückkühlung KG: 431, 432, 433, 434, 439
Rücksprechanlagen KG: 452
Rutschen KG: 562

S

Saatflächen KG: 570, 574, 579
Saatgut KG: 570, 574
Sammelgruben KG: 550, 551
Sammelschächte KG: 551
Sandfänge KG: 375, 411
Sandkästen KG: 562
Sanitär KG: 390, 490, 590
Sanitärobjekte KG: 410, 411, 412, 552
Sanitärtrennwände KG: 346
Sanitärzellen KG: 389, 410, 419
Sauerstoff KG: 473, 558
Saugbrunnen KG: 431, 432, 433, 434, 439, 475
Saunaanlagen KG: 472
Schachtkonstruktionen KG: 540, 547
Schächte KG: 320, 326, 339, 399, 520, 525, 540, 547, 551
Schalldämpfer KG: 431, 432, 433, 434, 439, 475
Schallschutz KG: 749

Schallschutztüren KG: 344
Schaltanlagen KG: 440, 441, 556
Schalter KG: 382, 444, 556, 557
Schaltfelder KG: 441
Schaltgeräte KG: 441, 443
Schaltschränke KG: 480, 482
Schamott KG: 429
Schaufenster KG: 334, 344
Schaukästen KG: 381
Schaumlöschanlagen KG: 474
Schiebeläden KG: 338, 347, 366
Schiebewände KG: 346
Schiefer KG: 363
Schiffshebewerke KG: 374
Schilder KG: 600, 690
Schlammbehandlungsanlagen KG: 477
Schleusen KG: 374, 384
Schleusentore KG: 384, 466
Schließanlagen KG: 399
Schließfachfächer KG: 610
Schlitzwand KG: 312, 512
Schneefänge KG: 360, 369
Schnürboden KG: 476
Schornsteinanschlüsse KG: 421
Schornsteine KG: 399, 429
Schrankenanlagen KG: 381, 540
Schrankküchen KG: 381, 471
Schutzelemente KG: 334, 337, 344, 346, 352, 355, 362, 365, 394
Schutzfolien KG: 392, 492, 592
Schutzgitter KG: 540, 541, 542, 562
Schutzkonstruktionen KG: 394, 398, 494, 498, 540, 542, 594, 598
Schutznetze KG: 392, 492, 592
Schutzwände KG: 394, 397, 494, 497, 594, 597
Schwergewichtsmauern KG: 540, 543
Schwimmbecken KG: 472, 540, 548
Schwimmteiche KG: 540, 548
Sender KG: 454, 455
Sensoren KG: 481
Server KG: 483, 630
Sheds KG: 361
Sicherheitsbeleuchtung KG: 440, 445
Sicherung KG: 211, 216, 310, 312, 387, 393, 493, 510, 512, 593, 740, 748
Sicherungsbauweisen KG: 570, 572
Sicherungsmaßnahmen KG: 211, 321, 390, 393, 397, 490, 493, 497, 521, 590, 593, 597
Sichtmauerwerk KG: 331, 332, 333, 341, 342, 343
Sichtschutzwände KG: 540, 542
Sickergruben KG: 551
Signalanlagen KG: 450, 452, 458, 557
Signaluhren KG: 453
Silos KG: 476
Sitzbänke KG: 381
Sitzmöbel KG: 560, 561
Skulpturen KG: 640, 641
Solarien KG: 472
Solarspeicher KG: 421
Solarthermieanlagen KG: 475
Sondermüllverbrennungsanlagen KG: 478
Sondertüren KG: 334, 344
Sondierungen KG: 216
Sonnenschutz KG: 540, 542, 749
Sonnenuhren KG: 641
Sortiermaschinen KG: 476
Spannungswandler KG: 441
Sparren KG: 361
Speisenverteilsysteme KG: 471
Spiegel KG: 610
Spielfeld KG: 535
Spielgeräte KG: 212, 560, 562, 620
Spielplatzflächen KG: 530, 536, 620, 722
Spielplatzgeräte KG: 562
Sportbarrieren KG: 542
Sportgeräte KG: 382, 620
Sportplatzflächen KG: 530, 535
Sportrasenflächen KG: 535
Sprechanlagen KG: 334, 337, 344
Sprechstellen KG: 454
Sprengung KG: 311
Sprinkler KG: 470, 474
Spritzbetonsicherung KG: 312, 512
Spritzkabinen KG: 475
Sprunganlagen KG: 562
Spülen KG: 381, 471, 473
Spundwand KG: 312, 323, 512
Stahlwasserbau KG: 466
Startblöcke KG: 472, 558
Staubsauganlagen KG: 470, 476
Stauden KG: 570, 573
Steckdosen KG: 444, 556, 557
Stege KG: 540, 546, 643
Steigeisen KG: 329, 369, 429, 529
Steinschlagschutznetze KG: 572
Stellplätze KG: 241, 242, 530, 534, 722
Steuerungstechnik KG: 466, 481, 483, 485
Störmeldeanlagen KG: 456
Stoßabweiser KG: 330, 339, 340, 349, 350, 359, 530, 560, 561
Sträucher KG: 211, 214, 573
Straßen KG: 212, 227, 371, 530, 532, 556, 721, 722
Streifenfundamente KG: 320, 322, 520, 522
Stromschienen KG: 445, 447, 556
Stromversorgung KG: 220, 225, 326, 442, 525
Stromversorgungsanlagen KG: 440, 442
Stühle KG: 610
Stützen KG: 330, 331, 332, 333, 335, 336, 340, 341, 343, 345, 355, 361, 394
Stützwände KG: 543
Substrate KG: 335, 363

T

Tablet KG: 630
Tafeln KG: 690
Tageslichttechnik KG: 700, 740, 746
Talsperren KG: 376, 384, 335, 466, 470, 479
Tankstellen KG: 470, 476

Tapeten KG: 336, 345, 354, 364
Taster KG: 444, 481, 557
Tastsensoren KG: 481
Taufbecken KG: 382, 641
Teeküchen KG: 471
Teich KG: 580
Teilabbruch KG: 300, 400, 500
Teilklimaanlagen KG: 400, 430, 432
Telekommunikationsanlage KG: 226, 450, 451, 457, 557
Tennenbelag KG: 535
Teppiche KG: 610
Terminal KG: 483
Terrassen KG: 322, 522, 530, 533
Textilbeläge KG: 336, 345
Theken KG: 381
Thermalbäder KG: 472
Thermosolaranlagen KG: 421
Tiefenentwässerung KG: 326, 525
Tiefgründungen KG: 320, 323
Tiergehege KG: 560, 562
Tische KG: 381, 561, 610
Toiletten KG: 391, 491, 591
Träger KG: 220, 351, 361
Trägerbohlwand KG: 312, 512
Trafostationen KG: 550
Tragwerksplanung KG: 700, 740, 741, 760, 762
Trainingsanlagen KG: 562
Transformatoren KG: 440, 441
Transpondererfassung KG: 458
Transportanlagen KG: 379, 390, 391, 400, 460, 464, 490, 491, 590, 591
Traufgitter KG: 369
Traufstreifen KG: 539
Trennstreifen KG: 579
Treppen KG: 212, 350, 351, 355, 359, 522, 540, 542, 544, 546, 643
Treppenelemente KG: 355
Tribünen KG: 382, 522, 540, 542, 544
Trinkwasseraufbereitungsanlagen KG: 477
Türen KG: 330, 334, 337, 340, 344, 346, 394, 471, 540, 541
Türsprechanlagen KG: 557
Tunnelbauwerke KG: 749
Turngeräte KG: 562

U

Überdachungen KG: 212, 397, 497, 522, 540, 545, 597
Überfallmeldeanlagen KG: 450, 456
Übertragungsnetze KG: 485
Überwachung KG: 313, 441, 480, 513, 710, 711, 730, 740, 745
Überwachungsanlagen KG: 450, 456, 470, 479
Uferbefestigung KG: 580, 581
Uhren KG: 450, 453, 557
Uhrenanlagen KG: 453
Umkehrdach KG: 363
Umkleideschränke KG: 381
Umschließungen KG: 310, 312, 510, 512
Umweltbaubegleitung KG: 710, 719
Umweltverträglichkeitsstudie KG: 720, 724
Umzugskosten KG: 131, 252
Unfallversicherung KG: 766
Unterbau KG: 212, 320, 329, 520, 529
Unterfangungen KG: 312, 390, 393, 490, 493, 512, 590, 593
Unterflur KG: 444, 451, 452, 453, 454, 455, 456, 457, 458, 484, 557
Untersuchungen KG: 100, 125, 700, 720, 721
Unterverteiler KG: 440, 444
Unterzug KG: 351, 361

V

Vakuumerzeugung KG: 473
Vegetationsfläche KG: 570, 571, 579
Ventilatoren KG: 431, 432, 433, 434, 439, 475
Verankerungen KG: 312, 320, 512, 610, 690
Veranlassung KG: 123
Verbau KG: 211, 310, 312, 510, 512
Verbindungsleitungen KG: 411, 443, 446, 456, 471
Verblendschalenmauerwerk KG: 335, 336, 345
Verbundestriche KG: 324, 353, 523
Verdunkelung KG: 330, 338, 340, 347, 360, 366
Verfüllungen KG: 311, 511
Verglasungen KG: 334, 337, 344, 346, 350, 352, 355, 362, 365
Verkabelung KG: 300, 330, 334, 337, 338, 340, 344, 346, 347, 350, 352, 355, 359, 360, 362, 365, 366, 369, 370, 375, 376, 377, 380, 381, 382, 384, 386, 390, 391, 398, 400, 410, 411, 412, 413, 419, 420, 421, 422, 423, 424, 429, 430, 431, 432, 433, 434, 439, 450, 451,
Verkaufstheken KG: 381
Verkehrsbeeinflussungsanlagen KG: 450, 458, 557
Verkehrserschließung KG: 220, 227
Verkehrsheizflächen KG: 420, 424
Verkehrssicherungen KG: 391, 491, 591
Verkehrssignalanlagen KG: 450, 458, 550, 557
Verkehrswasserbau KG: 374
Verlegesysteme KG: 440, 444, 451, 452, 453, 454, 455, 456, 457, 458, 480, 484, 557
Vermessung KG: 121, 740, 745, 791
Vermessungsgebühren KG: 100, 121
Verpflanzen KG: 211
Versicherungen KG: 700, 711, 760, 766
Versiegeln KG: 324, 353, 363, 523
Verstärker KG: 454
Verteilerschränke KG: 444
Vervielfältigung KG: 476, 769
Vignolschienen KG: 372, 537
Vitrinen KG: 334, 337, 344, 346, 381
Vordächer KG: 339, 360, 361
Vorflutbecken KG: 313, 513
Vorhänge KG: 610
Vorratsbehälter KG: 413, 474
Vorsatzschalen KG: 335, 336, 345, 541, 542, 543, 544, 545, 548, 581
Vortragspulte KG: 382
Vortrieb KG: 310, 314, 510, 514

W

Waagen KG: 471
Wächterkontrollanlagen KG: 450, 456
Wärmeabzugsanlagen KG: 362, 430, 431, 747
Wärmeerzeugungsanlagen KG: 400, 420, 421, 475, 554
Wärmepumpenanlagen KG: 421, 554

Wärmetauscher KG: 431, 432, 433, 434, 439, 475
Wärmeübergabestationen KG: 224, 420, 421, 554
Wärmeversorgungsanlagen KG: 400, 420, 421, 429, 550, 554
Wärmeversorgungsleitungen KG: 550, 554
Wäsche KG: 610
Wäscherei KG: 470, 472
Wand KG: 212, 322, 330, 331, 333, 335, 336, 337, 340, 341, 343, 345, 346, 394, 543, 572, 643
Wandbegrünungssysteme KG: 335, 336, 345
Wanddurchführungen KG: 431, 432, 433, 434, 439, 475
Wandhydranten KG: 470, 474
Warentransportanlagen KG: 460, 464
Warmdach KG: 363
Warmwasserleitungen KG: 412
Warmwasserspeicher KG: 412
Wartehäuschen KG: 545
Wartungsbalkone KG: 339
Waschmaschinen KG: 472
Waschtische KG: 412
Wasseranlagen KG: 222, 410, 412, 550, 552, 641, 642, 643
Wasseraufbereitungsanlagen KG: 376, 431, 432, 433, 434, 439, 475, 477
Wasserbecken KG: 212, 540, 548, 643
Wassererwärmer KG: 410, 412
Wasserfilteranlage KG: 558
Wassergewinnung KG: 376, 470, 477
Wasserhaltung KG: 310, 313, 326, 510, 513, 525
Wasserleitungen KG: 376, 410, 552
Wasserlöschanlagen KG: 474
Wasserpflanzen KG: 580, 583
Wasserrückhaltebecken KG: 385
Wasserspeicher KG: 410, 412, 552
Wasservorratsbehälter KG: 412, 552
Wechselsprechanlagen KG: 450, 452, 454
Wegweiser KG: 600, 690
Weichen KG: 372, 530, 537
Weichenheizung KG: 420, 424
Wendeltreppen KG: 355
Werbung KG: 386, 560, 563
Werftanlagen KG: 374
Werkbänke KG: 382
Werkhallen KG: 382
Werkstattkräne KG: 460
Wertermittlungen KG: 126, 700, 720, 722
Wertstoffaufbereitungsanlagen KG: 478
Wettbewerbe KG: 700, 720, 725, 750, 751
Wetterschutz KG: 540, 546
Wetterschutzgitter KG: 431, 432, 433, 434, 439, 475
Wetterschutzkonstruktionen KG: 540, 545
Whirlpools KG: 472
Windkraftanlagen KG: 556
Winterbauschutz KG: 390, 397, 490, 497, 590, 597
Wirtschaftsgegenstände KG: 212, 561
Wohngebäudeversicherung KG: 766
Wurfkreise KG: 562
Wurzelstöcke KG: 214

Z

Zähler KG: 222, 223, 224, 225, 441, 443, 444, 482
Zählerplatz KG: 443
Zäune KG: 540, 541
Zahlenaufrufanlagen KG: 452
Zahlungsbürgschaften KG: 800, 840
Zeiterfassungsanlagen KG: 450, 557
Zeiterfassungssysteme KG: 453
Zeitschaltuhren KG: 444, 557
Zentralbatteriesysteme KG: 442
Zirkulationspumpen KG: 412
Zisternen KG: 375, 376, 412, 550, 552
Zugangskontrollanlagen KG: 450, 456, 557
Zuluftanlagen KG: 430, 431
Zwangslüftungen KG: 334, 337, 344
Zwischenbegrünungen KG: 571
Zwischenlagern KG: 212, 213, 214, 311, 394, 494, 511, 594
Zwischenpodeste KG: 351

Anhang

Abkürzungsverzeichnis

Abkürzungsverzeichnis

Abkürzung	Bezeichnung
AF	Außenanlagenfläche
AKF	Außenwand-Konstruktions-Grundfläche (DIN EN 15221-6)
AWF	Außenwandfläche
BF	Bebaute Fläche
BGF	Brutto-Grundfläche
BGI	Baugrubeninhalt
BMZ	Baumassenzahl
BRI	Brutto-Rauminhalt
DAF	Dachfläche
DEF	Deckenfläche
DIN 276	Kosten im Bauwesen (DIN 276:2018-12)
DIN 277	Grundflächen und Rauminhalte im Hochbau (DIN 277:2021-08)
EF	Ebenenfläche (DIN EN 15221-6)
GF	Grundstücksfläche
GFZ	Geschossflächenzahl
GRF	Gründungsfläche
GRZ	Grundflächenzahl
IGF	Innen-Grundfläche (DIN EN 15221-6)
IKF	Innenwand-Konstruktions-Grundfläche ((DIN EN 15221-6))
IWF	Innenwandfläche
KG	Kostengruppe
KGF	Konstruktions-Grundfläche
KRI	Konstruktions-Rauminhalt
NF	Nutzfläche (DIN EN 15221-6)
NGF	Netto-Grundfläche (DIN EN 15221-6)
NUF	Nutzungsfläche
NRF	Netto-Raumfläche
NRI	Netto-Rauminhalt
UF	Unbebaute Fläche
UGF	Unverwertbare Grundfläche (DIN EN 15221-6)
SF	Sanitärfläche (DIN EN 15221-6)
TF	Technikfläche
TGF	Trennwand-Grundfläche (DIN EN 15221-6)
VF	Verkehrsfläche
WF	Wohnfläche